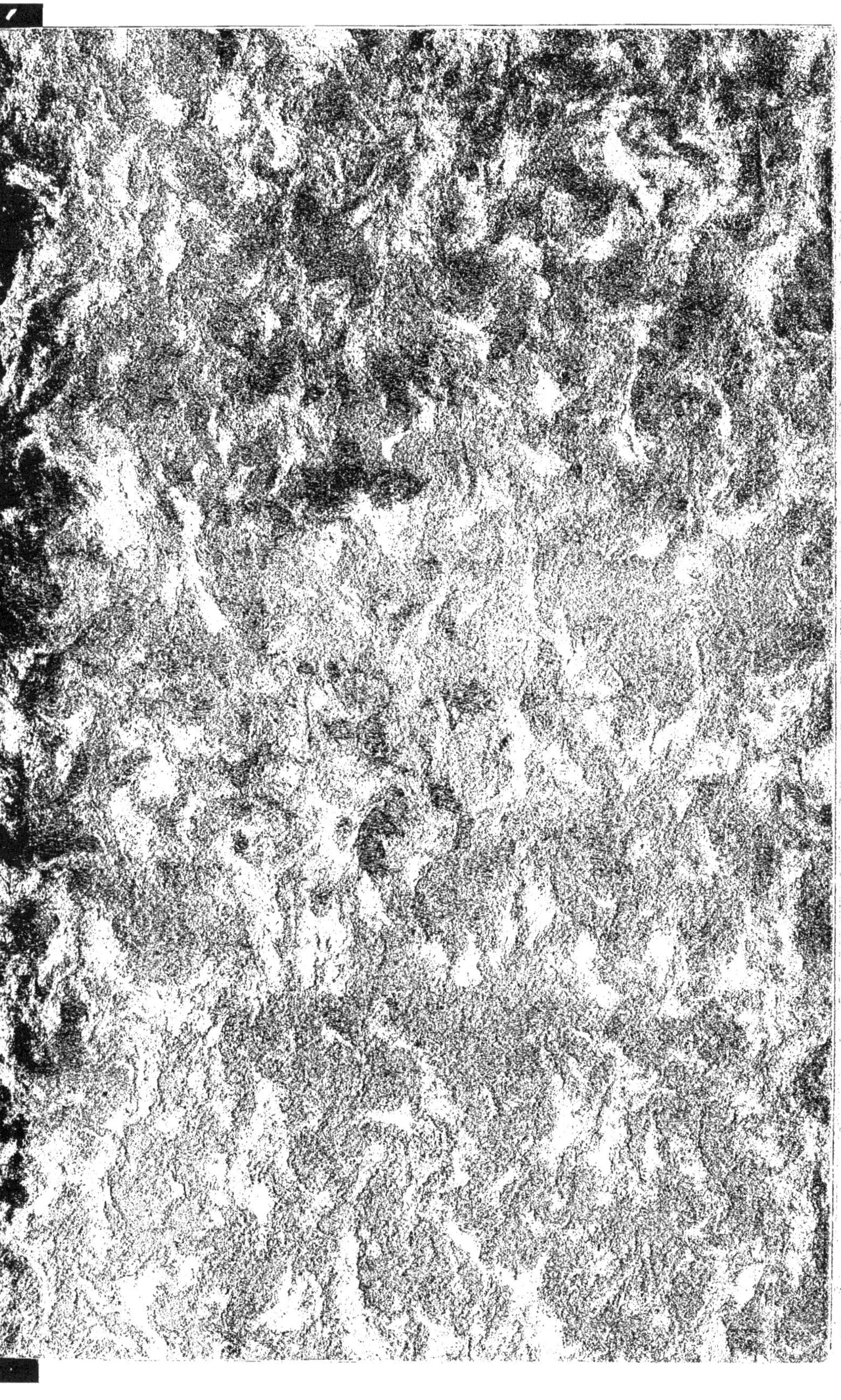

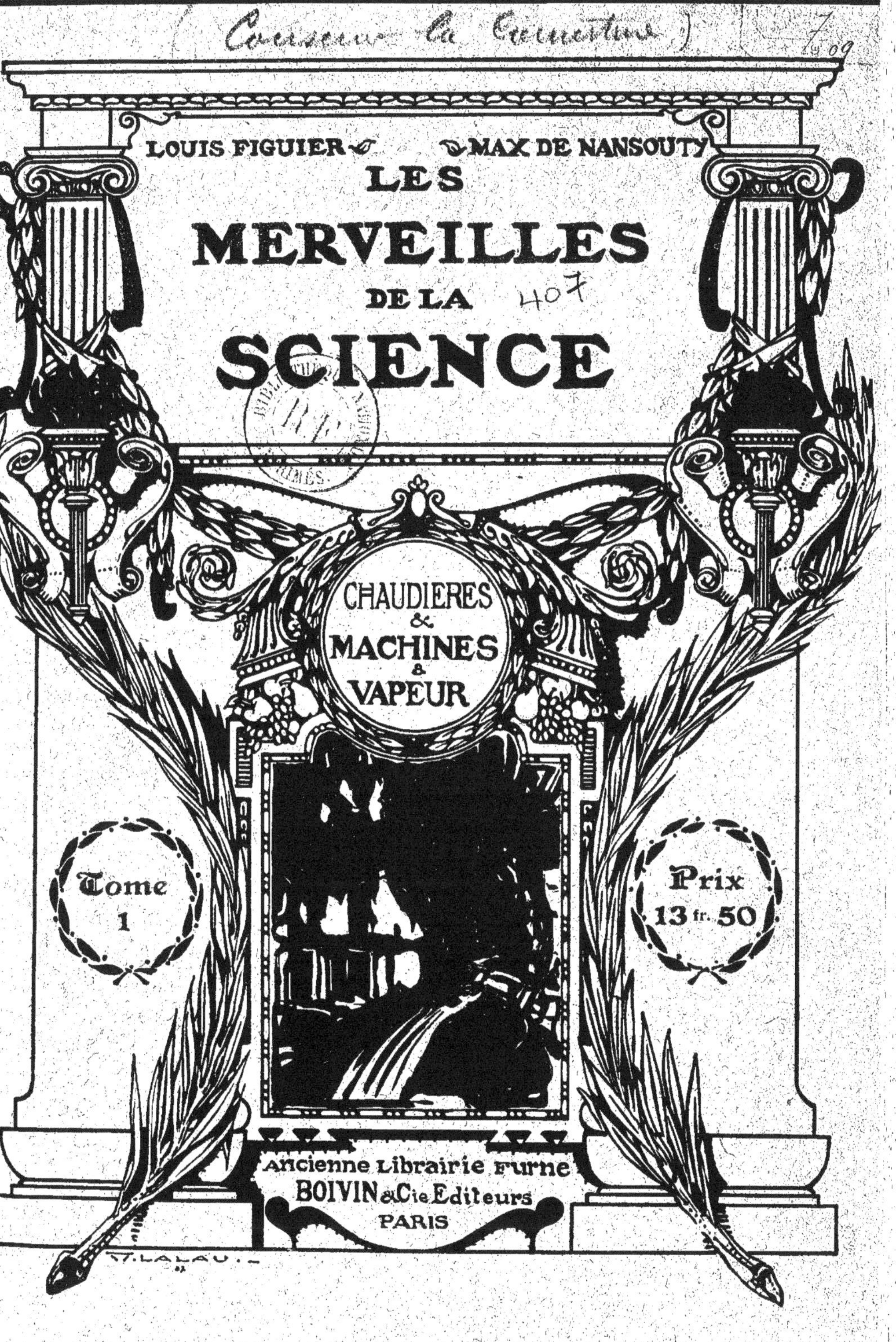
LOUIS FIGUIER
MAX DE NANSOUTY
LES
MERVEILLES
DE LA
SCIENCE
CHAUDIERES
&
MACHINES
à
VAPEUR
Tome
1
Prix
13 fr. 50
Ancienne Librairie Furne
BOIVIN & Cie Editeurs
PARIS
T. LALAU

LES

MERVEILLES DE LA SCIENCE

LE MONDE ANTIQUE ASSISTE AU DÉVELOPPEMENT DE L'INDUSTRIE MODERNE

(Fresque de M. P. Vauthier, pour la salle de la Société des Ingénieurs civils.)

LOUIS FIGUIER

LES
MERVEILLES de la SCIENCE

NOUVELLE ÉDITION REVUE, CORRIGÉE ET MISE A JOUR

PAR

MAX DE NANSOUTY

INGÉNIEUR DES ARTS ET MANUFACTURES

Préface de M. Alfred PICARD, membre de l'Institut

*

Chaudières et Machines à vapeur

PARIS
ANCIENNE LIBRAIRIE FURNE
BOIVIN & Cie, ÉDITEURS
5, RUE PALATINE (VIe)

PRÉFACE

Dans la hiérarchie des artisans de la Science, la place d'honneur appartient sans conteste à ceux dont les découvertes et les inventions ont formé les robustes assises du magnifique édifice des connaissances humaines.

Bien que moins glorieux et moins brillant, le rôle des vulgarisateurs a cependant une importance capitale. Ce sont eux qui répandent la bonne parole, la font pénétrer jusque dans les masses profondes du peuple, propagent l'instruction, éveillent ou avivent le goût des recherches, suscitent les applications des principes scientifiques, stimulent la vocation des inventeurs, préparent ainsi de nouvelles et précieuses conquêtes.

Louis Figuier fut l'un des vulgarisateurs les plus actifs et les plus justement réputés du siècle dernier. Ses facultés d'assimilation, la curiosité de son esprit, sa puissance de travail et sa fécondité étaient vraiment remarquables.

Il acquit, grâce à un labeur ininterrompu, des titres exceptionnels à la reconnaissance publique.

Après avoir débuté par des expériences physiologiques et par une collaboration suivie à des journaux et des revues périodiques, Figuier s'adonna à l'œuvre de diffusion et d'éducation populaire, qui devait dès lors absorber sa vie entière. D'innombrables ouvrages jalonnèrent son apostolat. La plupart avaient un caractère descriptif et didactique. Plusieurs, quoique tendant au même but, relevaient davantage de l'imagination : tels des drames et des comédies, constituant un essai de théâtre spécial, qui d'ailleurs ne répondit pas à toutes les espérances de l'écrivain.

Parmi les livres de Figuier, il en est un, les *Merveilles de la Science,* auquel les lecteurs ont réservé un accueil particulièrement favorable et largement mérité.

La genèse des appareils à vapeur, de la marine moderne, des chemins de fer, de l'électromagnétisme, de l'électrochimie, de la télégraphie, de l'aréostation, etc., y était retracée de main de maître.

Malheureusement les publications de ce genre vieillissent vite, plus vite même que leurs auteurs, surtout à notre époque où les transformations se succèdent avec une précipitation vertigineuse, dans l'ordre intellectuel comme dans l'ordre matériel.

Pendant le dernier quart de siècle, l'accroissement des pressions, l'extension graduelle des longues détentes par échelons, l'accélération de la marche, l'augmentation des unités ont profondément modifié les machines à vapeur. Aux moteurs à cylindres, se sont d'ailleurs jointes les turbines, qui n'étaient pas encore sorties de la période d'enfantement et qui, aujourd'hui, prennent de haute lutte leur place dans la marine.

L'électricité a réalisé d'incomparables prodiges. Issue des travaux de Maxwell et de Hertz, la télégraphie sans fil, dont la création est due à M. le docteur Branly, à M. Lodge, à M. Popoff, à M. Marconi, nous permet de communiquer à des milliers de kilomètres, par-delà les mers et les montagnes. Sa sœur aînée, la téléphonie, transmet les sons en conservant leur valeur, leurs modulations, leur timbre. Les lampes à arc et à incandescence fournissent un éclairage d'une souplesse extraordinaire, à l'intensité duquel il n'y a pour ainsi dire pas de limites. Des installations relativement simples captent l'énergie naguère perdue des grandes chutes d'eau, la transportent au loin et la distribuent dans les centres de consommation.

Sur terre de même que sur mer, une véritable révolution s'est produite dans les moyens de transport. Le cyclisme d'abord et l'automobilisme ensuite ont bouleversé la locomotion routière. Partout, on a vu les chemins de fer étendre et resserrer leurs mailles, en même temps qu'ils se perfectionnaient et que croissait leur capacité de trafic. Une émulation féconde entre les nations maritimes devait surexciter l'essor des constructions navales, provoquer la naissance de paquebots chaque jour plus grands, plus rapides, plus confortablement ou plus luxueusement installés. La maîtrise des airs a cessé d'être un rêve insaisissable; dès maintenant, le problème de la dirigeabilité des ballons est pratiquement résolu, et certains faits récents autorisent la foi dans l'avenir de l'aviation.

En photographie, le pouvoir de vision de la « rétine scientifique » a acquis une acuité et une sensibilité étonnantes : elle scrute et révèle l'invisible par la distance comme l'invisible, par les dimensions, surprend et fixe les phénomènes de la moindre durée, enregistre fidèlement les scènes animées les plus complexes et les reproduit en donnant l'illusion complète de la réalité de la vie et du mouvement. Les recherches depuis longtemps poursuivies pour arriver à la photographie en couleurs ont abouti dans des voies diverses. Enfin d'illustres physiciens sont parvenus à découvrir des radiations franchissant les obstacles contre lesquels meurent les radiations ordinaires.

L'art de la guerre, entraîné dans le même mouvement que les arts de la paix, dispose maintenant d'armes dont la promptitude de tir, la portée et la puissance destructive sont terrifiantes. Les explosifs ont des qualités balistiques jadis insoupçonnées. Aux immenses forteresses flottantes qu'on appelle « les cuirassés » la marine militaire a opposé de redoutables pygmées : les torpilleurs, puis les sous-marins et les submersibles. Au point de vue de la science, la navigation sous-marine marque une étape glorieuse dans la marche vers le progrès.

Ces exemples pourraient être multipliés; ils suffisent à montrer la carrière parcourue depuis la publication du livre de Louis Figuier. Bien que le supplément des *Merveilles de la Science* date presque d'hier, l'ouvrage semble déjà appartenir à une autre génération et prend un air ancestral ; les lacunes y apparaissent et deviennent sans cesse plus nombreuses, plus frappantes. Il entre peu à peu dans la catégorie respectable des documents historiques, qui tentent encore de rares érudits, mais que fuient les esprits avides surtout d'actualité et qu'on vénère au point de n'oser les ouvrir. Seules une reprise en sous-œuvre et une remise au point pourront lui rendre la jeunesse et la vie, lui faire retrouver sa vogue légitime d'antan.

De pareilles « réfections » sont toujours difficiles et ingrates. Elles exigent de celui qui les entreprend un savoir étendu, l'obligent à sacrifier dans une large mesure sa personnalité, lui imposent en quelque sorte une incarnation du prédécesseur, lui assignent un cadre dépourvu d'élasticité, n'ajoutent guère à son renom, ne lui apportant pas les inappréciables jouissances d'une création proprement dite.

On ne peut que se féliciter de voir, en la circonstance, M. Max de Nansouty assumer une tâche si délicate. Nul n'eût réuni au même degré les qualités voulues pour réussir. Rien ne lui est étranger du domaine des sciences, et notamment des sciences appliquées. Explorateur infatigable, il a parcouru ce domaine jusque dans ses parties les plus reculées. La nature l'a doué d'un admirable talent d'exposition. Sachant rendre accessibles les questions les plus ardues, imprimant aux études les plus austères une allure attrayante et spirituelle, maniant avec aisance la plume vive et alerte d'un Français de race, il personnifie le vulgarisateur compris et aimé du public. L'association de son nom et de celui du précurseur Louis Figuier est un gage assuré d'éclatant succès.

A. PICARD.

LA CHAUDIÈRE A VAPEUR. — LA MACHINE A VAPEUR

La chaudière à vapeur et la machine à vapeur caractérisent, par leur ensemble, la production de la *force motrice,* dont le progrès, ininterrompu depuis la fin du XVIIIe siècle, a transformé les conditions de l'existence.

Avant d'entrer dans les détails de cette importante évolution, ce qui sera l'objet du livre que nous soumettons à nos lecteurs sous une forme actuelle et rénovée, jetons un rapide coup d'œil sur ses deux principaux organes; on n'en comprendra que mieux, par la suite, l'intervention, dans la production de la force motrice dont on n'a jamais la quantité suffisante, de l'utilisation de la houille blanche, jointe à la transmission à grande distance de l'énergie par l'électricité.

LA CHAUDIÈRE A VAPEUR. — Organe principal de la production de la force motrice, admirable accumulateur d'énergie sous la forme *thermique*, la chaudière à vapeur apparaît dans les tentatives élémentaires des savants de l'Antiquité. La machine de Héron et l'éolipyle sont à l'origine.

En 1681, Denis Papin, de Blois, fait les premières expériences techniques.

En 1699, elle prend une forme effective dans l'appareil de Savery.

Puis, elle reste sans donner lieu à aucunes recherches pendant un siècle et demi.

Mais, en 1848, voici que nous voyons se produire l'expansion subite de cette idée qui semblait sommeiller dans les préoccupations de l'Humanité.

Watt avait donné le type de sa chaudière,

modeste et géniale bouillotte fournissant de la vapeur à deux atmosphères de pression. Tout aussitôt on combina la *chaudière à bouilleurs* du type classique. Marc Seguin, d'Annonay, indiqua le *faisceau tubulaire*, le « type locomotive » dont on ne s'est guère écarté depuis et dans lequel la flamme du foyer passe dans des tubes pour échauffer l'eau qui les environne et qui les baigne.

En 1850, les premiers brevets de Belleville, inversant le principe de Marc Seguin, font circuler l'eau dans des tubes qu'entoure l'ardent souffle du foyer. C'est l'origine des chaudières *tubulaires* et *aquitubulaires*, en quelque sorte inexplosibles, à mise en pression rapide, qui rendent actuellement les plus grands services. Ce sont elles qui vont fournir la vapeur aux grands navires de guerre et aux transatlantiques rapides : leurs foyers vont dévorer des quantités de houille prodigieuses au cours d'une traversée, mais cependant on n'aura pas à craindre qu'une tôle de chaudière surchauffée ou brûlée produise quelque grave accident, ou quelque interruption du service. Les appareils tubulaires ont été l'un des progrès les plus importants de « l'anatomie » des chaudières à vapeur, en ce qui concerne surtout la navigation. Ce sont eux qui ont permis aux ingénieurs de réaliser le programme du poète :

Sous l'âpre et chaude haleine en ton sein comprimée,
Brisant la vague glauque à coups multipliés,
Tu vas la flamme au cœur, en tête la fumée,
Et l'écume à tes pieds!

Les Expositions universelles qui se sont succédé à Paris avec une régularité presque décennale depuis environ cinquante ans, marquent et jalonnent le progrès dans la construction et dans l'usage des chaudières à vapeur.

A notre première Exposition de 1855, qui fut et qui restera un événement historique de grande valeur, nous voyons figurer les chaudières à réchauffeurs latéraux, les chaudières de locomotives de la Compagnie de Paris-Lyon-Méditerranée, les chaudières de Molinos et Pronier du type « locomotive fixe », enfin les chaudières aquitubulaires de Clavières.

En 1867, voici les chaudières à mise en pression rapide : leurs applications portent principalement sur les pompes à incendie et sur les appareils évaporatoires des yachts de plaisance : le type tubulaire Field, fort apprécié et très diversifié depuis lors, montre ses premiers spécimens ; nous le verrons, par la suite, prendre les formes les plus intéressantes.

En 1878, les exposants apportèrent plusieurs types bien étudiés de chaudières tubulaires, aquitubulaires, à production rapide de vapeur, notamment ceux de MM. Belleville, en France, et de Naeyer, en Belgique.

Pour l'Exposition de 1889, ces mêmes chaudières apparaissent dans leurs principes, perfectionnées seulement en ce qui concerne la construction mécanique et la disposition de leurs organes. C'est alors que l'on vit apparaître l'innovation de la curieuse chaudière Serpollet, à tubes aplatis, mettant à profit le phénomène physique de la *caléfaction*, laquelle donne une instantanéité de vaporisation prodigieuse conciliée avec la sécurité : ses applications à la traction des véhicules, tramways, automobiles, automobiles sur rails, ont été remarquables.

Lors de l'Exposition de 1900, nous voyons le perfectionnement de l'appareil évaporatoire s'accentuer de diverses façons. Les comptes rendus des jurys de l'Exposition et l'admirable ouvrage « le Bilan d'un siècle » de M. Alfred Picard, Membre de l'Institut, nous donnent un tableau des progrès réalisés et qui s'affirmeront ensuite dans quelques Concours ultérieurs, notamment à l'Exposition de Liège, en 1905.

Dans les modèles Normand, Du Temple, Guyot, Grille-Solignac, qui sont destinés aux torpilleurs et contre-torpilleurs, les tubes d'eau ont un diamètre moindre que précédemment et sont contournés; le nettoyage de ces tubes ne s'opère que par la circulation intensive. L'alliance des systèmes à tubes d'eau avec les anciens systèmes classiques a engendré des modèles particuliers, tels que la chaudière Climax à foyer extérieur, dont le corps vertical est hérissé de tubes vaporisateurs, et les chaudières Schuchow, à foyer intérieur, dans lesquelles des tubes entrecroisés traversent le foyer.

Les réchauffeurs d'eau d'alimentation, les surchauffeurs de vapeur, les épurateurs des eaux d'alimentation, les injecteurs perfectionnés auxquels viennent se joindre les appareils d'alimentation automatiques, nous montrent les plus grands progrès.

Le *foyer* de la chaudière à vapeur, organe primordial dans la production et l'utilisation des calories, a été l'objet de perfectionnements également remarquables; ses dimensions ont été étudiées, sa fumivorité plutôt cherchée que réalisée à souhait, car s'il n'y a pas « de fumée sans feu », selon le vieux proverbe, il n'y a pas davantage, dans la stricte pratique, « de feu sans fumée ».

Cependant les foyers à fonctionnement mécanique et automatique, dans lesquels tombe la houille pulvérisée et dosée sont tout autrement économiques et tout autrement fumivores que leurs anciens. On a combiné aussi des foyers spéciaux pour le chauffage avec les huiles minérales, et l'une des formules actuelles qui paraissent avoir le plus d'avenir, consiste dans la distillation de la houille soit dans les usines, soit à bord des navires, au moyen de *gazogènes :* on ne brûle ainsi que le gaz de la houille en laissant de côté toute la partie inerte de sa composition. Le *gazogène* est un foyer dans son genre, car l'utilisation du gaz qu'il produit se fait surtout, dans des conditions favorables, en employant comme moteurs les grands moteurs à gaz que créa le regretté Delamarre-Deboutteville.

La construction des chaudières a fort exercé les ingénieurs, les métallurgistes, et les constructeurs.

Au début, les chaudières étaient construites en tôle de fer; ensuite est venu l'acier, dont la forme actuelle la plus usuelle est celle de l'acier dit extra-doux. On reprochait à l'acier, lors des premiers essais de son emploi, d'être cassant, défaut que compensaient, d'ailleurs, sa dureté et sa résistance particulière.

Maintenant, la fabrication métallurgique met à la disposition des constructeurs des aciers qui possèdent, avec la résistance, une élasticité suffisante et un allongement supérieur de trente pour cent environ à celui du fer que l'on employait à l'origine.

Il est résulté de ce progrès dans la construction, un progrès considérable comme sécurité. L'explosion des chaudières à vapeur, danger perpétuellement redouté, est devenue heureusement rare.

On peut faire, à ce sujet, une observation technique qui paraît au premier abord paradoxale, mais qui est la réalité même; c'est que les explosions de générateurs à vapeur, très fréquentes à l'époque où l'on se servait des chaudières à faible pression, sont devenues de plus en plus rares depuis que les appareils à pression élevée, allant jusqu'à quinze atmosphères, sont devenus usuels.

Il y a plusieurs raisons à donner de ce contre-sens apparent.

D'une part, les chaudières tubulaires, aquitubulaires, multitubulaires, en général, éteignent d'elles-mêmes le feu du foyer lorsque la pression exagérée détermine la rupture de l'un de leurs tubes. D'autre part, le chauffage des foyers a été mieux étudié : il est plus puissant en étant moins violent, et cela parce qu'il est mieux réglé. Enfin, les Associations de propriétaires d'appareils à vapeur qui se sont fondées, rendent de plus en plus aléatoires les accidents fortuits, par une surveillance continuelle et pratique.

Il appartient à tous ceux qui se servent d'appareils à vapeur, grands et petits, de se mettre sous cette compétente et tutélaire

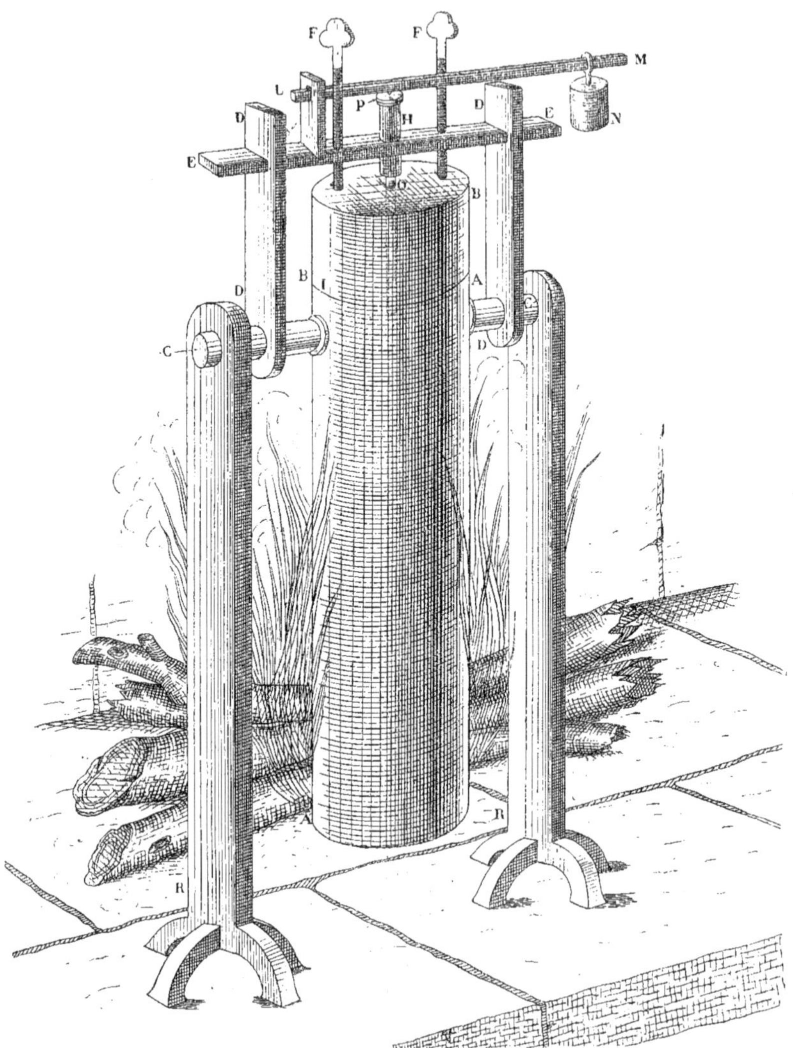

Fig. 1. — Fac-similé de la marmite de Papin, d'après son mémoire de 1681.

AA. Cylindre creux fermé par en bas. — BB. Cylindre creux de même grosseur qui sert de couvercle. — CC. Appendices qui tiennent au cylindre AA comme les tourillons d'un canon. — DD. Pieces de fer qui embrassent d'un côté les appendices CC et de l'autre la barre de fer EE. — EE est une barre qui entre dans les pièces DD et qui se peut ôter et remettre facilement quand on veut ouvrir et fermer la machine. — FF, sont deux vis qui tournant dans des écrous de la barre EE, servant à presser les cylindres AA, BB, l'un contre l'autre. — I. Garniture à la jonction des cylindres, pour empêcher les liqueurs pressées de s'échapper. — H tuyau ouvert des deux bouts où passe la pression de la vapeur. — O. Petit tuyau garni de chanvre pénétrant dans le tuyau H et baignant dans l'eau, de crainte que la soupape P ne demeurât à sec, et qu'il se serait perdu un peu d'eau. — P, petite soupape garnie de papier.

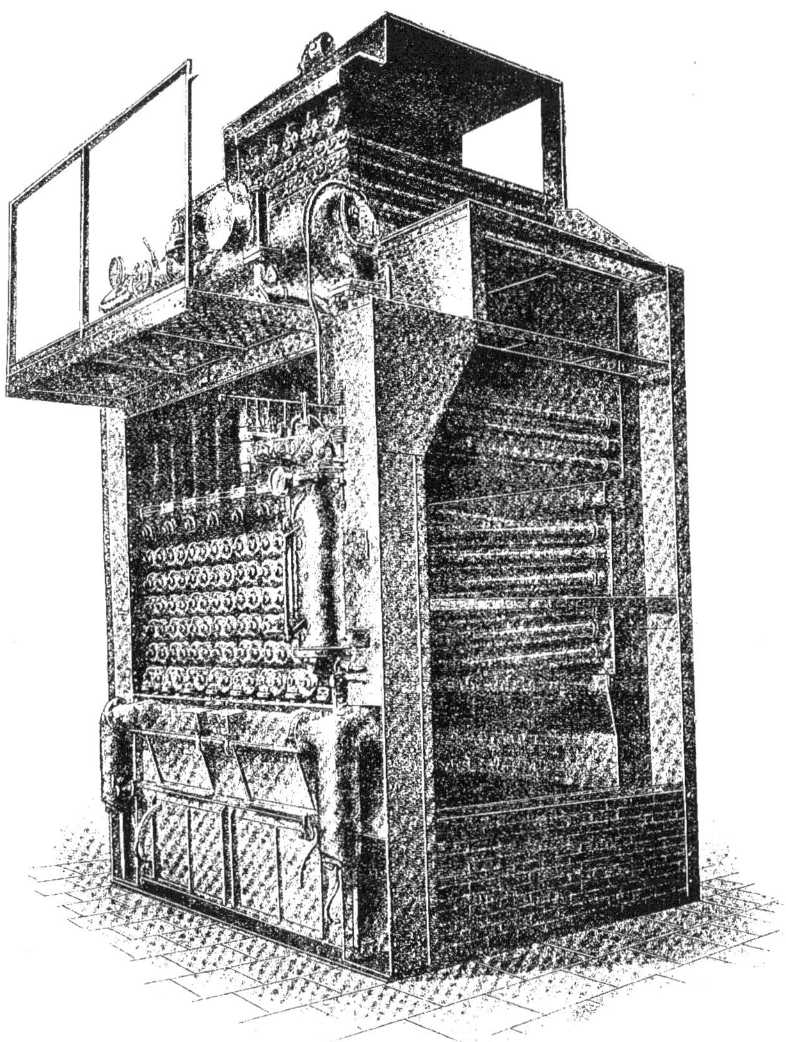

Fig. 2. — Chaudière moderne Delaunay-Belleville.

La chaudière Belleville est une des plus répandues parmi les chaudières multitubulaires : l'eau circule au travers d'un faisceau de tubes dont chaque série constitue une conduite continue plongée dans les gaz du foyer, recevant l'eau par le bas, et envoyant en haut la vapeur dégagée sur le parcours. Ce type de chaudière est fort employé dans les usines et dans la navigation maritime.

égide : ils s'en trouvent toujours bien.

Cela n'est pas superflu, car les chaudières à vapeur ont, en quelque sorte, « leurs maladies spéciales » que l'on a pu définir et caractériser.

Ce sont d'abord l'oxydation des tôles, les cassures, les soufflures : puis les « coups de feu », qui sont pour elles ce que sont, pour les humains, les attaques d'apoplexie foudroyantes. Elles ont leurs « refroidissements » consistant dans la rupture des tôles échauffées, ou surchauffées, par suite de l'introduction brusque d'un jet d'air froid pénétrant d'une façon intempestive. On connaît « la peste des chaudières ». Ce n'est sans doute pas « le mal qui répand la terreur » dont nous a parlé le fabuliste ; mais c'est une maladie inquiétante pour les laborieuses « bouillottes ». M. Olry, le savant Ingénieur en chef des Mines qui a défini les symptômes et les conséquences de cette maladie, nous la fait voir sous la forme de pustules qui se multiplient sur les tôles, qui les rongent et qui les percent. On n'a pas trouvé le « sérum » spécial qui guérirait cette peste, heureusement non contagieuse, mais on la combat par l'épuration préalable des eaux d'alimentation.

Les chaudières ont aussi, quelque surprenante que soit la chose, le diabète, le « diabète sucré ». Mais, il est équitable de constater que ce sont seulement les chaudières des sucreries qui en sont atteintes par la réaction acide des buées sucrées dont elles s'imprègnent; l'acidité de cette attaque ronge le fer et l'acier malgré leur bonne qualité.

Les Associations de propriétaires d'appareils à vapeur indiquent à leurs adhérents les moyens de reconnaître, dès leur début, ces diverses maladies des chaudières. On peut s'imaginer combien elles rendent ainsi de services à leur sécurité en vertu du sage précepte : *Principiis obsta !*

La question de la vaporisation a, été, ainsi que nous venons de le voir dans ce coup d'œil d'ensemble, étudiée à fond. On possède actuellement de très nombreux types de chaudières qui sont excellents. Les progrès qui ont été réalisés et qui se poursuivent consistent dans l'augmentation de la vaporisation par mètre carré de surface de chauffe, dans le perfectionnement de la circulation de l'eau, dans l'emploi de matériaux de très bonne qualité, notamment de l'acier, dont nous avons constaté, tout d'abord, la supériorité évidente sur le fer.

On s'attache aussi, les appareils étant mieux construits, à un choix plus rationnel du combustible, et l'on fait, non sans succès, *l'éducation des chauffeurs.*

Un des chapitres sur lesquels on s'exerce avec utilité, c'est celui de la *fumivorité*, ayant pour but de supprimer un inconvénient malpropre et onéreux du fonctionnement des chaudières a vapeur : la fumée.

On dit souvent, et non sans raison, que pour réaliser la *fumivorité*, autant qu'elle est pratiquement réalisable, des foyers industriels, il convient de rendre, tout d'abord, « le chauffeur *fumivore* ». Cela sera vrai et restera exact tant que les foyers à chargement mécanique et automatique n'auront pas remplacé les systèmes de chargement à la main dans les batteries de chaudières d'une certaine importance. Assurément ce remplacement ne peut se faire brusquement ni à la légère ; il faut « amortir » tout d'abord les installations anciennes. Mais pour les installations neuves, le chargement mécanique s'impose.

Quoi qu'il en soit et en attendant, nous avons sous les yeux un compte rendu fort instructif du « concours de chauffeurs » qui a été organisé lors de l'Exposition de Liège.

Il s'agissait de chauffeurs exercés déjà, ayant cinq ans de bons services et réduits en nombre pour « la finale » par des épreuves préalables éliminatoires. La vaporisation était établie et mesurée en kilogrammes d'eau prise à zéro degré par le calcul et vaporisée à la pression de 10 atmosphères absolues par kilogramme de charbon sec, cendres non déduites, dans un groupe de deux chaudières à deux foyers intérieurs, de 120 mètres carrés de surface de chauffe et de 3^m,20 carrés de surface de grille.

Il y a eu onze lauréats.

Le premier du classement a vaporisé 8^k,502; le dernier 5^k,545.

La différence maxima de rendement est de 2^k,957 ; on voit l'importance du chiffre.

Il y a aussi une considération philosophique amusante.

La diminution du *rendement* par défectuosité de la chauffe, entraîne un travail bien plus difficile et *plus pénible* pour le chauffeur. Ainsi, le premier des lauréats dont nous parlons avait pelleté par mètre carré de grille 58^k,7, et le dernier 90^k,1, soit un peu plus de 100 kilos par heure, soit 1.000 kilos par journée de dix heures.

Nous avons dit qu'il s'agissait de bons chauffeurs consciencieux : on peut juger du supplément de travail *que se donne à lui-même* un mauvais chauffeur gaspillant le charbon du patron : il se fatigue inutilement, et cela en faisant de la mauvaise besogne. C'est une petite leçon de solidarité qui a un réel mérite.

L'épuration des eaux d'alimentation des chaudières joue, ainsi que nous l'avons dit, un rôle important dans leur bon fonctionnement. Dans certains cas, à la vérité, les inconvénients des dépôts peuvent être atténués par des dispositions judicieuses des appareils : mais, en somme, l'épuration préalable de l'eau est une chose sage et qui s'impose à la prudence.

Ce sujet a été fort étudié et les procédés d'épuration des eaux sont nombreux : on recourt au chauffage à l'air libre, au traitement chimique, à la sédimentation, au filtrage, suivant la source ou le réservoir auquel on s'alimente. Une chaudière à vapeur ayant sa dose « de philosophie » ne doit évidemment jamais dire — en son langage de chaudière : — « Fontaine, je ne boirai pas de ton eau ! » Mais, elle peut et doit dire : « Je boirai de ton eau après l'avoir fait épurer par les moyens que préconisent les Physiciens et les Ingénieurs. »

LA MACHINE A VAPEUR. — La chaudière à vapeur fonctionne : la vapeur sous pression gronde à son intérieur : nos tuyauteries sont en bon état, nos « joints » sont bien bien faits et bien serrés : venons à *la machine à vapeur,* dans laquelle va s'élaborer effectivement *la force motrice.*

Nous en ferons l'historique par la suite.

Rappelons seulement, pour commencer, les noms de ceux qui furent les précurseurs et les initiateurs.

Ce fut le marquis de Worcester qui, en 1663, donna une sanction aux idées émises par Salomon de Caus en 1615, mais toutefois l'hypothèse qu'il envisageait ne tenait pas compte de l'action élastique de la vapeur. Ces deux précurseurs admettaient la transformation de l'eau en air chaud.

Le programme du marquis de Worcester paraîtrait certes bien élémentaire à nos plus modestes praticiens actuels ; il se résumait « à monter quatre seaux d'eau à quatorze mètres de hauteur en une minute ».

Il était assurément curieux de résoudre le problème avec les moyens dont disposait ce précurseur. Il y parvint, et s'assura, un peu orgueilleusement sans doute, la récompense honorifique de ses efforts, en se décernant *à lui-même* l'éloge que s'était, avant lui, conféré le poète latin Ovide :

> Exegi monumentum ære perennius.
> Non omnis moriar...

« J'ai élevé un monument plus durable que l'airain : je ne mourrai pas tout entier, ma mémoire survivra.. »

Ensuite viennent Newcomen, Smeaton Watt, Fulton, Stephenson, et Seguin, qui donnent des formes presque définitives : l'anatomie générale de la machine à vapeur est faite.

La progression de cette belle œuvre commune, réunissant tant d'efforts persistants et divers, s'aperçoit nettement à la diminution de la quantité de combustible brûlé pour obtenir le cheval-vapeur de 75 kilogrammètres, qui correspond à la force nécessaire pour élever 75 kilogrammes à 1 mètre de hauteur en 1 seconde.

La machine de Newcomen consomme 30 kilos de charbon par cheval-heure.

La machine de Smeaton arrive à une consommation de 10 kilogrammes.

Fig. 3. — Seconde machine à vapeur de Denis Papin.

Celle de Watt, avec le condenseur, la pompe à air, et le régulateur, descend à 2k,5 de combustible par cheval-heure. M. Witz a constaté qu'il y a actuellement encore de laborieuses machines qui, en quelque coin, fonctionnent dans ces conditions primitives.

Le commencement du XIXe siècle, ainsi que l'a établi M. Alfred Picard, trouva la machine à vapeur en possession de ses organes essentiels.

Deux faits principaux se sont accentués à partir du commencement du siècle. Ce sont : l'augmentation graduelle des *pressions* de l'énergie du ressort fluide mis en œuvre, et celle de la *détente,* c'est-à-dire de l'épuisement poussé aussi loin que possible de la puissance coûteusement emmagasinée, sous forme de calorique, dans ce ressort.

La machine à vapeur n'a pas eu de « maladie de croissance ». Tout au contraire, au fur et à mesure qu'elle se faisait plus puissante, elle se tassait davantage, se ramassait sur elle-même. Les belles *machines à balancier* du début ne trouveraient plus guère à se loger dans nos usines et dans nos ateliers actuels, et leur peu de puissance ferait sourire les jeunes Ingénieurs.

C'est Maudslay, en 1807, qui résolut le problème de la machine verticale sans balancier. Saulnier l'introduisit en France en 1812. J. Meyer, de Mulhouse ; Imbert et Bourdon, de Paris, la perfectionnèrent, la dirigèrent vers ses formes actuelles. Cavé, de Paris, en 1820, faisait entrer dans la pratique la machine à cylindre oscillant.

A partir de 1850, les perfectionnements se multiplient, mis en évidence par les expositions universelles successives.

Le cheval-vapeur de Watt, mesurant la

force motrice de 75 kilogrammètres par seconde, s'obtenait en brûlant 2 kil. 500 de houille par cheval et par heure. Actuellement, pour une machine à double expansion, on peut aisément parler de 760 grammes de charbon pur et sec par cheval-heure indiqué : on peut même descendre au-dessous en combinant la forte pression initiale avec la triple expansion, avec le tirage forcé, avec la surchauffe et ne dépenser que 5 kilogrammes de vapeur par cheval-heure.

Fig. 4. — Machine à vapeur moderne. Weyher et Richemond.

Les pressions de vapeur ont augmenté dans une proportion frappante. De 0,670 kilogramme qu'elles atteignaient au début dans les machines de Watt, nous les voyons, dans les machines à multiple expansion, atteindre et dépasser parfois 12 kilogrammes. Les locomotives Compound, du système Mallet, exposées en 1900, étaient timbrées à 12 et 15 kilogrammes.

Les systèmes de distribution de la vapeur, fondés sur l'emploi du *tiroir* classique, se sont fort perfectionnés, grâce à l'emploi des distributeurs coniques et des soupapes de Corliss, de Sulzer, de Wheelock. Les grosses machines fixes actuelles, de plusieurs milliers de chevaux, fonctionnent, en quelque sorte, sans bruit et sans chocs.

Une progression analogue à celle des pressions s'est produite dans les vitesses de marche. On n'établit plus, pour ainsi dire, de machines à vapeur tournant à moins de soixante-dix tours par minute. Les moteurs usuels, à moyenne vitesse, font entre 70 et 150 tours, avec une vitesse moyenne de piston variant entre 2 m. 50 et 4 m. 50 par seconde. Le nombre de tours, par minute, des machines à grande vitesse se tient entre 150 et 500 ; parfois même on va au delà. Les régulateurs, savamment perfectionnés par Farcot, Foucault, Porter, Rolland, etc., etc., assurent, néanmoins, une parfaite régularité de marche.

La machine à vapeur de mille chevaux constitue, maintenant, une unité courante, et les machines industrielles de deux mille cinq cents et trois mille chevaux sont fort répandues.

La marine a des unités d'une puissance bien supérieure : les navires de guerre ou les transatlantiques groupant jusqu'à 20.000 chevaux de force et même davantage, deviennent usuels, mais il y a là des conditions d'utilisation toutes différentes.

Signalons l'avènement, à la fin du siècle, de la *turbine à vapeur*, c'est-à-dire du *moteur rotatif*, qui, fort contesté à son début, tend à prendre une large place parmi les moteurs à vapeur. Le type Parsons, étudié en 1876, créé en 1884, et le type de Laval, créé en 1889, sont et resteront célèbres. On en nomme les formes actuelles *turbo-moteurs*. Leur vitesse de rotation varie entre 9.000 tours dans le type de Laval, et 18.000 tours par minute, dans le type Parsons, au point que l'on ne peut encore utiliser d'aussi grandes vitesses. En modérant leur fougue à quelques milliers de tours, on peut leur faire actionner directement des machines électriques et constituer d'excellents *groupes électrogènes*, producteurs de courant électrique ; en les attelant à des pompes rotatives spéciales, on leur fait élever ou lancer de l'eau à plus de trois cents mètres de hauteur, au dessus du sommet de la tour Eiffel, si l'on voulait. Les turbo-moteurs sont la réalisation d'un énorme progrès.

Nous ne pouvons que constater le perfectionnement fort intéressant des machines demi-fixes et locomobiles, si utiles aux travaux publics et à l'agriculture. Donnons seulement un chiffre de statistique concluant.

Il y avait, en France, en 1840, un total de 2.996 machines à vapeur, d'industrie, de bateaux et locomotives, d'une puissance d'ensemble de 59.972 chevaux-vapeur.

En 1900, il y avait 98.283 machines correspondant à 8.609.262 chevaux-vapeur.

Le progrès de la machine à vapeur jusqu'à l'emploi tout récent des turbo-moteurs peut être indiqué et devenir apparent encore sous une autre forme : c'est par la vitesse *du piston* dans son *cylindre*.

En voici la progression.

Partons des « pompes à feu » primitives dans lesquelles la vitesse du piston est de $0^{m},50$ par seconde.

Nous passons aux machines d'usine où cete vitesse atteint 2 mètres, puis 3 mètres par seconde. Le piston, dans un travail ininterrompu, fait, aller et retour, près de 11 kilomètres à l'heure.

Avec les locomotives à grande vitesse nous atteignons $3^{m},50$ à 4 mètres par seconde : le piston a fait 15 kilomètres à l'heure.

Cette vitesse a été dépassée dans les navires rapides et dans les torpilleurs.

Mais, nous touchons bien là à « un extrême », et il était temps que les moteurs rotatifs, que les turbo-moteurs intervinssent, car, le piston poussé dans un cylindre par de la vapeur à haute pression aux vitesses dont nous venons de parler, devient une sorte de projectile ; il ébranle tout par ses actions et ses réactions, il « pilonne » comme une sorte de marteau-pilon à vapeur. La machine à vapeur aurait eu sans doute quelque difficulté à progresser si le *mouvement rotatif* et *circulaire continu* ne fut venu, à point nommé, se substituer au mouvement alternatif parvenu presque à la limite de ses efforts et de son activité dont on a les plus beaux exemples.

C'est à la découverte du *tiroir*, si simple et si difficile à combiner dans sa simplicité, que la machine à vapeur a dû la possibilité de son énorme développement; le tiroir pour toutes les machines à pistons est demeuré l'organe primordial par excellence. Cependant, on est revenu avec de grands perfectionnements et avec des utilisations précises et savantes à l'emploi des robinets et des soupapes dans certains systèmes perfectionnés tels que ceux de Corliss et de Sulzer.

La *détente de la vapeur*, en permettant d'épuiser dans une large mesure l'énergie que la vapeur emmagasine, par l'expansion dans un cylindre à basse pression de plus grand diamètre que le cylindre à haute pression, a également permis de réaliser de grandes augmentations de puissance jointes à l'économie de combustible. Les machines Compound en sont un excellent exemple : dès l'origine, Trevithic, homme de génie, avait entrevu ce progrès que Woolf affirma. M. A. Mallet en a fait une remarquable application aux locomotives. C'est grâce, à ce principe que les belles locomotives Compound de la Compagnie du Nord, étudiées par M. du Bousquet, ingénieur en chef, et qui ont été imitées, d'un commun accord, par tant de Compagnies françaises et étrangères, ont acquis à la France le « record » de la vitesse. De Paris à Amiens, les 131 kilomètres de distance sont parcourus en 1 heure 25 minutes. Cela constitue une *vitesse moyenne*, entre gares, de 92 kilomètres 470 mètres à l'heure, et en tenant compte des ralentissements, une *vitesse réelle* de près de 120 kilomètres à l'heure sur les parties faciles du trajet.

Voilà bien un énorme succès pour la locomotive, pour sa machine, et pour sa chaudière; nous aurons l'occasion d'y revenir avec plus de détails.

L'application des turbo-moteurs permettra-t-elle à la locomotive de faire des trajets plus rapides encore? Un avenir prochain nous le dira, à la condition toutefois que, dans l'intervalle, le perfectionnement de la « locomotive électrique » ne vienne pas changer le mode de traction qui a si bien modifié toutes les relations humaines et tous les usages.

Bornons ici ce coup d'œil rapide sur une des plus grandes révélations mécaniques dont l'Histoire de l'Humanité ait été le témoin. Nous en suivrons à loisir, et d'une façon méthodique, dans le livre que l'on va lire, les diverses phases dont quelques-unes ont été très lentes alors que d'autres étaient extraordinairement rapides.

Un grand enseignement se dégage, tout d'abord de ce vaste labeur : c'est que les besoins de l'homme, dès lors qu'ils sont nettement définis et clairement exprimés, trouvent toujours la satisfaction qu'ils demandent dans les ressources de la Science.

Actuellement, sauf les perfectionnements de détail qui ne sont certes pas à dédaigner mais qui sont, en somme, secondaires comme importance primordiale, la machine à vapeur paraît avoir donné, ou promis à bref délai, en passant du mouvement alternatif au mouvement circulaire continu, à peu près tout ce que l'on peut attendre d'elle.

Elle conservera cette suprématie jusqu'à ce que l'asservissement des forces naturelles vienne fournir quelque nouveau moyen de capter l'énergie mécanique qui se manifeste, de toutes parts, sous nos yeux. La « houille noire » des mines terrestres brûlera de moins en moins dans les foyers des chaudières alors que la « houille blanche » des glaciers, comme l'a nommée le précurseur A. Bergès, viendra actionner avec plus de force les turbines hydrauliques qui, grâce aux machines dynamo, donnent à l'énergie et à son transport à distance « la forme électrique ».

Quoi qu'il en soit, son rôle aura été grand et considérable, et tout en étant obligée de céder une partie de son domaine, la machine à vapeur continuera à conserver de vastes possessions, ne fut-ce que pour utiliser au mieux et sur place même, par transformation en énergie électrique, la puissance calorifique des gisements de combustible du sol.

Quel que soit le chapitre de cette évolution que l'on relise et que l'on étudie, on y trouvera toujours avec utilité toutes sortes d'enseignements profitables, on s'y instruira par le témoignage multiplié et constamment instructif de ce que peut produire l'enchaînement persistant des efforts, et l'on y apercevra l'évidence de ce fait que le Progrès s'alimente par lui-même, vit et prospère sur lui-même, et que l'on peut bien lui appliquer la célèbre devise de l'accélération : « *Vires acquirit eundo!* » (Elle acquiert des forces dans sa course.)

CHAPITRE II

NOTIONS CONCERNANT LA VAPEUR DANS L'ANTIQUITÉ ET LE MOYEN AGE. — CRÉATION DE LA MÉTHODE SCIENTIFIQUE. — BACON, DESCARTES ET GALILÉE. — SALOMON DE CAUS, SA VIE ET SES ÉCRITS.

La plupart des écrivains qui se sont occupés de l'histoire de la machine à vapeur, ont placé dans l'antiquité le berceau de cette invention. Cette opinion nous semble inadmissible. La machine à vapeur est d'origine moderne, et c'est vainement que l'on essayerait de chercher dans les traditions scientifiques de la Grèce et de Rome la trace des idées qui présidèrent à sa création.

La science que nous désignons aujourd'hui sous le nom de *physique*, n'existait pas chez les anciens Quelques connaissances dues au hasard, ou introduites par la pratique des arts résument toute la Physique des Grecs. C'est que l'observation, le secret d'étudier un fait, en l'isolant, par une opération de l'esprit, de tout ce qui l'entoure, fut à peu près ignoré des anciens. La poétique imagination des philosophes de la Grèce avait entraîné la science naissante dans une voie opposée à celle de ses progrès. Au lieu d'observer les choses qui tombent sous les sens,

Fig. 5. — Héron fait l'expérience de l'éolipyle devant les savants d'Alexandrie.

on cherchait à pénétrer la nature intime des phénomènes, à remonter jusqu'à la secrète essence de leurs causes. L'importance et la grandeur des faits attiraient surtout l'attention. On s'attachait obstinément à poursuivre des problèmes dont la solution, même aujourd'hui, n'apparaît pas prochaine; on construisait l'Univers avant de l'avoir entrevu. Cette philosophie arrêta, dès le début, les sciences physiques.

Placer au sein d'une pareille époque l'origine de la découverte la plus importante des temps modernes, c'est donc fausser les traditions de l'histoire, et le rapide examen des faits montrera sur quelles bases futiles cette opinion s'était fondée.

C'est à un savant de l'École d'Alexandrie, Héron, qui vivait cent vingt ans avant l'ère chrétienne, que la plupart des auteurs modernes rapportent l'honneur d'avoir inventé et construit la première machine à vapeur connue.

Le petit traité de Héron, intitulé *Spiritalia*, renferme les quelques lignes qui ont mérité au philosophe d'Alexandrie d'être proclamé le premier inventeur d'une machine construite dix-huit siècles après lui. Ce livre était loin de prétendre à une destinée si brillante. Il renferme la description d'une série d'appareils destinés à manifester certains effets curieux de l'air et de l'eau. Les matières y sont exposées sans ordre et sans liaison logique : aucune explication, aucune théorie, ne s'y trouvent jamais invoquées. Pour que nos lecteurs puissent en juger par eux-mêmes, nous rapporterons les divers passages sur lesquels on s'appuie pour accorder à Héron la première idée de la machine à feu.

Le quarante-cinquième appareil décrit par le philosophe d'Alexandrie, se compose d'une marmite contenant de l'eau et fermée de toutes parts, à l'exception d'une ouverture donnant accès à un tube vertical ouvert. Dans l'intérieur de ce tube on place une petite boule; par l'action de la chaleur, cette boule est projetée au dehors.

Dans les figures suivantes, Héron décrit divers mécanismes qui permettent, au moyen de l'air comprimé ou dilaté par l'action du feu, de faire sonner la trompette d'un automate, siffler un dragon de bois, ou tourner en rond de petits bonshommes. Nous ne dirons rien de tous ces appareils, qui ne sont que des viciations de l'instrument connu et expérimenté dans les cours publics sous le nom de *fontaine de Héron*. Nous arriverons tout de suite au passage où se trouve décrit le petit appareil que l'on considère comme le premier modèle de la machine à vapeur.

« *Faire tourner une petite sphère sur son axe au moyen d'une marmite chauffée.* — Soit AB (fig. 6) une marmite contenant de l'eau et soumise à l'action de la chaleur. On la ferme au moyen d'un couvercle CD que traverse le tube courbé EFG dont l'extrémité G pénètre dans la petite sphère creuse H suivant la direction d'un diamètre. A l'autre extrémité du même diamètre est placé le pivot qui est fixé sur le couvercle CD au moyen de la tige pleine LM. De la sphère H sortent deux tubes placés suivant un diamètre (à angle droit sur le premier), et recourbés à angle droit en sens inverse l'un de l'autre. Lorsque la marmite sera échauffée, la vapeur passera par le tube EFG dans la sphère, et, sortant par les tubes infléchis à angle droit, fera tourner la sphère de la même manière que les automates qui dansent en rond. »

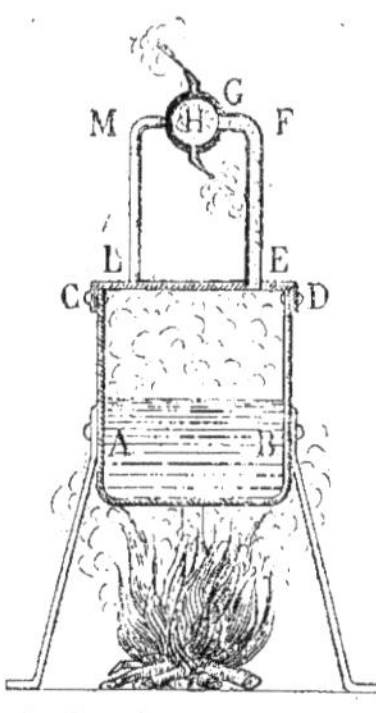

Fig. 6. — Appareil de Héron.

Tel est l'appareil signalé par Arago comme « le premier exemple de l'emploi de la vapeur comme force motrice ». Est-il nécessaire de dire qu'en décrivant ce joujou, qui tourne *comme des automates qui dansent en rond,* le philosophe d'Alexandrie ne le présentait nullement comme pouvant devenir l'origine d'une force motrice? Les expériences exposées dans son Traité ne sont que des tours de Physique amusante, et l'auteur ne dit rien des causes des phénomènes qu'il décrit.

Si l'on voulait d'ailleurs rechercher quelle interprétation théorique Héron accordait à ce fait on ne pourrait, d'après son texte même, le rapporter qu'à la seule action de la chaleur. Il dit, en effet, dans l'énoncé du problème, « faire tourner une petite sphère au moyen d'une marmite chauffée, » et non « au moyen de la vapeur d'eau ». Héron ne pouvait ici faire jouer aucun rôle à la vapeur d'eau, par cette raison fort simple que l'existence même de la vapeur était inconnue de son temps. Avec tous les philosophes de son époque, Héron ne voyait dans la vaporisation d'un liquide que sa transformation en air, et dans son livre il ne fait jamais allusion qu'aux effets mécaniques produits par l'air comprimé ou dilaté par le feu.

Aussi les physiciens qui sont venus après lui n'ont-ils expliqué le phénomène de la rotation de sa petite sphère que par l'écoulement et la réaction de l'air chaud, qui provenait lui-même de la transformation de l'eau en air. On trouve, dans une autre partie de l'ouvrage de Héron, la description d'un petit appareil en tout semblable au précédent, et dans lequel seulement un courant d'air chaud remplace le courant de vapeur.

Le jouet décrit par Héron d'Alexandrie, ne nous semble donc pas mériter la considération due à la découverte de la machine à vapeur.

L'existence de la vapeur d'eau étant ignorée des Anciens, il est difficile d'admettre que l'on ait pu, à cette époque, imaginer une machine fondée sur la connaissance des propriétés de cet agent.

Cette erreur de l'ancienne Physique sur la transformation de l'eau en air par l'action de la chaleur, se prolonge, d'ailleurs, longtemps après le philosophe d'Alexandrie. Le célèbre architecte romain Vitruve, contemporain d'Auguste, dit en parlant de l'*éolipyle*, appareil très anciennement connu : « Les éolipyles sont des boules d'airain qui sont creuses et qui n'ont qu'un très petit trou par lequel on les remplit d'eau. Ces boules ne poussent aucun air avant d'être échauffées; mais, étant mises devant le feu, aussitôt qu'elles sentent la chaleur, elles envoient un vent impétueux vers le feu, et ainsi enseignent par cette petite expérience des vérités importantes sur la nature de l'air et des vents. »

On ne sera pas surpris, d'après les idées inexactes qui ont régné si longtemps sur les phénomènes de la vaporisation des liquides, de voir des siècles entiers s'écouler sans apporter la moindre notion sur les effets mécaniques de la vapeur. Cette circonstance explique la pénurie d'arguments et de faits dans laquelle se sont trouvés les écrivains qui ont voulu placer à une époque reculée l'origine de l'invention qui nous occupe.

Nous rappellerons, à ce sujet, l'anecdote que rapporte l'historien byzantin Agathias et que l'on a coutume d'invoquer à cette occasion. Cet historien raconte qu'un avocat très réputé de Byzance, nommé Zénon, avait pour voisin Anthémius de Tralles, en Lydie, le plus habile architecte du temps de l'Empereur Justinien.

A la suite d'une mésintelligence survenue entre eux, Anthémius imagina, pour se venger de l'avocat Zénon, qui avait triomphé de lui devant les tribunaux, de placer, dans le rez-de-chaussée qu'il habitait, de grandes chaudières pleines d'eau, terminées par des tuyaux de cuir évasés aboutissant aux poutres et planches du plafond, au-dessus duquel était l'appartement somptueux où Zénon recevait ses amis.

« Il alluma ensuite un grand feu sous les chaudières, de sorte que l'eau entrant en ébullition, il s'en éleva beaucoup de vapeur épaisse et fumeuse qui, ne pouvant s'échapper, monta dans les tuyaux et s'y élança avec d'autant plus de violence qu'elle était resserrée dans un plus étroit espace, jusqu'à ce que, frappant continuellement le plafond, elle l'ébranla tout entier, au point de faire légèrement trembler et crier les bois. Or, Zénon et ses amis furent troublés et épouvantés, et ils s'élancèrent dans la rue en criant et poussant des exclamations, et Zénon demandait aux personnes de sa connaissance ce qu'elles savaient du tremblement de terre, et s'il ne leur avait pas causé quelque dommage. »

D'après nos connaissances sur les propriétés de la vapeur d'eau, cette expérience, telle qu'elle est rapportée par Agathias, ne pouvait en aucune manière produire les résultats qui viennent d'être rapportés, car, pour obtenir une vive secousse, il était nécessaire d'ouvrir, tout à coup, au moyen d'une soupape ou d'un robinet, l'extrémité évasée des tuyaux. Par malheur, l'historien de Byzance ne fait mention ni de robinet ni de soupape; on peut donc mettre en doute l'authenticité de l'aventure.

C'est avec un sentiment semblable qu'il faut accueillir l'assertion émise par Robert Stuart, en ces termes laconiques :

« En 1563 un certain Mathésius, dans un volume de sermons intitulé *Sarepta*, parle de la possibilité de construire un appareil dont l'action et les propriétés paraissent semblables à celles de la machine à vapeur. »

Mathésius était maître d'école à Joachimsthal, ville de Bohême, autrefois célèbre par ses mines d'argent, de cuivre et d'étain dans lesquelles on a récemment découvert le *radium*. Son ouvrage, imprimé à Nuremberg, en 1562 (*Sermonnaire des mines*), n'est qu'un livre de prières. Voici le passage auquel l'écrivain anglais fait allusion :

« Au moyen de l'eau, du vent et du feu, et moyennant de beaux mécanismes, que l'eau et le minerai s'élèvent et soient mis en mouvement des plus grandes profondeurs, afin que la dépense soit diminuée et que ces trésors cachés puissent être d'autant plus tôt percés et mis au jour... Vous, mineurs, glorifiez dans les chants des mines l'excellent homme qui fait monter aujourd'hui le minerai et l'eau sur le Platten au moyen du vent, et comment maintenant on élève l'eau au jour avec le feu. »

Il faut beaucoup de bonne volonté pour trouver dans le texte de cette exhortation évangélique l'indication d'un appareil « dont l'action et les propriétés paraissent semblables à celles de la machine à vapeur moderne ». Il pouvait exister dans les mines diverses machines mues par le vent ou par l'air échauffé; mais rien n'indique, dans la pieuse invocation de Mathésius, la moindre allusion à une machine agissant au moyen de l'eau réduite en vapeur.

Robert Stuart ajoute :

« Trente ans après, dans un livre imprimé à Leipzig en 1597, on trouve la description de ce qu'on appelle un éolipyle, que l'on peut, dit-on, utiliser en l'adaptant à un tournebroche. »

L'éolipyle, appareil connu, comme on vient de le voir, depuis une époque fort reculée, a beaucoup attiré l'attention des physiciens du Moyen Age : ils ignoraient cependant la cause des effets curieux qu'il produit, et s'imaginaient que l'eau s'y transformait en air. Il n'est donc pas impossible que l'insignifiante et pauvre application dont parle Robert Stuart ait pu être réalisée, bien qu'il ne nous donne aucune indication sur l'ouvrage qui la mentionne.

Arago et tous les écrivains français qui, s'occupant, après lui, de l'histoire de la machine à vapeur, se sont bornés à reproduire ses opinions, admettent que la première expérience relative aux effets mécaniques de la vapeur d'eau a été faite au commencement du XVIIe siècle, par un gentilhomme de la chambre de Henri IV, nommé David Rivault, seigneur de Flurance.

« Pour rencontrer, dit Arago, après les premiers aperçus des philosophes grecs, quelques notions utiles sur les propriétés de la vapeur d'eau, on se voit obligé de franchir un intervalle de près de vingt siècles. Il est vrai qu'alors des expériences précises, concluantes, irrésistibles, succèdent à des conjectures dénuées de preuves.

« En 1605, Flurance Rivault, gentilhomme de la chambre de Henri IV et précepteur de Louis XIII, découvre, par exemple, qu'une bombe à parois épaisses, et contenant de l'eau, fait tôt ou tard explosion quand on la place sur le feu *après l'avoir bouchée,* c'est-à-dire lorsqu'on empêche la *vapeur d'eau* de se répandre librement dans l'air à mesure qu'elle s'engendre. La puissance de la vapeur d'eau se trouve ici caractérisée par une épreuve nette et susceptible jusqu'à un certain point d'appréciations numériques; mais elle se présente encore à nous comme un terrible moyen de destruction. »

Fig. 7. — Descartes.

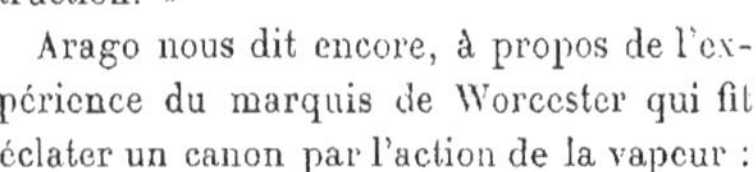

Arago nous dit encore, à propos de l'expérience du marquis de Worcester qui fit éclater un canon par l'action de la vapeur :

« Cette expérience était déjà connue en 1605, car Flurance Rivault dit expressément que les éolipyles crèvent avec fracas quand on empêche la vapeur de s'échapper. Il ajoute même : « L'effet de la raréfaction de l'eau a de quoi épouvanter les plus assurés des hommes. »

Il est permis toutefois d'affirmer, après avoir consulté l'ouvrage *Éléments d'artillerie, livre III,* dans lequel Flurance Rivault cherche à établir la nature des substances qui peuvent entrer dans la composition de la poudre, qu'Arago a honoré la pensée de l'auteur d'une interprétation plus large qu'elle ne le méritait, car Rivault ne parle nullement de vapeur d'eau, comme on le lui fait dire; il parle seulement, d'après les opinions scientifiques de son époque, de la conversion de l'eau en air. Il ne fait aucune allusion à une expérience qu'il aurait exécutée, et il ne nous dit rien de cette « bombe à parois épaisses, et contenant de l'eau, qui fait tôt ou tard explosion, quand on la place sur le feu après l'avoir bouchée ». Il parle tout simplement de châtaignes « dont l'éclat n'a d'estonnement que pour les enfants »; et s'il nous dit que « l'effet de la raréfection de l'eau a de quoy espouvanter les plus asseurés hommes », il a soin d'ajouter « en l'accident des tremblemens de terre », complément explicatif qui ramène le fait à sa véritable expression. Et convenez que cet *accident des tremblements de terre* et cette *furie des châtaignes* sont bien faits pour réduire à sa juste valeur la prétendue découverte du précepteur de Louis XIII et pour affaiblir ses droits à la reconnaissance de la postérité.

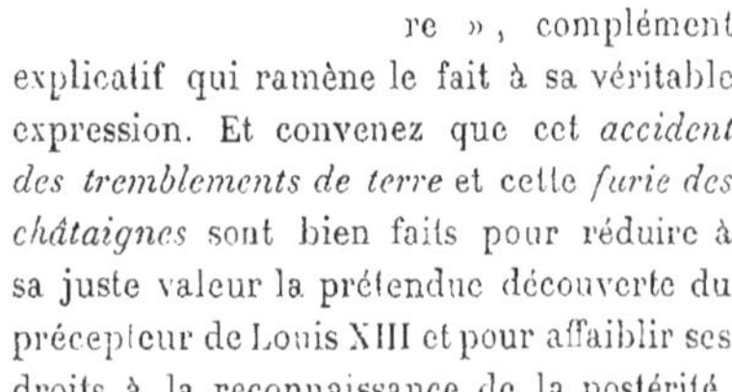

Ainsi, jusqu'à la fin du XVIe siècle, aucune notion ne fut acquise concernant l'application des effets mécaniques de la vapeur d'eau. Ce fait ne surprend point quand on se rappelle que toutes les connaissances que nous résumons aujourd'hui sous le nom de Physique, étaient enveloppées, à cette époque, de l'obscurité la plus profonde. La création de la physique pouvait seule apporter les faits précis qui devaient servir de point de départ à la découverte des effets mécaniques de la vapeur d'eau et déterminer son emploi comme force motrice. C'est de la fin du XVIe siècle que date la création de la physique moderne.

Les sciences, qui avaient brillé d'un vif éclat dans le vaste empire des Arabes, avaient disparu avec eux. Leur flambeau s'était éteint dans l'Europe du moyen âge. Après cette époque, quelques hommes de génie, Paracelse, Ramus, Cardan, Gessner, Agricola, Tycho-Brahé, Copernic, avaient fait briller, par leurs travaux, les vrais principes de la philosophie naturelle. Mais ces premiers efforts étaient restés stériles.

Fig. 8. — Bacon.

Cependant les transformations religieuses et politiques qui se produisirent en Europe provoquèrent une transformation profonde dans les sciences, et c'est alors qu'apparaissent à la fois sur la scène du monde, trois hommes destinés à jeter les bases de l'édifice nouveau des connaissances humaines. Bacon en Angleterre, Descartes en France, et Galilée en Italie, sont les auteurs de cette révolution mémorable. Divers de pays, d'esprit et de caractère, ils attaquent, selon les formes et les aptitudes particulières de leur génie, l'échafaudage antique des doctrines scolastiques qui asservissaient l'esprit humain. Leurs hardis et salutaires efforts le renversent à jamais, et élèvent sur ses débris une philosophie nouvelle. Donnant le précepte et l'exemple, ils enseignent au monde la véritable méthode à suivre dans les recherches scientifiques, et marquent, par leurs découvertes, les premiers pas de la science naissante.

La révolution scientifique accomplie par les préceptes de Bacon, les découvertes de Galilée et les écrits de Descartes, embrasse une période bien tranchée. Commencée dans les dernières années du XVIe siècle, à l'époque des premiers travaux de Galilée, elle se termine vers le milieu du siècle suivant, en 1642, à la mort de ce savant. C'est seulement alors que le triomphe de la philosophie nouvelle est définitivement établi, et que la science, fondée désormais sur une base inébranlable, peut marcher sans entraves dans les voies de la vérité. Mais, pendant l'intervalle d'un demi-siècle que cette période mesure, la science a péniblement à lutter contre les restes de l'esprit philosophique du passé, et elle n'est pas toujours victorieuse. Une métaphysique obscure embarrasse ses théories; les idées religieuses et morales continuent à se mêler aux explications physiques. On raisonne sur le plein et le vide, sur les qualités essentielles et sur les qualités accidentelles des corps. On disserte sur le sec et l'humide, sur le nombre et les propriétés des éléments. On prête à la nature des affections morales; on se perd dans la vaine subtilité des théories de la scolastique. Aussi l'expérience est-elle à peine invoquée, et quand on essaye d'y recourir, c'est toujours sur des sujets puérils que va s'exercer l'imagination des physiciens. On entreprend des recherches mécaniques pour expliquer les sons de la statue de Memnon, le jeu mystérieux de l'orgue du pape Sylvestre, ou le vol de la colombe d'Architas; on écrit des volumes pour découvrir les causes de la dissolution du veau d'or, ou pour savoir combien de milliers d'anges pourraient tenir, sans être pressés, sur la pointe d'une aiguille.

C'est au milieu de cette période de l'histoire des sciences, lorsque la physique n'existait pas encore, que tous les écrivains se se sont accordés jusqu'ici à placer la découverte de la machine à vapeur.

En France, c'est à Salomon de Caus, architecte et ingénieur obscur, qui a écrit en 1615 son livre *les Raisons des forces mouvantes,* que l'on a décerné l'honneur de cette invention. Il n'y a qu'une voix en Angleterre pour l'attribuer au marquis de Worcester, politique brouillon et mécanicien contestable, qui vivait sous les derniers Stuarts. Enfin, les écrivains italiens revendiquent pour leur pays la première invention de la machine à feu, en invoquant, à ce sujet, les titres du physicien Porta, qui écrivait en 1605, ou ceux de l'architecte Giovanni Branca, qui a publié à Rome, en 1629, un ouvrage sur les machines.

Nous croyons qu'on ne peut attribuer à aucun d'eux la gloire de cette découverte, car on ne peut avoir songé à construire une machine ayant pour principe la force élastique de la vapeur d'eau, à une époque où l'on confondait avec l'air atmosphérique les fluides qui se dégagent des liquides en ébullition; quand on ne possédait, sur les effets mécaniques de la vapeur, que ces notions confuses, acquises depuis des siècles par l'observation vulgaire, et ne se liant à aucune vue théorique; lorsque les principales lois de l'hydrostatique étaient encore un mystère, lorsque les premiers linéaments de la physique générale étaient à peine tracés. Cependant, l'opinion contraire, établie sur l'autorité des noms les plus considérables de la science, a joui longtemps d'un grand crédit.

Les Raisons des forces mouvantes avec diverses machines tant utiles que plaisantes, ausquelles sont adjoints plusieurs dessçings de grotes et fontaines, par Salomon de Caus, *ingénieur et architecte de Son Altesse Palatine électorale,* tel est le titre de l'ouvrage qui renferme, dit-on, la description de la première machine à vapeur connue.

Il est difficile de juger les écrits d'un savant sans connaître les principaux événements de sa vie. Donnons, en conséquence, quelques détails sur Salomon de Caus, autant qu'il est permis de fournir des renseignements positifs sur un modeste ingénieur du XVIIe siècle, à peu près ignoré de ses contemporains, et dont la gloire posthume ne devait briller que deux siècles après sa mort.

Le nom de Salomon de Caus n'étant cité dans aucun des ouvrages biographiques de son temps, c'est à ses propres écrits qu'il faut emprunter les particularités qui le concernent. Salomon de Caus naquit en 1576. Il était sans doute originaire de Normandie, car un de ses parents, Isaac de Caus, qui publia, quelque temps après lui, un ouvrage d'hydraulique, prend le titre de *Dieppois*. Dans la préface de l'un de ses écrits, Salomon de Caus nous apprend lui-même que les sciences et les arts l'occupèrent dès sa jeunesse. Il étudiait la peinture, les langues anciennes et les mathématiques. Porté vers la mécanique par un goût particulier, il s'appliqua de bonne heure à cette science. Ensuite, comme tous les artistes de son époque, il voyagea pour perfectionner ses connaissances. Il se rendit d'abord en Italie, où il séjourna quelque temps. Il passa de là en Angleterre, et réussit à entrer dans la maison du prince de Galles; il fut attaché, comme maître de dessin, à la princesse Élisabeth. Le prince de Galles ayant confié à l'artiste français le soin de décorer les jardins de son palais, Salomon de Caus peupla de groupes mythologiques les jardins de Richmond. Tout le personnel de l'Olympe figurait dans les décorations de cette résidence célèbre; des machines hydrauliques faisaient jaillir les eaux au milieu de ces statues allégoriques.

Cependant la princesse Élisabeth, ayant épousé, en 1613, le duc de Bavière, Frédéric V, partit pour l'Allemagne; elle emmena avec elle son maître de dessin en qualité d'ingénieur et d'architecte.

Dès son arrivée en Allemagne, Salomon de Caus fut chargé de diriger la construction des bâtiments nouveaux que le duc de Bavière se proposait d'ajouter à son palais de Heidelberg. Il fallait entourer de jardins le nouveau palais; on livra à l'architecte une sorte de fourré sauvage, le *Friesenberg*, montague inculte, hérissée de rochers nus et creusée de profonds ravins. L'art changea promptement la face de ces lieux abandonnés. La montagne fut remuée de fond en comble, et bientôt, sur l'emplacement de ce site désert, on vit s'élever de beaux jardins tout remplis d'ombre et de fraîcheur, ornés de maisons de plaisance, décorés d'arcs de triomphe et de portiques, égayés, suivant l'heureux style de cette époque, de fontaines jaillissantes et de grottes rocailleuses. Les délicieux jardins du palais de Heidelberg, ont fait l'admiration de l'Allemagne jusqu'à l'époque où ils furent détruits pendant l'un des sièges, suivis de pillage, qui désolèrent Heidelderg de 1622 à 1688.

Fig. 9. — Salomon de Caus.

C'est pendant le cours de ces derniers travaux, lorsqu'il dirigeait la construction des jardins de Heidelberg, que Salomon de Caus publia, chez Jean Norton, libraire anglais établi à Francfort, son ouvrage sur les *Forces mouvantes*. Après la dédicace, adressée *au roi Très Chrétien* (Louis XIII), vient une poésie laudative, due à la plume d'un certain Jean Le Maire, peintre et bel esprit du temps. Un acrostiche du poète sur le nom de Salomon de Caus nous apprend que l'auteur de cet ouvrage n'était encore qu'en son *printemps*.

L'ingénieur normand avait quarante-sept ans et résidait depuis dix ans chez le palatin de Bavière, lorsque le désir de revoir son pays, ou la mobilité de son humeur, le décida à se séparer du prince. Il revint en France en 1623 et y vécut de son double métier d'ingénieur et d'architecte, car il fut attaché par Louis XIII aux travaux que ce roi faisait exécuter dans sa capitale.

Salomon de Caus publia à Paris, en 1624, un ouvrage qui a pour titre : *la Practique et la démonstration des horloges solaires, avec un discours sur les proportions*. Ce livre est dédié au cardinal de Richelieu.

A cela se bornent tous les renseignements que l'histoire a pu recueillir sur Salomon de Caus. La galerie d'antiquités de la ville de Heidelberg conserve son portrait peint sur bois, à la date de 1619. C'est un facsimilé de ce tableau que nous donnons dans la gravure qui représente le portrait de Salomon de Caus. Sa vie est racontée succinctement à l'envers du panneau : on y fixe à l'année 1630 la date de sa mort.

Un document authentique nous permet de rectifier la date assignée ici à la mort de Salomon de Caus.

Il est ainsi conçu : *Salomon de Caulx, ingénieur du roy, a été enterré à la Trinité, le samedi dernier jour de février 1626, assisté de deux archers du guet.*

Au milieu des simples événements de cette vie paisible, partagée entre la culture des beaux-arts et les devoirs d'une profession libérale, il est difficile de reconnaître le savant que l'on a coutume de nous représenter comme devançant son époque, et devinant, deux siècles avant nous, les applications mécaniques de la vapeur. L'obscur ingénieur qui passa ignoré de ses contemporains et de ses successeurs, est loin de répondre à ce personnage de génie dont le type convenu semble déjà être acquis à l'histoire. Examinons maintenant les passages de ses écrits que l'on a invoqués pour lui attribuer la découverte de la machine à vapeur.

C'est dans le premier des trois livres dont se compose l'ouvrage *les Raisons des forces mouvantes,* que se trouve l'article relatif à la vapeur d'eau.

Le titre de cet ouvrage pourrait faire croire qu'il est consacré tout entier à l'étude des forces qui mettent en jeu les machines. Cependant il ne renferme que six pages relatives à l'équilibre de la balance, du levier, de la poulie, des roues à pignons dentelés et de la vis; le reste est consacré à la description de diverses machines hydrauliques propres à l'élévation des eaux. Vient ensuite l'exposition des moyens à employer pour construire des grottes artificielles, des fontaines rustiques et des cabinets de verdure pour l'ornement des jardins. Le troisième livre est un traité pratique assez complet de la fabrication des orgues d'église.

Donnons une idée des matières contenues dans le premier livre.

Dans un court préambule, l'auteur, suivant les principes de la physique de son temps, annonce qu'il se propose de définir les quatre éléments des corps, parce que tous les effets des machines se rapportent à ces éléments. Comme la définition de l'air contient *une ligne* que l'on invoque quelquefois en faveur de Salomon de Caus, nous citerons textuellement le passage qui la renferme.

« L'air, dit-il, est un élément froid, sec et léger, lequel se peut presser et se rendre fort violent... L'air est aussi dit léger, car quelque quantité qu'il y ait d'air dans un vaisseau, il n'en sera plus pesant; et quant à ce qui est dit ici qu'il se peut presser, j'en donnerai ici un exemple : Soit un vaisseau de plomb ou cuivre bien clos et soudé tout à l'entour, marqué A, auquel il y aura un tuyau marqué BC, duquel le bout C approchera près du fond dudit vaisseau d'environ un pouce, et au bout B, il y a un petit récipient (entonnoir) pour recevoir l'eau, laquelle verserez dans ledit récipient, et de là descendra au vaisseau, et d'autant que l'air qui est au dedans ledit vaisseau ne peut sortir, et qu'il faut qu'il y ait quelque place, on ne pourra emplir ledit vaisseau, et si le tuyau BC est haut de dix ou douze pieds, il y entrera environ jusqu'au tiers d'eau, tellement que l'air se pressant, causera une compression, et fera même enfler le vaisseau, s'il n'est fort épais, ce qui démontre que l'air se presse, et que cette compression fait violence, comme il se pourra voir en diverses machines en ce livre. Mais la violence sera grande quand l'eau s'exhale en air par le moyen du feu et que ledit air est enclos, comme par exemple, soit une balle (ballon) de cuivre d'un pied ou deux de diamètre, et épaisse d'un pouce, laquelle sera remplie d'eau par un petit

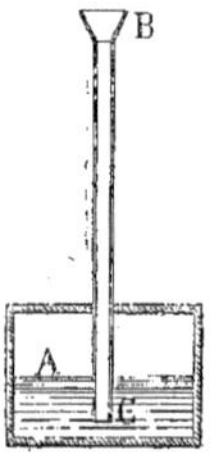

Fig. 10. — Expérience de Salomon de Caus.

trou, lequel sera bouché bien fort après avec un clou, en sorte que l'eau ni l'air n'en puissent sortir; il est certain que si l'on met ladite balle sur un grand feu, en sorte qu'elle devienne fort chaude, il se fera une *compression si violente* que la balle crèvera en pièces, avec bruit semblable à un pétard. »

La lecture du texte original de Salomon de Caus suffit pour rectifier l'interprétation inexacte que l'on a faite de ce passage. On voit que la première expérience qu'il rapporte n'a d'autre but que de démontrer la compressibilité de l'air, et de manifester l'un des effets mécaniques auxquels donne naissance l'air comprimé. L'air condensé dans la partie supérieure du vase AC par l'eau que l'on verse dans ce vase, s'oppose, par sa pression, à ce que l'eau vienne occuper toute sa capacité. La seconde expérience n'est destinée qu'à montrer les effets de la compression de l'*air échauffé* et non de la vapeur, comme on l'a si souvent avancé. Salomon de Caus nous apprend que, par l'effet de la pression de l'eau *exhalée en air*, un ballon de cuivre peut éclater en mille pièces. Cette phrase : *La violence sera grande quand l'eau s'exhale en air par le moyen du feu*, si souvent invoquée en faveur de Salomon de Caus, prouve seulement qu'il connaissait le fait vulgaire d'un vase métallique rempli d'eau, hermétiquement bouché, et qui éclate par l'action de la chaleur. Mais ce fait était depuis longtemps connu ; on le trouve cité dans plusieurs écrits des alchimistes, et Salomon de Caus se borne à le reproduire, sans se douter de la véritable cause du phénomène ; il n'y voit autre chose que l'effet de l'air engendré par la chaleur et agissant sur l'eau dans un espace fermé.

Fig. 11. — Salomon de Caus exerçant les fonctions d'ingénieur du roi dans la ville de Paris.

Après ces définitions, Salomon de Caus passe à l'exposition de divers théorèmes.

Dans le premier qui est ainsi formulé : *Les parties des éléments se mêlent ensemble pour un temps, puis chacun retourne en son lieu,* il rappelle d'abord que tous les corps de la nature sont « composés et mixtionnés d'éléments..., comme, par exemple, le bois et toute autre chose que la terre procure sont mixtionnés du sec et de l'humide ». Dans le développement de ce théorème, l'auteur se propose de montrer qu'après la décomposition d'un corps par l'action de la chaleur, chacun de ses éléments *retourne en son lieu,* « comme, par exemple, le bois se détruit par le moyen de la chaleur, l'humidité s'évapore en haut, par extraction que fait la chaleur. Laquelle vapeur, venant à monter avec la chaleur jusqu'à la moyenne région, se quittent l'un l'autre, puis chacun retourne en son lieu, l'humidité retombant sur la terre, qui est ce que nous appelons pluie. »

Il ne faudrait pas conclure de l'emploi du mot *vapeur* par l'auteur des *Raisons des forces mouvantes,* qu'il possédât des notions exactes sur la vaporisation des liquides. Le terme de vapeur existait dans le langage, parce qu'il représentait une forme de la matière depuis longtemps observée ; mais la nature du phénomène qui donne naissance aux vapeurs était inconnue à cette époque.

Le théorème II des *Raisons des forces mouvantes* est consacré à discuter le principe du plein universel, thème favori de la physique du moyen âge. Il est ainsi conçu : *Il n'y a rien à nous cogneu de vide.*

Dans les théorèmes suivants, l'auteur arrive aux divers moyens pour *élever l'eau plus haut que son niveau.*

Voici un de ces moyens sur lequel on fait reposer la gloire de Salomon de Caus :

« L'eau montera, par aide du feu, plus haut que son niveau.

« Le troisième moyen de faire monter l'eau est par l'aide du feu, dont il peut faire diverses machines ; j'en donnerai ici la démonstration d'une.

« Soit une balle de cuivre marquée A, bien soudée tout à l'entour, à laquelle il y aura un soupirail marqué C, par où l'on mettra l'eau, et aussi un tuyau marqué AB, qui sera soudé en haut de la balle, et dont le bout approchera près du fond sans y toucher ; après faut emplir ladite balle d'eau par le soupirail, puis le bien reboucher et le mettre sur le feu : alors la chaleur donnant contre ladite balle, fera monter toute l'eau par le tuyau AB. »

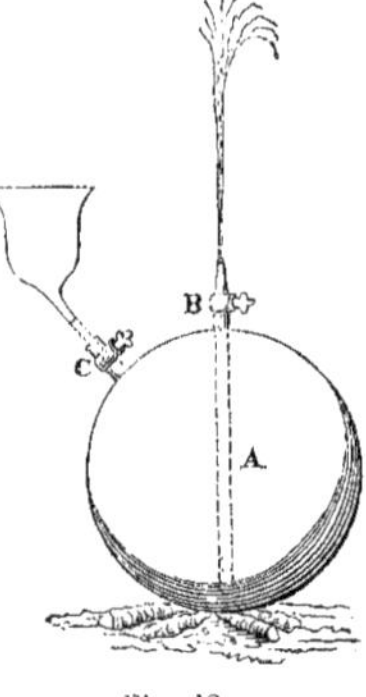

Fig. 12.

Tel est l'appareil qui, selon Arago, « est une véritable machine à vapeur propre à opérer des épuisements ».

Nous ferons remarquer que l'appareil décrit par Salomon de Caus ne peut servir qu'à l'épuisement de l'eau contenue dans le ballon A et qu'il constitue plutôt un objet de pure démonstration, une simple expérience de physique ; c'est dans l'article consacré aux théorèmes et non dans le chapitre des machines, que se trouve sa description.

Aussi, lorsque Arago nous parle plus loin d'un ouvrier qui, dans la machine de Salomon de Caus, est chargé de remplacer l'eau expulsée, à l'aide d'un orifice qui s'ouvre et se ferme à volonté, il prête à l'auteur une pensée qui n'entra jamais dans son esprit. Si Salomon de Caus avait voulu présenter cet appareil comme une machine de son invention, il n'eût pas manqué de donner à sa description tous les développements nécessaires, comme il le fait dans la suite de son ouvrage pour diverses petites machines qu'il a inventées et pour lesquelles il décrit minutieusement le mécanisme, la situation des soupapes, la disposition des tubes, le nombre des bassins et des citernes.

Arago, revenant, dans son *Éloge de Watt,* sur l'ouvrage de Salomon de Caus, a dit :

« Je ne saurais accorder que celui-là n'ait rien fait d'utile, qui, réfléchissant sur l'énorme ressort de la vapeur d'eau fortement échauffée, vit le premier qu'elle pourrait servir à élever de grandes masses de ce liquide à toutes les hauteurs imaginables. Je ne puis admettre qu'il ne soit dû aucun souvenir à l'ingénieur qui, le premier aussi, décrivit une machine propre à réaliser de pareils effets... L'appareil de Salomon de Caus, cette enveloppe métallique où l'on crée une force motrice presque indéfinie à l'aide d'un fagot et d'une allumette, figurera toujours noblement dans l'histoire de la machine à vapeur. »

Nous avons fait connaître les idées inexactes professées par Salomon de Caus et par tous les physiciens de son temps, sur le phénomène de la vaporisation des liquides. Il nous semble donc difficile qu'il ait jamais pu réfléchir sur l'énorme ressort de la « vapeur d'eau fortement chauffée ». Entre la phrase si simple de Salomon de Caus : « la chaleur donnant contre ladite balle fait monter toute l'eau par le tuyau AB », et cet « énorme ressort de la vapeur d'eau », dont parle Arago, il y a un intervalle assez difficile à combler. Quant « à élever de grandes masses de liquide à toutes les hauteurs imaginables », il nous semble que c'est encore ajouter beaucoup à la pensée de l'auteur, qui ne parle que de faire monter l'eau au-dessus de son niveau, hauteur que l'on peut imaginer sans trop de peine.

Il ne sera pas inutile de faire remarquer, en passant, que la découverte de ce nouveau moyen d'élever l'eau était loin d'appartenir à Salomon de Caus.

Dans une traduction italienne de l'ouvrage latin du physicien napolitain Porta, *Pneumaticorum libri tres,* publiée en 1601, on trouve la description d'un petit appareil qui a pour but de déterminer en combien de parties d'air peut se transformer une partie d'eau (*per sapere una parte di acqua in quanto di aria si risolve*). Porta détermine en combien de parties d'air se transforme une partie d'eau, en se servant de la pression qu'exerce de la vapeur d'eau sur de l'eau liquide contenue dans un petit réservoir. Or, ce moyen d'élever l'eau en exerçant sur elle une pression par l'effet de la chaleur, Porta est loin de le décrire comme une invention qui lui appartienne. Il était, en effet, connu bien longtemps avant lui, et dans l'ouvrage de Héron on trouve plus de vingt appareils fondés sur ce principe, dont la cause seulement échappait aux physiciens de cette époque. Aussi Porta est-il loin de s'attribuer la première observation de ce fait : il le prend dans le courant des opinions communes, et le présente avec simplicité, comme un moyen d'établir par l'expérience une vérité qu'il recherche.

On ne peut donc admettre, avec Arago, que Salomon de Caus ait fait le premier une observation de ce genre.

Nous ne pouvons reconnaître davantage que l'ingénieur normand ait eu la pensée de présenter son appareil comme créant « une force motrice presque indéfinie ». Salomon de Caus est bien loin d'élever des prétentions aussi hautes. Le petit appareil qu'il décrit, il le met sur la ligne du siphon, de la fontaine de Héron et même des tissus humectés. Que pensez-vous des effets d'une machine destinée à rivaliser avec la capillarité des tissus? Certes, si Salomon de Caus avait eu le projet qu'on lui prête, s'il avait voulu présenter son appareil comme susceptible de créer une force applicable aux travaux de l'industrie, le lieu était bien choisi de le déclarer nettement dans un livre sur les forces mouvantes. S'il avait eu quelque pensée de ce genre, il n'eût pas manqué de s'en exprimer clairement et formellement

Il est plus juste de dire que Salomon de Caus trouva dans la science de son temps la notion vague et confuse des effets mécaniques de la vapeur d'eau, effets que l'on n'avait pas encore réussi à distinguer de ceux de l'air échauffé. Il signala ce fait dans l'un de ses écrits, sans y ajouter plus d'importance qu'on ne le faisait à son époque, et sans songer un instant à l'appliquer à la construction d'une machine. Ce qui prouve qu'il n'ajoutait rien aux idées scientifiques de son temps, c'est que son ouvrage ne produisit aucune impression sur l'esprit de ses contemporains. Consulté seulement par quelques personnes de sa profession, le livre de l'architecte normand, qui traite, au même titre, des forces mouvantes, du dessin des grottes et fontaines et de la fabrication des orgues, occupa fort peu les physiciens. Le jésuite Gaspard Schott est le seul, qui, dans un ouvrage imprimé en 1657, sous le titre de *Mechanica hydraulico-pneumatica*, fasse mention du nom et de l'ouvrage de Salomon de Caus. Aucun autre auteur de son siècle n'a parlé de cet appareil, et son parent, Isaac de Caus, qui écrivit, quelques années après lui, un traité sur les moyens d'élever les eaux, ne cite pas même l'ouvrage de son homonyme.

Nous sommes donc contraint de rejeter l'opinion, universellement répandue, qui fait de Salomon de Caus un savant de premier ordre qui, par la force de son génie, devina, il y a deux siècles, la machine à vapeur moderne.

Nous sera-t-il permis d'ajouter, par forme de conclusion, qu'il serait bon, dans l'histoire des sciences, de se montrer sobre de ces types romanesques d'hommes de génie qui devancent leur époque, et qui, tout d'un coup, font briller la lumière aux yeux de leurs contemporains plongés dans la nuit de l'ignorance et des préjugés. Rarement un savant devance son époque. Appliquer les notions acquises de son temps, en déduire toutes les conséquences qu'elles renferment, cette tâche suffit à occuper son génie. Raisonner autrement, c'est introduire la fantaisie dans le domaine de l'histoire ; c'est donner une idée fausse de la marche ordinaire de l'esprit humain et des lois qui président à l'évolution de nos découvertes ; c'est enfin placer les esprits sur une pente dangereuse. En effet, quand un savant, raisonnant de bonne foi, a contribué à répandre dans le public un de ces préjugés, ce faux germe ne tarde pas porter son fruit vicieux. On ne se fait pas scrupule de renchérir sur la donnée primitive, et sur la trame de cet épisode enjolivé de l'histoire scientifique, on se met à broder sans façon un chapitre de roman.

En ce qui touche Salomon de Caus, ce résultat ne s'est pas fait attendre.

Au mois de novembre 1834, quelques années après la publication de la Notice d'Arago sur la machine à vapeur, un journaliste facétieux répandit la légende, que le pinceau, le burin et le drame accréditèrent, que Salomon de Caus avait été enfermé par ordre du cardinal de Richelieu dans un cabanon de Bicêtre où il était mort fou en 1641. Or Salomon de Caus, suivant un document trouvé au greffe de l'état civil, est mort à Paris, en fonctions d'ingénieur du roi, en 1626, et a été enterré le 28 février, au cimetière de la Trinité. Au lieu d'être persécuté par Richelieu, l'auteur des *Raisons des forces mouvantes* paraît avoir éprouvé sa bienveillance, et il lui a dédié, en 1624, son traité des *Horloges solaires*.

Trois ans plus tôt, en 1621, il avait proposé au roi Louis XIII « de donner ordre au nettoyement des boues et immondices » de sa bonne ville de Paris et aux faubourgs, « afin de la tenir plus nette que par le passé, » et cela par un système d'élévation d'eau et de fontaines qu'il se chargeait d'établir sur différents points indiqués.

Voilà donc, ramenée à ses justes proportions, la part de Salomon de Caus dans l'invention de la machine à vapeur.

CHAPITRE III

LE PÈRE LEURECHON. — BRANCA. — L'ÉVÊQUE WILKINS. — LE PÈRE KIRCHER. — LE MARQUIS DE WORCESTER. — NAISSANCE DE LA PHYSIQUE MODERNE. — DÉCOUVERTES DE TORRICELLI ET DE PASCAL. — INVENTION DE LA MACHINE PNEUMATIQUE. — APPLICATION DE CES DÉCOUVERTES A LA CRÉATION D'UN MOTEUR UNIVERSEL.

On a vu dans le précédent chapitre, que, pendant la période qui nous occupe, les physiciens ne possédaient sur la vaporisation des liquides, que quelques notions confuses, viciées par une interprétation théorique des plus inexactes, consistant à rapporter à l'air échauffé la plupart des phénomènes qui proviennent du ressort de la vapeur d'eau. Les faibles effets mécaniques que l'observation vulgaire avait révélés concernant la force élastique de la vapeur, n'étaient alors l'objet que d'applications insignifiantes.

Le Père Leurechon, jésuite lorrain, a publié en 1626, sous le titre de *Récréations mathématiques,* un ouvrage souvent réimprimé depuis, et qui donne un reflet fidèle de l'état des connaissances physiques et mécaniques au XVIIe siècle. Le petit appareil connu sous le nom d'*éolipyle* fixait beaucoup l'attention des physiciens de cette époque. Le Père Leurechon va nous montrer quelles applications on imaginait alors d'en tirer.

« Les éolipyles, dit le Père Leurechon (Problème 75), sont des vases d'airain ou autre semblable matière qui puisse endurer le feu; ils ont un petit trou étroit par lequel on les emplit d'eau, puis on les met devant le feu et jusqu'à ce qu'ils s'échauffent on n'en voit aucun effet; mais aussitôt que le chaud les pénètre, l'eau, venant à se raréfier, sort avec un sifflement impétueux et puissant à merveille... Quelques-uns font mettre dans ces soufflets un tuyau courbé à divers plis et replis, afin que le vent, qui roule avec impétuosité par dedans, imite le bruit d'un tonnerre. D'autres se contentent d'un simple tuyau dressé à plomb, un peu évasé par le haut, pour y mettre une petite boule qui sautille par-dessus quand les vapeurs sont poussées dehors. Finalement, quelques-uns appliquent, auprès du trou, des moulinets ou choses semblables, qui tournevirent par le mouvement des vapeurs, ou bien, par le moyen de deux ou trois tuyaux recourbés en dehors, font tourner une boule. »

Ces moulinets ou choses semblables qui tournevirent par le mouvement des vapeurs, nous allons les retrouver chez d'autres physiciens du XVIIe siècle : les applications puériles que l'on faisait alors des propriétés de la vapeur d'eau montreront suffisamment quel rôle jouaient, dans la science de cette époque, les notions relatives à la vapeur.

Giovanni Branca, architecte de l'église de Lorette, savant très peu connu et qui n'a laissé que quelques ouvrages sur l'architecture et la mécanique, a publié à Rome, en 1629, un recueil des principales machines connues de son temps. Branca n'est pas l'inventeur des machines qu'il décrit : c'est seulement à la prière de ses amis qu'il fait, dit-il, cette publication, car il ne connaît point les noms des auteurs des différents appareils dessinés dans son ouvrage. Nous représentons dans la figure 13, d'après l'ouvrage de Giovanni Branca, une des machines que l'on invoque pour attribuer à ce savant une part dans l'invention de la machine à vapeur. C'est un éolipyle ainsi composé : Le buste d'une statue métallique creuse A est placé sur un brasier; un trou B, qui se ferme à vis, sert à introduire de l'eau dans ce buste; un tube C, adapté à sa bouche, lance la vapeur contre les augets d'une roue horizontale D. Celle-ci, au moyen d'une roue dentée E et d'un pignon HG, met en action deux pilons MN, OP, au moyen de deux petites cames K, E : « Ces pilons, dit Branca, broieront de la *poudre* ou toute autre matière que l'on voudra. »

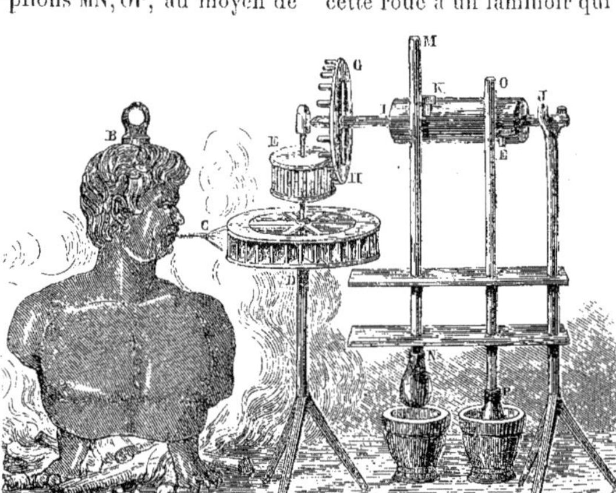

Fig. 13. — Éolypile de Branca.

Il est fort à croire que cet appareil devait broyer *toute autre matière,* car l'existence d'un foyer à quelques pas de la poudre, n'aurait pas été marquée au coin d'une prudence excessive.

« Je n'ai pas encore deviné, dit Arago, en parlant de l'appareil de Branca, d'après quelles analogies on a pu voir dans cet éolipyle le premier germe de la machine à vapeur employée de nos jours. »

La liaison serait en effet difficile à saisir. Le principe de la machine à vapeur moderne repose sur la force élastique de la vapeur d'eau contenue dans un espace fermé; ici il s'agit, au contraire, du simple effet d'impulsion que produit un courant de vapeur. Un courant d'air chassé par un soufflet, et dirigé contre les augets de la roue, aurait produit un effet tout semblable.

Cette assimilation est tellement fondée, que Branca décrit, dans une autre partie de son livre, une machine analogue à la précédente, dans laquelle seulement l'action de la vapeur est remplacée par celle de l'air chaud. Une roue à augets, placée au sommet du tuyau d'une cheminée en activité, tourne par l'effet du courant d'air échauffé qui s'élève du foyer; divers engrenages communiquent le mouvement de cette roue à un laminoir qui transforme des lames de métal en médailles ou en pièces de monnaie.

Au XVIe siècle, Cardan avait décrit une machine à peu près semblable sous le nom de *machine à fumée.* Elle était formée de feuilles de tôle taillées à peu près comme des ailes de moulin et disposées de la même manière autour d'un axe mobile. On la plaçait horizontalement dans le tuyau d'une cheminée. On attribuait à la fumée le principe d'action de cette machine; mais Cardan remarque avec raison que la flamme semble plutôt contribuer à ses effets.

L'insignifiante application de l'éolipyle, faite par l'architecte romain, est cependant revendiquée par Robert Stuart en faveur de l'un de ses compatriotes.

« L'ingénieux et savant évêque Wilkins est le premier auteur anglais, dit Robert Stuart, qui parle de la possibilité de faire mouvoir des machines par la force élastique de la vapeur. »

Jean Wilkins, beau-frère de Cromwell et évêque de Chester, qui, malgré ses tra-

Fig. 14. — L'évêque Wilkins.

vaux de théologie, s'était rendu habile dans les sciences physiques et mathématiques, a publié sous le titre de *Mathematical Magic*, un ouvrage où il est dit quelques mots de l'éolipyle.

« On peut, dit l'évêque de Chester, employer les éolipyles de diverses manières, soit comme amusement, soit pour enfler et pousser des voiles attachées à une roue placée dans le coin d'une cheminée au moyen de laquelle on peut faire tourner un tournebroche. »

Robert Stuart nous a déjà parlé d'un éolipyle appliqué, au XVIe siècle, à faire marcher un tournebroche. Il paraît qu'à cette époque l'emploi mécanique de la vapeur d'eau ne pouvait s'élever encore au-dessus de cet engin de cuisine.

Ainsi, jusqu'à la période à laquelle nous sommes parvenus, on connaît vaguement quelques-uns des effets mécaniques que peut exercer la vapeur d'eau. Mais là s'arrêtent toutes les notions. Les applications de ce fait sont à peu près nulles, car on ne s'en sert que pour la démonstration de principes erronés, ou pour faire manœuvrer des jouets d'enfant. Quant à la théorie du phénomène, on continue de professer à cet égard l'erreur de l'ancienne physique, c'est-à-dire la transformation de l'eau en air, par le fait de la chaleur. Nous avons vu Porta, Salomon de Caus et le Père Leurechon admettre cette théorie; le Père Kircher va la formuler pour nous d'une manière plus explicite encore.

Le Père Kircher, dont l'esprit fécond et l'imagination active s'exerçaient sur toutes les branches de la science de son temps, a publié à Rome, en 1641, un ouvrage dans lequel il décrit plusieurs de ces appareils curieux qu'il aime tant à faire connaître. L'un de ces appareils est un vase métallique allongé A, contenant de l'eau à sa partie inférieure. Cette eau étant portée à l'ébullition, la vapeur s'introduit, à l'aide d'un tube B C, dans un vase supérieur D, et par la pression qu'elle exerce sur de l'eau contenue dans ce vase, elle fait jaillir celle-ci par un ajutage EF. Rien de plus simple, on le voit, que le mécanisme de cet appareil. Or, voici comment le Père Kircher nous rend compte de ses effets :

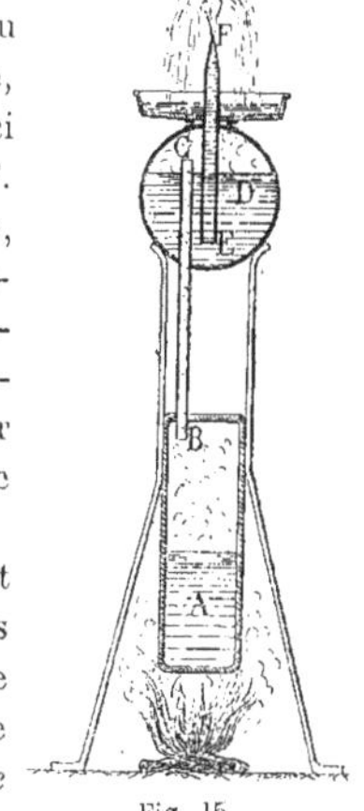

Fig. 15.

« L'appareil étant ainsi préparé, si vous voulez qu'il chasse le liquide à une grande hauteur *par la force du feu*, placez le vase sur le feu après l'avoir rempli d'eau. L'*air de ce vase*, comprimé par la raréfaction et ne trouvant d'issue que par le tube, y passera avec violence et tentera de s'échapper dans le vase supérieur. Mais comme une autre liqueur occupe ce vase supérieur, maintenu dans un espace qu'il ne peut franchir, il entreprend une lutte terrible avec l'eau : il faut donc, ou que le vase soit rompu, ou que l'eau cède. Et comme cela est plus facile, l'eau cédant enfin à l'*effort violent de l'air raréfié,* s'élancera dans l'air avec une grande impétuosité par le tube, et fournira un coup d'œil agréable aux spectateurs. »

Ainsi le jeu de ce petit appareil, qui ne fonctionne que par la pression de la vapeur d'eau, était rapporté par Kircher à la seule action de l'air dilaté par la chaleur. On peut juger par là de la nature des idées théoriques qui régnaient chez les physiciens du XVIIe siècle, touchant le phénomène de la vaporisation des liquides.

Pourtant, on persiste encore, en Angleterre, à attribuer au marquis de Worcester la première idée des applications mécaniques de la vapeur. Interrogez au hasard un citoyen de la Grande-Bretagne, dans l'atelier, dans la chaumière, dans le club, partout on vous dira que la machine à feu a été inventée par le marquis de Worcester, qui vivait au temps de Cromwell. Aucun auteur anglais ne saurait écrire dix lignes sur ce sujet, sans adresser, en passant, son hommage au noble inventeur. Les nombreux écrivains qui, dans des ouvrages spéciaux ou les encyclopédies, se sont occupés de cette question, prennent presque tous comme point de départ de l'histoire de la machine à vapeur les travaux de Worcester. M. Pardington, membre de l'*Institution royale de Londres,* dans une édition qu'il a donnée, en 1825, de l'ouvrage du marquis, décide « que Worcester est le premier qui ait découvert un moyen d'appliquer la vapeur comme agent mécanique, invention qui suffirait seule pour immortaliser le siècle dans lequel il vivait. » C'est en vain qu'Arago, dans sa *Notice historique sur les machines à vapeur,* publiée pour la première fois en 1828, a fait justice des prétendus droits de Worcester ; les ouvrages anglais écrits postérieurement au travail de l'illustre académicien, reproduisent imperturbablement la la même assertion, et les auteurs d'un ouvrage important, publié vers 1850, par une société de mécaniciens anglais (*Artisan club*), répètent avec assurance : « C'est sans aucun doute à la conception du marquis de Worcester, qu'il faut rapporter l'origine des machines à vapeur susceptibles d'application. »

Pour justifier tant de ténacité dans la défense d'une opinion historique, il faut que les témoignages qui l'appuient soient d'une force peu commune. Voyons sur quels documents on la fonde.

Le marquis de Worcester publia à Londres, en 1663, un ouvrage intitulé : *Century of Inventions,* etc. (*Catalogue descriptif des noms de toutes les inventions que je puis me rappeler avoir faites ou perfectionnées, ayant perdu mes premières notes*). Ce livre contient de très courtes descriptions, et quelquefois la simple annonce, de cent machines, inventions ou découvertes que l'auteur s'attribue. Il s'exprime ainsi, dans sa *soixante-huitième invention :*

« J'ai inventé un moyen aussi admirable que puissant pour élever l'eau par le moyen du feu, non pas avec les secours de la pompe, parce que celle-ci n'agit, selon l'expression des philosophes, que *intra sphœram activitatis,* qui a très peu d'étendue ; au contraire, cette nouvelle puissance n'a pas de bornes, si le vase est assez fort. J'ai pris une pièce de canon dont le bout était brisé. J'en ai rempli les trois quarts d'eau, j'ai bouché ensuite, et fermé à l'aide de vis le bout cassé ainsi que la lumière, et fait continuellement du feu sous le canon : au bout de vingt-quatre heures il éclata avec un grand bruit. De sorte qu'ayant trouvé une manière de construire solidement mes vases et de les remplir l'un après l'autre, j'ai vu l'eau jaillir comme un jet continuel à quarante pieds de hauteur. Un vase d'eau raréfiée par le feu en fait monter quarante d'eau froide. L'homme qui surveille le jeu de la machine n'a qu'à tourner deux robinets, afin qu'un vase d'eau étant épuisé, l'autre commence à forcer et à se remplir d'eau froide, et ainsi de suite, le feu étant constamment alimenté et soutenu, ce qu'une même personne peut faire aisément dans l'intervalle hermétiquement bouchée, peut éclater par l'action prolongée de la chaleur. Cette expérience est la seule que l'on puisse, l'histoire à la main, attribuer à Worcester.

Il est même nécessaire d'ajouter que le fait de l'explosion d'un vase, quelle que soit la résistance qu'offrent ses parois, lorsqu'on le remplit d'eau et qu'on l'expose, après

Fig. 16. — Le marquis de Worcester fait éclater un canon par l'effet de la vapeur d'eau.

de temps où elle n'est pas occupée à tourner les robinets. »

Ces quelques lignes renferment tout ce que le marquis de Worcester a jamais écrit sur les applications de la vapeur. Maintenant, que l'on veuille bien peser avec soin tous les termes de cette description, et que l'on décide si l'on peut y trouver la conception de la machine à vapeur.

Tout ce qu'il est permis de comprendre, c'est que l'auteur a reconnu par expérience, qu'une pièce de canon remplie d'eau, et l'avoir bien bouché, à l'action de la chaleur, était depuis longtemps connu.

M. Delécluze a fait connaître, en 1841, dans le journal *l'Artiste*, un croquis assez informe retrouvé dans les manuscrits de Léonard de Vinci, représentant un instrument que l'illustre peintre de la Renaissance désigne sous le nom d'*architonnerre*. Cet appareil était fondé sur les propriétés explosives de la vapeur d'eau comprimée. On reconnaît, en effet, en examinant avec soin ses dispositions, que la vapeur n'y pouvait agir qu'en le faisant éclater en mille pièces. M. Delécluze a vu dans cet instrument un véritable *canon à vapeur* et l'a décrit comme tel.

Quant à la description de la machine, que donne Worcester dans le passage que nous venons de citer, elle est de tous points inintelligible. Les savants et les mécaniciens anglais ont mis leur esprit à la torture pour représenter par le dessin, un appareil réunissant les conditions indiquées dans l'ouvrage de Worcester; mais ils n'ont pu le faire qu'en y introduisant des éléments d'origine moderne. Toutes les machines que l'on a ainsi péniblement reconstruites, pour donner quelque vraisemblance aux assertions de Worcester, ont cela de fort curieux, que pas une ne ressemble à l'autre.

Toutefois, il s'est rencontré parmi les écrivains anglais un savant, Robert Stuart, qui, dans son *Histoire descriptive de la machine à vapeur*, s'exprime ainsi au sujet du marquis de Worcester :

« Le plus célèbre de tous ceux qui ont associé leurs noms à l'histoire de la machine à vapeur dans son enfance, est un marquis de Worcester, qui vivait sous le règne de Charles II. Cette célébrité paraîtra fort extraordinaire, si l'on se rappelle d'un côté le dédain avec lequel on accueillit de son vivant ses prétentions extravagantes à l'honneur de plusieurs découvertes, la brièveté étudiée, le vague et l'obscurité qu'il a mis dans les descriptions des machines sur lesquelles il fondait ses titres de gloire et ses demandes d'encouragement; et de l'autre, en voyant cet hommage éclatant que notre siècle a décerné à son génie mécanique, hommage qui paraît être autant au-dessus de son mérite réel que l'injuste indifférence de ses contemporains était au-dessous de son talent.

« Ses droits, comme inventeur, ne reposent au reste que sur le compte qu'il rend lui-même de l'*utilité*, et des *merveilleuses propriétés* de ses inventions ». — Robert Stuart va jusqu'à mettre en doute la réalité des inventions du marquis. — « S'il est vrai, dit cet historien, que le marquis ait jamais fait des expériences sur l'élasticité de la vapeur (car il est permis de mettre en doute l'expérience du canon), ou ait tenté de mettre à exécution son projet, en construisant une machine, il est vrai de dire qu'il ne reste aucune trace ni de ses expériences, ni de son appareil : aussi il est plus raisonnable de révoquer en doute les travaux dont il se glorifie. La clause de l'acte du Parlement par laquelle on lui accorde le privilège de son monopole fortifie singulièrement notre soupçon, et lui donne presque un caractère de certitude : car il y est expressément dit (et cette clause prouve que le procédé était tout nouveau) que le brevet a été délivré au marquis sur sa *simple affirmation* qu'il était l'auteur de la découverte. Il n'est pas vraisemblable qu'on eût motivé ainsi son brevet, s'il eût une machine à montrer ou une expérience à rapporter. »

Tel est le personnage à qui on veut attribuer l'invention de la machine à feu. Il est difficile qu'au milieu des événements de sa carrière politique si agitée, il ait trouvé des loisirs à consacrer à l'étude des sciences. Ses écrits concernant la mécanique se bornent à son petit livre *Century of inventions* et à un autre ouvrage consacré à l'énumération des usages extraordinaires de son *admirable machine à élever l'eau par le moyen du feu.*

L'ouvrage ne contient pas une ligne relative à la description de la machine elle-même; tout se réduit à une exposition emphatique des services qu'elle peut rendre.

Il est assez curieux de savoir comment est venue aux savants anglais l'idée d'attribuer l'invention de la machine à feu à l'auteur du *Century of Inventions.*

Au commencement du XVIIIe siècle, lorsque furent construites les premières machines à vapeur qui aient fonctionné en Europe, des discussions assez vives s'élevèrent entre plusieurs mécaniciens qui réclamaient la priorité de l'invention. Le capitaine Savery, qui, comme on le verra plus loin, a construit la première machine à vapeur employée dans l'industrie, voulait s'attribuer l'honneur tout entier de cette découverte. Denis Papin, informé de ses prétentions, écrivit aussitôt pour établir ses droits de priorité. L'illustre physicien vivait, à cette époque, en Allemagne ; son refus d'abjurer la religion réformée lui interdisait l'entrée de la France.

Il y avait alors à Orléans un savant abbé, nommé Jean de Hautefeuille, grand amateur de mécanique, et qui nous est connu par quelques travaux sur lesquels nous reviendrons. Le pieux abbé ne put supporter la pensée de voir décerner à un hérétique l'honneur d'une si importante découverte, et dans un de ses opuscules il contesta les droits de Papin. Ce fut alors que les Anglais, entrant dans la querelle, produisirent l'ouvrage jusque-là inaperçu ou méprisé du marquis de Worcester. Cette intervention, qui semblait mettre les parties d'accord, termina le débat, et la victoire resta acquise au génie britannique.

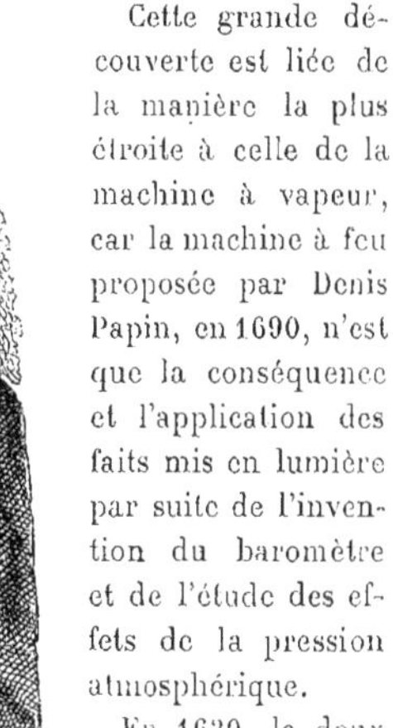

Fig. 17. — Galilée.

Mais, on le voit, le zèle de l'abbé de Hautefeuille avait été bien mal inspiré, car le marquis de Worcester, en sa qualité d'Anglais, était tout aussi hérétique que Papin. Ainsi l'abbé de Hautefeuille n'avait rien fait gagner à sa religion, et, du même coup il avait dépossédé sa patrie de la gloire légitime qui lui revenait.

Cependant le moment approchait où les vagues et confuses notions de la physique du moyen âge allaient faire place à une science, positive. L'institution de la physique moderne date, avons-nous vu, de la mort de Galilée. On aurait dit que les sciences n'attendaient que la mort de l'illustre philosophe pour prendre l'essor qu'elles devaient à son génie. La découverte du baromètre par Torricelli et Pascal, marqua le premier pas de la physique naissante.

Cette grande découverte est liée de la manière la plus étroite à celle de la machine à vapeur, car la machine à feu proposée par Denis Papin, en 1690, n'est que la conséquence et l'application des faits mis en lumière par suite de l'invention du baromètre et de l'étude des effets de la pression atmosphérique.

En 1630, le doux et modeste Torricelli, qui, comme Pascal, devait mourir à trente-neuf ans, étudiait les mathématiques à Rome, et manifestait les dispositions brillantes qui devaient le placer bientôt au rang des premiers géomètres de son époque. Il se lia intimement avec Castelli, le disciple chéri de Galilée. Castelli retira le plus grand profit, pour ses travaux, des conseils du jeune mathématicien romain, et en retour, il communiqua à son ami les découvertes et les vues scientifiques de Galilée. C'est ainsi que Torricelli fut amené à connaître le fait qui devait donner naissance, entre ses mains, à la découverte du baromètre.

Les fontainiers du grand-duc de Florence avaient construit, pour amener l'eau dans le palais ducal, des pompes aspirantes dont le tuyau dépassait quarante pieds (12^{m},99) de hauteur. Quand on voulut les mettre en jeu, l'eau refusa de s'élever jusqu'à l'extrémité du tuyau. Galilée, consulté sur ce fait, mesura la hauteur à laquelle s'arrêtait la colonne d'eau, et la trouva d'environ trente-deux pieds (10^{m},395). Il apprit alors, des ouvriers employés à ce travail, que ce phénomène était constant, et que l'eau ne s'élevait jamais, dans les pompes aspirantes, à une hauteur supérieure à trente-deux pieds.

Fig. 18. — Galilée consulté par le duc de Florence.

L'ascension de l'eau dans les pompes s'expliquait alors par le principe de l'*horreur du vide*, axiome célèbre de la scolastique. La nature, disait-on, n'admettait que le plein et comme elle ne pouvait souffrir le vide qui se serait trouvé entre le piston soulevé et le niveau de l'eau, celle-ci était forcée de suivre le piston dans son ascension.

Galilée ne sut pas s'affranchir de l'absurde opinion des physiciens de son temps. Il crut seulement pouvoir expliquer le fait de l'horreur du vide limitée à trente-deux pieds, en disant que la longueur d'une colonne d'eau de trente-deux pieds produisait un poids trop considérable pour que la base de la colonne liquide pût le supporter. Il comparait ce phénomène à celui que présente une corde horizontale tendue à ses deux extrémités, et qui, à une certaine longueur, finit par se rompre, parce qu'elle ne peut plus supporter son propre poids.

Cependant, Galilée savait déjà, par des expériences qu'il avait faites lui-même et dont il parle dans ses *Dialogues*, que l'air est pesant. Il avait constaté qu'une sphère creuse augmente de poids quand on y fait entrer de l'air comprimé.

Ce fut Torricelli qui, méditant sur l'expérience des fontainiers florentins, en soupçonna la véritable explication.

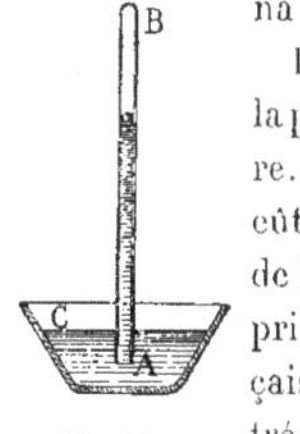

Fig. 19.

Du reste, la découverte de la pesanteur de l'air était mûre. Avant même que Galilée eût exécuté son expérience de la boule pleine d'air comprimé, un pharmacien français, Jean Rey, avait démontré par la voie de la chimie, que l'air est un fluide pesant.

Torricelli, donc, soupçonna que le poids de l'atmosphère agissant sur la surface de l'eau, pouvait être la cause de l'ascension de ce liquide dans le tuyau des pompes. Pour vérifier cette conjecture par l'expérience, il eut l'heureuse idée de substituer à l'eau un liquide plus lourd : le mercure. Comme la densité du mercure est environ quatorze fois supérieure à celle de l'eau, la théorie faisait prévoir que la pression de l'air pourrait seulement tenir en équilibre une colonne de mercure à une hauteur quatorze fois moindre, c'est-à-dire à 0^{m},75.

Il remplit de mercure un tube de verre de trois pieds (0^{m},97) de long AB, fermé à l'une de ses extrémités B; il boucha avec le doigt son extrémité inférieure A, et plongea le tube ainsi préparé, dans une cuvette C pleine de mercure. Retirant alors le doigt, il vit le mercure descendre en partie dans l'intérieur du tube, et, après quelques oscillations, rester suspendu en équilibre à la hauteur de 0^{m},75 au-dessus du niveau du mercure de la cuvette, c'est-à-dire précisément à la hauteur indiquée par la théorie.

Telle fut la célèbre expérience qui fut désignée depuis sous le nom d'*expérience de Torricelli*, ou encore *expérience du vide*.

Aux yeux de Torricelli, elle établissait clairement le phénomène de la pesanteur de l'air. Cependant cette démonstration était trop indirecte pour convaincre des esprits trop peu familiarisés encore avec l'observation. Les physiciens s'occupèrent avec beaucoup de curiosité et d'intérêt de cet espace vide existant entre le sommet du tube et l'extrémité de la colonne de mercure; on désigna cet espace sous le nom de *vide de Torricelli*. Mais l'explication du fait de l'équilibre du mercure dans un tube, par la pesanteur de l'air, rencontra des résistances opiniâtres. Les esprits les plus éclairés de l'époque éprouvaient la plus vive répugnance à abandonner l'ancienne opinion des écoles touchant le plein universel.

Torricelli ne tarda pas à remarquer que la hauteur de la colonne mercurielle ne demeurait pas constante; il pensa que ces oscillations devaient répondre à des changements dans le poids de l'atmosphère, et dès lors il chercha à obtenir un instrument propre à mesurer les variations de pesanteur survenues dans l'atmosphère. Le *tube de Torricelli* était donc le *baromètre* en germe.

Fig. 20. — Torricelli.

Cependant, en France, Blaise Pascal répétait l'expérience du physicien romain et était amené à entreprendre les recherches dont il publia les résultats sous le titre de *Nouvelles expériences touchant le vide.*

La plus célèbre et la plus curieuse de ces expériences est celle où Pascal, remplissant de vin rouge un tube de verre de quarante-six pieds ($13^{m},942$) de longueur, fermé à l'un de ses bouts, le renverse dans un baquet plein d'eau, et voit le liquide coloré se maintenir en équilibre, à une hauteur de trente-deux pieds ($10^{m},395$), variant ainsi l'expérience de Torricelli, et rendant en même temps plus manifeste le fait observé par les fontainiers de Florence.

Mais si l'on veut connaître exactement l'état de la physique au milieu du XVIIe siècle, et apprécier sous son vrai jour cette période de l'histoire des sciences, il faut savoir comment Pascal lui-même interprétait ce phénomène. Pascal, alors dans toute la force et dans tout l'éclat de son génie, n'hésite pas à expliquer par le vieil axiome de l'horreur du vide tous les faits que l'expérience lui révèle. Il admet, et il croit démontrer, que la nature a horreur du vide; il ajoute seulement, comme Galilée, que cette horreur a des limites, et qu'elle se mesure par le poids d'une colonne d'eau d'environ trente-deux pieds de hauteur.

Fig. 21. — Blaise Pascal.

L'agression de Pascal contre les principes de l'école était, comme on le voit, bien timide; cependant elle souleva des tempêtes dans le monde philosophique. Un jésuite, le Père Étienne Noël, crut devoir prendre en main la défense des saintes doctrines. Il écrivit à ce sujet une longue lettre que l'on trouve dans le recueil des œuvres de Pascal.

Pascal repoussa, par une *Réponse* accablante, les arguments de son antagoniste. Mais le jésuite ne se tint pas pour battu, et il répliqua par un traité en forme, sous ce singulier titre : *Le plein du vuide*, dans lequel il attribuait la suspension du mercure dans le tube de Torricelli à une qualité qu'il prête, de son chef, au mercure, et qu'il nomme la *légèreté mouvante*.

Par suite de ses discussions avec le Père Noël, Pascal avait été conduit à réfléchir plus profondément sur la cause de l'ascension et de l'équilibre du mercure dans les tubes fermés. Sur ces entrefaites, il fut informé de l'opinion de Torricelli, qui n'hésitait pas à attribuer ce phénomène à la pression de l'air. Une expérience, qu'il désigne sous le nom du *vuide dans le vuide* et dans laquelle il vit le mercure, suspendu dans l'intérieur d'un tube, s'élever ou s'abaisser selon qu'il faisait varier la pression de l'air extérieur, donna à ses yeux une force nouvelle aux vues du physicien romain. Enfin, un trait de son génie lui révéla le moyen de résoudre ce grand problème. Pascal pensa que, pour trancher sans retour la difficulté qui divisait les savants, il suffirait d'observer la hauteur du mercure dans le tube de Torricelli, au pied et sur le sommet d'une montagne. Si la hauteur de la colonne de mercure était moindre au sommet qu'au bas de la montagne, la pression de l'air serait démontrée, car l'air diminue de masse dans les hautes régions, tandis que l'on ne peut admettre que la nature ait de l'horreur pour le vide au pied d'une montagne et qu'elle le souffre à son sommet.

Le Puy-de-Dôme, élevé de 1.467 mètres, lui parut propre à cet important essai.

Ne pouvant, retenu à Paris par d'autres soins, songer à vérifier lui-même cette théorie, il en chargea son beau-frère Périer, conseiller à la Cour des Aides d'Auvergne, qui possédait assez de connaissances scientifiques pour que l'on pût se reposer sur lui du soin de procéder à cette vérification avec toute la précision nécessaire.

L'expérience fut concluante; le liquide, qui, au pied de la montagne, s'élevait à vingt-six pouces trois lignes et demie (0m,711), ne s'élevait plus qu'à vingt-trois pouces deux lignes (0m,626), en haut; il y avait donc trois pouces une ligne et demie (0m,085) de différence entre les deux mesures prises à la base et au sommet du Puy-de-Dôme.

L'expérience fut répétée en variant les circonstances extérieures. On mesura cinq fois la hauteur du mercure : tantôt à découvert, dans un lieu exposé au vent; tantôt à l'abri, sous le toit d'une chapelle qui se trouvait au haut de la montagne; une fois par le beau temps, une autre fois pendant la pluie, enfin au milieu des brouillards : le mercure marquait partout : 0m,626.

Périer s'empressa d'informer son beau-frère du grand résultat que l'expérience venait de lui fournir; Pascal en reçut la nouvelle avec une joie facile à comprendre, et résolut de la répéter à Paris. Il l'exécuta, en effet, sur la tour Saint-Jacques-la-Boucherie, haute de vingt-cinq toises (48m,725). Il trouva entre la hauteur du mercure, au bas et au sommet de cette tour, une différence de plus de deux lignes (0m,0045).

C'est pour consacrer le souvenir de ce grand fait, que la statue de Pascal a été placée, en 1856, au bas de la tour Saint-Jacques, dans la rue de Rivoli.

Fig. 22. — Périer mesurant la hauteur du tube de Torricelli sur le haut du Puy-de-Dôme.

Ainsi, les prévisions de Pascal étaient confirmées dans toute leur étendue ; la maxime de l'horreur du vide n'était plus qu'une chimère condamnée par l'expérience, et un horizon nouveau s'offrait à l'avenir des sciences physiques. La découverte de la pesanteur de l'air et la mesure de ses variations à l'aide du tube de Torricelli devinrent, en effet, le point de départ et l'origine des grands travaux qui devaient élever la physique sur les bases positives où elle repose aujourd'hui. Le tube de Torricelli, dont Pascal venait de faire un admirable moyen de mesurer la pression atmosphérique, apporta aux observateurs un secours de la plus haute importance, en ce qu'il permit de soumettre au calcul et de ramener à des conditions comparables un grand nombre de phénomènes naturels restés jusque-là inexplicables.

Fig. 23. — Otto de Guericke.

Pascal ne manqua pas de saisir toute la portée du principe fondamental qu'il venait de mettre en lumière. Le fait de la pression que l'air atmosphérique exerce sur tous les corps qui nous environnent lui permit d'expliquer plusieurs phénomènes physiques dont la cause s'était dérobée jusque-là à toute interprétation. L'ascension de l'eau dans le tuyau des pompes, le jeu du siphon, de la seringue et divers autres faits physiques, reçurent de lui une explication complète.

La découverte de la pesanteur de l'air produisit parmi les savants l'impression la plus vive ; les partisans de l'opinion du plein universel furent réduits au silence. Cependant il manquait encore quelque chose à la démonstration complète de l'existence de la pesanteur de l'air. En montrant qu'une colonne de mercure est tenue en équilibre, dans un tube vide, par le poids de l'atmosphère, on ne prouvait la pesanteur de l'air que d'une manière indirecte, et ce moyen ne pouvait servir d'ailleurs à peser un volume d'air déterminé. Il fallait, pour achever la démonstration, donner aux physiciens les moyens de peser un vase tantôt plein, tantôt vide d'air. Aussi les savants s'occupèrent-ils, dès ce moment, avec beaucoup d'ardeur à combiner quelque instrument susceptible de produire le vide dans un espace clos.

C'est à un physicien de Magdebourg, Otto de Guericke, conseiller de l'électeur Frédéric Guillaume et bourgmestre de la ville de Magdebourg, qu'était réservée la gloire de découvrir l'important appareil connu aujourd'hui sous le nom de *machine pneumatique*.

La machine pneumatique n'a été construite par Otto de Guericke qu'après une série de tâtonnements à peu près ignorés de nos jours, et qu'il n'est pas sans intérêt de connaître.

Pour obtenir un espace entièrement vide d'air, le physicien de Magdebourg essaya d'abord de se servir d'un tonneau rempli d'eau et fermé de toutes parts. Après avoir appliqué à sa partie inférieure, le tuyau d'une pompe, il commença à faire jouer la pompe. Mais avant que l'eau fût entièrement évacuée, les cercles de fer qui reliaient les douves du tonneau, s'étaient rompus sous l'effort de la pression atmosphérique.

Otto de Guericke arma alors le tonneau de cercles beaucoup plus forts, et trois hommes vigoureux furent employés à faire agir la pompe. Mais à mesure que l'eau était expulsée, un léger sifflement se faisait entendre : l'air s'introduisait à travers les pores du bois. Il fallait chercher autre chose.

Le physicien de Magdebourg eut alors une idée assez singulière. Il enferma un tonneau rempli d'eau et de petite dimension, dans un autre plus grand et également plein d'eau; le tuyau de la pompe aspirante venait s'appliquer à l'orifice du petit tonneau intérieur en traversant le tonneau extérieur. On fit alors jouer la pompe. Aucun accident ne vint contrarier l'expérience; mais à la fin de la journée, et lorsque l'eau se trouvait évacuée presque tout entière, on entendit un gargouillement qui annonçait le passage de l'air à travers le bois des deux tonneaux. Au bout de trois jours, on retira le tonneau intérieur, on le trouva à moitié rempli du liquide qui s'était fait jour à travers ses parois. L'insuffisance des vases de bois pour obtenir un espace vide d'air étant ainsi reconnue, Otto de Guericke eut recours à des vases métalliques.

Il fit préparer une sphère de cuivre d'une assez grande capacité, armée d'un robinet à sa partie supérieure et portant, à sa partie inférieure, un orifice destiné à recevoir le tuyau de la pompe. Il se dispensa, pour cette fois, de remplir d'eau le vase, espérant que la pompe aspirerait l'air comme elle avait aspiré l'eau. Ce résultat ne manqua pas de se produire. D'abord la pompe jouait avec facilité; mais, à mesure que l'air était chassé, il fallait, pour soulever le piston, des efforts de plus en plus considérables, et c'est à peine si deux hommes vigoureux pouvaient suffire à ce travail.

L'opération était assez avancée et la plus grande partie de l'air se trouvait chassée du globe métallique, lorsque tout à coup, et au grand effroi des assistants, le vase éclata avec grand bruit, et se brisa, « comme si on l'eût jeté avec violence du haut d'une tour ».

Otto de Guericke saisit avec sagacité la cause de cet accident : l'ouvrier avait négligé de donner au vase de cuivre une forme parfaitement sphérique dans toutes ses parties; or la forme sphérique est la seule qui puisse garantir un récipient vide d'air des effets de la pression considérable que l'air extérieur exerce sur lui dans tous les sens.

Un nouvel appareil ayant été construit avec les soins nécessaires, l'expérience, reprise, eut un succès complet, et l'air fut en totalité expulsé, sans autre accident, du récipient métallique. Mais l'opacité du métal eût dérobé aux yeux les expériences auxquelles on destinait la machine. Otto remplaça donc la sphère de cuivre par un ballon de verre, qui s'ajustait à la pompe aspirante, au moyen d'une garniture de cuivre.

En définitive, la machine à laquelle il s'arrêta, et que l'on trouve encore dans quelques anciens cabinets de physique, se composait d'un ballon de verre A (fig. 24), portant une tubulure et un robinet de cuivre B, et vissé sur le tuyau d'une petite pompe aspirante C placée verticalement au-dessous du ballon. Une manivelle D faisait manœuvrer la pompe dont le jeu était assuré par deux clapets placés l'un E à la partie supérieure du corps de pompe, l'autre F sur le piston. Le tout était supporté par des pieds en fer. Cette machine bien qu'imparfaite, suffit néanmoins à l'ingénieux physicien pour démontrer une série de vérités qui jetèrent sur les faits physiques les plus utiles lumières.

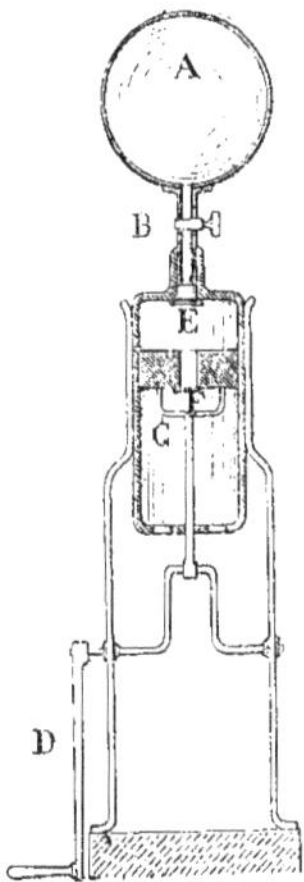

Fig. 24. — Machine pneumatique d'Otto de Guericke.

Otto de Guericke démontra matériellement le poids de l'air atmosphérique, en pesant un vase dans lequel le vide avait été fait au moyen de sa machine, et le pesant de nouveau, après la rentrée de l'air.

Poursuivant la voie ouverte par Pascal, il expliqua, par le fait de la pression atmosphérique et par l'élasticité de l'air, un grand nombre de faits qui jusque-là avaient paru inexplicables. Il mit hors de doute, par exemple, l'influence de l'air sur la propagation du son, son rôle dans la translation de la lumière, dans les phénomènes de la combustion, de la respiration et de la vie des animaux.

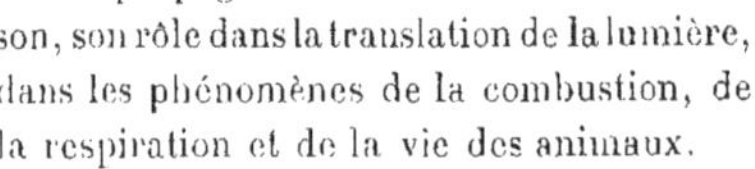

Fig. 25. — Les hémisphères de Magdebourg.

Mais de tous les faits remarquables dont le bourgmestre de Magdebourg enrichissait la physique naissante, aucun n'excita d'étonnement plus vif ni d'admiration plus méritée que la série d'effets mécaniques, véritablement extraordinaires, auxquels il donna naissance en mettant adroitement en jeu la pression atmosphérique. L'expérience qui fut désignée, à partir de cette époque, sous le nom d'*expérience des hémisphères de Magdebourg* attira l'attention de tout le monde savant, autant par l'originalité et la beauté du fait en lui-même, que par l'importance des résultats mécaniques qu'elle laissait entrevoir.

Fig. 26. — Otto de Guericke fait l'expérience des *hémisphères de Magdebourg*

Cette expérience est si généralement connue, que c'est à peine s'il est nécessaire de la rappeler. On sait qu'Otto de Guericke ayant préparé deux demi-sphères de cuivre réunies l'une à l'autre par l'interposition d'un cuir mouillé, opéra le vide dans l'intérieur de cette sphère, à l'aide de sa machine pneumatique. L'air une fois chassé de l'intérieur du globe, les deux sphères se trouvaient pressées l'une contre l'autre par tout le poids de la colonne atmosphérique qu'elles supportaient; et cette pression était si considérable, qu'elles résistaient à toutes les forces employées pour les désunir.

Le premier appareil de ce genre, construit par Otto de Guericke, avait un diamètre de $0^{m},30$. Cet appareil, suspendu à un poteau, supportait un poids de 1.315 kilogs.

La figure 25 qui est la reproduction exacte de l'une des gravures qui accompagnent l'ouvrage d'Otto de Guericke, montre comment l'expérience était disposée. On voit la sphère vide d'air, suspendue par un crochet à un solide poteau.

A cette même sphère Otto de Guericke fit atteler seize chevaux qui, tirant horizontalement en sens contraire, ne purent vaincre la résistance que l'air opposait à la séparation de ses deux parties.

Otto de Guericke construisit ensuite une autre sphère de $1^{m},19$ de diamètre. L'effort de vingt-quatre chevaux ne put rompre l'adhérence de ses deux parties : les hémisphères supportaient sans se séparer, un poids de 2.643 kilos.

Otto de Guericke varia de cent manières cette curieuse démonstration de la pesanteur de l'air et des effets mécaniques.

En 1654, pendant son séjour à Ratisbonne, où l'appelait son emploi de conseiller de l'électeur de Brandebourg, il exécuta devant le prince de Auerberg, envoyé de l'empereur, une expérience des plus remarquables sous ce rapport.

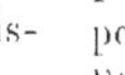

Otto de Guericke vissa à un cylindre métallique A (fig. 27) le récipient de verre de sa machine pneumatique B, dans lequel on avait fait préalablement le vide. Dans l'intérieur de ce cylindre jouait un piston C, auquel était attachée, par un anneau, une corde s'enroulant sur une poulie E. Vingt personnes étaient employées à retenir la corde. Tout se trouvant ainsi disposé, Otto de Guericke ouvrit subitement le robinet du ballon : l'air contenu dans le cylindre se précipita dans l'intérieur du ballon vide pour en remplir la capacité, et dès lors la pression atmosphérique qui s'exerçait sur la tête du piston, n'étant plus contrebalancée sur sa face inférieure, abaissa aussitôt le piston jusqu'au fond du cylindre avec tant de violence, que les vingt personnes qui retenaient la corde se trouvèrent soulevées en l'air à plusieurs pieds de hauteur.

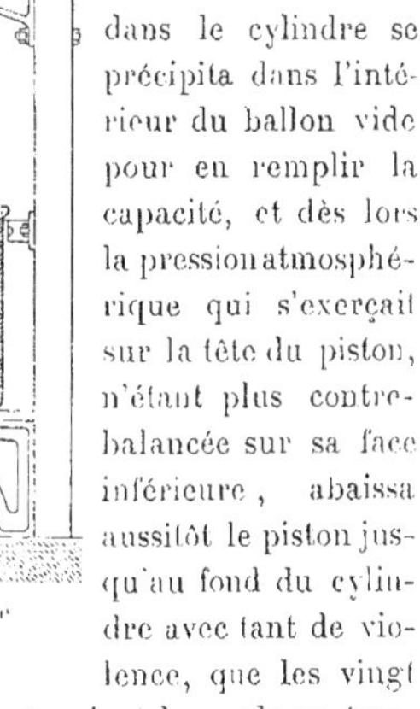

Fig. 27. — Expérience d'Otto de Guericke sur la pression atmosphérique.

Ce n'était pas sans raison que tous les savants de l'Europe suivaient avec un intérêt et une curiosité extraordinaires les expériences qui s'exécutaient en Allemagne, sur les étonnants effets de la pression atmosphérique; ce n'est pas sans motifs non plus que nous les avons rappelées avec détail. Par l'effet de la transformation sociale qui, depuis un siècle, était en train de s'accomplir, l'industrie commençait chez tous les peuples à prendre son essor. Cependant l'âme manquait au grand corps qui s'organisait : l'industrie n'avait point de moteur, on n'avait que des moteurs insuffisants. La force des hommes et des chevaux, la puissance des vents, l'action des torrents et des cours d'eau, insuffisantes dans bien des cas, sous le rapport de l'intensité motrice, faisaient défaut dans beaucoup de localités, ou ne pouvaient s'appliquer commodément et

Fig. 28. — Expérience faite par Otto de Guericke en 1654. (D'après une gravure du temps.)

avec économie aux besoins de l'industrie. Or, quand on se rappelait que, d'après les découvertes de Pascal, chaque décimètre carré (pour employer les mesures de nos jours) de la surface de tous les corps placés sur la terre, supporte, par l'effet de la pression atmosphérique, un poids équivalent à 100 kilogrammes, et quand on voyait Otto de Guericke apporter le moyen pratique d'anéantir, à un moment donné, la résistance qui s'oppose à la manifestation de cette force, on ne pouvait s'empêcher d'espérer une application prochaine de ce remarquable fait. Tous les physiciens de cette époque étaient frappés de la grandeur et de l'avenir de cette idée, et chacun pressentait qu'il y avait dans les expériences de Magdebourg les préludes d'une révolution capitale dans les moyens de l'industrie.

Lorsque, par le progrès des temps, les sciences ont amassé un certain nombre de faits théoriques, susceptibles de s'appliquer utilement aux besoins des hommes, il est rare que quelque grand esprit n'apparaisse pas, au moment nécessaire, pour tirer de ces notions générales les conséquences qu'elles renferment, et pour hâter l'instant où l'humanité doit être mise en possession de ces biens nouveaux. L'homme de génie qui devait féconder, pour l'avenir, l'ensemble des belles découvertes dont le récit vient de nous occuper, ne se fit pas attendre. Il était français et s'appelait Denis Papin.

DENIS PAPIN. — SA VIE ET SES TRAVAUX

Papin naquit à Blois, le 22 août 1647, d'une famille qui appartenait à la religion réformée. Il était fils d'un médecin et avait pour parent Nicolas Papin, autre médecin connu par quelques ouvrages scientifiques. On ne sait rien sur son enfance ni sur les événements de sa jeunesse; il paraît seulement qu'il avait ressenti de bonne heure un goût très vif pour les sciences mathématiques. L'éducation publique était alors, dans la ville de Blois, entre les mains des jésuites, qui accordaient à cette époque, une assez grande part à l'étude des sciences. Les protestants fréquentaient quelquefois les écoles des jésuites : Papin dut recevoir chez eux ses premières leçons de mathématiques.

Il fit ensuite à Paris ses études médicales et à l'âge de vingt-quatre ans on l'y trouve établi pour y exercer la profession de médecin.

Mais son inclination naturelle pour les sciences physiques, lui rendait sans doute plus aride le pénible sentier de la carrière médicale. Il ne tarda pas à tourner son esprit vers les travaux de la physique expérimentale et de la mécanique appliquée. Il avait rencontré quelques protecteurs puissants qui favorisaient son goût pour ce genre de recherches.

« J'avois alors, dit-il lui-même, l'honneur de vivre à la Bibliothèque du roi et d'aider N. Huyghens dans un grand nombre de ses expériences. J'avois beaucoup à faire touchant la machine pour appliquer la poudre à canon à lever des poids considérables, et j'en fis l'essai moi-même quand on la présenta à M. de Colbert. »

Le célèbre Huyghens, savant hollandais, inventeur des horloges à pendule, habitait alors notre capitale où il avait été appelé par Colbert, qui, en fondant l'Académie des sciences, l'avait inscrit l'un des premiers sur la liste de ses membres, et, en lui faisant servir une forte pension, lui avait accordé un logement à la Bibliothèque royale.

Papin prêtait son aide à Huyghens pour ses expériences de mécanique, et partageait son logement.

Denis Papin publia son premier ouvrage à Paris, en 1674, sous ce titre : *Nouvelles Expériences du vuide, avec la description des machines qui servent à le faire.* Ce petit écrit qui n'existe plus de nos jours, contenait la description de certaines modifications de faible importance apportées à la machine du bourgmestre de Magdebourg. Les *Nouvelles expériences du vuide* furent accueillies avec faveur.

La carrière s'ouvrait donc pour le jeune physicien, sous les plus heureux auspices. Le petit nombre d'hommes instruits qui se trouvait alors dans la capitale, tenaient dans la plus grande estime sa personne et ses talents, et le *Journal des savants*, dispensateur de la considération et de la fortune scientifiques, l'accueillait avec faveur. Cependant, une année après, nous voyons Papin quitter subitement la France, pour passer en Angleterre.

Quel motif pouvait le porter à abandonner sa patrie? Avait-il encouru la disgrâce de Colbert? Obéissait-il simplement à cette humeur un peu vagabonde qui le fit appeler par un de ses contemporains, *le philosophe cosmopolite?* On l'ignore. Les historiens et les auteurs de mémoires de la fin du XVIIe siècle, tout entiers au récit des intrigues des cours, ou des événements de la guerre, n'ont pas une ligne à consacrer à ces esprits d'élite qui employaient tous les moments de leur laborieuse existence à préparer à l'humanité des destinées meilleures, et qui souvent ne recevaient, en retour, que la misère ou l'oubli. Le nom d'Amontons, l'un des physiciens français les plus remarquables du XVIIe siècle, est à peine prononcé dans les écrits de l'époque, et le génie de Mariotte s'éteignit au milieu de l'indifférence de son temps. Papin n'a pas attiré davantage l'attention des historiens. C'est dans ses propres ouvrages, dans un petit nombre de recueils scientifiques, ou dans les lettres éparses de quelques savants dont la correspondance s'est conservée, qu'il faut aller puiser les rares documents qui nous restent sur les événements de sa vie.

Tous ces documents sont muets sur la cause de son départ pour Londres.

Fig. 29. — Robert Boyle.

Peu de temps après son arrivée en Angleterre, Papin eut l'heureuse inspiration de se présenter à Robert Boyle, l'illustre fondateur de la *Société royale de Londres.* Boyle résolut de l'associer à ses travaux.

Aucune position ne pouvait mieux convenir aux goûts et aux désirs de Papin. Issu d'une grande famille de l'Irlande, Robert Boyle, pour se vouer tout entier à l'étude des sciences, avait renoncé aux avantages que lui assuraient sa fortune et son rang.

Il réunissait autour de lui un certain nombre d'hommes distingués, qui cherchaient dans la culture des sciences et des arts un asile contre les dissensions du dehors. Cette réunion, qui portait le nom *Collège philosophique*, se rassemblait sous sa direction, tantôt à Oxford, tantôt à Londres. Lorsqu'en 1660, Charles II monta sur le trône d'Angleterre, il fonda, des débris de cette réunion nomade, la *Société royale de Londres,* que Boyle fut chargé d'organiser. L'illustre savant refusa de présider cette société, il rejeta même les honneurs de la pairie pour reprendre le cours de ses travaux scientifiques.

Boyle s'était occupé de continuer les recherches d'Otto de Guericke, puis les avait abandonnées. Lorsque Papin arriva en Angleterre, il pensait à reprendre ses expériences, mais ne trouvait personne pour le seconder. L'habileté de Papin et ses études spéciales sur la machine pneumatique, lui rendaient son secours utile. Il admit donc dans son laboratoire, le physicien français.

Commencées le 11 juillet 1676, les expériences qu'ils exécutèrent ensemble, furent continuées jusqu'au 17 février 1679. Parmi ces expériences, il faut citer leurs recherches relatives à la vapeur de l'eau bouillante, qui plus tard devaient porter leurs fruits entre les mains de Papin.

Boyle reconnaît, avec beaucoup de loyauté, que les services de Papin lui furent d'une grande utilité, et déclare qu'il était d'une grande habileté dans la construction et le maniement des appareils de physique.

« Plusieurs des machines dont nous faisions usage, dit-il, particulièrement la machine pneumatique à deux corps de pompe et le fusil à vent, étaient de son invention, et en partie fabriqués de sa main. »

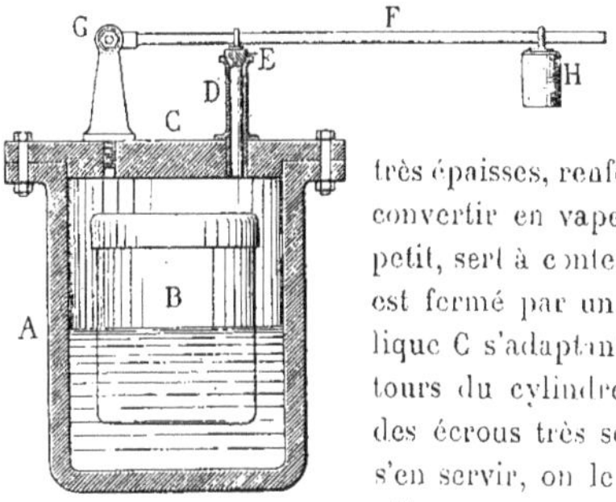

Fig. 30. — Digesteur ou marmite de Papin.

L'amitié de Robert Boyle et le mérite de ses travaux ouvrirent à Papin les portes de la *Société royale de Londres*. Il y fut admis le 16 décembre 1680, et ne tarda pas à se placer à un rang distingué parmi les membres de cette compagnie célèbre.

C'est peu de temps après, en 1681, qu'il fit connaître pour la première fois, dans un ouvrage écrit en anglais, sous le titre de *New Digester,* l'appareil qui a reçu en France le nom *digesteur* ou de *marmite de Papin.*

Le *digesteur,* selon Papin, permettait de cuire les viandes en peu de temps et à peu de frais, tout en améliorant leur goût. Il donnait en même temps le moyen de ramollir les os, c'est-à-dire de les transformer en une substance qui a reçu de nos jours le nom de *gélatine,* ce qui ajoutait à la quantité de matière nutritive contenue dans les diverses parties du corps des animaux.

Cet appareil, qui a été renouvelé de nos jours sous le nom d'*autoclave,* est loin cependant d'avoir réalisé les promesses de l'inventeur; les viandes cuites par ce moyen contractent une saveur ammoniacale. Aussi, quoique Leibnitz ait dit dans une de ses lettres : « Un de mes amis me mande avoir mangé un pâté de pigeonneaux préparé de la sorte par le digesteur, et qui s'est trouvé excellent, » il est permis de contester l'utilité de ce procédé de cuisine économique.

L'appareil de Papin (fig. 30) se compose de deux cylindres creux rentrant l'un dans l'autre : le premier A, à parois métalliques très épaisses, renferme l'eau que l'on doit convertir en vapeur; le second B, plus petit, sert à contenir les viandes. Le tout est fermé par un épais couvercle métallique C s'adaptant parfaitement aux contours du cylindre, auquel il est fixé par des écrous très solides : quand on veut s'en servir, on le place sur un fourneau allumé.

La marmite de Papin n'est donc qu'une sorte de bain-marie, dans lequel la vapeur, renfermée dans un espace clos, ne peut se dégager au dehors.

La figure 31 représente la *marmite de Papin,* telle qu'on la construit aujourd'hui, pour démontrer, dans le cours de physique, la pression considérable qu'exerce la vapeur d'eau.

Après avoir donné la description de sa marmite, Papin ajoute :

« Cette machine est sans doute fort simple et peu sujette à se gâter, mais elle est incommode en ce qu'on ne regarde pas dedans aussi aisément que dans le pot ordinaire, et comme elle fait plus ou moins d'effet, selon que l'eau qui y est se trouve plus ou moins pressée, et aussi que la chaleur est plus ou moins grande, il pourrait

arriver quelquefois que vous tireriez vos viandes avant qu'elles fussent cuites, et d'autres fois que vous les laisseriez brûler; ainsi il a fallu chercher des moyens pour connaître et la quantité de pression qui est dans la machine, et le degré de chaleur.

« Il n'y a qu'à faire un petit tuyau D (fig. 30) ouvert des deux bouts, et, l'ayant soudé sur un trou fait au couvercle, il faut appliquer sur l'ouverture d'en haut de ce tuyau une petite soupape E bien exacte et garnie de papier. »

Pour connaître le degré de la pression de la vapeur, Papin fermait cette soupape au moyen d'une petite verge de fer F qui, tournant à une de ses extrémités autour d'un tourillon G, portait, à l'autre bout, un poids mobile H à la manière des romaines. Il avait déterminé la pression nécessaire pour soulever ce poids.

« De sorte, ajoute-t-il, que lorsque la soupape laisse échapper quelque chose, je conclus que la pression dans le bain-marie est environ huit fois plus forte que la pression de l'air, puisqu'elle peut soulever, non seulement le poids qui résiste à six pressions, mais aussi la verge que j'ai éprouvée, qui résiste à deux, et ainsi, en augmentant ou diminuant le poids, ou en le changeant de place, je connais toujours à peu près combien la pression est forte dans la machine. »

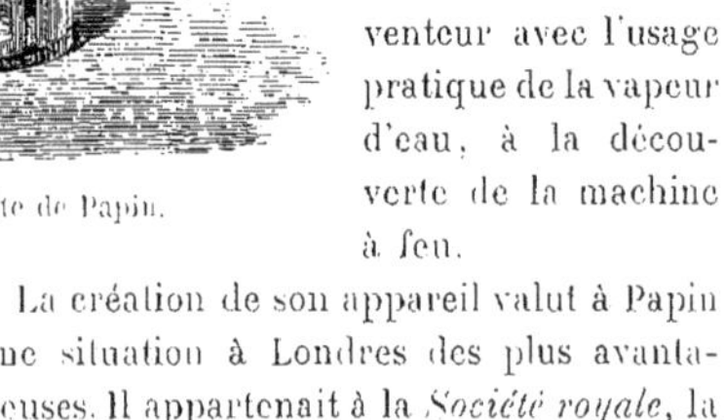

Fig. 31. — Marmite de Papin.

Papin n'avait donc imaginé son levier et sa soupape, que pour *savoir ce qui se passait dans le pot,* et pour veiller à l'exacte cuisson des viandes. Ce dispositif devait plus tard devenir la soupape de sûreté.

En faisant varier la position occupée par le poids sur les bras de la romaine, il reconnaissait approximativement le degré de pression auquel se trouvaient soumises les viandes placées dans le bain-marie. A cette époque, en effet, il était loin encore de songer à construire une machine fondée sur la force élastique de la vapeur d'eau, et, bien plus, lorsqu'il proposa cette machine, il ne pensa nullement à la munir de sa soupape. L'idée d'appliquer un tel instrument à prévenir l'explosion de la chaudière d'une machine à vapeur, ne lui vint qu'en 1707, c'est-à-dire dix-sept années après la publication de son célèbre mémoire de 1690. C'est le physicien Désaguliers qui transporta le premier dans la pratique cette idée de Papin. En 1717, Désaguliers appliqua en Angleterre, à une machine de Savery, la soupape du digesteur de Papin, que ce dernier avait proposée en 1707 comme un moyen de se mettre à l'abri des explosions auxquelles cette machine donnait lieu. La construction du digesteur contribua donc, en familiarisant son inventeur avec l'usage pratique de la vapeur d'eau, à la découverte de la machine à feu.

La création de son appareil valut à Papin une situation à Londres des plus avantageuses. Il appartenait à la *Société royale,* la première des Académies de l'Europe. En outre, la protection de Robert Boyle lui permettait d'espérer beaucoup. Aussi est-on très étonné de le voir, tout à coup, quitter l'Angleterre pour accepter d'entrer, à Venise, dans une nouvelle académie, fondée par le Sénat de cette ville.

Papin séjourna plus de deux ans à Venise, sans y trouver la position avantageuse sur laquelle il avait compté, et il dut prendre le parti de retourner en Angleterre. Mais ses longues pérégrinations avaient refroidi le zèle de ses amis, et tout ce qu'il put obtenir, ce fut d'entrer en qualité de pensionnaire à la *Société royale*. Il fut chargé d'exécuter les expériences ordonnées par l'Académie, et de copier sa correspondance. Il recevait pour toute rétribution la somme de 62 francs par mois.

C'est pendant ce second séjour en Angleterre, qu'il conçut et exécuta la première machine qui devait le mettre sur la trace de sa découverte des applications de la vapeur. Nous avons insisté sur l'importance que l'on attachait, à la fin du XVIIe siècle, à l'emploi mécanique de la pression de l'air. On y voyait le moyen de doter l'industrie du moteur qui lui manquait. Depuis les recherches qu'il avait effectuées avec Boyle sur la machine pneumatique, Papin nourrissait plus particulièrement cette grande pensée. Il crut avoir découvert le moyen de la réaliser, en employant comme moteur direct, la machine pneumatique exécutée en grand.

Fig. 32. — Denis Papin.

Tel était son dessein lorsqu'il présenta, en 1687, à la *Société royale de Londres*, le modèle d'une machine destinée à *transporter au loin la force des rivières*. Cette machine se composait de deux vastes corps de pompe, dont les pistons étaient mis en jeu par une chute d'eau, et qui servaient à faire le vide dans l'intérieur d'un long tuyau métallique. Une corde attachée à l'extrémité de la tige du piston, devait transmettre une force motrice considérable, lorsque, par l'effet de la pression atmosphérique, le piston, violemment chassé dans l'intérieur du tuyau, entraînerait avec lui les poids qui le retenaient. C'était, comme on le voit, le principe du chemin de fer atmosphérique, dont nous parlerons ultérieurement.

Cependant les essais auxquels on soumit cette machine, en 1687, devant la *Société royale de Londres*, ne donnèrent que de mauvais résultats, soit en raison de la difficulté de maintenir le vide dans un long tuyau métallique, soit en raison de la lenteur extrême avec laquelle le mouvement se communiquait du piston aux fardeaux qu'il devait entraîner.

Papin avait fondé beaucoup d'espérance sur le succès de son appareil; cet échec les détruisait sans retour. De tristes lueurs commençaient à assombrir l'horizon du philosophe. Son séjour en Italie avait absorbé les faibles ressources de son patrimoine, et la rémunération de 62 francs par mois qu'il recevait de la *Société royale* était par trop insuffisante pour ses besoins. Il reporta alors sa pensée vers la France; mais les portes de sa patrie lui étaient fermées. La révocation de l'édit de Nantes, faite en 1685, frappait dans leur fortune et dans leurs droits les protestants français. Aux termes de cet arrêt, l'exercice de la médecine, de la chirurgie et de la pharmacie était interdit aux membres de la religion réformée.

Papin aurait pu faire tomber d'un seul mot les barrières qui le séparaient de son pays, entrer à l'Académie des sciences, où sa place était depuis longtemps marquée, et recevoir les traitements flatteurs que l'on prodiguait, trois ans après, à son cousin Isaac Papin, dont l'exil fit fléchir le courage et qui abjura le protestantisme en 1690, entre les mains de Bossuet. Il préféra l'exil éternel à l'abjuration. En 1687, le landgrave Charles, électeur de Hesse, lui offrit une chaire de mathématiques à Marbourg. Malgré les préoccupations de la politique et de la guerre, ce prince éclairé s'était toujours plu à suivre et à encourager ses travaux. Papin s'empressa d'accepter l'offre de l'électeur.

Arrivé à Marbourg, Papin commença ses leçons publiques de mathématiques. Ce nouveau métier, auquel il était peu fait, ne fut pas sans lui causer quelques ennuis et quelques difficultés au début. Néanmoins, il reprit bientôt la suite de ses travaux accoutumés.

L'emploi du vide et de la pression atmosphérique, utilisés directement comme force motrice, avait mal réussi dans son appareil à double pompe pneumatique. Il espéra mieux remplir le grand dessein qu'il se proposait, en construisant une autre machine, également fondée sur l'emploi de la pression de l'air, mais dans laquelle le vide, au lieu d'être déterminé par le jeu d'une pompe pneumatique, serait obtenu en faisant détoner de la poudre à canon sous le piston de cette pompe. La poudre, brûlée dans un cylindre fermé par une soupape et parcouru par un piston, dilatait l'air, par l'effet de la chaleur dégagée pendant la combustion ; cet air, s'échappant par la soupape, provoquait un vide dans le cylindre, et dès lors la pression atmosphérique, pesant sur la tête du piston, chassait celui-ci dans l'intérieur du corps de pompe. C'était, comme on le voit, le principe de la machine précédente ; seulement le vide était produit par un artifice d'une autre nature.

La machine à poudre que Papin fit connaître en 1688, n'était pas, à proprement parler, une invention de ce physicien. La première idée en avait été émise par l'abbé de Hautefeuille, dans un mémoire imprimé à Paris en 1678, pour élever les eaux de la Seine afin de les consacrer à l'embellissement des jardins de Versailles.

Le principe de la machine consistait à obtenir une force motrice empruntée à la pression atmosphérique, en faisant le vide dans un tuyau par suite de la combustion de la poudre.

Ce principe était bon en lui-même, mais la machine proposée par l'abbé pour le mettre à exécution, était des plus grossières.

L'abbé de Hautefeuille, doué d'un certain esprit d'invention et de recherche, avait des habitudes scientifiques assez fâcheuses. Il abordait tous les sujets sans en approfondir un seul ; il émettait, en termes laconiques, beaucoup d'idées vagues et mal formulées, et lorsque, plus tard, d'autres savants venaient à traiter sérieusement les questions qu'il n'avait fait qu'effleurer, il fatiguait le public du bruit de ses réclamations. C'est ainsi qu'il écrivait en 1682 :

« Il y a trois ou quatre ans que je proposai une force qui me semblait devoir être de quelque utilité ; c'est la poudre à canon, qui produit l'effet de la pompe aspirante par la raréfaction de l'air, et celui de la pompe foulante par son effort. J'ai appris depuis ce temps-là que l'on avait fait une expérience à l'Académie royale des sciences, qui en approchait, et que l'on avait essayé ce principe pour l'élévation des corps solides... On m'a assuré qu'un gros de poudre à canon avait enlevé en l'air sept ou huit laquais qui retenaient le bout de la corde, et qu'ayant attaché des poids à son extrémité, ce gros de poudre avait enlevé mille ou mille deux cents livres (489 kil. 5 où 587 kil. 4) pesant. »

Ce n'était point l'Académie qui avait exécuté l'expérience dont parle Jean de Hautefeuille, mais bien Huyghens, qui avait substitué à son rudimentaire mécanisme un appareil perfectionné, consistant essentiellement dans l'emploi d'un corps de pompe parcouru par un piston. La machine n'était plus bornée au seul objet de l'élévation des eaux à une hauteur de trente pieds (9m,745); elle devait constituer un moteur susceptible de recevoir toutes les applications industrielles.

Cette machine, représentée à la figure 33, se compose d'un cylindre métallique A; un piston B est mobile dans ce cylindre; une corde enroulée sur deux poulies, C, D, et supportant le poids E qu'il s'agit d'élever, est attachée à ce piston. Au bas du cylindre est une petite boîte F destinée à recevoir la poudre. G, G, sont deux poches de cuir, garnies de soupapes jouant de dedans en dehors, et destinées à donner issue à l'air dilaté et aux produits gazeux de l'explosion de la poudre.

« On met, dit Huyghens, dans la boîte F un peu de poudre à canon, avec un petit bout de mèche d'Allemagne allumée, et l'on serre bien cette boîte par le moyen de sa vis. La poudre, venant un moment après à s'allumer, remplit le cylindre de flamme et en chasse l'air par les tuyaux de cuir G, G, qui s'étendent et qui sont aussitôt refermés par l'air du dehors, de sorte que le cylindre demeure vide d'air, ou du moins pour la plus grande partie. Ensuite le piston B est forcé, par la pression de l'air qui pèse dessus, à descendre, et il tire ainsi la corde et ce à quoi on l'a voulu attacher. La quantité de cette pression est connue et déterminée par la pesanteur de l'air et par la grandeur du diamètre du piston, qui, étant d'un pied, sera pressé autant que s'il portait le poids d'environ mille huit cents livres (871 kil. 1), supposé que le cylindre fût tout à fait vide d'air. »

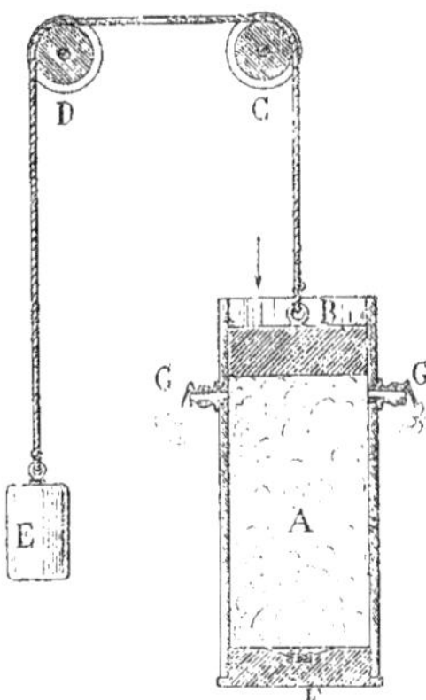

Fig. 33. — Machine de Huyghens.

Papin connaissait depuis longtemps cette machine, car il avait, comme nous l'avons dit, secondé Huyghens dans sa construction, pendant qu'il logeait avec lui à la Bibliothèque du roi. Mais il avait reconnu dans ses dispositions divers inconvénients, et il voulait seulement, dans la construction nouvelle qu'il proposait et qu'il soumit à l'examen de ses collègues, les professeurs de l'Université de Marbourg, en perfectionner le mécanisme. Les changements qu'il apportait à l'appareil de Huyghens, ont d'ailleurs trop peu d'importance pour les signaler ici.

Cependant il était facile de deviner que les effets mécaniques provoqués par ce moyen, ne présenteraient qu'une puissance médiocre, parce qu'il était impossible, par la seule détonation de la poudre, de chasser entièrement l'air contenu dans le cylindre. En outre, comme le démontra le physicien anglais Robert Hooke, l'air, en raison de sa compressibilité, pouvait rester en partie dans le cylindre. Par suite de cette circonstance, si le cylindre présentait une certaine longueur, le mouvement du piston devenait presque insensible.

Pour parer à cet inconvénient capital, Papin essaya de faire également le vide dans le cylindre. Mais l'expérience montra qu'il restait toujours dans l'appareil assez d'air pour annuler la plus grande partie des effets de la pression extérieure.

C'est alors que Papin, réfléchissant sur les agents qu'il serait permis d'employer pour remplacer la poudre à canon, comme moyen de faire le vide dans un corps de pompe, eut l'idée, hardie et profondément nouvelle, d'employer la vapeur d'eau à cet usage.

Dans l'histoire de la machine à vapeur, on ne peut accorder à Papin autre chose que l'idée d'employer la vapeur d'eau comme moyen de faire le vide; mais cette pensée, véritable inspiration de génie, suffit à l'immortaliser. Elle honorera à jamais son nom, son siècle et sa patrie.

Le mémoire dans lequel Papin propose, pour la première fois, l'emploi d'une machine ayant pour principe moteur la force élastique de la vapeur d'eau, fut publié dans les *Actes de Leipzig*, au mois d'août 1690, à l'eau, une petite quantité de ce liquide, réduite en vapeurs par l'action de la chaleur, acquiert une force élastique semblable à celle de l'air et revient ensuite à l'état liquide par le refroidissement, sans conserver la moindre apparence de sa force élastique, j'ai cru qu'il serait facile de construire des machines où l'air, par le moyen d'une chaleur modérée, et sans frais considérables,

Fig. 31. — Expérience de Papin, en 1688, devant les professeurs de l'Université de Marbourg. (D'après une gravure du temps.)

sous ce titre : « Nouvelle Méthode pour obtenir à bas prix des forces motrices considérables ». Papin commence par rappeler les essais infructueux qu'il a faits antérieurement, pour perfectionner la machine à poudre.

« Jusqu'à ce moment, dit-il, toutes ces tentatives ont été inutiles, et après l'extinction de la poudre enflammée, il est toujours resté dans le cylindre environ la cinquième partie de l'air. J'ai donc essayé de parvenir par une autre route, au même résultat; et comme, par une propriété qui est naturelle produirait le vide parfait que l'on ne pouvait pas obtenir à l'aide de la poudre à canon. »

La figure 35 fera comprendre les éléments de la machine que Papin proposa pour utiliser les effets mécaniques de la vapeur d'eau.

A est un cylindre fermé du bas, ouvert par le haut et contenant de l'eau à sa partie inférieure. Ce cylindre est parcouru par un piston mobile B. Un conduit dont l'orifice est en C traverse ce piston, et a pour effet de permettre d'abaisser celui-ci jusqu'à ce que sa face inférieure touche l'eau, en donnant issue à l'air qui existe au-dessous. Quand on a ainsi chassé l'air du cylindre, on bouche cet orifice C avec la tige D ; on échauffe ensuite le bas du cylindre, à l'aide d'un brasier. L'eau arrive à l'ébullition, et la vapeur acquiert assez de puissance pour soulever le piston et le pousser jusqu'au haut de sa course. Cet effet obtenu, on pousse le cliquet E, qui, s'enfonçant dans une rainure de la tige F, arrête et maintient le piston dans cette position. On éloigne alors le brasier, le cylindre se refroidit, la vapeur se condense, le vide se fait par conséquent au-dessous du piston. Si alors on retire le cliquet E, le piston, pressé par tout le poids de l'atmosphère extérieure, se précipite ausitôt au fond du cylindre et peut ainsi servir à élever des poids que l'on aurait attachés à l'extrémité de la corde G, fixée à la tige du piston et s'enroulant sur deux poulies H, H.

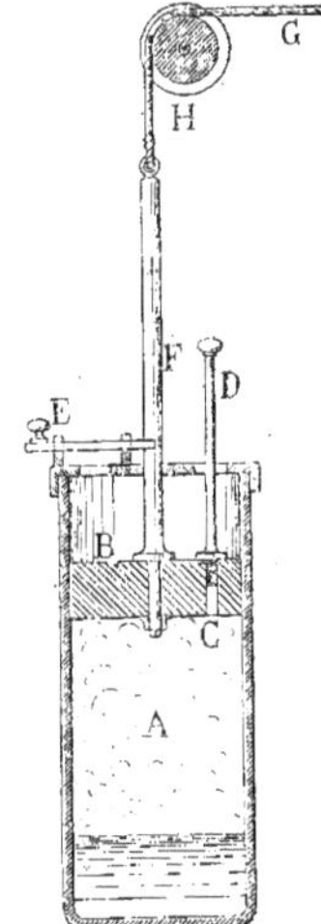

Fig. 35. — Machine à vapeur atmosphérique de Papin.

Papin croyait que son appareil était susceptible de recevoir dans l'industrie une application immédiate. Cependant, on ne peut voir, dans la machine du physicien de Blois, qu'un moyen de démontrer, par l'expérience, le principe de la force élastique de la vapeur, et du parti que l'on peut en tirer comme force motrice. Quant à l'appliquer, telle qu'elle était conçue, aux usages de l'industrie, il était impossible d'y songer. La disposition qui consistait à placer une légère couche d'eau dans le cylindre lui-même et à produire la vapeur à l'aide d'un brasier placé par-dessous, de telle sorte que l'appareil n'était alimenté que par cette petite quantité d'eau qui ne se renouvelait jamais ; — le moyen, peu efficace, qui faisait dépendre la chute du piston du refroidissement spontané de la vapeur, par suite du simple éloignement du brasier ; — ces tubes de métal mince, que l'action du feu aurait rapidement détruits et incapables d'ailleurs de résister efficacement à la pression intérieure exercée sur leurs parois ; — l'absence d'un moyen propre à prévenir les explosions : tout nous montre que cet appareil ne présentait aucune des conditions que doit remplir la moindre machine industrielle.

Cette erreur devait durement peser sur la destinée de Papin. Les défauts de sa machine étaient d'une évidence à frapper tous les yeux. Aussi fut-elle accueillie avec une désapprobation marquée et placée, d'un accord unanime, au rang des appareils imparfaits qu'il avait antérieurement fait connaître. Sa grande conception concernant l'emploi de la vapeur, fut enveloppée dans la même défaveur qui avait accueilli sa machine à double pompe pneumatique et sa machine à poudre. Aucun recueil scientifique ne reproduisit le mémoire publié dans les *Actes de Leipzig*. Le physicien Hooke se borna à faire ressortir, dans quelques notes lues à la *Société royale* de Londres, les inconvénients de la nouvelle machine motrice proposée par le Dr Papin, et tout fut dit.

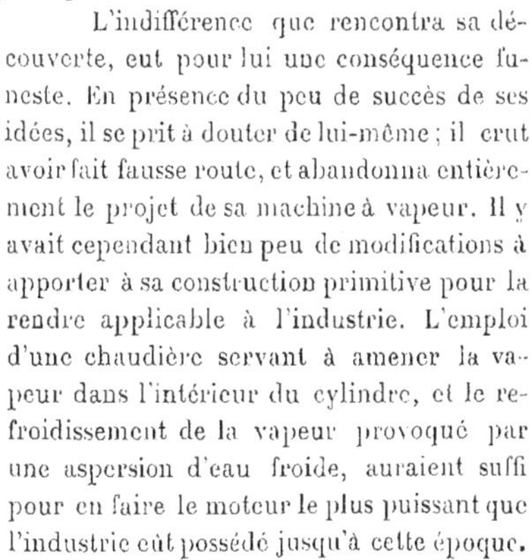

L'indifférence que rencontra sa découverte, eut pour lui une conséquence funeste. En présence du peu de succès de ses idées, il se prit à douter de lui-même ; il crut avoir fait fausse route, et abandonna entièrement le projet de sa machine à vapeur. Il y avait cependant bien peu de modifications à apporter à sa construction primitive pour la rendre applicable à l'industrie. L'emploi d'une chaudière servant à amener la vapeur dans l'intérieur du cylindre, et le refroidissement de la vapeur provoqué par une aspersion d'eau froide, auraient suffi pour en faire le moteur le plus puissant que l'industrie eût possédé jusqu'à cette époque.

Par malheur, les critiques qu'il rencontra, découragèrent Papin, qui cessa entièrement de s'occuper de ce sujet, et lorsque, quinze ans après, il essaya d'y revenir, il fut conduit à proposer un appareil tout différent du premier, et dans lequel, abandonnant la grande idée dont l'honneur lui revient, il avait recours à des dispositions vicieuses.

Dans un voyage qu'il avait fait en Angleterre, en 1705, Leibnitz avait vu fonctionner la machine à vapeur de Savery, première application pratique de la puissance motrice de la vapeur d'eau. Leibnitz envoya à Papin le dessin de cette machine, afin de connaître son opinion sur l'appareil du mécanicien anglais, et celui-ci montra la lettre et le dessin à l'électeur de Hesse. C'est à l'instigation de ce prince que Papin reprit l'examen de ce sujet, qu'il avait abandonné depuis quinze ans. Le résultat de son travail fut la publication d'un petit livre imprimé à Francfort en 1707, sous le titre de *Nouvelle Manière d'élever l'eau par la force du feu.*

Dans sa machine, Papin se propose d'employer la force élastique de la vapeur à élever de l'eau dans l'intérieur d'un tube. Cette eau est ainsi amenée dans un réservoir supérieur, d'où on la fait tomber sur les augets d'une roue hydraulique, à laquelle elle imprime un mouvement de rotation.

La figure 36 fera comprendre tous les détails de la seconde machine à vapeur qui fut proposée par Denis Papin en 1707 et la figure 3 placée en tête du volume est la reproduction exacte d'un dessin mis par l'auteur en tête de son mémoire. On remarquera que la chaudière et le corps de pompe sont munis de la soupape de sûreté. C'est, en effet, dans ce mémoire que Papin fait connaître pour la première fois l'application de la soupape qu'il avait imaginée, vingt-six ans auparavant, pour son *digesteur des viandes.*

Une chaudière A dirige sa vapeur, au moyen du tube B, dans l'intérieur d'un cylindre C, qui doit alternativement se remplir

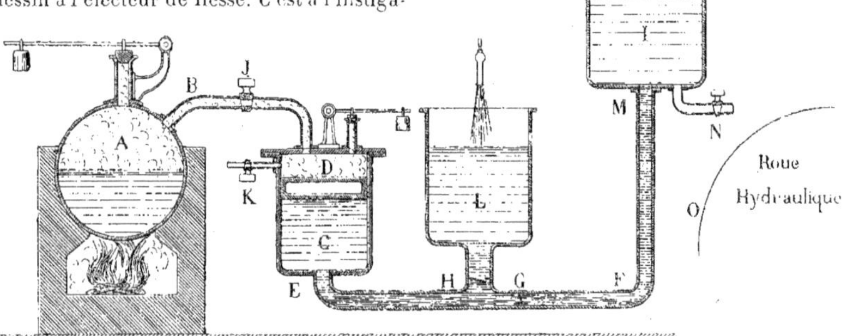

Fig. 36. — Seconde machine à vapeur de Papin.

et se vider d'eau. La vapeur vient presser la face supérieure d'un piston D, ou, pour mieux dire, d'un flotteur creux, qui se maintient, grâce à sa légèreté, à la surface de l'eau qui remplit le cylindre. Refoulée par cette pression, l'eau passant dans le tuyau EF, ferme la soupape H, ouvre la soupape G et s'élève dans le tuyau FM.

On ferme le robinet J qui donne passage à la vapeur et on ouvre le robinet K qui fait communiquer le cylindre C avec l'air libre.

A ce moment, la pression de l'air extérieur agit sur l'eau qui a été soulevée dans le tuyau FM et tend à la faire retourner dans le cylindre C, mais sous l'effort de cette pression la soupape G se ferme et empêche tout écoulement. De même l'eau qu'il s'agit d'élever et qui est contenue dans la cuve L est poussée vers le cylindre C; elle y pénètre en ouvrant la soupape H.

La soupape G est maintenue fermée par la pression plus considérable qu'exerce sur elle la colonne d'eau qui est derrière.

L'eau de la cuve L s'écoule donc dans le cylindre C et pour reprendre son niveau soulève le piston flotteur D.

Dans l'ascension de ce piston, la vapeur contenue dans le cylindre C se trouve chassée dans l'air en suivant la tubulure portant le robinet K qui est ouvert.

En cet état, si on ferme le robinet K et si on ouvre le robinet J, une nouvelle admission de vapeur se fait dans le cylindre C, provoquant une descente du piston et l'élévation d'un nouveau volume d'eau dans le tuyau FM et le même mouvement continue sans interruption, pourvu que l'on ouvre et ferme aux moments convenables le robinet J qui donne accès à la vapeur, et le robinet K, qui la laisse perdre au dehors.

Tel qu'il vient d'être décrit, cet appareil ne pouvait servir qu'à l'unique objet de l'élévation des eaux. Pour en faire un moteur applicable à toute destination mécanique, Papin proposait de faire rendre l'eau, ainsi élevée, dans l'intérieur d'un réservoir I, fermé de toutes parts, hormis au point N, où se trouvait une ouverture munie d'un robinet, d'où l'eau retombait sur les augets d'une roue hydraulique O. Sortant du réservoir I avec une vitesse qui était encore augmentée par la compression de l'air situé au-dessus, l'eau, retombant sur la roue hydraulique, la faisait tourner, et pouvait ainsi remplir le rôle d'un moteur applicable à divers emplois.

Ainsi Papin abandonnait son idée capitale, d'employer la vapeur comme moyen d'opérer le vide dans un cylindre, pour adopter le procédé, moins avantageux, qui consiste à se servir de la pression de la vapeur pour élever une colonne d'eau. Il ne faisait en cela qu'apporter quelques modifications à la machine de Savery. C'est que cette machine, déjà en usage en Angleterre, avait obtenu un certain succès; Papin, égaré par l'apparence des résultats utiles qu'elle avait fournis, perdait ainsi de vue la grande conception qui perpétuera le souvenir de son génie.

Après avoir fait construire le modèle de la machine précédente, Papin la fit exécuter en grand, pour l'appliquer à un bateau, qui fut essayé par l'inventeur sur la Fulda, rivière de l'Allemagne occidentale.

Mais des dissentiments ayant éclaté sur ces entrefaites entre lui et quelques personnages puissants de Marbourg, Papin prit la résolution de quitter l'Allemagne, et de faire transporter son bateau en Angleterre pour y continuer ses expériences, mais il lui fallait obtenir l'autorisation de faire passer son bateau des eaux de la Fulda dans celles du Wéser. Cette autorisation fut refusée, ou du moins elle se fit attendre, car, dans une lettre datée du 1er août 1707, Papin se plaint des retards qu'éprouve sa demande.

Pour mettre le temps à profit, il continua les essais de son bateau. La lettre suivante, adressée à Leibnitz et datée du 15 septembre, montre que les résultats qu'il obtenait étaient de nature à l'encourager.

« L'expérience de mon bateau, dit-il, a été faite, et elle a réussi de la manière que je l'espérais; la force du courant de la rivière était si peu de chose en comparaison de la force de mes rames, qu'on avait de la peine à reconnaître qu'il allât plus vite en descendant qu'en montant, et je suis persuadé que si Dieu me fait la grâce d'arriver heureusement à Londres, et d'y faire des vaisseaux de cette construction qui aient assez de profondeur pour appliquer la machine à feu à donner le mouvement aux rames, je suis persuadé, dis-je, que nous pourrons produire des effets qui paraîtront incroyables à ceux qui ne les auront pas vus. »

Il ne devait pas voir se produire ces effets merveilleux. En effet, son projet, qui avait coûté toute une vie de travaux échoua devant un misérable obstacle.

Ne recevant pas la permission qu'il avait demandée à l'électeur de Hanovre pour entrer dans les eaux du Wéser, Papin crut pouvoir passer outre. Le 25 septembre 1707, il s'embarqua à Cassel sur la Fulda, et arriva à Münden le même jour.

Münden, ville du Hanovre, est située sur le Wéser, au confluent de la Fulda et de la Wera. Papin comptait continuer sa route sur ce fleuve, et arriver à Brême, près de l'embouchure du Wéser dans la mer du Nord, où il se serait embarqué sur un vaisseau qui l'aurait conduit à Londres, en remorquant son petit bateau. Mais les mariniers, mal disposés pour une invention nouvelle, qui, pensaient-ils, allait les ruiner, lui refusèrent l'entrée du Wéser, et comme il insistait, sans doute, et réclamait avec force contre un procédé si rigoureux, ils mirent sa machine en pièces.

Fig. 37. — Les bateliers du Wéser mettent en pièces le bateau à vapeur de Papin.
(D'après une gravure du temps.)

On est saisi d'un profond sentiment de compassion quand on se représente l'infortuné vieillard, privé des moyens sur lesquels il avait fondé toutes ses espérances, sans ressources, presque sans asile, et ne sachant plus en quel coin de l'Europe il irait cacher ses derniers jours. Il n'osait revenir sur ses pas, et rentrer à Marbourg, dans cette université qu'il avait volontairement abandonnée. D'un autre côté, il ne pouvait songer à la France. Plus que jamais l'accès de sa patrie lui était fermé, car l'intolérance religieuse continuait à y déployer ses fureurs.

Mais l'Angleterre avait été pour lui une autre patrie. C'est là que la fortune avait souri un moment aux efforts de sa jeunesse. Les encouragements et l'appui qu'il avait rencontrés auprès de l'illustre Robert Boyle, les relations qu'il avait formées avec les membres de la *Société royale de Londres*, vivaient au nombre des plus doux souvenirs de son cœur. Il prit donc la résolution de continuer sa route vers l'Angleterre. Il voulut mourir sur le sol hospitalier où avaient fleuri les quelques jours heureux de son existence.

Faible et malade, il s'achemina tristement vers ce dernier asile de sa vieillesse. Mais, dans le long intervalle de son absence, ses amis avaient eu le temps de l'oublier. Robert Boyle était mort, et le nom de Papin était presque inconnu des nouveaux membres de la compagnie. Pour subvenir à ses besoins, il fut contraint de se remettre à la solde de la *Société royale*. Le grand inventeur dont notre siècle glorifie la mémoire, se trouva dès ce moment, et jusqu'aux derniers jours de sa vie, réduit à un état voisin de la misère. Il fut contraint, faute de ressources suffisantes, de renoncer à poursuivre les expériences de son bateau à vapeur. « Je suis maintenant obligé, dit-il dans une de ses lettres, de mettre mes machines dans le coin de ma pauvre cheminée. »

Fig. 38. — Vieillesse et misère de Papin.

En effet, cette ardeur d'invention et de recherches, qui avait été comme l'aliment de son existence, persistait encore dans l'âme du noble vieillard ; c'est le dernier lien qui le rattachait à la vie. Il était sans cesse occupé à combiner de nouvelles machines, pour l'exécution desquelles il réclamait, trop souvent en vain, les secours de la *Société royale*.

La pauvreté et l'abandon dans lesquels le malheureux philosophe traîna ses derniers jours, devaient lui être d'autant plus douloureux, qu'il était chargé de famille.

C'est par erreur que l'on fixe ordinairement à l'année 1710 l'époque de la mort de Papin. Il vivait encore en 1714, s'il faut s'en rapporter à une dernière lettre de Leibnitz, où il est question de lui. Cette lettre est sans date, mais la mention qui s'y trouve faite du récent avènement de George Ier, et de la loi anglaise intitulée l'*Acte de succession*, en fixe l'époque vers l'année 1714.

C'est là, d'ailleurs, le seul document qui permette d'éclairer les derniers temps de la vie de Papin. On ne peut préciser l'époque où il acheva de mourir. Il languit sans doute quelques années encore dans l'isolement, et il est douloureux de penser que le besoin a pu abréger le terme de sa triste existence.

Quelques personnes ont voulu expliquer le mystère qui couvre les derniers temps de sa vie, par son secret retour au bord de la Loire, où il aurait voulu mourir. Ainsi il ne nous est même pas donné de connaître le coin de terre où reposent les cendres de cet homme infortuné !

Quand on jette un regard d'ensemble sur les travaux de Papin, on ne peut s'empêcher de reconnaître qu'ils sont marqués au coin du génie. Cependant son mérite a été contesté, et on lui a reproché de n'être ni physicien ni mécanicien.

La physique du xviie siècle se composait d'un trop petit nombre de principes pour qu'il soit permis de refuser à aucun savant de cette époque la connaissance des faits si simples qu'elle embrassait. De plus, quand on a eu la pensée de créer une force motrice par la seule action de l'eau bouillante, on n'est pas seulement mécanicien, on est mécanicien de génie.

Il est juste néanmoins de reconnaître que, dans ses travaux, Papin a souvent manqué d'esprit de suite. Il procédait par sauts et comme par boutades. Il découvrait des faits épars d'une haute importance, et ne savait pas trouver le lien propre à les rattacher en faisceau. Il établissait de grands principes, et se montrait inhabile à en déduire les conséquences. C'est dans les premiers temps de sa vie scientifique, en s'occupant de l'insignifiant objet de la cuisson des viandes, qu'il invente la soupape de sûreté, et ce n'est qu'à la fin de sa carrière qu'il songe à l'appliquer à une machine dont les dispositions sont défectueuses. Pendant la construction d'un autre appareil imparfait, le moteur à double pompe pneumatique, il invente le robinet à quatre ouvertures, organe dont Leupold et James Watt ont tiré un si grand parti dans les machines à vapeur. Enfin, il découvre le principe fondamental de l'emploi de la vapeur pour faire le vide et soulever un piston ; et bientôt, détourné par la critique, il perd de vue sa découverte, et meurt sans soupçonner l'importance extraordinaire qu'elle doit acquérir un jour. Il y a là un vice d'esprit que l'on essayerait en vain de dissimuler.

Hâtons-nous de le dire, les circonstances de la vie de Papin expliquent ce défaut. Si son existence se fût écoulée calme et honorée dans sa patrie ; s'il eût goûté quelque temps les loisirs et la liberté d'esprit qui sont nécessaires à l'exécution des longs travaux scientifiques, on n'aurait pas à défendre sa mémoire contre de tels reproches. La postérité, qui ne connaît qu'un coin de son génie, aurait alors possédé Papin tout entier. Mais éloigné dès sa jeunesse du ciel de sa patrie ; obligé de promener à travers l'Europe le poids de ses ennuis et de sa pauvreté ; contraint de frapper à la porte des Académies étrangères, le malheureux philosophe pouvait-il nous léguer autre chose que les ébauches de son génie ?

Si imparfaites qu'elles soient, elles suffisent à faire comprendre ce que l'on pouvait attendre de lui dans des conditions plus favorables. Pendant qu'il végétait oublié en Allemagne, un simple serrurier du Devonshire, dépourvu de toutes connaissances scientifiques, exécutait la première machine à vapeur atmosphérique, en se bornant à rapprocher les découvertes éparses du mécanicien français. Papin n'eût-il pu suffire à la tâche accomplie par le serrurier Newcomen? Si donc la machine à vapeur n'est pas une invention exclusivement française, il faut l'attribuer, en grande partie, aux circonstances qui, pendant quarante ans, fermèrent à Papin, l'accès de sa patrie.

CHAPITRE V

MACHINE DE SAVERY. — NEWCOMEN ET CAWLEY. — MACHINE A VAPEUR DE NEWCOMEN. — PERFECTIONNEMENTS APPORTÉS A LA MACHINE DE NEWCOMEN. — PROGRÈS DE LA PHYSIQUE TOUCHANT LA THÉORIE DE LA CHALEUR. — DÉCOUVERTE DU THERMOMÈTRE — TRAVAUX DE BLACK SUR LA CHALEUR LATENTE ET LA VAPORISATION.

Papin vivait en Allemagne lorsqu'il publia la description de sa machine à vapeur atmosphérique. Mais l'Allemagne accordait alors une trop faible part à l'industrie, pour offrir un théâtre favorable au développement de ses idées. Ses projets ne pouvaient, à la même époque, trouver en France un accueil plus avantageux. Épuisée d'hommes et d'argent par trente années de guerre, la France voyait chaque jour dépérir son commerce. La révocation de l'édit de Nantes lui avait porté un coup irréparable, en la privant, suivant les termes du mémoire de d'Aguesseau, « dans toutes sortes d'arts des plus habiles ouvriers, ainsi que des plus riches négociants qui étaient de la religion réformée ».

L'Angleterre se trouvait dans des conditions toutes différentes. Depuis la restauration de la maison des Stuarts, le commerce et l'industrie y recevaient un développement chaque jour plus rapide. A l'ombre de la paix et d'une administration intelligente, cette grande nation commençait à tirer parti des richesses accumulées sous son sol. Les mines de houille répandues en Angleterre avec une profusion extraordinaire, forment, comme on le sait, l'une des sources les plus importantes des revenus du pays. Depuis plusieurs années, leur exploitation se poursuivait avec ardeur. Mais en raison des dispositions géologiques de la plupart des terrains houillers de la Grande-Bretagne, d'immenses courants d'eau viennent, à chaque instant, alterner avec les couches du minerai. Ces nappes d'eaux souterraines apportaient les obstacles les plus graves à l'extraction du combustible, et la profondeur croissante des mines ajoutait de jour en jour à ces inconvénients et à ces dangers. Les moyens, souvent insuffisants, mis en usage pour l'épuisement des eaux, occasionnaient partout des dépenses énormes, et ces difficultés commençaient à éveiller les inquiétudes de la nation tout entière.

L'annonce d'un moteur nouveau, puissant et économique, ne pouvait donc être accueillie avec indifférence au milieu d'un peuple qui voyait sa prospérité ou sa ruine suspendue à cette question.

Thomas Savery, ancien ouvrier des mines, devenu capitaine de marine et très habile ingénieur, s'occupait depuis longtemps de l'étude des moyens mécaniques applicables au desséchement des houillères, lorsqu'il eut connaissance des travaux de Papin. Mais les idées de ce dernier étaient devenues, en Angleterre, l'objet de vives critiques. Robert Hooke, comme nous l'avons vu, avait fait ressortir tous les défauts de sa machine atmosphérique. Le critique anglais, égaré par ces objections de détail, méconnaissait la grande pensée de Papin, qui, en imaginant de faire le vide dans un cylindre par la condensation de la vapeur d'eau, dotait la mécanique de l'idée la plus grande et la plus neuve que l'histoire de cette science eût jamais enregistrée.

L'argumentation et les reproches de Robert Hooke donnèrent le change à Thomas Savery. Au lieu de se borner à faire subir à la machine de Papin quelques modifications très simples qui auraient permis de la transporter immédiatement dans la pratique, il voulut construire une machine à vapeur fondée sur un principe tout différent. Laissant de côté le cylindre et le piston, il fabriqua un modèle de machine dans laquelle il combina le vide produit par la condensation de la vapeur, avec l'emploi direct de sa force élastique.

Papin avait conçu un moteur universel, Savery proposait une machine qui ne pouvait servir qu'à l'élévation des eaux.

C'est en 1698 que Savery demanda un brevet pour la construction de sa machine à vapeur. Il la fit fonctionner la même année, à Hamptoncourt, en présence du roi Guillaume, qui s'y intéressa vivement, et le 14 juin 1699, on en fit l'essai devant la *Société Royale de Londres.*

Savery prétend avoir imaginé à lui seul sa machine, c'est-à-dire sans avoir eu connaissance de celle de Papin, ni d'aucun appareil analogue, et voici l'historiette qu'il raconte, en ajoutant que cette circonstance lui suggéra l'idée de sa machine à vapeur.

Un jour, dit-il, se trouvant dans une taverne, et ayant bu une bouteille de vin de Florence, il jeta, par hasard, la bouteille vide au milieu du foyer de la cheminée. Ensuite, il appela la servante, et la pria de lui

Fig. 39. — Le capitaine Savery dans la taverne.

apporter une cuvette pleine d'eau, pour se laver les mains.

Il était resté dans la bouteille quelques gouttes de vin. La chaleur du foyer ne tarda pas à convertir le liquide en vapeurs, qui s'échappèrent par le goulot. Savery fut alors frappé d'une idée! Il mit un de ses gants de buffleterie, afin de se garantir de la chaleur, retira la bouteille du foyer et la renversa dans la cuvette, pour voir l'effet que cela produirait. Au bout de quelques instants il vit, avec surprise, l'eau monter dans la bouteille, et la remplir peu à peu. La vapeur s'étant condensée au contact de l'eau froide, et le vide s'étant fait dans la bouteille, la pression de l'air avait forcé l'eau de s'y introduire.

Tel est le petit événement qui aurait fourni à Savery, s'il faut l'en croire, l'idée de sa machine. Dans tous les cas, il est certain que la machine à vapeur de Papin n'était pas alors inconnue en Angleterre.

Voici la description de la machine de Savery.

La vapeur d'eau fournie par la chaudière B arrive, en traversant le tuyau D, dans l'intérieur du vase métallique S. Elle presse l'eau contenue dans ce vase, et par sa force élastique, la refoule dans le tube A, en soulevant la soupape *a* qui s'ouvre de bas en haut, et fermant la soupape *b* qui se ferme de haut en bas. L'eau jaillit ainsi par l'extrémité supérieure du tube A et s'écoule au dehors.

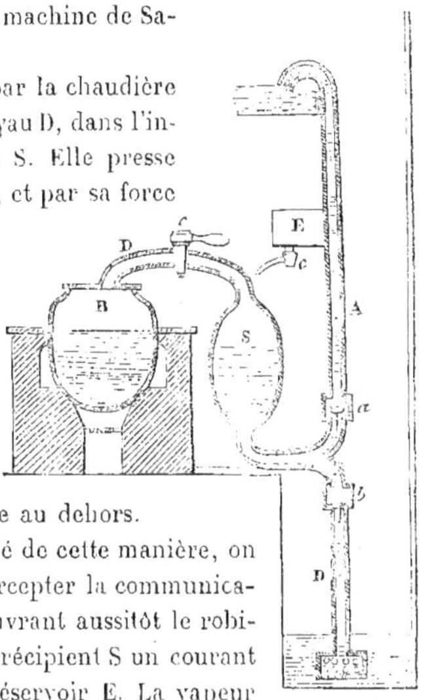

Lorsque le vase S s'est vidé de cette manière, on ferme le robinet *c* pour intercepter la communication avec la chaudière, et ouvrant aussitôt le robinet *e*, on fait arriver sur le récipient S un courant d'eau continu, venant du réservoir E. La vapeur contenue dans le vase S se trouve ainsi subitement condensée. Le vide se trouvant produit à l'intérieur de ce vase par suite de la condensation de la vapeur, la soupape *b* se soulève par l'afflux de l'eau, qui s'élance par le tube D, dans l'intérieur de l'appareil, en vertu de la pression atmosphérique. Alors le robinet *c* étant ouvert de nouveau, donne accès à de nouvelle vapeur dans le vase S, et cette vapeur, pressant le liquide, le refoule dans le tube A. La vapeur étant de nouveau condensée par une affusion d'eau froide, le vide produit dans le vase S appelle une nouvelle quantité d'eau dans ce récipient, et ainsi de suite.

Il suffit donc d'ouvrir successivement les robinets *c* et *e* pour élever, d'une manière à peu près continue, toute l'eau que l'on désire faire monter.

Cette machine pouvait, paraît-il, élever, par minute, quatre fois le contenu du récipient S, à la hauteur d'environ $17^{m},50$.

La machine de Savery présentait un défaut capital. Le récipient S devait satisfaire à deux conditions incompatibles. Les parois de ce vase auraient dû être à la fois très épaisses, pour supporter à l'intérieur, la pression considérable exercée par la vapeur d'eau, et très minces, pour se refroidir rapidement. En outre, cette machine n'élevait l'eau qu'à la condition de l'échauffer en partie, car la vapeur, arrivant à l'intérieur du récipient S, s'y condensait en grande quantité; de telle manière que lorsque l'eau montait dans le tube, elle avait déjà acquis une température assez élevée par suite de la chaleur abandonnée par la vapeur revenue à l'état liquide. Cet appareil reposait donc sur un principe vicieux.

Fig. 10. — Coupe de la machine à vapeur de Savery.

Il y aurait cependant une profonde injustice à contester à Thomas Savery l'honneur qui lui revient pour avoir imaginé et construit la première machine à vapeur qui ait fonctionné en Europe. Si la postérité doit une haute reconnaissance au savant qui découvre de grandes vérités théoriques, elle doit le même tribut d'hommages à celui qui, transportant ces mêmes idées dans la pratique, leur fait porter leurs premiers fruits.

Lorsque Savery eut terminé la construction de sa machine, il se hâta de la présenter aux propriétaires des mines. Mais elle arrivait dans un mauvais moment. Depuis plusieurs années, les propriétaires des mines de houille étaient assiégés par les faiseurs de projets, qui les avaient entraînés, sans résultats, dans toutes sortes d'essais dispendieux. Les échecs nombreux que l'on avait éprouvés en expérimentant les machines imparfaites, ou de prétendus perfectionnements d'anciens mécanismes, devaient naturellement jeter de la défaveur sur toute conception nouvelle. La machine de Savery porta la peine de toutes les tentatives infructueuses exécutées jusque-là. Comme elle arrivait à la suite d'une foule de projets qui avaient trompé l'attente générale, on ne prêta aucune attention aux promesses de son inventeur. Savery essaya inutilement de lutter contre ces fâcheuses préventions; les propriétaires des mines persistèrent à rejeter sa machine, qui ne servit guère que pour élever l'eau à l'intérieur de palais ou de quelques maisons de plaisance.

Savery n'assignait d'autres limites à la puissance de sa *pompe à feu* que l'impossibilité où l'on était de fabriquer des récipients et des tubes assez forts pour résister à la pression de la vapeur.

La pensée ne lui était pas venue d'appliquer à sa chaudière la soupape que Papin avait imaginée. Aussi ne pouvait-on élever l'eau avec sécurité au delà de quarante pieds (12^{m},992). Si l'on dépassait cette limite, on courait le risque de voir la chaudière éclater. Lorsque Savery établit une de ses pompes pour élever l'eau dans les bâtiments d'York, il produisait de la vapeur dont la pression atteignait huit ou dix atmosphères, et alors, « la chaleur était si grande qu'elle fondait la soudure, et sa force telle qu'elle ouvrait la machine dans différentes jointures ».

Les dangers que l'on redoutait, par suite du défaut de résistance des chaudières, furent la considération la plus grave qui s'opposa à l'emploi de la pompe à feu de Savery, pour l'épuisement de l'eau dans les mines.

Cependant l'introduction de ces premières machines à vapeur dans certains comtés de l'Angleterre, eut pour résultat d'attirer l'attention sur l'emploi mécanique de la vapeur d'eau. En même temps, elle familiarisa avec son usage les populations des grands centres manufacturiers et les ouvriers des différentes professions.

En ce temps-là, vivaient dans la ville de Darmouth, deux honnêtes et industrieux artisans, unis, dès leur enfance, par une étroite amitié. C'était le serrurier Thomas Newcomen et le vitrier Jean Cawley. Une machine de Savery vint à être établie dans le voisinage de Darmouth. A leurs jours de loisir, Newcomen et Cawley aimaient à aller ensemble en considérer le mécanisme; et ils devisaient, au retour, sur les effets de cette machine nouvelle qui les frappait de l'admiration la plus vive. Les deux amis échangeaient entre eux les différentes pensées que cette vue faisait naître dans leur esprit.

Newcomen avait quelque instruction, il n'était pas sans lecture. Compatriote du physicien Robert Hooke, il avait coutume de lui écrire, pour lui soumettre divers projets relatifs à sa profession. Jean Cawley engagea donc son ami à communiquer au docteur les réflexions que leur avait suggérées l'examen de la pompe à feu de Savery. A la suite de la correspondance qui s'établit entre eux sur ce sujet, Robert Hooke fit connaître à Newcomen la machine atmosphérique que Papin avait proposée en 1690 dans les *Actes de Leipzig*.

Il ne parut pas impossible aux deux artisans de mettre à exécution le plan du mécanicien français, et la correspondance continua sur ce nouveau point entre le docteur et l'intelligent ouvrier. Robert Hooke renouvelait auprès de Newcomen les critiques qu'il avait dirigées, devant la *Société royale*, contre la machine de Papin. Cependant ces objections ne produisaient qu'une impression médiocre sur l'esprit de l'artisan ; ses connaissances incomplètes en mécanique l'empêchaient sans doute d'apprécier toute la portée des critiques du savant.

On a trouvé dans les papiers de Robert Hooke le brouillon d'une lettre dans laquelle il essaye de dissuader Newcomen du projet de construire une machine d'après les idées du physicien français. Cette lettre renfermait ce passage significatif : « Si Papin pouvait faire le vide *subitement* dans son cylindre, votre affaire serait faite. »

Robert Hooke faisait allusion par là à l'excessive lenteur que présentaient les mouvements du piston dans la machine de Papin, par suite de l'absence de tout expédient propre à condenser rapidement la vapeur. C'est certainement en réfléchissant sur les moyens de produire plus promptement le vide dans le cylindre de Papin, que Newcomen et Cawley eurent l'idée, bien simple d'ailleurs et d'avance tout indiquée, de modifier la première machine à vapeur de Papin en condensant la vapeur par des affusions d'eau froide opérées à l'extérieur.

Quoi qu'il en soit, aidé de son ami le vitrier, Newcomen se mit à construire, au coin de sa forge, un modèle de machine, qu'il destinait à des expériences. Une chaudière servait à diriger un courant de vapeur dans l'intérieur d'un cylindre de cuivre muni d'un piston. Quand le piston était parvenu en haut de sa course, on condensait subitement la vapeur en faisant couler de l'eau froide sur la partie extérieure du cylindre, dès lors, le poids de l'atmosphère, ne rencontrant plus de résistance au-dessous du piston, le faisait aussitôt redescendre.

Les deux artisans de Darmouth, se bornant à transporter dans la pratique les idées de Papin, venaient d'exécuter la première machine à vapeur atmosphérique, c'est-à-dire la machine la plus puissante et la plus simple qui eût été construite jusqu'à cette époque.

Newcomen et Cawley se mirent alors en campagne, pour obtenir du roi la délivrance d'un brevet qui leur assurât le privilège de leur machine. Mais le crédit d'un serrurier du Devonshire est chose assez mince, et il s'écoula un temps assez long avant que l'on songeât à examiner la demande des deux artisans.

Sur ces entrefaites, Savery fut instruit de leurs démarches. Le procédé de condensation de la vapeur par des aspersions d'eau froide, était mis en usage dans la machine de Newcomen et Cawley. Or la propriété de ce moyen, spécifié dans son brevet, était acquise à Savery aux termes de la loi anglaise. Savery s'opposa donc à l'autorisation sollicitée par Newcomen.

Un procès semblait inévitable pour vider cette question. Mais Newcomen et Cawley étaient quakers. En vertu des principes de leur secte, ils répugnaient à toute contestation, et surtout à un débat judiciaire. Ils proposèrent donc à Savery de le comprendre dans leur association, et au lieu de courir les chances d'un procès, de partager avec eux les bénéfices de l'exploitation future.

L'offre fut acceptée, et comme le capitaine Savery était sur un bon pied à la cour, il obtint aisément du roi George la délivrance du brevet.

C'est pour cela qu'en 1705 une *patente royale* fut délivrée aux trois associés, Newcomen, Cawley et Savery, pour la construction et l'exploitation d'une machine à vapeur.

En proposant à Savery de le comprendre dans leur association, Newcomen et Cawley avaient peut-être aussi quelque arrière-pensée d'intérêt. Ils étaient tous les deux dépourvus de connaissances théoriques, et comme leur machine n'avait jamais été construite que sur de petits modèles, le concours d'un ingénieur aussi habile et aussi instruit que Savery, ne pouvait leur être indifférent.

Il parait cependant qu'ils furent trompés dans ce calcul, car peu de temps après, nous voyons les deux artisans livrés à leurs propres ressources.

Vers la fin de l'année 1711, Newcomen et Cawley firent des propositions aux propriétaires de l'une des mines de houille de Griff, dans le comté de Warwick, pour en épuiser les eaux, à l'aide de leur machine. Cinquante chevaux étaient employés, dans cette mine, aux travaux de desséchement, ce qui occasionnait pour ce seul objet, une dépense annuelle de plus de 22.000 francs.

Cette proposition ne fut point agréée ; mais les associés furent plus heureux, six mois après, car ils réussirent à passer un marché avec M. Back, de Wolverhampton, pour un travail analogue.

Il ne s'agissait donc plus que de construire la machine. Mais Newcomen et Cawley n'étaient ni assez physiciens pour se laisser guider par la théorie, ni assez mathématiciens pour calculer l'action des diverses pièces et les proportions à donner à chacune d'elles. Ils étaient donc embarrassés pour l'exécution de leur marché. Heureusement ils se trouvaient près de Birmingham, à la portée d'un grand nombre d'ouvriers ingénieux et adroits. Grâce à leur concours, ils parvinrent à fabriquer convenablement les pistons, les soupapes et les cliquets. La machine, définitivement construite, fut installée à l'entrée de la mine, et commença à fonctionner.

Elle marchait depuis quelques jours à peine, lorsque le hasard donna aux deux associés l'occasion d'y apporter une amélioration capitale, qui en augmenta la puissance dans une proportion inattendue.

Un jour, la machine marchant comme à l'ordinaire, on la vit soudain accélérer ses mouvements, et les coups de piston se succéder avec une vitesse inusitée. Après bien des recherches, on découvrit la cause de cet heureux phénomène.

Dans les premiers temps de la fabrication des machines à vapeur, on ne possédait pas encore les moyens de construire des pistons et des cylindres assez bien ajustés pour qu'il n'existât aucun intervalle entre les parois intérieures du cylindre et celles du piston. Pour empêcher la vapeur de s'échapper par les interstices qui pouvaient se trouver entre le piston et le cylindre, Newcomen avait pris le parti de recouvrir la tête du piston d'une légère couche d'eau, qui pénétrait dans tous les vides, les remplissait, et prévenait ainsi les fuites de vapeur. Or, en examinant le piston, un ouvrier reconnut que le métal était accidentellement percé d'un trou. C'était en tombant, goutte à goutte, par ce trou, dans l'intérieur du cylindre, que l'eau froide, condensant plus rapidement la vapeur, accélérait, comme on l'avait observé, les mouvements du piston.

Cette remarque porta ses fruits. On avait opéré jusque-là la condensation de la vapeur en dirigeant un courant d'eau froide dans une enveloppe métallique qui entourait extérieurement le cylindre. L'enveloppe fut supprimée, et l'on condensa la vapeur en injectant une pluie d'eau froide dans l'intérieur même du cylindre, à l'aide d'un tube se terminant en pomme d'arrosoir.

Grâce à ce perfectionnement, la machine put donner huit à dix coups de piston par minute.

Amenée à cet état, la machine de Savery, Newcomen et Cawley, qui fut désignée généralement sous le nom de *machine de Newcomen,* se répandit en Angleterre, et fut adoptée dans presque toutes les exploitations de mines. Elle y remplaça l'ancienne pompe de Savery.

La figure 41 fera comprendre les divers éléments qui composent la machine à vapeur de Newcomen.

Une chaudière A, munie d'une soupape de sûreté B, dirige sa vapeur dans l'intérieur du cylindre C qui la surmonte. Le piston D, qui parcourt ce cylindre, est fixé, par une chaîne de fer, à l'une des extrémités d'un lourd balancier EE qui oscille autour du point d'appui F. L'autre extrémité de ce balancier est munie d'une seconde chaîne supportant un contrepoids G et une longue tige H qui lui fait suite, et qui descend dans le puits de la mine, pour y faire mouvoir les pompes destinées à l'épuisement des eaux.

Quand la vapeur arrive dans l'intérieur du cylindre, elle soulève le piston de bas en haut, en surmontant l'effort de la pression atmosphérique. Dès lors le contrepoids G s'abaisse en vertu de la pesanteur; il fait basculer le balancier, qui achève de soulever le piston jusqu'au bout de sa course. Si l'on ferme alors le robinet I, pour arrêter l'afflux de la vapeur venant de la chaudière, et qu'en même temps, on ouvre le robinet J, de manière à faire arriver dans l'intérieur du cylindre, un courant d'eau froide, qui descend par un tuyau K, du réservoir L, on détermine la condensation subite de la vapeur qui remplissait le cylindre. La condensation de la vapeur opère le vide dans cet espace, et dès lors, le poids de l'atmosphère au-dessus du piston, n'étant plus contrebalancé au-dessous, par la tension de la vapeur, précipite jusqu'au bas de sa course le piston, qui entraîne le balancier dans sa chute.

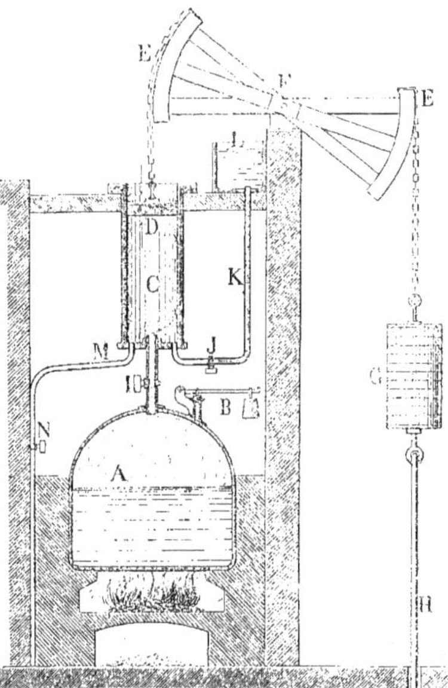

Fig. 11. — Machine à vapeur de Newcomen.

Il suffit donc d'ouvrir alternativement les deux robinets I et J pour obtenir, d'une manière continue, les mouvements ascendant et descendant de la tige H.

L'eau qui a servi à la condensation s'écoule hors du cylindre à l'aide d'une ouverture M et d'un tuyau N, muni d'un robinet que l'on ouvre de temps en temps.

Comme l'effet de la machine dépend uniquement de la pression exercée par l'air atmosphérique sur le piston, on comprend que l'on peut obtenir une puissance motrice aussi grande qu'on le désire, en donnant à la surface du piston les dimensions nécessaires.

Tel est le mécanisme de la pompe à feu de Newcomen, dont le principe moteur est, à proprement parler, le poids de l'atmosphère. et qu'il faudrait, d'après cela, désigner sous le nom de *machine atmosphérique*, ou si l'on veut, de *machine à vapeur atmosphérique*. Elle représente la plus remarquable application des travaux exécutés par les physiciens du XVIIe siècle sur la pesanteur de l'air et sur l'emploi de cette force motrice; il était donc nécessaire de rappeler l'histoire de ces travaux, pour faire comprendre les dispositions primitives de la machine à vapeur.

La figure 12, qui est empruntée à un ouvrage du dernier siècle, la *Physique* de Désaguliers, fait voir, en perspective, la machine de Newcomen, telle qu'elle fonctionnait à Londres, vers le milieu du XVIIe siècle, pour la distribution des eaux.

C représente le cylindre destiné à recevoir la vapeur provenant de la chaudière *oo*, qui est, en partie, recouverte à l'extérieur d'une enveloppe de maçonnerie. La vapeur s'introduit dans ce cylindre, par le tuyau *d* qui peut être alternativement ouvert ou fermé. Un disque, manœuvré par une tige indiquée sur la figure par le chiffre 3 et qui est mue par la machine, permet de fermer ou d'ouvrir ce tuyau, pour introduire la vapeur dans le cylindre, ou suspendre son admission.

Quand la vapeur s'introduit dans le cylindre, elle pousse de bas en haut le piston, en surmontant l'effet de la pression atmosphérique. Le balancier de la machine, dont une extrémité est attachée aux tiges qui doivent faire jouer les pompes pour l'ascension de l'eau, est parfaitement équilibré. Dès lors, le piston du cylindre, en s'élevant sous la pression inférieure de la vapeur, dérange cet équilibre, le balancier oscille, et les tiges *i*, *k* des pompes descendant dans le puits à eau, son bras droit H s'abaisse, et son bras gauche *h* s'élève.

Fig. 12. — Machine à vapeur de Newcomen employée à Londres, au XVIIIe siècle, pour l'élévation des eaux. (D'après la *Physique* de Désaguliers.)

Quand le piston est arrivé au haut de sa course, la machine suspend elle-même l'admission de la vapeur dans le cylindre à vapeur, en fermant le tuyau d'admission *d*. En même temps, la machine, au moyen d'un engrenage convenablement placé, et marqué sur la figure par les chiffres 1, 2, ouvre un robinet qui laisse couler dans le cylindre, sous forme d'une pluie fine, l'eau froide contenue dans le réservoir supérieur R, qui, descendant par le tuyau recourbé MN, s'introduit par l'effet de son poids, dans cette capacité. La condensation de la vapeur s'opère aussitôt dans le cylindre par cette injection d'eau froide. Lorsque le vide est ainsi produit dans le cylindre à vapeur, le piston de ce cylindre redescend, pressé par tout le poids de l'air atmosphérique s'exerçant sur sa tête; l'extrémité gauche du balancier *h* s'abaisse; l'extrémité droite H se relève, les tiges de pompes *i*, *k* remontent et élèvent de l'eau du puits par le jeu de leurs pistons.

Z est un tube par lequel une certaine quantité d'eau est amenée à la surface du piston, de manière à humecter constamment le cuir dont il est entouré. Le tube WI sert à alimenter la chaudière, au moyen de l'eau déjà échauffée qui a séjourné au-dessus du piston. L'eau d'injection est évacuée par le tube L, qui part du sommet du cylindre. Le tube TV est un vide-trop-plein pour l'eau qui recouvre le piston.

QQ est une tringle verticale de bois attachée au balancier, et qui, pourvue d'une rainure et de diverses chevilles, est destinée à ouvrir et à fermer successivement le robinet d'admission de la vapeur dans le cylindre et le robinet d'injection d'eau froide dans le même cylindre. F indique une soupape de sûreté, chargée directement et non par l'intermédiaire d'une romaine, système fort inférieur à celui que Papin avait proposé et qui n'était pas encore en usage. Du reste, sur la proposition de Désaguliers, on ne tarda pas à adapter aux machines de Newcomen la soupape de sûreté telle que Papin l'avait imaginée.

On voit en G deux robinets d'épreuve, qui ont pour but de montrer à l'extérieur si le niveau de l'eau se maintient au niveau voulu à l'intérieur de la chaudière. A cet effet, ces robinets sont fixés sur des tubes dont les extrémités inférieures doivent plonger, l'une dans l'eau, l'autre dans la vapeur, lorsque le niveau de l'eau dans la chaudière est à la hauteur convenable,

Le dessinateur n'a pas manqué de représenter, sur la figure précédente, le mécanicien auquel est confiée la conduite de l'appareil. On voit qu'un seul homme suffit à gouverner tout. Tranquillement assis, appuyé contre le massif du milieu, il n'a à accomplir aucun travail pénible. Il se borne à surveiller la marche de sa machine, à s'assurer que toutes les pièces marchent régulièrement, à ralentir ou à activer le feu du fourneau, car il ne s'agit que de fournir du combustible à cet appareil intelligent, qui exécute à lui seul, et sans que la force de l'homme ait jamais besoin d'intervenir, des ouvrages qui auraient exigé autrefois le concours d'un nombre immense de travailleurs.

Ainsi, dès le milieu du XVIIIe siècle, l'immortelle conception de Papin était entrée définitivement dans le domaine de l'industrie.

Donc les idées mises en avant par le génie du physicien de Blois, étaient toutes réalisées et portaient leurs fruits. La machine de Newcomen n'était autre chose, en effet, que la traduction pratique des idées nouvelles que Denis Papin avait jetées dans la science de la mécanique.

L'appareil que nous venons de décrire a été le point de départ de toutes les machines à vapeur modernes. Nous ferons connaître, par la suite, les perfectionnements successifs qui en ont fait la machine à vapeur actuelle.

On a vu qu'avant l'institution de la physique moderne, rien de ce qui ressemble à la machine à vapeur n'avait été ni n'avait pu être conçu. Mais dès que la physique commence à essayer ses premiers pas, dès le moment où les découvertes de Galilée, de Pascal et d'Otto de Guericke ont marqué ses brillants débuts, on voit ces faits passer immédiatement dans la pratique, et le génie de Papin s'en emparer, pour en tirer des applications mécaniques par la création d'un nouveau moteur.

Cette liaison étroite qui se fait remarquer entre la situation de la science et les progrès de la machine à vapeur, deviendra plus sensible et plus évidente encore, à mesure que nous avancerons dans l'histoire de ses perfectionnements. Nous allons voir une période de plus de soixante ans s'écouler sans apporter aucune amélioration aux principes mécaniques concernant l'emploi de la vapeur d'eau. L'explication de ce fait paraîtra fort simple, si l'on considère que, dans ce long intervalle, la théorie de la chaleur resta complètement stationnaire. Les physiciens, tout entiers à l'étude nouvelle et si remplie d'attrait, des phénomènes électriques, n'avaient pas encore abordé l'examen des faits qui se rapportent à la chaleur. Ce n'est que vers l'année 1760 que les théories de la vaporisation, de la condensation et du changement d'état des corps, furent établies par Joseph Black. Aussi, durant cette suite d'années qui s'étend depuis la construction de la première machine atmosphérique par Newcomen, jusqu'aux travaux de Black, en 1760, l'histoire de la machine à vapeur n'offre-t-elle à signaler que des perfectionnements apportés à la partie exclusivement mécanique des appareils. Tout ce qui concerne le principe d'action de la machine reste entièrement en dehors de ces modifications secondaires, qu'il nous suffira dès lors de mentionner en quelques mots.

Le premier perfectionnement apporté au mécanisme de la pompe à feu, est dû à une circonstance qu'il est assez curieux de connaître. Dans la machine telle que Newcomen l'avait construite, les deux robinets destinés, l'un à donner accès à la vapeur, l'autre à introduire l'eau de condensation dans l'intérieur du cylindre, s'ouvraient et se fermaient à la main. Un ouvrier, et souvent un enfant, étaient chargés d'exécuter cette opération, et quelles que fussent leur habitude ou leur adresse, on ne pouvait ainsi obtenir plus de dix à douze coups de piston par minute; en outre, la moindre distraction de la part de l'apprenti, non seulement retardait le jeu de la machine, mais pouvait compromettre son existence.

Fig. 13. — Humphry Potter ou le paresseux de génie. (D'après une gravure du temps.)

En 1713, un enfant chargé de ce soin, contrarié, dit-on, de ne pouvoir aller jouer avec ses camarades, imagina un moyen de se soustraire à cette sujétion forcée. Il avait remarqué que l'un des robinets devait être ouvert au moment où le balancier a terminé sa course descendante, pour se fermer au commencement de l'oscillation opposée : la manœuvre du second robinet était précisément l'inverse. Les positions du balancier et du robinet se trouvant ainsi dans une dépendance nécessaire, l'enfant reconnaît que le balancier lui-même pourrait servir à ouvrir et à fermer les robinets. Son plan est aussitôt conçu et mis à exécution. Il attache à chacun des robinets deux ficelles de longueur inégale, et après de longs tâtonnements, il fixe leur extrémité libre à des points convenablement choisis sur le balancier; de telle sorte qu'en s'élevant ou s'abaissant par l'action de la vapeur, le balancier ouvrait ou fermait lui-même les robinets au moment nécessaire. La machine put ainsi marcher sans surveillant, et l'apprenti s'en alla triomphalement rejoindre ses camarades.

La tradition nous a conservé le nom de cet utile paresseux, de ce paresseux de génie : il s'appelait Humphry Potter.

Le mécanicien Beighton substitua aux ficelles du jeune Potter une tringle de fer verticale.

C'est en 1718 que Beighton établit à Newcastle une machine de Newcomen dans laquelle, pour la première fois, l'ouvrier chargé de faire manœuvrer les robinets fut remplacé par une tige métallique suspendue au balancier, et qui exécutait cette opération à l'aide de chevilles disposées sur des points convenables de sa longueur. La machine put alors donner quinze coups par minute; mais l'idée première de charger le balancier d'exécuter ces mouvements, revient à l'apprenti dont le nom est acquis à la postérité.

En 1758, le mécanicien Fitz-Gerald fit connaître le moyen de transformer le mouvement vertical de la machine atmosphérique en un mouvement rotatoire, grâce à un système de roues dentées et par l'addition d'un volant destiné à régler le mouvement.

L'emploi d'un flotteur, imaginé par Brindley, vers 1760, pour régulariser l'entrée de l'eau d'alimentation dans les chaudières, est un utile perfectionnement qu'il est bon de signaler ici.

Nous aurons terminé la revue des principales modifications apportées aux différentes pièces de la pompe à feu, si nous ajoutons que, dans plusieurs machines qu'il fut chargé de construire, l'ingénieur Smeaton parvint à perfectionner notablement la fabrication des pistons et des cylindres, et qu'il réussit de cette manière à éviter les pertes considérables de vapeur qu'occasionnaient les machines antérieures. D'importantes modifications apportées à la construction des chaudières et à la disposition du foyer, permirent enfin d'économiser une certaine partie du combustible.

On le voit pourtant, de toutes ces utiles modifications apportées à la machine atmosphérique, aucune ne touchait au principe même de son action, c'est-à-dire à la manière de mettre en jeu la force élastique de la vapeur. La machine de Newcomen, avec son énorme balancier et l'excessive consommation de combustible qu'elle exigeait, continuait de fonctionner en conservant l'ensemble des dispositions imaginées soixante ans auparavant par le serrurier de Darmouth. C'est que la théorie générale de la chaleur et les théories particulières de la vaporisation et de la condensation, qui en sont la conséquence, étaient encore à créer tout entières. Les premiers linéaments de la théorie du calorique ne furent tracés que vers l'année 1694, par la main de Guillaume Amontons. Ce physicien ingénieux et modeste, qui eut le mérite de découvrir le principe de la télégraphie aérienne, est, en effet, l'auteur des premières vues raisonnables que l'on ait conçues sur la nature et les effets de la chaleur; c'est à lui que revient l'honneur d'avoir substitué une opinion sérieuse, fondée sur l'observation et l'expérience, aux divagations de l'ancienne physique concernant ces phénomènes.

Amontons émit le premier cette idée, vraie et profonde, que les divers états de la matière, solide, liquide et gazeux, sont dus à l'existence, dans les corps, d'un fluide impondérable, qu'il désigna sous le nom de *calorique*. Par diverses expériences, exécutées avec la précision que pouvaient comporter les moyens d'observation de son époque, il constata les effets de dilatation que provoque, dans les corps, l'accumulation du calorique. Il reconnut que l'air échauffé augmente de force élastique, et découvrit ce fait important, que l'eau se maintient à une température invariable quand elle a atteint le terme de son ébullition. En un mot, il procéda le premier, par la voie de l'expérience, à l'examen des phénomènes calorifiques.

Cependant un obstacle capital empêchait la théorie de la chaleur de s'établir sur des bases solides. Pour qu'une branche quelconque des sciences physiques puisse se constituer, se perfectionner ou s'étendre, il ne suffit pas qu'elle possède un certain nombre de faits; il faut encore que ces faits puissent être rapprochés et comparés entre eux; il faut que les actions, une fois produites, puissent être soumises à la mesure. Or, les phénomènes relatifs à la chaleur n'étaient alors susceptibles d'aucune comparaison, car les physiciens ne possédaient encore aucun instrument de mesure. A la vérité, il existait depuis un siècle, un petit appareil désigné sous le nom de *thermomètre;* mais c'est à tort qu'il portait ce nom, car il ne pouvait servir en aucune manière à mesurer et à comparer les différentes températures des corps. Il permettait seulement d'apprécier une différence de température entre deux corps inégalement échauffés.

On a revendiqué en faveur d'un grand nombre de savants la découverte du thermomètre. François Bacon, Fludd, Drebbel, Sanctorius, Galilée, Van Helmont même, ont été successivement honorés du titre d'inventeurs de cet instrument. Les idées insuffisantes et vagues qui présidèrent à sa construction primitive, au XVIIe siècle, ne méritaient guère d'être disputées entre des savants d'un tel ordre. Rien ne ressemble moins à un appareil de mesure que le thermomètre dont les physiciens du XVIIe siècle ont fait usage.

Le premier de ces instruments, qui paraît avoir été construit par le Hollandais Cornélius Drebbel, se composait d'un simple tube de verre rempli d'air, fermé à son extrémité supérieure, et plongeant, par son extrémité ouverte, dans un petit flacon qui contenait de l'eau-forte étendue d'eau. Selon la température extérieure, et par l'effet de la dilatation de l'air enfermé dans le tube, le liquide montait ou s'abaissait dans le tube. L'instrument était muni d'une échelle divisée en parties égales. Mais sa graduation, qui n'était fondée sur aucun principe déterminé, ne fournissait aucune indication comparable.

Un membre de l'Académie de Florence perfectionna, vers le milieu du XVIIe siècle, cet instrument grossier, sans réussir à rendre ses degrés comparables.

Ce thermomètre consistait simplement en un tube de verre purgé d'air et rempli d'alcool coloré. On le portait dans une cave et l'on marquait d'un trait le point où s'arrêtait le liquide; les portions du tube situées au-dessus et au-dessous de ce trait étaient ensuite divisées en 100 parties égales. Avec une division aussi arbitraire, ces instruments ne pouvaient s'accorder entre eux. Deux thermomètres construits suivant cette même méthode, parlaient, chacun, une langue différente. Cependant la physique se contenta, durant un demi-siècle, de cet instrument grossier.

Dans ses expériences sur le *digesteur*, Papin ne se servit jamais du thermomètre. Pour évaluer la température de la vapeur qui remplissait l'appareil, il se contentait de laisser tomber une goutte d'eau sur le couvercle du *digesteur;* le nombre de secondes que cette goutte d'eau employait à s'évaporer lui servait d'indice comparatif et de moyen de mesure pour déterminer approximativement la température de la vapeur.

C'est un physicien de Pise, Renaldini, professeur à Padoue, qui reconnut le premier la nécessité de bannir du thermomètre toutes les mesures vagues et arbitraires adoptées jusque-là, et qui proposa de choisir, pour établir la graduation de l'instrument, des *points fixes* que l'on pût retrouver en toute occasion.

Peu de temps après, Newton mit à exécution l'idée que le professeur de Padoue n'avait réalisée que d'une manière incomplète. L'illustre physicien donna, en 1701, la description du premier thermomètre à indications comparables. Le liquide employé par Newton pour la mesure de la chaleur, était l'huile de lin. Les points fixes adoptés pour sa graduation étaient la température du corps humain pour le terme supérieur, et pour le point inférieur, le point où s'arrêtait l'huile au moment de sa congélation, que l'on provoquait en plongeant l'instrument dans de la neige. L'intervalle entre ces deux points fixes était divisé en douze parties, et la division prolongée au delà de ces deux limites. Le point d'ébullition de l'eau correspondait ainsi au degré 34; Newton détermina, à l'aide de cet instrument, plusieurs termes de température dont la connaissance importait à la physique.

Cependant la faible dilatation de l'huile par l'action de la chaleur, et sa congélation à une température modérée, rendaient incertain et délicat l'emploi du thermomètre de Newton. C'est ce qui détermina Amontons à chercher un agent thermométrique plus sensible aux influences du calorique. Dans cette vue, le physicien français construisit un thermomètre à air. Le point fixe de cet instrument fut déterminé par la température de l'eau bouillante, qu'Amontons avait reconnue le premier comme un terme constant.

Mais cet instrument présentait, dans la pratique, toutes les difficultés qui se rattachent à l'emploi du thermomètre à gaz, et qui dépendent surtout de la dilatation trop considérable que les fluides élastiques éprouvent par l'action de la chaleur. Il exigeait la correction de la hauteur barométrique, et de plus, comme il avait au moins quatre pieds (1m,299) de long, il était assez difficile à manier.

Le problème de la construction d'un thermomètre comparable, exact, sensible et commode, présentait, on le voit, des difficultés de plus d'un genre. Ce ne fut qu'en 1714 qu'il fut à peu près résolu par un fabricant d'instruments de Dantzig, nommé Gabriel Fahrenheit.

Dans ses premiers thermomètres, l'artiste allemand avait adopté l'alcool comme liquide thermométrique; mais il eut plus tard l'heureuse idée de choisir le mercure. Ce métal, employé comme agent de mesure pour la chaleur, réunit en effet toutes les conditions désirables. Il n'entre en ébullition qu'à une température très élevée, et peut servir, par conséquent, à mesurer la chaleur dans des termes fort étendus; — il ne se congèle qu'à une température qui ne se présente jamais dans nos régions; — enfin, et c'est là le point capital pour son application comme agent thermométrique, il se dilate uniformément, c'est-à-dire que son augmentation de volume est exactement proportionnelle, au moins dans une échelle très étendue, à la quantité du calorique qu'il reçoit. Les points fixes choisis par Fahrenheit étaient l'ébullition de l'eau pour le terme supérieur, et pour le terme inférieur, le point auquel l'instrument s'arrêtait quand il plongeait dans un mélange de sel ammoniac et de neige, mélange dont il n'a jamais fait connaître, d'ailleurs, les proportions relatives. L'intervalle qui séparait ces deux points était divisé en 212 parties, de telle sorte que le point de la congélation de l'eau correspondait à 32 degrés, celui de la température du corps humain à 96 degrés, celui de l'ébullition de l'eau à 212 degrés.

Le thermomètre de Fahrenheit fut immédiatement adopté en Angleterre et en Allemagne, où il est encore en usage aujourd'hui. En France, on se servit de préférence du thermomètre construit, vers 1730, par Réaumur, qui choisit pour les deux points fixes, le terme de la glace fondante et celui de l'ébullition de l'eau, et divisa l'entre-deux en 80 parties égales.

Enfin Celsius, professeur à Upsal, construisit, en 1741, le thermomètre que l'on connaît aujourd'hui sous le nom de *thermomètre centigrade* ou de *Celsius*. Il divisa en 100 parties égales l'intervalle entre les deux points fixes de la glace fondante et de l'ébullition de l'eau.

La physique possédait enfin un instrument qui permettait de mesurer les phénomènes calorifiques. On pouvait donc aborder l'étude des lois de la chaleur avec des moyens rigoureux d'observation, et, grâce à leur emploi, la théorie du calorique ne tarda pas à se constituer.

C'est au physicien écossais Joseph Black, professeur à l'université de Glasgow, que revient l'honneur d'avoir fondé la théorie générale de la chaleur. Après avoir confirmé par l'expérience la vérité de l'opinion d'Amontons touchant la cause de l'état physique des corps, Joseph Black créa, par une suite d'observations et de mesures précises, la théorie du *calorique latent* et celle du *calorique spécifique*. La première de ces théories était appelée à jeter la plus vive lumière sur les phénomènes qui accompagnent la vaporisation des liquides et la condensation des vapeurs. Elle se résume dans l'expérience suivante, exécutée par Black en 1762.

Fig. 14. — Joseph Black.

Si l'on prend 1 kilogramme d'eau à la température de 79 degrés et 1 kilogramme d'eau à la température de zéro degré, et qu'on les mêle, le thermomètre, plongé dans ce mélange, indique 39°,5, c'est-à-dire la moyenne entre les températures des deux liquides mélangés à poids égaux. Mais le résultat sera tout autre si, au lieu d'employer de l'eau liquide à zéro degré, on emploie de la glace, c'est-à-dire de l'eau présentant toujours la température de zéro degré, mais offrant la forme solide.

Quand on mêle, en effet, 1 kilogramme de glace à zéro degré et 1 kilogramme d'eau chauffée à 79 degrés, on observe que la glace se fond et que le mélange tout entier devient liquide. Mais si l'on prend la température du mélange, on reconnaît qu'au lieu d'être, comme dans l'expérience précédente, la moyenne entre les deux températures, elle est seulement de zéro degré. Les 79 degrés de chaleur que renfermait le kilogramme d'eau ont ainsi disparu sans laisser de traces; seulement la glace s'est fondue, et le mélange a pris la forme liquide. Que conclure de ce fait remarquable? C'est que le kilogramme de glace a dû absorber pour se fondre, les 79 degrés de chaleur qui ont disparu, et que cette quantité de calorique a été employée à déterminer sa fusion, puisque la température n'a pas varié. Ainsi 1 kilogramme d'eau solide a besoin pour se liquéfier, d'absorber 79 degrés de chaleur. En d'autres termes, 1 kilogramme d'eau liquide diffère d'un même poids d'eau solidifiée ou glacée, en ce qu'elle contient 79 degrés de chaleur de plus que cette dernière.

Mais cette chaleur n'est pas appréciable à nos organes; elle n'est pas accusée par le thermomètre : elle est latente. C'est pour cela que Black, et avec lui tous les physiciens modernes, donnent le nom de *chaleur latente* à cette quantité de calorique qui n'affecte pas le thermomètre, et qui est nécessaire pour provoquer le changement d'état des corps.

Quand l'eau se congèle, elle met en liberté sa chaleur latente. On peut, en effet, constater par l'expérience, qu'en se solidifiant, 1 kilogramme d'eau à zéro degré, abandonne 79 degrés de chaleur.

Les phénomènes qui s'observent pendant le passage d'un corps de l'état solide à l'état liquide, se reproduisent quand un liquide passe à l'état de vapeur. Pour se vaporiser, tous les liquides ont besoin d'absorber une quantité déterminée de calorique. Aussi la vapeur d'eau à 100 degrés diffère-t-elle de l'eau liquide à la même température, en ce qu'elle renferme une quantité considérable de calorique dissimulé, ou latent, qui la maintient à l'état de fluide élastique. En effet, lorsque la vapeur d'eau se condense,

Fig. 15. — Joseph Black fait l'expérience du *calorique latent* devant les élèves de l'Université de Glasgow.

elle rend subitement libre tout le calorique latent qu'elle contenait, et cette quantité est très considérable, puisque l'on a reconnu que 1 kilogramme de vapeur d'eau à la température de 100 degrés met en liberté, en revenant à l'état liquide, une quantité de calorique suffisante pour porter à l'ébullition 5^{kil}, 35 d'eau à zéro degré.

Telles sont les simples et grandes vérités mises en évidence par les expériences de Joseph Black et entièrement ignorées avant lui, on comprend sans peine de quelle utilité était la connaissance de ces faits pour le perfectionnement des machines mises en jeu par la force élastique de la vapeur. C'est avec leur secours qu'il fut permis, dès ce moment, de calculer la quantité de chaleur mise en liberté par la condensation d'un volume donné de vapeur dans le cylindre de la machine de Newcomen, d'expliquer les phénomènes qui accompagnent cette condensation, d'apprécier la force élastique de la vapeur à différentes températures; en un mot, d'étudier, par la voie de l'expérience, un grand nombre d'éléments pratiques qui jouent un rôle dans les effets de cette machine.

Les découvertes de Black concernant le *calorique spécifique*, c'est-à-dire la quantité de chaleur nécessaire pour élever d'un même nombre de degrés un poids donné des différents corps, apportèrent à l'étude théorique de la machine à vapeur des éléments d'un ordre nouveau et de la même importance.

Joseph Black, l'un des physiciens les plus remarquables du XVIIIe siècle, était professeur à l'université de Glasgow. Il n'a presque rien publié, se contentant d'exposer dans ses cours le résultat de ses recherches. C'est ainsi que sa théorie du calorique latent fut développée chaque année, à partir de 1763, devant les élèves qui se pressaient à ses cours. Parmi les personnes qui suivaient, à cette époque, les leçons de Joseph Black, se trouvait un jeune ouvrier mécanicien que la protection de l'Université venait de tirer d'une position embarrassante. Appartenant à une famille honorable d'Écosse, ruinée par de mauvaises spéculations commerciales, il avait été forcé de renoncer à la carrière des sciences pour laquelle il avait manifesté dès son enfance, des dispositions extraordinaires. A l'âge de seize ans, ses parents l'avaient mis en apprentissage à Greenock, sa ville natale, dans un petit atelier où l'on exécutait des compas, des cadrans solaires, et quelques appareils de physique. Quatre années après, on l'avait envoyé à Londres, chez un constructeur d'instruments de navigation. Mais la faiblesse de sa santé et une grave maladie l'avaient obligé de quitter Londres. Pour essayer les effets de l'air natal, il était revenu en Écosse, et s'était rendu à Glasgow avec l'intention d'y exercer la profession de constructeur d'appareils de mathématiques. Mais la corporation d'arts et métiers de la ville, s'appuyant sur d'antiques privilèges, s'était obstinément opposée à ce qu'il ouvrît à Glasgow le plus humble atelier. Le jeune artiste se trouvait donc dans une situation assez pénible, lorsque l'Université intervint en sa faveur, et, pour terminer la difficulté, l'accepta comme son constructeur d'appareils de physique.

Elle lui permit d'ouvrir une petite boutique dans un local de ses bâtiments. Il fut convenu que, tout en s'occupant de réparer ou de construire les appareils de l'Université, il pourrait travailler pour le public aux divers objets de sa profession. Le nom qui fut inscrit sur l'humble enseigne de sa pauvre boutique était alors profondément inconnu, mais il était destiné à traverser les siècles : c'était celui de *James Watt*.

CHAPITRE VI

JAMES WATT. — SES DÉCOUVERTES CONCERNANT LA MACHINE A VAPEUR. — SES EXPÉRIENCES THÉORIQUES. — DÉCOUVERTE DU CONDENSEUR ISOLÉ. — MACHINE A SIMPLE EFFET. — JAMES WATT ET LE DOCTEUR ROEBUCK. — ASSOCIATION DE BOULTON ET DE WATT. — NOUVELLES DÉCOUVERTES DE WATT POUR L'APPLICATION DE LA MACHINE A VAPEUR AUX USAGES GÉNÉRAUX DE L'INDUSTRIE. — MACHINE A DOUBLE EFFET. — PARALLÉLOGRAMME ARTICULÉ. — APPLICATION DE LA MANIVELLE A LA TRANSFORMATION DU MOUVEMENT. — RÉGULATEUR A FORCE CENTRIFUGE. — DÉCOUVERTE DE LA DÉTENTE DE LA VAPEUR.

En arrachant James Watt aux tracasseries de ses confrères, les professeurs de Glasgow croyaient seulement s'être attaché un ouvrier adroit et d'un commerce agréable ; mais ils ne tardèrent pas à reconnaître qu'ils avaient mis la main sur un homme supérieur. Les brillantes qualités intellectuelles du jeune fabricant de l'Université furent promptement appréciées, et bientôt son étroite boutique devint le lieu préféré où se rencontrait chaque jour tout ce que Glasgow pouvait réunir d'hommes instruits et d'élèves studieux.

L'un de ses contemporains, le docteur Robinson, va nous faire connaître le rôle que jouait le jeune ouvrier mécanicien dans ce cercle de talents distingués :

« Quoique élève encore, dit l'auteur du *Philosophique Magazine*, j'avais la vanité de me croire assez avancé dans mes études favorites de mécanique et de physique, lorsqu'on me présenta à Watt. Aussi, je l'avoue, je ne fus pas médiocrement mortifié en voyant à quel point le jeune ouvrier m'était supérieur. Dès que, dans l'Université, une difficulté nous arrêtait, et cela quelle qu'en fût la nature, nous courions chez notre artiste. Une fois provoqué, chaque sujet devenait pour lui un texte d'études sérieuses et de découvertes. Jamais il ne lâchait prise qu'après avoir entièrement éclairci la question proposée, soit qu'il la réduisît à rien, soit qu'il en tirât quelque résultat net et substantiel. Un jour la solution désirée sembla exiger la lecture de l'ouvrage de Leupold sur les machines : Watt apprit aussitôt l'allemand. Dans une autre circonstance, et pour un motif semblable, il se rendit maître de la langue italienne... La simplicité naïve du jeune ingénieur lui conciliait sur-le-champ la bienveillance de tous ceux qui l'approchaient. Quoique j'aie assez vécu dans le monde, je suis obligé de déclarer qu'il me serait impossible de citer un second exemple d'un attachement aussi sincère et aussi général, accordé à quelque personne d'une supériorité incontestée. Il est vrai que cette supériorité était voilée par la plus aimable candeur, et qu'elle s'alliait à la ferme volonté de reconnaître libéralement le mérite de chacun. Watt se complaisait même à doter l'esprit inventif de ses amis de choses qui n'étaient souvent que ses propres idées présentées sous une autre forme (1). »

Les choses en étaient là, lorsque, dans l'hiver de l'année 1763, le professeur Anderson, du collège de Glasgow, envoya à James Watt un modèle de la machine de Newcomen, avec prière de le réparer et de le

(1) Arago. *Éloge historique de James Watt*, p. 266.

mettre en état de servir aux démonstrations du cours.

A cette époque, le développement considérable que l'industrie commençait à prendre en Angleterre avait répandu dans tous les esprits le goût des connaissances scientifiques, et dans la plupart des Universités on avait eu la bonne pensée de seconder ces dispositions en adjoignant aux études littéraires l'exposition des éléments de la mécanique appliquée.

Watt se mit à réparer la machine du collège de Glasgow; mais quand tout fut terminé et qu'il essaya de la faire fonctionner, il reconnut qu'elle pouvait à peine soulever le piston. En augmentant l'activité du feu, on obtenait quelques oscillations; mais alors il fallait employer, pour condenser la vapeur, une énorme quantité d'eau froide. Ce défaut tenait à un vice de proportion entre les dimensions du cylindre et celles de la chaudière : celle-ci était trop petite relativement à la capacité du corps de pompe, et elle ne pouvait fournir qu'une quantité de vapeur insuffisante pour mettre le piston en jeu. Watt diminua la longueur du cylindre, et dès lors la machine put marcher avec une certaine régularité.

Mais il y avait dans cet appareil d'autres défauts beaucoup plus sérieux et qu'il était impossible de faire disparaître au moyen d'un raccommodage, parce qu'ils tenaient au principe même sur lequel reposait tout son mécanisme.

Fig. 16. — James Watt dans sa petite boutique de Glascow.

La pompe à feu de Newcomen présente un vice de la dernière gravité. Lorsque l'eau d'injection afflue dans le corps de pompe, elle condense immédiatement la vapeur qui le remplit, ce qui permet à l'atmosphère, pesant sur la tête du piston, de le précipiter jusqu'au bas de sa course. Mais l'eau froide, une fois en contact avec les parois du cylindre échauffées par la vapeur, les refroidit aussitôt, et lorsque ensuite une nouvelle quantité de vapeur arrive sous le piston pour le soulever, cette vapeur est nécessairement ramenée en partie à l'état liquide en touchant les parois froides du cylindre. Une grande partie de la vapeur envoyée par la chaudière est donc perdue, puisqu'elle est uniquement employée à réchauffer le corps de pompe.

Watt constata que le modèle de Glasgow usait, à chaque oscillation du piston, un volume de vapeur plusieurs fois supérieur au volume du cylindre, ce qui amenait la perte de la moitié du combustible employé.

Un second défaut inhérent à la machine de Newcomen, c'est que l'eau injectée dans le corps de pompe, pour y condenser la vapeur, s'échauffait elle-même en s'emparant du calorique latent de la vapeur condensée. Dès lors cette eau échauffée, fournissait des vapeurs, ce qui rendait le vide imparfait.

La résistance que le piston rencontrait dans la machine de Glasgow, par suite de cette dernière circonstance, était équivalente, selon Watt, au quart de la pression atmosphérique.

Après avoir reconnu les vices de la machine de Newcomen, Watt pensa qu'il ne serait pas impossible de parer à ces défauts. Mais, pour réaliser les perfectionnements dont cet appareil lui semblait susceptible, il fallait commencer par en fixer la théorie avec exactitude. C'est dans ce but que le jeune artiste se décida à entreprendre une série d'expériences relatives à la théorie des divers phénomènes sur lesquels repose l'emploi de la vapeur dans la pompe à feu. Il détermina donc, par expérience, la quantité de vapeur que fournit un poids donné de charbon, brûlé sous la chaudière d'une machine de Newcomen. Il recherche ensuite,

Fig. 47. — James Watt étudiant le perfectionnement de la machine Newcomen.

d'une manière générale, le volume de vapeur que produit un certain volume d'eau porté à l'ébullition, et il reconnut ainsi qu'un volume d'eau liquide fournit environ 1700 volumes de vapeur.

Ce fut en se servant de simples fioles à l'usage des pharmaciens, que Watt parvint à fixer ce chiffre important, que les expériences des physiciens modernes, exécutées avec toute la précision et la rigueur de nos méthodes actuelles, n'ont pu que légèrement modifier.

Watt détermina également la quantité de chaleur mise en liberté par la condensation d'un certain volume d'eau, et c'est ici que la théorie de Black sur la chaleur latente, lui devint d'une haute utilité. Étonné de la grande quantité d'eau froide qu'il fallait injecter dans le cylindre de Newcomen pour y condenser la vapeur, et frappé de la chaleur considérable que cette eau empruntait au faible volume de vapeur contenu dans le cylindre, il cherchait inutilement à s'expliquer la cause de ce phénomène :

« J'en parlai alors, a écrit Watt lui-même, à mon ami le docteur Black, qui me développa à cette occasion sa doctrine du *calorique latent*, dont il avait conçu l'idée quelques années auparavant. Absorbé moi-même par mes travaux et mes propres recherches, j'avais pu entendre parler de cette nouvelle doctrine sans y donner toute l'attention qu'elle méritait, jusqu'au moment où je me vis ainsi arrêté devant l'un des principaux faits sur lesquels repose cette admirable théorie. »

Guidé par les vues de Joseph Black, Watt put déterminer la quantité d'eau froide qu'il fallait injecter dans le cylindre d'une pompe de Newcomen de dimensions connues, pour obtenir une condensation parfaite, et le volume de vapeur qu'une pareille machine dépense à chaque oscillation du piston. Enfin, comme la force élastique de la vapeur s'accroît avec la température, il essaya, sans prétendre cependant résoudre en entier une question si difficile, de déterminer la force élastique de la vapeur qui correspond à chaque degré du thermomètre.

Ainsi le jeune et pauvre fabricant d'instruments de l'université de Glasgow se trouvait sérieusement engagé dans le grand problème du perfectionnement de la machine de Newcomen, question qui commençait alors à occuper un grand nombre d'ingénieurs distingués.

En effet, malgré tous ses défauts et la dépense énorme de combustible qu'elle entraînait, la pompe de Newcomen était déjà très répandue en Angleterre. Employée, dans un grand nombe de mines de houilles, à l'épuisement des eaux, elle y remplaçait les moteurs anciennement en usage, et elle avait contribué à faire sortir cette branche de l'industrie britannique de l'état précaire où elle avait longtemps langui. Il était donc facile de prévoir de quelle importance serait, pour l'avenir du pays, une modification de cette machine qui, tout en ajoutant à la puissance de ses effets, permettait d'économiser une grande partie du combustible.

Watt embrassa d'un coup d'œil toute la portée de la tâche qu'il allait entreprendre. Mais les travaux de sa profession absorbaient la plus grande partie de ses moments et l'empêchaient de suivre ses expériences avec l'attention et les soins nécessaires. Il prit donc la résolution de se consacrer tout entier à l'étude expérimentale de la machine à vapeur.

Une circonstance nouvelle le décida à hâter l'exécution de ce projet. Il s'occupait avec ardeur des travaux de son atelier, pour venir en aide à sa famille, que de nouveaux revers venaient de réduire à un état voisin de la misère. La seule distraction qu'il se permettait, c'était de se rendre, le dimanche, dans une maison de campagne située aux environs de Glasgow, et habitée, pendant la belle saison, par un de ses oncles, M. Miller. Or, M. Miller avait une fille de dix-huit ans. James Watt s'éprit de la jeunesse, des charmes et des qualités aimables de sa cousine, et sa demande ayant été agréée, il épousa miss Miller en 1764.

Cette union, en lui assurant une certaine aisance, le détermina à fermer le petit atelier qu'il occupait dans les bâtiments de l'Université de Glasgow.

Il s'établit dans l'intérieur de la ville, avec l'intention d'y exercer la profession d'ingénieur civil, et de s'occuper en même temps de ses recherches sur le perfectionnement de la machine de Newcomen.

Ce fut en 1765, un an après son mariage, que Watt, donnant enfin un corps aux idées qui depuis longtemps flottaient dans son esprit, réalisa la première et peut-être la plus importante de ses découvertes, celle du *condenseur isolé*.

On a vu que le vice capital de la machine de Newcomen consistait dans la nécessité de refroidir et de réchauffer alternativement le cylindre, pour y opérer la condensation de la vapeur : le refroidissement du corps de pompe, par suite de l'injection d'eau froide, faisait perdre l'effet utile des trois quarts du combustible employé. Le problème, regardé jusque-là comme insoluble par tous les ingénieurs, de condenser la vapeur sans refroidir le corps de pompe, fut complètement résolu, grâce à l'idée admirable qui vint à l'esprit de James Watt, de condenser la vapeur dans un vase isolé, séparé du cylindre et ne communiquant avec lui que par un tube.

On conçoit en effet, que si, au moment où le corps de pompe est rempli de vapeur, on ouvre tout à coup une issue à cette vapeur, à l'aide d'un robinet qui lui donne accès dans un vase continuellement entretenu à une basse température par un courant d'eau froide, toute la vapeur se précipitera dans l'intérieur de ce vase en raison de son expansibilité. Le vide sera même obtenu de cette manière beaucoup plus promptement, car la condensation de la vapeur appellera presque instantanément dans le second vase toute la vapeur qui remplissait le corps de pompe. Ainsi, la condensation pourra s'opérer sans que jamais le cylindre soit refroidi ; une économie considérable de vapeur, et par conséquent de combustible, sera du même coup réalisée.

L'appareil qui remplit cet important objet porte le nom de *condenseur*.

Mais il restait une autre difficulté, c'était de se débarrasser de la grande quantité d'eau employée pour refroidir le condenseur. Watt la surmonta en établissant dans l'intérieur de ce vase, une pompe à eau, mue par le balancier de la machine elle-même, et qui épuisait l'eau à mesure qu'elle avait servi à opérer la condensation. On perdait ainsi une notable partie de la force de la machine qui était employée à faire jouer la pompe ; mais la perte était peu de chose relativement à celle que déterminait auparavant la condensation d'une grande partie de la vapeur sur les parois refroidies du cylindre.

Par l'addition du condenseur isolé, Watt apportait à la machine de Newcomen une modification capitale : il y diminuait de plus de moitié la dépense du combustible. Mais la machine ainsi modifiée reposait encore sur le même principe. C'était toujours la *machine atmosphérique*, dans laquelle la force motrice était fournie par le seul poids de l'air s'exerçant sur la tête du piston. Par une invention postérieure, Watt changea complètement le principe moteur de cette machine. Bannissant toute intervention de la pression atmosphérique, il fit dépendre uniquement ses effets de la force élastique de la vapeur.

Quelques détails sont nécessaires pour faire comprendre cette disposition nouvelle, qui diffère complètement du système de Newcomen. La figure 48 permettra d'expliquer comment la force élastique de la vapeur, fut mise à profit dans ce nouveau système, qui a reçu de nos jours le nom de *machine à simple effet*.

Le cylindre B est fermé à sa partie supérieure par un couvercle métallique percé d'une ouverture garnie d'étoupes grasses et bien pressées, de manière à laisser librement monter et descendre la tige d'un piston A, en interceptant tout passage à la vapeur et à l'air extérieur. La vapeur arrive de la chaudière par un large tuyau E et s'introduit dans le haut du cylindre par l'ouverture C, lorsque la *soupape d'admission* G est ouverte et la *soupape d'équilibre* H fermée. Elle exerce alors sa pression sur la face supérieure du piston et le fait descendre jusqu'au bas de sa course. Pendant ce temps, la *soupape d'exhaustion* K est également ouverte, elle permet à la vapeur qui s'était précédemment introduite au-dessous du piston, de s'écouler par le tube F dans le condenseur, où elle se liquéfie en produisant le vide. Rien ne s'oppose donc à l'abaissement du piston A, qui est chassé par la vapeur de haut en bas. Au moment où il arrive au bas du corps de pompe, on ferme les soupapes G et K et l'on ouvre la soupape d'équilibre H. Par ce moyen, on met en communication le haut et le bas du cylindre, et la vapeur qui en remplit la partie supérieure, se rend par l'ouverture C et le tuyau H K dans la partie inférieure du cylindre.

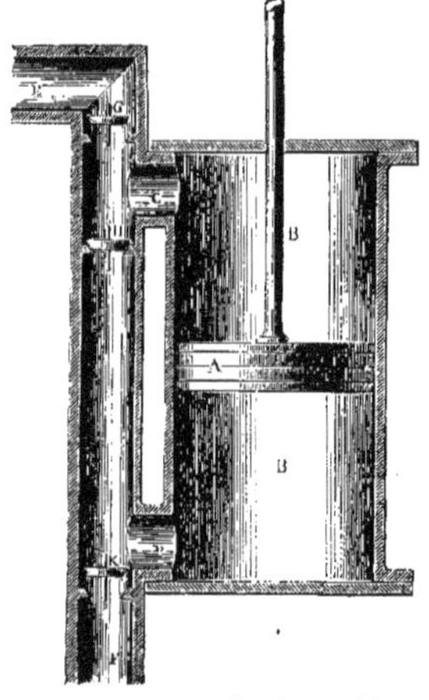

Fig. 48. — Cylindre de machine à vapeur à simple effet.

Le piston qui tout à l'heure ne se trouvait pressé que par sa face supérieure, se trouve maintenant soumis sur ses deux faces, à des pressions égales et peut se mouvoir librement. Il remonte donc sans difficulté sous l'action de la tige de pompe, lestée d'un poids, qui se trouve suspendue à l'autre extrémité du balancier, comme dans la machine de Newcomen. Le piston revient ainsi jusqu'au haut de sa course.

On comprend que si l'on ouvre maintenant les deux soupapes G et K, qu'on ferme la soupape intermédiaire H, de manière à ne permettre à la vapeur que d'arriver à la partie supérieure du cylindre, tandis que la soupape K ouverte, laisse écouler la vapeur dans le condenseur, la force élastique de la vapeur doit précipiter de nouveau le piston à la partie inférieure du corps de pompe. Si alors on fait de nouveau communiquer entre elles les capacités supérieure et inférieure du corps de pompe, par l'action de la même cause, le même effet recommence, le piston remonte pour s'abaisser de nouveau, etc.

Ainsi le simple jeu de ces trois soupapes provoque le mouvement continu de la tige du piston.

Par ce nouvel et ingénieux emploi de la force élastique de la vapeur d'eau, Watt créa, on peut le dire, la véritable machine à vapeur. La machine de Newcomen ne méritait, à proprement parler, que le nom de *machine atmosphérique;* car la pesanteur de l'air était le seul élément auquel sa force fût empruntée. Pour la première fois on tirait la puissance motrice de la seule force élastique de la vapeur.

Les expériences multipliées auxquelles il devait se livrer pour arriver à de si importants résultats, Watt les exécutait dans un modeste atelier installé au rez-de-chaussée de sa maison, avec le secours d'un petit nombre d'ouvriers, confidents discrets de ses espérances et de ses travaux. Le modèle dont il se servit pour essayer le jeu des divers organes de sa machine, consistait en un cylindre de cuivre de moins de 2 pouces ($0^m,051$) de diamètre auquel une chaudière fournissait de la vapeur, qui s'introduisait, à l'aide d'un tube bifurqué, au-dessus et au-dessous de la tête du piston. Les robinets se tournaient à la main. Le condenseur était simplement formé de deux tuyaux d'étain de 10 pouces ($0^m,254$) de longueur, disposés verticalement, et venant aboutir à un tuyau d'un diamètre plus grand qui plongeait dans un bassin d'eau froide. Pour juger définitivement le jeu des divers organes de sa machine, Watt la fit exécuter en grand avec tous les éléments nouveaux qu'il avait imaginés.

C'est à cette occasion qu'il fit pour la première fois usage de l'enveloppe de bois entourant le cylindre, communément appelée *chemise du corps de pompe*, et qui a pour effet de prévenir les pertes de chaleur que le cylindre éprouve par suite de son rayonnement dans l'air. Par cet artifice, il parvint à diminuer encore très sensiblement la dépense du combustible.

Ainsi la machine à vapeur était désormais complète. A la machine atmosphérique, dont les découvertes de Torricelli, de Pascal et d'Otto de Guericke avaient fait naître l'idée, que le génie de Papin et la sagacité de Newcomen avaient transportée dans la pratique, Watt substituait une machine infiniment supérieure par l'intensité de ses effets, et qui devait son principe à la seule force de la vapeur d'eau. Sous le rapport de la puissance et de l'économie, les avantages de ce nouveau moteur étaient de nature à dépasser toutes les espérances. Il ne restait donc plus qu'à le transporter dans la pratique industrielle. Mais Watt n'avait aucune des qualités nécessaires pour faire comprendre à des capitalistes, obligés par état à beaucoup de défiance, toute la portée d'une invention nouvelle. Assez insouciant par caractère, il détestait l'exagération de promesses qui sont familières aux inventeurs de tous les rangs. D'ailleurs, il n'était pas encore entièrement satisfait des résultats qu'il avait obtenus. Il rêvait des perfectionnements nouveaux, et répugnait à faire connaître ses idées avant d'avoir produit tout ce qu'il en espérait. Enfin, les périls des entreprises industrielles avaient de quoi effrayer la timidité de son esprit. Il hésitait à risquer ses faibles ressources sur cette mer trop fertile en naufrages.

Une circonstance fortuite put seule le décider à céder aux instances de ses amis.

Quoique voué tout entier aux travaux de son art, Watt s'était fait, cependant, de nombreuses relations à Glasgow. C'est ainsi qu'il se lia avec un grand financier nommé Roebuck qui, comprenant toute la portée de l'invention de Watt, lui offrit immédiatement les capitaux nécessaires pour les exploiter. Il proposait de se charger de toutes les dépenses, à la condition d'obtenir les deux tiers des bénéfices de l'entreprise.

Le marché fut accepté. James Watt commença à construire à Kinneil, aux environs de Borrowstones, une pompe à feu, qui fut placée à l'entrée d'un puits de mine, pour y servir à l'épuisement des eaux. Comme cette machine n'était qu'une sorte de dernier essai, Watt lui fit subir différentes modifications, jusqu'à ce qu'elle eût atteint un haut degré de perfectionnement. Pour s'assurer alors la propriété exclusive de ses inventions, il s'occupa d'obtenir un brevet qui lui concédât le privilège de la construction des machines à vapeur modifiées. Ce brevet lui fut accordé en 1769.

James Watt se disposait à créer un vaste établissement pour la construction des machines à vapeur, lorsque, à la suite de spéculations manquées, la fortune de Roebuck vint à recevoir de graves atteintes qui l'obligèrent d'abandonner cette entreprise. Watt, envers qui il se trouvait débiteur d'une somme assez importante, eut la générosité de rompre l'association et de le libérer de tout engagement. Ensuite, avec une modestie, une sérénité admirables, ce dernier reprit paisiblement le cours de ses occupations d'ingénieur.

Pendant quatre ans il se consacra exclusivement aux travaux de cette profession. Il traça les plans et dirigea la construction d'un canal destiné à porter à Glasgow le charbon des mines de Monkland. Il dressa les projets de divers autres canaux, et se livra à des études relatives à certaines améliorations des ports d'Ayr, de Glasgow et de Greenock. Il construisit les ponts d'Amilton et de Rutherglen, et s'occupa enfin de l'exploration des terrains à travers lesquels devait passer le canal Calédonien. L'homme de génie à qui l'Angleterre allait devoir, dans un délai prochain, les plus brillantes créations de la mécanique moderne, ne dédaignait pas de s'employer aux simples travaux d'un conducteur des ponts et chaussées.

Un coup terrible, qui vint le frapper à cette époque, contribua encore à éloigner de son esprit les projets qui l'avaient un instant séduit. Pendant qu'il se trouvait retenu dans le nord de l'Écosse, il eut la douleur de perdre sa chère compagne. Tout entier à ses regrets, Watt n'accordait plus une seule pensée à ses premiers travaux. Il semblait avoir oublié qu'il tenait dans ses mains la richesse future de son pays. Heureusement ses amis ne l'oubliaient pas.

En 1775, on réussit enfin à triompher de ses répugnances, et on le décida à se mettre en rapport avec le célèbre industriel Mathieu Boulton, de Birmingham.

Boulton possédait le génie de l'industrie, autant peut-être que Watt celui de la mécanique. A peine eut-il connaissance des modifications apportées à la machine à vapeur par l'ingénieur de Glasgow, qu'il en devina tout l'avenir et n'hésita pas à mettre sa fortune entière à la disposition de l'inventeur. Il passa avec James Watt un acte d'association, et fit aussitôt construire une première machine, de proportions considérables, qui fut établie dans son usine de Soho, afin que le public pût être témoin de ses effets.

Mais le brevet d'exploitation pris en 1769 par James Watt, n'avait plus que quelques années à courir. On s'adressa donc au Parlement, pour en obtenir la prolongation. Grâce au crédit et à l'activité de Boulton, le Parlement consentit, non cependant sans de longues difficultés, à prolonger le privilège.

En 1775, contrairement aux dispositions qui régissent les brevets, on accorda à Boulton et Watt un nouveau privilège de vingt-cinq ans de durée, « en considération du mérite éminent des inventions de l'auteur, » attesté par les savants les plus recommandables de Londres. Boulton et Watt purent alors se lancer hardiment dans la carrière brillante qui s'ouvrait devant eux.

Par le genre particulier et surtout par la diversité de leur esprit, Boulton et Watt semblaient avoir été, chacun de son côté, créés tout exprès pour mener à bien une entreprise de cette nature.

Boulton convertit une partie de son établissement de Soho, près de Birmingham, en ateliers consacrés à la fabrication des machines à vapeur. On fit constater par des expériences authentiques, exécutées sous les yeux des propriétaires et des actionnaires des mines, l'économie réalisée par la nouvelle pompe à feu installée à Soho. Il fut reconnu qu'à égalité d'effet, elle réduisait des trois quarts la dépense du combustible consommé par la machine de Newcomen. Bientôt, grâce au système établi par Boulton pour l'exécution des différentes pièces mécaniques, plusieurs machines à feu, destinées à l'épuisement des mines, se trouvèrent construites et prêtes à fonctionner.

C'est alors que l'on fut témoin, en Angleterre, d'un phénomène industriel qui probablement ne se reproduira jamais, et qui faisait également honneur à l'audace du spéculateur et au génie du mécanicien. Boulton et Watt ne vendaient pas leurs machines, ils les donnaient à qui voulaient les prendre. Ils se chargeaient même de les monter et de les entretenir à leurs frais.

Quant aux anciennes machines de Newcomen, on les reprenait à un prix bien au-dessus de leur valeur.

Boulton avança de cette manière jusqu'à 47.000 livres sterling (1.175.000 fr.) avant de songer à effectuer une seule rentrée. Toute la redevance qu'il réclamait des propriétaires des mines, c'était le *tiers de la somme annuellement économisée sur le combustible.*

Les propriétaires de mines ne pouvaient hésiter en présence de telles conditions. Les machines de Watt commencèrent à être adoptées dans le Cornouailles, où le prix du charbon les rendait doublement précieuses. Elles se répandirent de là dans la plupart des comtés houillers de l'Angleterre, et les associés commencèrent à réaliser d'importants bénéfices.

En effet, la combinaison imaginée par Boulton, avec toutes les apparences d'une générosité exemplaire, avait pour résultat de porter le prix des machines à un taux exorbitant. On en jugera par un exemple. Dans les mines de Chacewater, où l'on employait trois pompes à feu, les propriétaires payaient annuellement à Boulton et Watt, pour le tiers du combustible économisé, la somme de 60.000 francs.

Les propriétaires de mines, qui d'abord avaient accepté cette combinaison avec reconnaissance, ne purent se résigner longtemps à voir les associés toucher des droits si considérables. On mettait de jour en jour plus de répugnance à s'acquitter, et bientôt des procès nombreux vinrent menacer sérieusement le sort de l'entreprise de Boulton. On s'appuyait sur de prétendus perfectionnements apportés aux appareils de Watt, pour se déclarer affranchis de toute redevance. On allait fouiller les bibliothèques pour y découvrir des titres d'antériorité contre lui et demander la déchéance de ses brevets.

Le grand argument consistait à prétendre que Watt avait été bien suffisamment rétribué de ses peines, pour un homme qui, en fin de compte, n'avait inventé que des idées. Cependant, l'imperfection que présentait à cette époque la loi anglaise concernant les brevets, laissait une large prise à la mauvaise foi et à la contrefaçon. Aussi, en dépit de l'évidence de leurs droits, Watt et Boulton furent-ils battus en cours de justice.

Cet échec était grave : il redoublait l'audace et les prétentions des plagiaires. Des capitalistes qui n'auraient pas osé enfreindre ouvertement les brevets de Watt, encouragés par ce premier succès, s'employaient activement à faire délivrer à des hommes sans crédit des brevets nouveaux spécifiant quelque modification insignifiante; puis, armés de ces pièces suspectes, ils venaient battre en brèche, devant le tribunal, les réclamations des associés.

De pareilles difficultés, chaque jour renaissantes, et qui devenaient de plus en plus compliquées, auraient été de nature à déconcerter un autre homme que Watt. Mais il était sorti vainqueur, durant sa vie, de combats plus difficiles; il ne recula pas devant ces luttes nouvelles. Il se décida à abandonner pour quelque temps la surveillance de ses ateliers, et se rendit à Londres, pour y mener, au milieu des gens d'affaires et des hommes de justice, l'existence agitée du plaideur. Pendant huit années consécutives, le génie du grand mécanicien fut détourné de sa voie naturelle, et dans ce long intervalle, il eut le temps de devenir un légiste accompli.

Le succès vint enfin couronner ses efforts, mais l'heure de la justice avait été longue à sonner. Ce ne fut qu'en 1799, trente-cinq ans après ses premières découvertes, que, libéré définitivement par une décision de la cour du roi, il fut remis en possession entière de son privilège. Seulement, comme le terme de son brevet expirait l'année suivante, cette satisfaction était presque dérisoire.

C'est ce qui faisait dire gaiement à James Watt, qu'il se félicitait d'habiter un pays dans lequel il ne faut que trente-cinq ans de discussion et une douzaine de procès pour assurer à un citoyen la récompense de son travail.

Vers l'année 1776, à peu près déchargé du trop long ennui des contestations judiciaires, Watt put revenir à ses travaux accoutumés; et dès lors il se voua sans réserve à la solution du problème capital qui depuis plusieurs années ne cessait de se poser dans son esprit.

La machine à vapeur n'avait jusque-là servi qu'à l'épuisement de l'eau dans les mines; il voulait transformer la puissance dont il s'était rendu maître, en un moteur susceptible de recevoir toutes les applications que peut exiger l'industrie. Il avait créé la *pompe à feu,* il fallait créer le moteur universel. Ce grand problème, son génie devait le résoudre de la manière la plus absolue, dans son principe général et dans ses détails les plus délicats, grâce à une série de découvertes dont il nous reste à exposer les éléments.

On a vu que dans la *machine à simple effet,* dans laquelle Watt substituait à la pression atmosphérique la seule puissance de la vapeur, l'action motrice ne s'exerce réellement que pendant l'abaissement du piston. L'oscillation ascendante est simplement déterminée par le contre-poids attaché au balancier, qui fait remonter le piston, lorsque la pression de la vapeur est rendue égale sur ses deux faces. Il y avait donc, dans le jeu de cette machine, une interruption d'action manifeste. Cet inconvénient n'avait qu'une faible importance quand il s'agissait d'élever les eaux; l'exploitation des mines pouvait parfaitement se contenter d'une telle disposition. Mais pour l'application de la machine à vapeur à tous les usages de l'industrie, ce défaut n'était aucunement tolérable.

Fig. 49. — Ateliers de construction de machines à vapeur de Boulton et Watt, à Soho, près Birmingham.

Le travail égal et continu des manufactures exige que la force motrice puisse s'exercer aussi bien pendant l'ascension que pendant la chute du piston. Il fallait obtenir de la machine à vapeur une continuité d'effet.

Watt parvint à atteindre cet important résultat par le moyen suivant. Au lieu de se borner à faire agir la vapeur sur la tête du piston, il la dirigea alternativement au-dessus et au-dessous du piston, de manière à provoquer par la seule action de la vapeur, son élévation et sa chute.

Le cylindre A était en communication avec la chaudière par un tuyau B, se divisant en deux parties, pour aboutir à la partie supérieure et à la partie inférieure de ce cylindre.

Le condenseur était aussi relié au cylindre A, de la même manière, par un second tuyau C aboutissant également en haut et en bas de ce même cylindre.

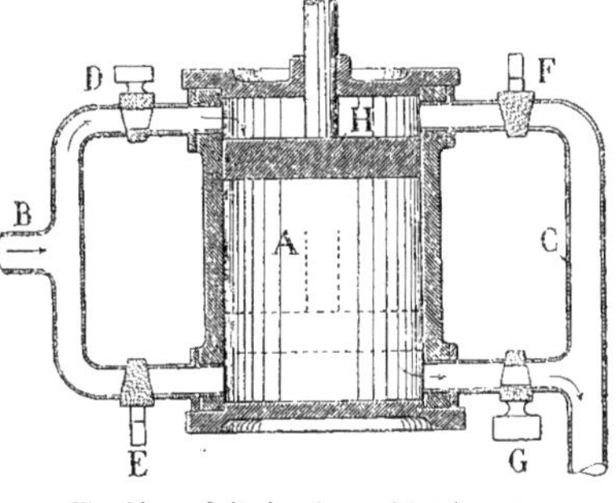

Fig. 50. — Cylindre de machine à vapeur à double effet.

Le jeu approprié des robinets D E, F G, permettait d'obtenir le résultat désiré.

Supposons le piston H en haut de sa course : les robinets D et G sont ouverts, les robinets E et F sont fermés.

La vapeur pénètre dans le cylindre par le robinet D et pousse le piston vers le bas, refoulant, dans cette première course, par le robinet G, l'air se trouvant au-dessous de lui.

On ferme alors les robinets D et G et on ouvre les robinets E et F.

La vapeur qui arrive toujours par le tuyau B est introduite dans la partie inférieure du cylindre, sous le piston. Elle le soulève, et cela d'autant plus facilement que, par suite de l'ouverture du robinet F, la vapeur qui remplissait la partie supérieure du cylindre s'est écoulée dans le condenseur, produisant ainsi au-dessus du piston un vide parfait. En remettant les robinets dans leur position primitive, on obtient une nouvelle course descendante du piston, facilitée, cette fois, par l'écoulement dans le condenseur, par le robinet G, de la vapeur qui a provoqué le mouvement précédent.

On conçoit qu'en continuant alternativement la manœuvre convenable des robinets, on puisse obtenir un mouvement égal et un effet continu.

Cette nouvelle disposition de la machine à vapeur rendait son mécanisme parfait. Les contrepoids énormes que l'on avait employés jusque-là pour équilibrer le piston, devenaient ainsi inutiles, et pour la première fois, on put débarrasser la machine de ces lourdes masses qui formaient le balancier de Newcomen. On put également faire disparaître les quantités considérables de fer ou de bois que l'on employait dans la construction de certaines pièces de la machine pour adoucir ses mouvements.

La *machine à double effet* exécute, dans le même temps, le double de travail de la machine à simple effet; mais elle dépense deux fois plus de vapeur. L'avantage réside donc seulement dans la succession plus rapide de ses effets.

Pour tirer parti de la force motrice développée par la machine à vapeur ainsi modifiée, il fallait, de toute nécessité, adopter une manière nouvelle de communiquer au balancier le mouvement du piston. Il est facile de comprendre, en effet, que le moyen employé dans la machine de Newcomen, pour laquelle la vapeur n'imprime qu'une impulsion de haut en bas, ne pouvait s'appliquer à la machine à double effet, qui fournit une impulsion de haut en bas et de bas en haut. Dans la machine de Newcomen, deux chaînes de fer, fixées à ses deux extrémités, comme on le voit dans les figures 41 et 42, suffisaient pour mettre le balancier en jeu. Dans l'oscillation descendante, le piston tirait le balancier par le secours de la chaîne; dans l'oscillation ascendante, c'était le balancier ou son contrepoids, qui, au moyen de la seconde chaîne, faisait remonter le piston. Mais dans la machine à double effet, la pression de l'air n'entre pour rien; c'est la pression de la vapeur qui fait monter et descendre le piston. Il fallait donc imaginer un autre procédé pour communiquer au balancier les deux mouvements ascendant et descendant; il fallait, pour cela, faire coïncider le mouvement de l'extrémité du balancier qui décrit un arc de cercle avec le mouvement rectiligne de la tige du piston.

Fig. 51.

Dans ses premières machines, Watt s'était contenté de garnir la partie de la tige du piston qui s'élève au dehors du corps de pompe, d'une série de dents qui engrenaient avec une roue dentée. Cette crémaillère était le moyen le plus simple pour transmettre le mouvement. Mais, indépendamment de son peu d'élégance, elle ne manœuvrait qu'avec grand bruit et était sujette à se déranger, surtout quand on voulait imprimer au mouvement une seconde direction. Watt remplaça ce mécanisme trop élémentaire, par un appareil plus compliqué, qui porte le nom de *parallélogramme articulé.*

Voici d'abord l'explication théorique de cet ingénieux appareil.

Soient A B (fig. 51) un levier mobile autour d'un centre B, et C D un levier, d'égale longueur, mobile autour de C. Supposons en outre qu'ils soient réunis par leurs bouts A et D, au moyen de la bielle articulée A D. Si on imprime à tout le système un mouvement de haut en bas dans le sens de la flèche, le point A décrira un arc de cercle autour de B, le point D un arc semblable autour de C. La bielle A D s'appuiera donc sans cesse sur deux circonférences de cercle et prendra, à un certain moment, la position E F. On peut démontrer que, pourvu que les excursions des points A et D ne soient pas considérables, le milieu M de la barre A M D décrit, pour passer de M à N, une courbe très peu différente d'une ligne droite. Il suffit donc de suspendre la tige d'un piston au point M pour lui imprimer un mouvement sensiblement rectiligne.

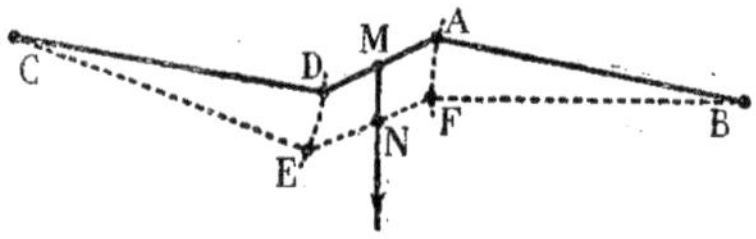

L'appareil composé de deux leviers et d'une bielle s'appelle ordinairement le *parallélogramme simple de Watt,* quoiqu'il n'y ait pas de parallélogramme dans cette combinaison. La dénomination qu'il a reçue est destinée à rappeler le *parallélogramme articulé de Watt,* auquel cet appareil simplifié sert de base, et que nous allons maintenant expliquer.

Concevons que le levier AC (fig. 52) soit prolongé au delà du point d'attache A, d'une quantité AB, égale à AC, et que sa nouvelle extrémité B soit reliée avec le point E par deux bras articulés BD et DE, de sorte que les quatre points A, B, D, E, forment un parallélogramme mobile, qui peut prendre toutes sortes d'inclinaisons à l'aide de tourillons placés à ses quatre angles. Tirons une ligne CD, elle passera par le milieu M de la bielle AE, et sera elle-même partagée en deux moitiés égales par le point M. Il s'ensuit que le point D décrira une courbe tout à fait semblable à celle que parcourt le point M; c'est-à-dire que le point D restera aussi sensiblement sur une ligne droite. Si l'on attache à ce point D un

deuxième piston, le premier étant fixé en M, on obtient pour les deux tiges, des mouvements parallèles et suffisamment rectilignes.

La figure 52 représente, en traits pleins, une position du parallélogramme. Les tiges qui se meuvent verticalement et qui sont solidaires des pistons, ont leur tête en M et en D.

Les traits pointillés représentent une seconde position de ce même parallélogramme. Les têtes des tiges sont arrivées en H et en G, après avoir parcouru, en ligne sensiblement droite, les courses respectives M H et D G.

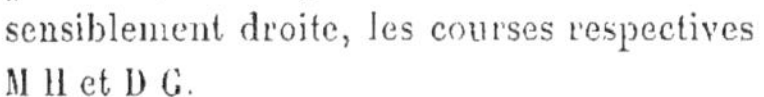

Fig. 52.

La figure 53 représente le *parallélogramme articulé de Watt,* tel qu'il est employé dans les machines à vapeur.

AB est un levier rigide, qui tourne autour d'un centre fixe A, situé sur le bâti de la machine, derrière la tige CF. Ce levier s'articule en B avec le parallélogramme BCDE.

L'extrémité de la tige du piston de la machine à vapeur CF, est fixée à l'angle C du parallélogramme. Quand la tige CF est poussée vers le bas par la descente du piston, auquel elle est attachée, l'extrémité D du balancier décrit un arc de cercle, mais les points C et F se meuvent sensiblement en ligne droite, de haut en bas. Pendant la montée du piston, le même jeu se répète d'une manière inverse; les points C et F s'élèvent verticalement et sensiblement en ligne droite.

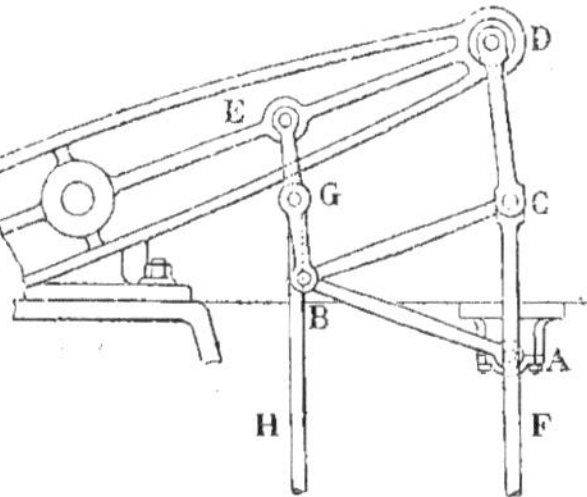

Fig. 53. — Parallélogramme de Watt.

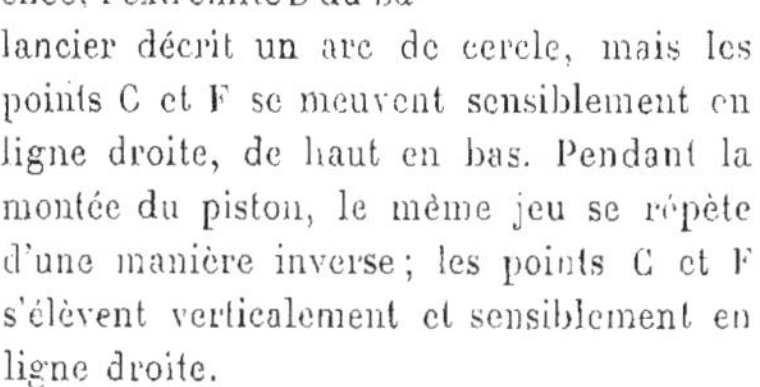

Dans les machines à vapeur à condensation, on fixe ordinairement la tige G de la pompe d'alimentation au point F du balancier, et les deux pistons se meuvent ainsi d'une façon rectiligne et parallèle.

Tel est le principe du curieux mécanisme imaginé par James Watt, en 1784, pour transmettre au balancier le mouvement du piston. Quelques dispositions différentes ont été adoptées plus tard pour la construction de cet appareil, mais elles n'ont rien changé au principe sur lequel repose son mécanisme.

La force une fois commodément transmise au balancier, il fallait s'occuper de transformer le mouvement d'oscillation de ce balancier en un mouvement de rotation, propre à faire marcher une roue ou un volant fixé sur l'axe de la machine, et à s'adapter par conséquent à tous les usages auxquels un moteur peut être consacré. Le mécanicien Stewart avait tenté, sans y réussir, d'employer, dans cette vue, des roues à rochet. Watt résolut le problème d'une manière beaucoup plus heureuse, par une simple application de la manivelle du rémouleur.

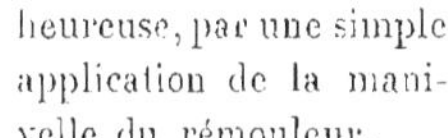

« Des nombreux projets, dit Watt, qui me passèrent par la tête, aucun ne me parut si propre à me conduire au but que je me proposais d'atteindre, que l'application d'une simple manivelle dans le genre de celle dont se sert le rémouleur, et qu'il fait mouvoir avec le pied : invention de grand mérite et dont on ne connait ni la date ni le modeste inventeur. »

L'appareil imaginé par Watt pour appliquer la manivelle du rémouleur à la transformation du mouvement rectiligne de la tige du piston en un mouvement rotatoire, donna les meilleurs résultats. Mais il arriva que l'un de ses concurrents, M. Wasbrough, en eut connaissance par suite de l'infidélité d'un ouvrier, et qu'il s'empressa de prendre un brevet spécifiant l'application de la manivelle au mécanisme de la machine à vapeur.

Watt avait jugé inutile de prendre un brevet pour un moyen connu depuis un temps immémorial et qui se trouve employé dans tous les rouets des fileuses et dans toutes les roues des rémouleurs. Il aurait sans peine prouvé judiciairement que l'on ne pouvait interdire à personne l'usage d'un artifice aussi banal. Il trouva plus simple d'arriver au même but par une autre voie, et il inventa l'appareil connu en Angleterre sous le nom de *soleil et planète*. La figure 54 représente cet appareil.

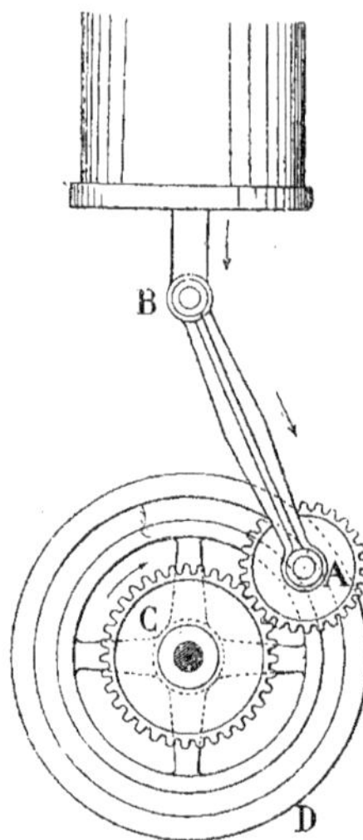

Fig. 54. — Soleil et planète.

A est une roue dentée qui, conduite par la tige A B, articulée elle-même sur la tige du piston de la machine à vapeur, tourne autour de la roue C, en parcourant sa circonférence et en engrenant avec elle.

La roue A est guidée, dans cette rotation, par une coulisse circulaire qui assujettit son axe à décrire la circonférence A D. La roue C est fixée à l'arbre de la machine et l'entraîne dans sa rotation.

On voit que la roue A paraît tourner autour de la roue C, comme une planète autour du soleil. C'est ce qui a fait donner, en Angleterre, à cet assemblage mécanique, le nom bizarre de *soleil* et *planète*. C se nomme la *roue solaire*, et A la *roue planétaire*.

Mais cet appareil, délicat à construire, coûteux et sujet à se déranger, fut abandonné par Watt dès que l'expiration du brevet de M. Washrough lui permit de revenir à l'emploi de la manivelle.

La manivelle et le volant, qui, dans les machines actuelles, servent à transformer le mouvement rectiligne de la tige du piston en un mouvement circulaire, sont représentés dans la figure 55. B est la bielle ou tige qui descend de l'extrémité du balancier; elle s'articule avec la manivelle *c*, dont le bras est lié au centre E du volant A, et peut tourner avec lui. Lorsque le balancier s'abaisse, par suite du mouvement du piston, il abaisse, en même temps, la manivelle C par l'intermédiaire de la bielle B et fait tourner le volant.

Celui-ci, par sa vitesse acquise, permet de faire franchir à la bielle et à la manivelle, le *point mort*, c'est-à-dire le point où ces deux pièces se recouvrant sur une même ligne verticale, tendent à s'immobiliser. Le balancier se relevant par le second coup de piston, fait remonter la bielle B qui, par la manivelle C, transmet son mouvement au volant et lui fait achever sa course circulaire. Un mouvement de rotation continu est donc ainsi produit.

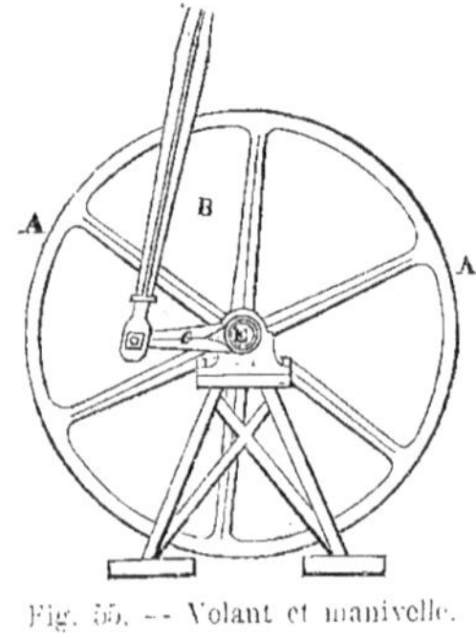

Fig. 55. — Volant et manivelle.

Une force considérable et une continuité d'effet, ne sont pas les seules conditions que doit réunir une machine destinée à devenir d'un usage général comme moteur. Pour la plupart des industries auxquelles elle doit s'appliquer, la régularité, l'égalité d'action, sont tout aussi importantes que l'intensité de la force. Or, tout le monde voit que l'effet mécanique produit par la machine à vapeur doit être d'une irrégularité excessive. Le degré de sa puissance dynamique dépend en effet du nombre de coups de piston qu'elle donne dans un temps déterminé ; mais ceux-ci varient nécessairement selon que le feu est activé ou ralenti dans le foyer. Une force qui s'engendre par des pelletées de charbon jetées sous une chaudière, doit naturellement présenter dans son intensité les plus grandes variations. C'est à ce défaut si grave qu'il importait de parer. Voici la simple et admirable disposition que le génie de Watt imagina pour y porter remède.

Admettons que, dans l'intérieur du tuyau destiné à introduire dans le cylindre la vapeur fournie par la chaudière, on dispose une sorte de vanne mobile, dite registre, susceptible de fermer ce tuyau ou de le laisser ouvert, de manière à suspendre ou à rétablir à volonté la communication entre la chaudière et le cylindre; selon que ce registre sera plus ou moins ouvert, une quantité de vapeur plus ou moins grande sera admise dans le cylindre. On pourra, grâce à ce moyen, régler le jeu de la machine, puisque, en augmentant ou en diminuant la quantité de vapeur qui arrive dans le cylindre, on pourra augmenter ou diminuer le nombre des coups de piston. Ce registre mobile, Watt est parvenu, par un artifice des plus ingénieux, à le faire manœuvrer par la machine elle-même; de telle sorte que, lorsque les mouvements du piston sont trop précipités, la machine le ferme en partie et réduit ainsi la quantité de vapeur introduite ; si, au contraire, les coups de piston se ralentissent, elle l'ouvre et, admettant ainsi dans le cylindre une plus grande quantité de vapeur, elle augmente, dans la proportion nécessaire, l'intensité des effets mécaniques.

L'appareil qui sert à obtenir ce curieux et remarquable effet, était désigné par James Watt sous le nom de *gouverneur*. Il en trouva l'idée dans un petit mécanisme employé depuis longtemps dans les moulins à farine pour écarter ou rapprocher les meules et régulariser ainsi leur mouvement.

La figure 56 fera comprendre le jeu de cet appareil de Watt, que l'on désigne aujourd'hui sous le nom de *régulateur à force centrifuge*.

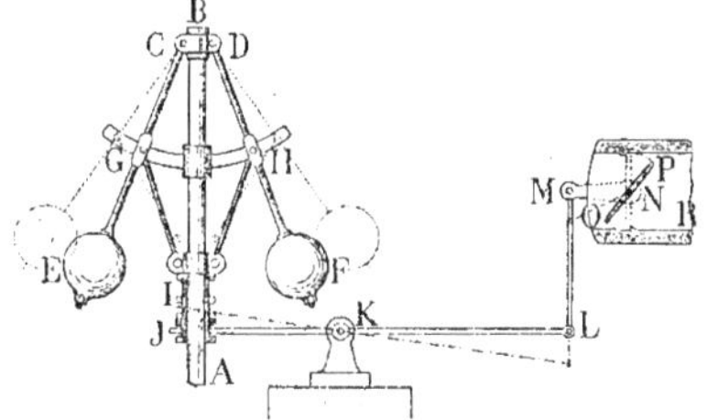

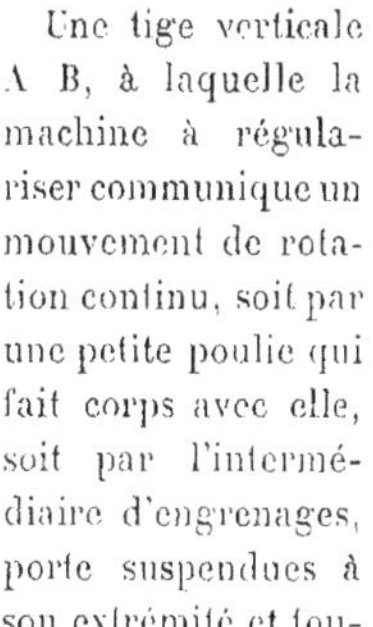

Fig. 56. — Régulateur à force centrifuge.

Une tige verticale A B, à laquelle la machine à régulariser communique un mouvement de rotation continu, soit par une petite poulie qui fait corps avec elle, soit par l'intermédiaire d'engrenages, porte suspendues à son extrémité et tourillonnant en C et en D, deux autres tiges terminées par deux sphères métalliques E et F.

Aux points G et H de ces tiges s'articulent deux bielles aboutissant à la même pièce I, appelée manchon. Ce manchon, tout en participant au mouvement de rotation de la tige A B, peut se déplacer verticalement sur cette même tige ; il est solidaire d'un levier J K L qui a son point d'appui en K, et qui commande en L un second levier L M qui transmet son mouvement à la manivelle M N. Sur l'axe de cette manivelle est calé le registre O P qui peut obturer, plus ou moins, le tuyau R, conduisant la vapeur au cylindre.

Lorsque la machine fonctionne à une vitesse convenable, les sphères et le manchon occupent une position qui permet au registre O P de laisser le passage à la quantité de vapeur normale.

... et F, entraînées par la force centrifuge s'écartent et prennent, par exemple, la position indiquée en pointillé sur la figure 56.

Dans ce mouvement, les bielles articulées en G et H s'écartent aussi et soulèvent verticalement le manchon I qui, par l'intermédiaire des leviers J L, L M et de la manivelle M N, provoque la fermeture proportionnée du registre.

Celui-ci ne laisse donc passer, à ce moment, dans le tuyau R, qu'une quantité de vapeur moindre, ce qui a pour effet de diminuer la vitesse de la machine.

Si, au contraire, le mouvement de la machine vient à se ralentir, il se produit, dans le jeu des mêmes pièces, des effets inverses des précédents. Les sphères, tournant avec moins de rapidité, se rapprochent l'une de l'autre, et, par suite du mouvement des leviers auxquels elles sont liées, le registre s'ouvre davantage et laisse pénétrer dans le tuyau R, et de là dans le cylindre, une plus grande quantité de vapeur, ce qui accélère aussitôt les mouvements du piston.

C'est donc à bon droit que cet ingénieux appareil est désigné sous le nom de *régulateur à force centrifuge*.

Le dernier perfectionnement apporté par Watt au fonctionnement de la machine à vapeur, est relatif à l'emploi de la détente ; c'est une conception des plus remarquables, dont l'honneur revient tout entier au célèbre mécanicien, bien qu'il n'en ait jamais tiré lui-même grand parti.

Quelques explications sont nécessaires pour bien comprendre en quoi consiste le phénomène de la détente de la vapeur, qui fournit dans les machines modernes les résultats les plus remarquables sous le rapport de l'économie du combustible.

Si le robinet qui sert à introduire la vapeur dans le cylindre, reste ouvert pendant toute la durée du mouvement ascendant ou descendant du piston, celui-ci arrivera à l'extrémité de sa course avec une vitesse toujours croissante, et qui aura pour résultat d'imprimer à toutes les pièces de la machine un choc et un ébranlement fâcheux. Mais si, au lieu de laisser le robinet d'admission ouvert pendant toute la durée de l'oscillation du piston, on le ferme lorsque celui-ci est parvenu seulement au tiers ou à la moitié de sa course, la quantité de vapeur, ainsi introduite suffira pour produire le refoulement du piston. En effet, la vapeur, se dilatant dans le vide à la manière d'un gaz, continuera de presser le piston, qui, en raison, d'ailleurs, de sa vitesse acquise, arrivera aisément à l'extrémité de sa course. Ainsi une moindre quantité de vapeur sera employée pour faire marcher le piston. En agissant de cette manière, la vapeur ne pourra pas évidemment produire un effet dynamique aussi puissant que si elle agissait à pleine pression pendant toute la durée de la course du piston, mais aussi la quantité de vapeur dépensée ne sera que la moitié ou le tiers de celle qu'on aurait employée en opérant à pleine pression. Pour reconnaître si cette disposition présente des avantages, il suffit donc de savoir si, par ce moyen, la dépense du combustible est réduite dans un plus grand rapport que l'effet produit. Or, c'est ce que l'expérience a parfaitement établi.

L'emploi de la vapeur avec détente introduit aujourd'hui dans nos machines, a permis de réaliser une économie considérable sur le combustible, et, selon Arago, « de très bons juges placent la détente, quant à la dépense économique, sur la ligne du condenseur. » Cependant Watt ne l'a mise en usage que vers 1782, dans un petit nombre de machines. Son but principal dans l'emploi de ce moyen, était de modérer la vitesse de la chute du piston, et de rendre uniforme le mouvement accéléré qui lui est propre lorsque la vapeur agit à pleine pression. Ce n'est qu'à notre époque que la détente de la vapeur a été utilisée de manière à réaliser les avantages immenses qui résultent de son emploi.

Par cette belle série de découvertes, dont aucune n'avait été le produit du hasard, mais qui résultaient toutes de persévérantes recherches, Watt avait donc résolu le grand problème du moteur universel tant poursuivi depuis un siècle. Un simple ouvrier mécanicien, sans fortune et sans études, s'emparant d'une machine imparfaite, et qui depuis cinquante ans fonctionnait sans progrès notables, l'avait transformée en un agent moteur d'une force presque sans mesure et d'une application illimitée. En raison du principe sur lequel elle repose, sa puissance motrice était incalculable; grâce aux artifices employés pour en modérer et en régulariser l'action, elle pouvait servir aux usages les plus variés et les plus délicats.

Aussi quelques années suffirent-elles pour répandre en Angleterre ce précieux appareil. Dans les grands centres manufacturiers, tels que Birmingham, Manchester, Liverpool, etc., la machine à vapeur fut appliquée au cardage de la laine et du coton, à la fabrication des draps et de tous les tissus de fil, de coton ou de soie. Par son secours, l'industrie de l'exploitation de la houille ne tarda pas à étendre ses bénéfices dans une proportion extraordinaire. La machine à vapeur fut aussi employée dans les usines métallurgiques, pour marteler, laminer le fer, le cuivre et le plomb, pour étirer en fil le fer et l'acier; on l'appliqua à tous les travaux hydrauliques, au sciage mécanique du bois, à la fabrication du papier, de la porcelaine et de la faïence, à l'impression des livres, à la préparation et au broiement des couleurs destinées à la peinture, en un mot, à presque toutes les branches de l'industrie britannique.

Un chiffre suffira pour faire connaître l'économie prodigieuse que l'emploi de la machine à vapeur a permis de réaliser dans les opérations industrielles. Selon Arago, un boisseau de charbon brûlé dans les machines à vapeur de Cornouailles produisait l'ouvrage de vingt hommes travaillant dix heures. Or dans les comtés houillers de l'Angleterre, un boisseau de charbon coûtait environ 0 fr.90. La machine de Watt permettait donc en Angleterre, de réduire le prix d'une journée d'homme, de la durée de dix heures, à moins de 0 fr.05 de notre monnaie.

Ces machines admirables qui devaient exercer une influence si extraordinaire sur la prospérité de la nation britannique, Watt les faisait exécuter sous ses yeux, dans l'immense établissement de Soho. C'est de là que partaient les puissants appareils qui allaient fonctionner dans les diverses parties du royaume.

Les étrangers s'y rendaient aussi pour étudier le mécanisme des nouvelles machines, et pour en transporter l'usage dans leur patrie. C'est ainsi que Bettancourt, envoyé par le gouvernement espagnol, put introduire dans son pays les premiers appareils de ce genre; l'habile ingénieur avait deviné le mécanisme de la machine à double effet à la seule inspection de son jeu extérieur. C'est encore de la même manière que l'aîné des frères Perrier, qui fit, dans cette vue, jusqu'à cinq voyages en Angleterre, put installer à Paris une machine à vapeur qui n'était que la reproduction de la machine de Watt à simple effet. C'est la même machine qui a fonctionné jusqu'à l'année 1854 sur les rives de la Seine pour la distribution des eaux, et qui était connue sous le nom de *pompe à feu de Chaillot*.

Watt continua de résider à Birmingham ou à Soho, jusqu'au terme de son association avec Mathieu Boulton ; leur société devait durer jusqu'à l'expiration du premier brevet de Watt. Ce brevet, concédé en 1775, pour un espace de vingt-cinq années, expirait en 1800. A cette époque, Watt et Boulton se séparèrent de la société. Ils y furent remplacés chacun par son fils.

En se retirant des affaires, James Watt vint se fixer dans une terre voisine de Soho, nommée Heathfield, dont il avait fait l'acquisition. Les plaisirs et les relations de la société l'occupèrent exclusivement jusquà la fin de sa vie. Pendant qu'il résidait à Soho, il avait pris l'habitude de réunir autour de lui un petit cercle d'amis, parmi lesquels se remarquaient l'illustre chimiste Priestley, le poète Darwin, le botaniste Withering, et quelques artistes ou littérateurs en renom. Cette petite académie portait le nom de Société lunaire (Lunar Society), titre sur lequel il est bon de ne pas prendre le change et qui signifiait seulement que les académiciens se réunissaient les soirs de pleine lune, afin d'y voir clair en rentrant chez eux.

Fig. 57. — Le cercle des lunatiques, ou les soirées de Watt dans sa terre de Heathfield.

Watt rassembla à Heathfield les restes épars de sa petite académie, et c'est dans ce cercle distingué qu'il aimait à s'abandonner à sa verve de causeur et de conteur, car nul ne possédait ces talents à un plus haut degré.

La littérature, les événements du jour et, comme on le pense, la science et sa chère mécanique fournissaient à Watt les matières de ses intéressants entretiens.

Son génie fertile y trouvait quelquefois de soudaines occasions de s'exercer avec profit. Un jour Darwin entrant chez lui :

— Je viens d'imaginer, dit-il, certaine plume à deux becs, à l'aide de laquelle on écrira chaque chose deux fois, et qui donnera ainsi d'un seul coup l'original et la copie d'une lettre.

— J'espère trouver une meilleure solution, répliqua James Watt. J'y penserai ce soir, et je vous communiquerai demain le résultat de mes réflexions.

Le lendemain la presse à copier les lettres était inventée.

C'est aussi de cette manière qu'il imagina

le pantographe, lequel permet d'obtenir, par des moyens très simples, la reproduction d'une statue, d'un bas-relief ou d'un buste. Cette invention intéressante fut réalisée dans les dernières années de James Watt. Il en distribuait les produits à ses amis, en les priant d'accepter « cette œuvre d'un jeune artiste qui ne fait que d'entrer dans sa quatre-vingt-troisième année ».

et les tranchantes formules de l'enseignement classique. S'il eût pris sa part de l'instruction banale qui se débitait à l'Université d'Oxford, il serait devenu sans doute un professeur érudit; livré à lui-même, il devint le premier mécanicien de son temps. Il est reconnu que Watt n'avait aucune de ces connaissances obligées et communes qui font le savant mathématicien. On assure

Fig. 58. — Statue de James Watt à Westminster.

Ainsi, le feu de son heureux génie, qui s'était fait jour dès les premiers instants de sa jeunesse, brillait encore aux derniers temps de sa vie. Il faut connaître, pour ne point s'en étonner, le caractère et les qualités spéciales de l'esprit de James Watt. Le célèbre ingénieur avait reçu de la nature la faculté de l'imagination, et il eut la bonne fortune de préserver ce don brillant de la dangereuse tendance à l'imitation. Son humble origine, les modestes occupations de sa jeunesse, eurent pour résultat d'éloigner de son esprit les règles absolues

qu'il n'avait jamais résolu une équation d'algèbre. Comme Ferguson, il se contentait de l'emploi des procédés géométriques; et c'était même son amusement favori de représenter par des figures de géométrie les tables numériques qu'il avait besoin de consulter pour établir les proportions de ses machines. Les Traités de mécanique étaient le seul genre d'ouvrages dont il se refusât la lecture : on aurait dit que son intelligence avait besoin d'être affranchie de tout joug étranger. Il ne communiquait ses idées à personne, et quand il avait imaginé quelque appareil nouveau, c'est à peine s'il s'occupait d'en surveiller l'exécution ou de prendre des avis, comme s'il avait eu la conviction secrète que son esprit n'avait jamais plus de puissance que quand il était entièrement livré à lui-même.

On lui demandait un jour si la découverte du parallélogramme articulé lui avait coûté beaucoup de calculs et d'efforts de tête : « Non, répondit-il, et j'ai même été très surpris de la perfection de son jeu. En le voyant fonctionner pour la première fois, j'éprouvais autant de plaisir que si j'avais examiné l'invention d'une autre personne. »

Il a dit, en donnant le récit de ses découvertes relatives au perfectionnement de la machine de Newcomen : « L'idée une fois conçue d'opérer la condensation hors du cylindre, toutes les autres améliorations s'effectuèrent avec une incroyable rapidité ; tellement que, dans l'espace d'un ou deux jours, mon plan fut parfaitement arrangé dans ma tête, et que, pour en faire l'essai, je le mis tout de suite à exécution. »

Aussi avait-il l'habitude de considérer toutes ses inventions comme le résultat de pensées tellement simples, qu'elles auraient pu se présenter à tout autre qu'à lui. Il ajoutait qu'il avait été seulement assez heureux pour les soumettre le premier à l'expérience. Et cette déclaration était sincère de tous points.

Grâce à cette organisation intellectuelle, James Watt pouvait s'occuper avec succès d'objets dont il n'avait aucune idée.

Pendant qu'il résidait à Glasgow, Darwin vint un jour le prier de lui fabriquer un orgue.

— Comment voulez-vous que je vous construise un orgue ? répondit Watt. J'ai la musique en horreur, et tous les instruments me sont étrangers. Je ne puis distinguer deux sons : l'une de mes oreilles est en *ut* et l'autre en *fa*.

— Essayez ! Vous pouvez tout ce que vous voulez : vous êtes le dieu de la mécanique.

Watt essaya. Il n'avait à sa disposition que l'ouvrage très confus du docteur Robert Smith, de Cambridge. Cependant l'orgue fut construit, et ses qualités harmoniques charmaient jusqu'aux musiciens de profession. Il réalisa le tempérament des diverses notes d'après la seule connaissance du phénomène physique des battements qu'il avait ignoré jusque-là, et dont il trouva l'exposition dans le Traité de Robert Smith.

L'illustre mécanicien, conservant jusqu'à ses derniers jours l'entier usage de ses facultés, vieillissait entouré des affections de sa famille, et jouissait d'un repos noblement acquis pendant le cours de sa vie laborieuse, recevant avec un orgueil légitime les hommages que ses concitoyens rendaient à ses vertus et à son génie, lorsque dans l'été de l'année 1819, quelques symptômes alarmants annoncèrent sa fin prochaine. Il ne se méprit pas à la nature de son mal, et dès ce moment il ne fut occupé que du soin de consoler ses amis. Watt s'éteignit le 25 août 1819 et fut enterré dans le cimetière de Heathfield.

L'Angleterre a rendu un éclatant hommage à l'un des plus grands hommes qu'elle a produits, en élevant à Watt, sur une des places de Glasgow, une statue de bronze dressée sur un piédestal de granit, une statue de marbre dans la bibliothèque de Greenock, sa ville natale, et enfin une admirable statue de marbre, l'une des plus belles œuvres de Chantrey, remarquable sculpteur anglais, qui est placée dans l'abbaye de Westminster, où reposent les rois et les grands hommes de l'Angleterre.

Mais que peuvent pour de tels génies ces somptueux témoignages de l'admiration du Monde ? Ni l'airain ni le marbre ne sont nécessaires pour consacrer leur mémoire. Les services que Watt a rendus à sa patrie, à l'Europe, à l'Humanité tout entière, suffisent pour perpétuer son nom, car la machine qu'il a créée a été l'origine du bien-être général dont jouit la société moderne.

CHAPITRE VII

CHALEUR LATENTE. — CHALEUR SPÉCIFIQUE. — CALORIE. — TENSION. — PRESSION ABSOLUE. — PRESSION EFFECTIVE. — TIMBRE. — CHAUDIÈRES DE WATT. — TIRAGE. — CHAUDIÈRE DE WOLF. — COMBUSTION. — COMBUSTIBLES. — HOUILLES. — PÉTROLE. — GAZ. — TIRAGE FORCÉ.

La machine à vapeur est donc créée et donne déjà, par ses résultats pratiques, une impulsion extraordinaire à l'industrie naissante.

Nous avons vu que cette machine se compose essentiellement de deux organes : le *générateur de vapeur,* appelé *chaudière,* et le *récepteur,* qui est la machine proprement dite et qui transforme la vapeur en travail utilisable.

Nous ne poursuivrons pas, à partir de maintenant, la description simultanée des transformations qui se sont produites, dans chacun de ces organes, jusqu'à nos jours : elles sont si nombreuses et si importantes qu'il est, croyons-nous, indispensable de les faire connaître successivement.

Nous commencerons donc par suivre l'évolution des *générateurs de vapeur* jusqu'à la création de nos belles chaudières actuelles, et nous exposerons, ensuite, toutes les améliorations et tous les progrès qui ont fait, du *récepteur,* la merveilleuse *machine à vapeur* moderne.

Les *générateurs de vapeur,* appelés généralement *chaudières,* sont des récipients, clos de toutes parts, qui communiquent seulement avec les divers tuyaux servant soit à la prise de la vapeur, soit à la communication avec les différents appareils d'alimentation et de sécurité.

Ces récipients contiennent de l'eau et sont placés sur des *foyers* qui, par l'action des *combustibles* qu'on y brûle, transforment cette eau en *vapeur.*

Nous avons déjà, en commençant, fait connaître la théorie générale de la chaleur établie par le physicien écossais Joseph Black : il en résulte que de l'eau, à l'état solide, c'est-à-dire de la glace, passe à l'état liquide par l'effet de la chaleur et que, pendant tout le temps de cette transformation, sa température reste constante à 0 degré.

De même, lorsque l'eau liquide se trouve transformée en vapeur, sa température reste toujours la même pendant son nouveau changement d'état, mais cette fois à 100 degrés.

Ces deux transformations se nomment la première : *fusion,* la seconde : *vaporisation.*

Inversement, si se trouvant en présence de vapeur, on supprime la production de chaleur, la vapeur se transforme en *eau liquide* qui, étant ramenée elle-même à 0 degré, se transforme en *eau solide,* en glace.

Pendant ces deux nouveaux changements d'état qui se nomment, le premier : *liquéfaction,* le second : *solidification,* la température reste encore constante.

Cependant, pour opérer ces transformations et quoique la température de l'eau soit restée la même pour chaque changement d'état, il a été nécessaire de dépenser de la chaleur. C'est cette chaleur qui a été absorbée par l'eau dans ses diverses transformations moléculaires, que l'on nomme *chaleur latente,* parce qu'elle n'est décelée par aucune élévation apparente de température.

En plus de la chaleur latente, il y a la *chaleur sensible,* qui se manifeste extérieurement et sert à augmenter, entre deux changements d'état, la température de cette eau.

La quantité de *chaleur sensible* qu'absorbe la masse pour augmenter sa température de 1 degré, s'appelle *chaleur spécifique.* Elle se mesure en prenant pour unité la *calorie* qui représente la quantité de chaleur nécessaire pour porter de 0 degré à 1 degré, 1 kilogramme d'eau pure à la pression atmosphérique moyenne.

La *calorie* est donc l'unité d'évaluation de la quantité de chaleur, comme le litre est l'unité de mesure de capacité.

L'eau contenue dans une chaudière se transforme en vapeur, sous l'action de la chaleur; mais cette vapeur peut provenir soit seulement de la surface de l'eau, soit du milieu même de sa masse. Dans le premier cas, la vapeur est produite par l'*évaporation,* dans le second, par l'*ébullition.*

Fig. 59. — Timbre de chaudière.

A mesure que la vapeur se produit, elle exerce un effort de plus en plus grand sur les parois des récipients qui la contiennent. Cette force d'expansion se nomme *tension* ou *pression absolue,* et elle augmente avec la production de vapeur jusqu'à un point déterminé où l'eau cesse de se transformer en vapeur. Celle-ci a alors atteint sa plus grande tension qu'on nomme *tension maximum.*

La *pression absolue* ou *tension* de la vapeur, s'exprime en nombre de kilogrammes agissant sur un centimètre carré de la paroi sur laquelle son effort s'exerce.

Comme l'effort de la vapeur s'exerce de l'intérieur à l'extérieur du récipient qui la contient, et comme, d'autre part, la *pression atmosphérique* s'exerce sur ce même récipient en sens inverse, c'est-à-dire de l'extérieur à l'intérieur, il résulte que la véritable pression à laquelle se trouvent soumises les parois du récipient est égale à la *pression absolue* ou intérieure, diminuée de la *pression atmosphérique* ou extérieure.

Cette nouvelle pression se nomme *pression effective* et c'est avec elle qu'il faut compter pour tous les appareils à l'air libre.

L'emploi de la chaudière à vapeur n'étant pas sans danger, il a fallu prendre des dispositions particulières pour en réglementer l'usage. En France, cette réglementation a été établie par les décrets du 30 avril 1880, du 29 juin 1886 et du 9 octobre 1907.

Parmi les mesures de sécurité qui y sont imposées, se trouve l'obligation de fixer, sur chaque chaudière, à une place très apparente, un *timbre* de garantie.

Ce *timbre* (fig. 59) est une plaque métallique circulaire qui porte, en son milieu, un chiffre représentant la valeur, en kilos et par centimètre carré de surface de paroi, de la tension qu'il ne faut jamais dépasser dans la chaudière. Ce chiffre indique donc tout simplement la *pression effective maximum.*

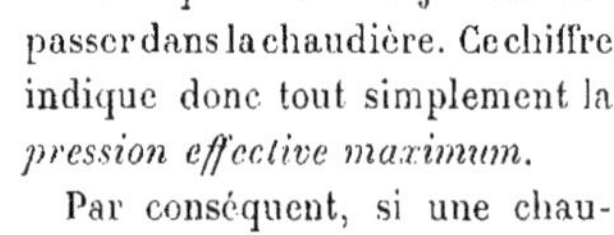

Par conséquent, si une chaudière est timbrée 10 kilos, cela signifie qu'on peut y produire de la vapeur dont la force d'expansion représentera, tout au plus, un poids de 10 kilos agissant sur un centimètre carré de paroi de cette chaudière.

Avant d'apposer le timbre sur une chaudière, on doit lui faire subir une épreuve réglementaire qui est faite sous la direction d'un ingénieur des mines.

Cette épreuve consiste à soumettre cette chaudière à une *pression hydraulique* supérieure à la pression effective qui ne doit pas être dépassée pendant le service.

La *pression supplémentaire* exercée est égale, quand le timbre ne dépasse pas 6 kilos, à la *pression effective,* ce qui donne pour la *pression d'épreuve totale,* un chiffre double de celui que portera le timbre fixé sur la chaudière.

L'épreuve doit être renouvelée, au plus tard, dans un délai de 10 années pour les chaudières fixes, et de 5 pour les chaudières locomobiles, et toutes les fois que la chaudière a subi une réparation importante, est l'objet d'une nouvelle installation, ou encore lorsqu'elle est remise en service après un chômage prolongé.

Les timbres des chaudières sont poinçonnés et portent en chiffres la date de l'épreuve.

Pour connaître, à chaque instant, la pression *effective* de la vapeur contenue dans une chaudière, il est exigé qu'elle soit munie d'un *manomètre,* instrument placé bien en vue du chauffeur et qui indique, en kilos, par centimètre carré, la pression développée par la vapeur dans cette chaudière.

Le manomètre porte, en plus, dans sa graduation, une marque très apparente, ordinairement faite en rouge, indiquant la *pression effective* qui ne doit jamais être dépassée.

Les chaudières doivent aussi posséder deux soupapes de sûreté réglées de telle façon qu'elles puissent laisser échapper la vapeur lorsque la *pression effective* atteint le chiffre indiqué par le timbre.

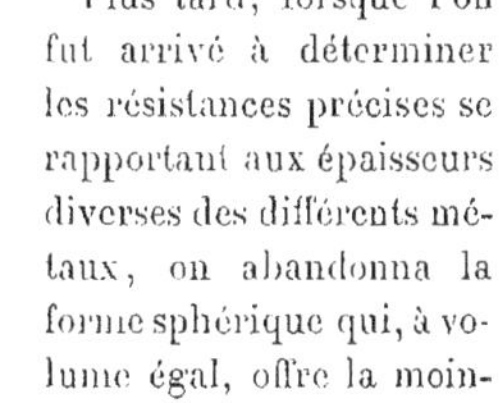

Fig. 60. — Chaudière de Watt.
Coupe verticale.

Enfin, il faut, dans toute chaudière, que lorsqu'une paroi est en contact d'un côté avec la flamme, cette même paroi soit, de l'autre côté, baignée par l'eau. Cela implique la nécessité de maintenir le niveau de l'eau à une hauteur bien déterminée.

Pour répondre à cette obligation, chaque chaudière doit être munie de deux appareils indicateurs du niveau de l'eau, dont l'un doit être constitué par un tube de verre facile à remplacer au besoin. Ces deux appareils, indépendants l'un de l'autre, sont placés bien en vue de l'homme qui est chargé de l'alimentation de la chaudière.

Nous décrirons en détail, plus loin, ces divers appareils imposés, à juste raison, pour assurer une sécurité absolue autour de ces merveilleux générateurs de puissance et d'énergie.

Nous analyserons, auparavant, les divers organes qui les composent; mais il était nécessaire, dès l'abord, de connaître les différents phénomènes que nous venons d'examiner, car nous aurons, par la suite, maintes occasions de nous y reporter.

Les chaudières primitives employées par Savery et Newcomen pour fournir de la vapeur à leur machine, avaient une forme demi-sphérique. A cette époque, on se préoccupait, avant tout, de se garantir contre le danger des explosions, et cette forme avait été choisie comme offrant le plus de résistance à la tension de la vapeur.

Plus tard, lorsque l'on fut arrivé à déterminer les résistances précises se rapportant aux épaisseurs diverses des différents métaux, on abandonna la forme sphérique qui, à volume égal, offre la moindre surface, et on chercha, au contraire, à augmenter, pour un même volume, la quantité de surface de paroi soumise à l'action de la chaleur.

C'est dans ce but que Watt construisit sa *chaudière prismatique* ou à *tombeau.*

Chaudière de Watt (Fig. 60 et 61.) — Elle se composait d'un récipient A, en métal, concave à la partie inférieure et sur les côtés et demi-cylindrique à la partie supérieure. Les extrémités ou fonds étaient verticaux. Watt avait adopté la forme concave pour les parties de sa chaudière en contact avec la flamme, parce qu'il pouvait augmenter ainsi l'étendue de la surface soumise à son action.

La chaudière reposait sur un bloc de maçonnerie, dégagé en dessous et à l'avant pour permettre le placement d'un *foyer* B, et, sur les côtés, s'ouvraient deux conduits C et D appelés *carneaux* qui ne communiquaient entre eux que par l'avant, en E, une cloison F les séparant à l'arrière.

La fumée et les gaz produits dans le foyer se dirigent vers l'arrière de la chaudière en passant par-dessous, puis par un des carneaux latéraux reviennent à l'avant en réchauffant une paroi de côté.

Par la communication E, ils reviennent de nouveau vers l'arrière, en empruntant le second carneau latéral et en réchauffant la deuxième paroi de côté, et enfin s'échappent dans l'air par la cheminée G.

Vers la base de la cheminée se trouve une vanne métallique H, appelée *registre,* à laquelle un contre-poids I fait équilibre et qui sert à ouvrir un passage plus ou moins grand à la fumée et aux gaz qui s'échappent dans la cheminée.

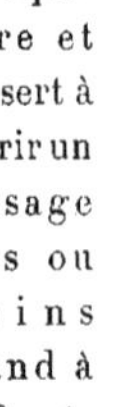
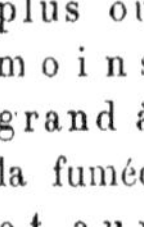

Fig. 61. — Chaudière de Watt. Coupe longitudinale.

On règle ainsi, à volonté, le *tirage*.

Le *tirage* est constitué par l'ascension, dans la cheminée, de l'air et des gaz chauds, ce qui provoque un appel d'air froid, lequel arrivant du côté opposé, pénètre dans le foyer par la porte du cendrier et sert à entretenir la combustion.

On détermine les hauteurs et les sections des cheminées de façon à obtenir un appel d'air qui, tout en laissant aux gaz une vitesse de sortie suffisante, ne puisse pourtant pas troubler, en provoquant un courant d'air froid trop violent, le fonctionnement normal de la combustion.

On est souvent obligé de rejeter la fumée à une hauteur considérable, et dans les villes surtout, on ne peut guère établir de cheminées qui aient moins de 30 mètres de haut.

On voit que la chaudière conçue par Watt permettait, en dirigeant le cheminement des gaz chauds, d'obtenir une meilleure utilisation des produits de la combustion et de les faire agir sur une surface bien plus considérable que dans la modeste et primitive marmite demi-sphérique.

Cependant les formes concaves et les fonds plats nuisaient à la solidité de la chaudière et ne donnaient donc pas toute la sécurité désirable. On ne pouvait produire de vapeur d'une tension supérieure à 2 kilos 5. On fut donc conduit à modifier ces diverses formes pour arriver à la chaudière de Wolf.

Chaudière de Wolf (Fig. 62.) — Ce générateur de vapeur avait, comme fonds, deux calottes demi-sphériques A et B, rivées au corps C, auquel Wolf avait donné la forme d'un cylindre. Les autres dispositions, relatives à la marche des gaz chauds, étaient les mêmes que dans la chaudière de Watt.

Maintenant que nous avons fait connaissance avec les différents organes qui constituent une chaudière, nous allons, successivement, examiner pour chacun d'eux les améliorations qui y ont été apportées.

Combustion Le *foyer* est l'organe de la chaudière dans lequel se produit la *combustion*.

La *combustion* est un phénomène qui se manifeste lorsqu'un corps ou une partie de ce corps s'unit à l'oxygène.

Cette combinaison dégage de la chaleur et de la lumière; c'est la *combustion vive;* pourtant elle se produit parfois sans donner lieu à aucune manifestation de chaleur ni de lumière; elle se nomme alors *combustion lente.*

Ce fut le grand chimiste Lavoisier qui, en 1777, établit d'une façon formelle et définitive que la combustion des corps est due à l'absorption, par ces corps, de l'oxygène de l'air. Il détruisait ainsi la théorie du *phlogistique* avec laquelle on expliquait au XVIIIe siècle le phénomène de la combustion. Cette théorie, qui datait du XVIIe siècle, avait eu pour principal défenseur le professeur Stahl, de l'Université de Halle (Allemagne). Elle consistait à admettre que la chaleur pouvait se présenter sous deux formes : ou libre, ou combinée avec tous les corps combustibles, et il en découlait cette conséquence que la *combustion* était le résultat du changement d'état de la chaleur qui, abandonnant le corps combustible, devenait libre en se manifestant extérieurement.

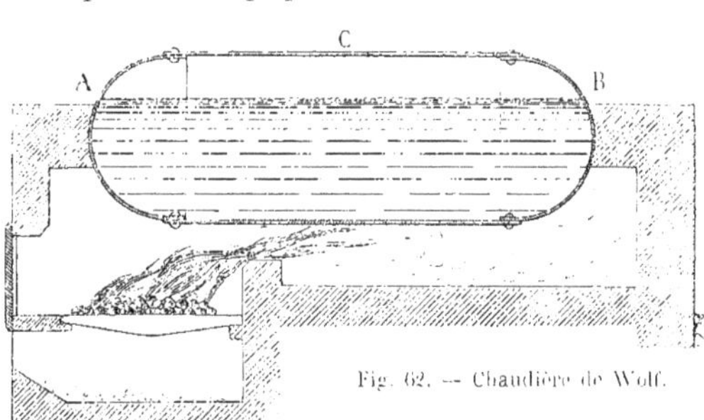

Fig. 62. — Chaudière de Wolf.

La combustion est plus ou moins *complète* suivant que le *combustible* est plus ou moins formé d'éléments susceptibles de se combiner avec l'oxygène. La qualité de chaleur dégagée dépendra donc de la qualité de ces éléments, et cela, d'autant plus que la partie du combustible qui ne se combine pas avec l'oxygène, emprunte, pour s'échauffer elle-même, une partie de la chaleur, diminuant ainsi la quantité totale dont on pourra faire usage.

Il est bien évident qu'on doit obtenir, pour le chauffage des chaudières, une *combustion vive.* On choisit donc pour arriver à ce résultat des combustibles capables de se combiner dans les conditions les plus favorables avec l'oxygène de l'air qui est l'élément *comburant.*

Ces combustibles se présentent à l'état solide, liquide ou gazeux, mais quel que soit cet état, il faut que le combustible remplisse certaines conditions essentielles pour donner lieu à une combustion convenable.

Il est nécessaire, d'abord, d'obtenir un échauffement suffisant de ce combustible, afin que la combinaison avec l'oxygène de l'air se fasse plus complète et plus vive, car à la température normale, l'oxygène ne se combine que très lentement avec le combustible et ne donne lieu de ce fait, qu'à une *combustion lente,* ne produisant qu'un dégagement de chaleur négligeable.

L'échauffement du combustible est facile à obtenir et il est toujours suffisamment entretenu par la chaleur provenant de la combustion.

En dehors de cet échauffement indispensable, il est nécessaire aussi de renouveler la quantité d'air introduite pendant la combustion, de façon que la masse complète du combustible puisse trouver dans cet air l'oxygène suffisant pour se combiner avec tous les éléments de cette masse.

Il y a donc un grand intérêt, pour obtenir une *combustion complète,* à employer le combustible sous forme de fragments de petites dimensions, afin que l'air admis pour faciliter la combustion puisse circuler librement autour d'eux et, en se divisant ainsi, puisse donner, par son mélange aussi intime que possible avec les gaz provenant de la combustion, une parfaite utilisation du combustible brûlé.

Cette condition d'emploi, très importante pour les combustibles solides et même liquides, l'est bien moins pour les combustibles gazeux. Ces derniers, en effet, du fait même de leur constitution, se combinent très facilement avec l'air sans avoir besoin d'être divisés.

Il importe, cependant, de n'admettre que la quantité d'air suffisante pour obtenir une combustion normale, car un excès de cet air pourrait refroidir le combustible en lui empruntant une partie de sa chaleur et, de ce fait, on obtiendrait un rendement *calorifique* bien moins avantageux.

La *puissance* ou *pouvoir calorifique* d'un combustible est la quantité de chaleur mesurée en calories que peut dégager, par sa combustion complète, 1 kilogramme de ce corps.

On peut donc dire que la qualité essentielle d'un combustible réside dans son grand *pouvoir calorifique.*

Le *pouvoir rayonnant* et le *pouvoir vaporisateur* caractérisent également les combustibles.

Le *pouvoir rayonnant* d'un combustible est la quantité de chaleur émise dans toutes les directions pendant la combustion complète, à l'air libre, d'un kilogramme de ce combustible.

Le *pouvoir vaporisateur* est mesuré par la quantité de vapeur que peut produire 1 kilogramme de combustible brûlant totalement à l'air libre.

Combustibles solides Les combustibles solides sont de deux sortes : ceux qui sont employés dans leur état naturel et ceux auxquels on fait subir, avant leur emploi, une préparation.

Parmi les premiers, qui sont appelés *combustibles naturels*, nous citerons les *bois, la paille, les plantes sèches*, la *tourbe* qui est produite par la décomposition, dans la vase des marais, des végétaux qui y sont accumulés, *les lignites* qui sont aussi le résultat d'une décomposition plus avancée de végétaux, et enfin *les houilles* provenant d'une décomposition beaucoup plus ancienne.

Parmi les seconds, qui se nomment *combustibles artificiels*, se trouvent les charbons de bois et de tourbe qui sont le résultat de la combustion lente et incomplète, faite à l'abri de l'air, du bois et de la tourbe, *le coke* qui est le résidu qu'on trouve au fond des cornues dans lesquelles on a, sans laisser pénétrer l'air, distillé la houille pour en extraire surtout le gaz d'éclairage. Il y a enfin les *agglomérés* de houille ou *briquettes,* qui sont constitués par les menues poussières de charbon qui, après avoir été lavées, sont portées à une haute température et soumises à une pression considérable, formant après refroidissement un bloc compact. Il est quelquefois nécessaire d'employer comme *agglutinant,* c'est-à-dire comme matière liante, soit de l'argile soit du brai.

Le brai, qui est obtenu par la distillation du goudron de houille, est un très bon *agglutinant,* et étant lui-même bien combustible, donne peu de résidus, tandis que l'argile produit beaucoup de cendres qui peuvent nuire à la marche convenable de la combustion.

Houilles La houille, qui est le combustible par excellence se rencontre en espèces variées possédant des propriétés différentes.

Sa puissance calorifique peut varier de 8.000 à 9.500 calories et elle contient du carbone, de l'hydrogène, de l'oxygène et un peu d'azote. Les proportions de ces différents corps varient suivant la qualité de la houille et donnent lieu à la *houille grasse,* la *houille maigre,* la *houille sèche, l'anthracite.*

La *houille grasse à longue flamme,* sous l'effet de la chaleur, fond, devient collante et empêche la circulation de l'air à travers sa masse. Elle n'est pas, pour cette raison, et quoique ayant une puissance calorifique pouvant atteindre 8.500 calories par kilogramme, employée pour le chauffage des chaudières.

La *houille grasse à courte flamme,* qui peut donner 9.000 calories, se prête, au contraire, très bien à cet emploi; elle provient surtout de Cardiff (Angleterre) et de Charleroi (Belgique).

La *houille maigre* et l'*anthracite,* dont les puissances calorifiques atteignent près de 9.000 calories, brûlent difficilement, s'effritent sous l'action du feu et se divisent en menues parcelles qui, passant par les grilles du foyer, sont inutilisées dans la combustion.

La *houille sèche à longue flamme* est dure, peu sujette à s'effriter; elle donne, en brûlant, 8.000 calories environ, et dégage beaucoup de gaz; elle est employée pour le chauffage des chaudières, surtout lorsqu'on veut réduire la surface des grilles du foyer.

La combustion de la houille laisse, comme résidus, les cendres et le *mâchefer.* Le *mâchefer* est produit par la haute température du foyer agissant sur les cendres. Il se forme un silicate de fer qui coule sur les grilles, peut même les fondre, et qui, en tous cas, nuit à l'accès de l'air dans le foyer.

Quand la combustion de la houille n'est pas assez vive ou que pour tout autre motif, elle est imparfaite, il se produit de la *fumée.* On a construit un grand nombre d'appareils ayant pour but de faire disparaître ou de brûler les fumées, mais il ne semble pas qu'on ait réussi à résoudre d'une façon tout à fait satisfaisante le problème.

Aussi, dans certaines circonstances, impose-t-on, comme combustible, le *coke,* qui, étant par sa fabrication même débarrassé de tous les gaz, brûle sans fumée.

C'est pour cette raison que les bateaux parisiens, par exemple, qui font quotidiennement la traversée de Paris, ne brûlent que du coke.

Combustible liquide

Les *combustibles liquides* employés pour le chauffage des chaudières sont : d'abord l'*huile de pétrole,* qui est un liquide obtenu en raffinant les différents pétroles que l'on trouve en Amérique, en Russie et en Roumanie. La puissance calorifique de l'huile de pétrole est considérable : 10.500 à 12.000 calories environ par kilogramme.

On emploie aussi le *goudron de houille* et l'*huile minérale lourde,* qui proviennent de la distillation que l'on fait subir à la houille en vase clos, pour obtenir le gaz d'éclairage.

On a surtout essayé d'utiliser les combustibles liquides pour le chauffage des chaudières de navires. Dans la marine militaire, principalement, des essais très intéressants sont faits, actuellement, pour réaliser d'une façon tout à fait pratique le chauffage au pétrole. On conçoit de quelle haute utilité serait une mise au point parfaite de ce système de chauffage, au point de vue de l'élargissement considérable du rayon d'action des navires de guerre.

Combustibles gazeux

Les *combustibles gazeux,* qui ont, sur tous les autres, le grand avantage de pouvoir se combiner d'une façon parfaite avec l'oxygène de l'air, comprennent : le *gaz d'éclairage,* le *gaz des hauts fourneaux,* le gaz produit par les fours gazogènes, appelé aussi *gaz pauvre.*

Le *gaz d'éclairage* s'obtient, comme nous l'avons déjà dit, en distillant la houille à l'abri de l'air; c'est un combustible d'un emploi facile, s'allumant très rapidement et pouvant produire en brûlant 5.200 calories par mètre cube. Le grand inconvénient de ce combustible est son prix de revient relativement élevé.

Le *gaz des hauts fourneaux* est produit

pendant que s'opère la transformation, en fonte, du minerai de fer qu'on a introduit dans les hauts fourneaux en le mélangeant avec du charbon. Ce gaz est recueilli à la sortie des fours et peut donner de 900 à 1.000 calories par mètre cube.

Le *gaz pauvre* est le produit de la distillation dans un appareil spécial, appelé *gazogène,* d'un combustible solide tel que houille, bois, coke. On obtient ainsi une meilleure utilisation de ce combustible par le mélange plus facile du gaz qu'il distille avec l'oxygène contenu dans l'air.

On rend cette distillation plus facile en faisant traverser la masse du corps à distiller, soit par de l'air, soit par de la vapeur d'eau; on obtient ainsi le *gaz à l'air* ou le *gaz à l'eau.* Le premier a une puissance calorifique qui varie, suivant le combustible employé, de 1.000 à 1.200 calories par mètre cube de gaz, et le second de 1.500 à 3.000.

Les foyers employés pour utiliser les divers combustibles que nous venons d'énumérer, diffèrent, on le conçoit, suivant l'état et la qualité de ces combustibles.

Pour les combustibles solides et, en particulier, pour la houille, il faut porter la plus grande attention à la conduite du feu.

On peut indifféremment obtenir une bonne combustion en brûlant, dans le même foyer, de la houille répandue en couches d'épaisseurs différentes, mais il faut faire varier le tirage pour obtenir le même résultat.

En effet, une couche mince de combustible permet une pénétration plus facile de l'air dans la masse; d'autre part, elle nécessite un rechargement plus fréquent et il faut demander au chauffeur une grande habileté pour ne pas laisser *tomber le feu.* Quand on chauffe avec une épaisseur plus grande de combustible, la conduite du feu est plus facile, mais il faut donner un tirage plus actif, capable d'introduire dans le foyer, malgré l'épaisseur de houille, la quantité d'oxygène nécessaire à l'obtention d'une combustion convenable.

Pour concilier, dans certaines installations de chaudières, la nécessité d'obtenir une combustion très active avec le peu de place dont on dispose pour l'établissement des foyers et le peu de hauteur que l'on peut donner aux cheminées, on utilise le *tirage artificiel* ou *tirage forcé.* Ce tirage est obtenu à l'aide d'appareils spéciaux dont nous parlerons plus loin, appelés *injecteurs* et *ventilateurs.*

Les *injecteurs* sont très employés dans les chaudières de locomotives, dont la cheminée ne peut jamais atteindre une grande hauteur, et dans les chaudières de machines marines, dont les dimensions doivent toujours être réduites le plus possible.

CHAPITRE VIII

FOYERS : FOYER EXTÉRIEUR. — FOYER INTÉRIEUR. — GRILLES : WAGNER, POILLON KUDLICZ, MELDRUM. — GRILLE A AIR. — GRILLE A EAU. — FOYERS A AUTELS AVEC ADMISSION D'AIR : WILLIAMS, FLETCHER, DARCET, HINSTIN, PRIDEAUX. — FOYERS A FLAMME RENVERSÉE : DULAC, TEN-BRINK. — FOYER A GRILLE TOURNANTE. — FUMIVORE : ORVIS. — SOUFFLEUR BELLEVILLE. — FUMIVORE THIERRY. — FOYERS A CHARGEMENT AUTOMATIQUE. — FOYER A TRÉMIE. — FOYER A CYLINDRES BROYEURS. — FOYERS : DUMERY, DONNELEY. — FOYERS A CHARGEMENT ET A PROGRESSION AUTOMATIQUE : TAILFER, PROCTOR, MAC-DOUGALL, BABCOK ET WILCOX. — FOYER GODILLOT, KRAFT. — FOYERS A BOIS. — FOYERS A COMBUSTIBLES LIQUIDES : D'ALLEST. — FOYERS A COMBUSTIBLES GAZEUX : MULLER ET FICHET, SIEMENS. — FOYER A GAZ DE HAUTS FOURNEAUX. — TRANSMISSION DE LA CHALEUR. — RAYONNEMENT. — CONVECTION. — CONDUCTIBILITÉ. — CHEMINÉES.

Foyer

Examinons, maintenant, les différents foyers employés pour utiliser les divers combustibles dont nous venons de parler; nous commencerons par ceux dans lesquels on brûle les combustibles solides et plus spécialement la houille, qui est généralement très employée pour le chauffage des chaudières.

D'abord, comment est constitué un foyer?

Foyer extérieur

(Fig. 63). — Un foyer ordinaire se compose d'une chambre A maçonnée en briques réfractaires, dans laquelle se trouve disposée une série de barreaux B, ordinairement en fonte de fer, dont l'ensemble constitue *la grille*.

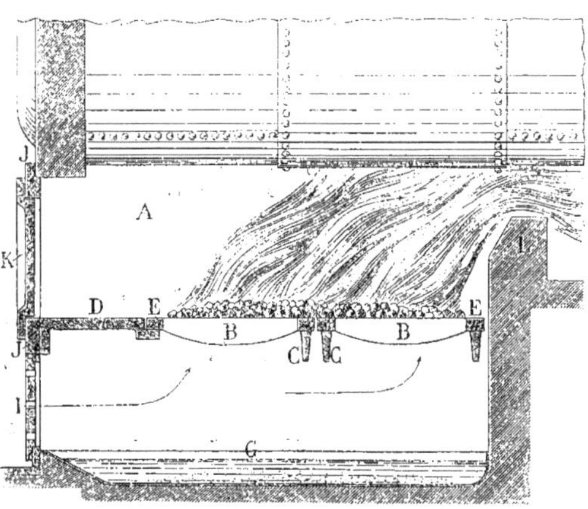

Fig. 63. — Foyer extérieur.

Ces barreaux sont supportés par des traverses C appelées *sommiers* reposant sur les parois maçonnées du foyer et à leur extrémité avant, par une plaque horizontale en fonte D, appelée *sole*.

Les barreaux sont terminés par une partie plus épaisse E, nommée *talon* qui permet de réserver entre eux, quand ils sont côte à côte, un espace vide F (fig. 64) par lequel l'air, qui est appelé du dessous de la grille, peut pénétrer à travers la masse du combustible et faciliter la combustion. Cet intervalle permet aussi aux résidus de tomber dans le cendrier G. Celui-ci est également maçonné en briques réfractaires. Quelquefois, on le garnit d'une cuvette métallique dans laquelle on met de l'eau; les résidus qui tombent ainsi dans l'eau se refroidissent rapidement et n'affectent pas, par la chaleur rayonnée qu'ils pourraient dégager sans cela, le dessous de la grille.

De plus, une partie de l'eau de la cuvette se transforme en vapeur qui, sous l'action du tirage, traverse la grille et ne peut que faciliter l'activité de la combustion. C'est par la porte I du cendrier que l'on introduit généralement l'air extérieur nécessaire à la combustion. Cette porte est essentiellement mobile et doit permettre un réglage très étendu et facile de la quantité d'air que l'on veut admettre.

La sole D, qui supporte une des extrémités de la grille, fait corps avec un encadrement métallique J scellé dans la maçonnerie, dans lequel s'ouvre la porte K tournant soit autour de charnières horizontales, soit autour de charnières verticales. C'est par cette ouverture que l'on introduit le combustible sur la grille, en ayant bien soin de ne pas en mettre sur la sole D, qui constitue ainsi une garantie contre l'échauffement qui ne manquerait pas de se produire, sans cette protection, à l'avant du foyer, contre la porte, et même extérieurement par rayonnement.

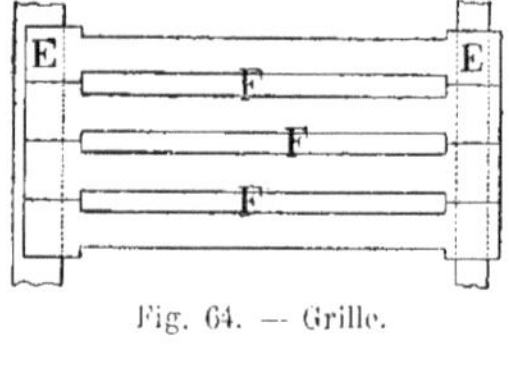

Fig. 64. — Grille.

On conçoit combien est importante cette particularité pour la conservation de la façade du foyer et pour la commodité du service des chauffeurs.

Pour atteindre le même but, on constitue souvent la porte du foyer avec deux plaques métalliques, distantes d'environ 5 centimètres l'une de l'autre, en laissant entre elles, une circulation d'air réglable à volonté.

La porte d'un foyer doit être maintenue bien fermée, pour éviter une rentrée intempestive d'air froid sur le combustible, et parer à la brusque ouverture qui pourrait se produire par suite d'un écoulement accidentel de l'eau de la chaudière sur le feu, par exemple, ou de toute autre cause qui provoquerait une production subite de vapeur dans le foyer ou même un retour de flammes.

Quand les charnières des portes sont placées verticalement, elles sont toutefois un peu inclinées de l'arrière vers l'avant, de façon que les portes puissent se fermer d'elles-mêmes sous l'action de leur propre poids. En outre, on assure leur fermeture, le plus généralement, par un loquet que doit obligatoirement manœuvrer le chauffeur pour ouvrir le foyer.

A l'arrière du foyer, la partie maçonnée est relevée de façon à maintenir le combustible, et la saillie L nécessitée de ce fait se nomme *autel*.

L'*autel* sert, de plus, par l'étranglement qu'il produit, à provoquer un brassage des gaz qui circulent au-dessus de lui et à favoriser ainsi la combustion.

Le foyer type que nous venons de décrire est appelé *foyer extérieur* parce qu'il est hors de la chaudière et complètement indépendant d'elle; mais il existe d'autres genres de foyer qui sont placés dans la chaudière elle-même et qui sont, pour cette raison, appelés *foyers intérieurs*.

Ces foyers sont constitués avec les mêmes organes que les foyers extérieurs.

Foyer intérieur (Fig. 65.) — Il se compose d'une porte de foyer A se prolongeant par une sole B, qui supporte l'extrémité des barreaux C constituant la grille. Le cendrier D possède une porte E par laquelle on règle l'admission de l'air au-dessous de la grille : mais dans ce genre de foyer, il est inutile de disposer dans le cendrier une cuvette métallique contenant de l'eau : la chaleur des résidus qui tombent est transmise à travers la paroi du cendrier à l'eau de la chaudière, qui se trouve en contact immédiat en dessous. On ménage également un autel F, qui, dans ce cas, est une plaque métallique garnie de briques réfractaires, continuée par une cloison G séparant le cendrier de la chambre de combustion H.

Les gaz chauds venant du foyer se rendent dans cette chambre et pénètrent ensuite dans les tubes I qui, traversant de bout en bout le générateur, sont entourés par l'eau qui y est contenue.

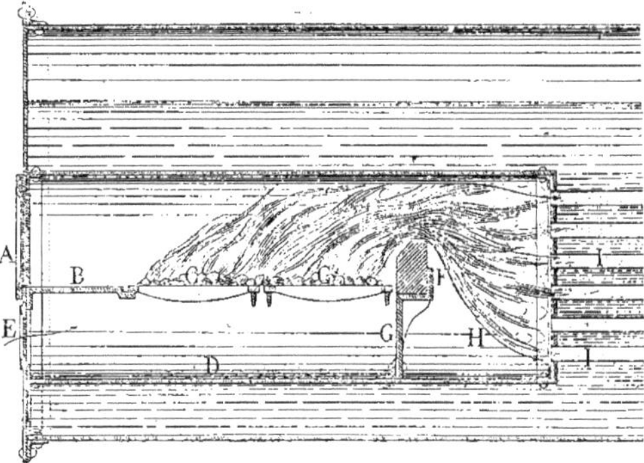

Fig. 65. — Foyer intérieur.

Ces tubes sont réunis aux cloisons de la chaudière par des joints capables de contenir l'eau intérieurement.

Il faut avoir le soin, dans la disposition de tous les foyers, de laisser à chaque extrémité des barreaux formant la grille un espace vide pour permettre leur libre dilatation sous l'action de la chaleur, évitant ainsi une déformation qui se produirait certainement, sans cette précaution, sur les parties fixes qui supportent ces barreaux.

La conduite d'un foyer alimenté avec de la houille, pour choisir le cas le plus généralement répandu, exige de la part des chauffeurs une grande habileté, et les expériences faites à ce sujet ne laissent aucun doute sur tout le soin qu'il faut apporter à la *chauffe* pour obtenir du combustible le rendement maximum en eau vaporisée.

A chaque instant, en effet, les conditions de la combustion varient dans un foyer. Lorsque la grille contient une couche de combustible d'épaisseur convenable et que l'admission de l'air est bien réglée par le tirage, la vaporisation se produit dans d'excellentes conditions ; mais le combustible diminue en se consumant, et l'air introduit ne variant pas, devient donc trop important par rapport aux gaz produits. Il faut recharger la grille avec du combustible frais.

Pour faire cette opération, comme il est indispensable d'ouvrir la porte du foyer, on laisse ainsi pénétrer l'air froid pendant le chargement.

On a le soin alors pour limiter le plus possible cette rentrée qui aurait pour effet de refroidir sensiblement le foyer, de baisser le registre qui régularise le tirage.

Cette fermeture se fait même le plus souvent automatiquement, par l'intermédiaire d'une chaîne qui, lorsque la porte du foyer s'ouvre, provoque, à la partie postérieure de la chaudière, au pied de la cheminée, la descente du registre qui limite ainsi la sortie des gaz.

Les chargements devraient se faire le plus souvent possible, en ne mettant chaque fois qu'une petite quantité de combustible. On éviterait ainsi dans le foyer des variations trop brusques de température, car le combustible neuf, jeté en quantité trop considérable, met un temps assez long pour brûler. Pendant ce temps, il distille des gaz qui, pour n'être pas perdus, doivent être brûlés par le combustible incandescent, lequel doit toujours rester dans le foyer en quantité suffisante.

Le combustible est égalisé sur la surface de la grille au moyen de barres de fer coudées à une extrémité en forme de crochets, et la grille est nettoyée à l'aide de tiges aplaties à un bout et appelées *ringards*.

Lorsque, pendant la combustion, les cendres et autres résidus entrent en fusion, ils coulent, en traversant le combustible, jusqu'à la grille, où ils se solidifient au contact de l'air froid. C'est, avons-nous dit, le *mâchefer*, qui tend à se loger dans les espaces vides ménagés entre les barreaux pour laisser pénétrer l'air. Il est donc de toute importance de se débarrasser de temps en temps du *mâchefer*.

Pour cela, il faut rassembler tout le combustible incandescent sur une moitié de la surface de la grille à l'aide du *ringard*, et dans la partie restée libre, on enlève, avec le même outil, le *mâchefer* qui se trouve entre les barreaux, en le cassant et en le soulevant. On ramène ensuite le combustible sur la moitié de la grille ainsi nettoyée, et on peut alors enlever, de la même façon, sur l'autre partie de la grille, le *mâchefer* qui est entre les barreaux. On étend enfin régulièrement le combustible sur toute la surface de la grille, et la combustion se continue, dès lors, dans de bonnes conditions.

Ce *décrassage*, ainsi se nomme cette opération, nécessite toujours un certain temps, quoique l'habileté du chauffeur intervienne là, encore, pour le rendre le plus bref possible

Il faut donc, comme pour le chargement, avoir soin de diminuer le tirage, mais toutefois, il convient de ne pas le supprimer complètement, pour éviter que la flamme soit, par un remous d'air, refoulée vers la porte du foyer, ce qui pourrait occasionner un accident.

La conformation de la grille et l'assemblage des barreaux entre eux jouent un rôle prépondérant dans la constitution d'un foyer. Aussi de nombreux constructeurs ont-ils apporté à cet organe d'importants perfectionnements, afin de réaliser la combustion la meilleure, en facilitant la répartition uniforme de l'air dans le combustible, en rendant plus aisés l'enlèvement du mâchefer, la chute des résidus dans le cendrier, et en donnant aux barreaux une forme qui leur permette de se refroidir suffisamment au contact de l'air admis dans le foyer.

Parmi ces nombreuses variétés de grilles nous citerons les grilles Wagner, Poillon, Kudlicz, Meldrum.

Grille Wagner (Fig. 66 et 67.) La *grille Wagner* est formée par un assem-

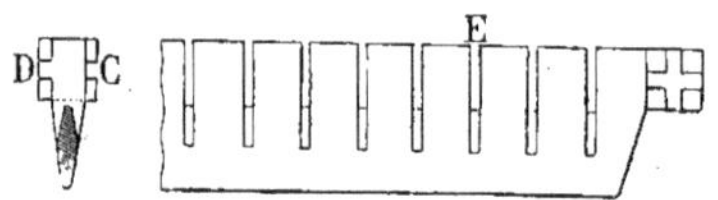

Fig. 66. — Grille Wagner.
Coupe transversale et élévation.

blage de barreaux A, B, etc., ayant une section en forme de tronc de pyramide (fig. 66). Dans ces barreaux sont pratiquées transversalement une série de fentes E, qui n'intéressent que la moitié de leur hauteur, et

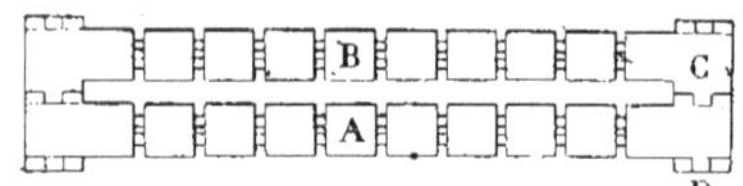

Fig. 67. — Grille Wagner. Vue en plan.

qui se terminent par deux plans inclinés disposés un de chaque côté de l'axe du barreau. A leurs extrémités ces barreaux portent d'un côté une double mortaise C et de l'autre un double tenon D de même forme.

Quand on place deux barreaux A et B, côte à côte, le double tenon de l'un pénètre dans la double mortaise de l'autre, ce qui a pour résultat de former un assemblage invariable. Si on juxtapose ainsi un certain nombre de barreaux, on constitue la grille Wagner.

Cette grille a l'avantage de diviser l'air qui pénètre à travers le combustible, permettant ainsi l'emploi des menus de houille, mais il faut bien veiller à ce que les résidus ne bouchent pas les espaces libres.

L'économie résultant de l'utilisation des poussières de houille, escarbilles et, en général, de tous les menus combustibles qui, étant de qualité médiocre, sont, par ce fait, vendus à très bas prix, a nécessité la construction de grilles spéciales pour cet usage.

Fig. 69. — Foyer Poillon.

Grille Poillon (Fig. 68 et 69.) La *grille Poillon*, construite à Amiens, en est une.

Elle est constituée par une plaque de fonte dans laquelle on a ménagé des fentes A qui sont inclinées par rapport à sa surface et qui, de plus, ont des directions différentes. Cette disposition qui rappelle assez la forme d'une persienne, l'a fait appeler *grille à lames de persiennes.*

La première série de lames composant la grille, placée du côté de la porte du foyer, possède une inclinaison qui dirige la flamme vers l'arrière du foyer, tandis que la seconde série de lames, qui se trouve

Fig. 68. — Grille Poillon.

du côté de l'autel, possède une inclinaison opposée, qui dirige, par conséquent, la flamme vers la porte du foyer.

Cette ingénieuse combinaison a un double avantage. Elle permet d'abord la préservation des tôles des *coups de feu*, car, dans le cas où la grille se trouverait momentanément dégarnie de combustible sur une de ses parties, les jets de flammes seraient dirigés obliquement par rapport aux parois des chaudières, ce qui diminuerait les risques de détériorations qui ne manqueraient pas de se produire sous l'action répétée de jets de flammes dirigés verticalement.

Le second avantage consiste dans le brassage des gaz qui s'opère par suite de la rencontre des jets dirigés dans des sens opposés. Ce brassage facilite l'obtention d'une combustion complète dans le foyer, dont la conséquence est une économie de combustible. L'espace vide à la surface de la grille est très réduit, pour que les menus combustibles puissent s'y maintenir, mais il est indispensable d'introduire d'une façon toute spéciale l'air nécessaire à la combustion à travers la masse du combustible.

A cet effet, le cendrier ne communique avec l'extérieur (fig. 69) que par un ou plusieurs tubes C, dans chacun desquels est disposé un ajutage *souffleur de vapeur* S.

L'insufflation de vapeur est réglée par la manœuvre d'une valve V.

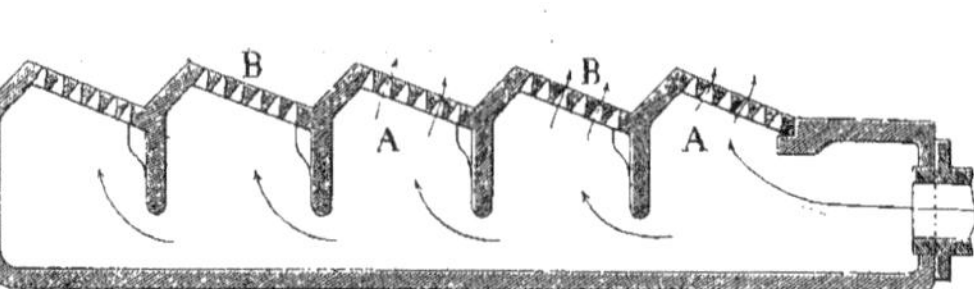

Fig. 71. — Grille Kudlicz.

La vapeur sortant de l'ajutage avec une grande vitesse provoque une dépression dans le tube C et par conséquent un appel d'air de l'extérieur vers l'intérieur.

Cet air, mélangé à la vapeur, est *soufflé* sous la grille, avec une pression que l'on règle par la valve V, et contribue à régulariser la combustion.

Fig. 72. — Foyer Kudlicz.

Grille Kudlicz (Fig. 70, 71 et 72.) La grille *Kudlicz*, qui est fabriquée en France par M. Donders, de Nancy, est également utilisée pour brûler les menus combustibles.

Elle est formée par une série de plaques de fonte A, percées d'une grande quantité

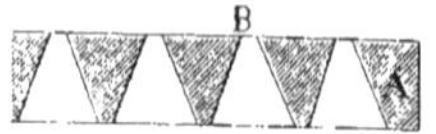

Fig. 70. — Plaque de grille Kudlicz.

de trous B dont le diamètre à la surface supérieure de la grille est très petit et va en s'agrandissant et en s'évasant, en dessous, pour faciliter la chute des résidus et l'insufflation de l'air. Chacune de ces plaques forme la paroi supérieure d'une sorte de caisson, dans lequel, comme dans la grille précédente, on injecte de l'air à forte pression.

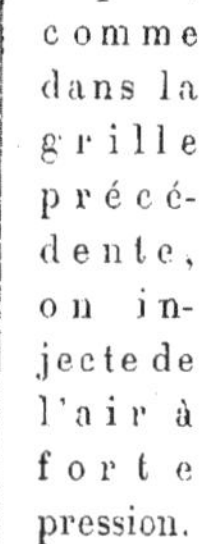

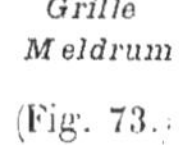

Grille Meldrum (Fig. 73.) La *grille Meldrum* qui permet aussi l'utilisation des *combustibles pauvres*, est constituée, comme la grille ordinaire, par une série de barreaux A accotés les uns aux autres; mais ces barreaux, qui ont une section triangulaire, sont inclinés dans le même sens par rapport à leur face supérieure et ne laissent entre eux qu'un espace vide très res-

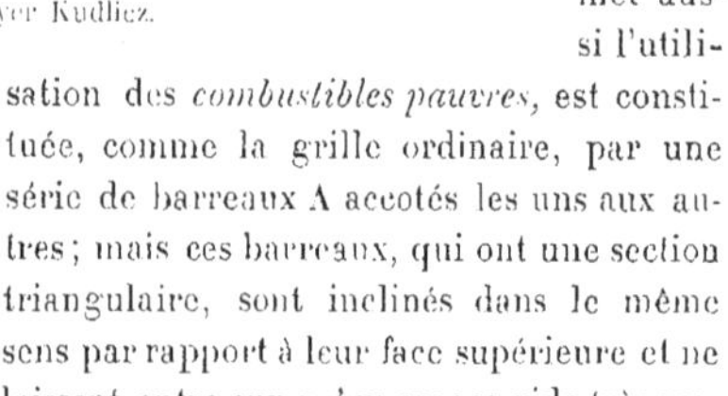

treint, B, ce qui nécessite, comme dans les grilles précédentes, l'emploi d'injecteurs spéciaux pour réaliser une combustion convenable.

Il n'est pas de formes et de combinaisons

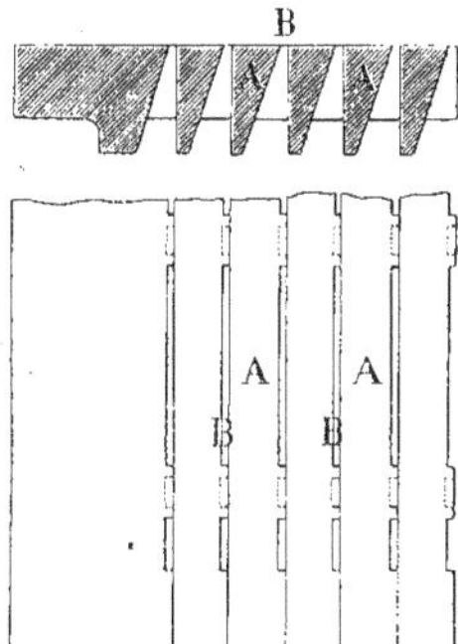

Fig. 73. Grille Meldrum.

de barreaux que l'on n'ait essayées pour résoudre ce difficile problème : combustion très active et très économique. Aussi convient-il de citer encore deux catégories tout à fait spéciales de grilles, qui montrent toute l'ingéniosité qu'ont déployée les nombreux constructeurs pour atteindre ce double but.

Grille à air (Fig. 74 et 75.) La première, appelée *grille à air*, est composée de barreaux A affectant la forme de

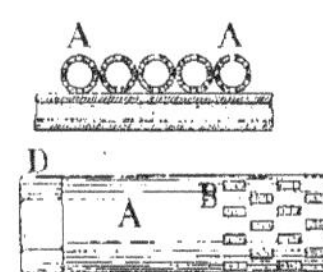

Fig. 74. — Barreaux de grille à air.

tubes cylindriques en fonte, sur le pourtour desquels sont percées de nombreuses ouvertures B. Ces cylindres sont placés les uns contre les autres et reposent sur des traverses C, qui ne sont autre chose que des tuyaux en fonte fixés à la partie maçonnée du foyer.

Les barreaux débordent du bloc de maçonnerie et peuvent recevoir un mouvement de rotation au moyen d'un clef qui s'adapte à leur extrémité extérieure D. L'air appelé pénètre dans les barreaux, et par les ouvertures B s'introduit dans la masse du combustible. Lorsque les ouvertures en contact avec le combustible sont obstruées, on fait tourner les barreaux, ce qui permet, tout en présentant une série de trous tout à fait

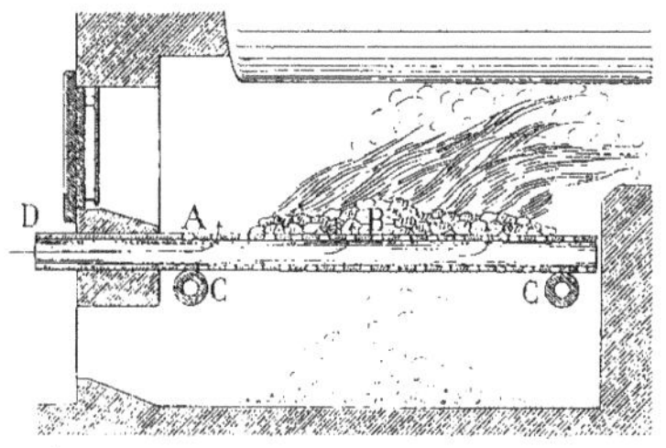

Fig. 75. — Foyer avec grille à air.

libres, de nettoyer les autres par le dessous. En outre, la partie du barreau qui était soumise à l'action de la flamme se refroidit, ce qui facilite sa conservation.

Grille à eau La seconde catégorie de grilles spéciales est la *grille à eau.* Elle a surtout pour but de remédier à l'échauffement des barreaux et à leur détérioration relativement rapide sous l'action continue de la vive chaleur dégagée par une combustion active. A cet effet, elle est constituée par des barreaux ayant la forme de tubes métalliques dans lesquels on fait circuler l'eau de la chaudière. On conçoit que ces barreaux sont, pour cette raison, constamment refroidis et que la chaleur qu'ils abandonnent est utilisée pour réchauffer l'eau de circulation qui retourne à la chaudière. On trouvera plus loin la description d'une grille à eau utilisée dans le *foyer à flamme renversée* (fig. 84 et 85).

En dehors des importants perfectionnements apportés aux grilles pour obtenir le résultat pratique le meilleur, les constructeurs se sont aussi préoccupés des autres organes constituant le foyer et ont présenté de nombreuses dispositions ayant toujours pour but de réaliser la combustion complète au prix le plus réduit, en s'attachant plus spécialement à brûler les gaz que contient la fumée.

Nous allons, parmi tous ces systèmes, décrire quelques types des plus intéressants et des plus employés.

Les foyers *Williams*, *Fletcher*, *Darcet*, *Hinstin* sont caractérisés par une introduction d'air dans le foyer faite par la partie arrière, en ménageant pour cela les conduits convenables dans l'autel.

On les appelle *foyers à autels avec admission d'air*.

Foyer Williams

(Fig. 76.) Le foyer *Williams* possède, en arrière de l'autel, une capacité A, dans laquelle un tuyau B apporte de l'extérieur une certaine quantité d'air qui est mesurée par le jeu d'un registre se trouvant à une des extrémités du tuyau.

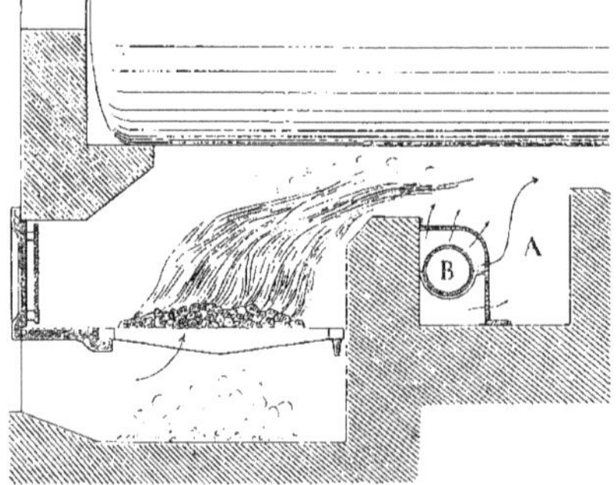

Fig. 76. — Foyer Williams.

L'extrémité qui débouche dans la capacité A est enfermée dans un caisson métallique dont les parois sont percées d'un grand nombre de trous. L'air se répand donc en arrière de l'autel, se mélange avec les gaz contenus dans la fumée et tend à achever leur combustion.

Quand on vient de charger le foyer de combustible frais, il convient d'ouvrir le registre placé en bout du tuyau d'admission d'air B, mais il faut le fermer aussitôt que la fumée a été absorbée, sinon l'air ainsi admis en trop grande quantité exercerait sur la combustion une influence défavorable en abaissant la température des gaz.

Foyer Fletcher

(Fig. 77.) Dans le *foyer Fletcher*, l'air destiné à brûler la fumée vient, comme celui qui règle la combustion, de dessous la grille et passe à travers les trous d'une plaque métallique A pour pénétrer dans une chambre B située à l'arrière de l'autel. Dans cette chambre, une cloison C oblige les gaz à se brasser et à se mélanger intimement avec l'air.

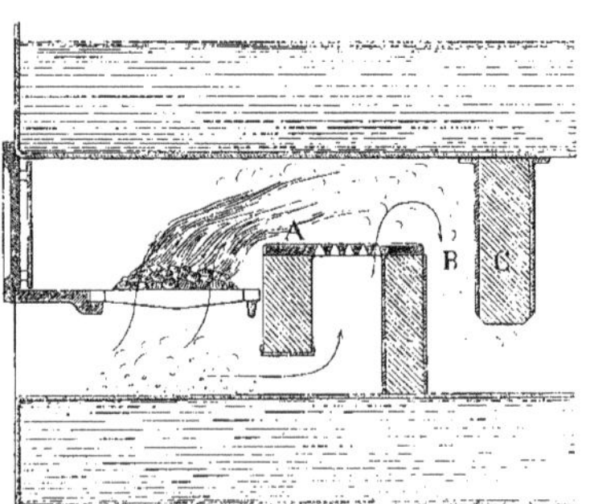

Fig. 77. — Foyer Fletcher.

Foyer Darcet

(Fig. 78.) Dans le *foyer Darcet*, l'air est introduit à l'arrière du foyer par un conduit A, partant de la partie postérieure du cendrier en traversant l'autel. L'admission de l'air dans ce conduit peut être réglée, à volonté, au moyen

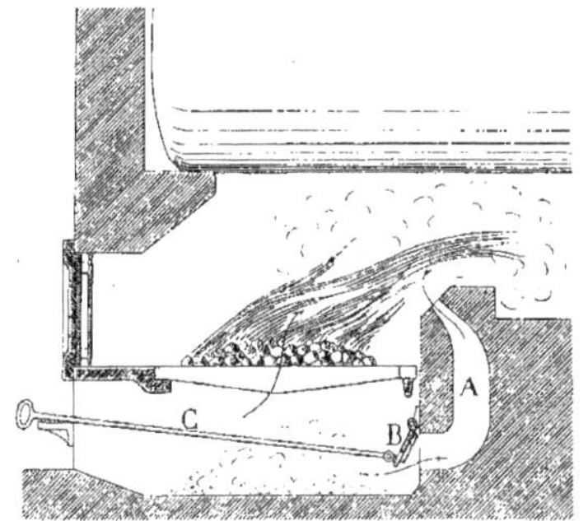

Fig. 78. — Foyer Darcet.

d'une vanne B manœuvrée de l'extérieur par une tige C.

Foyer Hinstin (Fig. 79.) Le *foyer Hinstin* a été établi, comme les précédents, pour pouvoir utiliser les gaz que contient la fumée. Il se compose d'une grille A et B divisée en deux parties par une voûte maçonnée C. Dans la partie avant, A, de la grille, on met le combustible frais dont les gaz, brassés par la présence de la voûte C, se brûlent sur le combustible incandescent qui se trouve sur la seconde partie B de la grille.

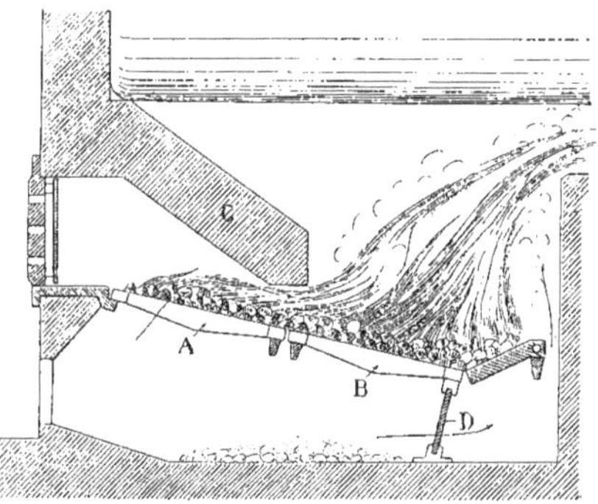

Fig. 79. — Foyer Hinstin.

A chaque chargement, il faut pousser, vers l'arrière de la grille, le combustible incandescent pour faire place, à l'avant, au combustible frais et obliger ainsi les gaz qu'il distille à se brûler avant d'arriver à la cheminée.

L'air destiné à réaliser la combustion est introduit, à la fois, en dessous de la grille par la porte du cendrier et en dessus par la porte du foyer qui possède des ouvertures réglables. En outre, par le fond du cendrier, l'air peut aussi pénétrer à l'arrière de la grille, en passant au travers d'une vanne D que l'on peut faire coulisser de l'extérieur. L'arrière de la grille est disposé pour pouvoir, lorsque les résidus se sont accumulés dans le fond, les faire tomber dans le cendrier.

Foyer Prideaux (Fig. 80.) Dans un autre système de foyer, le *foyer Prideaux*, on a conservé la disposition ordinaire en rendant simplement automatique l'admission d'air qui s'opère par la porte du foyer, car il est assez difficile d'obtenir d'un chauffeur le soin nécessaire pour découvrir les ouvertures d'admission d'air immédiatement après le chargement et les refermer progressivement, à mesure que la distillation des nouveaux gaz s'opère.

La porte du *foyer Prideaux* est munie de volets A qui, en se rabattant plus ou moins, permettent à une quantité d'air variable de s'introduire dans le foyer. Ces volets sont commandés par un levier B fixé à une tige C, reliée à un piston D. Au bout du levier est maintenu un contrepoids E. Le piston D se meut dans un cylindre F rempli d'huile et dont les deux extrémités communiquent par un tuyau G.

Sur ce tuyau est montée une vis H destinée à limiter sa section. Le piston porte un clapet I qui s'ouvre de haut en bas.

Quand on vient de refaire un chargement

de combustible sur la grille, on soulève, à la main, le levier B, ce qui provoque l'ouverture des volets A. En même temps, le piston est arrivé à la partie supérieure de sa course en laissant passer l'huile contenue dans le cylindre F du dessus au-dessous par l'ouverture du clapet I. On ferme alors la porte du foyer et le levier B, sollicité à descendre par le contrepoids E, s'abaisse progressivement en conduisant le piston D qui refoule, par le tuyau G, l'huile dans la partie supérieure du cylindre.

Les volets se ferment ainsi petit à petit.

On comprend que la durée de descente, et par conséquent le temps pendant lequel les volets restent ouverts, peut varier à volonté, en laissant, par l'intermédiaire de la vis H, un écoulement plus ou moins grand à l'huile contenue dans le cylindre.

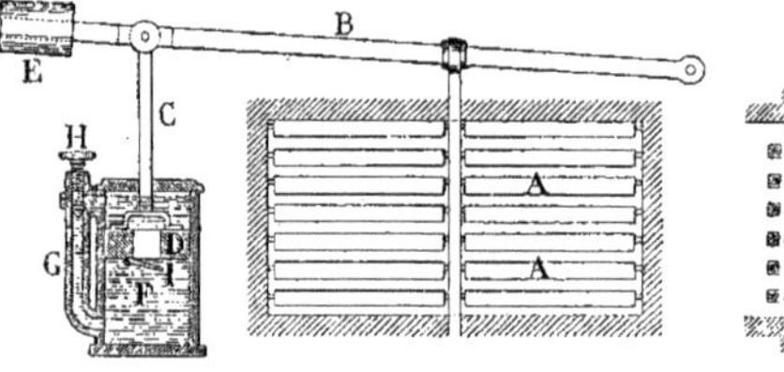

Fig. 80. — Foyer Prideaux, coupe longitudinale et transversale.

Un grand nombre de foyers ne possèdent aucune admission d'air ni par les portes des foyers ni par les autels, car il faut, dans ces deux cas, une attention soutenue dans la manœuvre des vannes d'admission, sinon on risque de nuire considérablement à la régularité de la combustion.

On s'est contenté, dans différents systèmes, d'obliger les gaz distillés, après chargement de combustible frais, à passer sur le combustible incandescent et à se brûler avant leur entrée dans la cheminée.

Parmi les foyers de cette sorte on peut citer les *foyers Dulac, Ten-Brink, à flamme renversée, à grille tournante.*

Foyer Dulac (Fig. 81.) Le *foyer Dulac* se compose d'une grille fortement inclinée A, qui permet au combustible de descendre par son propre poids et progressivement jusqu'au fond. Cette grille est formée avec des barreaux cylindriques et creux B, dans lesquels circule l'eau provenant de la chaudière.

Cette eau arrive dans un tube C qui constitue l'autel et qui la conduit par un tuyau latéral D dans les tubes de la grille. Elle retourne ensuite à la chaudière par un second tuyau latéral placé symétriquement au premier. La porte du foyer E présente la particularité d'affecter la forme d'une cuvette mobile autour d'un axe horizontal.

Pour opérer le chargement, on rabat cette porte en avant et on met le combustible dans la cuvette. On referme ensuite la porte jetant ainsi sur l'avant de la grille le chargement de combustible frais. Les gaz distillés sont forcés de passer sur le combustible incandescent qui est à la partie basse et comme, de plus, il y a en cet endroit du foyer une quantité importante d'air qui traverse facilement le combustible usé, ces gaz sont brûlés rapidement.

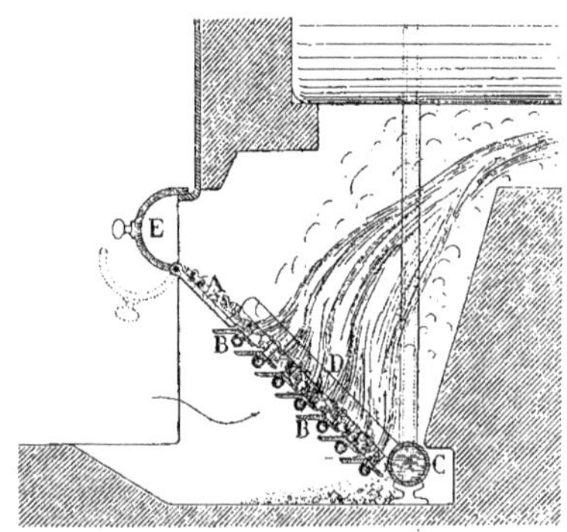

Fig. 81. — Foyer Dulac.

Foyer Ten-Brink (Fig. 82.) Dans le *foyer Ten-Brink*, la grille A est disposée de telle sorte que les gaz produits, après être passés sur la couche de combustible incandescent qui se trouve à la partie basse du foyer, sont forcés de remonter vers l'avant du foyer, en léchant la partie supé-

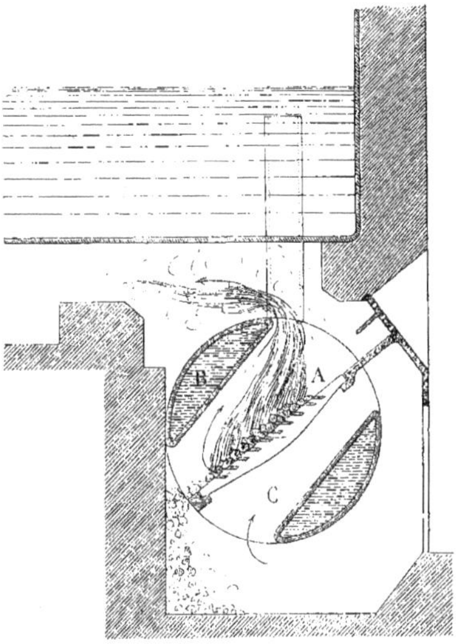

Fig. 82. — Foyer Ten-Brink.

rieure B. Cette paroi appartient à un réservoir cylindrique C. dans lequel est logé le foyer. Une communication établie entre ce réservoir et la chaudière permet à l'eau contenue dans celle-ci d'être constamment en contact avec les parois du foyer et, par conséquent, contribue à les refroidir.

Le *foyer Ten-Brink* est employé, sous la forme de foyer intérieur, dans les locomotives de la Compagnie des chemins de fer d'Orléans.

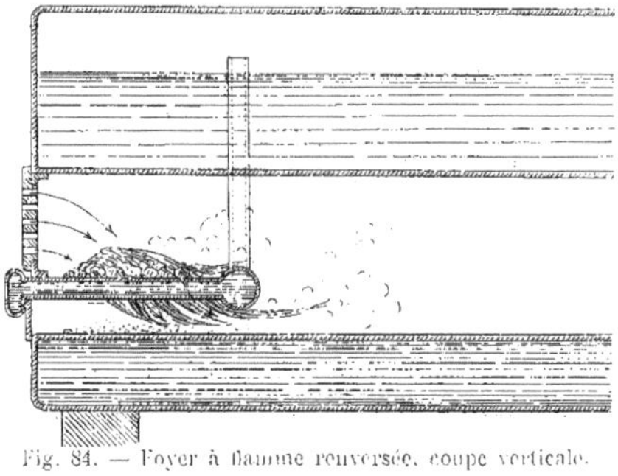

Fig. 84. — Foyer à flamme renversée, coupe verticale.

Le ciel du foyer est, dans ce cas, constitué par une capacité métallique plate A, qui est constamment remplie d'eau au moyen de conduits B communiquant avec la chaudière. Une disposition spéciale de la grille

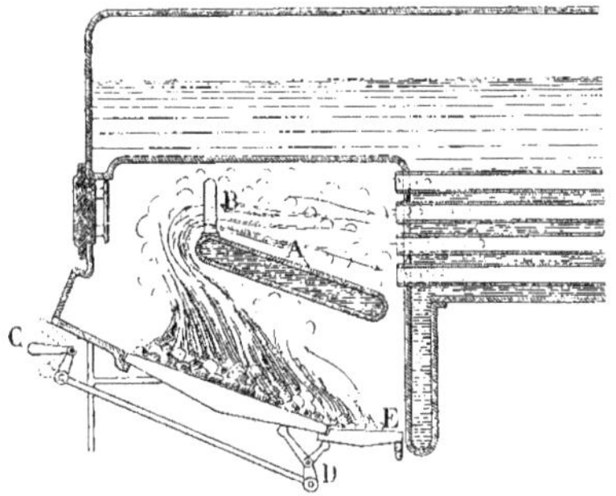

Fig. 83. — Foyer Ten-Brink de locomotive.

permet d'en manœuvrer, au moyen d'une manette extérieure C et d'un jeu de leviers D, la partie inférieure E pour extraire du foyer les résidus qui se sont accumulés dans le fond. Au cours de cette opération la grille qui supporte le combustible est maintenue relevée par l'action du même levier. Ce disjonctif empêche la chute du combustible pendant que l'arrière-grille est baissée.

Foyer à flamme renversée (Fig. 84-85). Le *foyer à flamme renversée* est construit de façon que les gaz distillés et les flammes produites soient obligés de traverser le combustible et la grille pour pouvoir s'échapper dans la cheminée. A cet effet, la porte du cendrier est, pendant la marche, rigoureusement close et l'air n'est admis que par la partie supérieure de la porte du foyer.

Cette disposition ayant l'inconvénient de porter les grilles à une température trop élevée pour leur bonne conservation, les barreaux et l'autel sont constitués par des tubes remplis d'eau provenant de la chaudière.

Fig. 85. — Foyer à flamme renversée, coupe horizontale.

Foyer à grille tournante

(Fig. 86.) Nous citerons encore un foyer assez curieux, appelé *foyer à grille tournante*, dont la grille A, qui a une forme circulaire, peut tourner, au moyen d'un mécanisme extérieur, autour de son centre.

Deux ouvertures, B et C, donnent accès à la grille. On charge par l'ouverture B sur la partie de la grille qui se présente en face. Les gaz sont obligés, pour gagner le conduit D, de passer sur l'autre partie de la grille où se trouve le combustible incandescent. Le mouvement de la grille qui doit être très lent et que l'on peut régler à volonté, suivant la combustion, permet de présenter successivement devant la porte B toutes les parties de la grille sur lesquelles le combustible est consumé, pour en remettre du nouveau. La seconde ouverture C sert à se rendre compte, à chaque instant, de l'état du combustible incandescent, état qui indique le réglage à opérer sur la vitesse de rotation de la grille.

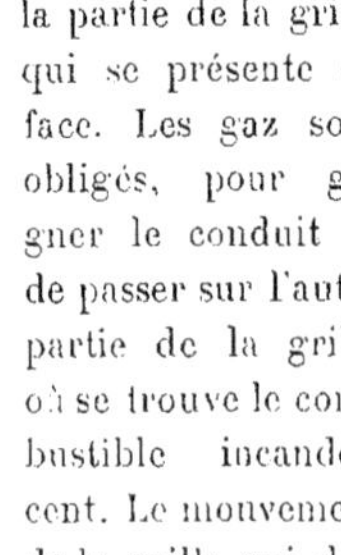

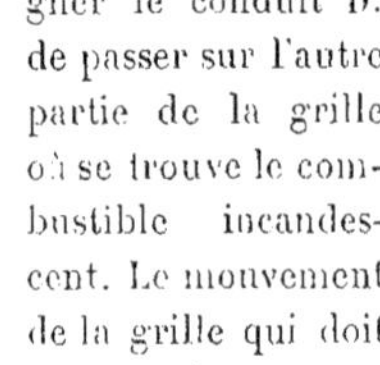

Fig. 86. — Foyer à grille tournante.

Les différentes sortes de foyers que nous venons d'examiner sont appelés *fumivores*, parce qu'ils ont été constitués avec la préoccupation de brûler les gaz contenus dans la fumée et, de ce fait, de la faire disparaître, ou du moins d'en atténuer l'importance, car il est bien difficile, malgré l'ingéniosité des dispositions employées, de pouvoir atteindre le résultat désiré.

C'est pour cette raison, que l'on a construit, indépendamment des foyers, des appareils spéciaux qui y sont adjoints afin de réaliser une *fumivorité* plus satisfaisante.

Ces appareils se nomment les *fumivores*.

Fumivore Orvis

(Fig. 87.) Le *fumivore Orvis* se compose d'un tube A dans lequel peut progresser, au moyen d'un filetage pratiqué sur une de ses parties, une tige B, terminée à une extrémité par une pointe conique C, et manœuvrée de l'autre, par un petit volant D. Ce tube débouche dans une capacité E et communique par le tuyau F avec la vapeur contenue dans la chaudière.

La capacité E communique d'une part avec l'air extérieur par le tuyau G, et d'autre part avec le foyer par le conduit H. Le fumivore est placé à l'extérieur du foyer, de façon toutefois que le conduit H débouche à l'intérieur, au-dessus du combustible.

Si, par le volant D, on recule la tige de façon que la pointe C laisse un espace libre au bout du tube A, la vapeur de la chaudière se précipite, par cette ouverture, dans le conduit H en produisant dans la capacité E une dépression énergique. Sous l'influence de cette dépression, l'air extérieur montant dans le conduit G est entraîné avec la vapeur dans le foyer par le tube H et, passant au-dessus du combustible, complète la combustion des gaz contenus dans la fumée.

On doit faire fonctionner le *fumivore* à chaque rechargement; mais il faut sitôt la fumée brûlée, fermer l'admission de la vapeur et ne plus utiliser l'appareil jusqu'au rechargement suivant.

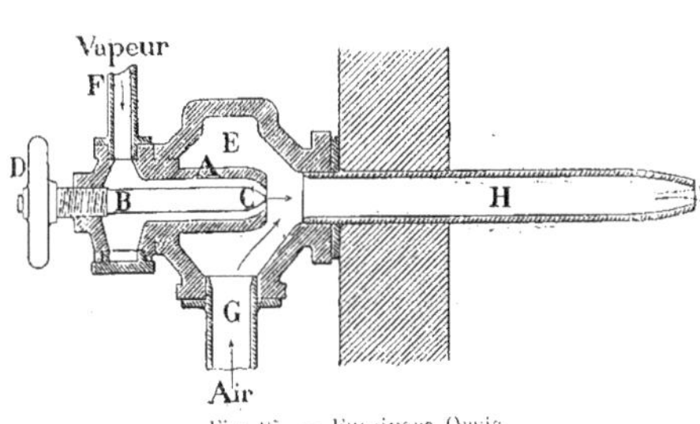

Fig. 87. — Fumivore Orvis.

Il est fort difficile d'obtenir des chauffeurs cette succession rationnelle des manœuvres. Aussi adapte-t-on souvent au fumivore un dispositif automatique dans le genre de celui que nous avons décrit dans le foyer Prideaux, qui provoque la fermeture de l'appareil au moment convenable.

Soufflеur Belleville (Fig. 88.) Le *soufflеur Belleville*, quoique n'étant pas basé sur le même principe, est néanmoins

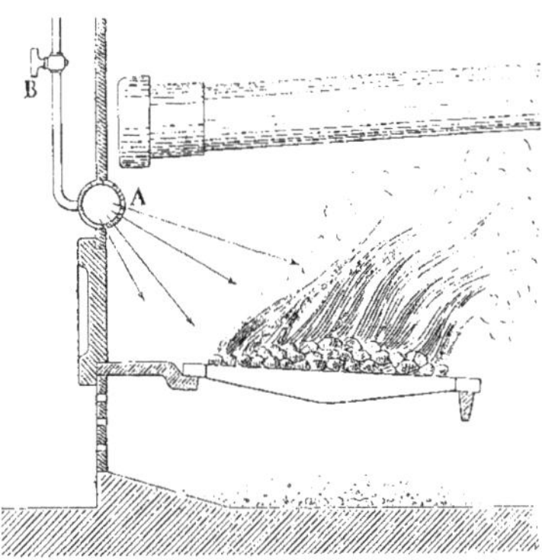

Fig. 88. — Soufflеur Belleville.

constitué pour atteindre le même but.

Il se compose simplement d'un tube A placé en travers du foyer au-dessus de la porte. Ce tube est percé d'une grande quantité de trous et peut communiquer, par la manœuvre d'un robinet B, avec la vapeur contenue dans la chaudière. Quand on veut faire fonctionner l'appareil, on ouvre le robinet B qui admet la vapeur de la chaudière dans le tube A. Cette vapeur s'échappe par tous les trous dans le foyer au-dessus du combustible et provoque une combustion plus active et un brassage énergique des gaz, qui réalisent ainsi la fumivorité.

Fumivore Thierry (Fig. 89.) Le *fumivore Thierry*, comme le *soufflеur Belleville*, jette au-dessus du combustible, de la vapeur provenant de la chaudière : mais, de plus, cette vapeur, avant de s'échapper, circule dans le foyer par les tubes A et B où

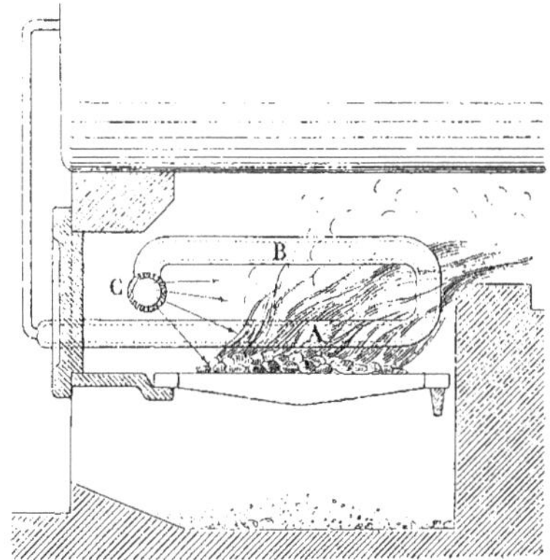

Fig. 89. — Fumivore Thierry.

elle se surchauffe et acquiert ainsi une tension plus considérable. Le tube C par lequel elle s'échappe dans le foyer, est placé complètement à l'intérieur de celui-ci.

Dans les fumivores précédents, le brassage des gaz et l'activité de la combustion permettent de supprimer la fumée en utilisant les gaz qu'elle contient.

Foyers à chargement automatique Les difficultés qu'éprouvent les chauffeurs à maintenir un feu constamment régulier, malgré la fatigue qu'ils doivent s'imposer pour opérer des chargements fréquents, ont conduit à la construction de *foyers à chargement automatique*.

En général, dans ce genre de foyers, le combustible frais mis en masse à l'avant, descend progressivement par son propre poids à mesure que le combustible précédemment admis se consume.

Cela nécessite forcément une inclinaison considérable de la grille, ce qui, dans le cas de foyers intérieurs, par exemple, n'est pas sans inconvénient. Il n'est donc pas surprenant qu'on ait ajouté au chargement automatique, l'avancement également automatique du combustible dans le foyer.

Ces dispositifs ont été réalisés dans plusieurs types récents de foyers que nous allons successivement examiner.

Parmi les foyers à simple *chargement automatiques* il convient de citer : le *foyer à trémie*, le *foyer à cylindres broyeurs*, le *foyer Duméry*, le *foyer Donneley*.

Foyer à trémie (Fig. 90.) Le *foyer à trémie* est un foyer ordinaire à grille plus inclinée, nécessitant de ce fait une section spéciale des barreaux qui la composent. A l'avant du foyer est disposée une trémie A, dont la porte B est horizontale et dans laquelle on accumule le combustible. Le poids de ce combustible le fait descendre petit à petit pendant que la combustion s'opère.

Si, pour une cause quelconque, le combustible ne descend pas régulièrement, le chauffeur doit faciliter son écoulement en

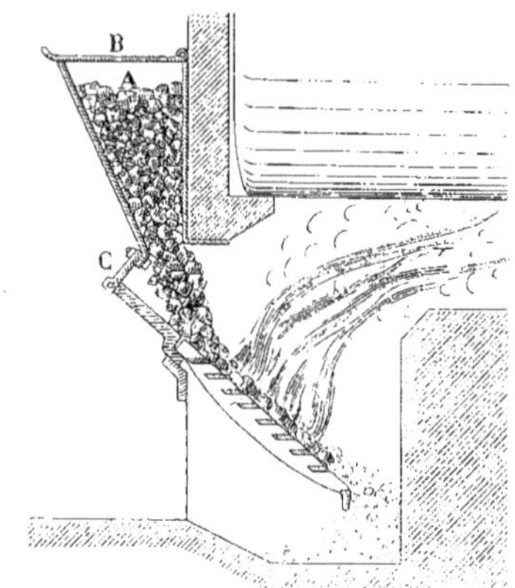

Fig. 90. — Foyer à trémie.

le remuant avec un ringard que l'on peut introduire par l'ouverture C.

Foyer à cylindres broyeurs (Fig. 91.) Quelquefois, on ajoute à la base de la trémie un train de *cylindres broyeurs* A, commandés de l'extérieur par des engrenages.

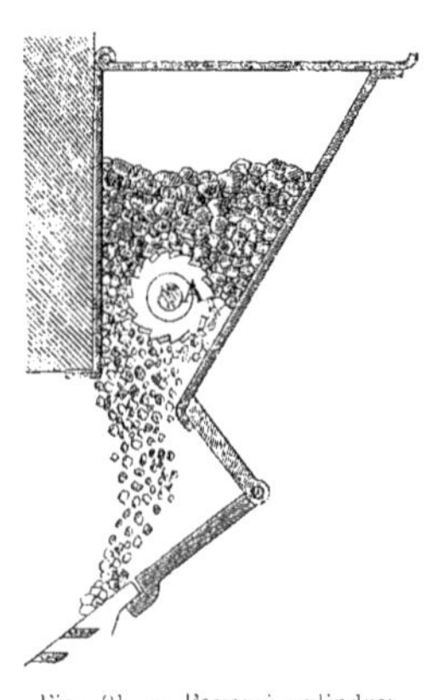

Fig. 91. — Foyer à cylindres broyeurs.

Le combustible pour s'écouler sur la grille est forcé de se réduire en morceaux de grosseur sensiblement uniforme, ce qui facilite sa progression sur la grille et peut éviter des accrochages dans lesquels le chauffeur est obligé d'intervenir.

Ces foyers sont appelés *foyers à cylindres broyeurs*, et parmi les plus employés sont les *foyers Payen* et les *foyers Whittaker*, qui ne diffèrent entre eux que par quelques dispositions de détail.

Foyer Duméry (Fig. 92.) Le *foyer Duméry* se compose d'une grille A à deux pentes, à laquelle on accède latéralement par deux ouvertures B et C. Chaque ouverture est fermée par un battant très lourd D, au-dessus duquel est placée une trémie E.

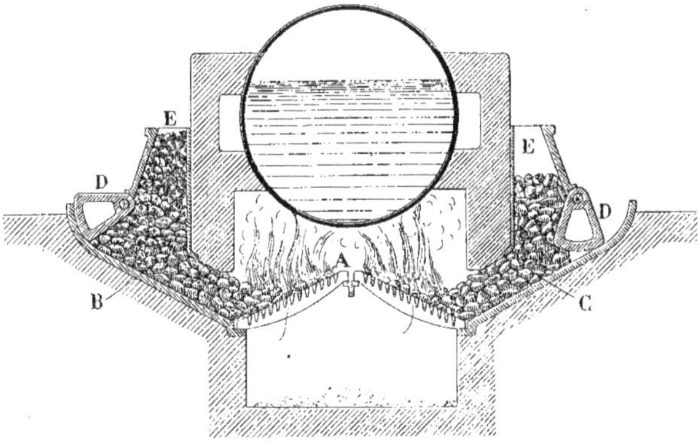

Fig. 92. – Foyer Duméry.

On charge le combustible, de chaque côté dans la trémie E, en maintenant les battants D relevés. Ensuite, on les laisse retomber. Par leur poids, ils poussent le combustible sur la grille à mesure qu'il se consume et l'obligent à avancer vers le milieu du foyer.

Foyer Donneley (Fig. 93.) Le *foyer Donneley* est un foyer à trémie dans lequel on a disposé une grille à circulation d'eau.

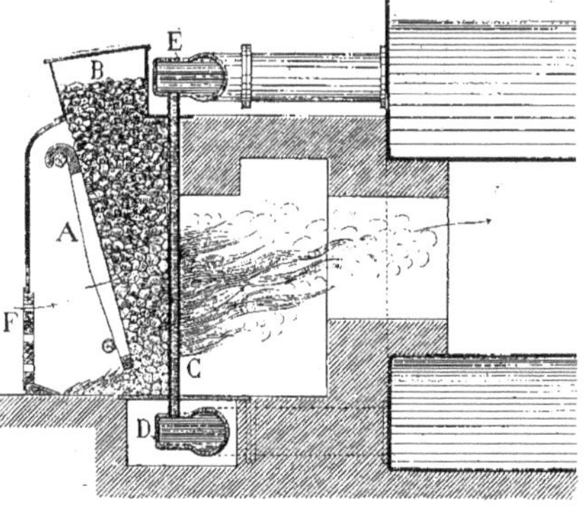

Fig. 93. – Foyer Donneley.

La grille A est très fortement inclinée et forme une des parois de la trémie B dans laquelle on charge le combustible. L'autre paroi est constituée par une série de tubes C, dans lesquels circule l'eau de la chaudière, amenée à la partie inférieure par un conduit D et y retournant par le collecteur E. Des ouvertures F pratiquées tout à l'avant permettent de surveiller la marche du feu, de décrasser la grille et de régler l'admission de l'air dans le foyer.

Foyers à chargement et à progression automatiques

Parmi les *foyers à chargement et à progression automatiques*, nous allons décrire : les foyers *Tailfer, Proctor, Mac-Dougall, Babcok et Wilcox.*

Foyer Tailfer (Fig. 94.) Le *foyer Tailfer* est constitué par une grille mobile A, formée de barreaux articulés B, présentant l'aspect d'une chaîne. Les barreaux B reposent sur des galets C et s'enroulent, à chaque extrémité du foyer, sur deux tambours, dont l'un D, celui d'avant, reçoit un mouvement de rotation d'un mécanisme extérieur et le communique à la grille tout entière. Celle-ci roule sur les galets et avance d'une quantité dépendante de la vitesse que lui communique le mécanisme de commande. Le combustible est chargé dans une trémie E et une vanne F, facilement manœuvrée à la main, règle son introduction sur la grille.

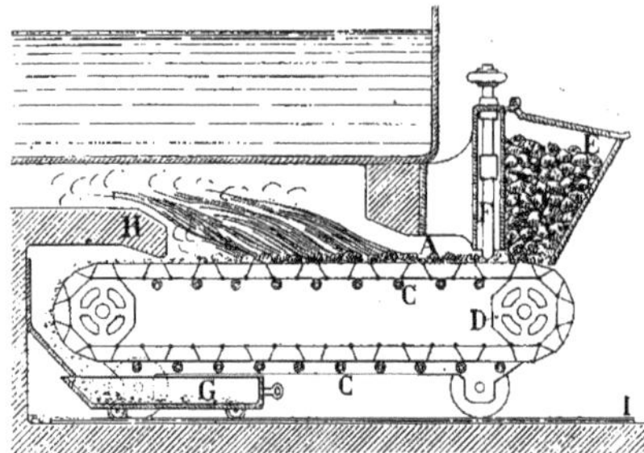

Fig. 94. — Foyer Tailfer.

Le chargement s'opère donc par l'avancement de la grille, et celle-ci progresse assez lentement pour que le combustible qui y est répandu puisse être totalement consumé quand il atteint l'extrémité arrière du foyer. A ce moment, il est entraîné, par la rotation de la grille, dans un chariot G qui sert de cendrier et que l'on peut facilement sortir vers l'avant pour le vider.

L'autel H, que l'on est forcé de rapprocher du combustible pour empêcher une rentrée d'air intempestive, est mis à l'abri d'une détérioration rapide par un dispositif permettant d'y faire circuler de l'eau froide.

L'ensemble de la grille, des galets et des tambours peut être très facilement sorti du foyer pour le nettoyage et l'entretien, car le tout constitue un chariot roulant sur des rails I.

Foyer Proctor (Fig. 95.) Dans le *foyer Proctor,* le chargement et l'avancement du combustible sont réalisés d'une façon différente. La grille A de ce foyer est peu inclinée vers l'arrière. A l'avant se trouve une trémie B où est accumulé le combustible.

Au-dessous de cette trémie sont disposées des plaques métalliques C horizontales, reliées à un levier DF articulé au point E, qui leur communique un mouvement alternatif de l'arrière à l'avant et réciproquement.

Le combustible de la trémie se répand sur ces plaques et quand celles-ci se retirent vers l'extérieur du foyer, le combustible, retenu à l'avant par le poids de celui qui est amassé dans la trémie, est obligé, manquant de soutien, de tomber sur la grille. Dans le mouvement inverse les plaques entraînent avec elles une nouvelle quantité de combustible, qui, à leur retour vers l'extérieur, sera de même jeté sur la surface de la grille.

Cette succession de mouvements représente assez bien le jet régulier dans le foyer, de petites pelletées de combustible.

Ce chargement automatique sur une grille presque horizontale nécessite, comme complément obligatoire, un avancement du combustible réalisé de même automatiquement.

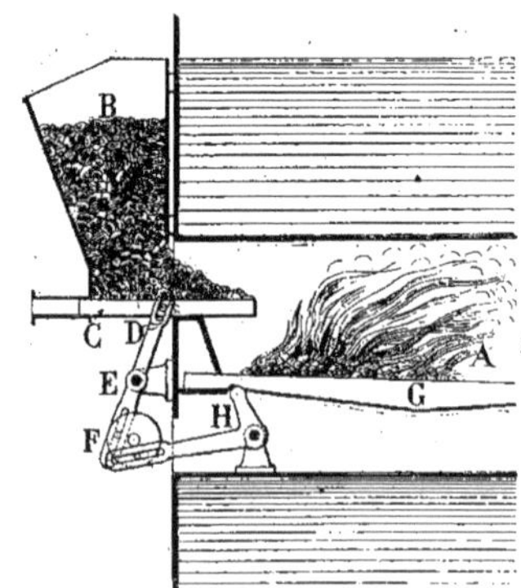

Fig. 95. — Foyer Proctor.

Pour cela, les barreaux sont disposés en deux séries intercalées; l'une est fixe, l'autre est mobile.

Les barreaux mobiles G sont articulés à leur extrémité antérieure avec des leviers H qui, dans leur mouvement oscillant, les soulèvent d'une petite quantité et les obligent à avancer vers le fond du foyer.

En outre, leur surface supérieure est légèrement en contre-bas de celle des barreaux fixes.

Le combustible, qui se trouve jeté automatiquement sur la grille, est d'abord soulevé de façon à ne reposer que sur les barreaux mobiles, puis est entraîné vers l'arrière du foyer par leur mouvement. A ce moment, les barreaux mobiles descendent et le reposent sur les barreaux fixes, qui le retiennent, pendant que les autres retournent vers l'avant du foyer chercher une nouvelle quantité de combustible à conduire à l'arrière.

Par une série d'oscillations répétées dont la fréquence est réglable par le mécanisme qui les provoque, on obtient un cheminement convenable de l'avant vers l'arrière.

Dans une disposition particulière du foyer Proctor, on a réalisé, au moyen d'un mécanisme très compliqué, la répartition du combustible sur la grille du foyer, de façon à atteindre un résultat tout à fait semblable à celui qu'obtient le chauffeur répandant par pelletées variées le charbon sur les différents points du foyer.

Le charbon est versé de la trémie dans un récipient situé à l'avant, dans lequel se meuvent toute une série de plaques articulées commandées par des ressorts. Ces plaques, sous l'action des ressorts auxquels on peut donner des tensions variables, projettent, en l'étalant, le combustible, plus ou moins loin sur la grille. L'accrochage des ressorts avant le lancement, est obtenu par une série de cames qui les compriment d'une quantité variable et que l'on peut régler. Le décrochage qui provoque la manœuvre des plaques de lancement, est réalisé de même automatiquement, par une série de galets qui relèvent les cliquets au moment déterminé par le réglage.

Foyer Mac-Dougall

(Fig. 96.) Dans le *foyer Mac-Dougall*, le chargement se fait aussi par l'intermédiaire d'une trémie A dans laquelle on verse le combustible en quantité, mais la plaque horizontale faisant fonction de pelle est remplacée ici par un poussoir B.

Ce poussoir est manœuvré par un levier C D E articulé en D, et dont le bras D E est à coulisse pour permettre le réglage. Ce levier est commandé par une bielle F, dont le tourillon de la tête inférieure est excentré par

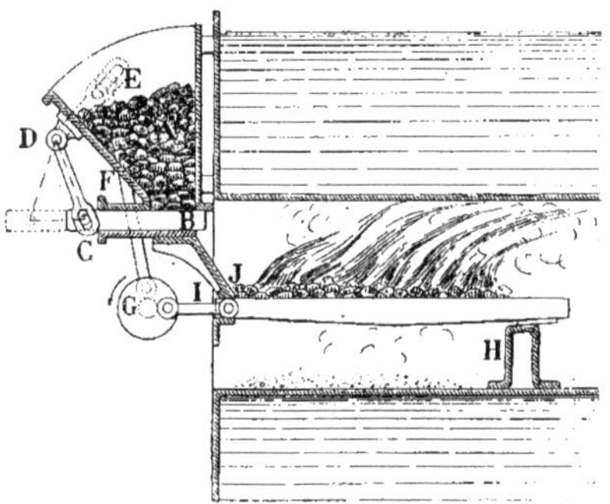

Fig. 96. — Foyer Mac Dougall.

rapport à l'axe G, qui reçoit le mouvement d'un mécanisme approprié.

Les barreaux des grilles reposent, vers le fond du foyer, sur un support métallique H, et vers l'avant, ils sont solidaires de petites bielles I dont un des tourillons tourne excentriquement autour de l'axe G.

Les barreaux sont alternativement poussés et ramenés par l'action des bielles I pendant la rotation de l'arbre G. Quand ils sont arrivés à leur course extrême vers l'arrière, le poussoir B jette sur eux une charge de combustible qui vient tomber en avant. Dans le mouvement des barreaux vers l'avant du foyer, le combustible frais est arrêté par la pièce J, obligeant ainsi le combustible incandescent qui le suit à progresser vers l'arrière de la grille.

Par suite d'une succession de mouvements semblables, réglés à la vitesse convenable, on obtient le chargement et l'avancement automatiques.

Foyer Babcock et Wilcox (Fig. 97.) *Le foyer Babcock et Wilcox* est constitué, comme le *foyer Tailfer,* par une grille articulée, laquelle repose sur une série de galets et s'enroule à chaque extrémité sur deux tambours ayant une forme polygonale, dont l'un lui communique le mouvement : l'autre est muni d'un dispositif permettant de tendre la chaîne. L'ensemble de la grille repose sur des roues et forme un chariot, qui peut être très facilement tiré vers l'avant du foyer, pour procéder au nettoyage.

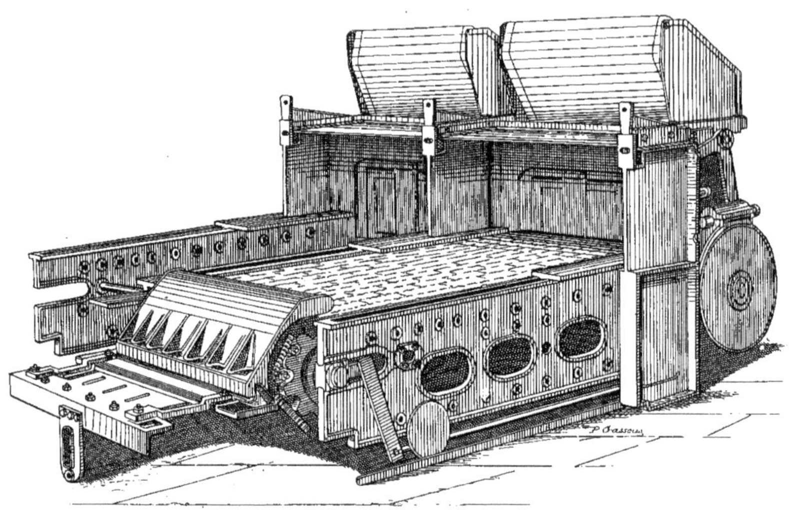

Fig. 97. — Foyer Babcock et Wilcox.

C'est, en résumé, l'ancien *foyer Tailfer,* auquel il a été apporté d'heureuses améliorations de détail.

Foyers spéciaux Tous les foyers que nous venons de décrire, utilisent, comme combustibles, des houilles de grosseurs et de qualités très différentes, mais qui sont pourtant d'un emploi courant.

Dans quelques cas spéciaux, on peut être amené à brûler les poussiers de houille ou de coke, le bois, la tannée, la sciure, et à appliquer cette utilisation de déchets à la production de la force motrice. On a construit pour ces divers cas des foyers spéciaux, parmi lesquels se trouvent : le *foyer Godillot*, le *foyer à bois*, le *foyer Krafft*.

Foyer Godillot (Fig. 98.) *Le foyer Godillot,* fort apprécié et très usité, peut être disposé pour brûler soit de la sciure ou des copeaux de bois, soit des poussiers de houille grasse ou d'anthracite.

Il se compose essentiellement d'une grille A ayant la forme d'un quart de cercle et disposée en gradins qui aboutissent à un sommet B. Le combustible est poussé sur cette grille par une vis sans fin C, commandée par un rouage extérieur qui se meut à la base d'une trémie D.

Le combustible, ainsi conduit sur le sommet B, se répand sur toutes les parties du cône constituant la grille, en épaisseurs de plus en plus faibles à mesure qu'il atteint le fond. Là, une grille horizontale reçoit les résidus, qui sont, de temps à autre, vidés dans le cendrier.

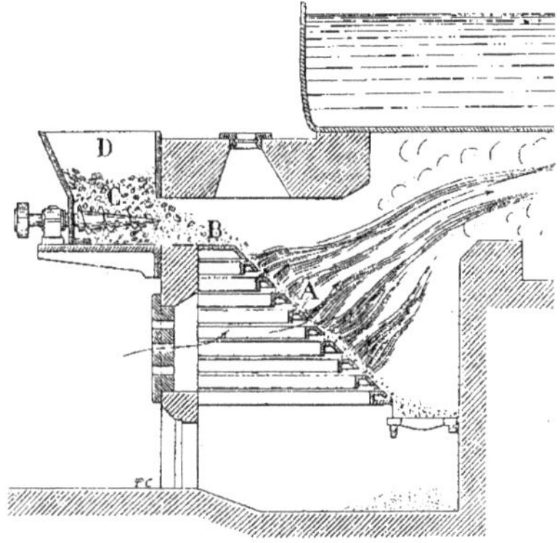

Fig. 98. — Foyer Godillot.

Ce foyer peut permettre, en brûlant des sciures contenant de 40 à 50 % d'eau, de vaporiser 2 kilogrammes d'eau par kilogramme de sciure, ce qui est une utilisation remarquable d'un combustible dont le prix de revient est très faible.

Dans *le foyer Godillot* établi pour brûler les poussiers de houille, la disposition est la même, en principe; toutefois, la grille est composée de barreaux A possédant une nervure B qui baigne constamment, pendant le fonctionnement du foyer, dans une cuvette pleine d'eau placée au-dessous.

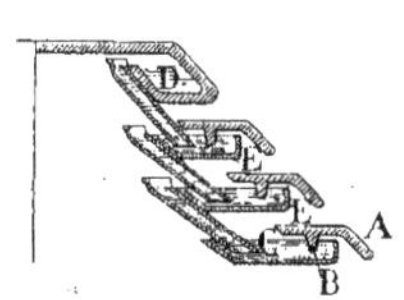

Fig. 99. — Grille de foyer Godillot pour poussiers de houille.

Toutes ces cuvettes, qui sont étagées le long de la grille, sont tenues pleines d'eau par un jet qui se déverse dans la cuvette supérieure D. Celle-ci laisse écouler son trop-plein dans la cuvette inférieure E, laquelle, à son tour, alimente la suivante, et ainsi de suite jusqu'à celle du bas.

Ce dispositif permet d'obtenir un refroidissement constant de la grille, qui, sans cela, se détériorerait très rapidement, étant donnée l'admission considérable d'air nécessitée pour le bon fonctionnement de ce foyer.

Foyer Krafft (Fig. 100.) Un autre genre de foyer destiné à brûler de la sciure de bois est *le foyer Krafft*. Il comprend une grande capacité A, dans laquelle on accumule le combustible à utiliser. A la partie inférieure de cette sorte de trémie est placée une grille B où s'opère la combustion.

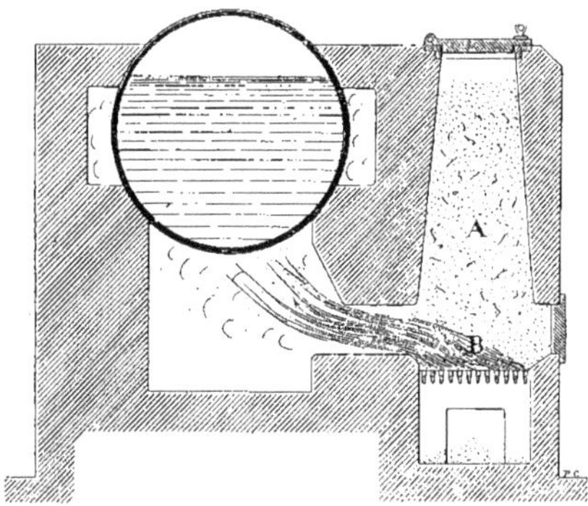

Fig. 100. — Foyer Krafft.

Pour obtenir une bonne utilisation de ce foyer, il faut que les arrivées d'air et les échappements de fumée soient bien réglés, de façon à ce qu'il n'y ait que la partie inférieure du combustible en contact avec la grille qui brûle, les résidus tombant dans le cendrier et le combustible descendant par son propre poids.

Foyers à bois (Fig. 101.) *Les foyers à bois* sont constitués comme des foyers ordinaires où le bois est brûlé sur une grille légèrement inclinée.

Quelquefois, cependant, on donne à ces foyers une disposition spéciale, qui consiste en une trémie A, ayant une forme circulaire, dans laquelle on entasse le bois.

La trémie est terminée, à sa partie inférieure, par une partie légèrement inclinée où le bois finit de se consumer.

L'air nécessaire à la combustion arrive de la partie supérieure de la trémie en traversant le bois, et à mesure que celui-ci se

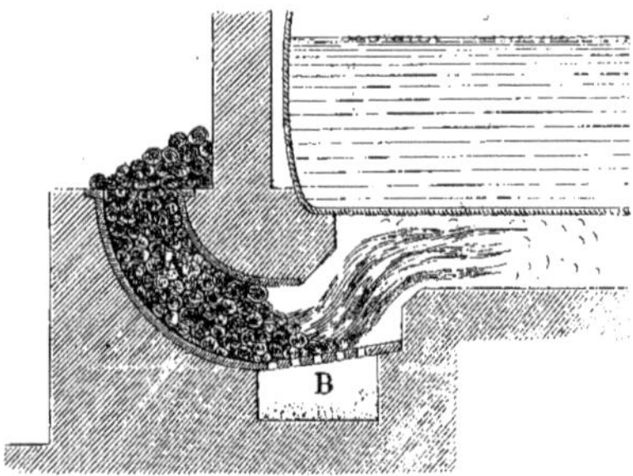

Fig. 101. — Foyer à bois.

consume dans le fond du foyer, il en descend une quantité nouvelle, poussée par le poids du combustible amassé dans la trémie.

La partie inférieure du foyer B peut être rendue accessible pour pouvoir retirer facilement les cendres.

Foyers à combustibles liquides Les foyers utilisant les combustibles liquides sont bien moins nombreux que les foyers à combustibles solides.

C'est qu'en effet, les combustibles liquides sont peu répandus et sont d'un prix de revient relativement élevé. Il faut, pour les utiliser économiquement, les employer de préférence sur le lieu même de leur production. C'est ainsi qu'en Amérique et dans la Russie méridionale, on a été naturellement conduit à établir des foyers pouvant brûler le pétrole que l'on trouve en abondance dans ces régions.

En principe, un foyer destiné à être alimenté par du pétrole, est construit de façon que ce liquide, amené par écoulement naturel jusqu'au foyer, soit, à cet endroit, pulvérisé par un jet de vapeur ou d'air comprimé et lancé, en fine poussière liquide, dans l'intérieur du foyer, où il se brûle au contact de la flamme qui y est déjà produite. C'est une application spéciale des *injecteurs-éjecteurs* du type Kœrting. Parmi les premières études pratiques à ce sujet, il convient de mentionner celles qui furent faites dans les raffineries de pétrole de MM. Deutsch, à Pantin, en 1880, par les soins de M. Henry Deutsch et de M. Max de Nansouty, Ingénieur, alors attaché à l'usine du Rouvray.

Nous décrirons seulement, comme type de foyers à combustibles liquides, *le foyer d'Allest,* dans lequel on brûle le naphte.

Foyer d'Allest (Fig. 102.) Il se compose d'une capacité A dans laquelle se consume le liquide pulvérisé, lancé par un *injecteur* spécial.

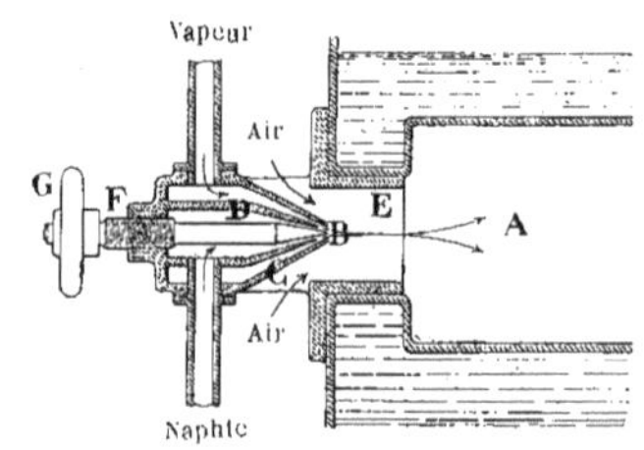

Fig. 102. — Foyer d'Allest.

Celui-ci est constitué par un ajutage B, terminant un tube C qui communique avec un récipient de vapeur.

Concentriquement au tube C est disposé un tuyau D s'étranglant, comme le premier, au point B.

Le tuyau D communique avec le réservoir de naphte à utiliser.

L'ensemble des deux tubes C et D est solidaire d'un troisième conduit E, dans lequel l'air extérieur peut pénétrer.

Une vis F à pointe conique, que l'on peut manœuvrer au moyen d'un volant G, permet de découvrir d'une quantité variable l'ajutage de vapeur B.

Quand on découvre cet orifice, la vapeur se précipite dans le conduit E, entraîne avec elle, par la dépression qu'elle produit, le naphte qui, sortant du conduit D, est projeté violemment dans le conduit E, mélangé avec la vapeur.

De plus, en arrivant dans ce conduit, le mélange s'adjoint une certaine quantité d'air qui facilite la combustion du liquide pulvérisé lancé sur la flamme.

Foyers à combustibles gazeux

Nous avons dit, dans le chapitre précédent que, dans quelques cas, on préférait, au lieu de brûler directement les combustibles solides, en obtenir, par distillation, des gaz que l'on pouvait mélanger plus intimement avec l'air, et que l'on brûlait ensuite.

C'est ce qui a conduit à créer d'abord des sortes de fours spéciaux nommés *gazogènes*, pour produire les gaz, et ensuite des foyers appropriés pour brûler les gaz produits.

Il n'est donc pas nécessaire de produire le gaz dans le foyer même où il doit être utilisé. On peut, au contraire, rendre indépendants le gazogène et la chaudière où doit se faire la vaporisation. Il suffira de réunir ces deux appareils par un simple conduit apportant le gaz dans le foyer; mais il est évident que dans ce cas les gaz subiront dans leur trajet un certain refroidissement, auquel il sera bon de remédier, dans la mesure du possible, en évitant le rayonnement des conduites.

Parmi les *foyers à combustibles gazeux*, nous citerons : le foyer *Muller et Fichet*, le *foyer Siemens*, les *foyers à gaz de hauts fourneaux*.

Foyer Muller et Fichet

(Fig. 103.) Le *foyer Muller et Fichet*, fort bien étudié, comprend d'abord un gazogène, surmonté d'une trémie A dans laquelle on verse le charbon à distiller.

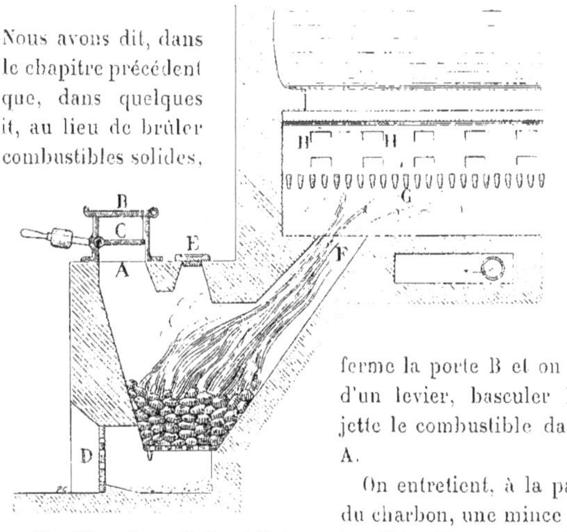

Fig. 103. — Foyer Muller et Fichet.

Pour opérer le chargement sans être exposé aux atteintes du feu, la trémie A est cloisonnée par une vanne C, sur laquelle on jette d'abord le charbon.

Puis, on referme la porte B et on fait, au moyen d'un levier, basculer la vanne, qui jette le combustible dans le gazogène A.

On entretient, à la partie supérieure du charbon, une mince couche de combustible allumé et on admet l'air indispensable pour cette combustion par la porte du cendrier D.

Un regard E permet de se rendre compte de la marche du feu.

Sous l'influence de la chaleur qui est développée au-dessus de lui, le charbon distille des gaz formant une fumée qui, incomplètement brûlée, passe par le conduit F et pénètre dans le foyer, sous une grille G. Cette grille est disposée pour pouvoir diviser ces gaz en lames nombreuses et verticales, contre lesquelles viennent se heurter des lames horizontales d'air dirigées par les conduits latéraux H.

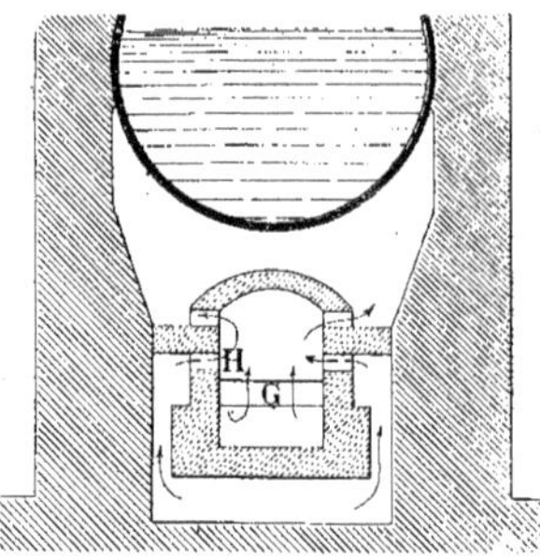

Fig. 104. — Foyer Muller et Fichet. Coupe transversale.

Cet air s'est, pendant son parcours, réchauffé en traversant les conduits de fumée.

Le brassage d'air et de gaz s'opère et constitue un mélange intime qui brûle sous la chaudière et qui réalise une fumivorité très satisfaisante.

On a le soin de ne pas mettre en contact direct le jet de mélange enflammé avec les parois de la chaudière, car celles-ci, sous l'action de ces nombreux chalumeaux, seraient rapidement détruites. On interpose entre eux une cloison voûtée et maçonnée en briques réfractaires et on dirige le jet de flamme latéralement.

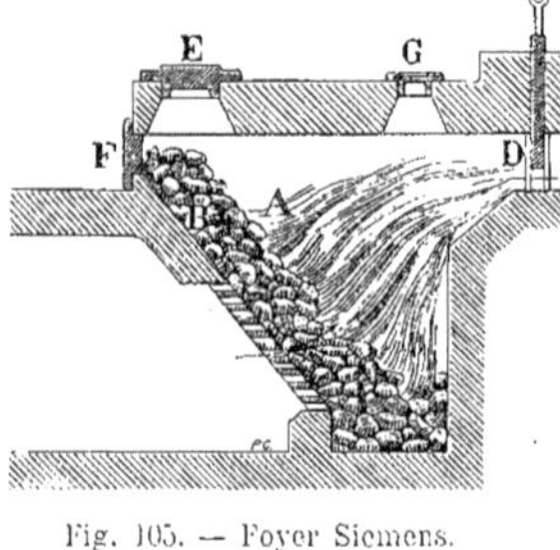

Fig. 105. — Foyer Siemens.

Foyer Siemens

(Fig. 105.) Dans le *foyer Siemens*, le gazogène est constitué par une trémie A, dont une paroi B, très inclinée, est terminée par une grille à échelons permettant à l'air d'être admis à travers le combustible qui remplit la trémie. Le charbon est allumé à la partie supérieure et les gaz distillés pénètrent dans le conduit C, muni d'un registre D qui permet de régler la marche du gazogène. La trémie possède une porte de chargement E, une ouverture F pour permettre de faciliter, à l'aide du ringard, la descente du combustible, dans le cas d'un accrochage, et d'un regard G pour surveiller le feu.

Les gaz produits se rendent dans le foyer de la chaudière, par des conduits parallèles, et sortent par des orifices H dirigés vers le milieu du foyer.

L'air est introduit par des ouvertures I, et le mélange brûle en jets dirigés sur une voûte en briques réfractaires, qui, comme dans le foyer précédemment décrit, est interposée entre la flamme et la chaudière.

Il ne semble pas que, jusqu'à ce jour, les foyers employant des *combustibles gazeux* aient donné des résultats vraiment très économiques et très pratiques.

Il convient, en effet, de remarquer qu'ils exigent des frais d'établissement

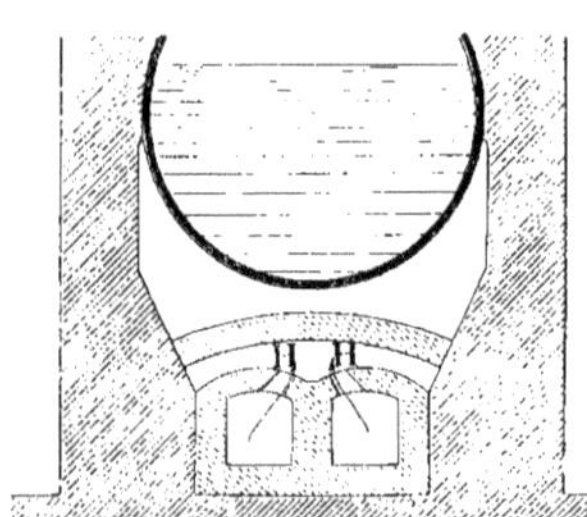

Fig. 106. — Foyer Siemens. Coupe transversale.

plus onéreux. De plus, il faut apporter à leur fonctionnement une attention soutenue, et généralement les laisser allumés sans aucune interruption pendant la nuit. En outre, si, d'une part, on obtient une combustion plus complète, on perd, d'autre part, une certaine quantité de chaleur par le rayonnement du gazogène et pendant le trajet des gaz du gazogène au foyer de la chaudière. Ces foyers ne sont donc employés que dans des cas tout spéciaux.

Foyer à gaz de hauts fourneaux

(Fig. 107.) Les *foyers à gaz de hauts fourneaux*, quoique de la même espèce que les précédents, sont, au contraire, des foyers qu'il est indispensable d'établir dans les installations métallurgiques, car ils utilisent des gaz, qui, sans cela, seraient produits quand même et totalement perdus.

Lorsqu'on veut transformer en fonte le minerai de fer à l'état naturel, on le charge par couches successivement séparées par un lit de charbon et un lit de *fondant,* dans un four A de capacité et de hauteur considérables.

Le *fondant* qui sert à faciliter la fusion du minerai et sa séparation des matières étrangères est ordinairement du carbonate de chaux.

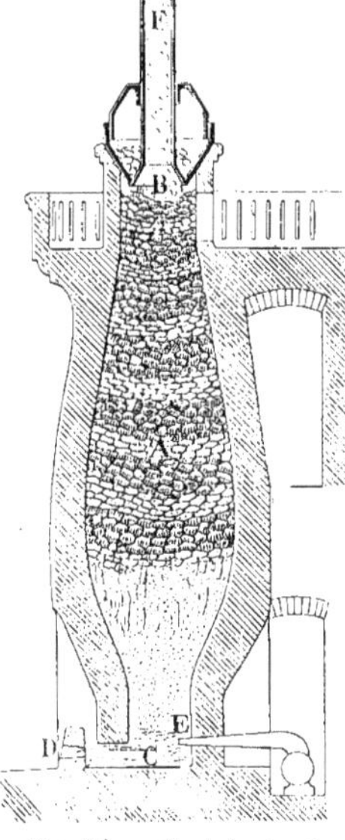
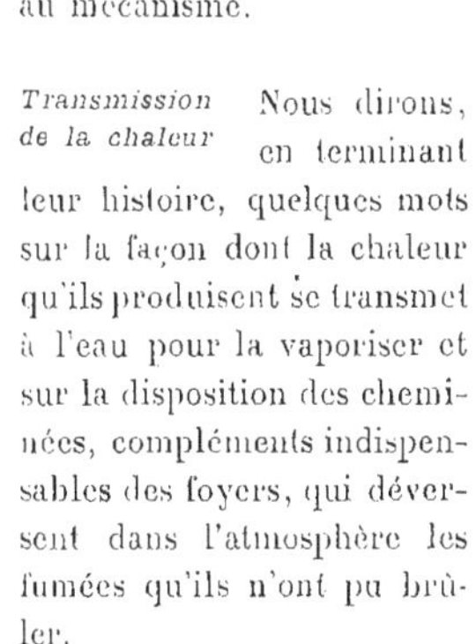

Fig. 107. — Haut fourneau.

Le chargement se fait par la partie supérieure nommée *gueulard,* B. On allume le charbon dans le haut fourneau et la fonte liquide qui s'accumule à la partie inférieure C, appelée *creuset,* en est extraite par le trou D, appelé *trou de coulée.* Une *tuyère* E apporte dans le four l'air fourni par un ventilateur.

Pendant cette transformation, une grande partie des gaz produits par la combustion intérieure s'échappe par le gueulard dans l'atmosphère, sans avoir été brûlée.

Ce sont ces gaz qu'il est avantageux d'utiliser en les recueillant par un conduit F placé au gueulard des hauts fourneaux, et en les brûlant dans des foyers spécialement établis pour cet usage.

Ces foyers ne diffèrent pas sensiblement des foyers à *combustibles gazeux* que nous venons de décrire. Quelques dispositions de détail en constituent toute la différence.

Voilà donc, présenté dans ses multiples transformations, cet organe si important du *générateur à vapeur* qu'on nomme *foyer,* organe qui paraît quelque peu mystérieux toutefois à tant de personnes qui contemplent, avec une admiration mêlée de crainte, les brasiers avec lesquels on donne en quelque sorte la vie au mécanisme.

Transmission de la chaleur

Nous dirons, en terminant leur histoire, quelques mots sur la façon dont la chaleur qu'ils produisent se transmet à l'eau pour la vaporiser et sur la disposition des cheminées, compléments indispensables des foyers, qui déversent dans l'atmosphère les fumées qu'ils n'ont pu brûler.

Pour que la chaleur développée par la combustion des gaz dans le foyer se transmette à l'eau contenue dans la chaudière, il faut qu'elle agisse d'abord sur les parois de cette chaudière qui s'interpose entre elle et l'eau.

Cette transmission peut se faire de plusieurs façons, savoir : par *rayonnement,* par *convection,* par *conductibilité.*

Rayonnement. La transmission de la chaleur par *rayonnement* a lieu lorsqu'un corps chaud élève par l'action de ses radiations calorifiques, la température d'un autre corps placé à proximité, sans qu'il y ait contact.

Convection La transmission de la chaleur s'opère par *convection* lorsqu'un corps possédant de la chaleur se trouve en contact avec un liquide ou un gaz.

Les parties du fluide immédiatement en contact, s'échauffent, et comme cette élévation de température fait varier leur densité par rapport aux autres parties de la masse fluide qui sont restées plus froides, il s'établit un appel de ces parties froides vers le corps chaud, ce qui provoque un remous appelé *courant de convection*.

Conductibilité La *conductibilité* de la chaleur est la propriété que possèdent certains corps de transmettre aux divers points de leur masse la chaleur reçue par un de leurs points.

Les métaux sont, en général, des corps possédant une grande *conductibilité* de la chaleur.

Si nous examinons maintenant comment se transmet la chaleur produite dans un foyer à l'eau de la chaudière, nous voyons d'abord qu'elle agit sur les parois de cette chaudière par *rayonnement*, puisque la grille contenant le combustible incandescent n'est pas en contact avec elles, et de plus par *conductibilité*, par l'action des gaz chauds.

La face de la paroi chaude transmet par *conductibilité* sa chaleur à la face opposée, et celle-ci, à son tour, la communique à l'eau de la chaudière à la fois par *rayonnement*, quand l'eau ne la touche pas, et par *convection* quand il y a contact, jusqu'à ce que l'ébullition se produise et que la vaporisation ait lieu.

Cheminées Nous avons vu, précédemment, que les cheminées, en outre de leur utilité comme conduits de fumée, étaient surtout établies pour provoquer un appel d'air ou *tirage* capable de réaliser dans le foyer une combustion complète, et nous avons indiqué qu'un registre, placé généralement à la base de la cheminée, permettait de régler le tirage.

Les cheminées sont de formes, de constructions, et de hauteurs très variées, suivant l'emploi auquel on les destine.

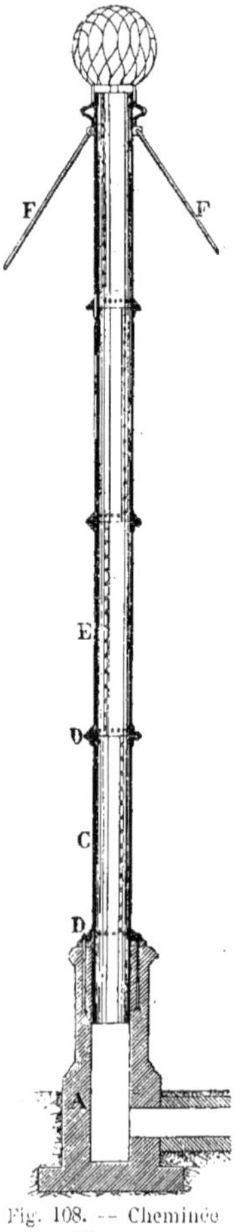

Relativement courtes sur les locomotives et sur les bateaux à vapeur, elles ont, au contraire, le plus souvent, une hauteur considérable quand elles font partie d'une installation fixe.

Dans ce dernier cas, elles sont construites soit en *tôle de fer*, soit maçonnées *en briques*.

F F E D C D A

Fig. 108. — Cheminée en tôle de fer.

Cheminées en tôle de fer (Fig. 108.) Les *cheminées en tôle de fer* sont constituées par une base en maçonnerie A, reposant sur de solides fondations, dans laquelle débouchent les canaux qui apportent la fumée du foyer.

Dans ce bloc maçonné est encastré un socle métallique sur lequel sera posée la première tranche de la cheminée, constituée par un tuyau de tôle C portant à chaque extrémité une collerette rivée D servant à la fixer, au moyen de forts boulons, d'une part au socle métallique et d'autre part à la tranche supérieure E. On fixe ainsi les unes sur les autres des tranches successives variant de 4 à 5 mètres de longueur, jusqu'à ce que l'on ait atteint la hauteur de cheminée que l'on désire.

L'action du vent provoque sur ces sortes de cheminées des oscillations d'une assez grande amplitude, qui ne sont pas sans inconvénients sur leur durée et leur solidité.

Aussi, on a le soin d'assurer leur stabilité au moyen de *haubans* F, câbles de fer qui relient la cheminée à des crochets fixes, solidement encastrés, autour d'elle, dans des murs de bâtiments ou dans des blocs de maçonnerie établis spécialement.

Fig. 109. — Cheminée Pratt.

Cheminée Prat (Fig. 109.) Cette cheminée, qui est également métallique, diffère sensiblement de la précédente.

Elle est spécialement établie en vue du *tirage forcé*. Sa hauteur est considérablement réduite et elle a la forme d'un tuyau tronconique ayant la grande base à la partie supérieure. Au pied de la cheminée est disposé un *éjecteur-ventilateur* qui lance, à l'intérieur, de l'air sous forte pression. Cet air, entraînant les gaz de la combustion vers le haut de la cheminée, contribue à activer le tirage, sans qu'il soit nécessaire de donner à celle-ci une trop grande hauteur.

Nous décrirons plus loin, avec plus de détails, le fonctionnement de l'*éjecteur-ventilateur*.

Cheminées en briques (Fig. 110.) *Les cheminées en briques* sont d'un prix de revient beaucoup plus élevé que celui des cheminées en tôle, et nécessitent de la part de leurs constructeurs un soin tout particulier auquel il faut joindre une grande habileté.

La cheminée, ainsi qu'une colonne, dont elle a d'ailleurs un peu la forme, se divise en trois parties : *le piédestal, le fût, le chapiteau.*

Le *piédestal* A est le bloc de maçonnerie qui repose sur les fondations et dans lequel sont ménagées des ouvertures donnant passage aux gaz ayant échappé à la combustion.

Au-dessus du piédestal se trouve le fût B. Celui-ci peut avoir une section soit carrée, soit polygonale, soit circulaire, mais généralement, on adopte cette dernière forme, car la pression du vent qui s'exerce sur elle n'est, environ, que les 2/3 de celle qui agirait sur la même surface plane.

Cette pression du vent est évaluée, dans le calcul de stabilité des cheminées, à 270 kilogrammes par mètre carré de surface plane, ce qui donne pour une surface circulaire 180 kilos, environ, de pression par mètre carré.

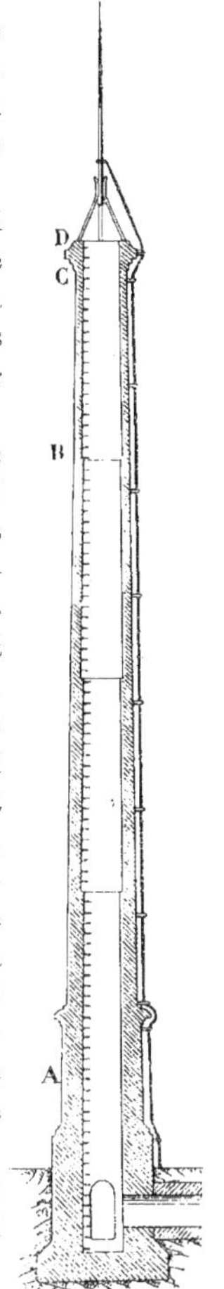

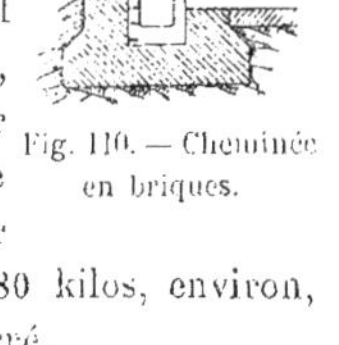

Fig. 110. — Cheminée en briques.

Le *fût* diminue régulièrement de diamètre depuis la base jusqu'au sommet. Pour le maçonner, on établit un échafaudage volant, placé à l'intérieur, que l'on fait monter à mesure que la cheminée s'élève, et on dispose des assises successives de briques jointes au ciment de Portland. Ces assises diminuent d'épaisseur en s'élevant, formant ainsi à l'intérieur plusieurs ressauts qui sont toujours égaux à l'épaisseur d'une brique.

L'extrémité du fût, qui se nomme *chapiteau,* C, est protégée par une plaque métallique D, qui empêche l'infiltration des eaux de pluie dans la maçonnerie. En outre, elle est munie d'un paratonnerre, qui communique avec le sol par un câble en fer descendant extérieurement tout le long de la cheminée.

On comprend combien de soins demande la construction d'une semblable cheminée, et les nombreuses vérifications qu'il est indispensable de faire pendant le cours du montage, pour qu'elle soit bien verticale et pour que le diamètre extérieur diminue bien régulièrement afin d'atteindre au sommet la dimension prévue.

On ménage, généralement, à l'intérieur de la cheminée, une succession d'échelons en fer, scellés dans la maçonnerie, qui permettent d'accéder jusqu'au chapiteau.

A la partie inférieure du piédestal, on pratique une ouverture : elle sert à enlever les suies et les résidus qui peuvent être accumulés dans le fond.

La hauteur des cheminées varie suivant le tirage que l'on veut obtenir. Elle dépend, en outre, de la gêne que peut occasionner aux voisins la fumée qui s'en échappe. Dans les agglomérations, nous avons dit que les cheminées avaient rarement moins de 30 mètres de hauteur.

Dans certains cas spéciaux elles peuvent avoir une hauteur bien plus considérable.

Ainsi, à l'Exposition universelle de 1900, à Paris, on a pu admirer les deux superbes cheminées élevées de chaque côté du Champ-

Fig. 111. — Cheminée Nicou et Demarigny, à l'Exposition de 1900.

de-Mars pour servir de débouché aux fumées provenant des deux groupes de chaudières qui alimentaient les machines.

La cheminée de l'usine en bordure de l'avenue Labourdonnais, avait été construite par MM. Nicou et Demarigny : elle mesurait 80 mètres de hauteur, soit 12 mètres de plus que les tours de Notre-Dame de Paris.

Son diamètre, à la base, était de 12 mètres, et l'orifice d'échappement de la fumée avait au sommet 4^m,50 de diamètre.

La partie extérieure avait reçu une décoration du plus bel effet, et on estimait son poids à 5.700.000 kilogrammes.

Un poids semblable a nécessité des fondations sérieuses et bien étudiées. Elles ont consisté à établir un réseau de pieux enfoncés jusqu'au sol ferme, et rendus solidaires entre eux par un bétonnage d'épaisseur convenable. C'est sur cette base qu'on a construit, jusqu'au niveau du sol, un bloc maçonné en meulière portant les ouvertures nécessaires pour la conduite de la fumée, la visite et le nettoyage.

Enfin, au-dessus du sol, on a disposé les briques.

La seconde cheminée établie pour l'usine en bordure de l'avenue de Suffren et construite par MM. Toisoul, Fradet et Cie, tout en différant un peu, comme décoration extérieure, de la précédente, avait des dimensions sensiblement identiques, et sa construction n'avait nécessité ni moins de soins ni moins d'habileté.

Il existe à Croix, près de Lille, une usine possédant une cheminée de 100 mètres de hauteur.

Cette hauteur vraiment considérable est pourtant dépassée de moitié par celle d'une cheminée construite aux environs de New-York, pour des usines d'exploitation de mines. Cette cheminée, d'une hauteur de 154 mètres, a 15 mètres de diamètre intérieur au sommet et peut évacuer 113.250 mètres cubes de gaz par minute. Son poids atteint 17.000.000 de kilogrammes et son prix de revient est d'environ à 1 million de francs. On a construit sur place une briqueterie spécialement destinée à préparer les briques creuses qui entrent, en nombre considérable, dans sa confection.

CHAPITRE IX

CHAUDIÈRE A FOYER EXTÉRIEUR

CHAUDIÈRES HORIZONTALES, à grands corps cylindriques : *WATT, WOLFF;* — à bouilleurs : *PARKER;* — à réchauffeurs : *CAIL, FARCOT;* — *ÉCONOMISEUR GREEN;* — à bouilleurs et réchauffeurs : *D'ALSACE, LA RATIONNELLE.* — semi-tubulaires : *FIVES-LILLE, MEUNIER, CALLA, ROSER, MONTUPET;* — multi-tubulaires : *BELLEVILLE, BABCOCK ET WILCOX, DE NAEYER, STEIN, MULLER, COLLET, NICLAUSSE, MONTUPET, DU TEMPLE, POLIGNAC-GRILLE;* — *CHAUDIÈRE SERPOLLET.* — **CHAUDIÈRES VERTICALES**, ordinaire : *CLIMAX.*

Nous pouvons, maintenant que nous voilà familiarisés avec le mystérieux foyer où s'élaborent les calories, pousser plus avant notre exploration et nous engager résolument dans l'analyse des principaux types de générateurs de vapeur, parmi les innombrables variétés que les ingénieux constructeurs ont créées pour répondre à des besoins divers.

On a donné de nombreuses classifications des chaudières en se basant sur les divers caractères qu'elles peuvent présenter.

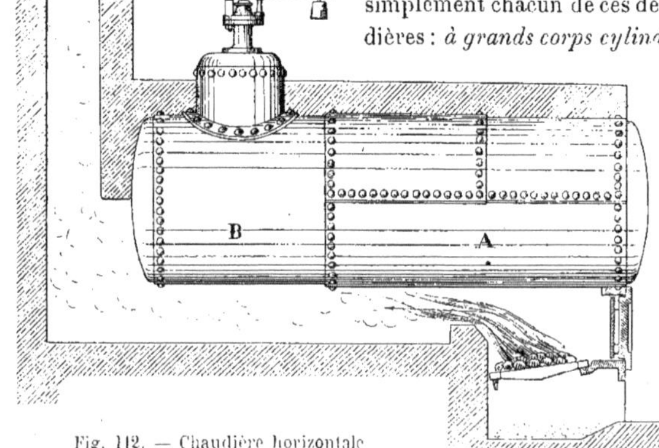

Fig. 112. — Chaudière horizontale à foyer extérieur.

Ces classifications comprennent nécessairement de nombreuses divisions, et subdivisions, ces caractères étant très variés.

Nous nous contenterons, dans cet exposé, d'une classification plus large, comprenant un moins grand nombre de catégories, et qui tiendra compte seulement des caractères essentiels des générateurs.

Nous examinerons donc successivement : les *chaudières horizontales et verticales à foyer extérieur* et les *chaudières horizontales et verticales à foyer intérieur*, subdivisant simplement chacun de ces deux cas en chaudières : *à grands corps cylindriques, à bouilleurs, à réchauffeurs, semi-tubulaires et multi-tubulaires.*

Chaudière horizontale à foyer extérieur (Fig. 112.)

La première des *chaudières horizontales à foyer extérieur* est le générateur de Watt, que nous avons décrit dans le chapitre VI et que Wolf a modifié, d'une façon plus rationnelle, en lui donnant la forme d'un *grand corps cylin-*

drique terminé à chaque extrémité par une calotte demi-sphérique. La chaudière ainsi constituée et modifiée seulement dans certains de ses détails de construction, a été pendant longtemps d'un usage courant.

La paroi A, qui était en contact avec les flammes du foyer, était toute unie, sans joints ni rivures au-dessus du foyer. Le rivetage des tôles était fait dans les parties de la chaudière moins exposées à l'élévation de température et, de plus, le corps arrière B, opposé au foyer, était ajusté à l'intérieur du corps avant, évitant ainsi que la tôle, pendant le cheminement des gaz et de la flamme, soit, sur l'épaisseur qu'elle aurait présentée dans la disposition contraire, détériorée par leur action.

Ces chaudières, qui ne sont employées aujourd'hui que dans quelques cas tout spéciaux, sont très aisées à surveiller, à visiter et à nettoyer, étant très simplement établies; de plus, elles donnent une bonne régularité de marche, étant donné le grand volume d'eau qu'elles peuvent contenir. Mais, à côté de ces avantages, se placent des inconvénients dont on se préoccupait moins autrefois, et pour cause, et qu'il ne serait pas possible de négliger aujourd'hui.

Parmi ces inconvénients figure d'abord la faible surface de chauffe, qui ne peut guère dépasser, pour ces générateurs, 18 mètres carrés, et encore a-t-il fallu pour obtenir ce chiffre, établir une chaudière de 1m,20 de diamètre et 10 mètres de long, ce qui donne un encombrement excessif par rapport aux résultats obtenus.

Les autres inconvénients, non moins sérieux, sont : le temps considérable nécessaire pour la mise en pression résultant du grand volume d'eau que contiennent ces chaudières, et enfin leur faible *rendement.*

Pour remédier à ces divers inconvénients on a été conduit à diminuer le diamètre et la longueur du corps cylindrique de la chaudière et à suppléer à la diminution de volume par l'adjonction, au corps principal, de plusieurs autres corps secondaires de diamètres plus réduits, placés dans la même chambre de chauffe que lui, et soumis, comme lui, à l'action de la flamme et des gaz chauds. Ces corps secondaires sont nommées *tubes bouilleurs* et les chaudières qui en comportent sont appelées pour cela *chaudières à bouilleurs.*

Chaudière à bouilleurs (Fig. 113.) Les *tubes bouilleurs* sont réunies au corps principal par des tubulures A nommées cuissards. Une cloison maçonnée B, disposée entre les bouilleurs C et le corps principal D, oblige les gaz produits dans le foyer à cheminer sous les bouilleurs, puis, par le dégagement E pratiqué à l'arrière de la cloison, ces gaz reviennent du côté du foyer en suivant un carneau latéral et en réchauffant le corps principal, et enfin ils se dirigent vers la cheminée en passant par le second carneau.

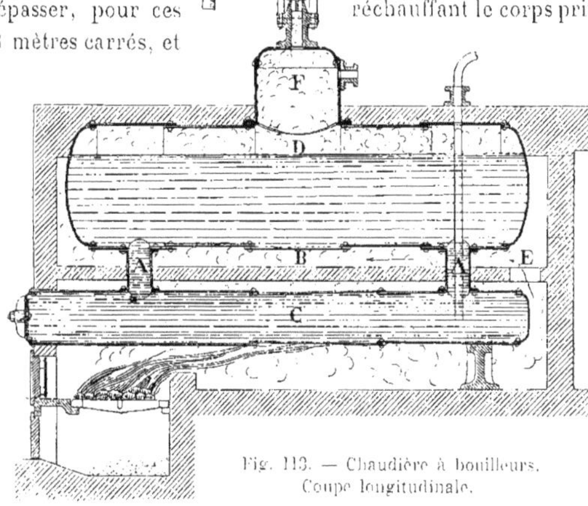

Fig. 113. — Chaudière à bouilleurs. Coupe longitudinale.

On conçoit facilement que l'adjonction de bouilleurs à une chaudière puisse augmenter notablement la surface de paroi soumise à l'action de la chaleur et que la mise en pression soit plus rapide, quoique le volume d'eau à vaporiser ne soit pas inférieur et que la production de vapeur soit aussi grande.

Sur chaque corps principal de générateur se trouve une capacité F ayant généralement la forme d'un cylindre couronné d'une calotte demi-sphérique que, en raison précisément de cette forme, on appelle *dôme de vapeur*.

C'est une sorte de réservoir duquel on fait partir le conduit de vapeur qui communique avec les cylindres de la machine, ce qui permet de recueillir cette vapeur le plus haut possible au-dessus du niveau de l'eau contenue dans la chaudière, évitant ainsi des entraînements d'eau et utilisant la vapeur la plus sèche.

Si l'établissement de la *prise de vapeur* doit répondre, comme nous venons de le voir, à certaines conditions, il est tout aussi important de disposer judicieusement le *conduit d'alimentation,* c'est-à-dire le tuyau qui apporte à la chaudière l'eau froide nécessaire pour remplacer celle qui a été transformée en vapeur.

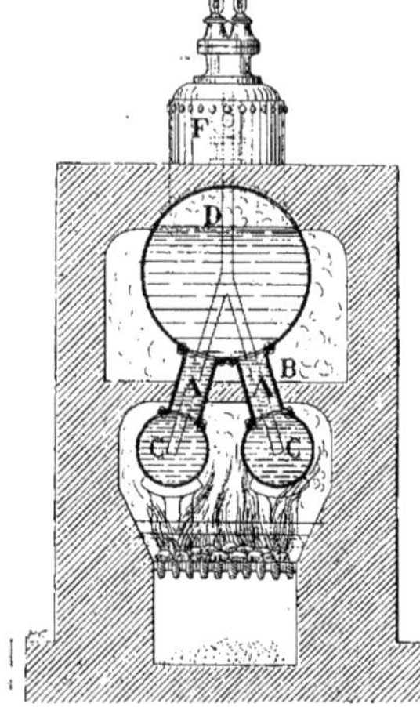

Fig. 114. — Chaudière à bouilleurs. Coupe transversale.

Dans la chaudière à bouilleurs, ce conduit, après avoir traversé le corps principal, se divise en plusieurs parties dont chacune se rend dans un bouilleur en passant par les *cuissards* d'arrière.

Il n'est pas indifférent d'alimenter du côté du foyer ou en sens contraire, car l'eau contenue dans les bouilleurs et qui est soumise, en avant, vers le foyer, à une action de la chaleur plus vive qu'à l'arrière, dégage d'abondantes bulles de vapeur qui, traversant l'eau, s'élèvent par les cuissards d'avant dans le corps principal.

L'eau sensiblement moins chaude se trouvant à l'arrière du bouilleur, vient prendre la place de l'eau plus chaude qui est à l'avant et qui, à mesure, se vaporise, et il s'établit une circulation de l'arrière à l'avant.

En admettant donc l'eau froide à l'arrière du bouilleur, on ne trouble pas cette circulation, et le fonctionnement du générateur est normal.

Il n'en serait pas de même si on adoptait la disposition inverse. On provoquerait, en contrariant la circulation rationnelle de l'eau et en la soumettant à de brusques variations de température, des dilatations sur les bouilleurs, dont le moindre des inconvénients serait de provoquer des fissures transversales.

En plus des conduits d'alimentation et de prise de vapeur, toute chaudière est munie, nous en avons déjà dit quelques mots, d'appareils de sécurité, tels que *soupapes de sûreté, niveaux d'eau, manomètres, sifflets d'alarme,* etc., sur lesquels nous reviendrons en détail ultérieurement.

La *chaudière à bouilleurs* est un générateur très employé en France et en Belgique et fort peu en Angleterre, où on le désigne sous le nom de *chaudière française.*

Il existe des types à un, deux, trois et quelquefois quatre bouilleurs.

Dans les dispositions à *un* et *deux bouilleurs* il n'y a rien de particulier à ajouter à la disposition que nous venons de décrire.

Quand la chaudière comporte *trois bouilleurs*, un d'eux, celui du milieu, est placé au-dessus des autres (fig. 115).

Quelquefois, on rencontre des chaudières *trois bouilleurs*, dont deux sont placés à l'extérieur du corps principal et le troisième à l'intérieur (fig. 116). Ce dernier tube n'est plus alors un réservoir d'eau; c'est, au contraire, un conduit par lequel les gaz reviennent de l'arrière du foyer vers l'avant en réchauffant l'eau du corps principal qui le baigne.

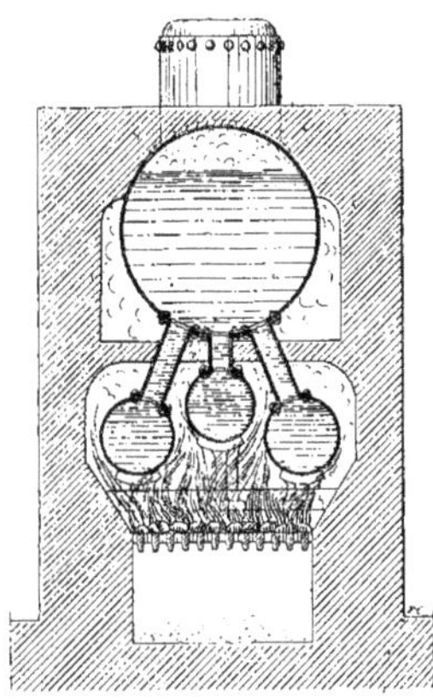

Fig. 115. — Chaudière à trois bouilleurs.

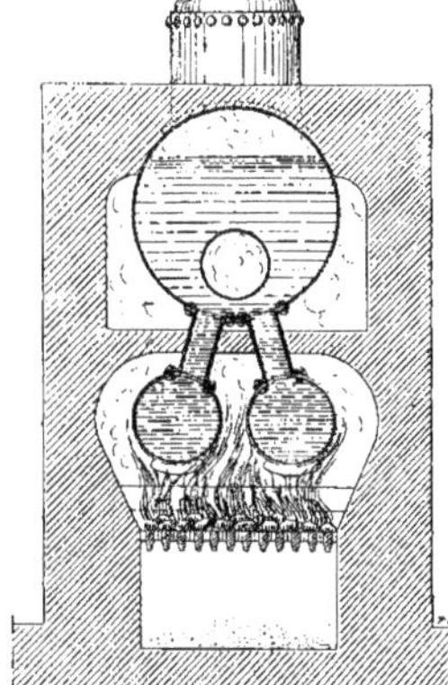

Fig. 116. — Chaudière à trois bouilleurs dont un intérieur.

Il est un système de chaudière qui possède deux rangées de deux bouilleurs chacune, ce qui en fait un générateur à *quatre bouilleurs*. C'est la *chaudière Parker*, employée en Belgique.

Chaudière Parker

(Fig. 117 et 118.) La rangée inférieure de bouilleurs repose sur des supports de fonte A et communique avec la rangée supérieure par une série de cuissards B. Celle-ci, à son tour, communique avec le corps principal C par une autre série de cuissards D ne faisant pas

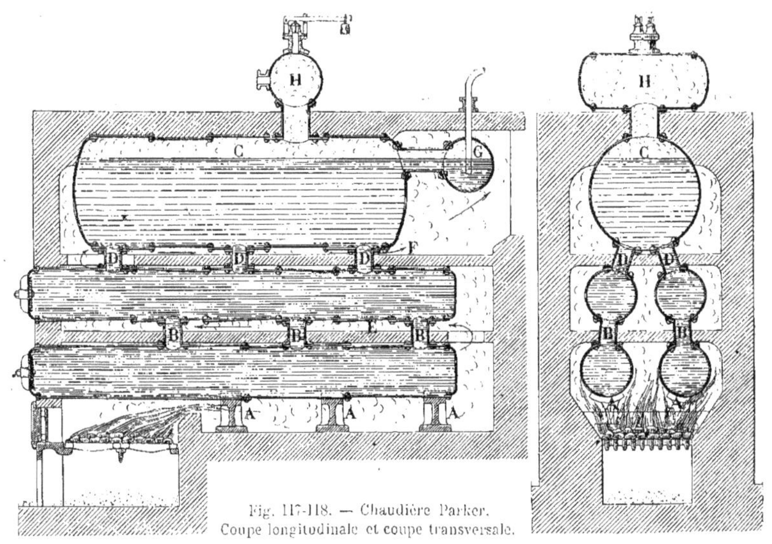

Fig. 117-118. — Chaudière Parker. Coupe longitudinale et coupe transversale.

face aux premiers B pour ne pas trop affaiblir les divers cylindres de tôle qui, montés successivement bout à bout, constituent le bouilleur.

Les gaz partant du foyer agissent d'abord sur la rangée inférieure des deux bouilleurs, puis, à l'arrière, remontent et, passant sous la rangée supérieure de bouilleurs, reviennent vers l'avant du foyer, étant guidés dans leur cheminement par les deux cloisons E et F disposées convenablement. Enfin, un large passage ménagé à l'avant de la cloison F leur permet de se diriger vers la cheminée, après avoir passé le long du corps principal et réchauffé l'eau qu'il contient.

L'alimentation se fait, à la partie postérieure, par un réservoir G dans lequel arrive l'eau froide et qui communique avec le corps principal. Ce réservoir, placé à l'orifice du conduit de la cheminée, se réchauffe au contact des gaz qui s'y rendent, ce qui a pour effet d'élever la température de l'eau que l'on admet dans le corps principal pour l'alimenter.

Un second réservoir cylindrique H, tenant lieu de *dôme de vapeur*, fait office de collecteur et porte le conduit par où s'effectuera la sortie de la vapeur qui ira actionner le piston de la machine.

Les avantages de la dispostion de la *chaudière Parker* consistent dans l'augmentation considérable de la surface de paroi soumise à l'action des gaz chauds et dans une très bonne utilisation de la chaleur qu'ils possèdent et qui se transmet, pendant leur long cheminement, aux parois qu'ils lèchent avant de se perdre dans la cheminée.

En outre, un groupement semblable de bouilleurs permet de réduire l'encombrement total sans être dans l'obligation de diminuer le volume d'eau capable d'être vaporisé.

On a établi des *chaudières Parker* à deux corps contenus dans la même chambre de maçonnerie. Chaque corps comportant ses quatre bouilleurs, on constitue ainsi un ensemble comprenant huit bouilleurs, et deux corps principaux, réunis au même réservoir d'alimentation et au même collecteur de vapeur. Cette chaudière est, bien entendu, à deux foyers.

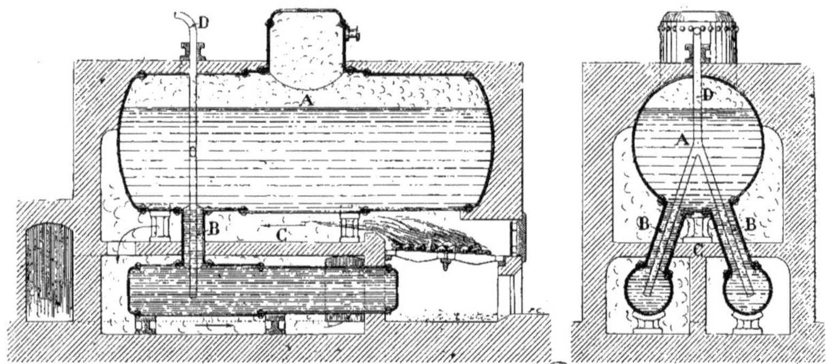

Fig. 119-120. — Chaudière à réchauffeurs Cail. Coupe longitudinale et coupe transversale.

Ce dispositif double augmente encore les avantages dont nous venons de parler à propos des mêmes chaudières à un seul corps principal.

Chaudières à réchauffeurs. Dans certaines chaudières on a disposé les corps secondaires adjoints aux corps principaux, de façon qu'au lieu d'être directement soumis à l'action de la flamme, ils soient simplement réchauffés par les gaz qui, passant dans les carneaux, vont à la cheminée. On a nommé ces générateurs *chaudières à réchauffeurs*. Les tubes réchauffeurs ont pour but de porter l'eau d'alimentation destinée à la chaudière, à la même température que celle qui y est contenue, le corps principal n'ayant plus qu'à produire, sous l'action directe de la flamme et des gaz provenant du foyer, la séparation des molécules de l'eau pour en faire de la vapeur.

Il est assez difficile d'obtenir complètement ce résultat et d'amener l'eau des *réchauffeurs* à une température égale à celle de l'eau du corps principal, car on ne peut souvent leur donner les dimensions qui conviendraient pour atteindre ce but.

Malgré cela, l'emploi des *réchauffeurs* n'en est pas moins très avantageux, car, tout en facilitant d'une façon très sensible la mise en pression, il augmente la surface de chauffe et le rendement de la chaudière.

Parmi les principales *chaudières à réchauffeurs*, nous citerons les *chaudières Cail* et les *chaudières Farcot*.

Chaudière à réchauffeurs Cail

(Fig. 119 et 120.) Dans la *chaudière Cail* les *tubes réchauffeurs* sont disposés au-dessous du corps principal A et réunis à celui-ci par des *cuissards* B, tout comme dans la *chaudière à bouilleurs* que nous avons examinée plus haut, mais ces *réchauffeurs* sont séparés du foyer par une cloison C, maçonnée à leur partie supérieure.

Les gaz chauds et la flamme actionnent directement le corps principal A, puis, par le tirage, sont amenés dans les carneaux inférieurs contenant chacun un *tube réchauffeur,* cheminent le long de ces tubes, et s'échappent dans la cheminée après s'être refroidis au bénéfice de l'eau contenue dans les *tubes réchauffeurs*.

L'alimentation se fait par un conduit D qui communique à la fois avec les deux réchauffeurs.

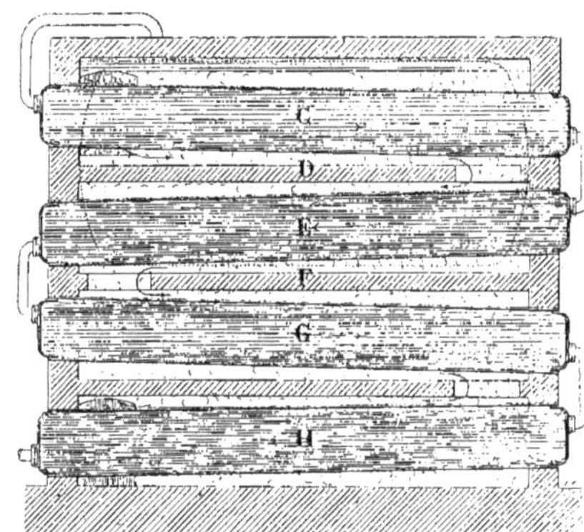

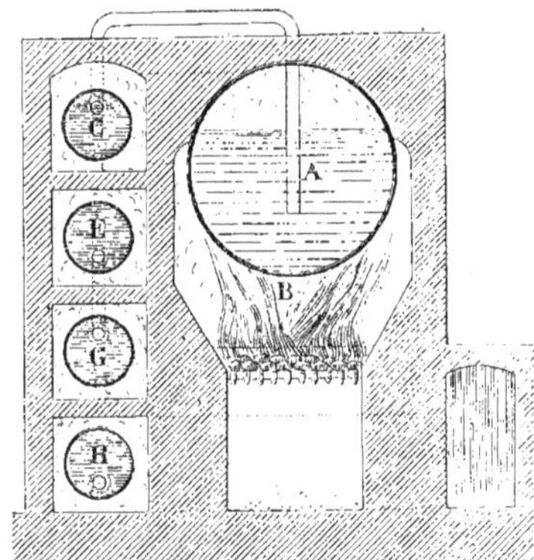

Fig. 121-122. — Chaudière à réchauffeurs Farcot. Coupe longitudinale et coupe transversale.

Chaudière à réchauffeurs Farcot

Fig. 121 et 122. La *chaudière Farcot* comprend une série de quatre tubes réchauffeurs tous placés dans un même carneau, mais séparés entre eux par des cloisons qui obligent les gaz à suivre un trajet déterminé. Le grand corps cylindrique A occupe une chambre spéciale B (fig. 122) et est soumis directement à l'action de la flamme. Quand les gaz chauds sont arrivés à l'arrière du corps principal, ils sont dirigés sous le réchauffeur supérieur C ; ils cheminent autour de ce tube, vers l'avant, où une ouverture pratiquée dans la cloison D (fig. 121) leur permet de passer dans la capacité contenant le réchauffeur E. Ils s'écoulent alors vers l'arrière. Là, trouvant une ouverture dans la cloison F, ils descendent dans la chambre du troisième réchauffeur GC et reviennent vers l'avant. Enfin ils retournent une dernière fois de l'avant à l'arrière en circulant dans la chambre contenant le dernier réchauffeur H et s'échappent dans la cheminée.

Les gaz chauds suivent donc un trajet rationnel qui va du corps principal au réchauffeur inférieur en passant successivement autour de tous les autres.

L'eau d'alimentation à admettre dans la chaudière suit précisément le chemin tout à fait inverse. Elle est amenée dans le réchauffeur inférieur par un conduit qui débouche dans ce tube à l'arrière du foyer, du côté de la cheminée ; puis, elle monte dans le réchauffeur G en empruntant une tubulure qui fait communiquer ces deux tubes par l'avant et, successivement, elle traverse tous les réchauffeurs pour aboutir au corps principal où elle arrive avec une température qui s'est augmentée au fur et à mesure que cette eau rencontrait des gaz de plus en plus chauds.

On donne aux divers réchauffeurs une inclinaison dans le sens convenable, de façon que la partie la plus chaude soit la plus élevée ; cette disposition facilite le dégagement des bulles de vapeur qui tendent toujours à s'élever et, par conséquent, constitue une garantie pour le maintien d'une circulation d'eau méthodique et rationnelle.

L'emploi des réchauffeurs offre, on vient de le voir, certains avantages, auxquels il faut joindre celui de précipiter les boues ou autres matières en suspension dans l'eau, avant d'introduire celle-ci dans le corps principal. Il y a là un avantage appréciable, qui facilite le fonctionnement régulier du générateur et qui, en outre, peut prévenir les accidents nombreux qu'engendrent les dépôts dans des capacités soumises directement au coup de feu. D'autre part, les dépôts qui s'accumulent successivement dans chaque réchauffeur rendent leur entretien assez délicat ; il faut les disposer de façon qu'ils puissent être visités, nettoyés et surtout *désincrustés* facilement, ce qui consiste à enlever les dépôts de boue qui adhèrent à la paroi intérieure et forment sur elle une croûte qui, n'étant pas bonne conductrice de la chaleur, s'interpose malencontreusement entre les gaz chauds et l'eau à réchauffer.

En outre, la suie déposée sur la paroi extérieure des tubes par le fait de la circulation des gaz, diminue la quantité de chaleur absorbée par ces tubes, et il importe de remédier à cet inconvénient, en tenant l'extérieur de ces tubes constamment nettoyé.

Malgré toutes ces précautions, on ne parvient pas toujours à éviter la *corrosion* des tubes réchauffeurs, qui doivent être remplacés de temps à autre.

Dans les deux systèmes de générateurs que nous venons d'examiner, les tubes réchauffeurs font partie intégrante de la chaudière.

Il existe cependant des appareils à réchauffer indépendants, que l'on peut adapter à presque tous les genres de générateurs, pourvu que ces réchauffeurs soient placés dans un carneau où passent les gaz pour se rendre à la cheminée.

Ces appareils, formés d'une grande quantité de tubes, sont aussi appelés *économiseurs* ou *réchauffeurs multitubulaires*, et leur type est l'*économiseur de Green*.

Économiseur Green

(Fig. 123 et suiv.) Il se compose de plusieurs séries de tubes A de petit diamètre, placés verticalement. Les tubes de chaque série sont réunis

Fig. 123. — Économiseur Green. Vue perspective.

à leur extrémité supérieure et inférieure respectivement par les conduits B et C, dans lesquels ils débouchent.

Ces conduits communiquent à leur tour, l'un avec un collecteur inférieur D, l'autre avec un collecteur supérieur E (f. 125). Le premier de ces collecteurs distribue l'eau d'alimentation à toutes les séries de tubes réchauffeurs, et le second est un réservoir dans lequel se rend l'eau réchauffée qui, de là, est conduite dans la chaudière.

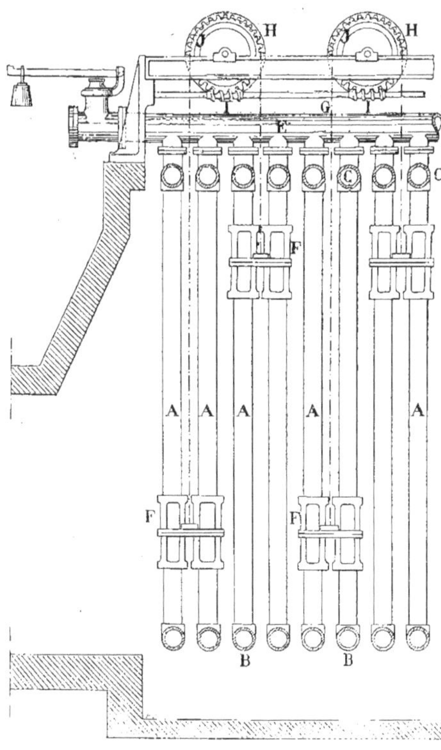

Fig. 124. — Économiseur Green. Élévation.

Un dispositif spécial permet de se débarrasser facilement des dépôts de suie qui peuvent se former sur l'extérieur des tubes; à cet effet, des racloirs F composés de pièces de fonte à bords inclinés sont suspendus aux deux extrémités d'une chaîne G et glissent le long des tubes. Ils sont disposés de façon à entourer les tubes et assemblés de manière qu'une même chaîne en supporte un nombre intéressant quatre séries transversales de tubes réchauffeurs. Cette chaîne s'enroule sur une roue à empreintes H qui l'entraîne alternativement dans les deux sens opposés, provoquant ainsi la montée et la descente des racloirs qui, pendant leur course, nettoient la surface extérieure des tubes réchauffeurs.

Le mouvement circulaire alternatif est obtenu par une vis sans fin I. qui engrène avec une roue dentée J solidaire de la roue à chaîne H. Cette vis reçoit son mouvement d'une roue d'engrenage K conique, calée sur son axe, et qui est disposée pour être commandée alternativement par un des deux pignons coniques placés l'un à sa droite L, l'autre à sa gauche M. On comprend que lorsque le pignon de droite L engrène avec cette roue, celle-ci tourne dans un certain sens et que ce sens de rotation se trouve inversé si c'est le pignon de gauche M qui commande, sans toutefois que le sens du mouvement de l'arbre des pignons ait changé. Il reste donc à réaliser le déplacement nécessaire pour présenter successivement l'un ou l'autre pignon devant la roue dentée conique.

Pour cela, un levier articulé en un point fixe N, conduit, par son milieu O, le train des deux pignons pouvant glisser longitudinalement sur l'arbre, tout en participant à son mouvement circulaire. L'extrémité libre du levier P est sollicitée à se déplacer à droite ou à gauche par deux doigts Q et R fixés sur deux roues dentées horizontales S et T qui, engrenant entre elles, tournent en sens inverse l'une de l'autre, et qui présentent successivement leur doigt à droite ou à gauche du levier en le déplaçant dans leur mouvement.

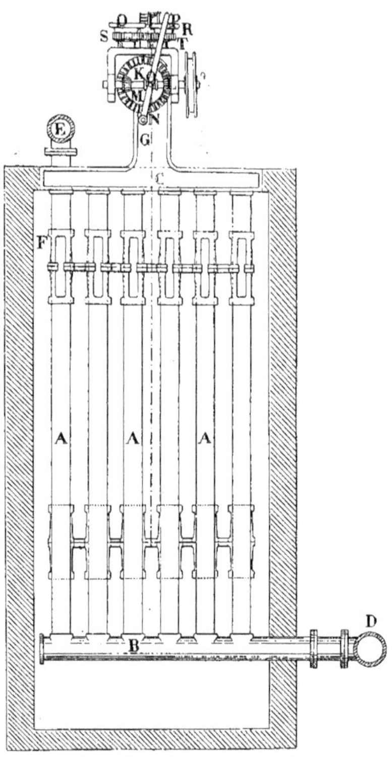

Fig. 125. — Coupe transversale.

Il suffit de régler la vitesse de rotation de ces roues pour que le levier ne soit changé de position que lorsque les racloirs ont terminé leur course dans un sens ou dans l'autre.

La suie tombe dans une capacité d'où il est facile de la retirer, et les collecteurs D et E, dans lesquels se déposent les matières en suspension dans l'eau, peuvent se nettoyer par un regard ménagé à cette intention.

Les tubes peuvent être individuellement remplacés en cas d'avarie pendant le fonctionnement du générateur, mais il est nécessaire, pour cela, de disposer la canalisation d'alimentation, de façon qu'on puisse isoler le réchauffeur en entier, sans empêcher l'eau froide de parvenir à la chaudière pendant la réparation.

Dans ce cas, le réchauffeur contient toujours de l'eau dans ses tubes et cette eau, étant toujours soumise à l'action des gaz chauds et n'ayant plus de débouché, il est indispensable et réglementaire, d'ailleurs, de prévoir sur le collecteur supérieur une soupape de sûreté.

L'emploi des réchauffeurs indépendants offre à peu près les mêmes avantages que l'emploi des réchauffeurs faisant corps avec la chaudière, et s'ils ont, d'une part, sur ceux-ci, une certaine supériorité au point de vue de leur facilité de visite et de leur commodité de réparation, ils ne donnent pas un rendement aussi grand qu'eux, car la circulation méthodique de l'eau d'alimentation n'est pas aussi complètement réalisée que dans certains dispositifs de tubes réchauffeurs faisant partie de la chaudière elle-même.

Chaudières à bouilleurs et réchauffeurs

Après avoir successivement adjoint aux *grands corps cylindriques* des *tubes bouilleurs* et des *tubes réchauffeurs,* on devait nécessairement songer à réaliser des dispositions comprenant à la fois des *bouilleurs* et des *réchauffeurs,* afin de bénéficier de la totalité des avantages dus à l'emploi respectif des uns et des autres.

On constitua donc les *chaudières à bouilleurs et réchauffeurs.* Un des principaux types de ces chaudières est un générateur très employé en Alsace et que, pour cela, on désigne généralement sous le nom de *chaudière d'Alsace.*

Chaudières à bouilleurs et réchauffeurs d'Alsace

(Fig. 126.) Cette chaudière comporte trois tubes bouilleurs et trois tubes réchauffeurs.

Les tubes bouilleurs sont placés immédiatement au-dessus du foyer et sous le corps principal A, avec lequel ils communiquent par l'intermédiaire de cuissards B.

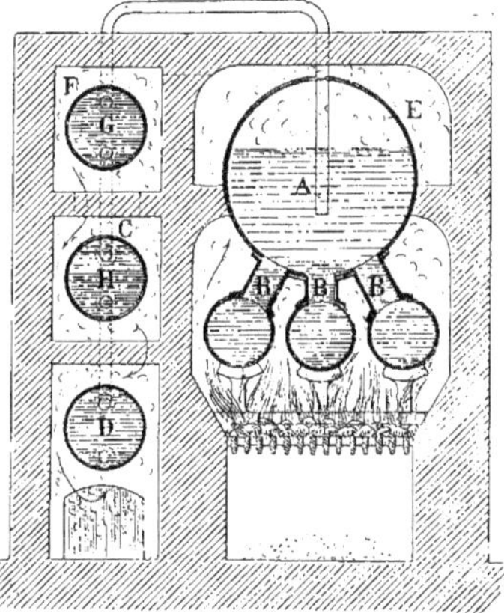

Fig. 126. — Chaudière d'Alsace à bouilleurs et réchauffeurs.

Les tubes réchauffeurs sont disposés dans une chambre latérale les uns au-dessus des autres et communiquent entre eux alternativement en avant et en arrière par des tuyaux C extérieurs à la chambre maçonnée.

Les réchauffeurs sont séparés par des cloisons en maçonnerie qui permettent le passage des gaz à leur extrémité.

Comme dans les chaudières à réchauffeurs dont nous avons parlé plus haut, l'alimentation se fait par le tube réchauffeur inférieur D, c'est-à-dire à l'endroit le moins chaud, et l'eau parcourt successivement chaque réchauffeur, puis arrive dans le corps cylindrique, à l'arrière, et de là descend dans les bouilleurs.

Les gaz chauds suivent un chemin tout à fait contraire. Partant du foyer, ils agissent d'abord directement sur les tubes bouilleurs, puis, de l'arrière, reviennent vers l'avant par un carneau E en réchauffant le corps principal.

Ils retournent vers l'arrière par un carneau latéral F contenant le réchauffeur supérieur G. Par la disposition des cloisons maçonnées, les gaz descendent dans la chambre du deuxième réchauffeur H et continuent leur chemin successivement de l'arrière à l'avant et de l'avant à l'arrière, jusqu'à ce qu'ils aillent se perdre dans le conduit de la cheminée qui communique avec le dernier carneau contenant le troisième réchauffeur.

Dans ces chaudières, la circulation méthodique est donc complètement réalisée.

Souvent, on assemble dans le même massif de maçonnerie deux corps principaux munis chacun de trois bouilleurs et séparés entre eux par une chambre contenant six tubes réchauffeurs disposés en trois rangées horizontales de deux tubes chacune.

Cette disposition comporte nécessairement deux foyers. Ce sont, en somme, deux chaudières juxtaposées.

Chaudières à bouilleurs et réchauffeurs la Rationnelle

(Fig. 127.) Il existe un autre type de chaudières à bouilleurs et réchauffeurs dans lequel est réalisée, comme dans le précédent, la circulation rationnelle de l'eau d'alimentation et qu'on appelle, pour cette raison, *la Rationnelle*.

Ce générateur se compose de deux bouilleurs A et B qui communiquent entre eux par une tubulure C et avec un réservoir supérieur D par des cuissards E. Ce réservoir transversalement trois par trois, par une tubulure F, et longitudinalement par un conduit G qui les réunit à leur extrémité supérieure.

Entre ces tubes réchauffeurs sont établies, transversalement, des cloisons en maçon-

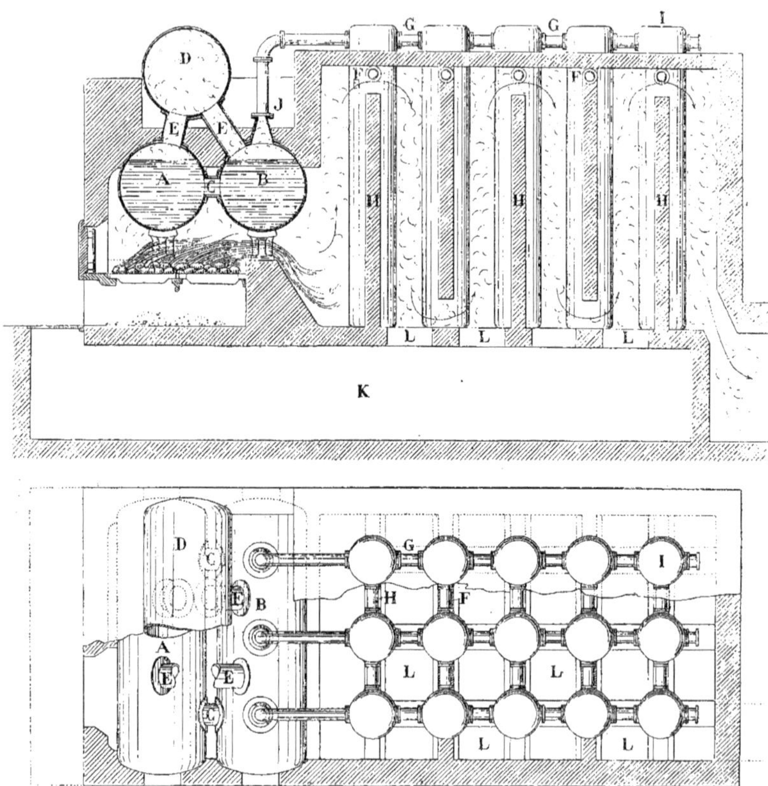

Fig. 127-128. — Chaudière la Rationnelle, coupe verticale et horizontale.

est destiné à faire office de collecteur de vapeur.

L'eau est maintenue dans les bouilleurs à un niveau un peu plus élevé que leur centre.

Dans une chambre maçonnée latérale se trouvent disposées trois séries de tubes réchauffeurs verticaux qui communiquent nerie H, formant chicane et obligeant les gaz à suivre un parcours déterminé avant de s'échapper dans l'atmosphère.

Comme dans les systèmes précédemment décrits, ces gaz passent successivement d'une rangée de réchauffeurs à l'autre en descendant et en remontant, suivant la disposition des cloisons, mais ici, il y a ceci de particulier, que les cloisons, construites dans l'axe des tubes, les enclosent par moitié dans une chambre, l'autre moitié faisant partie de la chambre suivante.

Il en résulte que les gaz chauffent d'abord une paroi, celle qui est tournée vers l'avant du foyer, puis l'autre. La température du tube réchauffeur vertical n'est donc pas la même sur la paroi avant que sur la paroi arrière. Ceci s'accorde très bien, au point de vue de la réalisation de la circulation méthodique et rationnelle de l'eau, avec le dispositif d'alimentation.

On admet, en effet, l'eau froide à l'extrémité supérieure du dernier réchauffeur I, qui est le plus éloigné du foyer.

Il se produit dans ce tube, et dans les deux autres qui font partie de sa rangée et qui communiquent avec lui, un courant qui descendant le long de la paroi la plus froide, remonte ensuite en suivant la paroi la plus chaude. De la dernière rangée de réchauffeurs, ce courant d'eau gagne la rangée qui la précède, par la tubulure supérieure G, et le même phénomène se reproduit ainsi pour chaque file de réchauffeurs, l'eau d'alimentation devenant de plus en plus chaude à mesure qu'elle se rapproche du foyer en suivant un chemin méthodiquement contraire à celui des gaz et des flammes.

Dans les rangées de réchauffeurs rapprochées du foyer, l'eau se vaporise en partie.

Aussi, pour admettre cette eau dans les bouilleurs, on lui fait parcourir un conduit J qui, à sa jonction avec un de ceux-ci, est fortement évasé et débouche à sa partie supérieure. L'eau tombe ainsi dans le bouilleur, et la vapeur qu'elle contient se dégage facilement et gagne immédiatement le collecteur D.

La disposition verticale des tubes réchauffeurs permet aux matières en suspension dans l'eau de se déposer à l'intérieur et au fond de ces tubes, d'où on peut assez commodément les enlever, et à la suie laissée par le passage des gaz sur les parois extérieures, de tomber facilement d'elle-même, quoiqu'il soit ménagé sous la chaudière une chambre de visite K, munie de trous L par lesquels on peut toujours débarrasser les parois extérieures des réchauffeurs, des dépôts qui pourraient s'y former.

Ce système de générateur donne un très bon rendement par rapport aux chaudières à bouilleurs non munies de tubes réchauffeurs.

Nous avons vu que l'adjonction de tubes bouilleurs et de tubes réchauffeurs aux corps principaux des chaudières répondait à la préoccupation d'augmenter la surface de chauffe, sans donner aux générateurs un encombrement excessif. Quoique les résultats ainsi obtenus fussent de beaucoup supérieurs à ceux donnés par la chaudière primitive à simple corps cylindrique, ils ne purent pourtant satisfaire à toutes les exigences ni répondre à tous les besoins, et on songea, pour obtenir un meilleur rendement à diviser le corps principal lui-même, réalisant ainsi une surface de chauffe plus considérable.

Chaudière semi-tubulaire

Déjà, dès 1828, un ingénieur français, Marc Séguin, avait eu cette merveilleuse idée, pour constituer une chaudière de locomotive à vaporisation active, de placer dans le corps de cette chaudière une grande quantité de tubes traversant l'eau qui y était contenue et dans lesquels il faisait passer les gaz et la flamme.

Reprenant cette idée, sous une forme un peu différente, on disposa, à l'intérieur du corps principal muni de ses bouilleurs, deux faisceaux de tubes qui le traversaient longitudinalement, et on fit passer dans ces tubes les gaz qui après avoir agi sur les bouilleurs et les grands corps cylindriques, se rendaient à la cheminée, l'ensemble constituant donc un réchauffeur tout spécial de l'eau contenue dans le corps principal.

La *chaudière semi-tubulaire* était créée, ainsi nommée parce qu'une de ses parties seulement est formée par des faisceaux tubulaires.

Ce type de chaudières est très répandu en France, où il a remplacé les chaudières à grands corps cylindriques même munies de bouilleurs.

Nous verrons d'ailleurs, plus loin, que le fait d'ajouter à l'intérieur du corps principal deux faisceaux de tubes, n'empêche nullement de conserver à la *chaudière semi-tubulaire,* ses tubes bouilleurs et ses tubes réchauffeurs.

Parmi les variétés de générateurs semi-tubulaires, nous décrirons les chaudières de la *Cie de Fives-Lille*, *Meunier, Calla, Roser, Montupet.*

Chaudière semi-tubulaire de la Cie de Fives-Lille

(Fig. 129-130.) La *chaudière semi-tubulaire de la Cie de Fives-Lille* se compose de deux bouilleurs A, réunis chacun au corps principal B par deux cuissards C et D. Dans ce grand corps cylindrique sont disposés deux faisceaux de tubes supportés par les plaques formant les fonds de ce corps et les traversant.

Ces tubes, destinés à livrer passage aux gaz chauds, aux flammes et à la fumée qui se rendent dans la cheminée, sont appelés *tubes à gaz* ou *tubes à feu,* et plus généralement *tubes à fumée.*

Le niveau moyen de l'eau contenue dans le grand corps cylindrique B, doit dépasser le niveau de la rangée supérieure des tubes à fumée, de façon que ceux-ci soient constamment baignés, dans leur traversée longitudinale de ce corps, par l'eau qu'il contient.

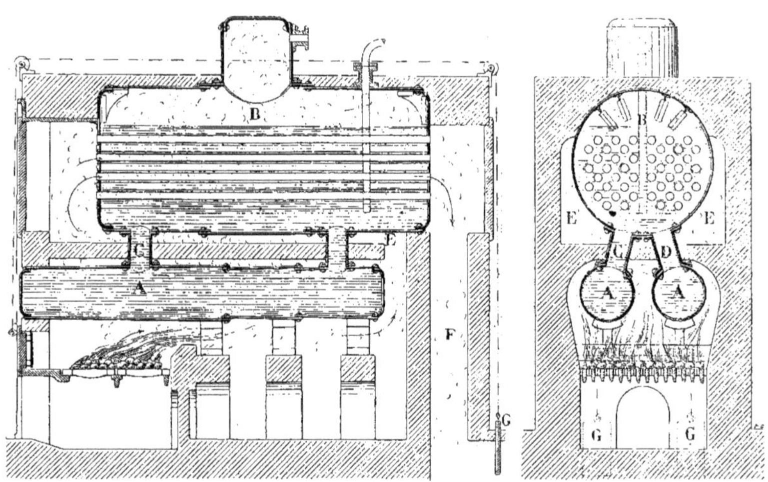

Fig. 129-130. — Chaudière semi-tubulaire de la Cie de Fives-Lille. Coupes longitudinale et transversale.

Les gaz partant du foyer agissent directement sur les bouilleurs, puis, en arrière, remontent dans un grand carneau E et reviennent à l'avant en léchant les parois du corps principal.

De l'avant, sous l'action du tirage, flammes, fumée et gaz s'engagent dans les tubes pour se rendre dans un conduit F, disposé à l'arrière, qui communique avec la cheminée.

Pendant leur passage dans les faisceaux tubulaires, ces gaz réchauffent l'eau contenue dans le corps B qui baigne les tubes extérieurement, ce qui, on le conçoit facilement, contribue à augmenter dans une notable proportion la surface de chauffe, et à rendre la mise en pression beaucoup plus rapide.

Le tirage est régularisé par le jeu de deux registres G placés à la partie inférieure du conduit d'arrière F, qui sont solidaires, par l'intermédiaire d'une chaîne, de la porte du foyer et disposés de telle façon qu'on ne puisse ouvrir la porte du foyer que lorsque les registres sont fermés, évitant ainsi que l'air froid s'engouffre en trop grande quantité dans le foyer et nuise à la combustion régulière. La chaudière possède son dôme muni d'un conduit de prise de vapeur.

Tubes à fumée

Il est indispensable, avant de poursuivre la description des autres systèmes de chaudières appartenant à ce même type, d'examiner en détail le point le plus délicat et le plus important de la fabrication de ces générateurs. Il réside dans le montage, qui doit être à la fois simple, robuste et précis, des tubes à fumée dans les fonds du corps principal.

Ces tubes que l'on faisait primitivement, pour les locomotives, en cuivre rouge, puis qu'on a construits en laiton, sont presque toujours en acier doux dans les chaudières fixes. Leur fixation dans les *plaques tubulaires* formant les fonds de la chaudière, a été faite de plusieurs façons ayant toutes pour objet de réaliser de bons joints étanches et de résister à l'effort exercé par la vapeur produite dans le grand corps cylindrique sur les *plaques tubulaires,* effort qui tend à les éloigner l'une de l'autre et à disjoindre les tubes.

Primitivement, on ajustait les tubes dans leurs trous respectifs percés dans les *plaques tubulaires,* puis avec un outil conique en acier appelé *mandrin,* que l'on introduisait à chaque bout du tube, on écrasait ses extrémités contre les parois de la plaque, ce qui formait un serrage bien suffisant pour assurer l'étanchéité du joint.

Quelquefois, en outre, on rabattait sur la plaque l'extrémité du tube, qu'on avait eu le soin de laisser déborder un peu (fig. 131).

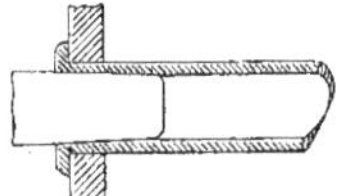

Fig. 131. — Tube à fumée.

Ce rabattement de métal constituait une rivure qui faisait, des tubes à fumée, autant d'entretoises placées entre les plaques tubulaires de la chaudière et les empêchant de s'écarter sous la pression de la vapeur.

Un autre mode de montage consiste à compléter la rivure précédente par l'adjonction d'une bague légèrement conique que l'on entre à force, à chaque extrémité du tube (fig. 132).

Cette bague a l'avantage de constituer un

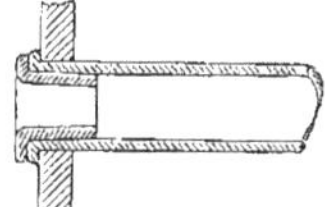

Fig. 132. — Tube à fumée avec bague.

renfort à l'endroit du joint, mais elle a l'inconvénient de réduire le diamètre du tube, à l'entrée et à la sortie, diminuant ainsi la section de passage des gaz.

Ces dispositions, tout en permettant de réaliser un corps de chaudière bien entretoisé et partant bien robuste, présentaient d'autre part des inconvénients au point de vue du remplacement des tubes à fumée avariés. Il faut nécessairement, pour enlever un de ces tubes, supprimer d'abord les deux rivures qui le maintiennent fixé aux plaques et le chasser par un bout pour le sortir de son logement, opération qui ne va pas sans quelque difficulté. Aussi a-t-on songé à construire des tubes qui, tout en ne laissant rien à désirer au point de vue de l'étanchéité des joints, puissent être très facilement démontables et remplacés rapidement en cas d'avarie.

Le *tube Bérendorf* remplit ces conditions.

Tube Bérendorf

(Fig. 133.) C'est un tube en acier doux, ayant à chaque extrémité un supplément d'épaisseur qui constitue un renflement et un renforcement. Ces renflements sont coniques, le diamètre le plus grand se trouvant vers l'avant de la chaudière. Les trous des plaques tubulaires destinées à recevoir l'extrémité de ces tubes sont également coniques, de façon que les tubes puissent s'y ajuster parfaitement.

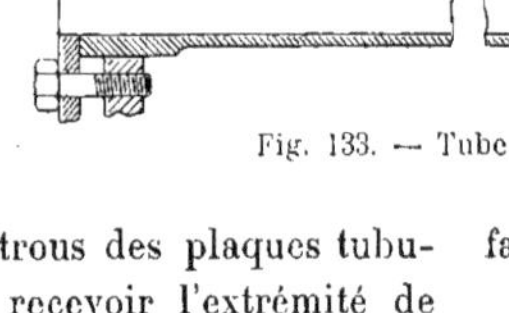

Fig. 133. — Tube Bérendorf.

Pour monter un tube, on l'introduit par l'avant de la chaudière ; l'extrémité arrière, de diamètre le plus réduit, passe d'abord dans le trou de la plaque tubulaire avant A, qui a un diamètre plus grand, puis va s'ajuster dans le trou qui lui est destiné dans la plaque arrière B, pendant que l'extrémité avant du tube vient se loger, sans jeu, dans le trou de la plaque avant. On l'enfonce alors jusqu'à refus, et le tube ainsi monté forme des joints bien étanches.

Toutefois la pression intérieure de la vapeur tend à faire sortir les tubes de leurs trous et il est nécessaire, pour éviter qu'ils puissent être projetés hors de leur logement, de munir l'avant des faisceaux tubulaires d'une plaque de fonte C, fixée à la plaque tubulaire A par des boulons, qui maintient tous les tubes en bout, les empêchant ainsi de faire le moindre chemin en avant.

On voit que les *tubes Bérendorf,* s'ils réalisent *l'amovibilité* désirée, ne peuvent être pourtant considérés, ainsi que les tubes précédents, comme des entretoises entre les deux plaques tubulaires. Ils ne s'opposent nullement, en effet, à l'écartement de ces plaques. Aussi le complément obligatoire des *tubes Bérendorf* dans une chaudière, est l'emploi du *tube tirant.*

Tubes tirants

(Fig. 134.) Les *tubes tirants* font partie du faisceau tubulaire, qui en comprend de 6 à 10, suivant la surface de la plaque tubulaire.

Ils sont plus épais que les tubes ordinaires et sont rendus solidaires des plaques tubulaires par des écrous et des contre-écrous, qui les brident à chacune de leurs extrémités contre ces plaques.

Ils résistent donc, comme le feraient des tirants, à l'écartement des fonds de la chaudière.

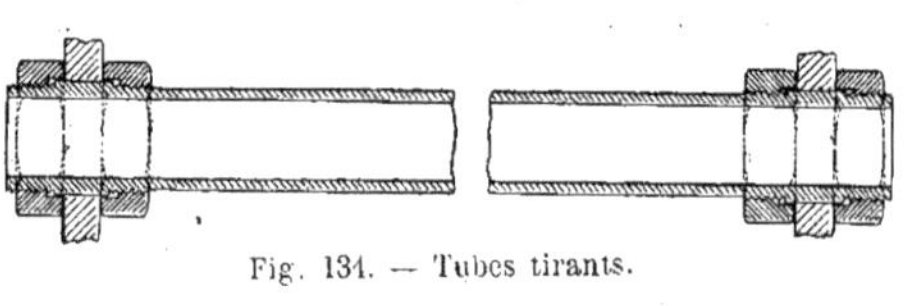
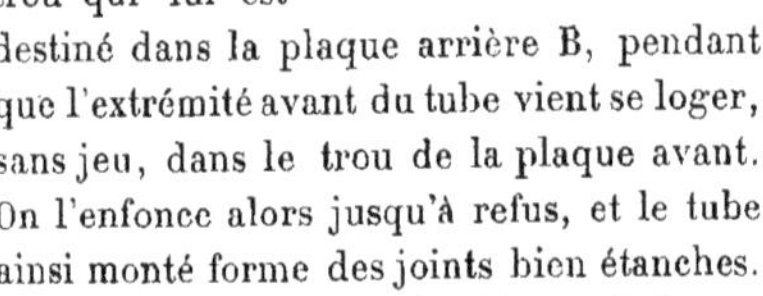
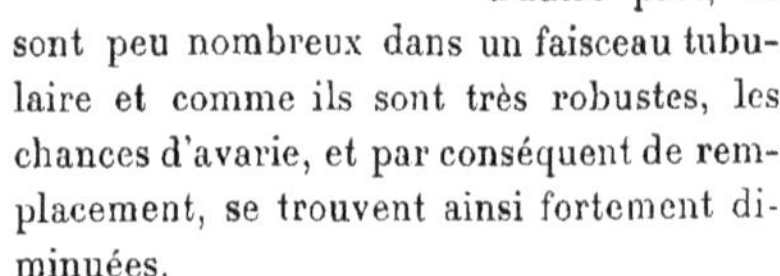
Fig. 134. — Tubes tirants.

Ils sont un peu plus difficiles à démonter que les tubes Bérendorf ; mais comme, d'autre part, ils sont peu nombreux dans un faisceau tubulaire et comme ils sont très robustes, les chances d'avarie, et par conséquent de remplacement, se trouvent ainsi fortement diminuées.

Parfois, on remplace le tube tirant par une tige de fer pleine, montée de la même façon sur les plaques tubulaires ; mais, dans ce cas, ces tirants pleins, ne pouvant être portés, par les gaz chauds, à la même température que celle des tubes, se dilatent moins et donnent lieu à des mouvements qui peuvent disjoindre les assemblages des tubes et occasionner des fuites.

L'emploi des *tubes Bérendorf* nécessite une grande précision dans leur ajustage sur les plaques tubulaires, pour en obtenir les avantages désirés.

Nous les avons décrits dès l'abord des *chaudières semi-tubulaires,* parce qu'ils sont employés dans un certain nombre d'entre elles, et notamment dans la chaudière de la Compagnie de Fives-Lille dont nous avons parlé plus haut, et dans la *chaudière Meunier,* que nous allons examiner ci-dessous.

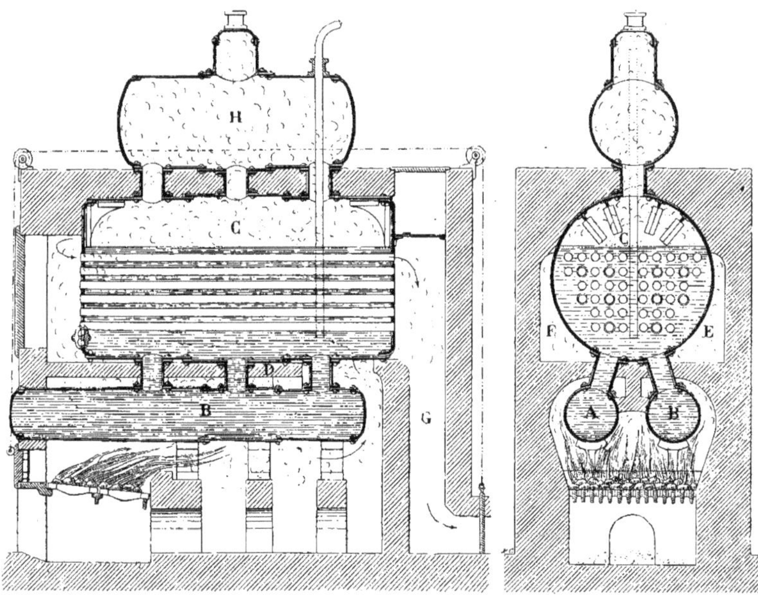

Fig. 135-136. — Chaudière semi-tubulaire Meunier. Coupes longitudinale et transversale.

Chaudière semi-tubulaire Meunier

(Fig. 135-136.) La *chaudière Meunier* ne diffère pas, en principe, de la *chaudière de Fives-Lille*. Elle se compose, comme celle-ci, de deux bouilleurs A et B et d'un grand corps cylindrique C dans lequel sont placés deux jeux de faisceaux tubulaires.

Chaque bouilleur est réuni au corps principal par trois cuissards, et une cloison D divise la chambre des bouilleurs en deux capacités qui se prolongent, au-dessus, le long du corps principal C, par deux carneaux E et F latéraux, aboutissant à l'avant de la chaudière devant les faisceaux tubulaires.

Les gaz chauds, comme dans la chaudière précédente, parcourent trois fois la longueur de la chaudière, mais en se divisant en deux flux et en se répandant dans les deux carneaux, avant de venir se perdre dans le conduit d'arrière G, qui débouche dans la cheminée. Ce conduit possède un registre régulateur de tirage.

Le grand corps cylindrique C est surmonté d'un réservoir de vapeur H, qui communique avec lui par trois larges tubulures et qui porte la prise de vapeur. L'alimentation se fait par un conduit qui traversant le réservoir H vient déboucher dans le corps principal C.

Cette chaudière est constituée avec des *tubes amovibles Bérendorf* et munie de tubes tirants semblables à ceux que nous avons décrits plus haut

Les fonds du grand corps cylindrique sont en acier doux et ont les bords repoussés de façon à former une nervure circulaire qui sert d'abord à les river à la partie cylindrique du corps et qui, de plus, donne de la rigidité à ces plaques.

En outre, à leur partie supérieure, à l'endroit où on ne pratique pas de trous pour recevoir des tubes, on place des *goussets*, sortes de consoles métalliques qui maintiennent d'une façon rigide les fonds déjà fixés au corps principal.

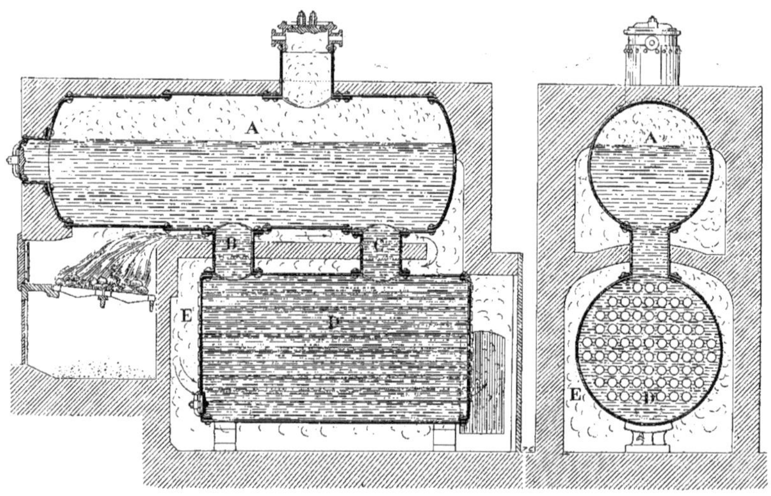

Fig. 137-138. — Chaudière semi-tubulaire Calla. Coupes longitudinale et transversale.

Chaudière semi-tubulaire Calla (Fig. 137-138.) La *chaudière Calla* comporte une disposition particulière qu'il est intéressant de signaler.

Le corps principal A est directement soumis à l'action des flammes et communique, par deux cuissards B et C, avec un second corps cylindrique D, placé au-dessous, dont les fonds portent, sur toute leur surface, des tubes à fumée.

Les gaz après avoir agi sur le corps cylindrique supérieur A descendent dans la chambre inférieure E, léchant sur toute sa surface le corps inférieur D, et, passant dans les tubes à fumée, se rendent dans la cheminée.

Cette disposition, tout en donnant plus d'importance au système tubulaire, permet, en outre, de conserver aux fonds du corps principal A la forme rationnelle qui offre la résistance maximum à la pression de la vapeur qui y est produite. Le réservoir inférieur D, muni de son système de tubes à fumée, agit comme un réchauffeur.

Il est constamment rempli d'eau, et de ce fait les précautions à prendre pour les entretoiser et pour assurer l'étanchéité des joints peuvent être moins strictes, ses fonds n'étant pas soumis à l'action de la vapeur.

L'alimentation se fait en admettant l'eau à la partie inférieure du réservoir D.

Chaudière semi-tubulaire Roser

(Fig. 139-140.) La *chaudière semi-tubulaire Roser* possède, comme les précédentes, deux bouilleurs A et B, mais chacun de ces bouilleurs ne communique avec le corps principal C que par un seul cuissard D disposé à l'arrière. Toutefois, de l'extrémité antérieure de chaque bouilleur part un tuyau E, qui se rend dans une capacité F rapportée sur le fonds du grand corps cylindrique et qui communique avec lui. Cette capacité est disposée de façon à être partagée dans la moitié de sa hauteur par le plan du niveau moyen de l'eau dans la chaudière. Les tubes bouilleurs sont rendus solidaires du corps principal, en avant, par des supports en fonte G qui remplacent les cuissards d'avant supprimés dans cette disposition.

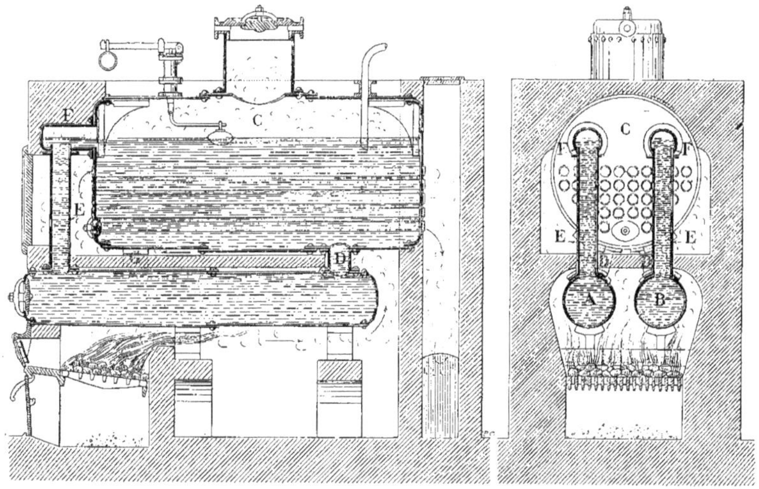

Fig. 139-140. — Chaudière semi-tubulaire Roser. Coupes longitudinale et transversale.

L'avantage de la *chaudière Roser* consiste dans la suppression, à l'avant des bouilleurs, de la poche de vapeur qui tend toujours à s'y former dans la disposition ordinaire. En effet, pour éviter les coups de feu sur les cuissards d'avant et pour ne pas affaiblir les parois des bouilleurs à l'endroit où la flamme est la plus vive, on met ordinairement ces cuissards assez loin du foyer, créant ainsi, en avant du bouilleur, une poche dans laquelle la circulation de l'eau et de la vapeur devient d'autant plus difficile que cette partie est soumise directement à l'action des gaz chauds.

Dans le cas présent, la vapeur qui se forme en avant du bouilleur monte par le tuyau E dans le corps principal, sans qu'elle soit obligée de traverser une grande couche de liquide.

Son dégagement est donc très facilité et on évite ainsi la formation à l'avant du bouilleur d'un *ciel de vapeur* qui aurait pour objet d'avarier rapidement les parois ainsi soumises à l'action de la flamme, sans être baignées intérieurement par l'eau.

Le corps principal C est muni, comme dans les autres dispositifs, de deux faisceaux tubulaires, et l'alimentation se fait par l'extrémité arrière du grand corps cylindrique, dans lequel vient déboucher le conduit de l'eau froide.

Chaudière semi-tubulaire Montupet

(Fig. 140-142.) Dans le *système semi-tubulaire Montupet*, les deux bouilleurs A et B sont, comme à l'ordinaire, réunis chacun au grand corps cylindrique C par deux cuissards D et E, placés à l'avant et à l'arrière; mais, pour éviter les poches de vapeur à l'avant des bouilleurs, on a disposé dans ceux-ci et à leur partie antérieure des cloisons en tôle F, qui obligent la vapeur formée à gagner les cuissards d'arrière. Ces cuissards sont prolongés à l'intérieur du corps principal par une tubulure qui, passant entre les deux jeux de faisceaux tubulaires qui y sont disposés, débouche un peu au-dessus du plan du niveau moyen de l'eau. Cette disposition, comme la précédente, présente l'avantage de faciliter le dégagement de la vapeur.

Des cloisons G superposées, placées dans le dôme de vapeur et inclinées vers l'avant, permettent à la vapeur de se débarrasser de l'eau entraînée qui retombe dans le corps cylindrique C.

La circulation des gaz se fait suivant un chemin identique à celui de tous les précédents systèmes que nous venons d'examiner.

L'alimentation se fait dans le corps cylindrique C, et l'eau se rend dans les bouilleurs par les cuissards d'avant.

On peut adjoindre à un générateur semi-tubulaire un système de tubes réchauffeurs, si les gaz ne sont pas assez refroidis quand quand ils arrivent à la cheminée.

Pour cela, il n'y a qu'à ménager, sur un des flancs du générateur, une chambre maçonnée, dans laquelle on peut disposer un ou plusieurs tubes réchauffeurs, séparés entre eux par des cloisons, qui dirigent la circulation des gaz, comme nous l'avons déjà vu, d'abord le long d'un tube réchauffeur, puis successivement le long des tubes suivants.

Le cheminement des flammes, gaz et fumée dans la chaudière semi-tubulaire elle-même n'est pas changé; il n'est que prolongé dans les carneaux contenant les tubes réchauffeurs.

Dans ce dispositif, l'alimentation doit se faire en admettant l'eau dans le dernier tube réchauffeur soumis à l'action des gaz

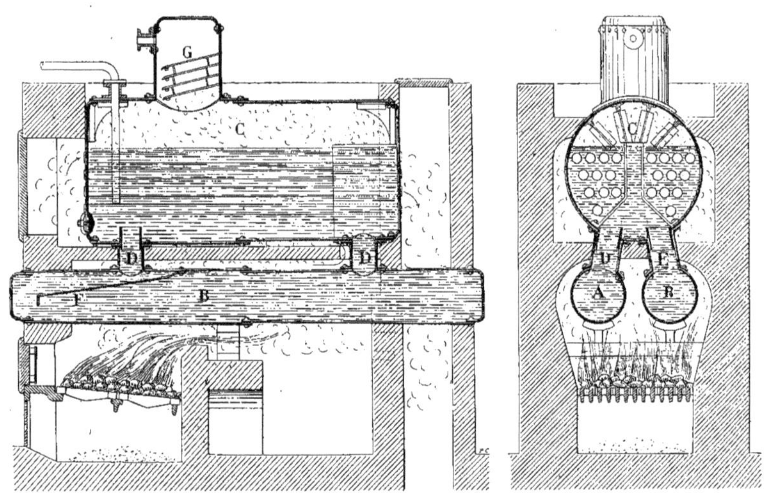

Fig. 141-142. — Chaudière semi-tubulaire Montupet. Coupes longitudinale et transversale.

les plus refroidis et en établissant des communications successives réalisant une circulation d'eau inverse de la circulation des gaz.

En résumé, les *générateurs semi-tubulaires* ont, sur les *générateurs ordinaires,* l'avantage de produire une vaporisation plus active et de donner un rendement supérieur, tout en ayant un encombrement moindre; mais, comme nous l'avons dit, il est nécessaire de porter le plus grand soin au montage des *faisceaux tubulaires,* quelle que soit la disposition adoptée. En outre, il ne faut négliger aucune des précautions susceptibles d'assurer la solidité des plaques formant les fonds de la chaudière. Le travail de construction et de consolidation de ces fonds demande à être fait avec soin et précision.

Les *chaudières semi-tubulaires* ne devaient être qu'une disposition intermédiaire entre les *générateurs à grands corps cylindriques* et les *générateurs multitubulaires,* dont l'emploi tend à se généraliser de plus en plus, quand on ne dispose que d'un espace restreint pour leur installation.

Chaudière multitubulaire à tubes d'eau.

La *chaudière multitubulaire à tubes d'eau* est constituée par un certain nombre d'éléments formés de tubes dans lesquels, à l'inverse de ce qui a lieu pour les chaudières semi-tubulaires, circule l'eau à vaporiser. Ces tubes, auxquels les différents constructeurs ont donné des dispositions spéciales que nous allons examiner, sont soumis directement à l'action de la flamme et constituent autant de petits réservoirs dans lesquels se produit la vapeur.

On se rend compte que cette division du primitif grand corps cylindrique en un grand nombre de petits corps chauffés extérieurement, augmente d'abord dans une grande proportion la surface de chauffe, à encombrement égal; qu'en outre, la vaporisation et la mise en pression sont beaucoup plus rapides et qu'enfin les conséquences produites par une explosion éventuelle sont loin d'être aussi redoutables, car le petit volume d'eau que contient chaque tube, limite forcément à un rayon bien moindre, l'étendue des accidents pouvant résulter d'une déchirure ou de l'éclatement d'un de ces éléments tubulaires. D'ailleurs, la rupture d'un tube a lieu rarement par éclatement; il se produit plutôt sur lui des déchirures par lesquelles la vapeur peut s'échapper et brûler ceux qui sont à proximité.

On remédie à cet inconvénient en adoptant certaines dispositions convenables que nous signalerons au moment voulu.

Les considérations que nous venons d'exposer, relatives au peu de probabilité d'une explosion qui, d'autre part, ne saurait être bien redoutable, dans ces types de générateurs, leur a fait donner le nom de *chaudières inexplosibles multitubulaires.*

Un des premiers *générateurs multitubulaires* fut construit en 1850, par un ingénieur français, Belleville, dans le but d'obtenir une vaporisation instantanée de l'eau injectée à la partie inférieure d'un serpentin. Ce serpentin était constitué par une série de tubes reliés les uns aux autres et soumis à l'action des gaz chauds. L'eau injectée se vaporisait à mesure qu'elle avançait dans le faisceau tubulaire. Il n'existait donc pas, dans ce type primitif, de réservoir d'eau, et c'est précisément pour cela qu'on ne put longtemps utiliser cette disposition, car il était très difficile d'empêcher les tubes de chauffer, quelquefois jusqu'au blanc, et de se détériorer rapidement.

Belleville abandonna alors le principe de la vaporisation instantanée et songea à laisser les éléments tubulaires se remplir d'eau par le dispositif d'alimentation, créant ainsi sa chaudière universellement connue, laquelle, à la suite des incessants perfectionnements qui y ont été apportés, est devenue une des plus parfaites parmi celles qui sont employées aujourd'hui.

Depuis, Serpollet, en combinant des serpentins appropriés, a réalisé, ainsi que nous le verrons plus loin, la chaudière à vaporisation instantanée entrevue par Belleville.

Chaudière multitubulaire Belleville. (Fig. 143 à 149.) La *chaudière multitubulaire Belleville* se compose du générateur proprement dit, formé d'un faisceau A de tubes en acier doux, étirés sans soudure, qui, montés dans des boîtes de raccord B et C disposées en avant et en arrière, constituent des sortes de serpentins dans lesquels circule l'eau à vaporiser. Cités superposées, constitue ce que l'on appelle une *fourche;* une série de fourches placées les unes au-dessus des autres forme un *élément* de générateur, élément indépendant, amovible, et qui est relié, en bas, avec le collecteur d'alimentation H (fig. 145) et, en haut, avec le *collecteur-épurateur* de vapeur I.

On comprend que l'eau, qui arrive par le collecteur inférieur H dans la boîte de

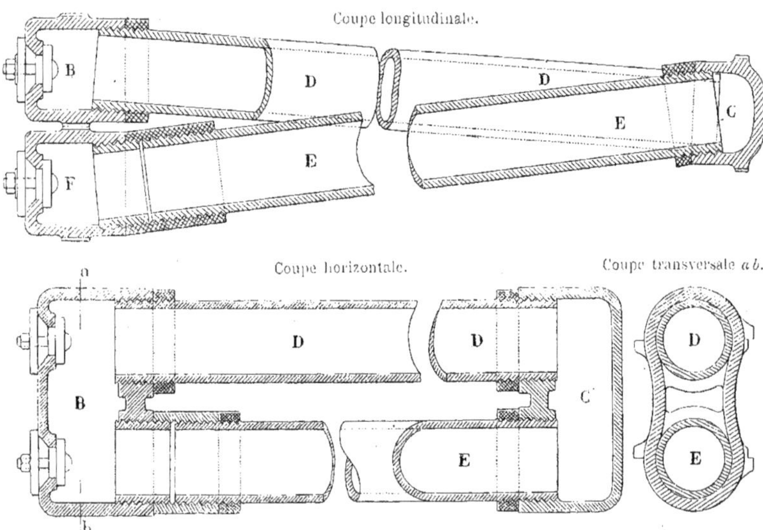

Fig. 143-144. — Fourche de chaudière Belleville.

L'assemblage de ces tubes dans les boîtes de raccord est assez curieux. Dans chaque boîte postérieure C (fig. 143-144) sont vissés deux tubes D et E qui sont côte à côte et qui débouchent dans cette boîte ; mais tandis qu'un de ces tubes, celui de gauche, D, vient aboutir à la boîte de raccord avant, B, l'autre tube E de droite débouche dans la boîte de raccord avant inférieure F, sur laquelle il est fixé par l'intermédiaire d'un manchon fileté.

Cet ensemble de deux tubes communiquant tous les deux à l'arrière avec la même capacité et à l'avant avec des capa- raccord avant F, va, par l'intermédiaire du tube de droite E, remplir la boîte de raccord arrière C sur laquelle il est vissé ; de là l'eau monte, par le tube de gauche D débouchant dans cette même capacité C, dans la boîte de raccord avant B, d'où un autre tube placé à droite la conduit dans une nouvelle boîte de raccord arrière située au-dessus de la première, et ainsi de suite jusqu'à la fourche supérieure, qui communique avec le collecteur de vapeur I.

Pendant son trajet ascendant, l'eau qui est soumise à l'action directe des gaz qui enveloppent les tubes, s'échauffe progressivement, et elle arrive à l'état de vapeur mélangée d'eau dans le réservoir I.

Les boîtes de raccord avant portent toutes en face de chaque tube une ouverture ap-

communique par une tubulure au collecteur d'alimentation (fig. 145) H. Cette tubulure est ajustée conique à la fois dans la boîte et dans le collecteur.

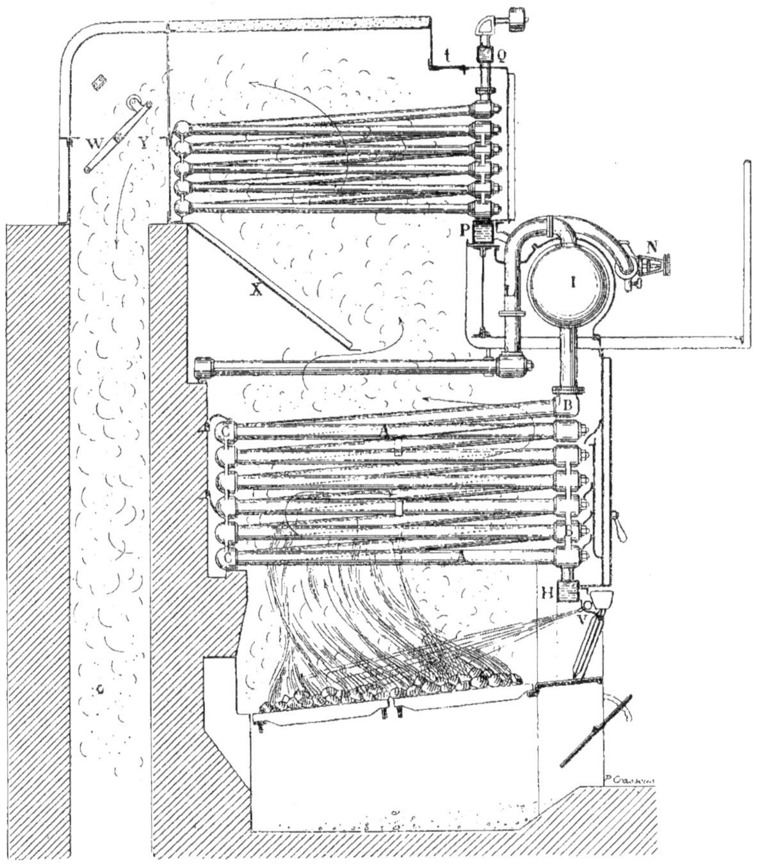

Fig. 145. — Chaudière Belleville. Coupe longitudinale.

pelée *trou de poing* qui permet le nettoyage et la visite de ces tubes.

Cette ouverture est hermétiquement fermée au moyen d'un tampon en acier, bridé de l'extérieur par un boulon et formant *joint autoclave*.

La boîte inférieure de raccord d'avant

Ce collecteur H a une section de forme carrée et alimente simultanément tous les éléments tubulaires, par les conduits qui débouchent tout le long de sa paroi supérieure.

Le *collecteur-épurateur de vapeur* I (fig. 146) est un réservoir cylindrique placé à la partie supérieure du générateur et dans lequel se rend la vapeur produite dans chaque *élément tubulaire*.

La jonction entre chaque élément et le collecteur I est faite par des tubulures qui aboutissent à sa génératrice inférieure.

Dans le collecteur épurateur I se trouve disposée une chicane J qui, formant d'abord cloison horizontale à la partie inférieure, prend ensuite une forme circulaire sensiblement concentrique à la paroi intérieure et dont l'extrémité légèrement relevée porte, dans sa longueur, des échancrures.

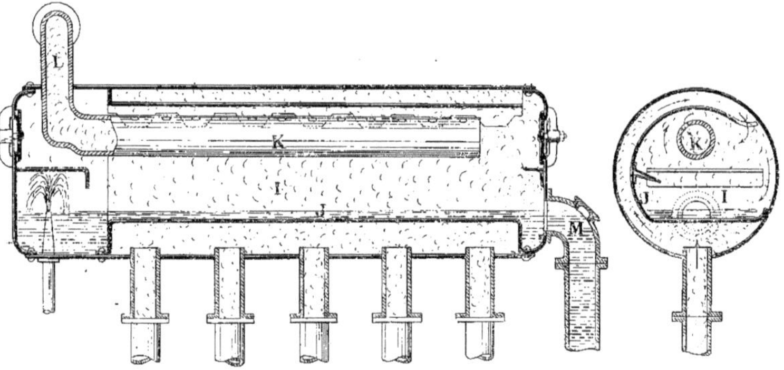

Fig. 146. — Collecteur épurateur de vapeur.

Un tube K, placé longitudinalement dans l'épurateur et tout près de la partie supérieure de la cloison J, est percé sur une génératrice d'une série de petits trous et communique par un tuyau L avec le *sécheur de vapeur*.

La vapeur produite dans les éléments tubulaires arrive avec une grande vitesse dans l'épurateur de vapeur, en entraînant avec elle une certaine quantité d'eau.

Le mélange frappe d'abord la partie horizontale de la cloison J où l'eau commence à être rabattue vers le fond, puis tournant dans l'espace vide formé entre la cloison et la paroi intérieure du réservoir, il vient aboutir dans la capacité ; mais l'eau, sous l'action de la force centrifuge, continue sa course autour de la paroi intérieure et finalement retombe dans le bas de la cloison, d'où elle est dirigée vers un conduit M. La vapeur, au contraire, passant par les échancrures de la cloison circulaire, pénètre, par la rangée de petits trous, dans le tuyau K, d'où, par l'intermédiaire du conduit L, elle se rend au *sécheur*.

La figure 146 représente un collecteur épurateur simple. On le construit également double. C'est celui qui est représenté sur la figure 147 (vue de face de la chaudière Belleville). L'eau descend par deux tuyaux M disposés à droite et à gauche de l'épurateur et est admise par une tubulure placée au milieu de sa longueur.

Le *sécheur de vapeur* est un serpentin analogue à celui que forment les tubes à eau, et disposé horizontalement au-dessus des éléments tubulaires constituant le générateur (fig. 145).

Il se compose de tubes vissés deux à deux, à l'avant et à l'arrière, dans des boîtes de raccords qui les font ainsi communiquer successivement à chacune de leurs extrémités avec les tubes voisins.

Nous venons de dire que le *sécheur* reçoit la vapeur produite dans le générateur, par le tuyau L, après que celle-ci s'est débarrassée, dans l'épurateur, de l'eau entraînée et des matières étrangères.

Toutefois cette vapeur est encore humide, et on ne saurait l'employer avantageusement en cet état.

On lui fait donc parcourir, avant de l'utiliser, tous les tubes qui constituent le *sécheur*. Pendant ce trajet, elle est soumise à la chaleur des gaz qui enveloppent ces tubes, et quand, au sortir du *sécheur*, elle arrive dans la capacité de prise de vapeur N, elle est prête à être utilisée dans les conditions les plus favorables.

Examinons maintenant comment s'opère l'alimentation. Nous avons vu que l'eau à vaporiser était distribuée dans les éléments tubulaires du générateur par un collecteur d'alimentation H; mais avant d'arriver à ce collecteur, l'eau parcourt un grand circuit pendant lequel elle se réchauffe et s'épure.

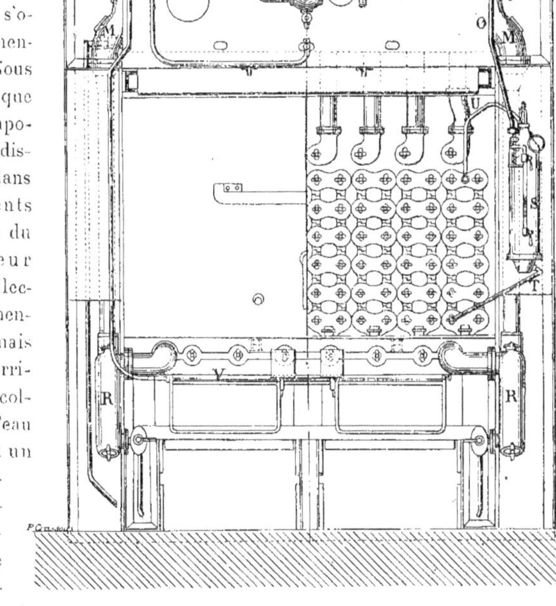

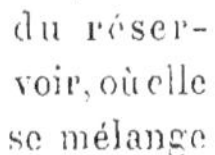

Fig. 147. — Chaudière Belleville, vue de face.

L'eau d'alimentation est admise de l'extérieur, par un conduit O, dans un collecteur P (fig. 145 et 147) à section carrée, qui communique par une série de tubulures avec les boîtes de raccord avant de plusieurs groupes de faisceaux tubulaires disposés de façon tout à fait identique à celle des éléments du générateur.

A la partie supérieure de chaque groupe, l'eau est recueillie dans un second réservoir Q de section également carrée, et de là, par une canalisation unique, est renvoyée dans le collecteur-épurateur I.

Pendant son trajet dans ce serpentin supérieur, qui n'est autre chose qu'un *réchauffeur* ou *économiseur*, utilisant la chaleur des gaz avant leur entrée dans la cheminée, l'eau a pris une température de plus en plus élevée et c'est dans cet état qu'on l'injecte, avec une certaine pression, dans l'*épurateur*.

Des cloisons disposées convenablement la font retomber en gerbe (fig. 146), au bas du réservoir, où elle se mélange avec l'eau qui a été auparavant séparée de la vapeur qui l'avait entraînée.

La vapeur contenue dans l'*épurateur*, possédant une température très élevée, agit sur cette eau et, tout en la réchauffant, précipite instantanément les sels qu'elle contient, sous forme de dépôts à l'état pulvérulent. Ces dépôts sont entraînés par l'eau qui, par le conduit M, descend dans un récipient inférieur R appelé *déjecteur*.

A la partie inférieure du *déjecteur* est ménagée une ouverture fermée par un robinet, par laquelle on peut, à chaque instant, se débarrasser des dépôts qui s'y sont accumulés.

De la partie supérieure du *déjecteur* part un conduit qui amène l'eau purifiée dans le collecteur d'alimentation H, d'où elle est distribuée dans le faisceau tubulaire dans lequel elle se transforme en vapeur.

La masse d'eau contenue dans ce système de chaudière n'est pas considérable; elle ne représente environ que le tiers de la masse d'eau capable d'être vaporisée dans l'espace d'une heure.

La régularité d'alimentation, qui est une condition essentielle du bon fonctionnement des générateurs, en général, doit être, dans ce cas particulier, assurée de façon à ne permettre que des écarts très limités.

A cet effet, on a branché sur la conduite d'eau d'alimentation, entre la *pompe alimentaire* que nous décrirons ultérieurement et le collecteur inférieur P de l'*économiseur*, un appareil dont le but est de n'admettre que la quantité d'eau nécessaire et au moment qu'il convient.

Il se nomme *régulateur automatique d'alimentation* (fig. 148).

Ce régulateur est composé d'une capacité S qui communique par un tuyau inférieur T (fig. 147) avec la boîte de raccord inférieure avant d'un élément tubulaire de la chaudière et par un conduit supérieur U avec la boîte de raccord supérieure de ce même élément.

Cette capacité S qu'on nomme aussi *bouteille de niveau* se remplit d'eau jusqu'au niveau correspondant à celui qui existe dans le faisceau tubulaire, ce qui permet, en y branchant un niveau d'eau à tube de verre, de se rendre compte, à chaque instant, de la hauteur de cette eau dans le générateur.

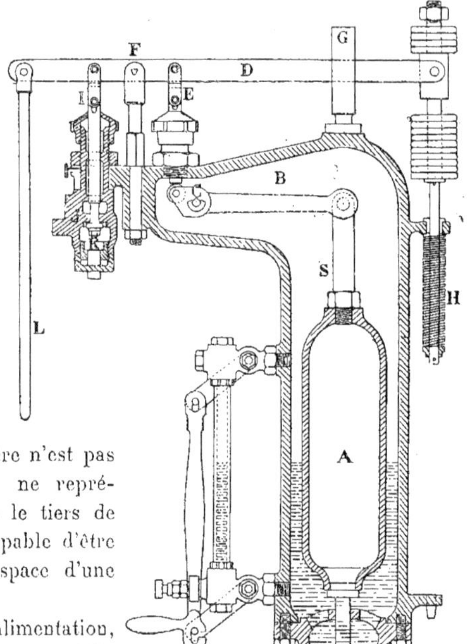

Fig. 148. — Régulateur automatique d'alimentation.

En outre, dans la bouteille S, se trouve un flotteur métallique A qui, par l'intermédiaire d'un levier B pivotant sur un couteau fixe C, commande le levier D, en poussant sur la tige E à laquelle il est relié.

Ce levier D, articulé en un point fixe F, est guidé verticalement par une chape G et porte à une de ses extrémités un contrepoids et un ressort H qui sont réglés pour permettre le mouvement convenable du levier comme nous allons le voir.

A l'autre extrémité du levier D est articulée une tige I qui porte en bout une soupape K pouvant ouvrir ou obturer un orifice J qui communique avec la conduite d'eau venant de la *pompe alimentaire.*

Quand le niveau de l'eau vient à baisser dans la chaudière, il baisse également dans la *bouteille* et provoque la descente du flotteur A. Celui-ci entraîne le levier B qui, basculant autour du couteau C, soulève la tige E et le levier D qui lui est solidaire.

Le relèvement du levier D comprime le ressort H, et on voit que l'action du contrepoids et la tension de ce ressort ne doivent pas équilibrer le flotteur, qui, dans ce cas, ne suivrait pas librement les fluctuations du niveau de l'eau; mais toutefois on peut leur donner une valeur suffisante pour que, dans le mouvement de montée du flotteur, elles puissent franchement provoquer le mouvement de descente de ce même levier D.

Le relèvement du levier D, occasionné par la descente du flotteur A, a pour effet de faire baisser la tige I et de libérer l'orifice J. L'eau peut donc passer dans le tuyau d'alimentation, qui la conduit dans le collecteur P (fig. 147). Ce régime subsiste tant que le niveau de l'eau n'est pas suffisamment élevé dans les faisceaux tubulaires.

Quand le niveau de l'eau a repris sa hauteur normale, le flotteur A, qui a suivi son ascension, a fait basculer le levier B, et la tige E, qui n'a plus de butée à son extrémité inférieure, descend par l'action du levier D, sollicité à son tour à descendre, par le contrepoids et le ressort.

La tige I se relève et la soupape K obture à nouveau l'orifice d'alimentation.

Un simple réglage portant sur les différents bras de leviers permet de limiter les écarts de niveau entre lesquels il y aura lieu d'admettre l'eau d'alimentation

En bout du levier D on attache quelquefois une tringle L, munie d'une poignée, de façon qu'on puisse, en cas de baisse rapide du niveau de l'eau, ouvrir à la main la soupape d'admission d'eau K.

On est averti de cette éventualité par un sifflet d'alarme, qui ne fonctionne, sous l'action du levier D, que lorsque le niveau de l'eau a baissé, dans la chaudière, au-dessous du niveau minimum.

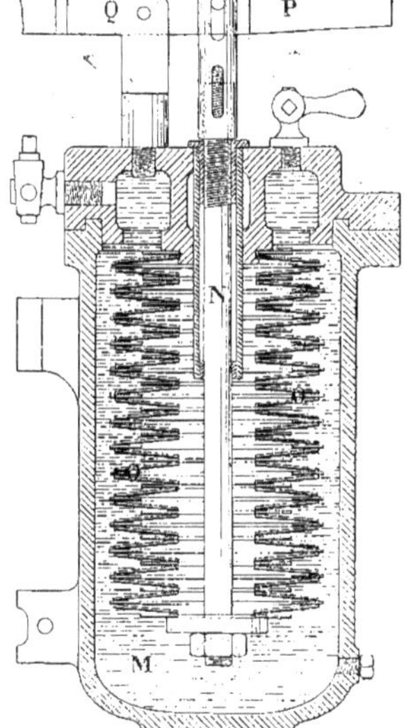

Fig. 149. — Régulateur automatique de combustion et de pression.

La circulation des gaz partant du foyer est assurée, dans la chaudière Belleville, par deux cloisonnements horizontaux et des chicanes placées en bout des fourches.

Ces gaz qui, à l'avant de la grille, sont déjà brassés par un jet de vapeur envoyé par un souffleur V (fig. 145), que nous avons précédemment décrit dans le chapitre VIII, serpentent à travers le faisceau tubulaire constituant le générateur, agissent sur le *sécheur,* puis, dirigés par une cloison inclinée X, montent dans le faisceau composant l'*économiseur* et par l'orifice Y, dont un registre valve W peut limiter l'ouverture, s'échappent dans le conduit qui les amène à la cheminée.

Ce registre est commandé par un appareil spécial Z (fig. 147), appelé *régulateur automatique de combustion et de pression.*

Il est indispensable, en effet, que le jeu du registre soit intimement lié avec la variation de pression dans la chaudière, eu égard au petit volume d'eau qu'elle contient, qui ne permet que des variations assez limitées dans le régime du générateur.

Le *régulateur automatique de combustion et de pression* (fig. 149), se compose d'une capacité M, contenant de l'eau, dans laquelle on fait arriver la vapeur produite dans le générateur.

Dans cette capacité descend une tige centrale N, sur laquelle sont superposées des rondelles en acier, O, formant ressort.

La tige N est solidaire d'un levier P, qui, articulé en un point fixe Q, commande à son extrémité la manœuvre du registre valve W.

Quand la pression de la vapeur admise dans le régulateur est trop forte, elle tend à comprimer la série de rondelles-ressorts et fait monter la tige centrale N, qui, faisant basculer le levier P, provoque la fermeture progressive du registre valve.

Le tirage est diminué et la combustion devient moins active.

Lorsque, au contraire, la pression diminue, les rondelles tendent à reprendre leur position d'équilibre, entraînant avec elles la tige et le levier, et obligeant la valve à découvrir l'orifice Y, ce qui a pour conséquence d'activer le tirage.

La *chaudière Belleville* possède ses appareils de sécurité, qui, en plus du *niveau d'eau,* dont nous avons parlé, se composent d'un *manomètre* monté sur le conduit supérieur U qui aboutit au régulateur d'alimentation, et de soupapes de sûreté placées sur la capacité de prise de vapeur.

On a, en outre, adopté des dispositions particulières pour éviter que, par la disjonction ou la rupture d'un des tubes composant le faisceau, le jet de vapeur qui s'échappe ne puisse occasionner des accidents.

Pour cela, on fait ouvrir les portes du foyer de l'extérieur à l'intérieur en les faisant tourner autour des charnières disposées horizontalement.

Ces portes, ainsi montées, se ferment automatiquement par leur propre poids et constituent une fermeture *autoclave.*

La pression produite par un échappement de vapeur venant de l'intérieur ne peut donc qu'assurer encore plus efficacement leur fermeture. Quand elles sont ouvertes pour le chargement du combustible, elles ne sont accrochées que par un doigt s'engageant dans une crémaillère à dents très courtes et à flancs très inclinés. Si donc, à ce moment, il se produit un retour de flamme dans le foyer, l'accrochage des portes ne résiste pas à la pression qu'elles reçoivent et elles se ferment brusquement.

Les portes donnant accès au cendrier sont disposées de la même façon. La chaudière porte aussi, à l'avant, des portes permettant de découvrir totalement les boîtes de raccord avant et de faciliter la visite des tubes vaporisateurs.

Ces portes doivent être assujetties d'une façon parfaite pendant le fonctionnement du générateur.

A cet effet, elles sont d'abord solidement fermées par une tige verticale manœuvrée par une poignée, dont les extrémités pénètrent dans des encoches ménagées en face, et le verrouillage est confirmé par une robuste tige de fer transversale qui bloque les deux battants.

Toutes les précautions sont donc prises pour qu'un jet de vapeur intempestif ne puisse venir brûler ceux qui doivent assurer le fonctionnement du générateur.

Mais quand cette sortie de vapeur inattendue se produit, il faut nécessairement lui livrer un passage, sous peine de courir le risque d'une dislocation intérieure.

C'est pour cela, qu'à la partie supérieure du massif de la chaudière, on a ménagé une trappe *t* (fig. 145), pour permettre à la vapeur qui se trouverait sous trop forte pression à l'intérieur, de la soulever et de se répandre dans l'atmosphère.

En résumé, on voit que rien n'a été négligé dans la *chaudière inexplosible Belleville,* pour profiter intégralement des avantages qu'assure le groupement de petits corps cylindriques, en vue de l'obtention rapide de la vapeur et de l'augmentation de rendement du générateur, tout en conservant le maximum de sécurité, et il convient de signaler l'ingéniosité avec

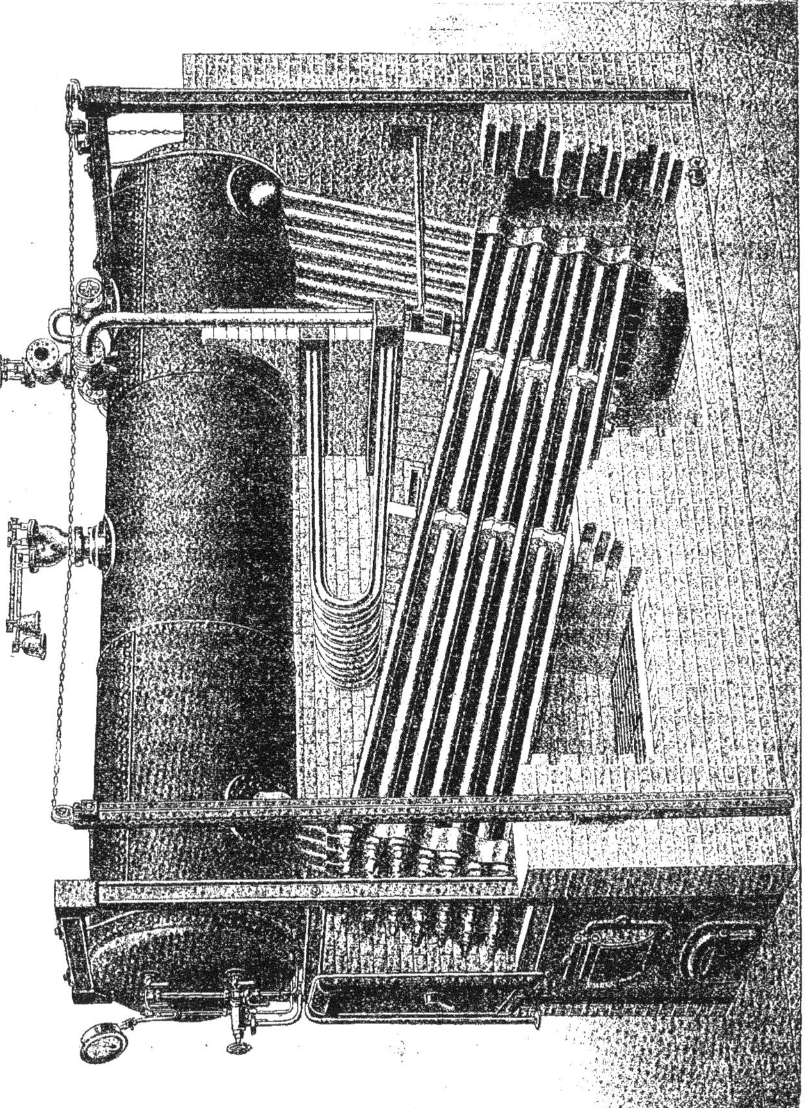

Fig. 150. — Chaudière multitubulaire Babcock et Wilcox, type normal à réchauffeur de vapeur.

laquelle ont été établis les appareils accessoires qui permettent d'obtenir ces résultats.

Les systèmes de *chaudières multitubulaires à tubes d'eau*, catégorie à laquelle appartient le type que nous venons de décrire, sont nombreux.

Nous allons examiner les plus employés et les plus connus.

Chaudière multitubulaire Babcock et Wilcox (Fig. 150 à 153.) — C'est le type *américain*, quoique, pour notre pays, ces appareils soient fabriqués en France, par une société française.

Créés depuis 1867, on leur a apporté depuis lors d'importants et heureux perfectionnements, qui en ont fait un système de générateurs très répandu à ce jour.

Il se compose d'éléments tubulaires constitués de façon particulière. Chaque élément est, en effet, formé de tubes disposés en quinconce, qui sont fixés, à l'avant et à l'arrière, sur deux boîtes de raccord A et B, dans lesquelles ils débouchent (fig. 150).

La disposition des tubes en quinconce oblige à donner à ces boîtes de raccord une forme sinueuse, de façon que deux éléments constitués de la même manière, puissent se juxtaposer sans occasionner de perte de place (fig. 151).

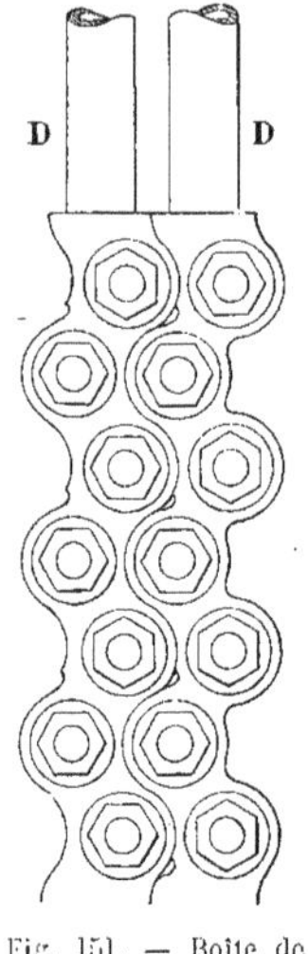

Fig. 151. — Boîte de raccord Babcock et Wilcox.

Les boîtes de raccord sont en fer forgé, et chacune d'elles porte un conduit qui la réunit à un grand réservoir longitudinal C. Chaque élément tubulaire communique donc avec ce réservoir par un tuyau D à l'avant, et par un tuyau E à l'arrière.

En outre, les boîtes de raccord arrière portent chacune, à leur partie inférieure, une tubulure débouchant dans un *déjecteur* cylindrique transversal F, destiné à recevoir les dépôts de boue ou toutes autres matières entraînées par l'eau.

L'ensemble du faisceau tubulaire est fortement incliné de l'avant vers l'arrière.

Le réservoir longitudinal C communique, par l'intermédiaire de quatre tubes, avec un second réservoir G, de dimensions plus réduites, qui est placé au-dessus de lui.

C'est dans ce réservoir, qui fait office de collecteur de vapeur, qu'on admet l'eau d'alimentation.

Elle arrive par une tubulure sur une succession de cloisons horizontales superposées, qui l'obligent à tomber en cascade de l'une sur l'autre, avant de se déverser dans le réservoir G.

Ceci a pour effet de réchauffer rapidement cette eau et de précipiter les sels qu'elle contient, au contact de la vapeur contenue dans le réservoir.

Ces dépôts s'accumulent au fond de la partie antérieure du réservoir G, car celui-ci est séparé en deux compartiments par une cloison verticale H.

L'eau d'alimentation tombe donc dans la partie avant, en abandonnant dans le fond les matières qui lui sont étrangères. Quand son niveau a dépassé la hauteur de la cloison H, elle se déverse dans la partie arrière du réservoir G, dans laquelle elle arrive déjà épurée.

De là, par l'intermédiaire de deux conduits I qui la prennent tout près de son niveau supérieur, elle est amenée à la partie inférieure du réservoir C, d'où elle se répand par les tubulures D et E dans les boîtes de raccord, et par conséquent dans les divers éléments tubulaires.

Les gaz partant du foyer sont obligés, par des cloisons maçonnées en briques J et K, de passer trois fois à travers le faisceau tubulaire avant d'atteindre la cheminée.

En outre, la disposition en quinconce des tubes, leur impose un brassage favorable à leur bonne utilisation.

L'eau contenue dans les éléments tubulaires, sous l'action de ces gaz, s'échauffe et se vaporise. L'eau chaude et la vapeur produite se rendent dans les boîtes de raccord avant, l'inclinaison des tubes facilitant leur accès dans ces boites.

De là, par les tubulures D, elles débouchent dans le réservoir C où l'eau chaude reste, tandis que la vapeur monte, en suivant les deux conduits L, dans le réservoir supérieur G, sur lequel est disposée la prise de vapeur.

La circulation de l'eau est bien réalisée, l'eau de température moindre étant admise à l'arrière des faisceaux tubulaires pour venir s'échauffer et se vaporiser vers l'avant, où les tubes sont soumis à l'action directe du feu.

Deux robinets de vidange disposés chacun sous une moitié du réservoir supérieur G permettent de se débarrasser, à n'importe quel moment, des boues accumulées au fond du réservoir.

De même, un autre robinet monté sur le *déjecteur* F et une ouverture pratiquée dans une de ses parois, permettent d'enlever les dépôts qu'il contient.

En face de chaque tube, dans la boite de raccord avant qui le porte, on ménage une ouverture pour en faciliter l'accès et la visite. Cette ouverture doit être, pendant le fonctionnement du générateur, fermée d'une façon parfaite.

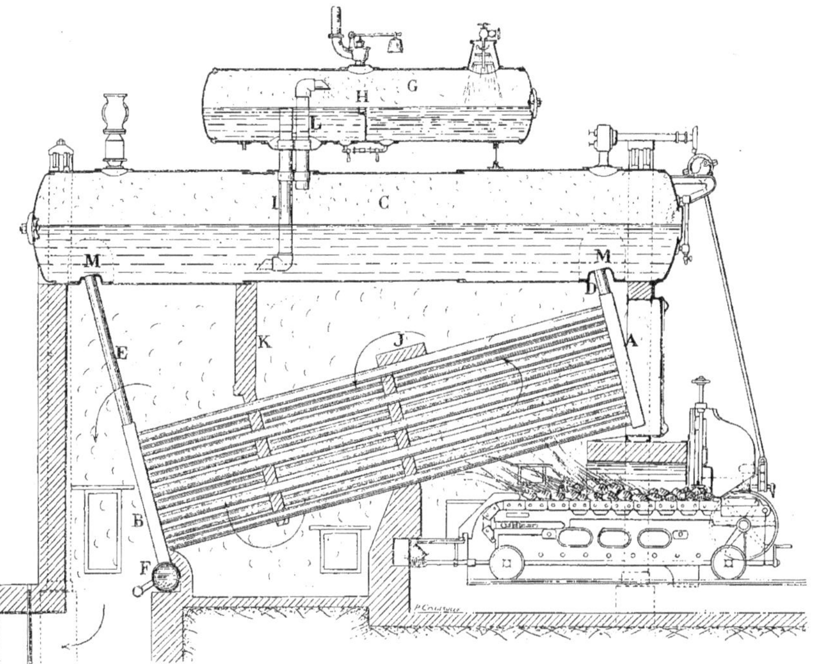

Fig. 152. — Chaudière Babcock et Wilcox. Coupe longitudinale.

On réalise cette fermeture au moyen d'un tampon autoclave, serré contre la paroi intérieure par un écrou qui s'appuie sur un contre-tampon placé extérieurement (fig. 153).

Les tubes sont fixés dans les boites de raccord par un sertissage obtenu à l'aide d'un mandrin spécial qui permet de créer, à leur extrémité, un bourrelet leur assurant la solidité nécessaire.

Les tubulures de communication avant et arrière D et E, sont également serties sur les boîtes collectrices et sur des pièces de raccord M, faisant corps avec le réservoir C, dont une face se présente perpendiculairement à l'axe des tubulures.

La *chaudière Babcock et Wilcox* possède un foyer à chargement et à progression automatiques, dont nous avons donné la description dans le chapitre VIII.

Les soupapes de sûreté sont montées sur la capacité de prise de vapeur; le niveau d'eau et le manomètre sont branchés sur la face avant du réservoir C. La présence, dans cette chaudière, d'un grand corps cylindrique soumis à l'action des gaz ayant passé à travers le réseau des tubes vaporisateurs, permet d'obtenir une bonne régularité de fonctionnement, mais, d'autre part, augmente les possibilités de détérioration, et on pourrait assimiler ce générateur à une chaudière à bouilleurs dans laquelle ceux-ci auraient été divisés en un grand nombre d'éléments, pour augmenter l'étendue de la surface de chauffe, et à laquelle on aurait adjoint des dispositifs efficaces pour l'épuration des eaux d'alimentation.

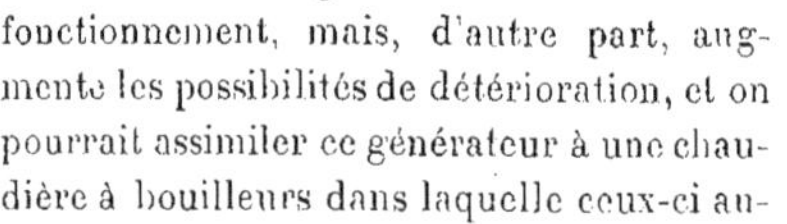

Fig. 153. — Tampon autoclave.

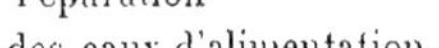

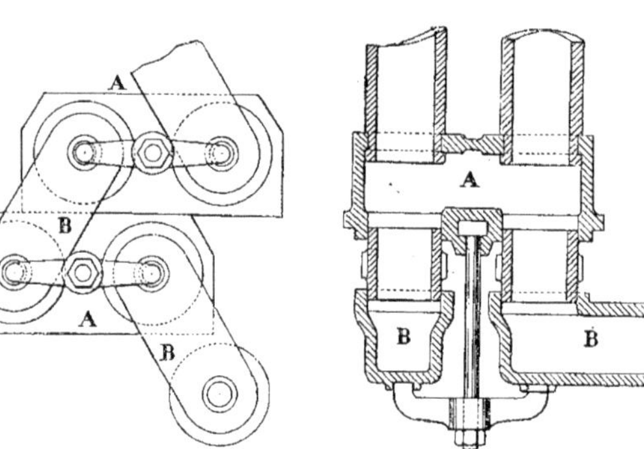

Fig. 154-155. — Assemblage de tubes de chaudière de Naeyer.

Les chaudières Babcock et Wilcox sont de types variés. Dans certaines, comme celle que représente la figure 150, le réservoir C n'existe pas; dans d'autres, ce réservoir est placé transversalement au lieu d'être disposé dans la longueur comme dans le type représenté par la figure 152.

Après le type *multitubulaire français et américain*, voici le type *belge* : c'est la *chaudière de Naeyer*.

Chaudière de Naeyer (Fig. 154 à 157.) — Elle comprend, comme les deux précédentes, un faisceau tubulaire formé d'éléments juxtaposés.

Chaque élément se compose, à son tour, d'une série de tubes assemblés deux par deux dans des boîtes de raccord A, avant et arrière. Ces boîtes, qui constituent des capacités dans lesquelles les tubes sont sertis et débouchent, sont disposées horizontalement au-dessus les unes des autres, mais successivement déplacées à droite ou à gauche de la boîte qu'elles surmontent, pour permettre de donner aux tubes qu'ils portent un arrangement en quinconce.

Ces boîtes de raccord sont reliées entre elles par d'autres boîtes métalliques de jonction B (fig. 154 et 155), qui sont, par conséquent, successivement inclinées à droite ou à gauche, par rapport à l'axe vertical.

Les tubulures de communication, entre ces diverses capacités, sont réunies par des bagues qui forment un joint conique à la fois dans les deux boîtes (*fig.* 155), et les boîtes de jonction B sont maintenues serrées contre les boîtes de raccord A, au moyen d'un boulon qui a sa tête emprisonnée dans une rainure appartenant au raccord A, et qui agit sur une bride s'appuyant, par ses deux bouts, sur les extrémités de deux boîtes de jonction B successives.

Chaque élément tubulaire constitue donc un serpentin indépendant, qui communique

l'eau, et sous une cloison horizontale P disposée dans le corps cylindrique E.

Ce réservoir est séparé de la chambre de combustion et, par conséquent, du faisceau tubulaire, par une cloison en briques I, différant, en cela, du *générateur Babcock et Wilcox,* où cette cloison n'existe pas. Le réservoir E n'est donc pas soumis à l'action des gaz ni des flammes.

On dispose aussi, entre

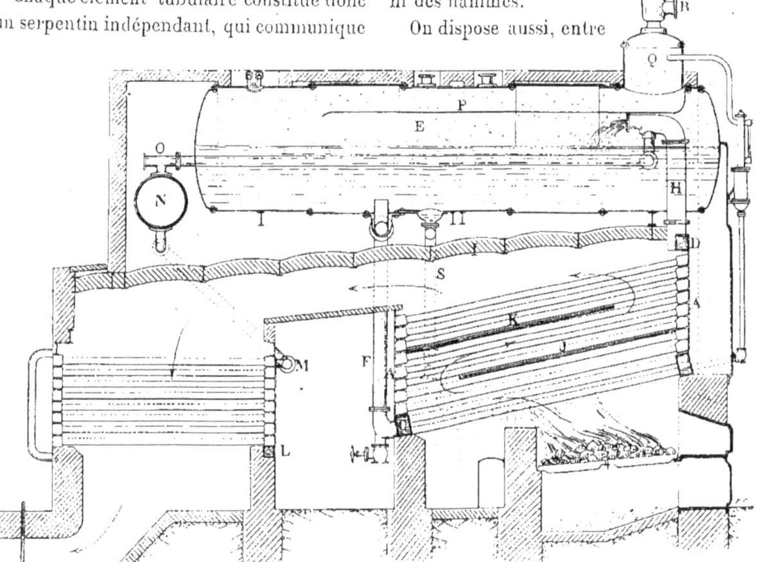

Fig. 156. — Chaudière de Naeyer. Coupe longitudinale.

par la boîte de jonction inférieure avec un collecteur C (fig. 156) et par la boîte de jonction supérieure avec un second collecteur D, et l'ensemble du faisceau tubulaire formé par des groupes juxtaposés d'éléments est établi avec une inclinaison d'environ 1/4 de l'avant vers l'arrière.

Le collecteur inférieur C est relié à un réservoir cylindrique horizontal placé au-dessus de lui E, par deux conduits latéraux F, et le collecteur supérieur D communique avec ce même réservoir par un seul tuyau H, qui y débouche au-dessus du niveau de

les tubes, deux cloisons inclinées J et K, pour obliger les gaz à effectuer plusieurs parcours avant de s'échapper.

Dans certains *générateurs de Naeyer,* on a ajouté un second faisceau tubulaire, placé en arrière du premier, pour remplir l'office de réchauffeur d'eau d'alimentation.

Ce faisceau est composé d'éléments constitués de la même manière que ceux que nous venons de décrire, mais disposés horizontalement et communiquant chacun avec un collecteur inférieur L et un collecteur supérieur M. Celui-ci est relié par deux tubulures latérales à un réservoir cylindrique transversal N, d'où part la conduite O qui débouche dans le tuyau H venant du collecteur d'avant, D.

Les gaz, après avoir, pendant trois parcours successifs le long des tubes vaporisateurs, échauffé et vaporisé l'eau qui y est contenue, pénètrent dans la chambre du réchauffeur et sont obligés de circuler autour des tubes qui le composent, avant de se perdre dans le conduit d'échappement.

L'eau d'alimentation, de son côté, est admise dans le collecteur L placé à la partie inférieure du réchauffeur.

Fig. 157. — Chaudière de Naeyer à réchauffeur. Vue perspective.

Elle circule dans les éléments tubulaires de ce réchauffeur, et, s'échauffant au contact des gaz, se rend dans le réservoir N et de là dans le réservoir E, en empruntant la tubulure H.

De ce dernier réservoir, elle descend par les deux conduits latéraux F dans le collecteur d'eau C disposé à la partie inférieure des tubes vaporisateurs, remplit ces tubes et est vaporisée quand elle se trouve sous l'action directe du feu.

La vapeur, dont le dégagement est facilité par l'inclinaison donnée aux tubes, se rend dans le collecteur supérieur D, et de là, débouche dans le réservoir E, au-dessus du niveau de l'eau, par le même conduit, H, que l'eau d'alimentation.

Cette eau est donc non seulement échauffée par le contact de la vapeur, mais encore celle-ci précipite, à l'état pulvérulent, les sels qu'elle contient, dépôts que l'on expulse par une tubulure de vidange, S.

La cloison métallique P contenue dans le réservoir supérieur E, a pour objet de permettre à la vapeur de se débarrasser de la petite quantité d'eau qu'elle aurait pu entraîner, avant de se rendre dans le dôme Q, sur lequel est montée la prise de vapeur R.

Les soupapes de sûreté sont disposées sur

la partie supérieure du réservoir E, le manomètre est branché sur un conduit de vapeur partant du dôme, et le niveau d'eau est interposé entre ce même conduit et un second tuyau communiquant avec le collecteur inférieur C, dans lequel se déverse l'eau du réservoir E, qui doit en contenir jusqu'à la moitié de sa hauteur, environ.

Chaudière multitubulaire Steinmüller (Fig. 158.) — Cette chaudière est du type *allemand*.

Elle se compose d'un faisceau tubulaire, qui n'est pas, comme dans les différents types que nous venons d'examiner, formé d'éléments juxtaposés.

Tous les tubes vaporisateurs débouchent, en effet, à l'avant et à l'arrière dans des caissons collecteurs, A et B, sur lesquels ils sont sertis.

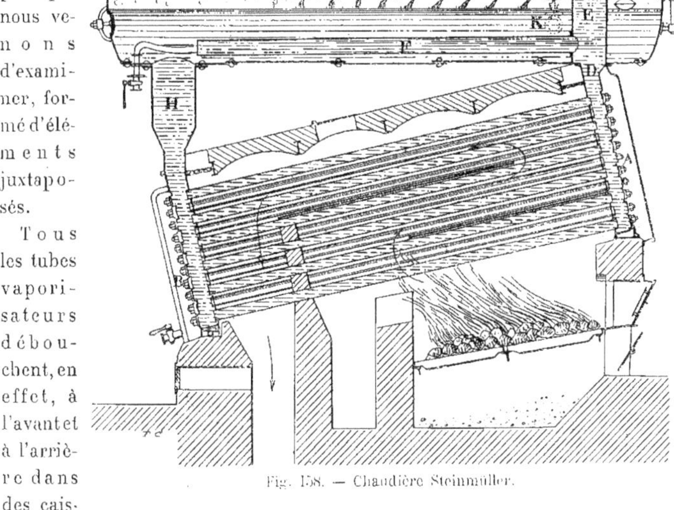

Fig. 158. — Chaudière Steinmüller.

Ces tubes sont disposés en quinconce et portent des *trous de poing* pour leur nettoyage.

L'ensemble du faisceau tubulaire est incliné de l'avant vers l'arrière. Le caisson collecteur d'avant, A, communique avec un réservoir cylindrique supérieur C, par une tubulure D, qui débouche dans une capacité E de section rectangulaire, placée transversalement au réservoir C.

De cette capacité E partent deux conduits : l'un, inférieur, F, de section cylindrique, est légèrement incliné vers l'arrière et parcourt le grand réservoir dans presque toute sa longueur, à sa partie inférieure; l'autre conduit, G, disposé au-dessus du niveau de l'eau contenue dans le réservoir C et de section rectangulaire, est une sorte de caisson métallique plat et long, dont la paroi inférieure est percée d'une grande quantité de trous.

Le caisson collecteur d'arrière, B, communique, par une tubulure H à grande ouverture, avec la partie postérieure du réservoir C.

Ce réservoir est séparé du faisceau de tubes par une cloison en briques, et l'eau qu'il contient ne peut, de ce fait, entrer en ébullition.

Des cloisons disposées entre les tubes vaporisateurs obligent les gaz à effectuer des parcours successifs autour de ces tubes.

L'eau qui y est contenue est vaporisée et la vapeur se rend dans le collecteur d'avant, A, d'où elle monte, par la tubulure D, dans la capacité E et, de là, pénètre dans le caisson plat G, où elle se débarrasse de l'eau qu'elle a entraînée.

Cette eau coule dans le réservoir par les trous pratiqués dans la paroi inférieure du caisson G, et la vapeur, débouchant à l'arrière du réservoir C, remplit sa partie supérieure et est captée par un dispositif nommé tube *Crampton,* pour être envoyée à la prise de vapeur.

Ce dispositif consiste en un tube I de longueur presque égale à celle du réservoir C, fermé aux deux bouts, et percé à sa génératrice supérieure d'un grand nombre de petits trous.

Une tubulure J, branchée perpendiculairement sur ce tube, conduit à la prise de vapeur.

La vapeur, reçue à la partie supérieure du réservoir, pénètre par les petits trous dans le tube I, en abandonnant sur sa paroi extérieure l'eau qu'elle pouvait encore contenir, puis monte par la tubulure J dans la capacité de prise de vapeur.

Si, malgré les différents circuits qu'on lui impose, la vapeur déposait dans le tuyau I une certaine quantité d'eau, qui, en tous cas, ne pourrait être que minime, cette eau serait vite vaporisée sous l'effet de la température de la vapeur qui l'enveloppe.

L'eau d'alimentation est admise dans le réservoir C vers l'avant, par la tubulure K, et le tuyau cylindrique F n'a d'autre but que de permettre d'établir, entre les caissons collecteurs A et B, à travers le faisceau tubulaire, une circulation d'eau qui n'intéresse pas tout le volume contenu dans le réservoir C.

Cette circulation est produite par la disparition et le remplacement de la quantité d'eau transformée en vapeur pendant son passage dans les tubes et par la quantité d'eau entraînée qui retourne en pluie dans le réservoir.

Les soupapes de sûreté et le manomètre sont montés à la partie supérieure du réservoir C, et le niveau d'eau est branché sur la paroi avant de ce même réservoir, ce qui offre toute sécurité, car alors même que le niveau ne contiendrait que de la vapeur, c'est-à-dire si le réservoir C était presque vide d'eau, le faisceau tubulaire pourrait être encore rempli.

Il est bien évident qu'on ne se laisse jamais surprendre par cette éventualité.

Les trois systèmes de générateurs multitubulaires que nous allons successivement examiner maintenant : les générateurs *Collet, Niclausse, Montupet,* sont constitués avec des tubes vaporisateurs différant sensiblement de ceux qui sont employés dans les générateurs que nous avons vus précédemment.

Ces tubes sont désignés sous le nom de *tubes Field;* mais avant d'indiquer la différence de montage de ces tubes dans chacune de ces chaudières, il est nécessaire d'en connaître le type.

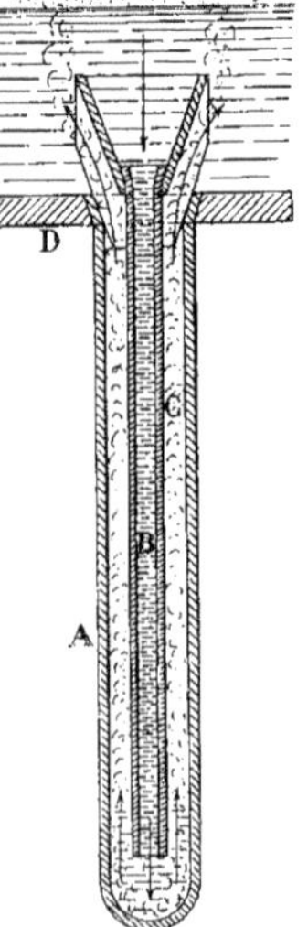

Fig. 159. — Tube Field.

Tube Field (Fig. 159.) — Ce tube est l'un des éléments composant le système vaporisateur de la *chaudière verticale Field* que nous décrirons dans sa catégorie, ultérieurement. Il est construit pour être disposé verticalement.

Il est formé de deux tubes concentriques A et B pénétrant l'un dans l'autre et laissant entre eux un espace circulaire vide C.

Le tube de grand diamètre A, qui est fixé sur une paroi horizontale D de la chaudière, constituant le ciel du foyer, est fermé à son extrémité inférieure et ouvert à sa partie supérieure.

Le tube intérieur B, d'épaisseur plus faible, porte en haut une sorte d'entonnoir autour duquel on a ménagé quelques nervures, par lesquelles il s'appuie sur l'extrémité supérieure du tube A.

Il est ouvert aux deux bouts et se prolonge dans le tube A presque jusqu'à son extrémité inférieure.

L'eau contenue dans la chaudière au-dessus de la paroi D, remplit d'abord les deux tubes; mais le tube extérieur A étant directement soumis à l'action du feu, l'eau qui y est contenue s'échauffe, se vaporise, et la vapeur, en passant entre les nervures de l'entonnoir, traverse la masse d'eau supérieure en la réchauffant et se rend au dôme de vapeur.

L'eau contenue dans le tube intérieur est à une température bien moindre, et elle se déverse au fur et à mesure dans le fond du tube A, où elle est à nouveau vaporisée.

Il s'établit donc une circulation intense dans la masse d'eau à vaporiser, et le dégagement de la vapeur se trouvant très facilité, il en résulte moins de frottement contre les parois du tube, moins d'usure et moins d'entraînement d'eau.

Dans les générateurs que nous allons décrire, les *tubes Field* qui les composent ne sont pas disposés verticalement; ils occupent une position presque horizontale, inclinés généralement d'une faible quantité de l'avant vers l'arrière, et la façon dont ils sont assemblés est toute différente.

Chaudière multitubulaire Collet (Fig. 160 et 161.) — Elle se compose d'un faisceau tubulaire constitué par des éléments formés chacun de deux rangées verticales de *tubes Field,* réunis en avant par un même caisson collecteur. Ces tubes sont inclinés vers l'arrière.

Les tubes extérieurs composant les *tubes Field* (Fig. 161) sont fermés à l'arrière par un bouchon C, démontable, au centre duquel passe un boulon qui aboutit à l'extrémité avant du collecteur D et qui sert à assurer, par serrage, l'étanchéité des joints sur la paroi avant et entre le tube A et la cloison

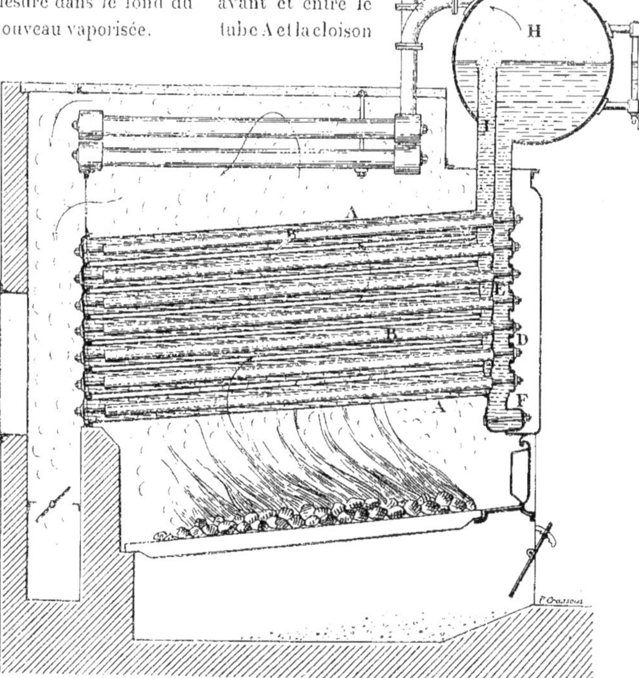

Fig. 160. — Chaudière Collet. Coupe longitudinale.

arrière du collecteur, dans laquelle il s'emmanche conique.

Le caisson collecteur D est divisé en deux compartiments par la cloison E, sur laquelle viennent se fixer les tubes intérieurs B. Chaque collecteur est terminé à sa partie inférieure par une capacité en cul-de-sac servant à recevoir les dépôts, qui en sont retirés en enlevant un bouchon F, bridé sur le collecteur par l'intermédiaire d'une bague biconique.

Chaque collecteur, et par conséquent chaque élément tubulaire, communique avec un réservoir cylindrique transversal H, placé au-dessus de lui (Fig. 160), par une tubulure divisée en deux parties communiquant respectivement avec les deux compartiments du collecteur.

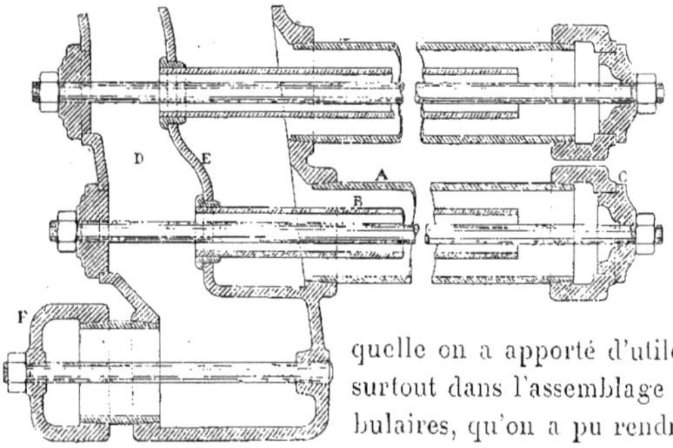

Fig. 161. — Chaudière Collet. Montage des tubes.

Du réservoir transversal H, qui est un collecteur de vapeur, part un tuyau communiquant avec une série de tubes faisant office de *sécheur de vapeur,* dont le dernier conduit à la capacité de prise de vapeur.

Les boîtes de fermeture arrière des tubes vaporisateurs reposant les unes sur les autres, constituent une cloison obligeant les gaz produits dans le foyer, à monter à travers le faisceau tubulaire jusqu'au *sécheur* avant de s'échapper.

Pendant leur parcours, ils vaporisent l'eau contenue dans les tubes A, et la vapeur produite, pénétrant dans le compartiment arrière du collecteur D, monte dans le réservoir H par la tubulure I, qui débouche presque au niveau de l'eau qui y est contenue. De là, la vapeur se rend à la prise de vapeur, en serpentant dans le sécheur.

L'eau d'alimentation admise dans le réservoir H, est réchauffée par la vapeur qui y est contenue, et descend dans le compartiment avant du collecteur D, pour aller remplir les tubes intérieurs B qui la distribuent dans les tubes A où elle se vaporise.

Il y a donc une circulation très active de l'eau et un dégagement facile de vapeur.

Les soupapes de sûreté, le niveau d'eau et le manomètre sont montés sur la paroi antérieure du réservoir cylindrique H.

Chaudière multitubulaire Niclausse.

(Fig. 162 à 164.) La *chaudière Niclausse* est une *chaudière Collet* à laquelle on a apporté d'utiles modifications, surtout dans l'assemblage des éléments tubulaires, qu'on a pu rendre facilement interchangeables.

Elle comprend un certain nombre d'éléments formés par deux rangées verticales de *tubes Field,* inclinés vers l'arrière et disposés en quinconce.

Ces tubes, fermés à l'arrière, débouchent tous à l'avant, pour chaque élément, dans un même caisson collecteur A (Fig. 162).

Comme dans la *chaudière Collet,* le caisson est divisé en deux compartiments par une cloison verticale C.

Le compartiment arrière communique avec le tube extérieur B et le compartiment avant donne accès au tube intérieur D.

Le montage du *tube Field* diffère sensiblement de celui de la chaudière précédente.

Le boulon central de serrage est supprimé.

Le tube extérieur B traverse de bout en bout le collecteur A, et les joints sont assurés dans les deux parois de ce collecteur et dans la cloison-médiane G, en donnant à la tête de ce tube la forme d'un cône dont le petit diamètre est à l'arrière.

Cela permet d'entrer ce tube par l'avant de la chaudière, et on l'immobilise par un boulon extérieur qui, en faisant serrage sur une bride J, appuie chacune de ses extrémités sur un bouchon E fermant un tube B. Ce bouchon est solidaire d'une pièce C qui constitue la tête du petit tube intérieur D.

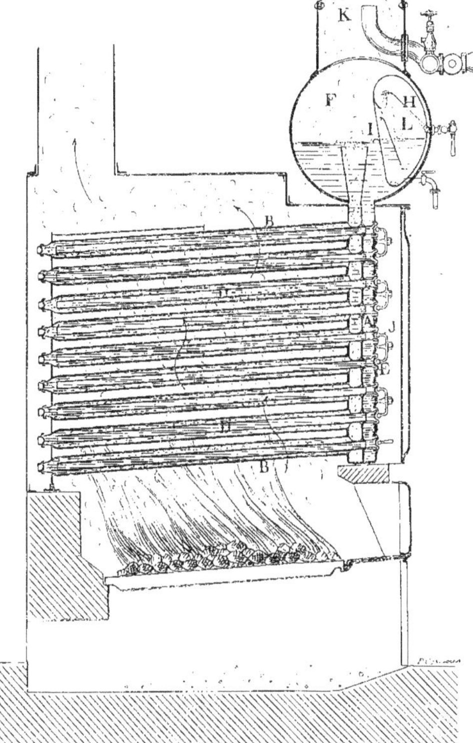

Fig. 162. — Chaudière Niclausse. Coupe longitudinale.

Cette tête, ajourée sur son pourtour, est entrée conique dans la bague du tube extérieur B, qui s'ajuste dans la cloison médiane et porte, rivée après elle, le tube D.

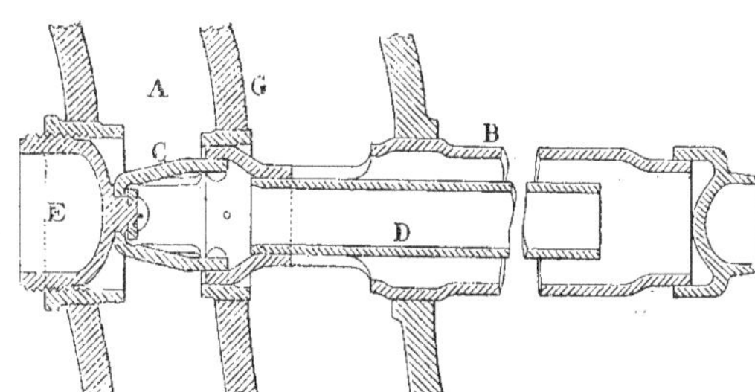

Fig. 163. — Chaudière Niclausse. Montage des tubes.

Le tube extérieur B porte, au droit de chaque compartiment, des ouvertures qui permettent d'établir les communications respectives du grand tube B avec le compartiment arrière du collecteur et du petit tube D avec le compartiment avant.

On voit donc que l'ensemble du tube est facilement démontable par rapport au caisson, et que, d'autre part, le petit tube peut, lui-même, être très commodément sorti du grand tube, en dévissant le bouchon E. La possibilité de pouvoir changer rapidement, en cas d'avarie, un tube ou une partie de ce tube, constitue un grand avantage; mais il convient de remarquer que les dispositions qui permettent d'obtenir ce résultat, exigent une fabrication très soignée et des ajustages bien précis.

Comme dans la *chaudière Collet*, chaque collecteur d'élément tubulaire communique avec un réservoir cylindrique transversal (Fig. 162) par un conduit séparé en deux parties, qui donnent respectivement accès aux deux com-

Fig. 164. — Groupe de chaudières Niclausse.

partiments du caisson collecteur. Dans le réservoir F se trouve disposée une capacité L, portant des cloisons chicanes, dans laquelle on injecte l'eau d'alimentation par un ajutage H. Cette eau, rabattue en gerbe, par la cloison supérieure, est soumise à l'influence de la vapeur remplissant la capacité, qui précipite, à l'état pulvérulent, les sels qu'elle contient. L'eau tombe dans le fond de la capacité, où les dépôts s'accumulent, et se déverse par un tuyau I, échauffée et épurée, dans le réservoir transversal F, d'où elle se rend dans le compartiment avant de chaque caisson collecteur.

De là, par le petit tube D, elle arrive dans le tube extérieur B, où elle se vaporise et gagne ensuite, sous forme de vapeur, par le compartiment arrière du collecteur, le dôme K du réservoir F, d'où elle est distribuée par le conduit de prise de vapeur.

Chaudière multitubulaire Montupet.

(Fig. 165-166.) Dans ce générateur, le faisceau tubulaire est composé d'éléments communiquant avec un collecteur placé à l'avant, lequel débouche, par deux conduits intéressant chacun un de ses compartiments, dans un réservoir cylindrique longitudinal supérieur, qui sert de collecteur de vapeur et de réservoir d'alimentation.

Les *tubes Field* sont inclinés de l'avant vers l'arrière et leur montage dans le caisson collecteur diffère de celui des *chaudières Niclausse*. Il est plus simple et donne le même résultat sans exiger une extrême précision.

Le grand tube extérieur A (Fig. 165) débouche dans le caisson collecteur au droit de la cloison médiane B de ce collecteur et traverse la paroi postérieure. Il est assemblé dans cette dernière paroi par un emmanchement conique et dans la cloison médiane par un emmanchement cylindrique.

Entre les deux cloisons ce tube est ajouré pour lui permettre de communiquer avec le compartiment arrière du collecteur.

A l'avant du tube A est montée une pièce métallique C, évasée en forme d'entonnoir, après laquelle est fixé le petit tube intérieur D. Ce tube ne communique qu'avec le compartiment avant du collecteur. Le tube extérieur A est fermé à son extrémité par un bouchon E.

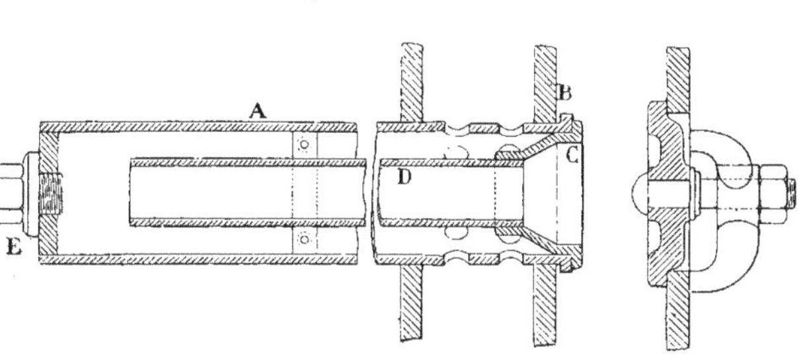

Fig. 165. — Chaudière multitubulaire Montupet. Assemblage d'un tube.

Pour permettre la visite, le nettoyage et le démontage des tubes, on ménage dans la cloison avant du collecteur une ouverture, ou *trou de poing*, fermée par un tampon autoclave. La circulation de l'eau dans les tubes est donc la même que dans les deux chaudières précédentes de même type, mais, dans la disposition *Montupet*, il y a cet avantage que la pression de la vapeur contenue dans le compartiment arrière, pressant sur la partie conique qui assemble le tube extérieur à la cloison postérieure, tend à assurer automatiquement l'étanchéité du joint ainsi formé.

Le joint qui existe entre les deux compartiments est moins bien réalisé par la partie cylindrique, mais on se rend compte que ce joint *intérieur* a bien moins d'importance que les joints *extérieurs* et que, en tous cas, il ne saurait y avoir de ce fait aucune perte de vapeur.

Dans les *chaudières multitubulaires* que nous avons examinées jusqu'ici, tous les tubes vaporisateurs ont un diamètre d'environ 100 millimètres.

Chaudières à tubes de faible diamètre

Ces générateurs sont de types destinés à être installés à poste fixe, à terre. La plupart d'entre eux comportent cependant des modèles plus réduits et plus légers, destinés à être placés à bord des bateaux. Nous les examinerons en détail au cours du volume traitant de la navigation.

Néanmoins nous dirons quelques mots sur les caractères différents des chaudières marines et des chaudières employées à terre.

Les chaudières marines, qui permettent une mise sous pression excessivement rapide et une production intensive de vapeur à des pressions élevées, comportent généralement des tubes vaporisateurs de petit diamètre : 25 millimètres environ.

Aux avantages ci-dessus qui caractérisent ces chaudières, il convient d'ajouter ceux que procurent leur légèreté et la diminution des risques à courir dans l'éventualité de l'éclatement d'un tube. En revanche, on peut leur imputer un inconvénient, qui a toujours nui à leur installation dans les centres industriels : c'est que l'eau d'alimentation à leur fournir doit être très pure, sous peine de voir les tubes obstrués rapidement par les dépôts et mis hors de service dans des délais très courts.

Or, l'obtention de l'eau pure nécessite des complications que l'on s'impose dans la marine, où les questions de légèreté et de rapidité de mise sous pression priment toutes les autres ; mais à terre, sauf dans quelques cas spéciaux, ces complications ne paraissent pas toujours compensées par les avantages qu'on pourrait retirer de l'emploi des petits tubes vaporisateurs.

Il existe cependant quelques types de chaudières dans lesquelles on emploie des tubes vaporisateurs dont le diamètre est réduit, sans qu'il atteigne toutefois celui des tubes employés dans les chaudières marines.

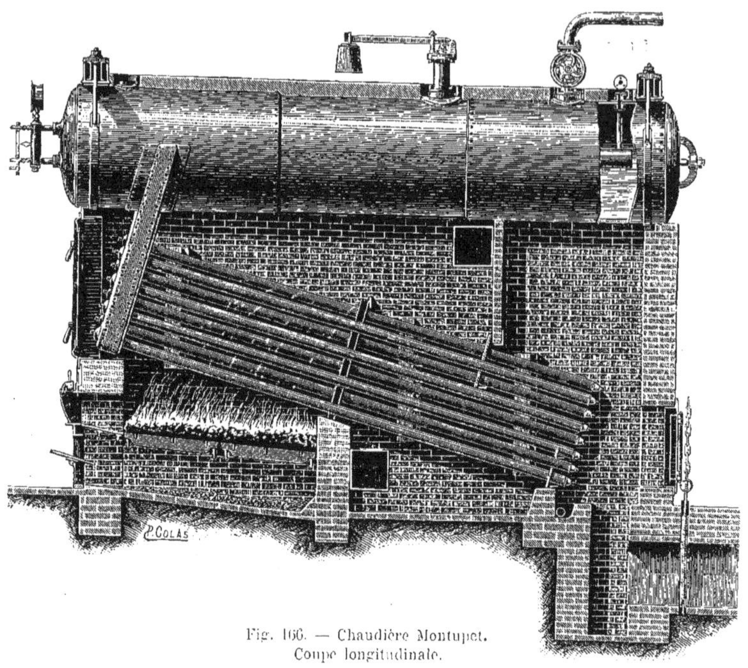

Fig. 166. — Chaudière Montupet.
Coupe longitudinale.

Chaudière Du Temple (Fig. 167 et 168.) — Cette chaudière constitue un de ces types.

Elle est composée de deux faisceaux tubulaires comprenant une grande quantité de tubes placés les uns à côté des autres et ayant chacun la forme d'un serpentin.

Un faisceau tubulaire est placé à droite et l'autre à gauche d'un réservoir cylindrique supérieur A, avec lequel ils communiquent. Chaque faisceau est relié, à sa se rend dans le dôme placé à la partie supérieure du réservoir A, en réchauffant l'eau d'alimentation. Il s'établit alors dans la chaudière une circulation intensive, l'eau du réservoir A venant remplacer dans les collecteurs inférieurs B et C celle qui a été vaporisée, et s'y écoulant par les tubes les plus éloignés du foyer.

C'est à cette catégorie de générateurs qu'appartiennent les *chaudières Normand* et *Thornycroft,* très employées à bord des navires rapides de la marine militaire.

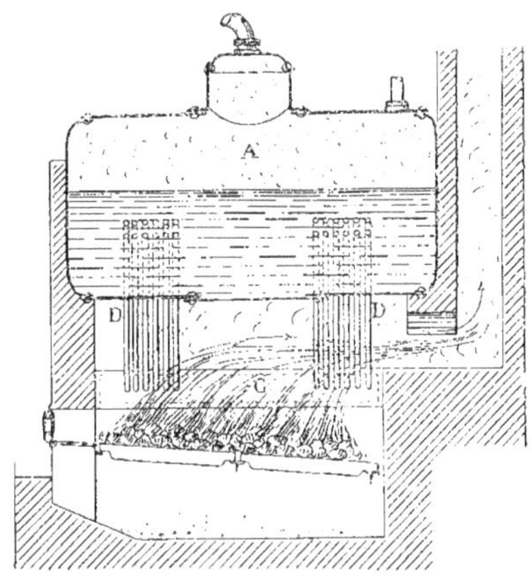

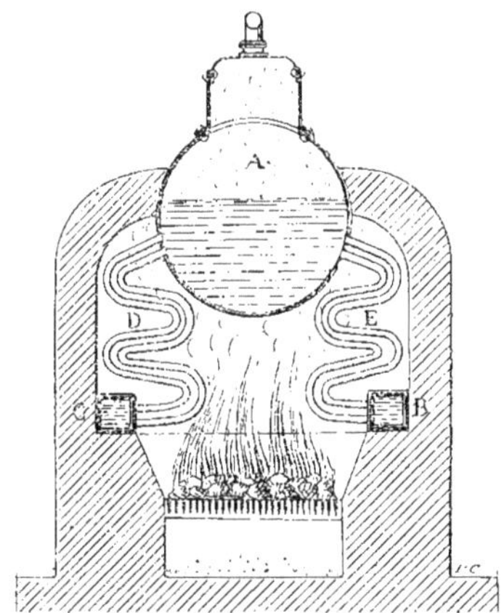

Fig. 167-168. — Chaudière Du Temple. Coupes longitudinale et transversale.

partie inférieure, à un collecteur dans lequel débouchent tous les tubes qui le composent.

Il y a, par conséquent, un collecteur à droite B et un à gauche C, et ces deux collecteurs communiquent donc avec le réservoir supérieur A par les deux faisceaux de tubes D et E.

L'eau d'alimentation qui est admise d'abord dans le réservoir supérieur A, remplit chaque faisceau tubulaire et les collecteurs inférieurs B et C. Dans les petits tubes directement soumis à l'action des gaz produits dans le foyer, cette eau se vaporise très rapidement, étant données sa faible masse et la grande surface de chauffe, et la vapeur

Chaudière Solignac-Grille (Fig. 169 à 171.) — Cette chaudière est également composée de petits tubes vaporisateurs, mais la circulation de l'eau et le dégagement de vapeur y sont réalisés artificiellement d'une façon spéciale.

Elle comprend des éléments tubulaires formés d'un caisson collecteur vertical A placé en avant, divisé par une cloison horizontale B en deux compartiments superposés, complètement séparés l'un de l'autre. Sur le compartiment inférieur sont fixés des tubes de petit diamètre qui y débouchent. Ils ont une position à peu près horizontale et, coudés à l'arrière, reviennent vers l'avant où ils communiquent avec le compartiment supérieur du collecteur A, en prenant la forme d'un V renversé.

Chacun de ces tubes établit donc la communication entre les deux compartiments du caisson collecteur. L'orifice d'accès de la branche inférieure de chaque tube dans le compartiment inférieur, est étranglé par un diaphragme portant à son centre un trou de faible dimension (Fig. 171).

Chaque collecteur élémentaire communique par ses deux compartiments avec un réservoir cylindrique supérieur C contenant en partie de l'eau. Le compartiment inférieur reçoit l'eau du réservoir par une tubulure D; le compartiment supérieur possède un conduit E qui débouche au-dessus du niveau de l'eau contenue dans ce même réservoir C.

Les éléments tubulaires indépendants les uns des autres sont constitués de la même façon et placés côte à côte.

L'eau d'alimentation est admise dans le réservoir C. Elle remplit les compartiments inférieurs des caissons collecteurs et de là, par le trou pratiqué dans les diaphragmes, monte dans les tubes vaporisateurs.

Fig. 169. — Chaudière Soligna-Grille. Vue perspective.

Sous l'influence du feu, cette eau se vaporise rapidement, et la vapeur produite dans chaque tube peut trouver pour se dégager deux issues qui correspondent chacune à une extrémité du tube; mais comme l'extrémité

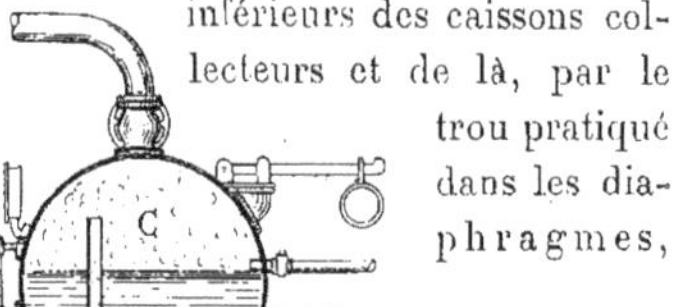

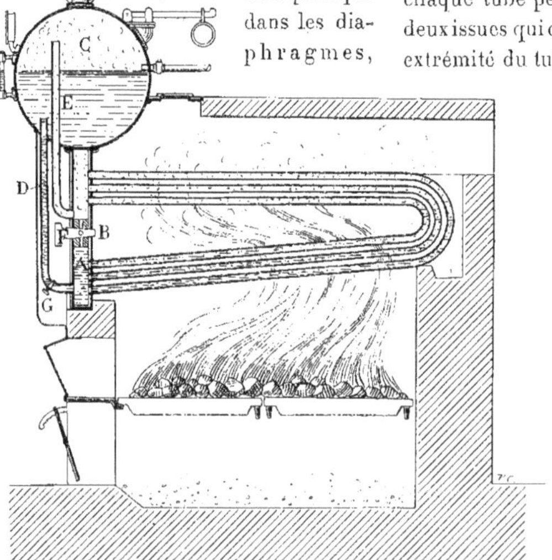

Fig. 170. — Chaudière Solignac-Grille. Coupe longitudinale.

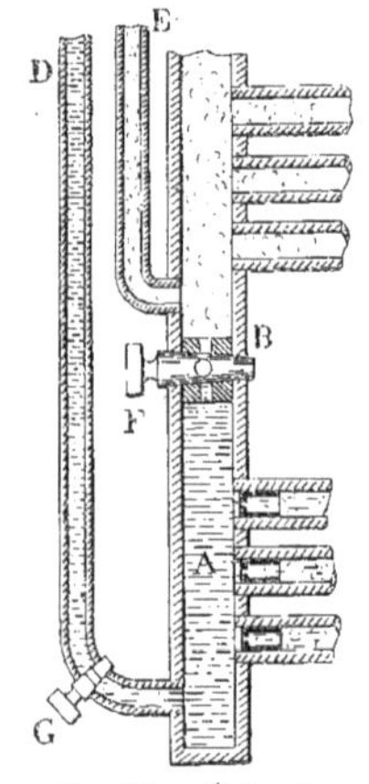

Fig. 171. — Élément de chaudière Solignac-Grille.

inférieure ne possède qu'un orifice très restreint, la vapeur, pour se dégager de ce côté, aurait à vaincre une résistance considérable produite par la quantité d'eau qu'elle devrait refouler à travers le trou du diaphragme.

Comme l'autre issue ne présente pas d'obstacle, c'est par elle que la vapeur se dégage, remplissant la capacité supérieure du caisson A, et par la tubulure E, gagnant la partie supérieure du réservoir C, sans être, pendant son trajet, en contact direct avec l'eau contenue dans ce réservoir.

Un jeu de robinets placés l'un, F, sur la cloison B qui divise le collecteur en deux parties, l'autre, G, à trois voies, à la partie inférieure du conduit D, permet de se servir de la vapeur du réservoir C pour opérer la vidange et le nettoyage des tubes vaporisateurs et des caissons collecteurs. Les appareils de sécurité : soupapes, niveau, manomètre sont branchés sur le réservoir supérieur.

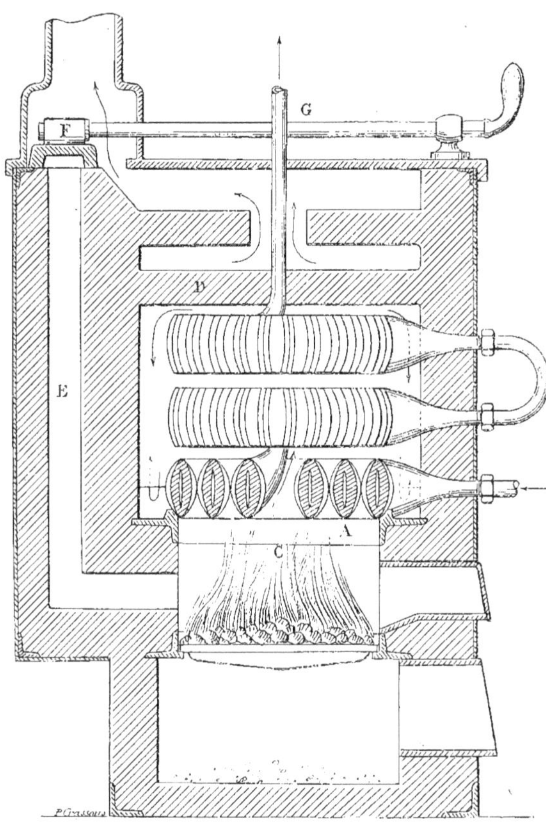

Fig. 172. — Chaudière Serpollet, coupe verticale.

Chaudière à vaporisation instantanée Serpollet

(Fig. 172.) — La diminution du diamètre des tubes et, par conséquent, du volume d'eau qu'ils peuvent contenir, ayant surtout pour but l'obtention d'une vaporisation très rapide, a conduit à concevoir un générateur dans lequel les tubes vaporisateurs contiendraient un si faible volume d'eau, que cette eau serait vaporisée pour ainsi dire instantanément, à mesure qu'elle prendrait contact avec les tubes soumis à l'action de la flamme.

C'est le principe de la *chaudière Serpollet,* qui réalise d'une façon remarquable la vaporisation instantanée de l'eau. Elle se compose d'une série de tubes très aplatis A, dont les parois intérieures sont rapprochées à moins d'un millimètre l'une de l'autre, enroulés horizontalement en spirale. Ces spirales sont superposées les unes aux autres et communiquent alternativement entre elles soit par le centre, soit par un conduit extérieur B.

Ces séries de tubes, tout en ayant un volume intérieur très faible, offrent pourtant une surface de chauffe considérable.

Ils sont, en effet, disposés au-dessus d'un foyer C dont les gaz, agissant directement sur eux, parcourent d'abord la partie centrale du faisceau tubulaire constitué par les spirales superposées. A la partie supérieure, une cloison D les oblige à revenir vers le bas, en enveloppant le faisceau de tubes.

De là, deux cloisons latérales les dirigent vers la cheminée.

L'eau d'alimentation est admise dans la spire inférieure, qui est en contact direct avec le feu. Cette eau se vaporise rapidement pendant sa circulation dans les différentes spires, et arrive à la spire supérieure à l'état de vapeur très sèche.

Les spires successives contiennent donc de moins en moins d'eau, à mesure que les gaz agissent moins directement sur elles, disposition heureuse qui met le faisceau tubulaire à l'abri des coups de feu. On conçoit que, dans un tel système de chaudières, la combustion soit nécessairement très active.

Un conduit spécial E, qui fait communiquer directement le foyer à la cheminée, permet l'allumage rapide, tout en protégeant les tubes vaporisateurs contre les dépôts de suie que pourrait abandonner sur eux la fumée produite à ce moment. En effet, pendant cet allumage, une tuile F, manœuvrée par une tringle G, ferme l'orifice supérieur qui débouche du faisceau tubulaire. Quand la combustion, dans le foyer, est suffisamment active, on bouche avec la tuile F l'orifice du conduit E, et on débouche celui de la chaudière; le tirage s'opère alors par l'intérieur du faisceau tubulaire et le fonctionnement du générateur commence.

La chaudière que nous venons de décrire est un des premiers types construits par Serpollet.

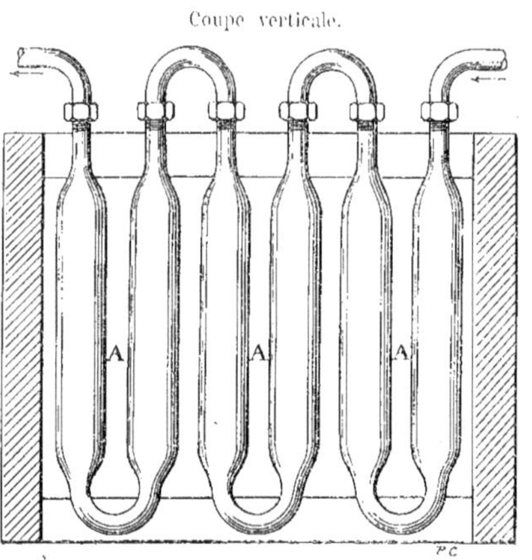

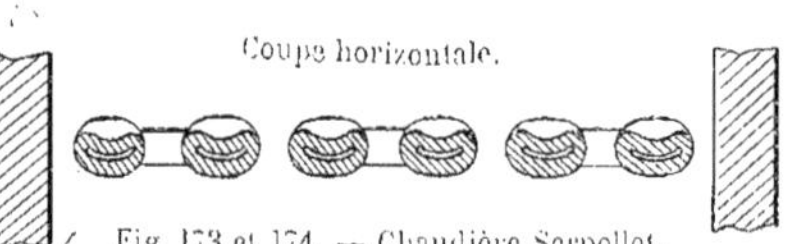

Fig. 173 et 174. — Chaudière Serpollet.

Le serpentin, par sa confection même, se prête peu à une étendue considérable de la surface de chauffe. Les éléments qui le composent se détériorent assez facilement sous l'effet de la haute température à laquelle ils sont constamment soumis.

Aussi, quand on a voulu utiliser cette chaudière pour produire la vapeur destinée à actionner des omnibus automobiles, on a été contraint de modifier la constitution et l'assemblage du faisceau vaporisateur.

Cet autre dispositif (Fig. 173) comprend des groupes de deux tubes A disposés en forme d'U. Les deux extrémités supérieures sont cylindriques et portent un filetage permettant de réunir deux tubes voisins de deux groupes juxtaposés, par un raccord qui les fait communiquer.

La partie inférieure de chaque U est de section cylindrique et est contournée en forme d'arc de cercle.

Les deux branches de l'U ont reçu par emboutissage, sur une partie de leur longueur, une forme qui ne laisse au centre du tube qu'un espace vide de faible dimension se développant en travers du tube suivant une demi-circonférence (Fig. 174).

C'est cette partie emboutie des branches de l'U qui est seule soumise à l'action directe des gaz chauds, les extrémités étant éloignées du circuit des flammes.

L'emboutissage des tubes a l'avantage, tout en constituant une façon relativement simple de limiter l'espace vide central, de raidir le métal et d'empêcher les tubes de jouer et de se détériorer rapidement sous l'action du feu.

Quoique la fente centrale destinée à recevoir l'eau soit très réduite, le tube qui la porte a pourtant une épaisseur importante.

Il y a à cela une double raison : d'abord, les tubes étant épais, sont moins rapidement mis hors d'usage ; ensuite et surtout, l'épaisseur des tubes est utilisée pour emmagasiner la chaleur et former une sorte de régulateur ou *volant de chaleur*, qui permet de maintenir à la chaudière sa marche régulière malgré les afflux répétés d'eau froide instantanément vaporisée dans les tubes.

Comme les chaudières Serpollet ont été constituées surtout en vue de l'adaptation aux voitures automobiles, l'épaisseur des tubes, augmentant leur poids, devient alors un inconvénient peu négligeable.

Pour concilier la légèreté avec la résistance des tubes, Serpollet proposa, en dernier lieu, de donner au faisceau vaporisateur la forme d'un tube A enroulé en spirale (Fig. 175) et débouchant à l'extérieur de la chaudière par ses deux extrémités portant chacune une tubulure. L'une d'elles, B, permet d'admettre l'eau, l'autre, C, permet de recueillir la vapeur.

Ce tube est, dans ce cas, constitué de façon particulière.

Il est plat et est tordu sur lui-même de façon à ne laisser subsister au centre que l'espace vide nécessaire.

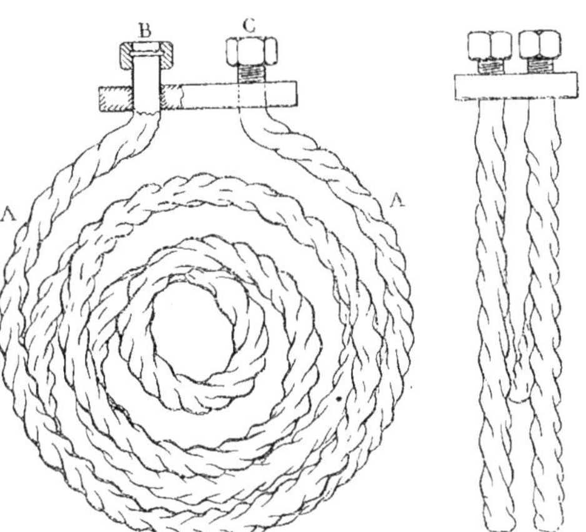

Fig. 175. — Tube de chaudière Serpollet.

L'écrouissage subi par le tube dans sa torsion lui donne une grande raideur, qui empêche les déformations ; sa grande longueur compense, au point de vue calorifique, la réduction d'épaisseur opérée au bénéfice de la légèreté.

La vapeur produite dans les chaudières Serpollet peut atteindre des pressions considérables, car les tubes vaporisateurs peuvent supporter une pression de 100 kilogrammes par centimètre carré.

Elles sont d'ailleurs timbrées à 94 kilos et elles ne possèdent, malgré cela, aucun des appareils de sécurité exigés pour toutes les autres. Cela s'explique par ce fait que, ne comportant aucun réservoir d'eau ni de vapeur, elles sont nécessairement à l'abri de toute explosion. C'est pour cette raison qu'une décision ministérielle spéciale a autorisé, dans ce type de générateur, la suppression des appareils de sécurité, qui seraient tout à fait inutiles.

La *chaudière Serpollet* est intimement liée à l'histoire de la locomotion automobile, car on l'a surtout employée comme générateur de vapeur dans certains types de voitures, omnibus et camions automobiles.

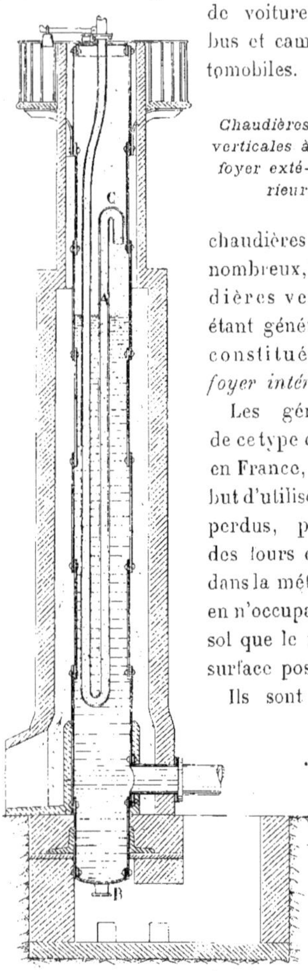

Chaudières verticales à foyer extérieur. Ces systèmes de chaudières sont peu nombreux, les chaudières verticales étant généralement constituées avec *foyer intérieur*.

Les générateurs de ce type employés en France, ont pour but d'utiliser les gaz perdus, provenant des fours employés dans la métallurgie, en n'occupant sur le sol que le moins de surface possible.

Ils sont disposés tout en hauteur (Fig. 176) et se composent d'un corps cylindrique A placé verticalement dans une tour de maçonnerie. Ce cylindre est alimenté d'eau jusqu'à une certaine hauteur, et porte à son extrémité inférieure un bouchon B permettant de retirer les dépôts qui s'y forment.

Fig. 176. — Chaudière verticale.

Les gaz chauds arrivent latéralement, car il est certain que si on les admettait directement à la partie inférieure, les incrustations qui s'y déposent occasionneraient, sous le coup de feu, une détérioration rapide de la paroi, ayant comme conséquences certaines des accidents redoutables.

On ménage dans le massif de maçonnerie plusieurs conduits d'appel verticaux disposés tout autour du générateur, de façon à répartir le plus uniformément possible la chaleur abandonnée par les gaz.

La vapeur produite dans la chaudière est humide et elle entraîne avec elle une certaine quantité d'eau. Pour l'en séparer, on la reçoit à la partie supérieure, dans un conduit C que l'on fait redescendre à travers la masse d'eau, puis remonter à la prise de vapeur. Pendant ce trajet la vapeur se sèche, et l'eau qu'elle a entraînée se trouve vaporisée.

Ce système de générateur est défectueux, parce que la colonne d'eau qui y est contenue occupe un volume considérable, tout en n'ayant comme section qu'une surface très réduite ; il résulte de cela un dégagement difficile de la vapeur, à travers cette colonne liquide, se manifestant par la production de remous considérables dans la chaudière. Un autre défaut sérieux qu'on peut lui imputer, réside dans la difficulté de procéder à la visite et au nettoyage du corps de la chaudière, ce qui a été la cause d'explosions, qui, à différentes reprises, ont occasionné de véritables catastrophes.

Aussi ce genre de chaudières est-il à peu près abandonné aujourd'hui ; pour utiliser les gaz des fours, on emploie des générateurs horizontaux avec ou sans bouilleurs, comme ceux que nous avons précédemment décrits et qui offrent une sécurité bien plus grande.

Chaudière Climax (Fig. 177.) — En Amérique, on construit un système de *générateur vertical à foyer extérieur*, constitué de telle sorte que les garanties qu'il offre en permettent un emploi assez fréquent en ce pays. C'est la *chaudière Climax*.

Elle est composée d'un corps cylindrique

vertical A, placé au centre d'un massif maçonné possédant de nombreuses ouvertures de visite. Un grand espace sépare la maçonnerie du corps cylindrique A, et cet espace est occupé par une série de tubes vaporisateurs B, piqués sur toute la surface de la paroi extérieure du cylindre. Chacun de ces tubes B part perpendiculairement de la paroi extérieure et débouche à son autre extrémité dans la même paroi circulaire, mais au-dessus du point de départ et sur une autre génératrice verticale.

Le corps cylindrique A est donc hérissé d'une grande quantité de serpentins, qui augmentent, dans une notable proportion, la surface de chauffe.

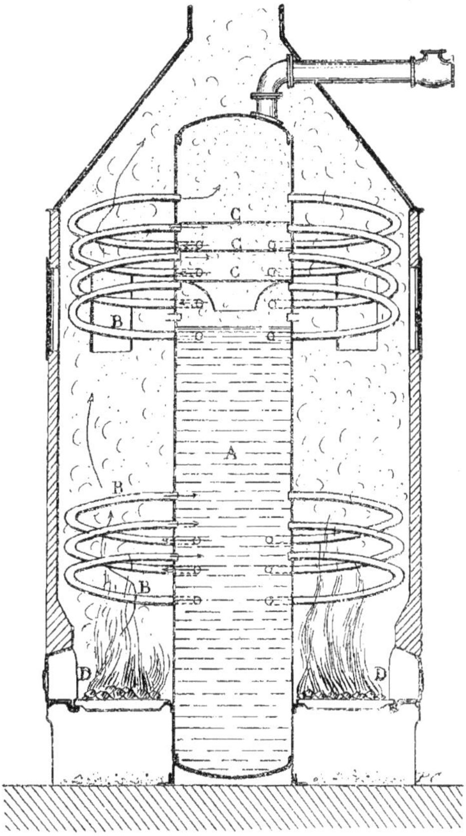

Fig. 177. — Chaudière Climax.

Le corps central A est rempli d'eau jusqu'aux 2/3 de la hauteur environ, et la chaudière est chauffée par quatre foyers D, disposés tout autour et dont les grilles sont placées au-dessus de l'extrémité inférieure du corps cylindrique A.

Cela permet de ne pas exposer aux coups de feu les parois du fond qui reçoivent les dépôts.

La vapeur est produite rapidement et son dégagement est facilité par les différents circuits constitués chacun par un tube. En outre, pour qu'elle arrive bien sèche au robinet de prise de vapeur, on ménage à la partie supérieure du corps A quelques cloisons chicanes horizontales C qui l'obligent à parcourir successivement plusieurs séries de tubes communiquant par chaque extrémité avec des capacités superposées. Pendant ce trajet la vapeur est soumise, à travers ces tubes, à l'action des gaz qui agissent sur eux; elle abandonne l'eau qu'elle avait pu entraîner, et est reçue à la partie supérieure dans un état très favorable à son emploi. Cette chaudière possède les appareils de sécurité ordinaires.

CHAUDIÈRE A FOYER INTÉRIEUR

CHAUDIÈRES HORIZONTALES, à grand corps cylindrique : *DE CORNOUAILLES, DE LANCASHIRE*; — à bouilleurs : *DE CORNOUAILLES, GALLOWAY, PIEDBŒUF*; — à réchauffeurs : *BERMINGHAUS*; — à bouilleurs et réchauffeurs : *SULTZER*; — semi-tubulaires : *FARCOT, FIVES-LILLE, THOMAS-LAURENT, WEYHER ET RICHEMOND, TISCHBEIN*; — tubulaires : *DE LOCOMOTIVES, DE MARINE A FLAMME DIRECTE, DE MARINE A RETOUR DE FLAMME, FAIRBAIRN*. — **CHAUDIÈRES VERTICALES**, à bouilleurs : *HERMANN-LACHAPELLE, SCHUCHOW*; — tubulaires : *ZAMBEAUX, FIELD, MONTUPET, DULAC, WEYHER ET RICHEMOND, ROSER*. — **CHAUDIÈRES SANS FOYER** : *A SOUDE HONIGMANN, A EAU SURCHAUFFÉE*.

Chaudières à foyer intérieur

Dans les chaudières que nous venons de décrire, les foyers, étant toujours placés en dehors des appareils, peuvent occuper des espaces que l'on détermine à volonté.

Cela permet de donner aux grilles qui les composent des surfaces très étendues, de façon à produire en quantité, des gaz chauds qui, complètement utilisés, donnent une vaporisation considérable.

En outre, les foyers étant établis dans des blocs de maçonnerie à parois réfractaires, on obtient une température très élevée et régulière qui influe favorablement sur le fonctionnement du générateur; mais il y a, par rayonnement du massif de maçonnerie et par conductibilité du foyer, une perte sensible de chaleur, qui, répandue à l'extérieur, n'intéresse aucun organe de l'appareil.

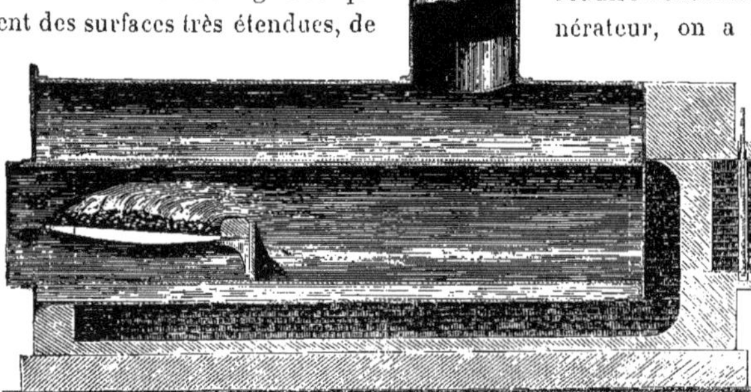

Fig. 178. — Chaudière à foyer intérieur.

Pour éviter cette déperdition d'abord et ensuite dans le but de réduire l'encombrement du générateur, on a construit des chaudières dont le foyer est complètement enfermé entre ses parois, sauf à l'avant où une porte est ménagée pour opérer le chargement du combustible. Ce sont les *chaudières à foyer intérieur*.

Si d'une part, dans ces chaudières, toute la chaleur produite est utilisée, on est, d'autre part, forcément limité dans les dimensions à donner aux grilles, et, pour obtenir une température régulière dans le foyer, il convient d'y maintenir une combustion très active, car, sans cela, les gaz produits se refroidiraient rapidement au contact des parois métalliques qui les environnent.

Les *chaudières à foyer intérieur* peuvent être *horizontales* ou *verticales*.

Chaudières horizontales à foyer intérieur

Ce sont celles dont les corps principaux sont disposés horizontalement. Elles se subdivisent, comme les *chaudières à foyer extérieur,* en plusieurs catégories que nous allons successivement examiner, à savoir : les chaudières à *grand corps cylindrique,* à *bouilleurs,* à *réchauffeurs, semi-tubulaires* et *tubulaires.*

Chaudière à grand corps cylindrique de Cornouailles

(Fig. 178 à 180.) — Cette chaudière, qui porte le nom du comté d'Angleterre où elle fut primitivement construite, se compose d'un grand corps cylindrique A, dans lequel se trouve placé un tube cylindrique B, occupant toute sa longueur, mais excentré par rapport à lui.

Les deux extrémités du tube intérieur sont ouvertes et débouchent à travers les fonds du corps cylindrique A.

Comme ces fonds, ainsi découpés, manqueraient de rigidité, on a soin de placer à leur partie supérieure une série de *goussets* qui les relient à la paroi cylindrique et les empêchent de fléchir.

Dans les constructions récentes de ce genre de générateur, on a donné à ces fonds une forme de calotte sphérique qui assure leur rigidité, sans avoir besoin de recourir à des contreforts supplémentaires.

Le foyer est établi à une des extrémités du tube intérieur B. Un autel C est ménagé à l'arrière du foyer, et l'autre extrémité du tube communique avec une capacité D donnant accès à deux carneaux latéraux.

Une cloison horizontale sépare ces carneaux du conduit qui débouche dans la cheminée.

Le corps cylindrique A porte le dôme de vapeur, le conduit d'alimentation et tous les appareils de sécurité. Il contient de l'eau jusqu'à un niveau déterminé.

Les gaz produits dans le foyer circulent d'abord dans le tube intérieur B, vers l'arrière, en échauffant l'eau qui l'entoure, puis ils reviennent vers l'avant en passant par les carneaux latéraux, et retournent une seconde fois vers l'arrière, en passant sous le corps A, pour se perdre dans la cheminée.

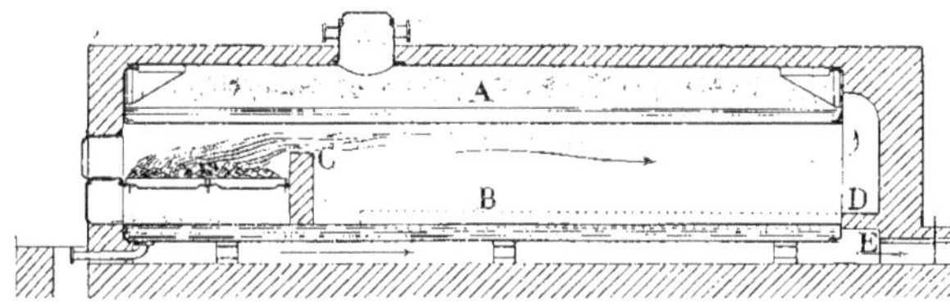

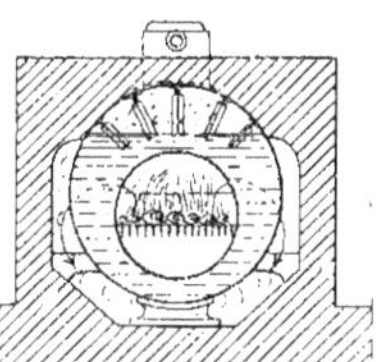

Fig. 179 et 180. — Chaudière à grand corps cylindrique de Cornouailles. Coupes longitudinale et transversale.

Pendant ce double cheminement, ils se refroidissent le long des parois extérieures du cylindre A, au bénéfice de l'eau qu'il contient.

Une tubulure est établie à la partie inférieure du réservoir A et en avant pour permettre de se débarrasser des dépôts qui s'accumulent dans le fond de ce cylindre.

En dehors des considérations particulières qui s'attachent au genre de foyer employé et que nous avons énumérées plus haut, ces chaudières ont, comme les *chaudières à grand corps cylindrique* que nous avons déjà décrites, l'avantage d'assurer une bonne régularité de fonctionnement, eu égard au grand volume d'eau qu'elles contiennent, mais elles ont l'inconvénient de nécessiter un temps assez long pour la mise en pression, quoique, dans le cas de *la chaudière à foyer intérieur,* la présence du tube porte-foyer permette d'augmenter notablement la surface de chauffe.

Chaudière de Lancashire

(Fig. 181.) — Cette chaudière, portant aussi le nom d'un autre comté d'Angleterre où elle fut d'abord employée, ne diffère de la *chaudière de Cornouailles* que parce que le corps cylindrique A est de dimensions plus grandes, permettant de placer à l'intérieur deux tubes porte-foyers B et C au lieu d'un.

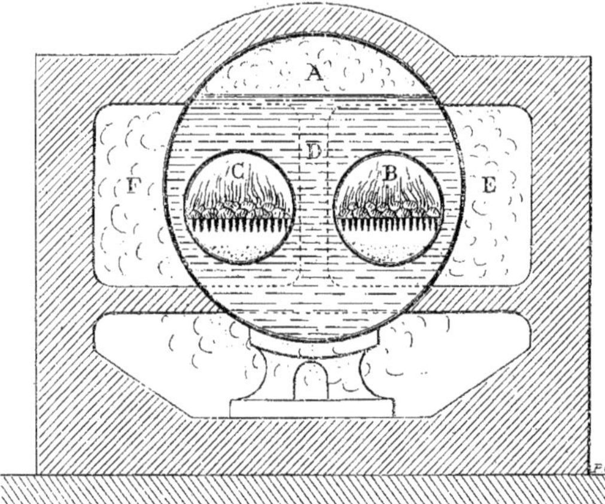

Fig. 181. — Chaudière Lancashire.

La circulation des gaz emprunte donc deux circuits canalisés à l'extrémité arrière, par une cloison verticale D qui sépare les deux capacités E et F, où débouchent les deux tubes intérieurs.

Deux carneaux latéraux ramènent respectivement vers l'avant les gaz produits dans chaque foyer, qui se mélangent ensuite pour retourner à la cheminée en passant sous le corps cylindrique A.

Chaudière de Cornouailles à bouilleur

(Fig. 182.)

Dans le but d'augmenter la surface de chauffe et d'utiliser d'une manière plus complète les gaz chauds, on a adapté à la *chaudière de Cornouailles* décrite plus haut un bouilleur A, placé longitudinalement dans le tube intérieur, derrière l'autel.

Ce tube communique avec le corps principal B par deux tubulures C et D, dont l'une, C, en avant, débouche dans la partie inférieure du corps B, et dont l'autre, D, en arrière, débouche dans la partie supérieure de ce même réservoir qui forme chambre de vapeur.

Les autres dispositions sont semblables à celles de la *chaudière de Cornouailles* sans bouilleur.

On obtient avec ce dispositif une transmission plus rapide de la chaleur à l'eau de la chaudière, mais il est indispensable de nettoyer assez souvent le tube bouilleur, qui s'incruste facilement à l'intérieur et sur la paroi extérieure duquel se dépose une grande quantité de suie.

Cette suie est, d'autre part, très gênante, car, en tombant dans le fond du tube porte-foyer, elle peut nuire à la bonne transmission de la chaleur à l'eau qui se trouve derrière cette paroi.

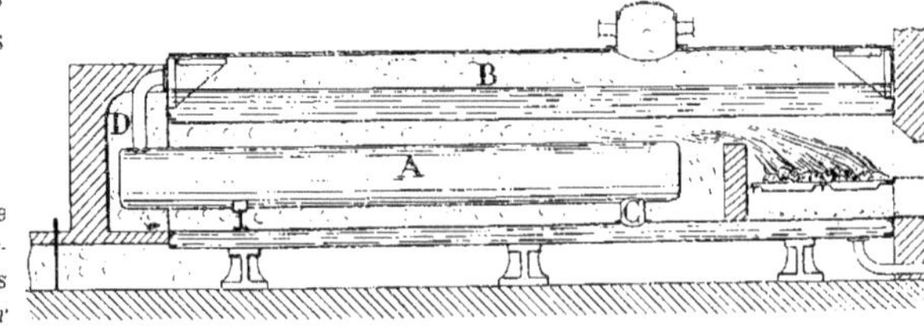

Fig. 182. — Chaudière de Cornouailles à bouilleur.

Chaudière Galloway à bouilleurs verticaux (Fig. 183-185.) Dans la disposition adoptée pour cette chaudière, les tubes bouilleurs ont été placés verticalement.

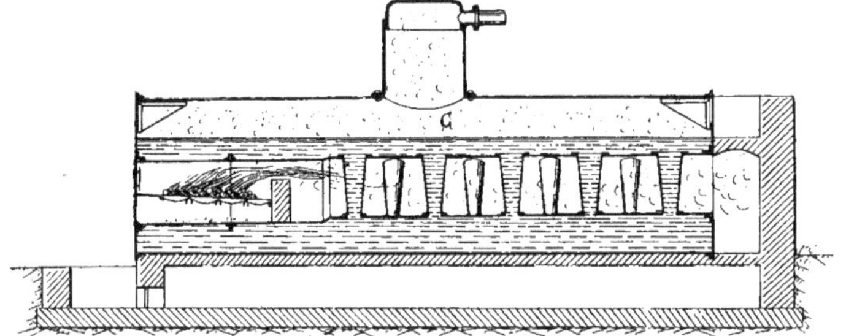

Fig. 183. — Chaudière Galloway. Coupe longitudinale.

La chaudière est à deux foyers placés en avant dans deux tubes circulaires intérieurs A et B. Ces deux tubes se réunissent derrière l'autel pour n'en former qu'un seul de forme aplatie, qui porte sur toute sa longueur des tubulures verticales tronconiques fixées à ses parois supérieure et inférieure.

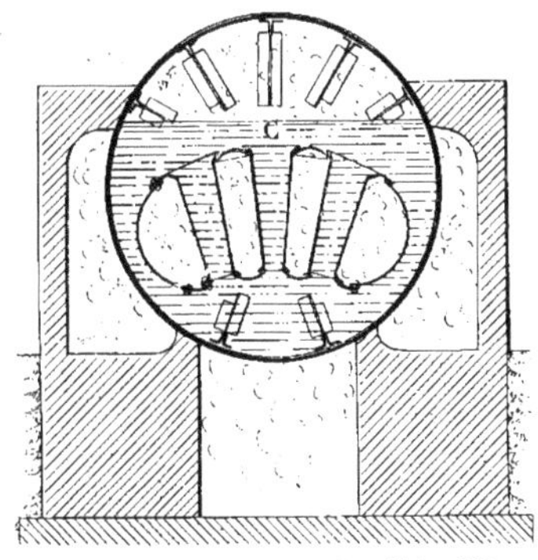

Coupe sur les bouilleurs. Fig. 184 et 185. — Chaudière Galloway. Coupe sur les foyers.

Ces tubulures sont disposées en quinconce sur ces parois et font communiquer le bas et le haut du corps cylindrique principal C, à l'intérieur duquel se trouvent placés les tubes porte-foyers. Les tubulures font office de bouilleurs verticaux.

Leur disposition en quinconce facilite le brassage des gaz et leur emploi permet d'augmenter notablement la surface de chauffe.

En outre, ils facilitent la circulation de l'eau dans le corps principal C et ils servent d'entretoises entre les parois des tubes intérieurs porte-foyers, pour empêcher les fléchissements et les déformations des tôles qui les composent. Les extrémités du tube intérieur sont rivées sur les fonds du corps cylindrique C, lesquels sont plats et consolidés par une série de consoles qui les raidissent.

Chaudière Piedbœuf à bouilleurs verticaux (Fig. 186.) — Elle diffère de la précédente en ce que les deux tubes intérieurs A, qui portent le foyer en avant, vont d'un bout à l'autre du corps principal B sans se réunir, en arrière de l'autel C; ils sont indépendants l'un de l'autre.

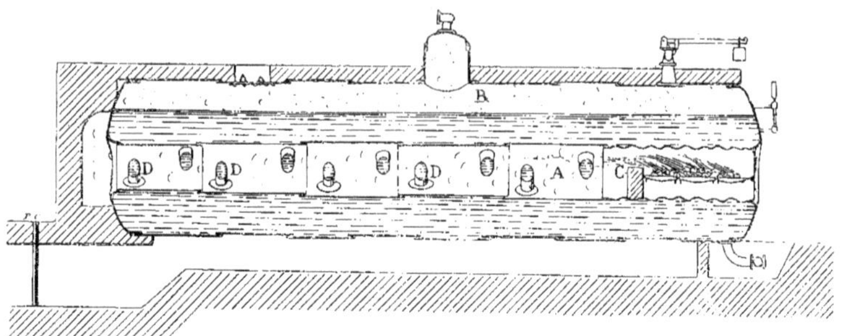

Fig. 186. — Chaudière Piedbœuf. Coupe longitudinale.

On a néanmoins ménagé à l'intérieur de chaque tube une succession de bouilleurs verticaux D faisant communiquer les deux parties du corps cylindrique B.

En outre, l'avant des tubes portant les foyers, est façonné en tôle ondulée, de manière que les parois soumises au coup de feu n'aient pas de tendance à s'infléchir. Les ondulations données aux tôles sont autant

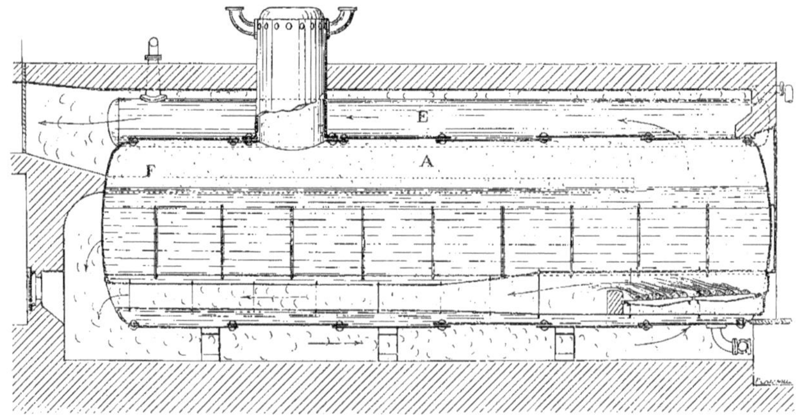

Fig. 187. — Chaudière Berninghaus à réchauffeurs. Coupe longitudinale.

de nervures qui les raidissent.

Les deux tubes intérieurs sont rivés à chacune de leurs extrémités, sur les fonds du corps principal, qui ont, dans ces chaudières, la forme de calotte sphérique, ce qui leur assure une rigidité suffisante.

Chaudière Berninghaus à réchauffeurs (Fig. 187 et 188.) Cette chaudière se compose d'un grand corps cylindrique A, à l'intérieur duquel sont disposés trois tubes qui portent chacun un foyer à une extrémité.

C'est donc une chaudière à trois foyers, dont deux, B et C, ont leur axe placé, par rapport au corps principal A, suivant un diamètre horizontal, et dont le troisième, D, est situé au-dessous et entre les deux autres.

Cette disposition donne lieu à deux séries de grilles placées à des hauteurs différentes du sol. Au-dessus du corps principal est ménagée une chambre dans laquelle sont dis-

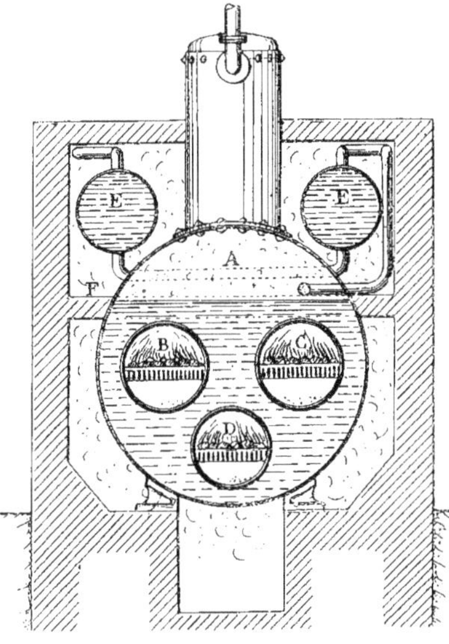

Fig. 188. — Chaudière Berninghaus. Coupe transversale.

posés deux tubes réchauffeurs longitudinaux E. Une cloison horizontale maçonnée F sépare cette chambre de la capacité dans laquelle débouchent, à l'arrière, les trois tubes porte-foyers; une large communication est simplement établie vers l'avant entre ces deux capacités. Les gaz parcourent d'abord les trois tubes porte-foyers, puis reviennent vers l'avant en agissant sur le corps principal A, au-dessous du niveau de l'eau qu'il contient; ils remontent ensuite dans la chambre supérieure et en gagnant la cheminée, ils échauffent l'eau contenue dans les tubes réchauffeurs E.

Pendant ce dernier trajet, les gaz agissent également sur la paroi supérieure du corps principal A qui n'est pas, intérieurement, baignée par l'eau. Cette disposition ne serait pas tolérée en France, par mesure de sécurité, mais on l'admet volontiers en Allemagne où se construisent les *chaudières Berninghaus.*

L'eau d'alimentation arrive dans un des tubes réchauffeurs, du côté de la cheminée, d'où elle passe dans le second, puis dans le corps principal.

Chaudière Sultzer à bouilleurs et réchauffeurs

(Fig. 189 et 190.) C'est une chaudière à deux foyers fixés chacun à une extrémité d'un tube placé à l'intérieur d'un corps principal cylindrique A. Vers l'autre extrémité de chaque tube sont fixés plusieurs bouilleurs B disposés en forme de croix les uns par rapport aux autres, cette disposition ayant pour objet d'obliger les gaz à se brasser quand ils passent autour de ces bouilleurs.

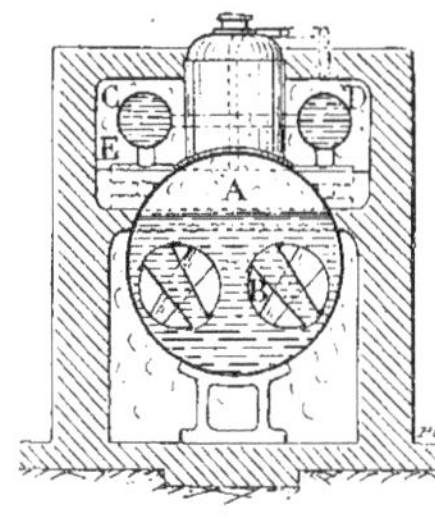

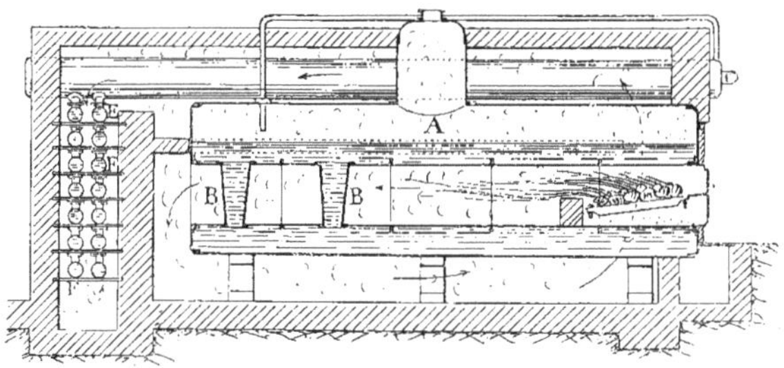

Fig. 189 et 190. — Chaudière Sultzer à bouilleurs et réchauffeurs. Coupes transversale et longitudinale.

A la partie supérieure du corps principal A, sont disposés deux tubes réchauffeurs, C et D, qui communiquent à l'arrière avec une série d'autres tubes réchauffeurs E superposés, de plus petit diamètre, et séparés par groupes de deux, par des cloisons chicanes F qui forcent les gaz à parcourir successivement les capacités qui les contiennent.

Les gaz provenant du foyer, après être allés vers l'arrière en agissant sur les bouilleurs croisés B, reviennent vers l'avant en passant sous le corps principal A, puis remontent dans la chambre supérieure qui contient les deux gros tubes réchauffeurs C et D. Ils retournent de nouveau vers l'arrière en léchant ces tubes, et de là descendent au conduit de la cheminée en échauffant, groupe par groupe, les petites tubes réchauffeurs E superposés.

L'eau d'alimentation, qui est admise au dernier groupe inférieur de petits réchauffeurs, suit un trajet inverse de celui des gaz. La circulation est donc rationnelle, mais, comme dans la chaudière précédente, les dispositions adoptées pour celle-ci, qui est construite en Suisse, permettent aux gaz chauds d'agir sur certaines de ses parois qui ne sont pas baignées intérieurement par l'eau du générateur.

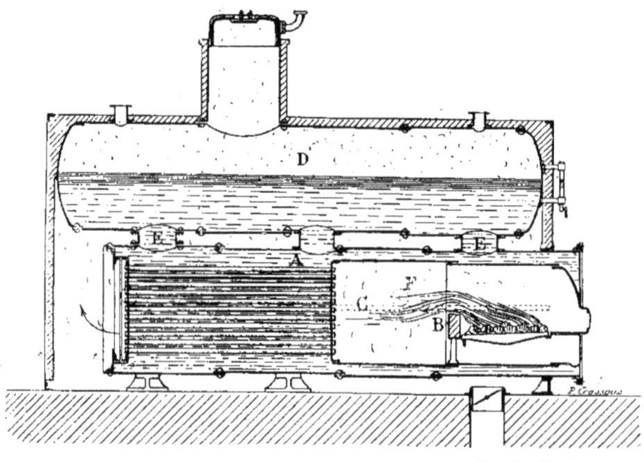

Fig. 191. — Chaudière semi-tubulaire Farcot. Coupe longitudinale.

Chaudière semi-tubulaire Farcot (Fig. 191.) — Elle se compose d'un corps principal cylindrique A de grand diamètre, dans lequel se trouve placé un tube portant le foyer.

A ce foyer, établi à l'avant du tube, fait suite un autel B, qui le sépare de la chambre de combustion C.

Cette chambre est fermée, à l'arrière, par une plaque dans laquelle sont fixés des tubes de petit diamètre, supportés à leur autre extrémité par une seconde plaque qu'ils traversent. Cela constitue un faisceau tubulaire relié au tube porte-foyer, et tout cet ensemble est supporté par des galets F qui s'appuient sur deux rails disposés à l'intérieur du corps principal A.

On peut donc très facilement sortir de ce corps cylindrique tout le système tubulaire pour le visiter et le nettoyer.

On l'assujettit d'une façon rigoureuse à la chaudière par des boulons qui le brident sur la collerette avant du corps A et appliquent la plaque tubulaire arrière contre une seconde collerette appartenant également au corps principal et qui forme joint à cette extrémité.

Le corps cylindrique A est surmonté d'un réservoir cylindrique longitudinal D, auquel il est réuni par trois cuissards E à large ouverture. Ce réservoir contient de l'eau jusqu'à la moitié de sa hauteur environ et il est couronné d'un dôme auquel est adaptée la prise de vapeur.

Les gaz, après avoir parcouru le faisceau tubulaire, se répandent dans les carneaux latéraux et enveloppent totalement le corps principal et une partie du réservoir supérieur D, puis s'échappent au dehors.

Dans cette chaudière qui est dite à *flamme directe*, les appareils de sécurité sont placés sur le réservoir supérieur de vapeur D.

Chaudière semi-tubulaire de Fives-Lille

(Fig. **192.**) Elle est constituée par un corps cylindrique A surmonté d'un réservoir B qui communique avec lui par trois cuissards C, et qui sert de collecteur de vapeur. Dans le corps A se trouve disposé un tube qui porte, en avant, la grille du foyer accotée contre l'autel D, et qui se continue, à l'arrière, par un faisceau tubulaire composé de *tubes Bérendorf*, assemblés sur deux plaques entretoisées entre elles par des tirants.

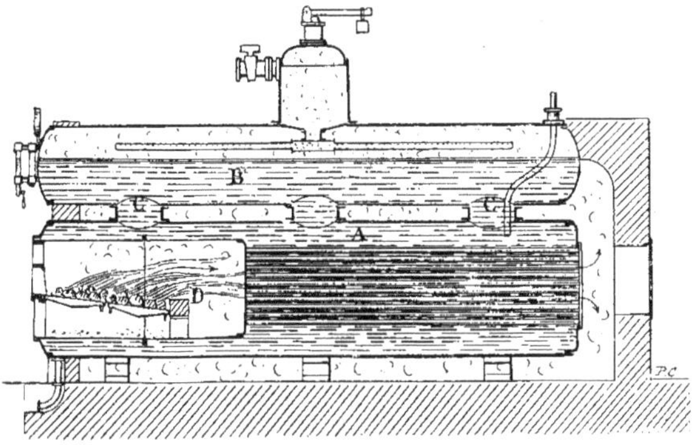

Fig. 192. — Chaudière semi-tubulaire de Fives-Lille. Coupe longitudinale.

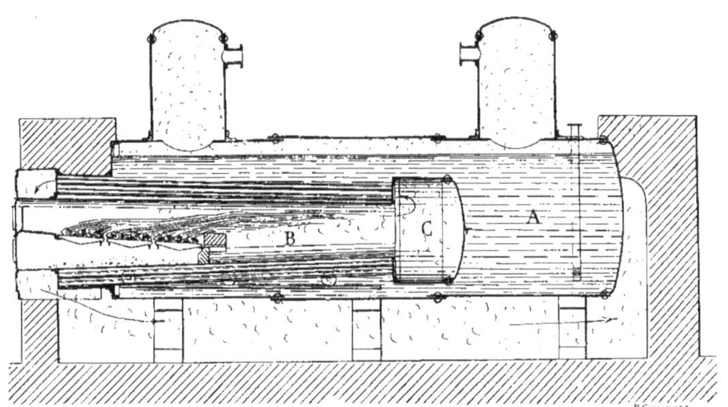

Fig. 193. — Chaudière semi-tubulaire Thomas-Laurens. Coupe longitudinale.

Tout l'ensemble du tube porte-foyer n'est pas démontable comme dans la *chaudière Farcot*, mais on peut aisément retirer les tubes de fumée un à un pour les nettoyer.

Les gaz suivent un parcours tout à fait semblable à celui de la *chaudière Farcot*.

La vapeur est recueillie à la partie supérieure du réservoir B par un tube semblable au *tube Crampton* que nous avons déjà décrit et qui a pour but de supprimer les entraînements d'eau.

L'eau d'alimentation est introduite dans le corps principal A par un des cuissards C, après avoir traversé le réservoir de vapeur B. Ce réservoir porte, sur sa paroi avant, le manomètre et le niveau d'eau, et est surmonté d'un dôme sur lequel sont placées la prise de vapeur et les soupapes de sûreté.

Chaudière semi-tubulaire Thomas-Laurens (Fig. 193.) — Cette chaudière diffère des deux précédentes par la disposition du faisceau tubulaire.

Elle se compose d'un corps cylindrique A, à l'intérieur duquel se trouve placé un tube porte-foyer B, de forme conique.

Autour de ce tube sont disposés les tubes conducteurs des gaz, qui sont soutenus à chacune de leurs extrémités par une plaque tubulaire.

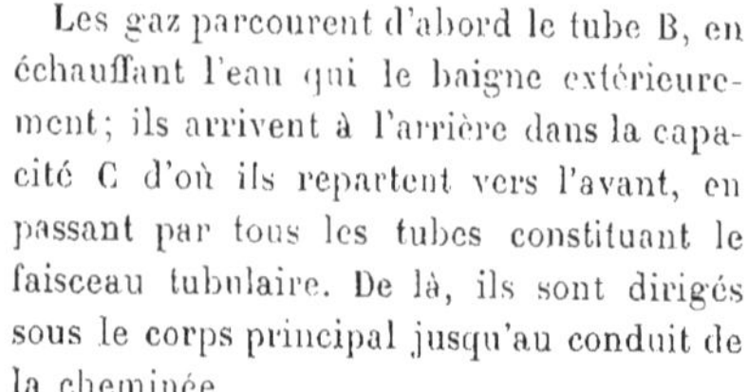

Les gaz parcourent d'abord le tube B, en échauffant l'eau qui le baigne extérieurement; ils arrivent à l'arrière dans la capacité C d'où ils repartent vers l'avant, en passant par tous les tubes constituant le faisceau tubulaire. De là, ils sont dirigés sous le corps principal jusqu'au conduit de la cheminée.

L'eau d'alimentation est admise à l'arrière du corps cylindrique A par un conduit qui débouche à la partie inférieure de ce réservoir.

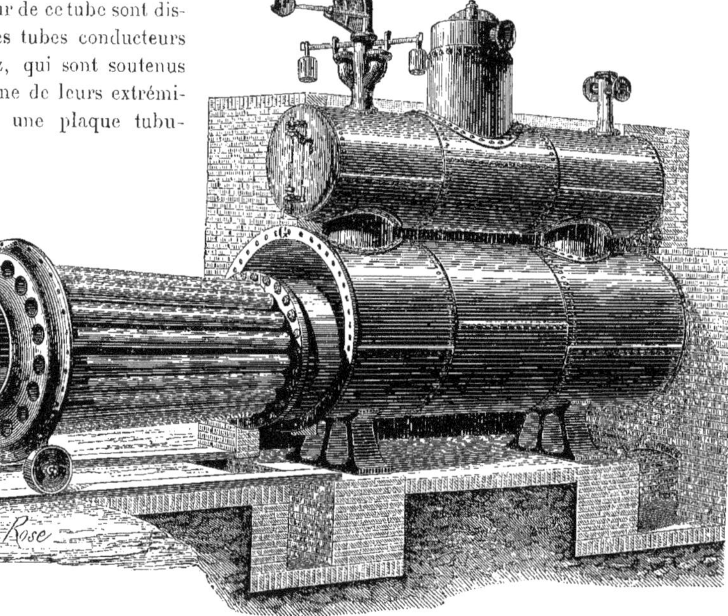

Fig. 194. — Chaudière à foyer amovible.

La plaque tubulaire avant se raccorde au tube conique B, qui porte à son extrémité antérieure une collerette bridée par des boulons contre un repos fixe appartenant au massif maçonné. Sur la plaque tubulaire arrière est montée une capacité C, fixée sur elle de façon à assurer l'étanchéité autour du joint.

L'ensemble du tube et du faisceau tubulaire repose sur des galets qui facilitent sa sortie pour opérer le nettoyage.

Cette chaudière est appelée *chaudière à retour de flamme*, parce qu'à l'inverse des deux précédentes, les gaz ne parcourent les tubes à fumée qu'en revenant vers l'avant du foyer.

La figure 194 représente, sorti le foyer amovible d'une chaudière semblable à celles que nous venons de décrire et à celle qui va suivre.

Chaudière semi-tubulaire à retour de flamme Weyher-Richemond

(Fig. 195.) La chaudière Weyher-Richemond à retour de flamme est du même type que la précédente. Son foyer est disposé à l'intérieur d'un tube de forme conique portant, à chaque extrémité, une plaque tubulaire qui supporte le faisceau de tubes à fumée disposé suivant deux circonférences. Sur la plaque tubulaire arrière est fixé un capot qui constitue la boîte à fumée. Le tout est placé concentriquement à l'intérieur du grand corps cylindrique de la chaudière.

Le parcours des gaz est le même que dans le générateur précédent. Ils vont directement du foyer à l'arrière, reviennent vers l'avant en passant dans le faisceau de tubes et gagnent la cheminée en passant autour du corps cylindrique inférieur.

Un réservoir cylindrique est disposé longitudinalement au-dessus de ce corps principal et communique avec lui par deux cuissards. Il constitue le réservoir de vapeur et porte le dôme avec la prise de vapeur, le manomètre, les soupapes de sûreté, les indicateurs du niveau de l'eau, dont un, qui porte un sifflet d'alarme, est actionné par un flotteur qui suit les variations du niveau de l'eau. Ce niveau est normal quand il atteint environ la moitié de la hauteur du réservoir supérieur.

L'alimentation s'opère par un conduit, qui partant du réservoir supérieur, aboutit à la partie inférieure du corps principal en traversant le cuissard d'arrière.

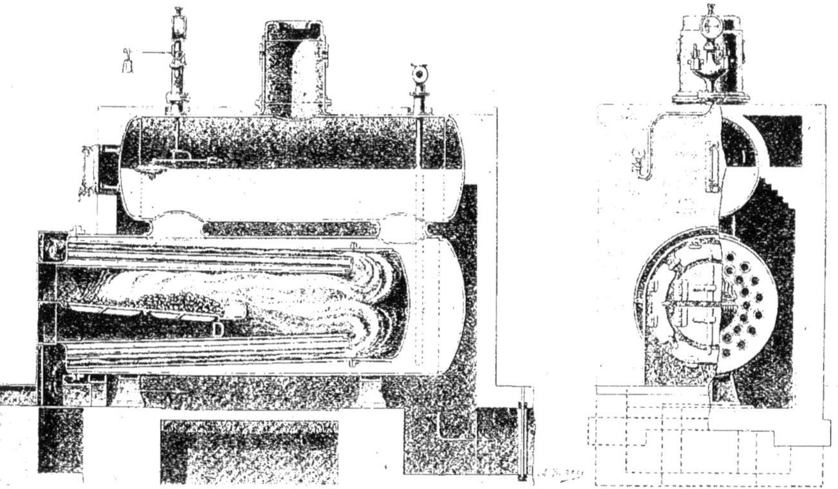

Fig. 195. — Chaudière semi-tubulaire Weyher-Richemond. Coupes longitudinale et transversale.

Cette chaudière a, comme la précédente, l'avantage de posséder un foyer et un faisceau tubulaire amovibles.

On peut, en effet, les sortir facilement du corps cylindrique inférieur en faisant rouler l'ensemble formé par ces deux organes sur deux galets disposés convenablement, ainsi que le montre la figure 194.

On peut alors procéder de la façon la plus commode à leur visite et à leur nettoyage.

Chaudière semi-tubulaire de Tisohbein (Fig. 196.) C'est un type de générateur construit et employé en Allemagne. Il se compose de deux corps cylindriques superposés, A et B. Dans le corps inférieur A, se trouvent disposés deux tubes porte-foyers C, qui le traversent de bout en bout.

Ces tubes supportent la grille du foyer, en avant, et sont entretoisés, vers l'arrière, par deux *bouilleurs Galloway* croisés.

Le corps cylindrique supérieur B contient un faisceau de tubes fixés sur ses deux fonds et les traversant. Les deux corps A et B sont réunis par deux tubulures D et E.

Le tuyau D part de la partie supérieure du réservoir A et aboutit à la partie supérieure du réservoir B.

Le conduit E part du réservoir A, un peu au-dessous du niveau moyen de l'eau qui y est contenue, et aboutit dans le réservoir supérieur B, à hauteur du niveau de l'eau.

Les deux corps cylindriques contiennent donc chacun de l'eau, jusqu'à une hauteur qui ne doit varier que dans des limites assez restreintes.

Le corps supérieur B repose sur le corps inférieur A par l'intermédiaire d'un support métallique F et d'un cuissard G, qui ne

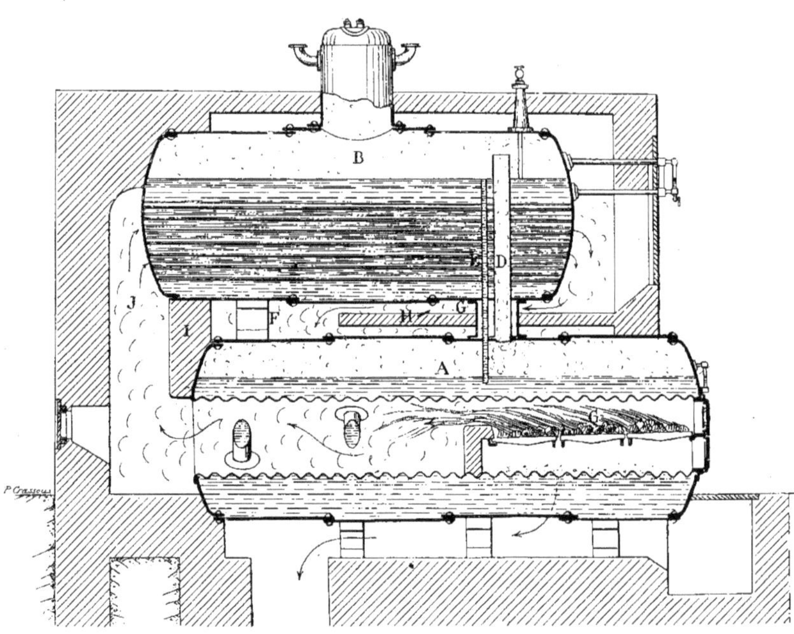

Fig. 196. — Chaudière semi-tubulaire Tischbein. Coupe longitudinale.

possède que les orifices nécessaires pour le passage des deux conduits D et E.

Une cloison en maçonnerie H sépare, à l'avant, les deux corps cylindriques, et une cloison verticale I, ménagée à l'arrière du corps A, permet la communication directe entre les tubes foyers, et une capacité J qui se prolonge jusqu'à hauteur de la plaque tubulaire arrière du réservoir B.

Les gaz, parcourant les deux tubes foyers en échauffant l'eau contenue dans le réservoir inférieur, débouchent dans la capacité arrière J, dans laquelle ils remontent pour atteindre le faisceau tubulaire.

Dirigés par les tubes, ils reviennent vers l'avant en agissant sur l'eau contenue dans le réservoir supérieur B, puis retournent vers l'arrière au-dessous de ce même réservoir, et l'ouverture pratiquée à l'arrière de la cloison H leur permet de passer et de se répandre tout autour du corps inférieur A, avant de s'échapper au dehors.

L'eau d'alimentation est admise dans le corps supérieur B. Elle doit atteindre dans ce réservoir un certain niveau au-dessus duquel elle se déverse dans le réservoir inférieur par l'intermédiaire du tube E.

Comme il faut que dans ce dernier réservoir A, le niveau de l'eau atteigne une hauteur fixée, il est nécessaire que le débit du conduit d'alimentation soit suffisant pour maintenir les niveaux respectifs de l'eau dans les deux corps cylindriques à la hauteur convenable.

On a disposé, d'ailleurs, sur chacun d'eux, un niveau d'eau pour se rendre compte, à chaque instant, de la régularité de l'alimentation, et parfois on adapte au corps inférieur A une conduite d'alimentation qui lui est spéciale et qui fonctionne indépendamment de la conduite supérieure.

La vapeur produite dans le réservoir inférieur se rend par le tuyau D dans le réservoir supérieur, où elle arrive très sèche et où elle se mélange avec celle qui s'y est déjà formée.

Un dôme de vapeur qui surmonte le corps B porte les soupapes de sûreté et le conduit de prise de vapeur.

Les *chaudières Tischbein* ont l'avantage de réaliser une surface de chauffe considérable par rapport à leur encombrement superficiel et elles dispensent de construire, pour atteindre ce résultat, des grands corps cylindriques de longueur importante, dont la fabrication ne va pas sans difficulté et dont la visite et le nettoyage ne sont pas toujours aisés; mais, d'autre part, on est obligé de leur donner une grande hauteur et on est astreint à surveiller sur deux niveaux d'eau au lieu d'un seul.

Chaudières tubulaires à foyer intérieur

Nous avons vu que dans les *chaudières tubulaires à foyer extérieur,* les tubes constituant le faisceau vaporisateur contenaient de l'eau; dans les *chaudières tubulaires à foyer intérieur,* les tubes sont des conduits de gaz et de fumée, environnés par l'eau qu'ils doivent échauffer.

Nous avons dit que l'inventeur de ce système tubulaire, Marc Seguin, le destinait, vers 1825, à une chaudière qui devait être installée sur un bateau.

Depuis, il a presque toujours été employé dans la constitution des chaudières faisant partie d'installations mobiles, et il a trouvé sa plus grande application dans les chaudières de locomotives, locomobiles, et bateaux.

Chaudière tubulaire de locomotive

(Fig. 197 et 198.) Cette chaudière se compose, en principe, d'un corps cylindrique A, terminé à une extrémité par un caisson métallique B dans lequel est disposé le foyer, dont les grilles sont généralement un peu inclinées vers l'arrière.

La paroi postérieure C du foyer est constituée par une plaque tubulaire, sur laquelle un grand nombre de tubes sont fixés. Ces tubes traversant toute la longueur du corps cylindrique sont supportés à l'arrière par une seconde plaque tubulaire D, qui sépare le corps cylindrique contenant de l'eau, de la boîte à fumée E.

Tous les tubes débouchent dans cette boîte à fumée, qui communique directement avec la cheminée.

La paroi supérieure du caisson B, recevant l'action directe de la flamme, est baignée, au-dessus, par l'eau contenue dans le réservoir A et est entretoisée solidement par des tirants verticaux qui assurent sa rigidité.

Le niveau de l'eau dans le corps cylindrique doit toujours être au-dessus de la paroi supérieure du foyer.

Les gaz produits dans le foyer passent directement dans les tubes pour se rendre dans la boîte à fumée et, de là, dans la cheminée, tout en abandonnant, pendant ce parcours, leur chaleur à l'eau qui enveloppe le faisceau tubulaire.

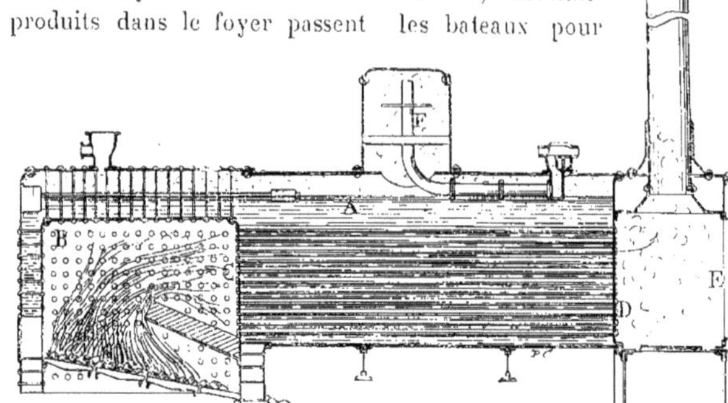

Fig. 197. — Chaudière tubulaire de locomotive. Coupe longitudinale.

La vapeur est recueillie à la partie supérieure d'un dôme placé sur le réservoir A, et envoyée, par un tube intérieur F, à la prise de vapeur.

A l'arrière de la boîte à fumée, qui constitue l'avant de la locomotive, s'ouvre une porte, ménagée pour pouvoir opérer facilement le nettoyage du faisceau tubulaire.

Les chaudières tubulaires de locomotives sont très variées.

Nous venons de décrire le type général auquel il a été apporté de nombreuses modifications de détail, que nous examinerons plus particulièrement dans le volume consacré aux Locomotives.

Chaudières tubulaires marines

Ces chaudières, qui peuvent se diviser en chaudières à flamme directe et chaudières à retour de flamme, sont utilisées dans les bateaux pour produire sous un encombrement et un poids réduits, de la vapeur à pression élevée.

Chaudière marine à flamme directe

(Fig. 199). La *chaudière marine à flamme directe* a un peu l'aspect d'une chaudière de locomotive. Elle est constituée, comme elle, par un foyer enfermé, à l'avant, dans un caisson A prolongé derrière l'autel B, par un faisceau tubulaire aboutissant à la boîte à fumée C. Le ciel du foyer est également entretoisé par des tirants, mais le dôme est remplacé par un réservoir cylindrique D disposé longitudinalement, dans lequel la vapeur est recueillie et qui porte le robinet de distribution.

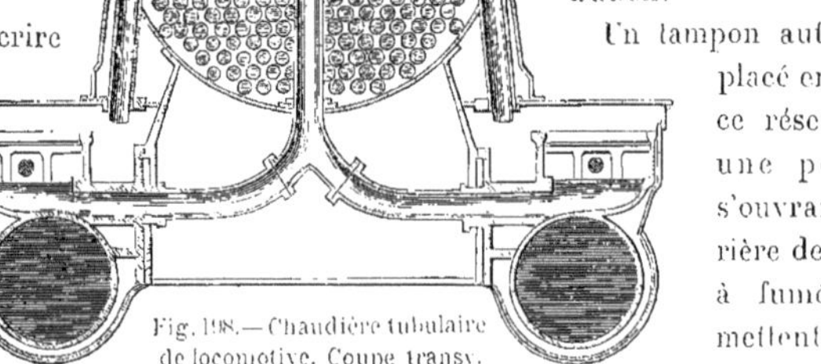

Fig. 198. — Chaudière tubulaire de locomotive. Coupe transv.

Un tampon autoclave E placé en bout de ce réservoir, et une porte F, s'ouvrant à l'arrière de la boîte à fumée, permettent de visiter respectivement ces deux capacités.

La circulation des gaz a lieu de la même

façon que pour les chaudières de locomotives, c'est-à-dire qu'elle est directe entre le foyer et la cheminée, à travers le faisceau tubulaire.

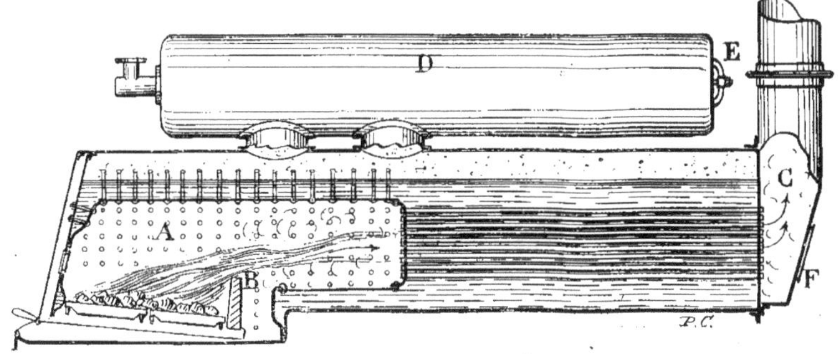

Fig. 199. — Chaudière à flamme directe.

Dans cette chaudière, comme dans celle de locomotive, on est obligé, pour activer le tirage, d'injecter dans le foyer de l'air ou de la vapeur sous pression, à l'aide d'appareils spéciaux.

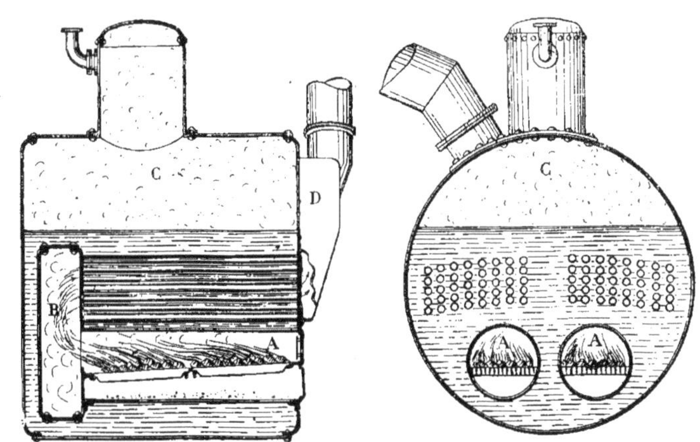

Fig. 200 et 201. — Chaudière marine à retour de flamme. Coupes longitudinale et transversale.

Chaudière marine à retour de flamme

(Fig. 200 à 203). La *chaudière marine à retour de flamme* comprend généralement plusieurs foyers. Ceux-ci sont placés dans des tubes A dont ils occupent toute la longueur et qui débouchent à l'arrière dans une même capacité B. Cette capacité se continue au-dessus de la partie supérieure du foyer et donne accès à plusieurs séries de faisceaux tubulaires qui, à l'avant, communiquent avec la boîte à fumée D.

Tout cet ensemble est établi à l'intérieur d'un corps cylindrique C qui, a nécessairement un grand diamètre, et sur lequel est fixé le dôme de vapeur.

Ce corps principal C contient de l'eau

jusqu'à un niveau tel qu'elle puisse toujours baigner le faisceau tubulaire supérieur.

Les flammes et gaz produits dans le foyer se rendent directement dans la chambre de combustion arrière, B, et circulent dans les divers faisceaux tubulaires disposés au-dessus, pour venir se perdre dans la cheminée.

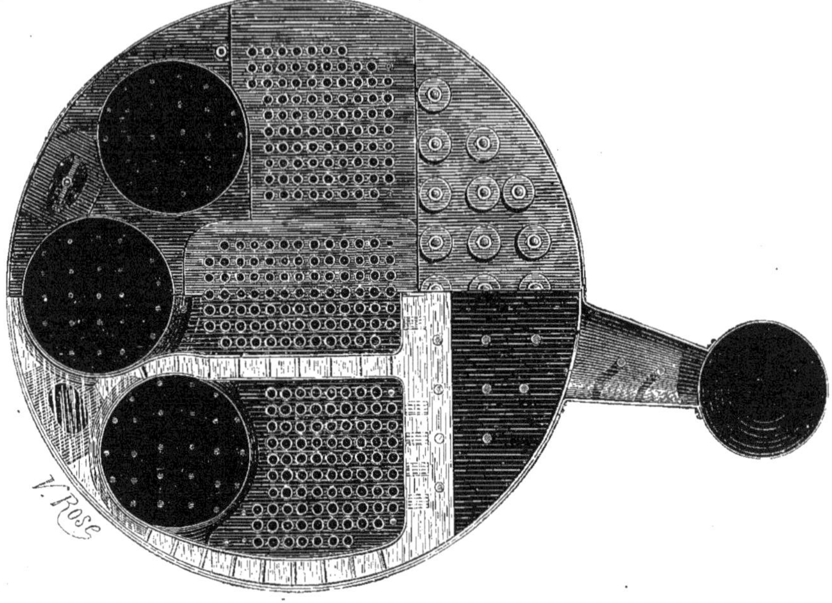

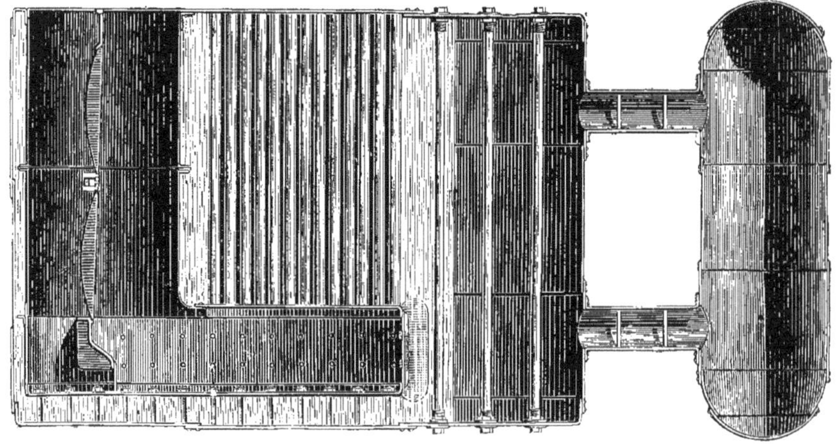

Fig. 202 et 203. — Chaudière marine à trois foyers. Coupes transversale et longitudinale.

La surface de chauffe obtenue dans ce genre de générateur est considérable et permet une vaporisation rapide.

Comme pour les chaudières de locomotives, nous nous étendrons avec plus de détail sur la description des chaudières marines dans le volume qui leur sera plus spécialement consacré.

Nous donnons cependant (fig. 202 et 203) un exemple de chaudière marine à trois foyers, installée à bord du paquebot transatlantique « La Normandie ».

Les *chaudières tubulaires à foyer intérieur* ne sont pas exclusivement destinées aux installations mobiles.

On les emploie aussi dans les installations fixes.

Chaudière tubulaire Fairbairn

(Fig. 204-206.) — Elle est constituée par un corps principal A dans lequel sont placés deux tubes indépendants B, portant chacun un foyer à leur extrémité antérieure.

Ces deux tubes débouchent dans une chambre de combustion C, de forme elliptique, dans la paroi de laquelle sont fixés de nombreux tubes supportés à l'arrière par une plaque formant fond.

Ce faisceau tubulaire communique avec la boîte à fumée D qui est reliée au conduit de la cheminée par un conduit dont une valve E permet de régler l'ouverture.

Le corps principal A contient suffisamment d'eau pour envelopper l'ensemble du système vaporisateur.

Les gaz partant de chacun des foyers se mélangent dans la chambre de combustion C et gagnent, en traversant le faisceau tubulaire, le conduit de la cheminée.

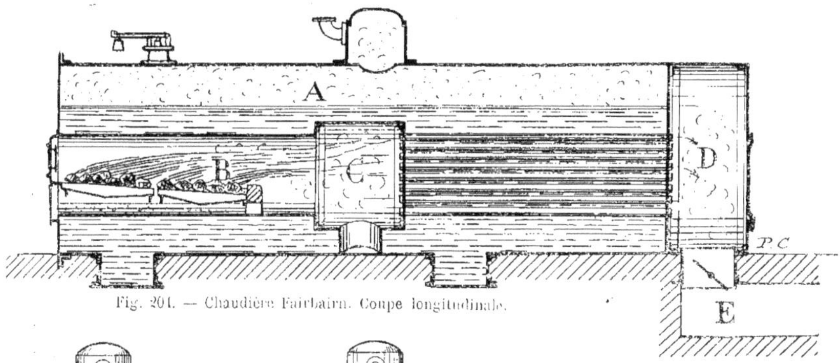

A l'arrière de la chaudière est ménagée une ouverture, fermée par une porte à joint autoclave, pour permettre de nettoyer le système tubulaire.

Sur le grand corps cylindrique A sont montés le dôme de vapeur et les soupapes de sûreté, et la paroi avant porte le manomètre et le niveau d'eau.

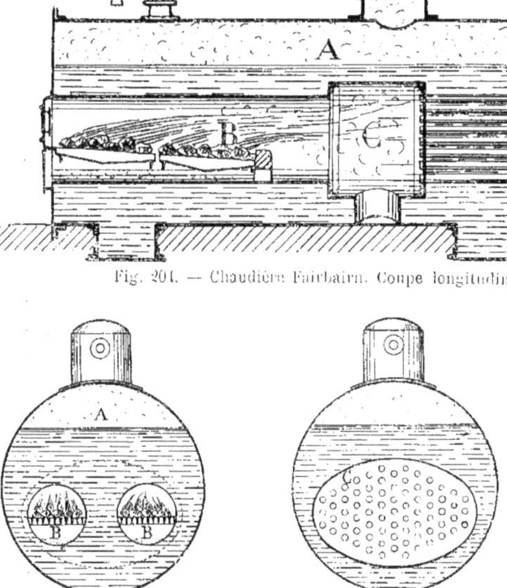

Fig. 204. — Chaudière Fairbairn. Coupe longitudinale.

Fig. 205 et 206. — Chaudière Fairbairn.
Coupe par les tubes foyers. Coupe par la chambre de combustion.

Chaudières verticales à foyer intérieur

Ce sont les chaudières dans lesquelles on a disposé verticalement le corps principal, pour avoir, sur le sol, un encombrement minimum.

Ces chaudières sont donc, en général, assez hautes, et on comprend que la surface du foyer étant nécessairement limitée au diamètre du corps principal, on ne puisse utiliser ces générateurs que dans les cas tout spéciaux où on n'a pas besoin d'obtenir une grande puissance.

Ces chaudières sont à *bouilleurs* ou *tubulaires*.

Le système qui comporte des *bouilleurs* a été le premier créé, et il tend de plus en plus à être remplacé par le système *tubulaire*, avec lequel on obtient une plus grande surface de chauffe.

Chaudière à bouilleurs Hermann-Lachapelle

(Fig. 207 et 208.) Elle se compose d'un grand corps cylindrique A, placé verticalement, dans lequel est disposé, concentriquement, un second cylindre B.

A la base de ce cylindre B est montée une grille circulaire qui en occupe toute la surface.

Une ouverture C, percée dans la paroi du corps principal A, donne accès à la grille pour opérer le chargement de combustible. Une porte de foyer ordinaire ferme cette ouverture.

Au-dessus de la grille et dans le cylindre intérieur sont fixés deux tubes bouilleurs superposés, D, et placés perpendiculairement l'un à l'autre.

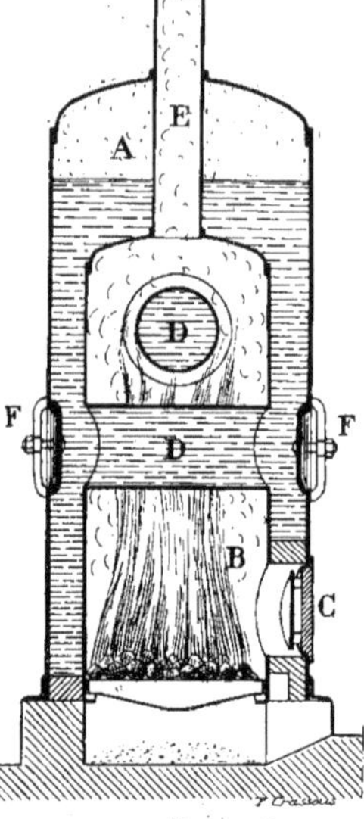

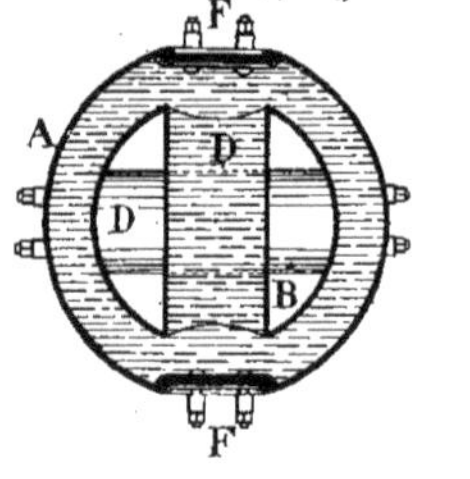

Fig. 207 et 208. — Chaudière à bouilleurs Hermann-Lachapelle. Coupes verticale et horizontale.

Ces bouilleurs font communiquer les deux parties du grand cylindre A séparées par le tube B.

Sur la paroi extérieure du corps cylindrique A sont ménagées des ouvertures correspondant à chaque extrémité des tubes bouilleurs, fermées par des tampons autoclaves F et qui permettent de tenir dans un état constant de propreté ces bouilleurs au fond desquels il se forme constamment des dépôts et des incrustations.

Le cylindre intérieur B est prolongé par un tuyau E aboutissant à la cheminée.

Les gaz du foyer montent dans le tube intérieur B en agissant à la fois sur les parois du réservoir A et sur les tubes bouilleurs, dont la disposition en forme de croix facilite sensiblement le brassage, et se rendent à la cheminée par le tuyau E qui réchauffe l'eau, le mouillant extérieurement.

La chaudière contient de l'eau jusqu'à une hauteur suffisante pour baigner constamment la paroi supérieure du tube B, qui constitue le *ciel du foyer*.

La *chaudière à bouilleurs Hermann-Lachapelle* a subi de nombreuses transformations, sans que le principe en ait été modifié.

On a surtout augmenté le nombre de bouilleurs, en diminuant leur diamètre, puis on les a groupés, pour qu'un seul *trou de visite* puisse intéresser tout un groupe de tubes.

C'est le cas dans la disposition *Schuchow*.

Chaudière à bouilleurs Schuchow

(Fig. 209 et 210.) — Comme la précédente, cette chaudière est composée de deux cylindres concentriques, placés l'un dans l'autre : le plus grand, A, sert de réservoir d'eau et

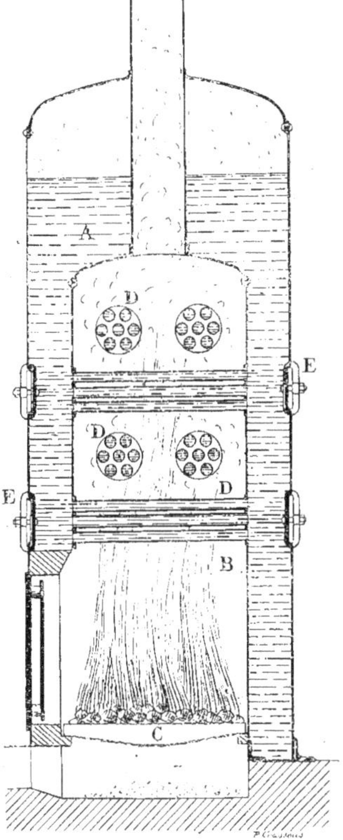

Fig. 209. — Chaudière à bouilleurs Schuchow. Coupe verticale.

de vapeur, et le plus petit, B, porte le foyer C.

Dans ce dernier tube sont disposés horizontalement les bouilleurs D.

Ceux-ci sont groupés par étages, de deux faisceaux tubulaires chacun, successivement perpendiculaires les uns aux autres.

Chaque faisceau tubulaire, comprenant sept tubes, est abordable par des ouvertures percées dans la paroi extérieure du grand cylindre et fermées par un tampon E formant joint.

Cette disposition augmente dans une pro-

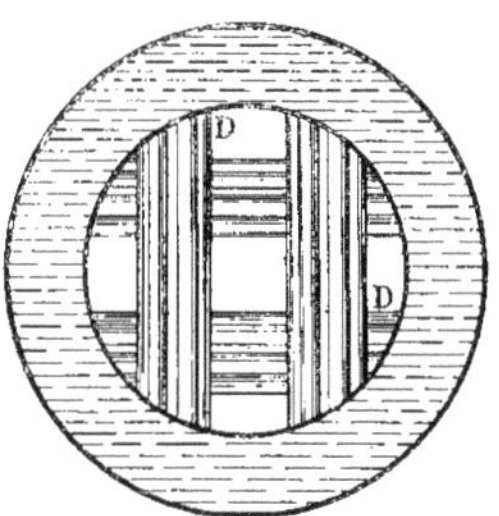

Fig. 210. — Chaudière Schuchow. Coupe horizontale.

portion notable la surface de chauffe du générateur, qui reste pourtant inférieure à celle que l'on obtient dans les *chaudières verticales tubulaires* comportant toujours un *foyer intérieur*.

Chaudière tubulaire Zambeaux

(Fig. 211.) — Elle est composée d'un grand corps cylindrique A, dans lequel est placé, concentriquement, un cylindre vertical B qui porte le foyer.

La paroi supérieure de ce cylindre est percée de trous dans lesquels sont fixés des tubes qui traversent, à leur autre extrémité, une seconde plaque tubulaire qui constitue le fond supérieur du grand corps A. Au-dessus de cette plaque est une capacité C, ou boîte à fumée, à laquelle la cheminée fait suite.

A l'intérieur du réservoir A qui contient de l'eau, et dans l'espace compris entre le faisceau tubulaire et sa paroi extérieure, est logé une sorte de fourreau cylindrique D qui, partant du dessus du foyer, monte jusqu'à la partie supérieure du réservoir.

Un second fourreau cylindrique E descend de la plaque tubulaire supérieure jusqu'au-dessous du niveau de l'eau.

Il est percé d'un grand nombre de petits trous sur la paroi opposée au conduit de prise de vapeur F.

Les gaz produits dans le foyer montent directement, par le faisceau tubulaire, dans la boîte à fumée et se perdent dans la cheminée.

Ils échauffent l'eau qui baigne extérieurement les tubes.

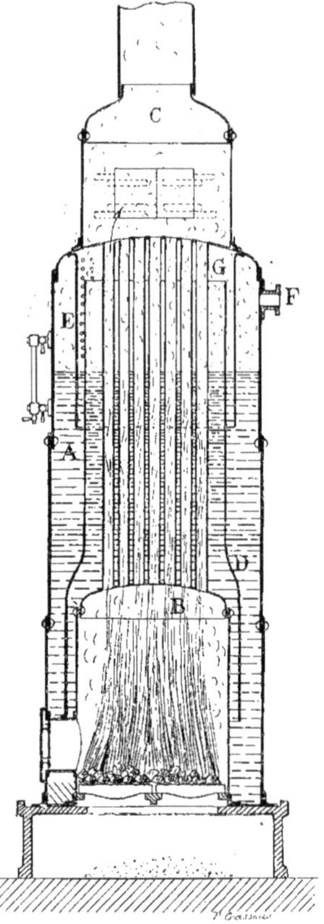

Fig. 211. — Chaudière Zambeaux. Coupe verticale.

Cette eau, contenue dans l'intérieur du fourreau D, se vaporise rapidement et la vapeur dégagée va remplir la capacité supérieure G constituée par le fourreau E.

L'eau qui baigne extérieurement le fourreau D, n'étant pas soumise directement à l'action des flammes, est, par conséquent, plus froide que l'eau qui y est contenue.

Il s'établit donc une circulation d'eau qui va de la paroi intérieure du réservoir A au faisceau tubulaire, en pénétrant par le bas dans le fourreau D. La vapeur recueillie dans la capacité G est obligée, pour passer dans la partie supérieure du réservoir A et gagner la prise de vapeur, de s'échapper par les petits trous pratiqués dans le fourreau supérieur E, en abandonnant, le long de sa paroi, l'eau qu'elle pouvait avoir entraînée.

Les appareils de sécurité sont tous montés à la partie supérieure du grand corps cylindrique A.

Chaudière tubulaire Field

(Fig. 212.) Nous avons déjà décrit dans le chapitre précédent le *tube Field,* qui a été employé, après

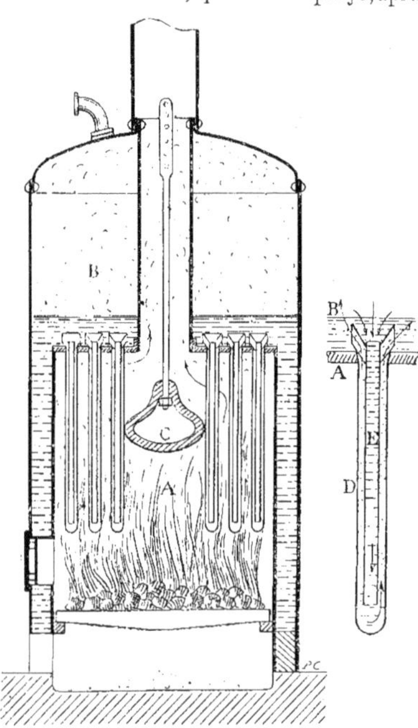

Fig. 212. — Chaudière Field. Coupe verticale.

avoir subi quelques modifications intéressant son assemblage avec les tôles, dans les chaudières *Collet, Niclausse* et *Montupet;* mais, tandis que dans ces appareils il est disposé à peu près horizontalement, dans la *chaudière Field,* il est fixé verticalement à la paroi supérieure d'un cylindre A qui porte le foyer, et qui est placé concentriquement à un second cylindre B qui sert de réservoir d'eau.

Cette paroi supérieure, qui est donc le *ciel du foyer,* porte, sur toute sa surface, un faisceau de tubes semblables qui sont suspendus au-dessus de la flamme.

Nous savons que chaque *tube Field* (fig. 159) est constitué par deux tubes D et E placés l'un dans l'autre, débouchant tous deux à la partie supérieure du cylindre porte-foyer A, et que les gaz qui agissent sur le tube extérieur D vaporisent l'eau qui est en contact immédiat avec lui. Cette vaporisation provoque une circulation intense de l'eau qui, descendant du corps cylindrique B dans le petit tube central E, vient, en remplissant le tube extérieur, s'échauffer, se vaporiser et remonter à l'état de vapeur à la partie supérieure de ce même réservoir B.

Une cloison circulaire C, placée au centre du faisceau tubulaire, forme chicane et oblige les gaz à circuler à travers les tubes avant de se rendre à la cheminée.

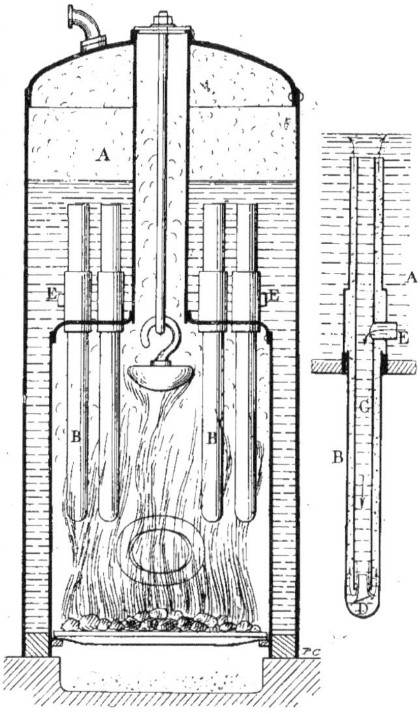

Fig. 213 et 214. — Chaudière Montupet. Coupe verticale.

Chaudière tubulaire Montupet (Fig. 213 et 214.) — Cette chaudière comporte aussi des *tubes Field,* mais perfectionnés dans le but d'assurer une plus grande régularité à la circulation de l'eau et de faciliter le dégagement de la vapeur.

Ces tubes, fixés sur le *ciel du foyer,* se composent de deux tuyaux B et C entrés l'un dans l'autre, dont l'extérieur B est fermé à un bout, et débouchant tous deux dans le réservoir cylindrique A, à une hauteur voisine du niveau de l'eau qu'il contient.

Le tube extérieur porte à sa partie inférieure une cloison inclinée D, et le tube central est muni à la hauteur de la plaque tubulaire d'une tubulure E qui le fait communiquer avec le cylindre A.

Lorsque les gaz agissent sur le tube extérieur B, il se produit, au fond de ce tube, une vaporisation active et la vapeur qui se dégage pourrait aussi bien se rendre à la partie supérieure du corps cylindrique A, en passant par le tube central au lieu de remonter par le tube extérieur. Cela occasionnerait des remous et troublerait la circulation rationnelle de l'eau.

La présence de l'écran D suffit pour diriger les bulles de vapeur dans l'espace annulaire compris entre les deux tubes, et cette vapeur se dégage assez près du niveau de l'eau pour n'en avoir à traverser qu'une faible épaisseur.

D'autre part, la circulation est complétée par l'admission, au moyen de la tubulure E, de l'eau du réservoir A, prise à l'endroit de la chaudière où elle est le moins en contact avec la vapeur.

Les autres dispositions de la chaudière sont semblables à celles adoptées pour la *chaudière Field*, et les gaz y circulent de la même façon à travers le faisceau tubulaire.

Chaudière tubulaire Dulac (Fig. 215 et 216.) — Elle est constituée par deux cylindres verticaux A et B, placés l'un en avant de l'autre et réunis entre eux par un corps cylindrique horizontal C.

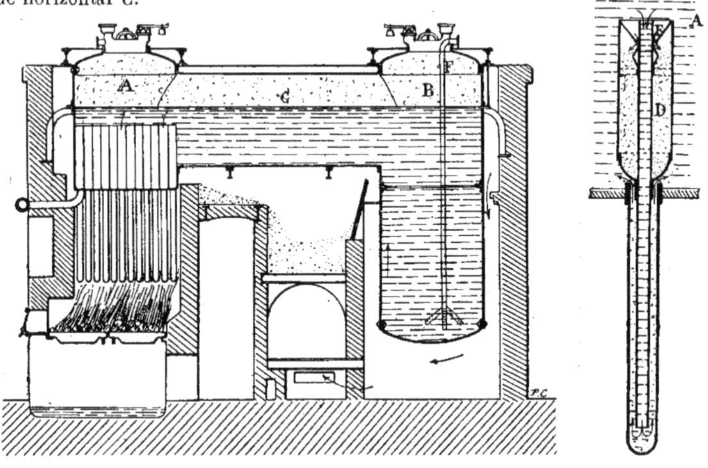

Fig. 215 et 216. — Chaudière Dulac. Coupe longitudinale.

Le cylindre vertical d'avant A porte sur sa paroi horizontale inférieure une série de tubes qui y sont rivés, et qui pendent au-dessus d'une capacité maçonnée dans laquelle est établi le foyer.

Le cylindre vertical d'arrière, B, se prolonge, vers le bas, dans une chambre qui communique avec le conduit de la cheminée.

Les tubes vaporisateurs sont constitués comme les *tubes Field*, avec adjonction sur le tube central d'une capacité cylindrique D, terminée à son extrémité supérieure par un entonnoir chicane E.

Cette disposition a pour but de recueillir au fond du cylindre D, qui coiffe chaque tube, les dépôts qui s'y précipitent sous l'action de la chaleur, et les chicanes supérieures E ont pour objet d'empêcher le retour de ces dépôts dans le réservoir A, au cas où le sens de la circulation de l'eau se trouverait momentanément renversé.

Les gaz circulent à travers le faisceau tubulaire, agissant autour du cylindre vertical A, puis passent au-dessous du corps horizontal C et, descendant dans la chambre arrière, enveloppent le réservoir cylindrique B avant de se perdre au dehors.

Le dernier réservoir fait donc office de réchauffeur.

La vapeur se produit dans le faisceau tubulaire et se rend dans deux dômes surmontant chacun un des deux cylindres verticaux et portant chacun une soupape de sûreté.

Du dôme arrière part la prise de vapeur; du dôme avant part un petit conduit de vapeur qui aboutit au niveau d'eau et au manomètre.

Le second conduit du niveau communique avec l'eau contenue dans la chaudière, en traversant la paroi avant du cylindre A.

L'alimentation se fait dans le cylindre vertical arrière B, par une tubulure F qui se prolonge jusqu'à sa partie inférieure.

L'eau d'alimentation admise ainsi au fond du cylindre B suit un chemin inverse de celui des gaz, donnant lieu à une circulation favorable au bon fonctionnement du générateur.

Chaudière Weyher-Richemond

(Fig. 217.) Elle est composée, comme les précédentes, de deux corps cylindriques placés concentriquement l'un dans l'autre.

Le cylindre intérieur porte le foyer, le faisceau tubulaire et la cheminée.

Le cylindre extérieur contient de l'eau jusqu'aux 3/4 de sa hauteur environ.

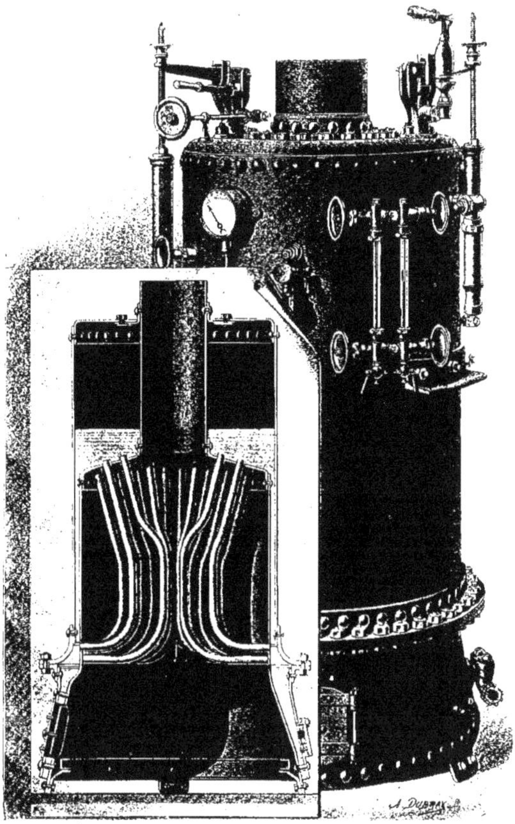

Les tubes composant le faisceau ont un faible diamètre et traversent, en haut, la paroi supérieure du cylindre intérieur et en bas, la paroi verticale du même cylindre, sur laquelle ils aboutissent perpendiculairement.

Ces tubes établissent donc chacun une communication spéciale entre la partie supérieure du corps cylindrique contenant de l'eau et sa partie inférieure.

Leur nombre est relativement élevé et ils sont cintrés de façon à obliger les gaz chauds à se diviser et à se brasser en circulant autour d'eux avant d'atteindre la cheminée.

Il résulte de cette disposition une bonne utilisation du combustible brûlé dans le foyer.

En outre, la multiplicité des tubes et leur faible diamètre permettent d'augmenter notablement la surface de chauffe, et de réaliser une mise sous pression du générateur dans un temps fort court.

La vapeur, produite par l'action des flammes sur l'eau contenue dans ces tubes, se dégage par les orifices supérieurs et gagne la partie haute de la chaudière.

L'eau de température moins élevée pénètre dans les tubes par les orifices inférieurs; il s'établit donc dans la chaudière une circulation intensive qui facilite l'échauffement de l'eau contre les parois chaudes du générateur

Fig. 217. — Chaudière Weyher et Richemond.

et, par conséquent, la vaporisation rapide.

Les appareils de sécurité sont tous montés à la partie supérieure de la chaudière. Soupapes de sûreté, manomètre et niveaux d'eau y sont placés à la portée du chauffeur chargé de la conduite du générateur.

Le conduit d'alimentation est branché à la partie inférieure de la chaudière.

Chaudière tubulaire Roser (Fig. 218.) Cette chaudière a ceci de particulier que les tubes vaporisateurs, au lieu d'être verticaux, sont disposés en forme de serpentins.

Les autres parties de la chaudière sont semblables à celles de la *chaudière Field,* c'est-à-dire constituées par deux cylindres verticaux A et B placés concentriquement l'un par rapport à l'autre, le cylindre intérieur A portant le foyer, le cylindre extérieur B servant de réservoir d'eau.

Le faisceau vaporisateur est formé par deux tubes qui, partant d'un orifice commun E situé sur le cylindre A, un peu au-dessus du foyer et à l'arrière de celui-ci, s'élèvent concentriquement en forme de serpentin pour aboutir, par une seconde tubulure commune F, à la paroi supérieure du même cylindre.

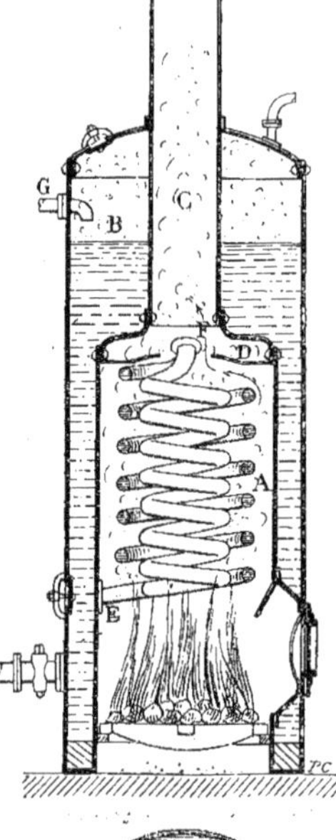

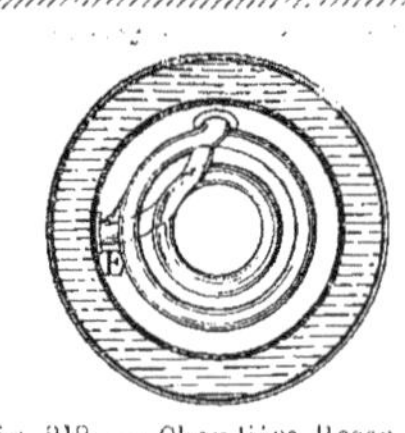

Fig. 218. — Chaudière Roser.

Une cloison chicane D, disposée sur le tuyau central C qui va à la cheminée, oblige les gaz à circuler autour des serpentins avant de se rendre dans ce tuyau.

L'eau qui est admise dans les serpentins par l'orifice inférieur E, se vaporise au fur et à mesure qu'elle s'y élève et gagne sous forme de vapeur la partie supérieure du générateur.

En outre, les parois du cylindre intérieur A étant sous l'action directe des gaz, échauffent l'eau qui les baigne et qui est contenue dans le réservoir B. Celui-ci la reçoit à sa partie supérieure, par un tuyau d'alimentation G.

La visite et le nettoyage des tubes vaporisateurs ne sont pas aisés; on arrive néanmoins à les débarrasser des dépôts en faisant circuler à l'intérieur un courant d'eau acidulée.

Chaudière sans foyer. Avant de clore la description des différents types de chaudières, nous allons en présenter encore deux qui offrent la curieuse particularité « de ne pas posséder de foyer ». Ce sont : la *chaudière à soude Honigmann* et la *chaudière à eau surchauffée.*

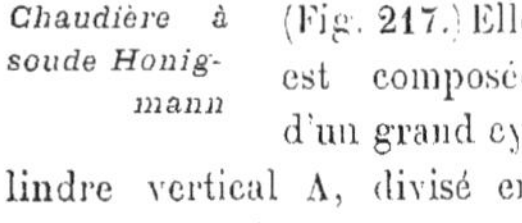

Chaudière à soude Honigmann (Fig. 217.) Elle est composée d'un grand cylindre vertical A, divisé en deux compartiments. B et C, par une cloison concave D placée aux 2/3 environ de la hauteur du grand cylindre A.

Cette cloison porte un faisceau de tubes qui débouchent dans la capacité supérieure B, et qui sont fermés à leur extrémité inférieure.

De la capacité B part un tuyau E qui aboutit au cylindre de la machine à actionner.

Dans la capacité inférieure C est disposé un conduit G, percé d'un grand nombre de petits trous, par lesquels la vapeur, provenant de l'échappement de la machine, s'introduit dans cette capacité.

Le compartiment supérieur contient de

l'eau; le compartiment inférieur contient une solution concentrée de soude.

Le fonctionnement de cette chaudière est basé sur ce que la soude mise en présence de vapeur d'eau, absorbe cette vapeur en produisant de la chaleur.

Pour mettre la chaudière en marche, on introduit dans la capacité supérieure de l'eau déjà suffisamment chaude pour produire de la vapeur.

Cette vapeur est admise directement dans le conduit F, par le robinet H, tant que le fonctionnement normal de la chaudière n'est pas assuré. Le conduit F la laisse échapper à travers la solution de soude, ce qui provoque un dégagement de chaleur suffisant pour échauffer et vaporiser l'eau contenue dans le faisceau tubulaire suspendu à la cloison D.

La capacité supérieure s'emplit donc de vapeur, qui est envoyée par le conduit E, quand sa pression est devenue suffisante, dans le cylindre de la machine à commander.

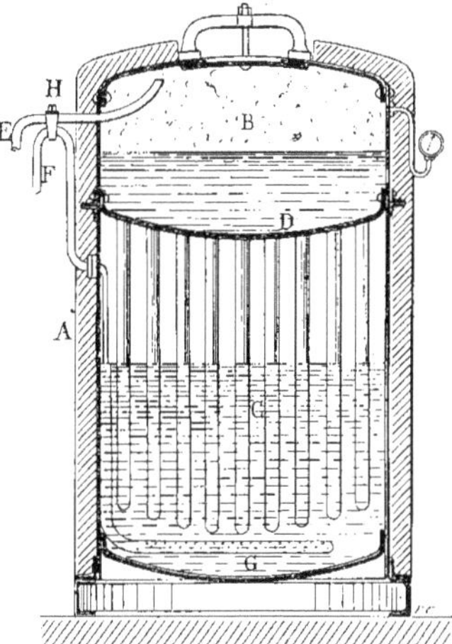

Fig. 219. — Chaudière à soude de Honigmann.

On n'admet plus à ce moment dans la capacité inférieure que de la vapeur ayant effectué son travail dans la machine, et qui arrive dans cette capacité par le tuyau d'échappement F.

Cette vapeur produit toujours, au contact de la soude, un dégagement de chaleur, qui persiste tant que la vapeur continue à arriver dans le réservoir inférieur et que la solution de soude n'est pas trop faible.

On comprend, en effet, que cette solution devient de moins en moins concentrée, à mesure que la chaudière travaille, car elle est diluée par la vapeur d'eau qu'elle absorbe pendant le fonctionnement.

Cette chaudière a une action assez limitée.

Elle ne saurait être établie pour une installation fixe nécessitant un grand débit, mais on peut l'employer utilement pour la traction de véhicules, auxquels elle fournirait un travail régulier de plusieurs heures, entre chaque rechargement.

Les parois extérieures de la chaudière sont garanties contre la déperdition de chaleur par rayonnement, par une double enveloppe formée de liège et de bois.

Chaudière à eau surchauffée (Fig. 218.) Elle est constituée par un corps cylindrique horizontal A, surmonté d'un dôme B et d'un réservoir C qui fait office de *condenseur*.

Le corps principal A qui contient de l'eau, porte en avant une tubulure D, qui se continue à l'intérieur par un conduit aboutissant à un tube horizontal F, placé au fond du réservoir A, lequel tube est percé de trous.

C'est par ce tube F qu'on admet, dans le corps principal, de la vapeur provenant d'une autre chaudière, vapeur qui est à une pression et à une température très élevées.

Cette vapeur échauffe l'eau contenue dans le réservoir A et la transforme, au bout d'un laps de temps qui peut atteindre vingt minutes, en vapeur ayant une pression sensiblement égale à celle du générateur.

A ce moment, on rend les deux chaudières indépendantes l'une de l'autre en supprimant leur conduit de communication, et la *chaudière à eau surchauffée* peut fonctionner normalement pendant plusieurs heures.

La vapeur qu'elle contient est distribuée à la machine à actionner, par un conduit G qui part d'un *détendeur* E chargé de réduire sa pression, et qui aboutit au cylindre de la machine, après avoir traversé obliquement le corps de chaudière, ce qui lui permet de se sécher.

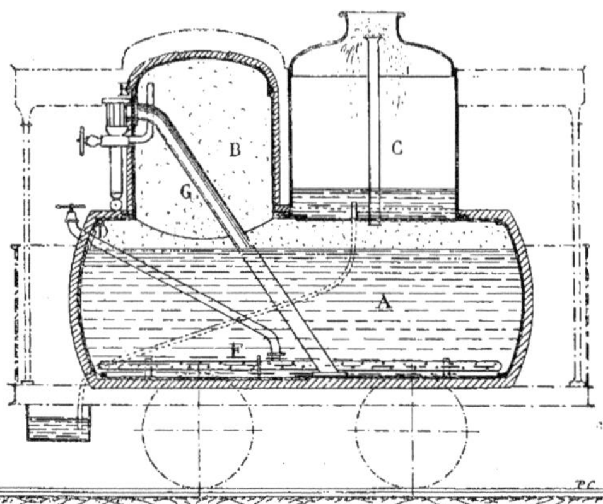

Fig. 220. — Chaudière à eau surchauffée.

La vapeur d'échappement provenant du cylindre monte à son tour dans le *condenseur* C, où elle se transforme en eau, qui sera utilisée pour l'alimentation de la chaudière lors d'une nouvelle mise en pression.

Cette chaudière, employée pour actionner des locomotives de chemins de fer sur routes, donne un résultat satisfaisant.

Elle est protégée, comme la précédente, contre les pertes de chaleur, par des enveloppes extérieures de liège et de bois.

Notre excursion parmi les nombreuses variétés de chaudières est terminée. Nous ne les avons pas décrites toutes, et nous ne nous sommes pas trop étendu, pour chacune d'elles, sur les menus détails, qui ressortissent plutôt à leur fabrication.

Nous avons simplement tenu à souligner les dispositions essentielles qui les caractérisent.

Mais l'histoire de ces générateurs serait ainsi inachevée, si nous n'y ajoutions la description des appareils accessoires, qui forment avec eux un ensemble complet.

C'est ce qui fera l'objet des deux chapitres qui vont suivre.

APPAREILS ET ORGANES AUXILIAIRES

RÉCHAUFFEURS, SURCHAUFFEURS : *BELLEVILLE, BABCOCK ET WILCOX, DE NAEYER, SCHWŒRER, HÉRING, KOCH, SCHMIDT.* — **SÉPARATEURS D'EAU** : *A CLOISON,* — *TUBE CRAMPTON, SÉPARATEURS DE NAEYER, EHLERS, VINÇOTTE, BELLEVILLE.* — **ÉMULSEURS** : *DUBIAU.* — **SOUFFLEURS** : *INJECTEUR KOERTING.* — *ÉJECTEUR DE LOCOMOTIVE.* — *ÉJECTEURS-VENTILATEURS.* — **PYROMÈTRES** : *DUCOMET, THERMO-ÉLECTRIQUE LE CHATELIER.* — **APPAREILS D'ALIMENTATION** : *BOUTEILLE, POMPE, PETIT CHEVAL BELLEVILLE, WORTHINGTON, THIRION.* — **INJECTEURS** : *GIFFARD, GRESHAM-KŒRTING, SHARP ET STEWART.* — **PULSOMÈTRES** : *BOIVIN.* — **RÉGULATEURS D'ALIMENTATION** : *A VALVE, BELLEVILLE, FROMENTIN.* — **COMPTEURS D'EAU** : *SCHMID, FRAGER.* — à disque : *SAMAIN, KENNEDY, SIEMENS ET HALSKE.* — **COMPTEURS DE VAPEUR.** — **ÉPURATEURS** : *DESRUMEAUX, DERVAUX, BURON, LENCANCHEZ.* — **SÉPARATEURS D'HUILE.** — **DÉSINCRUSTATION.** — **TROUS DE POINGS.** — **TROUS D'HOMME.** — **DOME DE VAPEUR.** — **SOUPAPES DE PRISE DE VAPEUR ET D'ARRÊT** : *PEET.* — **DÉTENDEURS DE PRESSION** : *BELLEVILLE, WENGER, LEGAT.* — **CANALISATIONS, JOINTS, ENVELOPPES CALORIFUGES** — **PURGEURS** à flotteurs : *MAC ALLAN;* — à flotteur intermittent : *VAUGHAN;* — à liquide dilatable : *STEAM LOOP.*

Réchauffeurs

Dans le courant de la description des différents types de générateurs, nous avons eu l'occasion d'exposer le principe des tubes réchauffeurs formant corps avec les chaudières et d'indiquer leurs diverses dispositions.

Nous avons dit que les réchauffeurs avaient pour but d'augmenter la surface de chauffe de l'appareil dans lequel ils sont établis, en utilisant la chaleur que les gaz peuvent encore posséder après leur parcours dans le générateur, chaleur qui, sans cela, serait complètement perdue.

Nous avons vu que les réchauffeurs, constitués, dans les chaudières à grands corps cylindriques, par des tubes pouvant mesurer jusqu'à 80 centimètres de diamètre, étaient formés dans les chaudières multitubulaires à tubes d'eau, de faisceaux de petits tubes dont le diamètre ne dépassait pas 10 centimètres.

Successivement nous avons indiqué la disposition des systèmes réchauffeurs *Belleville, de Naeyer,* qui sont composés d'éléments semblables aux éléments constituant les systèmes vaporisateurs, mais placés du côté de la sortie des gaz, et le *réchauffeur indépendant* ou *économiseur Green* a fait l'objet d'une description spéciale.

Mais nous avons jugé utile de rappeler à cette place ces diverses physionomies des *réchauffeurs,* pour bien marquer la différence qui existe entre eux et les *surchauffeurs* que nous allons examiner immédiatement après.

Dans les *réchauffeurs* on fait circuler de l'eau, qui, sous l'action des gaz, acquiert une certaine température avant d'être admise dans le générateur proprement dit.

Dans les *surchauffeurs,* on fait circuler de la vapeur prise directement au dôme du générateur, qui, sous l'action de la chaleur des gaz, se sèche, acquiert une température et une pression plus élevées avant d'être distribuée dans la machine à actionner.

Surchauffeurs

Voilà donc posé le principe du *surchauffeur*. La vapeur *saturée* contenue dans le dôme du générateur est à la température de la chaudière.

Cette température est variable suivant le genre de générateur. Une température de 164 degrés correspond, en effet, à une pression de vapeur de 6 kilos par centimètre carré, tandis qu'une température de 200 degrés correspond à une pression de 15 kilogrammes.

Les *surchauffeurs* ont donc pour objet d'élever, au sortir de la chaudière, cette température, pour augmenter la pression de la vapeur et en obtenir une meilleure utilisation.

La *surchauffe* peut augmenter de 100, 150 et quelquefois de 200 degrés la température de la vapeur saturée, ce qui peut la porter à 300, 350 et exceptionnellement à 400 degrés avant son entrée dans la machine. On n'admet pas dans les machines, de la vapeur atteignant de semblables températures, sans avoir à redouter des inconvénients sérieux, dont le plus grave réside dans la difficulté d'assurer l'étanchéité des joints de vapeur et d'opérer le graissage: la vapeur, en effet, brûle les matières interposées comme joints entre les brides des divers conduits et elle brûle également les lubrifiants.

On a toutefois vaincu ces difficultés en confectionnant les joints avec de l'*amiante*, et on emploie pour le graissage des huiles minérales, qui peuvent supporter près de 400 degrés de chaleur sans se brûler.

D'autre part, l'allure du *surchauffeur* est dépendante de la marche de la chaudière et de la consommation de la machine qu'elle alimente.

Pour produire la *surchauffe*, il ne faut, en effet, qu'une faible quantité de chaleur, qu'on fait agir sur des tubes de petit volume, ce qui rend le *surchauffeur* très sensible.

Si, brusquement, un appel considérable de vapeur a lieu dans la machine et que la combustion dans le foyer conserve sa même allure, la vapeur ne fait pas un séjour suffisant dans le *surchauffeur* pour atteindre la température désirée, et si, au contraire, la machine ne consomme pas la quantité de vapeur normale, la vapeur saturée, pour une allure constante du foyer, peut atteindre une température trop élevée dans le *surchauffeur*.

De même, lorsque la combustion devient très vive dans le foyer, la variation de température est considérable dans le *surchauffeur*. Cette difficulté d'obtenir une allure normale du *surchauffeur* explique les dispositions adoptées par certains constructeurs pour régulariser sa marche.

Une de ces dispositions consiste à rendre le surchauffeur indépendant de la chaudière et de le munir même d'un foyer spécial. Si ce dispositif est avantageux au point de vue de la régularité, il n'est pas très économique, car il faut brûler une plus grande quantité de combustible, alors qu'en réalité il semble que la *surchauffe* réalise le maximum de rendement lorsqu'on peut obtenir de la vapeur à température et à pression très élevées, en utilisant la chaleur des gaz produits par le foyer ordinaire de la chaudière, sans augmenter la quantité de combustible brûlé.

Nous allons donc trouver des *surchauffeurs* faisant partie de la chaudière et des *surchauffeurs à foyers indépendants.*

Parmi les surchauffeurs que l'on adapte aux générateurs, il en est qui ont pour but de réaliser une *surchauffe* minime variant de 50 à 60 degrés, afin d'empêcher la condensation qui pourrait se produire dans les conduits de vapeur, avant l'arrivée de celle-ci aux machines. On les appelle aussi *sécheurs*.

Surchauffeur Belleville

Dans la *chaudière Belleville* (Fig. 145), notamment, nous avons décrit le *sécheur de vapeur* établi au-dessus du système vaporisateur et constitué, comme lui, par un faisceau de tubes en forme de serpentin, dans lequel circule la vapeur qui vient du *collecteur* de la chaudière avant de se rendre à la machine. Ce n'est autre chose qu'un *surchauffeur*, auquel on pourrait donner une importance plus considérable en augmentant le nombre de spires du serpentin qui le constitue.

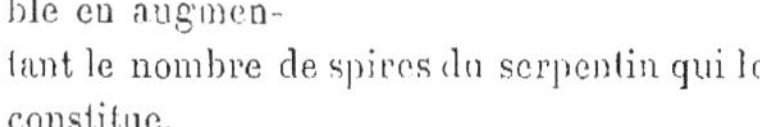

Fig. 221. — Surchauffeur Babcock et Wilcox.

Surchauffeur Babcock et Wilcox

(Fig. 221.) Dans le générateur Babcock et Wilcox, on établit aussi un surchauffeur dans l'espace laissé libre entre le faisceau tubulaire, qui est fortement incliné vers l'arrière, et le réservoir cylindrique supérieur. Ce surchauffeur est composé d'une série de petits tubes A, en forme d'U renversé, dont les deux extrémités communiquent respectivement avec deux collecteurs, B et C, placés transversalement par rapport aux tubes vaporisateurs.

Le collecteur supérieur B communique, par une tubulure placée en son milieu, avec un tube de prise de vapeur E partant de la partie supérieure du réservoir cylindrique supérieur.

Le collecteur inférieur C communique, par deux conduits latéraux D, avec la distribution de vapeur surmontant le réservoir.

Le surchauffeur repose sur des supports formant cloisons, qui obligent les gaz à circuler autour des tubes le composant.

Par leur action, ces gaz élèvent la température de la vapeur qui circule dans le faisceau tubulaire avant de se rendre à la prise de vapeur qui la distribue à la machine. Une seconde prise de vapeur saturée, F, est néanmoins établie sur le réservoir cylindrique, de façon à pouvoir la mélanger avec la vapeur surchauffée dans le cas où la surchauffe serait trop active. En outre, à la partie inférieure du collecteur C, débouche une canalisation qui permet d'admettre de l'eau dans le surchauffeur quand la chaudière ne débite plus ou lors de sa mise en marche.

Le *surchauffeur* fait donc à ce moment office de *réchauffeur* et il est indispensable de vider l'eau qu'il contient lorsqu'on veut lui faire reprendre son véritable rôle.

Surchauffeur de Naeyer

(Fig. 222.) Le *générateur de Naeyer* peut comporter également un *surchauffeur* disposé, ainsi que le précédent, entre le faisceau tubulaire et le réservoir supérieur d'eau et de vapeur. Il est composé de tubes droits assemblés à chaque extrémité, dans des capacités superposées et groupées de façon à communiquer entre elles successivement, de la même manière que les tubes composant le faisceau vaporisateur dont nous avons donné la description détaillée dans le chapitre précédent (Fig. 156).

La vapeur saturée est amenée par un conduit C, du dôme de la chaudière dans le collecteur transversal A, d'où elle se rend dans le premier groupe de capacités verticales, puis dans le second, et ainsi de suite jusqu'au dernier, qui communique avec un second collecteur transversal B, d'où part un conduit D qui arrive à la prise de vapeur.

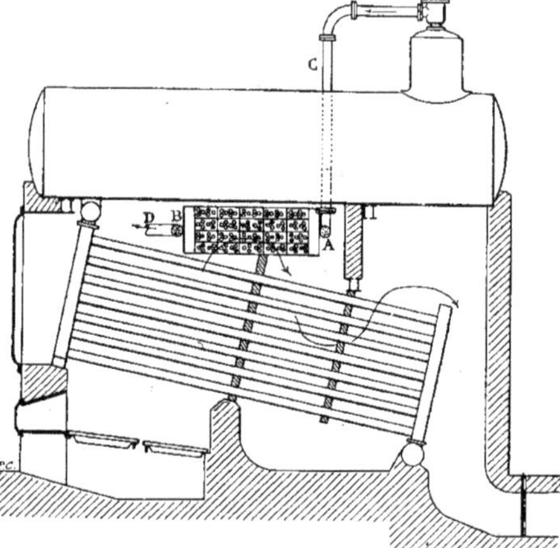

Fig. 222. — Surchauffeur de Nacyer.

Pendant son trajet dans le faisceau tubulaire du réchauffeur, la vapeur se sèche, acquiert une température plus élevée et augmente sa pression.

De même que dans les trois générateurs précédents auxquels il est adjoint un système de tubes *surchauffeurs,* dans toutes les chaudières multitubulaires à tubes d'eau, on peut aussi, en général, greffer sur le circuit de vapeur un *surchauffeur,* constitué par un faisceau de tubes assemblés de la même façon que ceux du système vaporisateur et placés judicieusement dans les carneaux pour obtenir la *surchauffe* appropriée. C'est ainsi que dans les *générateurs Niclausse* et *Steinmüller,* dont nous avons parlé, peuvent s'établir des *surchauffeurs* constitués de semblable manière.

Entre les *surchauffeurs* énumérés plus haut qu'on appelle assez souvent *réchauffeurs* de vapeur et les *surchauffeurs à foyer indépendant,* se classe une catégorie de *surchauffeurs* spéciaux qui sont indépendants, en ce sens qu'ils peuvent s'adapter à n'importe quel genre de générateur, et qui, néanmoins, n'ont pas de foyer particulier, devant fonctionner avec les gaz produits par le foyer même de la chaudière.

Ces *surchauffeurs* sont de deux sortes : les *surchauffeurs à gros tubes* et les *surchauffeurs à petits tubes.* Parmi les premiers nous décrirons le *surchauffeur Schwœrer,* et parmi les seconds les *surchauffeurs Héring* et *Kock.*

Surchauffeur Schwœrer (Fig. 223 à 229.) Ce surchauffeur a été réalisé par M. Schwœrer, ingénieur à Colmar (Alsace), qui a été pendant de longues années à la fois l'élève et le collaborateur de Hirn, le savant alsacien qui contribua si largement à la création de la théorie mécanique de la chaleur. Il se compose de tubes A de gros diamètre, faits en fonte spéciale résistant très bien à l'action du feu et portant à l'intérieur et à l'extérieur d'importantes nervures formant ailettes. A l'intérieur des tubes, ces nervures sont disposées longitudinalement; à l'extérieur, elles sont disposées transversalement.

Ces tubes sont placés côte à côte et superposés en plusieurs étages pour constituer le *surchauffeur.* Ils sont successivement réunis deux à deux à leurs extrémités par une tubulure en demi-cercle B.

La vapeur saturée arrive par un conduit C à la partie inférieure du *surchauffeur* et sort, après avoir parcouru les différents conduits, par une seconde tubulure D qui l'amène à la prise de vapeur.

Le *surchauffeur* est installé dans un carneau de la chaudière, à l'abri des coups de feu.

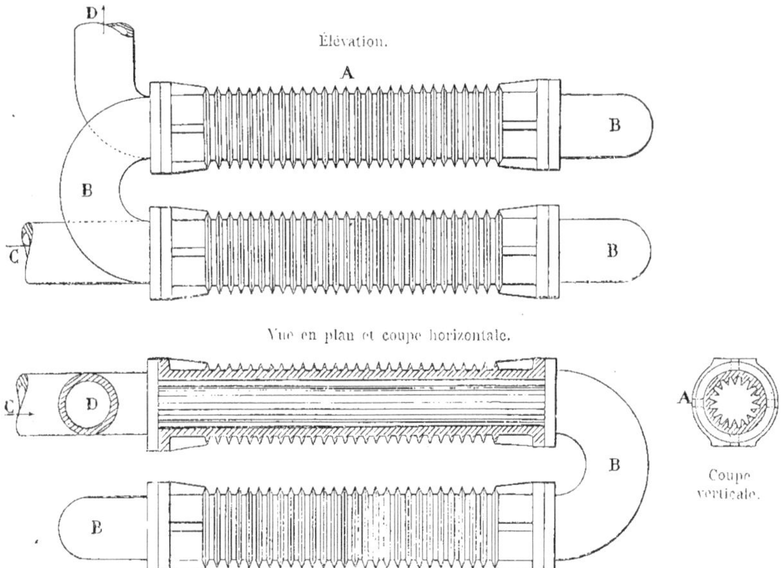

Fig. 223-225. — Surchauffeur Schwoerer.

Les gaz qui le parcourent, trouvent dans les ailettes-nervures du *surchauffeur* une grande surface de transmission de chaleur, et la vapeur qui circule à l'intérieur récupère rapidement, par la grande surface des ailettes-nervures longitudinales, les calories qu'ils abandonnent.

L'avantage de cet excellent surchauffeur réside en ce que, sous un encombrement relativement restreint, il a une grande régularité d'allure, obtenue grâce à la *capacité calorifique* considérable des tubes en fonte, qui constituent un parfait *régulateur* ou *volant de chaleur*.

Chaque tube élémentaire du surchauffeur pèse, en effet, plus de 300 kilogrammes par mètre courant. En outre, la disposition longitudinale et transversale des ailettes-nervures donne une grande rigidité à ces tubes et fait de ce surchauffeur un appareil robuste peu sujet à se détériorer.

Le *surchauffeur Schwoerer* peut s'adapter facilement aux divers types de chaudières généralement employées. La figure 226 le représente monté dans le carneau arrière d'une chaudière combinée. Il est, dans ce cas, exposé au parcours direct des gaz chauds. Parfois il est simplement exposé à leur rayonnement.

On enlève les dépôts de suie qui peuvent se former sur les ailettes extérieures, en soumettant, de temps à autre, l'appareil à un jet de vapeur surchauffée, qui, circulant entre elles, les nettoie.

On peut, dans certains cas tout spéciaux, constituer un surchauffeur Schwœrer avec un foyer séparé. Les figures 228 et 229 montrent la disposition adoptée pour l'installation d'un surchauffeur placé horizontalement.

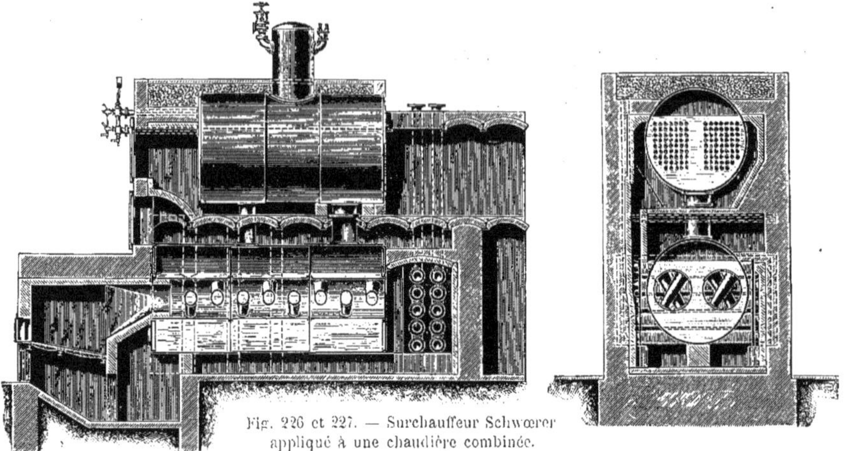

Fig. 226 et 227. — Surchauffeur Schwœrer appliqué à une chaudière combinée.

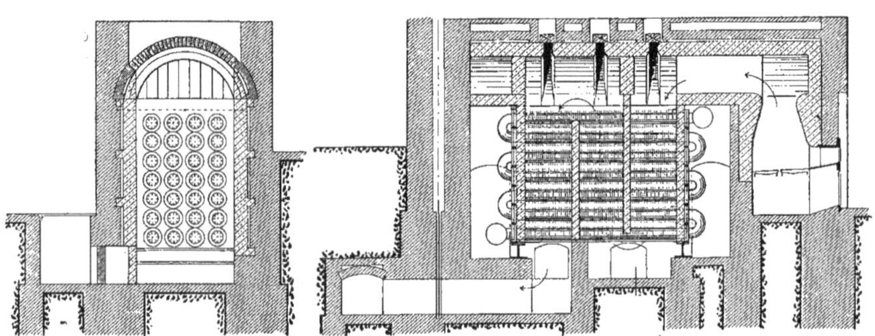

Fig. 228 et 229. — Surchauffeur Schwœrer à foyer séparé.

Le surchauffeur Schwœrer est établi pour obtenir des surchauffes pouvant porter la vapeur à une température de 250 à 300 degrés.

Surchauffeur Hering (Fig. 230.) Ce surchauffeur est constitué par un faisceau de tubes en acier de petit diamètre — 4 centimètres environ — greffés, à chacun des bouts, sur deux collecteurs cylindriques A et B, en fonte de fer. Ces tubes font chacun, dans un même plan horizontal, un certain nombre de crochets qui leur donnent la forme d'un serpentin.

Tout cet ensemble est placé dans un des carneaux de la chaudière, en ayant soin de laisser à l'extérieur les deux collecteurs en fonte A et B, qui se présentent verticalement.

Cette disposition permet non seulement de mettre les joints de vapeur de chaque tube avec le collecteur, à l'abri de la chaleur des gaz, mais, en outre, elle facilite la visite et le nettoyage des tubes de l'extérieur.

Un des collecteurs reçoit la vapeur du dôme de la chaudière. Cette vapeur circule dans chacun des tubes composant le fais-

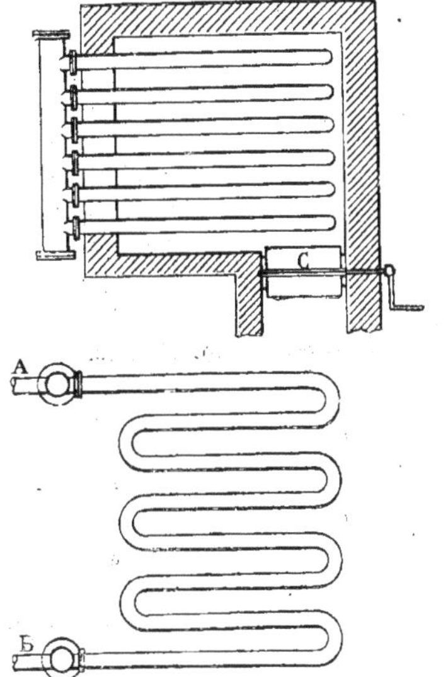

Fig. 230. — Surchauffeur Héring.

ceau, se surchauffe et se rend dans le second collecteur, qui communique avec la prise de vapeur.

Pour rendre tout à fait indépendant ce *surchauffeur*, on dispose les tubulures de communication de vapeur, de façon qu'on puisse l'isoler totalement sans rien changer à la marche du générateur. Dans ce cas-là, on alimente la machine avec de la vapeur saturée, mais il est impossible, en même temps, d'empêcher les gaz chauds de pénétrer dans le carneau contenant le *surchauffeur*. Le jeu d'un simple registre C permet non seulement d'atteindre ce résultat, mais encore facilite, en cours de marche, l'admission variable des gaz autour du *surchauffeur*, ce qui contribue à régulariser l'allure de la *surchauffe*.

Sur un des collecteurs est disposée une soupape de sûreté pour parer à un excès de pression intempestif.

Surchauffeur Koch (Fig. 231.) Il diffère du précédent en ce que tout l'ensemble est enfermé dans un carneau supérieur pratiqué à l'arrière de la chaudière.

Il est composé, comme lui, de petits tubes en serpentin, communiquant avec deux collecteurs, dont l'un, A, reçoit la vapeur du dôme et l'autre, B, la conduit à la prise de vapeur.

Tout cet ensemble est suspendu à une chaîne, qui, passant sur des galets de renvoi, aboutit extérieurement à un treuil.

La manœuvre de ce treuil permet de faire varier la position du *surchauffeur* par rapport au flux de gaz provenant du foyer, depuis le centre même de ce flux gazeux, jus-

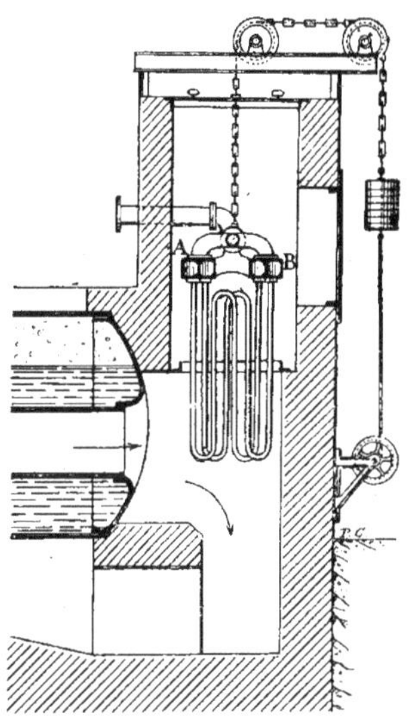

Fig. 231. — Surchauffeur Koch.

qu'à une hauteur qui le mette à l'abri de toute action de ces mêmes gaz.

On obtient ainsi facilement une bonne régularité d'allure, mais on comprend qu'il est nécessaire d'établir des joints souples entre les conduits fixes de vapeur qui sont branchés sur la chaudière et les collecteurs du *surchauffeur* qui sont mobiles, de façon à permettre l'excursion de l'appareil.

Cette complication indispensable diminue évidemment l'intérêt que présente le réglage facile de la surchauffe.

Surchauffeur Schmidt (Fig. 232.) Ce *surchauffeur* a pour but de porter, par la *surchauffe*, la température de la vapeur à son degré le plus élevé.

On le construit à foyer indépendant et à deux circulations de vapeur. Il se compose d'un massif de maçonnerie portant à sa partie inférieure un foyer, et dans lequel sont disposés deux faisceaux de tubes en serpentin A et B dans deux chambres superposées C et D.

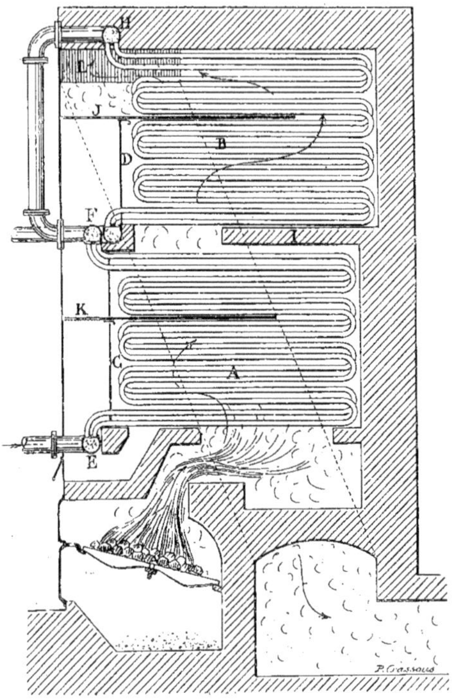

Fig. 232. — Surchauffeur Schmidt.

Le faisceau inférieur est constitué par des tubes de petit diamètre partant d'un même collecteur E et aboutissant, à leur autre extrémité, dans un second collecteur commun, F. Le faisceau supérieur comprend également des tubes de même diamètre établissant la communication entre deux nouveaux collecteurs G et H. Les collecteurs supérieurs F et H de chaque faisceau communiquent entre eux. Le collecteur inférieur E reçoit la *vapeur saturée*, et le collecteur G distribue la *vapeur surchauffée*.

Une cloison horizontale I, en maçonnerie, sépare les deux chambres contenant les deux serpentins, et des cloisons métalliques également horizontales, J et K, disposées dans chacune de ces chambres, permettent de canaliser les gaz autour des faisceaux de tubes.

La *vapeur saturée* arrivant à la partie inférieure du *surchauffeur* est soumise, à travers les tubes, à l'action directe des flammes. C'est une disposition favorable à la conservation des tubes inférieurs, qui ont ainsi leur paroi intérieure toujours un peu humide; mais en revanche elle est contraire à la circulation méthodique.

La vapeur s'élève donc dans le serpentin inférieur, en suivant le même trajet que les gaz chauds; mais tandis que les gaz continuent leur chemin, dans le même sens, à travers le serpentin supérieur, pour venir aboutir en haut, à deux carneaux latéraux L qui les conduisent à la cheminée, la vapeur, au contraire, admise par le haut de ce second serpentin, se surchauffe en suivant un trajet inverse de celui des gaz.

Dans cette seconde partie de son circuit, la vapeur parcourt donc un chemin dont le sens est favorable à la réalisation de la circulation méthodique et peut arriver au clapet de distribution à une température voisine de 400 degrés.

Séparateur d'eau — L'emploi de *sécheurs* et de *surchauffeurs*, dans certains générateurs, permet d'obtenir de la vapeur qui s'est complètement débarrassée de l'eau qu'elle avait entraînée ; mais il est nécessaire d'établir, dans les chaudières où on emploie directement la *vapeur saturée*, des appareils spéciaux pour séparer de cette vapeur l'eau qui se trouve mélangée avec elle, avant de l'envoyer dans la conduite qui aboutit à la machine, évitant ainsi une condensation trop facile dans cette conduite et un emploi de vapeur trop humide dans le cylindre.

Ces appareils se nomment séparateurs d'eau.

Séparateur à cloison — (Fig. 233.) Cet appareil, fort simple, se compose d'une capacité A munie de deux tubulures B et C, dans laquelle se trouve disposée, à la partie supérieure, une cloison inclinée D, interceptant la communication directe entre ces deux conduits.

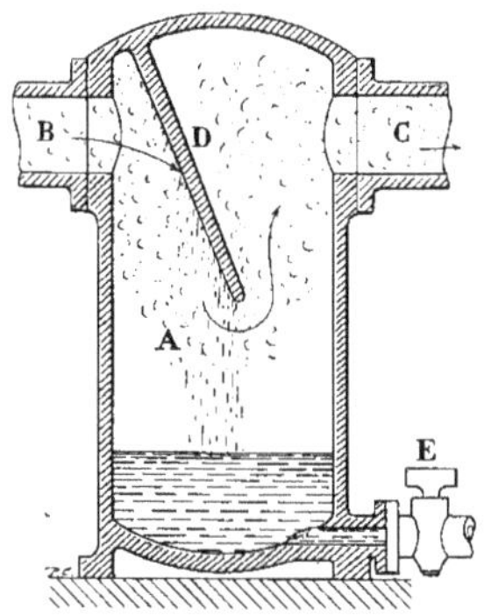

Fig. 233. — Séparateur à cloison.

La vapeur humide étant admise par le conduit B, frappe contre la cloison en abandonnant l'eau qu'elle entraîne.

Cette eau tombe au fond du vase A, et la vapeur, contournant la cloison D, s'échappe par la seconde tubulure C.

L'eau abandonnée peut être extraite de la capacité par un tuyau annexe E.

Tube Crampton — (Fig. 234.) Ce séparateur, dont nous avons dit quelques mots dans la description du générateur Steinmüller (Fig. 158), est aussi un appareil très simple se composant d'un tube horizontal A, occupant toute la longueur du réservoir de vapeur et portant une tubulure B, qui va directement à la valve de distribution.

Le tube horizontal A est percé d'une quantité de petits trous.

La vapeur pénètre dans ce tube par les petits trous, en abandonnant l'eau sur ses parois.

Cette eau retombe dans le réservoir, et la vapeur, séchée dans le tube par l'action de la chaleur du réservoir, arrive à la prise débarrassée de l'eau qu'elle avait entraînée.

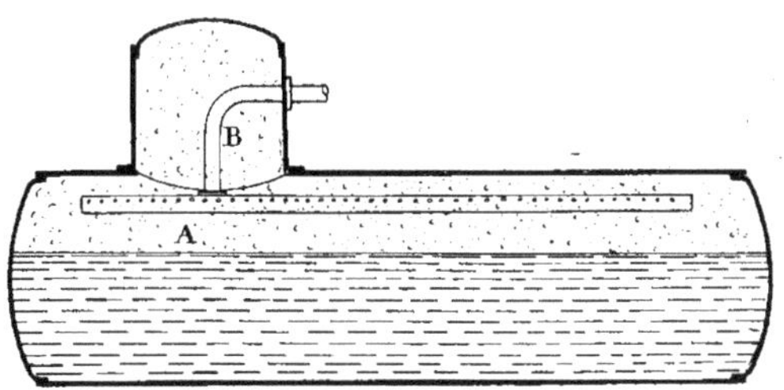

Fig. 234. — Tube Crampton.

Séparateur de Naeyer — (Fig. 235.) Il est disposé pour obliger la vapeur à faire plusieurs circuits avant d'être utilisée.

Il se compose de trois fourreaux concentriques, A, B et C, formant chicanes, dont deux, A et C, se terminent à leur partie inférieure par une tubulure donnant accès à un petit réservoir D. Le troisième, B, placé entre les deux autres, est fixé à la partie supérieure du dôme de vapeur et ne descend qu'à mi-hauteur des deux premiers.

Au centre du fourreau C est disposé le tube de prise de vapeur E, qui communique avec la valve de distribution.

La vapeur, arrivant de la chaudière dans le dôme, pénètre d'abord, à la partie supé-

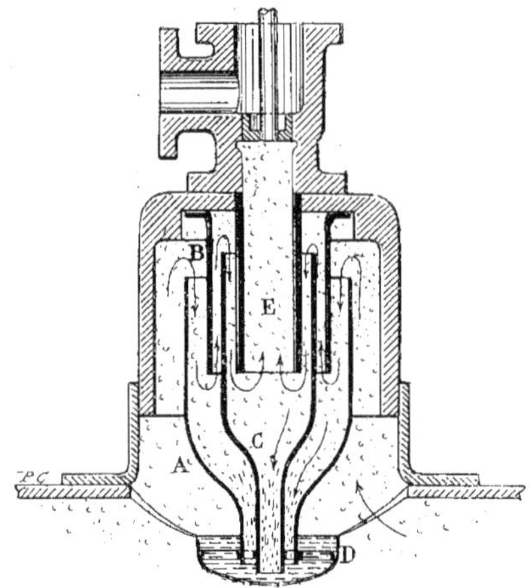

Fig. 235. — Séparateur de Naeyer.

rieure, entre les deux fourreaux A et B. Elle descend dans l'espace annulaire qu'ils laissent entre eux, en abandonnant une partie de l'eau qu'elle contient, qui se déverse dans le petit réservoir inférieur D.

La vapeur remonte dans le second espace annulaire compris entre les deux fourreaux B et C et pénètre, par le haut, dans le troisième espace laissé entre le tube E et le fourreau C, d'où elle se rend au clapet de distribution en se débarrassant, de plus en plus, pendant tout son trajet, de l'eau entraînée.

Cette eau, recueillie tout entière dans le petit réservoir D, se vaporise à son tour, étant soumise à la température de la vapeur ambiante, ou se déverse dans le grand réservoir sur lequel est placé le dôme.

Séparateur Ehlers

(Fig. 236.) Cet appareil est composé d'un cylindre A, dans lequel sont disposées des cloisons alternativement tronconiques et coniques.

Les cloisons tronconiques B, C et D, sont fixées au cylindre et interceptent tout passage le long de la paroi intérieure de ce cylindre A.

Une tubulure E est disposée à la base de chacune d'elles.

Les cloisons coniques F et G, laissent un passage annulaire entre elles et les précédentes.

La vapeur humide est admise à la partie supérieure. L'eau qu'elle contient s'accumule successivement à la base des trois cloisons tronconiques B, C et D, d'où elle est rejetée par les tubulures E.

La vapeur circule dans tous les es-

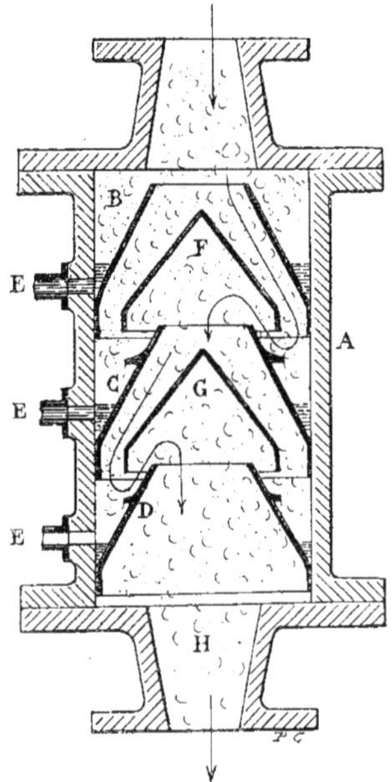

Fig. 236. — Séparateur Ehlers.

paces annulaires et vient définitivement, à l'état sec, déboucher dans le conduit inférieur H.

Séparateur Vinçotte (Fig. 237.) Il est constitué par une capacité cylindrique A, au centre de laquelle est disposé un conduit B. Autour de ce conduit s'élève une rampe hélicoïdale qui fait corps, d'autre part, avec la paroi intérieure du réservoir cylindrique A. A la partie supérieure de ce réservoir A, qui ne communique donc avec sa partie inférieure que par le conduit en hélice, aboutit une tubulure C par laquelle on admet la *vapeur humide*. Cette vapeur, entrant dans le séparateur avec une certaine vitesse, tourne autour du tube central B, en suivant le conduit hélicoïdal, pour aboutir à la partie inférieure de la capacité A.

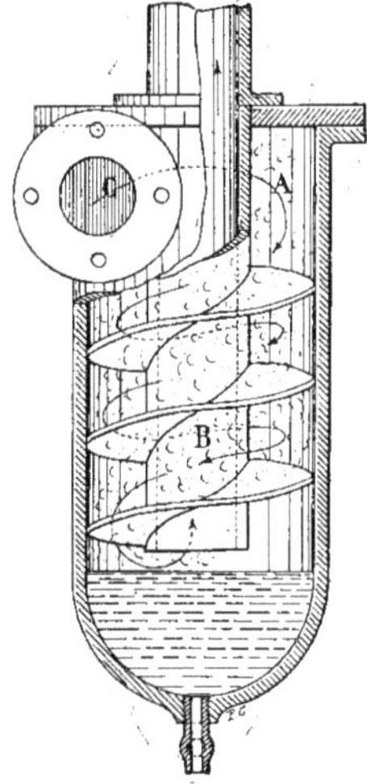

Fig. 237. — Séparateur Vinçotte.

Dans ce mouvement, l'eau qu'elle contient se précipite, par l'action de la force centrifuge, contre la paroi intérieure du réservoir et coule à la partie inférieure, d'où elle peut être enlevée par l'intermédiaire d'un robinet.

La vapeur, plus légère, monte dans le tube central B, débarrassée de l'eau qu'elle contenait en entrant dans le *séparateur*.

Séparateur Belleville Le système *séparateur Belleville*, contenu dans le *collecteur épurateur* de vapeur (Fig. 146) dont nous avons parlé au cours de la description du générateur de même nom, participe à la fois des *séparateurs à force centrifuge* du type précédent et du *tube Crampton*. Les deux *séparateurs* sont réunis dans la même capacité et se complètent en vue d'obtenir de la *vapeur sèche*.

Les différents séparateurs que nous venons d'examiner ne sont pas nécessairement établis dans le corps même du générateur.

Si pour certains, comme le *tube Crampton*, le *séparateur Naeyer*, le *séparateur Belleville*, cette condition est indispensable, il n'en est pas de même des autres, qui peuvent être placés soit à proximité du générateur, soit sur la conduite de vapeur, à côté du récepteur.

Il est même préférable, parfois, de le placer de cette dernière façon, quand la conduite est longue.

On évite ainsi de perdre, par la condensation qui peut se produire pendant le cheminement de la vapeur dans la conduite, le bénéfice de la séparation déjà opérée.

Il est donc plus rationnel de ne faire cette séparation de l'eau entraînée qu'immédiatement avant l'entrée de la vapeur dans le cylindre de la machine.

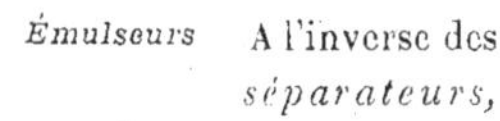

Émulseurs A l'inverse des *séparateurs*, les *émulseurs* sont des appareils destinés à provoquer l'entraînement, par la vapeur, de l'eau contenue dans les chaudières, afin d'obtenir une circulation suffisamment intense de cette eau au-dessus du ciel de foyer ou des tôles de coup de feu, pour que les dépôts ne puissent séjourner sur ces parois et pour faciliter la *vaporisation*.

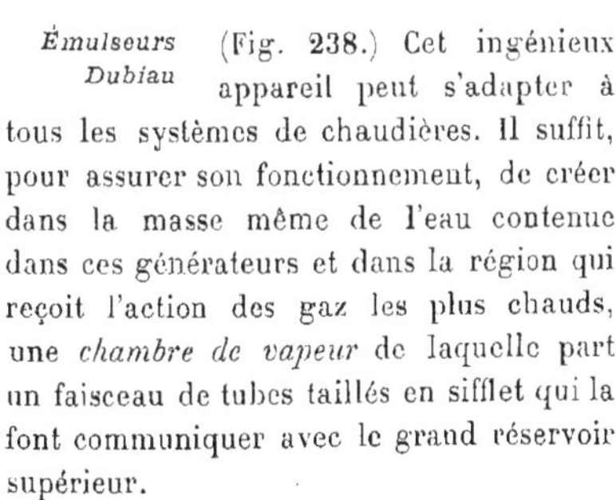

Émulseurs Dubiau (Fig. 238.) Cet ingénieux appareil peut s'adapter à tous les systèmes de chaudières. Il suffit, pour assurer son fonctionnement, de créer dans la masse même de l'eau contenue dans ces générateurs et dans la région qui reçoit l'action des gaz les plus chauds, une *chambre de vapeur* de laquelle part un faisceau de tubes taillés en sifflet qui la font communiquer avec le grand réservoir supérieur.

Voici la disposition de l'*émulseur Dubiau*, appliqué à un générateur à bouilleurs, par exemple. On établit dans le bouilleur une séparation, constituée par une cloison A, qui a d'abord pour but de ramener la vapeur produite en avant, vers le cuissard d'arrière, et ensuite de former une capacité à la partie supérieure de laquelle la vapeur peut s'accumuler.

Dans cette cloison A est branché un conduit contenant un faisceau de tubes taillés en sifflet à leur extrémité inférieure suivant l'inclinaison B C. Quand, sous l'action directe des gaz provenant du foyer, l'eau contenue dans le bouilleur se vaporise, cette vapeur, s'accumulant sous la cloison A, fait baisser le niveau de l'eau qui la baigne.

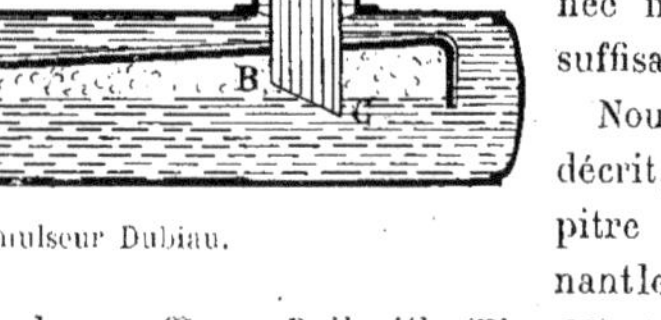

Fig. 238. — Émulseur Dubiau.

Lorsque ce niveau est suffisamment bas pour découvrir certains orifices de tubes composant le faisceau, la vapeur pénètre dans ces tubes en chassant devant elle l'eau qui y est contenue; mais à mesure que la vapeur s'échappe, l'eau remonte, la vapeur s'accumule de nouveau, jusqu'à ce que le niveau de l'eau rebaissant, permette à une nouvelle quantité de vapeur de monter dans les tubes taillés en sifflet, en poussant devant elle une nouvelle quantité d'eau.

Pendant tout le fonctionnement du générateur il se produit donc, dans les tubes constituant l'*émulseur*, une ascension de couches successives de vapeur et d'eau. A l'extrémité supérieure des tubes, l'eau ainsi entraînée retombe dans le corps principal de la chaudière et la vapeur se rend au dôme.

Il est évident que ce dispositif, en faisant passer une certaine quantité d'eau des bouilleurs dans le corps principal, eau qui est elle-même remplacée dans le bouilleur par l'eau d'alimentation, permet de créer, dans la chaudière, une circulation active qui augmente la vaporisation, et qui, en entraînant les dépôts loin des tôles de coups de feu, diminue les éventualités d'explosion du générateur.

Souffleurs. Injecteurs. Éjecteurs. Ventilateurs

Ainsi que nous l'avons dit à propos du *tirage artificiel*, ces instruments sont destinés à produire, dans le foyer, un appel d'air nécessaire à l'activité de la combustion, quand le tirage naturel par la cheminée n'est pas suffisant.

Nous avons décrit, au chapitre concernant les foyers, les *souffleurs Belleville* (Fig. 88) et *Thierry* (Fig. 89).

Nous les rappelons ici pour marquer leur place dans la catégorie des appareils destinés à activer la combustion.

L'*injecteur Koerting*, établi dans le même but, diffère de ces deux souffleurs en ce que la vapeur, au lieu d'être injectée directement dans le foyer, sert de moteur pour lancer de l'air sous pression à travers le combustible.

Injecteur Kœrting

(Fig. 239.) Il est composé d'un conduit central A, dans lequel on fait arriver la vapeur, et qui est formé d'une série d'ajutages coniques laissant, entre leurs extrémités, un espace annulaire très réduit.

Chacun de ces ajutages communique avec l'air extérieur, et le dernier débouche dans un tube à large section B que l'on met généralement en communication avec des ouvertures pratiquées dans le cendrier, au-dessous de la grille.

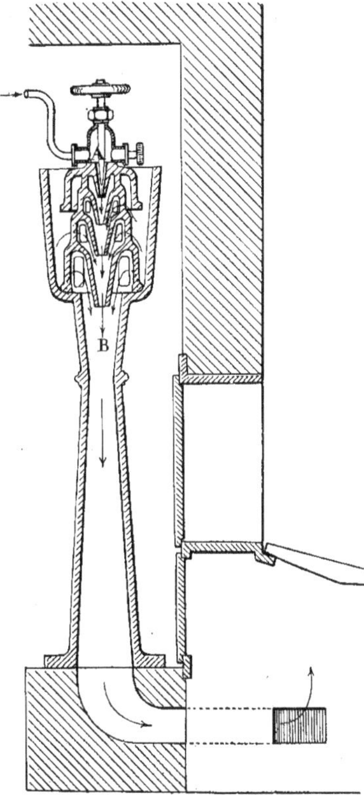

Fig. 239. — Injecteur Koerting. Coupe verticale.

La vapeur, arrivant par l'ajutage supérieur, suit un trajet direct, au travers de l'injecteur, en passant successivement au centre de tous les ajutages.

Pendant ce trajet, elle entraîne, par sa brusque détente, après son passage dans les étranglements successifs, l'air extérieur qui est appelé dans les divers espaces annulaires et qui, définitivement, arrive dans le foyer avec une vitesse suffisante pour traverser le combustible et pour se mélanger aux gaz chauds.

L'*injecteur Koerting* se place le plus généralement à l'extérieur et en avant du foyer, son conduit d'injection seul pénétrant à l'intérieur du massif de maçonnerie.

L'établissement de l'injecteur en avant du foyer oblige le chauffeur à interrompre son fonctionnement pendant le chargement du combustible et, d'autre part, il est nécessaire de tenir la porte du foyer et du cendrier soigneusement closes pendant sa marche.

C'est un inconvénient que l'on évite en plaçant l'injecteur au pied de la cheminée, à la sortie du gaz; il crée, par le fluide éjecté, un tirage artificiel en appelant l'air extérieur qui pénètre dans le foyer par la porte du cendrier.

C'est alors un éjecteur.

Éjecteurs

Les éjecteurs sont, en principe, destinés à produire dans un conduit, au moyen de la vapeur ou de l'air comprimé, une dépression suffisante pour permettre à l'air contenu dans une capacité de parcourir ce conduit avec une vitesse appropriée au tirage qu'on veut réaliser.

Les *éjecteurs* appellent donc l'air de l'intérieur et le lancent à l'extérieur.

Éjecteur de locomotive

(Fig. 240.) Dans les chaudières de locomotives et dans les chaudières marines, où l'on est dans l'impossibilité de donner aux cheminées une hauteur suffisante pour réaliser un tirage convenable, il est indispensable d'avoir recours aux *éjecteurs* pour obtenir une combustion suffisamment active.

L'*éjecteur* se place, dans la locomotive, à la base de la cheminée, dans la capacité où débouche le faisceau tubulaire et désignée sous le nom de *boîte à fumée*.

Il se compose d'une boîte A métallique affectant la forme d'un tronc de pyramide quadrangulaire, au sommet duquel les parois laissent un espace libre réglable.

Dans cette boîte débouchent le tuyau d'échappement B venant du cylindre de la locomotive et un second tuyau C venant directement du dôme de la chaudière.

Le réglage de l'orifice de sortie de la boîte A se fait au moyen d'un levier D, que peut manœuvrer le mécanicien et qui rapproche ou éloigne deux des parois en les faisant tourner autour d'un axe horizontal E placé à leur base.

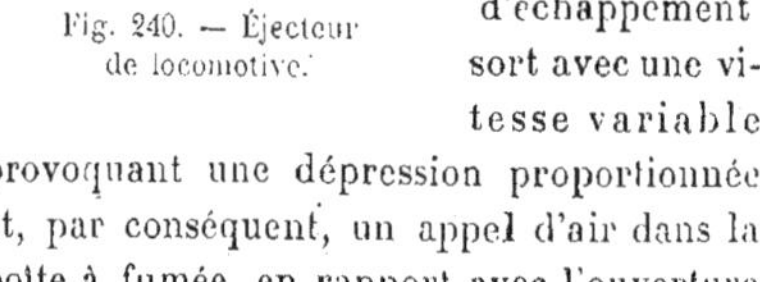

Fig. 240. — Éjecteur de locomotive.

Suivant l'étranglement donné à cet orifice, la vapeur d'échappement sort avec une vitesse variable provoquant une dépression proportionnée et, par conséquent, un appel d'air dans la boîte à fumée, en rapport avec l'ouverture qu'on s'est donnée.

Quand la locomotive est au repos et que, de ce fait, on ne peut employer la vapeur d'échappement, on admet directement dans l'*éjecteur* la vapeur de la chaudière, qui arrive par le second conduit C. Le mécanicien manœuvre facilement, au moyen d'une manette placée à sa portée, un robinet qui permet d'ouvrir ou d'intercepter le passage de la vapeur dans ce conduit.

Éjecteurs-Ventilateurs Parfois, dans les installations fixes où, pour des considérations spéciales, on n'est pas obligé de donner aux cheminées la hauteur réglementaire, on peut établir des cheminées relativement peu élevées, à la condition d'y adjoindre un dispositif de tirage forcé, comme l'*éjecteur-ventilateur*.

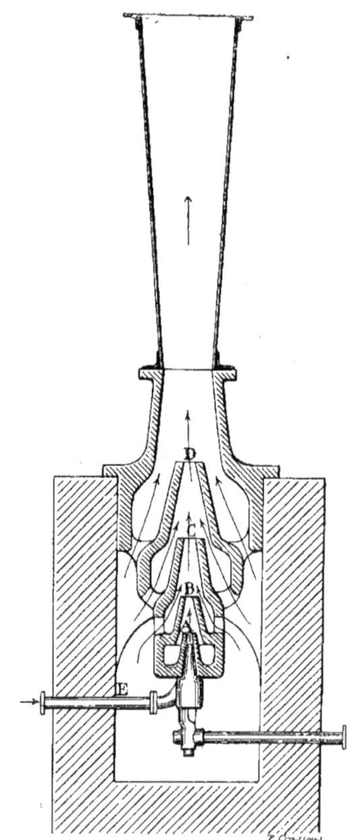

Fig. 241. — Éjecteur-ventilateur.

Nous avons dit, dans le chapitre VIII, quelques mots sur la *cheminée Pratt* construite dans ce but, nous réservant de décrire à cette place l'*éjecteur-ventilateur* qui en est l'organe essentiel.

Il est constitué (Fig. 241) par une série de *tuyères* A B C D convergentes, emboîtées les unes dans les autres tout en conservant entre elles un espace vide annulaire, par lequel l'air extérieur peut être admis.

La *tuyère* inférieure A communique avec le conduit E d'un *ventilateur* qui envoie, sous forte pression, de l'air dans l'*éjecteur*.

Cet air, en passant dans les divers étranglements ménagés entre les tuyères, entraîne avec lui dans la cheminée l'air ambiant et provoque le *tirage*.

L'avantage de cette installation réside en ce que le *ventilateur*, organe moteur, étant placé hors des carneaux, est à l'abri des corrosions occasionnées, par les gaz chauds, à tous les appareils placés à l'intérieur.

Les *éjecteurs-ventilateurs* sont employés également dans les chaudières marines où le tirage doit être très actif.

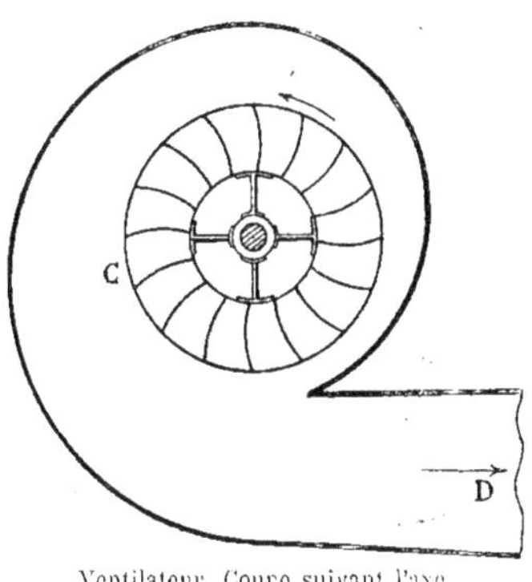

Ventilateur. Coupe suivant l'axe.

Fig. 242 et 243. — Ventilateur.

Ventilateur (Fig. 242 et 243.) Organe indispensable des *éjecteurs* précédents; nous allons, en quelques mots, en expliquer le fonctionnement.

Il se compose de deux plateaux A portant, à leur centre, une ouverture circulaire et montés sur un arbre B. Ces deux plateaux sont réunis par une série de lames recourbées nommées *ailettes*. Cette *roue à ailettes* ainsi constituée est animée d'un mouvement de rotation autour de l'axe B, et est enfermée dans une boîte C qui se termine par un conduit à large section D.

On donne au ventilateur une grande vitesse de rotation.

L'air qui est contenu entre ses ailettes tourne avec lui et sous l'action de la force centrifuge se précipite contre la paroi intérieure de la boîte C et, de là, se rend, animé d'une grande vitesse, dans le conduit D.

Cet échappement provoque un appel d'air dans la partie centrale des deux plateaux, lequel air est, à son tour, refoulé par la rotation des ailettes dans la boîte C, puis dans le conduit D, et ainsi de suite pendant la rotation du ventilateur.

Le placement des ailettes et la forme à leur donner doivent être judicieusement réalisés pour obtenir un bon rendement de l'appareil.

Nous aurons l'occasion de nous étendre davantage sur ces détails dans une autre partie de cet ouvrage.

Pyromètres L'emploi de certains appareils annexes des chaudières que nous venons de décrire, tels que *surchauffeurs* et *réchauffeurs*, exige une connaissance exacte de la température dans les foyers et les carneaux des chaudières. D'ailleurs, la bonne marche des générateurs l'exige également.

Un chauffeur expérimenté peut se rendre un compte suffisamment exact de la température de son foyer au simple aspect du feu.

Il y a, en effet, une relation entre la couleur plus ou moins sombre du combustible et le degré de la température qui règne dans un foyer.

D'après Pouillet, éminent physicien du milieu du XIXe siècle, qui s'est signalé par ses études sur la chaleur, on peut considérer que, dans un foyer, le rouge naissant correspond à une température d'environ 525 degrés,

le rouge sombre à	700	degrés,
le rouge cerise à	900	—
l'orange foncé à	1.100	—
le blanc à	1.300	—
le blanc éblouissant à	1.500	—

Toutefois cette méthode, toute d'appréciation, n'offre pas toujours la précision désirable, et on a créé, pour être exactement renseigné sur le degré de température existant dans une capacité déterminée, des appareils spéciaux, d'un emploi facile, qu'on nomme *pyromètres*.

Pyromètre Ducomet (Fig. 244.) — Il est constitué par un tube cylindrique en fer A, recouvrant un cylindre en terre réfractaire B, au centre duquel est disposée une tige C sollicitée à rentrer dans le tube par un ressort à boudin D, placé à une de ses extrémités.

Cette tige est solidaire d'une crémaillère G qui commande un pignon F, sur l'axe duquel est fixée une aiguille E qui se meut devant un cadran divisé.

Quand on veut se servir du *pyromètre*, on bande le ressort en l'étirant à l'aide d'une manivelle H et d'une vis I ; on monte sur l'extrémité libre de la tige une série de rondelles métalliques dont les degrés de fusion, qui vont en croissant, sont bien déterminés, puis les rondelles sont séparées entre elles par des bagues en fer et arrêtées sur la tige par une goupille clavette transversale.

On enlève la manivelle.

Les rondelles sont pressées les unes contre les autres et sont emprisonnées entre l'extrémité du tube en fer et la goupille transversale.

On introduit le tube, sur une partie de sa longueur, dans la capacité dont on veut mesurer la température.

La première rondelle fond sous l'action de la chaleur.

La tige intérieure C, sollicitée par le ressort, rentre de toute l'épaisseur de la rondelle fondue.

La goupille l'arrête dans cette position, mais son mouvement a déterminé, par l'intermédiaire de la crémaillère G et du pignon F, la déviation de l'aiguille E qui s'est arrêtée sur la première division, représentant, en degrés, la température de fusion de la première rondelle.

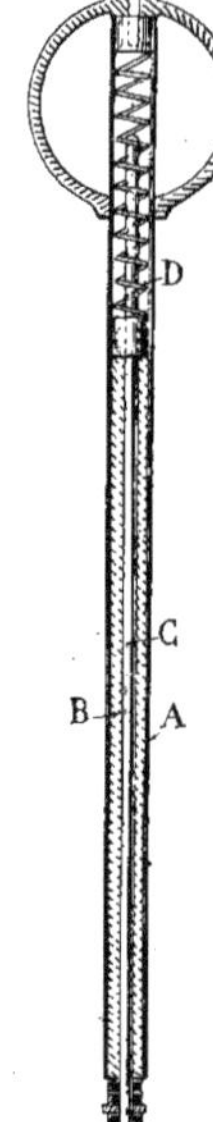

Fig. 244. — Pyromètre Ducomet.

Il en est de même pour les autres rondelles, qui, en fondant, déterminent les déviations successives de l'aiguille, qui s'ajoutent à la première.

Il est donc indispensable, pour chaque expérience, de remplacer les rondelles fusibles.

C'est, on le voit, un inconvénient qui s'ajoute à celui de ne pouvoir connaître, à chaque instant, les variations de la température dans les capacités soumises à l'action de la chaleur, car on ne peut obtenir une déviation rétrograde de l'aiguille, qui ne marche que par bonds successifs dans le même sens.

Aussi a-t-on créé, récemment, des *pyromètres* plus pratiques, basés sur un principe tout différent.

Ce sont les *pyromètres thermo-électriques*.

Pyromètres thermo-électriques

Leur fonctionnement est basé sur ce phénomène, que si on soude, à leurs extrémités, deux lames de métaux différents et qu'on chauffe une des soudures, il se produit, à travers les deux métaux, un courant électrique dirigé de l'extrémité chaude vers l'extrémité froide et qui est d'autant plus intense que la différence de température entre ces deux extrémités est plus grande.

Si on dispose dans ce circuit électrique un appareil nommé *galvanomètre,* qui traduit, par les déviations de son aiguille, l'intensité du courant qui le traverse, on comprend qu'on puisse lire directement, sur le cadran de ce galvanomètre, la température à laquelle est soumise l'extrémité chaude.

Les divers assemblages de métaux, deux par deux, qu'on nomme *couples* ne donnent pas des *courants thermo électriques* de même valeur et, d'autre part, ils ne résistent pas tous à des températures très élevées. C'est pour cela que les *couples thermo-électriques* sont constitués différemment, suivant le degré de température qu'il s'agit de mesurer.

Pour la mesure de températures n'atteignant pas 1.000 degrés, on emploie un couple thermo-électrique constitué par du fer et du cuivre.

Pour la mesure de températures supérieures à 1.000 degrés, on peut faire usage du *pyromètre Le Châtelier*.

Pyromètre thermo-électrique Le Chatelier

(Fig. 245.) Il est composé d'un *couple thermo-électrique* constitué par deux fils, dont l'un est en *platine pur* et l'autre en *platine iridié*. Ces fils sont soudés à l'or à une extrémité et isolés, entre eux, par une enveloppe cylindrique en terre réfractaire A, enfermée elle-même dans un tube en fer B, terminé par une poignée C.

Les deux extrémités libres de ce couple s'attachent à des bornes communiquant respectivement avec l'entrée et la sortie du circuit électrique d'un *galvanomètre* D. Cet instrument porte une graduation chiffrée en degrés de température.

Quand on introduit le bout du tube dans le foyer ou dans les carneaux, il se produit dans le couple un *courant thermo-électrique* dont l'intensité, qui est fonction de la température, est mesurée par la déviation de l'aiguille du *galvanomètre* et traduite en degrés par les chiffres indiqués sur le cadran divisé.

On peut donc, à chaque instant, contrôler les variations de température qui se produisent dans la capacité intéressée, en suivant les mouvements d'avancement ou de recul de l'aiguille sur son cadran.

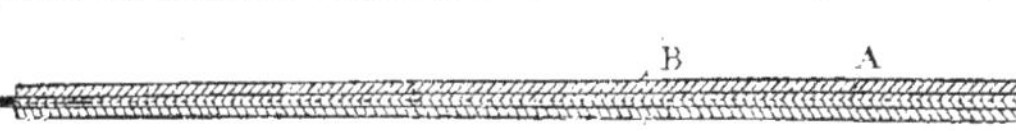

Fig. 245. — Pyromètre thermo-électrique Le Châtelier.

Le *couple thermo-électrique* employé dans le pyromètre Le Châtelier peut permettre la mesure de températures atteignant 1.600 degrés sans s'altérer, car le platine pur ne fond que vers 1.700 degrés et le platine iridié à près de 2.000.

On pourrait remplacer le galvanomètre sur lequel se fait la lecture par un enregistreur dont l'aiguille inscrirait sur du papier animé d'un mouvement de translation, la courbe des variations de la température mesurée.

Appareils d'alimentation

Parmi les appareils annexes des chaudières, les *appareils d'alimentation* tiennent une place prépondérante. Leur but est de fournir à la chaudière l'eau destinée à remplacer celle qui s'est vaporisée.

Nous avons indiqué, pour chaque type de chaudière, la place où doit déboucher, de préférence, le tuyau qui apporte l'eau d'alimentation, place déterminée par la considération de la circulation d'eau par rapport au cheminement des gaz.

Les appareils d'alimentation sont très variés, mais on peut les classer dans les quatre catégories suivantes : bouteilles alimentaires, pompes d'alimentation, injecteurs, pulsomètres.

Bouteille d'alimentation (Fig. 246.) La bouteille d'alimentation est un appareil assez simple, qui n'est généralement employé que dans les chaudières à basse pression, mais qui nécessite, néanmoins, des manœuvres répétées donnant lieu à une alimentation discontinue.

Il est constitué par un réservoir cylindrique A, muni à sa partie inférieure de deux tubulures B et C portant chacune un robinet. Le robinet B peut, par sa manœuvre, donner la communication entre le réservoir A et la chaudière par un conduit D, ou entre ce même réservoir et un bac supérieur E par le tuyau F. Ce bac contient l'eau destinée à l'alimentation.

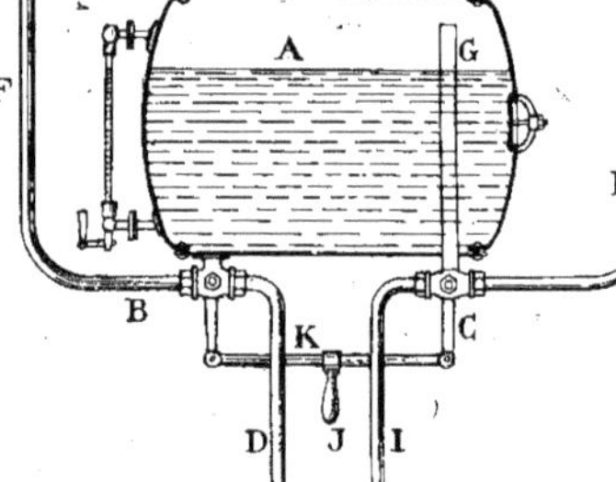

Fig. 246. — Bouteille d'alimentation.

Le robinet C peut, par l'intermédiaire du tuyau G, faire communiquer la partie supérieure du réservoir A successivement avec le dôme de vapeur de la chaudière, par le conduit H, ou avec l'air extérieur par la tubulure I. Une seule manette J permet d'ouvrir ou de fermer les deux robinets, dont les manœuvres sont rendues solidaires par un levier K.

Pour faire fonctionner l'appareil, on fait, par le jeu des robinets, communiquer le bac supérieur avec le réservoir A d'un côté, et de l'autre ce même réservoir avec l'atmosphère.

L'eau contenue dans le bac s'écoule dans le réservoir A en chassant au dehors, par le tuyau G, l'air qu'il contient.

L'eau atteint dans le réservoir A une certaine hauteur indiquée à l'extérieur par un niveau.

On interrompt alors les communications précédentes en laissant les robinets dans leur position moyenne de repos.

Pour alimenter la chaudière, on opère la manœuvre commune des deux robinets en sens inverse de la première, et on établit ainsi la communication : d'une part, entre la vapeur de la chaudière et la partie supérieure du réservoir A par le conduit H, d'autre part, entre le bas du même réservoir et le bas de la chaudière.

La vapeur s'introduit dans le réservoir A au-dessus du niveau de l'eau, et celle-ci, également pressée dans la chaudière et dans le réservoir A, descend par son poids dans le tuyau D et de là dans la chaudière à alimenter.

En renouvelant ces diverses manœuvres, on admet dans la bouteille une nouvelle quantité d'eau, que l'on introduit ensuite dans le générateur.

Pompe d'alimentation (Fig. 247.) La pompe d'alimentation est une simple pompe aspirante et foulante, manœuvrée par la machine qui reçoit la vapeur de la chaudière à alimenter.

La machine à vapeur de Watt qui est la

première en date, comportait une *pompe alimentaire.*

La *pompe d'alimentation* est constituée par un cylindre A, dans lequel coulisse un piston B, animé d'un mouvement rectiligne alternatif.

Au corps de pompe A est juxtaposée une capacité comportant deux conduits C et D, l'un, C, communiquant avec le réservoir d'eau ; l'autre, D, avec la chaudière à alimenter.

Chacun de ces conduits porte une soupape ; l'une, E, placée sur le conduit C, est nommée *soupape d'aspiration* et s'ouvre de l'extérieur vers l'intérieur ; l'autre, F, montée sur le conduit D, nommée *soupape de refoulement*, s'ouvre du dedans au dehors.

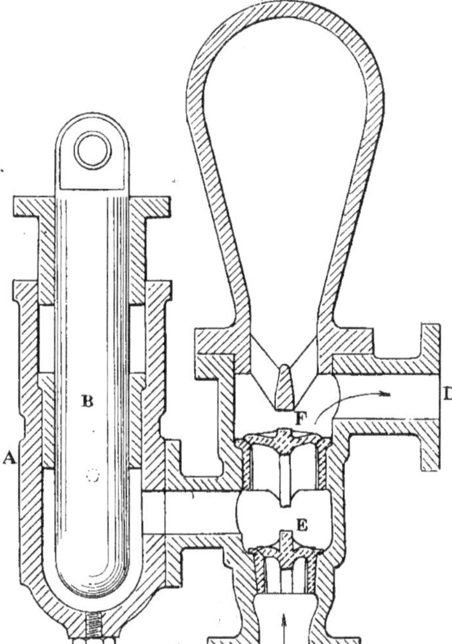

Fig. 217. — Pompe d'alimentation.

Quand le piston, étant au bas de sa course, remonte dans le corps de pompe, il fait le vide au-dessous de lui, et l'eau aspirée monte par le conduit C, soulève la soupape E et remplit la capacité qui se trouve au-dessous du piston.

La soupape F, pendant cette manœuvre, est appuyée sur son siège par la pression qui s'exerce au-dessus d'elle.

Quand le piston opère sa course descendante, l'eau contenue au-dessous de lui, étant refoulée, ferme, par sa pression, la soupape d'aspiration E et ouvre celle de refoulement F, pour s'écouler dans le tuyau D, qui la conduit à la chaudière.

Une succession de mouvements alternatifs semblables du piston permet de refouler, dans le générateur, la quantité d'eau nécessaire à son alimentation. Le mouvement alternatif du piston est obtenu en l'attelant à une bielle faisant partie de la machine à vapeur.

On branche généralement sur la conduite de refoulement de la pompe *alimentaire* une capacité, dans laquelle l'air, comprimé par l'eau qui est refoulée avec violence, constitue une sorte de matelas nécessaire pour éviter les *coups de bélier* qui mettraient rapidement les organes de la pompe hors d'état de fonctionner normalement.

En outre, la pression de cet air contribue à assurer la régularité de distribution de l'eau refoulée par la pompe.

Petit-cheval alimentaire Dans les installations récentes où la chaudière est quelquefois obligatoirement éloignée du récepteur, on établit, pour éviter l'emploi de conduites d'alimentation de trop grande longueur, les *pompes alimentaires* à proximité des chaudières, et on les fait actionner par une petite machine à vapeur faisant partie de la pompe elle-même.

L'ensemble de l'appareil se nomme couramment *petit cheval alimentaire* et même plus simplement *petit cheval*.

Petit cheval Belleville

(Fig. 248 à 251.) Il se compose de deux cylindres A et B disposés dans le prolongement l'un de l'autre. Dans ces cylindres se meuvent deux pistons C et D réunis par une même tige E.

L'un des pistons, C, est actionné par la vapeur, l'autre, D, aspire et refoule de l'eau.

Donc le petit cheval comporte, d'un côté, un moteur à vapeur, de l'autre, un corps de pompe.

Le cylindre à vapeur est surmonté d'une capacité F, dans laquelle se meut un tiroir G. Ce tiroir a pour but de découvrir successivement, dans ses courses alternatives, deux orifices par lesquels la vapeur peut agir sur l'une ou l'autre face du piston C.

Le tiroir reçoit un mouvement alternatif rectiligne par l'intermédiaire d'une tige H solidaire d'un levier à fourche I, articulé en J et commandé lui-même par une came K placée sur la tige commune E des deux pistons.

Le corps de pompe B porte un conduit d'aspiration d'eau L, débouchant dans une capacité M, qui communique avec une seconde capacité N par deux orifices fermés par deux clapets O.

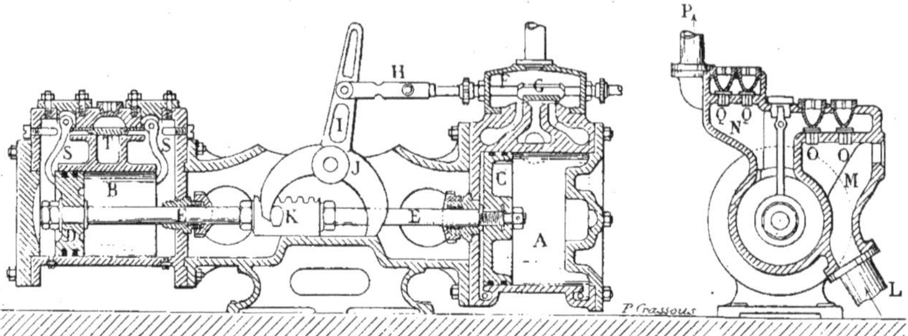

Fig. 248 et 249. — Petit cheval horizontal Belleville. Coupes longitudinale et transversale.

La capacité N donne accès à un second conduit P, par deux orifices également fermés par deux autres clapets Q.

La vapeur étant admise dans la capacité renfermant le tiroir, passe par l'orifice que celui-ci laisse à découvert et va actionner le piston C, en pressant sur une de ses faces. Ce piston se meut, entraînant avec lui le piston de la pompe à eau qui aspire, dans la capacité M d'abord, puis dans la capacité N ensuite, en soulevant les clapets O, une certaine quantité de liquide.

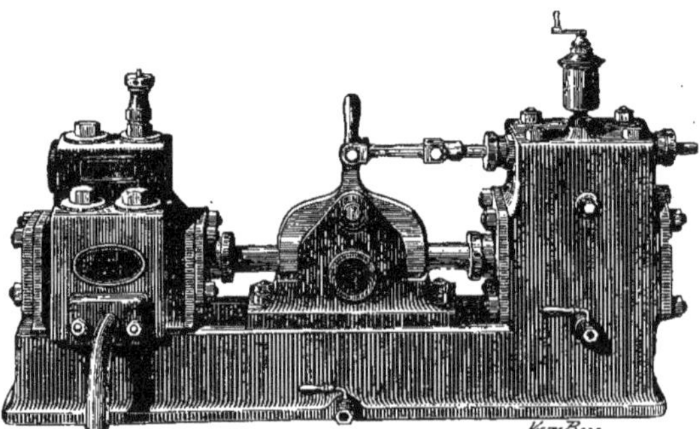

Fig. 250. — Petit cheval horizontal Belleville. Vue perspective.

Pendant ce mouvement, la came K placée sur la tige des pistons fait basculer le levier à fourche I, qui déplace le tiroir de telle sorte que, lorsque le piston à vapeur arrive un peu avant l'extrémité de sa course, le tiroir doit obturer l'orifice qui admettait la vapeur sur sa face motrice; mais ce tiroir n'a pas encore découvert l'orifice qui correspond à l'autre face, et comme le moteur à vapeur ne comporte pas de volant qui, par son action, ferait franchir au piston le *point mort*, il est nécessaire d'établir un dispositif spécial pour accélérer, à cette partie de la course, le mouvement du piston afin de n'avoir pas d'arrêt dans le fonctionnement.

Pour cela, on place à chaque extrémité du corps de pompe un levier S, S, qui est poussé par le piston à eau un peu avant la fin de sa course et qui a pour but, en soulevant un clapet auxiliaire T, d'établir une communication directe entre les deux faces du piston à eau.

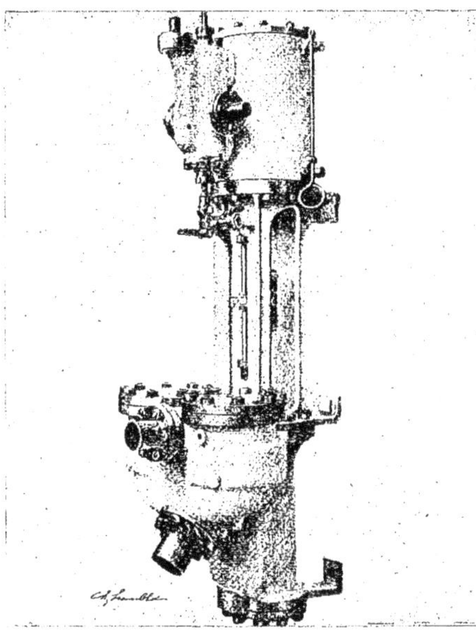

Fig. 251. — Petit cheval vertical Belleville. Vue perspective.

Il résulte de cette manœuvre que le piston à eau, ne rencontrant plus devant lui qu'une résistance négligeable, achève brusquement sa course en entraînant la tige E, obligeant ainsi le tiroir à découvrir rapidement l'orifice d'admission de la vapeur sur la face inverse du piston à vapeur.

Une seconde course dans l'autre sens a lieu en produisant les mêmes effets, sauf en ce qui concerne l'eau, qui, aspirée dans la première course dans la capacité N, est refoulée dans la seconde, en soulevant les soupapes Q, dans le conduit P, qui l'amène à la chaudière à alimenter, en passant par le *régulateur d'alimentation* que nous avons déjà décrit (Fig. 148).

Le *petit cheval Belleville* permet une alimentation continue, et lorsque le *régulateur d'alimentation* n'admet pas d'eau dans le générateur, le *petit cheval* fonctionne quand même à une allure très modérée, parce qu'il rencontre une grande résistance dans le refoulement de l'eau qui se comprime et qui, à la limite, s'écoule par le jeu qu'on a donné au piston à eau dans son cylindre.

Petit cheval Worthington

(Fig. 252 et 253.) Cette *pompe à vapeur*, qui est disposée de façon semblable à la précédente, diffère pourtant de celle-ci en ce que le procédé, pour éviter le *point mort*, est réalisé tout différemment.

A cet effet, l'appareil est constitué par deux corps de pompes ayant des capacités d'aspiration et de refoulement communes et portant des clapets s'ouvrant et se fermant de façon appropriée au mouvement des pistons.

Chaque corps de pompe contient un piston, dont la tige porte à l'autre extrémité un autre piston, actionné par la vapeur.

L'appareil comporte donc deux cylindres à vapeur, et c'est précisément par l'action successive de chacun des pistons qui s'y meuvent, sur l'admission de vapeur dans le cylindre opposé, qu'on parvient à supprimer le *point mort*.

Chaque piston, en effet, avant d'atteindre

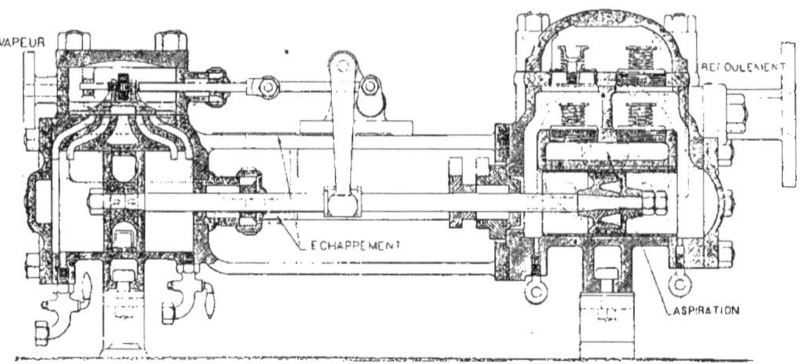

Fig. 252. — Pompe Worthington. Coupe.

le bout de sa course, manœuvre, par un jeu de leviers, le tiroir qui découvre les orifices d'admission de l'autre cylindre. Ce tiroir se met donc en mouvement et c'est ce mouvement qu'on utilise pour fermer l'admission de vapeur, dans le premier cylindre, sur la face motrice du piston et l'ouvrir progressivement dans l'autre cylindre.

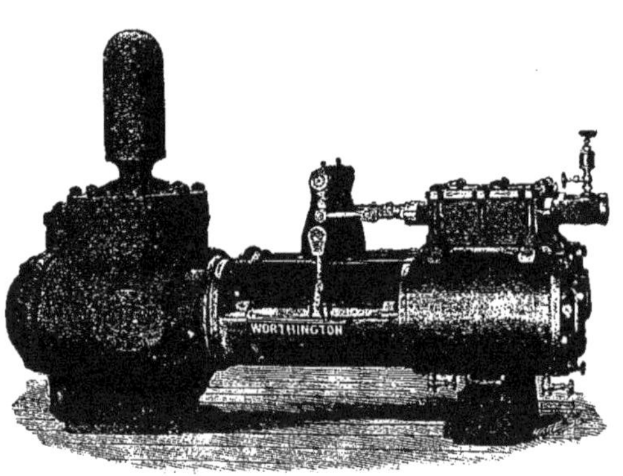

Fig. 253. — Pompe Worthington. Vue perspective.

Les mouvements des pistons à vapeur étant symétriques, les mêmes manœuvres se renouvellent sans discontinuité et l'alimentation ne subit ainsi aucun arrêt.

La disposition des organes de la pompe Worthington permet d'obtenir, de l'appareil, une marche régulière, pendant laquelle les chocs et les à-coups sont supprimés par la conjugaison, judicieusement établie, des deux distributions de vapeur successives dans les cylindres juxtaposés.

Petit cheval Thirion (Fig. 254.) Cette pompe, qui se compose d'un cylindre à vapeur A et d'un cylindre, à eau B comporte un arbre transversal C, animé d'un mouvement de rotation qui lui est transmis par le mouvement alternatif des pistons.

Sur cet arbre est calé un volant D qui permet de faire franchir le *point mort* au piston à vapeur sans que la pompe ait à subir le moindre arrêt. Il n'y a rien de particulier dans la distribution de vapeur et dans la disposition des clapets, mais on a adjoint, à ce petit-cheval, un dispositif de régulation pour que la pompe ne puisse prendre une vitesse disproportionnée dans le cas où, pour une cause fortuite, l'eau d'aspiration venant à manquer, elle aspirerait de l'air au lieu d'eau.

Ce régulateur est un petit cylindre E placé verticalement, dans lequel peuvent se mouvoir, en parcourant une faible course, deux pistons F et G de diamètres inégaux, réunis par une même tige H.

La partie inférieure de ce cylindre est en communication avec les deux extrémités du corps de pompe par un tuyau I, et sa partie supérieure avec la capacité d'air J par un conduit K.

Entre les deux pistons, le cylindre communique avec l'air extérieur.

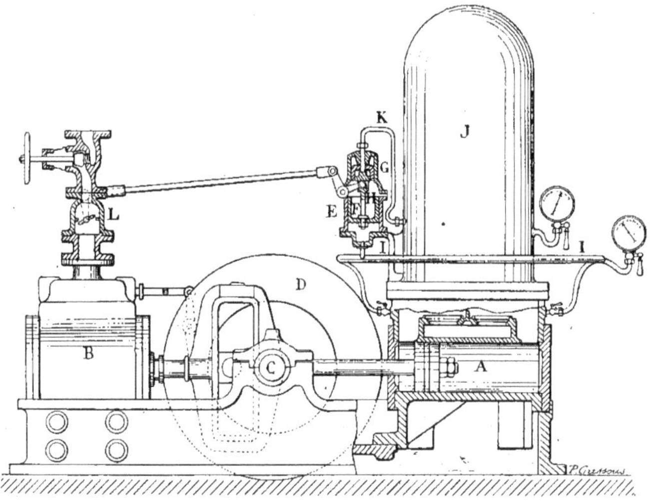

Fig. 254. — Petit cheval Thirion.

En outre, la tige des pistons commande, par un jeu de leviers, la manœuvre d'une valve L qui règle l'introduction de la vapeur dans le cylindre.

Quand la pompe aspire normalement de l'eau, il existe, entre les pressions qui s'exercent sur chaque piston F et G, une différence qu'on détermine facilement et qui permet d'établir judicieusement le diamètre de ces pistons, pour qu'en cet état la valve L laisse le conduit d'admission de vapeur complètement ouvert.

Si la quantité d'eau aspirée diminue, la pression dans le corps de pompe et, par suite, dans le tube I sous le piston F, diminue également. L'équilibre des pistons du régulateur est rompu et ceux-ci descendent en provoquant la fermeture proportionnée de la valve L, ce qui a pour objet de ralentir l'allure du petit-cheval, qui s'accélère aussitôt que l'eau d'alimentation, revenue en quantité dans le réservoir où on la puise, permet une aspiration normale.

Le *petit cheval Thirion* a été récemment modifié. On a supprimé l'arbre tournant et son volant, et on a établi une disposition spéciale de la distribution de vapeur pour franchir le *point mort*.

Au-dessus du cylindre à vapeur moteur on a disposé un second cylindre de diamètre réduit, dont le tiroir de distribution est commandé par la tige qui relie le grand piston à vapeur au piston hydraulique.

Dans ce petit cylindre se meut un piston qui fait, à son tour, office de distributeur de vapeur du grand cylindre.

Comme dans le *petit cheval Worthington*,

le *point mort* est franchi par le jeu approprié des deux pistons à vapeur. Toutefois, à l'inverse de celui-ci, le *petit cheval Thirion* ne comporte qu'un seul corps de pompe.

Injecteurs Ce sont des appareils d'alimentation, manœuvrés à la main, qui ne donnent pas une alimentation continue et qui ne sauraient, pour cette raison, s'appliquer à l'alimentation des chaudières à tubes d'eau qui exigent une grande régularité dans leur approvisionnement d'eau. Ils sont employés avec avantage pour alimenter les chaudières à grand volume, dont ils réchauffent l'eau avant de l'injecter. Leur construction exige assez de précision, mais leur manœuvre est simple.

Injecteur Giffard (Fig. 255 et 256.) L'injecteur Giffard, le premier en date, a donné naissance, par la suite, aux nombreuses variétés qui sont employées aujourd'hui, parmi lesquelles nous choisirons quelques types dont nous donnerons la description.

Avec une ténacité, heureusement couronnée de succès, Giffard, éminent ingénieur français, qui travaillait, à ce moment, la navigation aérienne à l'aide de la vapeur, mit au point, après des expériences répétées, son ingénieux appareil moteur, inventé dès l'année 1860, dont les multiples applications se sont répandues bien au delà de l'alimentation des chaudières.

L'*injecteur Giffard* se compose d'un tube cylindrique C, terminé, à une de ses extrémités, par un ajutage conique I et muni, à l'autre extrémité, d'une vis pouvant être manœuvrée par une manivelle A et qui se prolonge, à l'intérieur, en forme de cône pouvant obturer l'orifice de l'ajutage I.

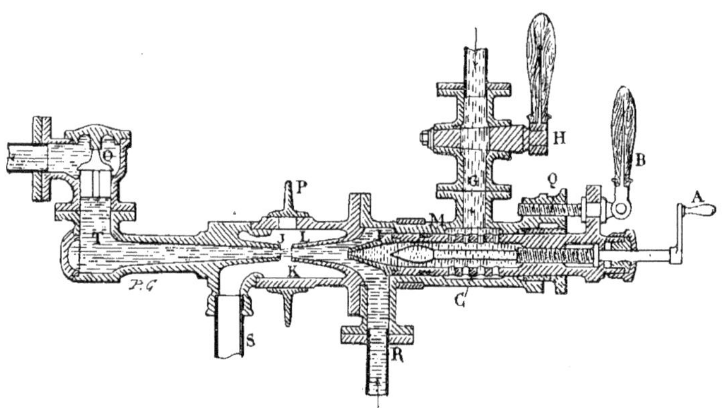

Fig. 255. — Injecteur Giffard, disposé horizontalement.

Cette vis se nomme *aiguille obturatrice.*

Le tube C portant l'aiguille peut glisser à frottement doux dans un cylindre M au moyen de la manette B et par l'intermédiaire de la vis Q.

Ce cylindre porte un conduit G, sur lequel est monté un robinet H qui permet de faire pénétrer la vapeur dans l'*injecteur,* par une série de trous pratiqués sur la paroi circulaire du tube C.

Le cylindre M porte, en outre, une tubulure R communiquant avec le réservoir d'eau d'alimentation, et un conduit S de trop-plein qui débouche dans une capacité K portant dans son axe horizontal deux ajutages coniques divergents, L et J, faisant suite à l'ajutage I du tube C. L'ajutage d'arrière

J fait partie du conduit T de refoulement de l'eau dans la chaudière, dans lequel est disposé un clapet de retenue O.

Pour faire fonctionner l'*injecteur*, on ferme d'abord totalement l'orifice de l'ajutage I, au moyen de l'aiguille obturatrice, puis on ouvre le robinet d'admission de vapeur H et on recule alors l'aiguille d'une faible quantité, de façon à ne laisser à la vapeur qu'un passage très restreint dans l'ajutage I. Cette manœuvre constitue l'*amorçage* de l'appareil.

La vapeur sortant avec vitesse par l'ajutage I passe dans l'ajutage L, puis, se détendant dans la capacité K, débouche à l'extérieur par le tuyau de trop-plein en aspirant l'eau d'alimentation, qui monte dans le tuyau R, remplit la capacité K et s'écoule comme la vapeur, par le conduit de trop-plein S. On est averti que l'amorçage est établi lorsque ce tuyau S laisse couler de l'eau.

On recule alors, au moyen de la manivelle A, *l'aiguille obturatrice*, laissant à la vapeur un passage plus grand dans l'orifice I.

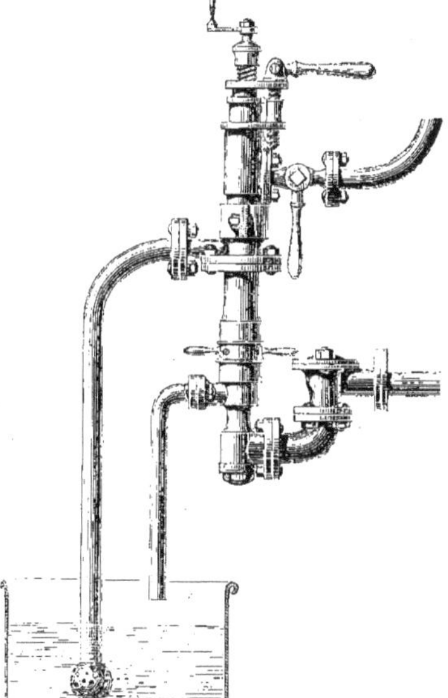
Fig. 256. — Injecteur Giffard, disposé verticalement.

Le volume de vapeur admis étant plus considérable, sa condensation dans la capacité K provoque une dépression plus grande à l'arrière et l'eau aspirée acquiert une vitesse qui lui permet de se rendre, mélangée avec la vapeur qui l'entraîne, dans l'ajutage J et de là au clapet de retenue O.

Pour que le mélange d'eau et de vapeur puisse soulever ce clapet de retenue, il faut que la pression qu'il exerce sur sa face inférieure soit plus grande que celle qui presse sur la face opposée et qui n'est autre que la pression de l'eau contenue dans la chaudière.

Le clapet se soulève donc; une certaine quantité d'eau d'alimentation est admise dans le générateur, et lorsque l'injecteur a cessé de fonctionner, la pression de la chaudière fermant le clapet O, empêche un retour d'eau dans l'injecteur.

Le volume d'eau qu'on injecte dans la chaudière peut varier par le déplacement de l'ajutage I qui se fait par la manette B.

Pendant la marche de l'*injecteur*, l'eau aspirée dans la capacité K, qui n'est pas entraînée dans le conduit de refoulement, se déverse, à l'extérieur, par le tuyau de trop-plein S; mais il peut arriver que l'eau aspirée soit totalement entraînée dans la chaudière par la vapeur injectée; l'écoulement au dehors ne se produit plus; il pourrait y avoir, au contraire, une aspiration d'air extérieur par le tuyau de trop-plein, ce qui occasionnerait des perturbations dans la marche de l'*injecteur*.

Il faut donc veiller à ce que cette éventualité ne se produise pas et n'admettre dans l'*injecteur* qu'une quantité de vapeur juste suffisante pour assurer sa marche normale.

Un regard P, fermé par un bouchon, permet d'ailleurs de se rendre compte, à chaque instant, du fonctionnement de l'appareil, en surveillant le jet qui passe entre les deux ajutages divergents L et J.

Giffard, dans un type transformé de son *injecteur*, a, pour éviter l'inconvénient que nous venons de signaler, réuni bout à bout les deux ajutages L et J et disposé le tuyau de trop-plein sur le conduit de refoulement. Ce tuyau est ouvert pendant l'*amorçage*, et lorsque l'appareil, en pleine marche, ne laisse plus écouler d'eau non entraînée, on ferme, par un robinet, le tuyau de trop-plein, évitant ainsi la rentrée d'air intempestive.

En résumé, l'*injecteur Giffard* réalise ce problème d'admettre du liquide dans une chaudière, en surmontant la pression de l'eau qui y est contenue et en utilisant la vapeur produite au-dessus de cette eau dans cette même chaudière. C'est donc un circuit moteur réalisé à travers l'*injecteur*, entre la vapeur et l'eau contenues dans le même générateur.

Ce phénomène, à tout le moins curieux et qui paraît tout d'abord un peu paradoxal, est expliqué par ce fait que le travail développé par la pression de la vapeur de la chaudière sur la quantité qui en sort pour actionner l'*injecteur*, est supérieur au travail produit par la résistance de l'eau de la chaudière à l'admission du mélange d'alimentation.

Le mouvement est donc déterminé par la différence qui existe entre le premier et le second travail développés.

Pour que l'injecteur fonctionne convenablement, il est nécessaire de ne pas aspirer de l'eau ayant une température trop élevée, car la vapeur d'entraînement, au contact de cette eau, se condenserait moins rapidement; la dépression qui en résulterait serait moins grande et la pression dans le conduit de refoulement pourrait n'être pas suffisante pour soulever le clapet de retenue.

La température de l'eau d'alimentation aspirée ne doit pas être supérieure à 40 degrés.

Injecteur Gresham (Fig. 257.) Cet appareil est combiné de façon à ce que son fonctionnement se rétablisse automatiquement, dans le cas où un manque accidentel d'eau d'aspiration aurait provoqué le *désamorçage*.

Pour atteindre ce but, on a établi à la suite de l'ajutage d'admission de vapeur A, deux ajutages divergents B et C, dont le premier B est en deux parties. Une de ces parties est fixe et l'autre D peut se déplacer dans le sens de la hauteur. Cette partie mobile est normalement appliquée par son poids sur son siège E, laissant, dans cette position, entre elle et la partie fixe B, un espace vide communiquant avec l'air extérieur par la tubulure F.

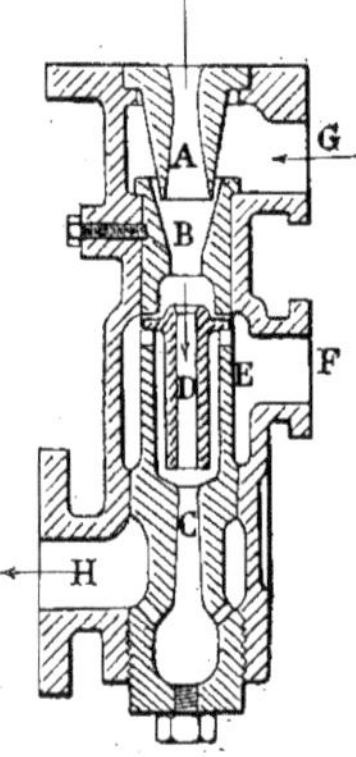

Fig. 257. — Injecteur Gresham.

L'eau est aspirée par le conduit G et refoulée par le conduit H.

Quand, après l'amorçage, l'appareil est en plein fonctionnement, l'eau aspirée, passant par les ajutages divergents, provoque dans le conduit F une dépression qui tend à faire pénétrer de l'air dans l'*injecteur*. Cet air, pressant contre la collerette de l'ajutage mobile D, l'appuie sur la partie supérieure fixe B sans pouvoir pénétrer dans l'*injecteur*.

Tant que la marche de l'appareil sera normale et que l'eau passera par les ajutages, la pièce D sera soulevée contre la pièce fixe B; mais si l'eau venait à manquer et que le *désamorçage* se produise, il n'y aurait que de l'air aspiré par la tubulure G et la pièce mobile D retomberait d'elle-même sur son siège.

La vapeur s'échapperait alors au dehors

par le conduit F, établirait une seconde fois l'amorçage, et le fonctionnement de l'injecteur reprendrait son allure normale.

Injecteur double Kœrting. (Fig. 258 et 259.) Il se compose, en principe de deux *injecteurs* renfermés dans la même capacité, dont l'un aspire l'eau d'alimentation pour l'introduire dans le second; celui-ci est l'*injecteur* proprement dit et refoule l'eau dans la chaudière.

Chaque *injecteur* est composé de deux ajutages divergents A et B.

Dans les deux ajutages supérieurs A pénètrent deux tuyères coniques C, dont les orifices sont commandés par deux soupapes D et E.

La soupape E est munie d'une *aiguille obturatrice*.

La vapeur est admise, par une tubulure F, dans la capacité supérieure G, au-dessus des soupapes D et E.

La tubulure H amène l'eau d'alimentation; le tuyau I qui est le conduit de refoulement de l'eau dans la chaudière, est obturé par le clapet de retenue J, et enfin le tuyau K sur lequel est branché un robinet, fait communiquer l'*injecteur* avec l'air extérieur et sert aussi de tuyau de trop-plein.

Quand on veut mettre l'*injecteur* en marche, on soulève, à l'aide d'une poignée, la soupape D. Cette poignée commande en même temps l'ouverture du robinet donnant accès à l'air extérieur, par un jeu de leviers appropriés.

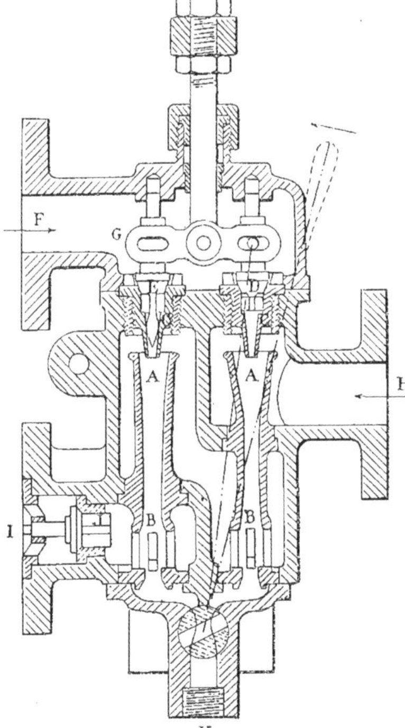

Fig. 258 et 259. — Injecteur double Koerting. Vue perspective et coupe verticale.

La vapeur admise par la soupape D dans le premier injecteur amorce l'appareil, et l'eau aspirée se déverse par le tuyau de trop-plein K.

En continuant la manœuvre de la poignée, on soulève la soupape E et on ferme le robinet d'air extérieur.

L'eau aspirée dans le premier injecteur est alors refoulée dans le second, qui a lui-même son fonctionnement particulier. La vapeur, en effet, arrive par son ajutage A, entraîne l'eau qui lui est fournie et la refoule, en soulevant le clapet J, dans la chaudière qu'il s'agit d'alimenter.

L'avantage de l'*injecteur double Kœrting* réside en ce que la vapeur se condense plus facilement que dans les autres *injecteurs*, à volume d'eau égal, parce que la division des jets en facilite la condensation.

Injecteur Sharp et Stewart. (Fig. 260.) Cet injecteur possède la particularité de pouvoir, avec la vapeur d'échappement de la machine, qui est à une pression voisine de la pression atmosphérique, alimenter une chaudière dont la pression intérieure peut atteindre cinq atmosphères.

Sa disposition intérieure est semblable à celle des injecteurs précédents.

Nous y retrouvons les ajutages convergents A et B et l'ajutage divergent C. Seulement l'ajutage B est formé de deux parties, dont une, D, montée sur une charnière, peut pivoter autour d'elle par l'intermédiaire d'une manivelle extérieure, en donnant à l'ajutage une section plus grande, qui permet l'écoulement d'un volume d'eau plus considérable.

Ce dispositif a pour but de faciliter la condensation de la vapeur lors de l'amorçage de l'*injecteur*.

La vapeur motrice étant à une basse pression, on comprend qu'on ne puisse injecter le même volume d'eau que dans les injecteurs ordinaires; mais comme, d'autre part, la vapeur d'échappement aurait été complètement perdue, on récupère un certain travail, qui, en réalité, ne coûte rien et qui permet d'alimenter le générateur avec de l'eau réchauffée.

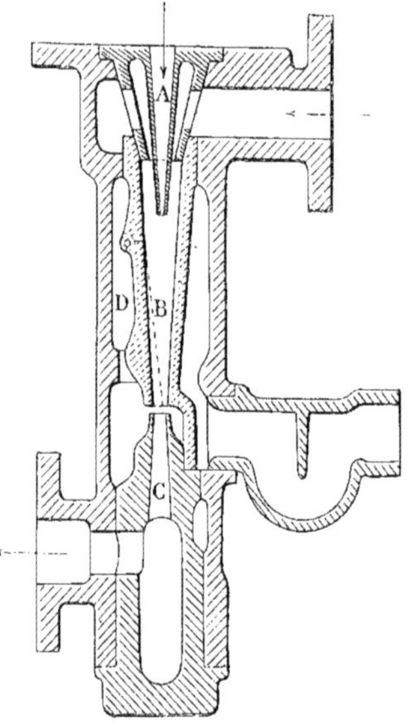

Fig. 260. — Injecteur Sharp et Stewart.

Il existe plusieurs sortes d'injecteurs fonctionnant avec la vapeur d'échappement.

Ils sont établis de façon à peu près semblable, ne différant que par des détails qui n'intéressent pas le principe de l'appareil.

Le tuyau qui leur apporte la vapeur est branché sur la conduite d'échappement de la machine, et on n'utilise qu'une partie de la vapeur rejetée.

On dispose aussi, parfois, sur le conduit de vapeur de l'*injecteur*, une tubulure qui peut, le cas échéant, admettre de la vapeur vive provenant de la chaudière, pour permettre d'opérer une mise en train rapide, le fonctionnement normal étant ensuite assuré par la vapeur d'échappement.

Il nous reste à connaître la dernière catégorie des *appareils d'alimentation*, qui comprend les *pulsomètres*.

Pulsomètre Boivin (Fig. 261 et 262.) Il se compose d'une capacité renflée à la base, de diamètre plus réduit à sa partie supérieure, qu'une cloison intérieure K divise en deux compartiments A et B, réunis, à leur partie supérieure, par un même conduit C communiquant avec le tuyau d'admission de vapeur D.

Chaque compartiment porte, à sa partie inférieure, un clapet E E, et ces deux clapets donnent accès dans une même chambre inférieure F, portant le tuyau d'aspiration.

En avant, chaque capacité porte également un autre clapet G G, et ces deux clapets obturent des orifices débouchant dans une même chambre H, sur laquelle est branché le conduit de refoulement I.

Sur le conduit commun supérieur C des deux récipients A et B, est disposée une soupape J, qui, en pivotant sur la cloison médiane K, peut fermer ou ouvrir alternativement l'orifice supérieur de l'un ou l'autre compartiment.

Quant on veut faire fonctionner l'appareil, on ouvre le robinet d'admission de vapeur.

Cette vapeur se répand dans le compartiment dont l'orifice supérieur est ouvert. On ferme alors le robinet. La vapeur se condense dans la capacité; le vide se forme, les clapets d'aspiration E se soulèvent, et l'eau d'aspiration pénètre dans cette capacité.

En même temps, la soupape supérieure J a obturé son orifice supérieur.

Si, à ce moment, on ouvre, de nouveau, le robinet de vapeur, celle-ci pénètre dans la seconde capacité, dont l'orifice supérieur est ouvert; là elle se condense et, en raison du vide produit, provoque l'arrivée de l'eau d'aspiration pendant que la soupape J se rabat sur son orifice supérieur, libérant l'orifice voisin. Cette manœuvre permet à la vapeur de s'introduire dans la première capacité contenant de l'eau et, par sa pression, de la refouler, en ouvrant les clapets G, dans le tuyau qui la conduit jusqu'à la chaudière.

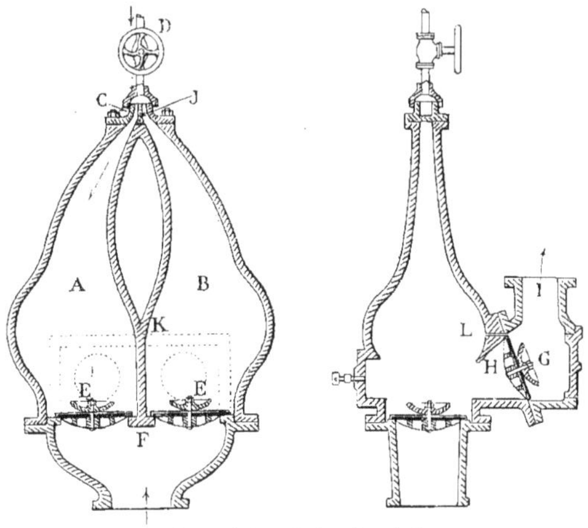

Fig. 261 et 262. — Pulsomètre Boivin.

La vapeur emplit donc à nouveau cette capacité, et comme une partie de l'eau refoulée est projetée sur cette vapeur, par un petit canal L, disposé au-dessus de chaque clapet de refoulement, celle-ci se condense, le vide se produit, le clapet de refoulement et la soupape supérieure J se ferment, le clapet d'aspiration s'ouvre, et l'eau est de nouveau admise dans le compartiment.

La fermeture de la soupape J sur l'orifice supérieur de ce compartiment libère l'orifice du compartiment voisin, où la vapeur en pénétrant provoque les mêmes phénomènes que dans le premier.

Le pulsomètre fonctionne donc en deux périodes alternatives correspondant chacune à une manœuvre dans chaque capacité; c'est, en somme, une pompe à vapeur double sans pistons ni tiroirs, dont la distribution est réalisée par la soupape oscillante J et qui ne nécessite que peu de soins.

Régulateurs automatiques d'alimentation

Parmi les appareils d'alimentation que nous venons d'examiner, certains permettent de réaliser une alimentation continue, d'autres ne permettent d'alimenter que par périodes successives.

L'alimentation continue est incontestablement préférable, mais il est nécessaire qu'elle soit bien régularisée.

Les générateurs multitubulaires à tubes d'eau possèdent seuls, en général, ce genre d'alimentation. Pour les autres, on établit des régulateurs d'alimentation qui maintiennent le niveau de l'eau sensiblement constant dans le générateur, en découvrant ou obturant judicieusement les orifices d'admission d'eau dans la chaudière.

Régulateur automatique à valve

(Fig. 263. — C'est le régulateur ordinaire, dont le fonctionnement, très simple, dépend du mouvement d'une valve commandée par un flotteur qui suit, dans sa montée ou sa descente, le niveau de l'eau de la chaudière.

Il se compose d'une capacité cylindrique A placée sur la chaudière, et qui porte le conduit d'eau d'alimentation B dont la manœuvre d'une valve C règle le plus ou moins grand débit.

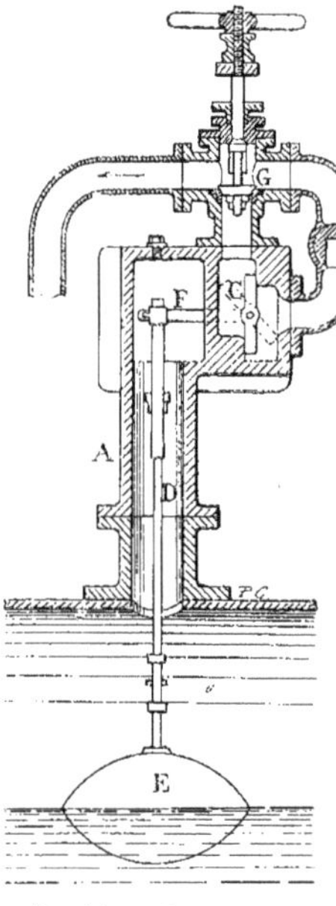

Au centre de la capacité cylindrique A, se meut une tige D fixée, à sa partie inférieure, à un flotteur E et commandant à sa partie supérieure, par l'intermédiaire d'un levier F, la manœuvre de la valve C.

Fig. 263. — Régulateur automatique à valve.

La longueur de cette tige est déterminée de façon qu'elle appuie la valve sur son siège lorsque le niveau de l'eau atteint dans la chaudière la hauteur normale.

L'eau d'alimentation ne peut plus, dans cette position, y être admise. Si, par suite de la vaporisation, le niveau de l'eau baisse, le flotteur E qui suit son mouvement tire sur la tige D et, par le levier F, ouvre progressivement la valve, qui laisse pénétrer dans le générateur une quantité d'eau proportionnée à la différence des niveaux.

Tant que le niveau baisse, la valve s'ouvre, et, au contraire, elle se ferme progressivement quand l'eau d'alimentation introduite le fait remonter au fur et à mesure vers sa position normale.

Le conduit faisant suite à la valve et qui communique directement avec la chaudière, est parfois muni d'un clapet G destiné à retenir les matières étrangères qui pourraient pénétrer dans le générateur, et on dispose souvent sur ce conduit, un retour aboutissant à la tubulure d'admission B, fermée, dans la circonstance, par un robinet à deux voies.

Ce conduit de retour permet, dans le cas où le régulateur fonctionnerait mal, d'alimenter directement la chaudière, après avoir, par la manœuvre du robinet et le blocage du clapet G sur son siège, obturé les deux orifices qui communiquent avec la valve.

Régulateur automatique à tiroir (Fig. 264). — Dans certains régulateurs où un flotteur A semblable au précédent est établi, on fait transmettre, par la tige B de

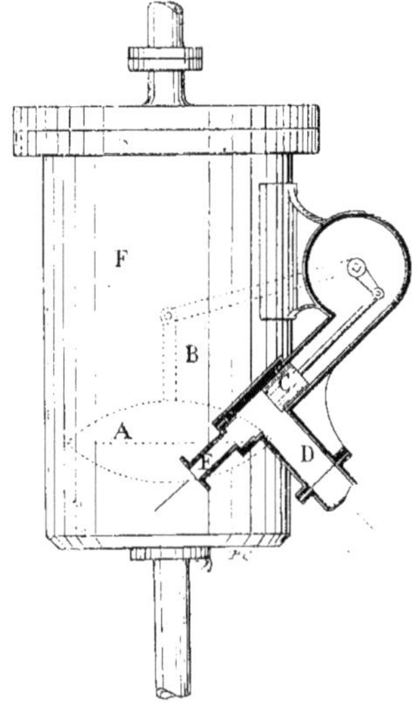

Fig. 264. — Régulateur automatique à tiroir.

ce flotteur, un mouvement alternatif à un *tiroir* C qui se déplace devant l'orifice D communiquant avec la chaudière.

Le conduit d'alimentation E débouchant dans la capacité où se meut le tiroir, l'eau est admise dans la chaudière quand le tiroir découvre l'orifice du tuyau qui y conduit, ce qui ne se produit que lorsque le flotteur est descendu et que, par conséquent, le niveau de l'eau du générateur a baissé.

La capacité F constituant le corps du régulateur communique nécessairement avec la chaudière, de façon que l'eau contenue dans celle-ci prenne dans le régulateur le même niveau.

Régulateur automatique Belleville

Ce régulateur, que nous avons examiné en détail (Fig. 149), lors de la description du générateur Belleville, possède également un flotteur comme organe moteur, et son fonctionnement est bien approprié à l'alimentation d'une chaudière à tubes d'eau dans laquelle les écarts du niveau de l'eau sont nécessairement assez limités.

Régulateur automatique Fromentin

(Fig. 265-267.) Celui-ci, vraiment curieux, ne procède pas par mouvement du flotteur.

Il est composé de deux capacités A et B, reposant sur les extrémités d'un levier dont les branches sont constituées par deux tuyaux C et D, et qui peut osciller en son milieu, autour d'un axe fixe G.

Les tuyaux C et D partant de la partie inférieure des capacités A et B, débouchent vers le milieu du levier, par des ouvertures appropriées, dans un plateau portant des tubulures E et F qui communiquent respectivement avec la partie supérieure de chacune des capacités.

Le plateau faisant corps avec le levier est juxtaposé à un disque fixe H sur lequel sont placées les tubulures d'arrivée d'eau I, de refoulement J et, à la partie supérieure, de prise de vapeur K.

Les trois conduits débouchent, sur la face intérieure du plateau fixe, par une série de lumières convenablement disposées pour pouvoir, suivant la position du levier, donner successivement la communication avec l'une ou l'autre capacité par l'intermédiaire des conduits C et D.

La tubulure d'arrivée d'eau I est munie d'un clapet s'ouvrant de l'extérieur à l'intérieur.

Le conduit de vapeur qui aboutit à la tubulure K est disposé, sur la chaudière à alimenter, à la hauteur du niveau normal de l'eau.

Si nous supposons le levier basculé dans un certain sens, de façon que la capacité A

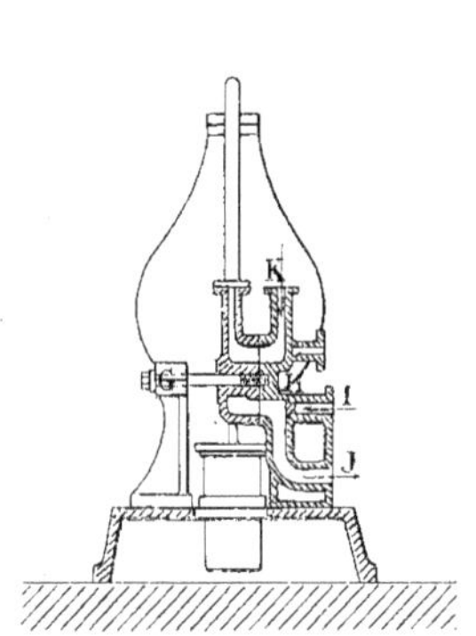

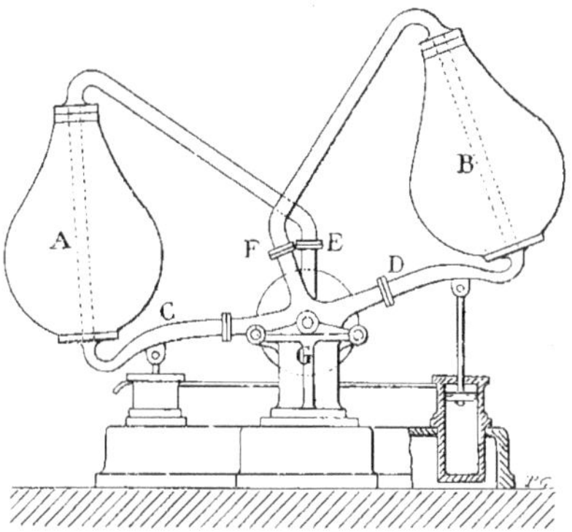

Fig. 265 et 266. Régulateur automatique Fromentin.

soit abaissée, par exemple, la disposition des orifices dans les deux plateaux juxtaposés permet, dans cette position, d'admettre dans la capacité B de l'eau d'alimentation.

La capacité A est remplie par l'eau provenant de la chaudière quand son niveau y est normal.

Si ce niveau vient à baisser, il découvre, dans le générateur, l'orifice du tuyau qui conduit à la tubulure K; la vapeur pénètre dans ce tuyau et rentre, par les deux lumières qui se font face sur les deux plateaux accolés, dans le conduit E qui l'amène dans la capacité A. Elle exerce sa pression sur l'eau qui y est contenue et la refoule, par le tuyau C et à travers les orifices qui, sur les deux plateaux, se correspondent, dans le conduit de refoulement J.

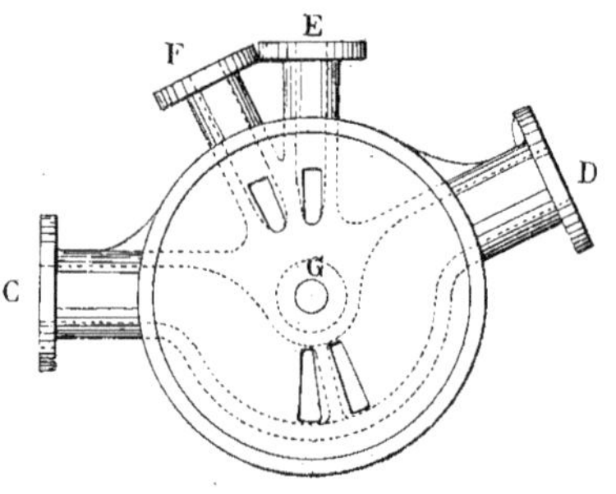

Fig. 267. — Régulateur automatique Fromentin. Disposition des lumières.

Quand la vapeur a remplacé l'eau dans la capacité A, après l'avoir refoulée, la capacité B, qui contient de l'eau, est devenue plus lourde que l'autre, le levier bascule et la capacité B se trouve à son tour abaissée.

Pendant ce mouvement, tous les orifices de la première capacité qui communiquaient avec les tubulures fixes sont obturés et la communication est établie avec les orifices de la deuxième capacité.

La vapeur pénètre donc dans la seconde capacité B, et en refoule l'eau par le tuyau D dans le conduit J.

Pendant cette dernière manœuvre, la vapeur qui est enfermée dans la capacité A se condense, le vide s'y produit et y provoque l'admission de l'eau d'alimentation, qui arrive, en soulevant le clapet, par la tubulure I faisant face à un orifice démasqué par le jeu de bascule du levier.

Quand l'eau a été refoulée de la capacité B, la capacité A, qui s'est remplie d'eau, est devenue plus pesante; un second mouvement de bascule du levier se produit, et le basculement a lieu alternativement d'un côté ou de l'autre, tant que le niveau de l'eau n'a pas repris la hauteur déterminée. Quand il est atteint, la vapeur ne pénétrant plus dans le régulateur, l'appareil reste dans le même état jusqu'à une nouvelle baisse, qui déterminera de nouveaux jeux de bascule et, par conséquent, une nouvelle admission d'eau d'alimentation dans le générateur.

Les deux tubes leviers C et D sont reliés, à leur partie inférieure, par une petite tringle à deux pistons pouvant se mouvoir dans deux cylindres remplis d'huile et disposés pour faire office d'amortisseurs.

Les basculements successifs du régulateur peuvent ainsi se faire sans choc.

Compteurs d'eau d'alimentation

Il est nécessaire, dans les installations de chaudières, quelle que soit leur importance, pour lesquelles on peut être dans l'obligation de faire des essais répétés de vaporisation, de posséder un appareil qui permettra de connaître, dans un temps déterminé, la quantité d'eau admise dans les générateurs, et un second appareil qui puisse indiquer la quantité de vapeur produite.

L'emploi de ces sortes d'appareils est justifié par le souci constant qu'ont les propriétaires d'appareils à vapeur de produire la vapeur le plus économiquement possible.

On a, pour obtenir un rendement de vaporisation maximum, amélioré tous les organes constituant les chaudières, et on leur en a adjoint quelques-uns susceptibles d'améliorer ce rendement.

Cependant, s'il est nécessaire de connaître le poids de combustible employé, pendant un temps déterminé, pour assurer le fonctionnement d'une chaudière, il semble qu'il ne soit pas moins important de savoir la quantité de vapeur qui a été produite et, par conséquent, la quantité d'eau qu'on a utilisée pour l'alimentation du générateur pendant sa marche.

On a créé, pour atteindre ce double but, les *compteurs d'eau d'alimentation* et les *compteurs de vapeur*.

On peut, d'autre part, tirer, de la plus ou moins grande consommation d'eau nécessaire pour obtenir un travail constant, des déductions souvent fort intéressantes.

En effet, si, pour une même quantité de combustible brûlé, la consommation d'eau et, par conséquent, la vaporisation ont diminué, il est à présumer que la conduite du feu laisse à désirer ou que l'appareil générateur n'est pas en bon état, les dépôts et les incrustations empêchant la transmission rationnelle de la chaleur.

Si, au contraire, la consommation d'eau augmente en même temps que la quantité de combustible employé, c'est que la vapeur produite est mal utilisée dans les appareils récepteurs ou qu'elle n'est pas très bien protégée, au sortir de la chaudière, contre les pertes de chaleur résultant de son passage dans les tuyaux de conduite.

On voit tout le profit que l'on peut tirer de l'emploi judicieux du compteur d'eau d'alimentation.

Il est nécessaire, toutefois, que les résultats enregistrés par les compteurs correspondent parfaitement à la quantité d'eau qui les traverse. Aussi les nombreux constructeurs de compteurs d'eau ont-ils fait assaut d'ingéniosité, pour établir des appareils donnant toute satisfaction.

Nous allons en décrire quelques types des plus employés.

Compteur d'eau Schmid

(Fig. 268-274.) Le compteur Schmid est un appareil composé de deux cylindres verticaux, dans lesquels se meuvent deux pistons, A et B, dont les tiges, C et D, sont solidaires de la rotation d'un arbre horizontal supérieur E, par l'intermédiaire de deux manivelles calées à angle droit sur cet arbre.

L'arbre porte à une de ses extrémités un compteur de tours avec cadran indiquant le nombre de litres débités.

Deux conduits donnent passage l'un, F, à l'eau admise, l'autre, G, à l'eau évacuée.

Entre les deux cylindres verticaux sont ménagées quatre capacités H, I, J, K, possédant toutes un orifice de communication avec eux, situé au milieu environ de leur hauteur. En outre, deux capacités H et I communiquent avec le cylindre contenant le piston A, les deux autres, J et K, communiquent avec l'autre cylindre ; mais tandis que les capacités H et K débouchent respectivement au-dessus des pistons, les deux autres capacités, J et I, donnent accès au-dessous des mêmes pistons.

Les pistons A et B portent chacun deux rangées de lumières superposées. La rangée supérieure se compose de deux conduits dont un, L, est rectiligne et traverse diamétralement le piston ; le second, M, ayant une direction perpendiculaire à celle du premier, traverse également le piston suivant un diamètre, mais en passant sous le conduit L pour ne pas communiquer avec lui.

La seconde rangée de lumières est composée de deux conduits juxtaposés, N et O, ayant des directions parallèles.

L'eau arrivant par la tubulure F contre le piston B qui est au bas de sa course, et trouvant devant elle le conduit M, le suit, vient remplir la capacité H et débouche au-dessus du piston A, qui a déjà fait la moitié de sa course descendante ; l'eau, pressant sur le fond supérieur de ce piston, continue à le faire descendre, et lorsque la lumière M du piston A passe devant l'orifice de la capacité J, l'eau d'admission qui circule dans le conduit P remplit cette capacité et s'écoule sous le piston B qui, ayant déjà commencé sa course ascendante, la continue en refoulant au-dessus de lui, dans la capacité K, de l'eau auparavant admise.

Cette capacité débouchant en face de la lumière rectiligne L du piston A, l'eau emprunte ce passage pour se déverser dans le conduit latéral Q et de là dans la tubulure de sortie G.

Le mouvement ascendant du piston B continuant, les lumières N et O viennent se présenter respectivement en face des orifices des capacités I et H.

L'eau provenant de la tubulure F prend le conduit N, remplit la capacité I, et de là débouche au-dessous du piston A qu'elle poussera de bas en haut. Pendant son ascension, le piston A refoulera l'eau contenue au-dessus de lui dans la capacité H, qui la déversera dans le conduit Q par la lumière O disposée en face de son orifice inférieur. De là l'eau gagnera la tubulure de sortie G.

De même, lorsque le piston A sera en haut

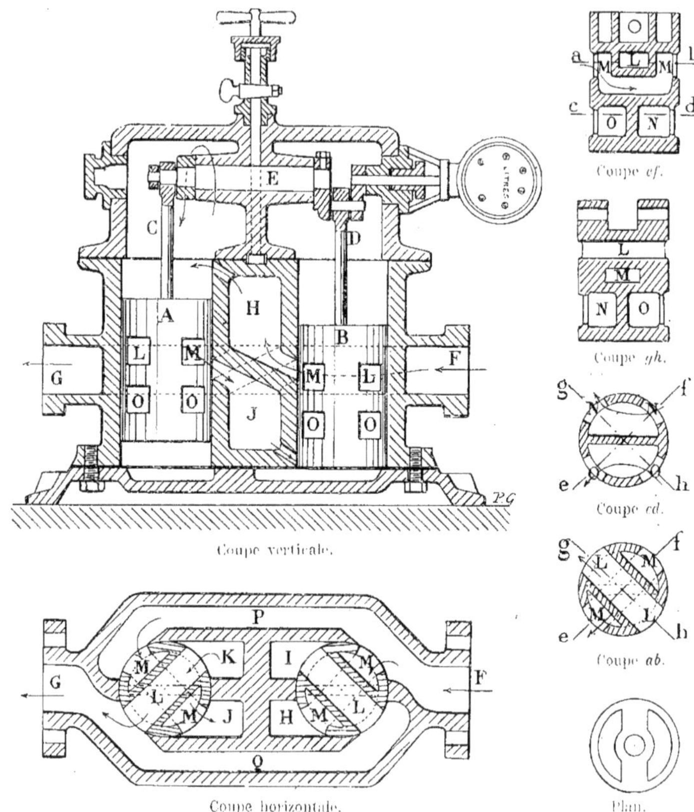

Coupe verticale. Coupe horizontale. Coupe *ef*. Coupe *gh*. Coupe *cd*. Coupe *ab*. Plan.

Fig. 268-271. — Compteur d'eau Schmid. Coupes et détails d'un piston.

de sa course, il présentera à son tour ses lumières N et O en face des orifices des capacités K et J. Par le conduit N et la capacité K, l'eau d'admission pénétrera au-dessus du piston B et le poussera de haut en bas, et dans ce mouvement du piston B, l'eau refoulée au-dessous de lui dans la capacité J empruntera le conduit O du piston A, pour gagner la tubulure de sortie G.

Le mouvement se continue donc par le mouvement alternatif de chaque piston, et on peut dire que ce compteur est un moteur hydraulique dont chaque piston fait fonction de tiroir de distribution vis-à-vis de l'autre.

Le nombre de tours de l'arbre horizontal est proportionnel au nombre de coups de pistons, et ceux-ci refoulant à chacune de leur course une quantité d'eau déterminée, on peut donc facilement transformer le nombre de tours en litres et en lire directement sur le cadran la quantité écoulée dans un temps donné.

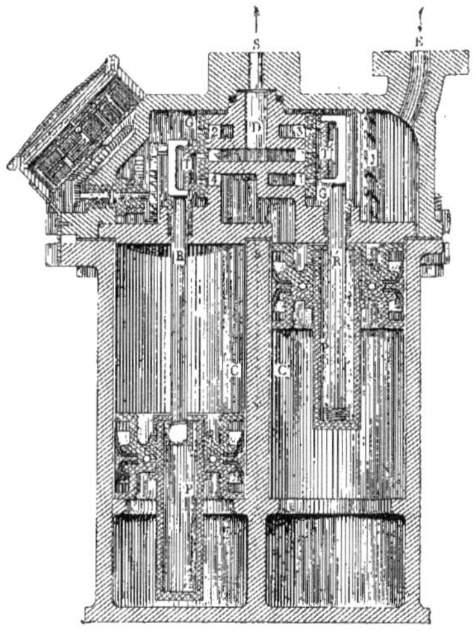

Fig. 275. — Compteur d'eau Frager.

Compteur d'eau Frager (Fig. 275.) Les compteurs d'eau *Frager*, construits par la *Compagnie pour la fabrication des compteurs et matériel d'usines à gaz*, à Paris, sont des appareils à piston qui servent à déterminer le volume d'eau qui les traverse et peuvent être employés à des usages multiples.

Ceux qui sont spécialement employés pour la mesure de la quantité d'eau destinée à l'alimentation des générateurs possèdent des pistons munis de garnitures métalliques.

Le *compteur Frager* se compose de deux cylindres verticaux C et C' juxtaposés, dans lesquels se meuvent les pistons P et P'.

Les cylindres sont surmontés d'une pièce D formant double couvercle, dans laquelle s'ouvrent les orifices de distribution.

Sur deux faces verticales opposées de ce double couvercle D, peuvent glisser à frottement doux les organes de distribution : les tiroirs T et T'.

Ces tiroirs sont solidaires de deux tiges R et R' qui, traversant le double couvercle à travers des presse-étoupes, peuvent se mouvoir librement dans un manchon cylindrique, prolongeant chaque piston à sa partie centrale.

Un capot fixé sur la bride supérieure des corps cylindriques C et C', de façon à constituer un joint bien étanche, recouvre le mécanisme de distribution, porte le rouage compteur, muni de ses cadrans et est muni de deux conduits, dont l'un, E, est celui par lequel l'eau est admise et l'autre, S, est le conduit d'évacuation de cette même eau.

Quand l'eau est admise dans l'appareil par le conduit E, elle traverse d'abord une grille J, qui a pour but de retenir les matières étrangères entraînées. L'eau se répand ensuite dans le capot supérieur en entourant la pièce de distribution D, passe dans les cylindres, puis s'échappe par le conduit d'évacuation S.

Voici comment s'opère cette circulation :

La glace G' présente toujours un de ses orifices découvert, l'orifice 1 par exemple, qui conduit l'eau au-dessous du piston P, tandis que par l'orifice 3, le dessus est en communication avec la sortie par la coquille du tiroir T'. Le piston P va donc monter. Avant d'atteindre l'extrémité de sa course, le fond de son manchon central rencontre le bout de la tige R, l'entraîne et provoque ainsi la montée du tiroir T qui fait corps avec elle. Ce mouvement a pour effet de mettre l'orifice 4 en communication avec l'eau admise par la tubulure E et l'orifice 2 avec la coquille du tiroir T.

L'orifice 4 communiquant d'autre part avec la face supérieure du piston P' et l'orifice 2 avec sa face inférieure, le piston P' descend en refoulant l'eau qui est au-dessous de lui dans la tubulure de sortie S. En même temps il entraîne, avant d'arriver à la fin de sa course, le tiroir T' qui, dans ce mouvement descendant, découvre l'orifice 3 et met en communication l'orifice 1 avec la lumière de sortie.

La nouvelle position du tiroir T' provoquant l'admission de l'eau au-dessus du piston P, celui-ci descend, à son tour, en refoulant par l'orifice 1, dans le conduit d'évacuation, l'eau précédemment admise au-dessous de lui.

La course descendante du piston P, provoque, par le jeu du tiroir T, une course inverse du piston adjacent P' qui monte, replaçant le tiroir T' dans sa position initiale.

Le mouvement se continue ainsi en passant par les phases que nous venons d'analyser et chaque course du piston donne lieu, quel qu'en soit le sens, au refoulement, dans la tubulure de sortie, d'un même volume d'eau bien déterminé, égal à une cylindrée.

L'enregistrement du volume d'eau débité s'obtient par l'intermédiaire d'un cliquet adapté à la tige R, qui, chaque fois que celle-ci descend, fait tourner d'une dent une roue à rochet disposée convenablement.

Ce mouvement est transmis, par des engrenages, au mouvement d'horlogerie du compteur, qui indique, pour chacune des dents passées de la roue à rochet, un volume d'eau débité égal au volume de quatre cylindrées.

Compteur d'eau à disque (Fig. 276-279.) Les compteurs d'eau à disque, construits par la même Compagnie que les précédents, sont également appliqués à mesurer la quantité d'eau d'alimentation fournie aux chaudières.

Ces appareils sont, de même que les compteurs Frager, des compteurs volumétriques, mais le principe de leur fonctionnement est très différent.

Dans une chambre de volume déterminé,

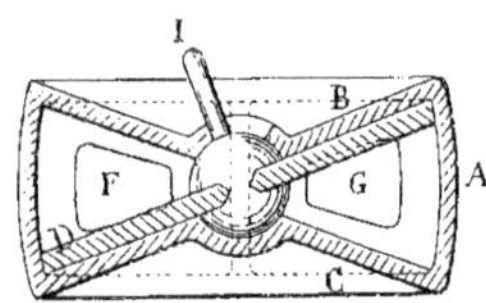

Fig. 276. — Compteur à disque. Coupe verticale.

limitée par une zone sphérique A et par deux surfaces coniques B et C, se déplace un disque D qui, dans son mouvement à l'intérieur de cette chambre, reste constamment tangent aux deux cônes B et C.

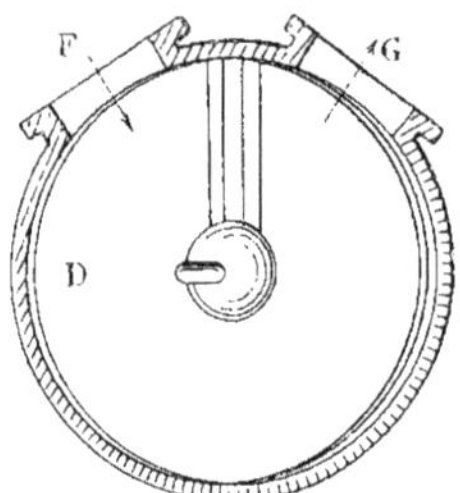

Fig. 277. — Compteur à disque. Coupe horizontale.

La chambre porte l'orifice F d'arrivée d'eau et l'orifice G d'évacuation. Ces deux ouvertures sont séparées par une cloison fixe qui divise par conséquent la chambre en deux parties.

Le disque D porte à son centre, une sphère

qui s'appuie constamment contre deux surfaces également sphériques ménagées à l'extrémité des nappes coniques B et C, et qui sert de rotule pour faciliter le mouvement du disque.

Celui-ci porte, en outre, une rainure dont les bords sont évasés, dans laquelle pénètre la cloison fixe.

Le disque ne peut donc prendre aucun mouvement de rotation autour de son

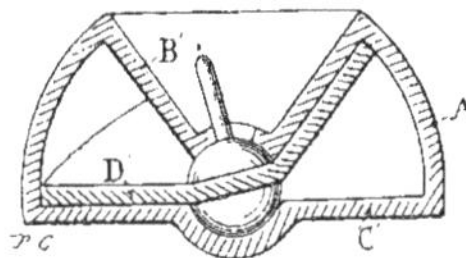

Fig. 278. — Compteur à disque spécial.

centre, mais il peut, en oscillant, monter ou descendre le long de la cloison, son plan s'inclinant par rapport à la direction verticale de celle-ci et cette inclinaison étant facilitée par l'évasement des bords de la rainure.

Il résulte de cette disposition que l'eau.

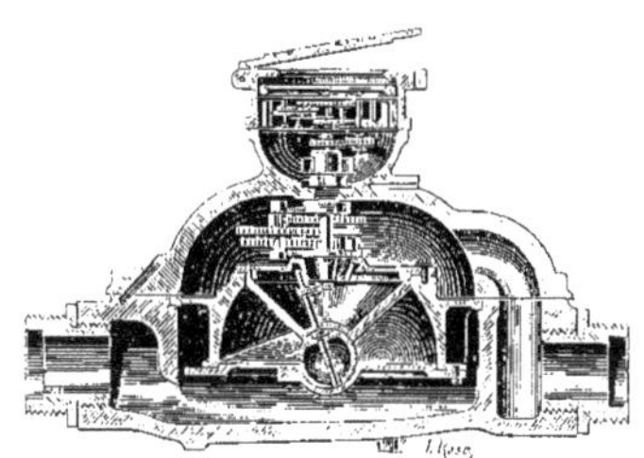

Fig. 279. — Compteur à disque.

entrant par l'orifice F, imprime au disque D un mouvement composé d'oscillation qui lui permet d'atteindre l'orifice de sortie G.

La distribution de l'eau est donc assurée par le mouvement même du disque dont chaque oscillation complète correspond au passage d'une quantité d'eau rigoureusement constante.

L'extrémité d'une tige I placée au centre du disque, perpendiculairement à son plan, décrit une circonférence pendant le mouvement composé du disque, et c'est cette tige qui est utilisée pour actionner le rouage compteur par l'intermédiaire d'un cliquet.

Une variante de ce dispositif consiste à employer comme chambre de mesurage une zone sphérique A', un cône B' et un plan C'. Dans ce cas, le disque D' est de forme conique. C'est cette forme qui a été adoptée dans le compteur représenté par les figures 278 et 279.

Ce type de compteur, très répandu, donne, grâce à la simplicité de son ingénieux mécanisme, toute garantie pour l'obtention de mesures précises.

Compteur d'eau Samain (Fig. 280.) — C'est un appareil qui, comme les deux premiers types précédents, peut être assimilé à un véritable moteur hydraulique, dont les pistons refoulent, à chacune de leur course, une quantité d'eau connue.

Il se compose de deux cylindres placés horizontalement dans le prolongement l'un de l'autre et séparés entre eux par une cloison A.

Dans chaque cylindre se meut un piston.

Ces deux pistons B et C commandent chacun le mouvement du tiroir de distribution de l'autre.

Le piston B est solidaire, par sa tige centrale, d'un levier D articulé en un point fixe E et qui imprime un mouvement rectiligne alternatif par son extrémité supérieure au tiroir de distribution F du second piston C.

Celui-ci, à son tour, par l'intermédiaire de sa tige centrale fait osciller le levier G autour du centre fixe H.

Ce levier, par son extrémité supérieure, déplace alternativement vers la droite ou vers la gauche le tiroir I, qui règle la distribution d'eau sur les deux faces du piston B.

L'eau est admise par le conduit J, placé à la partie supérieure.

Ce conduit débouche dans une capacité L, dans laquelle est disposée horizontalement une grille M, qui a pour but d'arrêter les matières étrangères qui pourraient avoir été entraînées par l'eau.

Si nous supposons les deux pistons B et C à leur extrémité de course vers la gauche, la lumière N vient de laisser pénétrer l'eau qui a poussé le piston C.

Celui-ci, par l'intermédiaire du levier G, a découvert, à la fin de sa course, l'orifice O, en déplaçant le tiroir I.

L'eau est donc admise sur la face gauche du piston B.

Celui-ci est alors poussé vers la droite, et pendant ce mouvement, il refoule, par l'orifice P, l'eau qui se trouve derrière lui.

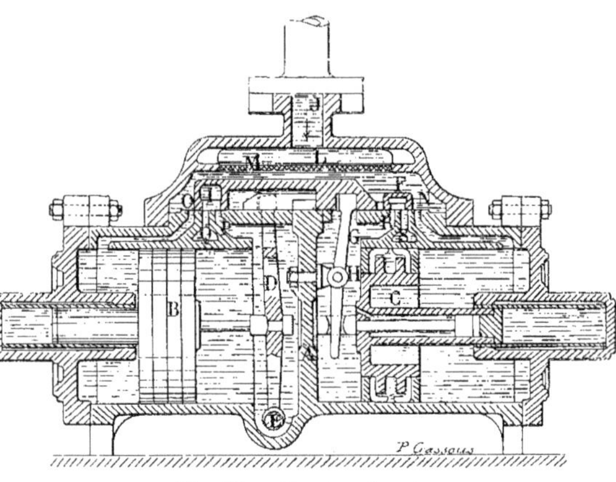

Fig. 280. — Compteur Samain.

Cet orifice P communique, à ce moment, par le tiroir I, avec le conduit Q par lequel l'eau arrive au tuyau de refoulement.

En outre, le mouvement du piston B, vers la droite, a déterminé, par l'oscillation du levier D, le déplacement du tiroir F, qui a découvert l'orifice R et mis en communication les deux orifices N et S.

Ce dernier, ainsi que le conduit Q, débouche dans le tuyau de refoulement. Le piston C recevant donc de l'eau sous pression sur sa face gauche, sera poussé vers la droite en refoulant l'eau derrière lui par les orifices N et S qui communiquent.

Cette nouvelle course du piston C provoque l'ouverture de l'orifice d'admission P dans l'autre cylindre, et donne la communication entre l'orifice O et le conduit de refoulement.

Le mouvement du piston B recommence vers la gauche et il en est ainsi pour chacun des pistons, qui prend un mouvement alternatif tant qu'on admet de l'eau par le conduit F.

Chaque va-et-vient est enregistré par un taquet, qui commande un compteur sur lequel on lit le débit d'eau en litres.

Compteur d'eau Kennedy

(Fig. 281 et 282.) Le compteur Kennedy se compose d'un corps de pompe A de volume déterminé, dans lequel se meut un piston B.

Quand le compteur est destiné à mesurer de l'eau possédant une température inférieure à 40 degrés, ce piston est fabriqué en caoutchouc durci, et son étanchéité contre les parois intérieures du cylindre est assurée par le frottement d'une bague C de caoutchouc, en forme de tore, qui roule pendant le déplacement du piston en s'appliquant constamment à la fois contre les parois du cylindre et contre le piston. Cette bague-joint ne peut quitter le piston, car elle est arrêtée, à chaque extrémité de celui-ci par un rebord ménagé dans ce but.

En outre, les faces horizontales du piston viennent se reposer, à la fin de chaque course, sur deux rondelles D en caoutchouc, encastrées dans le cylindre, qui forment joint et qui permettent au piston de terminer sa course sans choc.

Quand le compteur doit mesurer de l'eau dont la température peut aller au delà de 40 degrés, le piston est métallique et son étanchéité contre les parois du cylindre est assurée par des segments métalliques semblables à ceux que l'on dispose autour des pistons mus par la vapeur.

Dans le cylindre A débouchent deux conduits E et F, par lesquels l'eau est successivement admise et refoulée, par le jeu du piston, ainsi que nous allons le voir à l'instant.

Le piston B est solidaire d'une tige G qui passe à travers le couvercle du cylindre A, en traversant un presse-étoupe.

Cette tige se termine, à sa partie supérieure, par une crémaillère H qui engrène avec un pignon I solidaire d'un axe L qui, au moyen de deux roues d'engrenages coniques M, commande le mouvement d'horlogerie d'un compteur dont le cadran N est apparent à l'extérieur de l'appareil.

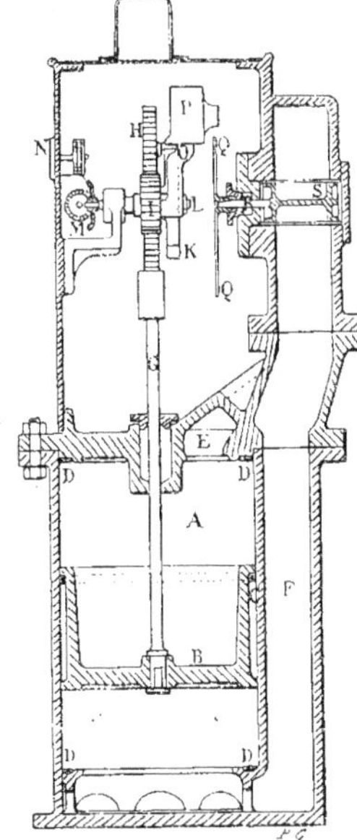

Fig. 281. — Compteur d'eau Kennedy. Coupe par le piston.

Le pignon I porte, fixé sur lui, un double bras, terminé par deux butées, J et K, qui peut entraîner un autre bras O portant à son extrémité une masse P formant contrepoids.

Le bras O a un mouvement indépendant du pignon I et, par conséquent, du double bras JK. Il peut pivoter autour de l'axe L sans toutefois être solidaire de son mouvement de rotation.

Au droit du contrepoids et placé de manière que, par son oscillation autour de l'axe L, celui-ci puisse le rencontrer, est disposé un levier à deux branches QQ qui, solidaire de l'axe R d'un robinet distributeur S, peut commander son oscillation dans deux sens opposés.

Le robinet S est à quatre voies communiquant deux à deux.

Il est placé à la partie supérieure du compteur (Fig. 282), à la jonction des deux conduits E et F et des deux tuyaux T, et U, dont un, le conduit T est celui par lequel arrive l'eau à mesurer, et l'autre, U, est celui par lequel l'eau mesurée est évacuée.

Si nous supposons le robinet distributeur S orienté comme l'indique la fig. 282, il établit, dans cette position, respectivement la communication entre les conduits T et F et les conduits E et U.

L'eau à mesurer, arrivant par le conduit T, pénètre par le tuyau F au-dessous du piston B et, par sa pression, le soulève.

Pendant ce mouvement, l'eau contenue au-dessus du piston est refoulée par le conduit E dans le conduit d'évacuation U, grâce à la communication donnée, entre ces deux conduits, par le robinet distributeur S.

Pendant la course ascendante du piston, la crémaillère H, fixée en bout de sa tige G, a provoqué la rotation du pignon I solidaire de l'axe L. Ce mouvement est transmis, par les deux roues d'engrenages coniques M, au rouage du compteur qui enregistre une cylindrée.

Le mouvement de rotation du pignon I a, en outre, amené une des deux butées du levier à deux bras JK, au contact du bras O qui porte le contrepoids P.

Ce bras, qui pivote librement autour de l'axe L, se trouve progressivement soulevé jusqu'à occuper une position verticale, le contrepoids étant placé en haut.

La course qu'effectue le piston est suffisante pour donner au pignon I et aux deux butées J et K qui en sont solidaires, une excursion telle que le bras O soit poussé un peu au delà de sa position verticale. Le contrepoids fait, à ce moment, sous l'action de la pesanteur, retomber le bras O et vient frapper contre une des branches Q du levier qui commande la manœuvre du distributeur S.

L'entraînement de cette branche a lieu pendant un quart de tour, et quand les pièces sont redevenues immobiles, le robinet S fait alors communiquer respectivement les conduits T et E et les conduits U et F.

Le mouvement est inversé, l'eau à mesurer est, en effet, admise à ce moment par le conduit E au-dessus du piston B. Celui-ci effectue sa course descendante, refoulant au-dessous de lui par les conduits F et U, l'eau admise dans la course précédente. La nouvelle course du piston provoque un mouvement semblable au précédent, mais en sens inverse, du pignon et du bras à deux butées JK, et le bras O se trouve de nouveau soulevé, mais cette fois par la seconde butée, et retombe, vers la fin de course du piston, en entraînant, en sens contraire, la seconde branche Q du levier de manœuvre du robinet S. Celui-ci se replace dans sa position primitive après avoir effectué un quart de tour, et la distribution de l'eau d'arrivée se fait au-dessous du piston qui recommence sa course ascendante.

Le fonctionnement de l'appareil continue, de la même manière, tant qu'on admet de l'eau à mesurer.

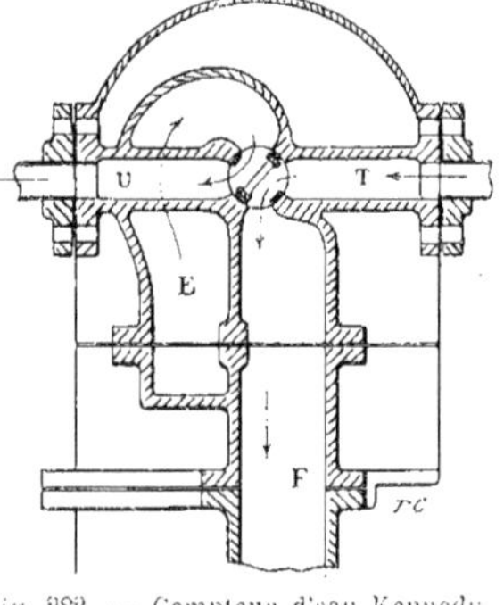

Fig. 282. — Compteur d'eau Kennedy. Coupe par le robinet distributeur.

Le mouvement alternatif d'oscillation du pignon I est transmis par les deux roues d'engrenages coniques M à un dispositif placé dans le compteur proprement dit, qui transforme ce mouvement alternatif en mouvement continu, et permet ainsi d'enregistrer successivement les cylindrées d'eau débitées par l'appareil.

Le compteur Kennedy donne des résultats satisfaisants, mais il faut bien veiller à ce que la manœuvre du robinet S dans son boisseau soit douce, sans toutefois qu'elle soit trop libre, de façon à éviter les grippements qui pourraient provoquer l'arrêt du fonctionnement de l'appareil.

Compteur Siemens et Halske (Fig. 283.) C'est le type des compteurs dits à *turbines*, qui, à l'inverse des deux précédents, ont comme organe distributeur et jaugeur une roue à aubes tournant par l'action de l'eau dont on veut mesurer le débit, en entraînant un arbre dont on enregistre le nombre de tours.

Il existe une grande variété de compteurs à turbines; mais ils se composent essentiellement d'une capacité cylindrique A dans laquelle se meut une roue à palettes B qui y est ajustée avec le moins de jeu possible. Cette roue est calée sur un axe horizontal C, qui commande, par sa rotation, un compteur dont le cadran porte une graduation en litres.

Deux tubulures diamétralement opposées sur la capacité A servent, l'une, D, de conduit d'admission de l'eau à mesurer, l'autre, E, de conduit de refoulement.

L'eau arrivant sous pression par le conduit D, dont l'orifice est incliné vers le bas, frappe sur la palette de la roue qui fait face à cet orifice, provoquant ainsi la rotation de la roue. Quand la palette suivante vient, par ce mouvement, se présenter à son tour devant le conduit d'admission, il a été admis dans le compteur une quantité d'eau égale au volume compris entre deux palettes successives.

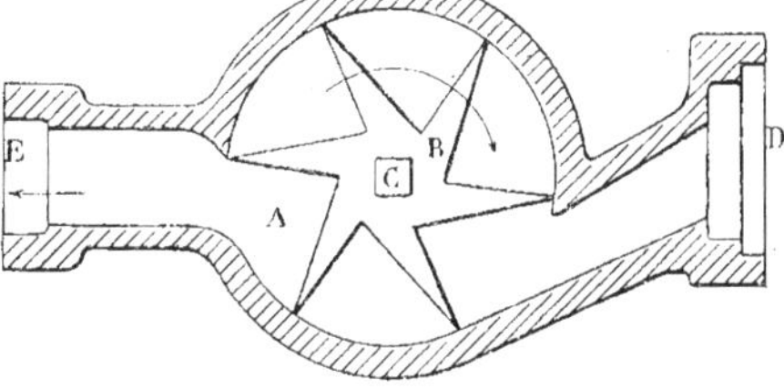

Fig. 283. — Compteur Siemens et Halske.

Un second, puis un troisième volume d'eau sont admis successivement dans le compteur suivant le nombre de palettes que comporte la roue.

Quand la pointe d'une des palettes se présente devant l'orifice du conduit de refoulement, l'eau, emprisonnée entre cette palette et la suivante, et qui a participé, elle aussi, au mouvement de rotation de la roue, est chassée dans le conduit de refoulement avec une vitesse d'autant plus grande que la roue tourne plus vite.

Chaque volume partiel d'eau compris entre deux palettes est donc refoulé au fur et à mesure qu'il se présente devant l'orifice de refoulement, et chaque tour de la roue correspond à autant de volumes partiels d'eau refoulée qu'il y a d'espaces entre les palettes.

Il est donc facile de déduire la relation existant entre le nombre de tours et le débit du compteur, pour établir la graduation du cadran.

Compteur de vapeur (Fig. 284.) Cet appareil, qui est le complément indispensable du compteur d'eau dans les essais de vaporisation, se compose, en principe, de deux capacités superposées A et B, séparées par une cloison C.

Sur la capacité inférieure A est disposée la tubulure d'admission de vapeur D, et sur l'autre capacité B se trouve la tubulure de sortie E.

Un obturateur tronconique F ferme, sur la cloison C, un orifice qui fait communiquer les deux capacités A et B.

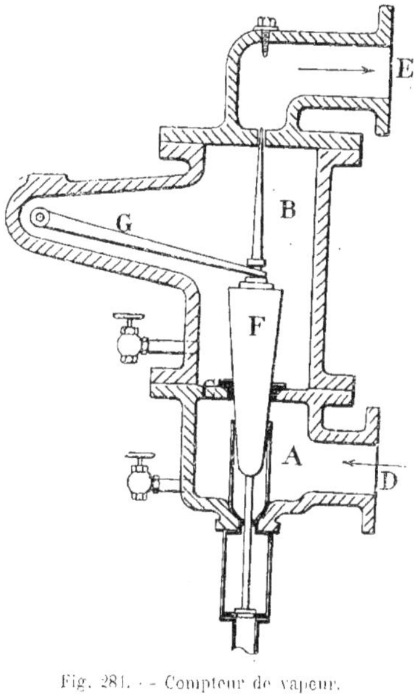

Sous la pression de la vapeur, cet obturateur se soulève donnant passage à la vapeur qui pénètre, par l'espace annulaire laissé libre, dans la capacité supérieure.

Le mouvement d'ascension de l'obturateur détermine, par l'intermédiaire d'un levier G, l'inscription, sur un papier qui se déroule, de la quantité de vapeur qui passe d'une capacité dans l'autre.

Fig. 284. — Compteur de vapeur.

On peut donc suivre, sur le papier de l'enregistreur, la courbe des variations de l'admission de vapeur dans le compteur et connaître le volume de vapeur qui y a été admis dans un temps déterminé.

L'angle donné à l'obturateur tronconique F est déterminé expérimentalement de façon qu'un soulèvement connu de cette pièce représente un volume de vapeur également bien connu.

Épurateurs. Nous verrons, en détail, dans le chapitre suivant, les graves inconvénients qui peuvent résulter de l'alimentation des chaudières faite avec des eaux non épurées.

Il est donc important de s'assurer de la qualité de l'eau que l'on emploie et de prendre des dispositions pour éviter la formation des dépôts et incrustations dans les générateurs.

Il semble bien que le moyen le plus simple et le plus efficace, pour atteindre ce but, soit d'employer de l'eau n'ayant traversé aucun terrain. Elle ne peut ainsi se charger, ainsi que cela se produit le plus souvent, de sels provoquant les dépôts dans les chaudières.

Il convient donc d'utiliser l'eau de pluie et l'eau de condensation, mais l'eau de pluie qui peut être recueillie, en quantité suffisante, dans des citernes, pour alimenter des installations de petite importance, ne permettrait certainement pas toujours l'alimentation complète d'une batterie importante de générateurs.

L'eau de condensation est d'un emploi relativement plus facile, surtout depuis que les *condenseurs par surface* qui tendent à se substituer aux *condenseurs par mélange* permettent d'obtenir rapidement un volume d'eau condensé important.

Cette eau est débarrassée de toutes les impuretés; mais si l'eau condensée est produite par la vapeur d'échappement de la machine, il faut bien veiller à ce qu'elle ne contienne pas de matières grasses provenant des lubrifiants, car, ainsi que nous le verrons plus loin, cela pourrait occasionner des accidents fort graves à la chaudière qu'on alimenterait avec cette eau.

L'installation de *condenseurs par surface*, indispensable à bord des bateaux, pour ne pas alimenter avec l'eau de la mer, est moins nécessaire à terre, où on peut trouver des eaux convenant à l'alimentation.

Celles qui contiennent en suspension des sels divers peuvent en être débarrassées par le contact de la vapeur, qui les précipite sous forme de dépôts à la partie inférieure du générateur où on peut les recueillir.

Cette particularité a été mise à profit dans les chaudières horizontales *Belleville* (Fig. 146), *Babcock et Wilcox* (Fig. 152) et verticale *Dulac* (Fig. 215), dont nous avons décrit les systèmes d'épuration d'eau d'alimentation consistant à la projeter au centre même de la masse de vapeur qui agit sur elle.

Le meilleur procédé pour éviter les dépôts et incrustations, le procédé fondamental et universellement admis actuellement pour toute installation de force motrice un peu importante, c'est *l'épuration préalable* des eaux. Elle occasionne à la vérité une certaine dépense, mais on peut être certain que c'est de l'argent bien placé, en raison des dépenses ultérieures, des surcroîts de main-d'œuvre, et des chômages que cette épuration permet d'éviter.

Le principe est le suivant.

On analyse l'eau qui doit servir à l'alimentation des chaudières. On étudie et l'on calcule la proportion du réactif chimique qui la neutralisera en produisant le dépôt anticipé. Puis, on opère en grand ce que l'on a fait, tout d'abord, sur des échantillons d'eau prélevés en vue de l'analyse.

Les procédés d'épuration et les appareils qui en résultent peuvent être classés en trois catégories :

1° Épuration à froid à l'aide des réactifs chimiques, chaux, coagulants alumineux ou ferreux.

2° Épuration à chaud fondée sur la propriété des bicarbonates alcalino-terreux de se décomposer sous l'influence de la chaleur et de se précipiter à l'état de carbonates insolubles.

3° Épuration mixte par l'emploi simultané de la chaleur et des réactifs.

Dans les systèmes d'épuration par la chaleur, ou mixte, on peut utiliser d'une façon avantageuse la vapeur d'échappement des machines motrices. Cette vapeur doit avoir été dépouillée tout d'abord des huiles provenant du graissage, au moyen des appareils nommés *séparateurs*.

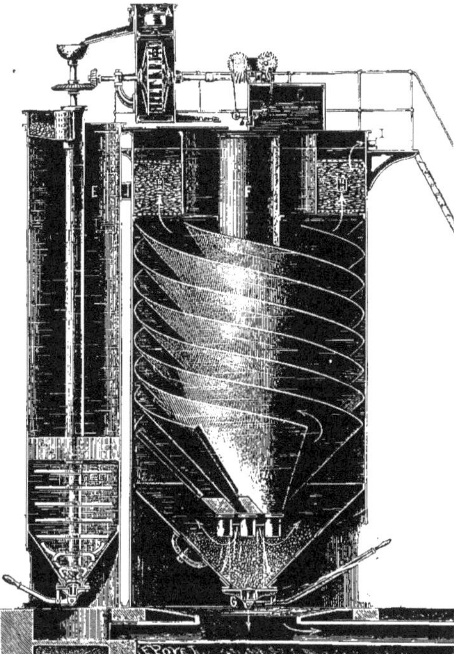

Fig. 285. — Épurateur Desrumaux. Coupe verticale.

L'épuration de l'eau des générateurs s'impose d'autant plus qu'ils fournissent de la vapeur à des machines fonctionnant à haute pression : il est, en effet, nécessaire qu'aucune substance dure ne puisse arriver par entraînement jusqu'aux pistons et jusqu'aux points de la machine rendus déjà fort sensibles par les conditions d'élévation de température dans lesquelles ils fonctionnent.

Fig. 286. — Épurateur Desrumaux. Vue des bacs à réactifs.

Épurateur Desrumaux

(Fig. 285 et 286.) L'*épurateur Desrumaux*, construit par la Société anonyme « l'Épuration des eaux », à Paris, opère *à froid* en employant des réactifs chimiques : la *chaux* qui précipite les bicarbonates de chaux et de magnésie, le *carbonate de soude* qui dissout les sulfates, enfin, dans certains cas indiqués par l'analyse chimique, des sels de fer, d'alumine, ou de baryte.

Un *saturateur malaxeur* E prépare automatiquement l'eau de chaux, qui est ensuite mélangée en proportion voulue avec l'eau à épurer. En outre, le carbonate de soude, dissous dans l'eau d'un petit bac supérieur placé à droite, se déverse d'une façon également automatique avec le premier mélange dans un tube central F. Les sels se précipitent et sont recueillis au fond d'un récipient nommé *décanteur,* à surfaces hélicoïdales, en tôle, qui divisent l'eau en lames minces et recueillent les dépôts de sels abandonnés par l'eau. L'eau décantée traverse en dernier lieu un filtre H, et elle sort épurée et clarifiée par une tubulure latérale I. L'évacuation des dépôts se fait une fois par jour, au moyen d'une soupape de purge G, placée au bas de l'appareil.

Épurateur Dervaux (Fig. 287.) L'*épurateur Dervaux* réalise, comme le précédent, l'épuration de l'eau à froid, par l'emploi des réactifs chimiques : *eau de chaux, carbonate de soude.*

Il se compose d'un premier réservoir A, dans lequel l'eau non épurée arrive et se maintient toujours à la même hauteur, par l'effet d'un flotteur qui commande la manœuvre du robinet d'admission.

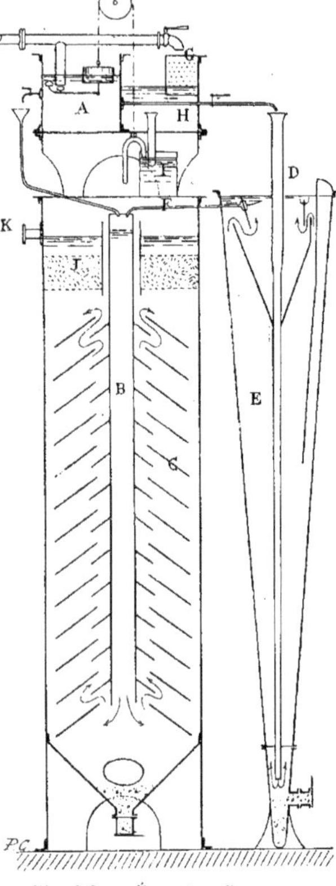

Fig. 287. — Épurateur Dervaux.

Cette eau se rend du réservoir A dans le tuyau central B d'un grand réservoir C.

En outre, un second tuyau, partant du réservoir A, la déverse dans le conduit D, disposé au centre d'un récipient conique E, dans lequel on verse, tous les jours, de la chaux qui s'accumule dans le fond.

Le tuyau D débouchant à la partie inférieure du récipient E, l'eau qui arrive par ce conduit s'élève dans ce récipient en dissolvant la chaux.

Cette *eau de chaux* arrive à la partie supérieure déjà décantée, et s'écoule par un tuyau F dans le tube central B.

Le *carbonate de soude* est placé dans un panier métallique G, disposé dans un bac H contenant de l'eau qui le dissout progressivement.

Cette solution se déverse dans un réservoir auxiliaire I, dans lequel elle conserve automatiquement un niveau constant.

De là, un tuyau, dont l'ouverture est rendue solidaire du flotteur contenu dans le réservoir A, la conduit dans le tuyau B. — Donc ce tuyau B reçoit, à la fois, l'eau à épurer et chacun des réactifs dans des proportions déterminées automatiquement.

Le mélange s'opère, les réactions se produisent et l'eau, de plus en plus clarifiée, s'élève progressivement dans le réservoir C, en passant à travers les chicanes disposées dans toute sa hauteur. Les sels se déposent sur ces chicanes et tombent au fond du réservoir, d'où on peut les extraire facilement.

A la partie supérieure du réservoir C, l'eau rencontre un filtre J qu'elle traverse avant de s'écouler, par la tubulure K, dans le réservoir d'alimentation.

Un troisième épurateur, constitué de façon à peu près semblable, est l'*épurateur*

Gaillet, construit par la Société de la Madeleine, à Lille.

Épurateur Buron. (Fig. 288.) L'*épurateur Buron* opère *à chaud.* Il se compose d'un cylindre horizontal N, dans lequel la vapeur d'échappement apportée par le conduit A, après s'être débarrassée des huiles de graissage, dans un dégraisseur portant un tube de vidange F, traverse l'eau à épurer en y produisant des remous, en la brassant, en même temps qu'elle la porte à l'ébullition. Le *carbonate de chaux* et le *carbonate de magnésie* se précipitent, et la température se maintenant suffisamment élevée, ce dernier *ne se redissout pas:* les boues tombent au fond de l'épurateur et sont évacuées par une bonde de fond E, sur laquelle on les ramène au besoin à l'aide d'une raclette. L'eau d'alimentation arrive à la partie supérieure, en C, par un robinet commandé par un flotteur G disposé dans un cylindre P. Sur la paroi de celui-ci est placé un tuyau D, par où s'écoule l'eau épurée. La vapeur d'échappement est évacuée par le conduit B. Théoriquement il suffit de 15 pour cent du poids de la vapeur d'échappement du moteur, pour porter à l'ébullition et épurer l'eau nécessaire à l'alimentation de son générateur. Dans la pratique, on peut, en envoyant dans l'*épurateur Buron* toute la vapeur d'échappement, épurer et chauffer à 100° centigrades un poids d'eau *cinq fois plus grand* que ne l'exige la consommation du générateur; on utilise toujours aisément, dans les usages industriels, l'eau chaude ainsi disponible. Pour les eaux fort chargées en *sulfate de chaux* notamment, l'ébullition ne suffirait pas pour produire la précipitation des sels; on procède alors à l'épuration par le *carbonate de soude,* que l'on met dans un bac L dans lequel on fait arriver l'eau d'alimentation. Tous les jours ou tous les deux jours, on fait le plein de ce bac, et l'on y met la quantité de carbonate de soude nécessaire que l'analyse de l'eau a indiquée; on envoie la vapeur dans l'épurateur, et au bout de la même période de temps, on évacue les boues.

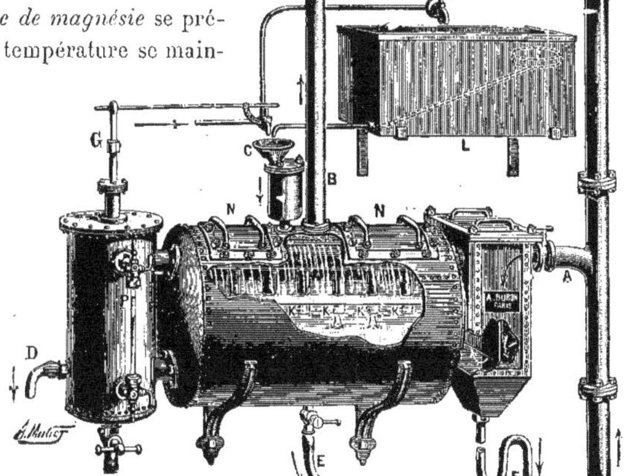

Fig. 288. — Épurateur Buron à vapeur d'échappement.

Épurateur Lencauchez (Fig. 289.) C'est un épurateur à chaud.

Il se compose d'un grand réservoir cylindrique A, dans lequel sont superposés des récipients dont les uns, B et C, portent, au centre, une ouverture conique dont le bord supérieur est taillé en dents de scie, et les autres, D et E, ont simplement la forme d'une cuvette ayant le bord supérieur également disposé en dents de scie.

Le tuyau apportant l'eau d'alimentation F débouche dans le récipient supérieur B, et le réservoir A communique, par le tuyau G, avec la vapeur de la chaudière, et par le tuyau H, avec l'eau qui y est contenue.

L'eau d'alimentation se déverse successivement du récipient B dans la cuvette D, puis dans le récipient C, dans la cuvette E, et enfin dans le fond du réservoir A.

Pendant ces différentes chutes, l'eau est soumise à l'action de la vapeur qui remplit le réservoir et elle abandonne, dans chacun, des vases, les sels précipités par cette action.

Les matières étrangères qui auraient pu être entraînées par l'eau, sont arrêtées par les bords en dents de scie, ce qui n'empêche pas cependant l'eau de se déverser.

L'eau arrive donc à la tubulure inférieure H, épurée et clarifiée, et une cloison métallique I, ménagée en avant de cette tubulure, retient les dépôts qui, formés au fond du réservoir A, pourraient être entraînés vers la tubulure H d'admission dans la chaudière.

La vidange du réservoir A s'opère par un robinet inférieur J.

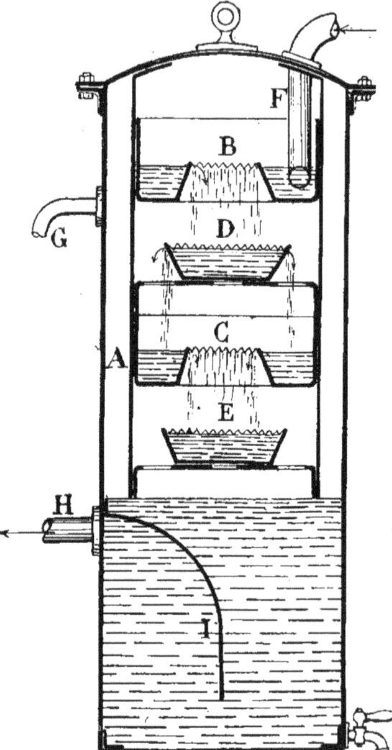

Fig. 289. — Épurateur Lencauchez.

Séparateurs d'huile. Nous avons dit que la vapeur d'échappement, dans les divers systèmes d'épuration, devait être dépouillée de l'huile qu'elle a entraînée en traversant les organes de la machine où elle a travaillé.

Cela est essentiel, tant au point de vue de l'emploi de cette vapeur, qu'à celui de l'économie indispensable actuellement dans tout fonctionnement industriel, où on doit rechercher, par tous les moyens, l'augmentation du rendement et le minimum de pertes dans les divers rouages du travail.

En même temps qu'augmentent la vitesse et la puissance des machines à vapeur, le *graissage* est devenu plus perfectionné : on le fait directement dans la vapeur par pulvérisation d'huile dans les cylindres des moteurs. Il en résulte, au condenseur, un mélange intime de vapeur, d'eau et d'huile, qui est aspiré par les pompes et renvoyé aux chaudières.

Cela présente de nombreux inconvénients, tant en raison de l'impureté de l'eau ainsi récupérée, que de la possibilité de dégagements gazeux provenant de la décomposition des huiles. Il paraît inadmissible, dans une installation de force motrice logique et bien tenue, que l'on ne procède pas à une séparation de l'huile et de la vapeur d'échappement, soit par égouttage, soit en recourant à la force centrifuge, laquelle, si elle est bien utilisée, agit non seulement sur les gouttelettes, mais même et aussi sur les émulsions laiteuses qui se sont formées.

Les séparations à tôles perforées, à toiles métalliques, à grilles, à plateaux, ont l'inconvénient de créer une résistance appréciable dans la conduite d'échappement et une contre-pression sur l'arrière du piston, laquelle diminue le rendement.

Le *système R. Scheibe,* récemment breveté, échappe à cet inconvénient. Le *séparateur* est constitué par un *ventilateur centrifuge,* dont les aubes sont entourées d'une enveloppe de tôle en forme de tronc de cône. Cet ensemble tourne dans une autre enveloppe en fonte ou en tôle, portant les tubulures d'entrée et de sortie de la vapeur et les orifices d'extraction des matières éliminées.

La commande du *centrifugeur* se fait particulièrement bien au moyen d'un petit moteur électrique.

L'huile récupérée peut être de nouveau utilisée.

Incrustations des chaudières à vapeur

Les dépôts et incrustations des chaudières et de leurs tubes sont la conséquence inévitable du chauffage et de l'ébullition de l'eau. Ces dépôts ont, tout d'abord, l'inconvénient de diminuer les facultés évaporatoires des appareils. Mais, de plus, lorsqu'ils viennent à tomber, par places, ils laissent le métal à nu et il peut en résulter des surchauffes partielles des tôles, la diminution brusque de résistance en un point, et l'explosion : on n'en a que de trop nombreux exemples.

Les dépôts sont formés, en général, de sulfate de chaux et de carbonate de chaux, en proportions variables, selon l'origine des eaux. Dans l'eau de Seine, par exemple, pour un litre d'eau, la quantité de bicarbonate de chaux varie entre $0^{g}132$ et $0^{g}230$ et celle de sulfate de chaux entre $0^{g}02$ et $0^{g}04$. On y trouve aussi, dans bien des cas, des sels de magnésie, et il peut se produire par décomposition de ces divers sels, ou par réaction chimique des uns sur les autres, des actions acides fort préjudiciables au bon état du métal.

Désincrustation et détartrage

Il convient donc d'éviter, et de faire disparaître, lorsqu'ils se produisent, les *tartres* (c'est le terme dont on se sert souvent) et les incrustations.

Le nettoyage des tôles peut se faire et se fait au marteau, après avoir vidé la chaudière. Quelques praticiens, avant de vider la chaudière, additionnent l'eau d'un peu d'acide chlorhydrique, qui dissout les dépôts; ce procédé est d'un emploi très délicat, car il risque de détériorer les tôles, et l'on ne doit y recourir qu'avec les plus grandes précautions.

Pour les *chaudières de sucrerie*, dont les tôles sont attaquées par une réaction acide des jus sucrés, MM. A. Olry et P. Bonet recommandent l'introduction dans l'eau d'une dissolution de carbonate de soude telle, que l'eau des chaudières, prélevée en échantillon, ait un degré d'alcalinité correspondant à $0^{g}200$ de carbonate de soude par litre d'eau. Cette introduction se fait à l'aide d'un petit cheval alimentaire puisant dans une bâche qui contient la dissolution de soude et la refoulant dans la conduite générale d'alimentation des générateurs de vapeur.

Divers moyens et l'emploi de produits chimiques sont, d'ailleurs, préconisés en vue d'empêcher les dépôts de se produire.

Le plus simple et l'un des plus anciens consiste à jeter dans l'eau de la chaudière des pommes de terre grossièrement épluchées et coupées, ou même, des pelures de pommes de terre. La fécule rend l'eau onctueuse, embourbe les dépôts, et les empêche de se fixer aux tôles. Ce procédé a l'inconvénient d'exiger une assez forte quantité de pommes de terre et de produire des boues dont il faut assez fréquemment débarrasser les corps des chaudières. Il ne s'applique pas aux chaudières à tubes.

On peut employer aussi l'argile, la sciure de bois, et le verre pilé, qui pendant l'ébullition divisent les dépôts et les empêchent de se fixer.

Certaines matières colorantes, notamment le bois de campêche, donnent d'assez bons résultats. Beaucoup de désincrustants vendus dans le commerce n'ont pas d'autre origine. Leur emploi a l'inconvénient d'être onéreux.

D'une façon générale, le carbonate de soude, dont nous avons parlé pour les chaudières de sucrerie, peut être utilement préconisé et employé.

Détrartreurs Les tubes d'eau des chaudières multitubulaires doivent être nettoyés de temps en temps pour les débarrasser des dépôts occasionnés par le passage de l'eau.

Ce nettoyage se fait, lorsque les dépôts sont peu consistants, par un simple brossage intérieur, au moyen de goupillons en fil ou en lamelles d'acier. On emploie aussi le racloir d'acier.

Fig. 290. — Racloir à chaîne de la Cie Fives-Lille.

Ce racloir (fig. 290), dont une des extrémités de forme hélicoïdale est munie de courtes dents, est sollicité à prendre dans le tube un mouvement de va-et-vient, par l'intermédiaire d'une chaîne rivée à une de ses extrémités et accrochée à l'autre.

Les mouvements répétés d'aller et retour du racloir, débarrassent le tube des incrustations qui se sont formées sur sa paroi intérieure.

Quand les incrustations sont compactes et dures, les racloirs sont pénibles à manœuvrer à la main. C'est donc un progrès réel que l'emploi des *marteaux détartreurs* mécaniques automatiques, dont il existe déjà plusieurs systèmes : le marteau Dean, qui frappe 1.200 à 1.500 coups par minute, le marteau Arbel, qui frappe 2.000 coups par minute. Une grêle de chocs désagrègent, émiettent, décollent le dépôt.

Le mouvement oscillatoire du marteau, qui se livre à une danse effrénée dans le tube, lui est communiqué par un petit piston actionné par la vapeur ou par l'air comprimé, et qui se meut dans un cylindre ménagé dans la tête de l'appareil. Ce piston reçoit alternativement, sur chacune de ses faces, au moyen d'un tiroir distributeur, la force motrice sous pression : la pression varie de 3 à 5 kilogrammes selon l'adhérence des dépôts. L'air ou la vapeur d'échappement qui ont travaillé rejettent automatiquement au dehors les débris des incrustations arrachés aux tubes, et le nettoyage d'un tube dure un quart d'heure en moyenne. Il y a divers systèmes, analogues les uns aux autres, de ces appareils, qui ont été combinés aux États-Unis.

Grattoir-turbine de la Cie Fives-Lille (Fig. 291.) Il existe encore un autre genre d'appareil détartreur mécanique pour nettoyer les petits tubes d'eau des chaudières multitubulaires, c'est le *grattoir turbine*, construit par la Cie de Fives-Lille.

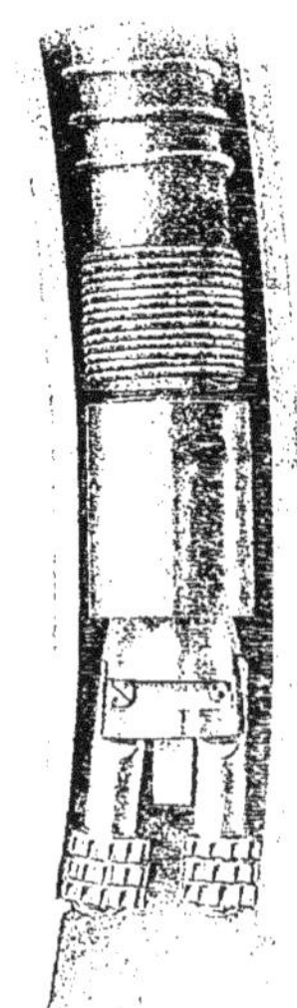

Fig. 291. — Grattoir turbine de la Cie Fives-Lille.

Il est constitué par une petite turbine hydraulique provoquant le mouvement de rotation d'un arbre, sur lequel sont articulés deux bras terminés chacun par une molette. Quand l'arbre tourne, l'action de la force centrifuge écarte les deux molettes de l'axe et les applique contre la paroi du tube à nettoyer, ce qui permet de décoller les dépôts qui s'y sont formés.

Grâce à la disposition des bras articulés et à la rotation des molettes, ce nettoyage s'opère sans que les parois du tube puissent être détériorées. L'eau qui fait mouvoir la petite turbine lui est amenée sous une pression de 6 à 8 kilogrammes par centimètre carré, par un tube flexible que l'on peut facilement introduire dans les tubes même courbes des générateurs.

ORGANES ACCESSOIRES DES CHAUDIÈRES

Trous de poing

Nous avons maintes fois signalé, au cours de la description des divers générateurs, les orifices ménagés soit en bout des tubes bouilleurs, soit dans les parois des collecteurs recevant les tubes d'eau, afin de procéder à la visite et au nettoyage de ces tubes.

Ces ouvertures sont fermées par un tampon à *joint autoclave* et portent le nom de *trous de poing*. On les désigne également sous les noms divers de *trous de bras, trous de main, trous de sels*, cette dernière appellation envisageant plus particulièrement leur utilité au point de vue de l'enlèvement des dépôts salins qui se forment dans les tubes.

Trous d'homme

(Fig. 292.) Les chaudières à grands corps cylindriques portent, en outre, une ouverture de plus grande dimension qui permet à un homme de pénétrer à l'intérieur pour les visiter.

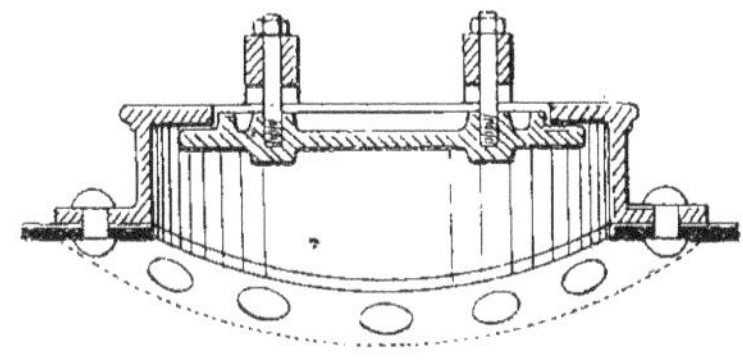

Fig. 292. — Trou d'homme.

Cette ouverture se nomme *trou d'homme*.

Elle a généralement une forme elliptique et est surmontée d'une tubulure rivée sur la chaudière, dont l'orifice supérieur est hermétiquement fermé par un tampon à *joint autoclave* constitué de la même façon que les joints de *trous de poing* (Fig. 153), mais de dimensions plus grandes.

Dôme de vapeur

(Fig. 293-294.) Nous avons également vu que les chaudières sont surmontées d'une capacité, nommée *dôme de vapeur*, où s'accumule la vapeur avant d'être distribuée.

Ce dôme affecte parfois, comme dans les locomotives (Fig. 293), la forme d'un cône,

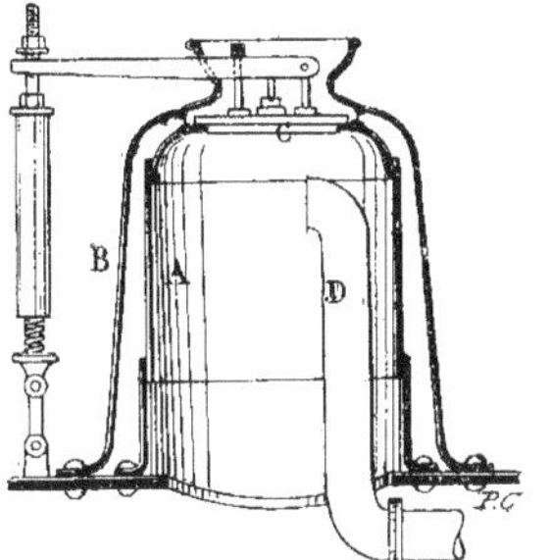

Fig. 293. — Dôme de vapeur de locomotive.

évasé à son extrémité supérieure et qui est rivé, par sa collerette inférieure, au-dessus d'un orifice pratiqué dans le générateur; mais ce cône B n'est souvent que l'enveloppe protectrice du vrai dôme de vapeur A qui communique avec l'intérieur du générateur et qui porte les soupapes de sûreté.

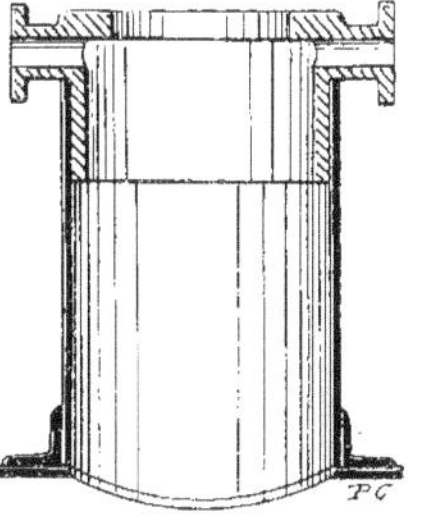

Fig. 294. — Dôme de vapeur.

Le tuyau de prise de vapeur D débouche à la partie supérieure du dôme et se prolonge généralement à l'intérieur du dôme et de la chaudière pour venir sortir de celle-ci à proximité du cylindre à vapeur.

Souvent le dôme de vapeur est constitué par un cylindre en tôle, rivé sur la chaudière, surmonté d'un chapeau en fonte de fer (Fig. 294), sur lequel sont branchées les conduites de prises de vapeur et qui porte sur sa face supérieure le *trou d'homme* avec sa fermeture autoclave.

Les conduits de prise de vapeur sont munis de soupapes permettant à la fois de distribuer la vapeur par quantités variables, suivant les besoins, ou d'en empêcher totalement la sortie.

Soupape de prise de vapeur et d'arrêt

(Fig. 295 et 296.) Elle est disposée sur une capacité qui se fixe, d'une part, sur la chaudière par une tubulure A, et qui porte sur la face opposée le tuyau B qui conduit au cylindre de la machine.

Une cloison intérieure C portant un siège de soupape sépare ces deux conduits. Une soupape D pouvant se manœuvrer de l'extérieur à l'aide d'un volant E calé à l'extrémité d'une vis F se mouvant dans un écrou fixe G, commande l'ouverture ou la fermeture de l'orifice de communication ménagé sur la cloison C.

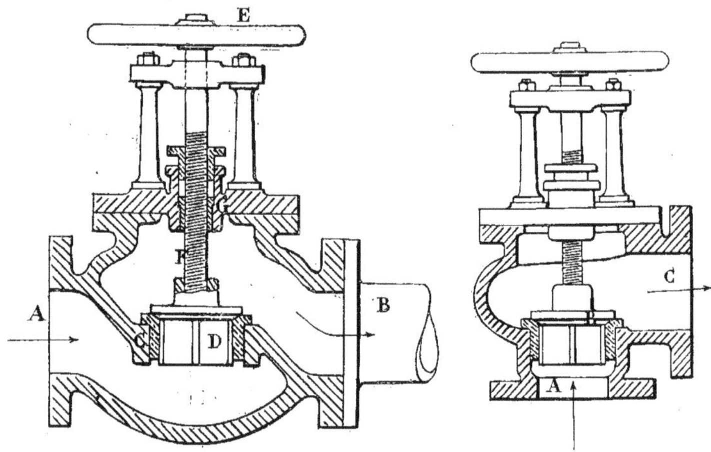

Fig. 295. — Soupape de prise de vapeur et d'arrêt. Conduite en ligne droite.

Fig. 296. — Soupape de prise de vapeur et d'arrêt. Conduite à angle droit.

Quand on veut distribuer la vapeur, on tourne le volant dans le sens convenable. La vis entraînée monte dans son écrou, soulevant avec elle la soupape dont elle est solidaire. Celle-ci découvre l'orifice de la cloison et la vapeur va dans le cylindre en quantité plus ou moins grande, suivant que la soupape a été plus ou moins soulevée.

Quand on veut arrêter complètement la distribution de vapeur, on bloque, par le volant, la soupape sur son siège, et toute communication se trouve alors interceptée entre les deux tubulures.

On admet généralement la vapeur venant de la chaudière, au-dessous de la soupape, car l'effort à faire pour soulever cette soupape est diminué, tandis qu'il serait augmenté de tout le travail produit par la pression de la vapeur sur la soupape, si elle était admise au-dessus de celle-ci.

Il existe des soupapes dont les deux tubulures font entre elles un angle droit (fig. 296) et qu'on dispose généralement sur les prises de vapeur montées verticalement sur le dôme.

Le conduit de vapeur A est coudé et obturé par une soupape B commandée de la même façon que la précédente.

La vapeur arrive au-dessous de la soupape par le conduit vertical, et est distribuée par la tubulure horizontale C.

Dans la soupape de prise de vapeur ordinaire, à conduit droit ou coudé, la vapeur est toujours gênée pour s'écouler, soit qu'elle se heurte à la cloison ou à la face inférieure de la soupape qui, même soulevée, se trouve néanmoins au milieu du flux gazeux.

La *soupape Peet* joint à l'avantage de dégager totalement le conduit de vapeur, celui d'assurer, à l'arrêt, un joint d'une étanchéité très sérieuse.

Soupape Peet

(Fig. 297 et 298.) Elle est constituée par un boisseau cylindrique A, formé de deux parties juxtaposées entre lesquelles est interposé un cylindre B, dont l'extrémité supérieure, de forme conique, appuie sur une surface, également conique, ménagée dans les deux parties du boisseau A.

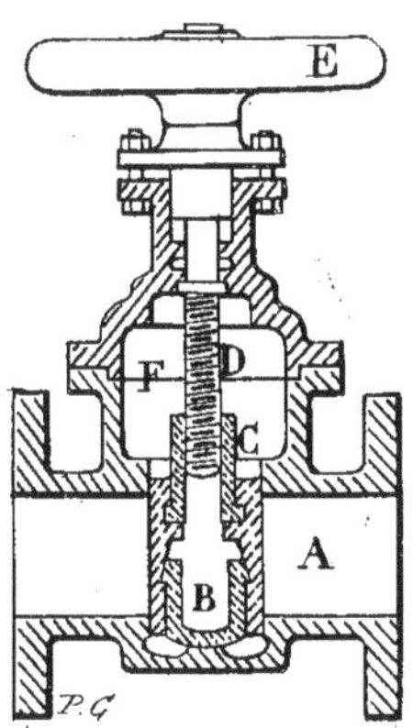

Fig. 297. — Soupape Peet. Coupe verticale.

A l'extrémité supérieure du boisseau est emprisonné un écrou C, qu'une vis D, immobilisée dans le sens vertical, peut, par son mouvement de rotation, faire monter ou descendre.

Un volant extérieur E permet la manœuvre de la vis.

La soupape est placée en travers de la conduite de vapeur et peut, quand elle est complètement relevée, se loger tout entière dans la capacité supérieure F que surmonte le volant E.

Quand on veut distribuer la vapeur, on tourne le volant dans le sens convenable. La vis ne pouvant se mouvoir verticalement, c'est l'écrou et le boisseau dans lequel il est fixé qui se soulèvent jusqu'à disparaître dans la capacité F.

La vapeur passe alors librement dans le conduit.

Quand on veut arrêter l'admission, on tourne le volant en sens inverse.

Le boisseau s'abaisse, obturant progressivement l'orifice du conduit de vapeur et, en fin de course, il s'engage dans une partie cylindrique ménagée à la partie inférieure du tuyau.

A ce moment le cylindre intérieur B, qui déborde du boisseau, bute dans le fond du conduit.

Si ce boisseau A continue à descendre,

Fig. 298. — Soupape Peet. Vue perspective.

l'extrémité conique du cylindre B, appuyant sur les surfaces inclinées du boisseau, oblige les deux parties à s'écarter, comme sous l'action d'un coin, et à venir serrer fortement leur paroi cylindrique extérieure contre les repos ménagés pour les recevoir.

L'obturation, à l'arrêt, est donc ainsi réalisée d'une manière très efficace.

La vapeur peut être admise dans le conduit de la soupape indifféremment d'un côté ou de l'autre.

Détendeurs de pression

Il est souvent nécessaire, surtout dans les systèmes de générateurs multitubulaires, dans lesquels on obtient la vapeur à une pression élevée, de pouvoir détendre cette vapeur de façon à ne l'admettre dans la machine à actionner qu'avec une pression réduite et bien déterminée, pour assurer son bon fonctionnement.

Cette détente s'obtient automatiquement, au moyen d'appareils nommés *détendeurs*.

Les *détendeurs* sont de types très variés, mais, en principe, ces appareils comportent

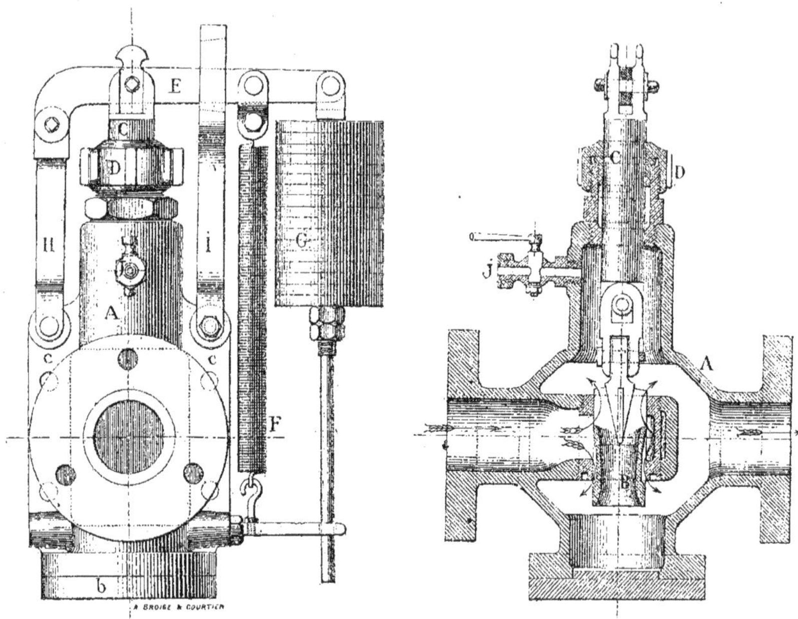

Fig. 299 et 300. — Détendeur Belleville.

des clapets ou des pistons, chargés par des contrepoids ou soumis à l'action de ressorts tarés, dont le jeu permet de conserver à la vapeur qui est admise dans la conduite de distribution, une pression sensiblement constante, dont on a déterminé à l'avance la valeur par des réglages appropriés.

Détendeur Belleville (Fig. 299 et 300.) Il est constitué par une capacité A portant une tubulure d'admission de vapeur et une tubulure de distribution.

Dans cette capacité et sur la tubulure d'admission est disposée une soupape équilibrée B, c'est-à-dire soumise sur ses faces supérieure et inférieure à la même pression de vapeur.

Cette soupape est reliée à un piston C, traversant la capacité à sa partie supérieure, dans un presse-étoupe D. Le piston est solidaire d'un levier E, articulé en un point fixe porté par le bras H, et est sollicité à descendre par les actions combinées d'un contrepoids réglable G, constitué par des rondelles métalliques, et d'un ressort à boudin F.

Le contrepoids et le ressort sont réglés de façon à équilibrer la pression de la vapeur détendue agissant sur la face inférieure du piston C.

La vapeur admise pénètre dans la capacité A, par les intervalles ménagés autour de la soupape B.

Cette vapeur, agissant sur le fond du piston

supérieur, tendra à le soulever en faisant fléchir le ressort et en remontant le contrepoids, si la pression de la vapeur qui agit est supérieure à celle pour laquelle les réglages ont été établis.

Ce mouvement de montée de la soupape permet d'obturer les orifices d'admission de vapeur dans la tubulure de distribution.

Si, au contraire, la vapeur contenue dans la capacité est à une pression inférieure à la pression désirée, le piston C descend sous l'action du contrepoids et du ressort, et la soupape libère de nouveau l'orifice par lequel la vapeur s'introduit dans la capacité et de là dans la tubulure de distribution.

Le fonctionnement du *détendeur* est donc constitué par une succession de montées ou de descentes de la soupape, qui permettent l'obtention de la détente désirée.

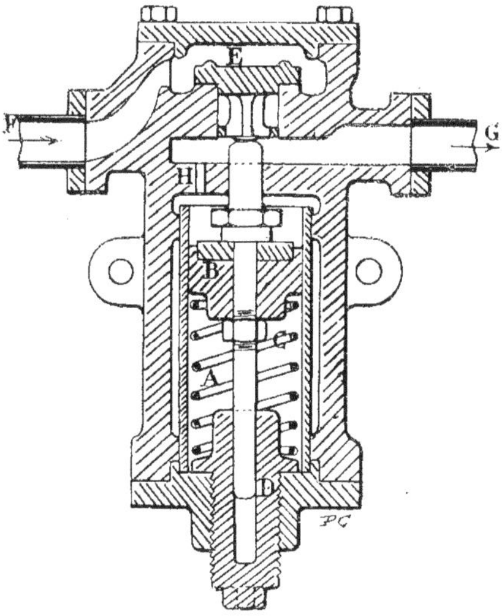

Fig. 301. — Détendeur Wenger.

Détendeur Wenger (Fig. 301.) Il se compose d'une capacité cylindrique A, dans laquelle est disposé un piston B, sollicité à se soulever par l'action d'un ressort à boudin C reposant à sa partie inférieure sur la collerette d'une vis D, que l'on peut manœuvrer de l'extérieur au moyen d'une clef s'adaptant à la tête de cette vis taillée en forme de carré ou d'hexagone.

La tige du piston bute, à sa partie supérieure, sur un clapet E, qui commande la communication entre le tuyau F amenant la vapeur de la chaudière et le tuyau G qui la conduit à la machine.

Un canal H permet d'admettre sur la face supérieure du piston la vapeur détendue.

Quand l'appareil est au repos, le clapet est ouvert par l'action du ressort agissant sur le piston.

Si on admet à ce moment de la vapeur par le conduit F, cette vapeur pénètre dans le conduit G et en même temps au-dessus du piston B. Si sa pression est trop forte, elle oblige le piston à s'abaisser en comprimant le ressort.

Ce mouvement fait baisser le clapet, qui limite le passage de la vapeur.

La pression de celle-ci baisse donc dans la capacité située sous le clapet; mais si cette pression devient, à son tour, trop faible, elle n'équilibre plus la tension du ressort, et celui-ci fait remonter le piston, dont la tige soulève le clapet, et une nouvelle admission de vapeur a lieu.

Le mouvement se continue ainsi pendant la marche du générateur et de la machine, et l'appareil régularise la pression de la vapeur admise dans celle-ci. Cette pression dépend de la tension qu'on a donnée au ressort, tension réglable à volonté par la clef qui se monte en bout de la vis D.

Détendeur Legat (Fig. 302 et 303.) Ce détendeur est formé d'une capacité sphérique O, dans laquelle débouchent deux conduits, l'un, E, d'admission et l'autre, S, de distribution de vapeur.

Dans le conduit d'admission est disposée une soupape verticale D équilibrée à double siège, reliée à une tige F qui est sollicitée à descendre par l'action d'une série de rondelles à ressort M, disposées à sa partie inférieure.

Cette même tige est, d'autre part, sollicitée à remonter, par deux ressorts à boudin disposés extérieurement et montés sur deux branches transversales, dont une inférieure est fixe et dont l'autre peut occuper une position réglable au moyen du volant A, ce qui a pour objet de faire varier la tension des deux ressorts. Cette tension est déterminée, par rapport à celle des rondelles-ressorts, de façon à ce que, l'appareil étant au repos, la soupape soit ouverte.

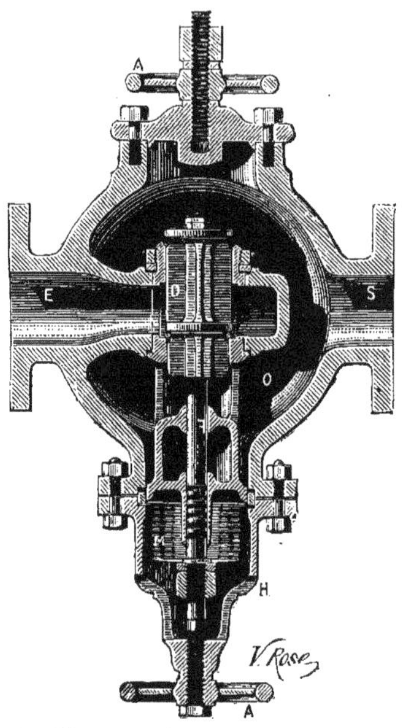

Fig. 302. — Détendeur Legat. Coupe verticale.

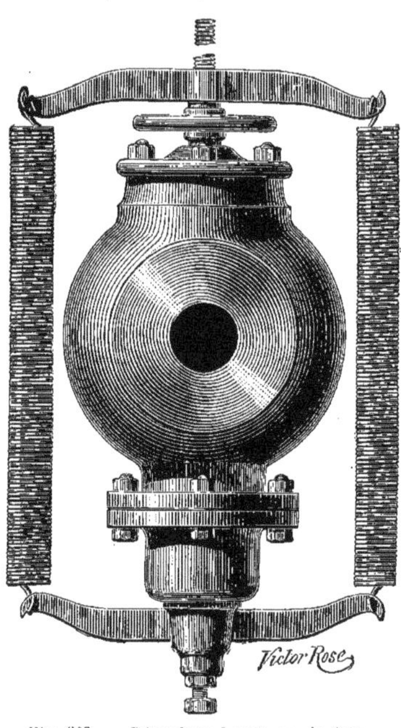

Fig. 303. — Détendeur Legat, vu de face.

La vapeur venant de la chaudière pénètre dans la capacité sphérique et gagne le conduit de distribution. Si la pression de cette vapeur est trop grande, elle provoque, en agissant sur la surface de la soupape D, sa fermeture progressive, ce qui détermine une surtension des ressorts à boudin et une baisse de pression dans la capacité O.

Cette baisse de pression se traduit par le retour des ressorts à leur position normale, et la soupape s'ouvre de nouveau laissant le passage à une nouvelle quantité de vapeur. Le fonctionnement peut donc continuer normalement en réalisant la détente déterminée par le réglage de la tension des deux ressorts extérieurs, au moyen du volant A.

La présence des rondelles-ressorts M, qui agissent en sens inverse des ressorts à boudin, permet de donner au réglage du détendeur une grande sensibilité.

Canalisations L'établissement des conduites de vapeur a une grande importance, et doit être réalisé en tenant compte de considérations particulières qui influent considérablement sur l'état de la vapeur admise dans la machine et, par conséquent, sur son rendement.

Métaux employés — Les conduits de vapeur sont en fer, en fonte, en cuivre rouge.

Les conduits en fer sont des tubes soudés sur une génératrice à recouvrement ou même étirés d'une seule pièce sans soudure. Quand le diamètre du tuyau est trop important, on rive les deux bords longitudinaux.

Les tuyaux en fonte sont d'un prix relativement faible, mais, d'autre part, ils sont plus fragiles que les tuyaux de fer et leur poids est plus considérable.

Les tuyaux en cuivre rouge, d'un prix plus élevé, sont très employés pour les canalisations de longueur réduite. Ils s'adaptent facilement à toutes les formes qu'ils doivent épouser, sont plus légers que les tuyaux en fer et par cela même tendent moins à disloquer les joints faits sur les brides de raccord. Comme ces divers tuyaux sont ordinairement obtenus en longueurs variant de quatre mètres pour la fonte, à huit mètres pour le fer, on les assemble les uns à la suite des autres, au moyen de collerettes fixées entre elles par des boulons et entre lesquelles on interpose une matière formant joint.

Diamètre des conduites — On doit déterminer judicieusement le diamètre à donner à la conduite, de façon à ne pas lui laisser une dimension trop grande, ce qui accroîtrait inutilement le refroidissement, ni trop petite, de crainte qu'une trop grande vitesse de la vapeur, dans la canalisation, n'occasionne des pertes de charge par frottement.

Pente — Il faut, en outre, que l'eau ne séjourne pas dans les conduites, afin d'éviter les *coups de bélier,* qui pourraient disjoindre ou faire éclater les joints. Pour cela, on donne aux tuyaux une légère pente et on place, à la partie la plus basse de la conduite, un *purgeur* ou un *séparateur*.

Dilatation — Il est également indispensable de prendre des dispositions spéciales pour neutraliser l'effet de la dilatation sur les conduites métalliques, dont la température peut varier, parfois, de plusieurs centaines de degrés. Pour des écarts de température aussi considérables, les inconvénients de dilatation peuvent être très sérieux, car ils pourraient occasionner des déformations assez importantes des tuyaux pour provoquer leur rupture.

On divise donc la conduite totale en un certain nombre de tuyaux de longueur réduite, et ces tuyaux sont assemblés entre eux d'une façon particulière qui permet de compenser l'effet de la dilatation.

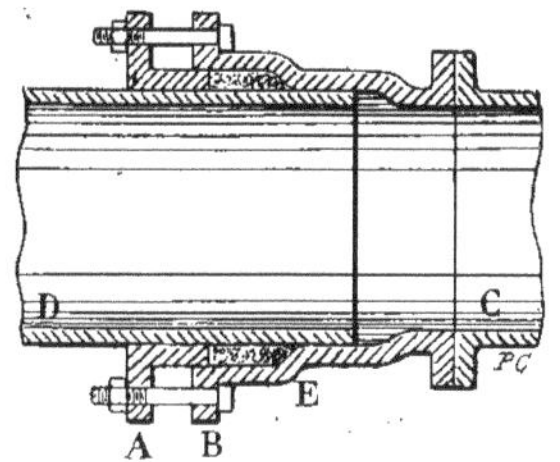

Fig. 304. — Raccord permettant la dilatation des tuyaux.

Pour les conduites dont l'encombrement doit être le plus réduit possible, on fait pénétrer les tuyaux les uns dans les autres, de façon que tout en assurant un joint parfait entre eux, les divers conduits puissent s'allonger librement sans que leurs variations intéressent les tuyaux dans lesquels ils pénètrent.

A cet effet, une bride A (Fig. 304), est serrée sur une collerette B faisant partie du tuyau C. Celui-ci porte un renflement destiné à recevoir l'autre tuyau D. Le serrage de la bride A comprime, contre le raccord E, un bourrage qui constitue le joint interceptant tout passage à la vapeur.

Le tuyau intérieur D peut, malgré cela, se dilater sans qu'une résistance quelconque vienne l'en empêcher.

Quand la place le permet, on assemble les divers tuyaux qui constituent la canalisation, au moyen de tuyaux en cuivre en forme de boucle (Fig. 305), de façon que la dilata-

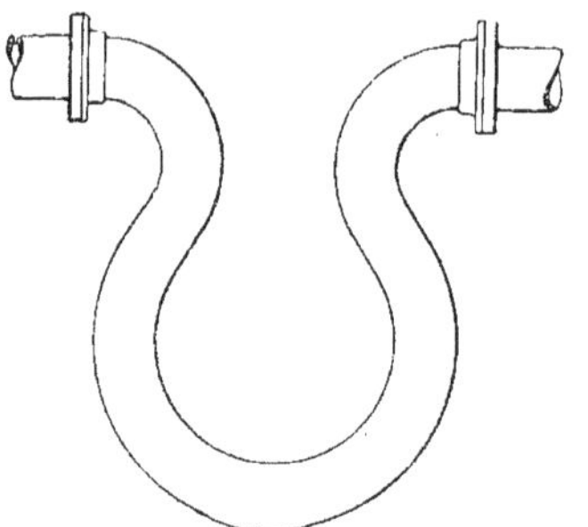

Fig. 305. — Dispositif pour compenser la dilatation des tuyaux.

tion soit neutralisée par l'élasticité de ces diverses boucles, sans occasionner des perturbations dans l'installation de la tuyauterie.

Joints (Fig. 306-309.) Les joints disposés entre les diverses parties de la canalisation, doivent être d'une étanchéité aussi parfaite que possible.

La difficulté d'obtenir cette étanchéité réside en ce que ces joints sont soumis à la température élevée de la vapeur qui circule dans la conduite, et que les matières qu'on interpose entre les brides métalliques, pour former le joint, se brûlent à la longue, et deviennent ainsi inefficaces.

Les joints peuvent être constitués de différentes manières.

Quand les deux surfaces métalliques à serrer n'offrent aucune saillie, on interpose entre elles une couche de différents mastics que l'on serre entre les deux brides, et qui forment des joints excellents.

Le *mastic de minium* est composé de *céruse* et de *minium,* suffisamment pétris ensemble pour ne former qu'une pâte de consistance moyenne, ni trop dure ni trop molle.

On dispose ce mastic tout autour du joint à assurer, en y noyant, parfois, une cordelette de chanvre; on serre les brides qui écrasent le mastic, le forçant à pénétrer dans tous les creux par lesquels auraient pu se produire des fuites de vapeur, et le mastic durcit ainsi, faisant corps avec les brides des divers tuyaux.

On emploie également la *céruse* délayée dans l'huile de lin, pour former un mastic très employé et bien efficace.

On comprend que ces mastics interposés entre les brides des conduites ne doivent pas être cassants, et qu'ils doivent avoir une élasticité suffisante pour résister aux fléchissements des conduites et à leur variation par la dilatation.

Aussi a-t-on le soin, quand les conduites sont aériennes et, par conséquent, suspendues, de placer leurs supports le plus près possible des joints.

Dans les presse-étoupes, on emploie le chanvre, que l'on comprime à l'aide d'une bride contre le tuyau sur lequel on veut assurer le joint; mais lorsque le joint peut être soumis à une température élevée, il est préférable de faire usage d'amiante, qui, sous la forme de rondelles, cordes, etc... peut entrer dans la confection de n'importe quel joint et résiste très bien à la chaleur, tout en assurant une étanchéité parfaite.

Nous verrons plus loin, lorsque nous nous occuperons des machines à vapeur, qu'on constitue les joints des presse-étoupes par l'intermédiaire de garnitures métalliques, qui donnent de bons résultats et ne se détériorent pas sous l'action de la chaleur.

Le caoutchouc et le cuir peuvent également être employés pour faire des joints, mais à la condition qu'ils soient à l'abri de la chaleur.

On peut réaliser de bons joints en réunissant les tuyaux successifs par des assemblages coniques, de façon à constituer un appui métallique sur toute la surface conique (Fig. 306).

On peut également placer dans une ou plusieurs rainures circulaires pratiquées sur les faces des brides, des tiges de cuivre qui, par le serrage de ces brides, s'écrasent

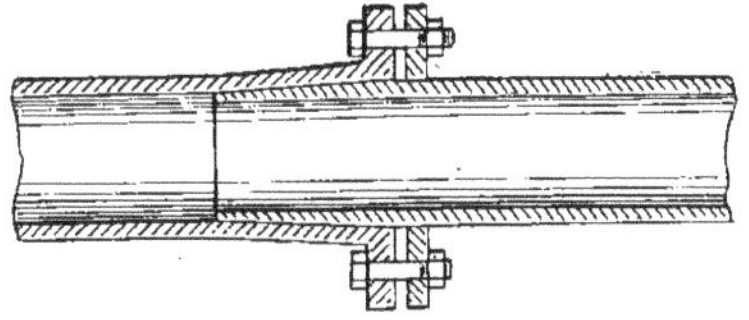

Fig. 306. — Joint conique.

et interceptent toute communication de la vapeur avec l'extérieur (Fig. 307).

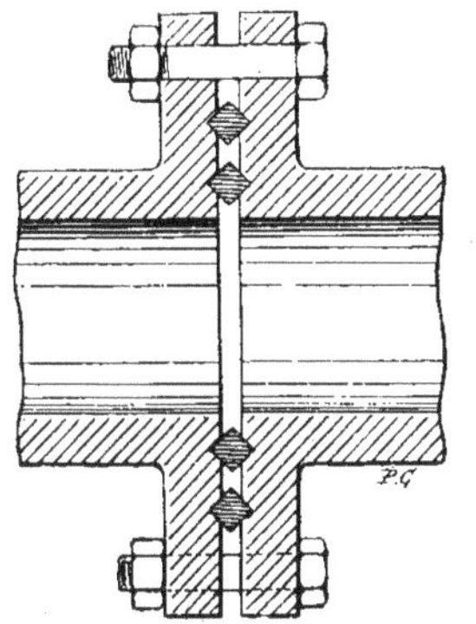

Fig. 307. — Joint par interposition de tiges métalliques.

Ces derniers joints donnent des résultats très satisfaisants.

On serre quelquefois, entre les brides portant de petits canaux circulaires, une

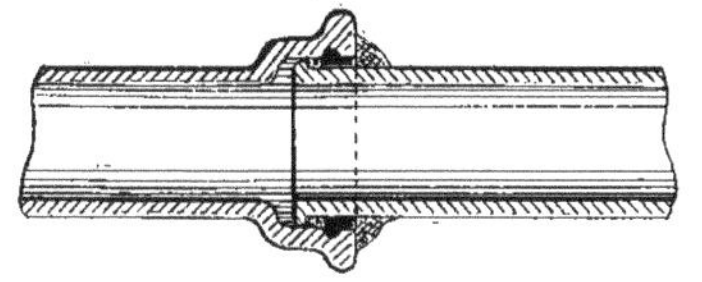

Fig. 308. — Joint pour tubes à gaz.

rondelle de plomb qui, en s'écrasant, remplit les vides et forme un bon joint chicane.

Enfin, on connaît les joints employés pour les conduites en fonte de fer destinées à la distribution du gaz. On peut les utiliser pour les conduites de vapeur à basse pression.

On comprime, entre le bourrelet du tuyau intérieur (Fig. 308) et le renflement du tuyau extérieur, de la corde et du plomb, le tout protégé à l'extérieur par un recouvrement en terre glaise.

Joints pour petits tuyaux

(Fig. 309.) Pour les tuyaux de petit diamètre, qui sont généralement faits en cuivre rouge, on constitue les joints de raccord d'une façon particulière.

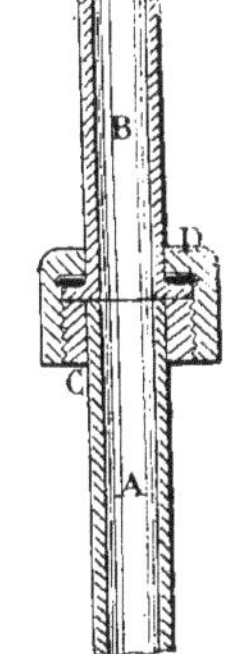

Fig. 309. Joint pour petits tuyaux.

Un des tuyaux, A, porte, à une de ses extrémités, une bague filetée C qui lui est solidement fixée.

L'autre tube, B, qu'il s'agit de raccorder avec le premier, A, porte en bout, une collerette et un écrou D à 6 ou 8 pans, qui peut coulisser librement sur lui.

Pour constituer le joint, on interpose entre la collerette du tube B et le fond de l'écrou, une rondelle de cuir, de caoutchouc, d'amiante, etc., et on visse à bloc l'écrou D sur la bague filetée C du premier tube A.

Les deux extrémités des tuyaux appliquent l'une sur l'autre, et la rondelle-joint, comprimée par le serrage de l'écrou C, assure une jonction bien étanche entre les deux conduits.

Il existe encore des joints variés, applicables aux conduits de petits diamètres.

Ceux que nous venons d'énumérer sont principalement employés dans les canalisations de vapeur.

Enveloppes calorifuges

Les pertes de charge, dues à la condensation de la vapeur dans les canalisations, ont conduit à protéger les tuyaux, sur toute leur longueur, contre la déperdition de chaleur, par rayonnement, de la vapeur qui y circule.

On a donc entouré les conduits de protecteurs variés, auxquels on a donné le nom d'*enveloppes calorifuges*.

Les protecteurs les plus employés sont le liège et le feutre.

Le liège est découpé en bandes longitudinales assemblées par de la toile et attachées autour des tuyaux par du fil de fer.

Le feutre est également efficace, mais il résiste moins aux hautes pressions, qui donnent aux tuyaux une température élevée, sous l'action de laquelle il tend à se réduire en poussière.

L'amiante, la paille, le bois sont des calorifuges assez employés.

On fait usage également de calorifuges composés, tels que liège et amiante ou de la sciure de liège agglomérée avec un mastic que la chaleur ne désagrège pas.

On protège parfois les tuyaux contre les pertes de chaleur en les recouvrant d'un enduit incombustible, en couches épaisses de plusieurs centimètres.

Enfin, on peut aussi enfermer les conduits de vapeur dans des protecteurs métalliques en zinc ou en tôle de fer, séparés des premiers conduits par des rondelles isolantes qui ménagent entre les deux tuyaux concentriques un espace contenant de l'air.

Le calorifuge, matière ou enduit, est appliqué sur l'enveloppe de tôle ou de zinc.

Ces protecteurs sont efficaces mais, un peu compliqués.

Purgeurs

Nous avons dit, plus haut, que les conduites devaient être disposées en pente douce, de façon qu'on puisse brancher à leur point le plus bas un *séparateur* ou un *purgeur*, pour les débarrasser de l'eau de condensation qui aurait pu s'y déposer.

Nous avons déjà décrit les *séparateurs;* il nous reste à parler des *purgeurs*.

Purgeur à flotteur

(Fig. 310.) Le plus simple des purgeurs est celui qui comporte un flotteur.

Ce flotteur A est souvent en cuivre rouge par crainte que son oxydation, au contact de l'eau, s'il était en fer, ne provoque des criques et ne nuise à son étanchéité.

Il est enfermé dans une capacité B, dans laquelle pénètre la vapeur, et est solidaire d'un levier C articulé en un point fixe D, qui ouvre une soupape ou un robinet quand l'eau, dans le purgeur, a atteint une hauteur qui ne doit pas être dépassée.

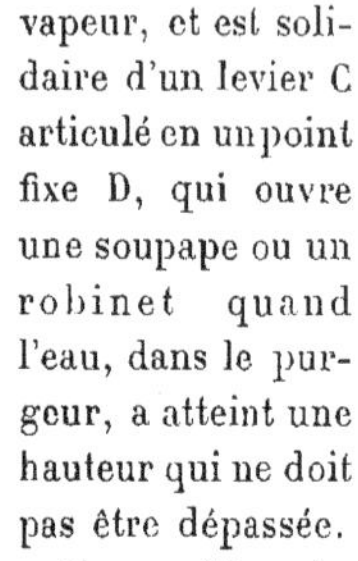

Fig. 310. — Purgeur à flotteur.

L'eau s'écoule par l'orifice découvert, et son niveau baissant dans le purgeur, fait baisser le flotteur, qui provoque ainsi une nouvelle obturation de l'orifice de purge.

Purgeur Mac Allan

(Fig. 311.) Il se compose d'une capacité A cylindrique, dans laquelle arrive par un orifice supérieur B la vapeur de la conduite. A la partie inférieure est disposé le conduit C de purge, se prolongeant à l'extérieur de la capacité par un tuyau D, coudé à angle droit avec le premier, qui porte le siège d'une soupape E, solidaire d'un flotteur sphérique F.

Quand l'eau, dans le purgeur, atteint un certain niveau, le flotteur se soulève, la soupape découvre l'orifice d'évacuation et l'eau s'écoule par le tuyau C.

Quand le niveau baisse, le flotteur descend, la soupape obture l'orifice de sortie et l'eau s'accumule de nouveau dans le fond de la capacité A, jusqu'à ce que sa hauteur soit suffisante pour provoquer une seconde manœuvre semblable à la précédente.

Le purgeur *Mac Allan* a ceci de particulier, qu'il permet à la fois de purger l'eau et également l'air contenu dans les conduites.

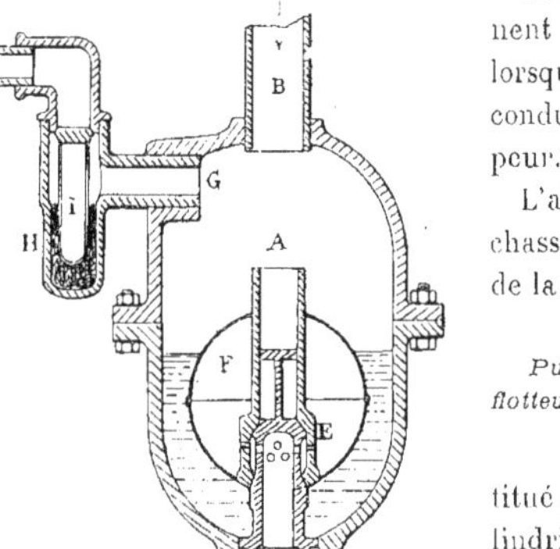

Fig. 311. — Purgeur Mac Allan.

L'air doit être chassé des tuyaux dès le commencement de l'admission de vapeur, car il offre, d'abord, une certaine résistance à la circulation de la vapeur, et ensuite il pourrait s'introduire dans les organes moteurs de la machine à vapeur, ce qu'il faut éviter. Le purgeur à air est disposé sur une tubulure accessoire G.

Il se compose d'un cylindre H, dans lequel est contenu du mercure. On fait baigner dans le mercure un second cylindre métallique I, dont la partie supérieure fermée porte une soupape qui peut ouvrir ou obturer un conduit communiquant avec l'extérieur.

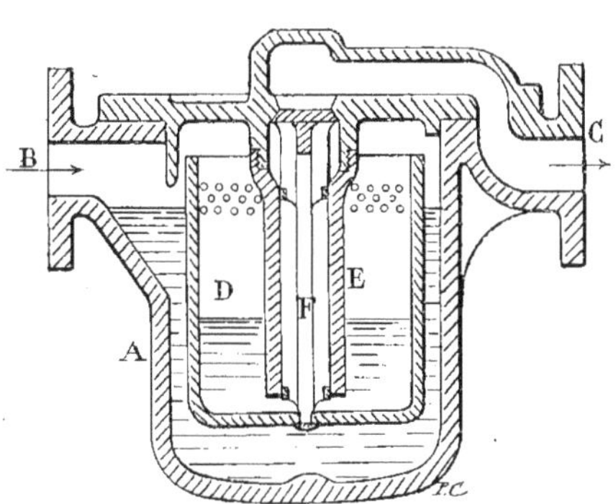

Fig. 312. — Purgeur à flotteur intermittent.

Tant que la vapeur n'a pas pénétré dans le purgeur, la soupape étant baissée, l'air intérieur peut partir librement à l'extérieur.

Quand la vapeur arrive dans le purgeur, l'air contenu dans la cloche métallique I, s'échauffant à son contact, provoque son ascension et la soupape qui la surmonte obture l'orifice d'échappement d'air.

Ce régime persiste tant que la vapeur remplit la capacité.

Les organes reprennent leur état primitif lorsque les tuyaux ne conduisent plus de vapeur.

L'air se trouve donc chassé automatiquement de la canalisation.

Purgeur à flotteur intermittent (Fig. 312.) Il est constitué par un récipient cylindrique A en fonte de fer, muni d'une tubulure d'arrivée de vapeur B, d'une tubulure de purge C, et dans lequel est disposé un flotteur cylindrique D ouvert à sa partie supérieure.

Ce flotteur est guidé verticalement par un conduit central E, dans lequel passe libre une tige F fixée à la paroi inférieure du flotteur et portant à sa partie supérieure une soupape qui obture ou découvre l'orifice de purge. Au repos, le flotteur s'appuie sur la paroi inférieure du récipient A; la soupape est ouverte et l'air de la conduite communique avec l'air extérieur. Quand on admet la vapeur par la tubulure B, elle soulève le flotteur et bloque la soupape sur son siège, obturant ainsi le conduit C.

L'eau de condensation s'accumule au fond du vase, en maintenant le flotteur soulevé; mais si cette eau se trouve en trop grande quantité, elle pénètre dans le cylindre flotteur par une série de petits trous disposés sur sa paroi circulaire, à la hauteur du niveau que l'eau ne doit pas dépasser dans le récipient A.

L'eau de condensation, reçue en excédent du volume maximum prévu, s'écoule donc dans le cylindre D et le remplit petit à petit, jusqu'à ce que son poids, augmentant progressivement, parvienne à le faire tomber brusquement au fond du récipient.

Ce mouvement de descente du flotteur provoque la descente de la soupape et l'ouverture du conduit de purge.

La vapeur, pressant sur l'eau contenue dans le flotteur, la chasse par la tubulure C, et celui-ci, se trouvant allégé, se soulève à nouveau pour redescendre lorsqu'il deviendra nécessaire de se débarrasser d'une nouvelle quantité d'eau de condensation.

Purgeur à dilatation

Tous les appareils précédents sont des purgeurs à flotteurs. Nous allons examiner deux autres types de purgeurs, basés, le premier sur la dilatation des métaux, le second sur la dilatation des liquides.

Purgeur Vaughan

(Fig. 313.) Il se compose d'un tube cylindrique en fonte de fer A, communiquant avec l'air extérieur par des trous pratiqués sur sa paroi circulaire.

A la partie supérieure de ce tube est fixé un tube en laiton B, libre à son autre extrémité qui porte le siège d'une soupape C.

Cette soupape repose par son poids sur une butée D, réglable de l'extérieur, par la vis E, commandée par le volant F.

Une tubulure G est ménagée au droit de cette soupape sur le cylindre A.

Le purgeur est fixé par sa bride supérieure à la conduite.

La vapeur pénètre donc dans le tube en laiton B, en chassant devant elle l'air, qui s'échappe par l'orifice laissé ouvert par la soupape.

La température de la vapeur agissant sur le tube en laiton, le fait dilater d'une quantité suffisante pour que la soupape se trouve bloquée entre son siège, qui est au bout du tube B, et la butée D.

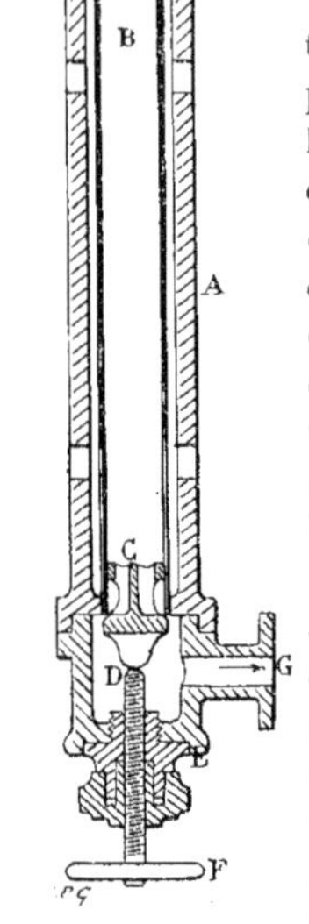

Fig. 313. — Purgeur Vaughan.

L'orifice de purge est donc obturé.

Si l'eau de condensation remplace la vapeur dans le tube en laiton, la température de ce tube baisse; une contraction se produit qui détermine le raccourcissement du tube et, par conséquent, l'ouverture de l'orifice précédemment obturé par la soupape.

La vapeur pressant au-dessus de l'eau, la chasse dans le conduit de purge G, jusqu'à ce que, remplissant à nouveau le tube B, elle provoque sa dilatation et une nouvelle fermeture de la soupape.

Purgeur à liquide dilatable

(Fig. 314.) Ce purgeur est constitué par un récipient A, dans lequel se trouve une capacité close B dont la paroi inférieure C est une membrane de faible épaisseur, pouvant fléchir sous une certaine pression.

Cette capacité contient généralement de l'alcool, dont la grande volatilité convient bien à l'emploi qu'on en fait dans cet appareil.

Sous cette membrane débouche le conduit de vapeur D.

La tubulure E porte le conduit par où s'échappe l'eau de purge.

Au repos, la membrane laisse entre sa face inférieure et l'extrémité du conduit de vapeur un espace libre.

Quand la vapeur arrive, elle chasse l'air devant elle dans le conduit D et la capacité A; mais en communiquant sa température à la membrane C, elle provoque la vaporisation de l'alcool contenu au-dessus.

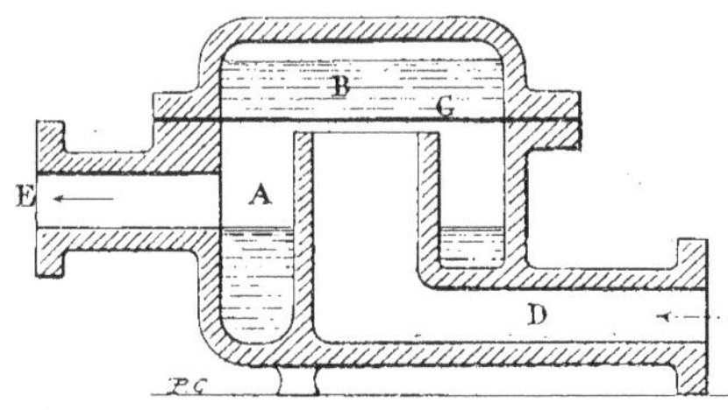

Fig. 314. — Purgeur à liquide dilatable.

La vapeur d'alcool augmentant de pression dans la capacité close, presse de haut en bas sur la membrane, la fait fléchir et détermine ainsi la fermeture du conduit d'arrivée de vapeur.

Si l'eau de condensation remplace la vapeur dans le tube, la membrane se refroidit, l'alcool contenu dans la capacité se refroidit également, la vapeur d'alcool se condense et la membrane se relève découvrant l'orifice du conduit D.

La vapeur agit alors sur l'eau contenue dans le purgeur, pour la chasser par la tubulure E.

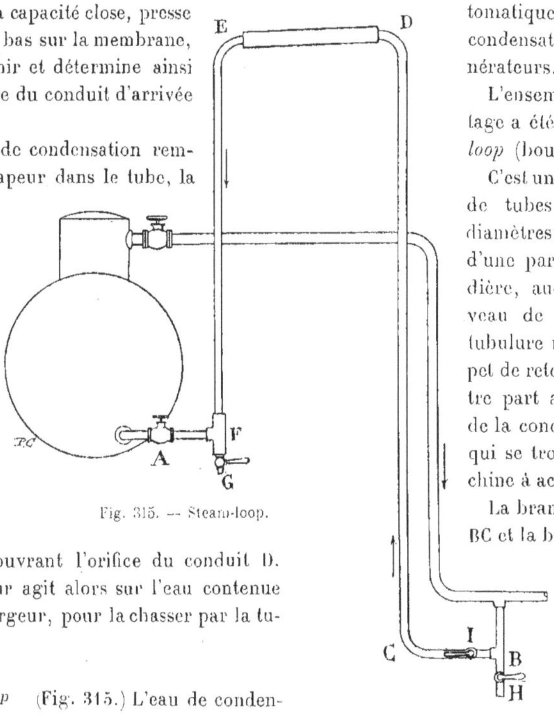

Fig. 315. — Steam-loop.

Steam-loop (Fig. 315.) L'eau de condensation qui est chassée des purgeurs n'est pas nécessairement perdue; on peut, au contraire, l'utiliser avec grand avantage, car elle possède déjà une certaine température que lui a donnée la vapeur constamment en contact avec elle, et, d'autre part, elle est pure.

L'eau de purge peut donc constituer une eau d'alimentation de premier ordre.

On établit, pour l'utiliser, des tuyaux de retour d'eau aux chaudières.

On a, voici quelques années, adopté, en Amérique, une disposition très ingénieuse de tuyauterie, pour admettre automatiquement l'eau de condensation dans les générateurs.

L'ensemble du tuyautage a été nommé *steam-loop* (boucle de vapeur).

C'est un circuit composé de tubes de différents diamètres, communiquant d'une part avec la chaudière, au-dessous du niveau de l'eau, par une tubulure munie d'un clapet de retenue A, et d'autre part avec l'extrémité de la conduite de vapeur qui se trouve vers la machine à actionner.

La branche horizontale BC et la branche verticale CD ont un petit diamètre et sont protégées contre les pertes de calories, par une enveloppe calorifuge.

La branche supérieure DE, qui est un peu inclinée, a un diamètre plus grand et est soumise à l'action de l'air extérieur, afin que la condensation de vapeur qui se produit dans ce tuyau soit plus grande que dans les autres.

La seconde branche verticale EF, de diamètre plus réduit, conduit au clapet de retenue.

Trois robinets, G, H, I, disposés aux places convenables sur la tuyauterie, servent, par leur manœuvre appropriée, à chasser l'air de toute la conduite, au moment de la mise en marche.

Quand la tuyauterie est purgée d'air, on ferme les robinets G et H et on laisse le robinet I ouvert.

La vapeur et l'eau condensée dans toute la canalisation pénètrent dans la branche inférieure BC de l'appareil.

La vapeur, suivant le circuit du *steam-loop*, arrive dans la branche supérieure DE, s'y condense assez rapidement et provoque ainsi une dépression qui fait monter dans la branche verticale CD l'eau de condensation de la canalisation principale de vapeur.

Cette eau s'élève dans la branche CD, mélangée avec la vapeur, qui, arrivée dans le tuyau DE, finit de se condenser, et toute l'eau s'écoule par la pente donnée à ce tuyau, dans la seconde branche verticale EF. Elle s'y accumule et, lorsque sa pression est suffisante pour vaincre la résistance du clapet de retenue, elle pénètre dans la chaudière.

La même manœuvre se renouvelle tant qu'il y a, dans la canalisation de vapeur, de l'eau d'alimentation.

Ce système est avantageux au double point de vue de la réalisation du retour d'eau sans appareils mécaniques spéciaux, et de l'alimentation opérée avec de l'eau ayant une température voisine de celle qui est contenue dans la chaudière.

CHAPITRE XII

APPAREILS DE SURETÉ DES CHAUDIÈRES

MANOMÈTRE : à air libre; — à air comprimé; — métallique : *BOURDON*, — *DUCOMET*, — *SCHAEFFER ET BUDENBERG*. — MANOMÈTRE ENREGISTREUR : *BOURDON*, — *RICHARD*. — INDICATEUR DE NIVEAU D'EAU : à tube de verre ordinaire; — à tube de verre à réfraction; — à tube de verre et à réservoir; — à fermeture automatique : *LETHUILLIER-PINEL*; — *FOUCAULT*; — à face transparente; — à réflexion totale; — à robinets. — SIFFLET INDICATEUR A FLOTTEUR : *FARCOT*, — *BOURDON*, — *CHANDRÉ*, — *LETHUILLIER-PINEL*. — Indicateur enregistreur à flotteur. — Indicateur de niveau à mercure. — SIFFLET D'ALARME : ordinaire à flotteur : *BLACK*, — *BOURDON*. — SOUPAPE DE SURETÉ : à poids; — à levier : *ADAMS*, — *CODRON*, — *DULAC*; — *LETHUILLIER-PINEL*, — *HUBNER ET MAYER*, — *WILSON*, — *CASTELNAU*; — de locomotive atmosphérique. — CLAPET AUTOMATIQUE de retenue d'eau; — de retenue de vapeur : à un seul sens : *BELLEVILLE*; — à deux sens : *CARETTE*; — à boulet : *PILE*. — BOUCHONS FUSIBLES. — SOUPAPE BARBE.

Réglementation relative aux chaudières

Il nous reste à décrire, avant de terminer la partie de ce volume relative aux chaudières, les appareils spéciaux qui ont été créés en vue de prévenir les explosions des générateurs, qui pourraient être provoquées soit par le manque d'eau, soit par une pression exagérée de la vapeur, ou de limiter l'importance des accidents occasionnés par des ruptures de conduites ou des coups de feu intempestifs.

Parmi ces appareils, nommés *appareils de sûreté*, un grand nombre sont exigés par le décret du 30 avril 1880, qui a réglementé l'emploi des chaudières. Ce décret, complété par celui du 29 juin 1886, a été remanié, et nous publions in-extenso, à la fin de ce volume, le règlement du 9 octobre 1907, qui régit les générateurs.

Il est exigé, par mesure de sécurité, que sur chaque générateur soient établis : un *manomètre*, deux *indicateurs de niveau d'eau*, deux *soupapes de sûreté*, un *clapet de retenue d'eau d'alimentation*, un *clapet de retenue de vapeur*, une *soupape d'arrêt de vapeur*. En plus de ces appareils obligatoires, on munit parfois les chaudières de *sifflets d'alarme* et de *bouchons fusibles*.

Nous allons successivement examiner tous ces appareils, qui ont une utilité de premier ordre.

Manomètre

Le manomètre est l'appareil qui, placé sur la chaudière, indique à chaque instant la pression de la vapeur qui y est contenue.

Il communique généralement, par un petit conduit, avec le réservoir supérieur de vapeur, et ce conduit forme, avant d'aboutir au manomètre, une boucle en demi-cercle, destinée à retenir un peu d'eau provenant de la condensation de la vapeur. Ce dispositif a pour but d'empêcher le contact direct de cette vapeur avec les organes constituant le manomètre, afin d'en faciliter la conservation.

Le *manomètre* doit, réglementairement, porter sur sa graduation un trait bien apparent et bien détaché des autres, indiquant la pression que la vapeur ne doit pas dépasser dans le générateur.

Le chiffre de cette pression est le même que le chiffre marqué sur le timbre.

Le *manomètre* doit, en outre, porter une tubulure supplémentaire sur laquelle on doit pouvoir monter un *manomètre étalon*, à titre de comparaison.

Le *manomètre* est un guide précieux pour le chauffeur, qui peut, en le consultant fréquemment, obtenir une très bonne régularité d'allure de sa chaudière.

Manomètre à air libre

(Fig. 316.) Le premier manomètre employé fut tout simplement un tube barométrique, dans lequel une colonne de mercure de 76 centimètres suffisait à enregistrer la pression de la vapeur, produite dans la primitive *bouillotte,* qui ne dépassait pas 2 atmosphères.

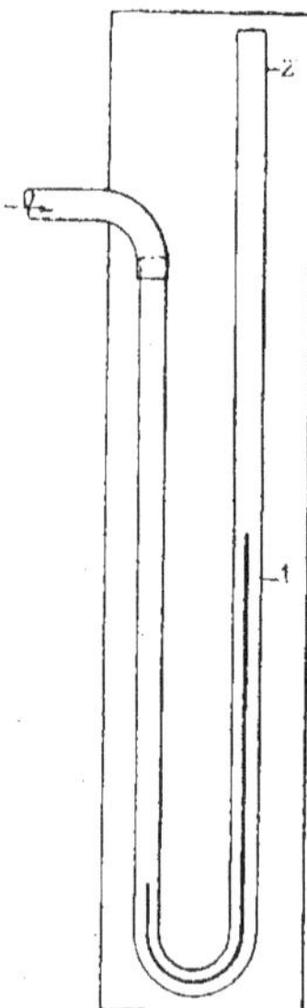

Fig. 316. — Manomètre à air libre.

C'était un tube en verre en forme d'U, ouvert à une extrémité et communiquant de l'autre avec la vapeur dont on voulait mesurer la tension.

Le tube contenait du mercure.

Quand la vapeur avait une pression d'une atmosphère, le mercure était au même niveau dans les deux branches du tube, puisque l'une d'elles communiquait avec l'air extérieur.

Quand la pression augmentait, la dénivellation du mercure dans les deux branches s'accentuait progressivement; il montait dans la branche à air libre et son plan supérieur indiquait, sur une graduation appropriée pratiquée sur cette branche, la pression exacte de la vapeur dans le générateur.

Mais le manomètre ainsi constitué ne fut bientôt plus capable d'indiquer les pressions de plus en plus fortes auxquelles on obtint la vapeur.

On combina plusieurs dispositifs destinés à réduire la hauteur des tubes de verre, tout en mesurant des pressions plus grandes; on employa le manomètre comportant une série de branches en U; puis on construisit le *manomètre à air comprimé.*

Manomètre à air comprimé

(Fig. 317.) Il est également composé d'un tube de verre à deux branches, dont l'une, A, communique avec la vapeur et l'autre, B, est fermée à son extrémité.

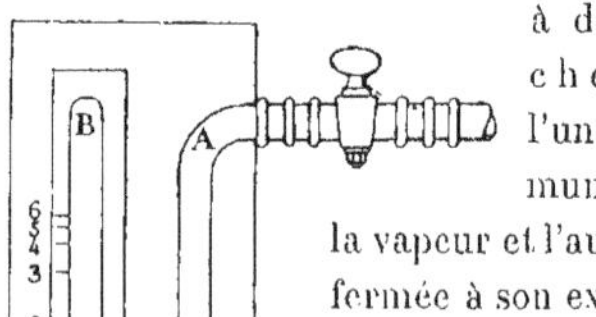

Fig. 317. — Manomètre à air comprimé.

Le tube contient du mercure et est monté sur une planchette C qui porte une graduation.

Quand la vapeur pénètre dans la première branche A du tube, elle appuie, par sa pression, sur le mercure qui y est contenu, et celui-ci monte dans la seconde branche B, en comprimant l'air contenu dans la partie supérieure de cette branche.

Le mercure s'élève

dans la seconde branche de quantités de moins en moins grandes pour des pressions supplémentaires égales, l'air comprimé opposant, dans la capacité close, une résistance au mercure de plus en plus grande, déterminée, en physique, par la *loi de Mariotte.*

Les divisions indiquant, sur la planchette, la pression en atmosphères, deviennent donc de plus en plus rapprochées, à mesure que le chiffre s'élève, et il est quelquefois difficile de lire exactement les pressions les plus grandes.

On peut bien atténuer, dans une certaine mesure, cet inconvénient en donnant au tube une forme conique, de façon que sa section, diminuant progressivement, les divisions puissent être sensiblement égales, mais un second inconvénient plus grave consiste en ce que le mercure s'oxyde au contact de l'air emprisonné dans la branche fermée, et, au bout d'un certain temps, la pression indiquée par la graduation faite sur la réglette, ne correspond plus à la réelle pression de la vapeur admise dans le manomètre.

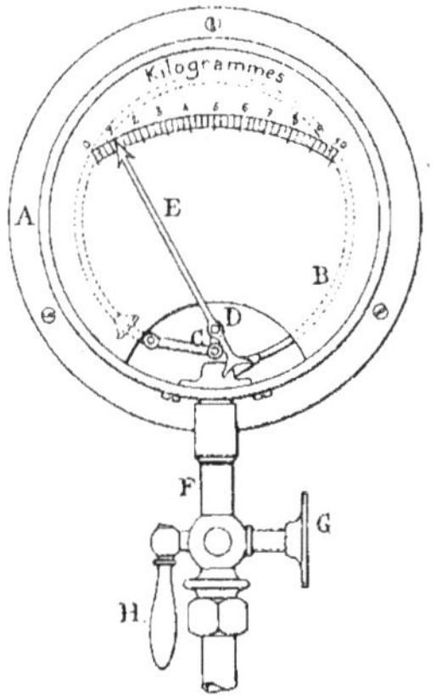

Manomètre métallique de Bourdon (Fig. 318.) — Il se compose d'un boisseau métallique A dans lequel est monté un tube B de section aplatie, qui, par une de ses extrémités, communique avec le conduit de vapeur F disposé sur le boisseau. L'autre bout, fermé, est rendu solidaire d'une petite bielle C, qui commande la rotation d'un petit axe horizontal D, sur lequel est fixée une aiguille E pouvant se mouvoir devant un cadran divisé. La vapeur, pénétrant par le conduit F dans le tube B, détermine, par sa pression, une extension de ce tube dirigée de l'intérieur vers l'extérieur.

Comme ce tube est fixé rigidement à une de ses extrémités, c'est l'extrémité libre qui tend à se déplacer de quantités sensiblement proportionnelles aux pressions diverses de la vapeur introduite.

Ces déplacements du tube B sont relativement peu importants, mais ils se traduisent, en bout de l'aiguille, par une excursion de celle-ci, qui est le résultat d'une amplification dans le rapport de la longueur de la bielle C à la longueur de l'aiguille à partir de son axe D.

Fig. 318. — Manomètre métallique de Bourdon.

Le manomètre est gradué par comparaison avec un manomètre étalon, et le réglage des bras de leviers se fait au moment de la graduation, pour obtenir, sur le cadran, l'amplitude maximum désirée.

Il est bon de vérifier, de temps à autre, si la graduation du manomètre en service correspond toujours aux différentes pressions pour lesquelles elle a été établie.

On se sert, pour cela, de la tubulure auxiliaire G, adjointe réglementairement, ainsi que nous l'avons dit, à ce genre d'appareils, sur laquelle on monte un manomètre de contrôle. On admet la vapeur dans celui-ci par la manœuvre du robinet H, et la comparaison, à chaque instant, avec le manomètre suspecté, permet un contrôle facile.

Il existe une grande variété de manomètres, dont plusieurs sont réalisés sur le même principe que le *manomètre de Bourdon,* avec des dispositions particulières de détails.

Dans quelques autres, on fait agir la pression de la vapeur sur des pistons ou des diaphragmes.

Manomètre Ducomet (Fig. 319 et 320.) Celui-ci comporte un diaphragme A flexible, qui enveloppe l'orifice du conduit de vapeur B, branché sur un boisseau métallique C.

La flexion du diaphragme commande, par l'intermédiaire d'une petite bielle D et d'un axe coudé E, le déplacement d'une aiguille F qui se meut devant un cadran divisé.

Une lame ressort H, dont les deux extrémités sont réunies sur une pièce fixe G, agit sur le diaphragme pour lui faire reprendre sa position normale.

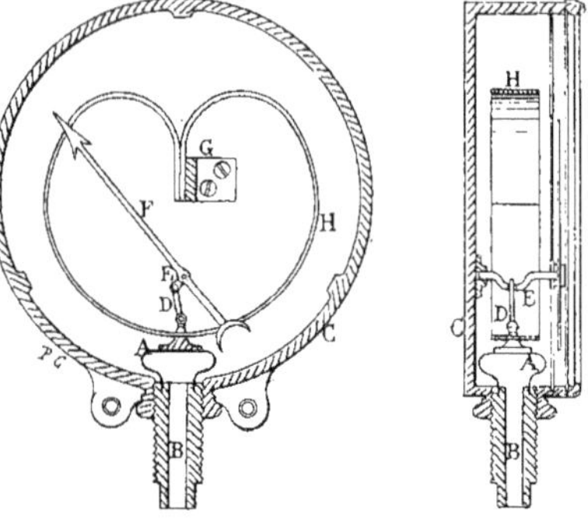

Fig. 319 et 320. — Manomètre Ducomet.

La vapeur, arrivant par le conduit B, appuie sur le diaphragme et le fait fléchir d'une quantité plus ou moins grande, suivant que sa pression est plus ou moins forte.

Ce mouvement provoque la rotation de l'axe coudé E et, par conséquent, le déplacement de l'aiguille.

Quand la pression baisse, le ressort-lame, appuyant sur le diaphragme, le ramène vers sa position d'équilibre, et l'aiguille fait sur le cadran une excursion rétrograde pour indiquer la nouvelle pression.

Ce manomètre est gradué, comme le précédent, par comparaison avec un manomètre étalon.

Manomètre Schaeffer et Budenberg (Fig. 321.) C'est également un manomètre à diaphragme.

Celui-ci, A, est ondulé et est fixé entre les collerettes des deux brides qui réunissent le conduit de vapeur B au boisseau C de l'appareil.

Au centre du diaphragme est rivée une tige verticale D, qui, par l'intermédiaire d'une petite bielle E, commande la rotation d'un secteur denté F.

Ce secteur engrène avec un pignon G, sur l'axe duquel est calée une aiguille indicatrice H, dont l'excursion sur un cadran indique les pressions.

Le pignon G est soumis à l'action du ressort en spirale I, qui tend à le ramener à sa position de repos lorsqu'il s'en est écarté.

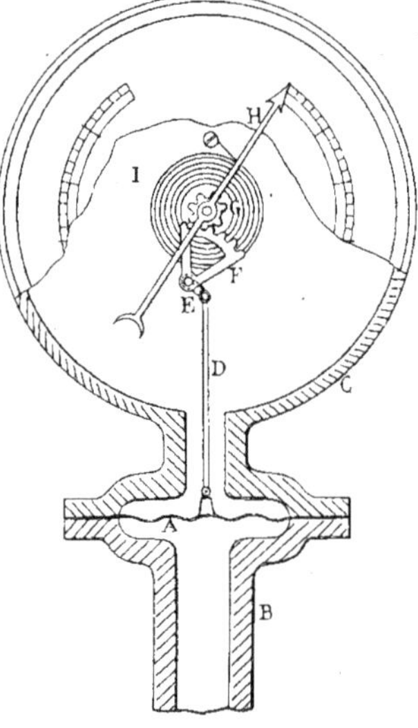

Fig. 321. — Manomètre de Schaeffer et Budenberg.

Quand la vapeur, arrivant par le conduit B, presse sur le diaphragme, celui-ci par sa flexion soulève la tige D, provoque la rotation du secteur denté E et du pignon G et, par conséquent, le déplacement de l'aiguille H.

Si la pression diminue, le ressort en spirale I, en agissant sur le pignon G, ramène tout l'équipage dans sa position d'équilibre par rapport à la pression qui s'exerce sur le diaphragme, et l'aiguille se replace devant le chiffre qui indique cette pression.

Manomètre enregistreur

Les manomètres dont nous venons de parler ne donnent des indications qu'au moment même où on les consulte, et il ne reste aucune trace des variations de pression que la chaudière a dû supporter.

Il est important, cependant, d'être renseigné sur la régularité d'allure du générateur, ce qui est une condition essentielle pour en obtenir un bon rendement et pour le conserver en bon état.

Pour cela, on a recours aux *manomètres enregistreurs,* qui sont des manomètres fonctionnant comme les manomètres simples, mais auxquels on a ajouté un dispositif spécial qui permet à une aiguille de tracer la courbe des variations de la pression dans un temps déterminé.

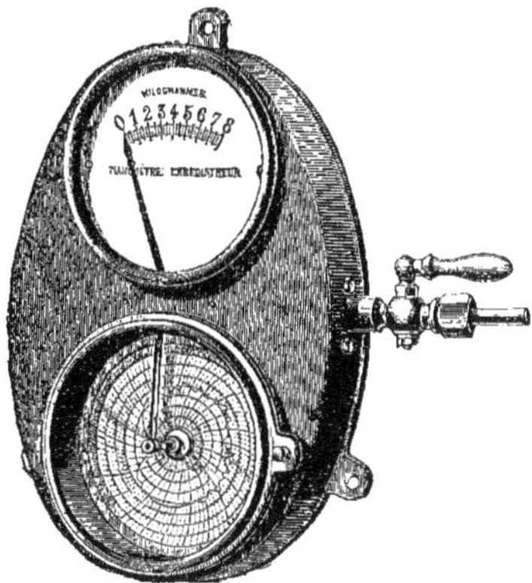

Fig. 322. — Manomètre enregistreur Bourdon.

Manomètre enregistreur Bourdon

(Fig. 322.) Le *manomètre enregistreur Bourdon* est composé d'un *manomètre métallique Bourdon,* identique à celui que nous avons décrit plus haut, dans lequel la bielle commande deux aiguilles montées sur le même axe au lieu d'une : l'*aiguille indicatrice,* qui se meut devant un cadran divisé, et l'*aiguille d'inscription,* qui trace, sur un carton circulaire, la courbe des variations de la pression.

Ce carton circulaire porte une série de circonférences concentriques qui correspondent à des pressions de plus en plus grandes, à mesure qu'elles s'éloignent du centre.

Il porte, en outre, une autre série de traits courbes indiquant les heures de la journée et leur subdivision.

Ces courbes ont pour rayon la longueur de l'*aiguille d'inscription,* depuis son bec jusqu'à l'axe de rotation commun aux deux aiguilles.

Un rouage d'horlogerie, bien réglé, fait tourner le carton divisé, d'un tour par 24 heures.

On remplace tous les jours le carton, et celui que l'on enlève porte, enregistrée, l'allure de marche du générateur pendant la journée précédente.

Quand la vapeur est admise dans le manomètre, le fléchissement du tube aplati fait déplacer les deux aiguilles.

L'*aiguille d'inscription* trace une ligne qui, partant de la circonférence de pression zéro, aboutit à la circonférence de pression moyenne, en coupant un certain nombre de lignes courbes qui indiquent, en fraction d'heure, le temps que la chaudière a mis pour atteindre sa pression de marche.

Pendant le fonctionnement du générateur, si la pression restait constamment au même chiffre, l'*aiguille d'inscription* suivrait, sur le disque divisé, la même circonférence, en y traçant une ligne. Si des variations se produisent, elles se traduisent par des crochets dans un sens ou dans l'autre, par rapport à la circonférence de pression normale, d'autant plus grands que les variations sont plus importantes.

Il importe donc, pour que l'allure du générateur n'ait rien laissé à désirer, qu'on ne trouve pas, sur le disque, l'enregistrement de trop brusques crochets, ce qui indiquerait une baisse ou une hausse subite de pression et, en même temps, un manque probable de surveillance de la part du chauffeur.

Manomètre enregistreur Richard

(Fig. 323.) Dans ce manomètre, l'enregistrement se fait sur une feuille de papier divisée, qui est enroulée sur un tambour circulaire placé verticalement.

Le manomètre se compose, comme celui de Bourdon, d'un tube aplati recevant la vapeur à une extrémité fixe et commandant, par le déplacement de l'autre, le mouvement d'une aiguille qui inscrit les pressions sur le papier posé autour du tambour vertical.

Les lignes représentant les différentes pressions sont tracées horizontalement sur le papier, et les lignes représentant les heures ou leurs subdivisions sont des courbes de rayon égal à la longueur de l'aiguille d'inscription.

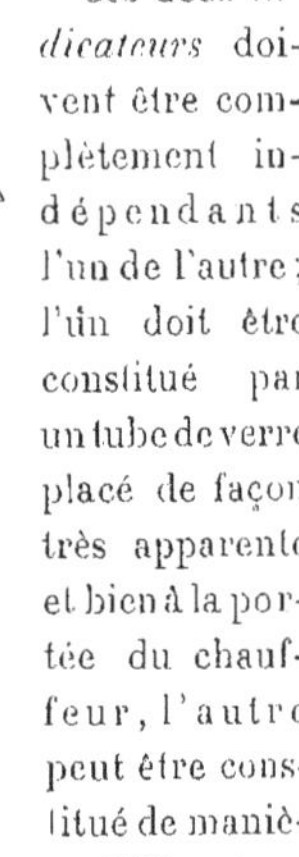

Fig. 323. — Manomètre enregistreur Richard.

Comme dans le manomètre enregistreur précédent, le tambour est mû par un mouvement d'horlogerie qui lui fait faire un tour complet en 24 heures, pendant que l'aiguille trace, à la place où l'a conduite la pression de la vapeur, une ligne qui indique les variations de cette pression pendant une journée.

Quand le papier enregistré est enlevé de son cylindre, il présente la forme d'un rectangle et les lignes des pressions diverses sont représentées par des traits horizontaux parallèles à la grande base.

Indicateurs de niveau d'eau

La hauteur du niveau de l'eau, dans un générateur, est aussi importante à connaître que la pression de la vapeur qu'il contient, car si une pression exagérée peut occasionner la rupture des tôles de la chaudière, un manque d'eau peut également provoquer des accidents sérieux et même des explosions. Aussi a-t-on imposé à chaque générateur l'obligation de posséder deux *indicateurs du niveau de l'eau.*

Ces deux *indicateurs* doivent être complètement indépendants l'un de l'autre; l'un doit être constitué par un tube de verre placé de façon très apparente et bien à la portée du chauffeur, l'autre peut être constitué de manière différente.

Le niveau de l'eau dans les chaudières doit être maintenu, en France, au minimum, à 6 centimètres au-dessus de la partie supérieure des carneaux dans lesquels elles sont placées, et ce niveau doit être indiqué par une ligne très visible, tracée dans le voisinage de l'*indicateur de niveau.*

Pour les chaudières verticales de grande hauteur, l'*indicateur* peut être constitué de façon à reporter le niveau de l'eau de la chaudière bien en vue du chauffeur.

Indicateur de niveau à tube de verre ordinaire

(Fig. 324.) Il se compose d'un tube de verre A, monté librement dans deux douilles B et C, réunies, par des joints bien étanches, à deux tubulures D et E, qui communiquent avec la chaudière par l'intermédiaire de deux robinets F et G, dont la fermeture permet d'isoler le niveau.

Dans certains indicateurs de niveau, comme celui de la chaudière Belleville, les deux robinets sont commandés simultanément par la manœuvre d'une même tige qui les relie.

La douille supérieure du niveau porte un bouchon I que l'on peut enlever pour procéder au remplacement du tube de verre; la douille inférieure porte un robinet H qui permet la vidange. En outre, en face de chaque tubulure D et E sont vissés des bouchons J, qui facilitent, par leur démontage, le nettoyage de ces tubulures. Les tubulures D et E sont branchées sur la chaudière, de manière que le niveau moyen de l'eau se trouve au milieu de leur écartement. Quand les robinets F et G sont ouverts et que le robinet H est fermé, le niveau de l'eau s'établit, dans le tube de verre, à la même hauteur que dans le générateur. Si, dans celui-ci, le niveau baisse, il baisse également dans le tube de verre, indiquant au chauffeur qu'il doit alimenter.

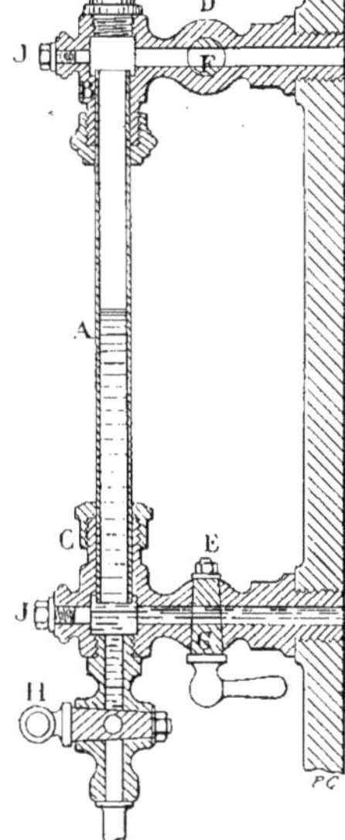

Fig. 324. — Indicateur de niveau à tube de verre ordinaire.

Les tubes de verre des indicateurs de niveau sont exposés à des ruptures pouvant être provoquées par de brusques refroidissements déterminés par des courants d'air, par des dilatations inégales si le verre n'est pas bien homogène, ou par un montage trop juste du tube dans ses douilles ne lui permettant pas une libre dilatation.

En tous cas, la rupture d'un tube de niveau en fonctionnement, peut occasionner de graves accidents au chauffeur par la projection des éclats de verre, de l'eau bouillante et de la vapeur. On remédie à ces inconvénients en entourant le tube de verre d'un treillis de fil de fer qui limite les projections des morceaux.

Les échappements d'eau et de vapeur sont arrêtés automatiquement, dans certains genres d'indicateurs, par des soupapes placées à l'entrée des douilles du tube de verre. Ces soupapes ne ferment les deux orifices, sous l'effet de la pression intérieure, que lorsque le tube est rompu.

Généralement, on dispose, dans toutes les installations, un système de renvoi qui permet de fermer simultanément, à l'aide d'une corde, les deux robinets de l'indicateur, sans être obligé de s'en approcher.

Indicateur de niveau à tube de verre à réfraction

Le niveau de l'eau, dans un tube de verre, n'est pas toujours facile à distinguer. Aussi a-t-on, dans certains systèmes de niveau, appliqué la différence des pouvoirs réfringents de l'eau et de la vapeur, pour obtenir, sur le tube de verre, une différence bien tranchée entre la partie occupée par l'eau et celle occupée par la vapeur.

Dans certains indicateurs de niveau (Fig. 325) on émaille une bande de la paroi arrière du tube de verre et on trace, sur cette bande, un trait vertical très voyant, ordinairement de couleur rouge. Ce trait rouge se trouve, dans l'espace occupé par l'eau dans le tube, élargi par l'effet de la réfraction, tandis qu'il reste net à la partie supérieure qui contient de la vapeur.

On distingue donc tout de suite la hauteur du niveau de l'eau, qui se trouve exactement à l'endroit où le trait rouge semble interrompu. Quelquefois le tube de verre porte une succession de raies obliques bien visibles (Fig. 326). L'effet de réfraction intervient pour redresser ces raies obliques et les rendre horizontales, dans l'espace occupé par l'eau, tandis qu'elles conservent leur inclinaison dans la partie supérieure qui contient de la vapeur. La différence est donc bien marquée et un coup d'œil suffit pour se rendre compte, immédiatement, du niveau de l'eau.

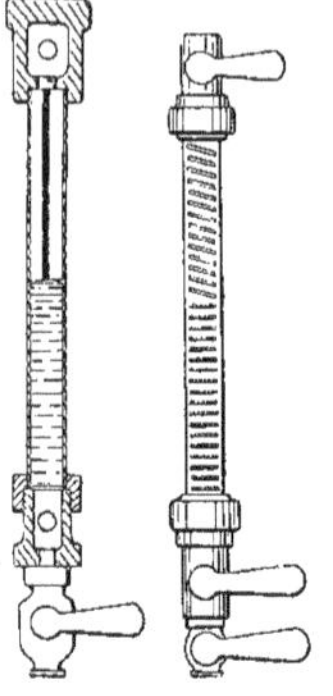

Fig. 325 et 326. — Indicateur de niveau à réfraction.

Indicateur de niveau à tube de verre et à réservoir (Fig. 327.) Dans l'indicateur ordinaire à tube de verre, le niveau de l'eau se déplace constamment, suivant les remous occasionnés par l'ébullition qui se produit dans le générateur. En outre, l'appareil peut s'engorger facilement par les dépôts boueux de l'eau qui y séjourne.

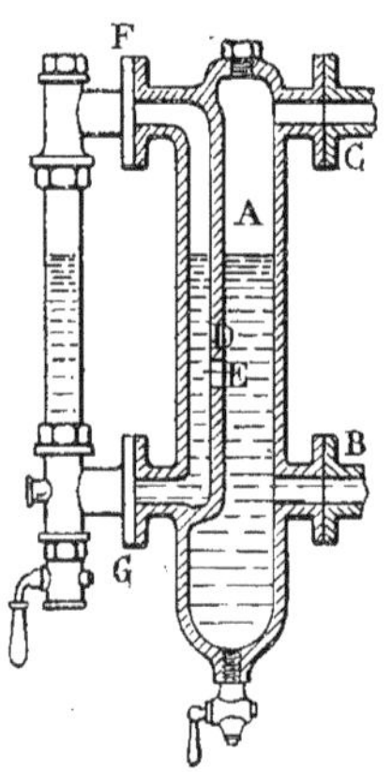

Fig. 327. — Indicateur de niveau à tube de verre à réservoir.

On a été conduit à y adjoindre, pour remédier à ces inconvénients, un petit réservoir cylindrique A, qui communique directement avec la chaudière par les tubulures d'eau B et de vapeur C.

Ce réservoir, qui est divisé en deux parties par une cloison D, percée d'un trou E, porte deux autres tubulures F et G, qui aboutissent au tube de verre.

Sur le niveau proprement dit sont disposés les mêmes robinets dont nous avons vu l'emploi dans le niveau ordinaire. Un robinet supplémentaire est branché sur le fond du réservoir pour en opérer la vidange.

L'eau, arrivant tumultueusement de la chaudière, dans le premier compartiment du réservoir, abandonne ses dépôts qui tombent au fond, et, passant par le trou E, atteint le tube du niveau avec une température et une mobilité moindres. L'appréciation du niveau en est ainsi facilitée ; mais, d'un autre côté, le nettoyage des conduits d'eau B et de vapeur C est moins commode. Il est nécessaire, pour l'opérer, de démonter le réservoir A.

Indicateur de niveau d'eau à fermeture automatique Lethuillier et Pinel (Fig. 328.) Cet indicateur de niveau est établi dans le but d'obtenir la fermeture automatique de ses conduits d'eau et de vapeur, dans le cas où le tube de verre viendrait à se détériorer.

A cet effet, on dispose à la partie supérieure et à la partie inférieure de l'indicateur, au droit des conduits communiquant avec la vapeur et l'eau de la chaudière, deux clapets sphériques B et B′, placés chacun dans une boîte portant une ouverture S et S′ pouvant être obturée par ces clapets.

Pendant le fonctionnement normal de l'indicateur, les deux clapets B et B′, reposant par leur poids sur la paroi inférieure de leur boîte respective, laissent libres les ouvertures S et S′, et le niveau de l'eau s'établit facilement dans le tube de verre.

Si celui-ci vient à se rompre, les deux clapets ne sont plus équilibrés.

Ils sont poussés de l'intérieur vers l'extérieur par une pression égale à celle du générateur, tandis que la simple pression atmosphérique les pousse en sens inverse.

Ils se bloquent donc contre les ouvertures S et S′ et y sont maintenus par la différence des deux pressions.

Les conduits de vapeur et d'eau chaude étant obturés, on peut, sans danger, fermer les robinets et remplacer le tube de verre.

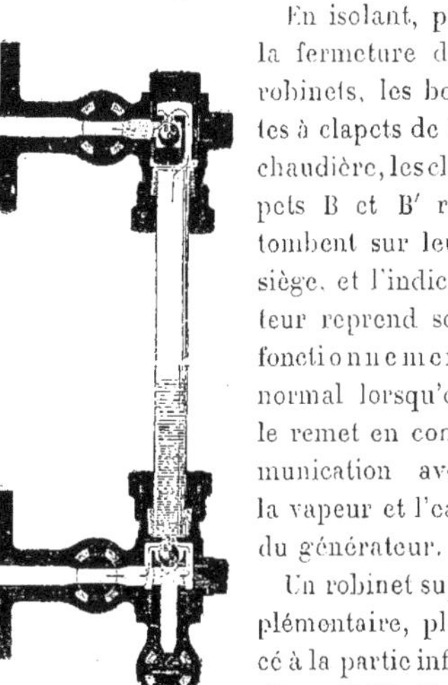

Fig. 328. — Indicateur de niveau d'eau Lethuillier et Pinel à fermeture automatique.

En isolant, par la fermeture des robinets, les boites à clapets de la chaudière, les clapets B et B′ retombent sur leur siège, et l'indicateur reprend son fonctionnement normal lorsqu'on le remet en communication avec la vapeur et l'eau du générateur.

Un robinet supplémentaire, placé à la partie inférieure de l'indicateur du niveau, permet de nettoyer facilement l'appareil.

A l'avantage de prévenir les accidents qui pourraient être occasionnés par la rupture du tube de verre, cet indicateur joint celui d'empêcher une chaudière de se vider si cette rupture a lieu pendant la nuit.

Indicateur de niveau Foucault

Fig. 329. Cet indicateur comporte un réservoir A, composé de deux cylindres B et C communiquant, à leur partie inférieure, avec une tubulure commune D.

Un des cylindres, B, communique avec la chaudière par le conduit E qui amène l'eau ; la vapeur pénètre directement, par le conduit supérieur F, dans les deux cylindres et dans le tube de verre.

Sur la tubulure inférieure D est branché un robinet G, à 3 voies, qui peut faire communiquer le réservoir avec l'extérieur ou avec un conduit d'eau H qui aboutit, dans la chaudière, à la partie inférieure de la masse d'eau qui y est contenue.

Une troisième position du robinet obture tous les orifices.

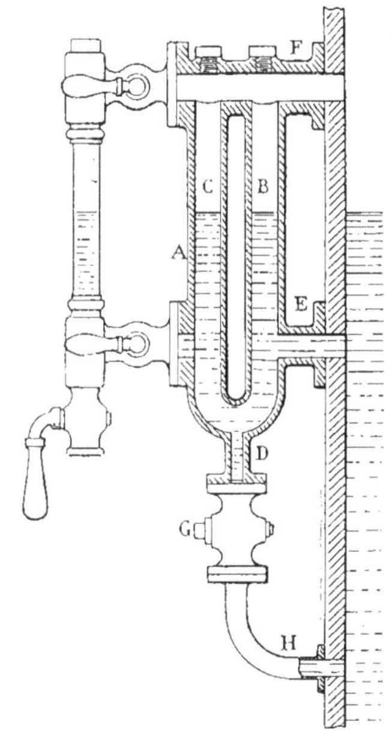

Fig. 329. — Niveau indicateur de Foucault.

L'eau de la chaudière, par son passage dans les deux cylindres constituant le réservoir A, laisse ses dépôts au fond de celui-ci et se refroidit avant de pénétrer dans le tube de verre, où elle arrive épurée et calme.

Dans le fonctionnement normal de cet indicateur, on établit la communication du réservoir avec le conduit H, par la manœuvre du robinet G. Il s'établit alors une circulation de l'eau dirigée de haut en bas, qui débarrasse, automatiquement, la partie inférieure du réservoir A, des dépôts qui peuvent s'y former. On peut aussi purger ce réservoir en manœuvrant le robinet C pour donner accès à la tubulure qui débouche à l'extérieur.

Indicateurs de niveau à face transparente

(Fig. 330.) Ces indicateurs remplacent, en Belgique, les indicateurs de niveau à tube de verre. Ils sont obligatoires, au même titre que ceux-ci en France. L'indicateur se compose d'une capacité A, placée sur la chaudière à une hauteur telle que le niveau moyen de l'eau la partage en deux parties égales.

A l'avant de cette boîte de niveau est disposé un cadre rectangulaire, dans lequel on serre une glace B, qui peut néanmoins se dilater librement.

Un robinet à boisseau C, occupant toute la hauteur de l'indicateur, permet, en cas de rupture de la glace, d'obturer l'arrivée d'eau et de vapeur vers l'avant. Le remplacement de la glace se fait commodément en dévissant et refixant la contre-plaque d'avant. Un robinet de purge D est placé à la partie inférieure de l'indicateur.

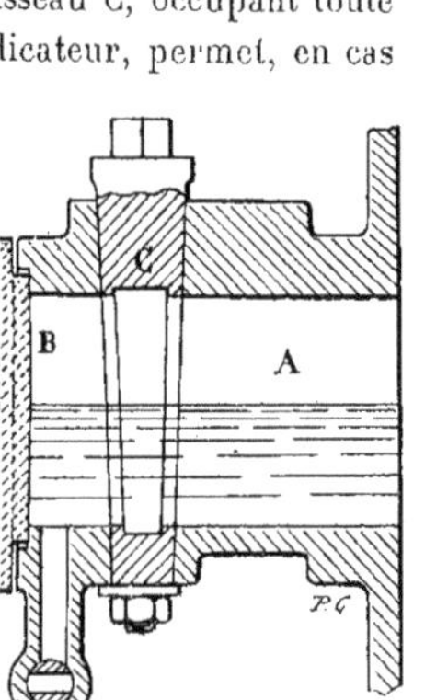

Fig. 330. — Indicateur de niveau à face transparente.

Indicateur de niveau à réflexion totale

(Fig. 331.) Dans certains indicateurs à face transparente, on a remplacé la glace ordinaire placée en avant, par une glace portant, sur sa face extérieure, des sillons longitudinaux en forme de prismes triangulaires.

Dans la partie de la glace en contact avec la vapeur, les rayons lumineux venant du dehors sont réfléchis, par les sillons triangulaires, comme ils le seraient par une quantité de petits prismes longitudinaux à réflexion totale.

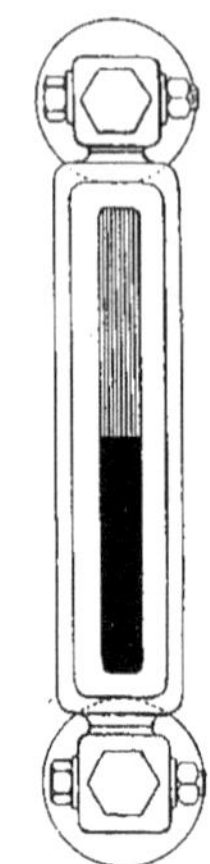

Fig. 331. — Indicateur de niveau à réfraction totale.

On voit donc, de l'extérieur, une surface brillante.

Dans la partie de la glace baignée par l'eau, au contraire, les rayons lumineux ne peuvent pas se réfléchir, car l'eau remplit tous les sillons. De ce fait, l'aspect de cette moitié de glace est beaucoup plus terne que l'autre, ce qui constitue une différence bien tranchée facilitant l'observation rapide et sûre du niveau de l'eau.

Indicateur de niveau à robinets

(Fig. 332 et 333.) Le deuxième indicateur de niveau, exigé par la loi pour toute chaudière, ne devant pas forcément comporter un tube de verre, peut être un *indicateur à robinets* ou un *indicateur à flotteur*.

L'indicateur à robinets se compose d'une série de 3 robinets, A, B, C, branchés, de préférence, sur la paroi de la chaudière.

Le robinet du milieu, B, doit être à la hauteur du niveau moyen de l'eau dans la chaudière; le robinet supérieur A doit être en contact avec la vapeur, le robinet inférieur C doit être en contact avec l'eau.

L'écartement des robinets est tel, que le niveau de l'eau peut baisser au-dessous du robinet inférieur, sans qu'il y ait danger immédiat. Quand on veut consulter l'indicateur de niveau, on ouvre le robinet du milieu. Il doit laisser partir de l'eau mélangée avec de la vapeur. S'il donne de l'eau seule, on ouvre le robinet supérieur pour s'assurer que le niveau de l'eau n'a pas atteint cette hauteur.

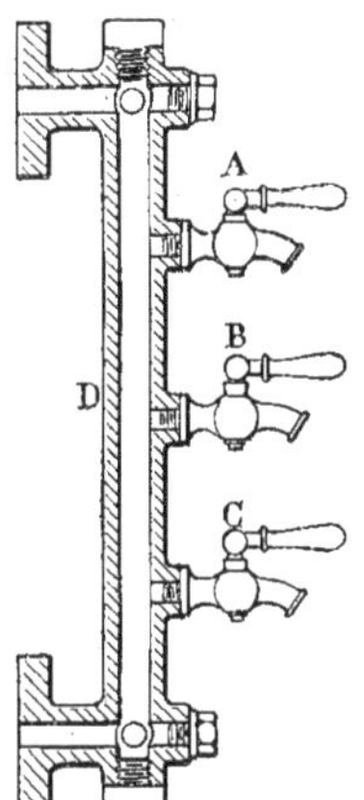

Fig. 332. — Indicateur de niveau à robinets.

Si le robinet du milieu laisse sortir de la vapeur, on consulte le robinet inférieur, qui indique, immédiatement, si le niveau de l'eau a baissé jusqu'à lui. On peut donc prendre les dispositions appropriées aux indications données par le jeu des trois robinets.

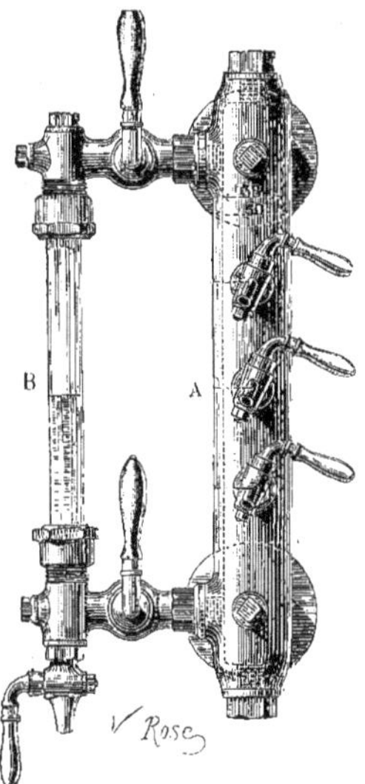

Fig. 333. — Indicateur de niveau à robinet. Vue perspective.

Parfois, on monte les trois robinets sur un tube cylindrique D fixé lui-même au générateur par les brides de deux tubulures qui communiquent avec lui.

L'indicateur de niveau à trois robinets est surtout utilisé sur les chaudières de locomotives et sur les générateurs où ces robinets peuvent être placés à une hauteur facilement accessible au chauffeur.

Parfois, ainsi que le représente la figure 333, on branche sur les mêmes tubulures aboutissant à la chaudière à la fois un indicateur à tube de verre B et à robinets A.

Indicateur de niveau à flotteur

Les différents *indicateurs à flotteur* comportent une capacité flottante qui commande, par sa montée et sa descente, solidaires du déplacement du niveau de l'eau, la manœuvre d'une aiguille indicatrice ou d'un index indiquant, à chaque instant, la hauteur de l'eau dans la chaudière.

La disposition même de l'*indicateur à flotteur* rend très facile l'adjonction sur cet appareil, d'un sifflet d'alarme qui a pour but d'avertir le chauffeur que l'eau, dans le générateur, a atteint le niveau minimum et qu'il faut, en hâte, alimenter.

Sifflet

(Fig. 334 et 335.) Le sifflet est composé de deux capacités, A et B, terminées par des calottes sphériques, montées sur un même support C, au-dessus l'une de l'autre et dont les bords sont taillés en biseau.

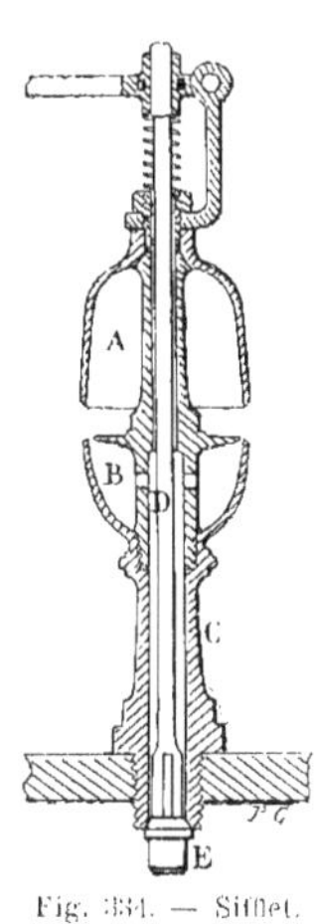

Fig. 334. — Sifflet. Coupe.

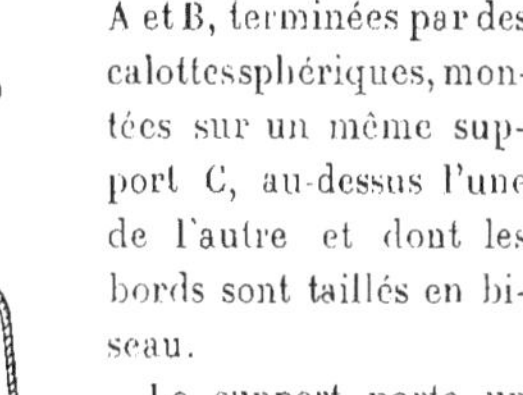

Le support porte un canal central dans lequel passe une tige D, reliée à une soupape inférieure E.

Des ouvertures latérales font communiquer ce canal avec la cloche inférieure du sifflet.

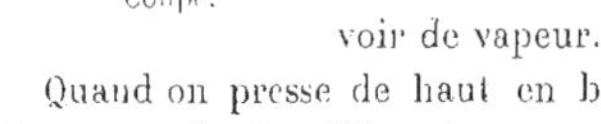

Le support est vissé directement sur le réservoir de vapeur.

Quand on presse de haut en bas sur la tige centrale du sifflet, la soupape laisse pénétrer la vapeur par l'orifice inférieur du canal central.

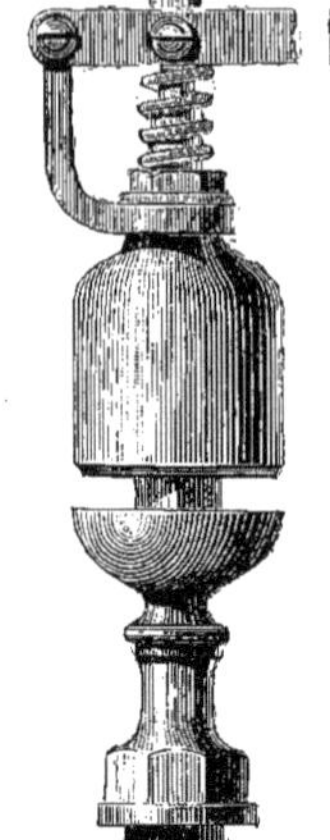

Fig. 335. — Sifflet. Vue perspective.

Cette vapeur remplissant la cloche inférieure sort par l'espace annulaire ménagé entre les deux cloches et, suivant sa vitesse, donne un son plus ou moins aigu, en frappant sur les bords de la cloche supérieure.

Indicateur à flotteur Farcot (Fig. 336.) Le flotteur de cet indicateur est constitué par une meule en grès A, sur laquelle est fixée une tige verticale B, glissant dans un presse-étoupe C qui est disposé sur un support en fonte D.

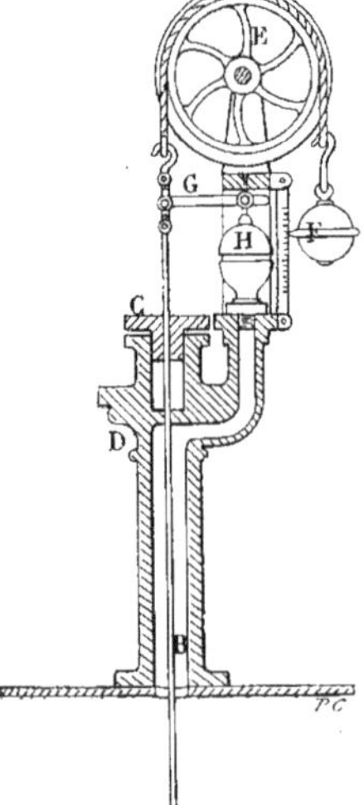

Fig. 336. — Indicateur à flotteur Farcot.

A la partie supérieure de ce support est montée une poulie de renvoi E, sur laquelle s'enroule une corde attachée d'une part à la tige verticale B, et d'autre part à un index F qui sert en même temps de contrepoids.

Une échelle graduée, devant laquelle ce contrepoids se déplace, suivant la hauteur du niveau de l'eau dans la chaudière, permet de suivre ses variations.

Sur le support en fonte D est monté un sifflet d'alarme H, qui peut être actionné par un levier G, commandé par le mouvement de la tige verticale B.

Quand le niveau de l'eau, étant très bas, a entraîné le flotteur A et provoqué la descente de la tige B, le levier G a oscillé d'une quantité telle, qu'il appuie sur la soupape du sifflet, en provoque l'ouverture, et la vapeur arrivant avec une grande vitesse sur les timbres du sifflet, détermine un son aigu qui sert d'avertissement.

Indicateur à flotteur Bourdon (Fig. 337.) Le flotteur est constitué par une masse biconvexe A, suspendue à une extrémité d'un levier B articulé au point C, et qui porte à son autre extrémité un contrepoids D équilibrant le flotteur.

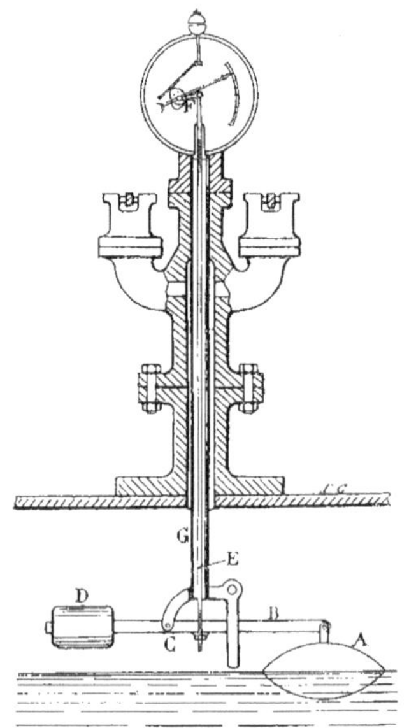

Fig. 337. — Indicateur à flotteur Bourdon.

En un point du levier B est fixée une tige verticale E, dont la longueur est rendue réglable par la manœuvre d'écrous placés à chacune de ses extrémités. Cette tige est solidaire d'une petite bielle F, qui commande le déplacement de l'aiguille sur un cadran divisé.

Quand le niveau de l'eau est normal, l'aiguille est horizontale et marque le zéro, qui occupe le milieu de la division du cadran.

Quand le niveau de l'eau, dans le générateur, baisse, le levier B tire sur la tige verticale et fait déplacer l'aiguille vers le bas du cadran.

Quand, au contraire, le niveau de l'eau monte, le levier B pousse sur la tige qui fait déplacer l'aiguille vers le haut du cadran.

La tige verticale est protégée par un tube G, placé à l'intérieur d'un support vertical; dans ce support est ménagé un conduit central qui amène la vapeur du générateur à deux tubulures latérales; sur lesquelles sont montées les deux soupapes de sûreté. La vapeur est, de même, conduite jusqu'à la partie supérieure, où est disposé le sifflet d'alarme.

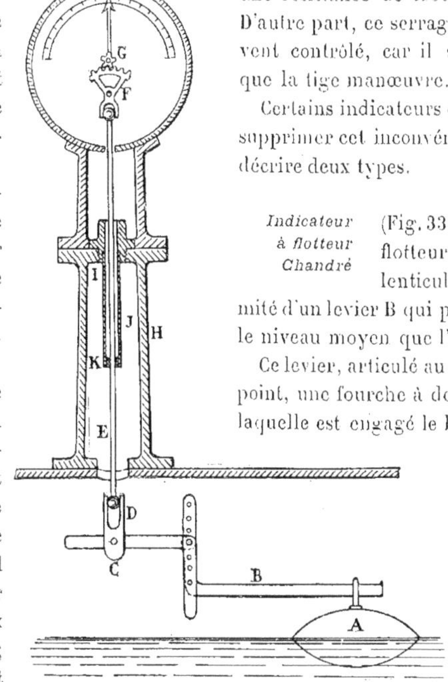

Fig. 338. — Indicateur à flotteur Chandré.

La soupape de ce sifflet peut être soulevée lorsque le niveau est trop bas ou lorsqu'il est trop haut, respectivement par deux petites cames placées sur l'axe de rotation de la bielle F.

La vapeur pénètre dans le sifflet, et celui-ci fait entendre le signal avertisseur.

Le grand inconvénient des *indicateurs à flotteur* précédents, consiste en ce qu'une tige est obligée de se mouvoir dans un presse-étoupe, pour aller communiquer le mouvement à l'aiguille indicatrice.

Or, il n'est pas facile de serrer juste à point un presse-étoupe, suffisamment pour que la vapeur ne s'échappe pas, et pas trop pour que la tige qui s'y meut n'éprouve pas une résistance de frottement trop grande. D'autre part, ce serrage doit être assez souvent contrôlé, car il se modifie à mesure que la tige manœuvre.

Certains indicateurs ont été disposés pour supprimer cet inconvénient. Nous allons en décrire deux types.

Indicateur à flotteur Chandré

(Fig. 338.) Il se compose d'un flotteur creux A de forme lenticulaire, monté à l'extrémité d'un levier B qui peut se régler suivant le niveau moyen que l'on désire observer.

Ce levier, articulé au point C, porte, en ce point, une fourche à deux branches D, dans laquelle est engagé le bout sphérique d'une tige verticale E qui peut commander, à son extrémité supérieure, l'oscillation d'un secteur denté F engrenant avec un pignon G, sur l'axe duquel est fixée l'aiguille indicatrice.

L'appareil est complété par un support en fonte H divisé en deux compartiments superposés.

La vapeur ne peut pénétrer dans le compartiment supérieur, car la cloison médiane I porte un tube de faible épaisseur J, fixé à son autre extrémité K sur la tige verticale E. L'accès de la vapeur est donc limité au seul compartiment inférieur, sans qu'il soit nécessaire d'avoir recours à un presse-étoupe pour constituer les joints.

Quand le flotteur baisse, la fourche D entraîne vers la droite l'extrémité sphérique de la tige E.

Celle-ci, qui tend à s'incliner, force le tube mince J, auquel elle est soudée en K, à fléchir autour de sa base fixe et le secteur denté oscille, provoquant le déplacement de l'aiguille sur le cadran.

Indicateur à flotteur Lethuillier-Pinel

(Fig. 339 et 340.) Dans ce genre d'indicateur, toutes les pièces qui le composent sont intérieures.

La communication avec l'extérieur se fait au moyen d'un *aimant* actionnant un index.

L'appareil se compose d'un support vertical creux A, dans lequel peut se mouvoir, verticalement, une tige B directement fixée à un flotteur lenticulaire creux C.

A l'extrémité supérieure de cette tige est fixé un aimant recourbé D, dont le bout appuie contre la paroi intérieure du support A.

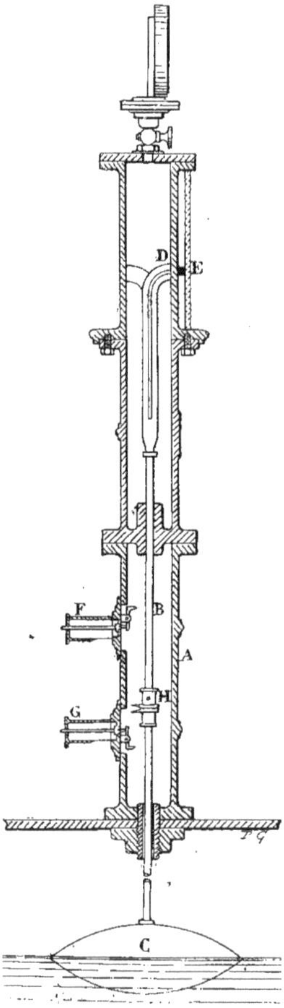

Fig. 339. — Indicateur à flotteur Lethuillier-Pinel. Coupe.

Sur la face opposée de la même paroi, à l'extérieur, par conséquent, est disposée une division verticale sur laquelle est posé un index en acier E, retenu contre elle par l'action magnétique de l'aimant D.

Quand le niveau de l'eau varie dans le générateur, le flotteur, qui suit son mouvement fait monter ou baisser la tige B et l'aimant D. Celui-ci, agissant de l'intérieur sur l'index extérieur E, le force à suivre son mouvement et à se déplacer vers le bas ou vers le haut devant l'échelle divisée, en indiquant, à chaque instant, le niveau de l'eau dans la chaudière.

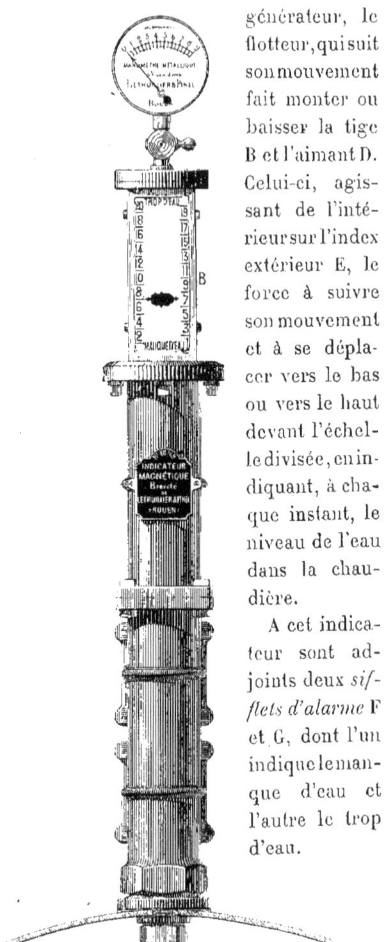

Fig. 340. — Indicateur de niveau d'eau Lethuillier-Pinel. Vue de face.

A cet indicateur sont adjoints deux *sifflets d'alarme* F et G, dont l'un indique le manque d'eau et l'autre le trop d'eau.

Ces sifflets peuvent être manœuvrés par un manchon H posé sur la tige B, qui peut, respectivement, ouvrir l'un ou l'autre, suivant qu'il y a baisse ou hausse exagérées du niveau de l'eau. On peut donner aux sifflets deux sons différents, pour les reconnaître sans hésitation.

Indicateur enregistreur à flotteur

On peut adapter aux indicateurs à flotteur, un dispositif permettant l'enregistrement des variations du niveau de l'eau pendant un temps déterminé.

Comme dans les *manomètres enregistreurs*, on peut adjoindre à l'aiguille indicatrice une aiguille d'inscription, qui trace la courbe des variations sur un rouleau de papier divisé, auquel un mouvement d'horlogerie fait effectuer un tour par 24 heures.

On peut se rendre compte ainsi de la régularité avec laquelle l'eau d'alimentation a été admise dans une chaudière.

Indicateur de niveau à mercure

(Fig. 341.) Nous avons dit que, réglementairement, on devait, pour certaines chaudières verticales, reporter bien en vue du chauffeur le niveau de l'eau, qui, sans cela, serait placé à une trop grande hauteur.

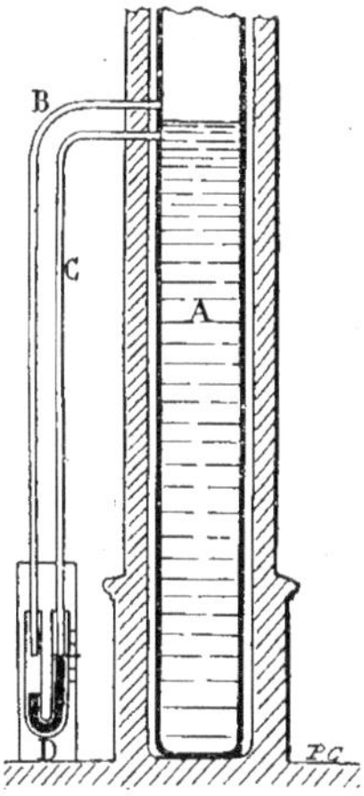

Fig. 341. — Indicateur de niveau à mercure.

Pour cela, on dispose sur la chaudière A deux tuyaux B et C, dont l'un communique avec la vapeur et l'autre avec l'eau.

Ces tuyaux se recourbent et descendent verticalement jusqu'à la hauteur convenable.

Ils sont réunis à leur partie inférieure par un tube en verre D, courbé en demi-cercle, dans le fond duquel on a versé du mercure.

La différence des pressions qui s'exercent dans les branches de cette sorte de siphon, provoque la montée du mercure vers le conduit qui contient l'eau de la chaudière.

Si la hauteur de l'eau diminue, sa pression diminue aussi, et le mercure continue à monter dans le même sens. Si le niveau monte, le mercure baisse dans la même branche.

Le mercure suit donc les variations inverses du niveau de l'eau, et, en plaçant en regard une échelle judicieusement divisée, on peut connaître à chaque instant le niveau qu'occupe l'eau dans la chaudière verticale.

Sifflet d'alarme

On établit quelquefois, quoique en France le règlement ne l'impose pas, des *sifflets d'alarme* indépendants des *indicateurs de niveau d'eau*.

C'est une garantie supplémentaire que l'on se donne, surtout contre le manque d'eau qui peut provoquer des accidents fort graves.

Sifflet d'alarme ordinaire à flotteur

(Fig. 342.) Il est monté sur un support A, qui est fixé directement sur le générateur.

Le support possède un canal central B, obturé à sa partie inférieure

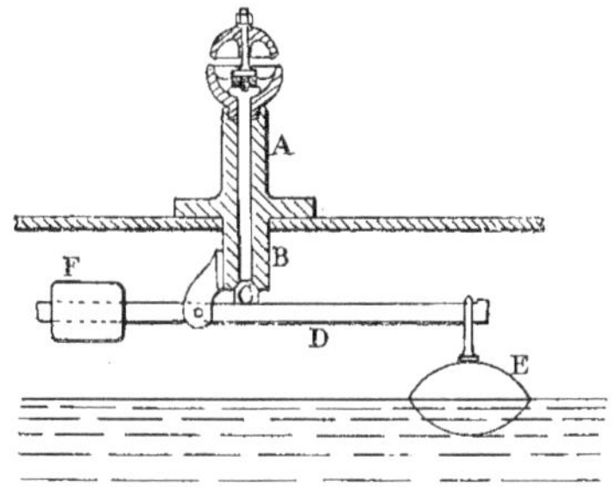

Fig. 342. — Sifflet d'alarme ordinaire à flotteur.

par une soupape C, reliée à une des branches d'un levier D portant un flotteur E, équilibré par un contrepoids F placé à l'extrémité de l'autre branche.

Quand le niveau de l'eau est normal, la soupape C repose sur son siège.

Quand le niveau atteint sa limite minimum, le flotteur, qui a participé à sa descente, a, dans son mouvement, abaissé la soupape C, qui a découvert l'orifice conduisant au sifflet; la vapeur, pénétrant dans le canal central du support, actionne le *sifflet d'alarme*.

Sifflet d'alarme Black

(Fig. 343.) Il est constitué par un tube vertical A, qui traverse la paroi supérieure du générateur dans un presse-étoupe et qui plonge, à l'intérieur, jusqu'à la hauteur du niveau minimum de l'eau.

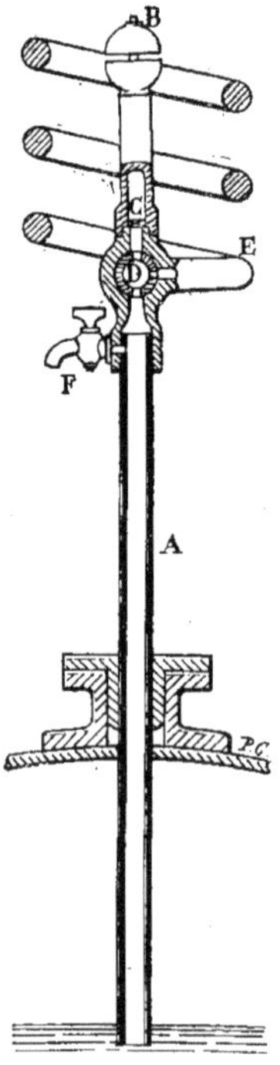

Ce tube porte, à sa partie supérieure, un sifflet B, dont l'orifice est fermé par une rondelle C, métallique et fusible à une température moindre de 100 degrés.

Un robinet à 3 voies D est disposé au-dessous de cette rondelle, et peut mettre en communication le tube A avec un tuyau E enroulé en forme de serpentin, dont l'extrémité supérieure est fermée.

Un second robinet, F, placé au-dessous du premier, sert de robinet de purge.

Fig. 343. — Sifflet d'alarme Black.

Quand on met le générateur en marche, on ferme le robinet D et on ouvre le robinet F. La vapeur produite dans la chaudière chasse l'eau dans le tube A; celle-ci, à son tour, refoule l'air contenu dans ce tuyau, qui s'échappe par le robinet de purge.

Quand l'eau est montée jusqu'à ce robinet, on le ferme, et on ouvre le robinet D, qui admet l'eau dans le serpentin supérieur jusqu'à un certain niveau, qui dépasse la hauteur de la rondelle fusible.

Celle-ci est donc baignée en dessous par cette, eau qui se refroidit assez pour ne pas détériorer cette rondelle.

Cet état dure tant que le niveau de l'eau dans la chaudière a des variations normales.

Quand ce niveau atteint sa limite inférieure, c'est-à-dire lorsqu'il baisse assez pour démasquer l'orifice inférieur du tube A, la vapeur du générateur pénètre dans ce tube, remplit le serpentin et communique sa chaleur à la rondelle fusible, qui, sous son action, se fond, libérant l'orifice du sifflet dans lequel la vapeur pénètre en le faisant vibrer.

Sifflet d'alarme Bourdon

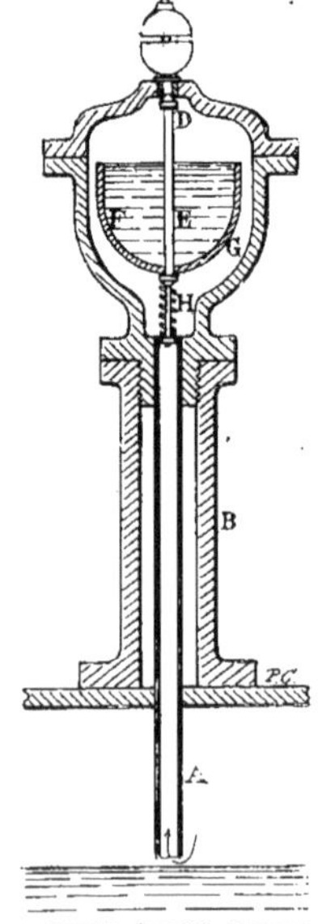

Fig. 344. — Sifflet d'alarme Bourdon.

(Fig. 344.) Ce sifflet se compose également d'un tube plongeur A dont l'extrémité inférieure est placée à la hauteur du niveau minimum.

Ce tube est logé dans un support en fonte B, à la partie supérieure duquel est disposé le sifflet.

L'accès au sifflet est commandé par une soupape D montée en bout d'une tige E, fixée, à son extrémité inférieure, à une cloche renversée F.

Cette cloche, enfermée dans une capacité G, est soumise à l'action d'un ressort à boudin H, qui peut la soulever lorsqu'elle est vide, provoquant ainsi la fermeture de la soupape du sifflet.

Quand le niveau de l'eau est normal dans la chaudière, la vapeur qui est au-dessus de cette eau la chasse dans le tube vertical A, et cette eau vient remplir la capacité G et la cloche F.

Celle-ci est donc équilibrée et le ressort la maintient soulevée en appuyant la soupape du sifflet sur son siège.

Quand le niveau de l'eau dans la chaudière s'abaisse jusqu'à sa limite inférieure, l'orifice inférieur du tube laisse pénétrer la vapeur dans la capacité G, de laquelle l'eau s'écoule. L'eau contenue dans la cloche F continuant à y séjourner, l'équilibre se trouve rompu; la cloche devient plus lourde et, sous son supplément de poids, s'abaisse en comprimant le ressort H.

La soupape libère l'orifice d'admission dans le sifflet et celui-ci, sous l'action de la vapeur, fait entendre le signal avertisseur.

Soupapes de sûreté

Nous avons vu que les manomètres devaient indiquer, à chaque instant, la pression de la vapeur dans la chaudière, mais ils ne peuvent pas remédier eux-mêmes à l'excès de pression qui peut s'y produire.

C'est pour cela que la loi française a exigé que soient placés, sur les chaudières, des appareils fonctionnant automatiquement pour laisser échapper la vapeur, quand sa pression dépasse celle qui est indiquée sur le timbre du générateur.

Ces appareils sont les *soupapes de sûreté*, et chaque chaudière en comporte obligatoirement deux.

Soupape de sûreté à poids

(Fig. 345.) Pour les générateurs dont la pression n'est pas élevée, on peut employer la soupape ordinaire la plus simple, dite *soupape à poids*.

La soupape A, disposée à l'extrémité d'un conduit de vapeur B, repose sur son siège par l'action d'un poids C, guidé dans une traverse horizontale D supportée par deux tiges verticales E E.

Le poids est suffisant pour faire équilibre à la pression maximum de la vapeur de la chaudière, agissant sous la soupape A.

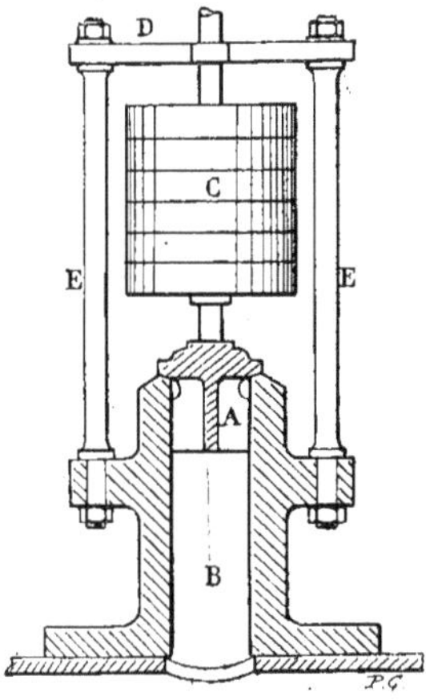

Fig. 345. — Soupape de sûreté à poids.

Quand cette pression se troupe dépassée, la vapeur soulève la soupape et le poids qu'elle supporte, et s'échappe dans l'atmosphère jusqu'à ce que, par le fait de cette évacuation, la pression diminue dans la chaudière pour reprendre son chiffre normal.

La soupape se referme alors sous l'action du poids, qui est devenu prépondérant, et le fonctionnement du générateur peut se poursuivre sans danger.

Soupape de sûreté à levier

(Fig. 346). Quand la pression de la vapeur est élevée dans le générateur, il serait nécessaire, pour équilibrer la pression maximum, de charger la soupape avec un poids dont les dimensions deviendraient trop importantes pour être disposé comme celui de la soupape précédente.

On a alors recours à un artifice pour employer un poids de moindre volume, tout en faisant sur la soupape l'effort nécessaire pour compenser la pression maximum.

On suspend simplement ce poids A à l'extrémité d'un levier BC, dont le point d'articulation est en C et dont les deux branches inégales C D et C B sont déterminées de façon que le poids A équilibre au bout de son bras de levier C B, la pression limite de la vapeur agissant sur la surface inférieure de la soupape appliquée au bout du bras de levier C D.

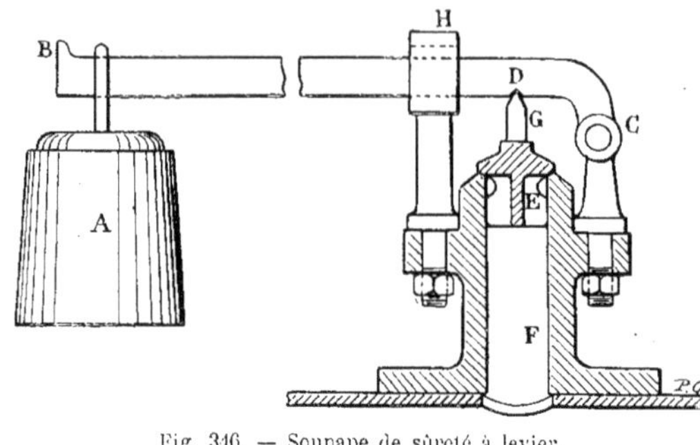

Fig. 346. — Soupape de sûreté à levier.

La soupape E obture, quand elle est baissée, l'orifice de vapeur F et porte à sa partie supérieure un pointeau G qui s'engage dans le levier C B.

Elle est prolongée vers le bas, par quelques nervures ménagées sur sa circonférence, qui lui servent de guides pendant son déplacement et qui laissent entre elles un espace vide par lequel la vapeur peut s'échapper au dehors, quand la pression, devenue trop forte, soulève la soupape en provoquant le relèvement du bras de levier.

Ce levier est guidé latéralement par son passage dans une chape H, dont la partie supérieure limite son excursion, afin d'éviter que la soupape ne puisse sortir de son siège.

Soupape de sûreté Adams

(Fig. 347 et 348.) Cette soupape ne comporte ni poids, ni levier. Le poids est remplacé par un ressort à boudin A, qui appuie, de haut en bas, sur l'extrémité inférieure d'une tige B, solidaire de la soupape C et coulissant librement, d'autre part, dans la douille supérieure D.

La soupape C est guidée, par plusieurs nervures, dans la tubulure de vapeur E fixée sur la chaudière.

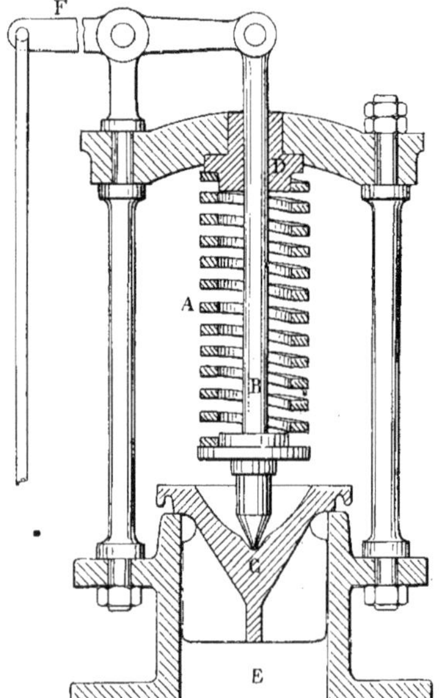

Fig. 347. — Soupape de sûreté Adams.

Le repos de la soupape sur son siège a reçu une forme toute spéciale, de façon à éviter l'inconvénient qui caractérise les soupapes dont les repos sont constitués par de simples surfaces planes.

Dans ce cas, en effet, les soupapes se soulèvent seulement sous l'effet de la pression exercée par la vapeur sur leur surface inférieure, et, sitôt qu'une diminution de cette pression vient à se produire, par l'échappement de la vapeur immédiatement voisine de la soupape, celle-ci se ferme brusquement, ne permettant pas une sortie prolongée de vapeur susceptible d'influencer la pression générale de la chaudière.

La *soupape Adams* repose sur son siège par une surface légèrement conique, à laquelle fait suite, extérieurement, une gorge pratiquée tout autour de la soupape.

Quand la vapeur a dépassé, dans la chaudière, la pression de régime, elle soulève

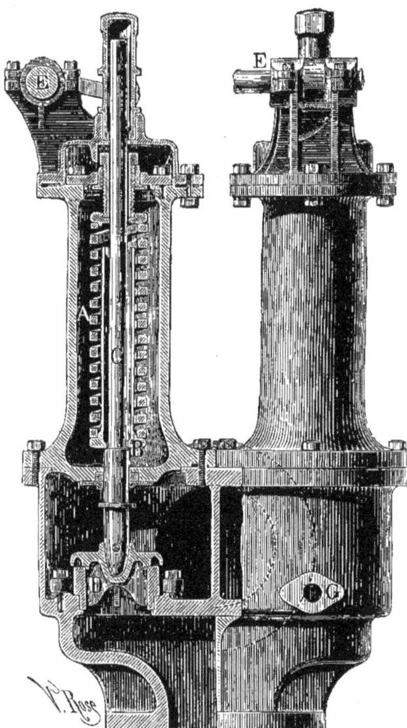

Fig. 348. — Soupape de sûreté double Adams.

la soupape, en agissant sur sa surface inférieure et en comprimant le ressort à boudin A; mais au lieu de s'échapper directement dans l'atmosphère, elle vient frapper violemment les rebords de la gorge circulaire, ce qui détermine un nouveau soulèvement de la soupape et donne lieu à une sortie plus grande de vapeur.

Le levier F, disposé à la partie supérieure de la soupape, a pour objet de soulever la soupape à la main en cas d'urgence.

La figure 351 représente une soupape de sûreté Adams double montée sur une chaudière marine.

Soupape de sûreté Codron (Fig. 349.) Le repos de cette soupape, sur son siège, est constitué par deux surfaces horizontales planes s'appliquant sur deux couronnes circulaires, l'une centrale, l'autre extérieure B.

Le centre de la tubulure de vapeur C est obturé par une masse métallique D, de sorte que la vapeur n'agit sur la soupape que par l'espace annulaire compris entre cette masse centrale D et les parois de la tubulure C.

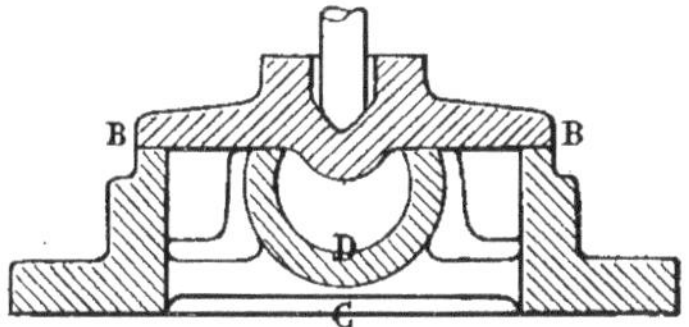

Fig. 349. — Soupape de sûreté Codron.

Quand la soupape se trouve soulevée, par la trop grande pression de la vapeur, celle-ci, en s'échappant, agit alors sur la surface totale de la soupape, au lieu d'agir, comme au début, sous la simple surface annulaire.

Le soulèvement de la soupape est donc augmenté du rapport existant entre les deux surfaces, et la vapeur peut se répandre au dehors en quantité suffisante pour provoquer la diminution de pression dans la chaudière.

Soupape de sûreté Dulac (Fig. 350 et 351.) Cette soupape A, qui repose horizontalement sur son siège, est évasée, à sa partie supérieure, en forme de tronc de cône, et son siège B est également évasé suivant une forme conique parallèle intérieurement à la paroi extérieure de la soupape.

Le levier chargé du contrepoids, appuie la soupape sur son siège par l'intermédiaire d'un pointeau C.

Quand la pression de la vapeur soulève la soupape, elle sort par l'espace annulaire

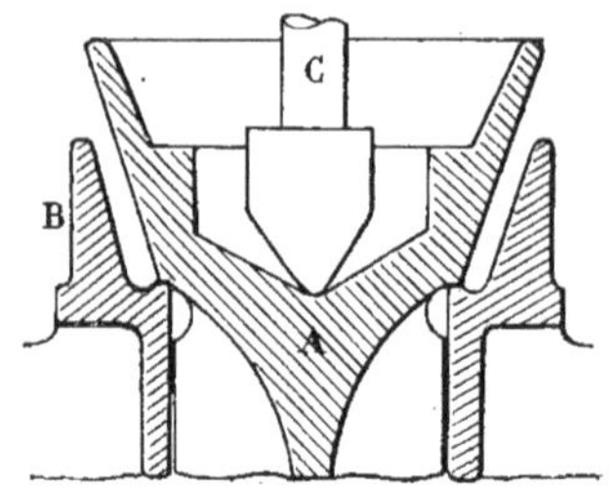

Fig. 350. — Soupape de sûreté Dulac.

compris entre les deux troncs de cônes, et la section d'échappement augmente progressivement, à mesure que la soupape se soulève davantage.

En outre, la vapeur, en s'échappant, agit, non seulement sur la surface inférieure de la soupape, mais encore sur sa surface conique supérieure, la maintenant ainsi soulevée pour permettre l'évacuation du volume de vapeur nécessaire à la diminution de pression dans le générateur.

Soupape de sûreté Lethuillier-Pinel (Fig. 352.) — C'est encore une soupape à évacuation progressive.

Elle est constituée par deux plateaux A et B circulaires superposés, de diamètres différents, réunis par des nervures qui servent de guides à la soupape.

Le plateau inférieur A repose sur le siège de la soupape, qui porte une capacité annulaire C atteignant la hauteur du second plateau B.

La soupape est terminée par un pointeau D, qui pénètre dans un cran du levier à contrepoids E pivotant autour d'un couteau F.

Quand la vapeur soulève la soupape en pressant sous le plateau inférieur A, elle se répand dans la capacité annulaire C et, par réaction, vient frapper sous le disque supérieur B.

La vapeur s'échappe donc non seulement progressivement, mais encore la soupape est maintenue soulevée par le fait de sa

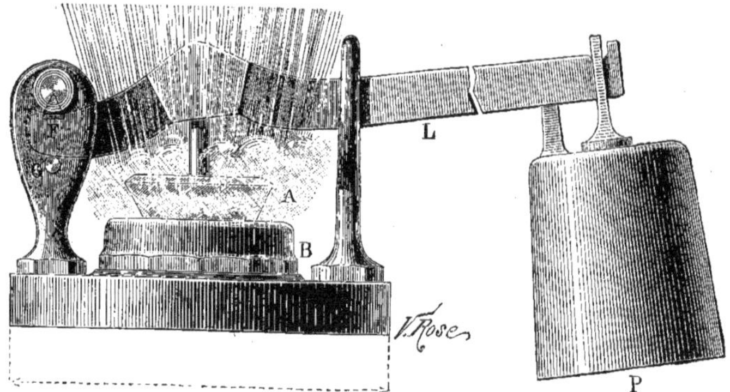

Fig. 351. — Soupape de sûreté Dulac.

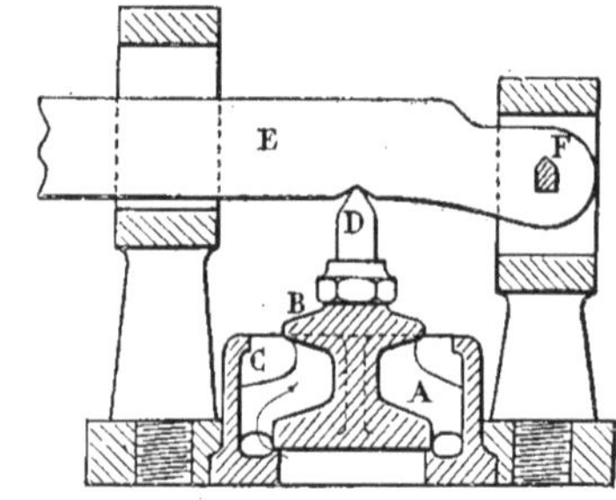

Fig. 352. — Soupape de sûreté Lethuillier-Pinel.

sortie, permettant ainsi une évacuation importante susceptible de parer à un danger immédiat.

Soupape de sûreté Hubner et Mayer

(Fig. 353.) Le soulèvement de cette soupape est maintenu par un dispositif spécial, qui provoque un vide progressif à sa partie supérieure.

A cet effet, un canal circulaire B est ménagé sur la soupape A, de façon que son orifice inférieur fasse suite au plan de repos sur le siège.

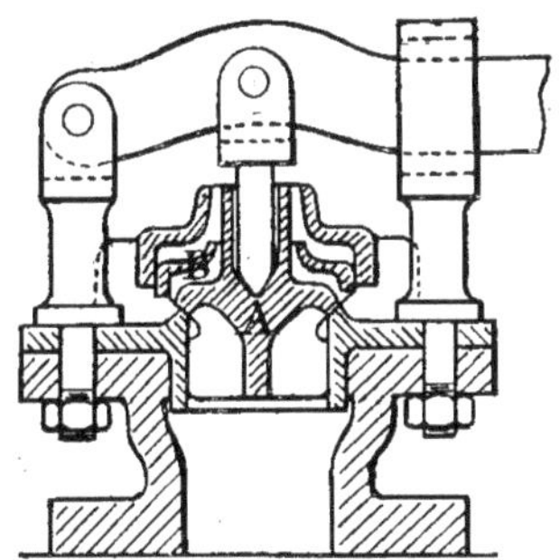

Fig. 353. — Soupape de sûreté Hubner et Mayer.

Quand la soupape est soulevée, la vapeur sortant du générateur pénètre dans ce conduit avec vitesse, et provoque, par sa sortie à la partie supérieure, un vide dans la capacité qui contient la soupape.

Ce vide est d'autant plus fort que la vitesse de la vapeur est plus grande.

La soupape se maintient donc soulevée pendant un temps suffisant pour permettre l'écoulement de vapeur nécessaire.

Soupape de sûreté Wilson

(Fig. 354.) Toutes les soupapes que nous venons d'examiner donnent, par leur soulèvement, directement passage à l'écoulement de la vapeur, ce qui a créé l'obligation d'adopter les divers dispositifs que nous avons décrits pour que la durée de ce soulèvement suffise à déterminer la baisse de pression dans la chaudière.

Il existe d'autres systèmes de soupapes de sûreté dans lesquels la *soupape de soulèvement* est indépendante de la *soupape d'écoulement*.

On peut ainsi maintenir facilement et d'une façon régulière la tension maximum dans le générateur.

La *soupape Wilson* est un appareil de ce genre.

Elle se compose d'un clapet A, s'appuyant par un plan horizontal sur son siège B, qui est muni, à sa partie centrale, d'un tube C plongeant dans la chaudière.

Ce tube est fixé, à son extrémité supérieure, sur le siège B. et est prolongé par une sorte d'entonnoir D qui guide le clapet dans son soulèvement.

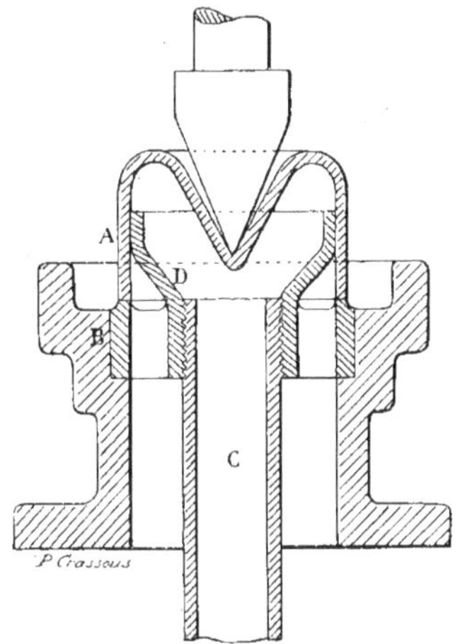

Fig. 354. — Soupape de sûreté Wilson.

La vapeur qui provoque le soulèvement est donc prise au milieu du réservoir de vapeur et conduite par le tube C et l'entonnoir D sous le clapet A.

Quand celui-ci se soulève, la vapeur s'écoule, entre les nervures que porte le siège du clapet, par l'orifice laissé libre, et le clapet ne s'abaissera que lorsque la vapeur, provenant du centre même de la chaudière, aura subi la diminution de pression qui permettra cette manœuvre.

Soupape de sûreté Castelnau

(Fig. 355.) Elle se compose d'un cylindre A, dans lequel se meut un piston B dont la tige est terminée par une crémaillère C, qui engrène avec un secteur denté D.

Ce secteur est solidaire d'un robinet E qui, par sa manœuvre, peut mettre en communication la chaudière avec l'atmosphère par l'intermédiaire des conduits F et G.

Le robinet est soumis, à chacune de ses extrémités, à l'action d'un contrepoids H qui le maintient fermé.

L'arrière du cylindre A communique avec la chaudière par le conduit I.

Quand la tension, dans le générateur, atteint sa limite maximum, la vapeur, qui appuie sur la face arrière du piston B, possède une pression suffisante pour vaincre la résistance des contrepoids H et faire progresser le piston vers l'avant.

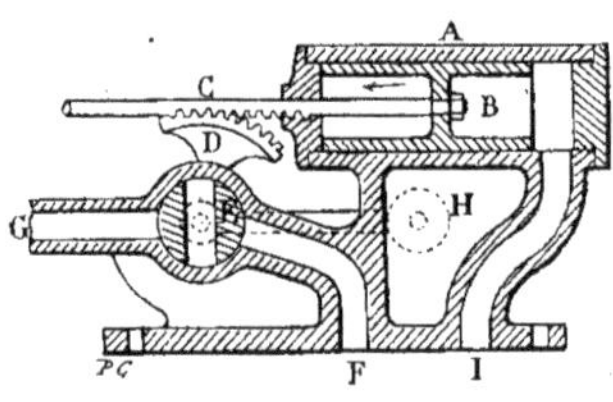

Fig. 355. — Soupape de sûreté Castelnau.

Dans ce mouvement, la crémaillère entraîne le secteur denté, qui, lui-même, commande la rotation du robinet.

Les conduits F et G communiquent, permettant l'écoulement de la vapeur dans l'atmosphère. Quand cet écoulement a ramené la tension normale dans la chaudière, le piston est sollicité à reculer, par l'action des contrepoids agissant sur le secteur denté. Le robinet E se ferme et la vapeur ne s'échappe plus.

Soupape de sûreté des locomotives

(Fig. 356.) Tout le monde a remarqué ces soupapes, établies à la partie supérieure du dôme de vapeur des locomotives, qui laissent très souvent échapper des jets violents de vapeur.

Ce sont des soupapes à leviers.

On leur donne des dispositions spéciales, parce qu'on ne peut suspendre un poids à l'extrémité d'un levier soumis à des trépidations et à des oscillations résultant de la marche de la locomotive.

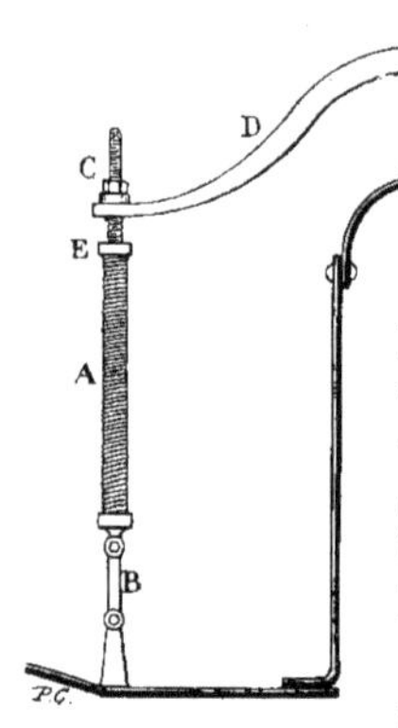

Fig. 356. — Soupape de sûreté des locomotives.

Le poids est remplacé par un ressort à boudin A fixé à sa partie inférieure sur une tige articulée B, et solidaire, à sa partie supérieure, d'une tige filetée C qui, s'engageant dans l'extrémité du levier D permet, par la manœuvre d'un écrou E, de régler la tension de ce ressort.

Quand la soupape se soulève sous l'action de la vapeur, le levier tend le ressort à boudin A, qui reprend sa position normale, en ramenant la soupape sur son siège, lorsque la tension de la chaudière a diminué.

Soupape de sûreté atmosphérique

(Fig. 357.) Appelée aussi communément *reniflard*, cette soupape n'est employée que pour les générateurs à très basse pression.

Dans ceux-ci, en effet, les tôles sont disposées pour ne résister qu'à des pressions très faibles, et il peut arriver que, par suite du refroidissement intérieur de la chaudière, il se produise un vide qui provoque, sous l'action de la pression atmosphérique, le fléchissement des tôles.

On dispose alors, sur ces générateurs, le *reniflard,* qui est une simple soupape A s'ouvrant de l'extérieur vers l'intérieur, maintenue appliquée sur son siège par un

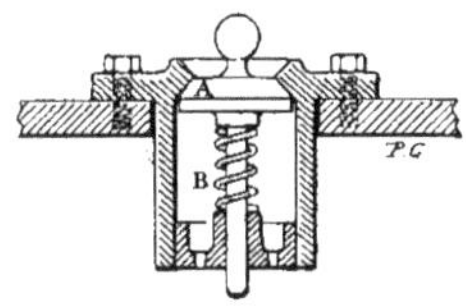

Fig. 357. — Soupape de sûreté atmosphérique.

ressort à boudin B monté sur sa tige centrale.

Quand le vide produit à l'intérieur de la chaudière atteint un degré trop grand, la pression atmosphérique pesant sur la soupape, provoque son ouverture en comprimant le ressort à boudin B, et l'air pénètre dans le récipient, évitant ainsi l'écrasement des parois.

Clapet automatique de retenue d'eau

(Fig. 358.) — Le règlement relatif à l'emploi des chaudières impose l'obligation d'avoir, sur chacune d'elles, un appareil de retenue d'eau, soupape ou clapet, fonctionnant automatiquement et placé au point d'insertion du tuyau d'alimentation dans la chaudière.

Le *clapet de retenue* a pour but de retenir l'eau dans la chaudière, dans le cas où une conduite viendrait à se rompre.

Sans cette précaution, la chaudière pourrait se vider complètement, soit dans l'atmosphère, soit dans son appareil d'alimentation, soit encore dans d'autres générateurs faisant partie de la même batterie et possédant des conduits communs.

Le clapet automatique de retenue d'eau est composé d'une capacité A munie de deux tubulures B et C, donnant accès chacune dans un des deux compartiments séparés par une cloison médiane D.

Sur la cloison est disposé un orifice portant le siège E du clapet F qui se meut au-dessus.

Le clapet est dirigé, dans son mouvement vertical, par une tige dont il est solidaire et qui est guidée à ses extrémités dans deux douilles G et H.

Quand l'eau d'alimentation arrive par la tubulure B, elle soulève le clapet de son siège pour pénétrer dans la chaudière par la tubulure C.

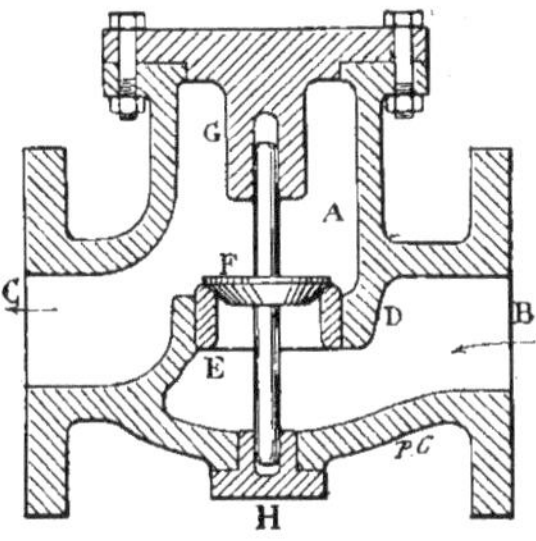

Fig. 358. — Clapet automatique de retenue d'eau.

Si une rupture se produit dans la canalisation extérieure, la pression de l'eau contenue dans la chaudière bloque le clapet sur son siège, car celui-ci n'est soumis sur sa face opposée qu'à la pression atmosphérique.

L'eau ne peut donc s'écouler au dehors.

Clapets automatiques de retenue de vapeur

Ces clapets sont rendus obligatoires lorsque les chaudières sont groupées en batterie, avec une canalisation de vapeur commune, de façon qu'en cas d'explosion survenant à une d'entre elles, la vapeur ne puisse s'échapper des autres par l'ouverture laissée béante sur la conduite générale.

Les clapets se ferment, dans ce cas, suivant le sens du flux de vapeur, mais il faut aussi que le clapet d'une chaudière dans laquelle se produit une déchirure puisse se fermer, sur cette chaudière, de façon à l'isoler totalement des autres et de la conduite.

Les *clapets de retenue* doivent donc pouvoir fonctionner dans les deux sens. On peut réaliser cette condition en employant deux appareils disposés pour marcher en sens inverse, ou on peut, dans le même appareil, établir un dispositif qui permette aux deux clapets de se fermer tantôt dans un sens, tantôt dans l'autre, suivant les besoins.

Clapet de retenue à un seul sens

Les *soupapes d'arrêt de vapeur*, que nous avons décrites dans le précédent chapitre, pourraient être disposées pour servir de clapets de retenue s'opposant au renversement du courant de vapeur. Il suffirait, pour cela, de ne pas fixer la soupape à la tige qui, manœuvrée par le volant, provoque son soulèvement.

La soupape serait indépendante et la tige servirait simplement de butée pour limiter son excursion.

La pression de la vapeur devrait la soulever et elle retomberait d'elle-même quand la pression extérieure deviendrait supérieure à celle de la chaudière.

L'arrêt absolu serait obtenu en bloquant la tige sur la soupape reposant sur son siège.

Clapet de retenue de vapeur Belleville

(Fig. 359.) C'est un clapet fermant dans le sens opposé au courant et indépendant de la soupape d'arrêt de vapeur.

Il est disposé entre *le collecteur épurateur* de vapeur et la prise de vapeur.

Il se compose d'un clapet A articulé sur un axe fixe B. Ce clapet repose, par son poids, sur la tubulure de sortie de vapeur C et l'obture complètement. Quand le générateur est en fonctionnement, la vapeur par sa pression le soulève, le bute contre la paroi opposée de la boîte du clapet et se rend à la soupape de prise.

Si, par suite d'une avarie, la vapeur de la conduite collective des générateurs tend à se déverser dans la chaudière, le clapet

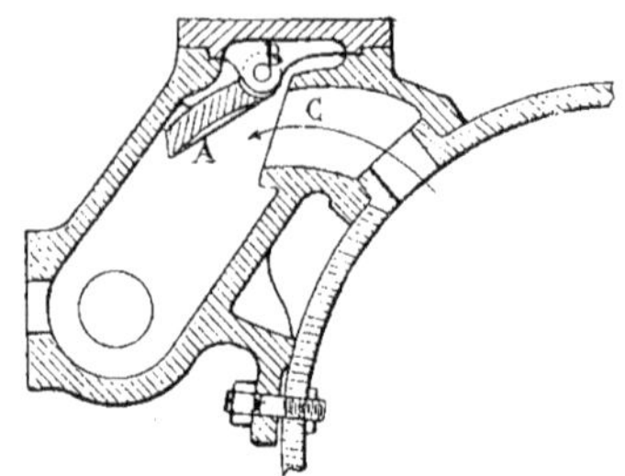

Fig. 359. — Clapet de retenue Belleville.

est automatiquement fermé par la différence de pression des deux fluides.

Clapet de retenue à deux sens

Dans ces sortes d'appareils, il convient de régler la sensibilité de chacun des clapets, de façon que celui qui ferme de l'extérieur vers l'intérieur de la chaudière, fonctionne lorsqu'une baisse de tension se produit dans celle-ci, et que celui qui obture en sens inverse, laisse le passage à la vapeur malgré les dépressions brusques provoquées dans la conduite par les variations de consommation de vapeur de l'usine.

Il est bon de reporter à l'extérieur un organe solidaire du fonctionnement des clapets, de manière à ce qu'on puisse connaître, à chaque instant, leur position dans la boîte à clapets.

Clapet de retenue Carette

(Fig. 360.) Il est constitué par une capacité cylindrique A, dans laquelle se meut une tige B, sur laquelle sont fixés deux clapets C et D, de forme conique.

Cette tige est guidée dans deux douilles placées à ses extrémités.

Entre les deux clapets est disposée une bielle E dont la tête, en forme de fourche, donne passage à la tige, et dont l'autre extrémité est solidaire d'un axe qui peut tourner dans la paroi de la capacité qu'elle traverse.

La partie extérieure de l'axe porte un levier vertical F, muni d'un contrepoids G. Ce contrepoids maintient les deux clapets en équilibre, à une position bien déterminée par rapport à leur siège.

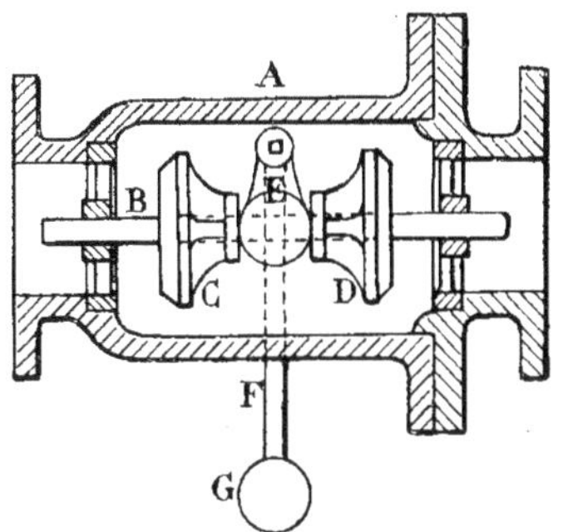

Fig. 360. — Clapet de retenue Carette.

Quand, dans un sens ou dans l'autre, la différence de pression est suffisante pour provoquer, par son action sur le clapet, le soulèvement du contrepoids, le clapet se ferme et reprend sa position normale sitôt que la cause qui l'a appliqué sur son siège n'existe plus.

Le réglage de l'appareil se fait en déplaçant le contrepoids sur le levier.

Clapet de retenue à boulet (Fig. 361.) Ce clapet double a le grand grand avantage d'être très simple, mais il a l'inconvénient de ne posséder, en général, aucun organe indicateur extérieur, et demande à être bien fait pour éviter des fuites.

Il se compose d'un boulet sphérique A placé sur un support B, entre les tubulures de vapeur C et D.

Quand il repose sur son siège, la vapeur peut circuler librement au-dessus; mais quand une pression anormale vient à se manifester d'un côté, le boulet est projeté contre la tubulure opposée et maintenu appuyé sur son orifice tant que la pression anormale persiste

Quand la pression diminue, le boulet retombe sur son support, prêt à obturer l'orifice de l'autre tubulure si la pression anormale se produisait dans l'autre sens.

On peut toutefois disposer le clapet à boulet, de façon à connaitre de l'extérieur sa position exacte.

Pour cela, on suspend le boulet à une tige verticale, solidaire d'un axe horizontal traversant la boîte du clapet, et portant, à son extrémité extérieure, un levier muni d'un contrepoids, comme le *clapet double Carette.*

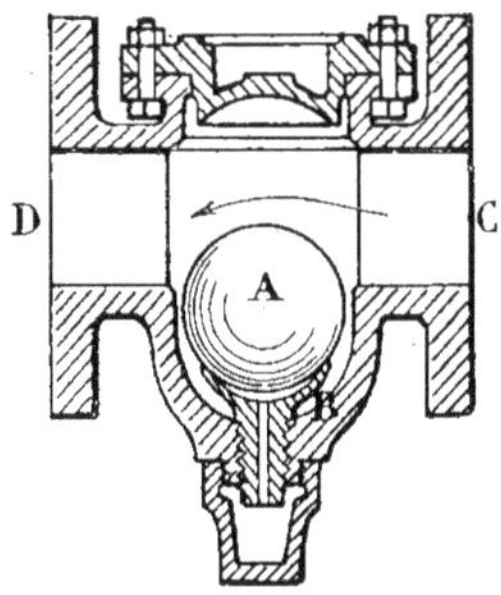

Fig. 361. — Clapet de retenue à boulet.

Le boulet, suspendu au milieu du courant de vapeur, peut être déplacé dans un sens ou dans l'autre par la pression s'exerçant sur lui, en soulevant ou abaissant le levier extérieur à contrepoids réglable.

Clapet de retenue Pile (Fig. 362.) Ce clapet est composé de deux cylindres, A et B, placés perpendiculairement au conduit de vapeur CD.

Les deux cylindres communiquent respectivement, par deux conduits obliques, E et F, avec chacune des extrémités de la tubulure de vapeur.

Dans les cylindres se meuvent deux pistons, G et H, reliés entre eux par une tige centrale I. L'un de ces pistons est constitué par un simple disque G, l'autre, H, est en forme de cuvette.

Quand la pression se maintient normale dans la chaudière, la vapeur s'écoule librement dans le conduit CD. Quand une dépression trop forte a lieu d'un côté, en D, par exemple, le vide se produit dans le cylindre B, derrière le piston G, par l'intermédiaire du canal F, et ce piston commence à progresser vers le fond du cylindre.

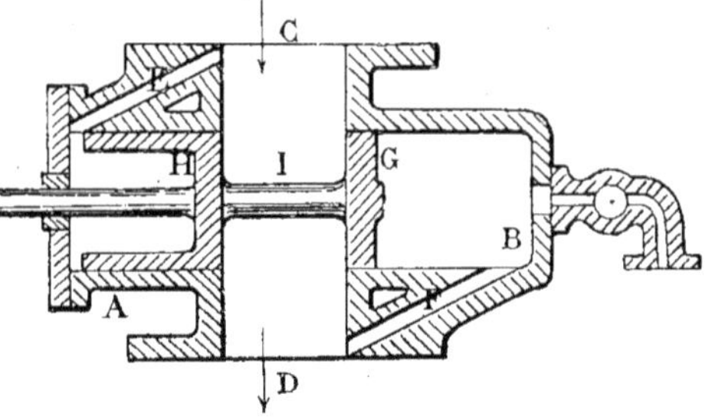

Fig. 362. — Clapet de retenue Pile.

En outre, la vapeur venant du côté C pénètre par le canal E dans le cylindre A, et contribue à accentuer le mouvement des deux pistons vers la droite.

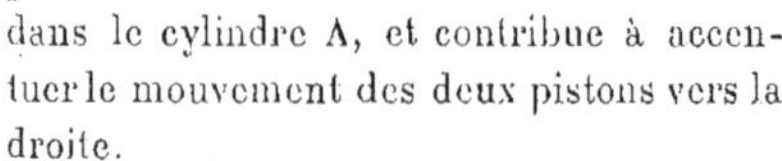

Quand cette course est achevée, le piston H a obturé, par sa paroi circulaire, le conduit de vapeur, isolant ainsi le générateur de la conduite collective de la batterie.

Bouchons fusibles (Fig. 363.) — Ce sont des organes accessoires de sécurité qui ne sont pas obligatoires en France.

Ils sont constitués par des bagues A, faites avec un métal fusible qui est ordinairement

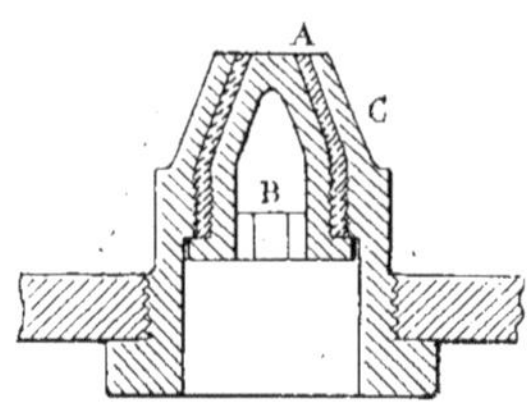

Fig. 363. — Bouchon fusible.

du plomb ou un alliage de plomb, étain, bismuth. Ces bagues sont serrées entre deux pièces généralement en bronze, B et C, et l'ensemble constitue un bouchon qui est vissé sur la paroi de la chaudière se trouvant très exposée au coup de feu, ou sur celle qui reçoit la vapeur à sa plus haute température.

Quand le bouchon est baigné par l'eau de la chaudière, il résiste à la chaleur provenant du foyer, contre laquelle il est, d'ailleurs, protégé par la collerette de la pièce intérieure B; mais si l'eau diminue dans le générateur ou même ne baigne plus, pour une raison quelconque, le bouchon, celui-ci fond; la pièce B tombe en donnant passage à l'eau encore contenue dans la chaudière qui s'écoule sur le foyer et l'éteint.

Quand le bouchon est disposé sur le réservoir de vapeur, c'est la température trop élevée de la vapeur, correspondant à une pression exagérée, qui provoque sa fusion et ouvre un orifice par lequel elle s'échappe.

Ces bouchons, on le conçoit, offrent l'inconvénient, soit d'arrêter, soit de retarder le fonctionnement du générateur pendant tout le temps nécessaire à leur remplacement.

De plus, ils sont généralement peu accessibles. Quelquefois même, les dépôts ou incrustations qui peuvent se déposer sur leur surface intérieure, peuvent les isoler de l'eau contenue dans la chaudière, et leur fusion peut se produire d'une façon intempestive.

L'emploi des *bouchons fusibles*, autrefois général, tend à se restreindre de plus en plus.

Ils sont surtout utilisés pour protéger les ciels des foyers intérieurs de chaudières contre les coups de feu.

Soupape Barbe (Fig. 364.) C'est un autre appareil accessoire qui peut, automatiquement, prévenir les accidents des chaudières en arrêtant leur fonctionnement.

Il se compose d'un clapet A, posé sur un orifice B ménagé à la partie inférieure de la chaudière, et sur lequel il est appuyé par l'extrémité d'un levier C, articulé en un point fixe D et supportant à son autre extrémité un contrepoids E.

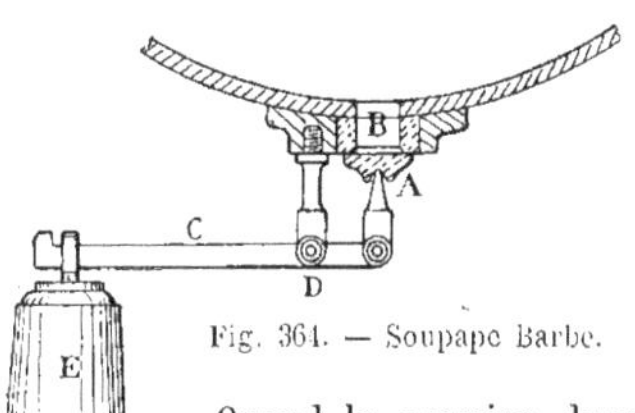

Fig. 364. — Soupape Barbe.

Quand la pression dans la chaudière devient excessive, elle agit sur cette soupape en l'ouvrant de haut en bas.

Ce mouvement détache, de l'extrémité du levier, le clapet, qui, n'étant plus soutenu, tombe en laissant absolument libre l'orifice B de la chaudière, par lequel l'eau et la vapeur se déversent, prévenant ainsi un accident ou une explosion.

Les inconvénients des bouchons fusibles peuvent s'appliquer également à cette soupape, ce qui rend son emploi peu fréquent.

DÉTÉRIORATIONS DES CHAUDIÈRES. ACCIDENTS. — EXPLOSIONS.

Les parois des chaudières sont exposées, par le fait même du fonctionnement de ces appareils, à se détériorer et à se rompre, si une surveillance bien entendue n'en élimine les causes d'altération ou de destruction, et les effets des accidents et des explosions des chaudières sont si redoutables, qu'on ne saurait négliger même les plus minimes des précautions pour assurer la régularité de leur marche.

Il importe, en premier lieu, de n'employer pour la construction des chaudières que des matériaux parfaitement homogènes, exempts de criques, de fentes ou de pailles. A ce propos, il convient de dire qu'on emploie de plus en plus de la tôle d'acier doux pour cette construction, en remplacement de la tôle de fer, plus sujette aux pailles et gerçures.

Il faut donc, avant de mettre un générateur en service, vérifier avec grand soin l'état des tôles constituant ses parois, et la qualité des rivures.

Il est inadmissible qu'une chaudière neuve puisse être sujette à caution, même dans la moindre de ses parties.

D'ailleurs, tout générateur neuf doit subir, réglementairement, une épreuve de résistance qui consiste à le soumettre à une pression hydraulique supérieure à la pression effective indiquée sur le timbre, dans des conditions dont nous avons parlé dans le chapitre VII à propos du timbre, et qui sont données in extenso dans le règlement du 9 octobre 1907 que nous publions à la fin de ce volume.

Corrosions. Pendant le fonctionnement du générateur, il peut se produire sur ses parois, tant à l'intérieur qu'à l'extérieur, des *corrosions* provoquées par différentes causes.

Les *corrosions intérieures* sont produites soit par l'oxydation, soit par l'action des chlorures alcalins ou des matières grasses.

L'air en dissolution dans l'eau et qui se dégage de celle-ci, sous l'action de la chaleur, oxyde les tôles en se déposant, de préférence, sur les aspérités qu'elles peuvent présenter, et les rongent petit à petit jusqu'à provoquer leur perforation. C'est la *corrosion* par *pustules* (Fig. 365 et 366), qui se manifeste surtout dans les parties de la chaudière où ne circule pas un courant d'eau suffisamment intense.

La *corrosion par pustules,* relativement peu dangereuse, peut se transformer en *détérioration* suivant des sillons qui se forment généralement le long des joints de parois et surtout le long des lignes de plus grande fatigue.

L'alimentation faite avec des eaux acides provoque également des *corrosions intérieures*. *Le chlorure de magnésium* et le *chlorure de calcium* contenus dans les eaux d'alimentation produisent, généralement, des effets corrosifs importants sur une grande partie des parois intérieures.

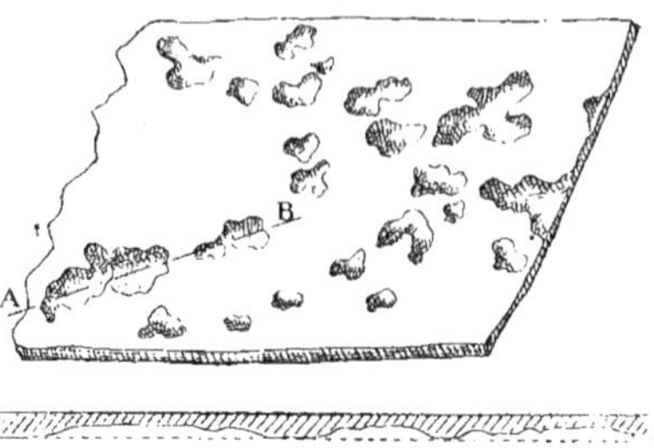

Coupe suivant A B.

Fig. 365 et 366. — Corrosion intérieure.

Les corps gras ont une influence corrosive également destructive, l'acide gras, libéré sous l'effet de la chaleur, attaquant violemment les tôles qui le renferment.

Les huiles minérales, qui ne contiennent aucun acide, peuvent, par leur viscosité, empêcher le contact de l'eau et de la paroi et provoquer la surchauffe de la tôle. Il est donc important de veiller à ce que les lubrifiants employés dans la machine à vapeur ne soient pas entraînés dans l'eau d'alimentation et de là dans le générateur.

Comme l'oxydation des tôles se produirait facilement et prendrait des proportions rapidement sérieuses dans les chaudières en non-fonctionnement, il convient de prendre, vis-à-vis d'un générateur immobilisé temporairement, certaines précautions pour assurer sa conservation en bon état.

On doit, d'abord, le vider le mieux possible, puis faire du feu pour provoquer l'évaporation de l'eau qui peut y être restée, et sécher, en même temps, l'air qui y est contenu. On le ferme ensuite hermétiquement.

On peut également mettre une couche de minium sur les parois intérieures ou remplir le générateur avec de l'eau contenant du *carbonate de soude* en quantité telle, que le fer ne puisse s'oxyder.

On peut limiter les *corrosions intérieures* en enlevant l'oxyde de fer et en goudronnant les tôles.

On les évite par une surveillance active et par l'emploi, que certains constructeurs préconisent, d'enveloppes intérieures en laiton, en zinc, ou, en plomb.

Les *corrosions extérieures* (Fig. 367 à 369) sont le résultat de l'oxydation des parois extérieures provoquée par l'humidité que peuvent entretenir, dans les carneaux, à un endroit éloigné du foyer, les suintements de l'eau ou les fuites de vapeur du générateur par

Coupe suivant *ab*.

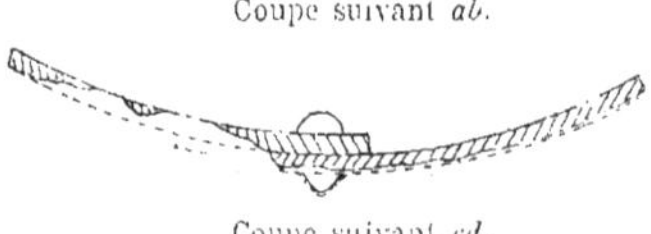

Coupe suivant *cd*.

Fig. 367 et 369. — Corrosion extérieure.

les joints des rivures insuffisamment assurés.

En outre, l'acide sulfureux contenu dans les charbons pyriteux se transforme, par l'humidité, en acide sulfurique qui est un corrosif de premier ordre.

Il importe donc, pour éviter ces inconvénients, de chasser l'humidité des carneaux en y introduisant un corps qui l'absorbe, comme, par exemple, le *chlorure de calcium*.

Il faut également tenir les parois extérieures propres en les raclant et, au besoin, les mettre à l'abri de l'oxydation par un goudronnage.

Coups de feu (Fig. 370-372.) Les *coups de feu* sont des détériorations produites par la chaleur sur des parois dont la face intérieure n'est pas baignée par l'eau. La paroi prend une température très élevée, ce qui occasionne un changement dans la nature du métal, fer ou acier, qui la constitue. Sa résistance diminue; il se forme sur cette paroi des boursouflures, des gerçures, et la rupture de la partie atteinte peut se produire, si on n'y porte immédiatement remède.

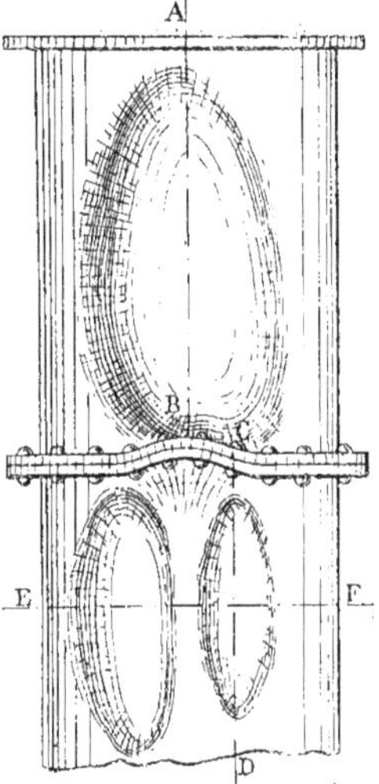

Fig. 370 à 372. — Coup de feu.

Coupe suivant ABCD.

Coupe suivant EF.

Les *coups de feu* sont provoqués par les dépôts et incrustations qui peuvent s'accumuler intérieurement sur certaines parois des générateurs, soumises à l'action intense des flammes. Ces incrustations, isolant la tôle de l'eau qui devrait la baigner, déterminent ainsi son altération, sous l'action du feu.

Les matières étrangères qui auraient pu s'introduire dans le générateur, et les corps gras qui peuvent être véhiculés par l'eau, sont encore des causes pouvant déterminer les *coups de feu*.

Autres causes de détériorations L'altération des chaudières peut être provoquée par d'autres causes auxquelles on est tenté de porter moins d'attention et qui n'en ont pas moins des effets fort graves.

Les *dilatations* que prennent les parois, lorsque la marche de la chaudière est forcée au delà de ses limites, peuvent occasionner des *fentes* et *criques* qui se produisent à l'endroit des rivures et même en pleine matière.

La *gelée* peut être également une cause de rupture pour les tôles intéressées.

L'affaiblissement des parois par le fait d'ouvertures qui peuvent y être pratiquées, le montage des générateurs sur des appuis qui gênent leur libre *dilatation*, l'emploi de la *fonte de fer*, sont autant de causes pouvant déterminer des détériorations sérieuses au générateur et des accidents redoutables.

En dehors des causes multiples que nous venons d'énumérer et qui sont susceptibles d'altérer profondément le métal dont est fait le générateur, il en est encore deux dont on doit redouter les conséquences terribles, et contre lesquelles le chauffeur peut aisément se prémunir en se conformant strictement à la consigne de marche du générateur.

Nous voulons parler du *manque d'eau* et de l'*excès de pression*.

Le manque d'eau provient, généralement, de ce que le chauffeur ne consulte pas suffisamment l'*indicateur de niveau*, ou ne règle pas l'alimentation du générateur suivant les indications qu'il donne.

Cependant le manque d'eau peut, parfois, être la conséquence d'obturations intempestives de conduits ou d'un fonctionnement défectueux de l'appareil d'alimentation, mais un chauffeur avisé et soigneux se trouve bien rarement surpris par ces diverses éventualités.

On sait que lorsque le niveau est trop bas, les gaz chauds peuvent agir extérieurement et directement sur une paroi non baignée à l'intérieur. Il se produit alors des *coups de feu* dont nous avons indiqué les graves inconvénients.

Excès de pression — La vigilance du chauffeur ne doit pas, non plus, être prise en défaut par un excès de pression se produisant dans le générateur, car, des indications du manomètre, il peut, à chaque instant, déduire facilement les dispositions à prendre pour obtenir un fonctionnement régulier.

Il est bien évident que, dans aucun cas, un chauffeur consciencieux ne doit ni charger, ni caler les soupapes des chaudières pour obtenir, momentanément, une marche forcée pouvant lui être nécessaire.

Il risque, en soumettant les parois à une pression excessive, de provoquer, aux places affaiblies par les corrosions tant intérieures qu'extérieures, des déchirures laissant échapper la vapeur et l'eau brûlante dont il peut être la première victime.

Explosions — Quand toutes les causes analysées plus haut ne causent que des altérations ou des détériorations plus ou moins graves, on peut, par des visites fréquentes, en être averti, et y remédier, dans une certaine mesure, par des réparations appropriées; mais ces altérations sont quelquefois si rapides et si profondes, qu'une explosion en est la conséquence terrible, faisant souvent un grand nombre de victimes autour d'elle.

Les explosions sont provoquées principalement par le *manque d'eau* et l'*excès de pression*.

La baisse excessive du niveau de l'eau au-dessous de la partie supérieure des carneaux, peut provoquer, ainsi que nous venons de le dire, un échauffement de la paroi non baignée intérieurement, et la porter jusqu'au rouge : si on alimente, à ce moment, l'eau qui prend contact avec la paroi, se vaporise instantanément, produisant un surcroît si rapide et si important de pression, qu'une *explosion par éclatement* est inévitable.

Quand le chauffeur s'aperçoit que le niveau de l'eau est au-dessous de la limite déterminée, il doit immédiatement éteindre son feu, *fermer tous les orifices* aboutissant à la chaudière, orifices d'eau et de vapeur, afin d'éviter qu'il puisse s'y produire le moindre remous pouvant amener l'eau au contact de la paroi surchauffée.

L'explosion provoquée par un *excès de pression* se traduit par des déchirures dans les parois, laissant échapper l'eau et la vapeur.

Ces explosions, quoique dangereuses, sont pourtant moins redoutables que les précédentes.

Quand le chauffeur s'aperçoit que la pression, dans la chaudière, a dépassé le chiffre-limite indiqué par le timbre, il doit diminuer, dans le foyer, l'activité de la combustion, en ouvrant la porte, en modérant le tirage et en couvrant son feu.

Si la pression continue, malgré cela, à monter, il doit immédiatement éteindre le feu, ouvrir les soupapes de sûreté et provoquer dans la machine réceptrice un afflux de vapeur considérable.

L'explosion peut être aussi la conséquence de l'inflammation, dans le foyer ou dans les carneaux, de gaz détonants. Ces explosions sont surtout à craindre dans les chaudières fonctionnant avec les gaz des hauts fourneaux. Si ces gaz ne se brûlent pas complètement, pour une raison quelconque, dans le foyer, ils n'en continuent pas moins à s'accumuler, mélangés avec l'air, dans les carneaux, où ils peuvent s'enflammer et provoquer, par explosion, la rupture du massif de maçonnerie.

Dans les foyers où on ne *tombe pas les feux* pendant la nuit, il peut se produire des gaz qui ne s'enflammant pas, s'accumulent en formant avec l'air un mélange détonant qui déflagre lorsque la température du foyer s'élève.

Il convient donc, avant de redonner de l'activité au foyer, de laisser échapper, par le registre, tous ces gaz dans la cheminée.

Voici, empruntés aux rapports dressés par les *Associations françaises des propriétaires d'appareils à vapeur,* dont nous parlons plus loin, quelques détails sur certaines explosions déterminées par les différentes causes que nous venons d'examiner.

Explosion de chaudière verticale double

(Fig. 373.) Le 14 février 1877, une chaudière verticale double contenant en marche normale 19.000 litres d'eau, sauta à Saint-Étienne.

Les deux chaudières A et B, assemblées dans le même massif, étaient réunies par deux cuissards C et D.

La chaudière A, qui fit explosion, servait de réchauffeur à l'autre, B, et les gaz chauds, actionnant les chaudières, provenant d'un four métallurgique, pénétraient dans le massif par le conduit E et ressortaient par le conduit F après avoir successivement parcouru, en sens inverse, les deux carneaux contenant les chaudières.

L'alimentation se faisant en G, dans la chaudière A, le pied de cette chaudière était toujours froid, et permettait ainsi l'attaque de sa paroi extérieure, au-dessous du cuissard D, par les produits acides de la combustion.

Il en résulta une usure progressive du métal, qui, déterminant une déchirure de

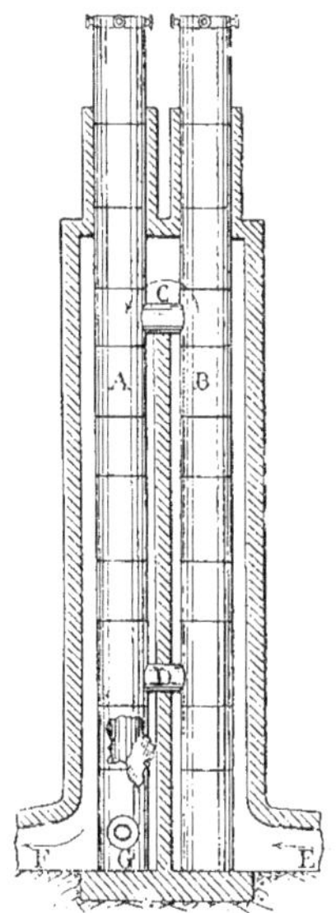

Fig. 373. — Explosion d'une chaudière verticale double.

40 centimètres de longueur, provoqua l'explosion.

La vapeur et l'eau, s'échappant par cette ouverture, furent projetées à travers les ateliers, celle-ci jusqu'à plus de 60 mètres, en brûlant de nombreux ouvriers.

Il y eut quatre hommes tués, plusieurs blessés et d'importants dégâts matériels.

Explosion d'une chaudière horizontale

(Fig. 374 et 375.) Une autre explosion, de conséquences presque aussi terribles, se produisit le 7 août 1882, à une chaudière horizontale, à foyer intérieur, installée dans une papeterie, aux Échelles (Isère).

Cette chaudière, en service depuis deux ans seulement, explosa par suite de corrosions extérieures déterminées par l'humidité, provenant de fuites négligées, au contact de la murette-support I.

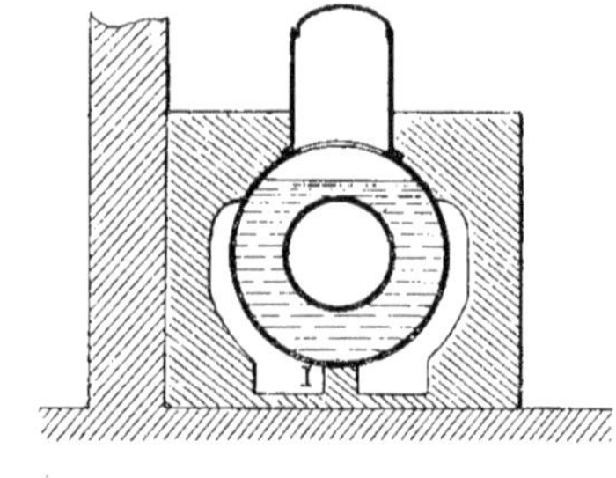

Trois hommes furent tués et il y eut des dégâts fort considérables. La chaudière A, qui fit explosion, était montée tout près d'une autre de dimensions plus petites, B. Celle-ci, qui n'était pas en fonctionnement, fut projetée à une dizaine de mètres, en C, et les morceaux de la chaudière A furent retrouvés en D, en E, en F, certains ayant été lancés jusqu'à 80 mètres de distance.

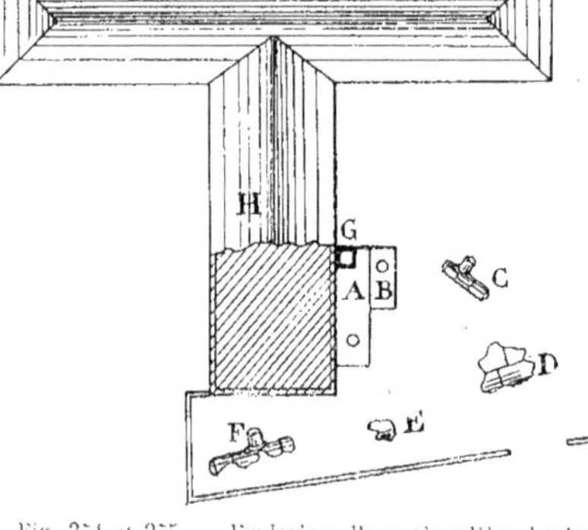

Fig. 374 et 375. — Explosion d'une chaudière horizontale (corrosion extérieure).

Les maçonneries supportant les chaudières furent complètement détruites ainsi que la cheminée G.

La salle des machines H fut également très éprouvée sur une moitié de sa longueur.

Les deux accidents précédents ont eu pour causes des *corrosions extérieures*. Celui que nous relatons ci-après est dû à des *vices de construction*.

Explosion d'une chaudière à grand corps cylindrique (Fig. 376.) C'est l'explosion, le 21 décembre 1887, d'une chaudière à grand corps cylindrique d'un volume d'eau normal de 6.500 litres, timbrée à 6 kilos.

Elle était installée dans une forge, à St-Chamond (Loire).

La mauvaise qualité des matériaux entrant dans la fabrication du générateur, occasionna la rupture du fond arrière, qui fut projeté en A, tandis que le corps de chaudière était lancé, en sens inverse, à 40 mètres de son massif, en traversant les ateliers, et venait s'arrêter contre le mur d'une maison voisine qu'elle défonçait.

Deux ouvriers furent tués, sept blessés, dont un grièvement, et les dégâts furent considérables.

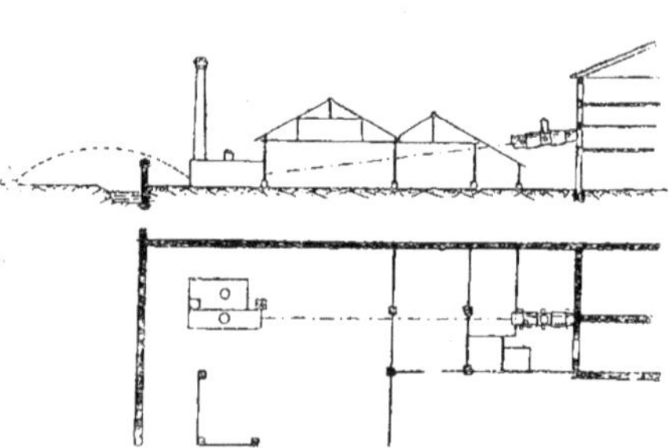

Fig. 376. — Explosion d'une chaudière à grand corps cylindrique.

Explosion d'une chaudière à foyer intérieur (Fig. 377.) Le 10 juin 1880, un générateur à foyer intérieur, installé à Roanne (Loire), fit explosion à cause d'une déchirure produite, au ciel du foyer, par le *manque d'eau*.

Le générateur avait été arrêté et le feu couvert à midi.

A la reprise du travail, le chauffeur ayant activé son feu, sans se rendre un compte exact de la hauteur de l'eau dans l'indicateur de niveau, l'explosion se produisit.

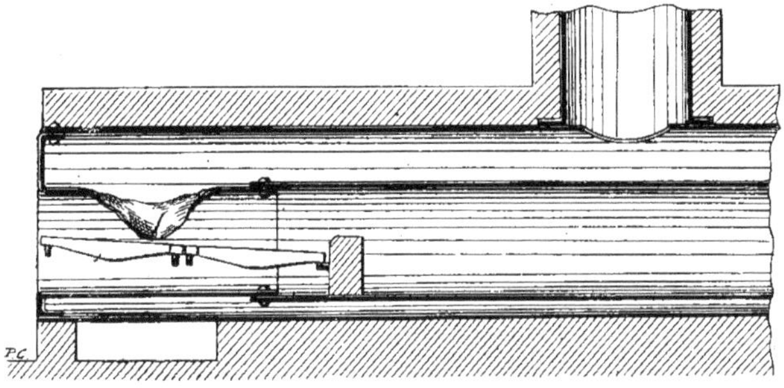

Fig. 377. — Explosion d'une chaudière à foyer intérieur (manque d'eau).

La chaudière s'était en partie vidée, pendant le repos, par suite du mauvais état du clapet de retenue d'eau qui n'avait pas rempli son office.

L'explosion provoqua l'ouverture de la porte du foyer et le feu fut lancé à plus de 25 mètres de distance.

Le chauffeur ne dut son salut qu'à son absence de la salle des chaudières au moment de l'explosion.

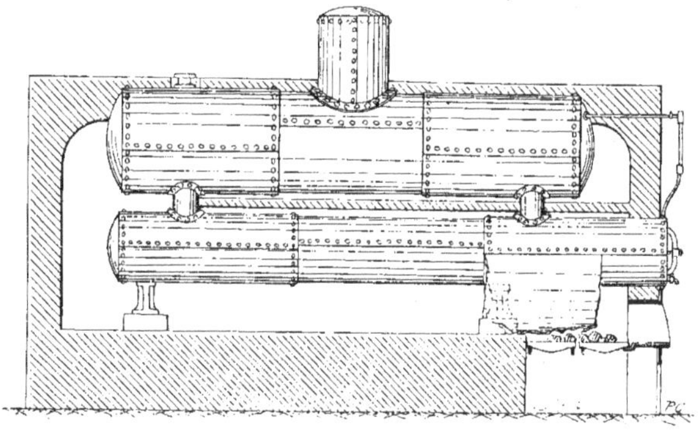

Fig. 378. — Explosion d'un générateur à bouilleurs (manque d'eau).

Explosion d'une chaudière à bouilleurs (Fig. 378). A Vertaison, dans le département du Puy-de-Dôme, dans une fabrique de chaux, une chaudière à foyer extérieur explosa le **20** avril **1882**, par suite d'une déchirure à un bouilleur, qui s'était produite au-dessus du foyer à cause du manque d'eau. La chaudière avait des fuites importantes qu'on avait négligées et elle s'était en partie vidée pendant la nuit, lorsqu'on la remit en fonctionnement sans s'être, au préalable, assuré de la position exacte du niveau de l'eau.

Le chauffeur fut tué, l'ensemble du générateur déplacé sur son massif, et celui-ci complètement détruit.

Les conséquences des explosions de chaudières à vapeur sont telles, qu'il suffit, pour les apprécier, de laisser la parole aux chiffres.

Un savant anglais, Edward Marten, cite, dans un ouvrage paru en 1866, 1046 explosions de chaudières à vapeur, qui ont tué, dit-il, 4.076 personnes et en ont blessé 2.603.

Une deuxième statistique du même auteur

faisant suite à la précédente et relative aux explosions survenues en Angleterre de 1866 à 1876, donne le résultat de 622 explosions de chaudières à bouilleurs, ayant tué 776 personnes, et en ayant blessé 1.303.

Nous n'avons pas de statistiques anglaises plus récentes. Il convient toutefois de signaler une explosion de chaudière qui eut lieu le 21 mars 1880, aux forges de Walsall (Angleterre), qui tua sur le coup 25 ouvriers et en blessa grièvement 30 autres.

En France, d'après les statistiques publiées au *Journal officiel*, les explosions survenues de 1868 à 1880 sont au nombre de 269, ayant tué 319 personnes et blessé 378.

En 1883, il y eut 17 explosions faisant 40 morts et 20 blessés.

Fig. 379. — Explosion d'une locomotive, gare St-Lazare (croquis d'après nature).

Parmi les chaudières ayant fait explosion, on trouve assez rarement des chaudières de locomotives.

Nous citerons pourtant deux cas d'explosions de locomotives qui se sont produites dans des circonstances assez curieuses.

Le 4 juillet 1904, une locomotive, au repos, stationnée à la gare St-Lazare, à Paris, fit soudainement explosion, avec une telle violence, que les dégâts produits furent considérables.

Des pièces constituant le foyer furent lancées à de très grandes hauteurs et projetées à des distances considérables du lieu de l'explosion, et ce fut vraiment miracle de n'avoir pas eu à compter de nombreuses victimes.

La pression dans la chaudière de cette locomotive n'était pourtant pas excessive : elle ne dépassait pas 9 kilos.

Les causes de l'explosion et la violence de ses effets furent fort discutées et très difficiles à analyser.

Quelques ingénieurs admettaient que, par suite d'une déchirure, la sortie instantanée de la masse d'eau et de vapeur avait pu produire, par réaction, dans la chaudière, une très grande surpression expliquant la violence des effets constatés.

M. Lecornu, Membre de l'Institut, dans une note communiquée à l'Académie des Sciences le 7 novembre 1904, donne, de ces effets, une explication différente appuyée par des calculs probants.

Il attribue la violence de l'explosion à une grande déchirure de la plaque tubulaire, ayant permis à l'eau chaude d'achever sa vaporisation au contact du charbon incandescent et de venir, en plus, frapper avec une grande vitesse les faces intérieures du foyer, provoquant la projection des pièces qui les constituaient à une distance considérable.

La seconde explosion de locomotive eut lieu le 4 décembre 1907, près de la gare de Bertry (Nord).

La locomotive remorquait un train de marchandises de 35 wagons et marchait à sa vitesse normale de 35 kilomètres à l'heure, quand l'explosion se produisit, foudroyante.

Le convoi parcourut encore 80 mètres environ, mais la machine était réduite au châssis avec ses roues; la chaudière avait été projetée à plus de 300 mètres de distance; le tender était renversé et placé en travers des rails, le fourgon soulevé reposait sur le premier wagon.

Le mécanicien fut relevé, râlant, à près de 100 mètres de la locomotive. Il expira peu après. Le chauffeur, pris entre la locomotive et le tender, fut tué. Le chef de train fut blessé.

Un train de voyageurs qui suivait, sur la même voie, le train de marchandises, à 1.200 mètres de distance, fut arrêté à temps par des pétards posés sur la voie. On aurait eu probablement, sans cela, une catastrophe épouvantable à enregistrer, dont la cause initiale eût été l'explosion de la locomotive.

Cette explosion a été attribuée à un manque d'eau dans la chaudière.

Associations de propriétaires d'appareils à vapeur

La multiplication des appareils à vapeur devait rendre indispensable un contrôle permanent de leur état, opéré par des spécialistes, sachant prescrire les mesures nécessaires pour éviter les accidents, et, en cas d'avarie, capables de discerner rapidement et exactement la cause probable, en même temps que d'indiquer les moyens d'y remédier.

Cela a conduit à la formation des *Associations de propriétaires d'appareils à vapeur*, dont l'action est indiscutablement tutélaire. Le Ministre des Travaux publics l'a reconnu dans son décret du 9 octobre 1907, en conseillant aux industriels et aux producteurs de force motrice de recourir aux bons offices de ces Associations. Le service des Mines est, avant tout, un service de contrôle, de constatation et de vérification; les Associations apportent un élément de sécurité précieux : la prévoyance.

Ces groupements, fondés sur l'initiative privée, toujours si féconde, sont nés en Angleterre. La première, la *Manchester steam users Association*, fondée par W. Fairbairn, date de 1885. De là, l'institution s'est successivement répandue dans les principaux pays de l'Europe continentale.

Le premier groupement français l'*Association alsacienne des propriétaires d'appareils à vapeur*, fut constitué à Mulhouse en 1867. Des Ingénieurs éminents, MM. Émile Muller, professeur à l'École Centrale, à Paris; J. de Coëne, à Rouen; Olry, Ingénieur en chef des Mines, à Lille, et nombre d'autres techniciens, fondèrent des Associations similaires, les encouragèrent, les firent prospérer, leur donnèrent les éléments primordiaux d'utilité qui devaient faire leur prospérité actuelle.

Certaines Associations ont le caractère de Sociétés d'assurances, d'autres sont purement techniques; toutes contribuent à la bonne construction des générateurs de vapeur. On doit à leur union internationale les règles de Wurtzbourg sur les conditions de recette des matériaux destinés à l'établissement des chaudières, et les règles de Hambourg sur la mise en œuvre de ces matériaux. Elles procèdent à des visites périodiques et assurent ainsi un entretien satisfaisant des appareils.

Il y a actuellement en France 11 Associations, qui surveillent environ 21.500 chaudières à vapeur, réparties dans près de 7.000 établissements.

Ce sont les Associations : du Nord de la France, Lyonnaise, Parisienne, de la Somme-Aisne-Oise, Alsacienne (Meurthe-et-Moselle, Vosges, Doubs, Haute-Saône, Territoire de Belfort), Normande, de l'Ouest, du Nord-Est, du Sud-Est, du Sud-Ouest, Méridionale.

Les appareils qu'elles surveillent forment environ 20,6 % des chaudières en usage dans les Établissements industriels et autres, chaudières dont le nombre total, non compris les appareils appartenant à l'État, peut être évalué à environ 78.000.

L'Association du Nord de la France tient la tête avec 1.259 usines comportant 4.319 chaudières. On ne saurait s'en étonner en considérant, d'une part, la puissance de force motrice à vapeur employée dans cette belle région industrielle, d'autre part, la haute et savante impulsion donnée à ce groupement par M. Olry, Ingénieur en chef des Mines, et par M. P. Bonet.

L'Association parisienne des propriétaires d'appareils à vapeur de la Seine, très florissante aussi, a pour Ingénieur-Directeur M. Charles Compère, ancien élève de l'École Centrale des arts et manufactures, Membre de la Commission centrale des machines à vapeur.

A Rouen, M. J. de Coëne, également ancien élève de l'École centrale des arts et manufactures, a donné à l'Association normande une grande et utile activité.

Commission centrale des machines à vapeur

La Commission centrale des machines à vapeur a pour mission d'examiner, au point de vue technique, toutes les questions se rattachant à l'emploi de la vapeur. Elle fournit au Ministère des Travaux publics des avis sur les causes des explosions survenues, ainsi que sur les mesures à prendre pour en éviter le retour.

Elle signale aussi les modifications qu'il lui paraît utile d'apporter aux règlements en vigueur.

Enfin, elle émet son opinion sur les innovations, les inventions, les perfectionnements qui peuvent concourir à assurer la sécurité dans l'emploi des machines et des chaudières à vapeur.

Cette Commission officielle est composée d'Inspecteurs généraux et d'Ingénieurs en chef des Mines, de Directeurs des constructions ou des Manufactures de l'État ou des Chemins de fer, de grands constructeurs, et d'Ingénieurs civils. Elle a pour Secrétaire un Ingénieur des Mines, auquel est adjoint un Contrôleur des Mines.

Le service des Mines est, en effet, spécialement chargé, en France, du contrôle des appareils à vapeur fonctionnant sur terre. Il en est également chargé, mais conjointement avec la Commission de Surveillance de la Navigation, en ce qui concerne les appareils des bateaux à vapeur.

Cette surveillance constitue l'une des branches importantes du Service ordinaire des Mines, au point de vue duquel le territoire est partagé en six « divisions minéralogiques » : Nord-Ouest, Nord-Est, Centre, Sud-Est, Sud et Sud-Ouest.

Il est à noter que la surveillance des appareils à vapeur est principalement *préventive* en France, comme, d'ailleurs, aussi en Allemagne et en Belgique. C'est à ce titre que les instructions ministérielles engagent les industriels à ne pas négliger le concours des Associations de propriétaires d'appareils à vapeur. Avant de souhaiter que les accidents soient réprimés, il convient de tâcher qu'ils soient évités.

CHAPITRE XIII

MACHINES A VAPEUR.

BASSE PRESSION. — HAUTE PRESSION. — MACHINE DE WOOLF. — MACHINE DE LEUPOLD. — OLIVIER EVANS. — VULGARISATION DE LA MACHINE A VAPEUR. — MACHINE DE WATT A CONDENSEUR. — MACHINE DU CORNOUAILLES. — MACHINE SANS CONDENSEUR. — MACHINE VERTICALE A HAUTE PRESSION. — MACHINE HORIZONTALE A HAUTE PRESSION. — MACHINES A SIMPLE EFFET ET A DOUBLE EFFET. — MACHINES A VAPEUR COMBINÉES. — MACHINES A VAPEUR RÉGÉNÉRÉE. — MACHINE A AIR CHAUD ERICSSON. — MACHINES A VAPEUR SURCHAUFFÉE.

Nous avons, en commençant ce volume, retracé l'historique de la machine à vapeur jusqu'au moment où, grâce aux merveilleuses conceptions du mécanicien de génie James Watt, on put utilement l'appliquer aux usages industriels.

Basse pression. Pendant une longue suite d'années on n'a fait usage que de la machine de Watt, ou *machine à basse pression et à condenseur*, que nous décrirons en détail ultérieurement.

En Angleterre et dans les autres pays, elle fut longtemps conservée sans aucune modification, même dans le cas où elle perd une grande partie de ses avantages, c'est-à-dire pour la production de petites forces. Cependant la nécessité d'approprier l'action de la vapeur à différentes natures de travaux, et le désir de réduire la dépense assez considérable de combustible qu'elle entraîne, ont obligé, de nos jours, à modifier, dans presque toutes ses parties, la machine de Watt. C'est l'examen de ces dispositions nouvelles qui doit maintenant nous occuper et qui terminera l'histoire des machines à vapeur fixes.

En 1804, les brevets de Watt étant expirés, une modification de la plus haute importance fut apportée à la machine à vapeur, par la construction des *machines à double cylindre* ou *machines de Woolf*. Le constructeur Hornblower avait le premier conçu, en 1798, l'idée de ce système, qui fut perfectionné et exécuté par Arthur Woolf, constructeur anglais, dont le nom est demeuré, à juste titre, attaché à ce nouveau type de machines.

L'objet de la *machine de Woolf*, c'est d'obtenir le plus grand avantage possible de la détente de la vapeur.

Nous avons vu que Watt n'avait retiré que peu de profit de l'expansion de la vapeur dans le vide. Il avait consigné ce fait dans ses brevets, plutôt comme une vue théorique que pour en faire l'objet d'une application sérieuse. Son but était surtout, en détendant la vapeur, d'éviter les chocs du piston contre le fond du cylindre.

Détente de la vapeur. La machine de Woolf a pour objet, disons-nous, de tirer le parti le plus efficace de la *détente de la vapeur*. Mais que faut-il entendre par la *détente de la vapeur,* et comment cet effet peut-il être mis à profit?

Si on laisse la vapeur, arrivant de la chaudière, exercer son action sur le piston pendant toute la durée de sa course; en d'autres termes, si on laisse libre la communication entre la chaudière et le cylindre à vapeur pendant toute la course ascendante ou descendante du piston, ce dernier, soumis à l'action d'une force constante, accélère son mouvement sous l'influence de cette impulsion continuelle, et il arrive à l'extrémité de sa course animé d'une très grande vitesse. Cette vitesse a pour résultat de produire, sur le fond du cylindre, un choc nuisible à la solidité de l'appareil, et de faire perdre, en même temps, une partie de la force motrice.

C'est pour remédier à ce double inconvénient que Watt, comme nous l'avons déjà dit, imagina, en 1769, de suspendre la communication entre la chaudière et le cylindre à vapeur à un certain moment de la course du piston. Si l'on interrompt l'entrée de la vapeur dans ce cylindre, en fermant le robinet d'accès lorsque le piston est parvenu, par exemple, au tiers ou au quart de sa course, le piston ne s'arrêtera pas pour cela dans son mouvement; il continuera de s'élever ou de s'abaisser, en vertu de sa vitesse acquise, et en même temps aussi, en vertu de la force élastique très considérable que possède la vapeur, bien qu'elle ne soit plus en communication avec la chaudière. En effet, en arrivant dans le vide qu'a provoqué, dans le cylindre, la marche du piston, la vapeur se dilate, *se détend,* comme le ferait un ressort comprimé, et elle exerce, par la force élastique qui lui est propre, une impulsion mécanique. L'effort produit par l'expansion de la vapeur dans le vide suffit à pousser le piston, et à le faire parvenir à l'extrémité du cylindre, avec une vitesse moindre sans doute que si la vapeur agissait à pleine pression, mais toujours suffisante pour lui faire terminer sa course. Il résulte de là que, la vitesse du piston étant progressivement diminuée et devenant presque nulle au moment où il atteint le bas du cylindre, les chocs qui pouvaient compromettre le jeu de la machine se trouvent annulés. Il en résulte encore, et c'est là l'avantage principal, que la consommation du combustible est diminuée, puisque l'on envoie dans le cylindre une quantité de vapeur moindre que si l'on agissait à pleine pression.

Cette disposition, qui n'avait été adoptée par James Watt (en 1782) que pour adoucir les mouvements de la machine à vapeur, et remédier à des chocs trop violents, a été promptement généralisée, après lui, dans le but d'économiser le combustible. La *détente* fut d'abord produite en arrêtant l'entrée de la vapeur dans le cylindre à un certain moment de la course du piston, grâce au jeu du *tiroir,* c'est-à-dire d'une plaque métallique qui vient fermer, à un moment donné, l'orifice d'entrée de la vapeur dans le cylindre.

Double cylindre de Woolf

(Fig. 380.) Le constructeur anglais Arthur Woolf, pour mettre plus largement en pratique l'emploi de la détente, changea complètement la disposition des cylindres à vapeur. A côté du cylindre ordinaire, il en disposa un second, plus petit. La vapeur admise à pleine pression et avec une tension de 4 à 5 atmosphères dans le petit cylindre, agit sur le balancier avec toute son intensité. Mais la partie inférieure du petit cylindre communique, par un tube, avec la partie supérieure du grand. Introduite dans cette seconde capacité, la vapeur s'y *détend,* c'est-à-dire pousse le piston en vertu de sa force élastique résiduelle, et le chasse jusqu'à l'extrémité de sa course; d'où il résulte une seconde impulsion communiquée au balancier et qui vient s'ajouter à la première. Ce n'est qu'après avoir produit ce dernier effet que la vapeur s'écoule dans le condenseur pour s'y liquéfier.

Telle est la disposition de la *machine de Woolf*, ou *machine à double cylindre*, qui, en raison des nombreux avantages qu'elle présente sous le rapport de la régularité d'action et de l'économie, est devenue, après la machine de Watt, d'un usage général dans l'industrie.

La figure 380 fait comprendre la marche de la vapeur dans les deux cylindres de la machine de Woolf. Les robinets qui s'y trouvent indiqués n'ont pour but que de faciliter l'explication; en réalité ce sont des *tiroirs* ou soupapes qui remplissent le même objet dans la pratique et sur lesquels nous aurons l'occasion de nous étendre en détail, lors de la description de la machine de Woolf.

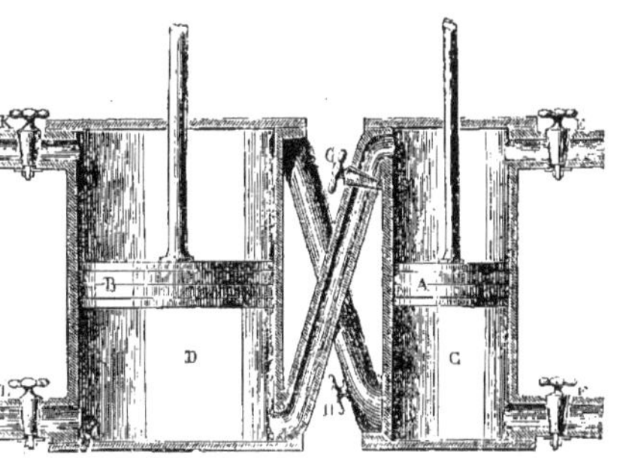

Fig. 380. — Double cylindre de Woolf.

Les deux pistons A, B qui se meuvent dans les deux cylindres accouplés C, D, sont liés l'un à l'autre par les extrémités supérieures de leurs tiges, de sorte qu'ils restent toujours au même niveau, montant et s'abaissant avec un ensemble parfait. C'est dans le plus grand des deux cylindres, D, que s'effectue la détente de la vapeur qui vient d'agir à pleine pression dans le petit cylindre C. La communication a lieu par les deux tuyaux entre-croisés : la partie inférieure du cylindre C communique avec la partie supérieure du cylindre D, et réciproquement. Les robinets E, F permettent à la vapeur de la chaudière de pénétrer dans le cylindre C, soit au-dessus, soit au-dessous du piston A; les robinets K, L ouvrent une issue à la vapeur, quand elle s'est détendue dans le cylindre D, et l'envoient au condenseur.

Supposons maintenant les robinets E, H, L ouverts, et les trois autres fermés. La vapeur arrive par E et agit à pleine pression sur le piston A, qu'elle précipite au bas de sa course. La vapeur qui s'était précédemment introduite sous le même piston, est chassée dans le haut du cylindre D; elle agit donc simultanément sur la face inférieure du piston A et sur la face supérieure de B. Mais cette seconde pression l'emporte sur la première, parce que la surface de B est plus large que l'autre; la différence des deux pressions agit donc de haut en bas et s'ajoute, par conséquent, à la force qui tend à abaisser l'ensemble des deux pistons. Quand les deux pistons sont arrivés au bas des cylindres, les robinets E, H, L se ferment, et les robinets F, G, K s'ouvrent. La vapeur arrive sous le piston A, le soulève, chasse la vapeur qui est au-dessus, dans la partie inférieure du cylindre D, où elle se détend et aide à soulever le piston B, et la vapeur qui existe au-dessus de B, s'écoule par le tuyau K dans le condenseur, où elle va se liquéfier. Les deux pistons remontent donc sous l'action d'une force égale à celle qui les avait fait descendre, et ainsi de suite. Ces mouvements répétés continuant par le jeu des mêmes moyens, l'effet combiné des deux pistons entretient l'oscillation du balancier.

La machine de Woolf, où l'on fait usage de la détente de la vapeur dans les conditions les plus étendues, a eu pour résultat de diminuer, dans une forte proportion, la quantité de combustible consommée par la machine, tout en ajoutant à la régularité de ses effets. Elle présente sur la machine primitive de Watt une économie considérable. Différents essais avaient donné pour sa consommation 3 kilogrammes de bonne houille par force de cheval et par heure de travail dans les machines de la force de 8 à 12 ou 15 chevaux. On sait, d'après les résultats obtenus, tant en Angleterre qu'en Belgique et en France, que la machine à basse pression de Watt brûlait ordinairement de 6 à 7 kilogrammes par force de cheval produite et par heure de travail.

L'économie qui résulte de l'emploi de la machine de Woolf, la fit accepter assez généralement en Angleterre, malgré la faveur dont jouissait dans ce pays la machine primitive de Watt. Son succès fut plus complet et plus rapide en France, où le mécanicien Edwards, qui l'avait perfectionnée dans quelques détails de son mécanisme, en fit adopter l'usage. Aujourd'hui la machine de Woolf est assez répandue dans le nord de la France; les filatures l'emploient en raison de la régularité extrême et de la douceur de son mouvement.

Haute pression

C'est vers l'année 1815 que les *machines à haute pression*, ou mieux les *machines sans condenseur*, commencèrent à s'introduire sérieusement dans l'industrie européenne. Nous n'avons pu parler jusqu'ici que d'une manière incomplète de ce genre de machines, dont les applications sont toutes modernes. C'est ici le lieu de les examiner avec plus de détails

Avant de présenter l'historique de la découverte et des progrès de la machine à haute pression, nous commencerons par donner l'exposé des principes sur lesquels repose son mécanisme.

Dans la machine de Watt, ou *machine à condenseur*, on emploie de la vapeur chauffée seulement à la température de l'ébullition de l'eau, sous une pression qui ne dépasse pas de beaucoup celle de l'atmosphère. La condensation alternative de cette vapeur, derrière les deux faces du piston, détermine un vide, qui permet à la vapeur de produire toute son action mécanique. Mais on peut aussi construire des machines réalisant de très puissants effets, sans qu'il soit nécessaire d'y condenser la vapeur. Il suffit, pour obtenir ce résultat, de communiquer à la vapeur une tension supérieure à celle de l'atmosphère. En effet, si le piston est pressé sur ses deux faces par de la vapeur dont la force élastique dépasse de beaucoup la pression de l'atmosphère, il suffira de chasser dans l'air la vapeur qui se trouve au-dessous du piston, pour que celui-ci s'abaisse aussitôt dans le cylindre. Quand le cylindre est rempli de vapeur d'eau présentant une force élastique supérieure à celle de l'atmosphère, et que ses deux capacités, supérieure et inférieure, communiquent entre elles, le piston est soumis sur ses deux faces à la même pression; il reste donc immobile. Mais si tout d'un coup on vient à donner issue à la vapeur qui remplissait, par exemple, la capacité inférieure du cylindre, en ouvrant un robinet qui la fasse écouler dans l'air, la pression qui s'exerce sur la face supérieure du piston, n'étant plus exactement contre-balancée au-dessous, précipite nécessairement le piston jusqu'au bas de sa course. Admettons, par exemple, que le cylindre soit rempli de vapeur à la tension de trois atmosphères; si l'on chasse dans l'air la vapeur qui se trouve au-dessous du piston, la capacité inférieure du cylindre, communiquant dès lors librement avec l'air extérieur, n'opposera plus à la vapeur une résistance capable de la maintenir en équilibre, et le piston sera poussé au bas de sa course en raison de la différence des pressions qu'il supporte sur ses deux faces. Le poids que supporte la face supérieure du piston est représenté par trois atmosphères, la pression qui le sollicite au-dessous est seulement d'une atmosphère, attendu que ce n'est pas autre chose que la pression même de l'air; par conséquent, le piston doit s'abaisser dans le cylindre en vertu de la différence des deux pressions, c'est-à-dire par une pression de deux atmosphères. Si, maintenant, on fait écouler dans l'air la vapeur à haute pression qui remplit la partie supérieure du cylindre, et qu'en même temps on dirige au-dessous du piston de nouvelle vapeur à trois atmosphères envoyée par la chaudière, le piston sera soulevé, puisque la vapeur qui se trouve contenue dans la partie supérieure du cylindre est en communication avec l'air extérieur. Ainsi, en dirigeant alternativement de la vapeur à haute pression au-dessus et au-dessous du piston, et en mettant chaque fois l'une des extrémités du cylindre en communication avec l'air, on obtiendra un mouvement continu du piston et l'on pourra se passer de condenser la vapeur. Tel est le principe des machines à haute pression.

Machine de Leupold (Fig. 381.)

La première idée des machines à haute pression a été émise par Leupold, vers 1725. Dans un célèbre recueil, le physicien allemand donne la description de deux machines à feu propres à l'élévation des eaux, qui ne sont autre chose que des machines à haute pression. La première, qu'il annonce sous ce titre : *Double machine à feu pour élever l'eau par expansion, d'après le procédé de Papin*, ressemble beaucoup à la seconde machine à vapeur du physicien de Blois. A l'exemple de Savery et de Papin, Leupold se sert de la pression de la vapeur pour élever de l'eau dans un réservoir, et la faire retomber de là sur les augets d'une roue hydraulique; seulement, après que la vapeur a exercé sa pression, il la rejette dans l'air. Sa seconde machine n'est plus consacrée à comprimer une colonne d'eau, mais, comme celle de Newcomen, à faire mouvoir directement la tige d'une pompe qui élève des eaux.

La figure 381, qui s'éloigne peu de celle que Leupold donne dans son ouvrage, représente les éléments de cette dernière machine.

Fig. 381. — Machine de Leupold.

A est la chaudière; R, S, deux cylindres avec lesquels elle communique alternativement par le robinet B qui est pourvu de quatre ouvertures, de manière à donner successivement accès à la vapeur dans l'un des deux cylindres ou dans l'atmosphère. Dans la situation indiquée par la figure, le cylindre R est rempli de vapeur qui soulève le piston C; le cylindre S est vide de vapeur, celle qui le remplissait s'étant échappée dans l'air par le tuyau M, et grâce à l'ouverture pratiquée en un point convenable du robinet B. Les pistons C et D de ces deux cylindres agissent chacun sur un balancier particulier H, G, et ces balanciers font mouvoir les tiges K, L de deux pompes foulantes O, P, qui puisent l'eau dans un réservoir N et élèvent cette eau, par un tuyau Q, dans un réservoir supérieur T. La machine décrite par Leupold était proposée en effet pour servir à l'élévation des eaux. Elle réalise complètement, comme on le voit, le principe de la machine à haute pression.

C'est donc à Leupold qu'il faut rapporter l'honneur de la découverte du principe théorique de la machine à haute pression. Contemporain de Papin, de Savery et de Newcomen, il avait eu l'occasion d'étudier leurs appareils, et il eut le mérite d'indiquer, dès l'apparition des premières machines de ce genre, un nouveau mode d'emploi de la vapeur qui devait plus tard jouer un si grand rôle dans l'industrie.

Leupold paraît avoir compris l'importance que devait acquérir plus tard la machine dont il propose l'usage. Après avoir décrit son second appareil, il ajoute :

« Cette machine peut être employée dans le même cas que la précédente... Tout peut être disposé de telle sorte que les robinets s'ouvrent et se ferment d'eux-mêmes, ce que j'omets entièrement à dessein, comme aussi la manière de remplacer l'eau dans la chaudière, parce qu'il ne s'agit ici que d'une esquisse, et qu'il faudrait une étude plus approfondie et des expériences. Je me suis proposé de faire un jour une expérience en grand et un essai, savoir : si l'on pourrait établir avantageusement de cette manière, une scierie dans une forêt où il y aurait assez de bois et d'eau. Mais comme le temps et l'occasion me manquent pour exécuter tout de suite cette machine, ainsi que d'autres expériences ou recherches coûteuses, j'ai l'espoir qu'il y aura peut-être des amateurs qui saisiront l'occasion que je leur offre pour faire quelques expériences à ce sujet. »

Cependant le principe découvert par Leupold passa sans exciter l'attention. Perdus dans son volumineux recueil, ses projets de machines restèrent inaperçus. Ajoutons qu'il eût été bien difficile, à cette époque, de mettre en pratique les idées du physicien allemand, en raison de la nature du métal dont on faisait usage pour la construction des chaudières. La voûte des chaudières employées par Newcomen était ordinairement de plomb, et les parties inférieures de cuivre. La présence d'un métal aussi fusible et aussi peu résistant que le plomb, n'aurait pas permis de communiquer sans danger à la vapeur des tensions considérables.

Dans la série de ses recherches, James Watt ne manqua pas de reconnaître l'importance du rôle que pourraient jouer, dans l'emploi mécanique de la vapeur, les moyens proposés par Leupold. Le célèbre constructeur parle, dans un de ses brevets, de son projet de construire des machines dans lesquelles la vapeur serait chassée au dehors après avoir produit son effet ; cependant il n'exécuta jamais aucune machine fondée sur ce principe.

Olivier Evans L'honneur d'avoir construit et répandu dans l'industrie les premières machines à haute pression revient à l'Américain Olivier Evans, homme doué d'un remarquable génie mécanique, et que ses compatriotes eurent le tort de longtemps méconnaître.

L'attention d'Olivier Evans fut dirigée, pour la première fois, sur les effets de la vapeur, par une sorte de jeu familier aux habitants de son pays. En Amérique, les enfants s'amusent, dit-on, à boucher avec une forte cheville la lumière d'un canon de fusil ; ils versent ensuite un peu d'eau dans le canon, et placent par-dessus une bourre fortement pressée. La culasse du canon étant exposée à l'action d'un feu de forge, la cheville finit par être chassée avec une violente détonation. On donne à ce jeu, qui n'est, comme on le voit, que l'expérience du marquis de Worcester, le nom de *pétards de Noël*. Le 2 décembre 1773, Olivier Evans, alors âgé de dix-huit ans et simple ouvrier charron à Philadelphie, fut témoin, dans une fête de village, des effets des pétards de Noël. Son esprit en était vivement frappé. Depuis ce moment il s'amusait souvent à placer dans sa forge de vieux canons de fusil pleins d'eau, et il s'émerveillait de la puissance des effets explosifs qui se produisaient ainsi. Comme il avait longtemps réfléchi aux moyens de découvrir quelque force motrice autre que celle du vent, des ressorts, ou des chevaux, sa jeune imagination s'enflamma à l'idée de créer un nouveau moteur avec la vapeur d'eau.

Cependant il ne tarda pas à apprendre que les mécaniciens avaient déjà tiré parti de cette force motrice. La description d'une machine de Newcomen qui lui tomba sous la main, et la lecture de quelques ouvrages abrégés sur les machines à condenseur, le mirent au courant de l'état de la science sur cette question.

Il s'étonna, à bon droit, que l'on n'eût encore employé que pour faire le vide un agent dont la puissance lui semblait sans limites, et, sur cette donnée, il s'appliqua à combiner des machines nouvelles dans lesquelles la vapeur agissait par sa seule élasticité, et se perdait dans l'air après avoir exercé sa pression. Il construisit divers modèles de ce nouveau genre de machines, dans lesquels la vapeur agissait jusqu'à la tension de dix atmosphères.

C'est en appliquant ses idées sur la haute pression, qu'Olivier Evans imagina, en 1782, les premiers moulins à farine mus par la vapeur, dont les États-Unis ont retiré et retirent encore de si grands services. Il essaya bientôt après de construire, suivant les mêmes principes, une voiture marchant par l'effet de la vapeur.

Fig. 182. — Evans fait partir un pétard le jour de Noël.

Malgré des efforts laborieusement continués pendant plus de vingt ans, Evans ne put réussir à faire adopter ses idées. Il revint donc aux travaux ordinaires de sa profession de constructeur de machines à vapeur, et se consacra d'une manière spéciale à fabriquer des machines à haute pression. Il fonda à Philadelphie de grands ateliers pour leur confection ; son fils dirigeait à Pittsburg un établissement analogue. Les nombreux appareils qu'il répandit dans les États-Unis finirent par démontrer avec évidence la vérité, trop longtemps contestée, de ses assertions, et bien que cet enthousiaste inventeur s'exagérât beaucoup la puissance des effets dynamiques de la vapeur à haute pression, on peut dire que c'est à lui seul qu'il faut rapporter l'honneur des innombrables services que ce genre de machines rend de nos jours à l'industrie.

Cependant Olivier Evans ne devait pas être témoin de l'extension prodigieuse que ses idées ont reçue. Le 11 mars 1819, un incendie considérable réduisit en cendres son établissement de Pittsburg, et anéantit une quantité de machines de valeur considérable. Ce désastre fut pour lui le coup de la mort. Il expira quatre jours après.

Les machines à haute pression ont eu beaucoup de peine à s'introduire en Europe, et la lutte a duré longtemps entre la machine à condenseur, sortie des ateliers anglais, et la machine à haute pression d'origine américaine. La machine de Watt, création éminemment nationale, s'était, pour ainsi dire, identifiée avec l'industrie de la Grande-Bretagne, qui avait engagé dans son exploitation des capitaux immenses. Elle était, dès lors, un obstacle naturel à l'adoption des machines américaines. Cependant il était difficile de méconnaître les avantages de ces appareils, qui ne demandent qu'un emplacement exigu, suppriment l'encombrement excessif qu'entraîne le condenseur, et, avec un mécanisme des plus simples, développent une puissance extraordinaire.

Les mécaniciens Trevithick et Vivian ont les premiers introduit en Angleterre l'usage des machines à haute pression. Ils commencèrent, dès l'année 1801, à en construire quelques-unes ; mais ce n'est que dans les années 1825 à 1830 que ce genre d'appareil se répandit sérieusement en Angleterre.

Maudslay

Le constructeur Maudslay leur ayant donné une forme élégante par l'adjonction d'une bielle articulée, qui remplaçait avantageusement l'énorme balancier de Watt, cette circonstance donna beaucoup de faveur aux machines à haute pression. Dans les *machines de Maudslay,* que l'on désigne aussi sous le nom de *machines à bielle articulée,* la tige du piston est maintenue en ligne droite par une traverse à articulation mobile roulant entre deux coulisses. Elles sont encore employées aujourd'hui en Angleterre et en France, en raison de leur disposition aussi élégante que commode, et par suite de la faculté qu'elles donnent de marcher avec ou sans condenseur, et de graduer à volonté la détente.

Vulgarisation de la Machine à vapeur

Après l'emploi général des machines à haute pression, le fait le plus important à signaler dans cet historique, c'est l'ensemble des perfectionnements vraiment extraordinaires qui furent apportés en 1830, aux pompes à feu du Cornouailles. Pendant que Woolf et ses successeurs modifiaient profondément la machine à balancier, en y introduisant la haute pression et la détente dans une large mesure, et pendant que les machines à haute pression commençaient à se répandre en Angleterre et sur le continent, les constructeurs du Cornouailles, et principalement Trevithick, s'occupaient à perfectionner la machine à simple effet de Watt, qui servait et qui sert encore, dans les mines du Cornouailles, à l'épuisement des eaux ; ils y parvenaient par une série d'inventions remarquables, et surtout grâce à l'emploi admirablement entendu de la détente, qui la portait à un grand degré de perfection.

L'annonce des résultats économiques produits par les machines du Cornouailles, dans lesquelles on ne brûlait qu'un kilogramme de houille par force de cheval et par heure de travail, produisit en France une grande sensation. Ces résultats étaient dus : 1° à la manière de conduire le feu; 2° à l'augmentation considérable des surfaces de la chaudière exposées à l'action de la chaleur; 3° à l'emploi de la détente de la vapeur dans des limites jusque-là inconnues; 4° à l'ingénieuse et utile disposition des soupapes. Toutes ces dispositions furent le point de départ de recherches nombreuses sur les perfectionnements des divers organes de la machine à vapeur.

C'est vers l'année 1832 que l'art de construire les machines à vapeur se répandit et se multiplia en France. Notre pays avait jusqu'alors emprunté à l'Angleterre la plus grande partie de ses appareils moteurs. En 1789, par exemple, il n'existait encore en France qu'une seule machine à vapeur : c'était la pompe à feu de Chaillot, destinée à la distribution de l'eau dans Paris, et que les frères Perrier avaient fait construire à Birmingham, en 1773, dans l'usine de Boulton et Watt. Elle demeura la seule en France longtemps encore après cette époque.

Sous le Premier Empire seulement, on commença à construire en France quelques machines à vapeur; mais ce ne fut qu'à la restauration des Bourbons, à l'époque du rétablissement de la paix, que l'on s'occupa de créer des usines pour la construction des machines à vapeur. En 1824, trois grands ateliers s'élevèrent dans ce but : les établissements de Cavet et Pihet, de Derosne et Cail, à Paris, et de Halette, à Arras; enfin, la Société Manby et Wilson, qui eut ses ateliers d'abord au Creusot, ensuite à Charenton, près de Paris. En 1826, l'établissement du Creusot créa la pompe à feu de Marly, qui fut un tour de force pour cette époque. Dans la dernière période de la Restauration, on construisait déjà en France une cinquantaine de machines à vapeur par an.

Fig. 383. — Première pompe à feu de Chaillot, construite en 1773.

Vers 1832, l'art du fondeur devenait une industrie courante, et la machine à vapeur commençait à se vulgariser. Un grand nombre d'ateliers furent créés à Paris et dans les villes manufacturières du nord de la France, entre autres à Lille et à Rouen, pour la construction des machines à vapeur.

Dès lors, cette machine se modifia très rapidement et avec beaucoup d'avantages dans ses divers organes. La disposition des cylindres fut changée de plusieurs manières; les bielles, le bâti, le volant, et le balancier, reçurent des dispositions qui permirent d'appliquer l'action de la vapeur à tous les usages exigés par l'industrie. Par suite de l'émulation qui s'établit à ce sujet entre nos constructeurs, chacun voulut avoir ses formes et ses dispositions particulières, et l'on vit apparaître une série nombreuse de machines, plus ou moins bien conçues, en partie originales, en partie empruntées aux constructeurs anglais.

C'est dans la période de vingt années, qui s'étend de 1832 à 1852, que l'art de construire les machines à vapeur s'établit et se naturalisa, pour ainsi dire, dans notre pays.

Il a été longtemps de tradition, en France, d'accorder à l'Angleterre le monopole de la construction des machines à vapeur. Ce temps est passé, et pour ce qui concerne la construction des appareils à vapeur, la France est, depuis nombre d'années, parfaitement au niveau de toute nation de l'Europe, quelle qu'elle soit. En dépit de notre insuffisante aptitude aux grandes entreprises industrielles, malgré le prix élevé du fer et la trop longue imperfection de notre outillage, le talent de nos constructeurs, l'intelligence de nos ouvriers, ont fini par triompher de tous les obstacles, et nos ateliers de construction n'ont plus rien à envier à ceux de nos voisins. Si l'Angleterre nous a, lors du début, devancés dans cette voie; si elle a su, par son génie mécanique et grâce à des capitaux immenses, créer cet outillage merveilleux qui forme la base de toute l'industrie de la construction des machines à vapeur, et si nous avons dû commencer par lui emprunter ce premier et essentiel élément du travail, il faut reconnaître que nous en avons promptement tiré un parti admirable. On peut déclarer avec confiance que, pour la mécanique à vapeur, nous sommes en mesure de nous passer de tout secours étranger. Quand on songe que ce n'est que depuis l'année 1832 que l'on a commencé à construire, parmi nous, de grandes machines à vapeur; qu'à l'exposition de 1834 on n'en vit figurer qu'une seule, et qu'en 1845 la France tirait encore presque toutes ses locomotives de l'Angleterre, on peut éprouver quelque orgueil de nos progrès dans une voie si importante.

En 1852, nous possédions 6.080 machines d'une force totale de 75.518 chevaux-vapeur. En 1863, le nombre des machines à vapeur employées en France était de 22.513, représentant une force de 617.890 chevaux-vapeur.

En 1866, ce nombre atteignait 30.000.

On voit quelle rapide extension prit le *moteur à vapeur* dans un laps de temps si court.

Depuis lors, la machine à vapeur a reçu des applications nombreuses; la plus féconde de ces applications consiste dans son emploi pour la production de l'énergie électrique : l'heureuse collaboration de la vapeur et de l'électricité permet de réaliser des merveilles mécaniques. L'Exposition universelle de 1900 en a été le brillant témoignage.

Nous terminerons là l'historique général de la *machine à vapeur*; mais nous nous proposons de reprendre en détail et de décrire les divers éléments qui caractérisent les différents types de machines qui ont été créés depuis Watt jusqu'à nos jours.

Nous analyserons chacun des *organes* qui

constituent le *moteur à vapeur,* merveilleux dispensateur de puissance, et pour nous familiariser avec leur fonction dans le mécanisme, nous allons d'abord présenter dans leur ensemble les *machines de Watt* et *du Cornouailles,* à basse pression avec condenseur, et la machine ordinaire à haute pression sans condenseur.

Machines à vapeur avec ou sans condenseur

Quand on considère la tension de la vapeur, autrement dit le nombre d'atmosphères de pression que cette vapeur exerce, on peut classer les machines à vapeur en *machines à basse pression* et *machines à haute pression.*

Cependant, on peut également les désigner sous le nom de *machines à condenseur* et de *machines sans condenseur.* Établissons la différence qui sépare ces deux systèmes.

Les *machines à condenseur,* les premières que l'on ait construites, et les seules dont Watt ait fait usage, sont ainsi nommées parce que la vapeur, quand elle a produit son effort mécanique, s'y trouve condensée par l'eau froide. On a continué de les désigner sous le nom de machines *à basse pression,* parce que la vapeur n'y est ordinairement employée qu'à une pression très faible, qui va d'une atmosphère et demie à deux atmosphères.

La *machine sans condenseur* est celle dans laquelle la vapeur se trouve rejetée librement dans l'air dès qu'elle a produit son effet. Ces machines sont toujours nécessairement à *haute pression.*

Quelles sont les raisons qui peuvent motiver, dans une usine, le choix d'une machine à vapeur à haute ou à basse pression? Si l'on dispose d'une quantité d'eau assez abondante pour fournir aux besoins de la condensation, il y a avantage à adopter la machine à condenseur. Il suffit de donner à la surface du piston des dimensions convenables, pour obtenir des machines réalisant tout l'effort nécessaire, et dans lesquelles la vapeur agit toujours à basse pression. Mais si l'on ne peut se procurer facilement la quantité d'eau qui est nécessaire à la condensation, on est forcé d'employer des machines à haute pression, qui marchent sans condenseur. Ajoutons que la machine à basse pression occupe une place considérable; au contraire, la machine à haute pression ne demande qu'un emplacement relativement restreint. Dans un grand nombre de cas, cette dernière circonstance détermine le choix de la machine à haute pression.

Examinons maintenant les détails du mécanisme de la machine à vapeur selon qu'elle marche avec ou sans condenseur.

Machine de Watt à condenseur

(Fig. 384 et 385.) La machine à vapeur à *basse pression* et à *condenseur,* c'est-à-dire la machine communément désignée sous le nom de *machine de Watt,* se compose d'un *cylindre* A dans lequel joue le *piston* B, par suite de l'effort de la vapeur qui s'y introduit à l'aide du tube *a*. L'appareil connu sous le nom de *tiroir,* est représenté par les lettres *c, c*. Il est destiné à faire passer la vapeur arrivant de la chaudière, tantôt au-dessus, tantôt au-dessous du *piston;* et en même temps, à faire communiquer le *condenseur,* tantôt avec la partie supérieure, tantôt avec la partie inférieure du *cylindre.* Ce *tiroir* se compose d'une pièce métallique mobile jouant à l'intérieur de la capacité *b,* et mise en mouvement par l'*arbre* K de la machine, à l'aide de deux tringles *s, s,* convergeant l'une vers l'autre, actionnées par un organe connu sous le nom d'*excentrique.*

Le *tiroir,* en se déplaçant verticalement dans la capacité *b,* démasque tantôt la *lumière* supérieure du *cylindre* A, tantôt la *lumière* inférieure. La vapeur admise par le tube *a* et qui circule tout autour du *tiroir,* pénètre donc tantôt au-dessus du *piston*, tantôt au-dessous.

En outre, quand le *tiroir* permet d'admettre la vapeur au-dessus du *piston*, il laisse ouverte la communication entre la partie inférieure du *cylindre* et le *condenseur* par le tuyau *d*. La vapeur ayant déjà servi peut donc se condenser et faciliter le fonctionnement de la machine.

Dans la position inverse, quand le *tiroir* fait communiquer le tuyau de vapeur avec le dessous du *piston*, la vapeur contenue dans la partie supérieure du *cylindre* gagne le *condenseur* par la partie centrale du *tiroir* qui est ouvert à chacune de ses extrémités.

C représente la *tige du piston*. Au moyen du parallélogramme articulé O, cette tige transmet son mouvement au *balancier* F D, de manière à lui imprimer un mouvement d'oscillation autour de son axe E. A l'extrémité F du *balancier* est attachée une *bielle*, ou tige, G, qui vient s'articuler avec le *bouton* H de la *manivelle* fixée à l'extrémité de *l'arbre* K, pour communiquer à cet arbre un mouvement de rotation. LL est le *volant*, destiné à prévenir les irrégularités d'action du *balancier*, en répartissant les inégalités de son oscillation sur une grande masse en mouvement placée à une certaine distance du centre de *l'arbre*. M est le *régulateur à force centrifuge;* lié par une courroie à *l'arbre* de la machine, il est destiné à régler l'entrée de la vapeur dans le *cylindre* en faisant manœuvrer la valve du tuyau *a*, et à régulariser le mouvement du mécanisme.

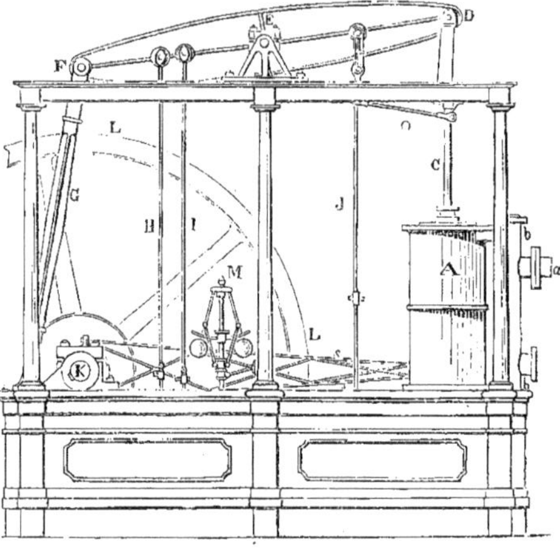

Fig. 381. — Machine de Watt à condensation. Ensemble.

Le *condenseur*, *e*, est disposé immédiatement au-dessous du cylindre. C'est une capacité communiquant, par un large tube *d*, avec le *cylindre*, et qui se trouve incessamment parcourue par un courant d'eau froide, destinée à produire la *condensation* de la vapeur. L'eau qui doit servir aux besoins de cette *condensation*, est empruntée à une source ou à un cours d'eau voisin, à l'aide d'une pompe aspirante et foulante *q*. Cette pompe est mise en action par une tige I, reliée au *balancier* de la machine, qui lui communique son mouvement.

La capacité du *condenseur* se trouverait bientôt remplie d'eau, si une pompe ne l'extrayait à mesure qu'elle s'y accumule : tel est l'objet que remplit la pompe dont la tige J est également manœuvrée par le *balancier*. On la désigne communément sous le nom de *pompe à air*, parce qu'en même temps qu'elle extrait l'eau qui remplit le condenseur, elle en retire aussi l'air qui se dégage de l'eau froide lorsqu'elle arrive dans la capacité du *condenseur* où le vide existe partiellement.

L'eau chaude extraite du *condenseur* par la *pompe à air*, se rend dans un réservoir d'où elle s'échappe hors de l'usine à l'aide d'un trop-plein. Cependant cette eau n'est pas rejetée tout entière; une petite partie en est aspirée par une pompe, nommée *pompe alimentaire*, qui la refoule dans la chaudière, pour remplacer celle qui a disparu sous forme de vapeur. La tige H de la *pompe alimentaire m* est, comme celle de la *pompe à air,* mise en action par le *balancier* de la machine auquel elle se trouve liée.

La figure 385 est une coupe de la machine de Watt, destinée à montrer les dispositions intérieures et le jeu de l'appareil de condensation. En sortant du cylindre A, la vapeur s'échappe par le tuyau *d* dans le condenseur *e*. L'eau s'introduit dans ce condenseur, par un tube muni d'un robinet *g*, qui règle la quantité d'eau admise qui en a disparu à l'état de vapeur. Quand le piston *m* de cette pompe alimentaire s'élève par l'action de la tige H, l'eau de la bâche *l* est aspirée par le tuyau *nn,* et traverse la soupape *o* qui est ouverte; quand ce piston s'abaisse, la soupape *o* se ferme, la soupape *o'* s'ouvre, et l'eau se dirige vers l'intérieur de la chaudière en suivant le tuyau *p* qui l'amène dans cette capacité.

q représente le corps d'une pompe à eau aspirante et foulante, qui, mue par la tige I,

Fig. 385. — Machine de Watt à condensation. Coupe.

dans le condenseur. Le piston *h,* muni de deux soupapes *i, i,* appartient à la *pompe à air,* c'est-à-dire à la pompe qui a fonction de retirer constamment, en plus de l'air, l'eau qui s'accumule dans le condenseur, et qui s'est échauffée par suite de la liquéfaction de la vapeur. Ce piston est manœuvré par la tige J.

L'eau chaude extraite du condenseur se rend dans une bâche *l*. La plus grande partie de cette eau s'écoule au dehors par un trop-plein; mais une certaine quantité en est aspirée par la *pompe alimentaire m,* pour aller remplacer dans la chaudière l'eau approvisionne constamment d'eau froide le réservoir qui fournit de l'eau au condenseur *e*. Cette pompe puise de l'eau dans un puits, dans une rivière ou un cours d'eau quelconque, et la verse par l'orifice *r*, dans une bâche spéciale, d'où elle s'écoule dans le condenseur, par le tuyau et le robinet *g*. L'écoulement de cette eau est déterminé par l'excès de la pression atmosphérique, qui agit librement dans le réservoir, sur la très faible pression qui existe dans le condenseur, par suite de la formation dans cet espace, d'un vide partiel résultant de la condensation de la vapeur.

Telle est la machine à *basse pression et à condenseur*, ou *machine de Watt*. Elle est surtout d'un grand usage en Angleterre; en France, elle est moins employée.

Dans les machines à basse pression, comme dans les machines à condenseur, on fait usage de l'artifice de « la détente », qui, d'après les principes précédemment indiqués, diminue notablement la consommation du combustible. L'addition de la détente ne change rien à l'ensemble du mécanisme : toute la différence consiste dans la disposition du tiroir, qui ne laisse entrer la vapeur dans le cylindre que pendant la moitié, le tiers, le cinquième, etc., de la course du piston, de façon que la détente de la vapeur, c'est-à-dire sa dilatation dans le vide, agisse seule sur le piston pendant tout le reste de sa course.

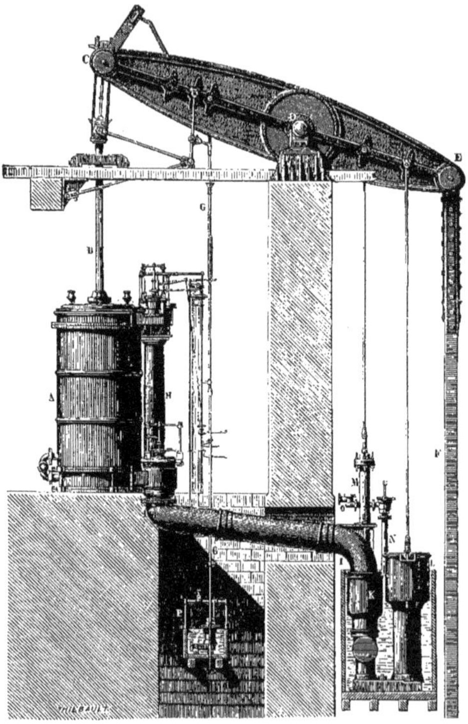

Fig. 386. — Machine du Cornouailles.

La plupart des machines actuelles sont construites de manière que le mécanicien puisse à volonté établir ou suspendre la détente; elles permettent même de donner à la vapeur le degré de détente que l'on juge nécessaire d'utiliser.

Nous décrirons plus loin les différents dispositifs employés pour atteindre ce résultat.

Machine du Cornouailles

(Fig. 389.) Cette machine, qui est, comme nous l'avons dit plus haut, une machine à simple effet de Watt à laquelle on a apporté d'importants perfectionnements, fonctionne avec une moyenne pression, c'est-à-dire à la pression de trois ou quatre atmosphères.

Les *machines du Cornouailles* ont des dimensions colossales; les cylindres ont de 2 à 3 mètres de diamètre, le piston une course de 3 à 4 mètres; la détente s'y effectue sans l'emploi d'aucun cylindre additionnel, et elle s'y trouve portée néanmoins jusqu'à dix fois le volume de vapeur introduite à chaque oscillation. La soupape à double recouvrement, imaginée par les constructeurs du Cornouailles, permet d'ouvrir à la vapeur de larges orifices, et n'exige, pour être manœuvrée, qu'un très faible effort. C'est par la réunion de ces divers perfectionnements que l'on est parvenu, dans les *machines du Cornouailles,* à faire descendre la consommation du charbon à 1 kilogramme par heure et par cheval. Ce résultat remarquable, des rapports fréquemment publiés sur le produit de ces machines, des expériences faites à ce sujet sur une échelle considérable, ont donné aux *machines du Cornouailles* une réputation méritée.

La figure 386 représente l'ensemble de l'une des *machines du Cornouailles.* A est le cylindre où la vapeur, agissant à simple effet, met en action le piston. Le tuyau H sert à établir, alternativement, la communication entre la partie supérieure et la partie inférieure du corps de pompe, et permet à la vapeur d'accéder, tantôt au-dessous, tantôt au-dessus du piston, tantôt enfin dans le condenseur, ainsi que nous l'avons expliqué en donnant la théorie de la machine à simple effet de Watt (fig. 48). Une longue tige GG, liée au balancier, et que l'on nomme la *poutrelle*, sert à manœuvrer les soupapes hydrauliques qui règlent l'admission de la vapeur dans l'intérieur du cylindre. On voit, en P, ce régulateur hydraulique. K est le condenseur ; il consiste en une capacité fermée, placée au milieu d'une bâche contenant de l'eau froide, qui pénètre continuellement dans le condenseur par un jet. L est la *pompe à air* qui sert à retirer constamment l'eau qui s'accumule dans le condenseur. M est la pompe destinée à l'alimentation de la chaudière, c'est-à-dire au remplacement continuel de l'eau qui s'évapore dans le générateur.

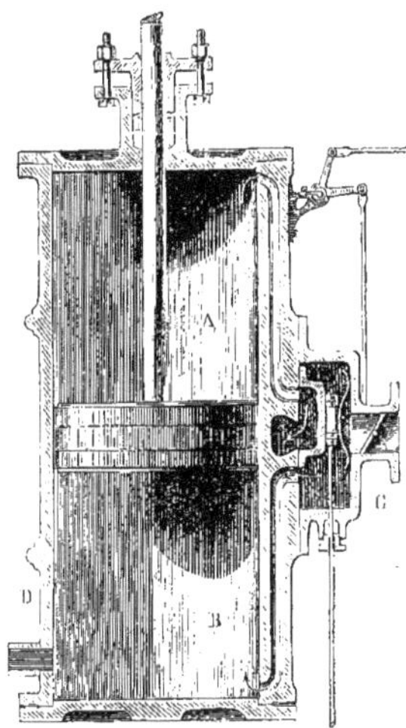

Fig. 387. — Cylindre et tiroir de la machine sans condenseur.

Les *machines du Cornouailles* présentent, dans leur mécanisme, quelques particularités intéressantes, dans le détail desquelles nous ne rentrerons cependant pas.

Nous nous bornerons à donner, au point de vue historique, l'ensemble représenté par la figure 386, qui permettra d'en comprendre aisément le fonctionnement.

Machines sans condenseur

Dans ce second ordre de machines, d'un mécanisme infiniment plus simple, la vapeur, après avoir agi sur le piston, s'échappe dans l'air.

La figure 387 nous permettra d'expliquer la marche et l'effet de la vapeur dans la machine sans condenseur. La vapeur s'introduit, par le déplacement de la lame du tiroir contenue dans la capacité C, tantôt audessus, tantôt au-dessous du piston. Quand elle arrive au-dessous du piston, par exemple, dans l'espace B, elle soulève ce piston. Sous l'influence de cette force, qui agit de bas en haut, le piston monte dans l'intérieur du corps de pompe et parvient à sa partie supérieure A. Si l'on interrompt à ce moment l'arrivée de la vapeur au-dessous du piston, et que l'on donne, au dehors, une issue à cette vapeur remplissant le cylindre, en ouvrant un robinet placé sur le trajet du tuyau D, le piston s'arrêtera dans sa course ascendante. Mais si, en même temps, par le déplacement du tiroir, on fait arriver de nouvelle vapeur au-dessus du piston, dans l'espace A, la pression de cette vapeur, s'exerçant de haut en bas, précipitera le piston jusqu'au bas de sa course, puisqu'il n'existera plus, au-dessous de lui, de résistance capable de contrarier l'effort de la vapeur. Si l'on renouvelle continuellement cette arrivée successive de la vapeur au-dessous et au-dessus du piston, en donnant à chaque fois issue à l'extérieur à la vapeur contenue dans la partie opposée du cylindre, le piston, ainsi alternativement pressé sur ses deux faces, exécutera un mouvement continuel d'élévation et d'abaisse-

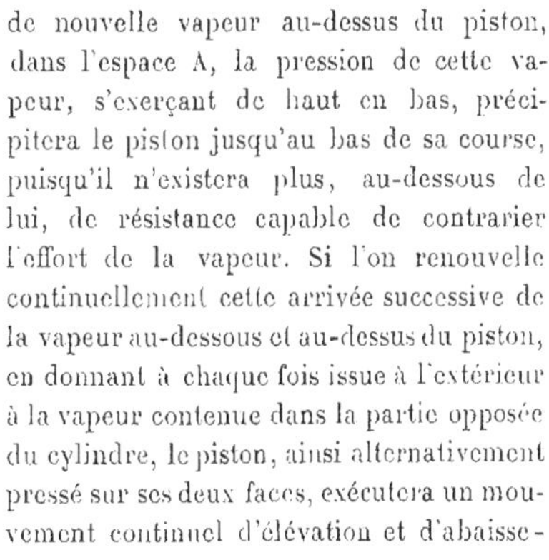

ment dans l'intérieur du corps de pompe. Or, si une tige attachée à ce piston par sa partie inférieure, est liée par sa partie supérieure à une manivelle qui fait tourner un arbre moteur, et que le jeu du tiroir destiné à distribuer la vapeur s'exécute seul au moyen de leviers liés à l'arbre tournant, on aura ainsi une machine verticale fonctionnant seule et qui imprimera un mouvement continuel de rotation à l'arbre moteur auquel elle est attachée.

Tel est le principe des machines à vapeur *sans condenseur,* ou *à haute pression,* parce que la tension de la vapeur qui y est employée peut atteindre un chiffre élevé d'atmosphères. Comme on rejette au dehors la totalité de la vapeur, après qu'elle a exercé son action sur le piston, ces machines, on le comprend, dépensent plus de combustible, à puissance égale, que les machines à basse pression. On les préfère pourtant, dans bien des cas, à la machine de Watt, en raison de la simplicité de leur mécanisme, qui permet aux constructeurs de les livrer à un prix inférieur.

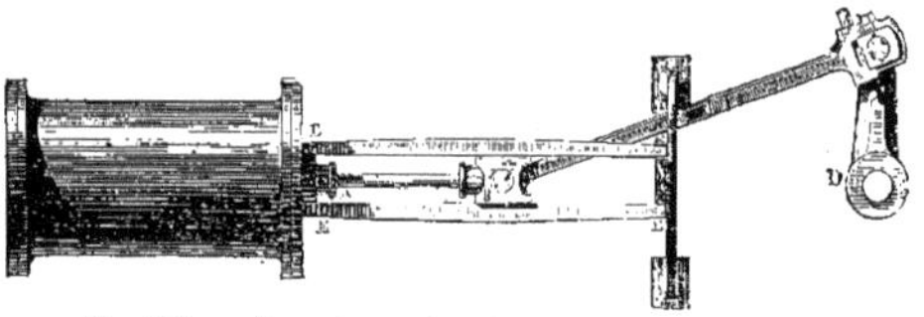

Fig. 388. — Transformation du mouvement alternatif de la tige du piston en mouvement circulaire.

La machine à vapeur à haute pression, ne comportant ni condenseur ni pompe à air, est adoptée dans un grand nombre d'industries; elle est d'une adoption forcée dans les lieux où il est impossible de se procurer la quantité d'eau nécessaire à la condensation, et quand on ne peut disposer que d'un emplacement exigu.

Dans la machine à haute pression, on supprime presque toujours le balancier. Pour transformer en mouvement circulaire le mouvement rectiligne alternatif de la tige du piston, on se contente de réunir l'extrémité de la tige du piston à une bielle articulée, comme on le voit dans la figure 388. Seulement, comme la tige A du piston a besoin d'être guidée dans son mouvement, pour ne pas être faussée par la résistance oblique qu'elle éprouve de la part de a bielle, on fait glisser son extrémité B entre deux coulisses E, E, de manière à la maintenir constamment en ligne droite, malgré les mouvements d'élévation et d'abaissement de la bielle. Par son libre mouvement dans l'espace EE, la tige BC met en action la manivelle CD, et imprime ainsi directement à l'arbre D un mouvement continu de rotation.

Les principes sur lesquels repose le jeu de la machine à haute pression ayant été exposés plus haut, la figure 389 permettra de saisir tous les détails de son mécanisme.

Machine verticale à haute pression

(Fig. 389.) A est le cylindre, ou corps de pompe, de la machine. Amenée de la chaudière dans ce cylindre, à l'aide du tuyau P, la vapeur vient y exercer sa pression sur les deux faces du piston, et une fois l'effet produit, se dégage dans l'air, à l'aide d'un long tuyau de cuivre B, qui la fait perdre au dehors. C, C, sont deux montants verticaux qui servent à guider dans son mouvement la tige du piston. K est une tige, ou bielle, qui, pourvue d'une articulation mobile à chacune de ses extrémités, transmet à la manivelle adaptée à l'arbre de la machine le mouvement du piston, et imprime à cet arbre un mouvement de rotation continu. I est une tige métallique qui fait marcher le tiroir MM : par suite du déplacement de la plaque mobile qui se meut à l'intérieur de ce tiroir, la vapeur trouve accès tantôt au-dessus, tantôt au-dessous de la tête du piston. Cette tige est mise en mouvement par l'arbre de la machine auquel elle est rattachée. D est le régulateur de Watt à force centrifuge; à l'aide de la tige L et du levier coudé qui lui fait suite, il régularise l'entrée de la vapeur dans le cylindre en dilatant ou rétrécissant l'orifice qui donne accès à la vapeur. F est la tige qui met en action la pompe alimentaire E, destinée à remplacer l'eau de la chaudière à mesure que celle-ci se transforme en vapeur. Cette tige, reliée à l'arbre de la machine, est mise en mouvement par cet arbre, et fait agir la pompe E, qui, puisant de l'eau froide dans un réservoir situé au-dessous, la dirige, à l'aide du tube G, dans l'intérieur de la chaudière. Cette pompe alimentaire peut fonctionner constamment ou seulement d'une manière intermittente. Si le chauffeur veut suspendre son action, il lui suffit d'enlever la clavette mobile qui rattache les deux parties de la tige, E, F; le mouvement du piston de la pompe est ainsi suspendu, et la tige F fonctionne *à vide,* c'est-à-dire agit sans transmettre son mouvement à la pompe. Enfin, H est la roue ou le volant de la machine, qui a pour fonction de régulariser son mouvement, parce qu'il le répartit sur une masse considérable, éloignée de son centre d'action.

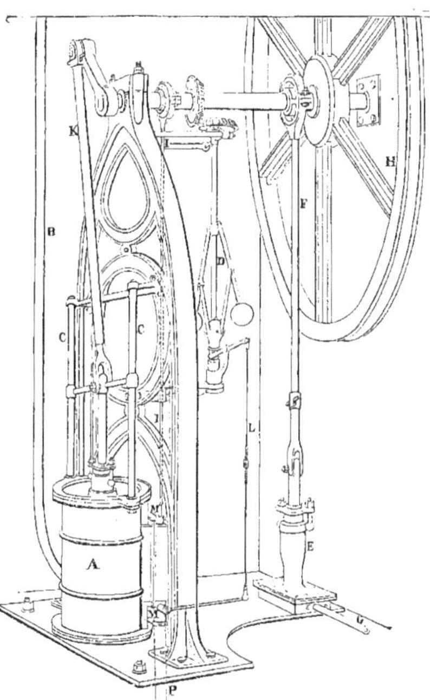

Fig. 389. — Machine verticale à haute pression.

Les machines à vapeur que nous venons de décrire sont toutes des machines verticales.

Avec les machines de Watt ou du Cornouailles pourvues d'un lourd volant et d'un énorme balancier, oscillant autour de son point d'appui, on a un véritable monument métallique architectural, avec soubassement, colonnes, chapiteaux, entablement, etc. Mais cette masse, élevée en l'air, est exposée à entraîner le dérangement de l'appareil, par le bris d'un support, la flexion d'une tige, l'inégale compressibilité du terrain, etc. De là, la nécessité, outre le prix considérable de l'achat et du premier établissement de cette machine, d'un soin et d'une surveillance assidus.

Machine horizontale C'est pour parer à ces divers inconvénients, que l'on a pris le parti, après plusieurs essais plus ou moins timides, de coucher horizontalement le cylindre, qui avait toujours conservé jusque-là sa position verticale. Cette disposition réalise un grand nombre d'avantages. Supérieure à la précédente sous le rapport de la stabilité, la machine horizontale s'applique plus immédiatement à une multitude d'industries. Elle supprime le mécanisme intermédiaire pour la transmission des mouvements, et permet de faire agir directement la puissance mécanique sur l'outil, ou la résistance à vaincre. Faciles à établir, les machines horizontales ordinaires permettent à l'ouvrier de les visiter à chaque instant, et de s'assurer de l'état de leurs différentes pièces. Enfin, leur prix est relativement peu élevé, et elles reçoivent, avec beaucoup de facilité, l'adjonction de la détente, ce qui les rend très économiques dans l'emploi journalier. Le seul reproche qu'on leur adressa, tout d'abord, c'était d'occuper beaucoup d'espace en longueur.

Primitivement, ces machines marchaient toujours à haute pression, leur installation ne se prêtant pas facilement à l'emploi du condenseur.

Depuis, ainsi que nous le verrons plus loin, on a créé des types merveilleux de machines horizontales avec condenseur.

Machine horizontale à haute pression

(Fig. 390.) La machine à vapeur horizontale représentée par la figure 390 est le type ordinaire de la machine horizontale à haute pression qui fut d'abord employée, principalement en France. La vapeur, conduite par le tuyau A pénètre dans le *cylindre* C, tantôt d'un côté tantôt de l'autre du *piston* B, suivant le jeu du *tiroir* D.

La tige du *piston,* dont la *tête* est guidée entre deux *glissières,* commande une *bielle* E et une *manivelle,* donnant un mouvement de rotation à l'*arbre* horizontal.

Cet *arbre,* sur lequel est fixé le *volant* V qui participe à son mouvement de rotation, provoque, par l'intermédiaire d'un *excentrique* et de sa tige, l'oscillation à droite ou à gauche d'un levier qui imprime un mouvement alterné à la plaque du *tiroir* D.

Voilà les deux types généraux de la machine à vapeur sans *condenseur* ou à *haute pression.* Il faut ajouter seulement que l'on s'arrange toujours pour que la vapeur, avant de se perdre dans l'atmosphère, vienne traverser le réservoir d'eau froide destinée à l'alimentation de la chaudière, afin de profiter d'une partie de la chaleur emportée par cette vapeur. Le tuyau, qui rejette la vapeur hors de l'usine, traverse donc l'eau d'alimentation, et l'échauffe. Lorsque cette dernière s'introduit dans la chaudière, elle possède déjà une température assez élevée, ce qui économise une partie du combustible.

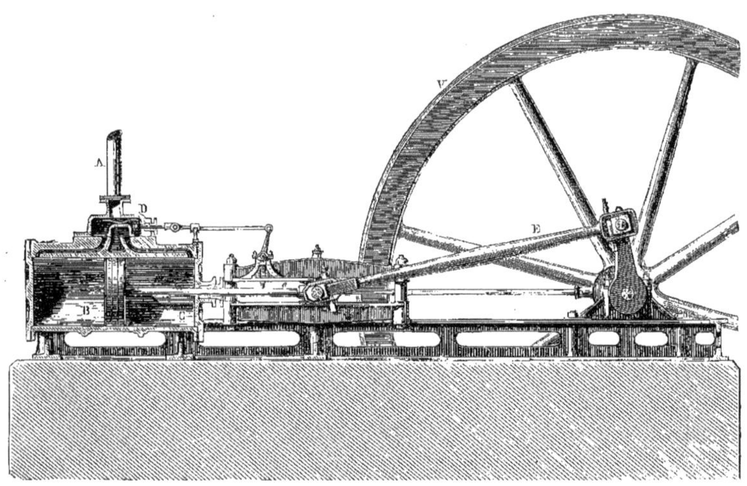

Fig. 390. — Machine horizontale à haute pression.

On a cru longtemps que les machines à

haute pression étaient d'un emploi plus dangereux que celles où la vapeur n'agit qu'à une ou deux atmosphères. Mais le relevé des explosions de chaudières qui ont eu lieu en France et en Angleterre, a prouvé qu'il est arrivé plus de sinistres avec les machines à basse pression qu'avec les autres.

La machine à haute pression est employée avec grand avantage toutes les fois que l'on n'a besoin que d'une force motrice d'une intensité faible. La régularité de son action, sa simplicité extrême, son prix peu élevé, lui font bien souvent accorder la préférence sur la machine à condensation, d'un prix considérable, d'une installation souvent difficile et qui exige un grand emplacement et une source d'eau abondante, pour suffire aux besoins de la condensation.

Ce genre de machine à vapeur n'est d'un emploi réellement économique, relativement à la machine à basse pression, que quand on y fait agir la vapeur avec détente. Employée sans détente, elle est d'un usage dispendieux. Aussi fait-on maintenant toujours usage, dans les machines à haute pression, de la détente de la vapeur.

Les deux systèmes qui viennent d'être décrits, c'est-à-dire les machines à haute pression et à basse pression, sont loin de s'exclure l'un l'autre. On les combine en effet avec avantage. On construit, aujourd'hui, un grand nombre de machines qui marchent à haute pression et qui sont néanmoins munies d'un condenseur. Beaucoup de machines fixes employées dans les manufactures, un grand nombre de machines à vapeur qui fonctionnent à bord des bateaux, sont établies dans ce double système.

Machines à simple effet et à double effet

Si l'on considère le mode d'action de la vapeur, on doit diviser les machines à vapeur en *machines à simple effet* et *à double effet.*

Dans la *machine à simple effet,* la vapeur n'agit que sur l'une des faces du piston, pour produire sa course ascendante; la chute du piston est déterminée par la pression de l'atmosphère s'exerçant sur la surface supérieure. Un balancier volumineux et lourd vient accélérer la descente et accroître l'effet mécanique.

Dans la *machine à double effet,* la vapeur vient agir successivement sur les deux faces du piston pour le soulever et l'abaisser alternativement.

Quand il ne s'agit que de produire un mouvement mécanique intermittent et non continu (tel fut le cas des pompes pour l'élévation des eaux dans les mines, ou pour l'alimentation du réservoir d'eau des villes), c'est à la machine à simple effet que l'on eut recours. Les machines du Cornouailles, la pompe à feu de Chaillot (à Paris), qui a été reconstruite en 1854, à peu près avec les mêmes dispositions qu'on lui avait données en 1775, et celle du Creusot qui servit à l'épuisement des eaux dans les mines, furent établies dans le système à simple effet de Watt. Pour quelques outils employés dans les ateliers mécaniques, tels que les moutons à vapeur, les découpoirs à vapeur, on se servit aussi d'une machine à simple effet.

On avait même fait quelques essais, autrefois, pour revenir aux machines à simple effet dans les appareils à vapeur destinés à la propulsion des bateaux. M. Seeward, de Londres, avait appliqué à la navigation une machine à simple effet sur le navire à hélice *the Wander,* de la force de 1.000 chevaux, dont un modèle a figuré à l'Exposition universelle de Paris en 1855. L'appareil moteur était composé de trois cylindres réunis marchant à simple effet. Cependant cette tentative n'a pas eu de suite.

Sauf les cas que nous venons de citer, et qui sont peu nombreux, toutes les machines à vapeur employées dans l'industrie, sont à double effet.

Avant de commencer la description des divers organes constituant les moteurs à vapeur, dont nous avons indiqué les fonctions dans les quelques machines qui précèdent, il nous reste à dire quelques mots, qui contribueront à compléter l'histoire de la machine à vapeur, sur plusieurs essais, déjà anciens, tendant à la meilleure utilisation de cette vapeur.

Il est manifeste qu'une quantité énorme de calorique se perdait dans les machines primitives et se perd encore dans la plupart des machines actuelles. Dans les machines à haute pression, la vapeur qui est rejetée dans l'air après avoir produit son effort mécanique, emporte une grande quantité de chaleur, qui, de cette manière, n'est point utilisée. La même perte existe, dans les machines à condenseur, par le fait que la vapeur qui se liquéfie dans l'eau du condenseur, cède à cette eau son calorique, lequel est ainsi perdu.

C'est pour remédier à ces pertes considérables de chaleur, et par conséquent, de combustible, que les physiciens et les constructeurs ont imaginé différents systèmes dont certains n'ont jamais pu être bien utilisés dans la pratique.

Machines à vapeurs combinées

Les *machines à vapeurs combinées,* construites vers l'année 1860, sont celles dans lesquelles le calorique de la vapeur qui est perdu dans les machines, est employé à volatiliser un liquide, tel que l'éther sulfurique, ou le chloroforme, dont la vapeur, dirigée sous le piston d'un second cylindre, accolé au cylindre principal, vient exercer un effort mécanique, et ajouter ainsi son action à celle de la vapeur d'eau.

Dans la *machine à éther Du Tremblay,* la vapeur à haute pression, en sortant d'un premier cylindre où elle a exercé, avec détente, son action sur le piston, traverse un grand nombre de petits tubes métalliques placés dans une boîte de métal qui renferme une certaine quantité d'éther sulfurique. A l'intérieur de ces tubes, la vapeur d'eau se refroidit, se condense et retourne à la chaudière, qui se trouve ainsi alimentée, à partir de ce moment, avec de l'eau distillée. Cette circonstance, pour le dire en passant, est déjà fort avantageuse, puisqu'elle empêche les incrustations terreuses qui se font à l'intérieur des générateurs alimentés avec de l'eau ordinaire, et qu'elle diminue l'abondance des dépôts de sel qui se font dans les chaudières alimentées avec l'eau de la mer.

Échauffé par la présence de la vapeur, l'éther, contenu dans les petits tubes métalliques, entre en ébullition, et sa vapeur passe dans un second cylindre, dont elle met en mouvement le piston, à la manière ordinaire. La condensation de la vapeur d'éther s'opère en dirigeant cette vapeur à travers plusieurs petits tubes placés dans une boîte métallique, traversée incessamment par un courant d'eau froide. Revenu à l'état liquide, l'éther est ensuite repris par une pompe qui le ramène au vaporisateur, où il doit être de nouveau volatilisé par la chaleur provenant de la vapeur de la machine, et ainsi de suite.

On assure avoir constaté, avec la *machine à éther Du Tremblay,* une réduction de 50 pour 100 sur le combustible, pour produire le même effet qu'une machine ordinaire à haute pression et à condenseur.

La machine à *vapeur d'éther,* que l'on désigne quelquefois sous le nom de *machine à vapeurs combinées,* est sortie du domaine de la théorie, pour entrer dans celui de la pratique. Quatre navires à vapeur, consacrés à un service régulier des transports de Marseille à Alger et Oran, avaient été pourvus de machines à vapeur du système Du Tremblay. Ces quatre navires appartenaient à la société Armand Touache frères et Compagnie. L'un, le *Du Tremblay,* était de la force de 70 chevaux, le *Kabyle,* le *Brésil* et la *France,* de 350 chevaux. — Il existait à Lyon une machine à vapeur d'éther, de la force de 50 chevaux. En

Alsace, M. Stehélin, constructeur à Bitt-schwiller, a fait usage d'une machine du même genre, de la force de 50 chevaux. — A Blackwall, en Angleterre, on a construit un navire de 1.200 tonneaux, *l'Orinocco*, dont les machines appartenaient au système à éther. — Enfin la compagnie franco-américaine Gauthier frères, de Lyon, a appliqué le même système au *Jacquart*, navire de la force de 600 chevaux, qui a fait, pendant quelque temps, le service du Havre à New-York.

La vapeur d'éther, employée comme force motrice, présente pourtant de graves dangers, en raison de son inflammabilité. Cette circonstance était de nature à empêcher son adoption définitive, surtout dans la navigation maritime. C'est donc avec raison que l'on a proposé de substituer à l'éther, le chloroforme, composé non inflammable, et

Fig. 391. — La pompe à feu de Chaillot en 1851.

qui jouit d'une force élastique supérieure encore à celle de l'éther.

Lafont, officier de marine, a employé, dans une machine de ce genre, le chloroforme, que Du Tremblay avait d'ailleurs lui-même recommandé pour cet usage. La machine à chloroforme de Lafont, d'une force de 20 chevaux, a fonctionné pendant quatre ans, pour les travaux du port de Lorient. A la suite des résultats satisfaisants constatés pendant ce long service, le gouvernement avait fait établir, à titre d'essai, à bord d'un navire, un appareil semblable de la force de 125 chevaux.

Un mécanicien français, Tissot, a modifié les machines à vapeur d'éther, en supprimant la vapeur d'eau, et faisant uniquement usage d'éther sulfurique, additionné de 2 pour 100 d'une huile essentielle. Ce mélange paraît préférable à l'éther pur, en ce qu'il n'attaque pas, comme le fait l'éther, les pièces métalliques, ce qui finit, à la longue, par occasionner des fuites, toujours dangereuses avec un liquide aussi inflammable que l'éther.

Tissot a établi cette *machine à vapeur d'éther* dans une brasserie de Lyon, où elle a fonctionné, selon lui, avec avantage.

Les machines de ce genre, dans lesquelles on fait usage, non loin d'un foyer, d'un liquide éminemment volatil et très inflammable ne devaient rencontrer que peu de partisans.

Il arriva, du reste, qu'un des paquebots pourvus d'une *machine à vapeurs combinées,* c'est-à-dire à vapeur d'eau et d'éther, s'embrasa en pleine mer, par suite de l'inflammation de l'éther. Cet accident, qu'il était facile de prévoir, en dit plus que tous les raisonnements du monde.

Il y avait mieux à faire, et on a fait mieux, pour éviter les pertes de calorique des machines à vapeur ordinaires, que d'avoir recours à une vapeur inflammable, comme l'éther sulfurique.

Machines à vapeur régénérée

Elles utilisaient un dispositif destiné à réchauffer la vapeur qui sort du cylindre, après avoir exercé son action sur le piston, afin de la renvoyer ensuite dans ce même cylindre.

Au lieu de laisser perdre la vapeur dans l'air ou dans le condenseur, on peut lui restituer, au moyen d'un foyer, la chaleur qu'elle a perdue, de manière à la ramener à la tension qu'elle possédait lorsqu'elle opérait, dans le cylindre, le refoulement du piston.

La force élastique de la vapeur d'eau croît rapidement avec la température; de telle sorte que lorsqu'elle est portée au-dessus de 100 degrés, elle n'a plus besoin que d'un petit nombre de degrés de chaleur pour acquérir une tension très considérable. On réaliserait donc une grande économie si l'on pouvait toujours conserver dans une machine, la même vapeur, en lui restituant le calorique qu'elle a perdu après chaque coup de piston, c'est-à-dire en la rendant propre à recommencer continuellement le même effet. C'est en cela que réside le principe des machines à vapeur dite *régénérée.*

La pensée de restituer à la vapeur le calorique qu'elle a perdu pendant qu'elle exerçait sur le piston son action mécanique, préoccupe depuis bien longtemps les physiciens. C'est sur un principe tout à fait analogue que Montgolfier, à la fin du XVIIIe siècle, avait essayé de construire une machine qu'il désignait sous le nom de *pyrobélier.* Un volume d'air limité était dilaté par l'action de la chaleur. Par sa pression, cet air dilaté soulevait une colonne d'eau. On rendait ensuite à cette même masse d'air refroidie, le calorique qu'elle avait perdu. De nouveau dilatée par la chaleur, elle soulevait encore la colonne d'eau, et ainsi indéfiniment.

En 1806, Joseph Niepce, le créateur de la photographie, avait construit, avec l'aide de son frère, un appareil qu'ils désignaient sous le nom de *pyréolophore*, et dans lequel l'air brusquement chauffé devait produire les effets de la vapeur.

L'illustre inventeur des chaudières tubulaires, M. Séguin aîné, neveu de Montgolfier, suivait aussi la même pensée. Dès l'année 1838, M. Marc Séguin s'était occupé d'employer la vapeur dans ces conditions. Le 3 janvier 1855, il présenta à l'Académie des sciences son curieux projet de *machine à vapeur pulmonaire*, par laquelle il comptait restituer à la vapeur, la chaleur perdue après chaque chaque expansion périodique.

Enfin un ingénieur allemand, établi en Angleterre, M. Siemens, a construit un appareil fondé sur le principe du réchauffement de la vapeur refroidie et détendue. Comme ce dernier système réalise une économie de près des deux tiers du combustible, le modèle de M. Siemens a été exécuté en Angleterre par MM. Fox et Henderson, sur une machine de la force de 100 chevaux.

La machine *à vapeur régénérée* de M. Siemens, figura à l'Exposition de 1855. Ce modèle était d'une force de 40 chevaux, et offrait les dispositions suivantes :

A côté du cylindre à vapeur se trouvent disposés deux autres cylindres plus petits. En sortant du grand cylindre, où elle a exercé son action sur le piston, la vapeur est ramenée, en traversant des toiles métalliques, au fond des deux petits cylindres qui sont directement échauffés par la flamme de deux foyers. La vapeur, détendue dans le grand cylindre, dont le piston a un diamètre double de celui des pistons travailleurs, revient dans l'un ou l'autre des cylindres réchauffeurs, selon qu'elle a agi au-dessus ou au-dessous du grand piston. Dans cette machine, la vapeur passe successivement de 5 atmosphères, tension qu'elle atteint dans le fond des petits cylindres, à 1 atmosphère, tension à laquelle elle est réduite dans le grand cylindre, d'abord par son refroidissement à travers les toiles métalliques, ensuite par son augmentation de volume. Les tiges des trois pistons viennent s'articuler sur une même manivelle.

Machines à air chaud

Les machines à air chaud ont une grande analogie avec les *machines à vapeur régénérée* telles que nous venons de les décrire ci-dessus. Ainsi qu'on va le voir par la description des machines d'Ericsson et Franchot, on obtient le mouvement par le changement successif de température et de volume d'un même gaz qu'on échauffe et qu'on refroidit tour à tour, et le moyen employé pour utiliser le calorique est le même dans les deux sortes d'appareils; mais dans les appareils à *air chaud*, la vapeur est complètement supprimée et remplacée par l'air.

Machine à air chaud Ericsson

(Fig. 392.) Dans cette machine, qui fit, à son apparition en 1852, une énorme sensation, la dilatation et la contraction successive qu'éprouve une masse d'air, contenue dans un espace limité, par suite de l'addition et de la soustraction du calorique à cette masse d'air, constitue la source de la puissance mécanique qui est utilisée. Voici les dispositions générales de cette machine. Un grand nombre de toiles métalliques, à mailles très serrées, sont chauffées jusqu'à la température de 250 degrés. Une masse d'air froid traversant rapidement ces toiles métalliques, s'y échauffe instantanément, et se dilate aussitôt. L'impulsion produite par la dilatation de cet air, est mise à profit pour agir sur un piston, lequel joue dans un corps de pompe. Après avoir produit ce premier effet, la même masse d'air repasse à travers les mêmes toiles métalliques. Dans ce retour, le métal reprend à l'air la chaleur qu'il lui avait un moment communiquée, de telle manière qu'en sortant de cette partie de l'appareil, l'air est presque aussi froid qu'à son premier départ. C'est la répétition de ces effets de dilatation et de contraction alternatives de l'air échauffé et refroidi qui détermine le jeu de l'appareil moteur.

On voit représentée, figure 392, la première *machine à air chaud* d'Éricsson, qui a fonctionné dans plusieurs ateliers.

A est un large piston rempli, à l'intérieur, d'argile et de poudre de charbon, matières peu conductrices de la chaleur. Ce piston parcourt à frottement doux le cylindre B, lequel est en libre communication avec l'air extérieur grâce aux ouvertures *a, a*. C est un second piston plus petit, rattaché au premier par les tiges de fer *d, d*. Ce second piston se meut dans le cylindre D, lequel communique, comme le premier, avec l'atmosphère par les ouvertures *a, a*. Le piston C, au moyen de la tige E, s'articule avec le balancier de la machine, qui n'est pas représenté sur la figure. F est un vaste réservoir d'air comprimé. Le cylindre D communique d'une part avec l'atmosphère par la soupape *c*, qui s'ouvre de haut en bas, et d'autre part, avec le réservoir F, par la soupape *e*, qui s'ouvre de bas en haut. G est un assemblage de toiles métalliques serrées les unes contre les autres. L'air comprimé dans le réservoir F se rend dans le cylindre B, grâce à un large tube de communication, en passant au travers de ces toiles métalliques.

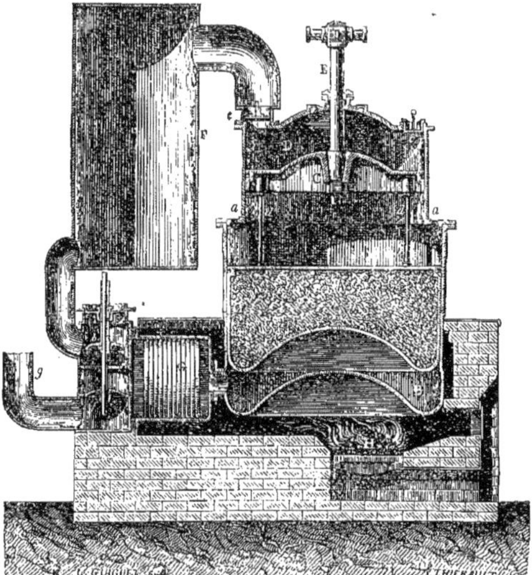

Fig. 392. — Machine à air chaud d'Éricsson.

Quand la soupape *b* est fermée, et la soupape *f* ouverte, l'air contenu dans le cylindre B peut s'échapper dans l'atmosphère en traversant les toiles métalliques G, par l'ouverture de la soupape *f* et le tuyau de dégagement *g*.

H est le foyer, placé sous le cylindre B. La flamme qui s'en échappe, circule dans un espace vide ménagé autour de la partie inférieure de ce cylindre, avant de se rendre dans la cheminée.

Expliquons maintenant la marche de l'air chaud et la manière dont se produit l'effet moteur.

La soupape *b* étant ouverte, et la soupape *f* fermée, l'air comprimé du réservoir F se rend dans le cylindre B, en traversant l'assemblage G de toiles métalliques, que la proximité du foyer maintient à une haute température. Il s'échauffe d'abord en traversant ces toiles métalliques, mais il s'échauffe surtout à l'intérieur du cylindre B, placé directement sous l'action du foyer. Par la dilatation de l'air, le piston A s'élève dans le cylindre B, faisant monter en même temps que lui le piston C. L'air contenu au-dessus du second piston C, et qui s'y est précédemment introduit par la soupape *c*, est comprimé, et, soulevant la soupape *e*, passe dans le réservoir F. Ce réservoir F perd donc d'un côté une portion de l'air qu'il renfermait, et d'un autre côté en gagne une quantité égale, ce qui entretient à son intérieur une pression constante.

Lorsque les deux pistons A et C se sont ainsi élevés jusqu'à l'extrémité de leur course, la soupape *b* se ferme et la soupape *f* s'ouvre. L'air contenu au-dessous du piston A peut donc s'échapper dans l'atmosphère, en traversant les toiles métalliques G, dans le sens opposé à celui dans lequel il les avait traversées précédemment. Alors les pistons A et C redescendent, en vertu de leur propre poids, ou par l'action d'un contrepoids convenablement disposé. En même temps la soupape *e* se ferme et la soupape *c* s'ouvre, de sorte que le haut du cylindre D se remplit d'air atmosphérique venant par cette dernière soupape. Lorsque les pistons A et C sont arrivés au bas de leur course, la soupape *f* se ferme, la soupape *b* s'ouvre, et le jeu de la machine recommence comme précédemment.

Cette machine est donc à simple effet. La force élastique de l'air ne sert qu'à pousser les pistons et la tige E de bas en haut; elle ne contribue en aucune manière à les faire redescendre. Les pistons redescendent comme dans l'ancienne machine de Newcomen ou dans la machine à vapeur à simple effet. Seulement, comme on dispose deux machines de ce genre, pour agir alternativement aux deux extrémités d'un même balancier, l'effet produit est le même que si l'on employait une machine à double effet agissant sur un seul balancier; il y a donc une disposition différente.

Telle est la première machine à air chaud qu'Ericsson ait construite. Elle ne réalisa pas l'économie de combustible qu'on en attendait. En outre, les toiles métalliques destinées à reprendre à l'air sortant une partie de la chaleur qu'il renferme, ne donnèrent pas les résultats qu'on avait espérés. Aussi Ericsson supprima-t-il ces toiles métalliques dans ses autres machines à air chaud.

On a installé, de 1855 à 1860, sur des navires américains, quelques *machines Ericsson;* mais leur usage n'ayant pas répondu à l'attente générale, la marine américaine n'a pas tardé à les abandonner.

La *machine Ericsson* a eu plus de succès dans les ateliers des manufactures, surtout pour ceux de la petite fabrication. Plusieurs de ces machines ont fonctionné, et fonctionnent peut-être encore aujourd'hui, dans de petites manufactures d'Amérique, d'Angleterre et d'Allemagne; mais on n'en a vu aucune en France.

Des constructeurs anglais les fabriquaient d'une manière courante. On les avait simplifiées et agencées dans leurs organes de transmission d'une manière ingénieuse; de sorte qu'elles pouvaient rendre de bons services dans les petites usines, surtout dans celles qui n'avaient pas besoin de force motrice d'une manière continue ou qui étaient établies dans des conditions telles que l'installation d'une machine à vapeur avec des chaudières y était impossible ou très difficile.

La suppression de la chaudière, écartant tout danger d'explosion, rendait la machine Ericsson intéressante. Malheureusement, ses organes étaient trop nombreux et trop délicats. Son entretien devait donc exiger des soins assidus et dispendieux.

A côté de la machine Ericsson vient se placer la *machine à air chaud* Franchot.

Depuis l'année 1840, Franchot avait indiqué le parti avantageux que l'on peut retirer des toiles métalliques, pour la construction de machines motrices à air chaud.

Voici quelles sont les dispositions principales de la *machine à air chaud* Franchot, qui constitue une excellente expression pratique des moyens par lesquels on peut appliquer au travail mécanique les gaz ou les vapeurs alternativement échauffés ou refroidis.

Cette machine se compose de quatre cylindres dont le bas est chauffé par un foyer, et la partie supérieure maintenue à une température peu élevée. Les deux capacités, chaude et froide, sont séparées par un piston, qui joue en même temps le rôle de *déplaceur*. Les quatre cylindres forment une *série circulaire,* dans laquelle le bas de chacun est en communication permanente avec le haut du suivant, au moyen d'un canal qui renferme des toiles ou lames métalliques présentant une très grande surface. Le système entier se compose donc de quatre masses d'air isolées par des *pistons déplaceurs*. Chacune de ces masses d'air va et vient entre les capacités chaude et froide, qui communiquent entre elles. Dans ces passages, l'air abandonne et reprend alternativement de la chaleur aux toiles métalliques, dont il touche la surface étendue, et dont la température décroît graduellement d'un bout du canal à l'autre.

Ces variations alternatives de température, qui provoquent nécessairement des contractions et des dilatations dans le volume de l'air emprisonné, donnent lieu à un travail moteur continu, lequel est transmis à un arbre tournant, par les tiges des pistons déplaceurs, par des bielles et des manivelles convenablement disposées. La puissance de cette machine, pour des dimensions d'ailleurs égales, est susceptible de varier, si l'on fait usage d'un air plus ou moins comprimé.

Une machine à air chaud, *machine Pascal,* a donné d'excellents résultats économiques, à côté d'énormes embarras pratiques.

A l'Exposition universelle de Londres, en 1862, on remarqua une *machine à air chaud Wilcox,* dans laquelle le régénérateur à toiles métalliques d'Ericsson était remplacé par une série de canaux, formés par des feuilles de tôle ondulée.

Nous représentons ici (Fig. 393), mais seulement afin de donner une idée générale de la forme et de la disposition d'une machine à air chaud, un modèle qui a fonctionné, à titre d'essai, dans un atelier de Paris. A est le fourneau, B le cylindre, dans lequel l'air extérieur vient s'échauffer par le rayonnement du foyer; G est le petit cylindre dans lequel l'air échauffé s'introduit, et qui, par l'effet de soupapes convenablement placées, met en action la tige D du piston, et par suite le volant E et l'arbre de la machine.

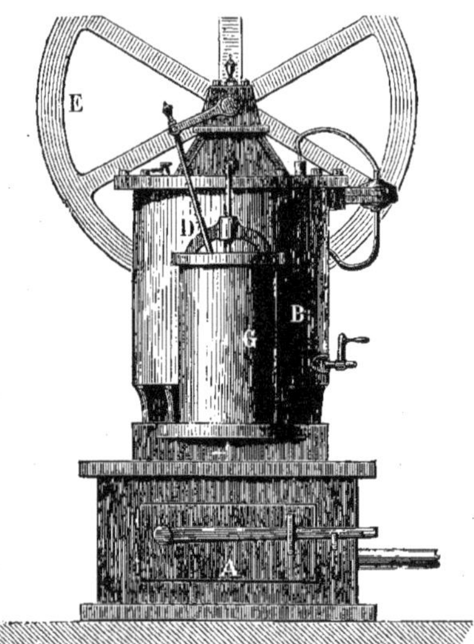

Fig. 393. — Machine à air chaud.

Le succès des machines à air chaud ne devait pas être de longue durée. Il y a, en effet, dans l'emploi, comme moteur, d'un gaz échauffé, substitué à l'action de la vapeur d'eau, divers inconvénients spéciaux, différentes difficultés pratiques, que nous allons énumérer.

On ne peut communiquer à l'air chaud une pression considérable nécessaire pour produire un grand effet mécanique, sans porter cet air à une température extrêmement élevée. Or, à ces températures, aucune pièce métallique ne peut longtemps résister. Les surfaces métalliques s'oxydent et se détériorent; aucun frottement n'est plus possible à ces degrés extrêmes. Les tiroirs, qui servent à l'introduction et à la distribution de l'air chaud, se déforment; les garnitures se brûlent; les segments du piston se soudent; les huiles qui lubrifient les rouages, distillent ou se décomposent. En un mot, ces températures élevées font une guerre incessante à tout organe mécanique.

La vapeur d'eau employée dans les machines ordinaires (qu'on le remarque bien, car c'est là un de ses plus précieux avantages), n'exerce aucune action destructive de ce genre sur les organes des machines. Bien plus, dans toutes les machines à vapeur, quelle que soit la tension de l'agent moteur, l'eau qui est entraînée avec la vapeur, à l'état globulaire ou par simple projection, vient sans cesse lubrifier les surfaces métalliques. Elle émulsionne les huiles qui graissent les rouages, et ne fait qu'adoucir leur jeu. En même temps, elle les refroidit constamment, par son évaporation, et laisse aux garnitures toute leur élasticité.

Le défaut que nous venons de signaler est fondamental; il a été toujours l'obstacle le plus sérieux au développement des machines à air chaud, quelles que soient leurs dispositions secondaires.

Voici maintenant des difficultés d'un autre ordre.

L'air, étant mauvais conducteur de la chaleur, est très lent à s'échauffer et très lent à se refroidir, une fois chaud. Il est presque impossible de l'échauffer à travers les parois d'un récipient, et le meilleur parti à prendre, c'est de le chauffer, non à travers les parois d'un récipient, comme dans la *machine Ericsson,* mais en le faisant passer directement sur le combustible en ignition, comme dans la *machine Pascal.*

Mais, en raison de sa mauvaise conductibilité, l'air chaud, se refroidit lentement. La *condensation* nécessaire pour produire l'effet moteur, se fait donc avec lenteur et difficulté. De là naît ce que l'on a appelé l'*équilibre de température,* c'est-à-dire qu'après un certain temps de fonctionnement, les *régénérateurs,* les *toiles métalliques,* le *cylindre régénérateur,* et tous les autres organes qu'on tenterait d'introduire comme intermédiaires, tout arrive à posséder la même température. Par suite, la pression étant égale à la contre-pression, le piston moteur s'arrête.

Disons enfin que l'air chaud ne pourrait servir avec efficacité comme moteur dans les machines qui doivent alternativement s'arrêter et se mettre en action. Les machines à air chaud sont très longues à mettre en train. Il faudrait, pour ainsi dire, pouvoir installer à côté d'une machine à air chaud, un moteur à eau, d'une puissance capable de mettre en mouvement par lui-même, la pompe à air de la machine à air chaud.

Ces considérations montrent qu'il existe des difficultés bien graves dans l'emploi de l'air chaud comme moteur et expliquent le discrédit dans lequel sont tombées les diverses machines qui l'utilisaient dans ce but.

Machines à vapeur surchauffée

Ces machines, fabriquées spécialement de nos jours par quelques constructeurs, sont actionnées par la vapeur surchauffée dont nous avons parlé lors de la description des chaudières, chapitre XI.

L'idée des *machines à vapeur surchauffée,* qui date déjà de loin, est venue pour la première fois, à la suite des expériences de Boutigny sur l'état sphéroïdal de l'eau. Ses idées furent développées et appliquées par Testud de Beauregard, qui n'obtint aucun succès pratique.

Deux Américains, MM. Wathered, avaient présenté à l'Exposition universelle de 1855, une *machine à vapeur surchauffée,* qui fut peu remarquée et qui méritait pourtant l'attention.

Dans la machine *à vapeur surchauffée* de MM. Wathered, la vapeur engendrée dans un générateur, qui est tubulaire comme celui des locomotives, mais placé verticalement, se divise en deux parties. L'une se rend directement, comme à l'ordinaire, dans une chambre à vapeur qui précède le cylindre; l'autre est dirigée, par un tuyau, dans un serpentin installé dans le *carneau* et dans le dôme de la cheminée. En circulant à travers les spires du serpentin, cette vapeur s'échauffe considérablement et atteint une température de 300 à 400 degrés. Ainsi surchauffée, elle vient se réunir, dans la chambre à vapeur qui précède le cylindre, à la vapeur ordinaire qui est venue directement du générateur. Il résulte de ce mélange de deux vapeurs, que la vapeur surchauffée cède à la vapeur ordinaire une partie de son excès de température; qu'elle vaporise l'eau que cette dernière contenait à l'état liquide, et lui donne une grande tension. Le mélange de ces deux vapeurs entre alors dans le tiroir de distribution, et pénètre de là dans les cylindres, où elle produit son effet mécanique.

Nous verrons ultérieurement, lors de la description des diverses machines à vapeur, des spécimens de moteurs à vapeur surchauffée construits actuellement.

Nous terminerons ce chapitre en jetant un coup d'œil rapide sur les principes qui, de nos jours, règlent, ou tendent de plus en plus à régler, la construction et l'installation des machines à vapeur.

Le principe le plus important, celui qui domine aujourd'hui dans la construction de ces appareils, c'est d'approprier chaque genre de machine à l'usage particulier qu'elle doit remplir. Nos constructeurs ne s'attachent plus à fabriquer, comme autrefois, la machine à vapeur d'après un type uniforme et commun; mais, au contraire, à varier ses dispositions et son mécanisme suivant le travail spécial auquel on la destine. Il y a peu de temps encore, on demandait à la même machine les applications les plus différentes, et quelquefois les plus hétérogènes. Quel que fût l'usage auquel elle était destinée, on la construisait toujours sur le même type. Il en est autrement aujourd'hui. Chaque branche d'industrie, et même chaque subdivision de l'une de ces branches, imprime à la machine à vapeur une disposition applicable au travail spécial qu'il s'agit d'effectuer. La vapeur n'est plus aujourd'hui qu'un instrument, qu'un outil, pour ainsi dire, auquel on s'applique à donner les formes les plus appropriées à l'emploi qu'on veut en faire.

Un second principe, auquel on tend de plus en plus à obéir aujourd'hui dans la construction des machines à vapeur, consiste à se passer, autant qu'on le peut, de ces organes intermédiaires, destinés à transmettre le mouvement, que l'on employait autrefois, sous tant de formes différentes. Les moyens de renvoi sont supprimés toutes les fois que cette suppression peut se faire sans nuire au jeu de la machine. Dans ce cas, c'est la tige même du piston sortant du cylindre à vapeur, qui est employée comme agent direct du mouvement.

Quelques exemples vont montrer l'application de ce principe. Dans la construction des machines destinées à l'élévation des eaux, on se contente souvent de placer au-dessus de l'ouverture du puits, un cylindre à vapeur, le couvercle en bas; et c'est la tige même du piston qui imprime, sans aucun intermédiaire, le mouvement aux pompes qui opèrent l'élévation des eaux. Dans les grandes usines destinées à l'extraction et au travail des métaux, telles que fonderies, ateliers de laminage, etc., c'est la tringle même du piston du cylindre à vapeur, qui met en mouvement des marteaux pesant 5 à 6.000 kilog. On fait agir de la même manière, une tige à vapeur pour faire office de pilon et opérer la pulvérisation de diverses substances. Les machines soufflantes utilisent, suivant le même procédé, le mouvement direct de la vapeur sans aucun organe de transmission. C'est enfin par le même procédé que l'on peut, à l'aide de la tringle même du piston d'un cylindre à vapeur, percer, couper, emboutir le fer, le cuivre ou la tôle. En un mot, toutes les fois qu'il est possible de supprimer les moyens intermédiaires pour la communication du mouvement, on réalise cette importante et utile simplification de mécanisme, auquel la vapeur, mieux que tout autre agent moteur, se prête avec facilité.

Un autre principe qui tend à recevoir plus d'extension de jour en jour, consiste dans l'usage des *grandes vitesses*. La nécessité, qui se rencontre si souvent dans l'industrie, de réduire le poids et les dimensions des machines motrices, les avantages que procure cette réduction, ont conduit à substituer aux machines d'un grand volume et d'une force considérable, des machines de dimensions plus faibles, mais produisant des mouvements infiniment plus rapides. Ainsi, dans les usines métallurgiques, où l'on fond les métaux, en faisant usage de courants d'air puissants dirigés dans le foyer, au lieu d'employer des machines soufflantes marchant à un mètre par seconde, et qui exigent des cylindres à vapeur et des cylindres soufflants de très grandes dimensions, on se sert de cylindres à vapeur plus petits, mais dans lesquels la vapeur, affluant par de larges orifices et agissant instantanément sur le piston, imprime à cet organe une vitesse quintuple et décuple du cas précédent.

Fig. 394. — Statue du physicien Hirn, à Colmar.
(21 août 1815 — 14 janvier 1890.)

Construites d'après ce principe, les machines à vapeur peuvent, avec des dimensions cinq ou six fois moindres, produire les mêmes effets mécaniques.

Les dispositions nouvelles que l'on donne aujourd'hui à la machine à vapeur, résultent de vues théoriques d'un ordre élevé, ayant conduit à l'établissement d'un principe, de démonstration récente, qui peut être comparé, sous le rapport de son importance et de sa portée, aux plus grandes découvertes que l'histoire des sciences ait jamais enregistrées : nous voulons parler du principe de la *conservation de l'énergie,* mis en lumière par les travaux de Mayer, de Joule, de Victor Regnault, de Hirn (1) dont l'œuvre est particulièrement remarquable, de Carnot, de Clausius, etc.

En vertu de ce principe, la lumière, l'électricité, la chaleur, la puissance mécanique, ne sont que des manifestations différentes de l'*énergie.* Si l'on considère plus particulièrement la chaleur et la puissance mécanique, on démontre aujourd'hui qu'il y a équivalence entre la chaleur absorbée dans une machine à vapeur ou une machine thermique en général, et le travail mécanique produit par cette machine.

En d'autres termes, une *calorie* donne toujours naissance à un travail mécanique égal à 425 *kilogrammètres,* et réciproquement, ce travail de 425 *kilogrammètres* peut régénérer une quantité de chaleur égale à une *calorie.*

La partie de la physique qui s'occupe des rapports de la chaleur et de la puissance mécanique se nomme *thermodynamique.*

Elle explique que si un piston s'élève sous l'impulsion de la vapeur d'eau, cet effet mécanique est dû à la perte de calorique que la vapeur subit en se dilatant : de telle sorte que la chaleur semble se métamorphoser ici en travail mécanique.

Il est certain que quand la vapeur agit sur un piston pour le soulever, elle éprouve un refroidissement considérable, et qu'à sa sortie du cylindre, elle ne contient plus qu'une partie du calorique qu'elle y avait apporté. Le travail mécanique exécuté par la vapeur, peut donc être considéré comme la différence entre le calorique que la vapeur présentait à son entrée dans le cylindre et celui qu'elle conserve à sa sortie. Ainsi, la chaleur paraît s'être métamorphosée en mouvement, au sein de la machine.

Rien ne se perd, rien ne se crée dans la nature. Cette grande vérité, issue des découvertes de la chimie, semble trouver dans les faits empruntés à la physique, une confirmation nouvelle. En effet, dans le cas que nous considérons, le calorique de la vapeur n'a point péri, il a seulement changé de nature ; il s'est transformé en mouvement.

On remarquera, à l'appui de cette belle explication de l'action mécanique des gaz et des vapeurs, que, si l'on comprime vivement de l'air ou un gaz dans un tube, il se produit de la chaleur ou de la lumière. C'est l'effet inverse de ce qui se passe lorsqu'une vapeur échauffée exerce une action mécanique : la vapeur se dilate, et elle se refroidit. Dans le premier cas, le calorique prend naissance par la condensation du gaz ; dans le second, le calorique se perd par la dilatation de la vapeur.

L'idéal de la *machine thermique,* c'est-à-dire de la machine qui emprunte son effet à la chaleur seule, serait celle qui permettrait de recueillir l'équivalent de travail de 425 *kilogrammètres* par *calorie* produite dans le foyer de la chaudière. Pouvons-nous espérer ce merveilleux résultat? Hélas! non, il s'en faut de beaucoup ; car nos machines à vapeur les plus perfectionnées ne peuvent utiliser qu'une partie de la chaleur développée par la combustion du charbon dans le foyer.

Il ne faut pas, cependant, désespérer des ressources de la science et de l'art, quoiqu'il semble que la machine à vapeur ait atteint actuellement, ou peu s'en faut, son plus haut degré de perfection.

(1) C'est à l'éminent savant G. A. Hirn qu'était réservée la gloire (1855-1875) de démontrer expérimentalement, d'expliquer nettement, de mesurer, et de soumettre au calcul les échanges continuels de chaleur entre le fluide moteur et les parois des récipients qui les contiennent. Les expériences du Logelbach sont mémorables. Il trouva en M. Schwœrer un préparateur de haute science et un collaborateur hors ligne. Secrétaire de Hirn pendant des années, M. Schwœrer a réussi, par un travail persévérant, à mettre au point et à introduire largement dans la pratique les conceptions de cet illustre novateur : il a rendu ainsi, comme le constata M. A. Brüll en 1901 dans un Rapport présenté à la « Société d'encouragement pour l'industrie nationale », un puissant service à l'industrie.

ORGANES DES MACHINES

CYLINDRE. — ENVELOPPE DE VAPEUR. — PISTON : à air, à eau, à vapeur. — *VITESSE DES PISTONS. — CHAUFFAGE DES PISTONS. — TIGE DE PISTON. — CONTRE-TIGE. — CROSSE. — GLISSIÈRES. — BIELLE. — BALANCIER. — MANIVELLE. — CONTRE-MANIVELLE. — EXCENTRIQUE. — ARBRE. — VOLANT. — PALIER. — COUSSINET. — BOULON. — ÉCROU. — DISPOSITIFS POUR EMPÊCHER LE DESSERRAGE DES ÉCROUS. — CLEF. — PRESSE-ÉTOUPES. — BATI. — FONDATION.*

Cylindre (Fig. 395.) Nous allons, maintenant, passer en revue les différents organes qui composent le mécanisme d'une machine à vapeur.

Nous commencerons par le *cylindre,* organe très important et d'une confection demandant de grands soins.

Le *cylindre* A d'une machine à vapeur est une pièce de forme cylindrique, faite en fonte de fer, dans laquelle l'action de la vapeur communique à un *piston* G un mouvement rectiligne alternatif. Le *cylindre* doit être *alésé* très soigneusement et il doit avoir une forme intérieure parfaitement cylindrique. Le *piston* qui manœuvre dans le cylindre doit, en effet, y être ajusté le mieux possible pour qu'il ne se produise pas des fuites de vapeur tout autour de sa circonférence et pour éviter, par conséquent, une perte de travail. Le *cylindre* est fermé à une de ses extrémités par le *couvercle* H et à l'autre par le *fond* I.

Fig. 395. — Cylindre de machine à vapeur.

Le *couvercle* est muni d'un *presse-étoupe* J, traversé par la *tige du piston* K, qui empêche la vapeur admise dans le *cylindre* de s'échapper à l'extérieur.

Le *fond* ne porte généralement aucune

ouverture centrale, sauf dans certains systèmes de machines où les pistons de divers cylindres sont attelés en tandem sur la même tige. Quelquefois cependant, les fonds sont percés pour laisser passer les *contre-tiges*, L, dont certains pistons sont munis.

Le *couvercle* et le *fond* sont fixés au *cylindre* par un nombre suffisant de boulons, pour assurer l'étanchéité des joints.

Le *cylindre* porte sur un de ses côtés des ouvertures qui correspondent à celles qui sont pratiquées dans les *tiroirs* distributeurs de vapeur.

Suivant la forme de ceux-ci, le *cylindre* porte des dispositifs appropriés pour les recevoir.

Dans le cas du *tiroir* ordinaire, qui a été primitivement très employé, le cylindre A est muni de deux conduits latéraux B et C, nommés *conduits d'admission*, venus de fonte avec lui. L'un d'eux débouche à une extrémité du cylindre, l'autre débouche à l'autre extrémité.

Ces conduits aboutissent, vers le milieu de la longueur du cylindre, à une partie plane très bien dressée, D, nommée *glace du cylindre*, sur laquelle le tiroir se déplace en masquant et démasquant alternativement les ouvertures, ou *lumières* des conduits.

Un troisième conduit E est pratiqué sur la surface extérieure du cylindre, perpendiculairement à la direction des deux autres.

C'est le *conduit d'échappement*. Il communique d'une part avec l'espace vide ménagé dans le tiroir et d'autre part avec le tuyau qui va au condenseur ou avec l'atmosphère, suivant le type de la machine.

Ce conduit d'échappement est mis alternativement en communication avec chacun des conduits d'admission, par le mouvement de va-et-vient du *tiroir* F.

Nous avons déjà décrit le fonctionnement de cette distribution, et nous avons expliqué ce qu'était la détente et les avantages qu'on en retire.

Mais il est nécessaire d'examiner, au point de vue thermique, quelles sont les conditions les plus favorables à un bon rendement de la machine.

Quand la vapeur est admise dans le cylindre à une quelconque de ses extrémités, elle est mise en contact brusque avec les parois de ce cylindre, qui sont à une température inférieure. Elle se condense donc le long de ces parois et sa pression tend à diminuer.

Pendant la période de *détente*, la pression de la vapeur et sa température baissant considérablement, une partie de l'eau de condensation retenue sur les parois du cylindre emprunte la chaleur communiquée à ces parois par la vapeur précédemment admise, et se vaporise.

Enfin, quand le conduit d'échappement est ouvert, la pression et la température sont encore plus faibles et l'eau de condensation qui peut encore tapisser les parois du cylindre lui enlève une nouvelle quantité de chaleur pour se vaporiser.

On conçoit donc que plus la température de ces parois est différente de celle de la vapeur admise, moins les conditions de fonctionnement de la machine sont favorables.

On a donc été conduit à ajouter aux cylindres des machines à vapeur des dispositifs limitant au minimum la déperdition de la chaleur.

En premier lieu, on a intérêt à donner au cylindre une longueur égalant plusieurs fois le diamètre du piston, car, pour un volume de vapeur déterminé à y admettre à chaque course, on doit réduire le plus possible la surface des parois susceptibles de produire la condensation de la vapeur d'admission. Quand la machine marche à une grande vitesse, cette disposition a bien moins d'intérêt, car la vapeur, circulant très vivement dans le cylindre, a sur les parois une action assez atténuée. Dans ce cas, on donne quelquefois au cylindre une longueur égale à son diamètre intérieur.

Dans le cas de machines à vitesse moyenne ou à faible vitesse, la longueur du cylindre peut atteindre de 2 à 2 fois 1/2 le diamètre du piston.

Quand on ne peut, à cause de l'encombrement, donner aux cylindres de semblables dimensions, on peut les munir d'*enveloppes de vapeur*.

Enveloppes de vapeur (Fig. 396.) Les *enveloppes de vapeur* sont constituées par des cylindres en fonte de fer A enveloppant le cylindre proprement dit B, reliées à lui par des nervures C et ayant généralement le fond et le couvercle communs.

L'espace compris entre cette *enveloppe* et le cylindre est constamment rempli de vapeur. L'*enveloppe* porte, à cet effet, un tuyau D communiquant avec la chaudière. On peut admettre dans cet espace soit de la vapeur qui y reste stagnante, soit de la vapeur animée d'un mouvement de circulation.

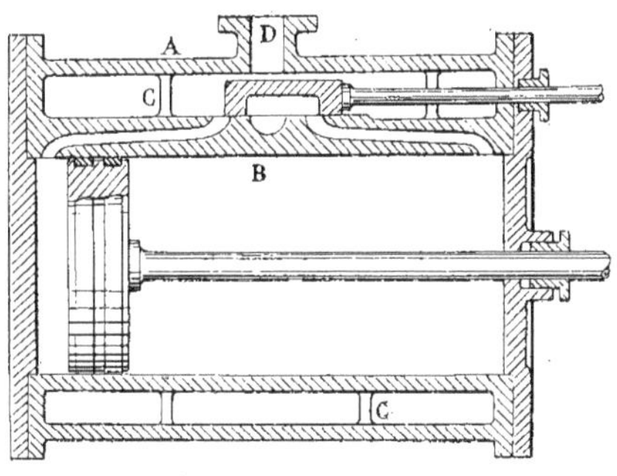

Fig. 396. — Enveloppe de vapeur.

Quand la vapeur est stationnaire, elle arrive dans l'*enveloppe* par une tubulure indépendante de celle qui apporte la vapeur destinée à actionner le piston. C'est un dispositif qui permet de réchauffer le cylindre avant la mise en marche de la machine, mais il est nécessaire que cette vapeur soit maintenue à sa température pour éviter sa rapide condensation dans l'*enveloppe*.

Quand la vapeur de réchauffement sert en même temps, à actionner le piston, elle circule, d'abord, tout autour du cylindre avant d'y pénétrer par la lumière que le tiroir laisse à découvert. Quand elle a produit son travail, elle s'échappe dans l'atmosphère ou dans le condenseur, et une nouvelle quantité de vapeur qui l'a remplacée dans l'*enveloppe* vient, à son tour, produire son effet sur le piston.

L'emploi des *enveloppes de vapeur* permet, en maintenant les parois du cylindre à une température élevée, de réchauffer la vapeur pendant sa période de détente et, par conséquent, d'augmenter sa tension.

C'est une meilleure utilisation du travail de cette vapeur, et on peut réaliser, de ce fait, une économie de combustible appréciable variant de 5 à 10 % pour les machines sans condensation, et pouvant atteindre et dépasser 20 % pour des machines à condenseur dont la détente de la vapeur égale environ quatre fois son volume initial.

Il faut avoir le soin de retirer des *enveloppes de vapeur* l'eau qui pourrait s'y être condensée pendant le fonctionnement, et il convient de ménager, à cet effet, les dispositifs de *purge* appropriés.

Distributeurs Les *tiroirs* ou *distributeurs* de vapeur ne sont pas toujours constitués comme le *tiroir* ordinaire dont nous avons déjà parlé.

On peut les classer en quatre grandes catégories : *distributeurs glissants, distributeurs oscillants, distributeurs rotatifs* et *distributeurs à soupapes*.

Parmi les *distributeurs glissants* sont compris les *tiroirs* ordinaires, *à coquille* pour machines sans détente, les *tiroirs à recouvrement* donnant une détente fixe, les *tiroirs à détente variable*, les *tiroirs cylindriques équilibrés*.

Nous décrirons plus loin, en détail, ces

multiples *distributions de vapeur,* qui forment les parties les plus importantes des divers types de machines et qui en déterminent le caractère essentiel.

Piston C'est l'organe qui, actionné par la vapeur, se meut d'un mouvement rectiligne alternatif dans le cylindre. Toutefois, l'agent moteur d'un piston n'est pas toujours la vapeur. Il existe également des *pistons à air* et des *pistons à eau,* en dehors des *pistons à vapeur.*

Comme dans certaines machines à vapeur on peut utiliser ces trois sortes de pistons, qui diffèrent suivant l'emploi auquel on les destine, nous allons les examiner successivement.

Quelle que soit la catégorie dans laquelle il se trouve, un piston se compose essentiellement du *piston* proprement dit et de sa *garniture.*

Le *piston* est généralement un disque en fonte de fer, au centre duquel est solidement fixée une barre cylindrique appelée *tige du piston.*

Le diamètre de ce disque est sensiblement égal au diamètre intérieur du corps de pompe dans lequel il se meut.

Comme il est très important que le joint soit, circulairement, très bien assuré entre le piston et le cylindre, pour éviter des fuites et par conséquent des pertes de travail, il est nécessaire d'interposer entre ces deux pièces métalliques rigides, un intermédiaire à la fois bien consistant pour empêcher les fuites, et suffisamment élastique pour s'appliquer constamment contre les parois intérieures du corps de pompe, sans occasionner un surcroît de frottement trop considérable. Les corps des pistons et leurs garnitures varient suivant l'emploi que l'on fait des pistons.

Piston à air C'est un piston qui est disposé pour se mouvoir dans un corps de pompe sous l'action de l'air ou qui a pour objet de le comprimer.

Les garnitures du *piston à air* sont généralement constituées en cuir, embouties en forme de cuvette A, et montées à plat sur le disque B formant le corps du piston (Fig. 397).

Les rebords de la garniture s'appuient circulairement contre les parois du corps de pompe et sont orientés de façon que la pression de l'air, pendant le fonctionnement du piston, applique la garniture contre les parois. La garniture sera, en outre, pressée contre le cylindre d'une façon d'autant plus

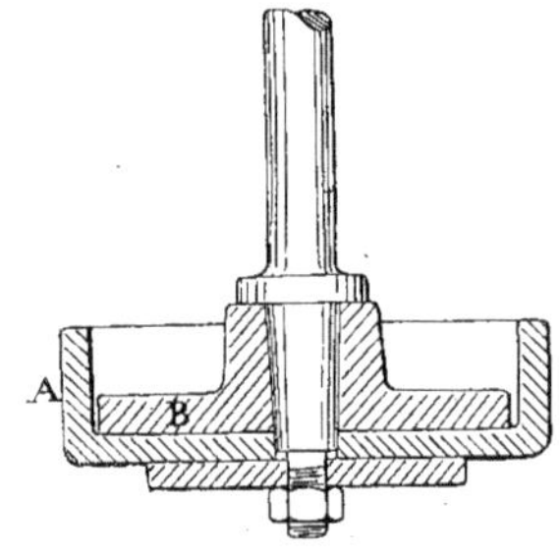

Fig. 397. — Piston à air, garniture de cuir embouti.

intense que le piston recevra ou comprimera de l'air à plus forte pression, ce qui est une très bonne condition pour un fonctionnement rationnel.

Cette garniture est également employée pour les *pistons à eau.*

Dans les machines soufflantes où le diamètre du piston peut atteindre des dimensions importantes, on emploie souvent, comme *garniture,* de la toile sur laquelle on a déposé une couche de graphite. Ce procédé permet d'obtenir, en même temps qu'un bon joint autour du piston, un frottement minime pendant son mouvement alternatif, grâce à la présence du graphite qui facilite le glissement.

On pourrait, dans les *pistons à air,* supprimer toute garniture en ayant le soin de les faire fonctionner à frottement doux, mais généralement ce procédé est peu appliqué.

Il a été cependant construit plusieurs systèmes de pistons à air sans garniture, assez curieux pour être mentionnés.

Dans un de ces systèmes (Fig. 398) le disque formant piston A se meut dans le cylindre B avec du jeu, mais il porte, sur son pourtour, une série de rainures circulaires C dans lesquelles l'air sous pression sur une face du piston se détend successivement avant d'atteindre la face opposée. Il en résulte que cet air diminue progressivement de tension au fur et à mesure qu'il circule dans les rainures pendant que le piston

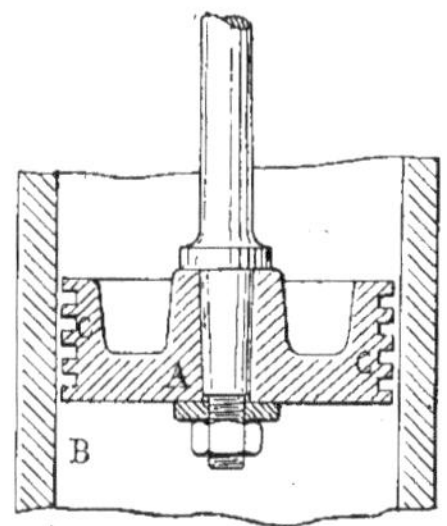

Fig. 398. — Piston à air à rainures circulaires.

avance, et, si on imprime à celui-ci une vitesse suffisamment rapide, l'air atteint la face opposée du piston avec une pression très faible.

Un autre dispositif consiste à munir le disque-piston de balais métalliques sur tout son pourtour. Les filaments des balais frottent sur les parois du corps de pompe et interceptent l'air pendant le mouvement du piston.

Pistons à eau. — Les pistons à eau sont généralement munis de garnitures. Celles-ci sont souvent constituées par du chanvre, placé dans une ou plusieurs rainures circulaires pratiquées sur le pourtour du corps de piston, qui est en fonte de fer.

Le chanvre est quelquefois remplacé par une garniture de cuir semblable à celle qui

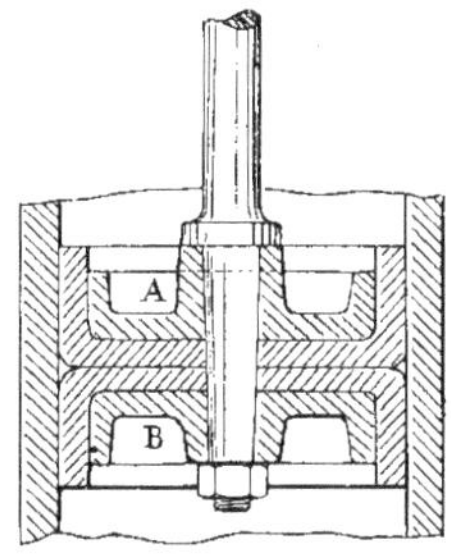

Fig. 399. — Piston à eau à double garniture de cuir.

est employée pour les *pistons à air* et dont nous avons parlé plus haut (Fig. 397).

Cette garniture emboutie peut être disposée de façon différente. Elle peut être double et nécessite dans ce cas un double disque en fonte A et B pour la maintenir des deux côtés (Fig. 399).

Ces garnitures ne doivent pas être soumises à une forte chaleur. Quand le piston barbote dans de l'eau chaude on emploie des garnitures métalliques, comme dans les

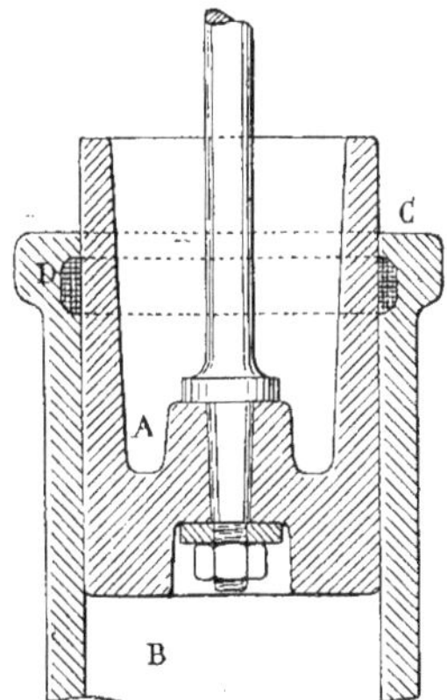

Fig. 400. — Piston plongeur.

pistons à vapeur que nous allons décrire ; on risque, sans cela, de brûler ou de détériorer rapidement les garnitures de chanvre et de cuir et de n'avoir, dans le corps de pompe, qu'une étanchéité tout à fait insuffisante. Dans les corps de pompes à *simple effet*, on peut employer des *pistons plongeurs* (Fig. 400). Ces pistons A, de forme cylindrique, ont le diamètre intérieur des corps de pompes B et se meuvent dans ceux-ci. Une des extrémités C des corps de pompe est généralement ouverte. Les joints sont assurés par des garnitures D de chanvre ou de cuir disposées dans une rainure pratiquée soit sur le piston, soit, parfois, dans l'épaisseur même du corps de pompe.

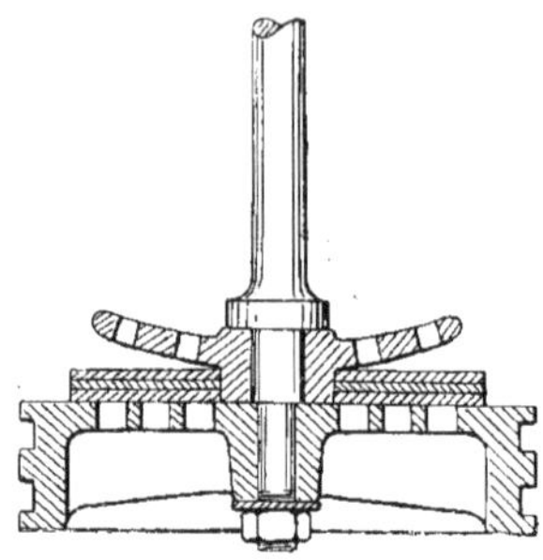

Les *pistons à eau* portent assez souvent des ouvertures, fermées par des clapets, pour assurer, d'une façon simple, le fonctionnement des pompes dans lesquelles ils manœuvrent. Ces clapets (Fig. 401) sont quelquefois constitués par des plaques de caoutchouc posées au-dessus des orifices du piston, qui les démasquent quand le piston se déplace dans un sens et qui les obturent quand il manœuvre en sens inverse. D'une façon générale, les clapets disposés sur les pistons sont des clapets métalliques reposant sur des sièges faisant corps avec les pistons.

Fig. 401. — Piston à eau, clapets en caoutchouc.

Pistons à vapeur

Ceux-ci sont de beaucoup les plus importants. Il est indispensable, pour utiliser le maximum de travail utile fourni par la vapeur, d'assurer une étanchéité parfaite sur la périphérie du piston, le long des parois du cylindre. Il importe également que le glissement du piston ne donne lieu qu'à un frottement minime.

L'étanchéité du piston est surtout nécessaire dans les machines à un seul cylindre, où des fuites laisseraient perdre la vapeur soit dans l'atmosphère, soit dans le condenseur

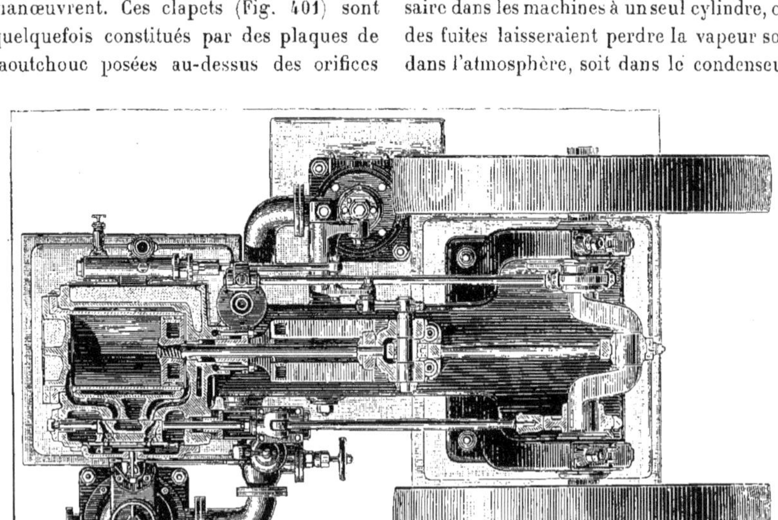

Fig. 402. — Machine à vapeur. — Coupe horizontale sur le cylindre montrant les différents organes.

sans qu'elle ait pu produire son plein effet.

Dans les machines à plusieurs cylindres, l'inconvénient est moins grave, car la vapeur inutilisée dans un des cylindres peut être utilisée dans les autres avant de s'échapper au dehors.

On a donc intérêt à garnir les pistons à vapeur de garnitures sérieuses, qui donnent toute satisfaction, quelles que soient la pression et la température de la vapeur admise dans le cylindre et quelle que soit la vitesse du piston.

Primitivement, pour les machines à basse pression, dans lesquelles la vapeur s'employait donc à une faible température, on faisait usage de chanvre comme garniture.

Encore aujourd'hui, dans certaines machines du même genre, utilisées pour des besoins spéciaux, on continue à se servir de garnitures de chanvre. Les résultats n'en sont pas mauvais, mais cette garniture n'est pas à l'abri de déchirures toujours possibles lorsque, par l'usage, le va-et-vient du piston découvre, par exemple, dans le cylindre, des soufflures mal bouchées.

Pour les machines à haute pression, cette garniture doit être complètement rejetée, car elle se carbonise sous l'action de la température de la vapeur employée.

On a recours, dans ce cas, aux *garnitures métalliques*.

On employa d'abord les *garnitures métalliques* (Fig. 403) sous forme de couronnes de fonte A disposées au-dessus d'une garniture de chanvre B, celle-ci constituant la partie élastique de la garniture.

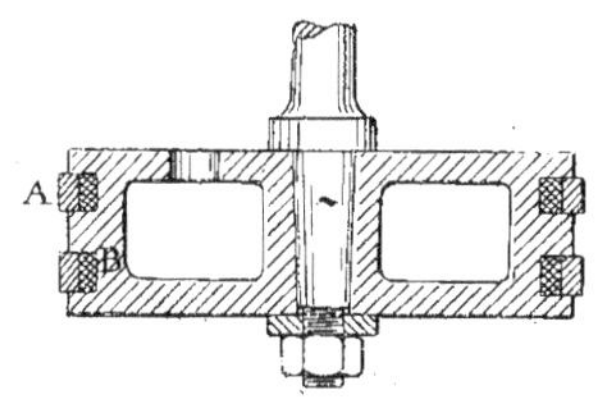

Fig. 403. — Piston à vapeur à garnitures de chanvre et métallique.

Actuellement, on emploie pour les machines à grande vitesse et à haute pression, exclusivement les *segments* entièrement métalliques constitués de façons variées.

La disposition la plus simple (Fig. 404) consiste à loger dans des rainures circulaires A, pratiquées sur la périphérie du piston B, des bagues C en fonte de fer douce, qui sont tournées à un diamètre un peu plus fort que celui du cylindre.

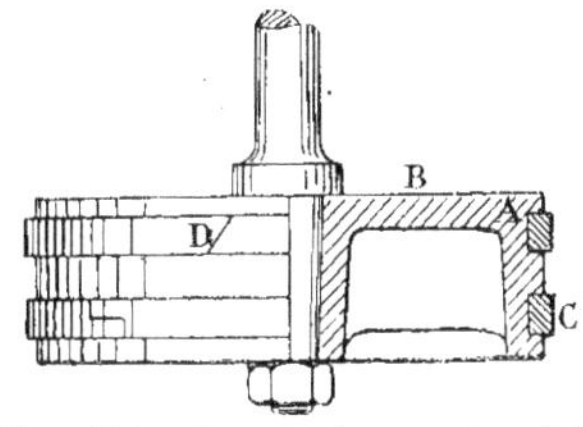

Fig. 404. — Piston à vapeur à segments métalliques.

Ces bagues, appelées généralement *segments*, sont fendues sur toute leur largeur suivant une arête D et constituent ainsi des sortes de ressorts qui, tenus dans les rainures du piston, participent à son mouvement, tout en appuyant, par leur élasticité naturelle, contre les parois du cylindre.

Les *segments* sont rarement fendus perpendiculairement à leur base. La fente est parfois faite obliquement et souvent en forme de Z, pour présenter à la vapeur des chicanes qui contrarient son passage d'un côté à l'autre côté du piston.

Il est bon d'employer, pour la confection des *segments*, une matière moins dure que la fonte du cylindre à vapeur, car, comme il est certain qu'une des deux parties frottantes finit par s'user, il est préférable que ce soit la garniture que le cylindre, parce qu'elle se remplace bien plus économiquement et plus facilement. C'est pour cela qu'on emploie, pour confectionner les garnitures métalliques, de la fonte douce, de l'acier doux, et parfois du bronze.

Quelquefois même, tout en conservant une bague en acier pour donner à la garniture l'élasticité désirable, on la recouvre extérieurement d'une sorte de *métal blanc*, nommé aussi *antifriction,* qui, étant légèrement onctueux, donne un frottement doux contre les parois du cylindre.

Parmi les nombreux dispositifs imaginés pour obtenir une étanchéité convenable entre le piston et le cylindre, certains sont un peu compliqués, et il semble que l'assemblage le plus simple doive être le plus recherché. L'encrassement du piston peut, en effet, à la suite d'une marche prolongée, être d'autant plus nuisible que le nombre de pièces en jeu est plus considérable. Les *segments* peuvent s'immobiliser et se comporter comme des pièces non élastiques.

Un dispositif spécial (Fig. 405), consiste

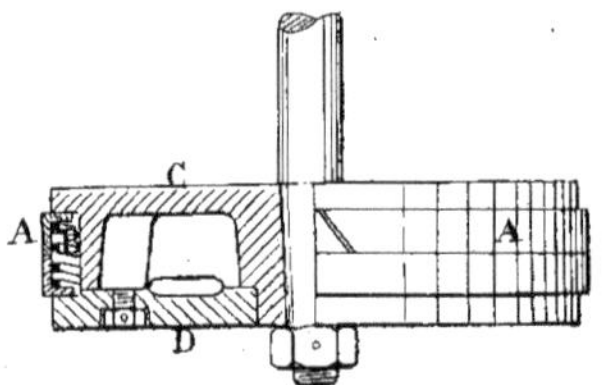

Fig. 405. — Piston à vapeur à segments métalliques et à ressorts.

à ajouter à l'élasticité propre des *segments* A, l'élasticité supplémentaire d'un ressort B roulé en forme de spirale, auquel on donne une tension appropriée. Ce ressort B, logé à l'intérieur du piston, pousse les *segments* contre les parois du cylindre et peut assurer l'étanchéité quand bien même le *segment* aurait perdu une partie de son élasticité. Pour la facilité de montage de ce dispositif, il est nécessaire d'avoir un piston en deux parties. La première C, qui a la forme d'une cuvette, porte de robustes nervures qui assurent sa solidité. Elle porte également le moyeu central dans lequel est entrée la tige du piston. Sur son pourtour est ménagé l'espace nécessaire au placement de la garniture.

Quand le ressort et les segments sont placés, on met, sur cette partie du piston, un couvercle D qui constitue la seconde partie. Ce couvercle est fixé au piston proprement dit par des écrous se vissant au bout de prisonniers fixés dans les nervures. Les écrous sont goupillés pour éviter leur desserrage.

Tous les pistons que nous venons de décrire sont en fonte de fer et, par conséquent, assez lourds.

Il est indispensable, dans les machines horizontales, de diminuer autant qu'on le peut, le poids des pistons, car ce poids tend non seulement à provoquer le fléchissement de la tige du piston et son coincement dans le presse-étoupes, mais aussi à produire à la partie inférieure du cylindre une usure plus considérable qu'à la partie supérieure. Le cylindre peut donc s'ovaliser et l'étanchéité autour du piston est moins bien assurée.

Pour remédier à cet inconvénient, on a adapté au piston des *contre-tiges* dont nous parlerons plus loin, mais on s'est surtout attaché à diminuer le poids du piston.

Pour cela on l'a fait en fer forgé.

Ce genre de piston (Fig. 406), très employé, est fait en forme de cuvette A d'épaisseur relativement réduite, portant, à son centre, un moyeu B pour loger la tige du piston.

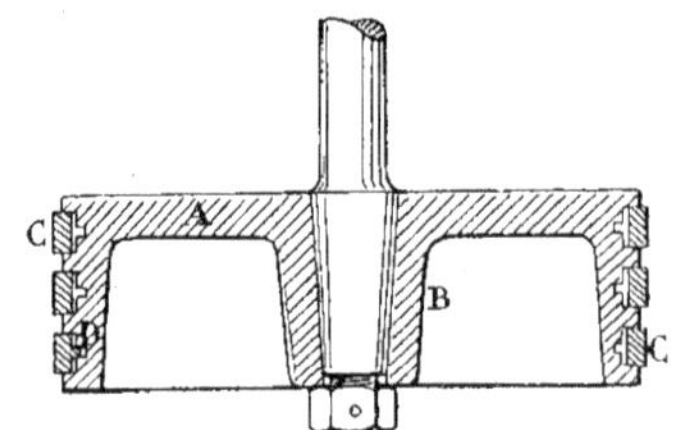

Fig. 406. — Piston suédois.

La circonférence extérieure est munie de plusieurs rainures destinées à recevoir des garnitures métalliques C, soit en fonte de fer, soit en bronze. Ces segments sont fendus en chicane et arrêtés dans leur rainure par un ergot D qui les empêche de tourner.

Ces pistons ont souvent (Fig. 407) un couvercle A qui se fixe sur le piston proprement dit B, de sorte qu'à la fin de course il ne reste entre la paroi plane du piston et la

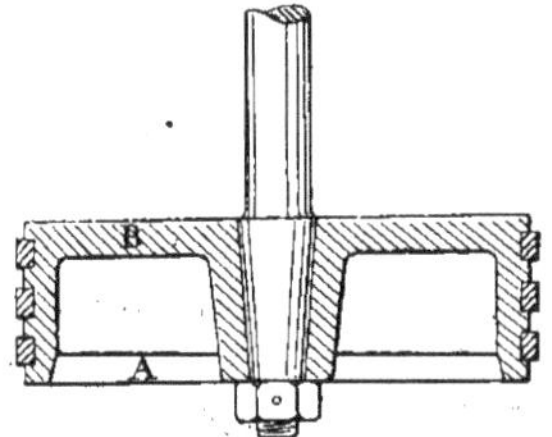

Fig. 407. — Piston suédois fermé.

paroi extrême du cylindre, aucun *espace mort* où la vapeur pourrait séjourner.

Quelquefois, ce couvercle est soudé à la forge au piston, lors de la fabrication de celui-ci. Le piston est alors un cylindre à faces parallèles portant un moyeu central, et creux à l'intérieur.

Ce piston est appelé *piston suédois,* parce qu'il a été d'abord employé en Suède, notamment dans les machines de bateaux. On l'utilise généralement dans les locomotives et dans certaines machines horizontales à grande vitesse.

Vitesse des pistons — La vitesse des machines à vapeur se désigne généralement par le nombre de tours que fait son arbre pendant une minute. Mais cette vitesse de rotation correspond à une certaine vitesse linéaire du piston de la machine. Celui-ci, en effet, fait deux fois sa course pendant que l'arbre tourne d'un tour. Sa vitesse linéaire, par minute, autrement dit, la distance qu'il parcourt pendant ce temps est donc égale à deux fois sa course multipliée par le nombre de tours de l'arbre.

Ainsi, dans une machine dont le nombre de tours serait de 210 par minute, par exemple, et dont le piston aurait une course de $0^m,50$ centimètres, la vitesse linéaire de celui-ci serait de $0,50 \times 2 \times 210$, soit 210 mètres à la minute ou $3^m,50$ à la seconde.

On conçoit combien il est important d'apporter à la confection du piston et à l'alésage du cylindre, tous les soins voulus, pour pouvoir donner, sans inconvénient, des vitesses considérables aux pistons.

Il est bien évident que ces vitesses, qui à l'origine étaient très réduites, tendent à augmenter constamment. On ne peut pourtant dépasser certaines limites sans courir le risque d'inconvénients multiples et sérieux.

De la vitesse de moins de 1 mètre à la seconde, qu'on imprimait autrefois à ce piston, on est passé, progressivement, à $1^m,50$, 2 mètres, puis aux environs de 3 mètres. Aujourd'hui, dans les machines modernes, la vitesse du piston atteint une moyenne de $3^m,50$ et va souvent jusqu'à 4 mètres à la seconde.

Dans certains cas spéciaux, on a construit des machines dont le piston parcourt $5^m,40$ à la seconde. C'est une vitesse déjà considérable qui représente 324 mètres à la minute, soit près de 20 kilomètres à l'heure, et l'on est en droit de se demander si on pourra aller bien au delà de semblables vitesses appliquées à des pièces qui doivent, deux fois, pour une révolution de l'arbre, à la fin de chaque course, passer par une vitesse nulle pour changer de sens de mouvement.

Chauffage des pistons — Nous avons, en examinant les *enveloppes de vapeur,* indiqué les avantages que ce dispositif procurait et nous avons signalé l'effet nuisible que pouvaient présenter les surfaces refroidissantes du piston.

On a songé, pour obvier à cet inconvénient, à chauffer les pistons, ainsi qu'on l'a fait pour les parois du cylindre, par l'intermédiaire des enveloppes de vapeur.

C'est surtout en Belgique où cette idée a été mise en pratique; on l'a peu réalisée en France.

Le dispositif nécessite, semble-t-il, quelque complication, mais pourtant les *ateliers Walschaerts,* de Bruxelles, l'ont combiné d'une manière simple.

Le piston (Fig. 408) est constitué par une boîte métallique creuse A, complètement fermée et percée d'un trou B sur sa paroi inférieure. Ce trou vient communiquer, à chaque fin de course du piston, avec une ouverture C qui, pratiquée à chaque extrémité du cylindre, laisse pénétrer, dans le piston, de la vapeur au commencement de l'admission.

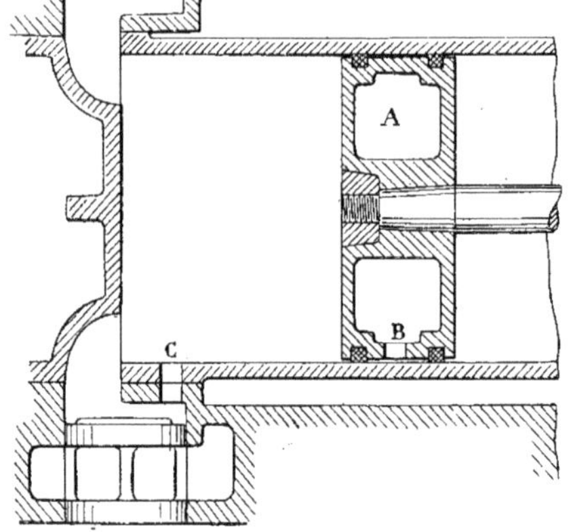

Fig. 408. — Chauffage d'un piston.

Pendant sa marche, le piston conserve la vapeur qui maintient ses parois à une température élevée. Quand il arrive au bout de sa course, il laisse écouler l'eau qui a pu se condenser à l'intérieur, par l'ouverture disposée à l'extrémité du cylindre. Il se remplit, en même temps, d'une nouvelle quantité de vapeur vive et opère une nouvelle course en retenant cette vapeur.

Le mouvement se continue ainsi, le piston étant, par ce procédé ingénieux, toujours maintenu à une température favorable à la bonne utilisation de la vapeur admise dans le cylindre.

Un autre dispositif, plus compliqué, consiste à admettre la vapeur dans le piston par une tige fixée à l'arrière de celui-ci, dans le prolongement de la tige du piston, et qu'on nomme *contre-tige.*

Cette *contre-tige,* qui est donc mobile, débouche dans le piston et est percée de deux trous longitudinaux dans lesquels pénètrent deux tuyaux fixes disposés pour réaliser une circulation de vapeur. Celle-ci arrive ainsi dans le piston et le réchauffe.

Tige de piston

Le piston transmet son mouvement au mécanisme, par l'intermédiaire d'une tige qui lui est solidement fixée et qui sort du cylindre en passant dans un presse-étoupes.

Cette tige, qui est en acier, est cylindrique et a un diamètre approprié au régime de fonctionnement du piston. Dans les cas ordinaires, ce diamètre est d'environ le 1/7 ou le 1/8 du diamètre du piston.

Il est de toute importance que la tige soit fixée d'une façon sûre et sans jeu sur le corps du piston. Elle est souvent ajustée conique, après avoir été rodée, dans le moyeu central ménagé dans le piston et un écrou fortement serré la maintient dans sa position.

C'est la disposition des figures précédentes.

En outre, l'écrou doit comporter un dispositif empêchant le desserrage. Le plus simple de ces dispositifs consiste à rentrer à force, au travers de l'écrou et de la tige, une goupille conique ou encore une goupille fendue dont les extrémités sont relevées pour l'empêcher de s'échapper.

On immobilise souvent la tige du piston sur celui-ci par une clavette qui traverse le moyeu du piston et la tige.

Parfois même (Fig. 409), par surcroît de précaution, pour éviter un déclavetage, toujours possible, dans les machines à grande vitesse, soumises à des vibrations considérables, on immobilise la clavette elle-même A au moyen d'une cale B, en forme de coin.

laquelle est maintenue fixée au corps du piston C par un boulon D.

Dans les *pistons suédois,* on forge quelquefois la tige avec le piston, de façon que

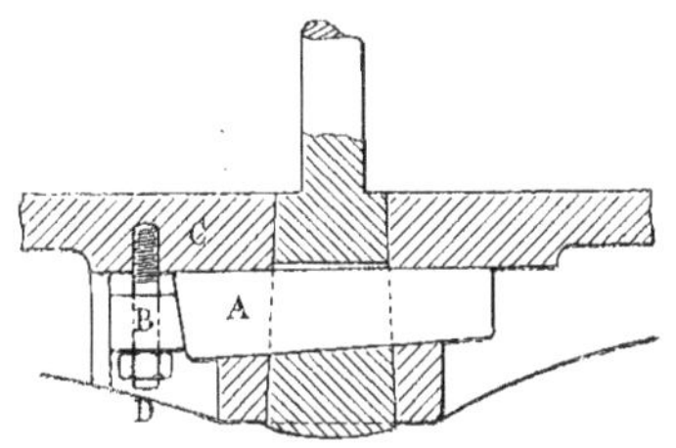

Fig. 409. — Clavetage d'une tige de piston.

les deux pièces n'en forment plus qu'une, sans qu'il soit nécessaire d'avoir recours à un ajustage ou à un dispositif de serrage quelconque, toujours susceptible de se dévisser.

Contre-tige Dans certaines machines horizontales, principalement, on munit le piston d'une *contre-tige,* faisant suite, à travers le piston, à la tige ordinaire.

Cette *contre-tige* A (Fig. 410), traverse le fond du cylindre en glissant dans un *presse-étoupes,* de même que la *tige* B glisse également dans un *presse-étoupes* pour sortir du couvercle.

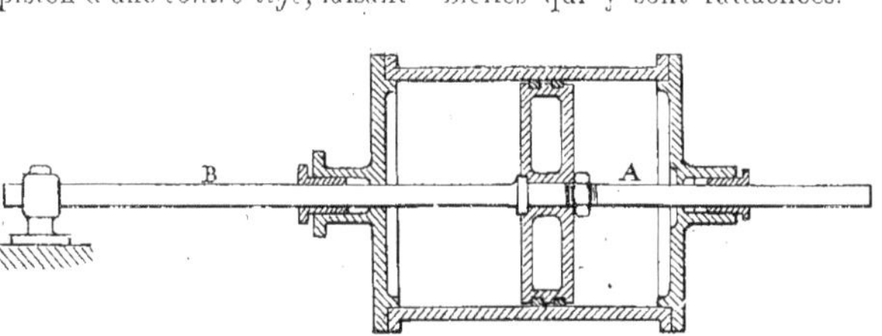

Fig. 410. — Tige et contre-tige.

Le piston se trouve, pour ainsi dire, supporté par la *tige* et la *contre-tige* et il peut être ajusté de façon qu'il porte, sans peser, sur les génératrices inférieures du cylindre. Ce dispositif est surtout employé quand le piston est lourd, afin d'éviter la déformation trop rapide qui ne manquerait pas de se produire à la partie inférieure du cylindre, si on l'y laissait porter de tout son poids.

La *contre-tige* forme, presque toujours, avec la tige une pièce forgée d'un seul morceau, supportant en son milieu le piston, qui y est solidement fixé.

Crosse La *crosse,* appelée encore *croisillon* ou *traverse,* est une pièce qui est fixée à l'extrémité extérieure de la *tige du piston* et, par conséquent, du côté opposé à celui-ci.

Elle sert de liaison entre cette *tige* et la *bielle* lui faisant suite et qui commande la rotation de l'*arbre* de la machine par l'intermédiaire de la *manivelle.*

En outre, la *crosse* est presque toujours disposée de façon à guider la tige du piston dans son mouvement rectiligne alternatif.

Il faut donc, pour que la crosse réponde à cette double condition, qu'elle comporte un ou plusieurs *patins* afin d'assurer le guidage rectiligne et un ou plusieurs tourillons pour permettre l'oscillation des bielles qui y sont rattachées.

Les crosses ont des formes très variées.

Les plus employées dans les machines à vapeur actuelles sont des pièces métalliques solidement clavetées au bout de la tige du piston et glissant dans des guides en fonte de fer fixés sur le bâti ou, souvent, venus de fonte avec lui.

Les crosses peuvent être à un seul ou à deux *patins.*

Le *patin* A (Fig. 411) est constitué par un élargissement de la crosse à la partie supérieure ou inférieure, et c'est lui qui appuie sur le *guide* B.

La crosse porte, en avant, tantôt un,

tantôt deux tourillons, suivant la forme du *pied de bielle* qu'elle reçoit. Quand le *pied de bielle* est plat, il oscille autour d'un seul tourillon C, qui est supporté par les deux joues latérales D et E de la crosse. Ce tourillon est, dans ce cas, entré conique dans les joues de la crosse et y est maintenu solidement fixé.

Si le *pied de bielle* a la forme d'une fourche, il est nécessaire de disposer sur la crosse un tourillon double A (Fig. 412) qui, tout en y étant maintenu dans sa partie centrale B, la déborde de chaque côté pour recevoir les deux branches de la fourche.

Fig. 411. — Crosse à simple patin et à simple tourillon.

Les crosses à un seul patin (Fig. 411) ne doivent être employées que dans les machines dont le sens de mouvement de rotation ne peut pas être inversé et l'appui du patin doit être affirmé, sur le guide, dans les courses alternatives du piston, par l'action des pièces en mouvement.

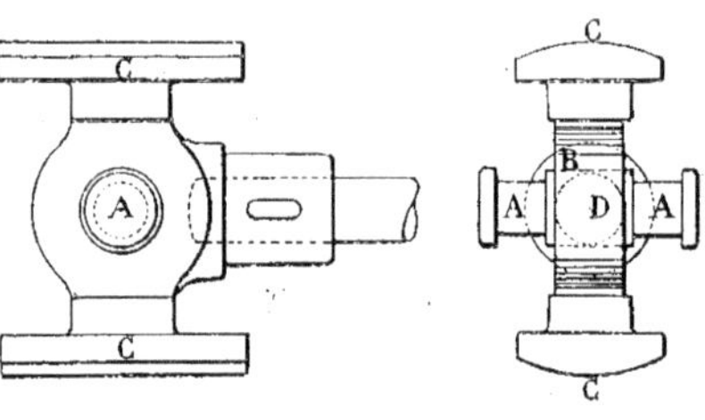

Fig. 412. — Crosse à double patin et à tourillon double.

Les crosses sont munies d'une semelle à champs inclinés, qui glisse dans deux coulisses dont les champs portent la même inclinaison.

Les coulisses sont fixées sur le bâti de la glissière par des boulons.

Le plus souvent, on emploie les crosses à *double patin* (Fig. 412), en ayant soin de les munir d'un dispositif permettant de compenser le jeu qui ne peut manquer de se manifester au bout d'une marche prolongée.

Toutes les crosses n'ont pas les formes que nous venons d'indiquer.

Les *traverses* employées dans les machines plus anciennes en diffèrent quelque peu. Dans certaines de ces machines disposées verticalement, la crosse portait (Fig. 413), au lieu de patins, deux galets, A, roulant sur deux guides. L'axe B, portant les tourillons des bielles, recevait en même temps les galets.

Quand les guides qui dirigent la crosse sont soumis à un mouvement oscillant, comme dans les machines à balancier de Watt, la *crosse*, toujours fixée en bout de la tige du piston, porte les tourillons des guides et les tourillons des bielles.

Dans certaines machines de puissance minime et dans lesquelles le piston ne parcourt qu'une faible course, la crosse ne porte aucun guide. Elle sert simplement de liaison entre la tige du piston et la bielle.

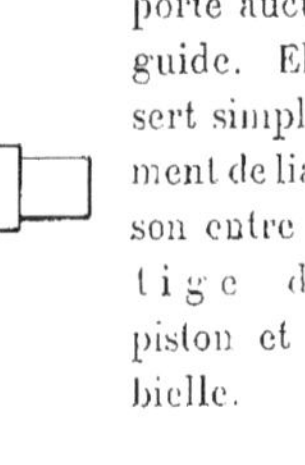

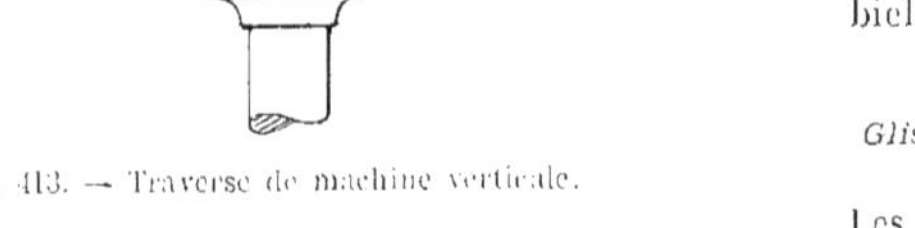

Fig. 413. — Traverse de machine verticale.

Glissières

Les *glissières* ou *guides* sont des pièces généralement faites en fonte de fer, sur lesquelles s'appuient les patins des crosses, et qui servent à les diriger en ligne droite, pendant le mouvement alternatif du piston. Ces *glissières* (Fig. 414) sont fixées sur le bâti par de forts boulons. Elles doivent être très rigides pour que le poids des pièces qui se meuvent sur elles ne puisse provoquer leur flexion. On les munit, dans ce but, de nervures appropriées.

Le plus souvent, ainsi que nous l'avons dit, elles sont fondues avec le bâti.

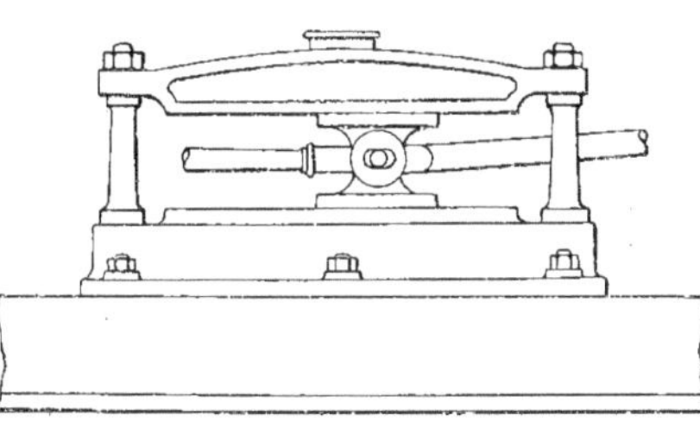

Fig. 411. — Glissière.

Cette disposition est surtout employée dans les fortes machines à bâtis dits à *baïonnette*. Dans ce système, les parties frottantes des patins des crosses, au lieu d'être plates, sont des portions d'un cylindre C (Fig. 412), dont le centre D coïncide avec celui de la tige du piston. De cette façon, on évite le *flottement* latéral des pièces en mouvement, sans être obligé de munir le patin des crosses d'un double rebord pour assurer le guidage latéral.

Dans l'établissement des glissières on doit ménager, à l'avant et à l'arrière de ces pièces, des rebords constituant des sortes de petits réservoirs, qui, tenus pleins d'huile, permettent aux glissières et aux patins d'être constamment lubrifiés.

Il existe de nombreuses variétés de glissières et de guides.

Dans les machines à balancier, dans les machines oscillantes et dans les machines verticales primitives, on en rencontre qui sont simplement constituées par deux colonnes cylindriques sur lesquelles coulissent deux douilles solidaires de la traverse portant des tourillons des bielles.

Bielle

La *bielle* est une tige rigide qui, recevant le mouvement d'un organe d'une machine, le transmet à un autre organe.

Dans la machine à vapeur, la *bielle* principale transmet le mouvement rectiligne alternatif de la tige du piston à l'arbre de la machine, qui est animé d'un mouvement de rotation.

Il y a, en outre, dans la machine à vapeur, des *bielles* commandant des organes accessoires.

Toutes ces *bielles* se font maintenant toujours en fer forgé.

Les anciennes machines à mouvement lent et surtout les machines à balancier, possèdent seules des *bielles* en fonte de fer.

La *bielle* se compose de trois parties : la *tête*, le *corps*, et le *pied*.

La *tête de bielle* est la partie de cet organe qui s'adapte à la *manivelle*. Le *corps* est la tige proprement dite. Le *pied* est la partie qui s'ajuste sur la *crosse* placée en bout de la tige du piston.

Tête de bielle

La *tête de bielle* est constituée de différentes façons.

Il y a d'abord la tête avec *chape*. C'est une pièce en forme d'U, nommée *chape*, emboîtée en bout du *corps* de la bielle et qui immobilise contre celui-ci deux coussinets, généralement en bronze, dans lesquels tourne le tourillon commandé.

La *chape* A (Fig. 415) est rendue solidaire de la bielle B par une *clavette* C, dont un des flancs est incliné et qui immobilise également les coussinets en provoquant leur serrage l'un contre l'autre. C'est par l'intermédiaire de cette clavette qu'on rattrape le jeu produit par l'usure dans les coussinets.

En l'enfonçant, en effet, le flanc incliné, formant coin, tend à faire descendre la chape et, par conséquent, à appuyer le coussinet supérieur sur le coussinet inférieur. Ce déplacement s'opère à l'aide d'une

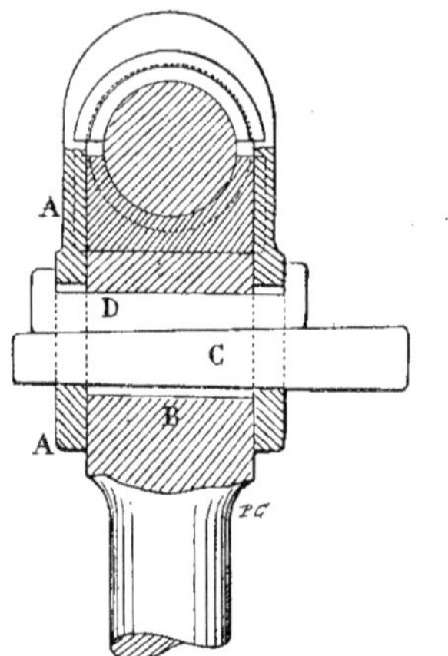

Fig. 115. — Tête de bielle avec chape.
(*La compensation de l'usure raccourcit la longueur de la bielle.*)

cale D sur laquelle porte la clavette. Cette cale appuie par son flanc horizontal sur la tige dê la bielle B, et la clavette C appuie

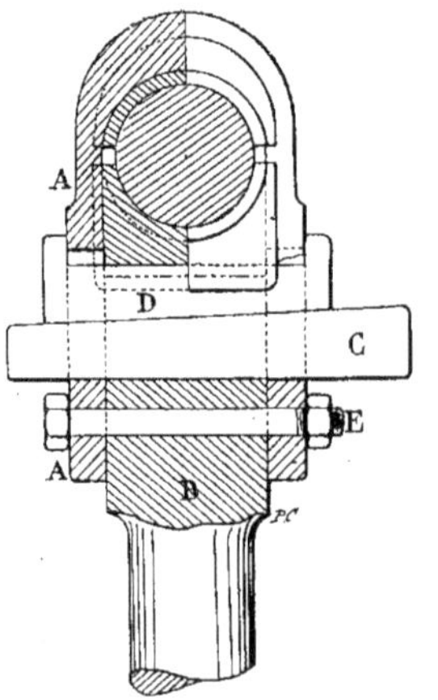

Fig. 116. — Tête de bielle avec chape.
(*La compensation de l'usure allonge la longueur de la bielle.*)

également par son flanc horizontal sur les deux branches de la *chape*, la sollicitant ainsi à descendre lorsqu'elle s'enfonce.

Dans ce système de *tête de bielle*, la compensation de l'usure a pour résultat de raccourcir la longueur de la bielle comptée d'axe en axe de ses tourillons.

Si, au contraire, la chape A (Fig. 116) était fixée à la tige de bielle B par un procédé quelconque, par des boulons E par exemple, la clavette C provoquerait, en s'enfonçant en cas d'usure des coussinets, le rapprochement du coussinet inférieur vers le coussinet supérieur; de ce fait, la longueur de la bielle comptée entre les axes des tourillons serait allongée.

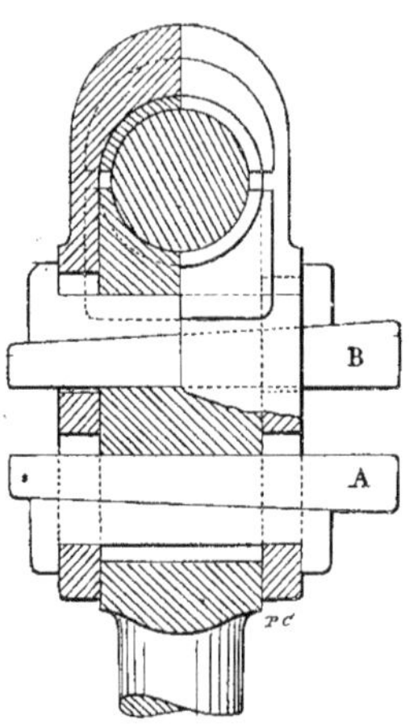

Fig. 117. — Tête de bielle avec chape.
(*La compensation de l'usure laisse la longueur de la bielle constante.*)

Un troisième dispositif (Fig. 117) consiste à rassembler les deux précédents sur la même *tête de bielle*. Il comporte deux clavettes dont une, l'inférieure, A, permet l'abaissement de la chape, et, par conséquent, du coussinet supérieur, et l'autre, la supérieure, B, permet le relèvement du coussinet inférieur. En jouant judicieusement de l'une ou de l'autre clavette, on peut conserver, tout en compensant l'usure, l'écartement constant entre les tourillons attachés à chaque extrémité de la bielle.

Dans ces trois systèmes de *têtes de bielles,* les clavettes doivent avoir un angle d'inclinaison assez aigu pour ne pas se desserrer sous l'action des vibrations occasionnées par le fonctionnement de tous les organes. Aussi emploiera-t-on divers procédés pour empêcher les clavettes de sortir de leur logement.

Nous aurons l'occasion de les examiner plus loin, quand nous décrirons les têtes de bielles fermées.

Auparavant, il convient de citer un type de bielle nommée *bielle Penn* (Fig. 418), dans laquelle la chape est remplacée par un chapeau A, fixé à demeure par de solides boulons B, contre l'extrémité de la bielle C.

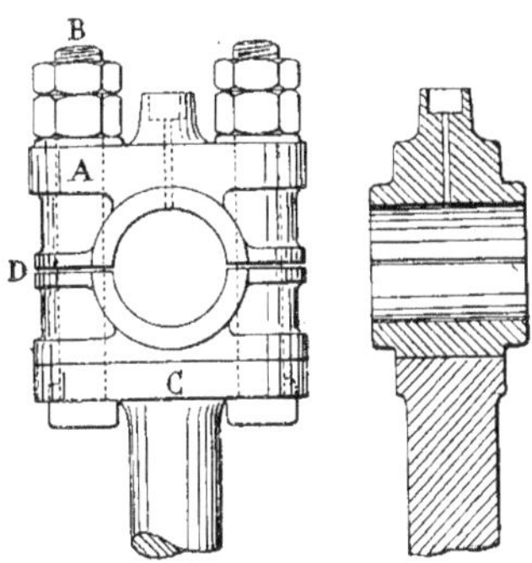

Fig. 418. — Tête de bielle Penn.

Les coussinets sont supprimés et le tourillon se meut mi-partie dans le chapeau, mi-partie dans le bout de bielle. Ces deux pièces sont, à cet effet, généralement faites en bronze.

La compensation de l'usure est obtenue soit en retouchant les surfaces d'appui, soit en interposant, lors de l'ajustage du tourillon, entre les deux parties de la tête de la bielle, des cales en laiton D, que l'on remplace par des cales de plus faible épaisseur à mesure que l'usure se produit. Le chapeau reste, bien entendu, toujours bloqué sur la tête de bielle.

A mesure que la vitesse des machines à vapeur est devenue plus grande, il a fallu songer à donner plus de solidité à tous leurs organes, tout en augmentant leur légèreté.

Les têtes de bielles ont, pour cette cause, subi des transformations.

La chape a été supprimée et la tête a été confectionnée d'une seule pièce, en y ménageant un espace suffisant pour y entrer et loger les coussinets.

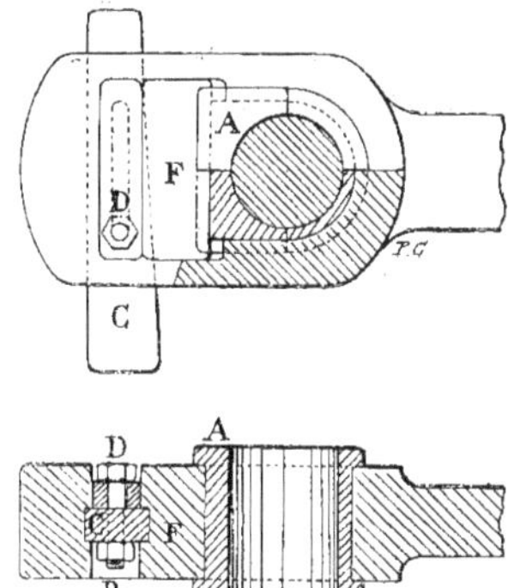

Fig. 419. — Tête de bielle fermée.

Ce système est appelé *tête de bielle fermée* (Fig. 419).

Les coussinets A portent un rebord tout autour de chaque face, et ils sont introduits dans la tête de bielle par une grande ouverture B, pratiquée vers l'extrémité de la bielle.

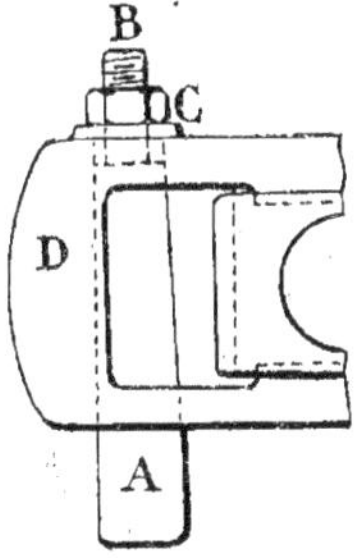

Fig. 420. — Dispositif de serrage de clavette.

Puis on les fait glisser dans l'espace qui leur est réservé.

Quelquefois le rebord n'existe que sur une seule face des coussinets. Il est alors très facile de les placer dans la tête de bielle.

Une clavette conique, C, provoque, par son enfoncement, le serrage des coussinets sur le tourillon en appuyant sur une cale F.

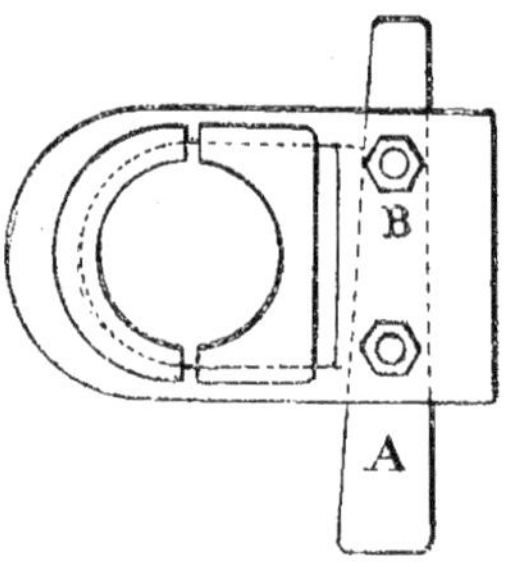

Fig. 421. — Dispositif de serrage de clavette.

Cette clavette doit être maintenue dans sa position par un dispositif d'arrêt. Ces dispositifs sont très variés.

Un des plus simples, très souvent utilisé, consiste dans l'emploi d'un boulon D qui immobilise la clavette en la bridant contre une cale remplissant l'ouverture pratiquée dans la tête de bielle.

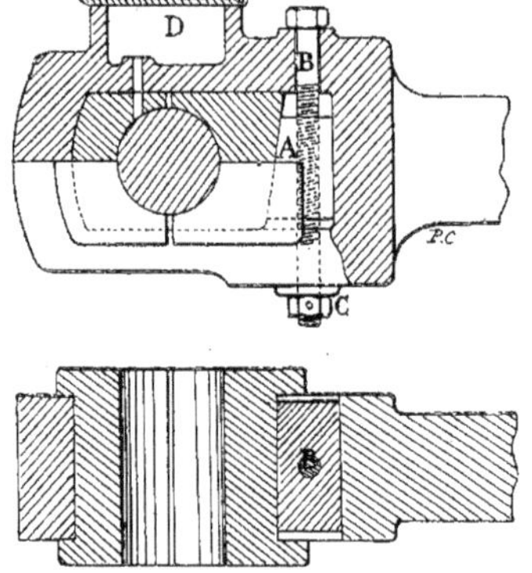

Fig. 422. — Tête de bielle de locomotive.

Quelquefois, la clavette A (Fig. 420) se termine, à son extrémité la moins large, par une tige filetée B, sur laquelle peut se mouvoir un écrou C, qui bloque la clavette en l'appuyant, par son serrage, en bout, contre les bords de la tête de bielle D.

Dans certains cas (Fig. 421), on se sert simplement, pour immobiliser la clavette A, du serrage d'une ou de plusieurs vis B, qui se vissant sur une des faces de la tête de bielle même, viennent serrer sur la clavette et l'appliquer contre la face opposée de la bielle.

Enfin, on emploie aussi un dispositif (Fig. 422) dans lequel la clavette est remplacée par une cale A en forme de coin, qui appuie sur le bout de la bielle et contre un des coussinets. Un boulon B traverse la tête

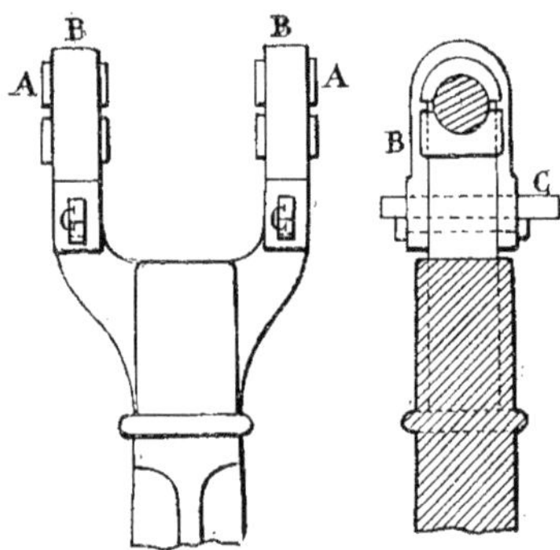

Fig. 423. — Tête de bielle pour tourillon double.

de bielle, se visse dans la cale coin A, et est immobilisé, dans le sens de la longueur, par un écrou C, goupillé sur sa tige. Quand on fait tourner le boulon, la cale A avance ou recule suivant le sens du mouvement. Pour compenser l'usure, on provoque donc l'enfoncement du coin, qui reste immobilisé à la place où on le met, tant qu'on ne touche pas au boulon B.

La *tête de bielle* porte, parfois, surtout dans les locomotives (Fig. 422) et dans les machines fixes dans lesquelles la position moyenne de la bielle est horizontale, un récipient D, placé à la partie supérieure et contenant de l'huile qui s'écoule goutte à goutte dans le coussinet pendant le fonctionnement et lubrifie le tourillon.

Les *têtes des bielles* actionnant des manivelles sont plates et disposées pour recevoir des tourillons dits à *fourchette* (Fig. 415-422.)

Les *têtes des bielles* actionnant des balanciers sont généralement en formes de fourches (Fig. 423), pour recevoir des tourillons *doubles*. Elles sont garnies de coussinets A, fixés par l'intermédiaire d'une chape B, et de clavettes C.

Coupe suivant *a b*.

Fig. 424. — Corps de bielle en fonte de fer.

Corps des bielles

Les tiges formant les *corps des bielles* sont en fonte de fer pour les bielles destinées aux machines à balancier, qui ont une allure lente, et elles se font toujours en fer pour les machines modernes, auxquelles on demande un travail plus considérable et dont l'allure est bien plus rapide.

Les *corps A des bielles* faites en fonte de fer (Fig. 424) ont généralement une section en forme de croix constituée par quatre solides nervures dont les dimensions, au milieu de la bielle, sont plus grandes qu'aux extrémités. Ces nervures se relient à la tête B, et au pied C de la bielle, par des parties cylindriques.

L'extrémité supérieure du corps de bielle est, comme nous venons de le dire, en forme de fourchette aplatie sur ses faces, et porte une tête à chape.

L'extrémité inférieure porte souvent un *pied fermé*, dans lequel on dispose les coussinets, de la même façon que dans la *tête de bielle fermée* dont nous avons parlé plus haut.

Parmi les corps de bielle qui se font en fer (Fig. 425), certains ont une forme à peu près cylindrique, le diamètre au milieu étant, généralement, un peu plus fort qu'aux extrémités.

Cette forme convient peu aux machines à grande vitesse comme les machines marines ou les locomotives, parce qu'elle n'empêche pas suffisamment la flexion ou *fouettement* de la tige.

Aussi a-t-on adopté pour ces types de machines des *corps de bielles* (Fig. 426) en fer, ayant comme section un rectangle dont la grande dimension est disposée dans le sens perpendiculaire à la ligne joignant les tourillons.

Cette disposition est également avantageuse au point de vue de la diminution du poids de la pièce.

Fig. 425. — Corps de bielle en fer.

Fig. 426. — Corps de bielle à section rectangulaire.

Il est très important, en effet, de réduire au minimum de poids les pièces animées d'une grande vitesse. Cette considération a conduit à alléger encore davantage les *corps des bielles* à section rectangulaire.

On a donné à cette section une forme en double T (Fig. 427), de façon que sa solidité même que dans les *têtes de bielles*, et l'immobilisation des clavettes de serrage est également indispensable.

Le pied peut être constitué avec une chape ou être un *pied fermé* faisant corps avec la tige de la bielle.

Fig. 427. — Corps de bielle à section en double T.

n'en soit pas amoindrie et que la résistance au *fouettement* soit tout aussi grande, grâce aux ailes supérieures et inférieures qui font office de nervures longitudinales.

Pied de bielle Le *pied* de la *bielle* est du côté de la tige du piston. Il

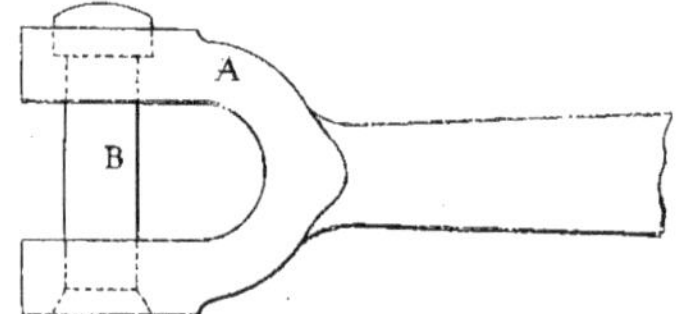

Fig. 428. — Pied de bielle en forme de fourche.

est relié à la *crosse* qui fait suite à celle-ci (Fig. 428).

Les *pieds des bielles* ont tantôt une forme plate, et reçoivent alors un *tourillon à fourchette* fixé dans la crosse, tantôt on leur donne une forme en fourche A (Fig. 428), et ils portent alors eux-mêmes le tourillon B, la crosse devant servir de palier.

L'importance de la compensation du jeu entre les tourillons et les coussinets est la

Dans la bielle du système Penn dont nous avons déjà parlé (Fig. 418), le pied est constitué de la même façon que la tête, le demi-coussinet extrême, formé par le chapeau, serrant, par l'intermédiaire de cales, sur le second demi-coussinet formé par l'extrémité de la tige de bielle. Le jeu est également compensé en mettant successivement des cales d'épaisseur de plus en plus faible.

Dans certains *pieds de bielles* (Fig. 429), on emploie un dispositif de compensation de jeu consistant en une cale A, qui, guidée dans l'ouverture du *pied fermé* B, est sollicitée à s'enfoncer par la manœuvre d'une vis C, dont la tête s'appuie contre l'extrémité du corps de la bielle. Cette vis est immobilisée dans le sens longitudinal par une petite vis auxiliaire D, dont l'extrémité pénètre dans une rainure E pratiquée dans un prolongement de la vis de réglage C. Quand on visse cette dernière vis en s'aidant des trous pratiqués dans sa tête, on fait mouvoir la cale A, qui appuie le coussinet sur le tourillon.

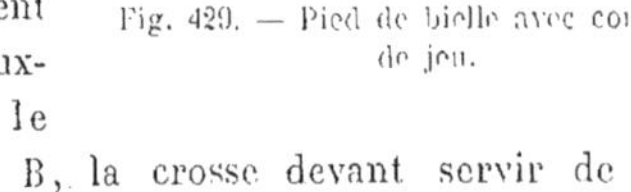

Fig. 429. — Pied de bielle avec compensation de jeu.

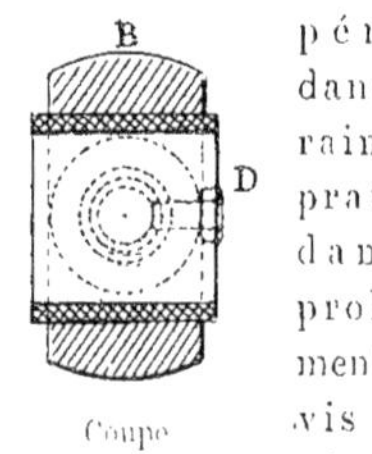

Coupe transversale.

Balanciers

Les *balanciers* sont les pièces qui, dans les premières machines à vapeur verticales, comme celle de Watt, recevaient un mouvement oscillant de la tige du

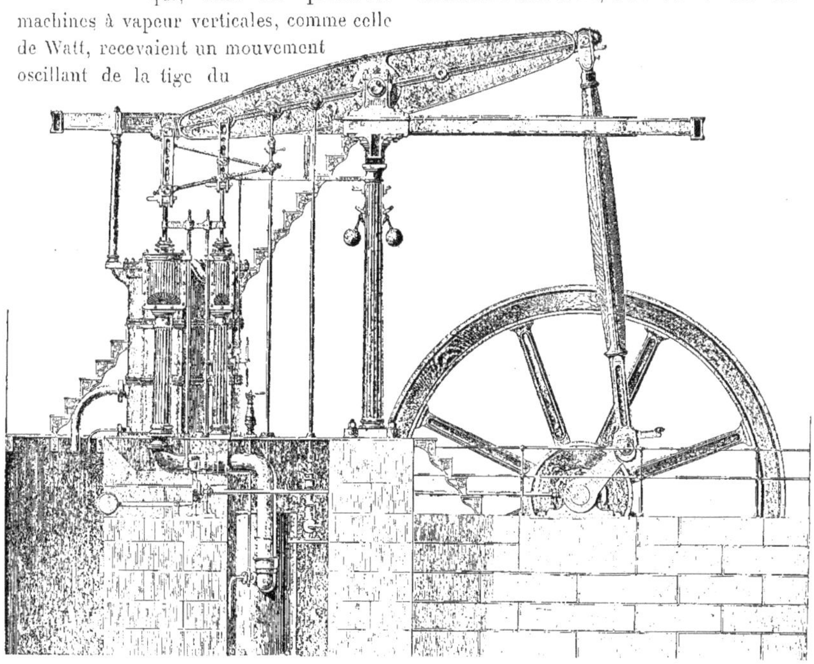

Fig. 430. — Machine de Woolf à balancier, montrant la disposition du volant, de la bielle, de la manivelle, etc.

piston, par l'intermédiaire du parallélogramme articulé. Ce mouvement était transmis, à l'autre extrémité du *balancier,* à une bielle qui commandait, par l'intermédiaire d'une manivelle, la rotation de l'arbre de la machine. On utilise encore aujourd'hui des machines à balancier, mais dans des cas tout à fait spéciaux.

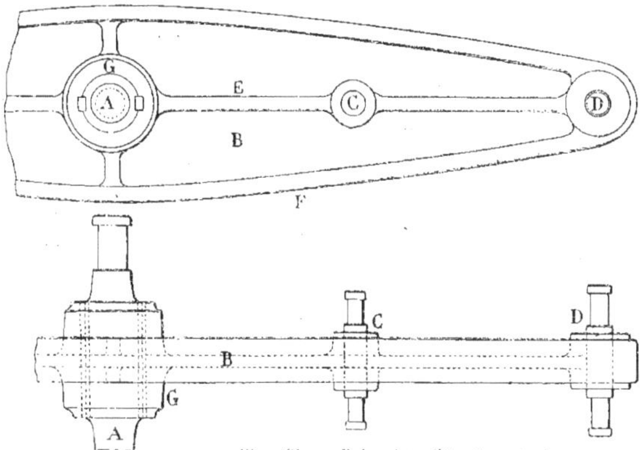

Fig. 431. — Balancier, élévation et plan.

Le *balancier* (Fig. 431) comporte un axe fixe A, autour duquel a lieu le *mouvement oscillant.* Cet axe est généralement placé au milieu de la longueur du balancier; il est en acier et est rendu solidaire d'un fort moyeu G faisant corps avec le *balancier* B. Celui-ci est, le plus souvent, en fonte de fer. Il a un contour limité par deux arcs de parabole, qui en font un *solide d'égale résistance,* par rapport à son point de soutien, qui est placé en son milieu.

Il porte, sur son axe horizontal, une série de bossages C et D, qui reçoivent les tourillons des bielles commandant divers organes de la machine. Ces bossages sont réunis par une nervure médiane E, et le contour extérieur porte également une nervure F qui complète la rigidité du balancier.

Ce type de balancier est en une seule pièce fondue. Les bielles qui s'y raccordent ont leur tête en forme de fourche (Fig. 423) pour recevoir les tourillons doubles qui sont solidaires du balancier. Ces bielles, nous l'avons dit plus haut, se font, généralement, en fonte de fer.

Quand on veut donner à la tête de bielle une forme plate, en employant un tourillon à fourchette, on constitue le balancier en deux parties (Fig. 432) formant chacune une *flasque* latérale. Ces flasques A et B, en fonte de fer, portent des nervures d'une importance moindre que celles du balancier fait en une seule pièce. Elles sont réunies par des entretoises C bridées par des boulons.

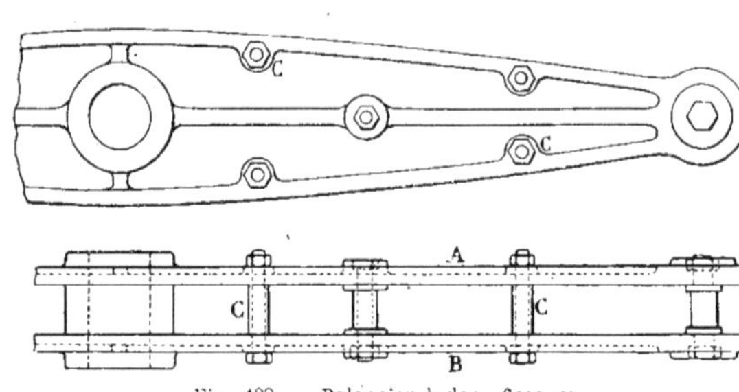

Fig. 432. — Balancier à deux flasques.

La réalisation de ce dispositif, s'il a des avantages au point de vue de la forme de la tête de bielle, demande du soin et de la précision pour éviter que, à la longue, des déformations ne viennent affecter la forme et, par conséquent, la solidité du balancier.

On constitue parfois le balancier, quand sa longueur n'est pas très grande, par deux flasques tout unies, en tôle de fer, dont quelques entretoises entretiennent l'écartement et les assemblent solidement l'une à l'autre.

Les axes des balanciers, qui sont placés en leur milieu, sont rendus solidaires de ceux-ci par l'interposition d'une ou de plusieurs clavettes.

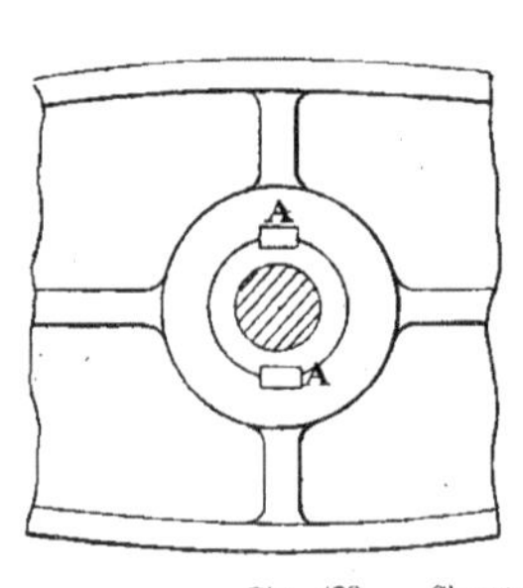

Fig. 433. — Clavetage des axes de balancier.

Ces clavettes ne pouvant, du fait de la forme même du balancier, traverser à la fois le moyeu et l'axe, sont enfoncées dans des rainures A (fig. 433) pratiquées longitudinalement dans les trous des moyeux et bloquent l'axe contre ses parois. Ces clavettes reposent généralement sur une partie plate ménagée sur l'axe et, quelquefois, elles s'encastrent mi-partie dans le moyeu et mi-partie dans l'axe.

Quand les balanciers sont destinés à des machines de grande puissance, les axes sont fixés aux balanciers par une série de clavettes A, disposées sur leur pourtour (Fig. 433).

Les extrémités des balanciers, nommées *têtes,* sont constituées de diverses manières.

Quand elles portent des tourillons à fourchettes pour recevoir des têtes de bielles plates (Fig. 434), les *têtes de balancier* A sont en forme de fourche, et le tourillon B, entré conique dans ces têtes, y est maintenu fortement serré, en bout, par une rondelle C, bridée par une vis ou par un écrou, un ergot empêchant la rotation du tourillon.

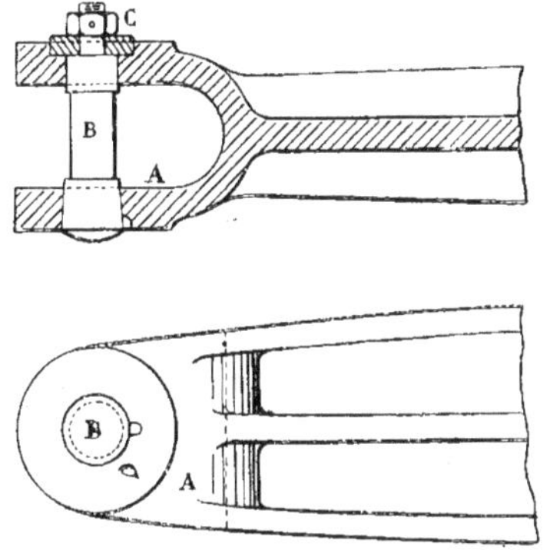

Fig. 434. — Tête de balancier en forme de fourche.

Quand les *têtes des balanciers* portent des tourillons doubles, ceux-ci sont fixés à demeure sur le balancier par des goupilles ou des clavettes (Fig. 433), ou bien ils peuvent être rendus mobiles par un dispositif spécial.

Ce dispositif (Fig. 435) consiste à terminer le balancier A par une partie cylindrique B, sur laquelle on monte, sans jeu, une bague C portant les deux tourillons D. Cette bague C s'applique contre un collet fixe E et est arrêtée longitudinalement par un second collet F, démontable, qui est fixé sur l'extrémité du balancier par une forte goupille.

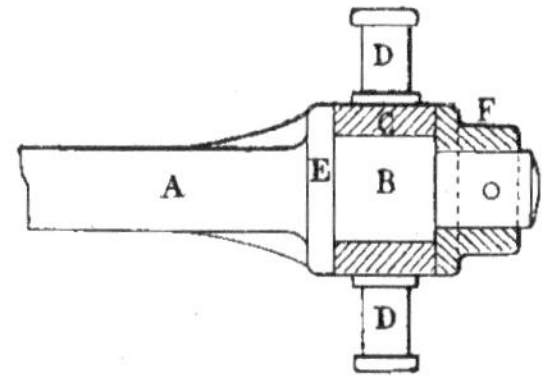

Fig. 435. — Tête de balancier à tourillon double mobile.

Cette *tête de balancier* est assez compliquée de construction, mais elle a l'avantage de pouvoir compenser, dans une certaine mesure, les différences pouvant provenir d'un montage peu précis des différentes pièces de la machine.

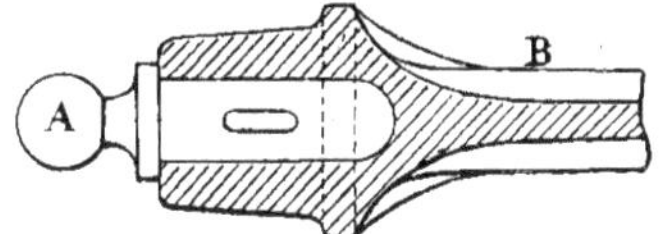

Fig. 436. — Tête de balancier à tourillon sphérique.

On donne quelquefois aux *têtes de balancier* une forme complètement sphérique, pour compenser ces mêmes différences (Fig. 436).

Le tourillon sphérique A est claveté sur le balancier B, et la bielle qui s'y rattache, porte un coussinet sphérique, qui lui donne une plus grande liberté de mouvement.

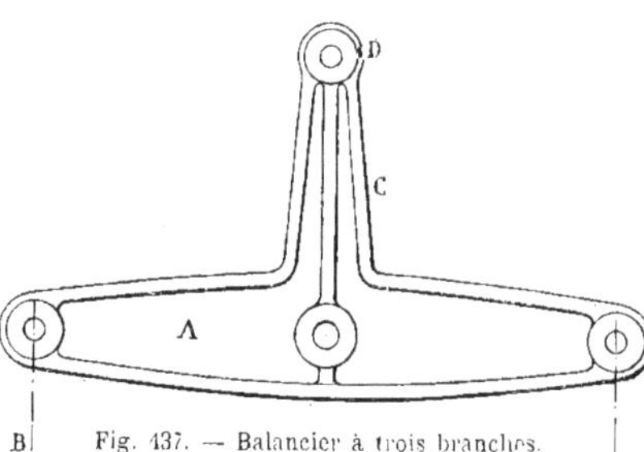

Fig. 437. — Balancier à trois branches.

On rencontre parfois, surtout dans les machines employées dans les mines, des balanciers à trois branches ayant une forme en T renversé (Fig. 437).

La branche horizontale A est commandée

par la tige du piston à vapeur B, et la branche verticale C commande généralement une tige D sur laquelle est fixé le piston d'une pompe d'épuisement.

Manivelle La *manivelle* est une pièce de la machine à vapeur qui, fixée sur l'arbre de cette machine, lui communique le mouvement de rotation qu'elle reçoit de la bielle, en bout de laquelle elle tourillonne.

Les *manivelles* se composent de deux

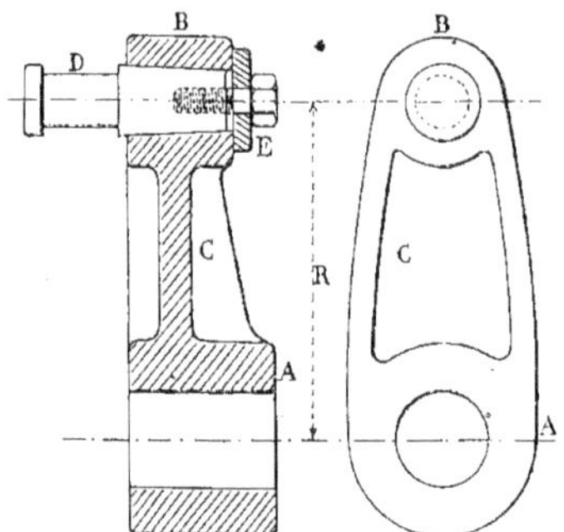

Fig. 438. — Manivelle en fonte de fer.

moyeux, A et B, réunis par une *soie* métallique C (Fig. 438).

Le moyeu de grand diamètre A est celui dans lequel pénètre l'arbre de la machine. Son centre est également le *centre de la manivelle.*

Le petit moyeu B est placé à une distance du grand qui, comptée de centre à centre des moyeux, se nomme *rayon de la manivelle* R.

Les manivelles se font soit en fonte de fer, soit en fer forgé.

Dans les manivelles en fonte de fer, (Fig. 438), le tourillon D, appelé *bouton de la manivelle*, est toujours rapporté. Le corps de ces manivelles a souvent une section rectangulaire et parfois une section en forme de double T, constituée par des nervures appropriées.

Les tourillons D doivent être fixés d'une façon tout à fait sûre au corps C de la manivelle. Pour cela, on les termine par une partie conique qui pénètre dans un trou également conique pratiqué au centre du petit moyeu de la manivelle. Une rondelle E, fortement serrée par un boulon, constitue un collet d'arrêt et fixe rigidement le tourillon D.

Le tourillon monté de cette façon peut avoir des formes diverses. On en rencontre dans certaines machines, qui ont une forme sphérique.

Comme dans les *têtes de balanciers* de forme identique, on a voulu compenser, par cette disposition, les différences de parallélisme pouvant être le fait d'un montage peu précis ou même de causes fortuites, telles que tassement de maçonnerie.

Dans les machines modernes, toutes les précautions sont prises pour que le montage ne laisse rien à désirer à aucun point de vue, et ces manivelles sont peu employées.

On emploie, de préférence, les manivelles faites complètement en fer (Fig. 439).

Elles sont forgées et, de ce fait, tout en gagnant en solidité, elles sont aussi plus légères.

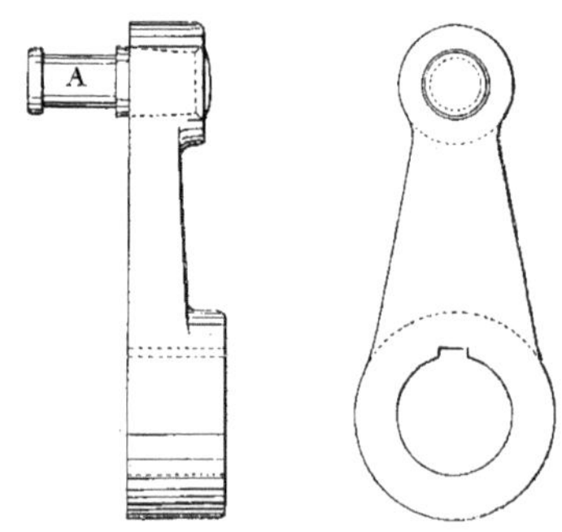

Fig. 439. — Manivelle en fer forgé.

Le tourillon A est quelquefois rapporté, soit de la façon que nous avons indiquée plus haut, soit d'une façon encore plus sûre, qui consiste à le rentrer à force dans la manivelle et à assurer sa position par une forte rivure pratiquée à l'arrière.

Comme le desserrage du *bouton* de la manivelle peut donner lieu à de graves inconvénients et à des détériorations sérieuses, parmi les organes essentiels de la machine, on le forge souvent dans le même bloc que la manivelle, ce qui permet, en outre, dans la confection de cette pièce, d'établir rigoureusement le parallélisme de l'axe du bouton et de l'axe du trou qui recevra l'arbre de la machine.

Les manivelles doivent être établies de façon à donner à leur bouton le minimum de *porte-à-faux*. Ce *porte-à-faux* est mesuré par la distance qui sépare l'axe de la bielle montée sur le bouton, du palier dans lequel tourne l'arbre de la machine.

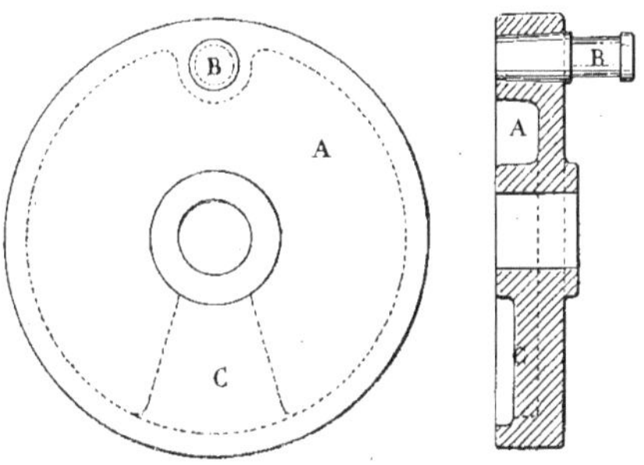

Fig. 140. — Plateau manivelle.

On conçoit combien les efforts multipliés de la bielle appliqués à l'extrémité d'un levier de longueur égale au *porte-à-faux*, sont nuisibles à la conservation des coussinets du palier qui tendent à s'user irrégulièrement. Aussi, quand la place dont on dispose le permet, on remplace la manivelle par un coude pratiqué sur l'arbre entre deux paliers. Quand on emploie la manivelle, on réduit au strict nécessaire le *porte-à-faux* et on donne à l'arbre une *portée*, entre les deux paliers qui le soutiennent, suffisante pour compenser les effets nuisibles du *porte-à-faux*.

La *manivelle* est, dans certains types de machines, constituée par un plateau cylindrique A (Fig. 140), sur lequel se trouve monté le bouton B. Ce dispositif est nommé *plateau-manivelle*. Au centre, il reçoit l'arbre de la machine et, à la partie opposée au bouton, on peut disposer un contrepoids C pour que la pièce soit équilibrée. Le *plateau-manivelle* permet de protéger, dans une certaine mesure, le mécanicien, contre les accidents pouvant être provoqués par la rotation de la manivelle.

Contre-manivelle — Les boutons de manivelle sont parfois terminés par un bras légèrement oblique A, qui porte, à son extrémité, un second bouton B, de dimension plus réduite. C'est ce bras qu'on nomme *contre-manivelle* et le tourillon extrême est son *bouton*.

La *contre-manivelle* peut être faite du même bloc de fer que le bouton de la manivelle, et fixée sur cette dernière par un clavetage très sérieux.

Elle peut également faire partie du même morceau que la manivelle (Fig. 141), mais le travail de confection de cette pièce devient alors compliqué.

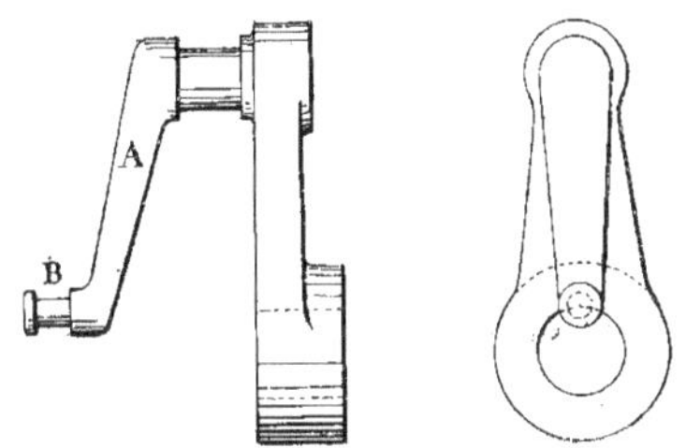

Fig. 141. — Contre-manivelle.

Tourillons — Dans les descriptions précédentes concernant les *crosses*, les *bielles*, les *balanciers* et les *manivelles*, nous avons eu l'occasion de décrire la plupart des types de *tourillons* généralement employés dans la construction des machines à vapeur. Nous ne reviendrons pas sur ces détails. Nous nous contenterons de différencier ces divers types en les groupant en quatre catégories : *tourillon frontal* ou *tourillon simple* débordant d'un seul côté de

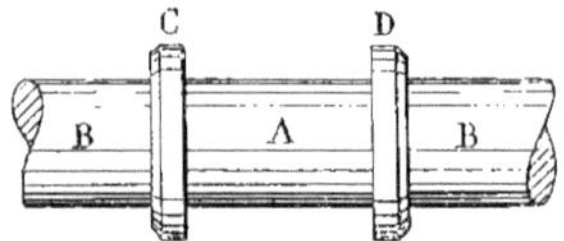

Fig. 442. — Tourillon intermédiaire.

la pièce à laquelle il appartient; *tourillon double* débordant des deux côtés, *tourillon intermédiaire* A (Fig. 442) qui est, au contraire, enclavé sur une partie de la longueur d'un axe B et muni de deux collets C et D qui déterminent la place des coussinets; *tourillon à fourchette* qui se place entre les deux branches d'une bielle ou d'un balancier.

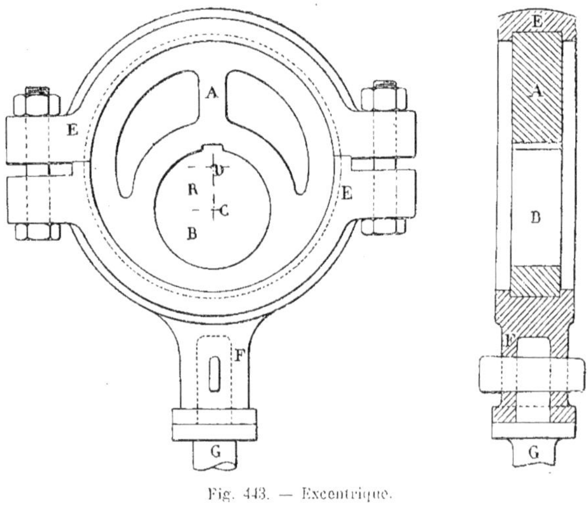

Fig. 443. — Excentrique.

Excentrique

L'emploi des contre-manivelles, qui permet d'obtenir, quelle que soit la course du piston, des courses très minimes, ne peut s'appliquer qu'à un nombre très restreint d'organes à commander.

La contre-manivelle, en effet, est toujours placée en bout de l'arbre. On a, néanmoins, besoin de donner à certaines pièces, correspondant à un point quelconque de la longueur de l'arbre, des courses très restreintes.

Pour commander les tiges des tiroirs de distribution, par exemple, il est nécessaire d'établir un dispositif simple permettant d'obtenir la faible course utile. Il ne serait pas pratique, en effet, de former sur l'arbre de la machine, au droit de chaque organe à commander, une inflexion ou coude pour obtenir d'une bielle, articulée en ce point, un mouvement alternatif.

On a donc créé l'*excentrique*, organe ingénieux et assez simple qui permet de réaliser des mouvements rectilignes alternatifs, d'amplitude aussi réduite qu'on le désire.

Il se compose d'un disque A (Fig. 443), de grand diamètre, percé d'un trou B permettant de le monter sur l'arbre de la machine. Le centre C de ce trou est distant du centre D du disque d'une quantité R appelée *rayon d'excentricité*. Si nous supposons le disque d'excentrique monté et claveté sur l'arbre de la machine, et si cet arbre est animé d'un mouvement de rotation autour de son centre C, le centre D du disque A décrira, autour du centre C, une circonférence dont le rayon sera précisément C D ou R.

L'*excentrique* se comportera donc comme une manivelle calée sur l'arbre, dont l'axe du bouton serait en D. On conçoit facilement qu'on puisse établir des excentriques pour des courses très minimes.

Le *disque d'excentrique* A participe donc au mouvement de rotation de l'arbre ; il s'agit de transformer son mouvement excentré en un mouvement rectiligne alternatif. A cet effet, on entoure le *disque d'excentrique* d'un coussinet circulaire E, muni de rebords emboîtant le disque.

Ce coussinet est nécessairement divisé en deux parties pour en permettre le montage. Une des parties est munie d'un appendice F, dans lequel on fixe la tige de connexion G de l'organe à faire mouvoir. Le disque excentré tourne constamment dans le coussinet en le poussant ou en le tirant alternativement suivant sa position.

Le mouvement rectiligne alternatif de la tige est donc réalisé.

Le disque de l'excentrique se fait en fonte de fer et le plus souvent en fer. On le constitue d'une seule pièce quand la forme de l'arbre sur lequel il est monté permet de l'introduire par une des extrémités.

S'il est pris sur l'arbre entre deux collets, on le fait en deux pièces, enveloppant chacune la moitié de cet arbre, et réunies par des boulons. Les coussinets E, appelés généralement *bagues* ou *colliers d'excentriques*, sont quelquefois en fonte de fer, en fer et souvent en bronze.

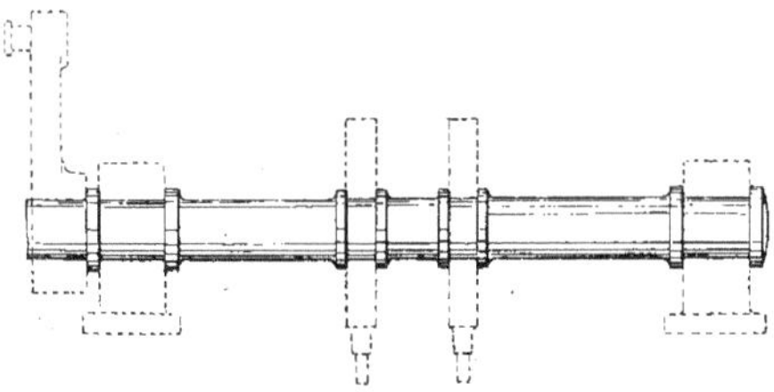

Fig. 144.— Arbre droit.

Quand les *bagues* sont en fonte de fer ou en fer, on les munit de garnitures de bronze qui reçoivent le frottement du disque excentré.

Quand les *bagues* sont en bronze, il n'est pas nécessaire de les munir de garnitures.

Dans un grand nombre de cas, les *bagues d'excentrique* portent des rebords entre lesquels tourne le disque excentré. Cela permet de retenir l'huile destinée au graissage de cet organe.

Les *bagues* sont, avons-nous dit, formées de deux colliers serrés l'un sur l'autre par des boulons.

Le jeu que peuvent prendre ces colliers, par suite de leur fonctionnement, peut être compensé en enlevant du métal sur les surfaces d'appui, mais cette correction tend à détruire la forme cylindrique de la bague, qu'on serait forcé de réaléser si le jeu à compenser devenait trop grand.

Les tiges montées au bout des excentriques doivent être clavetées soigneusement ou fixées rigidement par un dispositif approprié. Certaines tiges sont montées sur l'excentrique par une bride à deux oreilles, fixée, par des boulons, sur une bride semblable, appartenant à la *bague d'excentrique*.

Arbre

L'*arbre* ou *axe* d'une machine à vapeur reçoit son mouvement de rotation de la bielle qui oscille au bout de la tige du piston.

Cette transmission de mouvement se fait, soit par l'intermédiaire d'une manivelle, calée sur cet arbre, soit par un ou plusieurs coudes pratiqués dans sa longueur. Ces coudes, rappelant assez la forme du vilebrequin, ont fait donner aux arbres coudés le nom de *vilebrequins*.

L'arbre d'une machine à vapeur se fait en acier.

Il porte, façonnés dans sa masse, les tourillons intermédiaires nécessaires pour recevoir les coussinets des paliers et les bielles et excentriques qui communiquent le mouvement aux divers organes de la machine. Il est, dans ce cas, généralement droit (Fig. 144).

Quand l'arbre est commandé à une de ses

extrémités, on ajuste sur lui, à force, généralement à la presse hydraulique, une manivelle comme celle que nous avons décrite plus haut (Fig. 439).

C'est sur cette manivelle qu'est placée la bielle qui reçoit son mouvement de la tige du piston.

Dans les arbres coudés (Fig. 445), la manivelle est remplacée par le coude pratiqué sur l'arbre.

Le coude est forgé avec l'arbre A et porte un tourillon intermédiaire B entre les collets duquel se loge la tête de bielle.

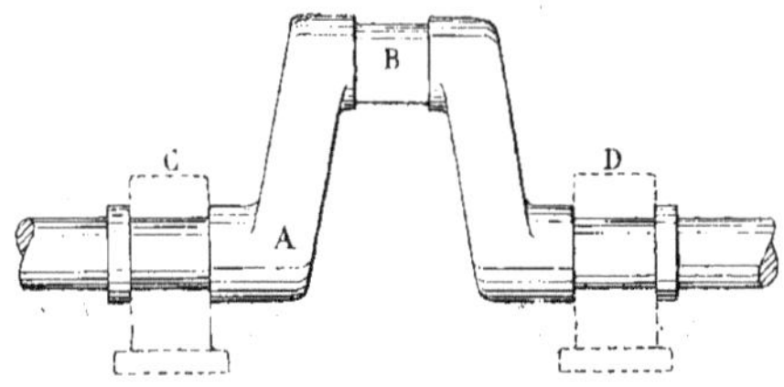

Fig. 445. — Arbre à simple vilebrequin.

Tandis que la commande d'un arbre, par une manivelle placée à son extrémité, donne lieu à un porte-à-faux toujours gênant, l'*arbre à vilebrequin* permet de disposer, de chaque côté des coudes, et le plus près possible de l'axe de la bielle, des paliers C et D qui assurent la rigidité de l'arbre.

Dans les machines à deux cylindres, les arbres reçoivent le plus souvent leur mouvement de deux bielles. Si ce mouvement n'est pas transmis par des manivelles, il est indispensable de disposer sur l'arbre deux coudes A et B et deux tourillons intermédiaires C et D pour recevoir les têtes des deux bielles. Ces deux coudes A et B sont généralement placés à angle droit, l'un par rapport à l'autre (Fig. 446).

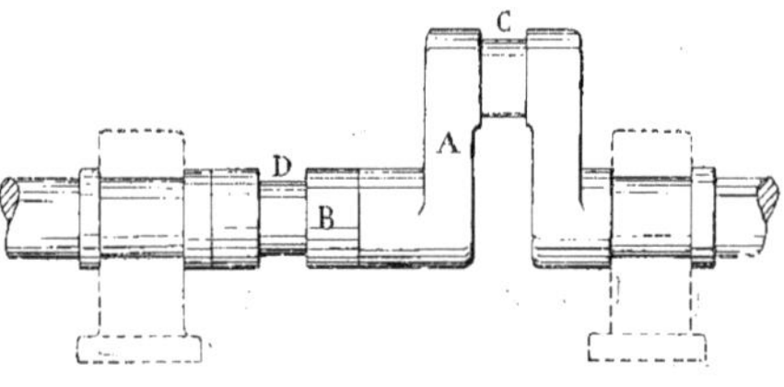

Fig. 446. — Arbre à double vilebrequin.

L'arbre nécessite, dans ce cas, un façonnage plus compliqué.

On interpose, dans sa longueur, le nombre de paliers nécessaires pour assurer sa rigidité. On trouve un exemple d'arbre à double vilebrequin dans certains types de locomotives qui comportent deux cylindres placés à l'intérieur des plans des roues. L'arbre constitue, dans ce cas, l'essieu moteur de la locomotive.

On peut augmenter le nombre de coudes sur l'arbre d'une machine, suivant la disposition des organes qui la composent; mais nous avons déjà dit, à propos des excentriques, qu'il ne fallait s'y résoudre que lorsque c'était indispensable. Les *arbres à vilebrequins* sont forgés d'un seul bloc et sont pleins.

Les arbres rectilignes se font assez souvent creux. Le fait d'enlever de la matière au centre de l'arbre n'affecte pas sa solidité et on peut, au contraire, donner à celui-ci un diamètre plus grand qui augmentera sa robustesse, tout en lui conservant un poids moindre.

Les arbres creux se faisaient primitivement en forant un arbre plein. Actuellement, ce surcroît de travail, qui présente, en outre, des difficultés sérieuses, est facilement évité, en employant à la confection des arbres, des tubes en acier, étirés sans soudure, que l'industrie métallurgique réalise de façon remarquable. Les collets des tourillons intermédiaires peuvent, dans ce cas (Fig. 447), être constitués par des bagues cylindriques A et B, rapportées sur le tube C et fixées solidement à lui. L'arbre ne doit pas, bien entendu, comporter de coudes. Les manivelles peuvent être enfoncées sur l'arbre à la presse hydraulique, comme on

Fig. 447. — Machine à vapeur Cail, modèle 1875, montrant la disposition des organes.

le fait pour celles qui sont montées sur un arbre plein.

Les arbres creux sont fort employés dans les machines marines, où la réduction du poids est une question de toute importance. Ils sont également employés, dans certaines machines, comme conduits servant au graissage des divers organes.

Les arbres des machines à vapeur sont surtout soumis, dans leur fonctionnement, à des efforts de torsion; les efforts de flexion occasionnés par le poids des organes qu'ils supportent doivent avoir une valeur relativement faible.

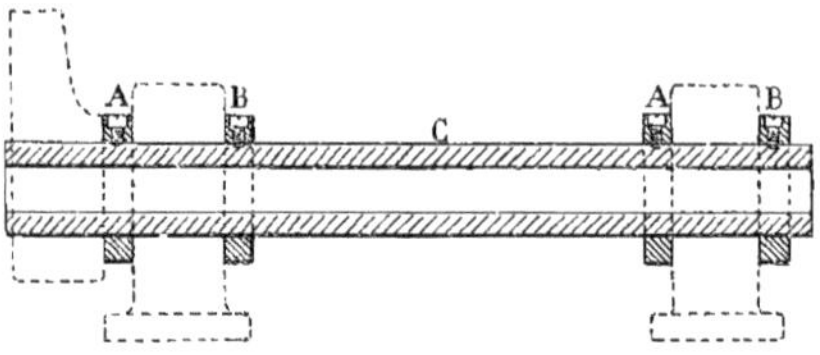

Fig. 448. — Arbre en tube étiré avec collets rapportés.

Volant. Le *volant* est une masse métallique, de forme circulaire, montée sur l'arbre de la machine.

Le *volant* (Fig. 449), se compose d'un moyeu A, dans lequel pénètre l'arbre et qui porte la rainure de la clavette servant à l'immobiliser sur cet arbre.

Du moyeu partent des *bras* B, qui aboutissent à la *jante* C, sorte d'anneau circulaire ayant un poids considérable.

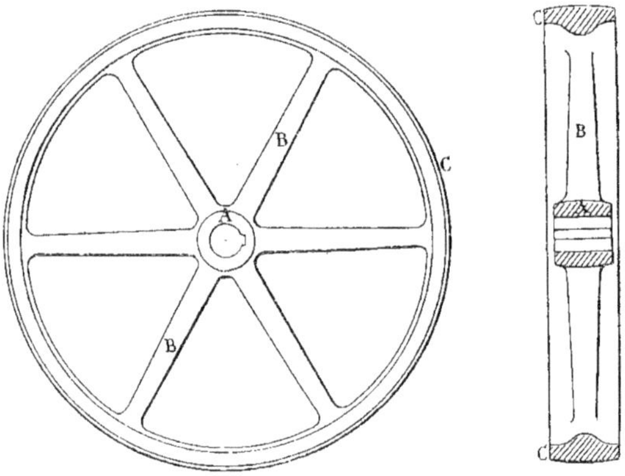

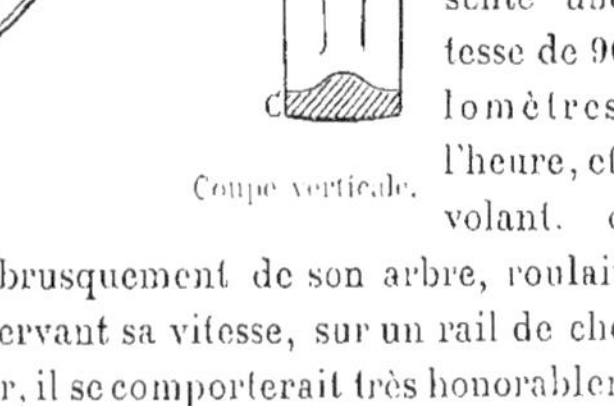

Fig. 449-450. — Volant. Coupe verticale.

Le volant sert à compenser, par l'action de sa masse mise en mouvement, les variations qui se produisent à tout instant, pendant la marche d'une machine à vapeur, soit dans le *travail moteur*, soit dans le *travail résistant*. Le volant sert donc à régulariser le fonctionnement de la machine.

Les volants peuvent atteindre des diamètres considérables. Certaines machines en possèdent, dont le diamètre atteint 10 mètres. Quand les volants sont d'un faible diamètre, ils sont fondus d'une seule pièce; mais, quand leur diamètre est important, on les constitue en plusieurs parties assemblées les unes avec les autres par des boulons (Fig. 451-452.)

Il est nécessaire que ces assemblages assurent à la pièce une solidité absolue, car les volants sont animés de vitesses angulaires telles, que leur transformation en vitesse linéaire, mesurée à leur périphérie, donne souvent des chiffres considérables.

Il n'est pas rare, en effet de voir la vitesse linéaire des grands volants de nos machines modernes atteindre 22 et 25 mètres à la seconde.

Cela représente une vitesse de 90 kilomètres à l'heure, et si ce volant, détaché brusquement de son arbre, roulait, en conservant sa vitesse, sur un rail de chemin de fer, il se comporterait très honorablement dans un match de vitesse avec quelques-uns de nos rapides.

On conçoit quels graves accidents peuvent se produire, lorsqu'une partie d'un volant se détache et se trouve lancée, avec une semblable vitesse, à travers un atelier.

Quelquefois, par suite de la disjonction de quelques pièces composant le volant, toutes les parties de ce volant se détachent et sont violemment projetées de divers côtés. C'est l'*éclatement du volant*.

Cet accident, qui peut avoir des conséquences terribles, se produit malheureusement encore trop souvent.

Ainsi, au mois de décembre 1907, le volant d'une machine à vapeur éclata dans une usine d'Ormont.

Ce volant, du poids de 10.000 kilos, sous l'action d'une vitesse de rotation trop grande, ou par suite d'un manque de rigidité dans les assemblages de ses diverses parties, se morcela en une grande quantité de blocs de fonte qui, au moment de l'éclatement, furent violemment projetés de tous côtés, ne faisant miraculeusement qu'une victime parmi les 120 ouvriers de l'usine.

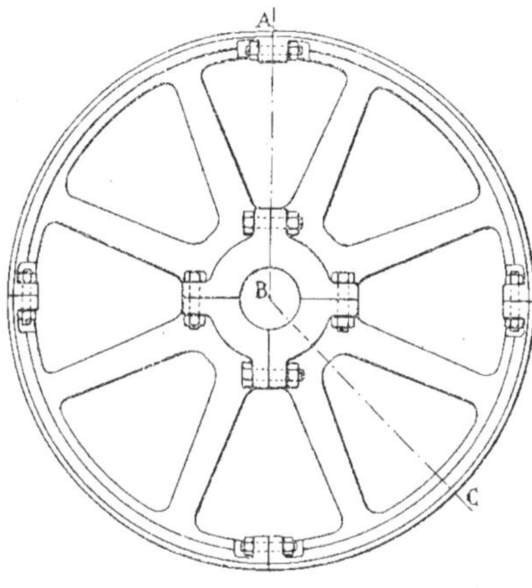

Fig. 451-452. — Volant constitué en plusieurs pièces assemblées par des boulons.

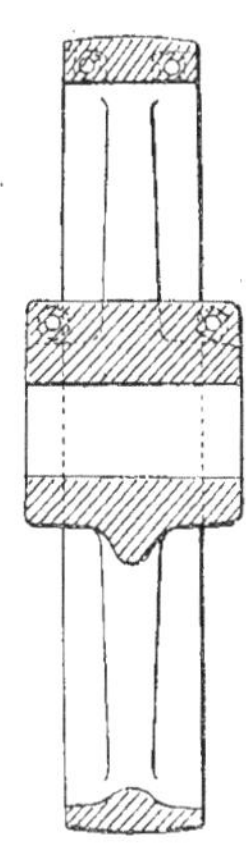

Coupe suivant A B C.

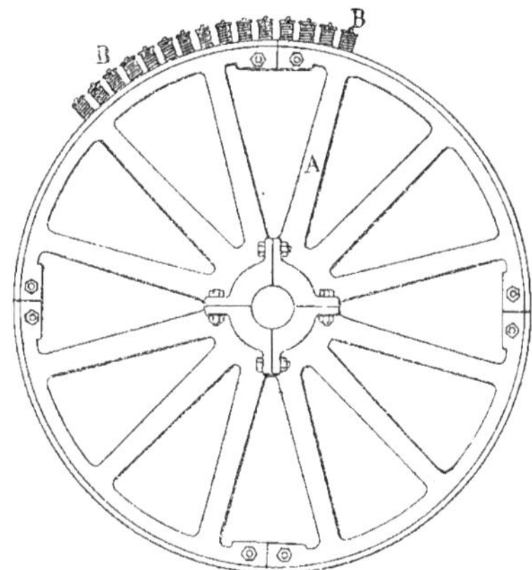

Fig. 453. — Volant portant l'induit d'une machine électrique à courant alternatif.

Quelques morceaux du volant traversèrent la toiture de la salle des machines et allèrent rompre des fils télégraphiques placés à plus de cent mètres de l'usine.

Le volant est parfois utilisé comme poulie. A cet effet, on donne à la jante une largeur suffisante pour recevoir la courroie qui transmettra le mouvement à l'arbre principal de l'usine.

La jante reçoit, dans ce cas, une forme légèrement bombée sur la partie qui porte la courroie (Fig. 449-et-451).

Le volant peut aussi porter des dents d'engrenage, soit à l'intérieur de la jante, soit à l'extérieur, pour transmettre le mouvement. Cette disposition supprime l'emploi de la courroie.

Dans les machines modernes, disposées pour actionner des dynamos productrices de courants électriques, le volant A (Fig. 453) est utilisé pour porter, sur sa périphérie, les bobines B, constituant l'induit des machines électriques à courant alternatif.

Paliers. Les paliers sont les pièces qui supportent les arbres.

Dans les machines à vapeur, les paliers sont généralement fixés sur le bâti ou même font corps avec lui, et reçoivent les tourillons intermédiaires ménagés sur l'arbre.

Les paliers sont très variés de forme.

Ils ont des applications nombreuses dans les usines, où leur rôle consiste à soutenir les innombrables arbres de transmission qui vont, même dans les coins les plus éloignés de la machine, porter la force motrice.

Nous n'envisagerons pas, pour le moment, toutes ces variétés de paliers, nous réservant d'y revenir ultérieurement, quand nous décrirons en détail les organes de transmission.

Nous examinerons seulement les paliers pouvant faire partie de la machine elle-même.

Quand le palier ne fait pas corps avec le bâti, il est fixé sur lui par de forts boulons dont les écrous viennent serrer sur une large semelle qui sert d'embase au palier et qu'on nomme *patin* (Fig. 454).

Le corps du palier A est en fonte de fer et son embase B est venue de fonte avec lui. Au-dessus du corps du palier, se fixe un chapeau C également en fonte de fer. Ce chapeau est maintenu serré contre le palier par des boulons D, dont les têtes, emprisonnées dans la semelle, les empêchent de tourner pendant le serrage.

Dans le palier, coiffé de son chapeau, est ménagé un trou central dans lequel on fait tourner l'arbre. Ce procédé, employé primitivement dans les machines à faible vitesse, ne saurait être utilisé actuellement, car un

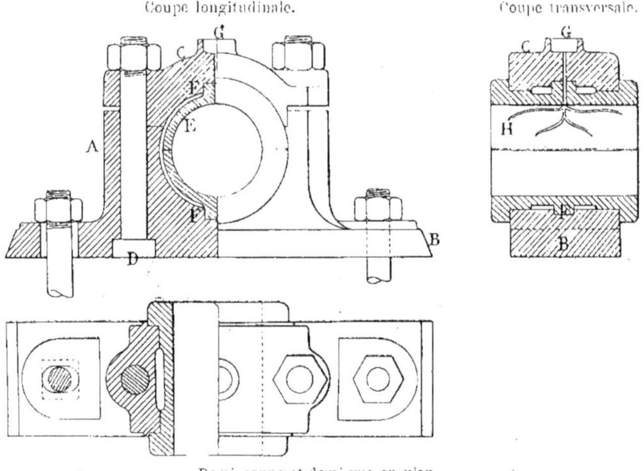

Demi-coupe et demi-vue en plan.

Fig. 454-455-456. — Palier à patins avec coussinet cylindrique.

arbre en acier, tournant dans un palier en fonte, aurait vite fait de l'user, et il pourrait, en outre, se produire des grippements.

On garnit toujours les trous des paliers de coussinets E généralement en bronze.

Ces coussinets sont en deux parties, de façon à pouvoir compenser le jeu et à faciliter le montage de l'arbre.

Quand ils sont ronds, ils s'ajustent dans un trou cylindrique pratiqué dans le palier, et deux petits mamelons F, ménagés à la partie supérieure et inférieure du coussinet, pénètrent dans deux trous que portent le chapeau et le corps de palier, pour empêcher que le coussinet ne soit entraîné par l'arbre dans son mouvement de rotation.

Pour assurer plus efficacement encore cette disposition, on donne, à la partie du coussinet qui s'ajuste dans le palier, une forme polygonale, le plus souvent à huit pans (Fig. 457).

Le coussinet, une fois entré dans le palier, est maintenu dans tous les sens.

Le déplacement longitudinal du coussinet, dans le sens de la longueur de l'arbre, est empêché par les deux rebords qui viennent s'ajuster chacun sur une des faces du palier.

Les deux demi-coussinets sont constitués de la même façon.

Quand l'arbre est entré dans les coussinets, ceux-ci portent l'un sur l'autre, par l'intermédiaire d'une cale.

C'est le chapeau du palier qui appuie, par le serrage de ses écrous, le coussinet supérieur sur le coussinet inférieur.

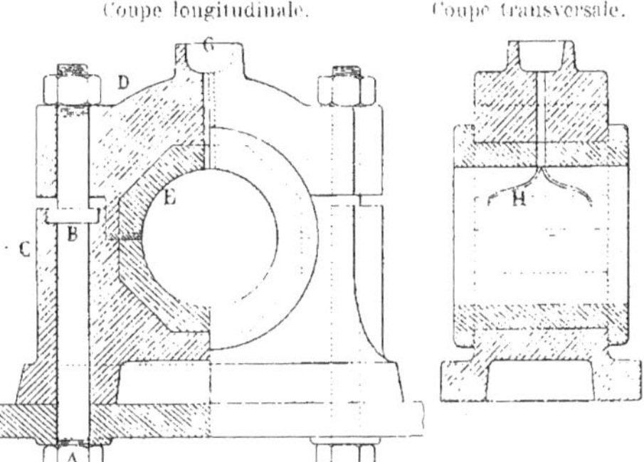

Fig. 457 et 458. — Palier sans patins, à coussinet octogonal.

Un vide est ménagé entre le chapeau et le corps du palier, de façon que lorsqu'on veut compenser le jeu qui se produit dans les coussinets, on n'a qu'à diminuer la cale qui se trouve entre eux et à resserrer les écrous à bloc.

A la partie supérieure du chapeau, est pratiqué un trou G, évasé en forme d'entonnoir, servant à recevoir l'huile destinée au graissage. Cette huile se déverse dans le coussinet supérieur par un trou qui continue celui du chapeau.

Plusieurs rainures H peu profondes, disposées sur la surface interne des coussinets, distribuent l'huile aux divers points de l'arbre qui les traverse.

Ces rainures sont appelées *pattes d'araignées*, en termes d'atelier.

Les paliers, avec semelle ou embase, sont appelés *paliers à patins* (Fig. 454). Quand la place dont on dispose ne permet pas de loger des *paliers à patins*, on raccourcit la semelle, et ce sont les deux boulons fixant le chapeau qui servent, en outre, à assujettir le palier sur le bâti.

A cet effet, le boulon A porte, sur sa longueur, un renflement B, souvent carré, qui, encastré dans la partie supérieure du corps de palier C, permet de le brider contre le bâti. Le bout de tige qui surmonte ce renflement sert à recevoir l'écrou qui fixe le chapeau D sur le corps du palier.

Les deux sortes de paliers que nous venons de décrire, sont des paliers horizontaux. Le système de graissage qu'ils comportent est tout à fait rudimentaire, mais nous aurons l'occasion de nous étendre, plus loin, un peu plus longuement sur les modifications apportées aux paliers simples en vue d'un graissage méthodique.

On garnit quelquefois certains paliers de trois coussinets au lieu de deux.

Ces coussinets sont disposés pour résister à des efforts latéraux dans les deux sens et à des efforts dirigés verticalement. C'est le cas pour les arbres horizontaux de machines à vapeur.

Ce dispositif est plus avantageux que celui qui ne comporte que deux coussinets, car, dans ce dernier, les efforts latéraux tendent à ovaliser les coussinets au droit des joints, mais, par contre, la disposition à trois coussinets est de confection moins simple.

Le palier à trois coussinets (Fig. 459), se compose, comme le précédent, d'un corps de palier A et d'un chapeau B.

Le corps de palier reçoit les trois coussinets : deux semblables, C et D, placés latéralement, et un troisième plus petit E, occupant la partie inférieure.

Le chapeau B est fixé contre le corps de palier A, sans jeu, et bride les coussinets latéraux par leur face supérieure.

La compensation de l'usure est faite d'une façon spéciale.

Les trois coussinets sont réglables : les coussinets latéraux sont poussés l'un vers l'autre par quatre vis F, disposées deux de chaque côté du palier, qui, taraudées dans le corps de celui-ci, pressent sur deux plaques métalliques, appuyant contre les coussinets. Le coussinet inférieur E est réglable par l'intermédiaire de deux cales, en forme de coin, que deux vis H, abordables de l'extérieur, permettent de faire avancer ou reculer.

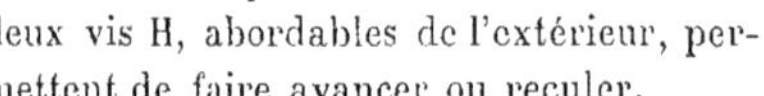

Fig. 459. — Palier à 3 coussinets.

Ce genre de palier à trois coussinets est un peu compliqué, mais les avantages qu'il est possible d'en retirer sont susceptibles de compenser l'inconvénient d'une fabrication un peu plus onéreuse.

Il existe d'autres dispositifs de paliers à trois coussinets, mais, dans tous, la nécessité des trois réglages complique la pièce.

Dans quelques types le coussinet inférieur est fixe, et le réglage ne s'opère que sur les coussinets latéraux.

Coussinets. Nous venons de voir la façon dont étaient constitués les coussinets qui garnissent les paliers spécialement destinés aux arbres des machines à vapeur. Ces coussinets sont généralement en bronze. Le frottement de l'arbre en acier sur le bronze convient bien aux vitesses moyennes.

Le grippement de l'arbre est, dans ce cas, moins à craindre que si les coussinets étaient en laiton, par exemple. De plus, le laiton fondu étant beaucoup moins dur que le bronze, les coussinets faits en laiton se détérioreraient bien plus rapidement.

On peut faire également les coussinets en fonte ou en acier, mais il est bon que l'usure, inévitable, se produise sur les coussinets plutôt que sur l'arbre, car ceux-ci sont relativement faciles à remplacer.

Dans les machines à grande vitesse, on garnit souvent les coussinets de *métal antifriction*.

L'*antifriction* est un alliage qui possède des qualités d'onctuosité, utilisées judicieusement pour éviter l'échauffement et le grippement des arbres. Cet alliage se compose de plomb, de zinc, et d'antimoine, auxquels on ajoute parfois, de petites parties d'étain et de cuivre.

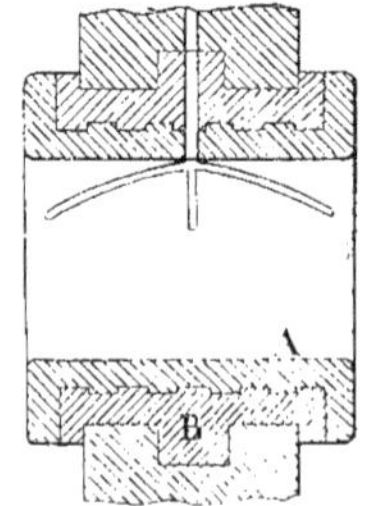

Fig. 460. — Coussinet avec métal antifriction.

Le coussinet n'est pas tout entier en *alliage antifriction*. Il peut être en métal quelconque, en fonte, par exemple, et porter une garniture en antifriction A (Fig. 460) qui est coulée dans des rainures venues de fonte sur le corps du coussinet B. Le coussinet est ensuite travaillé comme s'il était d'une seule pièce et le tourillonnement de l'arbre se fait dans le *métal antifriction*.

Les coussinets sont ajustés dans les corps de paliers et dans les chapeaux de façons très diverses. On s'attache principalement à les empêcher de tourner dans les paliers,

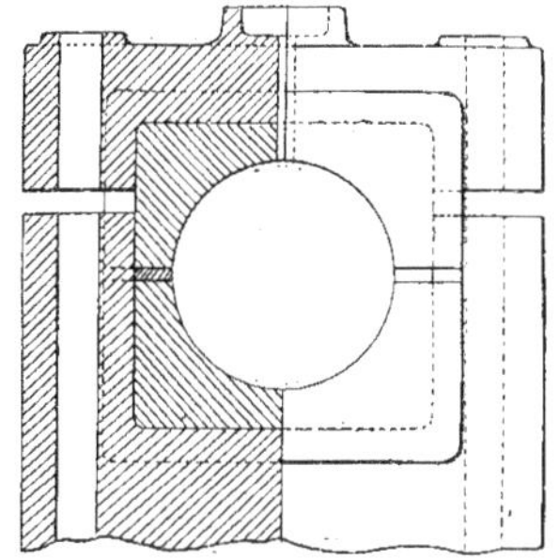

Fig. 461. — Coussinet carré.

sous les efforts que leur imprime l'arbre de la machine.

Nous avons déjà donné deux dispositions répondant à cette obligation : l'une consiste en un coussinet cylindrique portant des mamelons qui pénètrent dans des trous

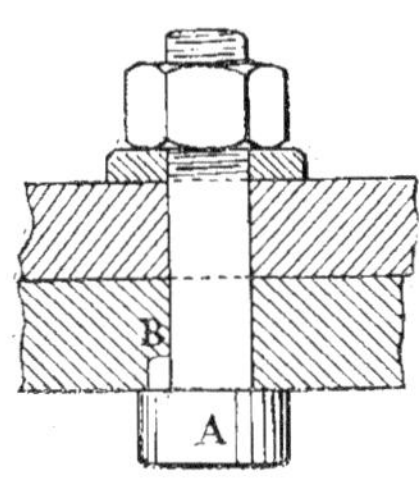

Fig. 462. — Boulon à tête cylindrique.

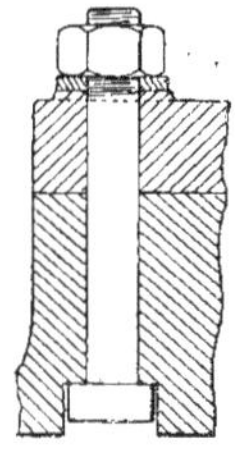

Fig. 463. — Boulon à tête carrée.

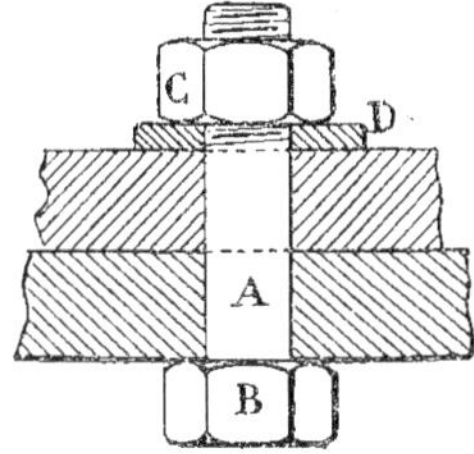

Fig. 464. — Boulon avec tête à 6 pans.

pratiqués dans le palier (Fig. 454), l'autre comporte un coussinet à pans, généralement de forme octogonale, qui s'ajuste dans une forme identique donnée au palier (Fig. 457).

Une troisième disposition, plus simple (Fig. 461), consiste à donner au coussinet une forme extérieure rectangulaire ou carrée, forme répétée également dans le corps du palier. Le chapeau serre à plat sur le coussinet supérieur, et l'assujettissement des coussinets au palier est ainsi réalisé de façon très sûre.

Ce genre de coussinet est très employé pour garnir les têtes et les pieds de bielle.

Boulons. Les *boulons* (Fig. 462, 463, 464) sont des pièces cylindriques A, portant à une de leurs extrémités une partie, de dimensions plus grandes, qu'on nomme tête, B.

L'autre extrémité est filetée, pour permettre à un *écrou* C de se mouvoir le long de la tige.

Les *boulons* servent à fixer l'une contre l'autre deux pièces juxtaposées. La *tête* B *du boulon* reposant sur une des deux pièces, le boulon doit dépasser la seconde. L'écrou C est vissé sur l'extrémité filetée du boulon et serré contre la seconde pièce.

On interpose généralement, entre l'écrou et la pièce à serrer, une rondelle D, qui, tout en augmentant la surface de serrage, préserve la pièce de la machine des rayures circulaires que peut produire la face de l'écrou pendant son vissage.

La tête du boulon peut avoir plusieurs formes : elle est généralement cylindrique, carrée ou hexagonale. Le plus souvent, c'est cette dernière forme que l'on adopte. On l'appelle la *tête à six pans* (Fig. 464).

La *tête cylindrique* A (Fig. 462) doit nécessairement comporter un *ergot* B qui, pénétrant dans un trou de la pièce à serrer, empêche le boulon de tourner pendant le serrage.

La *tête carrée* (Fig. 463), qui est généralement *noyée*, c'est-à-dire logée dans un encastrement pratiqué dans la pièce à serrer, n'a pas besoin d'ergot d'arrêt. Ses faces l'immobilisent suffisamment contre la pièce fixe.

La *tête à six pans* (Fig. 464), permet d'immobiliser le boulon pendant le serrage de l'écrou, au moyen d'une clef dans les mâchoires de laquelle s'engagent deux des faces parallèles de cette tête.

Les *têtes à six pans* sont toujours extérieures. Quelquefois ces têtes sont munies d'une embase cylindrique qui constitue a surface de serrage.

Fig. 465. — Machine Farcot de 130 chevaux (1858) (pompe à feu du quai d'Austerlitz).

Les boulons dont les têtes ne sont pas disposées pour les empêcher de tourner, ou qui sont difficilement abordables pour être

Fig. 466. — Groupe électrogène Farcot, Exposition universelle de 1900, montrant la disposition des organes.

immobilisées avec une clef, sont parfois munis d'ergots pour assurer leur position. L'ergot est souvent remplacé, dans cette circonstance (Fig. 467), par une forme carrée A donnée à la tige du boulon B, sur une petite longueur à partir du dessous de la tête C.

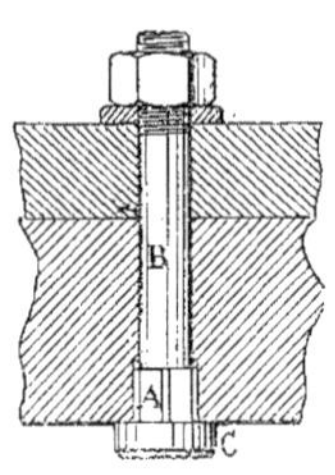

Fig. 467. — Boulon avec collet carré empêchant sa rotation.

Cette partie de tige carrée s'enfonce dans un trou également carré que porte la pièce à serrer.

Le boulon ne peut donc pas tourner pendant qu'on serre l'écrou.

Écrous Les écrous sont ordinairement à *six pans* (Fig. 468). Cette forme permet, quand l'écrou n'est pas abordable sur tout son pourtour, de le visser de 1/6 de tour avec une clef appropriée, et de le reprendre, avec cette même clef, 1/6 de tour plus loin, pour le faire tourner de la même quantité.

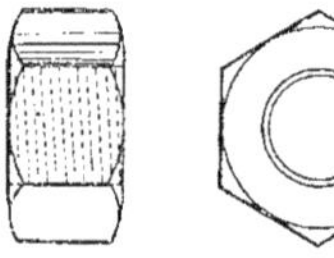

Fig. 468. — Écrou à six pans.

On peut donc, en disposant d'un espace libre relativement restreint, serrer ou desserrer assez commodément un écrou à *six pans*.

On fait quelquefois des écrous de forme *carrée*, mais ils sont généralement destinés à des emplois spéciaux, et sont souvent bruts de forge, tandis que les écrous à *six pans* sont travaillés sur leurs faces ou sont pris dans des barres de fer étirées à la forme et aux dimensions.

Dispositifs contre le desserrage des écrous Nous avons indiqué, dans un des paragraphes précédents, combien il était important de maintenir les écrous fixés à leur position sur des pièces en mouvement, à cause des chocs et des vibrations qu'elles ont à supporter.

Les écrous serrant des pièces fixes n'en sont pas moins soumis à de semblables vibrations, qui se transmettent à tous les organes de la machine et l'importance de la continuité de leur serrage est la même.

Toutefois, les dispositifs employés pour éviter le desserrage des écrous sont différents, suivant qu'il s'agit d'une pièce fixe ou d'une pièce en mouvement.

Nous avons dit, par exemple, que l'écrou (Fig. 469), qui sert à fixer la tige du piston contre celui-ci, devait, après avoir été bien serré, être goupillé pour être assujetti dans sa position.

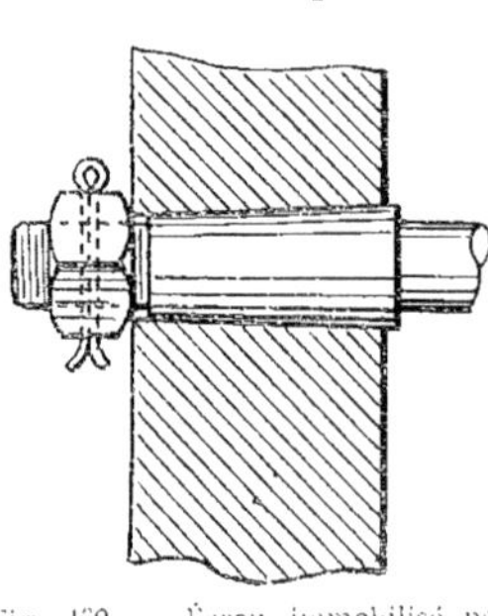

Fig. 469. — Écrou immobilisé par une goupille fendue.

Il en est de même pour les écrous des bielles.

Pour les pièces moins soumises à des chocs répétés, on peut employer le *contre-écrou* pour éviter le desserrage.

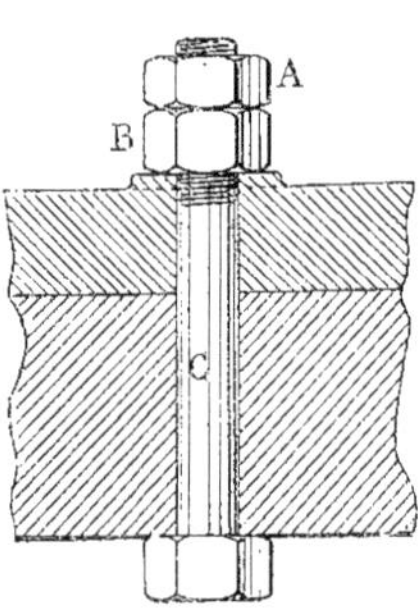

Fig. 170. — Boulon serré par écrou et contre-écrou.

Le *contre-écrou* A (Fig. 170) est un écrou d'une épaisseur ordinairement moindre que celle de l'écrou B, et que l'on visse sur la même tige C, contre celui qui y est déjà bloqué.

Le serrage de ces deux écrous l'un contre l'autre provoque un certain coincement sur les flancs des filets de vis que porte la tige du boulon, et ce coincement est suffisant, dans beaucoup de cas, pour empêcher le desserrage.

On emploie aussi de fortes rondelles-ressorts placées sous les écrous (Fig. 471). Ces rondelles A, complètement aplaties par le serrage de l'écrou B, appuient fortement, par leur élasticité, celui-ci contre les filets de la tige C et y provoquent un frottement qui peut compenser l'effet des trépidations.

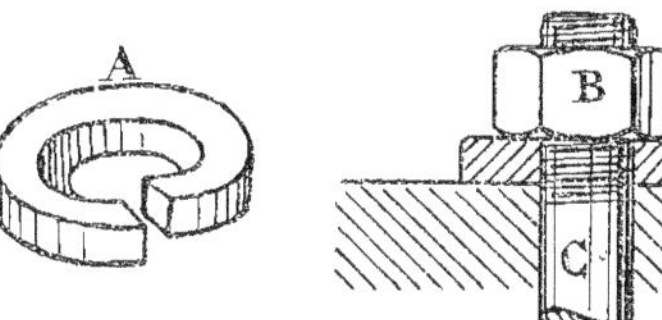

Fig. 471. — Rondelle-ressort pour empêcher le desserrage de l'écrou.

La goupille traversant l'écrou et la tige est bien un moyen sûr d'éviter le desserrage du boulon ; mais si les pièces serrées prennent un certain jeu qui oblige à donner à l'écrou un serrage supplémentaire, la goupille ne peut plus être mise à la même place et il est même souvent impossible de la mettre dans la tige, car les divers trous qu'on serait forcé d'y pratiquer pour cela nuiraient fortement à sa solidité. On a recours, dans ce cas, à un des moyens décrits ci-dessous.

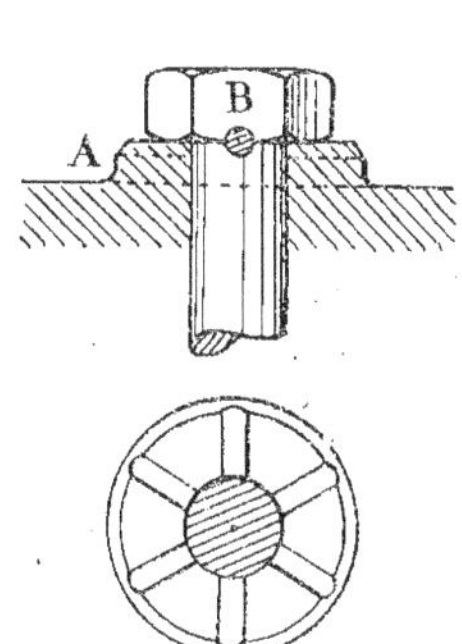

Fig. 472. — Boulon immobilisé par une goupille et une portée à rainures.

Le desserrage d'un boulon peut provenir de ce que l'écrou se dévisse, ou de ce que la tige même du boulon tourne dans son trou, sous l'effet des ébranlements successifs.

Pour empêcher une tige de boulon de tourner d'une façon intempestive, tout en se réservant la faculté de la faire tourner soi-même, on emploie un dispositif assez simple. Il consiste en une portée A (Fig. 472) placée sous la tête du boulon B et sur laquelle sont disposées des cannelures demi-rondes, tracées suivant des diamètres.

La tige du boulon porte un trou dans lequel on place une goupille cylindrique lorsque la tête est serrée. Cette goupille pénètre par moitié dans la portée A et par moitié dans la tête du boulon B.

Il est donc parfaitement impossible à celui-ci de se desserrer tant que la goupille est enfoncée.

Quand on veut donner au boulon un serrage supplémentaire, on enlève la goupille et on serre d'une fraction de tour telle, qu'une nouvelle rainure de la rondelle se présente en face du trou pratiqué dans la tige. On enfonce de nouveau la goupille, et le desserrage est rendu impossible. Plus la portée comporte de rainures, et plus on aura de latitude dans le serrage supplémentaire. Ainsi, si la rondelle portait 18 encoches, par exemple, on pourrait successivement procéder au serrage par 1/18 de tour.

Quand la place le permet, on visse à côté de l'écrou une pièce accessoire (Fig. 473)

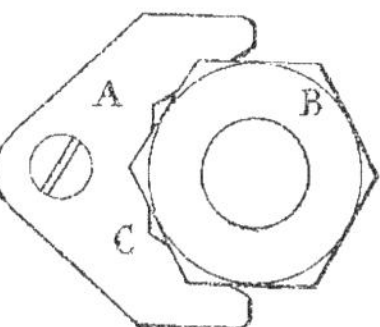

Fig. 473. — Mâchoire simple pour immobiliser un écrou.

qui l'emboîte, par au moins deux de ses faces.

Cette pièce A, en forme de clef à écrous, maintenue fixée par une simple vis, constitue une sorte de pince d'arrêt qui immobilise forcément l'écrou B.

Elle porte plusieurs crans C, de façon que le serrage supplémentaire de l'écrou puisse se faire par fractions de tours relativement minimes.

Ce dispositif est avantageusement employé lorsqu'il sert à immobiliser une série d'écrous placés les uns à côté des autres sur le même plan (Fig. 474). La même pièce A

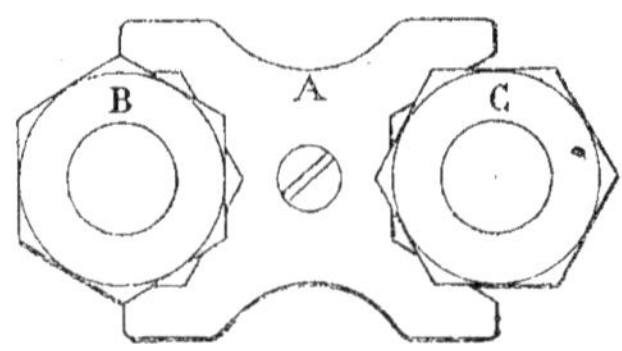

Fig. 474. — Mâchoire double immobilisant deux écrous voisins.

intéresse alors deux écrous voisins B et C. Elle a donc une double mâchoire qui les emprisonne et, dans chacune d'elle, on taille le plus grand nombre de crans possible.

Ces pièces sont parfois remplacées par des bagues A (Fig. 475) portant, à leur centre,

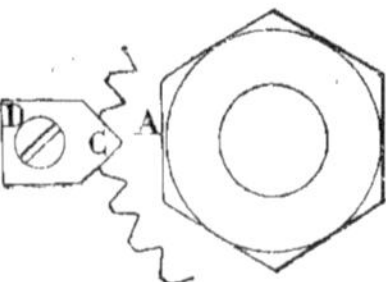

Fig. 475. — Bague à crans pour immobiliser un écrou.

un trou hexagonal qui s'ajuste sur l'écrou à immobiliser.

Les parties extérieures de ces bagues sont munies d'un certain nombre d'encoches dans lesquelles peut pénétrer, quand elles se présentent successivement en face d'elles, une petite lame C maintenue fixe par une vis D. Le nombre d'encoches que possédera la bague déterminera la fraction de tour dont on pourra serrer l'écrou en utilisant la même lame C pour l'immobiliser dans chacune de ses nouvelles positions.

Les dispositifs de sûreté pour boulons et écrous sont très variées. Ils sont pour la plupart très ingénieux. Nous avons tenu à décrire les plus simples et les plus répandus.

Clefs. — Les outils employés pour serrer les boulons et les écrous se nomment clefs.

Les clefs sont de types variés, mais on peut les classer en deux catégories principales : les clefs dont les mâchoires ont un écartement fixe et celles dont les mâchoires ont un écartement variable.

Les premières sont constituées (Fig. 476) par une tige métallique A ronde ou plate, terminée à une de ses extrémités par une

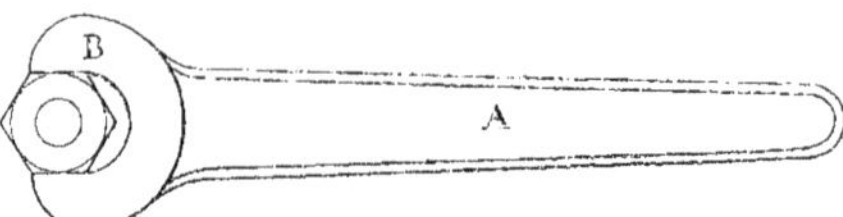

Fig. 476. — Clef simple.

mâchoire B qui est capable de recevoir l'écrou à serrer.

Cette mâchoire porte, généralement, deux faces parallèles réunies par un fort arrondi. C'est entre ces deux faces que doit pénétrer l'écrou, sans trop de jeu.

La clef, faisant alors office de levier, permet de le serrer fortement.

Les clefs à une seule mâchoire sont appelées *clefs simples*.

Parfois, on dispose une mâchoire à chaque extrémité de la tige (Fig. 477).

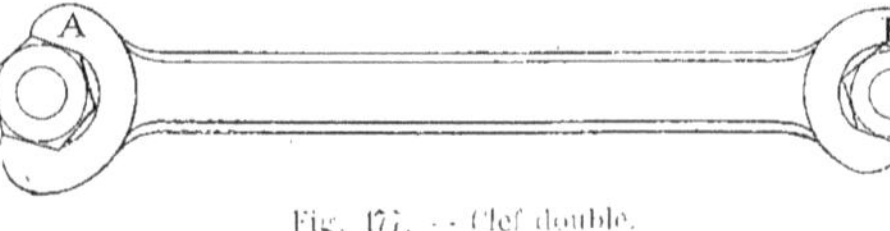

Fig. 477. — Clef double.

Ces deux mâchoires, A et B, sont d'inégales grandeurs, et

une seule clef peut être, dans ce cas, utilisée pour serrer deux séries de boulons et d'écrous. Ce sont les *clefs doubles.*

Dans presque toutes les *clefs doubles*, l'axe des mâchoires est incliné par rapport à la direction du corps de la clef. Cette disposition permet d'utiliser la clef, en la retournant, quand on ne dispose que d'un espace libre restreint pour la manœuvre de la clef.

Certaines clefs portent, à leur extrémité, un trou hexagonal au lieu d'une mâchoire. Ce trou permet d'envelopper l'écrou à six pans et de le serrer en appuyant sur toutes ses faces.

Cette disposition a l'avantage d'éviter le glissement de la clef pendant le serrage, glissement qui se produit surtout, avec les clefs à mâchoires, lorsque l'écrou rentre avec trop de jeu dans la clef et qui a le grave inconvénient d'arrondir les arêtes de l'écrou et de diminuer, par conséquent, la surface des pans sur lesquels doit s'exercer l'action de la clef.

On fait également des clefs doubles à trous hexagonaux A et B de dimensions différentes (Fig. 478).

Quand on veut se réserver la possibilité de procéder au serrage des écrous par petites fractions de tour, on pratique, dans les trous hexagonaux placés en bout des clefs, 6 encoches supplémentaires qui représentent les sommets d'un second hexagone décalé, par rapport au premier, de 1/12 de tour (Fig. 479).

Fig. 478. — Clef double à trous.

On peut donc procéder au serrage par douzième de tour, en changeant chaque fois la clef. Cela permet d'assurer le serrage tout en ne disposant, pour le passage de la tige de la clef, que d'un espace limité.

Quand les écrous ne sont pas abordables latéralement, il faut pouvoir les atteindre en bout. Pour cela, on emploie la *clef à douille* (Fig. 479) qui se compose d'une tige cylindrique A portant, à son extrémité, un renflement B au centre duquel est pratiqué, longitudinalement, un trou C en forme d'hexagone. L'autre extrémité de la tige est munie d'une tige transversale D, qui sert de levier pour opérer le serrage.

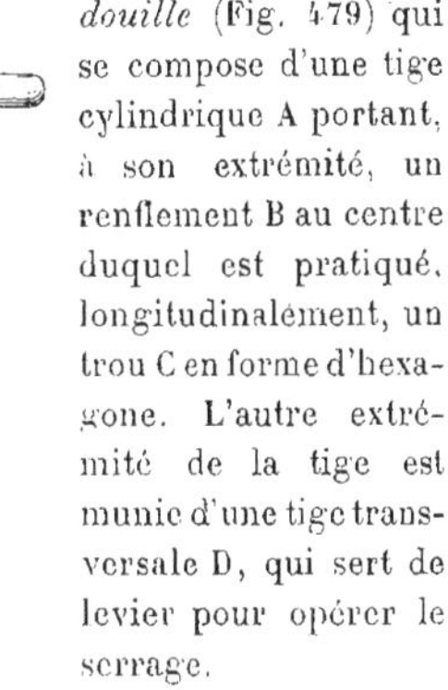

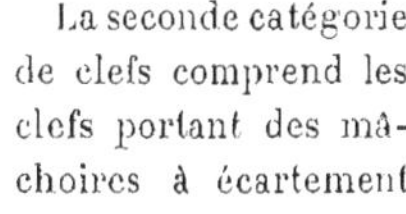

Fig. 479. — Clef à douille.

La seconde catégorie de clefs comprend les clefs portant des mâchoires à écartement variable.

Ces outils sont à mâchoire simple et une des faces de la mâchoire fait corps avec la tige de la clef; l'autre mâchoire est mobile et réglable suivant la dimension de l'écrou à serrer.

Ces clefs sont désignées sous le nom de *clefs à molettes* (Fig. 480, ou *clefs anglaises* (Fig. 481 et 482). La mâchoire mobile A porte, dans certains types (Fig. 480), une crémaillère B qui engrène avec une molette C.

Fig. 480. — Clef à molettes.

Cette molette, que l'on fait tourner entre les doigts, fait avancer ou reculer la mâchoire mobile A pour l'amener exactement au contact de la face de l'écrou sur lequel on veut agir.

Dans d'autres systèmes (Fig. 481), la mâchoire mobile A porte à son extrémité une tige filetée B, dans laquelle est engagé un

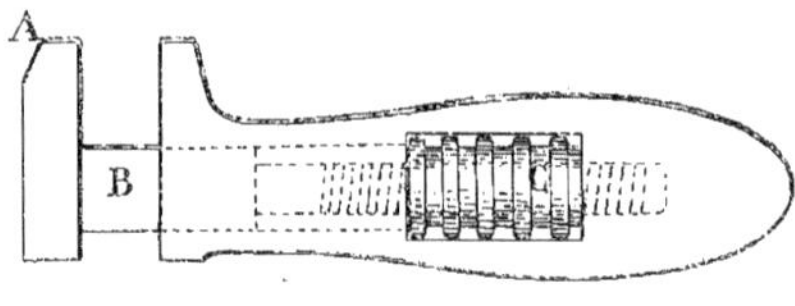

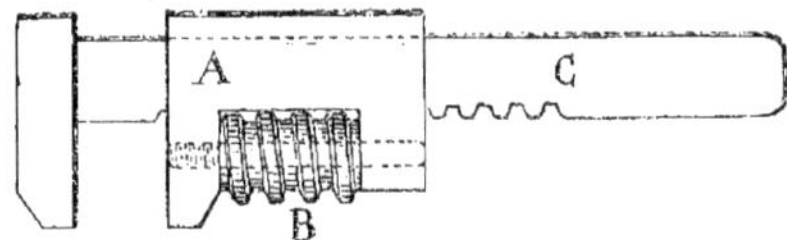

Fig. 481 et 482. — Clefs anglaises.

écrou-molette C, qui ne peut se déplacer longitudinalement.

En faisant tourner l'écrou dans un sens ou en sens inverse, la mâchoire mobile A, solidaire de la vis, s'avance ou s'éloigne de la mâchoire fixe.

Une autre catégorie de clef anglaise, très répandue (Fig. 482), est constituée par une mâchoire mobile A, dans laquelle est immobilisée, longitudinalement, la molette B qui peut, toutefois, tourner librement autour de son axe.

La mâchoire est guidée sur la tige C, à section rectangulaire, de la clef. Un des champs de cette tige porte des dents dans lesquelles s'engage la molette B, taillée extérieurement en forme de vis. La rotation, donnée à la main, à cette molette, fait mouvoir dans un sens ou dans l'autre, la mâchoire mobile A sur la tige C de la clef.

Certaines clefs à mâchoire mobile sont constituées de façon qu'on puisse limiter la course de cette mâchoire par des cales de faible épaisseur qu'on ajoute ou qu'on retranche à volonté et sur lesquelles la mâchoire mobile vient buter.

Les clefs dont les mâchoires ont un écartement variable ont le grand avantage de pouvoir s'adapter à toutes les dimensions d'écrous, mais elles ont l'inconvénient, si elles ne sont pas très robustes et bien réglées, de laisser, au bout d'un certain temps d'usage, un jeu important entre les extrémités des mâchoires et l'écrou. Pendant le serrage, celui-ci se détériore et ses angles s'arrondissent de plus en plus, jusqu'au moment où la clef n'a plus de prise sur les faces de l'écrou.

Il convient, dans la confection des machines à vapeur, de se limiter au choix de quelques types de boulons et écrous, tous bien semblables dans leur catégorie, et d'employer, pour leur serrage, des clefs à mâchoires fixes, qui peuvent être ainsi en nombre relativement restreint.

Presse-étoupes Nous avons dit que le couvercle et, quelquefois, le fond du cylindre d'une machine à vapeur, portaient un *presse-étoupes*, pour permettre à la *tige* ou à la *contre-tige* du piston d'opérer son mouvement rectiligne alternatif, sans toutefois que la vapeur du cylindre puisse s'échapper au dehors, le long de ces pièces mobiles.

Ce *presse-étoupes* (Fig. 483), appelé aussi *stuffing-box*, mot qui nous est venu d'Angleterre, se compose d'une capacité A, nommée *boîte à étoupes,* qui est généralement venue de fonte avec le couvercle ou le fond B du cylindre, et d'une pièce qui lui est fixée extérieurement et que l'on nomme *chapeau*, C.

La *boîte* A porte généralement une bride D sur laquelle sont montés deux boulons qui traversent une autre bride E faisant partie du *chapeau* C, permettant de fixer celui-ci contre la *boîte* A.

Le *chapeau* s'ajuste dans la partie centrale de la *boîte,* qui a une forme cylindrique.

Quand le *presse-étoupes* est monté, la tige F traverse à la fois la boîte A et le chapeau C. Ces pièces doivent donc se trouver

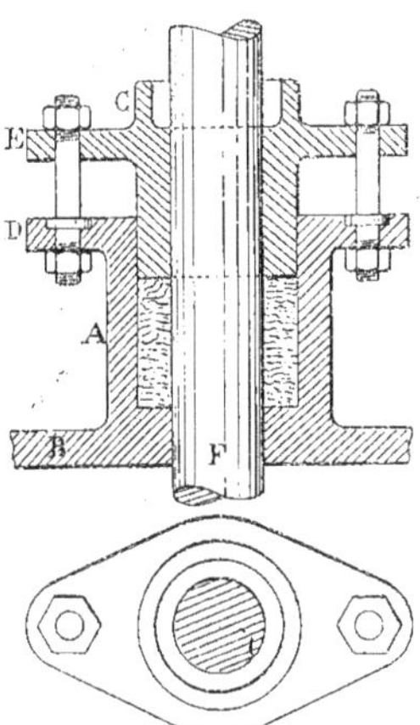

Fig. 483. — Presse-étoupes.

d'une façon parfaite dans le prolongement l'une de l'autre.

L'espace vide compris dans l'intérieur de la *boîte,* entre la tige F et les parois du *presse-étoupes,* est rempli soit de chanvre, soit de coton, soit de cuir, de caoutchouc, etc., matières qui constituent ce qu'on nomme la *garniture*.

Quand le *chapeau* serre la *garniture* contre le fond de la *boîte,* cette garniture se comprime, s'appuie contre la tige et conserve, néanmoins, une élasticité suffisante pour permettre à celle-ci de se mouvoir sans frottement excessif dans le *presse-étoupes*.

D'ailleurs, le chanvre et le coton sont toujours maintenus gras.

Les *boîtes à étoupes* et même les *chapeaux* portent souvent (Fig. 484) des bagues centrales rapportées, A et B, pour recevoir la tige du piston.

L'usure se produit sur ces bagues, et le remplacement de celles-ci, relativement simple, est bien plus économique que le remplacement du couvercle du cylindre ou du chapeau tout entier.

Ces bagues se font en bronze, et certains constructeurs ont donné à leur face C, qui est en contact avec la garniture, un profil anguleux, de façon que, pendant le serrage, cette garniture soit refoulée circulairement contre les parois de la boîte, constituant ainsi une excellente chicane contre les fuites de vapeur.

Certaines bagues ont des faces à profil simplement arrondi; d'autres même ont des faces planes.

Le chapeau du *presse-étoupes* peut être serré par plus de deux boulons, suivant son importance, mais il faut n'opérer ce serrage qu'avec la plus grande circonspection et d'une façon tout à fait régulière, car, si un écrou est plus serré qu'un autre sur son boulon, il peut en résulter une obliquité dans la position du chapeau par rapport à la *boîte à étoupes* et la tige qui traverse les deux pièces, au lieu de glisser dans elles avec un frottement doux, peut rencontrer

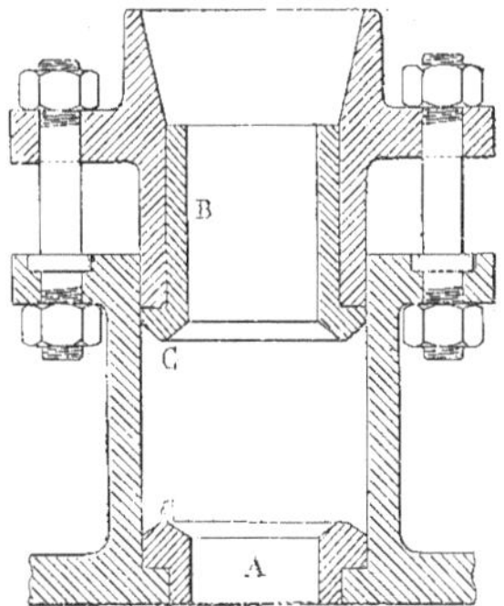

Fig. 484. — Presse-étoupes à bagues.

un frottement plus dur le long de certaines génératrices et être amenée à coincer, ce qu'il faut toujours éviter.

Aussi emploie-t-on, quand la dimension de la tige le permet, un *presse-étoupes* spécial (Fig. 485) qui ne porte pas de boulons et dont le serrage du chapeau est assuré par un seul écrou.

Cet écrou A, placé en bout du chapeau B, se visse sur la partie extérieure de la boîte C qui est filetée. Un rebord intérieur D, de cet

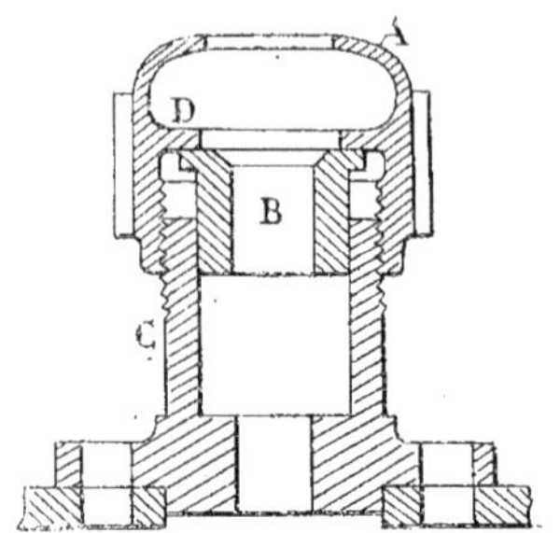

Fig. 485. — Presse-étoupes à serrage central.

écrou, appuie sur le chapeau B qui s'ajuste cylindriquement dans la *boîte à étoupes* C.

Quand on serre l'écrou, celui-ci appuie circulairement sur la partie extrême du chapeau, l'enfonce et, par son intermédiaire, comprime la garniture intérieure contre la tige du piston et contre les parois de la *boîte à étoupes*.

Les garnitures précédentes offrent quelques inconvénients.

Il est très difficile d'obtenir, avec elles, un frottement uniforme ; il est nécessaire, en outre, de procéder fréquemment au serrage du chapeau ; enfin, elles ne peuvent convenir à l'emploi de la vapeur à haute tension, dont la température élevée les carbonise.

A plus forte raison, ne peut-on les utiliser dans les machines à vapeur surchauffée, dans lesquelles la vapeur atteint une température dépassant 300 degrés et pouvant être portée, dans quelques cas spéciaux, à près de 400.

Il a donc fallu, pour assurer le joint de vapeur dans le *presse-étoupes*, établir des garnitures plus résistantes.

On a utilisé l'amiante en rondelles ou sous forme de pâte mélangée avec des corps gras. On emploie aussi les *garnitures métalliques*.

Parmi ces dernières nous décrirons les *garnitures Pile* et *Duval*.

Garniture Pile (Fig. 486.) La boîte A recevant cette garniture porte un certain nombre de rainures circulaires B pour permettre à la vapeur, qui glisse le long de la tige, de se détendre successivement dans chacune d'elles, avant d'arriver au contact de la garniture.

Celle-ci est composée de rondelles en métal blanc C. Le peu de consistance de ce métal permet aux rondelles d'épouser facilement, sous l'action du serrage, les formes sur lesquelles elles s'appuient, et l'onctuosité du métal blanc facilite le frottement de la tige du piston D.

Les rondelles sont placées dans une capacité cylindrique terminée par une partie conique.

Elles sont en deux parties, séparées sui-

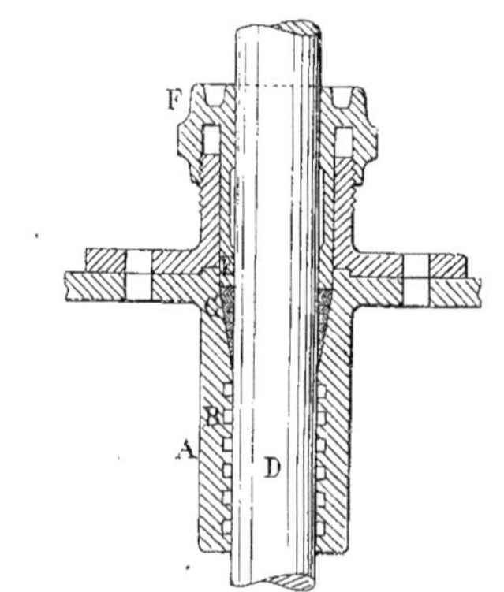

Fig. 486. — Presse-étoupes avec garniture métallique.

vant un diamètre, et sont comprimées par un chapeau métallique qui reçoit sa pression soit d'un seul écrou central F, soit de deux écrous latéraux serrant à l'extrémité de deux boulons.

Quand l'usure se produit dans les rondelles à la suite du frottement de la tige, un serrage supplémentaire du chapeau les oblige à descendre et à se bloquer constamment contre la tige et contre la boîte, jusqu'à la complète disparition de la rondelle inférieure.

Il convient alors d'ajouter, dans la boite, une rondelle nouvelle à la partie supérieure. Pour cela, on n'a qu'à dévisser le chapeau F et à introduire dans la boite A une rondelle en deux parties, ce qui est facile. Puis on rebloque le chapeau E sur cette nouvelle pièce.

Garniture Duval (Fig. 487.) Celle-ci se place dans une boite de forme ordinaire, disposée comme celles qui contiennent des garnitures en étoupes.

Fig. 187. — Garniture métallique Duval.

La *garniture métallique Duval* est constituée par des fils de laiton tressés en forme de bandes métalliques. Ces bandes métalliques sont superposées dans la boite et entourent la tige. Serrées par le chapeau, elles assurent un joint bien étanche de vapeur, tout en conservant, dans leurs interstices, le lubrifiant dont on les a garnies.

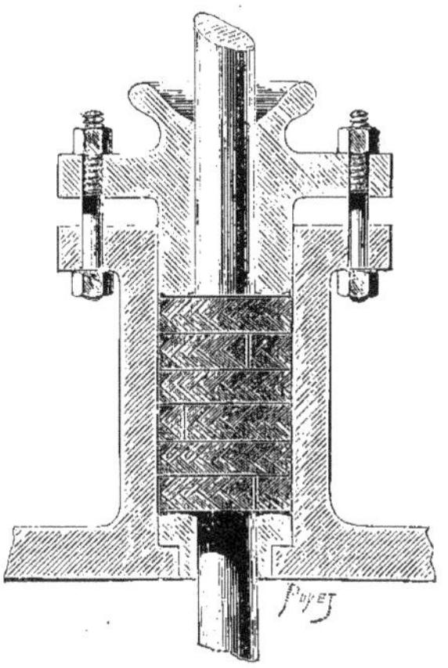

Ces garnitures résistent très bien aux températures élevées de la vapeur à haute tension ou même surchauffée.

En Amérique, on emploie des garnitures également métalliques dont les parties en contact avec la tige sont faites en métal antifriction.

La disposition de certaines de ces garnitures est assez compliquée, mais permet d'appliquer, par la pression même de la vapeur, les garnitures sur la tige du piston, sans avoir recours à un serrage de boulons.

Bâti Le bâti d'une machine à vapeur est la pièce qui réunit les cylindres, les paliers et les glissières de la machine d'une façon très rigide et indéformable.

Les bâtis sont en fonte de fer. Ils sont de formes très variées.

Pour les machines horizontales (Fig. 488), ils affectent souvent la forme de socles rectangulaires A, sur lesquels sont fixés solidement les cylindres B, les glissières C et les paliers D.

Parfois, la glissière inférieure et les paliers sont venus de fonte avec le socle.

Cela permet de donner à l'ensemble une grande solidité, et on n'a pas à craindre le desserrage des boulons d'assemblage, pouvant occasionner des déformations dangereuses.

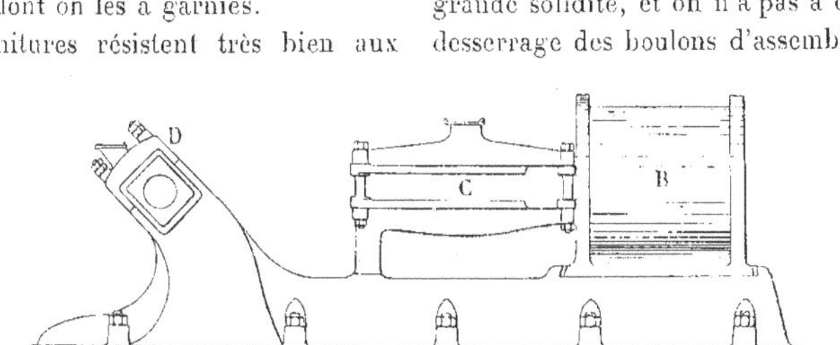

Fig. 188. — Bâti de machine horizontale.

Le socle du bâti est muni de fortes nervures qui le maintiennent rigide et porte des bossages pour recevoir les boulons de fixation du bâti au sol.

Dans les machines à vapeur primitives,

le bâti supportait tous les organes essentiels. Le cylindre y était boulonné, ainsi que les glissières et les paliers. Dans les machines modernes, qui ont souvent des dimensions considérables, étant établies pour de grandes puissances, le bâti ne comporte pas nécessairement un socle complet rectangulaire.

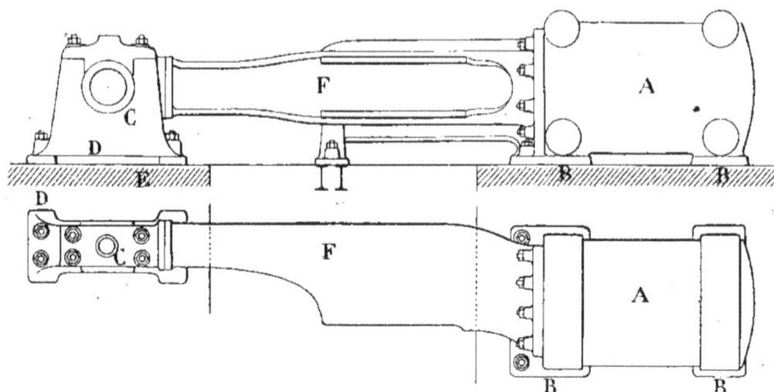

Fig. 489 et 490. — Bâti à baïonnette, genre Corliss; élévation et plan.

Dans les machines horizontales, *genre Corliss*, les bâtis ont une forme qui leur a fait donner le nom de *bâtis à baïonnette* (Fig. 489 et 490).

Le cylindre A possède une forte embase B, munie de trous, pour y placer les boulons de fixation, et le palier C, de la manivelle, placé à l'extrémité opposée de la machine, par rapport au cylindre, porte également une large semelle D qui le fixe au massif de maçonnerie E.

Ces deux pièces, qui sont assujetties au sol, chacune pour son compte, sont entretoisées entre elles par le *bâti à baïonnette* F, qui sert, d'une part, de couvercle au cylindre, auquel il est fortement serré par une série de boulons, et qui, d'autre part, est assemblé avec le palier de la manivelle.

Souvent même, ce palier est venu de fonte avec le bâti, disposition qui ne nécessite qu'un seul assemblage, celui du cylindre, pour assurer la rigidité de l'ensemble.

La pièce de liaison entre le cylindre et le palier de manivelle constitue à la fois la glissière à repos cylindrique recevant la crosse que nous avons déjà décrite (Fig. 414) et sert, en même temps, de garde protectrice pendant le mouvement de la bielle et de la

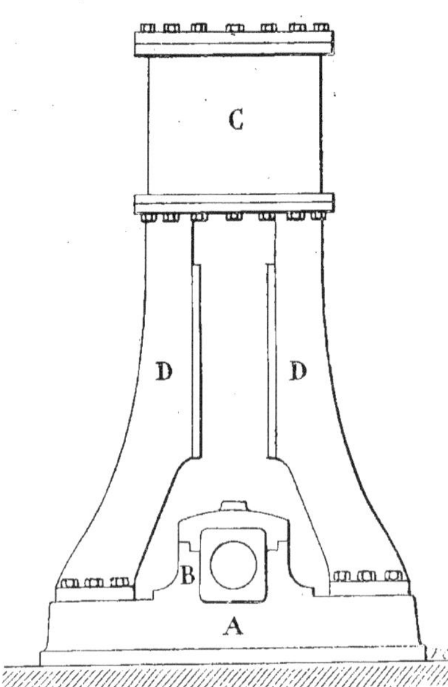

Fig. 491. — Bâti de machine verticale à montants.

crosse. Ces bâtis sont toujours faits en fonte de fer.

Pour les machines verticales (Fig. 491), il faut donner au socle A du bâti une rigidité absolue. Il comporte presque toujours les paliers B venus de fonte avec lui.

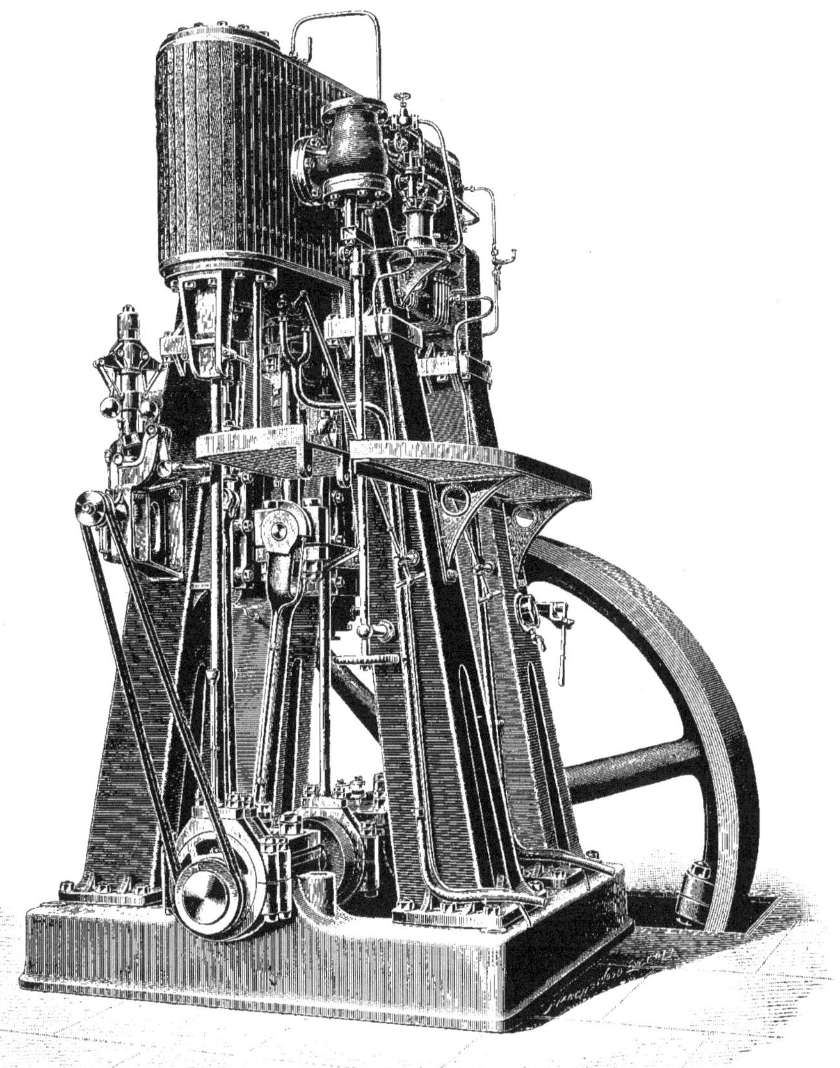

Fig. 492. — Machine verticale compound Shanks & son, à Londres, avec bâti à montants.

Le ou les cylindres C, qui sont à la partie supérieure de la machine, sont reliés au socle par un bâti en fonte de fer, composé généralement de deux montants D creux, inclinés, s'appliquant par une embase sur le socle A, auquel ils sont très solidement assujettis. Ils sont, d'autre part, fixés aux cylindres.

Les faces intérieures de ces montants servent de glissière à la crosse de la tige du piston, qui, dans ce cas, est à double patin.

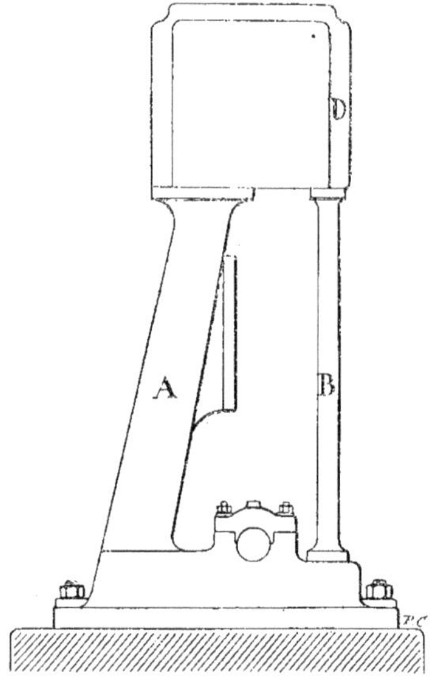

Fig. 193. — Bâti pour machine verticale à montant et à colonnes.

Souvent, le montant A est unique (Fig. 493), la crosse ne comporte qu'un patin, mais l'entretoisement de l'ensemble du bâti est alors assuré par une ou plusieurs colonnes B, constituées par de simples tiges cylindriques en fer terminées par des embases. Ces colonnes sont placées soit verticalement, soit même obliquement, et elles sont en nombre suffisant pour assurer une rigidité parfaite à la machine.

Cette disposition est surtout employée dans les machines verticales à grande vitesse, particulièrement destinées à produire la force motrice utilisée dans les bateaux.

Les colonnes en fer ont, en effet, l'avantage d'être plus légères que les montants de fonte, tout en ne laissant rien à désirer au point de vue de la solidité.

Fondations. Les bâtis des machines fixes soit horizontales, soit verticales, ont leur socle fixé sur des massifs de maçonnerie.

Quand le socle du bâti limite l'encombrement de la machine, on maçonne un seul bloc, dans lequel sont scellés les boulons qui assujettiront ensuite le bâti au massif de maçonnerie (Fig. 495).

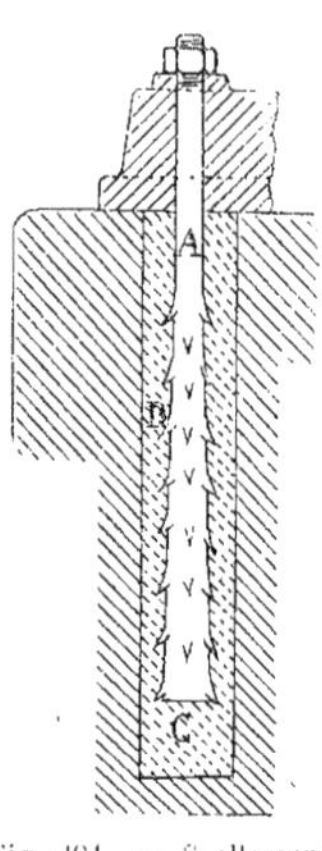

Fig. 194. — Scellement de fixation au bâti.

Les boulons sont, à cet effet (Fig. 494), hérissés, le long de la partie de la tige A, qui pénètre dans la maçonnerie, de sortes de pointes B, faisant corps avec cette tige même. Ces boulons, placés dans des trous C pratiqués dans la maçonnerie, y sont fixés à demeure en opérant le remplissage de ces trous avec du ciment ou du plâtre.

Quand la machine a de grandes dimensions, ou quand elle comporte un *bâti à baïonnette* (Fig. 489 et 490), on constitue ses fondations en faisant plusieurs massifs de maçonnerie, séparés entre eux par des fosses qui reçoivent des appareils accessoires ou même qui servent à faciliter la visite de la machine.

Il est indispensable, dans l'établissement des fondations, de prendre toutes les dispositions convenables pour que le massif de maçonnerie, qui supporte la machine, soit bien isolé de toute autre maçonnerie. Sans cela, les vibrations produites par le fonctionnement de tous les organes de la machine se transmettraient au corps de bâtiment qui la contient, ce qui pourrait donner lieu à des inconvénients désagréables et parfois graves. On a réalisé différents dispositifs *antivibratoires* pour machines.

En principe, ils consistent, pour la plupart, à interposer entre le socle du bâti et le massif maçonné une matière élastique.

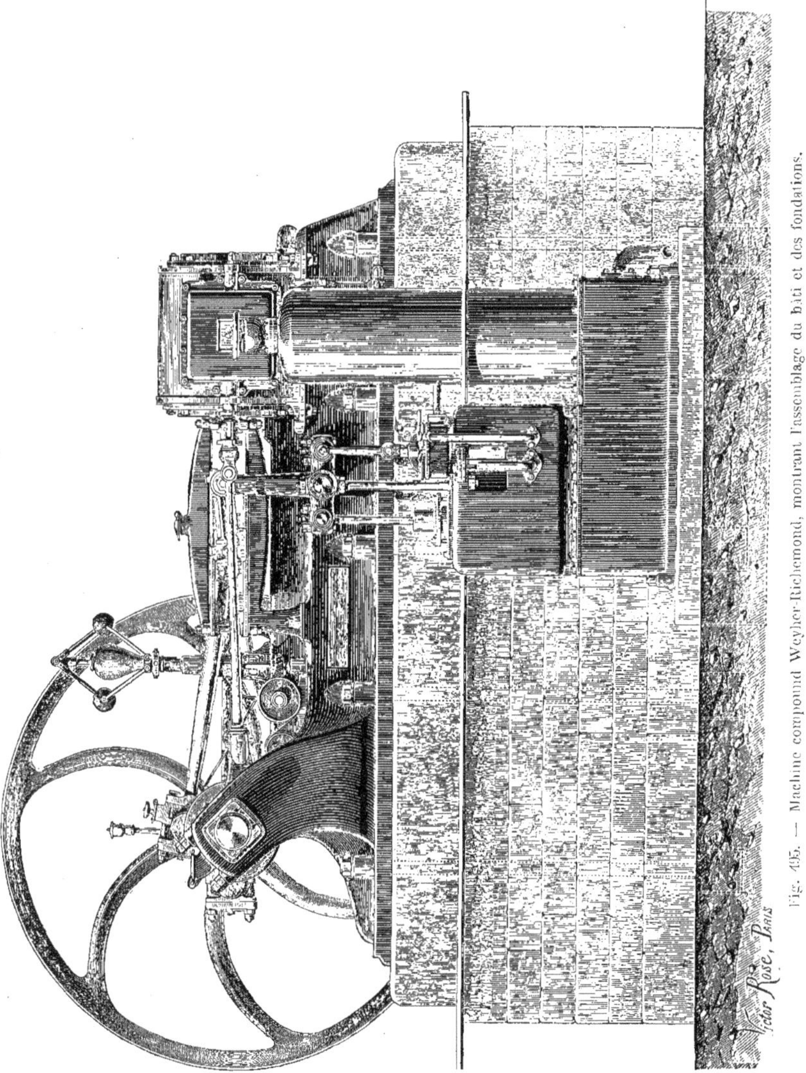

Fig. 195. — Machine compound Weyher-Richemond, montrant l'assemblage du bâti et des fondations.

C'est parfois une grande plaque ou de fortes rondelles de caoutchouc qui jouent le rôle d'*amortisseurs*, ou encore des *matelas* de liège, constitués par des débris de liège agglomérés qui, placés sous la machine, absorbent ses vibrations.

Pour asseoir les machines de bateaux, on les pose sur un assemblage de poutres en fer, qui forment un ensemble indéformable, et on les y fixe très solidement.

Dans ce cas, les vibrations sont moins atténuées, mais il faut convenir qu'elles sont bien moins gênantes sur un bateau, exposé à d'autres secousses autrement sérieuses, que dans une installation fixe.

Aux organes précédents que nous venons de décrire, et qui entrent dans la constitution de la machine à vapeur, il faut en ajouter encore deux autres qui, intimement liés entre eux, jouent un rôle primordial dans le fonctionnement de cette machine.

Ces deux organes sont les *appareils de régulation* et les *appareils de distribution*.

Nous avons déjà donné une classification des appareils de distribution; nous allons, plus loin, les examiner en détail en mettant en relief leurs divers caractères.

Auparavant, nous décrirons les appareils de régulation, qui, généralement, agissent sur eux pour modifier, en marche, le régime distributeur, au bénéfice d'une parfaite régularité de la machine.

CHAPITRE XV

RÉGULATION

RÉGULATEURS : de Watt à masse centrale. — Farcot. — Porter. — Proëll. — Buss. — Andrade. — Sautter-Harlé. — CATARACTES. — COMPENSATEUR DENIS. — REGULATEURS VOLANTS : Garnier et Faure-Beaulieu. — Sims et Armington.

Régulateurs On désigne sous le nom de *régulateurs*, les organes ou les appareils qui, dans une machine à vapeur, permettent de maintenir la vitesse de cette machine dans des limites qu'on s'impose à l'avance et qui sont toujours assez restreintes.

Le volant, dont nous avons déjà parlé, est un organe *régulateur*, puisqu'il est établi de façon à compenser les variations relativement minimes, soit du travail fourni par la machine, soit des résistances qu'elle peut avoir à vaincre. Mais il est évident que ce seul organe de régulation serait bien insuffisant dans la presque généralité des machines, qui, par le fait même de leur emploi, peuvent être soumises à des variations de régime de grande amplitude.

On agit alors, pour ramener la machine à sa vitesse normale, sur la distribution de vapeur, en étranglant ou en élargissant le conduit qui lui donne passage, et on emploie, pour réaliser automatiquement cette opération, l'appareil appelé plus spécialement *régulateur* ou *gouverneur*.

Nous avons décrit, au commencement de ce livre (Fig. 56, page 85), le *régulateur à force centrifuge de Watt*, appareil fort ingénieux, qui rend solidaire de la vitesse de la machine la plus ou moins grande ouverture d'une valve placée sur le conduit de distribution de la vapeur. Nous n'y reviendrons pas, mais il convient de constater que cet appareil fut le premier de toute la série des *régulateurs à force centrifuge*, qui sont actuellement fort nombreux, et qui ne diffèrent entre eux que par des dispositions de détail particulières, souvent ingénieuses également, et que nous allons faire connaître.

Le régulateur que Watt avait installé sur sa machine et qu'il nommait *gouverneur*, tournait à une vitesse assez faible.

Les sphères qu'il portait avaient un grand diamètre et une masse importante.

Quand on a appliqué le régulateur de Watt aux machines ayant une vitesse de rotation plus grande, on a été dans l'obligation de diminuer le diamètre et le poids des sphères et on a chargé le manchon d'un poids supplémentaire.

C'est l'appareil nommé *régulateur de Watt à masse centrale*.

Régulateur de Watt à masse centrale

(Fig. 496.) Il se compose, comme le régulateur primitif, d'une tige A, ayant un mouvement de rotation proportionnel à celui de la machine à régulariser.

Cette tige porte, articulés à sa partie supérieure en B, deux bras cylindriques B C et B D à l'extrémité desquels sont fixées deux sphères C et D. Au milieu de ces bras, en E et F, sont articulées deux autres tiges E G et F G qui aboutissent au manchon H. Au-dessus de ce manchon et faisant corps avec lui, est disposée une masse additionnelle I, qui, tout en participant au mouvement de rotation de la tige A, peut glisser verticalement sur elle.

Les quatre côtés du quadrilatère B E G F sont égaux.

On calcule les diamètres des sphères, leur poids et le poids de la masse additionnelle I, de façon que l'angle, que font entre eux les bras B C et B D du régulateur, pour la vitesse de rotation normale de la machine, soit d'environ 60 degrés.

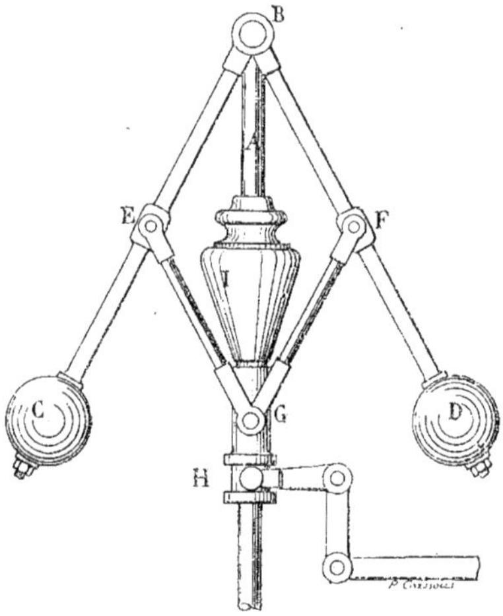

Fig. 496. — Régulateur de Watt à masse centrale.

Cet angle change avec la variation du nombre de tours de la machine, mais on le limite à environ 20 degrés en plus ou en moins, ce qui peut porter, pendant la marche de la machine, l'angle des deux bras de 40 à 80 degrés, suivant que sa vitesse se ralentit ou s'accélère.

Dans le régulateur de Watt, à chaque variation du manchon sur la tige A, correspond une variation de vitesse de la machine.

Pour nous en assurer, supposons un certain état d'équilibre du régulateur pour une vitesse de rotation déterminée du moteur.

S'il se produit sur celui-ci un travail supplémentaire, sa vitesse va diminuer; les bras du régulateur vont se rapprocher, l'angle va se fermer et le manchon s'abaissera en provoquant une oscillation de la valve de distribution qui élargira le passage de la vapeur.

A ce moment, le régulateur sera dans une seconde position d'équilibre qui correspondra à la nouvelle vitesse de rotation du moteur et, si cette vitesse venait de nouveau à décroître ou à s'accélérer, le régulateur serait soumis à des variations successives dépendantes des nouvelles vitesses.

Comme il est bien difficile qu'une machine conserve longtemps une vitesse de rotation constante, le régulateur de Watt, qui la gouverne, sera donc soumis à des oscillations répétées sans pouvoir se fixer à une position bien déterminée. C'est un inconvénient à signaler dans cet appareil.

Les régulateurs du même genre que celui de Watt sont appelés régulateurs *statiques*.

Régulateur Farcot

(Fig. 497.) La trop grande sensibilité du régulateur de Watt a conduit à chercher une disposition telle que, dans un régulateur, à une position quelconque du manchon, dans des limites raisonnables, corresponde une vitesse de rotation uniforme de la machine.

On a ainsi constitué le *régulateur isochrone* ou *astatique*.

Pour réaliser la condition précédente, il faut que les centres des sphères montées aux extrémités des bras, décrivent une courbe qui est une *parabole*. Cette circonstance fait qu'on donnera parfois à cet appareil le nom de *régulateur parabolique*.

Le régulateur Farcot est un *régulateur isochrone*.

L'*isochronisme* est réalisé de façon assez simple.

L'arc de parabole que doit décrire chaque sphère est remplacé par un arc de cercle qui, dans des limites restreintes, se superpose sensiblement à lui. Il suffit donc d'obliger chaque sphère à osciller autour du centre de ce cercle pour obtenir le résultat désiré.

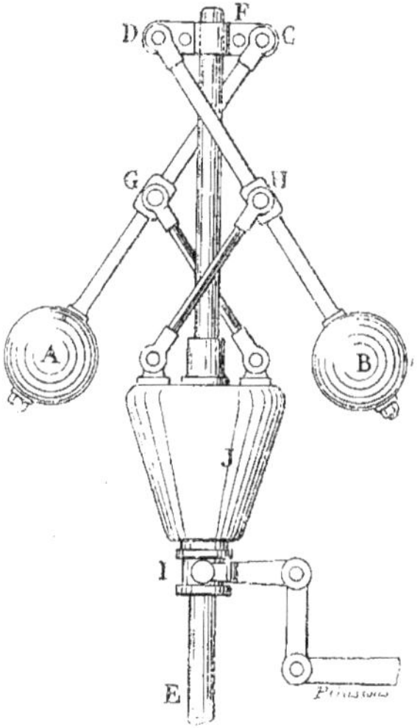

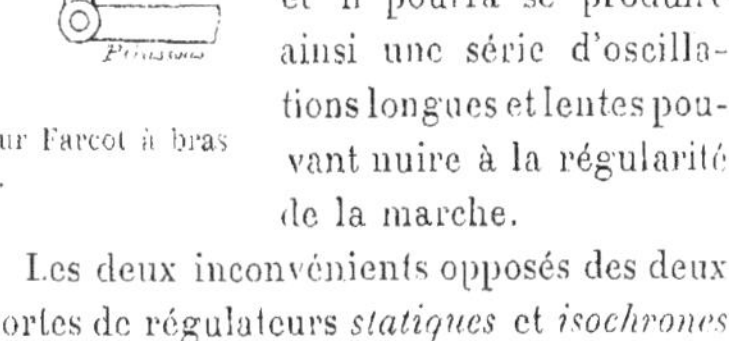

Fig. 497. — Régulateur Farcot à bras croisés.

Les centres des deux cercles correspondant aux deux sphères A et B se trouvent en C et D, en dehors de la tige verticale E F. On dispose alors, à la partie supérieure de cette tige, une autre tige horizontale C D aux extrémités de laquelle tourillonnent les bras C A et D B, qui portent les sphères. Ces bras se croisent donc. De là le nom de *régulateur à bras croisés* que l'on donne quelquefois au *régulateur Farcot*.

Les bras supportant les sphères commandent deux tiges, qui leur sont articulées aux points G et H, et qui se croisent également, pour venir s'attacher, soit directement au manchon I, soit sur une masse additionnelle J dont on le surmonte.

En faisant varier cette masse, on peut régler le régulateur pour des vitesses différentes et bien déterminées de la machine.

Les régulateurs *isochrones*, au contraire des régulateurs *statiques*, ne sont pas assez sensibles. Leur période d'oscillation est, en effet, très longue, et comme l'inertie des organes à mettre en mouvement est assez grande, il faut un certain temps pour que le régulateur prenne une position d'équilibre correspondant à une vitesse supérieure de la machine, par exemple. Ce retard dans le réglage de la distribution de vapeur, peut permettre à la machine d'accélérer son allure au delà des limites qu'on s'impose, et le régulateur tend à s'équilibrer pour ce nouveau régime ; les bras s'écartent démesurément et le manchon fait une excursion exagérée, ce qui a pour conséquence de limiter trop brusquement l'arrivée de vapeur et de provoquer une diminution trop rapide de la vitesse du moteur.

Pour cette nouvelle vitesse, les bras du régulateur tendront à se fermer et il pourra se produire ainsi une série d'oscillations longues et lentes pouvant nuire à la régularité de la marche.

Les deux inconvénients opposés des deux sortes de régulateurs *statiques* et *isochrones* ont conduit à adopter des régulateurs participant à la fois de ces deux systèmes.

On en construit de formes et de dispositions très variées.

Nous allons en décrire quelques types des plus employés.

Régulateur Porter (Fig. 498.) Ce régulateur est un régulateur de Watt à masse centrale, dans lequel les sphères, au lieu d'être placées en bout des tiges, sont disposées sur deux sommets B et D opposés.

du losange constitué par les quatre tiges articulées A B, B C, C D, D A.

Au sommet supérieur A, les tiges A B et

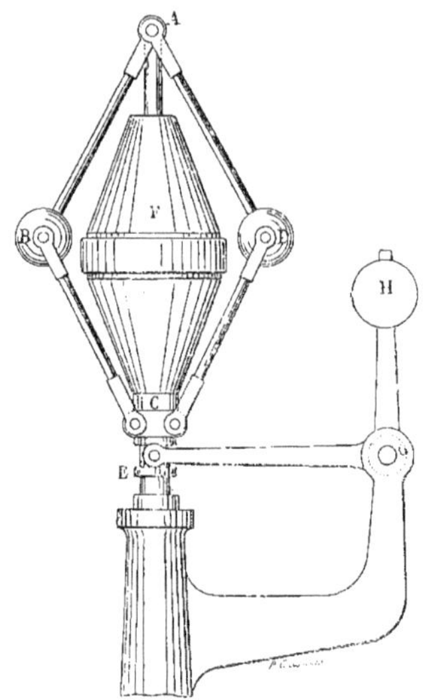

Fig. 498. — Régulateur Porter.

A D sont fixées et articulées sur la tige de commande verticale A C, qui reçoit son mouvement de rotation de la machine. A la partie inférieure du losange, les tiges sont articulées au point C et fixées au manchon E solidaire de la masse centrale F.

Cette disposition des différentes pièces de ce régulateur permet d'augmenter les amplitudes du manchon, pour une même vitesse de la machine, et l'adjonction d'un dispositif spécial peut rendre l'appareil sensiblement *isochrone*.

Ce dispositif consiste à relier le manchon à un levier comportant deux bras placés à angle droit. Ce levier, articulé en un point fixe, G, porte, en bout de sa tige verticale, un contrepoids H.

Quand le régulateur est dans sa position moyenne, c'est-à-dire quand la machine a une vitesse de rotation égale à la vitesse de régime, le bras G H du levier coudé est vertical, et le contrepoids H n'agit donc aucunement par son poids sur le régulateur.

Quand le régulateur quitte sa position d'équilibre moyenne, le contrepoids H intervient, en agissant sur le levier coudé, solidaire du manchon, et influence dans le bon sens le fonctionnement du régulateur.

Régulateur Proëll (Fig. 499.) Il se compose de deux tiges cintrées, A B et C D, articulées, aux points A et C, à une potence supérieure horizontale fixée sur la tige verticale du régulateur, qui est animée d'un mouvement de rotation.

Ces deux tiges sont réunies, aux points B et D, à deux autres tiges solidaires du manchon G et de la masse centrale H qui le surmonte. Les sphères E et F sont placées en bout de petits leviers B E et D F articulés aux points B et D.

Quand la vitesse de la machine, gouvernée par ce régulateur, augmente, les sphères tendent à s'écarter, sous l'effet de la force centrifuge, en pivotant autour des points B et D, provoquent le soulèvement du man-

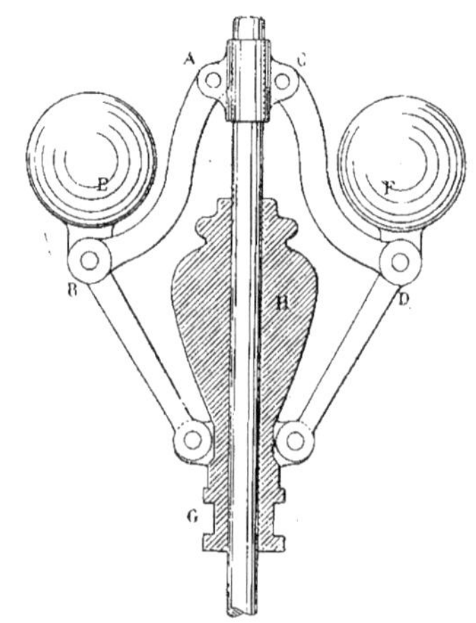

Fig. 499. — Régulateur Proëll.

chon et, par conséquent, la limitation de l'admission de la vapeur.

A un écartement assez considérable des sphères correspond donc une excursion raisonnable du manchon.

Ce dispositif permet de réaliser, dans le *régulateur Proëll*, un isochronisme approché dont on se trouve bien dans la pratique.

Régulateur Buss (Fig. 500,501,502.) Ce régulateur, dont l'ensemble est d'un volume assez restreint, est d'une confection un peu compliquée.

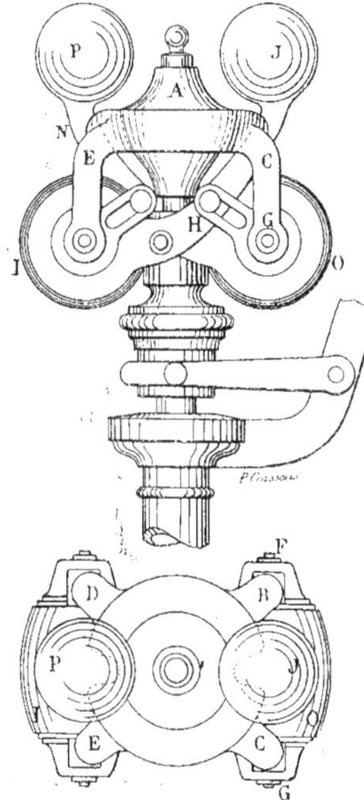

Fig. 500 et 501. — Régulateur Buss.

Il se compose d'un bloc métallique A, fixé sur l'arbre vertical du régulateur, et qui porte quatre bras B, C, D, E.

Les bras B et C sont munis, à leur extrémité inférieure, de deux tourillons, F et G, autour desquels peut osciller un levier coudé H, de forme spéciale (Fig. 502). Ce levier se compose de deux masses, I et J, celle-ci de forme sphérique, dont les centres se trouvent placés sur deux lignes perpendiculaires passant par le centre d'oscillation G.

Les masses sont reliées entre elles par un bras H, fixé au bras L oscillant autour de l'axe G. Un goujon M, placé sur le bras H, rend ce bras solidaire du manchon.

Les deux autres bras, D et E, du bloc métallique A, supportent également un second levier coudé N, muni de ses deux masses O et P, et qui est disposé symétriquement par rapport au premier levier H.

Ce second levier est également rendu solidaire du manchon, par un second goujon transversal.

Les quatre masses placées en bout des bras H et N sont égales, et leurs distances au

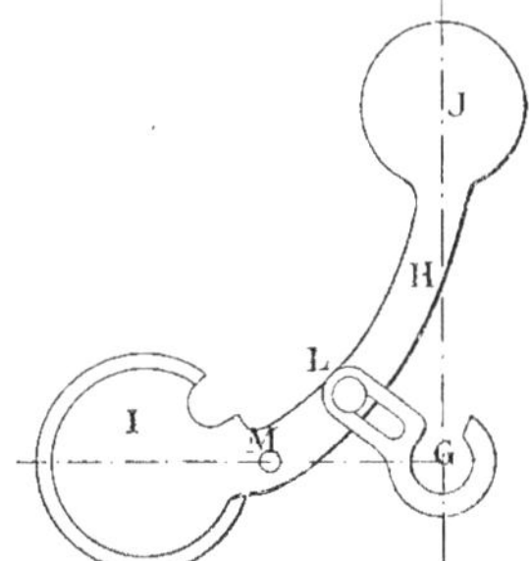

Fig. 502. — Régulateur Buss. Détail.

centre d'oscillation sont aussi égales entre elles.

Quand la vitesse de rotation de l'arbre vertical du régulateur croît, ce qui correspond à une vitesse plus grande de la machine, les masses supérieures pivotant chacune autour du tourillon du bras qui les supporte, s'écartent de l'axe, et le manchon s'élève sur la tige centrale en limitant l'admission de vapeur. La manœuvre inverse se produit lorsque la vitesse de rotation de la machine devient plus faible.

Le régulateur Buss est assez souvent désigné sous le nom de régulateur *cosinus*, parce que, dans le calcul du travail de la force centrifuge, intervient le *cosinus* de l'angle d'écartement de chaque masse par rapport à la verticale passant par son axe d'oscillation.

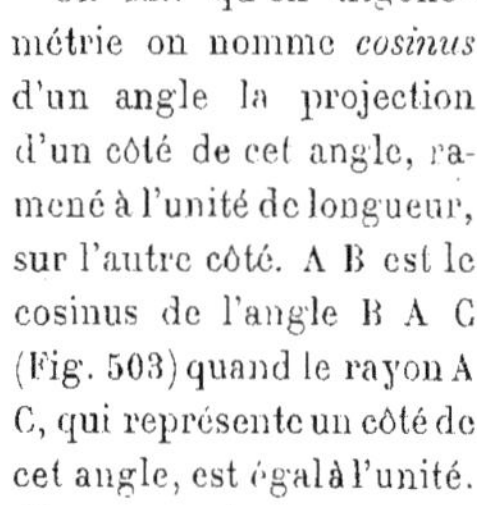

Fig. 503. — Cosinus d'un angle.

On sait qu'en trigonométrie on nomme *cosinus* d'un angle la projection d'un côté de cet angle, ramené à l'unité de longueur, sur l'autre côté. A B est le cosinus de l'angle B A C (Fig. 503) quand le rayon A C, qui représente un côté de cet angle, est égal à l'unité.

Le *régulateur Buss* ou *cosinus* comporte un réglage qui permet de le rendre plus ou moins *isochrone*, à volonté.

Régulateur Andrade (Fig. 504.) Il est constitué par deux sphères ou boules, A et B, placées à l'extrémité de deux tiges, A C et B C, articulées en C à l'arbre vertical du régulateur et participant à son mouvement de rotation. Ces tiges portent deux renflements dans lesquels sont pratiquées deux rainures où se meuvent deux galets D et E, supportés respectivement par les tiges D F, D G, E F et, E G. Ces quatre tiges sont d'égale longueur et sont articulées, d'une part, autour d'un tourillon fixe F, appartenant à l'arbre vertical du régulateur, et, d'autre part, elles sont fixées au manchon G, qui peut se déplacer en hauteur sur l'arbre vertical. La distance, C F, du point d'articulation fixe des tiges intermédiaires, au point d'oscillation des bras portant les sphères, est égale à la longueur des tiges formant les côtés du losange D F E G.

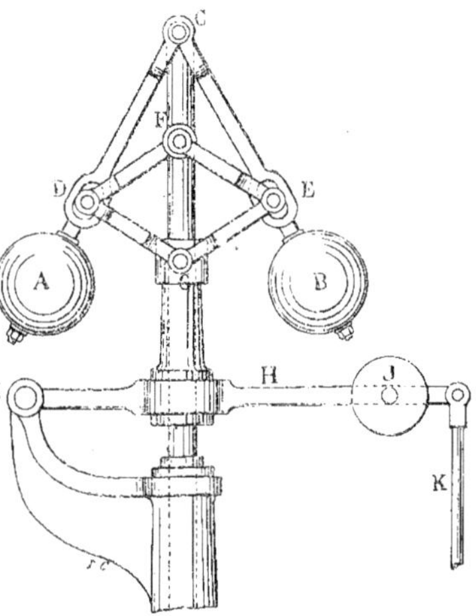

Fig. 504. — Régulateur Andrade.

Quand la vitesse de la machine s'accélère, les sphères du régulateur s'écartent de l'axe vertical, mais elles ne provoquent l'ascension du manchon que par l'intermédiaire des galets placés dans les rainures et par la déformation du losange articulé dont le sommet F ne varie pas de position.

Le manchon, au lieu d'être muni, comme dans les régulateurs précédents, d'une masse supplémentaire, est relié à un levier H, articulé autour d'un point fixe I, et qui portent, sur le bras opposé, un contrepoids J dont on peut régler la position sur le levier.

En jouant judicieusement de ce réglage, on peut utiliser le même régulateur pour des vitesses différentes de la machine.

En outre, la disposition des différents organes de ce régulateur permet de réaliser un isochronisme convenable.

Régulateurs à ressort Dans tous les régulateurs que nous venons de décrire, la force qui fait équilibre à la force centrifuge est donnée par la pesanteur. Dans tous, en effet, nous trouvons, soit de simples masses, placées en bout de deux bras d'un *pendule conique* (c'est ainsi qu'on nomme le système des deux tiges articulées en un même point à leur partie supérieure), soit, en plus de ces deux masses, des masses supplémentaires appliquées sur le manchon, directement ou par l'intermédiaire de leviers.

Ces régulateurs sont nécessairement dis- santeur, par une force antagoniste fournie

Fig. 505. — Machine compound Boulet avec un régulateur Andrade.

posés verticalement. On a songé à remplacer la force antagoniste due à l'effet de la pe- par un ressort. Ce dispositif est avantageux à plusieurs points de vue.

D'abord, on peut ainsi obtenir, sous un petit volume, un régulateur de grande puissance. Ensuite, le ressort, en se comprimant, augmente de tension à mesure que le régulateur s'écarte de sa position normale en accélérant son allure, ce qui peut être une bonne condition pour maintenir le régulateur dans des limites raisonnables. De plus, la tension du ressort est réglable et, par conséquent, le régime du régulateur est facile à modifier pendant la marche de la machine.

Enfin, un des principaux avantages de l'emploi du ressort consiste à permettre la disposition horizontale de l'axe du régulateur.

On monte directement l'appareil sur l'axe horizontal de la machine, ce qui supprime tout le renvoi qui est nécessaire lorsqu'on veut commander un régulateur dont l'axe est disposé verticalement.

Le régulateur à ressort et à axe horizontal est employé par la maison Sautter-Harlé, de Paris, pour ses machines verticales à grande vitesse, et par certains constructeurs, qui le placent, dans les machines à distribution par soupapes, sur l'axe horizontal qui porte les organes de commande de ces soupapes. Ces régulateurs sont basés sur le même principe et ne diffèrent entre eux que par de simples détails. Nous en décrirons donc un seul.

Régulateur Sautter-Harlé (Fig. 506.) Il est constitué par deux masses sphériques, A et B, placées aux extrémités de deux leviers coudés, articulés sur deux axes fixes, C et D, qui sont supportés par deux bras, E et F. Les extrémités des leviers opposées aux sphères s'appuient d'un côté contre un collet ménagé sur l'arbre horizontal M, et de l'autre contre un manchon G mobile longitudinalement sur cet arbre. Ce manchon G actionne un levier H, coudé à angle droit, et articulé au point fixe I.

L'oscillation du levier H commande la manœuvre de la valve J de distribution de vapeur. La branche horizontale de ce levier est sollicitée à se déplacer, de bas en haut, par l'action d'un ressort à boudin K, convenablement établi.

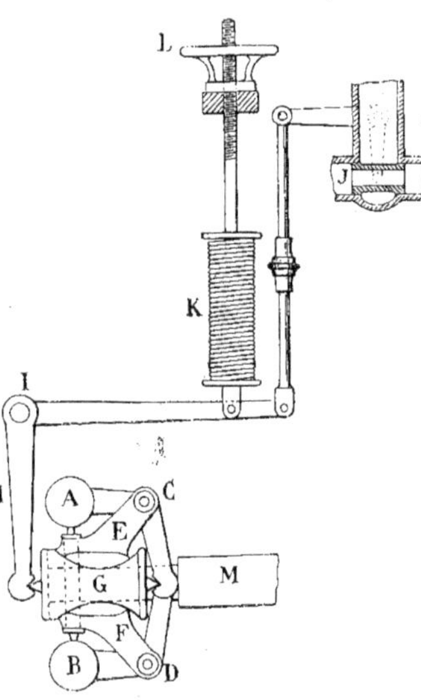

Fig. 506. — Régulateur Sautter-Harlé.

Quand la vitesse de rotation de l'arbre de la machine s'accélère, les sphères tendent à s'écarter de l'axe du régulateur. Pour cela, elles doivent repousser le manchon G vers la gauche et vaincre l'effort du ressort à boudin K, qui tend à les ramener à leur position normale, sitôt que la vitesse de la machine diminue.

Le ressort est disposé de façon qu'on puisse facilement modifier sa tension pendant la marche de la machine, en manœuvrant un volant L qui est rendu très abordable.

Cataractes Nous avons vu que le principal inconvénient des régulateurs provenait, surtout pour une certaine catégorie, du mouvement trop brusque d'ascension ou de descente de leur manchon.

Pour remédier, dans une certaine mesure, à cet excès de sensibilité, sans changer le type du régulateur, on ajoute assez souvent un dispositif spécial qui permet de diminuer la brusquerie du déplacement du manchon. Cet appareil accessoire se nomme *cataracte* (Fig. 507).

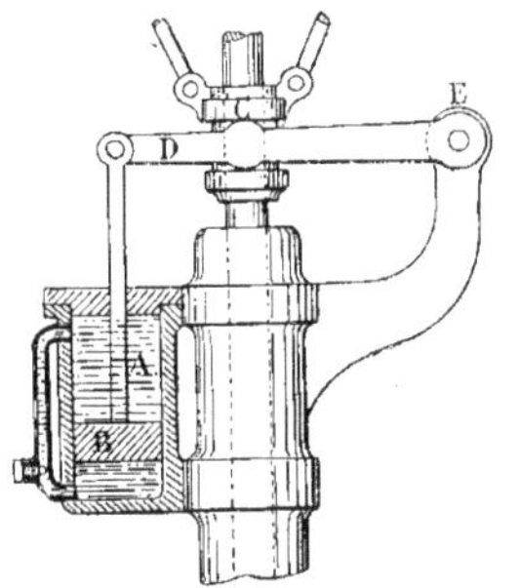

Fig. 507. — Cataracte.

Il se compose d'un réservoir cylindrique A, dans lequel peut se mouvoir un piston B dont la tige est rendue solidaire du manchon C du régulateur, le plus souvent par l'intermédiaire d'un levier D articulé en un point fixe E.

Le réservoir A est rempli d'huile et fermé à ses deux extrémités. Une communication est ménagée entre les capacités situées au-dessus et au-dessous du piston B. Cette communication peut être un simple conduit placé sur le côté du cylindre et débouchant intérieurement en haut et en bas. Une vis, placée sur ce conduit, peut étrangler à volonté sa section et augmenter la résistance de l'huile sur la face du piston qui la presse.

On peut encore établir la communication en perçant des trous dans le piston.

Quand le régulateur tend à *s'emballer*, le piston B, qui est lié au manchon, rencontrant, sur sa face qui presse, la résistance qui lui est opposée par l'huile contenue dans le cylindre, modère les oscillations brusques du régulateur et lui donne une allure plus rationnelle.

Compensateur Denis (Fig. 508.) C'est encore pour éviter que les oscillations continuelles des régulateurs trop sensibles n'exercent leur influence directe sur l'admission de la vapeur, que cet appareil a été construit.

Il est constitué par une série d'organes, que l'on interpose entre le manchon d'un régulateur quelconque et la valve de distribution de vapeur.

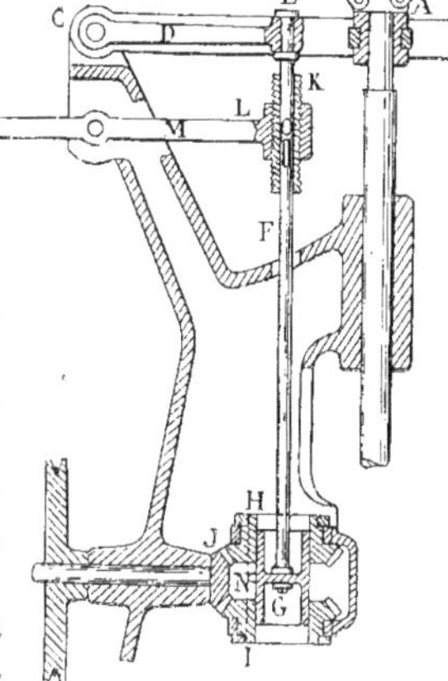

Fig. 508. — Compensateur Denis.

Le manchon A est solidaire d'un levier B, articulé en un point fixe C, autour duquel pivote un second bras D. Dans une douille E, qui termine ce bras, est montée une tige verticale F terminée, à sa partie inférieure, par une bague G munie d'un ergot N. Cette bague glisse dans deux douilles portant des rainures et qui font corps, chacune, avec une des roues d'engrenage conique H et I.

Les deux roues coniques, H et I, engrènent constamment avec une troisième roue J, qui reçoit directement son mouvement de la machine, et tournent, par conséquent, en sens inverse l'une de l'autre.

La tige verticale F traverse, à sa partie supérieure, un tube K fileté extérieurement, et une petite clavette O, placée sur la tige F, rend solidaires ces deux pièces, lors d'un mouvement de rotation, tout en leur permettant de se déplacer verticalement l'une par rapport à l'autre.

La tube fileté K est vissé dans un écrou L,

placé à l'extrémité d'un levier M, qui commande, par son autre extrémité, la distribution de vapeur.

Quand le régulateur fait mouvoir brusquement le manchon, le levier B fait, par l'intermédiaire du second bras D, monter ou descendre la tige verticale F; mais ce n'est qu'après une certaine excursion du manchon en dessus ou en dessous de la position d'équilibre du régulateur, que l'ergot N, placé sur la bague inférieure G, pénètre dans la rainure pratiquée dans la douille du pignon conique supérieur ou inférieur.

A ce moment, le pignon, qui tourne constamment, entraîne, dans son mouvement de rotation la tige F, qui entraîne elle-même par sa clavette supérieure O, le tube fileté K. Ce tube, qui est immobilisé verticalement, tournant dans l'écrou L, le fait monter ou descendre suivant le pignon qui commande la rotation de la tige.

Le mouvement de l'écrou L détermine l'oscillation du levier M, et par conséquent la manœuvre judicieuse du dispositif de distribution de la vapeur.

Régulateur-volant Il existe encore une catégorie spéciale de régulateurs à force centrifuge dont l'axe est disposé horizontalement.

Dans ces sortes de régulateurs, l'axe de l'appareil est le même que celui de la machine, et les organes qui le composent sont fixés ou articulés sur les bras ou la jante du volant même de la machine. Cette particularité leur a fait donner le nom de *régulateurs volants*. Un certain nombre de constructeurs emploient ce système de régulateur pour les machines à grande vitesse, ce qui donne lieu à des modèles multiples de régulateurs; mais, en principe, ils sont basés sur l'action que la force centrifuge exerce sur une ou deux masses pouvant s'écarter de l'axe et qui y sont ramenées par la tension d'un ou de plusieurs ressorts appropriés. L'excursion des masses est traduite par une variation de la position de l'excentrique actionnant le tiroir qui peut, par ce moyen, limiter la durée de l'introduction de vapeur dans le cylindre et, en même temps, augmenter la durée de sa compression.

Régulateur-volant Garnier et Faure-Beaulieu (Fig. 509 à 512.) Ce régulateur se compose d'une masse O, fixée à une des deux branches d'un ressort N formé de lames d'acier juxtaposées. La seconde branche du ressort est reliée invariablement, par son milieu, à la jante d'un volant qui renferme tous les organes composant le régulateur. Le moyeu du volant porte une coulisse dans laquelle peut glisser verticalement un excentrique L qui commande le tiroir de distribution.

Cet excentrique est rendu solidaire de la masse O par un appendice qui le termine, et il porte, pour permettre son déplacement rectiligne, une rainure verticale donnant, dans toutes ses positions, passage à l'arbre de la machine.

Quand la vitesse de cette machine s'accélère, la masse O, sous l'effort de la force centrifuge, s'écarte de l'arbre du volant en comprimant le ressort N, et le régulateur atteint une position d'équilibre pour laquelle l'excentrique s'est déplacé. Son centre s'est rapproché du centre de l'arbre qui le commande.

Son excursion se trouve de ce fait nécessairement réduite, et, par cela même, la course du tiroir qui lui est attaché, est également diminuée. La durée de l'introduction de vapeur dans le cylindre est plus faible et la vitesse de la machine ne peut tendre qu'à diminuer pour retrouver son allure sensiblement régulière.

Il convient de remarquer que dans ce régulateur, l'action du poids O sur l'excentrique L s'exerce sans l'intermédiaire d'aucun organe, et l'on conçoit qu'elle peut être très énergique, puisqu'elle ne dépend que de la valeur du poids O et des dimensions du ressort N, ce poids et la tension du res-

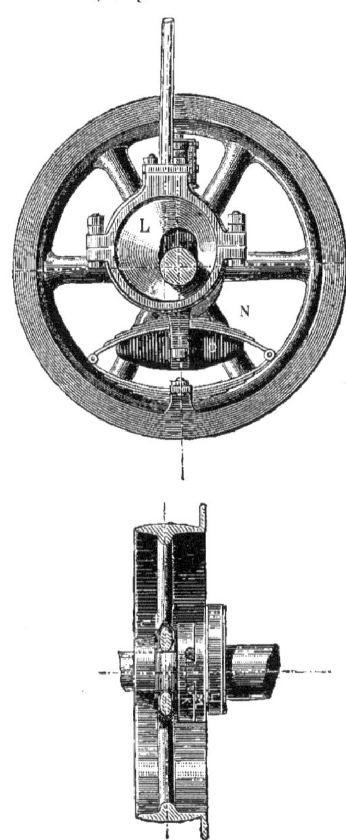

Fig. 509 et 510. — Régulateur volant Garnier et Faure-Beaulieu.

sort étant, d'ailleurs, en relation directe et se faisant mutuellement équilibre, suivant les vitesses de marche de la machine.

Supposons, par exemple, que ce régulateur soit monté sur une machine conduisant une dynamo productrice de courant électrique. Si l'on interrompait tout d'un coup le courant électrique, ou si on le rétablissait avec toute son intensité, au lieu de le faire progressivement, la machine serait déchargée brusquement, on éprouverait une résistance subite.

Il en résulterait que le régulateur, qui est très puissant, agirait instantanément et quelquefois avec tant de force que l'admission de la vapeur se trouverait brusquement augmentée ou diminuée sans passer, graduellement, par toutes les introductions intermédiaires.

Il serait donc à craindre que, de ce fait, et pendant un certain temps, la machine n'ait une marche par trop saccadée.

Pour limiter, dans ce cas, la puissance du régulateur, on lui a adjoint un *amortisseur*

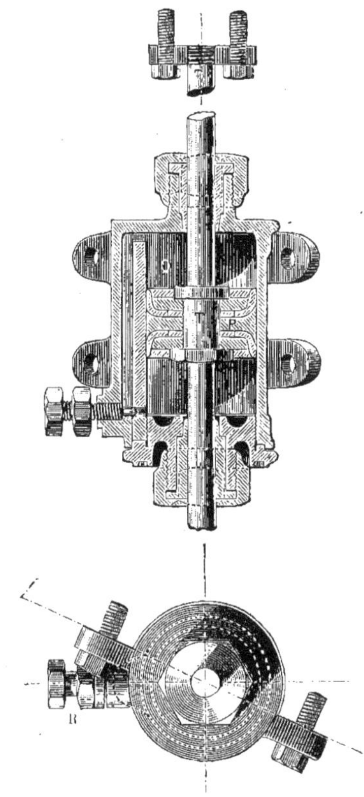

Fig. 511 et 512. — Cataracte du régulateur Garnier et Faure-Beaulieu.

à liquide ou *cataracte*, appareil semblable à celui que nous avons décrit précédemment, mais dont les dimensions peuvent être appropriées à celles du régulateur sur lequel il est établi. C'est le collier de l'excentrique qui porte, du côté opposé à la masse O, la tige T reliée au piston P qui se meut dans le cylindre Q de l'amortisseur, dont la vis-pointeau R règle la rapidité du mouvement, en étranglant plus ou moins le passage du liquide.

Régulateur-volant Sims et Armington

(Fig. 513.) C'est un régulateur qui, sous les aspects variés que lui ont donnés différents constructeurs, sans que son principe en soit changé, est assez employé pour *gouverner* un certain nombre de machines à rotation rapide.

Il se compose de deux masses A et B, articulées sur deux tourillons C et D fixés aux bras E et F du volant G. Les masses A et B sont sollicitées à se rapprocher de l'axe du volant par deux ressorts H et I, comprimés chacun à leur extrémité par une rondelle J solidaire d'une tige K reliée à la masse. Le ressort s'appuie à l'autre bout sur une nervure plate L venue de fonte avec le bras du volant.

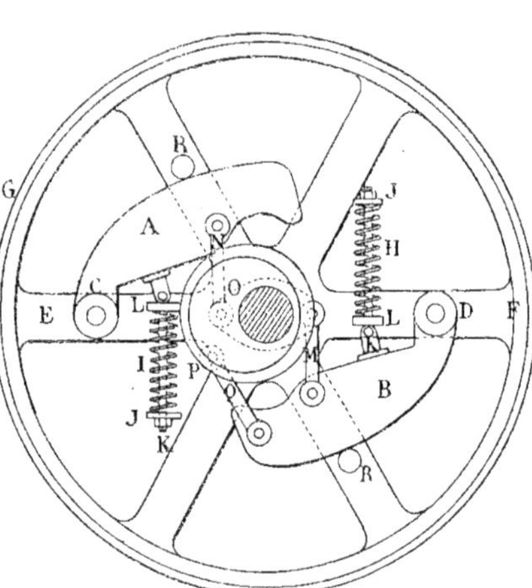

Fig. 513. — Régulateur volant Sims et Armington.

Les masses sont reliées par deux petites bielles M et N, au disque de l'excentrique O qui commande le tiroir de distribution.

En outre, une seule des masses B est reliée au collier extérieur P de ce même excentrique par une autre bielle Q.

Deux tampons de butée R, disposés chacun sur un bras du volant, limitent l'excursion des masses du régulateur.

Quand, sous l'action de la force centrifuge déterminée par une vitesse un peu plus grande de la machine, les masses s'écartent de l'axe du volant, elles compriment chacune leur ressort antagoniste en tirant sur les tiges K et les rondelles J, jusqu'à ce qu'il s'établisse un équilibre entre la valeur du travail dû à la force centrifuge et la valeur du travail dû à la compression des ressorts.

A ce moment, les masses occupent une certaine position pour laquelle le disque d'excentrique O s'est décalé par rapport à l'arbre de la machine, en tournant dans le sens des aiguilles d'une montre, sollicité dans ce mouvement par les deux bielles M et N, qui sont solidaires des masses A et B. Mais, en même temps, l'écartement de la masse B a, par l'intermédiaire de la bielle Q, donné, au collier extérieur P de l'excentrique, un mouvement de rotation en sens inverse de celui qui a été imprimé au disque excentré O.

La résultante de ces deux mouvements combinés se traduit par un déplacement du centre de l'excentrique, effectué sensiblement en ligne droite. Comme dans le régulateur précédent, la course du tiroir, commandé par l'excentrique, se trouve donc réduite, et *l'angle de calage* de l'excentrique sur l'arbre varie également, sans toutefois que l'avance à l'introduction de vapeur dans le cylindre soit modifiée, détail sur lequel nous aurons l'occasion d'insister plus particulièrement lors de la description des organes de distribution que nous allons aborder immédiatement.

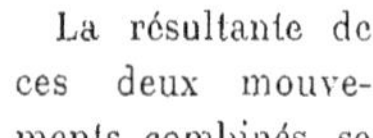

DISTRIBUTION

DISTRIBUTEURS GLISSANTS. *DISTRIBUTIONS* : Saulnier. — Meyer. — Farcot. — Rider. — Correy. — *DISTRIBUTEURS A COMPENSATEURS* : du Creusot. — Normand. — *DISTRIBUTEURS GLISSANTS ÉQUILIBRÉS* : à détente variable. — DISTRIBUTEURS OSCILLANTS : *DISTRIBUTIONS* : Corliss, à lame de sabre. — Garnier et Faure-Beaulieu. — Corliss à bielles suspendues. — Wheelock. — DISTRIBUTEURS ROTATIFS : Biétrix. — Sulzer. — DISTRIBUTEURS A SOUPAPES : *DISTRIBUTIONS : A SOUPAPES LATÉRALES* : Sulzer à déclic. — Sulzer à leviers roulants. — Collmann-Bietrix ; — *PAR PISTONS-VALVES* : Dujardin ; — *A SOUPAPES ET PISTON-VALVES* : Piguet ; — *A LIAISON COMPLÈTE* : Sulzer ; — *PAR LEVIER A MOUVEMENT VARIABLE, — PAR BARRE D'EXCENTRIQUE A MOUVEMENT VARIABLE, — PAR LEVIERS-CAMES, — PAR CAME A CALAGE VARIABLE.*

Distribution de vapeur. Nous avons donné, précédemment, une simple classification des organes de distribution de vapeur, et nous avons, d'autre part, dans l'exposé général du fonctionnement de la machine à vapeur, examiné le rôle d'un tiroir ordinaire que nous rangeons dans la catégorie des *distributeurs glissants.*

Nous allons, maintenant, nous étendre un peu plus longuement sur ces organes, qui sont l'âme même de la machine à vapeur, à laquelle ils donnent son caractère essentiel.

Distributeurs glissants. Les organes de distribution des machines primitives consistaient, ainsi que nous l'avons vu, en simples robinets portant le nombre de conduits nécessaires pour admettre ou laisser échapper la vapeur automatiquement, suivant la position du piston dans le cylindre. Ces robinets étaient durs à manœuvrer et d'une étanchéité insuffisante.

On les remplaça par une capacité à embase rectangulaire s'appliquant parfaitement sur une surface bien dressée appartenant au cylindre, et sur laquelle elle se mouvait rectilignement.

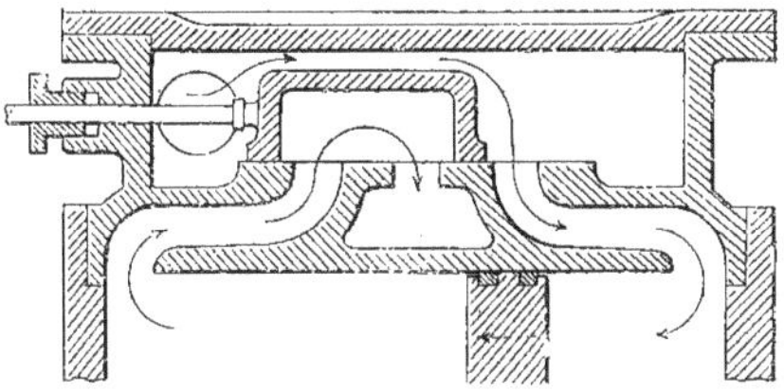

Cette capacité constitua le *distributeur glissant*, ou *tiroir*.

Fig. 514. — Tiroir à coquille sans recouvrement.

Le tiroir primitif, appelé *tiroir à coquille* (Fig. 514), était construit pour fonctionner à *pleine pression*, c'est-à-dire qu'il constituait la distribution des machines sans détente. La vapeur pouvait pénétrer dans le cylindre avec sa pression entière presque jusqu'à la fin de la course du piston. Les arêtes du tiroir découvraient la plus grande surface possible des *lumières* pendant la plus grande partie possible de la course. Il en résultait une consommation plus grande de vapeur et le piston arrivait à la fin de sa course avec une grande vitesse qui, insuffisamment amortie, occasionnait des chocs et des ébranlements.

La détente, introduite par Watt, dans la distribution de sa machine à vapeur, remédiait à ces inconvénients.

On sait qu'on réalise la détente en fermant la lumière d'admission de vapeur dans le cylindre, avant que le piston ait achevé sa course. La vapeur qui y est, à ce moment, contenue, augmente de volume, se *détend* et possède encore une force d'expansion suffisante pour conduire le piston à fin de course avec une vitesse atténuée.

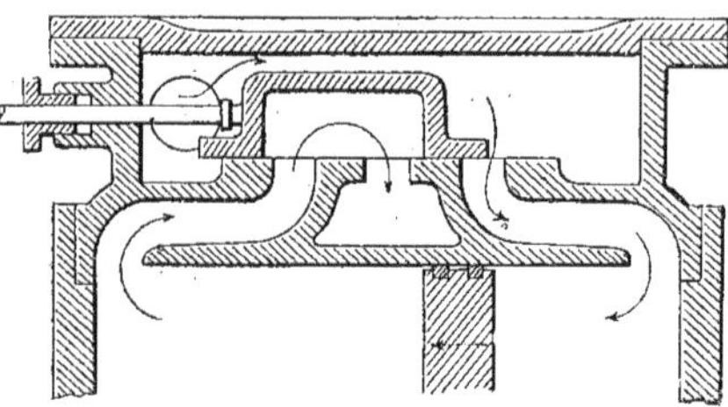

Fig. 515. — Tiroir à coquille avec recouvrement.

Pour obtenir pratiquement la détente, on donne au tiroir ordinaire, dont nous avons parlé plus haut, des embases de recouvrement plus importantes (Fig. 515), qui arrêtent l'admission de vapeur au point de la course du piston correspondant au degré de détente désiré.

Nous savons que le tiroir est commandé par un excentrique. On conçoit donc que la position de cet excentrique, sur l'arbre de la machine actionné par le piston, doit être bien déterminée pour obtenir les ouvertures successives d'admission et d'échappement, et les fermetures anticipées des admissions sur chacune des faces du piston au moment voulu.

La position de l'excentrique dépend de son calage sur l'arbre. De là l'expression très employée, quand il est question de distribution de vapeur, d'angle de *calage de l'excentrique*. L'*angle de calage* (Fig. 516) est l'angle A B C que fait l'axe A B de l'excentrique B C avec l'axe de la manivelle conduite par la tige du piston. Cet angle détermine la position du tiroir par rapport au piston.

Avant d'entrer dans le détail des diverses distributions il est nécessaire, pour la clarté de notre description, de rappeler les diverses phases constituant le cycle complet du mouvement du piston et du mouvement relatif du tiroir réglant la distribution de la vapeur qui l'actionne.

Ces diverses phases sont : l'*admission*, qui correspond à la pleine pression, la *détente*, l'*échappement* et la *compression*.

Quand le tiroir, pendant sa course, démasque une des deux lumières qui font communiquer le cylindre avec la *boîte à tiroir*, dans laquelle a lieu l'arrivée de vapeur, celle-ci pénètre, avec sa pleine pression, dans le cylindre, et presse sur la face du piston qui correspond à la lumière démasquée. C'est l'*admission* de la vapeur.

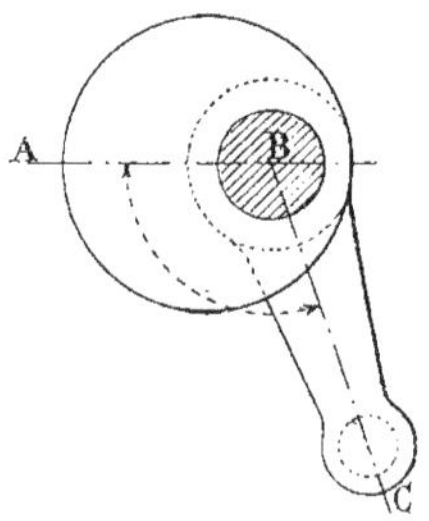

Fig. 516. — Angle de calage.

Le piston est donc poussé par la pression totale de la vapeur. Sa course linéaire est transformée, par l'intermédiaire de la *bielle* et de la *manivelle*, en un mouvement de rotation de l'arbre de la machine qui provoque, au moyen de l'excentrique, un certain avancement du tiroir.

Suivant l'*angle de calage* de l'excentrique, le tiroir referme plus ou moins rapidement la lumière d'admission précédemment découverte. Quand le recouvrement du tiroir obture complètement la lumière d'admission, la période de *détente* commence.

La vapeur, qui vient d'être admise à pleine pression dans le cylindre, se trouvant brusquement emprisonnée d'un côté du piston, occupe le volume toujours grandissant que laisse ce piston derrière lui pendant qu'il effectue sa course. La vapeur se *détend* et possède encore suffisamment de force vive pour conduire le piston jusqu'au bout de sa course.

Cependant, en même temps que le tiroir obturait une des lumières d'admission, il faisait communiquer la lumière opposée avec le conduit d'échappement, ce qui ne pouvait que faciliter la course du piston. La vapeur est donc agent moteur sur une face du piston ; sur l'autre, elle est libre de s'échapper, soit dans l'atmosphère, soit dans le *condenseur*. C'est la période d'*échappement*.

L'orifice d'échappement n'est pas maintenu ouvert jusqu'à la fin de la course du piston. Les recouvrements du tiroir sont disposés, en effet, pour que l'échappement soit fermé avant. Il reste alors, sur la face du piston non pressée, une certaine quantité de vapeur qui, à mesure que le piston avance vers l'extrémité du cylindre, se trouve comprimée et constitue une sorte de matelas contre lequel le piston vient amortir son mouvement.

C'est la période de *compression*.

C'est alors que la lumière du cylindre opposée à celle qui vient d'admettre la vapeur, est mise à son tour en communication avec la boîte à vapeur, et une nouvelle *admission* a lieu sur la face opposée du piston. Celui-ci recommence donc sa course en sens inverse et les mêmes phases se reproduisent semblables aux précédentes, avec des effets identiques. Les diverses phases du mouvement du piston et du tiroir que nous venons d'analyser, ne succèdent pas, nécessairement, d'une façon immédiate, les unes aux autres.

Les recouvrements des tiroirs sont, en effet, généralement établis pour créer de l'*avance à l'admission* et de l'*avance à l'échappement*, en même temps qu'ils réalisent une *fermeture anticipée* de l'*admission* pour obtenir la *détente*, et une *fermeture anticipée* de l'*échappement* pour obtenir la *compression*.

Nous venons d'examiner les deux derniers cas. Donnons quelques éclaircissements sur les deux premiers.

L'*avance à l'admission* consiste à admettre la vapeur à l'extrémité du cylindre vers laquelle se meut le piston, un peu avant la fin de course de celui-ci, de façon que quand il est complètement arrêté, la pleine pression soit déjà établie sur la face qui doit être actionnée. L'*avance à l'admission* termine la période de compression.

L'*avance à l'échappement* consiste à libérer la vapeur qui n'agit plus sur le piston, à un moment déterminé de sa course, de façon que cette vapeur puisse facilement s'écouler avant la fermeture de l'échappement, car il se produirait, sans cela, une *compression* trop grande, donnant lieu à une *contre-pression* nuisible au bon fonctionnement de la machine.

Une *compression* rationnelle donne de bons résultats au point de vue du rendement. En effet, en dehors de son rôle amortisseur, elle permet par la contre-pression qu'elle détermine à l'arrière du piston, de transformer en chaleur le travail nécessaire pour comprimer la vapeur. Cette chaleur, dont bénéficie le cylindre, contribue à amoindrir la condensation de vapeur et à améliorer le rendement de la machine.

Enfin, l'*espace mort* ou *espace nuisible* qui existe, à la fin de course, entre la face du piston et l'extrémité du cylindre, contenant de la vapeur comprimée, on n'aura besoin, à chaque course, que d'une quantité assez réduite de nouvelle vapeur pour le remplir, ce qui constitue une économie.

Voilà donc les phases essentielles de la distribution de la vapeur. Il était indispensable de les bien préciser, non seulement pour comprendre aisément le mécanisme des distributions variées que nous allons décrire, mais encore pour suivre facilement l'analyse que nous nous proposons de faire du *diagramme* de la machine à vapeur, indication précieuse qui permet d'apprécier, au simple aspect, la valeur et le travail d'une machine.

Revenons maintenant à notre *tiroir à recouvrement* permettant de réaliser la *détente* et la *compression*, tout en nous donnant une *avance à l'admission* et une *avance à l'échappement*.

Ce genre de tiroir, généralement commandé par un excentrique ordinaire, ne permet qu'une détente fixe pendant la marche de la machine.

On peut néanmoins, en employant un excentrique approprié, faire varier cette détente, soit en le décalant à la main, pendant que la machine est au repos, soit en commandant ce décalage par le régulateur.

Le plus souvent, les détentes variables sont obtenues par des tiroirs superposés, et c'est le tiroir supérieur qui, automatiquement, coupe, au moment voulu, l'admission de vapeur dans le second tiroir, qui la distribue au cylindre.

Nous allons examiner en détail quelques systèmes de tiroirs glissants à *détente variable*.

Distribution Saulnier (Fig. 517.) Une des premières dispositions employées pour réaliser la détente variable, consistait à superposer deux tiroirs commandés chacun par un excentrique.

Dans ce dispositif, connu sous le nom de *distribution Saulnier*, la boîte à tiroirs était séparée en deux parties par une cloison A portant une lumière. Sur une des faces de la cloison glissait un tiroir B, constitué par une simple plaque métallique et appliqué contre la cloison par un ressort C. Sur la seconde face de la cloison A, s'appliquait un ressort E qui maintenait appuyé le second tiroir D contre la *glace du cylindre*. Ce second tiroir était un tiroir ordinaire.

Les deux tiroirs avaient, l'un par rapport à l'autre, des mouvements relatifs, donnés par les excentriques, appropriés à la détente que l'on voulait obtenir.

Le tiroir supérieur distribuait la vapeur à la capacité contenant le second tiroir et limitait l'admission suivant le degré de détente.

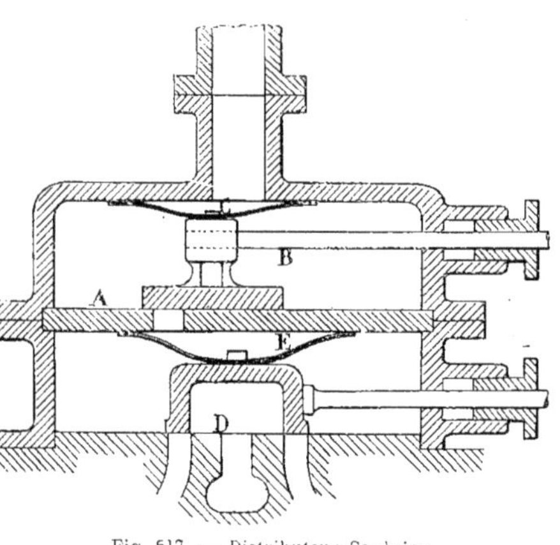

Fig. 517. — Distributeur Saulnier.

Le rôle du second tiroir consistait à distribuer au cylindre la vapeur fournie par le premier.

Cette disposition a été remplacée par d'autres, ne comportant qu'une boîte à tiroirs et permettant un réglage plus facile de la détente.

De ce nombre sont les distributions Meyer, et Farcot.

Distribution Meyer (Fig. 518.) Ce dispositif de distribution se compose d'un tiroir ordinaire A, glissant sur la *glace*, parfaitement dressée, du cylindre. Ce tiroir porte deux lumières J et K, qui le traversent de part en part, et une capacité intermédiaire L, qui sert à mettre, alternativement, en communication le conduit d'échappement M du cylindre, avec une des deux autres lumières de celui-ci.

Sur la face du tiroir opposée à la glace

du cylindre, peuvent se mouvoir deux plaques métalliques B et C, nommées quelquefois *tuiles,* qui sont solidaires de deux écrous, dans lesquels pénètre une vis D.

Cette vis est constituée par une tige cylindrique débordant de chaque côté de la boite à tiroirs et portant, au droit de chaque écrou, un filetage de section carrée. Dans l'un des écrous, le filet de la vis est incliné à droite, dans le second, le filet de la vis a une inclinaison à gauche. Il en résulte que si on imprime à la tige cylindrique un mouvement de rotation, les deux écrous commandés par des vis dont les filets sont de sens contraire, vont se rapprocher ou s'écarter l'un de l'autre, suivant le sens du mouvement de rotation donné à la tige. Les deux plaques B et C suivront ce même mouvement. C'est cette particularité qui permettra de rendre la détente variable. Pour cela, une des extrémités E de la tige débordant de la boîte à tiroirs est façonnée en forme de carré et peut coulisser dans un manchon F, qui ne peut prendre aucun mouvement longitudinal, mais qui peut, toutefois, tourner sous l'action d'un volant G qui lui est fixé. Ce volant ne participe donc pas au mouvement rectiligne alternatif, communiqué à la tige des plaques métalliques par l'excentrique de commande monté sur l'arbre de la machine. On peut ainsi facilement aborder et donner à ce volant, pendant la marche même de la machine, un mouvement de rotation dans un sens ou dans l'autre qui aura pour effet de déplacer les *tuiles* sur la *glace* du tiroir. Comme de la position de ces plaques dépend, ainsi que nous allons le voir, le degré de détente, il s'ensuit que la détente est réglable, en marche, par le volant.

Le tiroir ordinaire A agit, pour distribuer la vapeur au cylindre, comme le tiroir simple sans détente que nous avons décrit. Ce tiroir est commandé par un excentrique calé sur l'arbre de la machine, de façon différente de celui commande les *tuiles* de détente. Pendant le mouvement de ce tiroir, les plaques de recouvrement supérieures se meuvent également, de façon à masquer la lumière d'admission du tiroir inférieur, au moment voulu pour que la détente désirée se réalise, et on conçoit que le déplacement variable de ces plaques avance ou retarde la fermeture de l'admission de vapeur au tiroir inférieur et, par cela même, au cylindre.

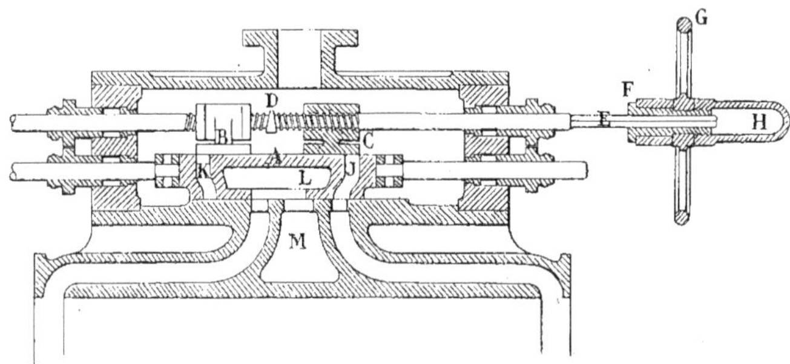

Fig. 518. — Distribution Meyer.

Cette distribution, qui ne comporte qu'une seule boîte à tiroirs, nécessite pourtant deux excentriques. Les tiges de ceux-ci traversent la boite à tiroirs dans des presse-étoupes, et on dispose souvent, vers leur extrémité opposée à l'excentrique, un manchon protecteur fermé H, dans lequel elles effectuent leur mouvement rectiligne alternatif.

On peut, dans la *distribution Meyer*, rendre la détente variable par l'action du régulateur; mais la liaison de cet organe avec la vis de commande des plaques de recouvrement, pour obtenir un mouvement de rotation approprié aux écarts du régulateur, est assez difficile à établir. Certains constructeurs l'ont pourtant ingénieusement réalisée, mais toutefois, au prix de quelques complications.

Distribution Farcot (Fig. 519 et 520.) Cette distribution, qui ne comporte, comme la précédente, qu'une seule boîte à tiroirs, ne nécessite qu'un excentrique. Celui-ci commande le tiroir proprement dit, qui est un tiroir simple dont les lumières *a, a*, sont évasées du côté opposé à la glace du cylindre et débouchent au-dessus par plusieurs ouvertures. Sur cette dernière face du tiroir glissent deux plaques métalliques, *d d*, qui portent également des ouvertures pouvant coïncider avec celles du tiroir. Ces plaques sont maintenues appliquées contre le tiroir, non seulement par la pression de la vapeur, pendant la marche, mais encore par un jeu de ressorts plats disposés longitudinalement sur les bords de ces plaques et bridés contre des butées fixes appartenant au tiroir. Les plaques portent chacune deux butées, *h* et *e*. Les butées *h* viennent s'arrêter contre les têtes de vis K fixées dans la boîte. Les butées *e* viennent, pendant la course, rencontrer une came *f*, dont la tige de commande sort, au milieu de la boîte à tiroirs, en traversant un presse-étoupes.

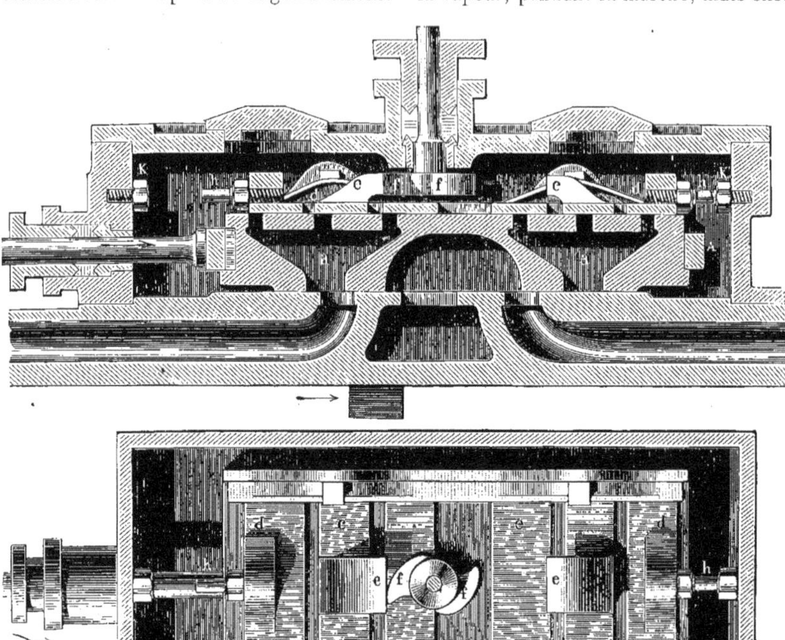

Fig. 519 et 520. — Coupe du tiroir Farcot.

Fig. 521. — Machine à soupapes du hall central des ateliers Stork frères et Cie, à Hengelo (Pays-Bas).

Quand le tiroir commandé par l'excentrique avance, par exemple, dans le sens de la flèche, le conduit d'échappement du cylindre est mis en communication avec la lumière de droite de ce cylindre. La lumière de gauche communique avec la lumière d'admission du tiroir. Quand la pleine pression de la vapeur doit cesser et que la détente doit commencer, la butée *e* de la plaque de gauche *d*, entraînée par l'avancement du tiroir, vient rencontrer la came *f*, qui l'arrête, pendant que le tiroir continue sa course.

Les lumières supérieures d'admission du tiroir se ferment donc, progressivement, pendant que ce tiroir avance, et l'admission de vapeur, au cylindre, est limitée plus ou moins, suivant que la came arrête plus tôt ou plus tard la butée *e* de la plaque. Le degré de détente est ainsi rendu variable par la manœuvre de la came, à laquelle on peut facilement donner, de l'extérieur, un mouvement de rotation qui rapproche ou éloigne du centre son point de rencontre avec les butées *e* des plaques *d*.

Pendant que la plaque métallique de gauche réalise, par sa butée sur la came, la détente désirée, la plaque de droite, qui est également entraînée par le tiroir dans son mouvement rectiligne vers la droite, vient, par l'intermédiaire de sa butée *h*, s'immobiliser contre la tête de vis K. Le tiroir, cependant, continuant à progresser vers la droite, la plaque de droite, immobile, glisse sur lui, et à la fin de la course du tiroir, les ouvertures de cette plaque et les lumières supérieures du tiroir coïncident exactement. La vapeur peut donc pénétrer dans la partie de droite du tiroir et, de là, être distribuée dans le cylindre, quand les lumières de ces deux organes seront en communication.

Donc, à gauche, fermeture complète de l'admission; à droite, ouverture; le piston va commencer une nouvelle course vers la gauche, ce qui va provoquer l'avancement du tiroir et la répétition, en sens inverse, des mouvements successifs que nous venons de décrire.

La *distribution Farcot* a l'avantage de ne nécessiter l'emploi que d'un seul excentrique; mais, quand le cylindre et le tiroir sont disposés verticalement, il convient de bien veiller à l'état des ressorts qui appuient les plaques métalliques contre le tiroir. Si ces ressorts, pour une raison quelconque, venaient à se détendre, on conçoit facilement quel trouble profond pourrait occasionner, dans le fonctionnement de la machine, un glissement intempestif de ces plaques qui doivent commander, à des points précis, la détente et l'admission de la vapeur. L'inconvénient serait le même pour des machines marchant à grande vitesse : les chocs pourraient faire varier la position des plaques.

Le réglage de la détente, par la came, s'opère aisément, car il est facile d'imprimer, à son axe, un mouvement de rotation commandé par le régulateur.

Dans la *distribution Farcot*, le tiroir proprement dit a un recouvrement très faible, juste celui qui est nécessaire pour éviter les fuites qui pourraient se produire contre la glace et qui mettraient en communication les deux côtés du piston.

Dans ces conditions, l'*angle de calage* est peu différent de 90 degrés et l'introduction se fait pendant les 9/10 de la course.

L'épure de la distribution démontre que la détente permet, au maximum, l'introduction de vapeur pendant les 5/10 de la course du piston.

Le tiroir proprement dit doit être, pour son compte, établi pour la plus grande détente possible.

La combinaison de ces deux détentes permet à cette distribution de donner de très bons résultats, pour des machines fonctionnant à des allures de 60 tours environ et à des détentes de dix fois le volume de vapeur admis.

Distribution Rider (Fig. 522.) Cette distribution comporte, comme la distribution Meyer, deux tiroirs superposés, A et B, glissant l'un sur l'autre, mais elle est réalisée d'une façon différente, qui permet une connexion plus simple du tiroir auxiliaire de détente avec le régulateur de la machine.

Le tiroir proprement dit, A, frotte sur la glace du cylindre, mais sa face opposée, au lieu d'être plane, a une forme cylindrique, et les lumières C et D qui aboutissent sur la face plane, perpendiculairement à la glace du cylindre, débouchent, sur la face circulaire opposée, par des ouvertures disposées en forme d'hélice.

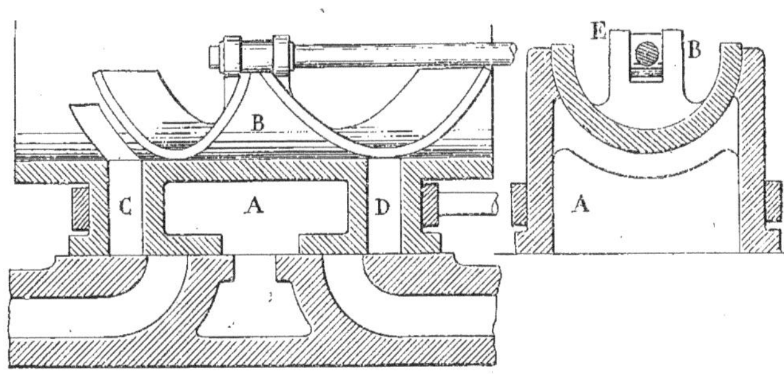

Fig. 522. — Distribution Rider.

Le tiroir auxiliaire, B, a également une forme demi-cylindrique qui lui permet de s'ajuster et de glisser sans jeu sur la face appropriée de l'autre tiroir. Les bords du tiroir auxiliaire, B, sont taillés en forme d'hélice et peuvent coïncider, dans une certaine position de ce tiroir, avec les bords des lumières hélicoïdales pratiquées sur le tiroir proprement dit, A.

Le fonctionnement de cette distribution est le même que celui de la *distribution Meyer*. Le tiroir auxiliaire, B, règle la détente, mais, pour faire varier celle-ci, il suffit d'imprimer à la tige de ce tiroir un léger mouvement de rotation. Cette tige entraîne, dans ce mouvement, le tiroir B, auquel elle est reliée par une partie carrée, ajustée dans une fourche E qui fait corps avec lui

Le mouvement de rotation du tiroir déplace ses bords hélicoïdaux par rapport aux lumières hélicoïdales fixes, ce qui a pour conséquence d'obturer ou de découvrir une partie de ces lumières, suivant le sens du mouvement de rotation. L'admission de la vapeur augmente donc ou diminue, pour une même course rectiligne du tiroir auxiliaire, et, de ce fait, le degré de détente varie.

Comme dans la *distribution Meyer*, chacun des deux tiroirs est commandé par un excentrique, dont la position, sur l'arbre de la machine est convenablement déterminée.

La *distribution Rider*, que nous venons de décrire, est la disposition primitive employée pour les machines de faible puissance.

Pour les machines plus importantes on a, tout en conservant le même principe, réalisé des *distributions Rider* comportant quelques modifications dans les organes qui les composent. Nous aurons l'occasion d'en parler, lors de la description des divers types de machines à vapeur.

Distribution Correy (Fig. 523 à 527.) Cette distribution, dans laquelle la détente est réalisée par des plaques frottant sur le dos du tiroir, comme les distributions à détente variable précédentes, est assez spéciale; elle a été conçue pour s'appliquer, plus particulièrement, à une *machine à vapeur Woolf* à deux cylindres disposés verticalement. Le caractère essentiel de cette distribution consiste à obtenir une fermeture brusque des lumières d'admission. Cette fermeture brusque et réglable, qui rend ainsi la détente variable à volonté, est obtenue à l'aide d'un système de déclic.

La *distribution Correy* comporte un tiroir dont les deux lumières extrêmes communiquent, alternativement, avec les conduits d'admission du cylindre débouchant contre les deux faces du piston. Entre ces deux lumières est une capacité A conduisant au tuyau d'échappement. Sur la face du tiroir opposée à la glace du cylindre se meuvent deux plaques indépendantes B, qui peuvent masquer ou découvrir les lumières du tiroir.

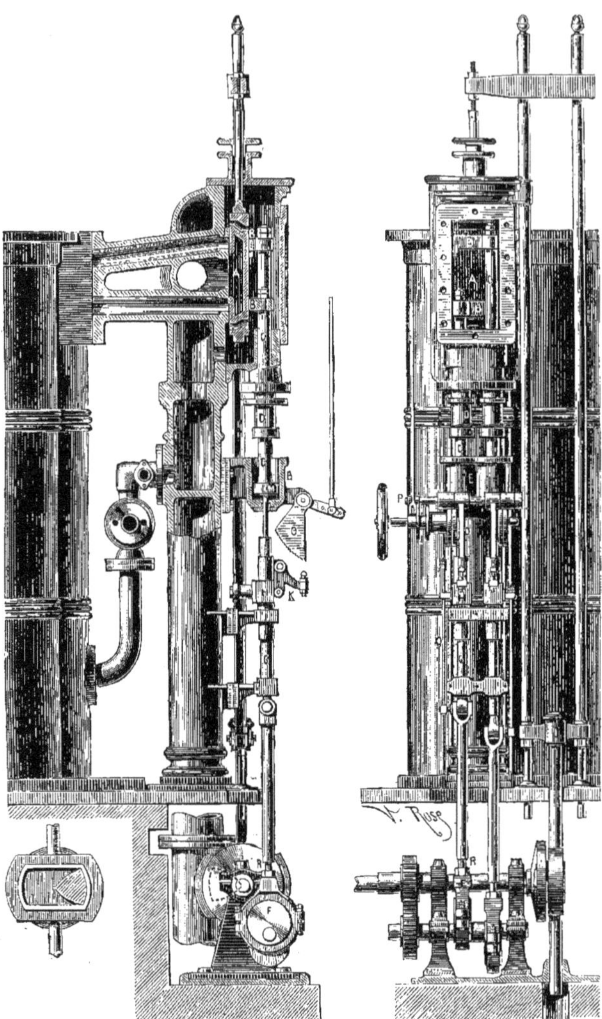

Fig. 523 et 524. — Distribution Correy.

Le tiroir A est commandé par une tige fixée à sa partie supérieure (Fig. 524), qui est solidaire d'une traverse, reliée elle-même à deux tringles verticales se réunissant, à leur partie inférieure, à une tige commune, pour faire corps avec un cadre. Un mouvement rectiligne alternatif est communiqué à ce cadre par une came triangulaire calée sur un arbre auxiliaire, R, recevant son mouvement de l'arbre principal de la machine.

Le cadre, les deux tringles verticales et la traverse qui les surmonte, commandent à la fois les deux tiroirs des cylindres juxtaposés de la machine Woolf pour laquelle cette distribution a été établie.

Chacune des plaques B, glissant sur le dos du tiroir A, est reliée à une tige C, qui débouche de la boîte à tiroir en traversant un presse-étoupes D, et qui porte, à la sortie de celui-ci, un piston M pénétrant dans un cylindre à air E. La tige C se prolonge au-dessous de ce cylindre E et porte, clavetée à son extrémité, la pièce H comportant le dispositif de déclic (Fig. 525).

Cette pièce est un manchon H, percé, à sa melon sur lequel s'appuie un ressort à boudin S logé dans un cylindre horizontal T terminé par une vis qui sert à régler la tension de ce ressort.

Le levier K, à branches perpendiculaires, est articulé autour d'un point fixe U et porte, à l'extrémité de la branche horizontale, une vis dont l'extrémité supérieure V est terminée par deux plans inclinés formant une arête de couteau. La hauteur de cette vis peut être facilement réglée.

Le couteau V de la vis est disposé au-

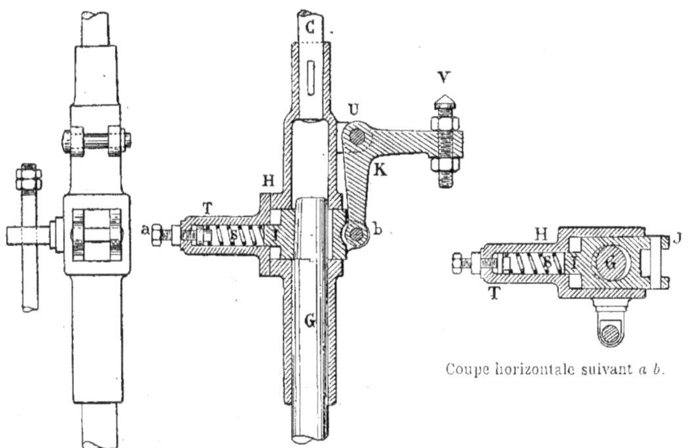

Fig. 525-527. — Détails de la distribution Correy.

partie centrale, d'un trou cylindrique dans lequel peut coulisser une tige G dirigée par un guide fixé au bâti. Cette tige est articulée à l'excentrique F, qui commande le mouvement d'une plaque de détente B. Il y a donc deux excentriques, disposés parallèlement, pour actionner les deux plaques.

L'extrémité de la tige G, qui coulisse dans le manchon H, porte un épaulement affectant la forme d'un croissant (Fig. 527). Au droit de la section diminuée de cette tige peut se mouvoir, horizontalement, une pièce I portant, au centre, un trou cylindrique; à l'extérieur, une chape qui reçoit le bras vertical d'un levier K, et à l'intérieur, un ma-

dessous d'une came à crans O (Fig. 523), dont la position est déterminée par l'action du régulateur.

Lorsque la tige G occupe, dans le manchon H, dans lequel elle glisse, une position telle que l'épaulement pratiqué à son extrémité se présente au-dessous de la face inférieure de la pièce d'accrochage I, celle-ci, poussée par le ressort à boudin S, vient s'encastrer dans l'extrémité affaiblie de cette tige G, en actionnant le levier à deux branches qui porte la vis-couteau V.

Dans cette position, quand l'excentrique qui commande la tige G la sollicite à monter, celle-ci entraîne, dans son mouvement, le manchon H, par l'intermédiaire de la pièce d'accrochage I, et, en même temps, la tige C et la plaque supérieure B glissant sur le dos du tiroir. Pendant le mouvement ascensionnel du manchon, la vis-couteau vient, à un moment de la course de l'excentrique qui est déterminé par la position de la came O, s'immobiliser sur cette came, et, le manchon continuant sa course, le levier K oscille autour du point U. Sa branche verticale, tendant à rentrer, repousse la pièce d'accrochage I, en comprimant le ressort à boudin S, et lorsque la pièce I a complètement dégagé l'épaulement de la tige G sur lequel elle repose, le manchon H, sous l'action de son poids, du poids de la tige C et de la pression de la vapeur qui s'exerce, dans la boîte à tiroir, sur le bout de cette tige et sur la plaque B qu'elle porte, tombe brusquement, entraînant la plaque, qui provoque une coupure brusque de l'admission de vapeur.

La chute de cette plaque et de l'attirail qu'elle comporte est amortie, en fin de course, par le piston M, qui comprime, dans le cylindre E, de l'air, dont l'échappement est réglé, à volonté, par une petite soupape bloquée par un ressort dont la tension est variable.

Le commencement de la détente, autrement dit la fermeture brusque de l'admission de vapeur, peut donc être rendu réglable par le déplacement de la came O, dont la forme est déterminée par l'épure de la distribution.

Ce déplacement est mis sous la dépendance du régulateur.

Deux tringles auxiliaires Q, solidaires des tiges des excentriques, sont disposées pour forcer les plaques de détente B à redescendre, en suivant le mouvement de ces excentriques, quand, à l'arrêt de la machine, la vapeur n'est plus admise dans la boîte à tiroir et ne peut, par sa pression, les aider à retomber.

Il convient de remarquer que l'effort de butée exercé par les couteaux sur les cames est très faible, puisqu'il n'a comme fonction que de dégager la pièce d'accrochage I de l'épaulement de la tige G. D'ailleurs, cet effort, à n'importe quelle position de la came, ne s'exerce que suivant une ligne verticale qui passe par le centre de la came, de sorte qu'il ne peut avoir aucune influence sur le mouvement du régulateur. Celui-ci, n'ayant plus alors aucune résistance à vaincre devient d'une sensibilité extrême, la plus petite variation de vitesse se traduisant par des oscillations immédiates, trop considérables et trop rapides des bras du pendule.

Pour remédier à cet excès de sensibilité, on a dû ajouter au régulateur de la machine une résistance, peu importante d'ailleurs, réalisée par un petit piston fonctionnant, avec du jeu, dans un cylindre rempli d'huile.

C'est ce que nous avons décrit précédemment sous le nom de *cataracte*.

Distributeurs à compensateurs

Dans tous les genres de *distributeurs glissants* que nous venons d'examiner, le tiroir et les plaques qui glissent sur lui sont appliqués, sur leurs surfaces de glissement respectives, par la pression de la vapeur admise d'abord dans la boîte à tiroirs. Cette particularité, très favorable pour éviter, dans les machines de faible puissance, des fuites de vapeur entre les surfaces en contact, devient un inconvénient de plus en plus grave, à mesure que la vapeur est utilisée à une pression plus élevée, pour actionner des machines dont la puissance devient considérable. En effet, dans celles-ci, les dimensions des lumières d'admission doivent être amplifiées, afin de fournir le volume de vapeur nécessaire pour actionner les pistons, qui ont un diamètre plus grand. La glace du cylindre se trouve, de ce fait, augmentée en surface et le tiroir qui glisse sur elle doit, lui-même, posséder une surface d'appui appropriée. Il en résulte que la vapeur, qui est déjà à une pression élevée, tendant à appliquer l'une contre l'autre deux surfaces de dimensions considérables, provoque entre ces deux surfaces un frottement excessif lorsqu'on veut les faire glisser l'une sur l'autre.

D'où nécessité d'augmenter les diamètres des tiges d'excentriques conduisant les tiroirs et perte de travail par le frottement anormal.

Pour obvier à cet inconvénient, on a établi les tiroirs glissants de ces machines, de façon que la pression de la vapeur ne s'exerce que sur une partie du dos du tiroir, diminuant ainsi le frottement nuisible provoqué contre la glace du cylindre.

Les dispositifs employés pour atteindre ce but sont nommés *compensateurs*.

Le *compensateur*, primitivement disposé contre le dos du tiroir, préalablement bien dressé, était constitué par une garniture circulaire A (fig. 528), fixée dans une rai-

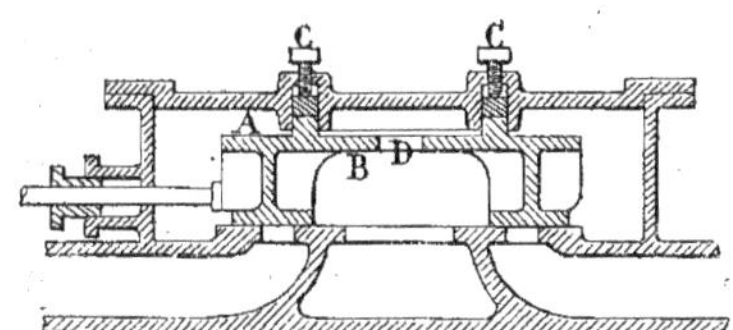

Fig. 528. — Distributeur à compensateur.

nure du couvercle de la boîte à tiroir. Cette garniture était appliquée contre le tiroir par la pression, réglable à volonté, de vis, C, dont les têtes, placées à l'extérieur, étaient bien abordables. Le dos du tiroir portait, à son centre, un trou D, qui mettait donc en communication l'espace circulaire compris entre les bords internes de la garniture, avec le conduit d'échappement.

Ainsi la pression de la vapeur d'admission ne s'exerçait plus, au dos du tiroir, sur la surface du cercle limité par la garniture. De là, diminution du frottement sur la glace du cylindre.

Mais pour que ce dispositif fût efficace, il était nécessaire que la garniture constituât un bon joint contre le dos du tiroir, sous peine de voir, non seulement la pression d'appui augmenter, mais encore, la vapeur active disparaître, sans avoir travaillé, dans le conduit d'échappement.

Il était, d'autre part, assez difficile de serrer de façon uniforme les vis bridant la garniture contre le dos du tiroir; d'où chance de coincement pendant la course rectiligne de celui-ci.

Enfin, comme le conduit d'échappement est souvent relié au condenseur de la machine, on était dans l'impossibilité de s'assurer si la garniture circulaire ne laissait aucun passage à la vapeur active.

Tous ces inconvénients conduisirent à la confection de divers systèmes de *distributeurs à compensateurs* d'un fonctionnement plus sûr et dont voici simplement deux types.

Distributeur à compensateur du Creusot

(Fig. 529.) Dans ce système, le dos du tiroir ne porte aucune ouverture. Une garniture circulaire A est disposée, comme dans le distributeur précédent, de façon à être pressée sur le dos du tiroir par une série de vis B, qu'on peut facilement serrer de l'extérieur. La capacité

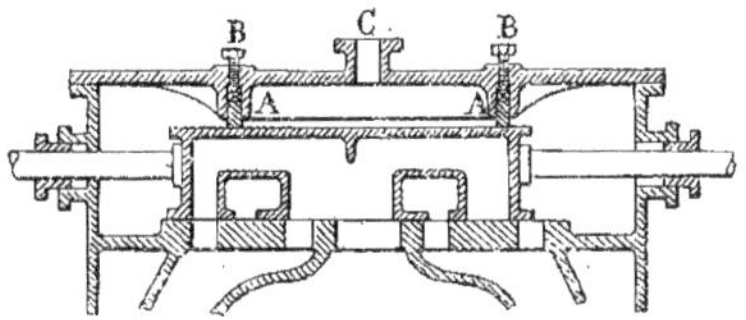

Fig. 529. — Distributeur à compensateur du Creusot.

ainsi constituée au-dessus du tiroir, qui est limitée par la garniture, est mise en communication soit avec le condenseur, au moyen d'un tuyau spécial, soit avec un conduit C débouchant à l'air libre. On peut, de cette façon, s'assurer que le joint de vapeur, réalisé par la garniture au-dessus du tiroir, est bien étanche, car il ne doit, dans aucun cas, laisser passer de la vapeur, que l'on verrait s'échapper dans l'atmosphère par le conduit C, ouvrant sur la capacité soustraite à son action.

La seule pression atmosphérique ou la pression régnant dans le condenseur s'exercent donc sur la surface circulaire du dos du tiroir inscrite dans la garniture. Le frottement du tiroir sur la glace du cylindre s'en trouve sensiblement diminué et la vapeur à haute pression peut, sans inconvénient, être admise dans la boîte à tiroir pour être distribuée au cylindre de la machine.

Distributeur à compensateur Normand

(Fig. 530.) Celui-ci a été établi dans le but de remédier à l'inconvénient résultant du serrage de la garniture circulaire contre le tiroir. Ce serrage est, en effet, difficile à établir régulièrement.

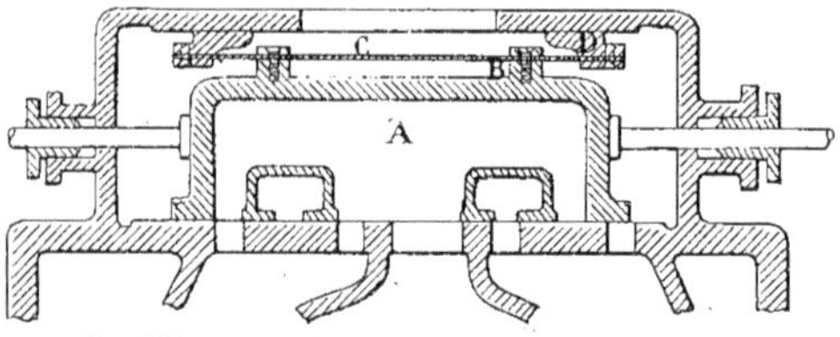

Fig. 530. — Distributeur à compensateur Normand.

Le *tiroir à compensateur Normand* se compose d'un tiroir A, dont le dos, qui ne porte aucune ouverture, est muni d'une portée rectangulaire B, sur laquelle on fixe une plaque d'acier C, de faible épaisseur. Cette plaque, débordant de chaque côté de la portée rectangulaire du tiroir, est rivée à un cadre rectangulaire métallique, généralement en bronze D, disposé au-dessus. Ce cadre vient s'appliquer sur la glace supérieure de la boîte à tiroir opposée à la glace du cylindre. La plaque en acier C, faisant office de ressort, applique le cadre en bronze D contre le couvercle, avec une pression suffisante pour rendre toute fuite de vapeur impossible.

Dans son mouvement, le tiroir entraîne avec lui la plaque flexible d'acier et le cadre dont elle est solidaire. Celui-ci glisse sur la glace du couvercle qui, largement ouvert, permet à la pression atmosphérique de s'exercer seule verticalement sur le dos du tiroir.

Ce dispositif de compensation, qu'il n'est pas utile de rendre abordable de l'extérieur, donne de bons résultats et est utilisé avec avantage dans les machines marines.

Distributeurs glissants équilibrés

(Fig. 531.) Les distributeurs à compensateurs ne suffisent toujours pas, quelle que soit l'ingéniosité avec laquelle ils sont établis, pour réduire à sa juste limite le frottement du tiroir, lorsqu'on emploie la vapeur à une tension très élevée.

On a recours, dans ce cas, à l'emploi des *distributeurs équilibrés*.

Ces distributeurs sont constitués par deux pistons, A et B, montés sur une même tige C et glissant, sans jeu, dans une capacité cylindrique D, placée dans la boîte à tiroir E. La capacité D communique avec la boîte à

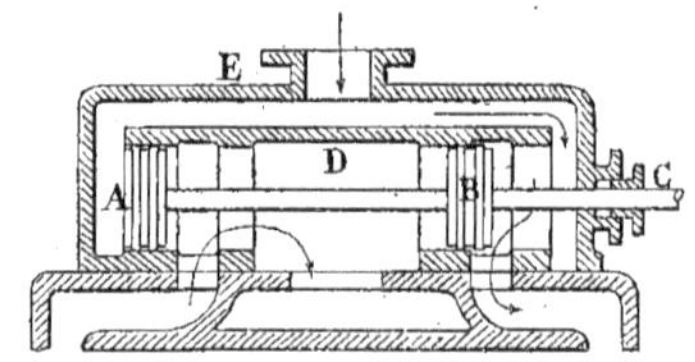

Fig. 531. — Distributeur équilibré.

tiroir par ses deux extrémités ouvertes, et porte, à sa partie inférieure, des lumières se raccordant exactement avec celles qui sont disposées sur la génératrice supérieure du cylindre à vapeur.

Les pistons, qui font office de tiroirs, portent, sur leur pourtour, des garnitures élastiques semblables à celles que nous avons décrites quand nous avons examiné les pistons à vapeur. Ils sont commandés, tout comme un tiroir, par un excentrique qui leur communique un mouvement rectiligne alternatif.

Chaque piston débouche ou obture donc, alternativement, chaque lumière du cylindre, et la met en communication, suivant son sens de mouvement, tantôt avec l'admission de vapeur, tantôt avec le conduit d'échappement.

Dans cette disposition, on remarque que la vapeur contenue dans la boîte à tiroir exerce son action sur les faces opposées des deux pistons, ce qui rend cette action nulle, et que, de plus, elle ne peut s'exercer verticalement, comme dans les distributeurs précédents, pour appuyer les pistons sur leur surface frottante. Les pistons sont donc *équilibrés* et le frottement qui se manifeste est limité à celui de pièces métalliques jouant les unes sur les autres.

Distributeurs équilibrés à détente variable

(Fig. 532.) Si les distributeurs équilibrés ont l'avantage de se soustraire facilement à la pression de la vapeur contenue dans la boîte à tiroir, il semble, d'autre part, qu'ils se prêtent d'une manière moins commode à la réalisation de la détente variable.

Pourtant, il a été construit un dispositif donnant toute satisfaction à ce sujet, dispositif qu'il est intéressant de connaître.

Il est constitué par deux pistons A et B glissant l'un dans l'autre. Le piston de grand diamètre A se meut dans un cylindre portant un fourreau fixe C, dans lequel on pratique les ouvertures qui correspondent aux lumières d'admission et à la lumière de sortie de vapeur, cette dernière pouvant communiquer avec le tiroir d'un autre cylindre de la machine. Le piston A, frottant contre les parois de son fourreau C, par l'intermédiaire de bagues circulaires métalliques, porte également les ouvertures appropriées pour permettre la distribution de la vapeur dont il est entouré.

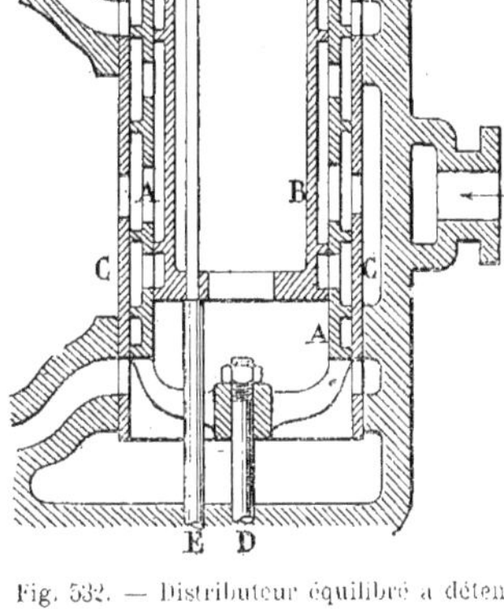

Fig. 532. — Distributeur équilibré à détente variable.

Le piston intérieur B, est un cylindre coulissant dans le gros piston A, sur lequel il frotte par une série de garnitures métalliques circulaires. Il ne porte sur ses génératrices aucune ouverture.

Le grand piston est mu par un excentrique dont la tige D est placée dans son axe; le petit piston est actionné par un second excentrique dont la tige E est disposée sur le côté.

Les deux pistons ont, entre eux, des mouvements relatifs semblables à ceux du tiroir ordinaire et du tiroir auxiliaire dans les distributions à détente variable que nous avons décrites.

Le piston A, en effet, agit comme le *tiroir ordinaire,* mettant successivement en communication, dans son mouvement rectiligne alternatif, les lumières du cylindre avec l'admission de vapeur ou avec l'orifice d'échappement.

Le piston B, qui est le *tiroir auxiliaire,* règle le degré de détente en obturant, au moment déterminé, la lumière d'admission.

Le point où commence la détente est rendu variable par les diverses positions de calage que peut occuper l'excentrique qui commande le petit piston B.

Ces positions peuvent être rendues dépendantes du régulateur, qui fait varier l'*angle de calage* suivant la vitesse de rotation de la machine.

Distributeurs oscillants

Les systèmes de distributeurs glissants que nous avons examinés jusqu'ici, ne permettent pas de réduire l'*espace mort* à sa plus faible limite.

On sait que l'*espace mort* est constitué par le volume que peut occuper la vapeur, de chaque côté du piston, quand celui-ci a terminé sa course dans un sens ou dans l'autre.

Cette vapeur se trouve, de ce fait, non utilisée et, de plus, elle tend, à l'admission suivante, à se réchauffer au détriment de la nouvelle vapeur vive introduite, ce qui est nuisible à l'obtention du meilleur rendement.

Dans les machines à *distributeurs glissants*, les *espaces morts* comprennent : l'espace libre laissé, à chaque fin de course du piston, entre sa face et le fond du cylindre ; le volume occupé par les conduits d'admission de vapeur au cylindre ; l'espace non occupé dans la boîte à tiroir par les organes distributeurs.

Quand une machine tourne à grande vitesse et qu'elle comporte plusieurs cylindres, pour permettre la *multiple expansion*, son régime s'accommode bien de l'emploi des distributeurs glissants, malgré l'importance des *espaces morts*, que l'on réduit malgré tout à leur minimum, mais pour des machines de grande puissance, dont la vitesse est plus faible, et dans lesquelles on veut employer de la vapeur à tension élevée, il est avantageux de supprimer le plus possible les *espaces morts* et d'utiliser, pour cela, le système de *distributeurs oscillants* établis dans ce but, et qui se prêtent, en outre, très bien à l'obtention d'une fermeture brusque de l'admission de vapeur, au moment où on veut faire commencer la période de détente.

Distribution Corliss à lame de sabre

(Fig. 533.) Le type de distribution par *tiroirs oscillants* est la *distribution Corliss*. C'est la première en date, et elle a été, depuis sa création, l'objet de nombreuses et ingénieuses transformations, qui, tout en ne modifiant pas son principe, en ont fait un mécanisme d'un emploi très sûr.

Elle comporte quatre tiroirs, oscillant chacun autour d'un axe placé transversalement par rapport au cylindre à vapeur.

Deux des tiroirs, A et B, sont placés au-dessus de ce cylindre, les deux autres, C et D, sont disposés au-dessous.

Au lieu d'avoir, comme dans les distributeurs précédents, une surface plane de contact avec le cylindre, les quatre tiroirs, étant animés d'un mouvement circulaire alternatif autour de leur axe, doivent glisser sur une surface cylindrique ménagée sur le cylindre. C'est ce qui leur donne l'apparence de robinets.

Toutefois, dans les robinets, le contact est conique et est assuré par des écrous et des vis de rappel, tandis qu'ici c'est la pression de la vapeur qui applique le tiroir contre la surface du cylindre qui le reçoit. De petits ressorts *l* (Fig. 533), placés entre l'axe *m* et le corps du distributeur *n*, assurent simplement le contact initial.

Les quatre tiroirs démasquent ou obturent, dans leur jeu, quatre lumières débouchant, dans le cylindre, contre les deux faces du piston présentées alternativement à chaque fin de course.

L'*espace mort* est ainsi réduit considérablement.

Les deux tiroirs C et D, qui sont les tiroirs d'échappement, sont reliés par l'intermédiaire de deux manivelles, C F, D G, et de deux bielles, F H, G I, à un plateau qui peut osciller autour du point E.

Les deux tiroirs d'admission A et B ne sont pas liés à ce même plateau d'une façon rigide. Ils sont solidaires de son mouvement par l'intermédiaire de deux balanciers, J et P, supportant une pièce à accrochage K, qui peut, à certains moments déterminés, libérer la tige de commande des tiroirs oscillants, ainsi que nous allons l'expliquer.

Le plateau articulé au point E commande, par deux bielles, L M et N O, s'attachant aux points L et N du plateau, le mouvement des ton *c* qui se meut dans un petit corps de pompe *d* et se prolonge, au delà du piston, par une bielle, *b e*, articulée à la manivelle *e* A, solidaire du distributeur oscillant A.

La tige *a b* est sollicitée à avancer de la droite vers la gauche par un ressort-lame *g*, de même longueur que le balancier, qui tire sur la tige *a b* par l'intermédiaire d'une petite bielle, *f a*. Chaque tiroir d'admission, A et B, est commandé par un dispositif semblable. Les points d'attache L et N, des bielles de commande des balanciers au plateau

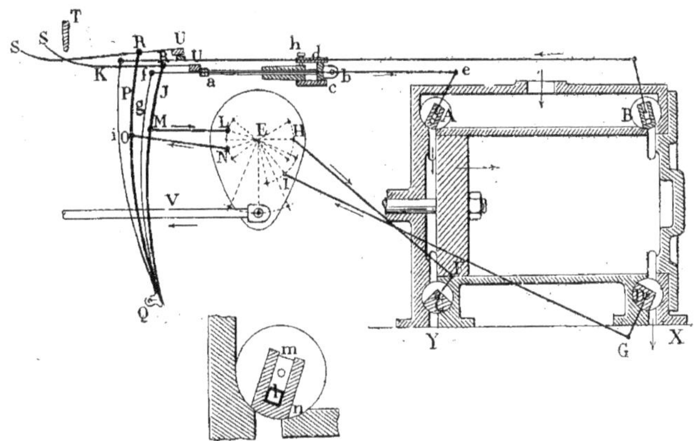

Fig. 533. — Distribution Corliss à lame de sabre.

deux balanciers J et P, oscillant autour du point Q. La forme particulière de ces balanciers leur a fait donner le nom de *lame de sabre*.

Chaque *lame de sabre* porte, à sa partie supérieure, articulée au point R, la pièce à accrochage K, dont le bec relevé S peut être actionné par un doigt T, dont la position dépend du régime du régulateur. A l'extrémité opposée au bec S, la pièce à accrochage est disposée en forme de cliquet U pouvant s'enclencher au bout de chaque tige actionnant les distributeurs A et B. Prenons, par exemple, la tige *a b* qui commande le distributeur A. Cette tige est munie d'un pis-

E diffèrent seulement. Le plateau E reçoit un mouvement d'oscillation de l'excentrique calé sur l'arbre de la machine, par l'intermédiaire de sa barre V.

Si nous supposons la barre d'excentrique au milieu de sa course, le sens du mouvement dirigé de la droite vers la gauche, ainsi que l'indique la flèche placée sur la tige V, la bielle L M va tirer le balancier J, qui oscillera autour du point Q en entraînant, vers la droite, la pièce supérieure d'accrochage K. Dans ce mouvement, la butée U poussera, dans le même sens, la tige *a b*, en bandant le ressort-lame *g*, de rappel de cette tige, écartera le piston *c* du fond du cylindre à air *d*, et provoquera, par l'intermédiaire de la bielle *b e* et de la manivelle *e* A, l'oscillation du tiroir A. Ce dernier mouvement mettra en communication la lumière d'admission avant du cylindre avec la vapeur contenue dans l'enveloppe, et l'admission aura lieu à pleine pression.

Dans son excursion vers la droite, le bec S de la pièce d'accrochage K, s'est rapproché du doigt T solidaire du régulateur.

Si cette excursion se poursuit, les deux pièces viendront d'abord au contact, puis le doigt T, appuyant sur le plan incliné du bec S, fera basculer le levier d'accrochage K autour de son point fixe R, et la butée U se dégagera de la tige *a b*. A ce moment, cette tige, sous l'action du ressort-lame *g*, bandé dans le mouvement précédent, retournera brusquement vers la gauche, entraînant avec elle le piston *c* et la bielle *b c*, et provoquant, par l'oscillation du tiroir A, la fermeture brusque de l'admission de vapeur. La détente commencera donc à ce moment, et on conçoit que le degré de cette détente dépend simplement de la position du doigt T par rapport au bec S du levier d'accrochage. Cette position relative des deux pièces est à chaque instant établie, pendant le fonctionnement de la machine, par le régulateur dont le manchon commande, par un système de leviers, le déplacement de la pièce de butée T.

Dans son brusque mouvement de retour, sous l'action du ressort *g*, la tige *a b* aurait certainement à supporter un choc, si on ne l'avait pas rendue solidaire du piston amortisseur *c*. Celui-ci, en effet, comprime, dans le fond du cylindre *d*, l'air qui y est contenu et qui peut s'échapper par un trou ménagé dans cette paroi. L'ouverture du trou est rendue réglable au moyen d'une vis-pointeau, *h*. On peut ainsi permettre au piston *c* d'arriver, avec une vitesse amortie, au fond du cylindre *d* et, par conséquent, obtenir pour la tige *a b* et l'attirail qu'elle entraîne, un mouvement exempt de choc, malgré son brusque déclenchement.

Le second tiroir d'admission B est manœuvré de la même manière que le premier, mais les bielles et leviers qui le commandent sont disposés de manière que l'admission ait lieu, dans le cylindre, au moment propice de la course du piston et de l'excentrique.

Examinons maintenant le fonctionnement des tiroirs d'échappement.

Ceux-ci ne comportent aucun retour brusque en arrière. Ils sont, avons-nous dit, liés rigidement au plateau E par deux bielles, F H, G I, et deux manivelles, C F et D G.

Si nous reprenons le mouvement de la barre d'excentrique à partir du milieu de sa course vers la gauche, comme précédemment, il est aisé de se rendre compte que, par suite du mouvement d'oscillation imprimé au plateau E, la bielle I G tire sur la manivelle G D et établit, par l'oscillation du tiroir D, la communication entre le cylindre à vapeur, à l'arrière du piston, et le conduit d'échappement X.

L'admission étant ouverte en avant et l'échappement étant ouvert à l'arrière du piston, celui-ci peut parcourir sa course de la gauche vers la droite. Cette course déterminera, à partir d'un certain point, un mouvement de la barre d'excentrique en sens inverse du précédent, et le plateau E oscillera également en sens inverse.

L'oscillation du plateau E, qui a provoqué l'ouverture du tiroir d'admission A et du tiroir d'échappement D, a déterminé également le retour, vers la gauche, du balancier P, lié au second tiroir d'admission B par une seconde pièce d'accrochage K, en tout semblable à la première.

Ce second balancier P est, en effet, conduit par une bielle, O N, solidaire du plateau oscillant E. Dans la phase précédente du mouvement, le tiroir d'admission B avait été ouvert, et, au moment de la détente, la pièce d'accrochage K, qui le commande, s'était relevée en libérant la tige du distributeur.

Cette tige était revenue vers l'avant, sous l'action de son ressort-lame *i*, tandis que la pièce d'accrochage K continuait sa course vers l'arrière, en s'appuyant sur sa face supérieure. Dans la phase qui nous occupe, le balancier P est poussé vers la gauche par le plateau E et la bielle N O.

La pièce d'accrochage glisse sur la tige de commande du distributeur, le bec du cliquet U toujours relevé, jusqu'à ce qu'ayant parcouru une course suffisante, ce bec vienne déborder le bout de la tige de transmission. A ce moment, il tombe et s'engage à l'extrémité de cette tige, prêt à recommencer une nouvelle course vers la droite, en entraînant, cette fois, la tige et le tiroir d'admission qu'elle actionne.

Le second tiroir d'échappement C reste, pendant ce temps, constamment fermé. Ce n'est que vers la fin de la course du piston vers la droite, et au retour de la barre d'excentrique, qu'il commence à découvrir le conduit d'échappement Y, en réalisant une *avance à l'échappement*, déterminée par la position de calage de l'excentrique sur l'arbre de la machine.

Revenons au piston qui va progresser de la gauche vers la droite, grâce à la disposition des tiroirs A et D. Cette course déterminera, par l'intermédiaire de l'arbre de la machine, un mouvement de l'excentrique qui se traduira, à un certain moment de la course du piston, par un avancement de la barre d'excentrique dirigé en sens inverse du précédent.

Le plateau E oscillera également en sens inverse et cette nouvelle oscillation provoquera des mouvements symétriques aux précédents, mais intéressant, cette fois, l'ouverture du tiroir d'admission B et du tiroir d'échappement C. Le piston, parvenu à son bout de course vers la droite, pourra alors progresser vers la gauche, et son mouvement alternatif se continuera ainsi régulièrement tant qu'on admettra de la vapeur dans la boite supérieure.

Ce système de distribution, très ingénieux, a été appliqué, dès 1867, à la machine à vapeur construite par l'Américain Corliss.

Quoique d'apparence compliquée, par suite de la présence des bielles et leviers actionnant les tiroirs oscillants, cette distribution est, en réalité, relativement simple et ne nécessite que l'emploi d'un seul excentrique. Ses différents mouvements sont réalisés sans choc et les distributeurs se déplacent avec une vitesse variable, favorable au bon fonctionnement, grâce à l'obliquité des bielles; mais, telle que nous venons de la décrire, elle comportait deux inconvénients.

Le premier consistait à ne pouvoir admettre la vapeur que pendant les 4/10, au maximum, de la longueur de la course du piston.

Le second, très grave, tenait à ce qu'en cas d'avarie dans les organes composant le régulateur, celui-ci se trouvait mis à l'arrêt et ses boules tombant contre l'axe vertical, le manchon faisait basculer la pièce portant le doigt T qui se trouvait placé trop haut pour venir rencontrer le bec S de la pièce d'accrochage K. Le déclic n'avait donc plus lieu et la fermeture de l'admission de vapeur ne se faisait pas au moment de la détente. La machine risquait donc de s'emballer et de provoquer des accidents sérieux dont les moindres étaient des détériorations, certaines dans ses principaux organes.

Les ateliers de construction de machines à vapeur Garnier et Faure-Beaulieu, anciennement Lecouteux et Garnier ont, tout en conservant dans son principe et dans la plupart des détails, la *distribution Corliss à lame de sabre*, remédié aux inconvénients cités plus haut, en modifiant simplement la disposition de la pièce d'accrochage supérieure K.

Distribution Garnier et Faure-Beaulieu à lame de sabre.

(Fig. 534 et 535.) Il a été adjoint, à cette pièce d'accrochage K, un petit cliquet A supplémentaire, articulé en un point fixe B. Ce cliquet est sollicité à pivoter autour de son point d'articulation B, par un ressort à boudin C fixé, d'une part, à l'extrémité E du levier d'accrochage et, d'autre part, à l'extrémité inférieure D du cliquet A. Le doigt F, actionné par le régulateur, a la forme d'un T renversé dont la branche transversale est inclinée par rapport au levier K.

En outre, le levier G, support du doigt F, qui est articulé au point H et commandé par l'extrémité I, porte, sur une des branches, une proéminence J dont nous verrons le rôle dans un instant.

Lorsque le levier d'accrochage K progresse vers la droite, après avoir été enclenché avec la tige de commande du tiroir d'admission, le bec supérieur du cliquet A est rencontré, à un moment de la course du levier K, par le doigt F du régulateur. Le cliquet A s'incline et s'efface sous la pression de ce doigt, en bandant le ressort à boudin C (Fig. 535). Le levier d'accrochage continue donc sa course sans que le doigt du régulateur ait eu la moindre influence sur son oscillation. L'admission de vapeur se prolonge, pendant ce temps, dans le cylindre, le tiroir étant maintenu ouvert. Le levier K termine sa course vers la droite sans que le déclenchement de la tige du tiroir se soit produit. Le cliquet A, qui s'était abaissé sous le doigt F, s'est relevé, sous l'action de son ressort C, lorsque ce doigt s'est trouvé dépassé.

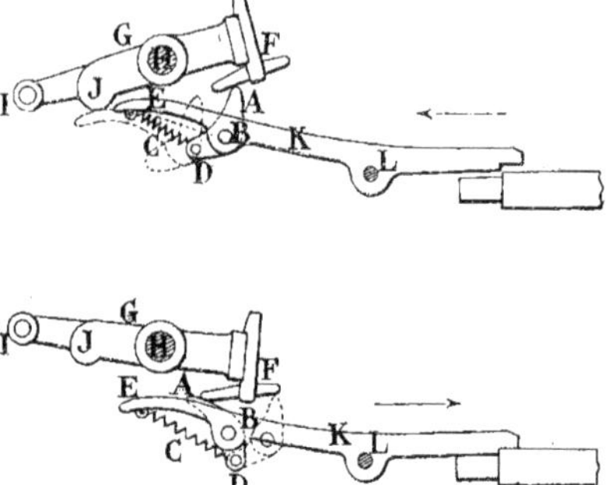

Fig. 534 et 535. — Dispositif Garnier et Faure-Beaulieu.

Pendant le retour vers la gauche du levier d'accrochage K le bec supérieur du cliquet vient de nouveau rencontrer le doigt F, mais par sa face opposée cette fois, et comme le cliquet ne peut plus s'effacer dans cette position, parce qu'il porte contre une butée, il s'ensuit qu'à mesure que le levier d'accrochage K progresse vers la gauche, le bec du cliquet A s'abaisse en suivant la pente de la branche transversale du doigt F. Cet abaissement provoque le basculement du levier K autour de son point d'articulation L et, par conséquent, le déclenchement, à un moment déterminé, de la tige de commande du tiroir d'admission.

Celle-ci revient alors brusquement à sa position initiale en fermant l'admission. La détente commence seulement à cet instant.

On voit toute la différence qui existe entre la période d'admission dépendant de la *distribution Corliss* et celle dépendant de la *distribution Garnier-Faure-Beaulieu*, par la simple adjonction du cliquet A au levier K, qui sert à la fois de levier d'accrochage et de levier de déclenchement. Tandis qu'avec la *distribution Corliss* on était limité à une admission pouvant atteindre les 3 ou 4/10 de la course du piston, dans la *distribution Garnier-Faure-Beaulieu* elle peut avoir lieu pendant les 8/10 de cette course et être réglée pour tous les degrés inférieurs.

Cette disposition est nécessaire pour un emploi avantageux de la machine à vapeur. Elle permet de lui donner une souplesse suffisante pour parer aux à-coups qui se produisent, pendant le mouvement, par suite de l'adjonction ou du retrait des résistances dues à un travail de puissance variable.

Voilà donc supprimé le premier des inconvénients que nous avions signalés.

La proéminence J, établie sur une des branches du levier G, suffira pour anéantir le second. En effet, si nous supposons que, pour une cause quelconque, le régulateur se trouve mis à l'arrêt pendant que la machine continue à marcher, les bras supportant les sphères tomberont contre l'axe vertical du régulateur, et le manchon descendra, provoquant l'oscillation du levier G autour du point fixe H (Fig. 534).

La bosse J viendra, dans ce mouvement, buter sur l'extrémité du levier d'accrochage K, le fera osciller autour de son point d'articulation et provoquera le déclenchement de la tige qui commande le tiroir d'admission.

Les deux tiroirs d'admission se trouveront ainsi, par leur ressort-lame respectif, ramenés à leur position de fermeture, et la vapeur ne pourra plus être admise dans le cylindre tant que le régulateur sera arrêté, c'est-à-dire tant que son manchon ne s'élèvera pas. La machine s'arrêtera donc automatiquement au lieu de s'emballer comme avec la disposition précédente.

Distribution Corliss à bielles suspendues.

(Fig. 536.) Il est un autre type de *distribution Corliss* réalisant les mêmes conditions que la *distribution Corliss à lame de sabre*, mais présentant un aspect plus ramassé; c'est la *distribution type Corliss à bielles suspendues*.

Elle est constituée, comme la précédente, par quatre distributeurs dont deux, A et B, forment les tiroirs d'admission, tandis que les deux autres C et D sont les tiroirs d'échappement.

Chaque distributeur est solidaire d'une petite manivelle.

Les manivelles des deux tiroirs d'échappement sont respectivement reliées à deux bielles, E F et G H, articulées, d'une part, aux manivelles, en E et G, et, d'autre part, à un plateau central, en F et H.

Le plateau central S est un disque pouvant osciller autour du point Q, qui ne se confond pas avec son centre. Le mouvement d'oscillation lui est transmis par la barre d'un excentrique qui s'articule sur lui au point R.

Les deux tiroirs d'admission A et B sont reliés au plateau S par deux bielles L K et J I, et par deux liens flexibles réalisés par deux ressorts T et U.

Ces ressorts, fixés sur chaque bielle par leur branche inférieure, reposent, par leur branche supérieure, sur chaque bout d'axe des manivelles A K et B I commandant les deux tiroirs d'admission.

Un arrêt *a,* disposé sur chaque bielle, limite, dans un sens, l'excursion de chaque manivelle, et un ergot *b,* placé également sur chaque bielle, commande l'excursion de chaque manivelle et, partant, du distributeur dont elle est solidaire.

Enfin une tige cylindrique *c,* coulissant à frottement doux dans un guide *d,* vient constamment appuyer sur chaque bielle supérieure. Cette tige peut buter, par son extrémité supérieure, sur une pièce *e,* en forme de coin, qui est rendue solidaire d'une tige cylindrique *f,* dont le déplacement horizontal, en avant ou en arrière, est commandé directement par le déplacement en hauteur du manchon du régulateur.

Quand le plateau S oscille, entraîné par l'excentrique, l'ergot *b* d'une des bielles supérieures entraîne une des manivelles calées sur l'axe d'un des tiroirs d'admission. Par suite du court rayon de cette manivelle, son bout d'axe, qui s'appuie sur le ressort T ou U, s'élève sensiblement par rapport au plan horizontal. La bielle, qui est articulée sur le plateau, suit ce mouvement ascensionnel, mais la tige *c,* qui est soulevée verticalement en même temps, vient, à un moment donné, buter contre le plan incliné de la pièce *e* et arrête le mouvement de la bielle dans le sens de la hauteur. Cependant, la manivelle du tiroir continuant sa course circulaire, son extrémité s'élève toujours, en ouvrant les branches du ressort, et il arrive un moment où cette extrémité, échappant à l'ergot qui l'entraînait, la manivelle, sollicitée par un poids P, attaché à un bras perpendiculaire à sa direction, retourne brusquement à sa position initiale en provoquant la fermeture du tiroir d'admission. La détente commence donc.

Le commencement de cette détente dépend donc, uniquement, de la position de la pièce *e* par rapport à la tige cylindrique *c* qui vient buter contre elle. Cette position

Dans le mouvement de retour de la bielle, l'ergot d'entraînement *b* passe de nouveau de l'autre côté de la manivelle, grâce à l'élasticité du ressort T, qui fléchit pour le laisser passer, et les diverses pièces sont dans le même état, prêtes à recommencer une nouvelle course dont les phases seront semblables à celles que nous venons de décrire.

Le second tiroir d'admission, commandé

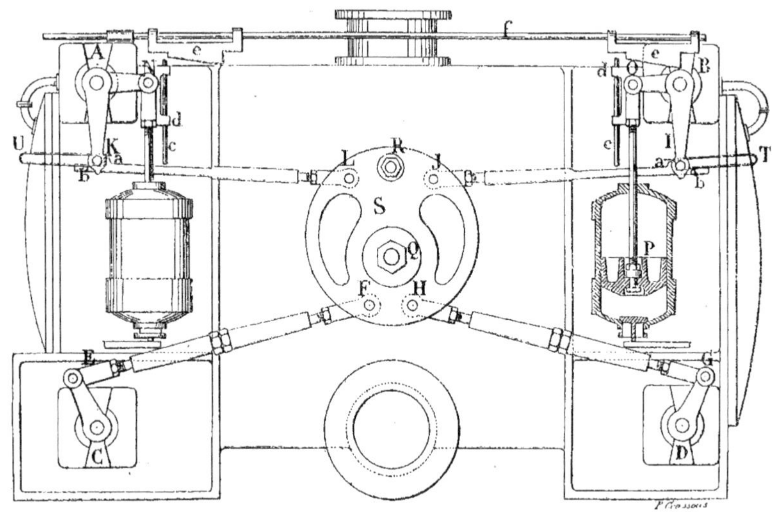

Fig. 336. — Distribution Corliss à bielles suspendues.

étant déterminée par le régulateur, c'est donc celui-ci qui règle la détente.

Le poids P, qui provoque la fermeture du conduit d'admission de vapeur, a la forme d'un piston et se meut dans un cylindre à air jouant le rôle d'amortisseur. Ce cylindre est percé, à sa partie inférieure, d'un trou dont l'orifice peut être obturé ou découvert, plus ou moins, par une tige réglable qui manœuvre un petit clapet. Il en résulte que le brusque retour, à sa position de fermeture, du tiroir d'admission s'opère sans choc, l'air comprimé dans le cylindre au-dessous du piston formant un matelas d'air suffisant pour obtenir un arrêt très doux.

de la même façon que le premier, se déclenche par des moyens identiques, et le moment de sa manœuvre est déterminé par la position relative, sur le plateau S, de la bielle qui l'actionne.

Les tiroirs d'échappement sont reliés d'une façon rigide au plateau oscillant S, et les bielles qui les commandent sont placées sur celui-ci, à une position telle que leur manœuvre se fasse judicieusement.

Les quatre bielles actionnant les quatre tiroirs ont une longueur qui peut être réglée, car elles ont au moins une de leurs extrémités se vissant dans les pièces à relier qui forment écrous. En imprimant un mou-

Fig. 537. — Machine Farcot, type Corliss. Usine élévatoire des eaux du Vésinet.

vement de rotation, on modifie à volonté la longueur des bielles dans les deux sens. C'est évidemment un réglage qu'il peut être important d'établir à la mise en route de la machine, ou, de temps à autre, pour compenser certains jeux qui peuvent être produits par suite du fonctionnement continu des organes.

Cette distribution emprunte son nom à la disposition des bielles supérieures, qui, en réalité, sont suspendues, par l'intermédiaire des ressorts-lames, à deux branches.

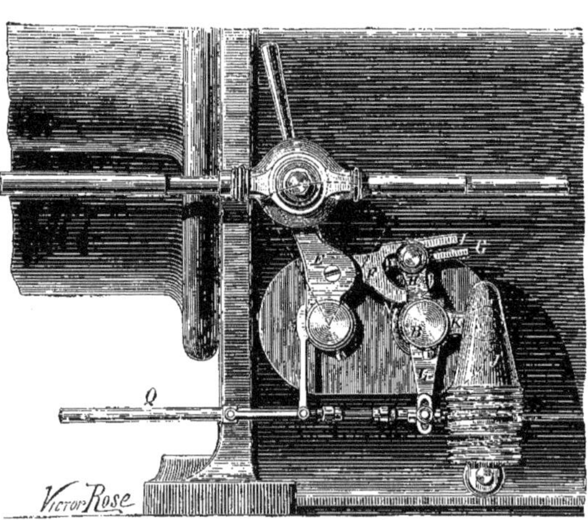

Fig. 538. — Distribution Wheelock. Vue extérieure.

Nous avons dit que les types de distribution Corliss étaient très variés. Les principaux constructeurs de machines à vapeur, tout en conservant le système des quatre tiroirs oscillants, ont, en effet, adopté des dispositifs spéciaux pour réaliser leur manœuvre. Nous décrirons ces dispositifs particuliers quand nous examinerons les machines elles-mêmes. Nous parlerons alors des distributions genre Corliss construites par Cail, Farcot, Le Creusot, Weyher et Richemond, etc...

Il est encore un genre de distribution à tiroirs oscillants qui présente des particularités méritant d'être signalées, c'est la *distribution Wheelock.*

Distribution Wheelock. (Fig. 538 à 541.) Elle comprend, comme la distribution Corliss, quatre obturateurs oscillants, mais placés, tous les quatre, à la partie inférieure du cylindre, côte à côte, deux par deux, à chacune de ses extrémités.

En outre, un seul des tiroirs A (Fig. 540) permet, à chaque extrémité, de réaliser l'admission et l'échappement; le tiroir auxiliaire B, qui lui est juxtaposé, ne sert que pour obtenir la détente.

Sur l'axe du tiroir A est fixé un levier E (Fig. 538), à la partie supérieure duquel est attelée la barre d'excentrique. Cette barre est simplement posée dans une fourchette ménagée à l'extrémité de ce levier E, de façon à lui assurer une oscillation dépendante de son mouvement alternatif; mais on peut, très facilement, soulever cette barre d'excentrique par la tige qui la prolonge à l'arrière, et rendre indépendant le levier E et, par conséquent, le tiroir A. Dans ce cas, on peut, en manœuvrant à la main le levier E, par la poignée qui le termine, à la partie supérieure, faciliter, s'il y a lieu, la mise en marche de la machine.

Sur le levier de commande du tiroir est vissé, au point E, un tourillon R, qui participe donc à tous les mouvements d'oscillation de ce levier.

Ce tourillon R (Fig. 539) reçoit le levier en forme fourchette F, qui peut osciller librement sur lui et, de plus, à son extrémité, il sert encore de tourillon à une tige G qui, aplatie au droit de son passage dans la branche du levier à fourche F, peut osciller, indépendamment de ce levier, grâce à un dégagement pratiqué dans son épaisseur. Le tourillon R, qui sert de pivot à la fois au levier à fourche F et à la tige G, comporte une embase M encastrée dans le levier E, et qui est excentrée par rapport au pivot R. Le centre de cette embase se confond avec le point de fixation E, de façon qu'en desserrant le tourillon, en le faisant tourner dans un sens ou dans l'autre et en le rebloquant, on puisse faire varier la position relative du levier à fourche F, par rapport aux organes qui commandent son soulèvement. On peut ainsi procéder à un réglage déterminé du déclenchement du tiroir de détente B.

La tige G, qui est aplatie pour se mouvoir dans l'épaisseur du levier à fourche F, se prolonge, entre les deux branches de la fourche, par une partie cylindrique sur laquelle peut glisser, longitudinalement, à frottement doux, une sorte de douille S, en acier, dont la forme extérieure est un parallélipipède rectangle. La face verticale de cette douille, qui appuie derrière la tête du levier H, porte un tourillon qui s'engage dans un trou ménagé au centre de cette tête. Il en résulte que le levier H est lié, dans son mouvement d'oscillation, avec la douille glissante S et la tige G qui pivote autour du tourillon R.

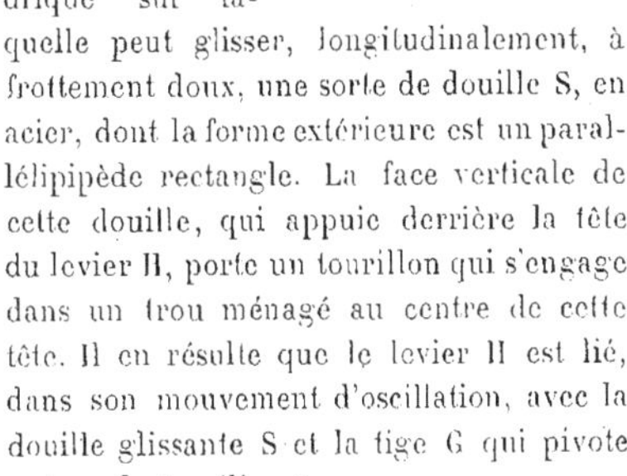

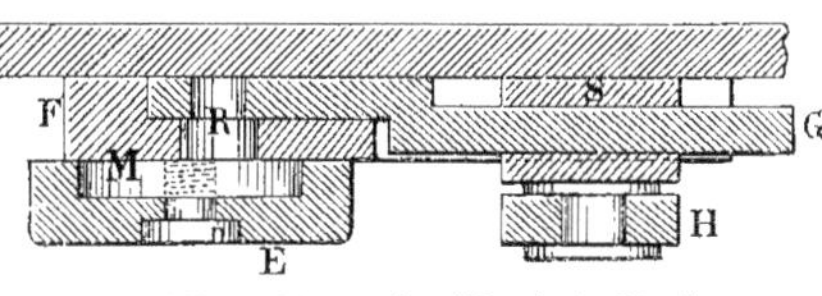

Fig. 539. — Distribution Wheelock. Détails.

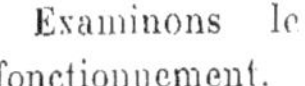

La branche supérieure du levier à fourche appuie par sa face interne, qui est plane, sur la face supérieure de la douille glissante S, qui est également plane. De plus, à l'extrémité de cette branche est placé un ergot d'accrochage contre lequel vient buter l'extrémité de la douille S, qui est sollicitée à s'y appuyer par l'action d'un poids J, solidaire de la branche horizontale K du levier H qui actionne le tiroir de détente B. Le poids J s'appuie sur un ressort à boudin qui jouera le rôle d'amortisseur quand le déclenchement du levier H se produira en laissant le poids tomber brusquement.

Un autre levier L, qui oscille autour du même axe que le levier H, est placé derrière lui et possède un mouvement indépendant des autres leviers. L'embase circulaire N de ce levier porte deux mamelons contre lesquels peut venir buter la branche inférieure du levier à fourche F.

La position du levier L et de son embase et, par conséquent, la position relative des mamelons de l'embase N, par rapport au levier à fourche, est déterminée par les variations du régulateur qui sont transmises au levier L par la tige Q.

Examinons le fonctionnement.

La barre d'excentrique avance vers la gauche, en entraînant le levier E qui oscille et donne au distributeur A une position telle, que la communication peut s'établir entre le conduit d'admission de vapeur et la lumière avant du cylindre. Ce même mouvement a provoqué l'entraînement du levier H, qui oscille autour de son centre en soulevant le poids J. Cet entraînement est réalisé par le doigt d'accrochage placé en bout du levier à fourche F qui, appuyant sur l'extrémité de la douille S, la fait glisser le long de la tige cylindrique G en déplaçant la tête du levier H. Le distributeur B se trouve, par suite de l'oscillation du levier H, dans une position qui permet à la vapeur de pénétrer dans le cylindre par la lumière d'admission découverte par le distributeur A (Fig. 540). L'admission a donc lieu et le piston et l'excentrique continuent leur course respective jusqu'au moment où, dans son excursion, la branche inférieure du levier à fourche F vient rencontrer un mamelon placé sur l'embase N du levier L. Cette butée soulève le levier F qui oscille autour du tourillon R. La tige G ne participe pas à ce mouvement, étant maintenue à sa position par le levier H et l'action du poids J. Le doigt d'accrochage se dégage de plus en plus de l'extrémité de la douille S, et lorsque le dégagement est complet, le levier H oscille, brusquement entraîné par la chute du poids J, qui est amortie par le ressort à boudin. Ce mouvement provoque l'oscillation de l'obturateur B et la fermeture brusque de l'admission de vapeur dans le cylindre. La période de détente commence.

Le tiroir de détente B est donc ramené plus ou moins tôt, à sa position de fermeture, suivant que le régulateur occupe telle ou telle position dépendant de la vitesse de la machine, position qui se traduit par le déplacement du levier L et la présentation, en avance ou en retard, du mamelon contre la branche inférieure du levier F. La détente est ainsi rendue réglable par l'action du régulateur.

Fig. 340. — Distribution Wheelock. Coupe par les distributeurs.

La glace du tiroir de détente B porte un évidement qui permet d'effectuer l'admission des deux côtés à la fois, comme l'indiquent les flèches. La vapeur arrive donc par un double orifice, ce qui ne nécessite qu'une amplitude d'oscillation moindre, et le fonctionnement du tiroir de détente y gagne, pour cela, en rapidité.

Le second mamelon, disposé sur l'embase N du levier L, a pour but de provoquer l'arrêt de la machine, dans le cas où le régulateur viendrait lui-même à s'arrêter.

En effet, dans cette circonstance, la tige Q serait poussée vers la droite par la descente du manchon, du régulateur. Le levier L oscillerait et l'embase N présenterait le second mamelon au contact de la branche inférieure du levier à fourche F. Ce levier serait constamment relevé; le tiroir de détente, dès l'abord déclenché, ne pourrait plus être mis en prise et l'admission de vapeur cesserait dans le cylindre.

Revenons au mouvement de la distribution. Après la fermeture brusque du tiroir de détente B, la barre d'excentrique continue sa course vers la gauche, puis commence sa course en sens inverse, en entraînant toujours avec elle l'attirail de déclenchement. Le tiroir A oscille aussi dans le sens opposé au précédent et, à un certain moment, il fait communiquer l'intérieur du cylindre avec le conduit d'échappement. Le piston est alors prêt à commencer sa course vers la gauche, en refoulant la vapeur qui se trouve derrière lui, dans le conduit d'échappement. En même temps, le levier à fourche F, conduit par le levier E et la barre d'excentrique, a accompli son excursion vers la droite, et le bec d'accrochage de sa branche I est venu retomber contre l'arête de la douille glissante S, solidaire du levier H, de sorte que lorsque la barre d'excentrique retournera vers la gauche, elle provoquera une nouvelle manœuvre d'ouverture des tiroirs d'admission semblable à celle que nous venons de décrire.

Il est bien évident que les mécanismes de déclenchement des deux groupes de tiroirs placés à chaque extrémité du cylindre, doivent être réglés de telle sorte que les admissions et les échappements respectifs puissent se faire alternativement, en suivant le déplacement du piston dans le cylindre.

La *distribution Wheelock* est, en somme, assez simple. Elle donne de bons résultats, et comme le cylindre ne possède qu'une seule lumière, très courte, à chacune de ses extrémités, les espaces morts ne sont pas considérables.

Les distributeurs ou tiroirs sont légèrement coniques, pour pouvoir en régler la pression contre la table des lumières. Ils sont équilibrés pendant la plus grande partie de la course, c'est-à-dire que la vapeur ne les presse pas contre les tables des lumières. Il en résulte que, par suite, la force nécessaire pour les mouvoir n'est pas considérable et que leur usure est très faible.

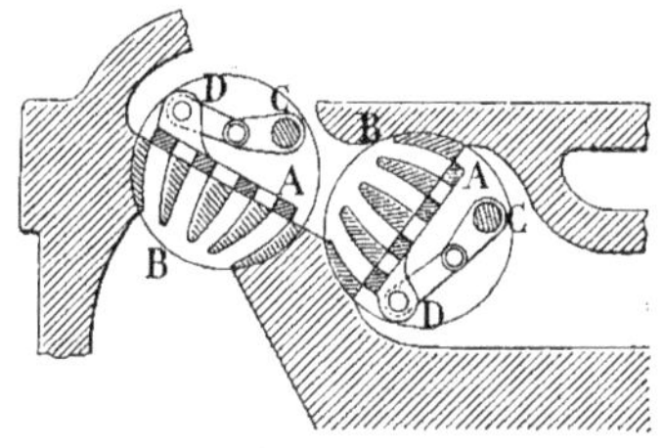

Fig. 541. — Distribution Wheelock par tiroirs plans.

Il a été apporté une modification heureuse à la disposition de ces distributeurs, de façon à augmenter leur rapidité de manœuvre, par la diminution de l'amplitude de leur excursion (Fig. 541).

Le distributeur circulaire est remplacé par une plaque rectangulaire A, qui se meut, en glissant à plat, sur une sorte de grille B dont la face plane porte les lumières.

La disposition est la même pour les deux tiroirs juxtaposés. Le logement de l'ensemble de chaque tiroir a conservé, comme dans la disposition précédente, la forme circulaire.

La grille B, formant glace, est rentrée, dans chaque logement, avec un léger serrage, de façon qu'on puisse, le cas échéant, la sortir pour la nettoyer ou la remplacer. La plaque A, constituant le tiroir proprement dit, porte une série de lumières longitudinales qui peuvent correspondre exactement avec celles qui sont disposées sur la glace. Le mouvement rectiligne du tiroir est provoqué par l'oscillation d'un axe C qui commande ce tiroir, par l'intermédiaire d'un levier articulé D.

Le mécanisme extérieur de distribution est en tout semblable à celui que nous venons d'examiner, le mouvement d'oscillation des distributeurs étant ici transformé simplement en un mouvement rectiligne des tiroirs. Le nombre de lumières percées à la fois à travers le tiroir A, et à travers la grille B sur laquelle il glisse, permet de réduire à une course minime l'excursion que le tiroir doit réaliser pour ouvrir ou obturer ces orifices.

Les tiroirs sont appliqués contre leur glace respective par la pression de la vapeur au commencement de chaque course, quand l'ouverture des lumières n'est pas encore effectuée. Sitôt que cette ouverture est commencée, la vapeur, agissant de chaque côté du tiroir, diminue le frottement de celui-ci sur sa glace ; la fermeture brusque du tiroir de détente peut s'opérer, sans grand effort, sous l'action du contrepoids extérieur, et la manœuvre répétée des tiroirs ne provoque que peu d'usure sur les grilles portant les lumières du cylindre.

D'ailleurs, dans le cas où une grille ou une plaque de tiroir seraient en mauvais état, il est facile de les démonter et de les remplacer par des pièces semblables, sans toucher aux autres organes de la machine.

Distributeurs rotatifs

Les *distributeurs rotatifs* sont ceux qui permettent de réaliser la distribution et l'échappement de la vapeur, dans une machine, par la simple rotation continue de tiroirs cylindriques.

Ces tiroirs, qui ont la forme d'un robinet le plus souvent conique, sont constitués par une série de cloisons disposées en hélice, laissant entre elles des espaces vides qui débouchent sur les génératrices des boisseaux et qui constituent les lumières. Ces lumières, par suite du mouvement de rotation du tiroir et de leur disposition oblique par rapport à celles du cylindre, se présentent en face de celles-ci en les découvrant ou les obturant successivement, comme le ferait un tiroir à coquille ordinaire, dans son mouvement rectiligne.

Les lumières des distributeurs, judicieusement disposées, peuvent permettre d'utiliser un seul tiroir tournant pour réaliser la distribution dans une machine à plusieurs cylindres.

On peut aussi, en plaçant un seul tiroir entre les cylindres de deux machines juxtaposées, commander à la fois la distribution de ces deux machines. Dans chaque demi-rotation le distributeur doit, dans ce cas, se présenter respectivement en face des lumières de chaque cylindre dans une position symétrique de l'autre. Il faut en outre que, sur l'axe commun des deux machines, les manivelles, commandant chacun des pistons, soient calées à 180 degrés l'une de l'autre. La commande des *distributeurs rotatifs* ne nécessite pas, comme celles des *distributeurs oscillants,* de grande complication. Il suffit, en effet, de commander la rotation du tiroir au moyen de deux roues d'engrenage d'angle, ou de deux roues hélicoïdales, pour obtenir le mouvement désiré, en rapport avec celui du piston de la machine. De plus, le mouvement de rotation continue permet d'obtenir une grande douceur et réalise la suppression des chocs. Il semblerait donc que cette distribution ait, sur toutes les autres, des avantages qui devraient la faire employer de préférence. Ce qui en empêche l'emploi plus fréquent, c'est qu'il est assez difficile d'obtenir une étanchéité parfaite du tiroir tournant. C'est pour cela, d'ailleurs, qu'on le fait généralement un peu conique. On peut donc l'appuyer contre les parois du boisseau qui le reçoit; mais encore faut-il le faire avec mesure, car on courrait, sans cela, le risque d'un grippement qui immobiliserait la machine en détériorant l'organe de distribution.

Donc le défaut d'étanchéité et le danger de grippement doivent, dans le choix de cette distribution, se mettre en parallèle avec les avantages fournis par la simplicité de ses organes et la douceur de son mouvement. La distribution par tiroir tournant comporte, aussi, des dispositifs pour obtenir une variation de la détente au moyen du régulateur.

Distributeur rotatif Bietrix (Fig. 542.) Le *dispositif Bietrix*, pour obtenir la détente variable, consiste à interposer, entre le distributeur tournant A et le ou les cylindres B, un boisseau intermédiaire, C, portant, au droit des lumières du cylindre, des ouvertures appropriées. Le tiroir tournant se meut donc dans le boisseau intermédiaire, et les lumières de ces deux organes, au commencement de l'admission, correspondent exactement.

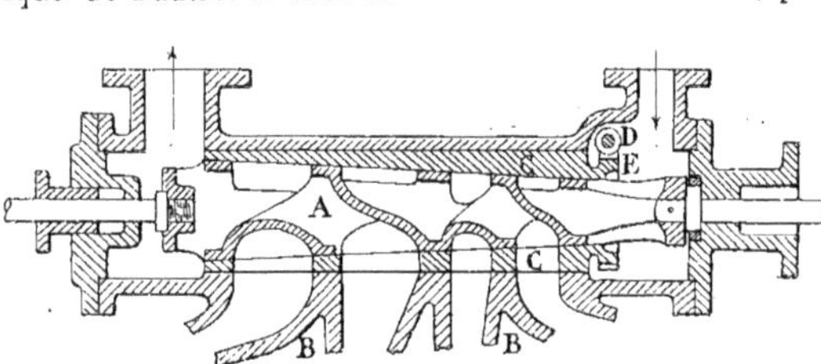

Fig. 542. — Distributeur rotatif Biétrix.

La vapeur peut donc être introduite dans

le cylindre. Mais, à mesure que l'admission a lieu, le boisseau intermédiaire C peut masquer, indépendamment du tiroir tournant A, les lumières d'admission du cylindre. Cette obturation est réalisée par l'oscillation du boisseau, qui est obtenue par l'intermédiaire d'une vis sans fin, D, actionnant une roue d'engrenage, E, faisant corps avec le boisseau.

Le mouvement, dans un sens ou dans l'autre de cette vis D, est solidaire des variations du régulateur, dont le régime détermine ainsi le degré de détente.

Distributeur rotatif Sulzer (Fig. 543.) Dans le *dispositif Sulzer,* le tiroir de détente A est, au contraire du précédent, au centre du distributeur tournant B. Il porte des ouvertures hélicoïdales et provoque la fermeture des lumières correspondantes du tiroir tournant B, en se déplaçant rectilignement à l'intérieur de celui-ci.

Le mouvement rectiligne du tiroir de détente A, lui est donné par le manchon du régulateur qui l'actionne à une de ses extrémités, rendant ainsi la détente dépendante de ses variations de régime.

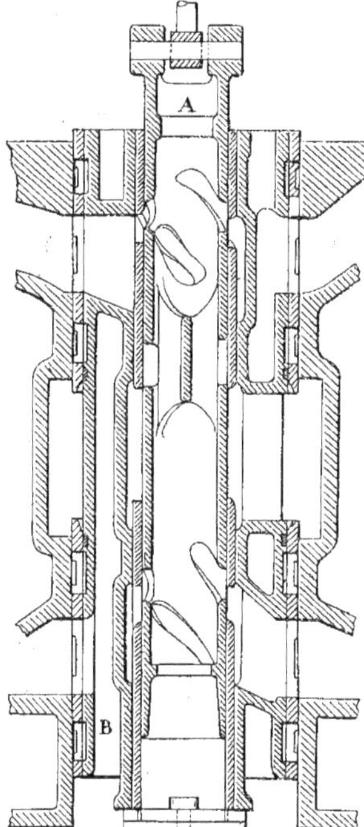

Fig. 543. — Distributeur rotatif Sulzer.

Distribution à soupapes Il nous reste à examiner le dernier type de distribution, caractérisé par l'emploi de soupapes.

Comme pour la généralité des machines comportant des *distributeurs oscillants,* type Corliss, les machines dont les organes distributeurs sont des soupapes, en portent quatre. Deux de ces soupapes sont placées aux extrémités du cylindre et sur la génératrice supérieure. Ce sont les *soupapes d'admission.*

Les deux autres, placées également aux extrémités du cylindre, font face aux premières et sont placées sur la génératrice inférieure. Ce sont les *soupapes d'échappement.*

Les quatre soupapes sont, chacune, appuyées sur leur siège par un ressort à boudin, qui, logé dans un petit cylindre fixe, presse sur une collerette appartenant à une tige assujettie à la partie centrale de la soupape. Cette tige porte aussi, le plus souvent, un piston, qui, se mouvant dans un petit cylindre, permet d'amortir la chute de la soupape, lorsque la fermeture de celle-ci est provoquée par un déclic.

Les soupapes peuvent être commandées par deux types de mécanisme : le mécanisme *à liaison complète* et le mécanisme *à déclic.*

Le mécanisme *à liaison complète* ne comporte aucune interruption dans les organes, bielles ou leviers, qui communiquent le mouvement à la soupape. Celle-ci est constamment liée à l'attirail qui la soulève et qui l'abaisse. Il faut donc, dans ce dispositif, combiner judicieusement les mouvements cinématiques pour pouvoir réaliser une fermeture brusque des soupapes d'admission, par exemple, au moment où la détente doit commencer et, en outre, il est indispensable de pouvoir faire varier cette détente par l'action du régulateur. Il semble, au premier aspect, que ce problème est très difficile à résoudre. Il est en effet, complexe, mais les difficultés qu'il suscite ont été très ingénieusement surmontées par d'habiles constructeurs, ainsi que nous le verrons plus loin.

On conçoit que le mécanisme à *liaison complète,* une fois réalisé, peut donner un mouvement d'une grande douceur, exempt de chocs et ne nécessitant pas le secours d'amortisseurs.

Le mécanisme *à déclic* permet de libérer la soupape de l'attirail qui la commande, au moment choisi pour le commencement de la détente. La soupape retombe donc sur son siège sous l'action de son ressort antagoniste, et il est indispensable, dans ce cas, de lui adjoindre un amortisseur appelé aussi *dash-pot,* qui lui permette d'arriver sans choc à la fin de sa course.

Le soulèvement de la soupape est réalisé par le jeu de deux touches, dont une reste solidaire du mouvement de la soupape et l'autre, du mécanisme de commande. Ces deux touches peuvent, par les mouvements relatifs qui leur sont imprimés, venir au contact ou s'éviter. Quand il y a contact, le mécanisme soulève la soupape; mais, à mesure que le soulèvement se produit, la surface de contact des deux touches diminue de plus en plus, et il arrive un moment où les touches, n'ayant de contact que sur leur bord, la soupape, sollicitée par son ressort, retombe sur son siège. *Le déclic* s'est produit.

On peut faire facilement varier la position du point où les deux touches s'abandonnent, en déplaçant une de celles-ci, par rapport à l'autre, sans rien changer à leur mouvement essentiel. Ce petit déplacement auxiliaire, qui permet donc, en avançant ou en retardant le déclenchement, de faire varier la détente, est provoqué par l'action du régulateur. Il est, comme nous allons le voir, relativement facile à réaliser, le manchon du régulateur actionnant un jeu de leviers qui imprime, généralement, à la touche qui conduit, un léger mouvement d'oscillation qui la déplace par rapport à la touche conduite.

Les quatre soupapes nécessaires pour constituer une distribution complète sont, le plus souvent, actionnées chacune par un excentrique. Pourtant, certains constructeurs commandent parfois la *soupape d'admission* et la *soupape d'échappement,* qui se font face, avec le même excentrique, ce qui fait que la distribution complète n'en nécessite que deux.

Les excentriques sont calés sur un arbre auxiliaire disposé parallèlement à l'axe du cylindre et qui se trouve donc placé perpendiculairement à l'arbre principal de la machine. Le mouvement de rotation lui est donné par ce dernier, au moyen d'une paire de roues d'engrenages d'angle. La vitesse de rotation des deux arbres est la même.

L'arbre auxiliaire commande, par des engrenages, la rotation du régulateur à force centrifuge, qui se trouve ainsi placé à proximité des organes de détente qu'il actionne. Quand le régulateur est disposé horizontalement, il se trouve simplement calé sur l'arbre auxiliaire et tourne avec lui.

Soupapes. Les soupapes sont à plusieurs sièges. Un grand nombre en possèdent deux (Fig. 544), mais on en construit aussi à quatre sièges (Fig. 545).

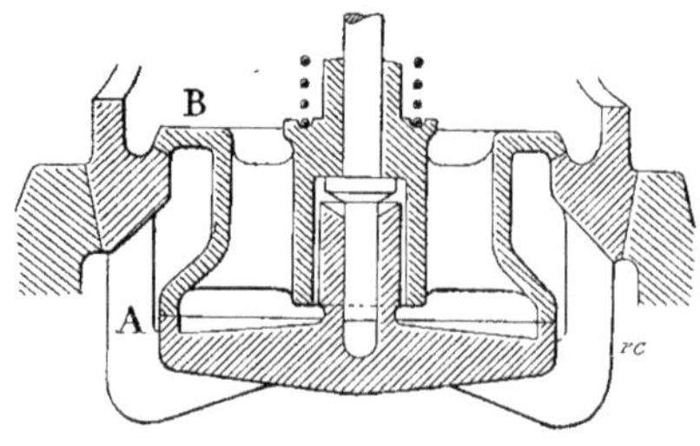

Fig. 544. — Soupape à double siège.

Elles sont placées dans une capacité ajourée A, qu'on désigne généralement sous le nom de *lanterne,* dans laquelle sont ménagés les repos circulaires fixes sur lesquels vient reposer la soupape B. par des surfaces également circulaires et parfaitement ajustées contre les surfaces fixes. La pression du ressort à boudin antagoniste de la soupape doit suffire pour assurer l'étanchéité autour des deux sièges.

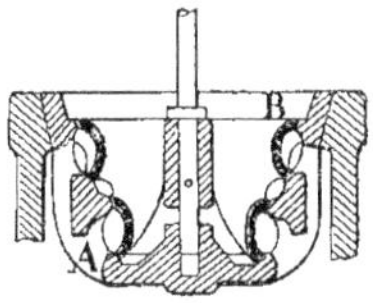

Fig. 545. — Soupape à quatre sièges.

Pour que la soupape B puisse s'introduire dans la lanterne A qui porte les repos, il est nécessaire de donner au siège inférieur un diamètre légèrement plus réduit qu'au siège supérieur. Il en résulte que lorsque la soupape est baignée par la vapeur, elle n'est pas tout à fait équilibrée, la couronne supérieure offrant une surface pressée un peu plus grande que la couronne inférieure. Le supplément de pression, exercé ainsi par la vapeur, tend à appliquer la soupape sur son siège et vient s'ajouter à l'action du ressort à boudin. On a pourtant réalisé des soupapes complètement équilibrées (Fig. 546), mais il a fallu, pour cela, fondre d'une même pièce la soupape et une partie de la lanterne qui la porte, et rendre, après le façonnage, les deux pièces indépendantes l'une de l'autre, la soupape étant ainsi emprisonnée dans une couronne constituant un de ses sièges.

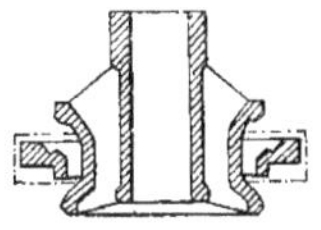

Fig. 546. — Soupape complètement équilibrée.

La nécessité d'obtenir, sur les sièges des soupapes, un appui parfait, donne lieu à un travail délicat qui demande un grand soin et une grande perfection, et la difficulté se trouve encore augmentée quand les soupapes ont quatre sièges. Il faut, en effet, que les quatre couronnes de la soupape portent à la fois sur les quatre repos, sans que le moindre jeu puisse exister autour de l'un d'eux. On se rend compte de la haute précision qu'il faut apporter dans la confection de ces pièces.

Il est nécessaire même, en dehors de leur travail de façonnage proprement dit, d'employer à leur confection la même qualité de métal, et, pour cela, il est utile de les fondre dans la même coulée. On obtient ainsi pour les soupapes et les lanternes un métal identique qui, sous l'action de la chaleur transmise par la vapeur, se dilate également pour les deux pièces, ne détruisant pas l'ajustage parfait des appuis, d'abord réalisé.

Les *distributeurs à soupapes* ne permettent pas, comme les *distributeurs oscillants,* de réduire au minimum les espaces morts, mais ils offrent, sur ceux-ci, des avantages appréciables, les difficultés de construction mises à part, difficultés d'ailleurs parfaitement surmontées par nos habiles constructeurs.

Les soupapes, en effet, permettent, pour un léger soulèvement, de découvrir une couronne de passage de grande importance. Ce passage est, de plus, doublé, si la soupape est à deux sièges, et quadruplé, si elle possède quatre sièges.

La manœuvre de la soupape peut donc, du fait de la faible course qu'on doit lui faire parcourir, être réalisée par des mouvements doux, qui permettent de réduire à sa limite l'usure résultant du contact des couronnes d'appui sur les sièges.

L'emploi des soupapes est surtout précieux pour constituer les distributeurs dans les machines actionnées par la vapeur fortement surchauffée. Cette vapeur, qui est à une haute température, provoquerait le grippement des distributeurs oscillants, tandis que la température ne saurait gêner le bon fonctionnement des soupapes.

En résumé, les distributeurs à soupapes donnent d'excellents résultats, mais il est indispensable qu'ils soient réalisés d'une façon parfaite.

Les distributions à soupapes ont, comme toutes les précédentes, subi de nombreuses et utiles modifications qui ont, peu à peu, transformé les modèles primitifs en quelques types dans lesquels il semble qu'on ne puisse plus apporter aucune perfection. Les constructeurs Sulzer frères, de Suisse, se sont surtout appliqués à rendre pratique l'emploi de ces distributions, et ont largement contribué à en généraliser l'usage dans un grand nombre de pays d'Europe.

En France, quelques constructeurs réalisent avec succès des types de machines comportant ce genre de distribution. Nous en reparlerons plus loin. Auparavant, nous allons décrire quelques genres de distributions à soupapes et nous commencerons, nécessairement, par le type employé primitivement, qui ne présente d'ailleurs, actuellement, qu'un intérêt simplement historique, quoiqu'il soit encore en usage dans certaines machines servant principalement à l'élévation des eaux.

Distribution à soupapes latérales. (Fig. 548 et 549.) Le caractère essentiel de cette distribution consiste en ce que les quatre soupapes, deux pour l'admission et deux pour l'échappement, sont placées sur les flancs du cylindre, au lieu d'être disposées à sa partie supérieure et inférieure, ainsi qu'on le fait dans les distributions modernes.

Elles sont, deux par deux, groupées aux extrémités du cylindre et sont actionnées chacune par une came.

Les quatre cames sont montées sur un arbre auxiliaire disposé parallèlement à l'axe du cylindre et recevant son mouvement de l'arbre de la machine, qui lui imprime une vitesse égale à la sienne.

Chaque came A commande, par son mouvement de rotation, l'oscillation d'un levier

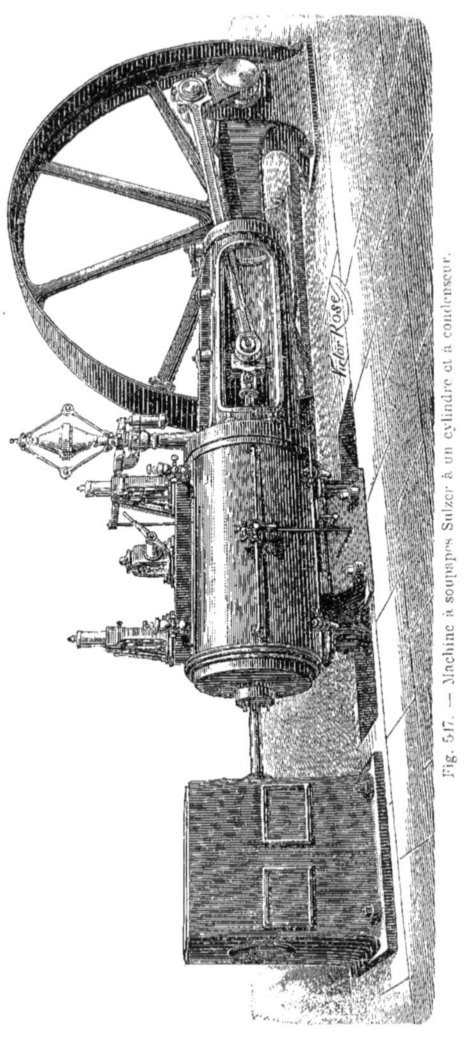

Fig. 547. — Machine à soupapes Sulzer à un cylindre et à condenseur.

B, à bras perpendiculaires, qui tourne autour d'un point fixe C. Ce levier s'appuie sur la came par l'extrémité de son bras vertical, qui porte, généralement, un galet D. L'extrémité du bras horizontal, terminé en forme de fourche, embrasse la tige verticale E qui fait corps avec la soupape F. Cette soupape, posée sur son double siège, participe donc au mouvement de sa tige, qui traverse un presse-étoupes, et qui porte, à sa partie supérieure, une collerette sur laquelle appuie un ressort à boudin, G, placé dans un petit cylindre. Ce ressort sollicite constamment la soupape à reposer sur ses appuis.

Quand, par le mouvement de rotation de l'arbre auxiliaire, la partie excentrée d'une came se présente en face du galet D porté par le bras vertical du levier B, ce galet est repoussé, et le levier oscille autour du point fixe C. Ce mouvement d'oscillation provoque la montée du bras horizontal qui soulève la tige verticale et, en même temps, la soupape qu'elle porte à son extrémité. L'orifice découvert par la soupape permet, soit l'introduction, soit l'échappement de la vapeur, suivant la soupape qui est actionnée.

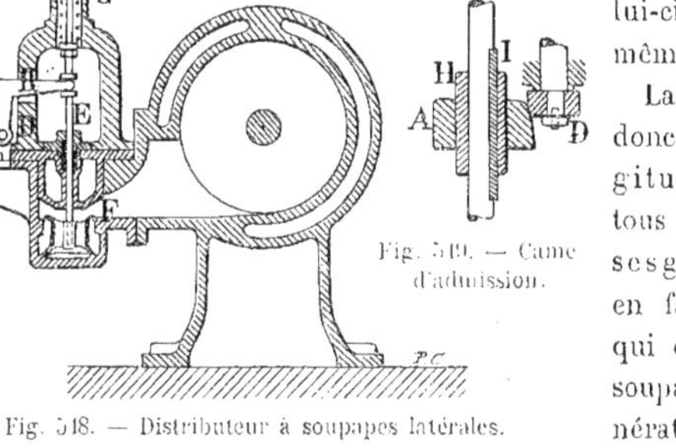

Fig. 548. — Distributeur à soupapes latérales.

Fig. 549. — Came d'admission.

Le relèvement de la soupape et de sa tige a comprimé, dans le petit cylindre supérieur, le ressort à boudin G qui s'y trouve placé, ce qui fait que le ressort, sollicitant la tige à descendre, oblige le levier oscillant B à appuyer constamment le galet D contre la came A et à suivre exactement ses ondulations. La loi de relèvement et d'abaissement de la soupape est donc déterminée par la forme donnée à la came qui l'actionne par l'intermédiaire du levier oscillant.

Les cames qui commandent les deux soupapes d'échappement sont directement calées sur l'arbre auxiliaire et ne prennent sur celui-ci aucun déplacement latéral.

Les cames qui commandent les deux soupapes d'admission sont disposées tout autrement, afin de pouvoir réaliser une fermeture de l'admission de vapeur variable avec le degré de détente convenable, qui peut être déterminé, à chaque instant, par le régulateur.

Ces deux cames peuvent glisser le long de l'arbre auxiliaire, mais sont, toutefois, solidaires de son mouvement de rotation. Elles sont simplement clavetées sur un manchon H (fig. 549) de longueur convenable, qui, guidé dans son déplacement le long de l'arbre, par une clavette longitudinale I, est entraîné, dans la rotation de celui-ci, par cette même clavette.

La came peut donc présenter longitudinalement, tous les points de ses génératrices en face du galet qui commande la soupape. Si ces génératrices sont des lignes droites, le déplacement de la came, dans le sens longitudinal, ne changera rien au mouvement de la soupape, pour un point déterminé de la course circulaire de cette came; mais si on remplace la forme rectiligne par une forme hélicoïdale, on conçoit que le galet sera plus ou moins rapidement attaqué, pour un même avancement angulaire de la came, suivant que celle-ci lui présentera des points de la surface hélicoïdale plus ou moins éloignés du centre de la came. C'est le déplacement longitudinal de la came qui permet de réaliser judicieusement cette attaque, de laquelle dépend la variation du temps d'ouverture de l'admission.

Ce déplacement peut être très facilement

opéré par le mouvement du manchon du régulateur et par l'intermédiaire d'un jeu de leviers, ce qui met sous la dépendance de celui-ci la variation du degré de détente.

Distribution Sulzer à déclic. (Fig. 550.) Les soupapes latérales au cylindre ont été remplacées par des soupapes disposées au-dessus et au-dessous de ce cylindre.

C'est l'arrangement adopté par Sulzer, qui est généralement employé pour les machines à soupapes construites actuellement.

Les deux soupapes d'admission sont placées à la partie supérieure, les deux d'échappement à la partie inférieure du cylindre.

La distribution comprend, en dehors des soupapes, un arbre auxiliaire O recevant son mouvement, de l'arbre de la machine, par deux roues d'engrenages d'angle, égales. Sur cet arbre sont montées deux cames, P, qui y sont fixées dans une position invariable. Ces cames commandent les soupapes d'échappement.

L'arbre O porte, en outre, pour commander les soupapes d'admission, deux excentriques, A.

La commande des *soupapes d'échappement* est simple La came P actionne un galet placé en bout d'une tige cylindrique, U Q. Cette tige est suspendue, vers l'extrémité portant le galet, par une petite bielle T U, articulée en un point fixe T et reliée à la tige au point U. L'autre extrémité de la tige est articulée, au point Q, avec le bout d'un levier à deux branches, pouvant osciller autour d'un point fixe R, et dont l'autre bout S, terminé en forme de fourche, presse contre un collet ménagé sur la tige verticale de la soupape d'échappement.

Un ressort, appuyant contre une partie fixe du bâti, sollicite la tige à descendre, en appliquant la soupape d'échappement sur ses deux sièges.

L'action de ce ressort permet, en outre, d'appliquer constamment le galet placé en bout de la tige Q U sur la périphérie de la came P qui l'actionne.

On comprend le mouvement. Quand la partie excentrée de la came P se présente en face du galet, elle le pousse. La tige U Q se met en mouvement, son extrémité U oscillant autour du point T et son autre extrémité Q oscillant autour du point R. Elle prend une certaine position qui oblige la branche horizontale S R du levier inférieur à s'obliquer en soulevant la soupape. L'échappement se produit.

Pendant que la came poursuit son mouvement de rotation, le galet, qui est toujours appuyé contre elle, provoque le retour à sa position primitive de la tige U Q, ce qui a pour conséquence de permettre l'abaissement de la soupape sur ses sièges et de fermer, au moment convenable, l'orifice d'échappement. Les mouvements cinématiques successifs sont combinés de façon que la vitesse des soupapes soit réduite, surtout quand elles viennent prendre contact avec les couronnes d'appuis fixes, évitant ainsi un matage et une usure nuisibles.

La commande des *soupapes d'admission*, qui permet de rendre la détente variable par l'action du régulateur, est à déclenchement. Au droit de chacune des soupapes d'admission est calé, sur l'arbre auxiliaire O, un excentrique, A, dont la tête se prolonge, du côté de la soupape, par deux flasques latérales réunies à leur extrémité par une pièce cylindrique, C, qui les entretoise, tout en conservant la liberté de tourillonner autour de deux pivots fixés dans les flasques. Ces deux flasques sont, en outre, réunies, en un autre point, par une plaque rectangulaire sur laquelle se trouve fixé un grain d'acier trempé M, qui fera fonction de touche d'entraînement. La touche M peut s'appuyer, à un moment déterminé de la course de l'excentrique, sur une seconde touche N constituée également par un grain d'acier trempé. Ce sera la touche conduite. Le grain N est solidaire d'une pièce qui peut se mouvoir librement entre les deux flasques de l'excentrique. Elle est terminée à une de ses extrémités, du côté de la touche N, par une fourchette qui reçoit le bout H d'un levier articulé, au point K, avec l'extrémité d'une petite bielle pouvant tourillonner autour de l'axe fixe T. La pièce portant la butée N se termine, à l'autre extrémité, par une tige cylindrique G qui traverse le tourillon C et qui s'articule, au point D, avec le levier à deux branches D E F qui commande le soulèvement de la soupape d'admission. Un ressort à boudin placé dans une petite capacité cylindrique surmontant le cylindre à vapeur, sollicite la tige de la soupape à descendre et tient celle-ci énergiquement appliquée sur son siège. Un petit piston fixé au bout de cette tige joue le rôle d'amortisseur lors de la brusque retombée de la soupape. Un ressort-lame, appuyant sous la branche E F du levier de la soupape, empêche celui-ci de retomber quand la touche N n'est plus en prise avec la touche M.

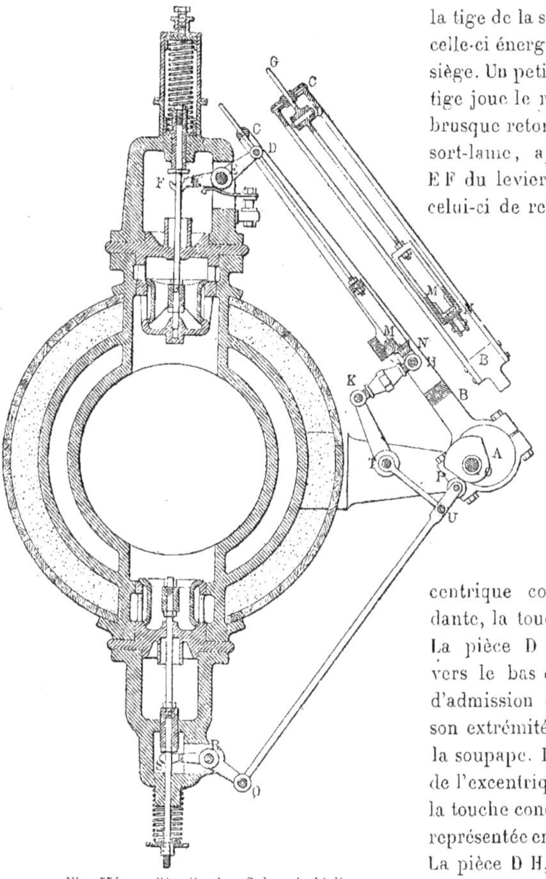

Fig. 550. — Distribution Sulzer à déclic.

Voici comment s'effectue l'ouverture de la soupape d'admission. Quand l'excentrique est au milieu de sa course descendante, la touche M, qui se meut avec lui, vient rencontrer la touche N, supportée par la pièce D H, suspendue, elle-même, au bout de la bielle K H. Si l'excentrique continue sa course descendante, la touche M entraîne la touche N. La pièce D H se trouve ainsi poussée vers le bas et le levier de la soupape d'admission oscille autour du point E, son extrémité F commençant à soulever la soupape. Le mouvement des flasques de l'excentrique fait décrire au bord de la touche conductrice M une courbe ovale représentée en pointillé sur la figure 550. La pièce D H, de son côté, oscille, pendant son avancement, autour des pivots du tourillon C et autour du point K, par l'intermédiaire de la bielle K H. Par suite de ces divers mouvements, il viendra un moment où la touche M, après avoir conduit la touche N et, par conséquent, la pièce D H, suffisamment loin pour que la soupape soit complètement soulevée, ne rencontrera plus cette touche N. La soupape d'admission retombera alors, sous l'action de son ressort à boudin antagoniste, ramenant le levier FED et la pièce D H à leur position de repos primitive. Dans cette brusque retombée de la soupape, le piston fixé à la partie supérieure de sa tige comprime l'air sous sa face inférieure, et agit comme amortisseur vers la fin de course de la soupape.

On voit donc que le déclenchement, provoquant la fermeture de l'admission de vapeur et, par conséquent, le commencement de la détente, dépend uniquement de la position relative des deux touches M et N, à des moments déterminés de la course de l'excentrique et du piston. Si donc on faisait varier, pendant la marche, cette position relative des deux touches, on avancerait ou retarderait à volonté le commencement de la détente.

Cette variation est obtenue par l'action du régulateur.

Celui-ci commande, en effet, par un jeu de leviers, le déplacement du point K qui oscille autour de l'axe fixe T, en entraînant la bielle K H et le grain d'acier N. Si cette touche N est déplacée vers la gauche, de façon à pénétrer davantage dans la trajectoire ovale décrite par le bord de la touche M, le contact des deux touches durera plus longtemps, le déclenchement sera retardé et l'admission prolongée.

Si la touche N est déplacée vers la droite, de façon à sortir d'une certaine quantité de la trajectoire décrite par la touche M, le contact des deux touches aura une durée moindre, le déclenchement sera avancé et l'admission raccourcie.

La variation de la détente est donc sous la dépendance du régulateur.

La distribution Sulzer que nous venons de décrire est un type primitif. Ce type a été modifié et perfectionné, au point de vue de la forme des pièces et de leur mouvement cinématique.

Voici comment est constitué un des types modifiés de la distribution Sulzer. Cette distribution (Fig. 551) comporte toujours deux soupapes d'admission, placées à la partie supérieure du cylindre, et deux soupapes d'échappement, placées à sa partie inférieure. Ces quatre soupapes sont commandées seulement par deux excentriques.

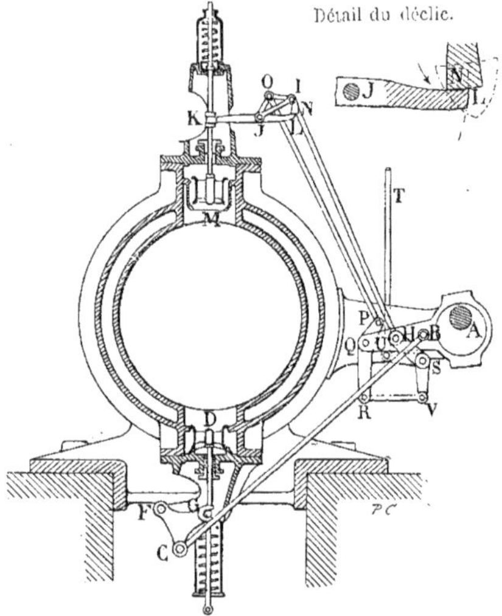

Fig. 551. — Distribution Sulzer à deux excentriques.

Chacun de ces excentriques actionne donc à la fois une soupape d'admission et une soupape d'échappement, ce qui permet de supprimer les deux cames que comporte la distribution précédente.

Les excentriques sont calés sur un arbre auxiliaire, A, toujours placé parallèlement à l'axe du cylindre. Une seule bielle, B C, commande le soulèvement de la soupape d'échappement D, par l'intermédiaire du levier à deux branches C F G. Cette soupape est sollicitée à retomber par un ressort à boudin antagoniste qui agit sur sa tige.

Le mécanisme provoquant l'admission est à déclenchement. Il comporte une bielle H I, articulée, à son extrémité inférieure H, avec la barre d'excentrique et, à sa partie supérieure, au point I, avec deux biellettes, I J, qui, formant fourche, oscillent autour de l'axe J, du levier K J L, qui commande le soulèvement de la soupape d'admission M. Ce levier passe donc entre les deux biellettes et une de ses branches J L se prolonge jusqu'au droit d'une pièce de butée N placée en bout d'un levier coudé N I O, pouvant osciller autour du point d'articulation I de la tige I H et des deux biellettes I J. L'extrémité O de ce levier est solidaire d'une tige O P, articulée à son extrémité inférieure, en P, avec un autre levier coudé, P Q R, pouvant osciller autour de l'axe Q, placé à l'extrémité de la barre d'excentrique. Cette barre est, d'autre part, supportée par une bielle H S articulée en un point fixe S. Le mouvement combiné de la barre d'excentrique, donné par la rotation de l'arbre auxiliaire A et par l'oscillation autour du point fixe S, fait décrire à son extrémité Q une trajectoire de forme ovale et provoque, par l'intermédiaire des bielles Q P et P O, l'oscillation de gauche à droite, et inversement, de la branche I N du levier qui porte la butée N. Cette butée, qui se meut sur l'extrémité L du levier de la soupape d'admission, peut prendre, en plus de ce mouvement oscillant, un mouvement de montée ou de descente, commandé également par la barre d'excentrique, au moyen de la bielle H I.

Le mouvement résultant des deux mouvements précédents fait décrire, à la butée N, une trajectoire ovale.

Si nous supposons la butée N en contact avec la branche J L du levier actionnant la soupape d'admission, et si les tiges H I et O P sont tirées de haut en bas par le mouvement de la barre d'excentrique, le levier d'admission L J K oscillera autour de son point fixe J, et son extrémité K soulèvera la tige de la soupape d'admission M, provoquant ainsi l'entrée de la vapeur dans le cylindre.

A mesure que le mouvement continuera dans le même sens, l'arête intérieure de la butée N, qui décrit une courbe ovale, se rapprochera de plus en plus de l'extrémité L du levier d'admission jusqu'au moment où la butée N échappera l'extrémité de ce levier. Le déclenchement se produira alors et la soupape d'admission M sera brusquement ramenée sur son siège, par l'action de son ressort antagoniste. Cette retombée est adoucie par le jeu d'un amortisseur, semblable à celui qui figure dans la distribution précédente. Le moment où commence la détente est donc déterminé par la position de la touche conductrice N, par rapport au bec L du levier d'admission. En faisant varier cette position on fait varier, par conséquent, le degré de détente.

Cette variation est obtenue par l'action du régulateur.

Une tringle T U, solidaire de son manchon, et participant à son mouvement de montée ou de descente, commande l'oscillation, autour du point fixe S, d'un levier coudé U S V dont l'extrémité V est reliée, par l'intermédiaire d'une petite tige V R, à l'extrémité R du levier R Q P qui commande le déplacement latéral de la pièce de butée N.

Suivant que le manchon du régulateur est plus ou moins haut, la pièce de butée N, par suite du mouvement de tous les leviers qui l'actionne, est plus ou moins engagée sur la branche L J du levier d'admission. Le déclenchement se produira donc plus tard ou plus tôt, et le moment où il aura lieu sera déterminé par le régime du régulateur.

Distribution Sulzer à leviers roulants

(Fig. 552 et 554.) Il est nécessaire, pour compléter l'histoire des distributions à soupapes du type Sulzer, et pour montrer jusqu'à quel degré a été poussé le souci d'obtenir un mécanisme parfait, de décrire la distribution *à déclic* et *à leviers roulants* installée par la maison Sulzer frères sur une machine compound de 750 chevaux qui a figuré à l'Exposition universelle de 1900 à Paris.

Les soupapes sont disposées comme dans les deux distributions précédentes : deux soupapes d'admission sur le cylindre, deux soupapes d'échappement au-dessous; mais elles ont chacune quatre sièges. Un seul excentrique commande, à la fois, une soupape d'admission et une soupape d'échappement. La distribution complète nécessite donc deux excentriques qui sont calés sur un arbre auxiliaire A, disposé parallèlement à l'axe des cylindres.

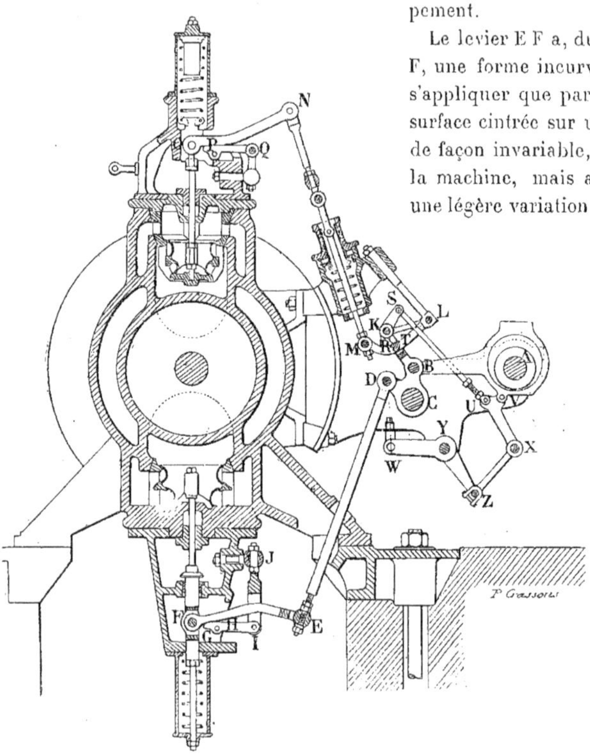

La barre de chaque excentrique est articulée, à son extrémité B, avec un levier à deux branches courtes, B C D, qui peut osciller autour de l'axe C fixé sur le bâti.

C'est l'oscillation alternative de ce levier B C D qui provoque le relèvement ou l'abaissement des soupapes. La commande de la soupape d'échappement se fait par l'intermédiaire d'une bielle D E, articulée en D sur le levier oscillant et actionnant, par son autre extrémité E, un levier E F de forme spéciale, attelé en F à une tige verticale qui est solidaire de la soupape d'échappement.

Le levier E F a, du côté de son extrémité F, une forme incurvée qui lui permet de ne s'appliquer que par un des points de cette surface cintrée sur un plan G I, qui est fixé de façon invariable, pendant la marche de la machine, mais auquel on peut donner une légère variation de position, pour procéder au réglage de la distribution, en le faisant osciller d'une faible quantité autour de l'axe H, par le jeu de la bielle à fourche I J.

Si nous supposons que sous l'action de la barre d'excentrique le levier BCD oscille de la gauche vers la droite, le point D s'élèvera, remontant avec lui la tige D E et le levier E F. L'extrémité F de ce levier, qui fait corps avec la tige de la soupape d'échappement, bloquée sur ses sièges par l'action du ressort à boudin, reste immobile : en effet, le levier E F pivote autour de ce point F, pendant que son autre extrémité est soulevée, et sa partie incurvée perd le contact avec la face plane G I.

Quand le levier B C D, au retour, vers la gauche de la barre d'excentrique, oscille de droite à gauche, le point D s'abaisse, la tige D E est poussée vers le bas et le point F de la tige de soupape reste immobile,

Fig. 552. — Distribution Sulzer à leviers roulants.

Fig. 553. — Atelier d'Alésage de l'usine Carels frères, à Gand, pour la fabrication des machines à vapeur.

tant que la partie incurvée du levier E F n'a pas pris contact avec le plan G I. Quand ce contact a lieu, il se produit, du fait de la disposition et de la forme des pièces, d'abord à l'extrémité G, de la pièce G I. A ce moment, le bras de levier formé entre le point de contact et l'extrémité F est court. Pour une certaine course du point E, le point F fait une course bien moindre, ce qui a pour objet de soulever la soupape très doucement : mais sitôt que le soulèvement s'est produit et que l'extrémité E continue à descendre, le point de contact de la partie courbe du levier E F avec le plan G I se reporte et roule, pour ainsi dire, de plus en plus vers la droite. Le bras de levier provoquant le soulèvement de la soupape augmente donc de plus en plus de longueur, ce qui a pour résultat d'accélérer la montée de la soupape. La pleine ouverture est donc rapidement obtenue.

Quand la soupape est sur le point d'atteindre l'extrémité de sa course, le mouvement d'oscillation de la tête de bielle D est tel que, malgré le grand déplacement vers la droite du point de contact du levier E F avec le plan G I, la soupape n'avance que d'une quantité très faible et reste même un instant immobile au moment où le levier B C D, qui est arrivé à sa fin d'oscillation vers la gauche, va recommencer son oscillation en sens inverse sous l'action de la barre d'excentrique.

Au commencement de cette nouvelle oscillation du levier B C D, la soupape redescend donc d'abord doucement, puis, au bout d'un temps très court, sa descente s'accélère pour obturer rapidement les orifices d'échappement; mais vers la fin de la course descendante de la soupape, au moment où celle-ci va prendre contact avec ses quatre couronnes d'appui, elle est retardée dans sa descente par l'extrémité F, du levier E F, qui oscille avec une vitesse très faible, son point de contact avec le plan G I s'étant rapproché de l'extrémité G. La soupape sera donc reposée doucement sur ses quatre sièges et le levier F E quittera le plan G I pour reprendre de nouveau contact avec lui, à la course suivante, pour laquelle les différentes phases du mouvement que nous venons d'analyser se renouvelleront.

Le déplacement du centre instantané d'oscillation du levier E F sur le plan G I, qui rappelle le roulement d'un disque sur un plan, a fait donner à ce levier le nom de levier roulant, et ce nom s'est également étendu à l'ensemble de la distribution, dont le caractère essentiel réside, précisément, dans la manœuvre, ingénieusement utilisée, de ces leviers dont la position du centre d'oscillation est variable.

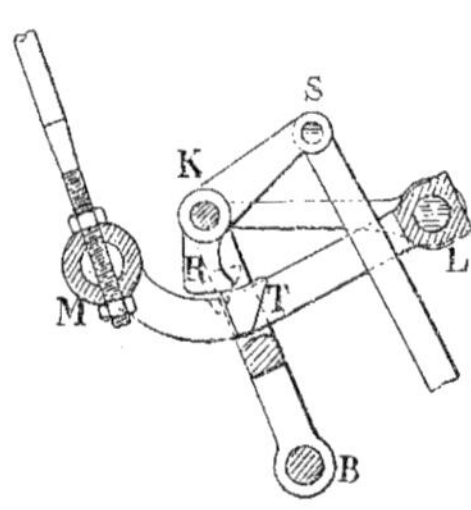

Fig. 551. — Distribution Sulzer à leviers roulants : détail du déclic.

L'attirail de manœuvre de la soupape d'admission, au lieu d'être à liaison complète comme celui de la soupape d'échappement, est à déclenchement.

C'est le levier oscillant B C D qui provoque, par l'intermédiaire de l'excentrique, le soulèvement de cette soupape.

Pour cela, au point B est articulée une petite bielle, B K, ayant, vers l'extrémité K, la forme d'une fourchette entre les branches de laquelle peut osciller, autour du point K, un levier coudé R K S, dont la courte branche, K R, se termine par un bec en acier R qui constitue la touche conductrice.

L'axe d'oscillation K est relié à un axe fixe L, faisant corps avec le bâti, au moyen de deux biellettes K L, laissant entre elles le libre jeu possible du levier R K S.

Sur le même axe fixe L est articulé un levier L M formé de deux flasques réunies, vers le milieu de leur longueur, par une entretoise formant une butée T, sur laquelle vient, au moment de l'admission, se reposer la touche conductrice.

En résumé, le levier L M et le levier R K S oscillent tous les deux autour du point L; mais, en outre, ce dernier levier est actionné par la bielle B K, solidaire de la barre d'excentrique, et peut pivoter autour de l'axe K, sous l'action d'un jeu de leviers aboutissant à son extrémité S, et dont nous verrons l'utilité plus loin.

La touche R prend donc, par rapport à la touche T, un mouvement combiné dont la résultante est une trajectoire de forme ovale décrite par une de ses arêtes. Les intersections successives de cette trajectoire avec la courbe décrite par l'arête de la touche conduite T, déterminent le moment où le contact des deux touches commence et le moment où il finit, en provoquant le déclenchement.

L'extrémité M, du levier L M, est reliée à une tige M N, articulée, à son extrémité supérieure, avec le levier N O actionnant la soupape d'admission.

La tige M N traverse un petit cylindre fixé au bâti et porte un piston sur lequel appuie un ressort à boudin. La tension de ce ressort agit pour actionner la tige M N de bas en haut, et le piston est disposé pour amortir le mouvement de cette tige dans le même sens.

Le levier N O, qui commande le mouvement de la soupape d'admission, est un levier roulant s'appuyant sur la face supérieure du plan d'oscillation P Q, qui occupe une position invariable pendant la marche de la machine et que l'on peut régler, au préalable, en relevant ou en abaissant son extrémité Q.

Les soupapes d'admission sont à quatre sièges et leur tige, qui n'est reliée à aucun dispositif amortisseur, est simplement sollicitée à descendre par la tension d'un ressort à boudin placé dans une capacité cylindrique supérieure.

Examinons les phases du mouvement de commande d'une de ces deux soupapes. Quand la barre d'excentrique, effectuant sa course de gauche à droite, provoque l'oscillation, dans le même sens, du levier B C D, la touche conductrice R, du levier R K S, vient d'abord au contact de la touche conduite T, du levier L M, puis provoque l'abaissement de ce levier qui oscille autour du point L. Le point M s'abaissant, la tige M N suit ce mouvement, et le levier roulant N O commence à relever doucement la soupape d'admission, de la même façon que nous l'avons expliqué quand il s'est agi de la soupape d'échappement. A mesure que le mouvement s'accentue, le levier roulant imprime à la soupape une vitesse de relèvement plus accélérée, en comprimant le ressort à boudin qui actionne sa tige.

De même, dans le cylindre à air constituant l'amortisseur, l'abaissement de la tige M N a provoqué la compression du ressort à boudin qu'il contient et le piston a admis, derrière sa face, de l'air qui formera matelas dans la course inverse.

Quand l'oscillation vers la droite du levier B C D a atteint une certaine amplitude, la touche conductrice R parvient, par suite du mouvement d'oscillation des divers leviers autour de l'axe L, à échapper la touche conduite T, et le déclenchement se produit.

La tige M N est sollicitée à remonter par son ressort à boudin antagoniste et est, en outre, tirée dans le même sens par le ressort de la soupape qui tend à l'appliquer sur ses quatre sièges, en abaissant l'extrémité O du levier N O. La soupape s'abaisse donc vivement, mais, par suite du mouvement du levier roulant, et ainsi que nous l'avons expliqué précédemment, elle atteint ses couronnes d'appui avec une vitesse très réduite et se repose doucement sur ses sièges.

La tige M N n'en continue pas moins sa course rapide de bas en haut, sous l'action des deux ressorts, mais ce mouvement n'intéresse plus la soupape d'admission, qui a terminé son excursion ; il ne sert qu'à écarter le levier N O de son plan d'oscillation P Q et à amortir, en fin de course, la vitesse de l'attirail de commande de la soupape d'admission. Cela permet, dans la manœuvre inverse, quand les deux touches sont revenues au contact, d'admettre de l'air dans le petit cylindre, et de tendre le ressort de la tige M N, avant même que la soupape d'admission ait commencé sa course ascendante. Quel que soit donc le relèvement de la soupape et la réduction de la période d'admission de vapeur, l'attirail est toujours prêt à être ramené vivement à sa position primitive après le déclenchement.

Il reste donc à examiner les dispositions prises pour faire varier le moment du déclenchement et, par conséquent, pour régler le degré de détente en utilisant les variations du régulateur.

A cet effet, l'extrémité S du levier R K S est articulée avec une tige S U solidaire, à son extrémité U, d'un levier U V X articulé en V, sur l'excentrique, et relié en X avec une courte bielle X Z suspendue à l'extrémité Z d'un dernier levier coudé, Z Y W.

Ce dernier levier peut prendre autour de l'axe fixe Y un mouvement d'oscillation commandé au point W par une tige solidaire du manchon du régulateur.

Quand le régulateur a ses branches peu ouvertes et que, par conséquent, le manchon descend par suite d'une vitesse trop faible de la machine, ce mouvement, inversé par un levier, a pour effet de faire remonter le point W, de déplacer vers la gauche l'extrémité Z du levier Z Y W, et, en tirant la bielle Z X, de provoquer l'oscillation du levier U V X autour du point V, solidaire du collier de l'excentrique. L'extrémité U du levier remonte poussant la bielle U S vers le haut. Le levier R K S portant la touche conductrice R, oscille autour de l'axe K en faisant varier la position de la touche R par rapport à la touche conduite T qui, elle, décrit toujours, comme trajectoire, un arc de cercle ayant l'axe L comme centre.

La touche R, du fait de son déplacement supplémentaire commandé par le régulateur, s'engage plus avant sur la touche T, et le déclenchement se produit moins rapidement, permettant l'admission d'un volume de vapeur plus considérable. Le commencement de la détente est donc retardé.

Quand le régulateur ouvre ses branches et que le manchon monte, le mouvement inverse se produit. Le déclenchement se trouve avancé et l'admission de vapeur est plus réduite.

La variation de la détente se trouve donc ainsi placée sous la dépendance absolue du régulateur.

Le système de distribution à soupapes Sulzer que nous venons de décrire est, ainsi qu'on a pu en juger, réalisé de façon très ingénieuse et fonctionne avec une grande douceur.

D'autres systèmes de distribution à soupapes, également remarquables, sont établis sur des machines réalisés par nos habiles constructeurs français. Nous aurons l'occasion d'en examiner quelques-uns.

Distribution à soupapes Collmann.

(Fig. 555 à 557.) La distribution à soupapes du type Collmann, réalisée par la maison Biétrix, Leflaive, Nicolet et Cie, de Saint-Étienne, comporte, comme les précédentes, un mécanisme à déclic pour manœuvrer les soupapes d'admission, et un mécanisme à liaison complète pour effectuer la manœuvre des soupapes d'échappement.

Les deux soupapes d'admission sont toujours disposées à la partie supérieure du cylindre ; les deux soupapes d'échappement sont placées à sa partie inférieure.

Un arbre auxiliaire, disposé parallèlement à l'axe du cylindre, commande, par le mouvement de rotation qu'il reçoit de l'arbre principal, le mécanisme de distribution.

Il porte un excentrique au droit de chaque soupape. La distribution complète nécessite donc quatre excentriques, mais ce dispositif, qui rend les commandes des soupapes d'admission indépendantes des commandes des soupapes d'échappement, permet de supprimer les jeux de leviers nécessaires pour concilier, quand un seul excentrique actionne à la fois les deux soupapes, les mouvements appropriés de chacune de ces soupapes.

L'excentrique actionnant la soupape d'échappement se termine par une barre A D, articulée, à son extrémité D, avec un levier pivotant autour d'un axe fixe et portant, à son autre extrémité, une came dont le profil détermine la loi de mouvement de la soupape d'échappement.

Sur cette came appuie un galet R porté à l'extrémité d'une des branches d'un levier R J, oscillant autour d'un l'axe fixe et actionnant, par le bout J de la seconde branche, la tige de la soupape d'échappement. Cette tige est constamment sollicitée à descendre par l'action d'un ressort à boudin disposé à la partie inférieure du cylindre.

La soupape est, par cette même action, appliquée énergiquement sur son double siège.

Quand la barre d'excentrique A D tire sur le levier D, celui-ci oscille autour du point fixe et la came qui le termine effectue sa course en se dirigeant de la droite vers la gauche. Le galet R qui appuie sur la came est repoussé; le levier R J oscille en soulevant la tige et la soupape d'échappement et en comprimant le ressort à boudin.

Quand la période d'échappement est terminée et que la barre d'excentrique effectue sa course inverse, en poussant le levier D, le ressort antagoniste de la soupape la ramène sur son double siège en appliquant constamment le galet R sur la came.

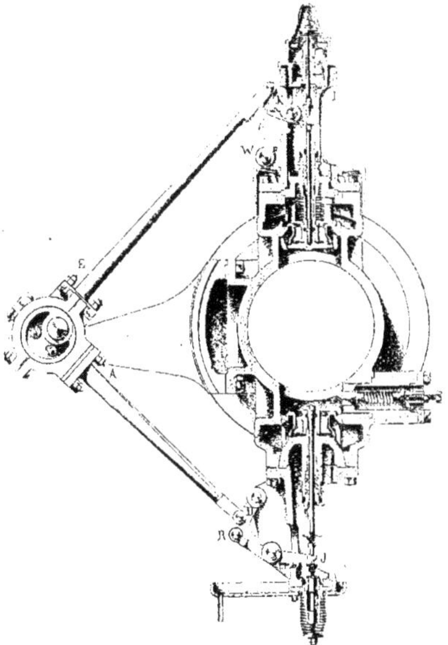

Fig. 555. — Distribution à soupapes Collmann, de la maison Biétrix, Leflaive, Nicolet et Cie.

Le profil de cette came est tel que le soulèvement et l'abaissement de la soupape d'échappement se font très rapidement, la soupape restant immobile, à pleine ouverture, pendant la période d'échappement.

Cependant, elle arrive à chaque fin de course, dans un sens ou dans l'autre, avec une vitesse atténuée qui permet d'éviter les chocs et de la reposer sur ses sièges avec une grande douceur.

Le mécanisme à déclenchement de la soupape d'admission est actionné par la barre E K de l'excentrique qui lui fait face.

L'extrémité en forme de fourchette de cette barre est supportée par un levier K oscillant autour d'un axe fixe. Autour de ce même axe peut également osciller un second levier à deux branches.

L'extrémité d'une branche actionne la tige de la soupape d'admission et l'autre extrémité porte une butée sur laquelle vient s'appuyer une sorte de cliquet tourillonnant entre les branches de la fourche terminant la barre d'excentrique E K.

La queue de ce cliquet s'appuie, par l'action d'un ressort-lame, sur l'extrémité d'un levier W, rendu solidaire du mouvement d'oscillation de l'axe qui le porte.

Cet axe est relié de manière rigide au régulateur gouvernant la détente.

La soupape d'admission est appliquée sur son double siège par un ressort à boudin qui sollicite sa tige à descendre. En outre, un dispositif d'amortissement, ou *dash pot,* des plus ingénieux, est disposé à la partie supérieure de cette tige (Fig. 556).

Quand la barre de l'excentrique, en effectuant sa course, tire sur le levier K, son extrémité supérieure décrit un arc de cercle ayant pour centre l'axe du levier K, mais en se déplaçant de haut en bas, suivant le roulement de l'excentrique sur son arbre. Le cliquet appuyé contre la butée du levier de la soupape d'admission par le ressort-lame, suit le mouvement de l'axe autour duquel il peut osciller. Au commencement de sa course descendante, il soulève doucement la soupape d'admission en faisant basculer le levier qui la commande; puis la vitesse de soulèvement augmente jusqu'à la pleine ouverture.

Cette pleine ouverture persiste pendant tout le temps que le cliquet conduit le levier de la soupape. Si, par un mouvement approprié, le contact entre le cliquet et l'extrémité du levier cesse, ce levier, étant libéré, permet à la soupape d'admission de retomber sur son double siège par l'action de son ressort antagoniste. L'admission de vapeur est fermée et la détente commence.

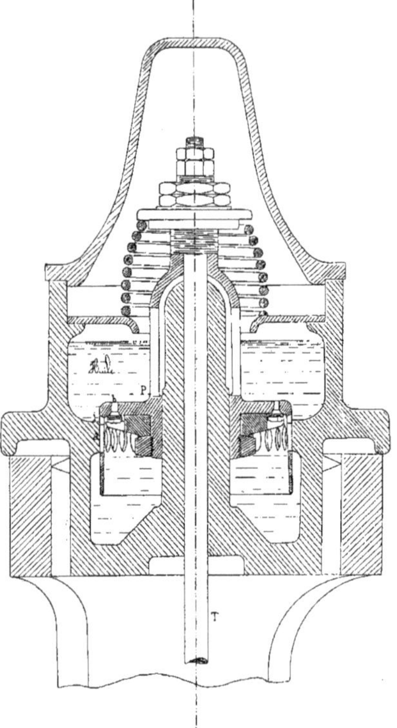

Fig. 556. — Dispositif amortisseur Collmann.

Le mouvement de déclenchement est provoqué par le levier W, dont l'oscillation autour de son axe dépend des variations du régulateur.

Sur l'extrémité de ce levier s'appuie la queue du cliquet. Dans son mouvement descendant, cette queue tend à s'écarter de plus en plus vers la gauche jusqu'à ce que la dent en prise avec la butée du levier de la soupape venant à se dégager, provoque le déclenchement en libérant ce levier.

Suivant que le régulateur aura fait tourner plus ou moins l'axe du levier W et que ce levier sera plus ou moins incliné vers la gauche, le déclenchement se produira plus ou moins tôt et la période d'admission se trouvera plus ou moins raccourcie.

La détente est donc rendue variable par l'action directe du régulateur. Il reste à examiner le *dash pot.*

Il est constitué (Fig. 556) par un piston P relié à la tige T de la soupape d'admission, et pouvant se mouvoir dans un petit cylindre disposé au-dessus du cylindre à vapeur, et contenant de l'huile.

Le piston P porte, sur sa face horizontale, une série de petits trous b, au-dessous desquels est disposée une rondelle-clapet dont l'excursion est limitée par une couronne rapportée.

Sur la face verticale du piston, et sur tout son pourtour, sont disposées des ouvertures a, ayant chacune la forme d'un grand trou circulaire prolongé, à la partie supérieure, par un cran triangulaire (Fig. 557).

Quand la soupape d'admission est soulevée, son mouvement de relevage se transmet, par l'intermédiaire de sa tige T, au piston P de l'amortisseur. Le piston, en remontant, laisse d'abord passer librement en dessous, par la série de trous b, l'huile qui est contenue au-dessus de sa face horizontale, puis, à mesure que son mouvement ascensionnel se poursuit, l'huile passe rapidement d'un côté à l'autre du piston en empruntant les ouvertures a qui sont progressivement découvertes à mesure qu'elles se présentent au-dessus de l'arête circulaire i du cylindre à huile.

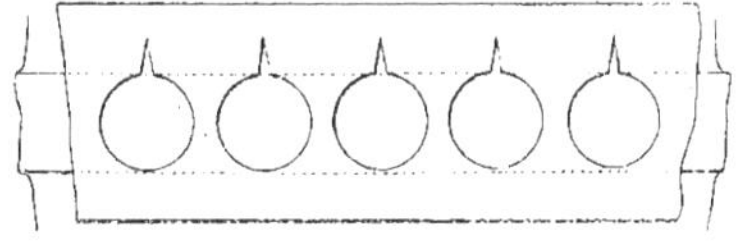

Fig. 557. — Développement des ouvertures pratiquées sur la périphérie du piston.

Le soulèvement du piston P et de la soupape ne peuvent donc pas être retardés du fait de la présence de l'huile dans le cylindre.

Quand le dispositif de déclenchement a abandonné la soupape et que celle-ci, sous l'action de son ressort antagoniste, effectue sa course descendante, elle entraîne le piston P dans son mouvement.

La rondelle-clapet se plaque contre la face horizontale intérieure du piston, obturant la série de trous b et obligeant ainsi l'huile contenue au-dessous du piston à gagner la face opposée en passant par les ouvertures latérales a. Ces ouvertures, qui sont, au début de la course, totalement découvertes, permettent au piston et à la soupape de redescendre rapidement, mais plus la descente s'accentue, plus la surface de ces ouvertures est réduite par l'arête circulaire i du cylindre à huile, si bien que vers la fin de course, il n'existe, comme ouvertures de communication entre les deux faces du piston, que celles qui sont constituées par les crans triangulaires surmontant les trous a. L'huile, circulant de plus en plus difficilement, offre une résistance de plus en plus grande à la descente du piston P et ralentit de plus en plus son mouvement.

A la fin de course, toutes les ouvertures de communication sont masquées et le piston achève tout doucement son excursion, en déposant, sans choc, la soupape d'admission sur son siège.

Un ressort à boudin est le plus souvent disposé à la partie supérieure du dispositif d'amortissement. Ce ressort, qui est très liant, a pour fonction de commencer l'amortissement du mouvement de la soupape lorsque celle-ci, retombant sous l'action de son propre ressort antagoniste, est sur le point d'atteindre la fin de sa course. Le ressort auxiliaire supérieur se comprime légèrement, ralentit le mouvement de descente, et le piston amortisseur, intervenant à son tour, achève, ainsi que nous venons de l'expliquer, de modérer la chute de tout l'attirail de la soupape d'admission.

Soupape d'échappement à déclenchement

(Fig. 558.) Dans les distributions par soupapes, nous avons dit que, généralement, les soupapes d'admission seules comportaient un dispositif de déclenchement. Cependant, dans quelques types de distributions, les soupapes d'échappement sont disposées pour être brusquement fermées au moyen d'un système de déclic, dans le but de pouvoir rendre variable la durée de la phase de compression.

La distribution du type Collmann, que nous venons de décrire plus haut, a été réalisée, notamment, avec les soupapes d'échappement commandées par déclenchement.

La difficulté de commande des soupapes d'échappement par un dispositif qui n'est pas à liaison complète, consiste en ce que la phase de compression est ordinairement très courte. On ne peut, dès lors, laisser la soupape d'échappement complètement ouverte jusqu'au moment où la compression commence, pour la déclencher à cet instant. Il est nécessaire que le déclenchement se produise pendant le mouvement de fermeture de la soupape. Le déclenchement intervient, alors, pour hâter cette fermeture. Mais, pour obtenir ce déclenchement pendant la période de descente de la soupape, il faut que la butée qui la provoquera n'ait pas été rencontrée par le déclic pendant la période de montée. Il importe donc que cette butée soit, par le mécanisme qui la commande, effacée pendant le soulèvement de la soupape et apparente lors de sa descente.

Voici comment ces conditions sont réalisées :

Un plateau oscillant commande, par l'intermédiaire d'une bielle A, le mouvement d'un levier, B C, pouvant osciller autour de l'axe fixe C. Sur ce même axe peut se mouvoir librement un second levier, C D, qui est solidaire de la tige E de la soupape d'échappement.

L'extrémité D de ce levier porte une butée qui peut être en prise avec un cran F ménagé sur un levier B G qui, tout en étant solidaire du mouvement de l'axe B, peut néanmoins pivoter librement autour de lui.

Quand le plateau oscille en tirant sur la bielle A, l'axe B se relève en faisant osciller le levier B C autour de l'axe C. Le levier B G, dont le cran F est en prise avec la butée D, se soulève également en entraînant, dans ce mouvement, le levier C D, qui, oscillant autour de l'axe C, provoque la montée de la soupape. Le mouvement se continue ainsi jusqu'à la pleine ouverture de cette soupape, et lors du mouvement de descente l'extrémité H d'un court levier, articulé sur un axe fixe I, vient écarter vers la droite le levier G B, en appuyant sur son extrémité G. Quand l'écart est suffisant pour dégager la butée D du cran F, le levier C D, n'étant plus supporté, laisse choir, sur ses repos, la soupape, qui est sollicitée à descendre par un ressort à boudin.

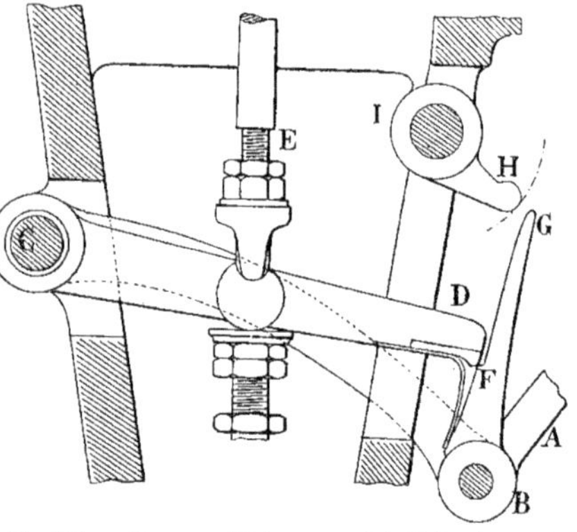

Fig. 558. — Soupape d'échappement à déclenchement.

Le mouvement d'oscillation que prend le court levier H I pour lui permettre de s'effacer pendant la course ascendante et de rencontrer le levier B G pendant la course descendante, lui est transmis par un jeu de bielles et de leviers solidaires du mouvement de la machine, et comportant un réglage par lequel on peut faire varier le moment du déclenchement et, par conséquent, changer à volonté le degré de la compression. Quand les soupapes d'échappement comportent un dispositif de déclenchement, elles comportent également un système amortisseur.

Dans le cas de la soupape d'échappement précédente du type Collmann, l'amortissement de la chute est réalisé au moyen du même piston qui est appliqué aux soupapes d'admission, et dont nous venons d'expliquer, plus haut, l'ingénieux fonctionnement.

Distribution par pistons-valves. (Fig. 559.) Si dans les distributions à soupapes précédentes, nous remplaçons les soupapes par des tiroirs cylindriques, commandés de semblable façon, et que les sièges des soupapes soient également remplacés par des fourreaux cylindriques dans lesquels puissent se mouvoir les tiroirs-pistons, nous obtiendrons la distribution par *pistons-valves,* ainsi nommée pour désigner la forme des distributeurs qu'elle comporte et les fonctions qu'ils remplissent.

La distribution par *pistons-valves,* adoptée par les ateliers Van den Kerchove, de Gand, pour leurs machines à vapeur, est appliquée, en France, par les ateliers de construction de moteurs à vapeur Dujardin et Cie, de Lille.

Nous allons examiner le fonctionnement de cette distribution, construite par cette dernière maison ; mais nous donnerons, auparavant, les raisons pour lesquelles ces divers constructeurs ont été conduits à remplacer les soupapes par des *pistons-valves.*

Dans la distribution par soupapes, la grande difficulté de réalisation consiste à obtenir des soupapes très bien ajustées sur leur couronne d'appui et venant, à chaque tour de la machine, s'y reposer sans choc. Nous avons montré de quelle ingénieuse façon les mouvements cinématiques de commande des soupapes étaient combinés pour obtenir satisfaction sur ce dernier point, sans néanmoins sacrifier la rapidité nécessaire d'ouverture ou de fermeture des soupapes.

La réalisation convenable de ces dispositions implique un travail très précis et, malgré cela, des fuites peuvent se produire, sur les couronnes d'appui des soupapes, par suite de dilatations inégales des métaux composant la soupape et ses différents sièges.

Quoique, ainsi que nous l'avons déjà dit, on s'astreigne à fondre d'une même coulée les soupapes et leur siège, pour obtenir une homogénéité plus grande du métal composant les diverses pièces, les ateliers Dujardin et Cie préconisent l'emploi des *pistons-valves,* munis de garnitures métalliques, qui donnent plus entière satisfaction au point de vue de l'étanchéité. En outre, les chocs produits par les soupapes se reposant sur leur siège sont totalement supprimés, le tiroir glissant dans son fourreau, et n'étant limité, dans son excursion, que par le mouvement du mécanisme de commande. Ce tiroir cylindrique, qui obture et démasque alternativement les lumières du cylindre, est constitué avec un léger recouvrement, ce qui permet d'obtenir une fermeture très brusque des lumières, le mouvement du *piston-valve* ne commençant à être amorti, progressivement, que lorsque cette fermeture est complète.

On comprend que, d'autre part, le réglage des longueurs de bielles qui actionnent les *pistons-valves* demande moins de précision que lorsque ces bielles commandent des soupapes ; car si, dans celles-ci, la course est rigoureusement déterminée, il n'en n'est pas de même pour les pistons glissants, où une légère variation ne peut influencer le bon fonctionnement de la machine. On doit simplement donner au recouvrement une importance appropriée à la bonne utilisation de la vapeur, et c'est le régulateur qui détermine, automatiquement, la course du *piston-valve* d'admission et la durée de son soulèvement.

On voit que l'emploi des *piston-valves* comporte quelques avantages sur l'emploi des soupapes ; mais, quand la machine doit fonctionner avec de la vapeur fortement surchauffée, les soupapes offrent plus de sécurité, car, même sans être lubrifiées, elles ne peuvent, dans leur mouvement, donner lieu à un grippement. Il n'en n'est pas de même lorsqu'il s'agit d'un *distributeur glissant.*

La distribution par *pistons-valves,* adoptée par les ateliers Dujardin et Cie pour leurs machines à vapeur, comporte deux distributeurs d'admission, A, placés à la partie supérieure du cylindre de la machine et deux distributeurs d'échappement, B, placés à la partie inférieure. Ces distributeurs, appelés *pistons-valves,* sont constitués par un cylindre de fonte portant, à sa partie centrale, un moyeu raccordé aux parois par des nervures, sur lequel est clavetée la tige de commande. Le piston-valve est donc un simple anneau circulaire laissant un espace libre à sa partie centrale. Il porte extérieurement, sur tout son pourtour, des segments métalliques formés de trois bagues circulaires superposées : la bague intérieure tend à se développer vers l'extérieur, les deux autres bagues superposées tendent, au contraire, à presser sur la première. Les coupures des segments sont, en outre, toutes croisées, prévenant toute possibilité de fuite de vapeur. L'étanchéité du joint du piston, contre la lanterne dans laquelle il se meut, est assurée par l'élasticité propre des segments, c'est-à-dire avec le minimum de frottement.

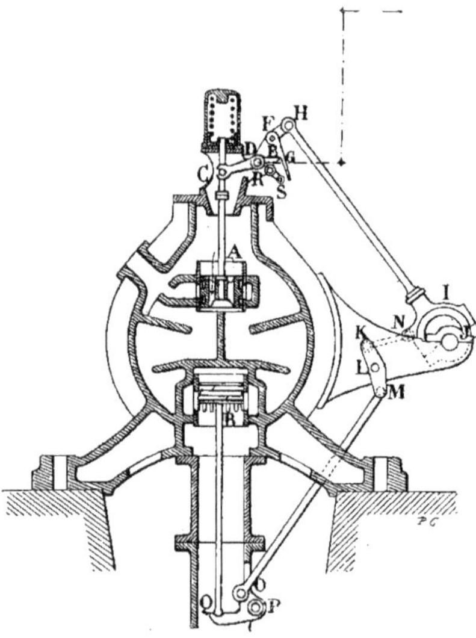

Fig. 559. — Distribution par pistons-valves Dujardin.

Les lanternes qui reçoivent les pistons-valves sont logées, à chaque extrémité du cylindre, dans les fonds de celui-ci, qui constituent ainsi des sortes de réservoirs de vapeur. Elles sont ajourées par une succession de lumières verticales disposées sur leur périphérie, lumières qui débouchent dans un conduit circulaire aboutissant au cylindre à vapeur.

Le piston-valve se meut verticalement dans sa lanterne. Quand sa paroi extérieure est complètement superposée aux lumières de sa lanterne, la communication du cylindre avec le conduit d'admission ou d'échappement de vapeur est interrompue.

Quand, au contraire, le piston-valve, dans son mouvement, découvre sur tout son pourtour les lumières des lanternes, la communication des conduits de vapeur avec le cylindre est rétablie.

L'espace annulaire central, laissé libre dans chaque piston-valve, permet à celui-ci d'être soumis, de tous côtés, à la pression de la vapeur, de se trouver ainsi parfaitement équilibré, et d'être actionné, dans des conditions favorables, par le mécanisme de distribution.

Chaque piston-valve d'admission, A, est actionné par un levier, C D E, dont l'extrémité C, en forme de fourche, est solidaire de la tige verticale clavetée sur ce piston.

Comme dans la distribution à soupapes type Collmann que nous avons décrite plus haut, ce levier C D E peut prendre un mouvement oscillant sous l'action d'un petit bras formant cliquet, F G, sur lequel est une butée, G, qui peut rencontrer l'extrémité du levier de commande de la soupape. Le cliquet est rendu solidaire du mouvement d'un bras D H, par l'intermédiaire de son axe F, autour duquel il peut librement pivoter.

Un ressort-lame applique constamment la butée G du cliquet contre le bec E du levier C D E.

Le bras D H, qui peut osciller librement autour du même axe D que le levier C D E, reçoit le mouvement d'un excentrique I, dont l'extrémité de la barre s'articule au point H.

L'excentrique I, calé sur un arbre auxiliaire J, parallèle à l'axe du cylindre, commande également la manœuvre du piston-valve d'échappement.

A cet effet, un petit balancier, K L M, oscillant autour de l'axe fixe L, est rendu solidaire du collier de l'excentrique par la courte bielle K N et actionne, par une seconde bielle M O, le levier O P Q, pouvant osciller autour du point fixe P et dont l'extrémité Q est solidaire de la tige du piston-valve d'échappement.

Le fonctionnement est le même que celui de la distribution précédente à soupapes, type Collmann.

Quand l'excentrique tire sur le bras D H, celui-ci, en oscillant autour de son axe D, fait descendre le cliquet F G dont la butée G, en prise avec le levier C D E, communique à ce levier un mouvement oscillant qui détermine le soulèvement du piston-valve.

Celui-ci découvre progressivement, sur toute la périphérie de sa lanterne, les lumières d'admission, et la vapeur peut pénétrer dans le cylindre.

La durée de l'admission est déterminée par le régulateur.

Celui-ci provoque, en effet, par les variations successives de hauteur de son manchon et par l'intermédiaire d'un jeu de leviers, l'oscillation, plus ou moins grande, d'un petit bras R S, solidaire de l'axe R, et portant à son extrémité S, un galet qui vient rencontrer plus ou moins tôt, suivant le régime du régulateur, l'extrémité du cliquet F G. C'est la position de ce galet, par rapport au cliquet, qui détermine le moment où se produit le déclenchement du levier C D E et le brusque abaissement du piston-valve qui obture alors les lumières d'admission. La détente commence à ce moment, et c'est le régulateur qui détermine ses variations successives.

Le piston-valve d'échappement est également soulevé par le mouvement de l'excentrique, lequel, tirant sur la bielle K N, fait osciller le petit balancier qui, lui-même, par l'intermédiaire de la bielle M O, provoque le mouvement, autour de l'axe P, du levier O P Q et le soulèvement du piston-valve. Ce soulèvement découvrant les lumières de la lanterne, la vapeur contenue dans le cylindre peut gagner le conduit d'échappement.

Les pistons-valves d'admission, qui sont actionnés par un système à déclic, sont sollicités à redescendre par l'action d'un ressort à boudin que le soulèvement du piston comprime dans un logement disposé au-dessus du cylindre. En outre, un dispositif d'amortissement, semblable à ceux que nous avons déjà vus, est prévu pour amortir, progressivement, la chute du piston-valve, quand celui-ci a complètement obturé les lumières d'admission de sa lanterne.

Distributions à soupapes et pistons-valves Piguet et Cie

(Fig. 560.) Ce type de distribution, que les établissements Piguet et Cie, de Lyon, appliquent à leurs machines à vapeur, comporte des soupapes à l'admission et des pistons-valves à l'échappement. C'est donc une distribution mixte, créée pour pouvoir profiter des avantages que procure l'emploi des soupapes lorsqu'il s'agit de vapeur fortement surchauffée, et, en même temps, qui utilise les avantages dus à l'emploi des pistons-valves. Ceux-ci, qui ne sont prévus que pour l'échappement, ne reçoivent que la vapeur déjà détendue, qui est, par conséquent, à une pression et une température telles, que leur graissage peut se réaliser avec toute sécurité, et que leur étanchéité est assurée de façon très satisfaisante.

Cette combinaison ingénieuse des deux organes distributeurs : soupapes et pistons, donne d'excellents résultats.

Les soupapes d'admission, 1, sont disposées à la partie supérieure du cylindre, à chaque extrémité de celui-ci.

Elles sont commandées par un mécanisme à déclenchement, en tout semblable à celui de la distribution type Collmann, également employé dans la distribution précédente.

C'est toujours un cliquet, 12, mobile autour de son axe, 13, qui provoque, par son enclenchement avec le levier 10, le soulèvement de la soupape, la durée de ce soulèvement étant déterminée par les variations du régulateur qui, par l'intermédiaire du petit bras 17, écarte plus ou moins tôt le cliquet et provoque ainsi son déclenchement au moment propice.

Un ressort antagoniste, déterminant l'abaissement de la soupape, et un *dash-pot*, amortissant sa chute, sont disposés à la partie supérieure.

Le mécanisme de commande de la soupape d'admission est actionné par une bielle, 16, articulée au point 32, sur un excentrique, 24, qui commande également le piston-valve d'échappement 20.

Celui-ci est disposé horizontalement et peut glisser dans un fourreau percé de lumières hélicoïdales, qui communiquent avec l'intérieur du cylindre. La partie centrale du fourreau est en communication avec le conduit d'échappement.

Le piston-valve, muni de garnitures métalliques pour assurer son étanchéité contre les parois de son fourreau, est un simple anneau métallique muni, à sa partie centrale, d'un moyeu sur lequel est clavetée la tige de commande, moyeu autour duquel peut librement circuler la vapeur. Le piston est donc équilibré.

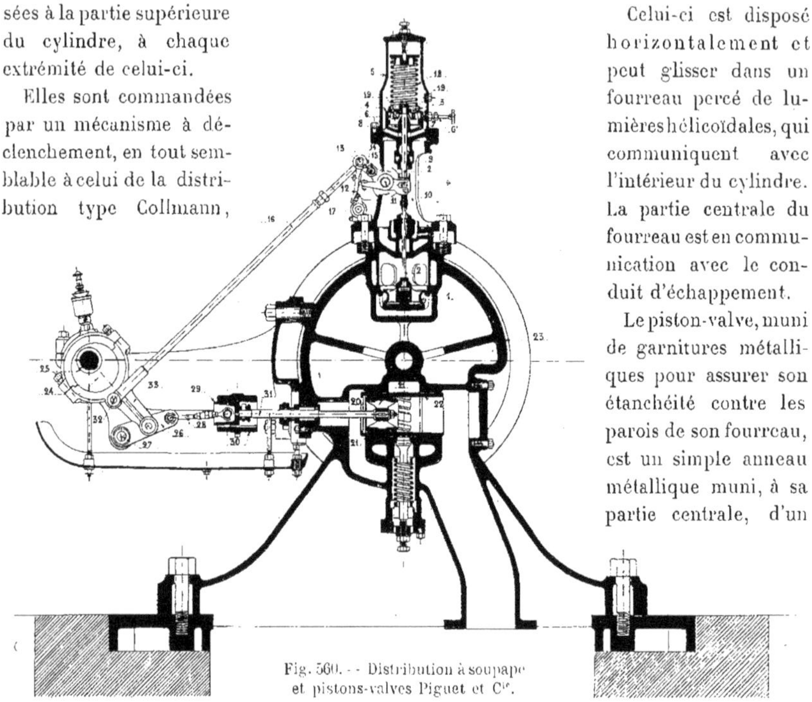

Fig. 560. — Distribution à soupape et pistons-valves Piguet et Cie.

La tige horizontale 31, qui sort du cylindre en traversant un presse-étoupes, est articulée à un coulisseau, 29, qui se meut dans une glissière, 30. Le coulisseau est solidaire, par l'intermédiaire d'une biellette, 28, d'un levier, 26, pouvant osciller autour d'un axe fixe, 27, sur lequel l'extrémité de la barre de l'excentrique vient s'articuler.

Le mouvement de l'excentrique, en faisant osciller le levier 26, provoque donc le déplacement, soit vers la droite, soit vers la gauche, du piston-valve 20, qui est guidé, dans ce mouvement, par le coulisseau 29 glissant dans la coulisse 30. Les lumières hélicoïdales sont, alternativement, découvertes ou obturées, et l'échappement peut se produire au moment convenable.

L'avance à l'échappement et la compression sont réglables en faisant varier, à la main, la longueur de la biellette 28, manœuvre qui s'opère en actionnant l'écrou de jonction.

La disposition du levier 26 et son point d'articulation avec l'excentrique, sont déterminés de façon que le piston valve reste immobilisé pendant une bonne partie de la course de l'excentrique.

Cette période de repos correspond, nécessairement, à la phase d'admission de vapeur, par la soupape, et à une certaine partie de la phase de détente. Le piston-valve ne commence son mouvement que lorsque la pression de la vapeur, dans le cylindre, a baissé, ce qui facilite le graissage, diminue l'usure des surfaces frottantes, et permet l'emploi du piston-valve à l'échappement, même dans le cas où la machine est actionnée avec de la vapeur surchauffée.

La disposition du piston-valve dans le fond du cylindre permet, en outre, de réduire à 2 % l'espace nuisible, tout en conservant de grandes sections aux orifices d'évacuation de vapeur.

Examinons maintenant les distributions par soupapes à *liaison complète* comportant des dispositifs qui permettent de placer la variation du degré de détente sous la dépendance directe du régulateur.

Distributions par soupapes à liaison complète

Si les soupapes d'échappement sont rarement placées sous la dépendance d'un dispositif de déclenchement, en revanche, les soupapes d'admission ne sont généralement pas commandées par un mécanisme à *liaison complète*. S'il est relativement facile, en effet, d'établir, avec des réglages invariables, des commandes non interrompues, nommées pour cela à *liaison complète*, pour obtenir, à chaque course, le même degré d'admission de vapeur, il est moins simple de réaliser ces mêmes commandes en conservant la possibilité de faire varier, à chaque tour de la machine, par l'action du régulateur, la quantité de vapeur admise, rendant ainsi variable le degré de détente.

Ce mécanisme a cependant été réalisé de différentes façons par des dispositions très intéressantes dont nous allons parler.

Auparavant, nous dirons quelques mots sur la distribution Sulzer à *liaison complète* avec degré de détente réglable à la main.

Distribution Sulzer; mécanisme à liaison complète

(Fig. 561.) Cette distribution, dans laquelle la variation de la détente ne dépend pas de l'action du régulateur, est appliquée par la maison Sulzer au grand cylindre, celui à basse pression, de la machine compound dont nous avons décrit (fig. 552-554) la distribution par leviers roulants appliquée au petit cylindre.

Dans ce petit cylindre, où la vapeur est admise à haute pression, il est indispensable de rendre la détente variable par le régulateur pour obtenir une bonne régularité d'allure, tandis qu'on peut, sans inconvénient, obtenir, pour le cylindre à basse pression, une détente appropriée, qui reste constante à chaque tour de la machine, mais qui peut, néanmoins, être réglée une fois pour toutes, pour un certain régime, en déplaçant, à la main, un des organes qui composent la distribution.

La *distribution Sulzer à liaison complète* comporte deux excentriques, dont chacun commande une soupape d'admission et une soupape d'échappement.

La soupape d'échappement est manœuvrée

par un levier roulant, A, semblable à celui que nous avons décrit plus haut (fig. 554), attelé à une bielle, B C. Cette bielle est articulée, au point C, avec une autre bielle plus courte, C D, attachée, au point D, sur le collier de l'excentrique. En outre elle est, au point C, suspendue par la tige C E à l'extrémité d'un levier coudé, EFG, pouvant osciller autour d'un axe fixe F, mais maintenu dans une position fixe par la tringle G H qui immobilise son extrémité G. Cette tringle porte toutefois, en G, un dispositif de réglage qui permet de faire varier, à la main, la position relative du point C par rapport au point d'attache D de l'excentrique. Le relèvement et l'abaissement de la soupape d'échappement peuvent donc se trouver, par suite de ce réglage, avancés ou retardés de façon à se produire au moment convenable.

La courte barre de l'excentrique est suspendue à son extrémité I, à une biellette, I F, qui, obligeant ce point I à décrire un arc de cercle, fait effectuer au point d'attache D de l'attirail d'échappement, une trajectoire courbe favorable au bon fonctionnement de la soupape.

La soupape d'admission est commandée également par un levier roulant J, attelé à une bielle, K L, solidaire d'un balancier, L H M, oscillant autour de l'axe fixe H. L'extrémité M du balancier est reliée au collier de l'excentrique par une petite bielle, M N, qui lui transmet son mouvement.

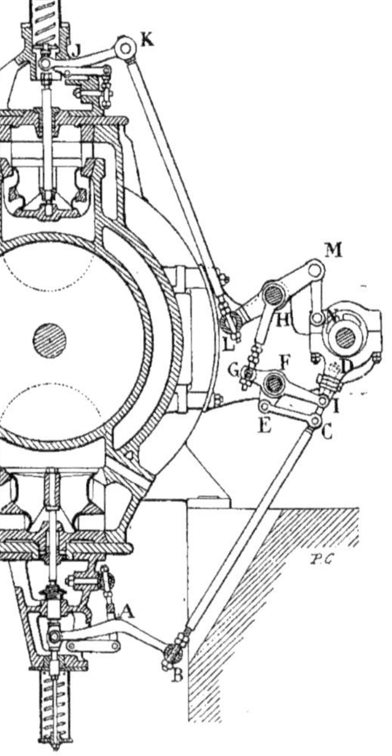

Fig. 561. — Distribution Sulzer à liaison complète.

Le balancier oscille en actionnant la tringle K L, qui provoque, par l'intermédiaire du levier roulant, la manœuvre de la soupape d'admission.

La tringle K L porte, à son extrémité L, un dispositif de réglage à la main qui permet de raccourcir ou d'allonger sa longueur par rapport à l'extrémité du balancier. Il en résulte un déplacement relatif du levier roulant, qui peut permettre d'obtenir, dans une certaine mesure, une ouverture de la soupape plus ou moins prolongée et, par conséquent, une admission variable de vapeur. De ce fait, le degré de détente est rendu également variable.

Commande par leviers à mouvement variable. (Fig. 562.) Dans ce genre de distribution, la soupape d'admission et la soupape d'échappement sont actionnées par le même excentrique.

Pour la soupape d'échappement, la commande a lieu par une bielle A B, articulée au point A sur le collier de l'excentrique. Cette bielle est reliée, à l'autre extrémité, soit à un levier ordinaire qui agit sur la soupape, soit à un levier roulant.

Le collier d'excentrique est prolongé par une courte barre, à l'extrémité C de laquelle est attachée une tringle, C D, qui est articulée, à son autre bout, avec le levier de commande de la soupape d'admission. En un point E de la barre d'excentrique est montée une petite bielle, dont l'extrémité supérieure F est supportée par la branche verticale F G d'un levier coudé, F G I. La biellette E F peut osciller autour de l'axe F, et celui-ci occupe une position fixe pour un degré de détente constant. Dans ce cas, le point E de la barre d'excentrique décrit un arc de cercle autour du point F. Son extrémité C, par suite de la combinaison de ce mouvement circulaire et du mouvement d'excentricité du collier, décrit une trajectoire en forme de courbe allongée, qui lui permet de manœuvrer, par l'intermédiaire de la tige C D, la soupape d'admission. Si le point F restait constamment fixe, la commande de la soupape se ferait toujours de la même façon, l'admission de la vapeur resterait la même et la détente ne serait pas variable. Pour obtenir cette variation, par l'action du régulateur, on a mis sous sa dépendance le déplacement de ce point F.

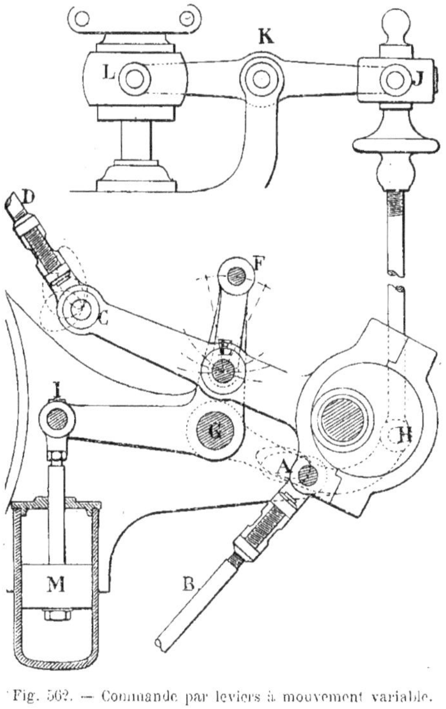

A cet effet, l'arbre auxiliaire G, sur lequel est monté le levier coudé F G I, peut prendre un mouvement d'oscillation qui lui est transmis par un bras de levier cintré, G H, dont l'extrémité H est attelée directement à la tige H J, solidaire, par un petit balancier, J K L, du mouvement du manchon du régulateur.

Quand le manchon du régulateur s'abaisse et que, par conséquent, la vitesse de la machine diminue, la tige J H monte, entraînant le bras H G. L'arbre auxiliaire G oscille, en poussant vers la gauche l'extrémité F du bras G F. Le point E de la barre d'excentrique décrit un arc de cercle autour de la nouvelle position du point F; le mouvement de l'extrémité C de la barre d'excentrique varie, et la nouvelle trajectoire que décrit ce point, dans cette position, a une amplitude plus grande dans le sens horizontal, ce qui aura pour effet de prolonger le temps d'ouverture de la soupape et, par suite, d'augmenter l'admission de la vapeur. La machine reprendra sa vitesse normale. Quand le manchon se soulève sous l'effet d'une vitesse trop grande, le point F se trouve, par un mouvement inverse du mécanisme, reporté vers la droite; la trajectoire de l'extrémité C de la barre d'excentrique s'allonge dans le sens vertical et, de ce fait, la durée de soulèvement de la soupape se trouve raccourcie, diminuant l'admission de vapeur.

Fig. 562. — Commande par leviers à mouvement variable.

Le mouvement variable que prend l'extrémité de la barre d'excentrique est transmis à la soupape de façon que, quelle que soit la position du point C, celle-ci est attaquée, lors de son soulèvement, et est reposée sur ses appuis, toujours avec une grande douceur.

Le mouvement de la soupape d'échappement est également modifié par la variation de la position du collier d'excentrique, mais dans des limites très restreintes qui ne s'écartent pas sensiblement du degré de compression qu'on s'est imposé.

Le levier coudé F G I, dont le déplacement de l'extrémité F, du bras vertical, a pour objet de rendre la détente variable, porte, à l'extrémité I de son bras horizontal, une tige solidaire d'un piston M pouvant se mouvoir dans un cylindre à air. L'ensemble de ce mécanisme auxiliaire constitue un amortisseur destiné à modérer les mouvements brusques que le manchon du régulateur pourrait prendre.

Voilà donc une *distribution à liaison complète* qui permet de rendre la détente variable par le régulateur, la durée de l'introduction de la vapeur pouvant varier jusqu'à 66 pour 100 de la course. Elle ne manque pas d'ingéniosité, et l'adjonction de quelques leviers supplémentaires, d'ailleurs simples, permet de supprimer le dispositif de déclenchement, qui, tout en donnant des résultats excellents, est, cependant, plus susceptible de se détériorer.

Commande par barre d'excentrique à mouvement variable.

(Fig. 563.) Cette commande est encore plus simple que la précédente, car si elle a, comme celle-ci, pour effet de rendre le mouvement de l'extrémité de la barre d'excentrique variable, elle permet d'obtenir ce mouvement sans l'adjonction d'un jeu de leviers. C'est une coulisse, dont la position peut varier, qui permet d'atteindre ce résultat.

Le même excentrique commande, comme dans le cas précédent, la manœuvre de la soupape d'admission et de la soupape d'échappement. La bielle de la soupape d'échappement est articulée au point A du collier, et la bielle actionnant la soupape d'admission est articulée au point B, qui est l'extrémité d'une courte barre prolongeant le collier d'excentrique. L'ouverture de la soupape d'admission se produit lorsque la tige attelée au point B s'élève, car cette tige actionne la soupape par l'intermédiaire de deux leviers, dont l'extrémité de l'un, actionné par la tige, appuie sur l'extrémité de l'autre qui agit sur la soupape.

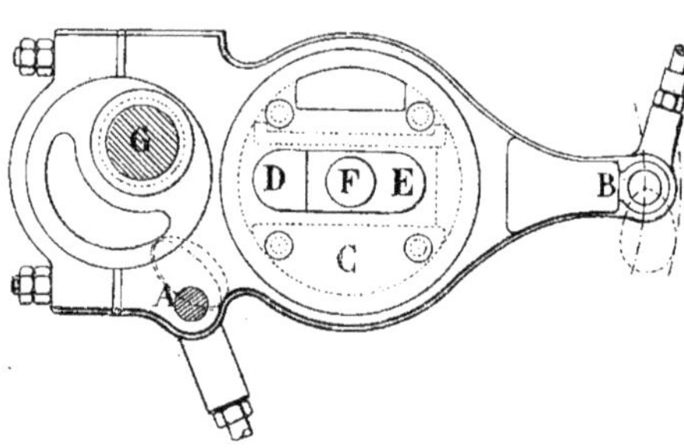

Fig. 563. — Commande par barre d'excentrique à mouvement variable.

Dans la longueur de la barre d'excentrique est disposée une pièce circulaire, C, qui porte, suivant un diamètre, une rainure longitudinale, D, formant coulisse, dans laquelle peut se déplacer un coulisseau, E. Le coulisseau est solidaire d'un petit arbre auxiliaire, F, monté, le long du cylindre, parallèlement à l'arbre G portant les excentriques.

L'arbre F peut osciller autour de son centre par l'action d'un levier attelé directement au levier du manchon du régulateur.

Quand cet arbre oscille, le coulisseau, qui fait corps avec lui, suit son mouvement, et son changement d'orientation provoque le déplacement de la coulisse dans laquelle il se meut. Il résulte du mouvement combiné de l'excentrique, autour de l'arbre G et dans la coulisse D, que l'extrémité de la barre B décrira une trajectoire d'une amplitude plus ou moins grande, suivant

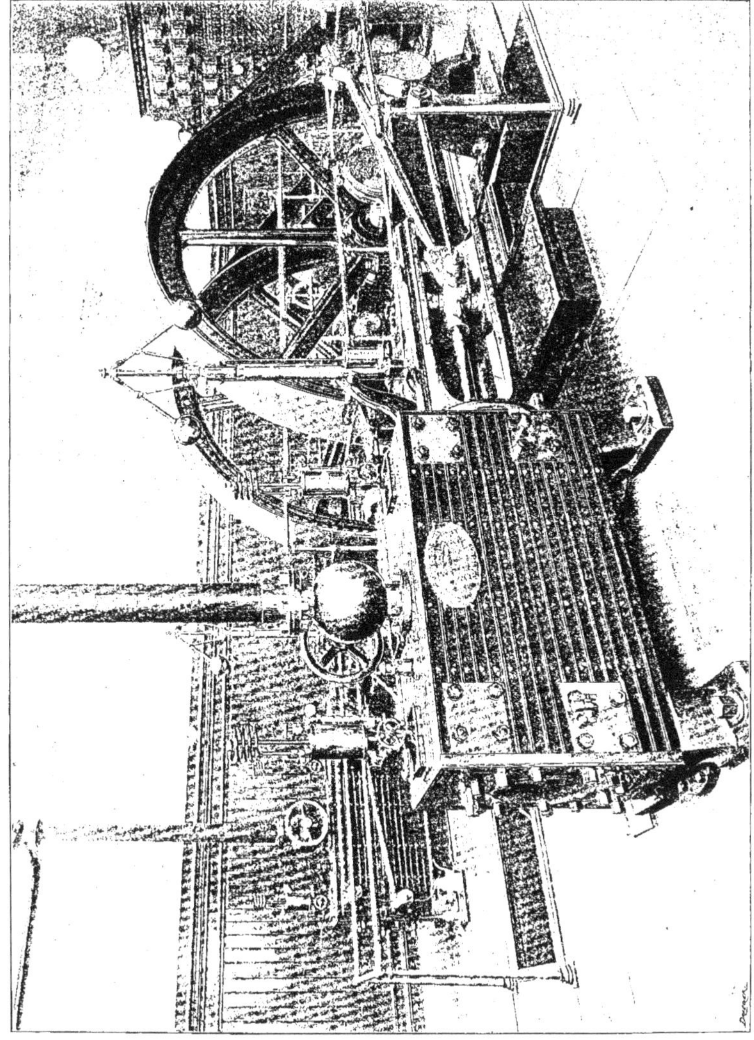

Fig. 361. — Machines Corliss Garnier et Faure-Beaulieu de 90 chevaux installées au journal « La Dépêche », à Toulouse.

que l'oscillation de l'arbre F et du coulisseau E, qu'il porte, aura lieu de bas en haut ou en sens inverse.

Le mouvement variable de l'extrémité B de la barre d'excentrique est transmis, à mesure, à la soupape d'admission par le mécanisme à liaison complète, et la durée de soulèvement de cette soupape, pour chaque tour de la machine, est déterminée par l'orientation de l'arbre F et du coulisseau E. La variation de l'admission de vapeur et, par conséquent, du degré de détente, est donc bien dépendante de l'action du régulateur.

La commande d'une distribution à soupapes par une barre d'excentrique à mouvement variable est très séduisante par sa simplicité, mais il importe que le mécanisme provoquant la variation du mouvement n'exerce aucune réaction sur le manchon du régulateur. Le mouvement de celui-ci, en effet, ne doit dépendre que de l'action de la force centrifuge et, par conséquent, de la vitesse de la machine.

Si cette condition, de toute importance, n'était pas observée, on fausserait certainement le jeu rationnel des différentes pièces de la distribution et l'on n'obtiendrait pas une régulation convenable. Le mouvement variable de la barre d'excentrique n'a que peu d'influence sur l'excursion du point d'attache A de la bielle qui commande la soupape d'échappement, et cette excursion se traduit par une variation, dans le jeu de cette soupape, qui ne dépasse pas les limites normales qu'on s'est imposées pour le degré d'avance à l'échappement et de compression.

Commande par leviers-cames.

(Fig. 565.) Dans ce genre de distribution, la variation de la détente est obtenue en provoquant, par un déplacement judicieux, la variation de l'angle de calage et du rayon de l'excentrique qui commande le mouvement de la soupape d'admission.

Chaque soupape est commandée par un excentrique, et les quatre excentriques sont solidaires du mouvement de rotation d'un arbre auxiliaire, A, recevant son mouvement de l'arbre principal; mais, tandis que les deux excentriques d'échappement B sont calés sur cet arbre, les deux excentriques d'admission C peuvent prendre une position variable par l'action du régulateur.

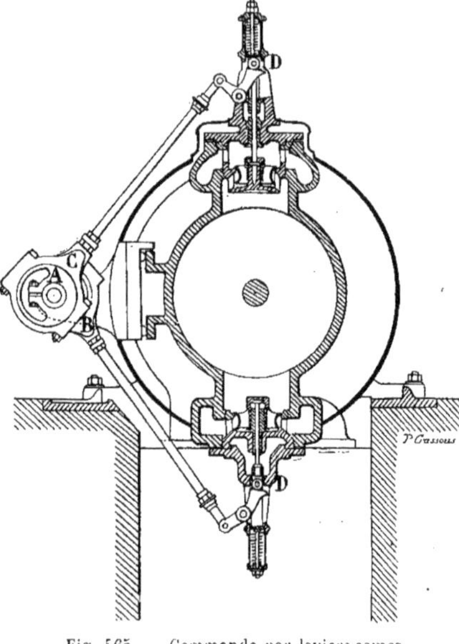

Fig. 565. — Commande par leviers-cames.

En bout de chaque barre d'excentrique est fixée une tige qui actionne, à son autre extrémité, un levier, tourillonnant en un point fixe, dont une des branches est terminée par un profil en forme de came.

Les dispositifs des *leviers-cames* des soupapes d'admission et d'échappement sont semblables. Sur chaque profil, en forme de came, appuie constamment un galet D faisant corps avec un cadre fixé à la tige de la soupape.

La soupape, sa tige et le cadre portant le galet sont sollicités à descendre par un ressort à boudin, disposé à la partie supérieure pour la soupape d'admission, et à la partie inférieure pour la soupape d'échappement.

Le profil en forme de came est établi de façon que le mouvement de la soupape soit lent au début de son soulèvement, comme il le sera, d'ailleurs, à la fin de sa course descendante, pour la reposer sans choc sur ses appuis. Ensuite, ce mouvement doit s'accélérer et, pendant la période de pleine ouverture, la soupape doit rester un certain temps immobile pour redescendre ensuite rapidement. Ces mouvements variables, de montée et de descente, sont dépendants de la grandeur et de la variation du bras de levier qui, oscillant autour de son point fixe, prend contact avec le galet à une distance plus ou moins grande de cet axe fixe. Le profil de la came comporte donc une courbe plus ou moins infléchie, terminée par un arc de cercle dont le centre est le point fixe, de façon que lorsque le galet appuie sur cette dernière partie de la courbe, la soupape reste soulevée et immobile.

Dans ce genre de distribution, l'admission de vapeur et, par conséquent, le degré de détente sont déterminés, à chaque instant, avons-nous dit, par le déplacement de l'excentrique sur son axe et par la variation de son angle de calage. Ces changements sont provoqués par le régulateur à axe vertical, dont le manchon peut actionner une coulisse semblable à celle que nous avons trouvée dans la distribution précédente, à condition, toutefois, qu'il ne se produise aucune réaction du mécanisme sur ce manchon. On peut également, et avec plus de facilité, obtenir les variations de l'excentrique en employant un régulateur à axe horizontal, monté sur l'arbre même des excentriques et actionnant, par le déplacement de ses masses, provoqué par la force centrifuge, les excentriques d'admission qui lui sont juxtaposés.

Commande par cames à calage variable

(Fig. 566.) Dans ce dispositif de distribution, les soupapes d'échappement sont actionnées directement par une tringle, qui, prolongeant la barre d'excentrique, manœuvre un levier qui attaque chacune des soupapes.

Les soupapes d'admission sont mues par une double came, dont une est invariablement fixée sur l'arbre auxiliaire de distribution, et dont l'autre peut prendre, sur cet arbre, une orientation variable par l'action du régulateur.

Le soulèvement de la soupape d'admission est provoqué par l'oscillation d'un levier qui, à une de ses extrémités, appuie sur la tige de la soupape, et dont l'autre extrémité est articulée à une tige A reliée, d'autre part, à une des branches d'un levier à bras perpendiculaires, B C D. Ce levier peut, en oscillant autour de l'axe fixe C, provoquer le soulèvement ou l'abaissement de la soupape, suivant qu'il tire sur la tige A A ou qu'il la pousse. Dans ce dernier cas, un ressort à boudin antagoniste de la soupape la ramène sur ses couronnes d'appui.

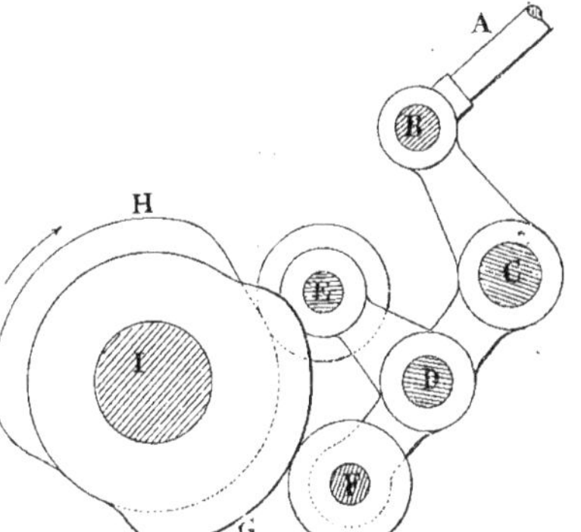

Fig. 566. — Commande par cames à calage variable.

Il reste donc à examiner comment est obtenu le mouvement variable d'oscillation du levier B C D.

A l'extrémité D de ce levier tourillonne un autre levier E D F, à branches également perpendiculaires. A l'extrémité de chacune des branches en E et en F est monté un galet. Au droit de chaque galet se trouve placée, sur l'arbre auxiliaire de distribution I, une came sur laquelle chaque galet est appuyé par la tension du ressort antagoniste de la soupape qui, tirant sur la tige A, fait osciller le levier B C D dans le sens convenable.

Suivant que les cames présenteront aux galets un rayon d'excentricité plus ou moins grand, le levier B C D oscillera plus ou moins, autour de son axe fixe C, et la soupape se soulèvera plus ou moins. Cette soupape restera soulevée d'une façon constante, tant que les deux grands rayons des deux cames se présenteront en face des galets; mais si l'une des deux cames présente, avant l'autre, son petit rayon devant le galet correspondant, celui-ci, en appuyant sur sa came, provoque l'oscillation vers la droite de l'extrémité B, du levier B C D, ce qui a pour objet de pousser la tige A vers le haut et de déterminer l'abaissement de la soupape.

On conçoit donc que, par le jeu relatif des deux cames, on puisse obtenir une pleine admission de vapeur dont la durée est dépendante de l'orientation de la seconde came par rapport à la première.

La première came, G, est calée sur l'arbre I de distribution, de façon que, du fait de son profil, la durée de l'admission de vapeur puisse être maximum.

La seconde came, H, est également montée sur l'arbre I, mais peut prendre, par rapport à cet axe, une orientation variable. Cette orientation lui est donnée, à chaque instant, par le régulateur de la machine, qui, dans ce cas, est généralement disposé horizontalement sur l'arbre même de distribution I.

Si les deux cames juxtaposées présentaient aux galets leurs deux profils coïncidant exactement l'un avec l'autre, la durée de soulèvement de la soupape et l'admission de vapeur seraient maxima; mais, à mesure qu'une des cames se décale par rapport à l'autre, et que, par conséquent leur profil coïncide de moins en moins, la chute du galet appuyant sur la came variable est de plus en plus avancée, et l'admission de vapeur de plus en plus limitée. La détente se trouve, par ce fait, rendue largement variable par l'action directe du régulateur.

CHAPITRE XVII

CHANGEMENT DE MARCHE ET MISE EN MARCHE

CHANGEMENT DE MARCHE : par excentrique à butée variable; — par excentrique unique; — par deux excentriques. — *COULISSES* : de Stephenson, — de Gooch.
MISE EN MARCHE DES MACHINES. — *SERVO MOTEURS* : de locomotives; — de machines de mines; — Farcot, pour machines marines; — Stapfer de Duclos.

Changement de marche

On a pu se rendre compte, par la description que nous venons de donner des différents types de distribution, allant du modeste tiroir à coquille à la délicate soupape à quatre sièges, du considérable progrès qui a été réalisé, depuis un siècle, dans la construction de la machine à vapeur.

Nous n'avons pas examiné, dans l'analyse précédente, toutes les distributions; nous nous sommes surtout attaché à en fixer les différents types, nous réservant de signaler, un peu plus loin, lors de la description des machines à vapeur, les nombreuses et souvent bien ingénieuses combinaisons auxquelles a donné naissance le désir toujours plus grand d'obtenir, de la vapeur, un rendement de plus en plus considérable.

Nous avons vu le rôle très important que jouait l'excentrique dans la conduite des distributeurs, mais comme nous nous sommes principalement préoccupé des machines installées à terre, qui, pour la plupart, ne sont établies que pour un seul sens de marche, nous n'avons pas eu l'occasion d'examiner la réversibilité du mouvement de rotation.

Quoique nous nous proposions de traiter, avec d'amples détails, cette question, qui intéresse principalement les distributions de locomotives et de machines marines, dans les parties de cet ouvrage concernant respectivement les « Chemins de fer » et la « Navigation », il est nécessaire, cependant, d'expliquer le mécanisme de changement de marche utilisé, parfois, dans les machines fixes employées dans l'exploitation des mines.

Changement de marche par excentrique à butée variable

(Fig. 567.) Le calage de l'excentrique, sur l'arbre de la machine, permet de déterminer le degré de l'admission et de l'échappement de vapeur et dans un grand nombre de distributions on a utilisé la variation de l'angle de calage de cet organe pour obtenir la variation de la détente.

On comprend aisément que la tige du piston étant, d'une part, reliée de façon invariable à l'arbre de la machine et que la tige du tiroir pouvant, d'autre part, donner à ce tiroir, par le calage variable de l'excentrique, une position variable par rapport à celle du piston, il soit possible, en faisant varier d'un angle suffisant le calage de l'excentrique, de donner au tiroir distributeur une position telle, que la vapeur soit admise sur la face opposée du piston et que, de ce fait, le sens de marche soit inversé.

C'est ainsi que, primitivement, on réalisa le changement de marche.

L'excentrique A était monté sur l'arbre B sans y être claveté. Il comportait une butée C qui pouvait être rencontrée, d'un côté ou de l'autre, par les deux extrémités d'un poussoir D E constitué par une fraction de collet circulaire ménagé sur l'arbre B.

Quand cet arbre était animé d'un mouvement de rotation dans le sens de la flèche, par exemple, l'extrémité E du poussoir venait prendre contact avec la butée C et, à partir de ce moment, l'excentrique, entraîné, participait au mouvement de l'arbre de la machine. On disposait les butées de façon que dans cet entraînement continu, l'excentrique fût convenablement orienté pour réaliser les avances respectives à l'admission et à l'échappement.

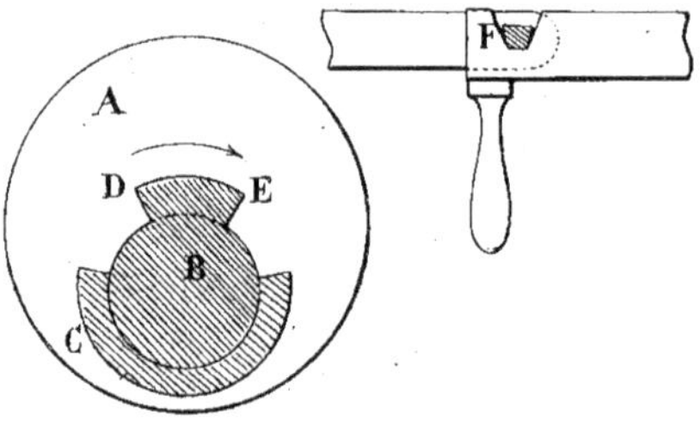

Fig. 567. — Changement de marche par excentrique à butée variable.

Pour obtenir le changement de marche, il était nécessaire de manœuvrer d'abord le tiroir à la main, en actionnant sa tige.

La vapeur agissant sur le piston dans le sens opposé au précédent, le sens du mouvement était inversé et l'arbre de la machine, effectuant sa rotation dans le sens contraire à la flèche, tournait d'abord d'un certain angle sans actionner l'excentrique, puis l'extrémité D du poussoir venait rencontrer la butée C et, en l'entraînant, faisait tourner l'excentrique en sens inverse. Le fonctionnement du tiroir redevenait solidaire de la rotation de l'arbre, et le mouvement se trouvait ainsi obtenu dans la direction contraire à la précédente.

Pour permettre, lors du changement de marche, de manœuvrer le tiroir à la main, il était indispensable de pouvoir rendre indépendantes, pendant un certain temps, la barre d'excentrique et la tige du tiroir. A cet effet, ces deux pièces étaient reliées l'une à l'autre par un système simple d'accrochage. Un doigt, F, disposé à l'extrémité de la barre d'excentrique, s'engageait dans une encoche pratiquée en bout de la tige du tiroir. Lorsqu'on voulait changer le sens du mouvement, on séparait ces deux pièces; on manœuvrait le tiroir qui provoquait l'inversion de la rotation de l'arbre, et lorsque la barre d'excentrique, entraînée dans ce nouveau sens, présentait son doigt en face de l'encoche, on accouplait de nouveau les deux pièces

On voit que le procédé n'était pas des plus commodes. En outre, ce système offrait un inconvénient grave.

L'excentrique, n'étant solidaire de la rotation de l'arbre que par la simple poussée du collet D E, pouvait, par suite de son inertie et du mouvement irrégulier de la machine, abandonner, en cours de marche, la butée conductrice, et changer son orientation par rapport à l'arbre. Les phases diverses de la distribution étaient troublées et le fonctionnement de la machine laissait à désirer. Ces mouvements intempestifs de l'excentrique donnaient lieu, de plus, à des chocs, lorsque le poussoir de l'arbre rencontrait de nouveau la butée de l'excentrique; mais, tout défectueux qu'il fût, ce dispositif de changement de marche, qui répondait à une nécessité absolue, reçut dans les machines primitives quelques applications.

On lui fit subir quelques modifications pour rendre plus aisée la manœuvre de déplacement de la tige du tiroir, qu'on obtint par la rotation d'un volant à main.

Changement de marche par excentrique unique.

(Fig. 568.) Cette disposition n'offre pas les mêmes inconvénients que la précédente, et permet d'obtenir plus de régularité dans la commande de l'organe distributeur.

Elle comprend un excentrique A dont la barre est reliée, d'une façon invariable, à la tige qui conduit le tiroir.

Cet excentrique est monté sur l'arbre B de la machine et est rendu solidaire de son mouvement de rotation par l'intermédiaire d'une clavette C, logée dans une rainure pratiquée, longitudinalement, dans l'arbre B. La clavette peut coulisser, dans cette rainure, dans le sens longitudinal, et porte, à une de ses extrémités, un bec D, à flancs hélicoïdaux, qui s'engage dans une fente hélicoïdale E, pratiquée sur la douille F de l'excentrique. C'est ce bec seul qui rend solidaire l'excentrique du mouvement de rotation de l'arbre.

L'autre extrémité de la clavette porte un filetage sur lequel est en prise un volant G, immobilisé, dans le sens longitudinal, entre un collet H de l'arbre et l'excentrique. Celui-ci est également immobilisé dans le sens de la longueur sur l'arbre, mais peut tourner, autour de lui, par le fait du déplacement longitudinal de la clavette.

En effet, si on tourne le volant, comme celui-ci ne peut se déplacer en longueur, il provoque, suivant le sens de sa rotation, le déplacement vers la droite ou vers la gauche de la clavette C, dans la rainure pratiquée sur l'arbre. Le bec D de cette clavette se meut dans la rainure hélicoïdale que porte la douille de l'excentrique et oblige celui-ci à tourner, sur l'arbre, en changeant son orientation par rapport à lui. En faisant tourner le volant d'un nombre de tours déterminé, on décale l'excentrique, sur l'arbre, d'une quantité suffisante pour inverser le sens du mouvement. L'excentrique étant, malgré son orientation variable, toujours solidaire du mouvement de rotation de l'arbre par l'intermédiaire du bec D de la clavette C, le mécanisme de changement de marche ne comporte aucune interruption et permet, tout en étant plus facile à manœuvrer que le précédent, de faire varier, à volonté, le degré de détente, par le calage variable de l'excentrique.

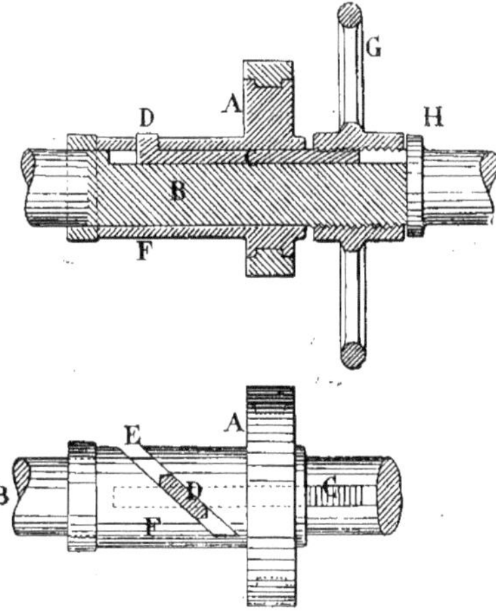

Fig. 568. — Changement de marche par excentrique unique.

Changement de marche par deux excentriques.

(Fig. 571.) Généralement, toute machine qui comporte une inversion du sens de mouvement, est munie de deux excentriques. L'étude des locomotives et des machines marines, dans lesquelles le changement de marche est non seulement indispensable, mais doit encore être obtenu par une manœuvre simple et rapide, a donné naissance aux dispositifs variés nommés coulisses, dont le type est la *coulisse de Stephenson,* la première en date. Avant que Stephenson ait eu l'ingénieuse idée de réaliser son système de changement de marche à liaison complète, que nous allons décrire plus loin, on employait déjà, dans les locomotives, deux excentriques pour inverser le mouvement; mais la liaison avec la tige du tiroir se faisait, successivement, par enclenchement avec la barre de l'un ou de l'autre excentrique.

Fig. 569. — Machine à vapeur type pilon Lecouteux et Garnier, à tiroir cylindrique équilibré et à détente variable par le régulateur.

Les deux excentriques, calés invariablement sur l'essieu moteur, qui représente, dans les locomotives, l'arbre de la machine, étaient disposés pour commander l'un la marche en avant, l'autre la marche en arrière. Les barres A et B des deux excentriques étaient terminées par une pièce, C et D, à bords fortement évasés, portant un cran de profondeur suffisante pour recevoir un ergot E, placé à l'extrémité d'une des branches d'un levier E F G, dont l'autre branche était articulée avec la tige du tiroir H. Les deux pièces à cran C et D, appelées *pieds de biche,* étaient suspendues au bout de deux leviers I J K et N M L, par l'intermédiaire des deux biellettes C I et D N. La manœuvre se faisait par la tige P que pouvait actionner facilement le mécanicien.

Quand cette tige était tirée, par exemple, vers la gauche, le levier K J I, oscillant autour du point J, et le levier L M N, oscillant, en même temps, autour du point M, provoquaient le relèvement simultané des deux pieds de biche C et D terminant les barres d'excentriques. L'ergot E, d'accrochage, était abandonné par la barre supérieure C et venait se loger, en glissant sur les plans inclinés, dans le cran de la pièce D. Si, à ce moment, le relevage était arrêté, on voit que la tige du tiroir avait dû parcourir une certaine course pour que l'ergot E, dont elle est solidaire, par l'intermédiaire du levier E F G, ait pu venir en prise avec la pièce D. Ce déplacement de la tige et du tiroir, mettait la distribution sous la dépendance de la barre d'excentrique B et le sens de marche se trouvait être l'inverse du précédent.

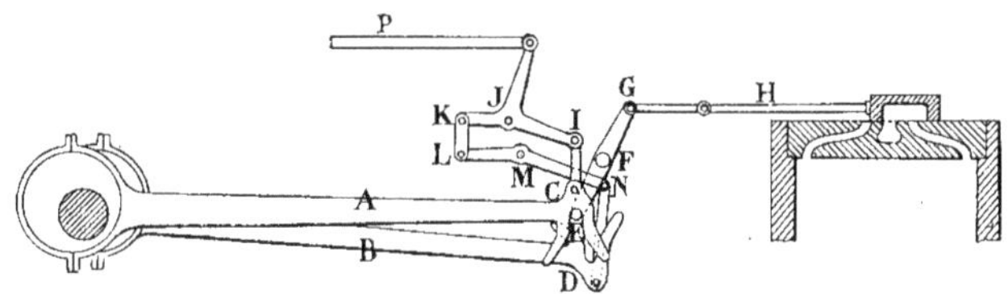

Fig. 570. — Changement de marche par deux excentriques.

Si la tige de manœuvre était poussée, au lieu d'être tirée, l'oscillation des leviers articulés provoquait la descente des deux barres d'excentrique et l'ergot E revenait en prise avec la barre C, renversant le sens du mouvement pour le ramener dans sa direction première.

Ce mode de changement de marche constitue un progrès évident sur les systèmes rudimentaires précédents, que nous avons signalés au point de vue purement historique, et il suffit à Robert Stephenson de réunir, par un lien articulé et formant glissière, les deux extrémités des barres d'excentrique, pour créer sa fameuse coulisse qui rendit définitivement pratique la manœuvre de changement de marche dans les locomotives et les machines marines.

Coulisse de Stephenson.

(Fig. 571.) L'arbre de la machine, l'essieu moteur dans les locomotives, porte, clavetés et orientés convenablement, deux excentriques : un pour commander la marche avant, l'autre pour commander la marche arrière.

Les extrémités des barres prolongeant ces excentriques sont réunies par une coulisse A B, articulée en chacun des points A et B et portant, entre ces points, une rainure C, de forme circulaire, dans laquelle peut glisser, longitudinalement, un coulisseau D. Ce coulisseau est articulé sur la tige du tiroir qui, pour le recevoir, est terminée par une fourchette embrassant la coulisse. La tige du tiroir, guidée dans son presse-étoupes, ne peut prendre qu'un mouvement rectiligne alternatif dont le coulisseau D est solidaire.

L'extrémité de la barre d'excentrique inférieure A est suspendue à un levier E F par une bielle A E. Ce levier est claveté sur l'arbre F qu'on nomme *arbre de relevage.* Le mouvement d'oscillation est transmis à cet arbre par un bras de levier F G en bout duquel est attelée la tige de manœuvre G H.

Si nous supposons la coulisse dans la position représentée sur la figure 571, l'excentrique supérieur commande la distribution et pour une certaine position de l'arbre de la machine et, par conséquent, du piston, le tiroir découvre et obture certaines lumières.

Si on tire sur la tige de manœuvre, en provoquant l'oscillation de l'arbre de relevage, l'extrémité E du bras E F va se relever en entraînant, dans son mouvement, par l'intermédiaire de la bielle A E, la barre A de l'excentrique inférieur. L'ensemble des deux barres d'excentriques et de la coulisse se relève. Dans ce mouvement, le coulisseau D engagé dans la rainure C oscille autour de son centre, mais, à mesure que le mouvement de relevage s'opère, il est, par le fait de l'inclinaison de la coulisse, sollicité à avancer de la droite vers la gauche en entraînant la tige du tiroir qui se meut rectilignement.

Quand le relevage sera terminé, le coulisseau D occupera, dans la rainure C, une position voisine de l'extrémité A de la barre d'excentrique inférieure; le tiroir aura avancé sur la glace qui le supporte et découvrira les lumières obturées dans la position précédente et obturera celles qui étaient découvertes. Pour la même position du piston, le sens de l'admission et de l'échappement étant inversé, le mouvement de ce piston se fera dans le sens contraire au précédent.

Le changement de marche sera donc réalisé. Si on repoussait la tige de manœuvre, les mouvements contraires se produiraient et auraient pour résultat de ramener le mouvement du tiroir sous la dépendance de l'autre excentrique qui commanderait la distribution dans le sens opposé.

Entre les deux positions extrêmes de la coulisse, correspondant, respectivement, à la marche avant et à la marche arrière, se trouve une position médiane pour laquelle le coulisseau est placé de façon que le tiroir obture, sur la glace du cylindre à la fois les lumières d'admission avant et arrière. C'est la position d'arrêt de la machine. En outre, on conçoit facilement qu'entre cette position d'arrêt et les positions extrêmes de marche avant et marche arrière, on puisse faire varier, en arrêtant judicieusement le coulisseau D dans la rainure C, par le relèvement ou l'abaissement plus ou moins grand de la coulisse, le degré d'admission de vapeur dans le cylindre.

Pour que le mécanicien puisse apprécier exactement l'amplitude de ces diverses variations possibles, on met, à portée de sa main, un levier qui, tout en actionnant la tige de manœuvre G H, porte un cliquet qui peut s'engager dans les divers crans ménagés sur un secteur circulaire. Chaque cran correspond à une position du tiroir bien déterminée, ce qui permet au mécanicien

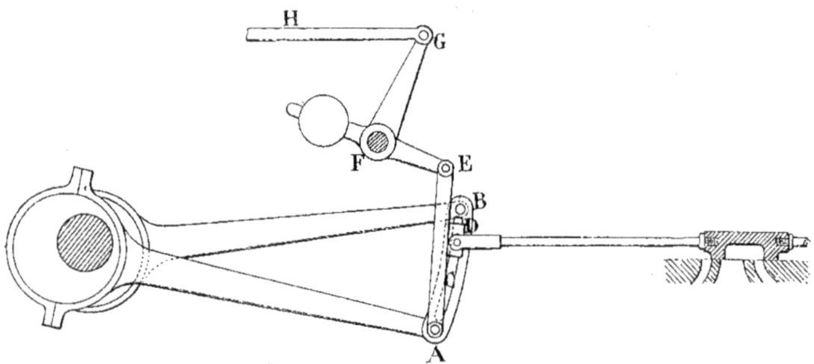

Fig. 571. — Coulisse de Stephenson.

d'immobiliser son levier de manœuvre, par encliquetage, à la position qu'il a judicieusement choisie.

La *coulisse de Stephenson* a été transformée de diverses façons. Comme nous l'avons dit, c'est surtout en vue de son application aux locomotives et aux machines marines qu'on a réalisé ces transformations.

Nous examinerons donc ultérieurement ces différents systèmes de coulisses, nous bornant ici à décrire une seconde coulisse, très employée dans les locomotives, qui diffère quelque peu de celle de Stephenson.

Coulisse de Gooch. (Fig. 574.) Ce système de changement de marche comporte, comme le précédent, deux excentriques calés d'une façon invariable sur l'essieu moteur. Un des deux excentriques est disposé pour commander la marche avant, l'autre pour commander la marche arrière. Les extrémités des barres des excentriques A et B sont articulées à une coulisse C qui les réunit. Cette coulisse, qui tourne sa face concave vers le tiroir, à l'inverse de la précédente, est suspendue d'une façon invariable par son milieu C à l'extrémité d'une bielle C D, pouvant osciller autour d'un axe fixe D. La coulisse porte, sur une de ses faces, une rainure, ne débouchant pas sur l'autre face et ménagée dans son épaisseur, dans laquelle peut coulisser un bouton E terminant une bielle E F articulée, au point F, à la tige du tiroir.

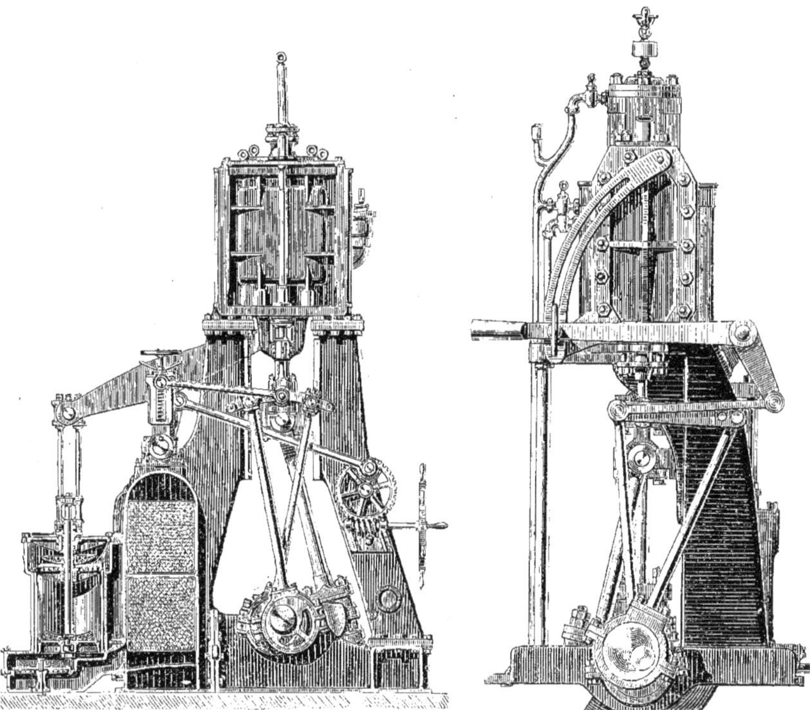

Fig. 572 et 573. — Coulisses Stephenson appliquées à des machines marines.

En un point G de cette bielle une biellette de suspension G H, articulée à l'extrémité d'une des branches du levier de relevage H I J, permet, par la manœuvre de la tige J K, solidaire de l'autre extrémité du même levier, de faire monter ou descendre, dans la rainure de la coulisse, le bouton E de la bielle E F actionnant le tiroir.

Suivant que ce bouton sera disposé dans le prolongement de l'une ou de l'autre barre d'excentrique, le mouvement de distribution sera commandé différemment et la marche aura lieu dans un sens ou dans l'autre. Si le bouton E est placé à mi-course, c'est-à-dire au milieu de la coulisse, l'arrêt de la machine se produira, car, à ce moment, les lumières d'admission seront fermées et la tige du tiroir sera immobile.

Les différences existant entre cette coulisse et la *coulisse de Stephenson* sont importantes.

Dans le dispositif de relevage de celle-ci, il est nécessaire de faire mouvoir la coulisse elle-même dont le poids, augmenté de celui des barres d'excentriques, peut être assez important pour nécessiter une manœuvre commandée par *servo-moteur*.

C'est d'ailleurs ainsi que l'on opère dans les machines marines où la *coulisse de Stephenson* est généralement utilisée.

Dans la *coulisse de Gooch*, l'effort de relevage se borne à faire osciller la bielle E F autour du point F. Cette manœuvre peut s'effectuer assez facilement à la main.

Une autre différence caractéristique des deux coulisses consiste en ce que dans celle de *Gooch*, la coulisse C tourne sa face concave vers le tiroir, tandis qu'il en est autrement dans la *coulisse de Stephenson*.

Cette disposition a pour but de conserver, quelle que soit la position de la bielle E F dans la coulisse, une avance constante à l'admission et à l'échappement, donnée par le placement du tiroir sur la glace du cylindre.

Pour cela, on donne à la courbe concave de la coulisse un rayon égal à la longueur de la bielle E F. Si, en effet, on suppose la coulisse à mi-course, la ligne A B étant perpendiculaire à la ligne C F, l'extrémité E de la bielle E F décrivant, dans la coulisse, un arc de rayon E F, son point d'oscillation F, qui devient le centre de rotation, reste immobile ; le tiroir conserve sa position relative par rapport aux lumières de la glace du cylindre et ne se trouvera déplacé, pour changer le sens du mouvement, que par l'excentrique sous la dépendance duquel on le placera.

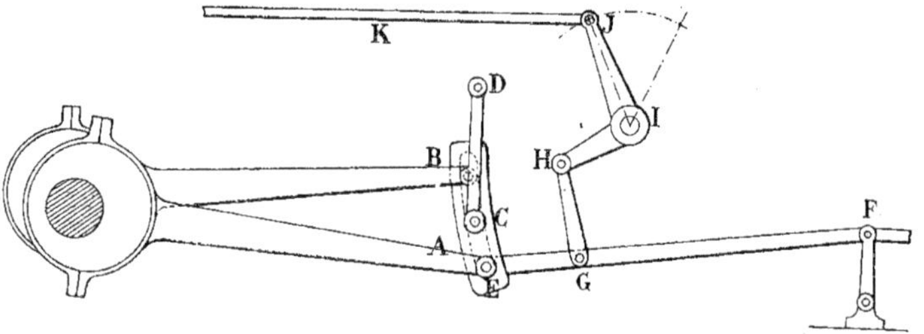

Fig. 574. — Coulisse de Gooch.

Pour établir, dans les conditions les plus favorables, ce système de coulisse, il faut donner à la bielle E F la plus grande longueur possible afin de rendre négligeables les variations du déplacement du tiroir dues à l'obliquité de la bielle.

De même la bielle de suspension C D doit être assez longue pour que l'arc de cercle que décrit son extrémité C, pendant l'oscillation de la coulisse, se confonde, sensiblement, avec la ligne droite joignant le centre de l'arbre moteur et l'axe de la tige du tiroir.

Ces conditions essentielles obligent à demander à la *coulisse Gooch* un encombrement incompatible, parfois, avec la place dont on dispose. Pour les locomotives et les machines fixes, où la place n'est pas mesurée, on peut l'employer avantageusement; pour les machines marines, où l'encombrement est strictement limité, on emploie de préférence la *coulisse de Stephenson* qui a des dimensions plus réduites.

Mise en marche des machines. Pour mettre en marche une machine à vapeur simple à un seul cylindre, on ouvre le conduit d'arrivée de vapeur à la boîte à tiroir, en manœuvrant un volant qui commande le soulèvement de la soupape d'admission. La vapeur, admise ainsi dans le cylindre par la lumière d'admission que le tiroir laisse découverte, actionne le piston sur une de ses faces et produit la mise en route de la machine qui démarre lentement. Mais il est bien rare que le tiroir soit toujours disposé de façon à admettre à pleine ouverture, sur une des faces du piston, la vapeur introduite dans la boîte à tiroir. En effet, quand on arrête la machine, on ferme la soupape d'admission, mais la vapeur contenue dans la boîte à tiroir et dans le cylindre, continue à exercer sa pression sur le piston et, en outre, le volant et les divers organes de la machine en mouvement lui font encore effectuer plusieurs tours avant que l'arrêt définitif ait lieu. Cet arrêt se produit donc à un moment quelconque de

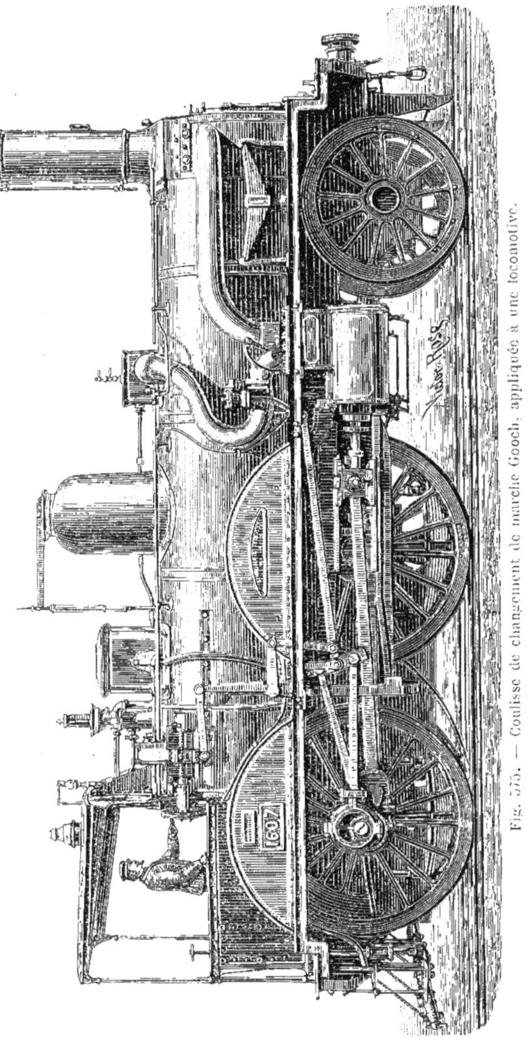

Fig. 375. — Coulisse de changement de marche Gooch, appliquée à une locomotive.

la course du piston et il peut fort bien arriver, par exemple, que les deux lumières d'admission soient recouvertes par le tiroir. En ce cas, quoique la vapeur soit de nouveau admise dans la boîte à tiroir, la machine ne se mettra pas en mouvement et il sera nécessaire de lui faire effectuer, par un moyen quelconque, une certaine course pour que la vapeur puisse être admise dans le cylindre.

Pour les machines à un seul cylindre et de faible puissance, on amène le tiroir de distribution dans une position favorable au démarrage en donnant à l'arbre principal un mouvement de rotation au moyen du volant calé sur lui. Le volant porte souvent, sur sa couronne intérieure, quelques crans dans lesquels on engage l'extrémité d'un levier qui permet de le manœuvrer à la main. On conçoit qu'il est souvent pénible d'effectuer ce déplacement. Aussi, un mécanicien expérimenté s'arrange toujours, quand la machine est sur le point de s'arrêter, pour l'immobiliser à la position convenable qui permettra une mise en marche immédiate.

Quand la machine possède plusieurs cylindres avec des détentes successives, comme la vapeur est admise d'abord dans le petit cylindre, il pourrait se faire, comme précédemment, que l'organe distributeur soit dans une position ne permettant pas l'admission.

On établit, pour remédier à cet inconvénient, un conduit de vapeur auxiliaire qui peut admettre à la fois la vapeur dans tous les cylindres, après qu'elle a été portée, par des détenteurs successifs, à la pression respective de chacun de ceux-ci. La mise en mouvement de la machine est dès lors assurée. Ce dispositif est surtout employé dans les machines marines auxquelles on demande une mise en route immédiate, en avant ou en arrière.

La mise en route à la main ne peut convenir que pour les machines actionnées par de la vapeur à pression minime. Quand la pression est élevée et que la puissance du moteur est considérable, il est indispensable, pour obtenir une mise en marche rapide et facile dans les deux sens, d'employer les *servo-moteurs*.

Servo-moteurs. Ce sont des appareils auxiliaires des machines à vapeur, mus également par la vapeur et qui sont disposés pour effectuer un travail strictement déterminé en étant assujettis à rester dans la position où on les a placés. Ces moteurs *asservis* à la marche de la machine qu'ils commandent, peuvent être manœuvrés avec un faible effort qu'ils transforment en un travail souvent considérable, capable, en tous cas, de vaincre à la fois l'inertie des organes à mettre en mouvement et la pression élevée de la vapeur qui s'exerce sur les organes distributeurs.

Les *servo-moteurs* sont surtout établis sur les machines marines et sur les locomotives. Dans les machines fixes où le changement de marche est peu utilisé, les *servo-moteurs* sont, pour cette raison, peu employés.

Servo-moteur de locomotive. (Fig. 576.) Ce genre de servo-moteur n'est pas complètement *asservi* au fonctionnement de la machine à vapeur dont il actionne les organes de mise en marche.

Il est indispensable d'effectuer la manœuvre à la main, mais l'appareil a précisément pour objet de rendre cette manœuvre facile, quel que soit le poids des organes à déplacer.

Il se compose d'un petit cylindre à vapeur A, portant ses deux lumières d'admission et son conduit d'échappement, sur la glace duquel peut glisser un tiroir ordinaire enfermé dans la boîte à vapeur B.

La tige du tiroir est articulée, à l'extérieur, avec un petit balancier qui est solidaire d'une tige K emprisonnée entre deux collets M pratiqués sur le moyeu d'un volant G.

Dans le cylindre A est disposé un piston dont la tige C, creuse, porte à une de ses extrémités un écrou qui reçoit une vis E. Cette vis, immobilisée dans le sens longitudinal par un double collet ajusté dans un palier fixe, reçoit, à son extrémité, le volant G.

La tige du piston porte, à l'autre extrémité, une pièce verticale, sur laquelle sont articulées deux bielles latérales H et qui constitue un coulisseau pouvant glisser sur un guide cylindrique inférieur.

Les deux bielles H aboutissent sur les deux faces de l'extrémité d'un levier O, calé sur l'arbre qui commande un dispositif de changement de marche semblable à celui des deux coulisses décrites plus haut.

Nous avons vu qu'il suffit de faire osciller cet arbre, appelé *arbre de relevage*, d'un certain angle, pour obtenir tantôt la marche en avant, tantôt la marche en arrière. C'est donc ce mouvement d'oscillation que le *servo-moteur* doit aider à effectuer pour remplir son rôle.

Supposons le mécanisme disposé à la fin de sa course dans un certain sens. Le piston aura, par exemple, accompli son excursion totale vers la gauche; l'écrou aura progressé, sur la vis E, de façon à ce que, par l'intermédiaire des bielles H, le levier O, qui commande l'oscillation de l'arbre de relevage, soit obliqué vers la gauche.

Si, à ce moment, on veut effectuer le changement de marche, on tourne le volant dans le sens convenable.

Comme les faces extérieures du moyeu de ce volant ont un certain jeu avec les collets P et N qui terminent la vis E, ce volant peut tourner d'environ un demi-tour avant de venir buter sur le collet de la vis et de pouvoir l'entraîner. Pendant cette rotation préparatoire, le collier M, solidaire du moyeu du volant, avance longitudinalement en entraînant, au moyen de la tige K, la tige du tiroir. Celui-ci se déplace sur la glace du cylindre et découvre l'orifice d'admission qui aboutit contre l'extrémité gauche du cylindre à vapeur.

La vapeur, admise contre le piston, exerce, sur celui-ci, une pression qui le ferait progresser vers la droite s'il n'était solidaire, par sa tige C, de l'écrou, qui, étant en prise avec la vis E, ne peut se déplacer sans qu'on fasse tourner cette vis. Si, pourtant, le pas de la vis était assez grand, le piston pourrait avancer en provoquant la rotation de la vis E, mais on s'est contenté, dans ce genre de servo-moteur, d'allonger le pas de cette

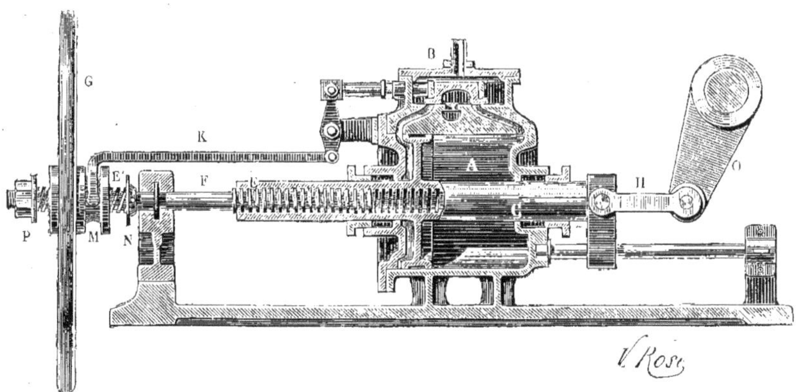

Fig. 576. -- Servo-moteur de locomotive.

vis pour faciliter la manœuvre de l'appareil à la main.

On est donc obligé de continuer à tourner le volant pour opérer la mise en marche dans un sens ou dans l'autre en provoquant, par le déplacement de la tige-écrou C, au moyen des bielles II, l'oscillation de l'arbre de relevage ; mais l'effort exigé par cette manœuvre est insignifiant, car la vapeur, qui appuie sur la face du piston, effectue le travail au fur et à mesure que la manœuvre à la main lui en donne la liberté.

On peut, par conséquent, arrêter l'appareil à un moment quelconque de sa course pour obtenir une variation plus ou moins grande de la détente et, malgré cela, le servo-moteur est toujours prêt à fonctionner dans le même sens, la vapeur continuant à être admise dans le petit cylindre A.

Quand on veut effectuer la marche en sens inverse, on tourne le volant dans le sens opposé au précédent. Il fait, pour se mettre au contact de la butée de la vis, un demi-tour libre sur cette vis, pendant lequel il provoque le déplacement du tiroir qui découvre la lumière d'admission opposée du cylindre. La vapeur est admise sur la face du piston opposée à la précédente et le servo-moteur est prêt à fonctionner. En donnant au volant un mouvement de rotation continu qui se transmettra par la vis E à la tige-écrou C, le levier O sera obliqué en sens inverse et la distribution de la machine sera, par ce mouvement, mise sous la dépendance de l'excentrique calé pour le sens de marche que l'on veut obtenir.

Servo-moteur pour machine de mines. (Fig. 578.) Les machines de mines sont, avons-nous dit, à peu près les seules machines fixes qui doivent, pour leur service courant, comporter un changement de marche et dans lesquelles, par conséquent, l'établissement d'un servo-moteur est nécessaire.

Voici un type de servo-moteur système Farcot et E. Duclos, appliqué à ce genre de machines à vapeur.

Il comprend un petit cylindre à vapeur A, surmonté d'un tiroir cylindrique équilibré B.

Dans le cylindre A peut se mouvoir un piston C dont la tige est attelée, par l'intermédiaire d'une bielle D E, à l'extrémité inférieure d'un levier E F G, calé sur l'arbre de relevage F.

Le tiroir est prolongé, à l'extérieur, par une tige articulée à une bielle H I qui est solidaire, au point I, d'un petit levier vertical I J K terminé, à sa partie supérieure, par une manette L permettant la manœuvre à la main.

Ce levier peut osciller autour de l'axe J qui est fixé invariablement sur le grand levier E F G, et l'extrémité K du petit levier porte un trou dans lequel pénètre, avec beaucoup de jeu, un doigt M fixé également, d'une façon invariable, sur le grand levier E F G. Donc le petit levier I J K passe devant le grand E F G et n'est solidaire de lui que par son axe d'oscillation J.

Ce petit levier peut, néanmoins, prendre, par rapport à l'autre, une position oblique si, au moyen de la manette L, on le fait osciller autour de son axe J de façon que le doigt M vienne buter contre les bords du trou K, soit à droite, soit à gauche.

Pour que le petit levier revienne, après avoir été obliqué, automatiquement se replacer dans le même axe que le grand levier, on a disposé sur celui-ci deux ressorts-lames N dont l'excursion est limitée par un ergot O placé sur le grand levier et qui embrassent un doigt P solidaire du petit levier. Quand on n'actionne plus, à la main, le petit levier, la tension des ressorts, en s'exerçant sur le doigt P, replace ce levier dans sa position médiane par rapport à l'autre.

Examinons maintenant le fonctionnement.

Quand les leviers sont disposés verticale-

Fig. 557. — Machine Farcot, type Corliss, installée à l'Hôtel de la Monnaie, à Paris, dans l'atelier de laminage.

ment, le piston a parcouru la moitié de sa course; le tiroir est dans une position moyenne pour laquelle les deux lumières d'admission, dans le cylindre A, sont obturées. C'est la position d'arrêt.

Pour mettre en route, on manœuvre la manette L du petit levier dans le sens correspondant au sens de marche à obtenir.

Ce levier, oscillant autour du point J, déplace, dans son mouvement, par l'intermédiaire de la bielle I H, le tiroir B, avant que le bord de son trou K vienne au contact du doigt M. Le tiroir découvre une des lumières d'admission qui laisse arriver la vapeur contre une des faces du piston. Ce piston se déplace et, par l'intermédiaire de sa tige et de la bielle D E, fait osciller le grand levier et, en même temps, provoque la rotation de l'axe de relevage F. La coulisse de changement de marche est actionnée et la mise en route s'effectue dans un certain sens.

Si nous supposons que la manette L ait été manœuvrée de la gauche vers la droite, l'extrémité I du petit levier aura, par le fait de l'oscillation du petit levier autour du point J, tiré le tiroir vers la gauche. La lumière d'arrière du cylindre A sera découverte et communiquera avec le conduit d'arrivée de vapeur par l'espace vide annulaire ménagé à l'intérieur du tiroir B. La lumière d'avant du cylindre sera mise en communication avec le conduit d'échappement.

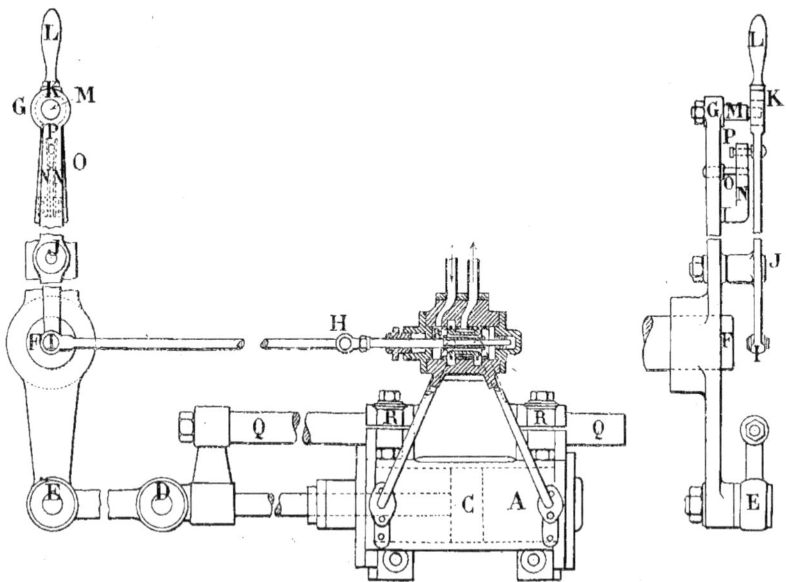

Fig. 578. — Servo-moteur pour machine de mines.

Le piston progressera donc de la droite vers la gauche en faisant osciller, dans le même sens, la branche inférieure du grand levier E F G, autour du point F.

La branche supérieure de ce levier, qui porte l'axe J d'oscillation du petit levier et le doigt M, oscillera en sens inverse et avancera vers la droite.

Si, pendant ce mouvement, on maintient à la main la manette L immobile, le doigt M, qui butait sur le bord gauche du trou K, tendra à venir buter sur son bord opposé. Comme l'axe J d'oscillation du petit levier suit le mouvement du grand levier, lorsque la manette est arrêtée, le petit levier peut être considéré comme ayant son point d'oscillation à cette manette qui est fixe, le reste du levier se trouvant entraîné, vers la droite, par son point J qui se déplace.

La tige du tiroir et le tiroir sont donc poussés vers la droite obturant les orifices d'admission.

Le mouvement de mise en train se trouve ainsi réalisé dans un certain sens. Si on veut effectuer la mise en marche en sens inverse, il suffira de manœuvrer la manette L en sens contraire.

Pendant les diverses manœuvres de mise en route en avant ou en arrière, l'introduction brusque de la vapeur dans le cylindre peut donner lieu à quelques chocs ou battements des organes commandés par le piston. Pour éviter cet inconvénient, on dispose, sur la tige du piston, un amortisseur simplement constitué par une tige cylindrique Q, fixée à la tige du piston, et pouvant coulisser dans deux colliers R dont le serrage, sur cette tige, peut être réglé au moyen de boulons, par l'intermédiaire de rondelles ressorts.

Le frottement, variable à volonté, de cette tige dans les deux colliers, suffit à modérer l'allure du piston brusquement sollicité à avancer dans un sens ou dans l'autre.

Servo-moteur Farcot pour machines marines.

(Fig. 579.) Cet organe, qui est très simple, est un appareil de *mise en train à vapeur* ne comportant pas de système d'asservissement proprement dit. C'est par un levier manœuvré à la main et immobilisé dans un des crans d'un secteur denté, qu'on assure la position du mécanisme de changement de marche.

Il se compose de deux cylindres A et B dans lesquels peuvent se mouvoir deux pistons C et D.

Le cylindre A porte une glace, percée de lumières, sur laquelle glisse un tiroir en coquille E dont la manœuvre permet d'admettre la vapeur sur une des deux faces du piston C.

Ce piston fait corps avec un fourreau cylindrique F qui traverse chaque fond du cylindre à vapeur A, dans un presse-étoupes. A l'intérieur du fourreau est disposée une tige G H solidement fixée au corps du piston, à l'extrémité de laquelle s'articule une bielle H I actionnant le bras de levier I J, claveté sur l'arbre de relevage J.

Cet arbre commande, par son oscillation dans l'un ou l'autre sens, le relevage ou l'abaissement d'une *coulisse de Stephenson* sous la dépendance de laquelle est placée la distribution de vapeur de la machine.

A chaque extrémité du fourreau F est solidement assujetti, par un emmanchement conique, un bras K.

Ces deux bras sont réunis, à leur extrémité supérieure, par une tige cylindrique sur laquelle est fixé, en son milieu, le piston D qui se meut dans le petit cylindre B. Ce petit cylindre est rempli d'huile ou d'eau et ses extrémités sont mises en communication, par un tuyau L, dont un robinet M peut, par sa manœuvre, limiter l'ouverture. On reconnaît le dispositif *amortisseur à cataracte* que nous avons eu l'occasion de rencontrer plusieurs fois au cours de ce volume.

Les deux pistons sont donc rendus complètement solidaires l'un de l'autre et le piston supérieur D, se déplaçant dans le cylindre rempli de liquide, jouera, par rapport au piston à vapeur, le rôle de modérateur à un degré plus ou moins grand, suivant que le robinet M étranglera, plus ou moins, la section du tuyau L.

Le tiroir de distribution E, représenté sur la figure à la partie inférieure du cylindre A, pour montrer plus clairement la disposition du mécanisme, est généralement placé sur le côté.

Son mouvement rectiligne de déplacement sur la glace du cylindre à vapeur lui est donné par le levier N, portant un ergot à ressort qui peut s'engager dans les crans ménagés sur un secteur, devant lequel le levier se meut.

Deux conduits O et P, aboutissant à la boîte à tiroir, servent à l'admission de la vapeur, sur chaque face du piston C.

Quand on place le levier de commande à fond de course dans un certain sens, on déplace le tiroir E, sur la glace du cylindre à vapeur, en découvrant une des lumières d'admission sur une des faces du piston C; l'autre face, du même piston, est mise en communication avec l'échappement. Le piston est poussé, par la vapeur, jusqu'à sa course limite et il entraîne, dans ce mouvement, la bielle H I qui, faisant osciller l'arbre de relevage J, met la coulisse dans la position de marche désirée.

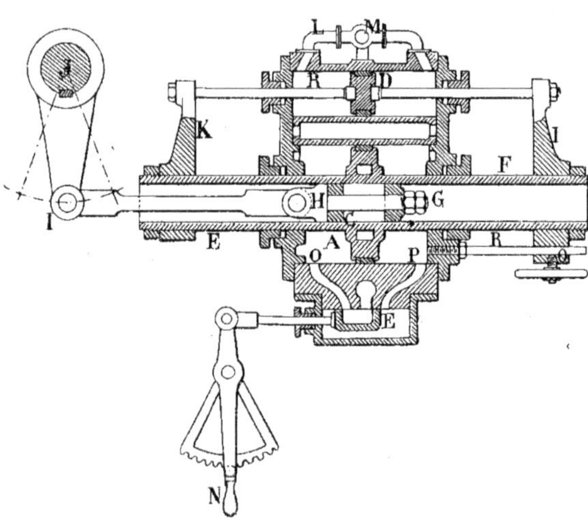

Fig. 579. — Servo-moteur Farcot pour machines marines.

Quand on place le levier dans le sens opposé au précédent, le jeu du tiroir permet d'admettre la vapeur sur la face opposée du piston à vapeur C qui, effectuant sa course en sens inverse, donne à l'arbre J une oscillation qui place la coulisse dans le sens de marche contraire.

Pendant ces courses successives du piston à vapeur, le piston amortisseur D, qui progresse, en même temps que lui, dans le même sens, atténue les chocs qui pourraient se produire sous l'effet de changements brusques, en refoulant l'eau ou l'huile d'une de ses faces à l'autre par le tuyau L.

On peut immobiliser le piston C à un moment quelconque de sa course et, par conséquent, placer la coulisse à une position également quelconque de son excursion, en serrant une vis Q, disposée sur un des bras extrêmes K, contre une tige cylindrique R fixée au cylindre à vapeur A et qui peut, pendant le fonctionnement des pistons, coulisser librement dans un trou ménagé à la partie inférieure d'un des bras K fixés aux extrémités du fourreau F.

Servo-moteur Stapfer de Duclos pour machines marines

(Fig. 580.) Cet appareil, un peu plus complexe que le précédent, comporte un dispositif d'*asservissement* réalisé de façon fort ingénieuse.

Il se compose d'un cylindre A dans lequel peut se mouvoir un piston B dont la tige creuse C, qui traverse les deux fonds du cylindre dans des presse-étoupes, peut se déplacer sur une tige cylindrique D. Cette tige est immobilisée, à ses deux extrémités, par des collets butant contre deux paliers fixes E et peut tourner par l'action d'un volant F, dont elle est solidaire. Elle porte, à l'extrémité opposée au volant, une partie filetée sur laquelle est monté un écrou G.

Cet écrou est rendu solidaire, par une traverse rigide H, de la tige du tiroir I et il porte une rainure circulaire dans laquelle s'engage, avec du jeu, un tenon J, appartenant à deux semelles K, fixées invariablement à la tige creuse C du piston. Chacune de ces semelles porte un tourillon sur lequel vient s'articuler la bielle qui commande le mouvement de l'arbre de relevage.

Le tiroir, en forme de coquille, glisse sur une surface plane ménagée sur le piston même, laquelle surface porte deux lumières

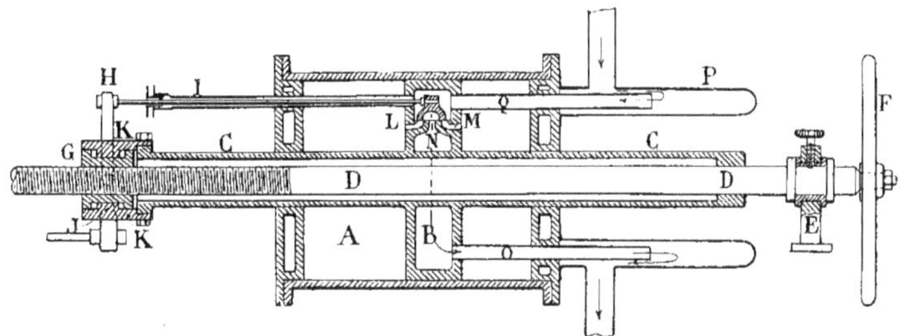

Fig. 380. — Servo-moteur Stapfer de Duclos pour machines marines.

L et M, débouchant respectivement de chaque côté du piston et une troisième lumière intermédiaire N communiquant avec le tuyau d'échappement, par la partie centrale du piston, qui est évidée et par un conduit cylindrique O fixé sur une de ses faces et participant à tous ses mouvements, en glissant dans un presse-étoupes disposé sur le fond du cylindre.

L'admission de la vapeur se fait par un conduit amenant la vapeur dans un capot longitudinal P, dans lequel débouche le tuyau Q qui, fixé également sur la même face du piston B, permet d'admettre la vapeur tout autour du tiroir.

Quand on tourne, à la main, le volant F de façon que l'écrou G se déplace, par exemple, vers la gauche, ce mouvement de l'écrou aura pour conséquence de déplacer, dans le même sens, la tige du tiroir et le tiroir.

Le jeu existant entre le tenon J, solidaire de la tige C du piston, et la rainure circulaire de l'écrou ne permet pas à la tige C, et, par conséquent, au piston, de participer au déplacement de cet écrou. La position relative du tiroir et du piston B se trouvera donc modifiée; la lumière M se trouvera découverte et permettra d'admettre la vapeur sur la face droite du piston. Celui-ci se mettra, à ce moment, en marche dans le même sens que l'écrou et que le tiroir, pendant que la vapeur, qui pouvait se trouver sur son autre face, sera évacuée par la lumière L et la lumière intermédiaire N qui communique avec le conduit d'échappement.

Tant qu'on manœuvrera le volant dans le même sens, le piston avancera en provoquant l'oscillation de l'arbre de relevage de la coulisse.

Si on arrête, à un point quelconque de la course du piston, la manœuvre du volant, le mécanisme restera immobilisé à cette même position et y reviendra, automatiquement, si une cause quelconque tend à le déplacer.

En effet, quand on arrête la manœuvre du volant, l'écrou n'avance plus et de ce fait même, la tige du tiroir et le tiroir sont immobilisés. Le piston, poussé toujours dans le même sens, continue seul son mouvement, grâce au jeu ménagé entre le tenon J et l'écrou G. Ce déplacement relatif du piston par rapport au tiroir, provoque l'obturation de la lumière d'admission M et l'ouverture de la lumière L. La vapeur, brusquement admise sur la face opposée du piston, tend à le pousser en sens inverse; mais si ce mouvement se produit avec une trop grande amplitude, c'est la lumière M qui sera à son tour découverte et la vapeur admise de l'autre côté du piston. Celui-ci sera donc soumis à une série de mouvements vers la droite ou vers la gauche jusqu'à ce que le tiroir occupe, sur le piston, une position telle que les lumières d'admission soient fermées.

Le mécanisme est alors immobilisé et reprendra sa position d'équilibre quel que soit l'effort qui, s'exerçant sur le piston par l'intermédiaire de l'attirail de la coulisse, tendrait à le faire avancer dans un sens ou dans l'autre.

Les *servo-moteurs* sont de types très variés et sont principalement employés dans la marine, pour actionner les nombreux appareils auxiliaires qui constituent l'installation complexe d'un grand bateau de guerre moderne.

Nous en avons décrit deux types pour établir le principe du *servo-moteur*, réservant pour une autre partie de cet ouvrage, une description plus étendue des différents systèmes, avec leurs diverses applications.

CONDENSATION

CONDENSEURS PAR MÉLANGE : Allen; — avec pompe à air à double effet. — Garnier Faure-Beaulieu; — de la Société Alsacienne. — Piguet et Cie. — Marshall Sons et Cie. — Dujardin et Cie. — *CLAPETS* : en caoutchouc, — métalliques, — transatlantiques. — *CONDENSEUR A CONTRE-COURANT* : Weiss. — *CONDENSEUR AUTO-MOTEUR* : Weyher et Richemond. — *CONDENSEURS PAR SURFACE* : auto-moteur Farcot. — Wheeler. — *JOINTS DES TUBES DE CONDENSEURS.* — *AÉRO-CONDENSEURS.* — *RÉFRIGÉRANTS ÉJECTO-CONDENSEURS* : Koerting. — Bohler. — Charles Bourdon. — *INDICATEURS DE VIDE* : à l'air libre, — métallique.

Condensation Nous avons précédemment indiqué la différence essentielle existant entre les primitives machines à vapeur, dites à *basse pression*, qui comportaient un appareil de condensation, et les machines dites à *haute pression* qui, à ce moment, n'en comportaient pas. Cette ancienne classification ne saurait être conservée aujourd'hui, où toutes les machines marines, par exemple, qui marchent généralement à *haute pression*, sont, nécessairement, munies de *condenseurs* fournissant l'eau douce indispensable pour l'alimentation des chaudières.

La *condensation*, rappelons-le, consiste à ne pas laisser perdre, dans l'atmosphère, la vapeur d'échappement qui sort du cylindre à vapeur après avoir effectué son travail sur le piston. On recueille cette vapeur dans un réservoir spécial où elle se condense et se transforme en eau, transformation qui s'opère en mettant cette vapeur en contact, soit directement avec de l'eau froide injectée dans le réservoir, soit avec des surfaces refroidissantes.

Le réservoir dans lequel s'opère la transformation de la vapeur en eau se nomme *condenseur*. Quand la condensation de la vapeur a lieu par contact direct avec l'eau injectée dans ce but, le système de *condenseur* se nomme *condenseur par mélange* ou *par injection*. Dans ce cas, l'eau provenant de la condensation de la vapeur, est mélangée dans l'appareil avec l'eau qui a servi à produire cette condensation.

Quand la condensation de la vapeur a lieu par interposition de surfaces refroidissantes, l'eau condensée n'a aucun contact direct avec l'eau provoquant la condensation. Ce système de condenseur se nomme *condenseur par surface*.

Nous allons successivement examiner ces deux types d'appareils de condensation, mais rappelons, en quelques mots, auparavant, les avantages dus à la condensation de la vapeur d'échappement.

Si, dans une machine à vapeur, l'évacuation de cette vapeur, du cylindre dans lequel elle a travaillé, se fait à l'air libre, le piston qui la refoule doit vaincre, pour achever sa course, la pression de l'atmosphère qui s'oppose à son fonctionnement. Cette pression atmosphérique, qui est comptée égale à 1 kil. par centimètre carré, se trouve en réalité portée à 1 kil. 200 et 1 kil. 300, du fait de la courbure et de la longueur des conduits, et agit en sens inverse de la pression exercée par la vapeur vive dans le cylindre. C'est donc une pression nuisible, une *contre-pression*, et il est bien évident que tout dispositif capable de la faire diminuer permettra d'obtenir, de la machine, un rendement plus économique.

C'est le résultat que l'on obtient en évacuant la vapeur dans un *condenseur*, au lieu de la laisser échapper à l'air libre.

Dans cet appareil, en effet, la vapeur, du fait même de sa condensation, crée un vide dont la conséquence est une diminution considérable de pression. Le piston de la machine, refoulant la vapeur dans le *condenseur*, n'a pas à vaincre la *contre-pression atmosphérique* et, de plus, se trouve sollicité, par le vide produit derrière une de ses faces, à achever sa course sans dépense de vapeur sur l'autre face.

En outre, si on considère la machine à vapeur en tant que moteur thermique, d'après les bases posées par la *thermodynamique*, le rendement de cette machine sera d'autant plus économique que la chaleur qui lui est fournie sera mieux utilisée. On conçoit donc que plus l'écart entre la température de la vapeur à l'admission et sa température à l'échappement sera grand, plus le rendement sera avantageux.

On est donc conduit à donner au condenseur une température peu élevée.

Il y a, cependant, une limite inférieure de température qu'il ne faut pas dépasser, si on veut obtenir, du condenseur, l'utilisation la plus favorable.

Il faudrait, en effet, pour abaisser la température du condenseur au-dessous de cette limite, imposer aux organes qui le constituent et dont nous allons parler, un surcroît de travail qui exigerait une dépense de vapeur pouvant devenir supérieure à l'économie supplémentaire réalisée du fait de l'abaissement excessif de la température.

Pratiquement, la température du condenseur est maintenue entre 60 et 40 degrés, et, rarement, elle descend au-dessous de ce dernier chiffre.

L'emploi judicieux du condenseur, fait dans des conditions normales, peut procurer une économie de vapeur et, par conséquent, de combustible, pouvant atteindre 20 et même 25 %.

Quelque éloquents que soient ces chiffres, l'adjonction d'un condenseur ne s'impose pourtant pas, nécessairement, dans toutes les installations de machines à vapeur ; quelques considérations importantes doivent être envisagées, qui permettent de déterminer s'il y a ou non avantage à établir un condenseur.

Il importe, d'abord, d'avoir à sa disposition de l'eau en quantité suffisante. Cette eau doit être puisée à une profondeur relativement faible, car le travail nécessaire pour élever de l'eau à une grande hauteur pourrait, rapidement, rendre nulle l'économie résultant de l'emploi du condenseur.

Cette profondeur ne doit pas dépasser 30 mètres pour trouver avantage à établir un condenseur.

Il importe, en second lieu, que le prix de revient de l'eau utilisée pour condenser la vapeur ne soit pas élevé, car le volume qui doit nécessairement être employé est, en général, considérable.

On peut, dans ce cas, et en admettant que le nombre de machines intéressées dans une même installation soit important, utiliser la même eau pour condenser la vapeur après l'avoir, toutefois, fait passer à travers un appareil spécial commun nommé *réfrigérant*, qui abaisse sa température et lui permet de remplir à nouveau son rôle dans la condensation. On n'a, de ce fait, qu'une consommation relativement minime d'eau, eu égard à l'importance des avantages qu'on peut en retirer.

Fig. 381. — Machine Corliss, Garnier et Faure-Beaulieu, de 500 chevaux, à condenseur, installée à Saint-Just près Lyon.

Condenseurs par mélange ou par injection

Examinons, maintenant, les divers appareils établis pour obtenir la condensation. Nous venons de dire que ces appareils se divisent en deux catégories principales, suivant la façon dont s'opère la condensation. Dans la première catégorie, les *condenseurs par mélange* ou *par injection*, la condensation est obtenue en injectant de l'eau froide au milieu de la vapeur d'échappement.

C'est le condenseur que Watt avait adjoint à sa machine à vapeur, dont nous avons déjà donné la description, et qui est représentée en coupe dans la figure 385.

Le condenseur comporte une capacité *c* dans laquelle l'eau prend contact avec la vapeur d'échappement provenant du cylindre par le tuyau *d*. L'eau de condensation et l'eau condensée s'accumulent au fond du condenseur et en sont extraites par la manœuvre d'une pompe munie d'un pompe à double effet. C'est ainsi qu'elle est établie dans la plupart des condenseurs par mélange dépendant des machines à vapeur nouvellement installées.

Condenseur Allen (Fig. 582.) C'est un condenseur muni d'une *pompe à air* à simple effet, qu'une disposition ingénieuse permet de faire marcher à grande vitesse.

Il se compose d'une capacité métallique divisée en trois compartiments, A, B et C, par une cloison horizontale et une cloison verticale.

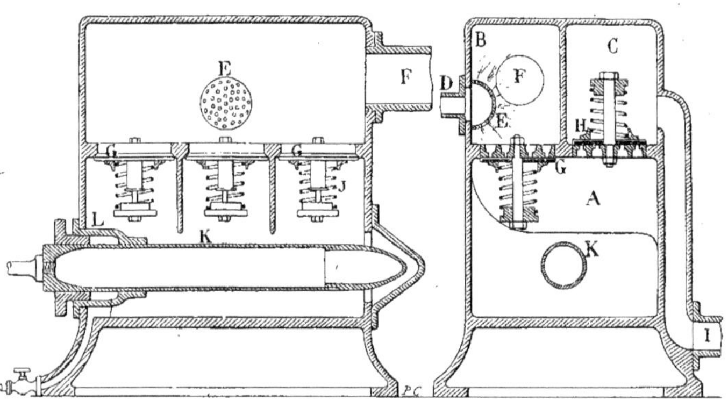

Fig. 582. — Condenseur Allen.

piston *h*. Cette pompe est nommée *pompe à air* parce que, ainsi que nous l'avons déjà dit, elle permet d'extraire du condenseur, en même temps que l'eau, l'air que l'eau de condensation contient, extraction d'air indispensable pour maintenir, dans le condenseur, le vide nécessaire à sa bonne utilisation.

Tout *condenseur par mélange* se compose donc, essentiellement, d'une capacité close dans laquelle arrive la vapeur pour s'y condenser et d'une *pompe à air* pour y maintenir le vide.

La *pompe à air* du condenseur de Watt (Fig. 385) est à simple effet.

Il peut être avantageux de constituer une

Dans le compartiment B débouche, au milieu de la longueur, un conduit D apportant l'eau de condensation, laquelle est injectée, dans le condenseur, à travers une crépine E, percée de nombreux trous, qui divisent le jet.

Dans la même capacité B arrive, par le tuyau F, la vapeur d'échappement, qui, au contact de l'eau injectée, se condense.

Sur la cloison horizontale intermédiaire du condenseur sont établis des jeux de clapets, G et H, dont les uns, G, s'ouvrant de haut en bas, permettent d'établir la communication entre les compartiments B et A, et les autres, H, s'ouvrant de bas en haut, établissent la communication entre cette même capacité A et le compartiment C, duquel part un conduit d'évacuation I.

Les clapets G sont les *clapets d'aspiration*.

Les clapets H sont les *clapets de refoulement*.

Ces clapets sont très légers et sont appliqués sur leur siège par l'action de ressorts à boudin J.

Le piston K de la *pompe à air* est simplement guidé à une de ses extrémités par un presse-étoupes L, et est terminé, à son autre extrémité, par une pièce de forme effilée. Ce piston est très léger; il est soutenu, dans toute sa longueur, pendant son fonctionnement, par l'eau dans laquelle il barbote. En outre, son extrémité effilée permet de lui donner une grande vitesse sans craindre qu'il se produise, dans le condenseur, des remous gênants ou des *coups de bélier* contre ses parois.

En dehors de ces quelques particularités de constitution des organes, le fonctionnement de cette pompe à air est le même que celui des autres à simple effet.

Quand le piston K effectue sa course vers la gauche, il aspire de l'air et de l'eau qui, accumulés dans la capacité B, pénètrent, en abaissant les clapets d'aspiration G, dans la capacité A du condenseur.

Quand le piston K effectue sa course inverse, en progressant vers la droite, il comprime l'eau contenue dans le compartiment A.

Cette eau, exerçant une pression sur les clapets G, les maintient fermés, tandis que cette même pression provoque le soulèvement des clapets H de refoulement. L'eau est chassée du compartiment A dans le compartiment C, d'où elle est évacuée par le tuyau de trop-plein I.

Condenseur muni de pompe à air à double effet

(Fig. 583.) Examinons, maintenant, la disposition d'un condenseur muni d'une *pompe à air à double effet*.

Il comporte nécessairement la *chambre de condensation* A, capacité dans laquelle viennent aboutir, à la fois, le conduit B distribuant, sous forme de gerbe, l'eau de condensation, et le tuyau C par lequel s'écoule la vapeur à condenser.

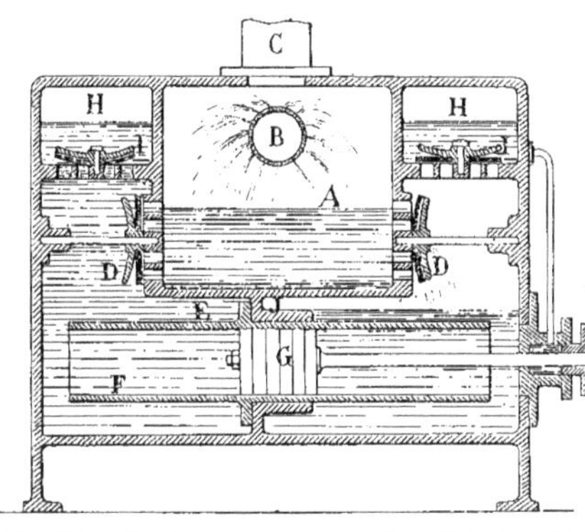

Fig. 583. — Condenseur avec pompe à air à double-effet.

L'eau injectée et la vapeur condensée s'accumulent donc dans le fond de cette chambre A. Pour l'en extraire, et pour y maintenir un vide propice à un fonctionnement favorable du condenseur, on dispose, sur les parois verticales de cette chambre, et à leur partie inférieure, deux séries de clapets D qui s'ouvrent de l'intérieur de cette chambre vers l'extérieur. Ce sont les clapets d'*aspiration*.

Ces clapets donnent accès à une capacité E, séparée en deux parties par une cloison verticale J. Cette cloison sert de support à un fourreau F constituant le guide du piston G, dont la tige est actionnée par la machine à vapeur.

A la partie supérieure de cette capacité E se trouve disposé un autre compartiment H, entourant complètement la chambre de condensation A, sur la paroi inférieure duquel sont montées deux séries de clapets, I, qui s'ouvrent de bas en haut. Ce sont les clapets de *refoulement*.

Quand le piston G effectue sa course vers la gauche, par exemple, il fait le vide, derrière lui, sur sa face droite. Les clapets d'aspiration de droite, D, s'ouvrent, laissant pénétrer le mélange condensé dans la capacité E. La face gauche du piston comprime, pendant ce même mouvement, l'eau dont la pression provoque la fermeture des clapets d'aspiration D de gauche et l'ouverture des clapets de refoulement I du compartiment H.

Une certaine quantité d'eau est donc à la fois aspirée vers la droite et refoulée vers la gauche du piston G. Pendant la course inverse de ce piston vers la droite, le fonctionnement des clapets est inversé, et ce sont les clapets d'aspiration D de gauche et les clapets de refoulement I de droite qui s'ouvrent, tandis que les deux autres jeux de clapets sont maintenus fermés.

Dans cette nouvelle course, comme dans la précédente, un certain volume d'eau est à la fois aspiré et refoulé.

La *pompe à air à double effet* ne laisse donc aucune interruption, soit dans le mouvement d'aspiration, soit dans le mouvement de refoulement. Elle permet un fonctionnement régulier et continu du condenseur.

Une particularité à signaler consiste dans la disposition d'un joint hydraulique pour assurer l'étanchéité de la tige du piston sortant de la paroi du condenseur.

A cet effet, un petit tuyau met en communication la capacité supérieure H, dans laquelle l'eau est refoulée, avec l'espace disposé pour recevoir la garniture, dans le presse-étoupes fixé contre la paroi du condenseur. L'eau remplit cet espace en entourant la tige du piston et sa pression suffit à empêcher l'air extérieur de pénétrer dans le condenseur par ce presse-étoupes.

Condenseur Garnier Faure-Beaulieu à piston plongeur à double effet

(Fig. 581.) Ce condenseur, dont les dispositions essentielles sont à peu près semblables à celles du condenseur précédent, comporte un piston plongeur du type *Allen*, disposé pour fonctionner à double effet. Ce piston, suffisamment léger pour être supporté par l'eau dans laquelle il barbote, est effilé à ses deux extrémités. Il glisse dans une bague montée sur la cloison verticale qui sépare la capacité inférieure en deux compartiments.

A la partie supérieure du condenseur, se trouve, comme dans l'appareil précédent, la chambre de condensation, dans laquelle l'eau injectée et la vapeur aboutissent, et cette chambre est entourée par le réservoir recevant l'eau refoulée des capacités inférieures.

La paroi horizontale inférieure de la chambre de condensation porte les clapets d'aspiration, s'ouvrant de haut en bas, et la paroi horizontale inférieure du réservoir d'évacuation porte les clapets de refoulement, qui s'ouvrent de bas en haut.

La manœuvre alternative du piston plongeur vers la droite ou vers la gauche provoque, pour chacune de ses courses, une aspiration d'eau et d'air provenant de la chambre de condensation, et un refoulement dans le réservoir supérieur, d'où l'eau gagne le conduit d'évacuation.

Condenseur de la Société alsacienne de constructions mécaniques

(Fig. 584.) Le principe du condenseur par mélange étant établi et restant le même pour tous les appareils du même genre, les constructeurs ont, néanmoins, créé une grande variété de condenseurs se différenciant par des dispositifs particuliers d'injection de l'eau et, surtout, par la constitution différente des pompes à air.

Dans le condenseur de la *Société alsacienne de constructions mécaniques*, grâce à la disposition ingénieuse des organes, une série de clapets de la pompe à air, ceux d'aspiration, peuvent être supprimés.

Il se compose d'un corps de pompe A, dans lequel se meut un piston B, dont la tige est actionnée par un balancier manœuvré par la machine à vapeur. Le corps de pompe est fermé, à chacune de ses extrémités, par un couvercle portant des lumières pouvant être obturées par un clapet en caoutchouc, C. Ces lumières débouchent dans des capacités D, placées à chaque bout du corps de pompe, et de ces capacités partent deux conduits d'évacuation qui se rejoignent pour n'en former qu'un seul. Au milieu du corps de pompe aboutit un conduit E, débouchant dans une capacité supérieure F qui reçoit la vapeur d'échappement et l'eau injectée par deux tuyaux perpendiculaires, G et H.

La vapeur se condense dans la capacité supérieure, et le mélange tend à pénétrer dans le corps de pompe A.

Quand le piston B, pendant sa course, obture, dans le corps de pompe, le conduit E distribuant le mélange, celui-ci ne peut s'introduire dans le cylindre; mais, à mesure que le piston progresse, dans un sens ou dans l'autre, il fait le vide derrière lui, et quand il démasque les lumières du conduit E, l'eau remplit l'espace vide formé derrière sa face aspirante.

Au retour du piston en sens inverse, l'eau contenue dans le corps de pompe est comprimée; elle retourne dans le conduit E par les diverses lumières ménagées autour du cylindre; mais lorsque le piston, en continuant sa course, parvient à obturer totalement ces lumières, l'eau qui reste emprisonnée dans le corps de pompe est refoulée vers l'un de ses fonds. Un des clapets de refoulement C s'ouvre, de l'intérieur vers l'extérieur, en donnant passage à cette eau qui se déverse dans une des capacités extrêmes D, d'où elle sortira par le conduit d'évacuation.

Pendant qu'une certaine quantité d'eau est ainsi refoulée par une des faces du piston, un autre volume se trouve admis derrière son autre face qui a démasqué les lumières du conduit E. Si donc le piston B effectue une nouvelle course en sens inverse, ce nouveau volume d'eau sera refoulé vers l'extrémité opposée du cylindre et le jeu alternatif du piston dans les deux sens permettra d'aspirer et de refouler, à chacune de ses courses, un certain volume d'eau puisée dans la chambre de condensation. C'est donc une *pompe à air à double effet.*

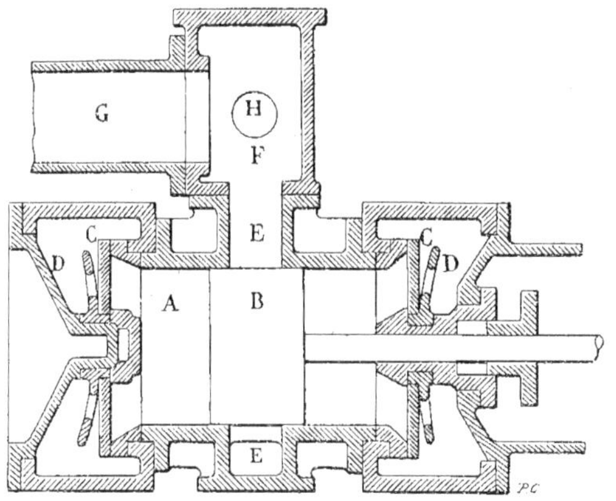

Fig. 584. — Condenseur de la Société alsacienne de constructions mécaniques.

Condenseur par mélange Piguet et Cie. (Fig. 585 et 586.) Dans cet appareil de condensation, la pompe à air est constituée d'une façon différente de celles des précédents appareils. Le condenseur se compose d'un réservoir en fonte, 2, constituant le corps du condenseur, dans lequel est disposée la pompe à air, 1. Dans ce réservoir débouchent deux conduits : l'un, 3, apportant l'eau d'injection, l'autre, 4, donnant passage à la vapeur provenant de la machine. L'extrémité du conduit 3 est obturée par un clapet qui peut être manœuvré, de la salle des machines, au moyen d'un volant, et qui sert à régler, à volonté, la quantité d'eau d'injection qu'on veut admettre dans le condenseur.

Le conduit d'arrivée de vapeur 4 est également obturé par un clapet, 13, disposé dans un robinet double, 12. Un second volant permet, par la manœuvre de ce clapet, de faire fonctionner la machine avec échappement à l'air libre, en obturant le conduit 4, ou de se servir du condenseur, en découvrant l'orifice d'admission de vapeur et en fermant, par la même manœuvre, le conduit d'évacuation à l'air libre. L'eau d'injection est projetée, par le conduit 3, en nappe conique, dans le condenseur, et la vapeur d'échappement vient, à son contact, se condenser, le mélange se déversant dans le réservoir 2, d'où la pompe à air le puise, pour le refouler dans une capacité supérieure de laquelle part le conduit d'évacuation. La pompe à air est constituée par un cylindre, 7, dans lequel se meut un piston, 5, portant, sur sa face supérieure, un clapet en caoutchouc, 6, qui s'ouvre de bas en haut.

Fig. 586. — Condenseur vertical Piguet. Vue perspective.

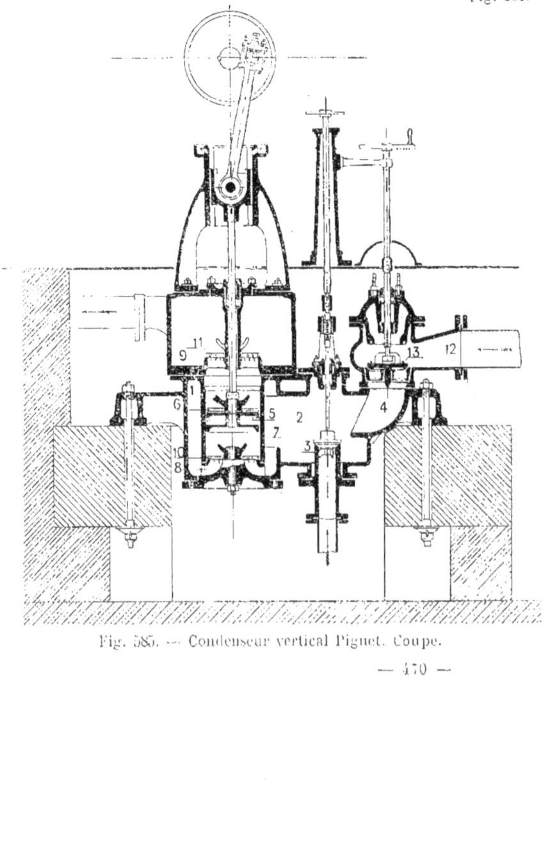

Fig. 585. — Condenseur vertical Piguet. Coupe.

Le cylindre 7 est fermé par deux couvercles, 8 et 9, portant chacun un clapet en caoutchouc, 10 et 11, s'ouvrant également de bas en haut.

Le piston est fixé sur une tige verticale, terminée par une crosse, sur laquelle vient s'articuler une bielle directement attelée sur le plateau-manivelle de la machine.

Quand le piston 5 effectue sa course ascendante, son clapet 6 se ferme; le vide se produit au-dessous de lui; l'eau contenue dans le condenseur 2 pénètre dans le corps de pompe 7, en soulevant le clapet 10 inférieur. En même temps, le volume d'eau qui peut se trouver au-dessus du piston 5 est refoulé dans la bâche supérieure en soulevant le clapet supérieur 11.

Pendant la course descendante du piston, le clapet 11 et le clapet 10 se ferment, sous l'action des diverses pressions qui s'exercent sur eux, et le clapet 6, du piston, s'ouvre sous l'action de la pression de l'eau précédemment admise au-dessous du piston et qui s'y trouve emprisonnée. Ce volume d'eau passera donc de la partie inférieure du cylindre sur la face supérieure du piston pour être refoulé, à travers le clapet 11, dans la course suivante.

Cette pompe à air est donc *à simple effet*.

Ce condenseur, construit pour être disposé verticalement, et commandé directement par une bielle, comporte un socle qui permet de l'asseoir sur un massif de maçonnerie convenablement disposé. Il est placé au-dessous de la machine à vapeur et on lui adjoint, quelquefois, une *pompe alimentaire* qui permet d'envoyer le mélange de condensation dans les générateurs à alimenter.

Fig. 587 — Condenseur Marshall Sons et Cie, disposé verticalement.

Condenseur Marshall Sons et Cie (Fig. 587.) Cette figure représente un condenseur disposé également verticalement; mais, dans ce dernier cas, celui-ci, placé en bout de la machine, a des dimensions assez restreintes, ne convenant qu'à des puissances relativement réduites, qui lui permettent d'être placé au-dessus du sol, le long du massif de maçonnerie sur lequel est monté le moteur à vapeur.

Cette disposition est de la maison Marshall Sons et Cie, de Londres.

La pompe à air du condenseur est commandée par une sorte de balancier en forme de triangle, oscillant autour d'un axe fixe placé à un sommet de ce triangle et supporté par des paliers. Le sommet supérieur du balancier est articulé avec une crosse disposée sur la contre-tige du piston à vapeur. Cette crosse est guidée dans une glissière placée en bout du cylindre et supportée par le bâti du condenseur.

Au troisième sommet du triangle qui constitue le balancier est articulée la tige du piston de la pompe à air.

Le fonctionnement du condenseur et de la pompe à air n'offre rien de particulier; mais on peut, avec cette disposition, aborder facilement les robinets qui commandent les conduits de communication, surveiller aisément le fonctionnement des organes, et procéder, en cas d'avarie, à un démontage relativement rapide des pièces à remplacer.

Condenseur par mélange Dujardin. (Fig. 588.) Cet appareil de condensation comporte, nettement séparés l'un de l'autre, et réunis simplement par un conduit, le condenseur proprement dit et la pompe à air.

Le condenseur proprement dit est une capacité A en fonte de fer, ayant la forme d'une cloche, à la partie supérieure de laquelle aboutit le conduit d'eau d'injection. Cette eau arrive dans le condenseur par une tubulure verticale B, largement évasée, dont l'orifice est en partie obturé par un clapet conique C. L'eau sous pression se déverse dans le condenseur, par suite de cette disposition, en nappe conique, sur laquelle la vapeur, qui pénètre dans la capacité par le conduit D, vient se condenser.

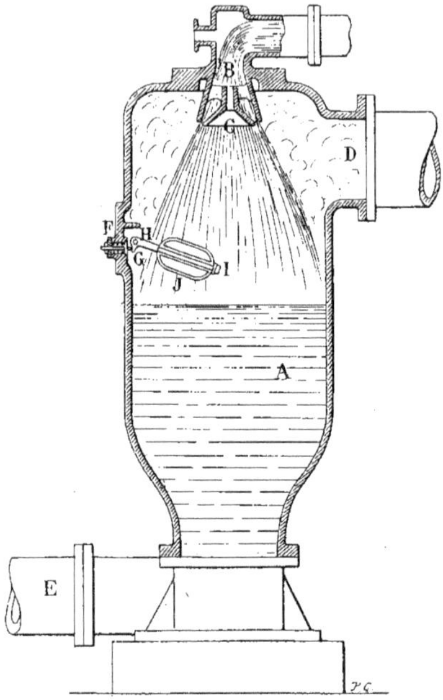

Fig. 588. — Condenseur Dujardin.

L'eau d'injection et l'eau condensée tombent, mélangées, au fond du condenseur A, d'où la pompe à air indépendante peut les extraire, par l'intermédiaire d'un conduit E qui réunit ces deux appareils.

La cloche de condensation A est toujours établie de façon que le conduit d'arrivée de vapeur D soit disposé sensiblement plus bas que les cylindres à vapeur. Cette précaution indispensable doit être prise dans le but d'éviter une rentrée intempestive d'eau mélangée dans les cylindres à vapeur, par le conduit D, au cas où la pompe à air cesserait subitement de fonctionner. Dans ce cas, en effet, l'eau pourrait remplir la cloche de condensation dans laquelle le vide est établi.

Pour remédier à cet inconvénient, on dispose, sur les parois du condenseur, un ou plusieurs *clapets atmosphériques* munis d'un contrepoids flotteur et destinés à laisser pénétrer, automatiquement, dans le condenseur, l'air extérieur, lorsque l'eau atteint, à l'intérieur, une hauteur anormale. Ce clapet, appelé *reniflard à flotteur*, a donc pour fonction de supprimer le vide de la cloche de condensation. C'est pour cette raison qu'on l'appelle aussi couramment *reniflard casse-vide*.

Le clapet proprement dit, F, est disposé intérieurement dans la paroi du condenseur et s'ouvre, nécessairement, de l'extérieur à l'intérieur. Sa tige est traversée, à son extrémité extérieure, par une goupille qui limite sa course. Il est constamment appliqué sur l'orifice, qu'il obture, par le bec de la courte branche d'un levier G H I, pouvant osciller autour de l'axe fixe H et portant, au bout de la branche H I, une masse métallique J, pouvant faire fonction de flotteur. Tant que l'eau, dans le condenseur, n'atteint pas le flotteur, le reniflard reste fermé, la différence entre la pression atmosphérique et la pression, plus faible, du condenseur n'étant pas suffisante pour soulever le contrepoids-flotteur J ; mais si l'eau parvient jusqu'au flotteur, à mesure que son niveau s'élève, le flotteur monte : le bec G n'appuie plus sur le clapet F et l'air s'introduit dans le condenseur, équilibrant sa pression et empêchant ainsi l'eau de s'y élever davantage.

L'emploi d'une cloche de condensation séparée a d'abord l'avantage de rendre indépendants deux appareils qui doivent pouvoir être visités et surveillés facilement ; ensuite, de faciliter la condensation par l'augmentation de surface des parois refroidissantes. Il permet en outre, de maintenir, dans le condenseur, la régularité du vide, due en grande partie, au grand volume donné à la cloche de condensation. Ce volume est généralement pris égal à trois ou quatre fois le volume du cylindre à vapeur.

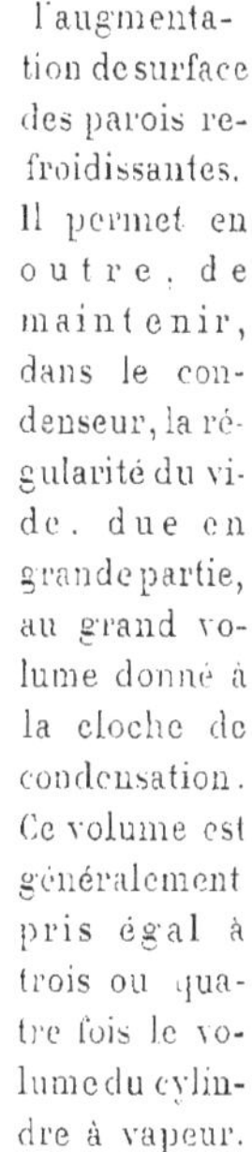
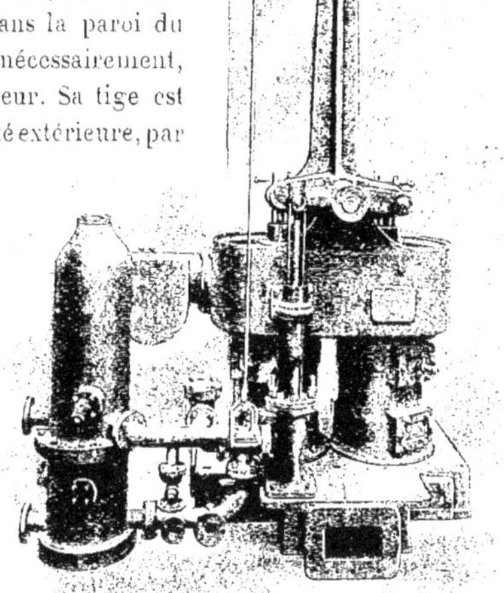

Fig. 589. — Pompe à air double Dujardin.

La pompe à air qui complète l'appareil de condensation Dujardin comporte deux corps de pompe.

Chaque corps de pompe agit à simple effet et porte un piston muni de clapets sur sa face supérieure. La partie inférieure du corps de pompe et son couvercle sont également munis de clapets qui s'ouvrent tous de bas en haut. Le fonctionnement de chaque corps de pompe est le même que celui de la pompe à air du condenseur Piguet, que nous avons expliqué en détail.

Le fait de juxtaposer deux corps de pompes permet, au point de vue du vide à maintenir dans le condenseur, d'obtenir les avantages de la pompe à air à double effet. Le mélange de condensation et l'air qu'il contient sont aspirés par le conduit inférieur, venant de la cloche de condensation, et refoulés dans une capacité supérieure d'évacuation. La figure 589 représente, en vue perspective, la pompe à air double du *condenseur Dujardin*. En avant, est disposée une *pompe alimentaire* qui puise l'eau de mélange dans la capacité de refoulement de la pompe à air et l'introduit dans la chaudière.

Les deux pistons de la pompe à air sont attelés, chacun, à l'extrémité de la branche horizontale d'un balancier, dont l'autre branche, disposée perpendiculairement, est directement actionnée par une bielle articulée d'une part à son extrémité et, d'autre part, à la crosse de la tige du piston de la machine.

Une manivelle auxiliaire, calée sur l'axe d'oscillation du balancier, commande la manœuvre alternative du piston de la *pompe alimentaire* juxtaposée à la *pompe à air*.

Les quelques exemples de condenseurs que nous venons de décrire nous ont permis de différencier également les types de *pompes à air*. Cependant, quel que soit le dispositif de la pompe à air, il est nécessaire que certaines conditions soient remplies pour que le fonctionnement de cet organe soit rationnel.

Il importe que les joints, constitués sur les tuyaux aboutissant au condenseur, soient parfaitement étanches, pour pouvoir maintenir un vide convenable dans la chambre de condensation.

Le piston doit également former un joint bien étanche contre les parois du cylindre de la pompe, et les clapets doivent être assez souples pour laisser librement s'écouler le liquide, dans un sens, et obturer efficacement les orifices sur lesquels ils sont disposés, quand le sens de marche de la pompe est inversé.

La réalisation de l'étanchéité constitue donc la condition la plus importante à observer pour obtenir, de la pompe à air et du condenseur, le rendement pour lequel ils ont été établis.

Clapets. — Les clapets sont constitués de diverses façons. Nous avons, antérieurement (Fig. 401), décrit les *clapets en caoutchouc*, formés, généralement, de disques en caoutchouc maintenus, par leur centre, sur la tige du clapet, laquelle porte, en outre, une calotte sphérique faisant office de butée.

Ces disques élastiques se soulèvent ou s'abaissent, suivant le sens de la pression qui les sollicite.

Les clapets en caoutchouc sont très employés dans les pompes à air des condenseurs ; ils sont d'un prix peu élevé et peuvent être facilement remplacés.

Mais il a fallu prévoir des clapets métalliques, pour s'adapter aux condenseurs dont la température peut s'élever au-dessus de 40 degrés. Au-dessus de cette température, en effet, le caoutchouc se détériore rapidement et, de ce fait, l'emploi des clapets en caoutchouc donnerait lieu à un fonctionnement défectueux de l'appareil.

Les clapets métalliques (fig. 590) comportent un siège A, généralement en bronze, portant, à sa partie centrale, un moyeu B dans lequel est fixée la tige-guide C du clapet D. Cette tige se termine, à la partie supérieure, par un repos fixe E, contre lequel vient buter un ressort à boudin F qui appuie, par son autre extrémité, sur un second repos G faisant corps avec le clapet D.

Ce clapet, également fait en bronze, porte un moyeu central qui sert à le diriger, dans son soulèvement, le long de la tige C. C'est sur ce moyeu qu'est disposé le repos sur lequel appuie le ressort à boudin F.

Quand une pression s'exerce, au-dessous du clapet, suffisante pour vaincre la tension du ressort à boudin F, le clapet se soulève,

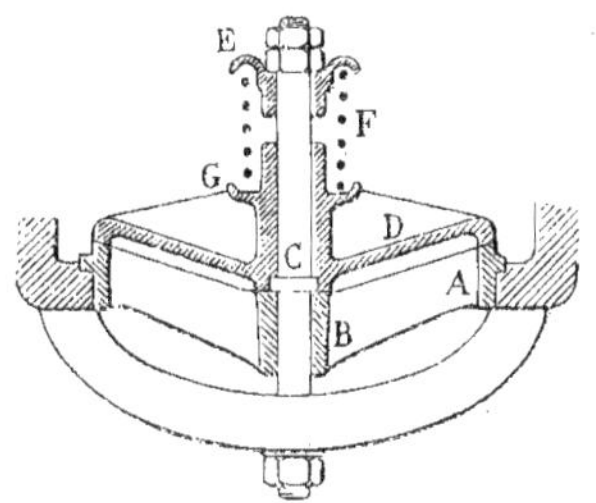

Fig. 590. — Clapet métallique.

livrant passage au fluide. Quand cette pression diminue, le ressort à boudin appuie le clapet sur son siège et l'orifice de communication entre les deux capacités se trouve obturé.

Un autre type de clapet métallique (fig. 591) employé dans les machines marines, se compose d'un siège A en fonte de fer ou

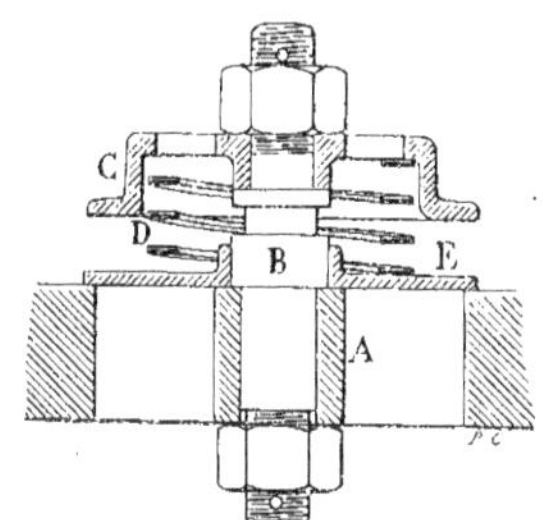

Fig. 591. — Clapet Corliss ou transatlantique.

en bronze, au centre duquel est fixée une tige B, portant, à sa partie supérieure, un capot C qui sert d'appui fixe à un ressort D, en acier plat, roulé en forme de spirale. Le clapet proprement dit est constitué par un disque léger E, en bronze, venant s'appliquer à plat sur le siège A. Le ressort D appuie sur ce clapet et, par sa tension, maintient l'orifice fermé tant qu'une pression supérieure ne s'exerce pas au-dessous.

Ce genre de clapet, nommé *clapet transatlantique* ou encore *clapet Corliss,* est très léger, peu onéreux et assez facile à remplacer.

On en dispose généralement un grand nombre, dans certains types de condenseurs, sur une table portant tous les orifices, table que l'on rend parfois amovible et facile à remplacer en cas d'usure ou d'avarie.

Condenseur à contre-courant Weiss.

(Fig. 592.) Dans tous les condenseurs que nous venons de décrire, l'eau injectée et la vapeur à condenser pénètrent dans ces appareils par des orifices peu éloignés l'un de l'autre. Le contact a lieu immédiatement, la vapeur et l'eau d'injection circulant dans le même sens.

On a établi un autre type de condenseur dans lequel on fait systématiquement circuler l'eau d'injection et la vapeur à condenser dans des sens opposés, de façon à obtenir un refroidissement plus efficace de la vapeur et, par conséquent, un meilleur rendement du condenseur.

Quand, en effet, la vapeur et l'eau froide prennent contact, la transmission de la chaleur de la vapeur s'effectue d'autant mieux, à l'eau froide, pour provoquer la condensation, que la différence de vitesse des deux fluides est plus grande.

Dans le cas de la circulation des fluides dans le même sens, cette transmission de chaleur s'opère par la différence même existant entre les vitesses des deux fluides.

Quand on fait circuler les fluides en sens inverse l'un de l'autre, la vitesse de la vapeur s'ajoute à la vitesse de l'eau d'injection pour déterminer un contact de surface plus étendue.

Les condenseurs dans lesquels le sens des fluides est inversé se nomment *condenseurs à contre-courant.* Ils ont un encombrement supérieur aux condenseurs par mélange ordinaires, mais ils donnent un rendement plus élevé. Ils ne sont guère employés, en

France, que dans les sucreries. On les utilise surtout en Suisse et en Allemagne, où on les applique, avec avantage, à la condensation des vapeurs d'échappement provenant des machines de toutes industries.

Pour bien marquer le caractère particulier des *condenseurs par mélange à contre-courant*, et les différencier des condenseurs par mélange ordinaires, nous allons décrire le *condenseur Weiss* qui en est le type.

Le *condenseur Weiss* se compose, essentiellement, d'une chambre de condensation, A, de deux réservoirs intermédiaires, B et C, d'une pompe à eau, D, et d'une pompe à air, E.

La chambre de condensation A est constituée par deux réservoirs superposés, F et G.

Dans le réservoir supérieur F débouche un conduit, H, par lequel arrive l'eau froide. Cette eau se déverse, en nappe circulaire, dans le réservoir inférieur G, où sont disposées des cuvettes, I, formant chicane, constituées comme celles de l'épurateur Lencauchez (Fig. 289). L'eau tombe en cascade d'une cuvette à l'autre, formant une succession de nappes circulaires contre lesquelles la vapeur va venir se condenser.

La vapeur d'échappement pénètre à la partie inférieure de ce même réservoir G par le conduit J. Elle tend à monter vers sa partie supérieure et rencontre, dans son ascension, les diverses nappes d'eau qui, elles, tombent vers le fond du réservoir. La vapeur et l'eau marchent donc bien en sens inverse.

A mesure que la vapeur monte, elle se condense et l'eau de condensation, se mélangeant avec l'eau froide, se rend dans un conduit K partant de la partie inférieure du réservoir G et aboutissant au canal d'évacuation L.

Les dimensions du réservoir G doivent être telles que la vapeur soit complètement condensée avant qu'elle puisse atteindre la partie supérieure de ce réservoir.

Examinons maintenant de quelle façon se fait l'admission d'eau froide dans le réservoir F; nous verrons ensuite les diverses dispositions établies pour extraire l'air du condenseur.

La pompe à eau D puise l'eau dans un réservoir, M, et la refoule, par le conduit N, dans la capacité C.

Cette capacité communique, par un tuyau O, qui part de sa partie inférieure, avec le réservoir auxiliaire B, qui est, lui-même, en communication avec le réservoir F par le conduit H.

La pompe D n'a pour fonction que d'élever l'eau dans le réservoir C. De là, en raison du vide produit dans la chambre de condensation, cette eau monte par le conduit O, se déverse dans le réservoir B et, de là, passe dans le réservoir F en suivant le tuyau H. Elle se déverse ensuite dans la capacité inférieure G, pour condenser la vapeur qui y est admise.

Il est nécessaire d'indiquer que la tubulure H, de communication, est à large section et ne comporte ni clapets ni étranglements, de façon que l'eau froide admise dans le réservoir F soit calme et puisse se déverser, dans le réservoir inférieur, en nappes cylindriques bien régulières, permettant, ainsi, la meilleure utilisation de l'eau froide admise dans le condenseur.

En admettant de l'eau froide dans la chambre de condensation, on a forcément introduit de l'air. En outre, la vapeur d'échappement peut aussi, pour diverses raisons, avoir entraîné de l'air dans le condenseur. Il est indispensable de débarrasser l'appareil de cet air pour y maintenir le vide nécessaire à son fonctionnement normal.

Pour cela, on fait déboucher le conduit N, venant de la pompe à eau et allant au réservoir C, tout près du niveau moyen que l'eau doit occuper dans cette capacité. On dispose, à la partie supérieure de ce même réservoir, un tube S communiquant avec l'atmosphère. De même, le conduit O, qui amène l'eau dans le réservoir B, est prolongé dans l'intérieur de ce réservoir, à la partie supérieure duquel est disposé un tuyau T recourbé, communiquant avec la capacité F de la chambre de condensation. L'air contenu dans la capacité inférieure G peut se rendre dans une sorte de cloche, placée au-dessus, qui porte un autre tube recourbé U, débouchant dans le réservoir F.

La pompe à air E est reliée avec ce dernier réservoir, par un conduit Q, qui aboutit à son extrémité supérieure.

Quand la pompe D refoule l'eau froide dans le réservoir auxiliaire C, par le conduit N, cette eau se déverse dans le fond de ce réservoir et une partie de l'air qu'elle contient se trouve libéré et peut s'échapper dans l'atmosphère par le petit tuyau S. De même quand, sous l'action du vide produit dans la chambre de condensation A, l'eau monte dans le conduit O, pour se déverser dans la capacité F, l'air qu'elle contient encore gagne la partie supérieure du réservoir B et, par le tube T, pénètre dans la capacité F, où se rend également l'air entraîné par la vapeur d'échappement. La pompe à air E, par sa manœuvre, extrait cet air de la chambre à condensation, par le conduit Q, et le rejette dans l'atmosphère, maintenant ainsi le vide dans le condenseur. Le conduit K, d'évacuation du mélange placé à la partie inférieure de la chambre de condensation, doit avoir une hauteur au moins égale à 10 mètres, car l'eau se maintient, dans ce conduit, à une hauteur qui est en raison directe du vide produit dans le réservoir supérieur, hauteur qui atteindrait 10 mètres 33, si le vide était parfait au-dessus. Sans cette précaution, l'eau de mélange pourrait séjourner dans le condenseur et en empêcherait le fonctionnement.

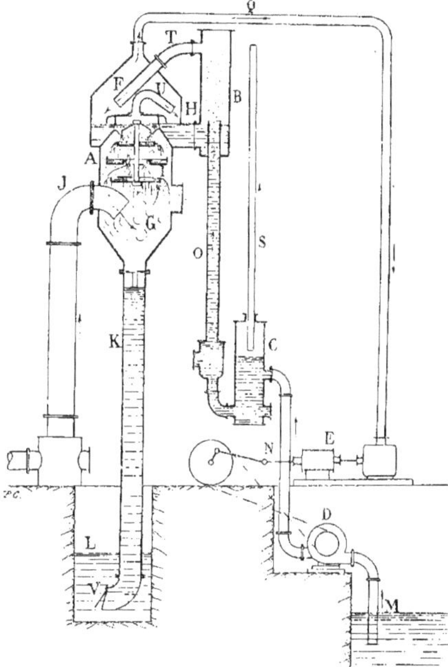

Fig. 592. — Condenseur à contre-courant Weiss.

Le conduit K est muni, à sa partie inférieure, d'un clapet V qui s'ouvre de l'intérieur vers l'extérieur, de façon qu'il permette la sortie de l'eau du tube K, et empêche l'eau déversée de remonter, sous une influence quelconque, par le même conduit, dans la chambre de condensation.

L'obligation de disposer un conduit d'évacuation, de hauteur suffisante pour compenser la pression atmosphérique, équivalente à une colonne barométrique de 10 mètres 33, a fait donner à ce genre de condenseur le nom de *condenseur barométrique*.

La pompe à air E, de ce condenseur, ne retire de l'appareil que de l'air, tandis que les pompes à air des condenseurs précédents en retirent à la fois de l'air et de l'eau.

Aussi, pour distinguer ces deux sortes de pompes à air, désigne-t-on la première sous le nom de *pompe à air sec* et les autres sous le nom de *pompe à air humide*.

La *pompe à air sec* du condenseur Weiss (Fig. 593) a reçu une disposition appropriée aux fonctions qu'elle doit remplir. On remarquera, comme différence essentielle avec les *pompes à air humide* précédentes, la suppression des clapets d'aspiration et de refoulement.

Le cylindre de la pompe à air, dans lequel se meut un piston muni d'un certain nombre de garnitures destinées à assurer son étanchéité, porte un distributeur glissant fonctionnant comme un *tiroir* de machine à vapeur. C'est ce tiroir qui remplace les clapets.

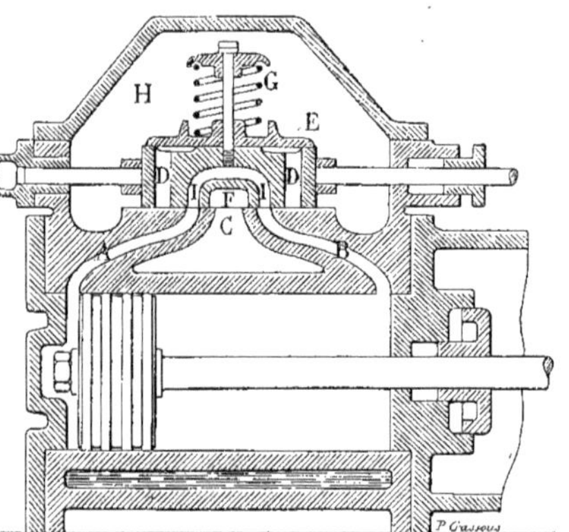

Fig. 593. — Pompe à air sec du condenseur Weiss.

La glace du cylindre sur laquelle glisse le tiroir est percée de deux lumières A et B aboutissant, chacune, à une des extrémités du cylindre. Une troisième lumière, C, placée entre les deux autres, communique avec le conduit Q (Fig. 592) débouchant à la partie supérieure de la chambre de condensation.

Le tiroir comporte deux lumières verticales D pouvant, respectivement, venir se présenter en face des deux lumières A et B du cylindre, et une capacité centrale F destinée à donner la communication entre les lumières A et C ou C et B du cylindre.

Les lumières verticales D du tiroir sont obturées, sur la face supérieure de cet organe, par une soupape E, maintenue fermée par la pression d'un ressort à boudin G.

Quand le piston se meut dans un certain sens, il aspire, derrière lui, l'air du condenseur, la capacité centrale F du tiroir établissant la communication convenable. En même temps, il refoule devant lui l'air précédemment admis sur sa face avant. Cet air, empruntant une des lumières extrêmes du cylindre et une des lumières verticales D du tiroir, qui doit, à ce moment, se présenter en face, vient, par sa pression, soulever la soupape E et remplir la capacité H qui contient le tiroir. De là, un tuyau lui donne accès dans l'atmosphère.

Quand le piston effectue une course inverse, la face du piston, qui était aspirante, devient refoulante; le tiroir occupe, sur la glace du cylindre, une position symétrique, et une nouvelle cylindrée d'air, extraite du condenseur, est rejetée, par la seconde lumière du tiroir et en soulevant la même soupape E, dans la boîte à tiroir H et, de là, dans l'atmosphère.

Un dispositif supplémentaire a été établi, sur le tiroir, pour compenser les effets nuisibles dus à la présence des *espaces morts*. En effet, la disposition des lumières D du tiroir ne peut être établie pour que ces lumières communiquent, jusqu'à la fin de la course du piston, avec celles qui leur font face sur le cylindre. Il s'ensuit que lorsque le piston arrive, dans un sens ou dans l'autre, vers l'extrémité de sa course, il comprime derrière lui de l'air, qui ne trouvant aucune issue, s'oppose à l'avancement du piston. On a ménagé, pour éviter cette compression nuisible, un canal auxiliaire I qui débouche sur la glace du tiroir, de chaque côté des lumières D. Quand une des lumières D du tiroir, après avoir rempli sa fonction évacuatrice, ne se trouve plus en communication avec la lumière correspondante du cylindre, un des orifices du canal I se présente en face de cette dernière lumière et permet de mettre en communication les deux faces du piston, son second orifice faisant face, en même temps, à la seconde lumière du cylindre.

L'air comprimé en avant du piston sera donc chassé sur sa face arrière.

Le piston ne subira aucune compression et évacuera, à la course suivante, l'air accumulé derrière lui dans le cylindre.

On voit que la disposition des organes de la *pompe à air sec* est semblable à celle des organes distributeurs de la machine à vapeur, mais on remarquera que le sens de la circulation du fluide se fait, dans la *pompe à air sec*, d'une manière tout opposée à celui de la circulation de la vapeur. En effet, le tuyau d'admission de la pompe à air correspond au tuyau d'échappement de la machine à vapeur et, réciproquement, le tuyau d'évacuation de cette pompe est à la place qu'occupe, dans la machine à vapeur, le conduit d'admission.

Le cylindre de la pompe à air est muni d'une enveloppe dans laquelle on établit une circulation d'eau permettant de rafraîchir les parois et de maintenir, dans le corps de pompe, une température peu élevée.

Condenseurs par mélange, indépendants

Dans la généralité des installations de machines à vapeur, on fait actionner la pompe à air du condenseur par la machine elle-même, soit par l'intermédiaire d'une simple bielle, soit par l'intermédiaire d'un balancier auxiliaire, ainsi que nous venons de le voir. Ces diverses dispositions, facilement réalisables lorsque les vitesses des machines sont faibles, deviendraient impossibles à établir si les machines tournaient à grande vitesse.

Les régimes respectifs de marche normale de la machine et de la pompe à air différeraient trop pour pouvoir être conciliés.

On actionne alors la pompe à air du condenseur par un petit moteur à vapeur indépendant dont on établit, à volonté, le régime de marche.

L'installation d'un condenseur avec moteur indépendant est surtout avantageuse dans le cas d'une *condensation centrale*.

Quand, dans une usine, sont installés plusieurs moteurs à vapeur, il y a intérêt à établir un appareil de condensation général, dans lequel viennent se condenser toutes les vapeurs d'échappement des diverses machines.

Ce *condenseur central*, muni de son moteur indépendant, permet de réaliser, avantageusement, la condensation générale, quelles que soient, d'ailleurs, les vitesses de régime des différentes machines.

Condenseur auto-moteur Weyher et Richemond

(Fig. 594 et 595.) Ce condenseur indépendant a précisément été établi pour obtenir le vide dans un conduit où plusieurs machines envoient leur vapeur d'échappement.

Le condenseur proprement dit est une capacité cylindrique, séparée de la pompe à air, dans laquelle l'eau est injectée, à la partie inférieure, sous forme de nappe conique très mince.

Cette eau, très divisée, rencontre la vapeur d'échappement et la condense.

La pompe à air de ce condenseur est à deux cylindres et comporte son moteur à vapeur. Un bâti commun sert de support à tous les organes.

Dans le cylindre à vapeur, disposé à gauche du bâti, se meut un piston dont la tige, guidée par une douille qui glisse sur une tige cylindrique, actionne, au moyen d'une bielle, un balancier supérieur. Ce balancier, oscillant autour d'un axe fixe placé au milieu de sa longueur, commande le mouvement alternatif des deux pistons de la pompe à air et actionne, par une bielle articulée à son autre extrémité, un arbre portant deux volants qui régularisent le mouvement de la pompe à air. Cet arbre porte, en outre, un excentrique qui commande, par l'intermédiaire d'un bras de levier, le mouvement du tiroir de distribution de vapeur au cylindre.

Les clapets sont disposés, dans les deux corps de pompe, d'une façon identique à se trouvait, par la disposition même des appareils, mélangée avec l'eau froide admise pour la condenser, tandis que, dans les *condenseurs par surface,* aucun contact n'avait lieu entre l'eau de condensation et l'eau condensée. Il en résulte que, dans ce dernier genre de condenseurs, l'eau condensée est pure et peut être très utilement employée pour servir à l'alimentation des générateurs. Cette considération de tout premier ordre, qui constitue un des princi-

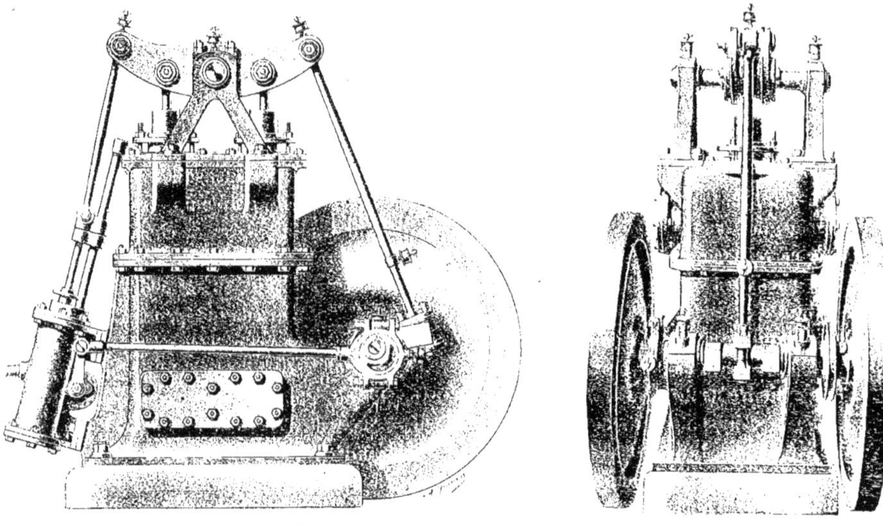

Fig. 594 et 595. — Condenseur auto-moteur Weyher et Richemond.

ceux que nous avons décrits dans le condenseur Piguet (Fig. 585), l'aspiration s'effectuant par une tubulure commune inférieure et l'évacuation, par une seconde tubulure commune placée, latéralement, à la partie supérieure de l'appareil.

Condenseur par surface (Fig. 599.) Nous avons dit que la différence caractéristique qui distinguait les *condenseurs par mélange* des *condenseurs par surface* consistait en ce que, dans les premiers, l'eau provenant de la condensation de la vapeur

paux avantages du *condenseur par surface,* explique l'emploi exclusif de ce genre de condenseur dans les machines installées à bord des bateaux.

Le *condenseur par surface* se compose, essentiellement, d'une capacité métallique, assez souvent en fonte de fer, mais qui peut être faite aussi en tôle d'acier ou de cuivre, dont les deux faces verticales extrêmes sont percées d'une grande quantité de trous destinés à recevoir un faisceau de tubes traversant, longitudinalement, toute la capacité.

596. — Machine à vapeur verticale de 300 chx. Stork Frès, avec mécanisme pour régler le nombre de tours pendant la marche.

La capacité contenant les tubes est fermée, à chaque bout, par des coquilles en fonte de fer, dans lesquelles les tubes débouchent, de chaque côté. Un conduit supérieur permet d'amener la vapeur d'échappement dans le condenseur.

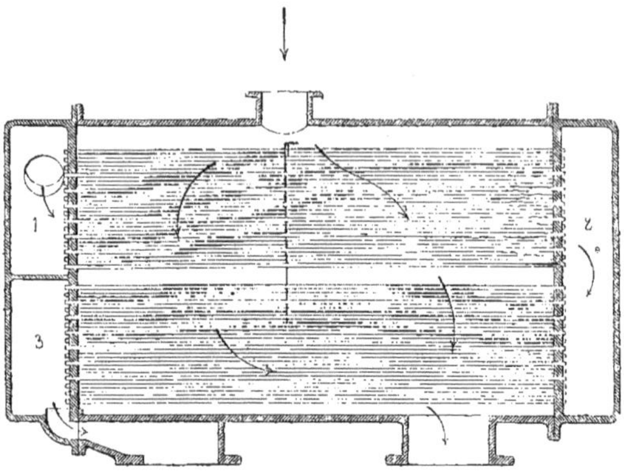

Fig. 597. — Coupe d'un condenseur à surface.

Deux tubulures inférieures servent à évacuer, l'une, celle de gauche, l'eau ayant servi à la condensation, l'autre, l'eau condensée. Les tubes sont assez souvent disposés en deux faisceaux dans lesquels la circulation de l'eau froide se fait en sens inverse. Pour cela, une des coquilles extrêmes est cloisonnée pour former deux compartiments, 1 et 3. L'eau froide, admise à la partie supérieure du compartiment 1, pénètre dans le faisceau tubulaire supérieur et circule de gauche à droite en se déversant dans la capacité 2. De là, cette eau traverse le second faisceau tubulaire en circulant de droite à gauche et, finalement, vient aboutir dans la capacité 3, de laquelle elle est évacuée par un conduit qui y débouche à la partie inférieure.

Pendant cette circulation de l'eau froide dans les faisceaux tubulaires, la vapeur d'échappement, admise à la partie supérieure du condenseur, se divise en passant entre tous les tubes constituant les faisceaux et, au contact des parois extérieures de ces tubes, elle se condense. L'eau de condensation, qui, dans ce cas-là, est pure, vient tomber à la partie inférieure du condenseur, d'où elle est conduite à la pompe à air par un tuyau d'évacuation.

Donc un *condenseur par surface* comporte une circulation d'eau, et une aspiration d'air et d'eau condensée provenant de la chambre de condensation. Ces deux conditions sont réalisées par l'emploi de deux pompes : l'une, dite *pompe de circulation*, qui a pour but de refouler, dans les faisceaux tubulaires, l'eau froide nécessaire pour obtenir la condensation, l'autre, la *pompe à air*, qui est destinée à extraire du condenseur l'eau condensée et l'air que la vapeur avait pu entraîner. Cette *pompe à air* peut être établie d'une façon identique à celles dont nous avons vu l'application dans les *condenseurs*

Fig. 598. — Pompe de circulation du condenseur, le couvercle enlevé.

par mélange, mais on comprend que son volume peut être sensiblement réduit, car elle n'a à évacuer, du condenseur, qu'un volume d'eau proportionnellement moindre que dans les condenseurs par mélange, ce volume se limitant à la quantité d'eau condensée.

La *pompe de circulation* peut être une pompe d'un système quelconque, pourvu qu'elle puisse refouler, dans le condenseur, l'eau avec une pression suffisante pour produire une circulation active dans les faisceaux tubulaires, ce qui a pour but de maintenir les tubes à une température favorable à une bonne condensation.

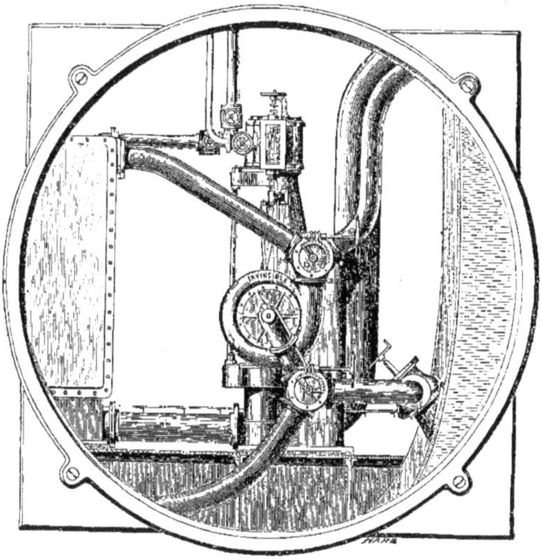

La pompe de circulation peut être établie soit pour refouler l'eau dans le condenseur, soit pour l'aspirer. Dans ce dernier cas, elle est disposée sur le conduit inférieur d'évacuation, tandis que dans l'autre cas, elle est placée sur la conduite supérieure.

Fig. 599. — Installation d'une pompe de circulation sur un condenseur.

On emploie assez souvent, comme *pompe de circulation*, des *pompes centrifuges*, mais, dans ce cas, la pompe doit être mue par un petit moteur indépendant de la machine à vapeur. En effet, quand il se produit dans cette machine un ralentissement, il faut que le condenseur continue à fonctionner d'une façon normale, ce qui ne pourrait se réaliser si la *pompe centrifuge de circulation* ne tournait pas toujours à sa vitesse de régime.

Les figures 598 et 600 représentent une pompe centrifuge de circulation d'eau mue par un moteur indépendant, et la figure 599 indique de quelle façon peut se faire l'installation de cette pompe destinée à alimenter un condenseur par surface, de bateau.

D'ailleurs, si, comme pour les *condenseurs par mélange*, on peut faire actionner les deux pompes des *condenseurs par surface* par des organes attelés directement à la machine même dont on veut condenser la vapeur, on peut aussi, pour éviter les inconvénients résultant des variations de cette machine, établir des *condenseurs par surface* à moteur indépendant.

C'est surtout dans la marine que cette dernière disposition est appliquée, car, avec l'attelage direct, il suffirait d'un arrêt momentané de la machine, provoqué par une manœuvre

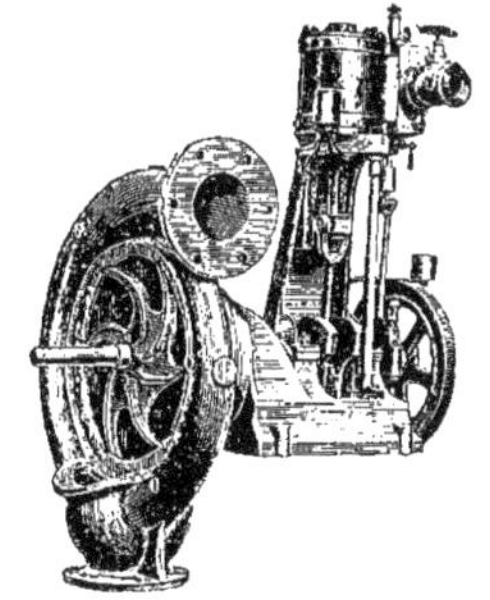

Fig. 600. — Pompe de condenseur à circulation centrifuge.

indispensable, pour arrêter, pendant le même temps, le fonctionnement du condenseur. Le vide ne pourrait, dès lors, être maintenu à un degré suffisant pour qu'après la remise en route, le condenseur donne immédiatement son rendement normal.

Condenseur auto-moteur par surface Farcot.

(Fig. 600.) Ce *condenseur par surface,* construit par les ateliers Farcot de Saint-Ouen, comporte son moteur monté, sur un socle-bâti, au-dessous du condenseur proprement dit. Ce moteur à vapeur, qui possède tous les organes nécessaires à son fonctionnement autonome : cylindre, tiroir, régulateur, volant, etc., actionne directement la pompe de circulation et la pompe à air du condenseur.

Ces deux pompes sont disposées chacune à une des extrémités du socle-bâti supportant le petit moteur.

Les tubulures supérieures de chacune des pompes, communiquant respectivement avec le conduit approprié du condenseur, servent, en même temps, de support à cet appareil.

Une cloche à air est disposée à la partie supérieure du condenseur, pour régulariser le refoulement de l'eau de circulation, et éviter les *coups de bélier* dans la boîte de fermeture extrême.

Les organes du moteur et des deux pompes sont aisément accessibles, ce qui permet de surveiller et de maintenir la régularité de leur fonctionnement.

Fig. 601. — Condenseur auto-moteur par surface Farcot.

Les *condenseurs par surface,* tout en conservant, d'une façon essentielle, la disposition représentée par la figure 596, ont, le plus souvent, les orifices des conduits d'eau et de vapeur placés de telle sorte que la circulation de l'eau froide et de la vapeur s'opère d'une manière méthodique. L'eau froide est admise, d'abord, dans les tubes les plus éloignés de l'orifice d'admission de vapeur et monte ensuite, dans ces tubes, en se rapprochant de cet orifice et en s'échauffant graduellement à mesure que la vapeur abandonne sa chaleur sur les parois des tubes dans lesquels cette eau circule.

Certains *condenseurs par surface* sont établis pour que la vapeur circule entre les tubes, tandis que c'est l'eau qui baigne les parois intérieures de ces tubes.

Cette disposition, qui paraît comporter, comme avantage, une division plus complète de la masse de vapeur et une bonne utilisation de la surface refroidissante des parois, a l'inconvénient de ne pas permettre à l'eau une circulation assez active dans le condenseur ; aussi emploie-t-on, généralement, le *condenseur par surface*, à faisceaux tubulaires de circulation d'eau, décrit plus haut.

Montage des tubes des condenseurs à surface.

Puisque, dans le *condenseur par surface,* le vide doit être aussi grand que possible dans la chambre de condensation proprement dite, et puisque les capacités où débouchent les tubes communiquent avec l'atmosphère, il est indispensable, pour obtenir un bon fonctionnement de l'appareil de condensation, de constituer, sur les plaques tubulaires, au droit des trous recevant les tubes, des joints bien étanches qui ne permettent pas à l'air de s'introduire dans la chambre de condensation. Cette obligation essentielle a conduit à l'adoption d'une certaine variété de joints dont nous allons parler.

Auparavant, disons que les tubes des condenseurs par surface se font généralement en laiton; on les étame, parfois, pour les préserver de l'attaque des huiles contenues dans la vapeur d'échappement, et provenant du graissage.

Ces tubes se font aussi, mais plus rarement, en cuivre rouge. Leur diamètre est faible, car il ne serait pas avantageux d'employer des tubes pouvant contenir un volume considérable d'eau ; il en résulterait, en effet, une mauvaise utilisation de cette eau qui, le long des parois du tube, remplirait bien sa fonction réfrigérante, mais qui, au centre même de ce tube, aurait sur ces mêmes parois une action à peu près nulle.

Les diamètres qui paraissent répondre à la meilleure utilisation de l'eau varient d'environ $15^{m}/_{m}$ à $20^{m}/_{m}$.

Dans certains cas, même, on a disposé, dans les tubes, des chicanes constituées par des lames tordues en hélice, qui ont pour but de brasser l'eau et de l'obliger à prendre contact, dans toutes ses parties, avec les parois intérieures du tube qu'elle a pour fonction de refroidir.

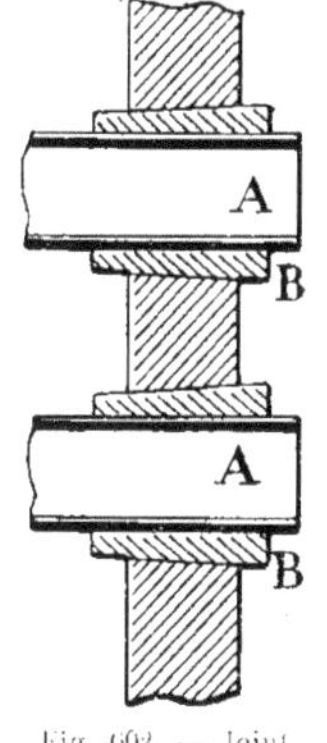

Fig. 602. — Joint avec tampon en bois.

Le joint le plus simple (fig. 601) consiste à ménager, dans les plaques tubulaires, des trous d'un diamètre sensiblement plus grand que le diamètre des tubes A, et on interpose, dans l'espace circulaire laissé vide, un tampon conique B, que l'on fait généralement en peuplier ou en tilleul, et qui est entré à force dans la plaque tubulaire, le tube occupant la partie centrale. Quand le condenseur fonctionne et que les tampons sont, par conséquent, mouillés par l'eau, le bois se dilate et appuie énergiquement contre les parois du tube et les plaques tubulaires. Le joint est suffisamment étanche; mais, quand le condenseur reste un certain temps sans fonctionner, le bois sèche et ne donne plus au joint une étanchéité suffisante. Ce joint rustique est peu coûteux, mais offre, on le voit, un inconvénient assez sérieux.

Aussi a-t-il été remplacé par des joints constitués par le montage, sur les tubes A, de bagues de caoutchouc ou de cuir embouti B (Fig. 603), reposant dans un logement pratiqué sur la partie extérieure des plaques tubulaires C. La pression de l'eau de circulation appuie la garniture contre le tube et contre la paroi de la plaque tubulaire et assure, automatiquement, l'étanchéité.

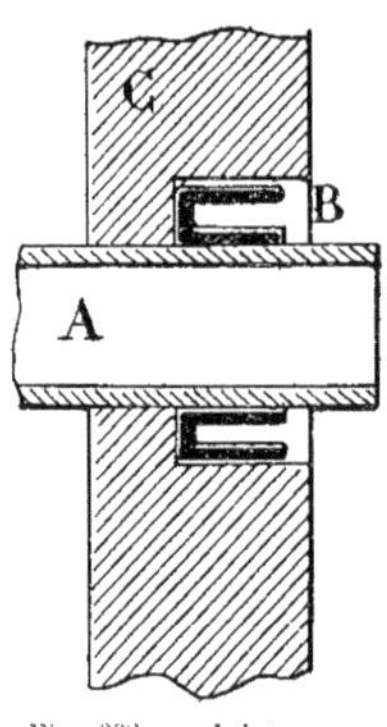

Fig. 603. — Joint avec garniture emboutie.

Ces joints sont également assez simples et permettent la libre dilatation des tubes dans le sens de la longueur; mais ils ne peuvent les empêcher de sortir, sous l'effet d'une poussée longitudinale, du logement dans lequel ils sont placés, dans les plaques tubulaires.

Un système de joints des plus ememployé et des plus efficace, consiste à munir chacun des tubes, à ses deux extrémités, d'une sorte de presse-étoupes à serrage central, semblable à celui que nous avons décrit dans le chapitre XIV (Fig. 485).

La plaque tubulaire A (Fig. 604) porte, au droit de chaque tube B, et, jusqu'à mi-épaisseur environ, un logement d'un diamètre plus grand que le diamètre du tube. Dans ce logement peut se visser une douille C qui s'emboîte exactement sur le tube dans sa partie centrale. Chaque douille est terminée, extérieurement, en forme d'écrou permettant d'en effectuer le vissage. Elle est percée, en bout, d'un trou central égal au diamètre intérieur du tube, ce qui ménage, sur sa paroi extrême, un repos circulaire qui a pour but d'empêcher le tube de sortir des plaques tubulaires.

On place derrière la douille, dans l'espace laissé vide entre le tube et la plaque tubulaire, une garniture de chanvre ou de coton suiffé. Cette garniture, comprimée par le serrage de la douille, s'applique contre toutes les parois et assure une très bonne étanchéité.

Les dispositions des joints de tubes, dans les condenseurs par surface, sont très diverses. Certaines comportent l'emploi de bagues indépendantes de caoutchouc,

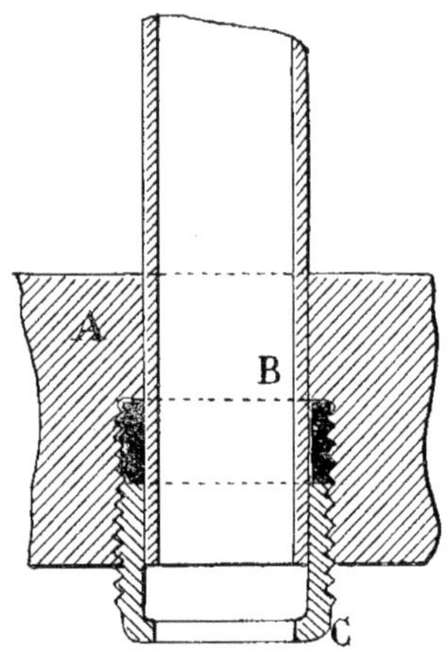

Fig. 604. — Joint à serrage central.

montées, chacune, à une extrémité du tube. Dans d'autres, on applique, sur la plaque tubulaire, une grande feuille de caoutchouc, percée de trous, dans lesquels pénètrent les tubes. Des brides, convenablement disposées, appuient, par leur serrage, les bagues ou la feuille de caoutchouc contre les tubes et permettent de constituer le joint.

L'emploi du caoutchouc, dans la constitution des joints du condenseur, peut offrir quelques inconvénients, car il se détériore assez rapidement au contact de l'eau chaude et des acides gras qu'elle peut contenir. Il durcit et n'offre, dès lors, plus la même garantie pour assurer efficacement les joints.

Les tubes des condenseurs par surface sont, généralement, disposés en quinconces, de façon à pouvoir en placer le plus grand nombre possible dans une plaque de surface déterminée. On laisse simplement, du côté de l'arrivée de vapeur et, quelquefois, au milieu même de la chambre de condensation, un espace libre pour permettre à la vapeur de circuler plus facilement.

Les tubes ont une longueur qui peut être portée jusqu'à 4 mètres; mais il est nécessaire, en principe, de les supporter par des cloisons auxiliaires, ménagées dans le condenseur, et espacées entre elles d'environ 1 mètre.

Les condenseurs par surface, qui sont, avons-nous dit, très employés dans la marine, comportent généralement une grande quantité de tubes. Dans certains bateaux sont établis des condenseurs dont le nombre de tubes atteint 3.500. Ce sont, comme on peut en juger, des appareils de condensation de dimensions respectables.

Les tubes d'un condenseur peuvent être assez facilement nettoyés en démontant simplement les coquilles d'avant et d'arrière dans lesquelles ils débouchent. Ils présentent, alors, leurs deux orifices libres et on peut aisément les détartrer en les écouvillonnant avec un *hérisson* formé de fils d'acier.

Condenseur par surface Wheeler.

(Fig. 605.) Les faisceaux tubulaires de ce condenseur sont formés par des tubes disposés de façon semblable aux tubes Field (fig. 159), c'est-à-dire composés, chacun, de deux tubes entrés l'un dans l'autre et débouchant, à une de leurs extrémités, dans deux capacités différentes.

Ces tubes sont placés horizontalement et sont simplement vissés, à un de leurs bouts, sur leur plaque tubulaire respective.

Le tube intérieur A est vissé sur la plaque tubulaire avant, B, et le tube extérieur de gros diamètre, C, est vissé sur la plaque tubulaire arrière, D. Les petits tubes A débouchent à la fois dans la capacité antérieure E et dans les tubes extérieurs C, vers leur extrémité arrière. Ces derniers tubes débouchent, à leur tour, dans le compartiment F, qui communique avec le conduit d'évacuation, et sont fermés à leur autre extrémité.

Dans les *condenseurs Wheeler* de grande capacité, le faisceau tubulaire peut être disposé en deux groupes de tubes, dont l'un évacue l'eau de circulation dans une capacité où débouchent les petits tubes de l'autre. Un cloisonnement approprié permet, en séparant les compartiments, de réaliser une circulation d'eau froide plus étendue et d'augmenter ainsi le rendement de l'appareil.

Les tubes composant le faisceau sont supportés, à l'extrémité opposée aux plaques tubulaires, par une simple plaque percée de trous ne comportant aucun joint.

L'étanchéité doit simplement être assurée au droit du passage des tubes à travers les plaques tubulaires; les joints, dans cette plaque, sont rendus suffisamment efficaces par le montage même des têtes des tubes, qui forment vis dans les trous des plaques qui servent d'écrous.

Les faisceaux tubulaires sont enfermés dans une capacité G qui porte à la partie supérieure deux tubulures, dont l'une, H, sert à admettre la vapeur à condenser et l'autre, I, donne accès au conduit d'évacuation.

Deux autres orifices, disposés à la partie inférieure du condenseur, servent, l'un J, à admettre l'eau de circulation refoulée par une pompe, l'autre, K, à aspirer l'eau condensée et l'air contenus dans la capacité du condenseur. Ce dernier orifice communique donc avec la pompe à air du condenseur.

L'eau réfrigérante, refoulée par la tubulure J, pénètre dans le compartiment L et circule, d'abord, dans les petits tubes A du faisceau inférieur; puis cette eau, pénétrant dans les gros tubes C du même faisceau, vient se déverser dans le compartiment E, à la partie supérieure duquel débouchent les petits tubes A du faisceau tubulaire supérieur.

L'eau circule donc dans ce second faisceau en passant d'abord par les petits tubes A, puis par les gros, C, et finalement se déverse dans la capacité F, d'où elle gagne le conduit d'évacuation I.

La vapeur admise par l'orifice H suit un chemin inverse. Elle rencontre, d'abord, les tubes les moins froids et elle se condense au fur et à mesure qu'elle prend contact avec les gros tubes C des faisceaux tubulaires, qui sont de plus en plus froids. La circulation méthodique est donc réalisée.

L'eau condensée tombe au fond de la capacité G, d'où elle est extraite, par l'orifice K, au moyen de la pompe à air qui, de plus, y maintient un degré de vide suffisant pour assurer un bon fonctionnement du condenseur.

Les *condenseurs par surface* ont, ainsi que nous l'avons dit, sur les *condenseurs par mélange*, l'avantage essentiel de permettre l'obtention d'une eau de condensation pure, débarrassée, surtout, des matières grasses que la vapeur entraine forcément avec elle en traversant les distributeurs et les cylindres. Cette eau qui, en outre, est à une température assez élevée, permet d'alimenter les générateurs dans des conditions très satisfaisantes et très économiques, d'autant plus économiques, d'ailleurs, que l'eau ordinaire dont il faudrait disposer pour cette alimentation est soit impure, soit d'un d'un prix de revient élevé. Un second avantage consiste dans l'emploi de pompes à air de volume plus réduit que dans les condenseurs par mélange.

Enfin, la grande capacité des *condenseurs par surface* et l'étendue des surfaces de contact permettent à ces appareils de conserver leur fonctionnement normal, malgré des variations assez grandes du régime de la machine. A ces divers avantages, il convient d'opposer quelques inconvénients dus au principe même d'établissement des *condenseurs par surface*.

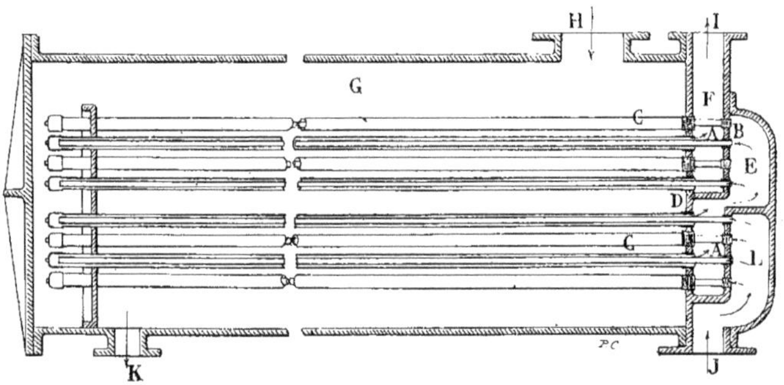

Fig. 605. — Condenseur Wheeler.

L'encombrement de ces appareils est, en effet, généralement grand. Leur prix de revient est bien plus élevé que celui des condenseurs par mélange, car leur confection est plus délicate et plus compliquée du fait de la présence des faisceaux tubulaires. En outre, le grand nombre de joints, dont l'étanchéité doit être constamment assurée, nécessite un entretien assez onéreux et une surveillance constante.

Il faut donc, avant de s'arrêter au choix d'un condenseur par surface, mettre en parallèle les avantages et les inconvénients et, suivant les circonstances, suivant les conditions d'installation des machines et d'approvisionnement d'eau, se déterminer à faire un choix judicieux qui permette de réaliser une économie appréciable.

Condenseurs mixtes Certains industriels, pour bénéficier des avantages des *condenseurs par surface*, tout en évitant leurs inconvénients, ont été conduits à employer des *condenseurs mixtes*. Dans ces appareils, la vapeur d'échappement se condense, en partie, dans un condenseur par surface, de capacité juste suffisante pour obtenir l'eau pure et réchauffée nécessaire à l'alimentation des divers générateurs de l'usine. L'excédent de vapeur passe, ensuite, dans un condenseur par mélange dans lequel la condensation se termine.

L'encombrement et le prix de revient se trouvent ainsi mis en rapport avec les avantages qu'on retire d'une alimentation économique.

Aéro-condenseurs On a, dans certains types de condenseurs par surface, remplacé l'eau froide, servant à condenser la vapeur d'échappement, par un courant d'air froid destiné à remplir le même office. Ces appareils de condensation sont appelés pour cette raison *aéro-condenseurs*. En principe, ces appareils comportent un ventilateur qui envoie un violent courant d'air froid contre un faisceau tubulaire, dans lequel circule la vapeur qui, par l'action de l'air froid, se condense.

Cette solution de la condensation parait, au premier aspect, très séduisante, car l'obtention de l'agent réfrigérant, l'air, n'occasionne aucune dépense; mais, d'autre part, il convient de remarquer que l'effet réfrigérant de l'air est environ 4 fois moindre que celui de l'eau, ce qui nécessitera une surface réfrigérante plus étendue. En outre, le travail dépensé pour actionner le ou les ventilateurs est assez élevé. Pour ces diverses raisons, l'emploi de l'*aéro-condenseur* ne s'est pas généralisé dans l'industrie. Par contre, dans certaines industries particulières où on a besoin de produire de l'air chaud soit pour le chauffage, soit pour le séchage, etc., il est certain que l'emploi de l'*aéro-condenseur* est avantageux; l'air évacué du condenseur après avoir produit son effet réfrigérant, ayant emprunté à la vapeur une partie de sa chaleur, sort avec une température élevée et est utilisé comme air chaud.

M. Fouché, qui s'est, avec une louable persévérance, appliqué à étendre l'emploi de l'*aéro-condenseur*, a réalisé, d'après une communication qu'il a faite à la Société des ingénieurs civils de France en 1901, un *aéro-condenseur* destiné à condenser la vapeur d'échappement provenant d'une installation de machines pouvant fournir un travail total de 4.500 chevaux. Cette installation, faite en Australie, comporte un *aéro-condenseur* muni de 27 ventilateurs dont le fonctionnement, en y comprenant celui des pompes à eaux grasses, nécessite une dépense de 120 chevaux.

L'*aéro-condenseur* construit par M. Bohler, à Paris (Fig. 606), se compose de faisceaux

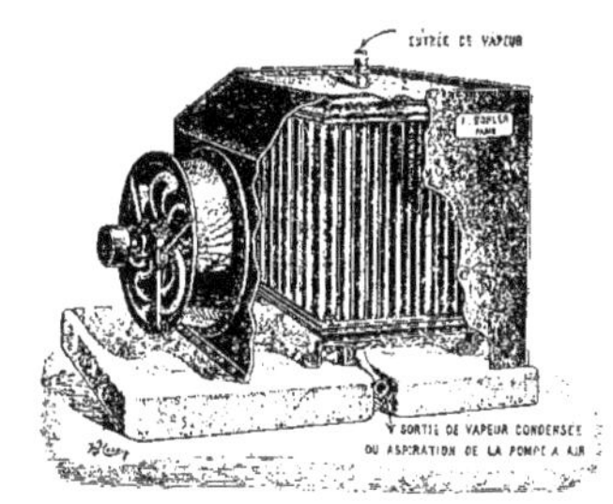

Fig. 606. — Aéro-condenseur Bohler.

de tubes disposés verticalement, traversant, à leur partie supérieure et inférieure, des plaques tubulaires sur lesquelles sont fixées des calottes métalliques qui constituent ainsi, en haut et en bas, des capacités closes. La capacité supérieure est munie d'un orifice par lequel on admet la vapeur à condenser. La capacité inférieure porte un conduit par lequel l'eau condensée et l'air sont extraits de l'appareil.

Les faisceaux tubulaires sont enfermés dans une caisse métallique dont une des parois porte un ventilateur. Ce ventilateur envoie, contre les parois extérieures des tubes, un violent courant d'air froid. La vapeur, qui circule dans ces tubes de haut en bas, se condense par l'action réfrigérante de l'air et tombe, sous forme d'eau, dans la capacité inférieure, d'où elle est extraite par le conduit qui y est disposé. Comme dans les condenseurs par surface précédents, cette eau est pure et chaude et convient parfaitement à l'alimentation des générateurs.

Le vide est maintenu dans le faisceau tubulaire par l'action de la pompe à air, qui puise l'eau condensée, en évacuant, en même temps, l'air apporté par la vapeur d'échappement.

Une sortie est ménagée, sur une des parois, à l'air, qui, après avoir agi sur les tubes et s'être ainsi réchauffé, s'échappe dans un conduit, prêt à être utilisé comme air chaud.

Réfrigérants Dans certaines installations industrielles, il peut être avantageux, à cause des conditions mêmes qui, quelquefois, s'imposent pour obtenir l'eau destinée à produire la condensation, de faire resservir continuellement cette même eau, en remplaçant simplement la petite quantité qui se trouve perdue du fait du fonctionnement du condenseur. Cette utilisation ne peut, cependant, se faire utilement qu'après avoir refroidi l'eau ayant déjà servi à condenser la vapeur, soit que cette eau provienne d'un condenseur par mélange ou d'un condenseur par surface. Cette eau est, en effet, toujours chaude, et il convient d'abaisser sa température d'une vingtaine de degrés, environ, pour lui permettre d'agir de nouveau efficacement comme agent réfrigérant.

Pour enlever à l'eau sa chaleur, on lui fait prendre un contact, le plus étendu possible, avec l'air extérieur. Il se produit une évaporation qui provoque un abaissement de la température dont bénéficie l'eau qui retombe dans un réservoir. Les dispositifs adoptés pour refroidir l'eau de condensation sont appelés *réfrigérants*.

Les *réfrigérants* sont de types et d'aspects différents.

Un des plus simples consiste à disposer, au-dessus d'un bassin, une canalisation comportant une succession de tuyaux placés bout à bout, portant, de distance en distance, des orifices pulvérisateurs.

Une pompe centrifuge puisant l'eau chaude au condenseur, la refoule dans les tuyaux, d'où elle s'échappe, par les pulvérisateurs, très divisée, sous forme de fines gouttelettes. Le contact avec l'air extérieur est ainsi très intime et l'eau retombe dans le bassin inférieur avec une température permettant sa nouvelle utilisation.

On emploie aussi des *réfrigérants à fascines,* qui sont constitués par plusieurs étages de fagots, ou *fascines*, disposés sur une charpente, au-dessus d'un bassin. L'eau chaude, amenée à la partie supérieure du réfrigérant, est déversée, par des rigoles, sur les divers fagots et, en s'écoulant, cette eau se divise et retombe dans le bassin inférieur, après s'être refroidie au contact de l'air.

Ces sortes de réfrigérants ont l'inconvénient d'être encombrants.

Les deux systèmes de réfrigérants précédents sont des appareils à air libre. Il existe d'autres types dans lesquels on utilise simplement un courant d'air provoqué par un tirage naturel.

Dans ce cas, le réfrigérant se compose d'une capacité, tour ou cheminée, de hauteur souvent considérable, ouverte largement à la partie inférieure et portant, sur les parois verticales, des ouvertures en forme de lames de persiennes. L'eau est injectée à l'intérieur de la capacité et le courant d'air produit par le tirage suffit à la refroidir.

Réfrigérants à persiennes

(Fig. 607.) Voici un système de *réfrigérant à persiennes*, construit par M. Bohler. Il se compose d'une capacité disposée verticalement au-dessus d'un réservoir B.

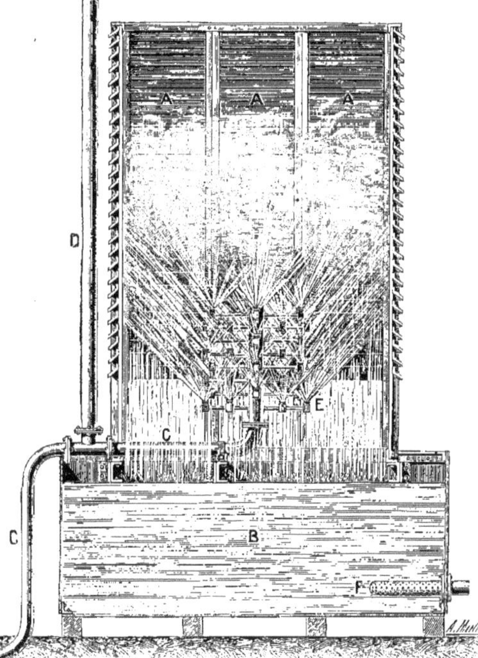

Fig. 607. -- Réfrigérant à persiennes Bohler.

La capacité réfrigérante comporte une série de panneaux. A. sur lesquels sont ménagées des ouvertures disposées en forme de lames de persiennes.

Au centre de cette capacité débouche un tuyau, C. qui se subdivise en un certain nombre de conduits horizontaux portant, chacun, plusieurs tuyères pulvérisatrices. E. L'eau chaude à refroidir est refoulée dans le conduit C par une pompe centrifuge convenablement disposée, et un tuyau auxiliaire D, placé extérieurement, sert à régulariser la pression.

L'eau chaude, envoyée en pression à l'intérieur du réfrigérant, s'échappe par toutes les tuyères pulvérisatrices, qui, faisant office de souffleurs, provoquent un tirage très actif entre la partie inférieure du réfrigérant et les diverses lames de persiennes. L'air froid est appelé et par son contact avec l'eau, très divisée, lancée par les tuyères, provoque le refroidissement de cette eau, qui tombe dans le bassin à une température convenable. Elle en est extraite, pour retourner au condenseur, par le tuyau F muni d'une crépine.

Éjecto-condenseurs

On ne peut profiter des avantages incontestables résultant de l'emploi des condenseurs, soit par mélange, soit par surface, que dans des installations de machines d'une certaine importance. Il faut, en effet, proportionner la dépense résultant de l'établissement et du fonctionnement des condenseurs à l'économie pouvant provenir de la condensation. Aussi, un certain nombre de machines de moyenne ou de petite puissance n'utilisent pas la condensation.

Pour réduire les frais de premier établissement des appareils de condensation et, en même temps, pour diminuer la dépense de travail provenant de leur fonctionnement, on a créé des condenseurs simples pouvant s'adapter facilement, et sans frais excessifs, aux divers types de machines dont le peu de puissance ne permet pas l'emploi des condenseurs ordinaires.

Ces appareils, fonctionnant d'une manière identique aux *injecteurs* et aux *éjecteurs* que nous avons décrits dans la partie de ce volume se rapportant aux chaudières, sont appelés, pour cela, *éjecto-condenseurs*. Ils sont simples, ne comportent aucune pompe à air et ne possèdent aucun mécanisme délicat.

Le premier *éjecto-condenseur*, l'appareil Morton, est déjà très ancien. Sur son même principe ont été établies de nombreuses variétés de types dont nous allons donner quelques exemples.

Éjecto-condenseur Koerting (Fig. 608.) C'est une sorte de capacité cylindrique portant, extérieurement, les tubulures nécessaires à l'admission de la vapeur et de l'eau froide, et à l'évacuation du mélange de condensation.

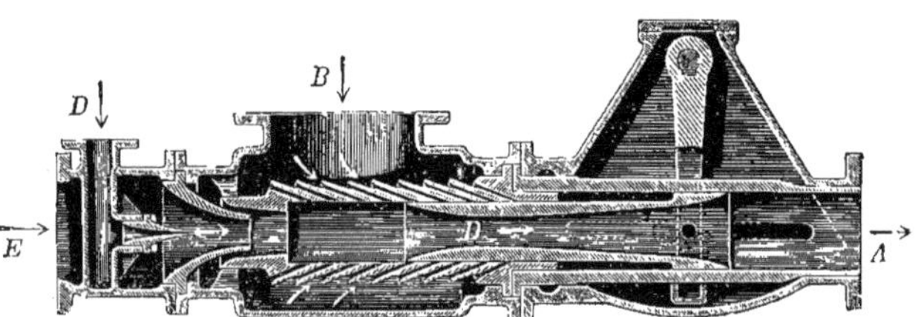

Fig. 608. — Éjecto-condenseur Koerting. Coupe longitudinale.

La vapeur d'échappement arrive dans l'appareil par l'orifice B et se répand dans une capacité dont la partie centrale est occupée par un conduit muni de lumières coniques débouchant, à la fois. le long de ses parois intérieures et de ses parois extérieures. Ce conduit est terminé, à une de ses extrémités, par un ajutage convergent qui est prolongé par deux autres ajutages également convergents dont le dernier communique directement avec un conduit D pouvant laisser pénétrer de la vapeur vive dans l'éjecto-condenseur. L'autre extrémité du conduit central, qui est cylindrique, sert de guide à un tube évasé à l'intérieur, et qui fait office d'ajutage divergent.

Le conduit central et les divers ajutages convergents sont fixés au corps même de l'appareil; l'ajutage divergent peut se déplacer, dans ce conduit, par la manœuvre d'un levier extérieur C, portant un cliquet qui pénètre dans les dents d'un secteur denté (Fig. 609).

Quand on veut faire fonctionner l'appareil, on doit l'amorcer avant de mettre en marche la machine dont on veut condenser la vapeur.

Pour cela, on fait pénétrer l'ajutage divergent dans le conduit central, en manœuvrant le levier C, de façon que toutes les lumières coniques soient obturées. Puis, on admet de la vapeur vive dans l'appareil par la tubulure D. L'eau froide, arrivant par la tubulure E, est injectée dans le condenseur et est évacuée par l'orifice A.

Quand l'appareil est amorcé avec la vapeur vive, on met la machine à vapeur en marche et on découvre, progressivement, les lumières coniques, en déplaçant l'ajutage divergent par la manœuvre du levier C. La vapeur d'échappement, arrivant par l'orifice B, pénètre, par les lumières découvertes, dans la partie centrale du conduit intérieur où elle rencontre le courant d'eau froide. Elle se condense en produisant le vide derrière elle et le mélange d'eau froide et d'eau condensée, qui s'échappe par l'orifice A, peut être recueilli dans un réservoir et être utilisé.

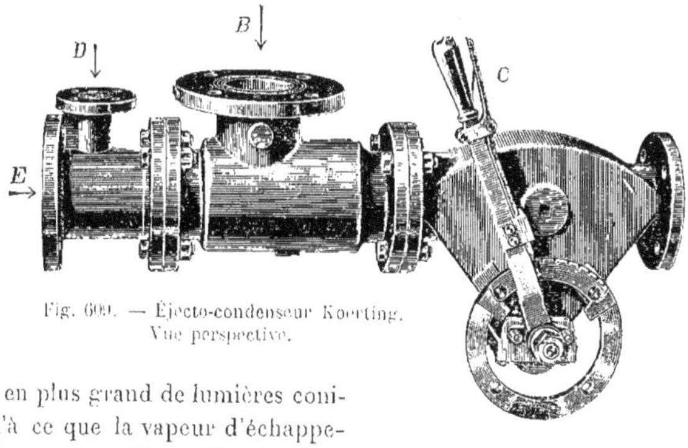

Fig. 609. — Éjecto-condenseur Koerting. Vue perspective.

On découvre, successivement, un nombre de plus en plus grand de lumières coniques, jusqu'à ce que la vapeur d'échappement, admise en quantité suffisante dans l'éjecto-condenseur, puisse, par sa condensation, maintenir le vide nécessaire dans le cylindre à vapeur et provoquer l'afflux d'eau froide. On ferme, alors, le conduit de vapeur vive et on immobilise le levier C dans un des crans du secteur denté.

Sauf variation trop sensible dans le travail de la machine, l'*éjecto-condenseur* fonctionne régulièrement avec la vapeur d'échappement.

Si des variations se produisent dans le débit de cette vapeur, on peut mettre l'éjecto-condenseur à un régime sensiblement correspondant en déplaçant, par le levier C, l'ajutage divergent.

Cet appareil peut permettre de puiser l'eau froide jusqu'à une profondeur de 5 mètres. Le tuyau d'évacuation doit plonger, dans le réservoir de décharge, jusqu'à une profondeur au moins égale à celle de l'orifice inférieur du tuyau d'aspiration.

On comprend le principe du fonctionnement, qui est semblable à celui des injec-

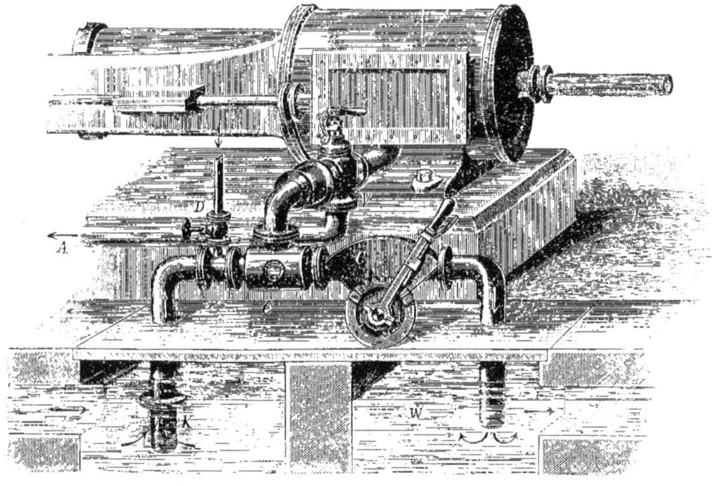

Fig. 610. — Éjecto-condenseur Koerting appliqué à une machine horizontale.

teurs. L'eau froide circule dans l'appareil par la différence existant entre la pression extérieure ou atmosphérique et la pression intérieure qui est moindre, le vide étant entretenu par la condensation de la vapeur. Quand le mélange arrive à l'entrée de l'ajutage divergent, il a une pression très faible, mais il possède une force vive dont les éléments changent de valeur, lors du passage de ce mélange dans l'ajutage divergent. La vitesse diminue et la pression devient suffisante pour vaincre la pression atmosphérique et provoquer l'évacuation du mélange.

L'*éjecto-condenseur Koerting* peut facilement s'adapter aux machines de faible puissance qui ne sont pas pourvues de condenseur et aux machines à grande vitesse, auxquelles on ne peut atteler commodément la pompe à air d'un condenseur.

La figure 610 représente l'installation d'un de ces appareils sur une machine horizontale.

Le tuyau d'échappement du cylindre aboutit à la tubulure supérieure de l'éjecto-condenseur, et un robinet à deux voies permet soit d'introduire la vapeur d'échappement dans l'appareil, soit de la laisser échapper à l'air libre par le conduit A.

La vapeur vive destinée à l'amorçage arrive par le tube D.

Le conduit K, muni d'une crépine, est le tuyau d'aspiration d'eau froide, et le conduit placé à l'extrémité opposé de l'éjecteur est le conduit d'évacuation qui déverse le mélange d'eau condensée dans le réservoir W.

Le levier C est le levier de réglage du régime de l'éjecto-condenseur, et nous venons, plus haut, d'expliquer sa manœuvre et sa fonction.

Éjecto-condenseur Bohler

(Fig. 611.) L'éjecto-condenseur Bohler, basé sur le même principe que l'appareil précédent, peut également s'appliquer à la condensation de la vapeur provenant de machines de faible puissance.

La figure 611 montre l'adaptation d'un éjecto-condenseur de ce système à une petite machine verticale.

L'appareil est fixé verticalement sur le plancher. L'eau pénètre par sa tubulure supérieure, et le volume qui est admis dans l'éjecto-condenseur est réglable au moyen d'une vanne, afin d'obtenir la meilleure utilisation pratique du condenseur.

La vapeur pénètre dans l'appareil par une tubulure latérale communiquant avec le tuyau d'échappement de vapeur du cylindre.

Un robinet-vanne disposé à la partie supérieure de ce conduit permet, par sa manœuvre, d'admettre la vapeur d'échappement dans l'éjecto-condenseur, ou de la laisser échapper à l'air libre par le conduit vertical supérieur.

Le mélange de l'eau de condensation et de la vapeur condensée s'écoule par un conduit disposé sous le plancher.

Éjecto-condenseur Charles Bourdon

(Fig. 612.) Les *éjecto-condenseurs* nécessitent, généralement, une dépense assez grande d'eau pour assurer leur fonctionnement régulier. Dans beaucoup de cas, où on peut trouver l'eau en abondance, cet inconvénient est de peu d'importance. Cependant, quelquefois, on peut se trouver dans des conditions particulières, où il soit nécessaire de dépenser un volume d'eau minimum, par une utilisation mieux comprise de cette eau. C'est pour atteindre ce but qu'a été construit l'*éjecto-condenseur Charles Bourdon*.

Il se compose d'un corps cylindrique A, à la partie supérieure duquel est disposée une capacité B dans laquelle débouche le conduit qui apporte l'eau froide. Cette capacité est percée, sur sa paroi inférieure, d'un orifice C, en forme d'ajutage convergent, dont l'étranglement est réglable par la manœuvre d'une aiguille obturatrice D, que peut faire monter ou descendre un volant supérieur E.

A l'ajutage convergent C fait suite une série d'ajutages également convergents, F, qui communiquent, latéralement, avec une chambre H, dans laquelle pénètre, par le conduit G, la vapeur d'échappement à condenser.

De la paroi inférieure de cette chambre, et dans le même axe que les ajutages C et F, part un tuyau aboutissant à une seconde série d'ajutages convergents, I, dont les orifices ont une section plus grande que les orifices des ajutages supérieurs, et qui aboutissent à un dernier ajutage divergent, J. Celui-ci est directement relié avec une pompe centrifuge K, par un conduit L qui servira de tuyau d'aspiration. Un second conduit M, qui fera office de tuyau de refoulement, réunit la pompe centrifuge à une capacité intermédiaire N, surmontant les ajutages convergents I. à grands orifices. Le conduit supérieur amenant l'eau froide porte une branche verticale O, munie d'un robinet, qui communique avec une crépine circulaire P, placée à l'intérieur de l'*éjecto-condenseur*, au-dessous de la capacité intermédiaire N. Un conduit de grand diamètre Q, provenant de la chambre supérieure de vapeur, débouche dans l'appareil en face de la crépine circulaire P.

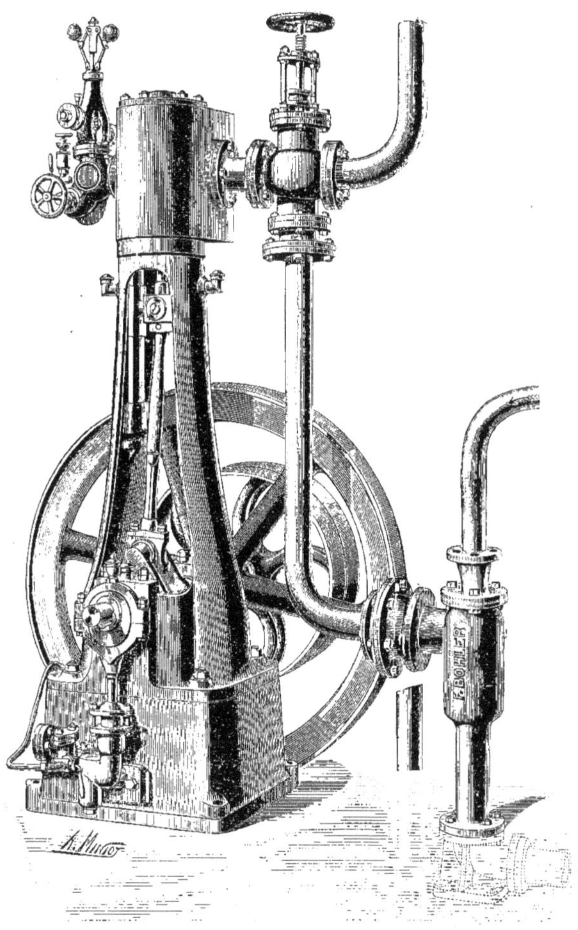

Fig. 611. — Éjecto-condenseur Bohler appliqué à une machine verticale.

Quand, par la manœuvre du volant E, on débouche l'orifice C de la capacité B où arrive l'eau froide, celle-ci traverse les deux séries d'ajutages convergents, ensuite l'ajutage divergent. et pénètre dans le conduit d'aspiration de la pompe centrifuge. Elle est donc aspirée et provoque, derrière elle, un vide qui a pour conséquence d'appeler la vapeur d'échappement dans la série supérieure des ajutages divergents F.

Cette vapeur, entrant en contact avec l'eau froide, se condense en entretenant le vide, et le mélange d'eau froide et d'eau condensée s'écoule toujours dans le conduit d'aspiration L de la pompe centrifuge.

Toute la vapeur d'échappement ne peut circuler dans les petits ajutages convergents F. L'excédent de cette vapeur est appelé dans la capacité inférieure de l'appareil comportant les ajutages convergents de grand orifice I, et elle s'y rend par le conduit Q. Elle débouche dans cette capacité en prenant un contact immédiat avec une gerbe d'eau froide lancée par la crépine circulaire P, eau dérivée, par la branche auxiliaire O, du conduit principal qui l'apporte. Cet excédent de vapeur se condense et le nouveau mélange de condensation vient se réunir au premier, qui passe par le conduit central, en pénétrant dans les ajutages convergents inférieurs I, sous l'action de la pompe centrifuge qui aspire, par le conduit L, le mélange total. Ce volume d'eau, relativement considérable, au lieu d'être rejeté au dehors, est refoulé par la pompe centrifuge, au moyen du conduit M, dans la capacité intermédiaire N, d'où elle s'écoule dans les grands ajutages convergents I, assurant ainsi, par sa circulation, la condensation complète de l'excédent de vapeur d'échappement admis dans la capacité inférieure.

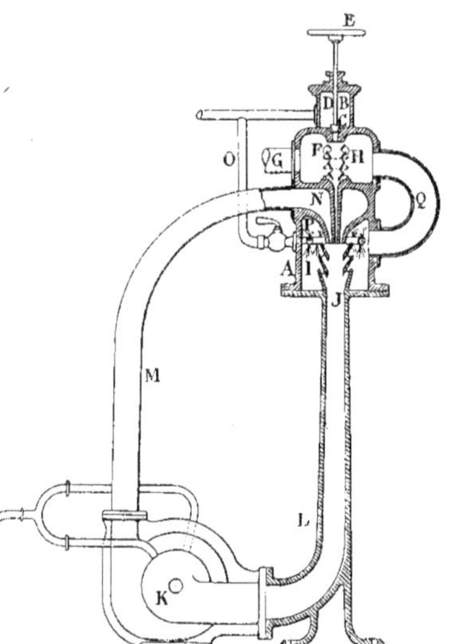

Fig. 612. — Éjecto-condenseur Charles Bourdon.

L'eau de mélange effectue donc un circuit fermé à travers la pompe centrifuge et l'*éjecto-condenseur*. Cette eau prend, à chacun de ses passages dans ce dernier appareil, une certaine quantité de chaleur que lui abandonne la vapeur d'échappement en se condensant, et elle se trouverait rapidement portée à une température trop élevée pour assurer le fonctionnement efficace de la condensation, si on ne lui apportait un appoint d'eau froide. C'est ce supplément d'eau froide qui est admis, en quantité relativement minime, par les ajutages convergents supérieurs et la crépine circulaire inférieure P.

Il convient également d'évacuer le trop-plein de cette eau contenu dans l'appareil et, en même temps, d'en extraire l'air qui y a été entraîné par la vapeur d'échappement.

Pour cela, la pompe centrifuge porte, de chaque côté, un tuyau qui débouche, dans l'intérieur de la pompe, près de l'axe de rotation. Ces deux tuyaux se réunissent, extérieurement, pour n'en former qu'un seul, par lequel sont évacués à la fois l'air et l'excédent d'eau contenus dans l'*éjecto-condenseur*.

En effet, par l'action de la rotation de la pompe, l'eau sollicitée par la force centrifuge, s'applique contre la paroi de cette pompe, tandis que l'air s'accumule vers le centre, tout près de l'axe de rotation, où la pression est bien plus faible. Cet air pénètre dans les conduits qui débouchent à cet

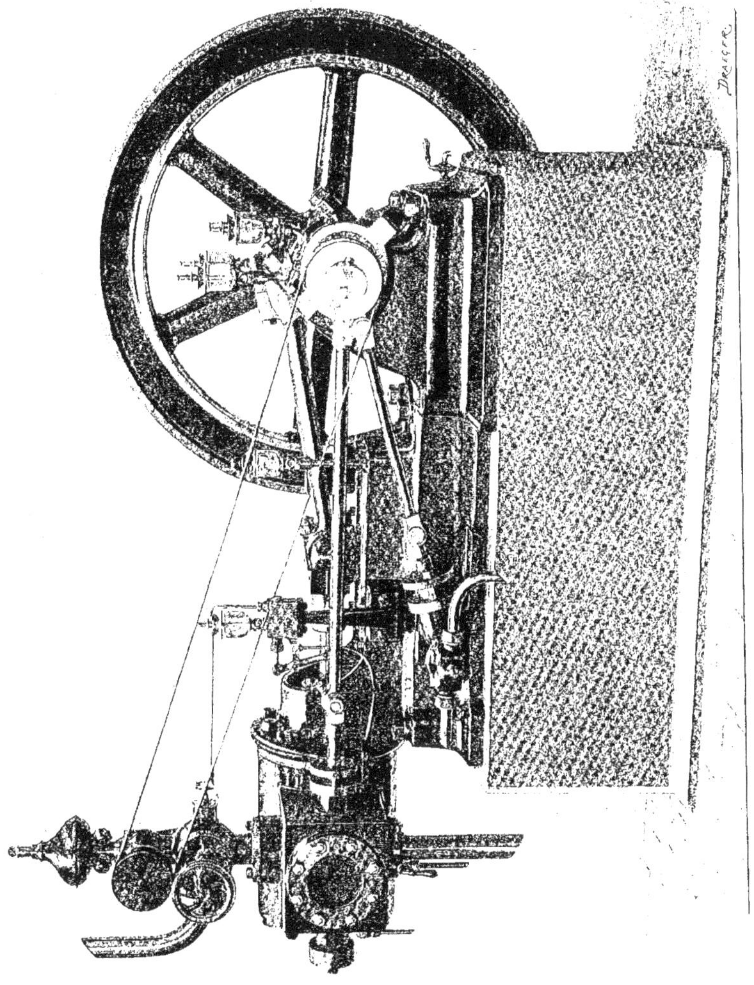

Fig. 613. — Machine horizontale à tiroir circulaire Garnier et Faure-Beaulieu.

endroit et s'échappe au dehors. Le trop-plein d'eau est évacué, par la même voie, d'une façon rationnelle.

Indicateurs de vide

Nous avons vu que dans tous les condensems, il fallait maintenir un certain degré de vide pour que l'appareil puisse donner les résultats qu'on est en droit d'en attendre. Il est très important, par conséquent, de pouvoir, à chaque instant, contrôler ce degré de vide qui peut brusquement s'abaisser, par suite de fuites se produisant à certains joints, ou par suite d'un mauvais fonctionnement des clapets de la pompe à air. Ce contrôle s'effectue au moyen d'appareils accessoires montés sur les condenseurs et appelés *indicateurs de vide.*

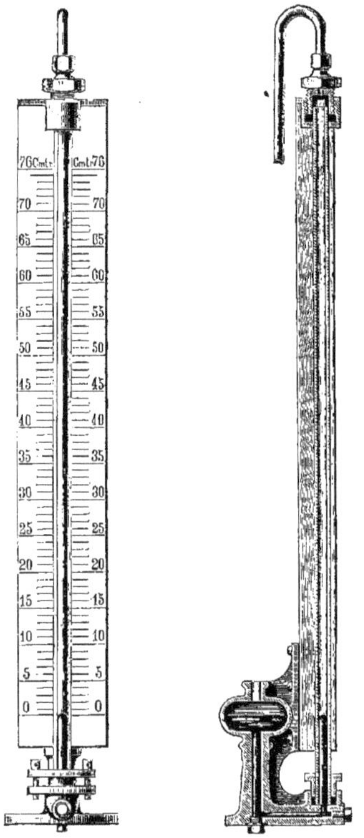

Fig. 614 et 615. — Indicateur de vide à l'air libre.

Ces appareils, sortes de *manomètres inversés,* peuvent être, comme les manomètres ordinaires, soit à *l'air libre* soit *métalliques.*

Les *indicateurs de vide à l'air libre* sont constitués par un tube en verre à deux branches, monté sur une planchette (Fig. 614 et 615). Cette planchette porte, le long d'une des branches, une graduation qui se prolonge jusqu'à 76 centimètres de hauteur. C'est la hauteur de mercure qui fait équilibre à la pression atmosphérique, ce qui signifie que lorsque le mercure atteint cette hauteur le vide est absolu à la partie supérieure de la longue branche. On ne peut jamais atteindre, dans les condenseurs, ce degré de vide ; on peut, avec un vide correspondant à une hauteur de mercure de 65 à 70 centimètres réaliser une bonne condensation. Le vide, pour cette raison, s'exprime en centimètres de hauteur de mercure, et même dans les *indicateurs métalliques,*

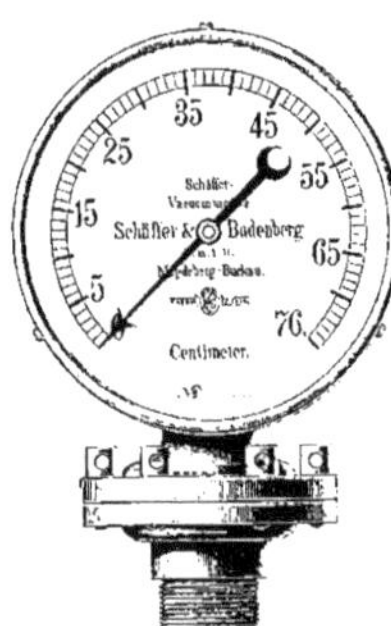

Fig. 616. — Indicateur de vide métallique.

dont nous allons dire quelques mots, les graduations sur le cadran sont faites et chiffrées pour correspondre aux mêmes hauteurs respectives de la colonne mercurielle, relevées sur l'indicateur à l'air libre.

La seconde branche de l'*indicateur de vide à l'air libre,* toute courte, est terminée par un petit réservoir en verre contenant du mercure. Ce réservoir est ouvert ; la pression atmosphérique pèse sur le mercure.

La longue branche est mise en communication avec la capacité dont on veut connaître le degré de vide. A mesure que ce vide augmente dans la capacité, le mercure, pressé dans la courte branche par la pression atmosphérique, monte dans la seconde branche, et le chiffre en regard duquel son niveau s'établit, dans cette dernière branche, indique, en centimètres, le vide existant dans la capacité.

Les *indicateurs de vide métalliques* (Fig. 616) sont constitués comme les manomètres, mais le mouvement de l'aiguille, qui se meut devant un cadran divisé et chiffré en centimètres de vide, est provoqué par la dépression qui agit soit sur des tubes métalliques, soit sur des membranes. *L'indicateur de vide* représenté par la figure 616, est du modèle Schaeffer et Budenberg, ainsi, d'ailleurs, que l'indicateur précédent, et son principe est le même que celui du manomètre de la même maison, que nous avons décrit dans les appareils de sûreté des chaudières (Fig. 321). L'indicateur est monté, par sa tubulure inférieure, sur le condenseur, et la différence de pression qui s'exerce, sur sa membrane, entre la pression atmosphérique d'un côté et la pression du condenseur de l'autre, provoque le mouvement de l'aiguille qui indique, à chaque instant, le degré de vide du condenseur.

GRAISSAGE

CORPS GRAS. — GRAISSEURS : à graisse consistante; — automatique; — à mèche; — à débit réglable; — à fermeture rapide; — à lécheurs; — de bouton de manivelle. — *PALIERS GRAISSEURS* : Piat; — à bague roulante; — à chaînette. — *POMPES DE GRAISSAGE.* — *GRAISSEUR MÉCANIQUE LEFEBVRE.* — *RAMPE DE DISTRIBUTION.* — *GRAISSAGE SOUS PRESSION BELLEVILLE.*

Graissage Nous venons de décrire les organes entrant dans la composition d'une machine à vapeur.

Ces organes ont, les uns par rapport aux autres, des mouvements relatifs soit rectilignes, soit circulaires, soit oscillants.

Pendant que s'effectuent ces divers mouvements, les pièces constituant les organes frottent les unes contre les autres et la tendance de plus en plus grande à donner, aux machines à vapeur, une vitesse plus rapide, fait que les bonnes conditions de graissage de ces diverses pièces constituent un élément de premier ordre pour obtenir de ces machines une marche constamment régulière, avec une usure minimum.

Le graissage a donc une importance capitale. Aussi convient-il de ne rien négliger pour l'assurer intégralement, même dans les parties de la machine les plus difficiles à aborder

Le graissage consiste à interposer, entre les pièces qui frottent les unes contre les autres, un corps ou un liquide gras qui permette d'adoucir leur frottement et surtout d'empêcher le *grippement*.

Le *grippement* se produit lorsque deux pièces, animées d'un mouvement relativement rapide, frottent à sec. Ces pièces s'échauffent et si quelques grains métalliques, même tout petits, se détachent d'une d'elles sous l'effort du frottement, ils pénètrent dans l'autre pièce en traçant chacun un sillon dirigé dans le sens du mouvement.

Il se produit alors un frottement considérable, suivi d'arrachements de métal, pouvant provoquer, finalement, le calage des organes en mouvement, d'où chocs dans la machine et tendance à la dislocation. En tout cas, il y a toujours détérioration d'organes souvent importants.

On conçoit donc combien le graissage est indispensable.

Le graissage peut se faire soit avec des corps gras solides, soit avec des liquides gras.

Le corps gras solide le plus généralement employé est le *suif*.

C'est, le plus souvent, du suif fondu, c'est-à-dire débarrassé des impuretés qu'il contient encore quand on le retire directement de l'animal et qui lui communiquent son odeur forte et peu agréable. Ce suif, placé dans les graisseurs que nous allons décrire, lubrifie d'une façon très convenable les pièces avec lesquelles il est en contact. Le suif fond, d'ailleurs, à une température assez basse, environ 45 degrés, ce qui, en cas d'échauffement de pièces, permet d'obtenir un graissage abondant.

Les corps liquides gras employés pour lubrifier les organes de machines sont les *huiles d'olive, de colza,* de *pied de bœuf,* de *pied de mouton.* Il ne faut pas que l'huile destinée au graissage soit trop fluide, pour éviter qu'elle ne s'écoule trop rapidement sans avoir rempli son office; il faut qu'elle ait une certaine viscosité pour pouvoir adhérer à la pièce en mouvement et être entraînée avec elle.

L'*huile d'olive* répond bien à ces conditions; elle est très employée dans les machines marines, malgré son prix élevé. On lui substitue, quelquefois, l'*huile de colza,* dont la qualité est inférieure mais dont le prix est moindre.

Les *huiles de pied de bœuf* et de *pied de mouton* sont plus fluides et ne sont employées, en général, que pour les organes délicats et de faibles dimensions.

Le graissage des pistons et des tiroirs se fait, généralement, en injectant l'huile dans la vapeur à son entrée dans la capacité renfermant le tiroir.

L'huile se mélange intimement avec la vapeur et c'est elle qui la véhicule dans toutes les parties du cylindre.

Ce procédé très simple et très pratique a pourtant un grave inconvénient, que nous avons signalé à propos de la qualité de l'eau d'alimentation destinée aux chaudières.

Une partie de ces liquides gras, en effet, retourne parfois à la chaudière en même temps que l'eau d'alimentation, et les tôles des générateurs étant fortement attaquées par les acides gras que cette eau dégage, sous l'effet de la chaleur, il peut se produire, de ce fait, des détériorations rapides aux chaudières, pouvant occasionner de terribles accidents.

On peut éviter cet inconvénient en débarrassant la vapeur d'échappement des matières grasses qu'elle contient encore au sortir du cylindre.

On y remédie aussi par l'emploi, de plus en plus fréquent aujourd'hui, des *huiles minérales* de pétrole. Ces huiles ne se décomposent pas, sous l'action de la chaleur, comme les huiles précédentes, en acides gras capables de corroder les parties métalliques des machines et des chaudières. En outre, elles résistent à des températures très élevées et, pour cela, conviennent très bien au graissage des machines marchant à la vapeur surchauffée. Enfin, leur prix est plus bas que celui des autres huiles.

Toutes ces raisons placent les *huiles minérales* au premier rang parmi les liquides gras employés comme lubrifiants dans les machines à vapeur.

Les *huiles lourdes* sont également des *huiles minérales*, d'une viscosité plus grande; elles sont aussi très employées sous les noms divers que leur donnent les fabricants; elles ne doivent pas former de *cambouis* et ne s'enflamment, comme les autres huiles minérales, qu'à une température dépassant 350 degrés.

On a réalisé de nombreux dispositifs pour distribuer les corps gras et les huiles dans les divers organes de la machine.

Nous allons donc, parmi eux, en examiner quelques-uns des plus répandus.

Graisseur à graisse consistante

(Fig. 617.) C'est le graisseur qui est alimenté avec des matières grasses solides, *consistantes*. Nous avons indiqué le suif comme étant la meilleure graisse consistante, tant au point de vue lubrifiant qu'au point de vue économique.

Le graisseur destiné à le recevoir est un simple plateau circulaire terminé par un ajutage fileté portant un conduit central, lequel débouche de part en part. Un récipient cylindrique, formant couvercle, et dont le rebord est moleté, se visse, extérieurement, sur le plateau circulaire.

On visse l'ajutage sur l'organe à lubrifier, de façon que le conduit central débouche le plus près possible de la pièce en mouvement.

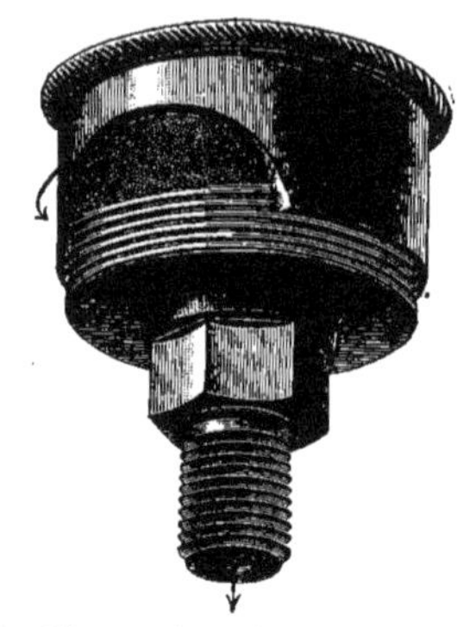

Fig. 617. — Graisseur à graisse consistante.

On remplit le récipient, formant couvercle, de graisse consistante ; puis on le renverse en le vissant sur le plateau, de façon à comprimer la graisse contre ce plateau et à la faire descendre, dans le conduit central, jusqu'à la pièce à lubrifier. Au contact de la pièce en mouvement, qui est toujours un peu échauffée par suite du frottement, la graisse fond, coule et s'interpose entre les parties frottantes en les lubrifiant.

Il faut, au fur et à mesure que la graisse s'use, faire descendre le chapeau du graisseur afin de comprimer celle qui y est encore contenue et maintenir son contact avec les pièces en mouvement.

Il est nécessaire, pour cela, de visser de temps à autre ce chapeau. On le fait tourner, généralement, d'une fraction de tour uniforme après un temps de marche déterminé.

Ce graisseur est simple et peut s'adapter assez facilement à tous les organes.

La figure 618 le représente disposé pour graisser les coussinets d'un palier, une tête de bielle et le bouton d'une manivelle.

Dans ce dernier cas, le graisseur se trouve placé à l'extrémité d'un tube fixé dans le bouton de la manivelle et débouchant dans un trou percé dans l'axe de ce bouton. Un second trou, ménagé perpendiculairement à ce dernier, et débouchant entre les deux collets du tourillon de la bielle, fait communiquer le canal central avec les coussinets de la tête de bielle.

Pendant le mouvement de rotation de la manivelle, le graisseur, qui se trouve placé dans son axe, ne change pas de position, ce qui permet de l'aborder facilement en marche ; mais, comme le bouton de la manivelle effectue néanmoins sa révolution, pendant le demi-tour inférieur, la graisse peut s'écouler par le tube du graisseur, dans la tête de bielle. Pendant le demi-tour supérieur, la graisse s'accumule, ainsi que le représente la figure, au fond du tube, contre le graisseur. On pourrait, également, disposer le graisseur dans l'axe même du

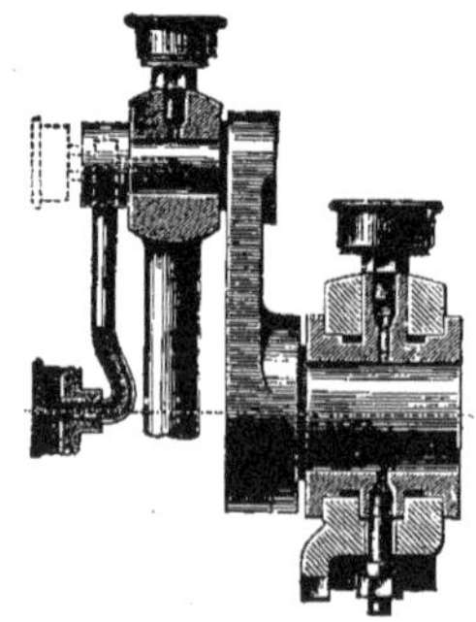

Fig. 618. — Disposition d'un graisseur à graisse consistante sur un palier, une tête de bielle, et un bouton de manivelle.

bouton de la manivelle, ainsi que l'indique le pointillé ; mais, pendant le fonctionnement, ce graisseur décrirait la même circonférence que le bouton de la manivelle, ne serait pas abordable en marche et risquerait de se dérégler, sous l'action de la force centrifuge.

Graisseur automatique à graisse consistante

(Fig. 619.) Pour ne pas être astreint à l'obligation de toucher au graisseur, pour règler son débit, opération qui peut échapper à l'attention du mécanicien, on emploie souvent un graisseur comportant un dispositif *automatique* de compression de la graisse.

Il se compose d'un récipient cylindrique, muni d'un ajutage, sur lequel se visse un couvercle.

Le récipient porte, à sa partie supérieure, un bossage dans lequel pénètre une vis terminée, extérieurement, par un bouton moleté et intérieurement par un petit disque à rebords. A son centre, la vis est percée, longitudinalement, d'un trou dans lequel peut se mouvoir une tige munie d'un bouton à sa partie supérieure et portant, à sa partie inférieure, une sorte de piston pouvant glisser, sans jeu, à l'intérieur du récipient cylindrique.

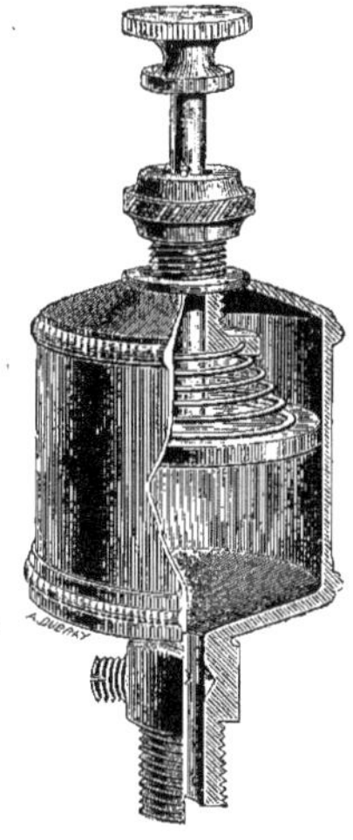

Fig. 619. — Graisseur automatique à graisse consistante.

Entre ce piston et le petit disque est disposé un ressort à boudin.

Quand le graisseur est rempli de graisse consistante, celle-ci maintient le piston à la partie supérieure du récipient, et le ressort à boudin se trouve, de ce fait, comprimé; mais, à mesure que la graisse s'use, le ressort se détend et appuie sur celle que contient encore le graisseur.

Une vis-pointeau, placée sur l'ajutage inférieur, permet de limiter l'orifice de distribution de la graisse et, par conséquent, de régler le débit du graisseur.

Le bouton de la vis supérieure permet de faire descendre, à la main, le disque de repos du ressort du piston et, par conséquent, de donner de la tension à ce ressort.

Le bouton terminant la tige centrale permet de manœuvrer le piston à la main, et sa position, par rapport au bouton de la vis, détermine l'amplitude de la détente du ressort.

Ce graisseur automatique est très employé, surtout pour le graissage des arbres à rotation rapide, pour les têtes de bielles, les excentriques et, en général, pour lubrifier les organes des machines qui marchent longtemps, sans arrêts importants, comme les dynamos et les machines de bateaux.

Il donne, dans ces divers emplois, des résultats très satisfaisants.

Les deux modèles de graisseurs à graisse consistante que nous venons de décrire sont fabriqués aux ateliers Stern-Sonneborn, de Pantin, où s'effectue aussi la préparation des divers lubrifiants.

Les graisseurs utilisant les huiles comme lubrifiants sont disposés de façon différente.

Un des plus anciens de ce genre, et qui est encore assez répandu, est le *graisseur à mèche*. On l'appelle couramment *godet graisseur à mèche*.

Godet graisseur à mèche

(Fig. 620.) Il se compose d'un récipient E, qui peut être métallique, mais que l'on fait généralement en verre. Ce récipient porte, à sa partie inférieure, un ajutage A qui permet, par un taraudage extérieur, de fixer le graisseur sur la pièce à lubrifier.

La partie centrale de l'ajutage est munie d'un tube B qui monte jusqu'à la partie supérieure du récipient et dans lequel est placée une mèche C qui, débordant de ce tube, retombe en baignant dans l'huile dont on a rempli le récipient de verre.

Un couvercle F est placé sur le vase graisseur, afin d'empêcher la poussière et les matières étrangères de se mélanger à l'huile destinée au graissage.

La mèche C, qui est en coton ou en laine, s'imbibe d'huile et, faisant office de siphon, conduit l'huile du récipient E à la partie inférieure du tube central B. Cette huile s'écoule alors goutte à goutte sur la pièce à graisser.

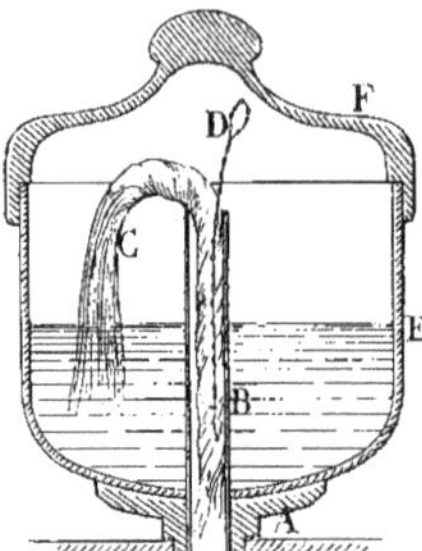

Fig. 620. — Graisseur à mèche.

Une tige métallique D formée, généralement, de brins de laiton tressés, est fixée à la mèche, afin de pouvoir la retirer du tube lorsque la machine est au repos.

On évite ainsi un écoulement d'huile inutile dans le tube central. On replace la mèche dans le tube quand on remet la machine en marche.

Il ne faut pas laisser, dans le godet, l'huile atteindre un niveau trop bas. Le débit de la mèche serait nécessairement moins grand et risquerait même d'être insuffisant pour lubrifier les pièces en mouvement.

Cette irrégularité, dans le débit de l'huile, que peuvent donner les mèches lorsque le niveau de l'huile baisse dans le godet, a conduit à réaliser des graisseurs dont le débit est plus constant.

Godets graisseurs à débit réglable (Fig. 621 à 623.) Dans ces sortes de graisseurs, la mèche a été supprimée et c'est une simple tige centrale qui, faisant office d'obturateur, permet de régler la quantité d'huile qu'on veut laisser écouler.

Le graisseur comprend toujours un godet ou récipient V muni, à la partie supérieure, de son couvercle C et à la partie inférieure d'un ajutage de raccord D. L'ajutage communique avec le godet par un trou central P et deux petits conduits inclinés O qui y débouchent.

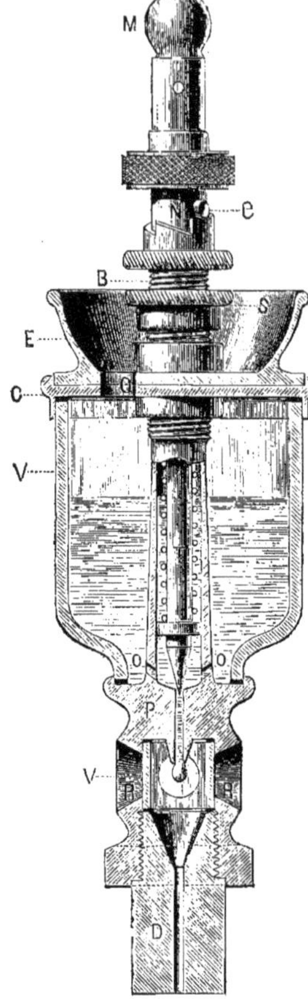

Fig. 621. — Graisseur à débit réglable.

L'ouverture du conduit central peut être obturée par une tige T, dont l'extrémité inférieure est conique, et dont l'extrémité supérieure, portant une goupille, est terminée par un bouton. Suivant qu'on monte ou qu'on descend cette tige, au moyen du bouton, on agrandit ou on rétrécit l'orifice d'écoulement de l'huile et, par conséquent, on augmente ou on diminue le débit du graisseur.

Le graisseur représenté par la figure 621, qui est construit par les ateliers Schaeffer et Budenberg, comporte un ressort à boudin intérieur sollicitant la tige T à descendre. La pression de ce ressort a pour effet d'appliquer la goupille supérieure **e**, qui fait corps avec la tige T, sur la douille N munie de crans et portant un bouton moleté. Suivant le débit d'huile qu'on veut obtenir, on place la goupille e sur un cran plus ou moins élevé. On peut également, en vissant ou en dévissant la douille N, obtenir une hauteur des crans variable et, par conséquent, un écoulement d'huile également variable.

Fig. 622. — Graisseur Lefebvre à fermeture rapide.

Dans certains graisseurs, le bout de la tige est articulé à un levier dont la tête est excentrée. Le réglage du débit est ainsi facilement obtenu en faisant pivoter, d'un arc plus ou moins grand, le levier de commande.

Les graisseurs à débit réglable peuvent être constitués de manières très diverses.

Dans tous, on s'attache, évidemment, à établir le débit d'huile le mieux approprié aux besoins des organes à lubrifier et le plus économiquement possible.

Quand les organes à lubrifier doivent subir un temps d'arrêt, il importe de ne pas laisser s'écouler l'huile inutilement. Pour cela, on doit visser la vis obturatrice de façon qu'elle vienne fermer complètement le conduit de graissage; mais cette manœuvre détruit le réglage du débit d'huile qu'il faut rétablir à la remise en marche des organes.

Les deux graisseurs que nous allons décrire ont été établis par les ateliers Lefebvre fils, au Pré Saint-Gervais, près Paris, pour remédier à cet inconvénient. Le premier (fig. 622), qui comporte toujours un dispositif de réglage, proprement dit, à vis, actionnant la pointe obturatrice, comprend, en outre, un système fixant rapidement cette pointe dans trois positions déterminées. Pour cela, la tige portant la pointe est solidaire d'un bouton supérieur dont l'embase est traversée par une goupille.

Cette embase coulisse à frottement doux dans une douille munie d'une encoche transversale et d'une fente longitudinale.

Lorsqu'en tournant le bouton supérieur, on engage la goupille dans la fente longitudinale, jusqu'à la laisser reposer dans le fond de cette fente, la pointe obturatrice ferme complètement le conduit par où s'écoule l'huile.

Quand la goupille est engagée dans l'encoche transversale, la pointe obturatrice est relevée par rapport à sa position précédente; l'huile coule goutte à goutte dans le conduit, et le débit sera variable suivant qu'on tournera, dans un sens ou dans l'autre, la douille fendue qui porte, pour être manœuvrée, une partie moletée à sa partie inférieure.

Lorsque la goupille repose sur la partie supérieure de la douille, l'orifice d'introduction de l'huile dans le conduit est ouvert en grand et cette huile s'écoule, sous forme de filet, dans l'organe à lubrifier.

Pour arrêter le débit d'huile, il suffit donc d'effectuer la manœuvre, relativement rapide, du bouton supérieur pour amener la goupille au fond de la fente verticale.

A la remise en marche, on lui donne une des deux autres positions pour retrouver immédiatement le débit que l'on avait établi précédemment.

Cependant, comme cette disposition ne permettait que trois positions essentielles, on s'est donné la possibilité de pouvoir mettre rapidement le graisseur à la fermeture, pour une position quelconque de la pointe obturatrice, sans déranger le réglage d'abord établi du débit d'huile.

Pour cela, on a remplacé le dispositif à goupille précédent par un levier articulé sur une pièce fixe faisant corps avec la coupelle supérieure (fig. 623).

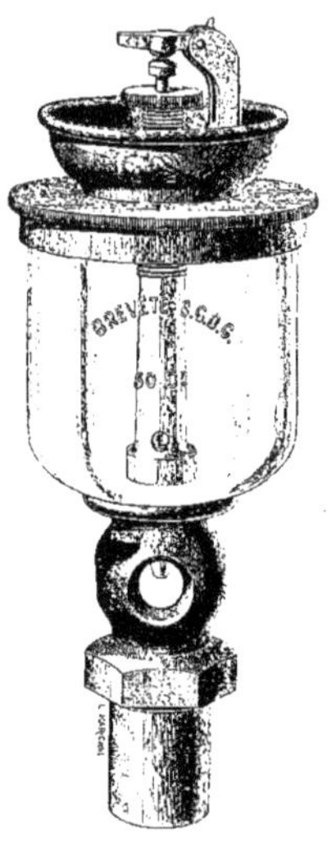

Fig. 623. — Graisseur Lefebvre à fermeture rapide par levier.

Ce levier, en se rabattant horizontalement, vient appuyer, par un mamelon ménagé sur le milieu de sa longueur, sur l'extrémité de la tige portant, en bas, la pointe obturatrice.

Cette tige, qui se meut librement dans la tige filetée, est sollicitée à remonter par un ressort intérieur et le levier est lui-même maintenu dans sa position horizontale ou verticale par un ressort-lame qui appuie sur une de ses extrémités.

Quand les organes à lubrifier sont à l'arrêt, on rabat le levier horizontalement de façon que, par son appui sur la tige obturatrice, le conduit d'écoulement de l'huile soit fermé. A la remise en marche, on dispose ce levier verticalement. La tige obturatrice se soulève, sous l'action de son ressort, et démasque l'orifice d'écoulement. Cette tige est arrêtée, dans son soulèvement, par un repos qui bute, intérieurement, contre le bouton moleté supérieur. En vissant ou en dévissant ce bouton, on peut donc limiter ou augmenter le débit de l'huile, et quand le réglage sera déterminé, il suffira de mettre le levier soit horizontalement, soit verticalement, pour arrêter l'écoulement de l'huile ou l'établir d'une façon rapide et régulière.

Pour maintenir le godet plein d'huile, à mesure que l'écoulement se produit, on tourne la coupelle supérieure jusqu'à une butée constituée par des ergots d'arrêt. A ce moment, des trous percés dans le fond de la coupelle et sur le couvercle du graisseur se présentent en face. On verse dans la coupelle l'huile, qui emplit alors le godet en verre.

On tourne ensuite la coupelle en sens inverse jusqu'à une seconde butée. Les ouvertures d'introduction sont obstruées et la poussière ne peut ainsi pénétrer dans le graisseur.

Les godets graisseurs précédents sont surtout montés sur des pièces fixes, dans lesquelles peuvent se mouvoir d'autres organes.

Quand les pièces portant les graisseurs sont, elles-mêmes, animées d'un certain mouvement, comme, par exemple, les manivelles et les bielles, il est nécessaire d'adopter des dispositions spéciales, lorsque la vitesse de ces organes devient trop grande.

Quelques bielles manœuvrant horizontalement portent à leur tête ou à leur pied, soit des *godets graisseurs à mèche* ou à *tige centrale;* soit des réservoirs d'huile semblables à celui qui a été représenté sur une bielle de locomotive (Fig. 422).

Quelquefois, ces *godets graisseurs,* au lieu d'être disposés sur les pièces en mouvement, sont fixés à des pièces immobiles, et ce sont les organes qui, dans leur déplacement, viennent lécher la partie inférieure du graisseur en lui empruntant, à chaque course, une quantité d'huile qui lubrifie ses parties frottantes. Ce sont les *graisseurs à lécheurs.*

Généralement, dans les machines modernes, le graissage de la tête de bielle et du tourillon de la manivelle est fait en utilisant la force centrifuge (Fig. 624).

A cet effet, un graisseur fixe A distribue l'huile à un conduit coudé B, monté sur le bouton C de la manivelle, par l'intermédiaire d'un tube horizontal D.

L'axe de ce conduit horizontal doit être à la même hauteur que l'axe de l'arbre portant la manivelle, de façon que dans le mouvement de rotation de celle-ci la partie supérieure du tube B puisse tourillonner, sans excentricité, sur l'extrémité du conduit D.

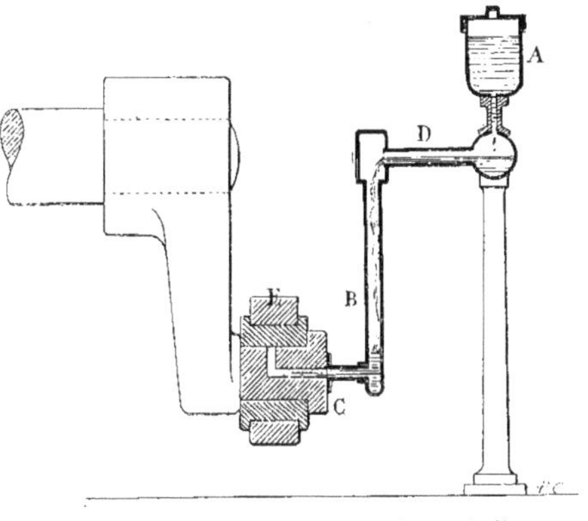

Fig. 624. — Graissage d'un bouton de manivelle.

Dans le bouton C de la manivelle est percé, longitudinalement, un trou dans lequel débouche, à angle droit, un second trou conduisant au coussinet E de la tête de bielle. L'huile s'écoule d'abord dans le fond du conduit B, puis, pendant la rotation de la manivelle et par l'effet de la force centrifuge, elle gagne le conduit central du bouton de la manivelle et le coussinet par le conduit perpendiculaire.

Il est, dans la machine à vapeur, plusieurs organes essentiels qui doivent comporter un système de graissage de toute sûreté.

Ce sont les *glissières*, les *paliers*, les *cylindres* et *tiroirs*.

Graissage des glissières

Le graissage des glissières s'opère en plaçant sur celles-ci des vases graisseurs qui fournissent à la crosse, à chacun de ses passages, une quantité d'huile permettant d'assurer le fonctionnement sans qu'il y ait échauffement.

Les glissières sont souvent disposées, comme nous l'avons déjà dit, de façon à former à chacune de leurs extrémités, une sorte de réservoir qui, tenu constamment rempli d'huile, assure la lubrification des patins, qui y barbotent à chaque bout de course.

Graissage des paliers

Le graissage des paliers a donné naissance à un grand nombre de dispositifs.

On peut facilement appliquer aux paliers les divers graisseurs que nous avons décrits plus haut, soit à graisse consistante, soit à mèche, soit à réglage de débit d'huile.

Fig. 625. — Palier graisseur Piat.

Souvent, pourtant, on emploie des paliers comportant leur système de graissage. Ce sont les *paliers graisseurs*.

Un d'eux, le *palier Piat* (Fig. 625), comporte un réservoir intérieur A placé au-dessous du coussinet.

Dans ce réservoir débouche un conduit B, de section rectangulaire, faisant partie du coussinet C, et dans lequel on place une lame ondulée D de faible épaisseur.

Le réservoir étant rempli d'huile, la lame D fait office de mèche, permet à l'huile de remonter jusqu'à l'arbre qui tourne dans le coussinet et la distribution d'huile s'effectue, suivant la consommation qui en est faite par l'organe à lubrifier.

Parmi les paliers graisseurs, deux types tendent de plus en plus à être employés dans les machines modernes.

Ce sont les *paliers graisseurs à bague roulante* et les *paliers graisseurs à chaînette.*

Le *palier graisseur à bague roulante* (fig. 626-627) est constitué comme un palier ordinaire dans lequel les coussinets portent, au milieu de leur longueur, une entaille qui met à nu une portion de l'arbre qu'ils reçoivent.

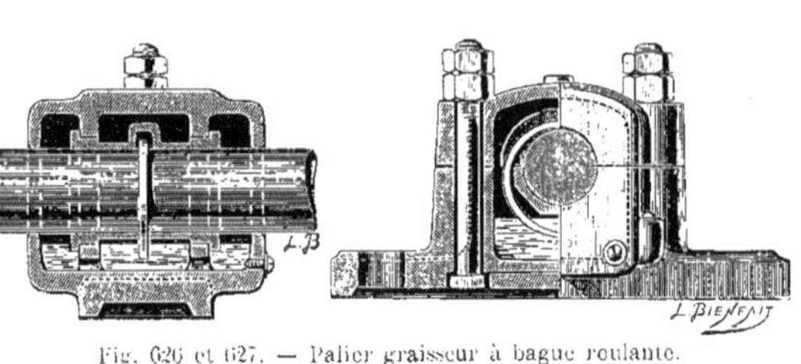
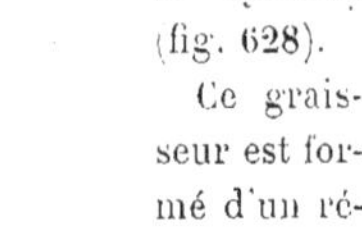

Fig. 626 et 627. — Palier graisseur à bague roulante.

Le palier est muni, à sa partie inférieure, d'une capacité venue de fonte avec lui et qui sert de réservoir d'huile.

Une bague d'un diamètre beaucoup plus grand que celui de l'arbre, repose sur celui-ci en passant par la fente pratiquée dans les coussinets et baigne, à sa partie inférieure, dans l'huile du réservoir.

Le mouvement de rotation de l'arbre entraîne la bague, qui participe à ce mouvement en remontant constamment l'huile qui adhère à la partie plongeant dans le récipient.

Cette huile se répand sur l'arbre et pénètre dans les coussinets par les *pattes d'araignée* qui y sont pratiquées.

Dans certains paliers, la *bague roulante* est remplacée par une *chaînette,* les autres dispositions restant sensiblement identiques. C'est la chaînette qui, entraînée par la rotation de l'arbre, distribue l'huile du réservoir dans laquelle elle plonge, à l'arbre et aux coussinets du palier. Ce sont les *paliers graisseurs à chaînette.*

Graissage des cylindres et des tiroirs

Pour lubrifier la *glace du tiroir* et les parois du cylindre sur lesquelles frotte le piston, on injecte, avons-nous dit, de l'huile dans la vapeur à son entrée dans la *boîte à tiroirs.* Mais il est nécessaire que la pression donnée à cette huile soit au moins égale à celle de la vapeur admise dans le cylindre, pour qu'elle puisse atteindre les organes à lubrifier.

Dans certaines machines, ordinairement de faible puissance, on emploie quelquefois un godet graisseur spécial pour distribuer l'huile dans le cylindre (fig. 628).

Ce graisseur est formé d'un récipient, A, muni de deux robinets, un, B, placé à la partie supérieure, l'autre, C, à la partie inférieure.

Le robinet supérieur peut faire communiquer le récipient A avec un réservoir, D, dans lequel l'huile est d'abord versée.

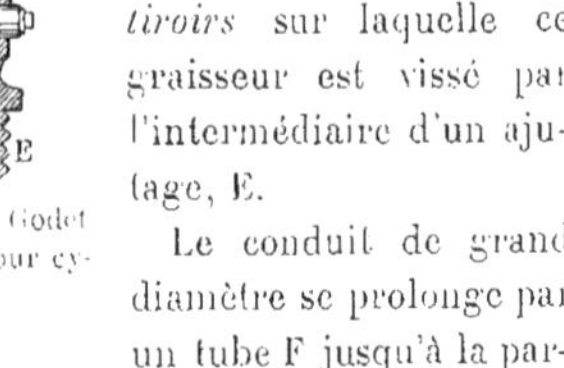

Fig. 628. — Godet graisseur pour cylindres.

Le robinet inférieur porte deux ouvertures qui correspondent à deux conduits de diamètres différents, et qui font tous deux communiquer le récipient A avec la *boîte à tiroirs* sur laquelle ce graisseur est vissé par l'intermédiaire d'un ajutage, E.

Le conduit de grand diamètre se prolonge par un tube F jusqu'à la partie supérieure du récipient A.

Quand on veut lubrifier le piston ou les

tiroirs, on ouvre le robinet supérieur B, de façon à introduire dans le récipient A la quantité d'huile à distribuer. On a le soin de maintenir, pendant ce temps-là, le robinet inférieur C fermé. On fait ensuite la manœuvre inverse; on ferme le robinet supérieur et on ouvre le robinet inférieur.

Cette manœuvre débouche les deux conduits qui communiquent avec le cylindre.

La vapeur pénètre dans le récipient à la fois au-dessus et au-dessous de l'huile qui y est contenue. L'équilibre s'établit donc à l'intérieur du récipient et l'huile, en raison de son poids, peut s'écouler par le petit conduit dans le cylindre.

Pour renouveler le graissage, il faut répéter la manœuvre des robinets.

Le graisseur, disposé comme nous venons de l'indiquer, est manœuvré à la main; mais on pourrait le rendre automatique, pour en faire usage sur des machines d'importance plus grande.

On emploie également, pour lubrifier les cylindres et les tiroirs, des pompes à huile qui peuvent varier de forme, mais qui sont toutes solidaires de la marche du piston à vapeur, de façon que chacune de ses courses permette de refouler une certaine quantité d'huile dans le cylindre (fig. 629).

Un des dispositifs parmi ceux adoptés pour ces pompes, consiste en un corps de pompe, A, dans lequel se meut un piston, B, dont l'extrémité de la tige fait office de plongeur. Ce plongeur C se déplace dans un tube D, placé au centre d'un récipient E, dans lequel on admet l'huile à distribuer.

Le corps de pompe A communique, par deux conduits, F et G, avec les deux extrémités du cylindre à vapeur.

Un conduit H apporte l'huile, qui s'écoule dans le récipient.

Un second conduit, I, muni d'un clapet, J, débouche dans la *boîte à tiroirs*. C'est le conduit de refoulement.

Quand le piston à vapeur se meut dans un certain sens, la vapeur qui l'actionne, actionne en même temps le piston B de la pompe à huile et, quand le piston à vapeur se meut en sens inverse, la vapeur fait aussi mouvoir, en sens inverse, le piston de la pompe à huile.

Le mouvement de celui-ci est donc solidaire de celui du piston à vapeur, ce qui est une condition essentielle d'un graissage à la fois régulier et économique.

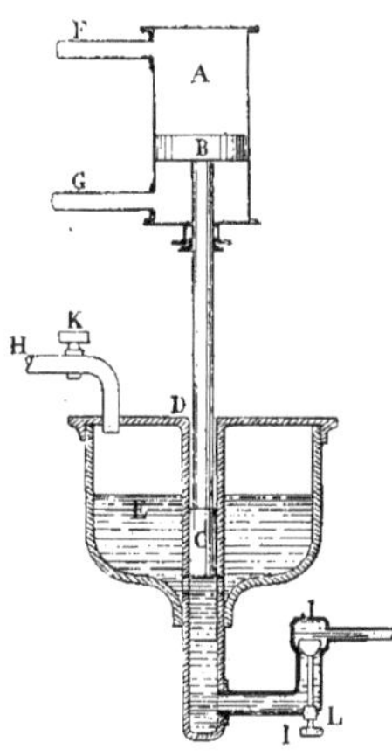

Fig. 629. — Pompe de graissage.

Le mouvement du piston à huile provoque la montée et la descente du piston plongeur.

Celui-ci, dans sa course descendante, refoule, en soulevant le clapet J, l'huile, dans le conduit de refoulement, jusqu'au tiroir et de là au cylindre. Pendant la course ascendante du piston, l'huile contenue dans ce conduit et la pression de la vapeur du cylindre ferment le clapet J de refoulement. L'huile du récipient s'écoule dans le tuyau I par des trous pratiqués dans le tube D qui sont découverts par la montée du piston C, et elle est ainsi prête à être refoulée à la course suivante.

Un robinet, K, placé sur le conduit H d'arrivée d'huile, permet de régler son débit.

Une vis de butée, L, placée sur le conduit de refoulement, en dessous du clapet J, permet, en cas d'obstruction de ce conduit, de faire circuler, à l'intérieur, un jet de vapeur pour le nettoyer.

Quelquefois, la liaison du mouvement de la pompe à huile avec celui du piston à vapeur est faite de façon différente.

Comme il est important qu'à chaque course du piston à vapeur corresponde un refoulement d'huile, on fait commander le piston de la pompe à huile par un levier, actionné par une came excentrée montée sur l'arbre de la machine ou sur un arbre auxiliaire, et qui lui fait parcourir sa course en provoquant une injection d'huile, à chaque tour de cet arbre.

Une de ces pompes, appelées encore *graisseurs mécaniques*, est ici représentée par la figure 630). Ce graisseur, construit par les ateliers Lefebvre fils, se compose d'un cylindre, B, formant corps de pompe, supporté par un petit socle-bâti A, qui permet de fixer l'appareil.

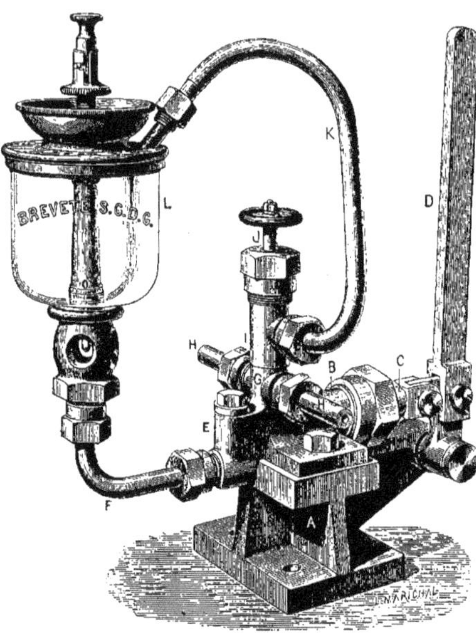

Fig. 630. — Graisseur mécanique Lefebvre fils.

Dans le cylindre B, se meut un piston, C, dont la tête est solidaire, par l'intermédiaire d'une biellette, d'un levier D qui sert à faire fonctionner le graisseur. Ce levier peut être commandé par un organe recevant directement son mouvement de la machine dont il faut effectuer le graissage.

Le corps de pompe B communique, d'une part, avec un conduit F par lequel arrive l'huile provenant d'un godet graisseur L, d'autre part avec les tubes H-H par lesquels l'huile est envoyée aux organes à lubrifier, et enfin avec un troisième conduit, K, qui débouche, à sa partie supérieure, dans le godet graisseur L.

Le conduit d'arrivée d'huile F est muni, à son entrée dans le corps de pompe B, d'une *soupape d'aspiration* placée en E, qui s'ouvre de l'extérieur vers l'intérieur.

Les orifices des conduits de distribution d'huile, H, peuvent être ouverts ou obturés par une *soupape de refoulement* placée en G, qui s'ouvre de l'intérieur vers l'extérieur.

A la base du conduit K est placée une troisième soupape I qui a pour fonction de laisser remonter, dans ce conduit, et, de là, dans le godet graisseur L, l'huile aspirée qui n'aura pas été refoulée dans les tubes H, de distribution.

La soupape I est donc une *soupape régulatrice,* et la pression pour laquelle elle doit pouvoir se soulever est réglée par la manœuvre du volant J, qui comprime, plus ou moins, un ressort intérieur s'opposant au soulèvement de la soupape.

On comprend le fonctionnement.

Le mouvement alternatif du levier D, vers la droite ou vers la gauche, détermine le même mouvement du piston C dans le corps de pompe B.

Quand le piston C progresse vers la droite, il provoque, par le vide qu'il produit derrière lui dans le cylindre B, l'ouverture de la soupape d'aspiration E. L'huile s'introduit dans le cylindre. Au retour du piston C vers la gauche, cette huile refoulée presse sur la soupape d'aspiration et la ferme, tandis qu'elle ouvre, par sa même pression, la soupape de refoulement G. Elle peut donc pénétrer dans les conduits de distribution H.

Si cette huile est refoulée en trop grande quantité dans ces conduits, la soupape régulatrice I cédant, à son tour, à la pression qui s'exerce sur elle, se soulève et l'excédent d'huile va se déverser dans le godet L.

Ce godet doit être, avant la mise en marche de la machine, rempli d'huile qu'on laisse s'écouler à plein débit dans le tuyau F. C'est sur les godets graisseurs, placés en bout des conduits H, qu'on règle le débit, ou encore sur les *rampes de distribution* que nous allons décrire, qu'on obture, plus ou moins, les conduits distributeurs d'huile.

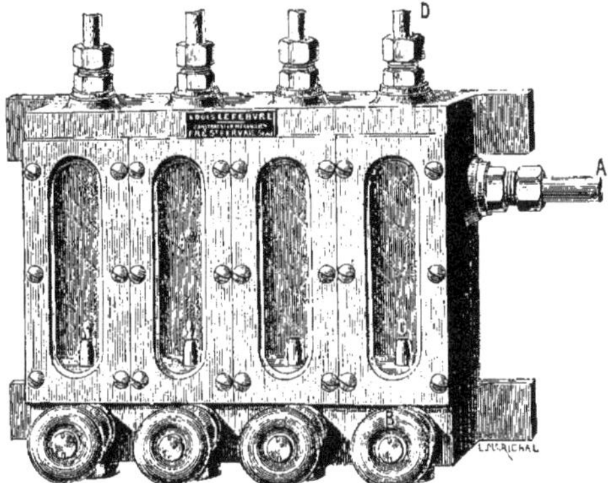

Fig. 631. — Rampe de distribution.

Ce graisseur mécanique peut être utilement employé au graissage des divers organes de la machine.

Rampe de distribution (Fig. 631.) Les pompes de graissage ou les graisseurs mécaniques refoulent, quelquefois, l'huile sous pression dans des sortes de collecteurs, d'où cette huile est ensuite distribuée, par un nombre de conduits appropriés, aux organes de la machine qu'il convient de lubrifier.

Le collecteur d'huile et ses conduits constituent ce que l'on appelle une *rampe de distribution.*

Les rampes sont souvent constituées par un simple réservoir, soit cylindrique, soit parallélipipédique, de la partie inférieure duquel partent les conduits distributeurs, dont un robinet permet de régler le plus ou moins grand débit.

La figure 631 représente une rampe de distribution d'un modèle spécial.

Elle se compose d'une capacité, de section rectangulaire, divisée longitudinalement en deux parties, par une cloison verticale médiane.

La capacité avant est, elle-même, subdivisée en un certain nombre de capacités, indépendantes les unes des autres et munies d'un tube distributeur, D, à la partie supérieure, et d'un bouton de réglage de débit, B, à la partie inférieure. Ces petits récipients sont fermés par une glace, que l'on fait en cristal trempé, pour le graissage des machines fonctionnant à haute pression, assujettie contre la paroi avant de la rampe par une plaquette maintenue par des vis. Chaque capacité indépendante constitue donc un petit réservoir étanche. La paroi arrière de ce réservoir, qui est visible à travers la glace, est peinte en blanc de façon qu'on puisse aisément distinguer les gouttes d'huile qui s'échapperont du compte-goutte C, dont le débit est variable, suivant que le bouton B, qui est placé en bout d'une vis-pointeau, est manœuvré dans un sens ou dans l'autre.

Chaque petit réservoir est rempli d'eau.

L'huile, provenant du graisseur ou de la pompe à huile, arrive par le conduit A et se déverse dans la capacité arrière formée par la cloison verticale médiane. Dans cette capacité débouche une extrémité de tous les tubes compte-gouttes, C. L'huile peut donc, suivant l'orifice laissé ouvert par le pointeau B, monter en quantité variable et s'échapper par le bout C du compte-gouttes, sous forme de bulles. Ces bulles se trouvant plongées dans l'eau, montent à sa surface, du fait de leur différence de densité avec cette eau, et pénètrent dans le tuyau distributeur D, d'où elles s'écoulent jusqu'à l'organe à lubrifier.

Pour éviter le déréglage des diverses vis-pointeaux, B, lors de l'interruption du graissage, on a placé sur le conduit A un robinet qui peut isoler la rampe du graisseur et y empêcher l'admission de l'huile.

Graissage sous pression. Dans quelques machines modernes à grande vitesse, on a réalisé le *graissage sous pression.*

Ce graissage consiste à puiser, dans un réservoir, l'huile qui y est contenue et à la refouler, par l'intermédiaire d'une petite pompe-piston, dans tous les organes de la machine.

Dans la machine à rotation rapide Delaunay-Belleville, ce dispositif est réalisé de façon fort ingénieuse (fig. 632-633).

Dans un corps de pompe A, qui oscille autour d'un axe fixe B, se meut une tige cylindrique C, faisant office de piston, dont le va-et-vient est commandé par une manivelle D, placée en bout de l'arbre E de la machine.

L'axe d'oscillation B, du corps de pompe, est percé de deux trous, F et G, dans chacun desquels débouchent deux lumières longitudinales.

Un des trous communique avec le conduit d'arrivée d'huile, l'autre avec le conduit de refoulement. Ce dernier conduit débouche dans un tube horizontal H, qui constitue une rampe de distribution d'huile, sur lequel est branché un réservoir à air I.

Du tube horizontal H partent deux petits conduits J et K qui sont fixés dans les chapeaux des paliers.

Quand la machine est en mouvement, la manivelle fait mouvoir le piston plongeur C de la pompe oscillante.

Suivant la position de ce piston, les lumières d'aspiration et les lumières de refou-

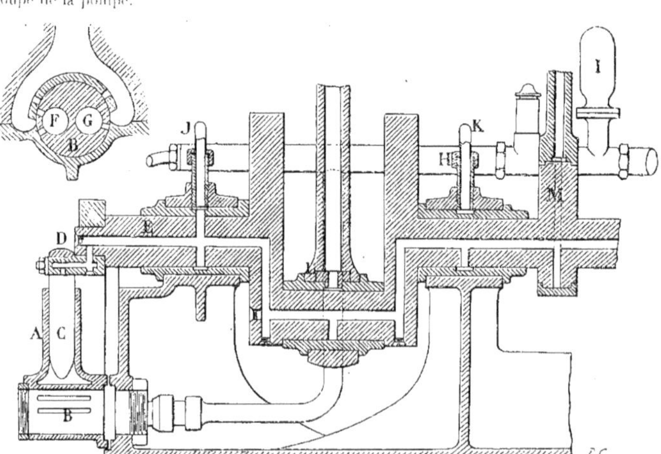

Fig. 632 et 633. — Graissage sous pression d'une machine verticale Delaunay-Belleville.

lement se présentent respectivement en face du tuyau d'arrivée d'huile ou du tuyau de refoulement, grâce au mouvement

L'huile est donc, à chaque rotation de l'arbre, envoyée sous pression dans le conduit horizontal H et dans le réservoir à air I.

Fig. 631. — Machine compound verticale-horizontale de M. Bietrix.

oscillant que prend le corps de pompe sous l'action de son piston et de la manivelle qui le commande.

L'air se trouve comprimé dans ce réservoir et une soupape spéciale a pour but de régulariser sa pression

L'huile sous pression est alors refoulée dans les deux tuyaux J et K qui la conduisent dans les rainures pratiquées dans les coussinets des paliers. Au droit de ces rainures, l'arbre, qui tourne dans les coussinets, porte un trou débouchant dans un conduit intérieur percé dans toute la longueur de cet arbre en suivant toutes ses formes.

L'huile suit donc ce conduit et arrive dans les coussinets de la bielle et dans le disque M de l'excentrique. Un conduit central, foré dans le corps de la bielle, et un second conduit, pratiqué dans la tige de l'excentrique, permettent à l'huile d'aller lubrifier, grâce à la forte pression à laquelle elle est soumise, le pied de bielle et la tête d'excentrique.

Le tourillon de la manivelle qui commande la tige du piston de la pompe oscillante est, lui-même, graissé par l'huile circulant, sous pression, dans le conduit ménagé dans l'arbre.

Ce mode de graissage, qui donne d'excellents résultats, nécessite quelques complications et exige une façon spéciale des pièces, un peu plus onéreuse ; mais un graissage assuré bien régulièrement est un facteur si important, pour obtenir un bon fonctionnement d'une machine, que, même au prix de quelques complications, il est indispensable de le réaliser.

INDICATEURS. — DIAGRAMMES. — FREINS. — DYNAMOMÈTRES.

PUISSANCE D'UNE MACHINE. — DIAGRAMME. — TRAVAIL INDIQUÉ. — TRAVAIL UTILE. — INDICATEURS : de Watt; — Richards; — Thompson; — Crosby; — Schaeffer et Budenberg; — Webb; — sans piston. — *RÉDUCTEURS DE LA COURSE DU PISTON. — MONTAGE DES INDICATEURS. — INTERPRÉTATION DES DIAGRAMMES. — DIAGRAMMES DES DIVERSES MACHINES. — MESURE DES DIAGRAMMES. — GRILLE. — TRACEUR. — PLANIMÈTRE D'AMSLER. — FREIN DE PRONY. — DYNAMOMÈTRE.*

Nous venons de passer successivement en revue tous les organes des machines, séparés les uns des autres. Nous nous proposons de montrer, dans les divers ensembles de machines que nous allons décrire plus loin, comment ces différents organes se groupent pour permettre, par leur fonctionnement judicieux, l'obtention d'une bonne régularité de marche du moteur et d'un rendement maximum.

Cette question de bon rendement est, on le conçoit, de toute importance, car c'est d'elle que dépend le coût de la force motrice, et quand les usines ont un grand développement, qui nécessite l'emploi d'un grand nombre de moteurs à vapeur, la plus petite économie, réalisée pour chacun d'eux, se traduit par un chiffre important pour l'ensemble, dans un temps d'exploitation déterminé.

Il est donc indispensable de faire rendre à la machine à vapeur sa puissance maximum.

Puissance d'une machine

Mais, d'abord, qu'entend-on par *puissance d'une machine?*

La *puissance* d'une machine est le *travail* que cette machine peut produire pendant l'*unité de temps*, c'est-à-dire pendant une *seconde*.

Pour évaluer cette *puissance*, on se sert d'une *unité* qu'on appelle le *cheval-vapeur*.

Le *cheval-vapeur*, ordinairement adopté, représente une puissance de *75 kilogrammètres par seconde*, ce qui veut dire que c'est une puissance capable de soulever un *poids* de 75 kilogrammes, à un *mètre* de hauteur, pendant l'espace d'une *seconde*.

Si donc on dit d'un moteur qu'il a une puissance de 100 chevaux, par exemple, on peut se représenter la puissance de ce moteur en le considérant comme capable de soulever 7.500 kilogrammes, à un mètre de hauteur, en une seconde, ou 750 kilogrammes à 10 mètres de hauteur pendant le même temps.

L'adoption, presque générale, comme unité de puissance, du cheval-vapeur de 75 kilogrammètres par seconde, semblerait indiquer que cette quantité de travail est celle que peut donner un cheval pendant le même temps. Il n'en est rien. Le *cheval-*

vapeur représente une puissance bien supérieure à celle que peut donner un cheval, et ce mode d'évaluation est plutôt une convention qu'une comparaison fondée sur une appréciation exacte des forces naturelles.

Il semble, toutefois, que l'origine du mot *cheval-vapeur* doit provenir d'une comparaison faite, dans des conditions anormales, entre les puissances développées, d'un côté par un moteur à vapeur, et de l'autre par un moteur animé, représenté par un cheval.

Voici, d'ailleurs, l'anecdote que l'on rapporte à ce sujet et qui permet d'expliquer le choix du mot *cheval-vapeur*.

Watt fit la première application de sa machine à vapeur dans la brasserie de Whitebread, à Londres.

Cette machine devait remplacer un manège destiné à monter de l'eau, et le brasseur, voulant obtenir de la vapeur le même effet que de ses chevaux, proposa à Watt de faire travailler un cheval pendant une journée de huit heures, et de baser le travail du *cheval-vapeur* sur le produit du poids de l'eau qui aurait été élevée, à la fin de la journée, par la différence du niveau des réservoirs inférieur et supérieur.

Watt accepta le marché.

Le brasseur prit alors son meilleur cheval (et les chevaux de brasseurs, à Londres, sont des animaux d'une force remarquable), et le fit travailler huit heures, n'épargnant pas les coups de fouet, et s'embarrassant peu que son cheval pût soutenir, plusieurs jours de suite, un tel travail.

Le produit mesuré se trouva être de 2.120.000 kilogrammes élevés à 1 mètre de hauteur en huit heures, soit 73 kilogrammes 6, élevés à 1 mètre dans une seconde.

Ce travail se rapproche donc de celui du cheval-vapeur adopté en France, qui est de 75 kilogrammètres par seconde; mais il est de beaucoup supérieur à celui qu'on obtiendrait, d'une manière suivie, d'un cheval ordinaire.

En effet, des expériences authentiques, faites dans les mines d'Anzin, sur le travail de 250 chevaux employés, pendant un an, à faire mouvoir une machine très simple, ont donné, pour le travail effectif d'un cheval ordinaire, pendant huit heures, ou sa journée entière, 800.000 kilogrammes élevés à 1 mètre de hauteur, ce qui représente 27 kilogrammes 77, élevés à 1 mètre de hauteur par seconde.

D'après ce résultat, un *cheval-vapeur* serait l'équivalent du travail de près de trois chevaux vivants, rapporté au même temps.

Avant de se déterminer à adopter couramment cette unité de puissance pour les moteurs à vapeur, on avait employé des unités de grandeurs différentes, dont certaines, même, étaient nettement défectueuses. Ainsi, comme les premières machines de Watt consommaient environ 30 litres d'eau par cheval et pendant une heure, on se servit de ce chiffre pour calculer la puissance d'une machine, en se basant sur la quantité d'eau fournie aux chaudières : c'était le *cheval de 30 litres*.

On comprend combien cette unité de calcul était erronée, puisqu'on ne tenait aucun compte du rendement propre de la chaudière, et que deux moteurs de puissances égales pouvaient fort bien être désignés, en chevaux, par des chiffres différents, si les chaudières qui leur fournissaient respectivement la vapeur, n'avaient pas le même rendement évaporatoire.

En Angleterre, l'unité de puissance fut très variable. On employait assez souvent des chevaux de 200 et même 300 kilogrammètres, ce qui permettait de ne désigner la puissance d'un moteur que par un petit nombre de chevaux. Cette pratique prêtait à confusion, car en France, par exemple, où le cheval était représenté par 75 kilogrammètres, il fallait, pour produire le même travail qu'une machine anglaise, prendre un nombre de chevaux trois ou quatre fois plus grand.

Une autre unité de puissance qui a été proposée et qu'il eût été souhaitable de voir entrer dans la pratique, est le cheval-vapeur de 100 kilogrammètres.

Cette unité, se rattachant au système décimal, est actuellement encore bien peu employée.

Diagramme Si nous considérons le piston d'une machine à vapeur poussé, sur une longueur égale à sa course, par une force représentée par la pression que la vapeur exerce sur une de ses faces, le *travail* effectué sur ce piston, par cette vapeur, sera le produit de la *force* par le *chemin* parcouru. Si la force est exprimée en *kilogrammes* et le chemin parcouru en *mètres,* le *travail* sera exprimé en *kilogrammètres*.

Si par exemple, la vapeur appuie sur le piston avec une force de 375 kilogrammes, quand celui-ci aura parcouru une course de $0^{m},20$, par exemple, le travail effectué par la vapeur sur le piston, sera de $375 \times 0^{m},20 = 75$ kilogrammètres. Si ce *travail* avait été effectué pendant *une seconde*, il représenterait la *puissance* de la machine qui, dans ce cas, serait de 1 *cheval-vapeur*.

Le travail produit par la vapeur sur le piston se représente graphiquement d'une façon fort simple (fig. 635).

On trace deux droites perpendiculaires, l'une horizontale, l'autre verticale. Ces droites se coupent au point O qui se nomme *point d'origine*. La ligne horizontale O X est désignée sous le nom d'axe des *abscisses*, la ligne verticale O Y est désignée sous le nom d'axe des *ordonnées*.

La ligne O X est divisée en parties représentant, en réduction, des mètres ou des subdivisions de mètres, et la ligne O Y est divisée en parties représentant des kilogrammes. Si le piston est poussé pendant une certaine course représentée, sur la ligne O X, par la quantité O A, avec une force constante représentée, sur la ligne O Y par la quantité O B, le travail qui aura été effectué sur le piston sera égal au produit de ces deux quantités $O A \times O B$, ce qui est représenté, graphiquement, par la surface du rectangle O A C B.

Si, dans un second cas, le chemin parcouru était égal à O D et que la pression constante fût égale à O E, le travail serait représenté par la surface du nouveau rectangle O D F E.

Ces figures, dont les surfaces représentent le travail effectué par la vapeur sur le piston, ont reçu le nom de *diagrammes*.

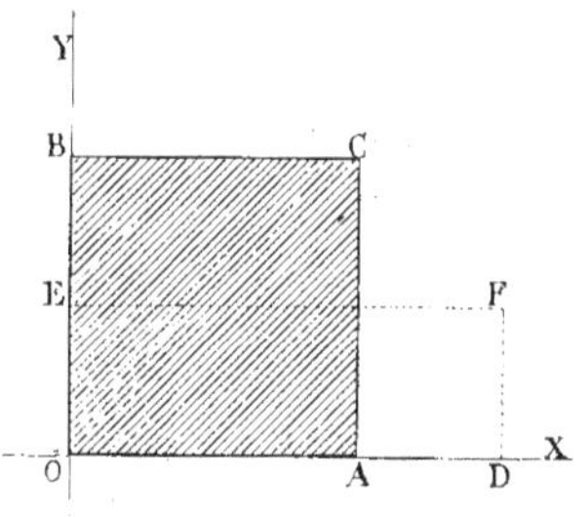

Fig. 635. — Représentation graphique du travail.

La force qui appuie sur une des faces du piston, et qui n'est autre que la pression de la vapeur, n'est pas constante, c'est-à-dire n'est pas égale à elle-même pendant toute la durée de la course de ce piston. On sait, en effet, qu'après la phase de pleine admission de vapeur vient la phase de détente, pendant laquelle cette vapeur, utilisant sa propre force élastique, continue à pousser le piston en augmentant de volume et en diminuant de pression. Le diagramme d'une machine à vapeur ne peut donc pas être un rectangle et ressembler aux figures précédentes.

La *courbe des pressions* n'est pas une ligne droite.

Expliquons-nous en prenant un exemple.

Supposons que le piston (fig. 636), partant du point O, soit soumis à une pression de 5 kilogrammes et que lorsqu'il aura parcouru 10 centimètres, par exemple, étant au point B, la pression qui s'exerce sur lui soit égale à 10 kilogrammes. La ligne A C, qui représente à chaque instant la pression, ne sera plus horizontale; elle sera oblique et joindra le point A, pression de 5 kilos, au point C, pression de 10 kilos. Le travail effectué par la vapeur sur le piston, pendant la course O B, sera toujours égal à cette course O B multipliée par la pression

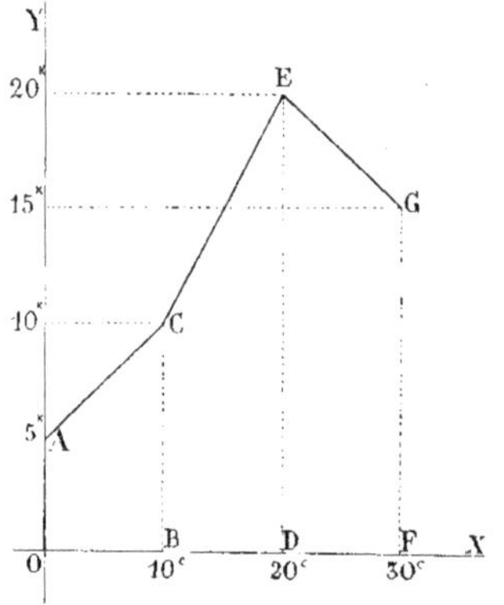

Fig. 636. — Ligne de pression.

moyenne qui s'est exercée sur lui entre les points O et B, cette pression moyenne étant égale à la moitié de la somme des deux pressions 5 + 10, soit la demi-somme des bases O A et B C du trapèze O A C B. Le produit ainsi obtenu donnera la superficie de ce trapèze et le travail effectué sera donc représenté par cette surface.

Si après 20 centimètres de course, au point D, le piston est pressé par une force de 20 kilogrammes, par exemple, le travail, à ce moment, est représenté par l'aire ou surface du polygone O A C E D et si, enfin, après 30 centimètres de course la pression revient à 15 kilogrammes, le travail total effectué pendant la course du piston de O à F, sera représenté par la surface totale du polygone O A C E G F. La ligne A C E G représentera, pendant cette course, les variations successives de la pression. C'est la *courbe des pressions*.

Cette *courbe*, qui est représentée sur la figure 636 par une ligne droite brisée, est, en réalité, dans les diagrammes des machines à vapeur, une courbe réunissant les divers points de pression inégale, relevés pendant la course totale du piston, et pendant un cycle complet des diverses phases de la distribution.

Pour relever les diagrammes des machines, on se sert d'instruments appelés *indicateurs* que nous allons décrire. En principe, ces appareils comportent un *style* qui se déplace, verticalement, proportionnellement à la pression de la vapeur contenue dans le cylindre, devant une bande de papier qui se meut horizontalement et proportionnellement à la course du piston.

En résumé, l'indicateur trace automatiquement, et en enregistrant les moindres variations de pression de vapeur, la figure que nous venons d'établir point par point (fig. 636).

Le cycle de la distribution nécessitant, pour être complet, une course en avant et une course en arrière du piston, la bande de papier effectuera donc, devant le style, un mouvement dans un certain sens et un mouvement rétrograde, pour revenir au même point de départ. Le diagramme complet sera donc une courbe fermée indiquant les variations de la pression, dans le cylindre, pendant la double course du piston en avant et en arrière, et la surface totale de la figure limitée par cette courbe représentera le travail effectué par la vapeur, sur le piston, pendant sa double course.

Le diagramme d'une machine à un seul cylindre ou à *simple expansion*, fonctionnant normalement, peut être représenté par la figure 637.

Suivons, sur cette figure, le déplacement du piston, horizontalement, sur la ligne O X, et voyons, pour chacune de ses positions essentielles, quelle est la pression qui lui correspond dans le cylindre.

Il est bien entendu que nous considérons une seule de ses faces, toujours la même, sur laquelle nous allons successivement faire agir la vapeur, les mêmes phases se reproduisant, d'ailleurs, symétriquement sur l'autre face.

Supposons le piston au point H, effectuant sa course vers la gauche. Il est, à ce moment, tout près d'avoir terminé cette course dans ce sens; il ne lui reste à parcourir que le petit chemin H I. Pendant cette fin de course, on commence à admettre la vapeur sur la face gauche du piston, de laquelle nous nous préoccupons seulement. Cette phase, nommée *avance à l'admission*, dont nous avons parlé dans le chapitre de la distribution, se traduit, sur le diagramme, par une courbe partant du point B et montant, presque verticalement, pour atteindre le point C.

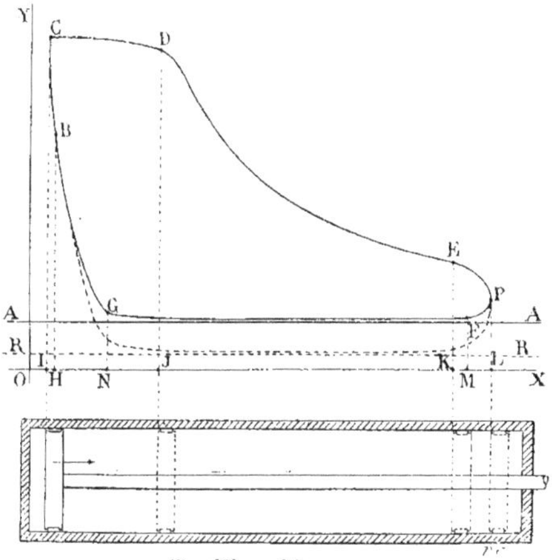

Quand le piston est à son extrémité de course vers la gauche, la vapeur est introduite dans le cylindre à pleine pression et le piston va commencer sa course vers la droite. Il se déplacera de ce point I au point J pendant que, dans le cylindre, la pression restera sensiblement constante. La ligne C D, presque horizontale, représentera les variations de cette pression pendant le chemin parcouru I J.

A partir du point J de sa course vers la droite, l'*admission* de vapeur se trouve fermée et la *détente* commence. La vapeur augmente de volume, se détend et sa pression diminue. Le piston parcourt le chemin J K. En ce point, la pression n'est plus égale qu'à la ligne K E; elle a varié, depuis le point D, dans des proportions représentées par la ligne courbe D E. Le point D, qui est le point où la détente commence, est d'autant plus défini que la fermeture de vapeur a lieu plus brusquement. Dans le cas, en effet, d'un étranglement lent de la vapeur, il se produirait, pendant un instant, une chute de pression qui se manifesterait, sur le tracé du diagramme, par un crochet brusque, détruisant la régularité de la courbe générale. Nous avons déjà, d'ailleurs, dans la description des différents procédés de réalisation de détente, signalé l'avantage résultant d'une fermeture rapide de l'admission de vapeur.

Fig. 637. — Diagramme.

Le piston étant au point K, il lui reste à parcourir le chemin K L pour avoir terminé sa course vers la droite. Pendant cette fin de course, l'orifice d'échappement de vapeur est ouvert. C'est ce que nous avons appelé l'*avance à l'échappement* qui permet de ne laisser, sur la face gauche du piston, du côté où il va progresser dans un instant, qu'une pression minimum, s'opposant le moins possible à sa nouvelle excursion de droite à gauche. Pendant l'ouverture anticipée de l'échappement, la pression diminue et suit la ligne E P.

Le piston arrivé en L, à l'extrémité de sa course, recommence une nouvelle course en sens inverse, vers la gauche, cette fois. Pendant que dans ce nouveau sens il effectuera le chemin L M, l'échappement s'ouvrira de plus en plus; la vapeur restant encore derrière sa face gauche sera progressivement refoulée dans l'atmosphère, te les variations de la pression seront représentées par la courbe P F.

A partir du point M, le piston, pressé sur sa face droite, refoule par sa face gauche, dans l'atmosphère, la vapeur qui est encore contenue dans le cylindre. Cette pression sur la face gauche du piston, qui s'oppose à sa progression et qui, pour cela, doit être réduite le plus possible, est ce que nous avons appelé la *contre-pression*. Cette *contre-pression* est représentée, dans le diagramme, pendant que le piston parcourt le chemin M N, par la ligne F G.

Pour une machine dont l'échappement a lieu dans l'atmosphère, comme celle dont le diagramme est représenté ci-dessus, la ligne de contre-pression doit suivre sensiblement la ligne horizontale A A, appelée ligne atmosphérique, qui représente la ligne de pression égale à une atmosphère ou à 1 kilogr. 033. Cette ligne de contre-pression est, cependant, toujours un peu au-dessus de la ligne atmosphérique.

Quand le piston atteint le point N, l'échappement est fermé, et il ne lui reste à parcourir, pour avoir terminé sa double excursion, que le chemin N H.

Pendant cette dernière partie de sa course, la face gauche du piston comprime, dans le cylindre, le fluide qui y est resté. C'est le phase de *compression* dont nous avons signalé les avantages au point de vue de l'amortissement du mouvement du piston en fin de course. La pression, dans le cylindre, augmente, et sa variation est traduite par la courbe G B. Le piston est revenu à son point initial de départ H, à partir duquel l'*avance à l'admission* va se produire et les phases vont se répéter comme nous venons de le voir.

La courbe représentant les variations de la pression est fermée. La surface comprise à l'intérieur de cette courbe indique le travail effectué par la vapeur sur la face du piston pendant sa course en avant et sa course en arrière.

La distance I O portée, de la fin de course du piston au point d'origine O, à la même échelle que la course du piston, représente la grandeur des espaces morts à une extrémité du cylindre. La ligne O X, tracée au-dessous de la ligne atmosphérique A A, est la ligne appelée ligne du *vide absolu*, c'est-à-dire la ligne pour laquelle la pression serait nulle, égale à 0. L'*ordonnée* O A représente donc, à l'échelle de la figure, une pression de 1k,033, soit une pression faisant équilibre à la pression atmosphérique.

Cela va permettre de se rendre un compte précis de l'avantage que l'on trouve à l'emploi des condenseurs.

Nous avons dit, en effet, que cet emploi permet de refouler, pendant la période de *contre-pression*, la vapeur du cylindre dans une capacité où on a fait le vide. Le piston ne trouvera donc plus, sur sa face qui presse, la pression atmosphérique représentée dans le diagramme (fig. 637) par la ligne A A, mais une pression bien moindre. Si le vide était absolu, cette pression serait nulle et la ligne qui la représenterait serait, avons-nous dit, O X. En pratique, le vide que l'on peut entretenir dans un condenseur en bon état correspond à une pression de 0k,100 à 0k,200. Si nous prenons ce dernier chiffre pour l'appliquer au diagramme précédent, nous le représenterons, sur cette figure, par une ligne horizontale R R, tracée, à partir du point O, à une distance OR de la ligne O X égale à 0k,200, la longueur O A représentant la pression atmosphérique, soit 1k,033.

Le nouveau diagramme, ainsi obtenu par l'adjonction d'un condenseur, sera limité, à sa partie inférieure, par la ligne R R, toutes ses autres lignes n'ayant pas sensiblement varié. Sa surface sera, de ce fait, augmentée de toute la superficie comprise entre les lignes du premier diagramme et les traits pointillés qui représentent le second. C'est une machine munie d'un condenseur, est supérieur à celui d'une machine sans condenseur.

Fig. 638. — Machine compound sans condenseur de MM. Chaligny et Guyot-Sionnest.

la démonstration graphique que le travail produit sur le piston par la vapeur, dans Il est bien entendu que ce travail supplémentaire n'est pas totalement utilisé,

Fig. 639. — Machine compound à condenseur de MM. Chaligny et Guyot-Sionnest.

car la manœuvre de la pompe à air du condenseur absorbe un travail qu'il faut nécessairement déduire du travail total précédent; toutefois, il n'est pas douteux que l'emploi du condenseur est avantageux, sauf dans quelques cas tout à fait spéciaux que nous avons signalés.

Pression absolue. Pression effective

De l'analyse précédente d'un diagramme type de machine à vapeur, il résulte que le piston est soumis, sur une face, à une certaine pression de la vapeur provenant de la chaudière, et que, sur l'autre face, s'exerce une *contre-pression* pouvant varier de 0,1 à 1 atmosphère, suivant le type de la machine, qui vient en déduction de la première pression, car elle agit en sens inverse de la marche du piston.

La différence de ces deux pressions représente la pression réelle, *effective*, qui provoque la progression du piston et qui détermine le travail produit. C'est ce qu'on appelle la *pression effective*.

Si l'on pouvait, dans les condenseurs, obtenir le vide absolu, les pistons des machines qui en seraient munies seraient poussés par la pression absolument totale de la vapeur arrivant de la chaudière, la contre-pression étant devenue nulle. Ce serait la *pression absolue*.

On peut donc dire que, sensiblement et en principe, la *pression* de la vapeur qui s'exerce sur le piston d'une machine à échappement libre n'est qu'*effective*, tandis que celle qui s'exerce sur le piston d'une machine munie d'un excellent condenseur est presque *absolue*.

La différence entre ces deux pressions est d'*une atmosphère*, et les noms qu'on leur donne sont les mêmes que ceux qu'on emploie pour désigner les deux sortes de pressions s'exerçant dans une chaudière.

Travail indiqué. Travail utile

Le diagramme d'une machine permet de déterminer, nous le savons, le travail effectué par la vapeur sur le piston de cette machine; mais ce travail n'est pas utilisé en entier ou, plutôt, il n'est pas intégralement reporté sur l'arbre moteur qui le distribue. En effet, les frottements de tous les organes, dans leur mouvement relatif, en absorbent une certaine partie, qui n'est certes pas négligeable et que l'on tend à limiter au strict minimum par une fabrication soignée de ces organes, et surtout par leur graissage bien compris. Il y a donc là deux cas bien distincts d'appréciation du travail d'une machine à vapeur qu'il est très important de ne pas confondre.

L'un, le travail effectué sur le piston, se nomme *travail indiqué;* l'autre, le travail reporté sur l'arbre moteur et seul utilisable, se nomme *travail utile*.

Le rapport entre le *travail utile* et le *travail indiqué* détermine ce qu'on appelle le *rendement* de la machine exprimé en %.

Si, par exemple, dans une machine le *travail indiqué* sur le piston est de 100 chevaux-vapeur, et que le *travail utile*, pris sur l'arbre, ne soit que de 85 chevaux, le rendement de la machine sera exprimé par le rapport 85 %.

La différence, soit 15 %, aura été absorbée pour transformer le mouvement rectiligne alternatif du piston en mouvement de rotation continu de l'arbre, et pour faire mouvoir les divers organes de distribution, de condensation, etc.

Les instruments qui permettent de mesurer le *travail indiqué* sont les *indicateurs*, comme nous l'avons dit plus haut, et les instruments permettant de déterminer le *travail utile* sont les *freins* et les *dynamomètres*.

Nous allons d'abord décrire les *indicateurs*, ce qui nous permettra de donner un aperçu de la façon dont on doit interpréter un diagramme relevé sur une machine à vapeur; ensuite nous parlerons des *freins* et *dynamomètres*.

Indicateur de Watt (Fig. 640.) Le premier indicateur fut construit et employé par Watt vers l'année 1814.

Il était constitué par un petit cylindre

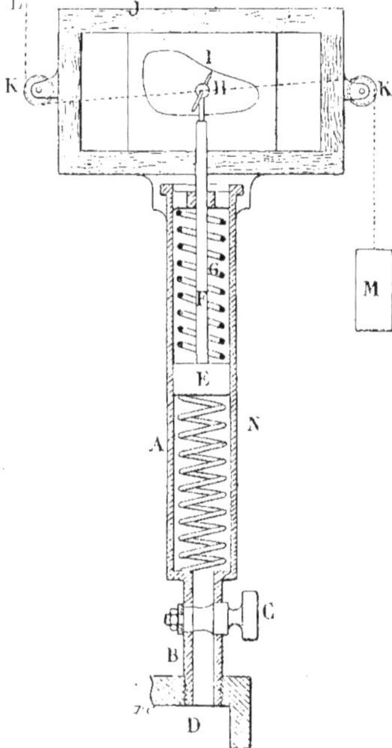

Fig. 640. — Indicateur de Watt.

métallique A, communiquant par un conduit B, muni d'un robinet C, avec le cylindre à vapeur D de la machine dont on voulait relever le diagramme.

Dans le cylindre A glissait, à frottement très doux, un piston E qui ne comportait aucune garniture, mais qui avait été rodé avec soin pour empêcher toute fuite de vapeur sur sa périphérie.

Une tige F, solidaire de ce piston, portait, à son extrémité supérieure, un crayon H s'appuyant sur une feuille de papier disposée sur une planchette I.

Le cylindre A, ouvert à sa partie supérieure, permettait à la pression atmosphérique de presser sur la face supérieure du piston E.

Ce piston était équilibré, à environ la moitié de sa course, dans le cylindre A, par l'action de deux ressorts à boudin G et N qui, s'appuyant chacun sur une partie fixe du cylindre, venaient presser respectivement sur chacune des faces du piston E. La planchette I, montée dans un cadre en bois J, pouvait se déplacer horizontalement dans ce cadre qui lui servait de guide. Le déplacement de la planchette était obtenu au moyen d'une liaison L K qui la rendait solidaire du mouvement du piston de la machine à vapeur. Ce mouvement, par un système de *pantographe*, se trouvait réduit proportionnellement, de façon que chaque excursion de la planchette à droite ou à gauche fût la représentation d'une course de ce piston.

Le lien L K, passant sur les galets de renvoi K, tirait la planchette vers la gauche quand le piston à vapeur se dirigeait dans le même sens.

En même temps, ce mouvement soulevait le poids M.

Quand le piston à vapeur effectuait la course inverse, vers la droite, le poids M, maintenant le lien L K toujours tendu, ramenait la planchette vers sa position extrême, à droite.

Quand on voulait tracer un diagramme, on ouvrait le robinet C. La vapeur contenue dans le cylindre D, dont la pression faisait effectuer sa course au grand piston qui s'y mouvait, remplissait alors la partie du cylindre A, au-dessous du petit piston E. La même pression qui agissait sur le piston à vapeur, agissait donc également sous le piston E. Cette pression pouvait être supérieure ou inférieure à la pression atmosphérique.

Dans le premier cas, le piston E était poussé vers le haut et, dans ce mouvement, il comprimait le ressort supérieur G.

Dans le second cas, qui correspondait à la phase de la distribution pour laquelle le cylindre à vapeur était en communication avec le condenseur, le piston E était aspiré vers le bas et c'était le ressort N qui était comprimé.

Pendant la double excursion du piston de la machine, le piston E était donc soumis, à chaque instant, à l'action de la pression même régnant dans le cylindre à vapeur ; il effectuait une série d'ascensions et de descentes qui se traduisaient par des déplacements verticaux du crayon H. Si la planchette I avait été immobile, ces déplacements verticaux auraient simplement donné lieu au tracé, sur le papier qu'elle portait, d'une ligne verticale dont les points extrêmes auraient indiqué, l'un, celui du haut, la pression la plus forte, l'autre, celui du bas, la pression la plus basse.

Mais, comme pendant l'excursion verticale du crayon on faisait déplacer la planchette I, horizontalement devant ce crayon, et d'une quantité strictement proportionnelle au déplacement réel du piston de la machine, le crayon H marquait donc, sur le papier de la planchette I, des points correspondant, à chaque instant, à la valeur de la pression dans le cylindre à vapeur, pour une position bien déterminée de son piston. Par le fait de la combinaison des deux mouvements : vertical du crayon et horizontal du papier, ces divers points se trouvaient réunis par une ligne continue et fermée, qui représentait le diagramme de la machine.

C'est avec cet indicateur que Watt put déterminer le travail effectué par les machines qu'il avait construites.

On voit que, dans ce cas, encore, le génie de Watt ne fut pas en défaut et sut créer l'organe indispensable qui traduisait, graphiquement, d'une manière automatique et très apparente, la valeur du travail intérieur qu'il est impossible, par les calculs, de déterminer d'une façon aussi précise.

L'indicateur de Watt a été l'objet de nombreuses et heureuses modifications, car s'il était, tel que le conçut Watt, bien suffisant pour donner des indications se rapportant aux machines primitives, il a dû se transformer, à mesure que les progrès faits dans la construction des machines à vapeur exigeaient des appareils enregistrant des tracés plus précis.

La principale modification apportée à l'indicateur de Watt a consisté dans la suppression de la planchette, dont le mouvement alternatif rendait le tracé des diagrammes difficile à réaliser bien convenablement.

Cette planchette a été remplacée par un cylindre autour duquel est enroulée une bande de papier. Le crayon appuyant, pour chacune de ses positions, sur un seul point de ce papier, inscrit avec plus de netteté la courbe indicatrice. Le cylindre à papier prend un mouvement de rotation commandé, avec la réduction appropriée, par le déplacement même du piston à vapeur dans un certain sens.

Au retour du piston dans le sens inverse, c'est un ressort à barillet, solidaire du tambour, qui, bandé dans la course précédente, le ramène dans sa position initiale.

Les autres modifications ont porté sur la disposition des ressorts antagonistes du piston de l'indicateur, qui, dans celui de Watt, provoquaient parfois des ondulations intempestives dues au travail successif de ces ressorts tantôt à la compression, tantôt à l'extension.

Tambour à papier (Fig. 641 et suiv.) Comme la plupart des indicateurs que nous allons décrire sont disposés avec un tambour à papier effectuant, autour de son axe vertical, une rotation alternative, dans les deux sens, par l'action d'un ressort, nous allons examiner le type du tambour à papier qui pourra s'appliquer aux différents systèmes d'indicateurs, ces tambours étant à peu près semblables, sauf dans quelques détails n'intéressant pas leur principe même. D'ailleurs, si des dispositions particulières caractérisent un système, nous ne manquerons pas de les signaler au moment voulu.

Le tambour à papier est un cylindre métallique de faible épaisseur et d'un poids le plus réduit possible, autour duquel on roule une feuille de papier qui l'enveloppe complètement. Pour maintenir d'une manière sûre cette feuille, tout en se réservant la possibilité de la retirer rapidement, le cylindre porte un double ressort-lame fixé sur lui par un talon commun. Les deux lames-ressorts, disposées sur toute la longueur du cylindre, pressent les deux extrémités de la feuille de papier et l'assujettissent au mouvement que peut prendre le tambour. Quand on veut placer la feuille de papier, on soulève une des lames et on introduit, en dessous, une extrémité de la feuille; puis, on laisse appuyer cette lame sur cette feuille et, après avoir bien tendu celle-ci, en l'enroulant autour du cylindre, on place son autre extrémité sous la seconde lame en opérant de la même manière. La feuille est prête à recevoir les inscriptions que tracera le crayon se mouvant au-devant d'elle.

Pour enlever la feuille et la remplacer rapidement, on n'a qu'à soulever les lames-ressorts, tirer à soi la feuille portant les inscriptions et mettre à sa place, en effectuant la manœuvre que nous venons d'indiquer, une feuille nouvelle sur laquelle on inscrira un autre diagramme.

Le tambour portant le papier est indépendant du mécanisme qui le fait mouvoir. Il est simplement posé sur lui et entraîné par des ergots, pénétrant dans des rainures. On peut donc, facilement, le séparer du mécanisme et le prendre en main pour effectuer aisément le placement des feuilles de papier.

Le mécanisme de commande du tambour à papier est disposé sur un bras fixe appartenant à l'indicateur.

Sur ce bras est solidement assujetti un axe vertical, qui sera l'axe autour duquel le tambour effectuera son mouvement de rotation. Sur cet axe est chaussé, par son moyeu central, un cylindre terminé, à sa partie inférieure, par une poulie, et dont les parois verticales sont destinées à recevoir et à maintenir le tambour porte-papier. Le moyeu de ce cylindre se termine, à la partie supérieure, par une boîte renfermant un ressort en spirale dont une des extrémités est accrochée à cette boîte, l'autre extrémité étant rendue solidaire de l'axe vertical fixe de rotation.

Une corde, ou fil d'acier, s'enroulant sur la poulie inférieure, est reliée au dispositif qui a pour effet de réduire, proportionnellement, la course du piston. Deux galets de renvoi, disposés perpendiculairement à la poulie, assurent le guidage de cette corde. La traction effectuée sur le lien provoque la rotation du tambour autour de son axe vertical. Cette rotation ne doit jamais égaler un tour complet, car, du fait même du placement du papier sous les lames-ressorts qui le maintiennent, une petite partie de cette feuille ne peut recevoir d'inscription ; cette partie doit être mise hors du champ parcouru par le crayon. Il est donc nécessaire de ne donner au tambour à papier qu'une excursion n'atteignant pas un tour.

Pendant la rotation du tambour, une extrémité du ressort en spirale, qui est fixée sur lui, suit son mouvement, tandis que l'autre extrémité, qui est solidaire de l'axe fixe, reste immobile. Le ressort s'enroule donc, *se bande*, pendant que la tige du piston tire sur le lien qui la relie à la poulie du tambour.

Quand le piston, effectuant sa course

inverse, libère progressivement ce lien, le ressort se déroule, pour revenir à sa position primitive, et maintient le lien tendu, en l'obligeant à s'enrouler sur la partie inférieure du tambour.

Le tambour à papier effectue, à ce moment, un mouvement de rotation en sens inverse du précédent, ce qui a pour conséquence de le ramener à sa position initiale.

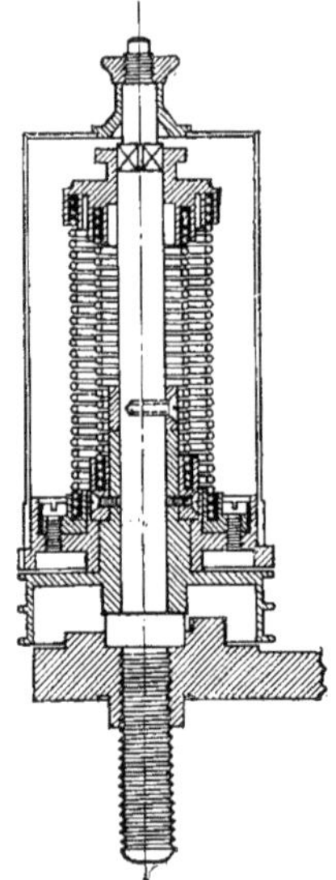

Fig. 641. — Tambour à papier d'indicateur.

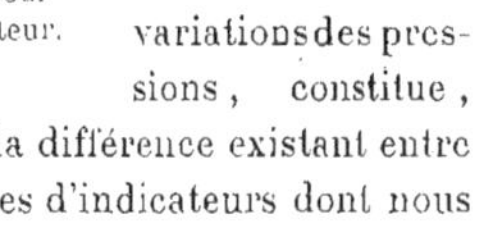

Le style, qui se sera déplacé devant ce tambour, proportionnellement aux pressions diverses du cylindre, pourra donc décrire, sur le papier, une courbe fermée qui représentera, la feuille étant développée, le diagramme relevé de la machine à vapeur.

La façon dont le style est commandé, pour enregistrer fidèlement les variations des pressions, constitue, principalement, la différence existant entre les divers systèmes d'indicateurs dont nous allons parler.

Les tambours à papier sont cependant de modèles différents. Celui qui est représenté en coupe par la figure 641, construit par les ateliers Schaeffer et Budenberg, comporte deux ressorts à boudin qui agissent comme des ressorts en spirale, mais qui sont plus liants.

La poulie à double gorge, sur laquelle s'enroule le lien qui provoque la rotation du tambour, tourne sur un axe central fixe. Le moyeu de la poulie est solidaire d'une bague sur laquelle est fixé, par sa partie inférieure, le ressort à boudin intérieur de petit diamètre. Ce ressort fait corps, à sa partie supérieure, avec une seconde bague fixe sur l'axe, sur laquelle est assujettie une extrémité du second ressort qui a un diamètre plus grand. L'autre extrémité de ce ressort est rendue solidaire de l'embase du tambour à papier. Cette embase est munie d'une roue portant des crans dans lesquels peut s'engager le bec d'un cliquet. Ce cliquet permettra d'arrêter le tambour à papier, en un point quelconque, sans troubler le mouvement de rotation alternatif de la poulie.

En effet, quand le cliquet n'est pas engagé, la rotation de la poulie, s'effectuant dans un certain sens, bande les deux ressorts qui concourent à ramener l'appareil à sa position initiale lorsque le piston de la machine effectue sa course en sens inverse; mais si, à un point quelconque de la course du tambour, on engage le cliquet, pour observer spécialement une région du tracé, par exemple, le tambour est provisoirement immobilisé avec son ressort plus ou moins bandé, mais le petit ressort, qui est indépendant de l'autre, actionne quand même la poulie et la ramène à sa position, en lui faisant parcourir sa course entière malgré l'arrêt du tambour. L'appareil reprend son fonctionnement normal sitôt que le cliquet est dégagé de la roue à rochet.

Indicateur Richards (Fig. 642.) L'indicateur du professeur C. B. Richards a été un des premiers indicateurs pratiquement employés pour remplacer l'indicateur de Watt. Il se compose d'un tambour à papier A, disposé comme nous venons de le voir. Le crayon B, qui se déplace devant ce tambour, est actionné par un dispositif particulier dont la manœuvre dépend du mouvement d'un piston C glissant dans un cylindre D. Ce cylindre est fixé sur le même socle E qui supporte l'axe de rotation du tambour à papier. Un ajutage F, fileté extérieurement, termine ce cylindre, à sa partie inférieure, et porte un trou central qui permet à la vapeur de pénétrer dans le cylindre D quand l'indicateur est vissé, par l'ajutage F, sur le cylindre à vapeur.

Le piston C est sollicité à descendre par un ressort à boudin G qui, logé dans le cylindre D, appuie sur une de ses faces et, en même temps, sur le couvercle du cylindre, qui porte des ouvertures permettant à la pression atmosphérique de s'exercer sur la face supérieure du piston.

Le piston se prolonge, à l'extérieur, par une tige H, à l'extrémité de laquelle s'articule une biellette H I. Cette biellette est, d'autre part, reliée, au point I, à un bras de levier J K, pouvant osciller autour de l'axe J, fixé sur un bras N faisant corps avec le cylindre D.

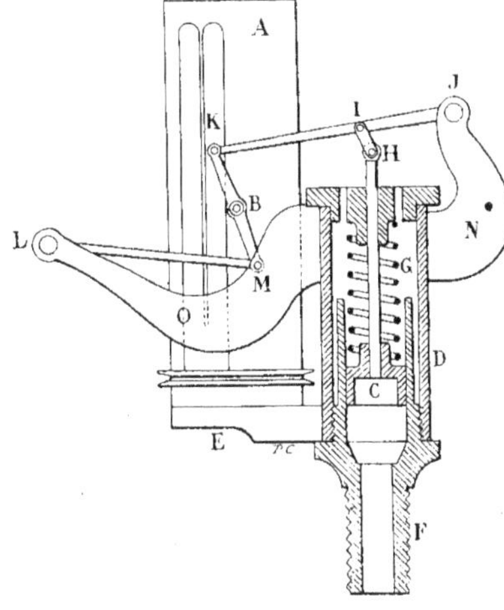

Fig. 642. — Indicateur Richards.

Une bielle K M relie l'extrémité du bras J K avec l'extrémité M d'un second levier inférieur M L, articulé autour d'un axe fixe L, solidaire d'un second bras O qui, comme le premier, est fixé au corps du cylindre D.

La bielle K M porte, en son milieu, le crayon B, qui inscrira les variations de la pression sur le papier enveloppant le tambour A.

Il faut, pour cela, que ce crayon suive, chaque instant, le mouvement de montée et de descente du piston C, actionné par la vapeur de la machine et que son déplacement s'effectue parallèlement à l'axe du cylindre. Ces conditions sont évidemment réalisées, par suite de la disposition, que nous venons d'indiquer, des différents leviers de l'indicateur.

En effet, quand le piston C monte, par exemple, pressé par la vapeur, en comprimant le ressort à boudin, la biellette H I pousse le levier K, J dont l'extrémité K décrit un arc de cercle autour du point J. La montée du point K provoque, également, l'élévation du point M de la seconde bielle L M, et ce point M décrit aussi une circonférence ayant pour centre le point L.

Le crayon B, milieu de la bielle K M, décrit, pendant ces mouvements successifs, une courbe dont la partie intéressant son excursion maximum est sensiblement une ligne droite parallèle à l'axe du cylindre.

L'assemblage des divers leviers constitue, en somme, un véritable parallélogramme de Watt et nous avons déjà expliqué, au commencement de ce volume, page 83, figure 52, cette propriété qu'a le point milieu de la bielle K M de parcourir une ligne sensiblement droite pour une excursion relativement réduite.

Le crayon B se déplacera donc en suivant les mouvements du piston C ; mais, par suite de la différence de longueur des bras de leviers I J et I K, son excursion se trouvera amplifiée, par rapport à celle du piston C. C'est une condition favorable à l'obtention d'un diagramme plus étendu dans le sens vertical et, par conséquent, plus facile à étudier. Le ressort antagoniste du piston C est soigneusement taré pour que le déplacement du piston corresponde bien, proportionnellement, à la pression de la vapeur qui s'exerce sous sa face inférieure.

Les variations de la pression s'enregistrant verticalement et la rotation du tambour ayant lieu proportionnellement au chemin parcouru par le piston de la machine, le crayon B tracera bien, sur le papier, le diagramme du travail effectué par la vapeur sur le piston de cette machine.

Pour tracer la ligne horizontale atmosphérique, dont nous avons parlé précédemment, il suffit, avant d'admettre la vapeur sous le petit piston C, lorsque, par conséquent, ce piston se trouve équilibré par la pression de l'atmosphère, de faire tourner, à la main, le tambour à papier. Le crayon B restant immobile, pendant ce déplacement du papier, sa pointe trace sur lui une ligne droite horizontale qui représentera, sur le diagramme relevé, la ligne de la pression atmosphérique.

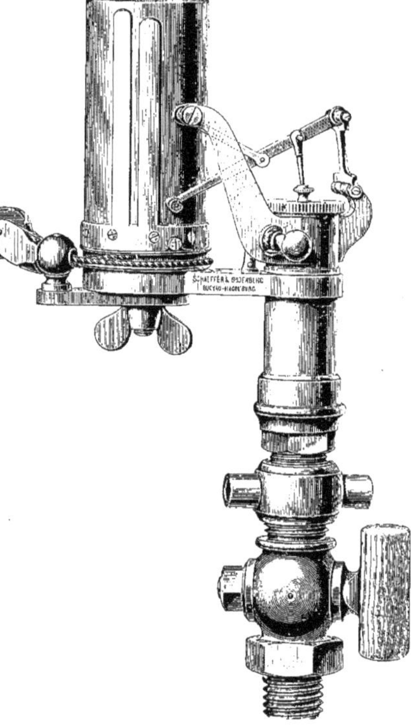

Fig. 643. — Indicateur Thompson.

Indicateur Thompson (Fig. 643.) Cet indicateur ne diffère de l'*indicateur Richards* que par la réalisation du déplacement, proportionnel et vertical, du crayon inscripteur.

Le tambour à papier et le cylindre où se meut le petit piston actionné par la vapeur, sont disposés de la même façon.

La tige de ce piston porte, articulé à son extrémité supérieure, un bras de levier, dont un des bouts supporte le crayon.

L'autre extrémité s'articule avec une bielle pivotant autour d'un axe fixe, solidaire du socle-support de l'appareil.

Le bras de levier porte-crayon est, en outre, supporté par une biellette articulée à la partie supérieure d'un second bras rigide fixé au socle-support.

Quand la tige du piston actionne le levier porte-crayon, le point où s'attache la biellette décrit un arc de cercle autour du point fixe placé en bout du second bras; l'extrémité opposée au crayon décrit un arc de cercle autour du point fixe placé en bout du premier bras. La résultante de ces deux mouvements produit, comme précédemment, un déplacement du crayon, parallèle à l'axe vertical du cylindre et, de même que dans l'appareil précédent, le rapport des différents bras de leviers donne, également, au crayon, une excursion amplifiée par rapport à celle du petit piston.

L'*indicateur Thompson* est muni d'organes plus légers que l'*indicateur Richards*. A ce titre, il permet de relever des diagrammes sur des machines fonctionnant à une vitesse plus grande, car le poids des pièces et leur inertie jouent un rôle très important dans le fonctionnement rationnel des indicateurs, et plus ces appareils sont légers, plus il est possible d'obtenir des indications précises dans l'enregistrement des diagrammes.

Indicateur Crosby (Fig. 644.) Dans cet indicateur, le poids des organes a été, comme dans l'appareil précédent, réduit à son extrême limite. Dans le cylindre A, où on admet la vapeur, se meut un piston B auquel est accroché, d'une façon particulière, le ressort antagoniste.

Ce ressort C est, en réalité, constitué par deux ressorts à boudin ayant mêmes dimensions. Ils sont réunis, à leur partie supérieure, par une pièce qui vient se visser contre le couvercle fixe du cylindre et, à leur partie inférieure, chacun des bouts des ressorts est fixé à une petite sphère D emprisonnée dans le moyeu du piston.

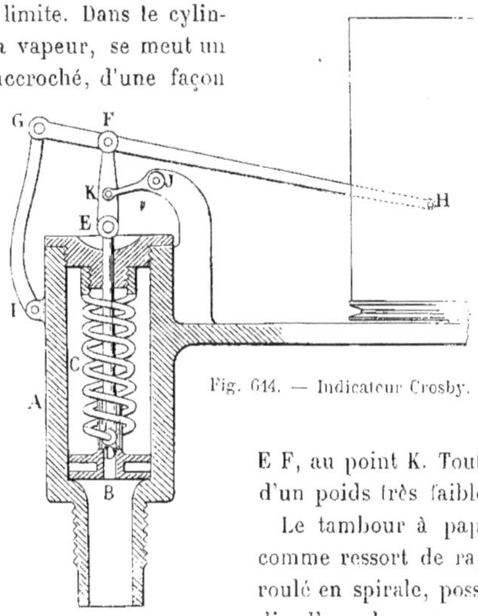

Fig. 644. — Indicateur Crosby.

La tige du piston qui commande le style, par un système amplificateur dont nous allons parler, est fixée au-dessus de la sphère D.

Le piston porte, sur sa face inférieure, une série de petits trous qui débouchent dans une gorge circulaire pratiquée autour de sa périphérie. La vapeur introduite sous le piston vient, par les petits trous, remplir la gorge et contribue à assurer l'étanchéité du piston contre les parois du cylindre, pendant son mouvement.

On peut également, par ces mêmes conduits, lubrifier le pourtour du piston, la vapeur et l'huile se maintenant dans la gorge circulaire et humectant les parois du cylindre, au fur et à mesure que le piston effectue son mouvement ascendant ou descendant.

La tige du piston est articulée, à sa partie supérieure, avec une bielle EF reliée, au point F, avec le bras de levier G H qui porte le crayon à l'extrémité H et qui s'articule, au point G, avec un autre bras GI, pouvant osciller autour d'un axe fixe I, faisant corps avec le cylindre A.

Pour obtenir un déplacement du crayon parallèle à celui du piston B, une biellette de suspension J K, pouvant osciller autour d'un axe fixe J, s'articule sur la bielle E F, au point K. Tout ce jeu de leviers est d'un poids très faible.

Le tambour à papier, au lieu d'avoir, comme ressort de rappel, un ressort-lame roulé en spirale, possède un ressort à boudin d'une longueur assez grande, ce qui permet de donner à ce ressort une élasticité et une souplesse qui contribuent à adoucir le mouvement de ce tambour.

Indicateur Schaeffer et Budenberg (Fig. 645.) Nous verrons, ultérieurement, que pour que les indicateurs puissent fournir des indications exactement proportionnelles à la pression de la vapeur qui agit sur leur petit piston, il est nécessaire de tarer, avec soin, les ressorts antagonistes de ces pistons, et qu'il faut, en outre, que cette opération soit faite à chaud, c'est-à-dire dans les conditions mêmes où l'appareil fonctionne.

Le ressort, enfermé dans le cylindre où

pénètre la vapeur, est, en effet, porté rapidement à la température de cette vapeur, et son élasticité est alors différente de celle qu'il possède à froid. C'est là une source possible d'erreurs dans le tracé enregistré par l'indicateur, et c'est pour supprimer cet inconvénient que l'indicateur de Schaeffer et Budenberg a été établi.

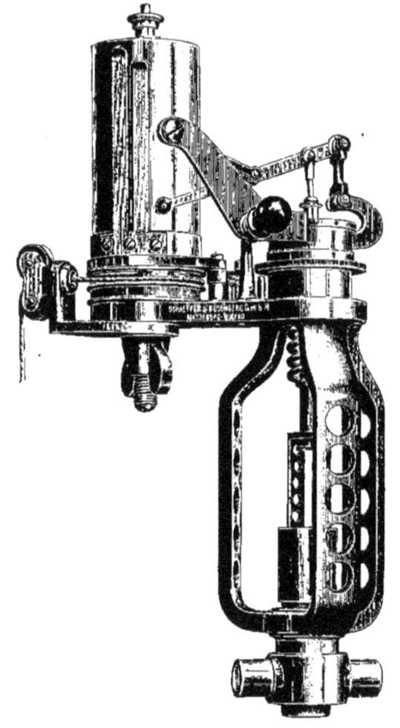

Fig. 645. — Indicateur Schaeffer et Budenberg.

Cet appareil, dont le dispositif de conduite du crayon est semblable à celui de l'indicateur Thompson, comporte un petit cylindre, de faible longueur, dans lequel se meut le piston, prolongé extérieurement par une tige sur laquelle appuie le ressort à boudin antagoniste. Le cylindre est supporté par une sorte de lanterne à trois bras ajourés, pour que la circulation de l'air refroidisse tout l'appareil.

Le ressort antagoniste, se trouvant ainsi éloigné du petit cylindre qui contient la vapeur, ne s'échauffe pas et travaille dans des conditions plus favorables à son fonctionnement régulier.

Le tambour à papier est muni du système de cliquet dont nous avons parlé, qui sert à immobiliser ce tambour en un point donné, sans interrompre la marche des autres organes.

Dans tous les indicateurs créés depuis celui de Watt, la principale préoccupation a consisté à alléger, de plus en plus, tous les organes ayant un mouvement, pour pouvoir relever des diagrammes sur des machines tournant à des vitesses de plus en plus grandes, en évitant les déformations produites par les vibrations résultant de l'inertie des pièces.

Les indicateurs que nous venons de décrire, sauf celui de Watt, peuvent donner des enregistrements convenables pour des machines tournant à 200 tours par minute, et les trois derniers peuvent enregistrer à une vitesse de 300 tours sans inconvénient; mais quand les machines sont animées d'une grande vitesse, on ne peut faire usage de ces indicateurs ordinaires; on a, pour cela, créé d'autres dispositifs qui permettent de supprimer, dans le tracé relevé, les déformations dues aux vibrations et à l'inertie des organes. L'*indicateur Webb* est un de ces appareils.

Indicateur Webb. (Fig. 646.) Il comporte, comme les indicateurs précédents, un tambour à papier et un petit cylindre contenant le piston actionné par la vapeur.

Le tambour à papier n'offre rien de particulier, mais le dispositif d'enregistrement est tout à fait spécial.

La tige C du piston B, qui se meut dans le cylindre A, est reliée, à sa partie supérieure, à une fourche D qui termine une tige E filetée. Une goupille transversale Fassemble ces deux tiges, et cette goupille, pouvant glisser dans une rainure pratiquée dans chaque face de la fourche D, permet le déplacement de la tige du piston par rapport à la tige filetée E.

Le piston est sollicité à descendre par un ressort à boudin, qui, lorsque l'appareil ne fonctionne pas, appuie constamment la goupille dans le bas des rainures de la fourche D.

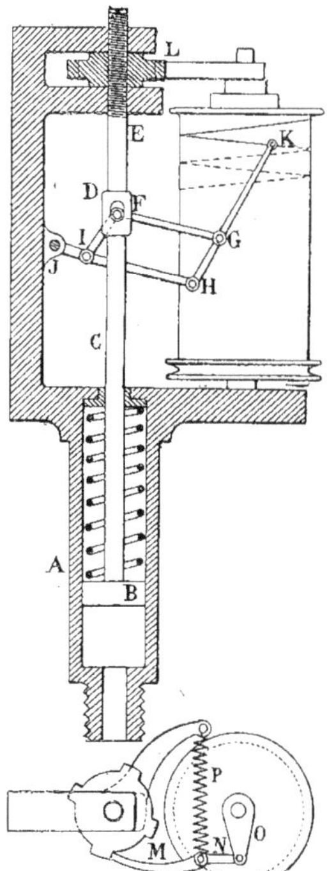

Fig. 616. — Indicateur Webb.

Un parallélogramme articulé F G H I, suspendu par une petite bielle I J, au point fixe J, commande le mouvement du crayon K qui se déplace verticalement devant le papier enroulé sur le tambour, en suivant les mouvements du petit piston B.

La tige filetée E est vissée dans un écrou L, et passe lisse dans les deux bras horizontaux supérieurs du support de l'appareil, entre lesquels il est immobilisé verticalement. Cet écrou cylindrique porte, sur sa périphérie, des crans dans lesquels peut s'engager une sorte de cliquet M, articulé avec une petite bielle N, solidaire, elle-même, du mouvement du tambour par l'intermédiaire d'un bras O. Un léger ressort P, fixé à un des deux bras horizontaux, sollicite le cliquet à rester engagé dans les crans de l'écrou L.

Examinons le fonctionnement de l'indicateur.

Quand on veut se servir de l'appareil, on tourne, à la main, l'écrou L de façon à remonter la tige filetée E et, par cela même, la tige du piston B. Ce piston, en remontant, comprime son ressort antagoniste, qui appuie de plus en plus fort la goupille dans la partie inférieure de la fourche D. On effectue le relevage de ces organes jusqu'à ce que le crayon K occupe, sur le cylindre, une position correspondant à la pression maximum que peut posséder la vapeur provenant de la chaudière. A ce moment, on engage le cliquet M dans les crans de l'écrou L, et c'est le mouvement alternatif de ce cliquet, provoqué par le mouvement de rotation, également alternatif, du tambour à papier, qui va faire descendre, progressivement, le crayon K, qui, pendant ces divers mouvements, trace des lignes droites sur le papier, tant que le piston B n'est pas soulevé par la vapeur qui le presse en dessous.

Ce soulèvement ne peut évidemment avoir lieu que lorsque la pression de cette vapeur est capable de vaincre la tension du ressort à boudin qui appuie sur la face supérieure du piston B.

On a donc placé le style K à la partie supérieure de sa course ; la poulie du tambour à papier est reliée au mouvement de la tige du piston à vapeur de la machine. Quand celui-ci tire sur la poulie, le tambour tourne en bandant son ressort-spirale. En même temps, le cliquet M, qui est engagé dans un cran de l'écrou L, fait tourner cet écrou d'une fraction de tour. Comme l'écrou est immobilisé dans le sens vertical, c'est la vis E, qui le traverse, qui se déplace dans ce sens. Cette vis descend et le ressort à boudin antagoniste du petit piston B, en se décomprimant, rappelle toujours, vers le bas, le parallélogramme articulé qui commande le crayon.

Celui-ci descend donc, progressivement, à mesure que le tambour est tiré par le piston de la machine et décrit, sur le papier, une ligne droite oblique. Lors de la course inverse du piston, quand le tambour reprend, sous l'action de son ressort-spirale, sa position initiale, le crayon K ne se déplace pas, car l'écrou L reste immobile, le cliquet M glissant sur sa périphérie pour aller s'engager dans un des autres crans. Ce crayon décrit sur le papier une ligne horizontale.

Cela est vrai et se renouvelle pour chaque course du piston de la machine, tant que la tension du ressort à boudin est supérieure à la pression de la vapeur qui s'exerce sous le piston B; mais à mesure que le crayon descend, le ressort se débande progressivement et il arrive un moment où la vapeur est capable d'actionner le piston B. Quand cela se produit, le piston, poussé vers le haut, comprime son ressort antagoniste en soulevant sa tige et le parallélogramme qui supporte le crayon. Celui-ci décrit un élément de courbe représentant les variations de la pression pendant un court instant, car son excursion est limitée par la course de la goupille se mouvant dans la fourche D. Cette goupille, en effet, vient buter à la partie supérieure de la rainure et empêche le crayon de s'élever démesurément.

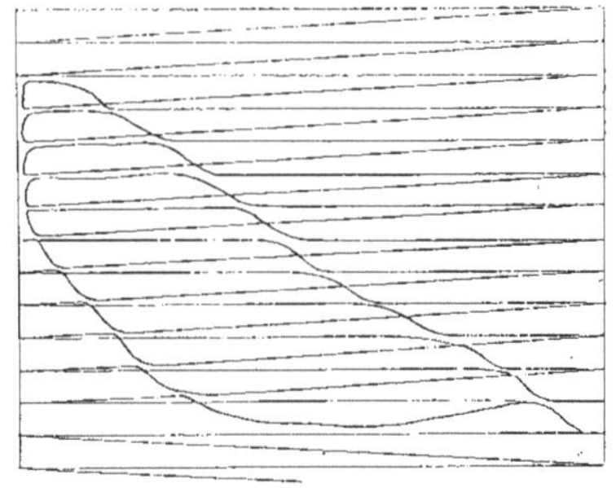

Fig. 647. — Diagramme d'indicateur Webb.

Pour chaque course du piston de la machine, on n'enregistrera donc qu'une partie du diagramme, et il faudra un certain nombre de courses successives pour permettre au crayon de tracer le diagramme complet, celui-ci enregistrant, à chaque course, une tranche de ce diagramme et s'abaissant, progressivement, par l'action du mécanisme à cliquet, pour tracer, au-dessous, la tranche suivante. Les éléments de courbe ainsi tracés se raccordent pour former le diagramme complet, ainsi que l'indique la figure 647, qui représente, en somme, le diagramme moyen du travail effectué par la vapeur sur le piston de la machine, pendant un nombre de courses alternatives déterminées.

Dans les indicateurs précédents, le diagramme est relevé dans une double excursion du piston; dans celui-ci, cette double excursion n'intéresse qu'une tranche du diagramme.

On conçoit aisément que la faible amplitude demandée au crayon pour chacune de ces excursions permette d'appliquer, sans inconvénient, ce dernier indicateur à une machine tournant à grande vitesse.

L'*indicateur Deprez*, établi avec une ingénieuse disposition, semblable, en principe, à celle que nous venons d'indiquer, permet également de relever des tracés par tranches, sur des machines à allure accélérée.

Il existe encore bien d'autres variétés d'indicateurs, dans lesquels on s'est surtout préoccupé de diminuer le poids des organes pour pouvoir enregistrer des diagrammes à de grandes vitesses.

On a également constitué des *indicateurs doubles*, permettant de relever le diagramme représentant, à chaque instant, la valeur réelle de la pression qui s'exerce sur le piston. L'indicateur est, en effet, relié avec les deux extrémités du cylindre où se meut le piston de la machine. La pression qui s'exerce sur chacune des faces de ce piston est transmise à un petit piston de l'indicateur. L'appareil en comporte donc deux, de même diamètre, montés sur la même tige, et cette tige, qui commande le crayon de la manière ordinaire, se déplace par la différence des pressions qui s'exercent sous les deux petits pistons. L'excursion du crayon est, ainsi, proportionnelle à la différence des pressions qui s'exercent sur chacune des faces du piston de la machine.

Indicateur sans piston. (Fig. 648.) Dans ce type d'indicateur, on a supprimé le piston et le ressort qui le rappelle, espérant ainsi éviter les déformations du tracé dues à l'inertie et aux vibrations; mais il ne semble pas que le résultat atteint soit bien meilleur, le dispositif adopté donnant lieu, également, à des tracés sinueux.

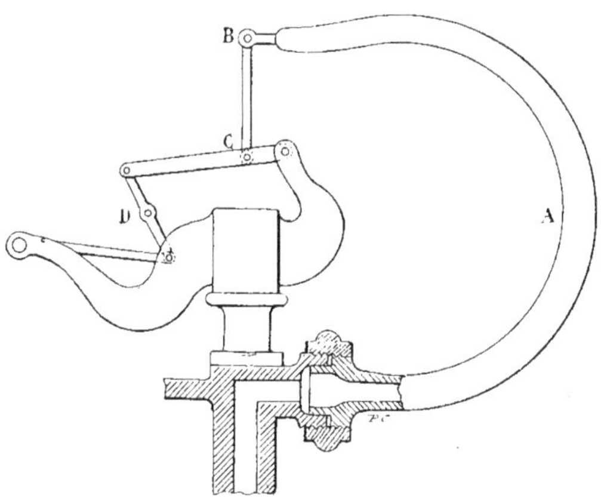

Fig. 648. — Indicateur sans piston.

Supposons l'indicateur Richards (fig. 642) que nous venons d'examiner. Si le conduit communiquant avec le cylindre de la machine est prolongé par un tube A de manomètre métallique, comme celui de Bourdon (fig. 318), et que l'extrémité de ce tube soit reliée, par une bielle B C, au parallélogramme articulé qui supporte le crayon D, on peut supprimer le piston et son ressort antagoniste, la commande du crayon s'effectuant par le tube élastique et par l'intermédiaire de la bielle, de la même façon que, dans un manomètre, s'opère le déplacement de l'aiguille qui indique, à chaque instant, la pression de la vapeur.

Réducteurs de course du piston. Nous avons dit que le mouvement de rotation du tambour à papier des indicateurs était provoqué par le mouvement alternatif du piston à vapeur et que, pour obtenir ce résultat, on devait relier la poulie du tambour à un mécanisme permettant de réduire proportionnellement la course du piston, de façon à inscrire le tracé complet dans une feuille de petites dimensions.

Les dispositifs de réduction de course sont de plusieurs sortes.

Un des plus simples (fig. 649) consiste à disposer verticalement, contre les glissières de la machine, un levier en bois, chêne ou frêne, qui peut osciller autour d'un axe A fixé sur une pièce rigide faisant corps avec le cylindre. L'extrémité inférieure B, de ce levier, est liée à la crosse du piston par une courte bielle B C, qui permet de communiquer au levier A B un mouvement oscillant, autour de l'axe A, pendant le mouvement rectiligne alternatif de la tige du piston.

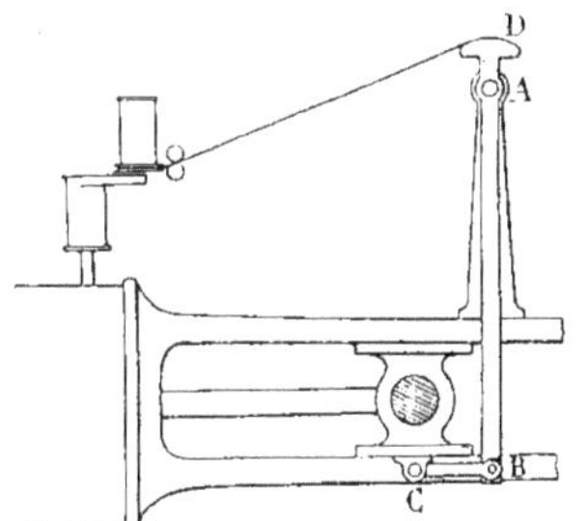

Fig. 649. — Réducteur de course à levier.

A l'extrémité supérieure du levier est

disposé un secteur D sur lequel est solidement attachée la corde qui doit actionner l'indicateur. Cette corde s'appuie sur la partie circulaire du secteur et va s'enrouler sur la poulie de l'indicateur, en passant sur de petits galets de renvoi qui lui donnent la direction convenable.

Quand la tige du piston se meut, le levier prend un mouvement d'oscillation autour du point A, et le secteur supérieur s'inclinant, successivement, vers la droite ou vers la gauche, tire sur la corde de l'indicateur ou, au contraire, lui permet de s'enrouler sur la poulie de l'appareil, sous l'action du ressort antagoniste du tambour à papier. L'extrémité inférieure du levier fait, dans son mouvement, une excursion égale à la course du piston à vapeur, mais le secteur D a une excursion réduite dans le rapport des bras de leviers A B et A D.

On peut donc déterminer exactement les dimensions de la feuille de papier et, par conséquent, du tambour qui doit la recevoir, pour qu'elles soient appropriées à la réduction de course donnée par le système de leviers ou, réciproquement, on donne à l'appareil réducteur les dimensions convenables pour que le tracé du diagramme soit entièrement inscrit dans la feuille d'un indicateur déterminé.

Pour obtenir, avec ce dispositif, une réduction de mouvement proportionnelle avec une erreur négligeable, il faut donner au levier A B une longueur assez grande. Cette longueur doit être au moins le double de la course du piston, pour avoir une précision suffisante. On peut, dans le dispositif précédent, remplacer le levier de bois par un secteur également en bois (fig. 650), tourillonnant autour d'un axe fixe A, placé à sa partie supérieure et solidaire du bâti par un montant B qui lui est solidement assujetti. Le mouvement d'oscillation est transmis à ce secteur par une liaison rigide, faite entre la crosse du piston et la face circulaire inférieure, C D, du secteur. Cette liaison comporte deux lames d'acier attachées, respectivement, à chacun des bouts C et D du secteur et fixées, à leur autre extrémité, respectivement à chaque bout E et F d'une pièce rigide faisant corps avec la crosse du piston.

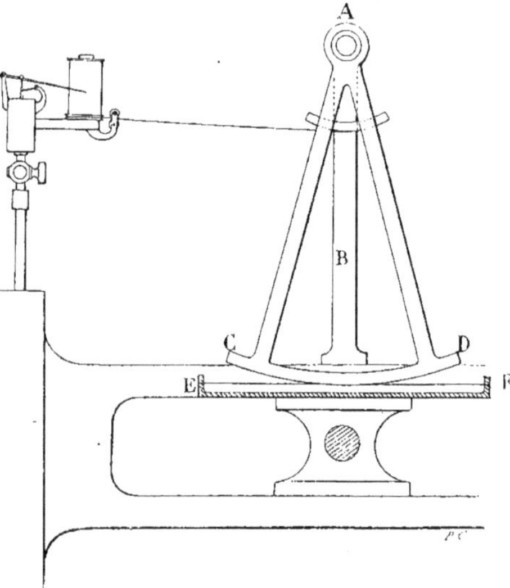

Fig. 650. — Réducteur de course à secteur.

On conçoit que, lorsque la tige du piston effectue sa course vers la gauche, par exemple, la lame E D tire sur le secteur pour le faire osciller vers la gauche, l'autre lame F C, s'enroulant, pendant ce mouvement, sur la partie circulaire du secteur. Lors de la course inverse de la crosse, c'est la lame F C qui conduit le secteur, en l'obligeant à osciller en sens inverse, et c'est la lame E D qui s'enroule sur sa partie inférieure.

A l'extrémité supérieure du secteur et à une distance de l'axe d'oscillation A, appropriée à la réduction de course que l'on désire obtenir, est placé un second secteur, sur lequel est fixée la corde qui actionne le tambour à papier de l'indicateur.

L'oscillation du grand secteur, provoquée par le déplacement du piston, se transmet, proportionnellement réduite, au petit secteur supérieur, et la course qu'effectue le papier, devant le crayon de l'indicateur, est, par cela même, la reproduction, en dimensions plus petites, de la course du piston de la machine.

Un autre système donnant de bons résultats, pour la réduction de la course du piston, est le *pantographe* (Fig. 651).

Tout le monde connaît le *pantographe*, qui est un assemblage de parallélogrammes articulés permettant de réduire, généralement, des dessins, en les faisant parcourir à un style, pendant qu'un crayon, placé en un point déterminé, trace le même dessin en dimensions plus petites.

Si on relie le style de grande excursion A à la crosse du piston, et que l'autre extrémité B du pantographe soit un point d'oscillation fixe, la corde actionnant le tambour de l'indicateur sera attachée à la place du crayon C, d'excursion réduite, et la course C D, de la corde, ainsi obtenue, sera proportionnelle à la course A E du piston. On n'installe pas toujours, sur les machines, un pantographe complet. On le remplace souvent par un jeu de leviers plus simple, donnant le même résultat.

On peut, par exemple (Fig. 652), fixer à la crosse du piston un levier A B, sur lequel viennent s'articuler deux branches d'un parallélogramme B C D E. Le point E est un point d'articulation fixe. La branche C D peut être déplacée, sur les deux branches

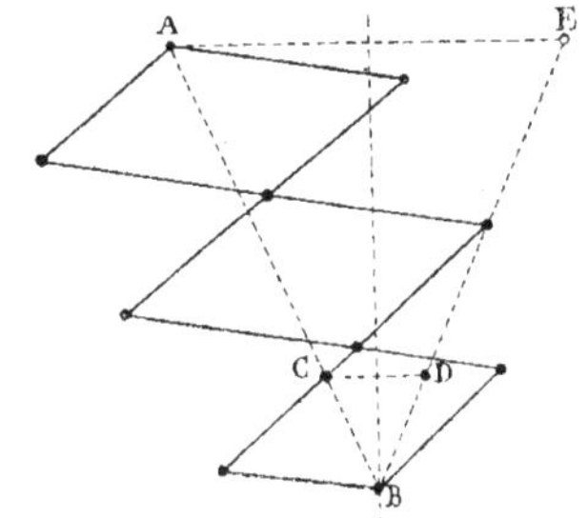

Fig. 651. — Pantographe réducteur de course.

parallèles A B et E D, de façon à obtenir la réduction convenable. Il suffit, pour cela, que le point d'attache F de la corde actionnant le tambour se trouve sur une ligne droite joignant les points A E.

Le parallélogramme articulé oscillant autour du point fixe E, par l'action de la crosse du piston, le point F effectue une course semblable, mais proportionnellement réduite.

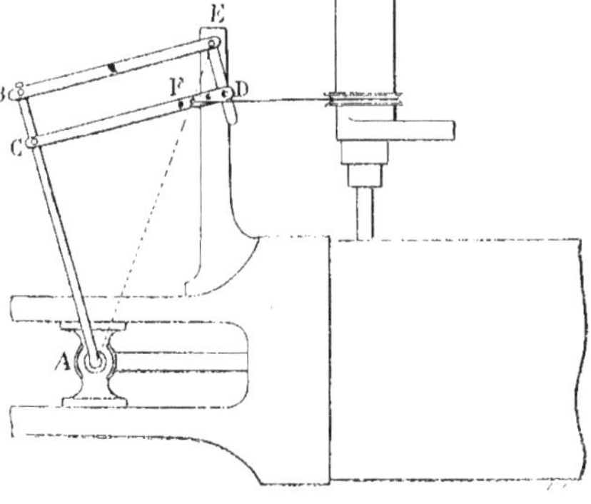

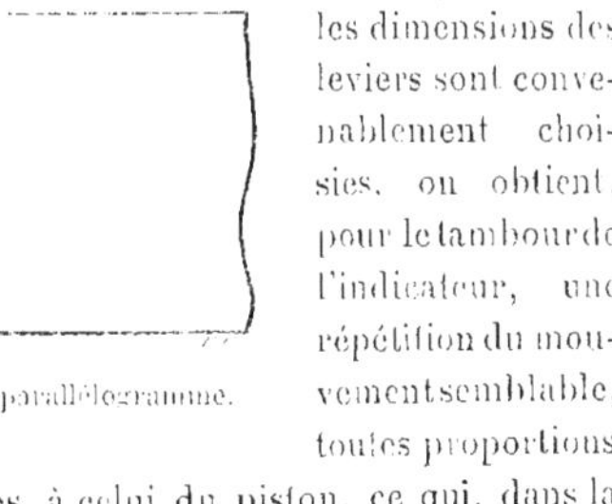
Fig. 652. — Réducteur de course à parallélogramme.

Dans les dispositifs précédents, si les dimensions des leviers sont convenablement choisies, on obtient, pour le tambour de l'indicateur, une répétition du mouvement semblable, toutes proportions gardées, à celui du piston, ce qui, dans la généralité des cas, est suffisant pour avoir un enregistrement ayant la précision désirée.

Si, cependant, on voulait un enregistrement rigoureusement exact, on pourrait employer un dispositif un peu plus compliqué, qui réalise d'une façon absolument identique, dans des proportions réduites, la répétition du mouvement de la tige du piston de la machine.

Ce dispositif (Fig. 653) se compose d'un levier A B, pouvant osciller autour d'un point fixe C, qui partage sa longueur en deux parties, A C et C B, dont le rapport détermine la réduction de course que l'on veut obtenir.

La partie inférieure A du levier est articulée à une bielle A D, qui le rend solidaire de la crosse du piston.

La partie supérieure B est également articulée à une biellette, B E, qui se prolonge par une pièce guidée rectilignement dans une colonne fixe, F. Le lien qui fait mouvoir le tambour est fixé sur cette pièce et suit une direction horizontale, parallèle, par conséquent, à la tige du piston.

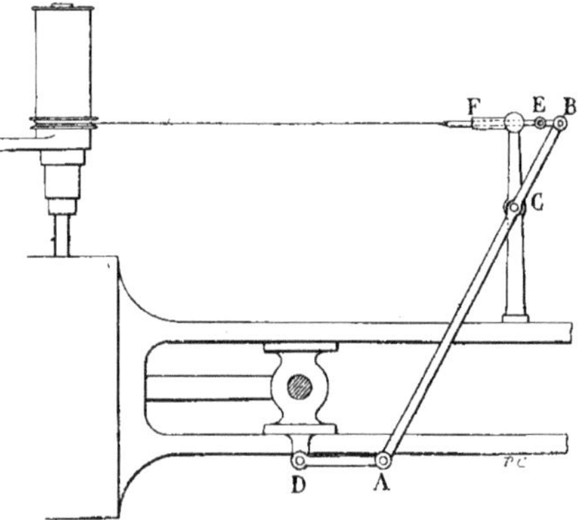

Fig. 653. – Réducteur de course de précision.

La crosse actionnant, par la bielle D A, le levier A B, le fait osciller autour du point C.

Dans ce mouvement, les points A et B du levier décrivent bien des arcs de cercle, mais la présence, à la partie supérieure, de la coulisse fixe F permet à la corde d'être guidée horizontalement et de répéter rigoureusement le mouvement rectiligne de la crosse du piston avec une amplitude réduite.

Les bielles D A et B E sont disposées pour concilier le mouvement rectiligne d'une de leurs extrémités avec le mouvement circulaire de l'autre.

Montage des indicateurs

La réduction de course du piston à vapeur étant réalisée convenablement, il importe, en outre, que l'indicateur soit monté avec un grand soin sur le cylindre dont on veut étudier la pression. La conduite de vapeur, qui le relie à ce cylindre, doit, autant que possible, être exempte de coudes. L'orifice doit être large, et ne donner lieu à aucun étranglement. Le robinet, placé sur cette conduite, doit comporter une ouverture égale au diamètre intérieur du conduit.

Toutes ces précautions doivent être prises pour permettre à l'indicateur de remplir une de ses deux fonctions essentielles, consistant à enregistrer, le plus exactement possible, la pression de la vapeur contenue dans le cylindre. Il est nécessaire, pour cela, que cette vapeur soit introduite dans l'indicateur dans un état semblable à celui qu'elle possède dans le cylindre. La seconde fonction, qui consiste, pour l'indicateur, à marquer, à chaque instant, sur le papier, la véritable position du piston, est réalisée par les moyens de réduction de course que nous venons d'examiner.

Si ces deux conditions essentielles sont remplies, il est bien évident que l'indicateur donnant exactement, pour chaque point de la course du piston, la pression de la vapeur dans le cylindre, enregistrera un diagramme qui sera la représentation fidèle du travail effectué par la vapeur sur le piston.

Mais les organes mêmes composant l'indicateur interviennent pour troubler ses fonctions.

Le ressort antagoniste du petit piston, par exemple, doit, pour être avantageusement employé, être soigneusement taré et est introduite, doit donc être déterminé pour équilibrer, quand il est chaud, la pression de la vapeur, et il est bien évident

Fig. 654. — Machine à triple expansion Villans et Robinson. Transmission aux divers étages des ateliers.

essayé dans les conditions mêmes de son emploi. Ce ressort, qui, lorsque l'indicateur fonctionne, est nécessairement porté à une certaine température par la vapeur qui y qu'à froid son élasticité n'étant pas du tout la même, il ne donnerait pas des indications exactes. C'est pour cela qu'il faut, avant d'enregistrer un diagramme sur l'indicateur, laisser l'appareil prendre, sous l'influence de la vapeur, la température convenable pour pouvoir l'employer utilement, à moins de se servir d'un indicateur à ressort extérieur, comme celui que nous avons précédemment décrit.

Le poids et l'inertie des organes de l'indicateur interviennent aussi, pour déformer les diagrammes. Nous l'avons déjà dit et nous avons examiné plusieurs types d'appareils destinés à éviter ces inconvénients. Le piston de l'indicateur doit avoir un frottement doux dans son cylindre, de façon à n'être pas trop sensible d'une part, et, d'autre part, à ne pas créer une erreur d'enregistrement due à un frottement trop grand.

Ce piston doit être, en outre, bien graissé, car le moindre grippement fausserait complètement les indications.

Il importe aussi de n'appuyer le crayon, sur le papier, que d'une manière légère, de façon à éviter, d'abord, un frottement supplémentaire, et, ensuite, à se mettre à l'abri d'une déchirure du papier.

On emploie des crayons généralement faits en plomb dur; ces crayons, taillés en pointe très fine, tracent, sur le papier glacé, des lignes parfaitement visibles, en appuyant légèrement sur lui.

On emploie également des crayons en laiton, qui frottent sur du papier enduit de blanc de zinc. Ce frottement laisse, sur le papier, une trace noire semblable à celle d'un crayon ordinaire, bien visible et bien nette.

C'est un procédé donnant d'excellents résultats.

Le lien qui réunit le tambour à papier au dispositif de réduction de course doit, également, être l'objet de soins méticuleux, pour être prêt à remplir convenablement son rôle.

Si on utilise de la corde, il convient de la soumettre, auparavant, à la tension d'un poids, de façon à lui faire perdre son élasticité.

Malgré cette précaution, la corde peut encore s'allonger, par suite d'un mouvement brusque et de l'inertie trop grande du tambour à papier, et fausser ainsi le tracé du diagramme.

Il faut, pour réduire au minimum cet inconvénient, employer la plus petite longueur possible de corde, mais, en réalité, il vaut mieux la remplacer par du fil métallique, généralement en acier. On emploie souvent, pour cela, de la corde à pianos, qui offre toute garantie au point de vue de la rigidité et de son faible allongement.

En résumé, pour qu'un indicateur puisse donner des diagrammes d'une grande précision, sans accuser des déformations dues au mouvement même des organes de cet appareil, il faut qu'il soit établi dans de certaines conditions : le piston doit avoir le plus de surface possible et un poids minimum; son frottement, dans le cylindre, être réduit à sa limite inférieure et son ressort antagoniste être à la fois rigide et léger. Le ressort du tambour à papier doit être bien approprié au poids de cet organe, qu'il y a intérêt à diminuer le plus possible.

La commande du crayon doit se faire avec le dispositif le plus léger et le moins sujet à vibrations.

Enfin, on doit employer, pour réduire la course du piston, l'arrangement qui donne la reproduction la plus exacte du mouvement.

Un indicateur, établi dans les conditions les plus favorables, doit, en outre, pour donner de bons résultats, être monté sur le cylindre en prenant certaines précautions. Nous avons déjà indiqué l'influence de la section du tuyau de jonction et nous rappelons qu'il faut éviter, avant tout, un étranglement quelconque dans les tubulures.

Il faut, aussi, placer cet indicateur, sur le cylindre, de façon que sa tubulure débouche au droit de l'extrémité de ce cylindre, sans qu'elle puisse être obturée, même partiellement, par le grand piston à vapeur arrivant à la fin de sa course. L'indicateur est, de préférence, disposé verticalement.

On en place généralement un à chaque extrémité du cylindre, et ces deux indicateurs, commandés par le même dispositif de réduction de course, enregistrent, en même temps, sur deux feuilles de papier différentes, les diagrammes du travail effectué sur chacune des faces du piston. Si les organes de la machine sont bien réglés, ces deux diagrammes seront semblables et leur comparaison pourra permettre, en cas de différence sensible, de déterminer la cause de l'irrégularité ainsi décelée.

Avant de faire fonctionner un indicateur, il est indispensable de débarrasser le cylindre à vapeur de l'eau de condensation qu'il peut contenir. On le *purge*. On réchauffe, ensuite, l'appareil, pour faire *travailler* le ressort antagoniste du piston à la température pour laquelle il a été taré; on manœuvre le robinet d'admission de vapeur dans l'indicateur de façon à le mettre successivement en communication avec l'appareil et avec l'atmosphère. On se rend ainsi un compte exact de l'état de la vapeur; et quand celle-ci est bien sèche et l'indicateur réchauffé, on approche le crayon contre le papier, de façon à l'appuyer légèrement et on relève un tracé.

Il faut, évidemment, renouveler cette opération un certain nombre de fois, de façon à s'assurer, par la comparaison de tous les diagrammes ainsi obtenus, qu'ils sont bien tous semblables et éliminer, s'il y a lieu, des déformations pouvant provenir de causes accidentelles.

Interprétation des diagrammes

Toutes les précautions que nous venons d'énumérer, et qu'il est indispensable de prendre pour assurer le fonctionnement régulier de l'indicateur, ont surtout pour but d'obtenir des tracés représentant, le plus exactement possible, le travail effectué dans le cylindre. Si ce résultat est atteint, on peut, au simple aspect des diagrammes relevés, juger de la valeur de la machine, de sa régularité de marche et savoir si ses organes, principalement ceux de distribution, sont judicieusement réglés et disposés pour fournir la plus grande somme de travail.

On voit que la question est de toute importance.

Nous n'allons pas entrer ici dans le détail des cas multiples qui peuvent influencer la marche d'une machine et donner lieu à des diagrammes déformés par rapport au diagramme normal.

Cependant, nous signalerons, à titre d'exemples, quelques cas principaux démontrant les avantages qu'on peut retirer d'une *analyse* et d'une *interprétation* de diagrammes convenablement faites.

Si, par exemple, l'indicateur enregistrait un diagramme comme celui qui est représenté par la figure 655, on remarquerait immédiatement que ce diagramme présente par rapport au diagramme normal, que nous avons tracé en pointillé, une différence sensible en deux points.

A l'extrémité supérieure droite, en A, la courbe s'infléchit et le diagramme relevé est limité, à ce point, par un fort arrondi.

A l'extrémité gauche, en B, la courbe du diagramme forme une pointe, au lieu d'être régulièrement arrondie comme dans le diagramme normal.

Les deux défauts qu'accuse un pareil diagramme sont : pour le point A, une avance à l'admission trop réduite; pour le point B, une avance à l'échappement également trop réduite.

En effet, en nous reportant à l'analyse du diagramme que nous avons faite plus haut, nous voyons que si la distribution de la machine considérée avait permis de commencer l'admission au point C, comme cela doit avoir normalement lieu, le tracé du diagramme se serait rapproché de la ligne pointillée, puisque, par l'admission de vapeur vive, la pression dans le cylindre se serait élevée jusqu'à atteindre la pression maximum, quand le piston aurait eu terminé sa course vers la droite. C'est donc au point A que le tracé du diagramme serait venu aboutir. Mais l'avance à l'admission n'existant pour ainsi dire pas, la pleine pression ne s'établit dans le cylindre que lorsque le piston a parcouru le chemin E F, dans sa course inverse de la précédente, et la ligne de pression maximum ne devient sensiblement horizontale qu'à partir du point D, la partie D C étant constituée par une courbe accentuée.

De même à l'extrémité B du diagramme, on voit que pendant que le piston, en effectuant sa course de retour vers la droite, parcourt le chemin G H, la pression de la vapeur, dans le cylindre, se maintient supérieure à celle qui devrait, en réalité, y exister. Cette pression anormale, représentée par la ligne B H, diffère sensiblement de la pression normale représentée par la ligne courbe B I H. Cela indique que pendant la course du piston de G à H il s'est trouvé une lumière du cylindre fermée qui, en fonctionnement normal, aurait dû être ouverte et qui a provoqué, par la compression de la vapeur encore contenue dans le cylindre, le supplément de pression relevé sur le diagramme. A ce moment de la course du piston, c'est la lumière d'échappement qui devrait être ouverte. Si elle est obturée, c'est que la distribution n'est pas suffisamment bien réglée pour établir l'avance à l'échappement nécessaire pour que la vapeur puisse commencer à être évacuée à partir du point J, quand le piston va atteindre sa fin de course vers la gauche, et pour qu'elle continue à trouver un orifice suffisamment ouvert pour être refoulée à l'extérieur, sans créer, sur la face du piston, une contre-pression nuisible.

Donc, en résumé, l'analyse du diagramme nous indique deux défauts dans la distribution : une avance à l'admission beaucoup trop faible et une avance à l'échappement également trop faible.

On voit que la perte de travail résultant de ces deux défauts est sensible. Elle est mesurée, sur le diagramme, par la différence entre la surface du diagramme obtenu, dans lequel il a été mis des hachures, et la surface du diagramme qu'on devrait obtenir, et qui est limité par des pointillés.

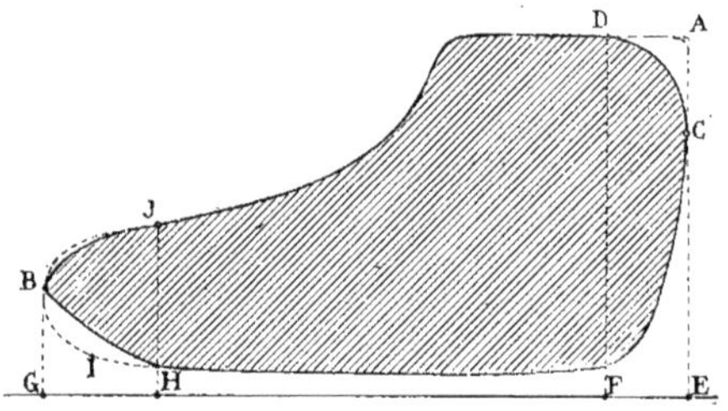

Fig. 655. — Diagramme. Avances à l'admission et à l'échappement trop faibles.

Le diagramme représenté par la figure 656 accuse, lui aussi, des défauts dans la distribution, qui se traduisent par des déformations sensibles du diagramme relevé. Ces déformations ne sont évidemment pas produites par les mêmes causes que les déformations du diagramme précédent. Le simple aspect de la courbe enregistrée l'indique clairement.

Analysons ce diagramme, en le comparant au diagramme normal qui est toujours limité par des traits pointillés.

Quand le piston effectuant sa course vers la droite arrive au point C, il lui reste à parcourir le chemin C D pour arriver à la fin de sa course. Nous savons que, pendant cet intervalle, la *compression* a lieu dans le cylindre, du point C au point E, et que l'ouverture de la lumière d'admission se produit ensuite, constituant ainsi l'*avance à l'admission,* du point E au point F.

Dans le diagramme considéré, il n'en est pas ainsi. A partir du point C, la pression devient très grande, derrière le piston, créant ainsi une *compression* manifestement exagérée. Cette compression est représentée, sur la figure, par la ligne C F. Si la fermeture de l'échappement s'est produite au moment voulu, et le diagramme relevé indique qu'il en est ainsi, au point C, la compression exagérée ne peut donc être provoquée, sur la face droite du piston, que par une nouvelle admission de vapeur vive certainement effectuée trop tôt.

C'est bien ce qui s'est produit. Cette admission a commencé lorsque le piston avait encore à parcourir un chemin C D, trop grand, avant d'atteindre l'extrémité de sa course; il a été obligé de comprimer la vapeur introduite, au détriment du travail qui s'effectuait sur l'autre face.

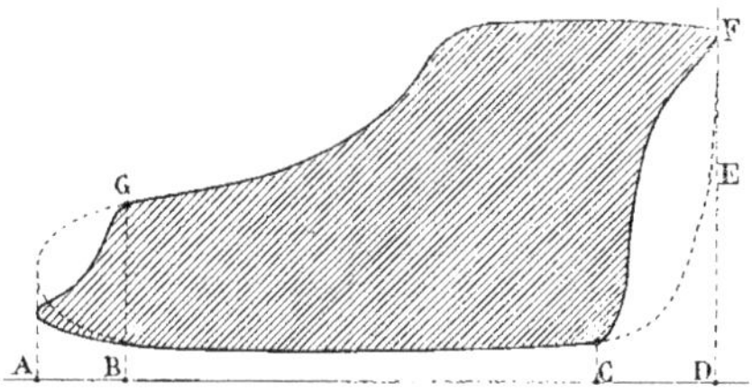

Le réglage de la distribution est imparfait et comporte une *avance à l'admission* trop grande; c'est le défaut inverse du diagramme précédent, mais on voit que la perte de travail est encore plus grande. Cette perte est représentée par la surface de la figure limitée par les courbes C F E C.

A l'autre extrémité du diagramme, le tracé enregistré s'infléchit brusquement, à partir du point G, pendant que le piston effectue sa course vers la gauche, le chemin B A restant à parcourir, pour atteindre l'extrémité de cette course.

La pression de la vapeur, qui pousse ce piston vers la gauche, est donc subitement tombée pour atteindre son degré minimum quand le piston arrive en A.

Ce résultat n'a pu se produire, derrière le piston, que par l'ouverture anticipée de la lumière d'échappement qui évacue la vapeur, dans l'atmosphère ou dans le condenseur, et c'est ici le cas, avant qu'elle ait pu achever son travail sur le piston.

De là, une perte de travail appréciable, qu'on peut déterminer par la comparaison du diagramme relevé et du diagramme normal.

Dans le cas que nous venons d'analyser, les deux défauts de la distribution accusés par la courbe enregistrée au moyen de l'indicateur sont, d'une part : avance trop considérable dans l'ouverture de l'admission de vapeur et, d'autre part, avance également trop grande dans l'ouverture de l'échappement de vapeur.

G F E A B C D

Fig. 656. — Diagramme. Avances à l'admission et à l'échappement trop grandes.

Dans le cas d'une distribution à tiroir glissant ordinaire, un décalage de l'excentrique qui commande le tiroir pourra permettre de corriger à la fois ces deux défauts.

Le diagramme représenté par la figure 657 accuse des défauts, dans les organes de distribution, différents de ceux que nous venons de rencontrer dans les deux cas précédents.

En effet, l'aspect du diagramme indique que les diverses phases de la distribution se font au moment convenable de la course du piston. On ne relève pas, sur la courbe tracée, les infléchissements caractérisant les avances à l'admission et à l'échappement trop grandes ou trop faibles, que nous avons trouvées précédemment.

Nous remarquons, pourtant, qu'à partir du point A, moment où la pleine pression est établie dans le cylindre, cette pression de la vapeur diminue pendant que le piston effectue sa course. Au lieu d'être traduite, sur le tracé, par une ligne A B sensiblement horizontale, elle est représentée par la ligne oblique A C. Or, pendant que le piston parcourt le chemin D F, correspondant à la ligne de pression A C, il n'y a d'ouvert, dans le cylindre, que la lumière d'admission. Donc, ou bien la vapeur provenant de la chaudière, et introduite par cette lumière, n'est pas à une pression suffisante, ce qui est facile à vérifier avec le manomètre et à corriger, ou bien l'ouverture d'admission, n'étant pas suffisamment grande, limite l'arrivée de la vapeur en l'étranglant, la laminant, et provoque une chute de pression qui ne permet pas d'effectuer, sur la surface du piston, le travail convenable.

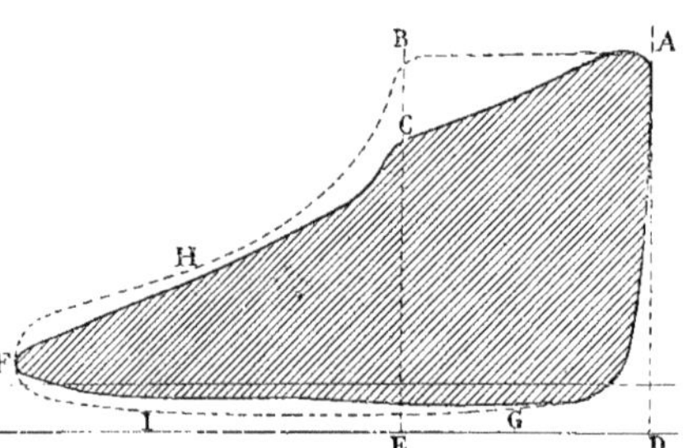

Fig. 657. — Diagramme. Orifices d'admission et d'échappement insuffisants, vapeur laminée.

Dans ce cas, la lumière d'admission doit être agrandie, de façon à éviter ce laminage fortement nuisible.

De même le tracé F G, du diagramme, indique également une ouverture de la lumière d'échappement insuffisante; la vapeur ne trouvant pas, pour s'échapper dans le condenseur, un orifice suffisant, se lamine, et le piston la comprime dans sa course vers la droite, provoquant ainsi, dans le cylindre, une contre-pression nuisible, qui est représentée par la ligne F G, laquelle devrait se confondre avec la ligne F I G, si les dimensions des lumières d'échappement avaient été convenablement calculées.

Une autre remarque que l'on peut faire sur le même diagramme intéresse la façon dont s'effectue la détente. On sait que, normalement, la pleine pression dans le cylindre, ayant lieu du point A au point B, pendant que le piston parcourt le chemin DE, la détente commence, en ce point B, par la brusque fermeture de la lumière qui introduit la vapeur dans le cylindre. A ce moment, la pression baisse progressivement, derrière le piston, pendant que la vapeur augmente de volume, se détend et effectue un travail dû à sa propre force élastique. Cette phase est représentée, sur le diagramme normal, par la courbe B H. Dans le tracé relevé, cette courbe est la ligne C H, qui fait presque suite, d'une façon continue, à la ligne de pleine pression A C. Cela indique, en plus du défaut grave que nous venons de signaler : lumières d'admission insuffisamment grandes, que la fermeture de ces lumières, pour produire la détente, ne se fait pas assez rapidement; la vapeur a le temps de pénétrer encore dans le cylindre, pendant que le piston continue son chemin, et il en résulte, de nouveau, un laminage de la vapeur et une perte sensible de pression, tout en dépensant une quantité de vapeur plus grande.

Nous avons déjà indiqué les avantages d'une fermeture brusque des lumières d'admission et il est incontestable que les machines genre Corliss, par exemple, ou à soupapes, répondent mieux à ces conditions de bon fonctionnement que les machines à tiroirs ordinaires superposés.

En résumé, le diagramme représenté par la figure 657 décèle des défauts graves qu'on ne peut corriger, cette fois, par un simple décalage de l'excentrique. Ce sont les dimensions mêmes des organes de distribution qui sont en cause et qu'il faut modifier si on veut obtenir une bonne utilisation de la machine.

Nous allons terminer cet aperçu d'interprétation de diagrammes par l'analyse d'un dernier tracé que nous supposerons avoir été relevé, au moyen d'un indicateur fonctionnant bien, sur une machine à étudier.

Ce tracé (Fig. 658) a une forme qui ne nous est pas familière et il est évident, au simple aspect, que quelque chose d'anormal s'est produit dans la disposition des organes de distribution.

Sur le tracé relevé, indiquons en pointillé le diagramme normal qui aurait dû être obtenu, et suivons la marche du piston, dans les deux sens, en contrôlant, pour chacune de ses positions essentielles, la valeur de la pression dans le cylindre.

Quand le piston est au point A, presque à la fin de sa course vers la droite, l'admission de vapeur doit commencer, de façon que lorsqu'il arrive au point B, la pleine pression soit établie dans le cylindre en donnant lieu à la courbe I J. Notre tracé nous indique, d'abord, que l'admission de cette vapeur, au lieu de s'effectuer comme nous venons de le dire, ne commence à s'établir que lorsque le piston a, non seulement parcouru son chemin A B vers la droite, mais encore le chemin B G vers la gauche. En outre, la pleine pression n'est établie que lorsque le piston a parcouru un nouveau chemin G F, dans le même sens, la ligne de pression étant représentée par la courbe L M. Voilà déjà une première circonstance anormale, qui montre que l'organe qui distribue la vapeur n'est pas calé à une position convenable, par rapport au piston de la machine.

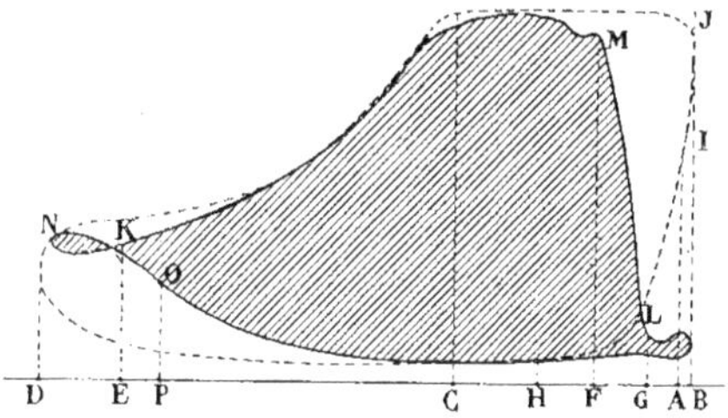

Il en résulte, comme on peut s'en rendre aisément compte sur la figure 658, une perte de travail considérable.

Continuons. La pleine pression ne persiste, suivant les indications du tracé relevé, que pendant un temps très court, la période de détente commençant presque tout de suite.

Quand le piston est arrivé au point E de sa course vers la gauche, la pression de la vapeur, au lieu de s'abaisser, puisque l'échappement doit être ouvert à ce moment, s'élève, au contraire, sur le tracé, et vient, à la fin de course du piston, au point D, atteindre le point N sur la courbe, et ne commence à diminuer sensiblement qu'au point O, lorsque le piston a parcouru le chemin D P vers la droite. Le tracé relevé est, à ce point du diagramme, en forme de boucle. Cela indique d'une manière évidente que l'échappement n'avait pas été ouvert au moment voulu et que le piston, en commençant sa course vers la droite, a comprimé, pendant sa course D P, la vapeur emprisonnée dans le cylindre par l'obturation intempestive de la lumière d'échappement. Donc, dans cette phase encore, nous constatons que l'organe distributeur de vapeur n'est pas calé convenablement par rapport au piston, puisqu'il ne découvre pas la lumière d'échappement à temps. En outre, ce retard à découvrir l'échappement correspond, sensiblement, au retard que nous avons constaté dans l'ouverture de la lumière d'admission.

Nous pouvons en conclure qu'il y a certainement un décalage injustifié de l'excentrique qui commande les distributeurs, que l'on doit ramener à une position convenable pour corriger les défauts très graves que vient de nous accuser le tracé relevé par l'indicateur. La perte de

Fig. 658. — Mauvais diagramme.

travail est en effet considérable; on l'apprécie aisément en comparant la surface du diagramme relevé sur la machine avec le diagramme qui aurait dû être normalement obtenu.

Diagrammes des diverses catégories de machines

Les divers diagrammes, dont nous venons de parler, se rapportent à des machines ne possédant qu'un seul cylindre à vapeur. Le volume engendré par la course du piston, dans le cylindre, est strictement proportionnel à cette course, ce qui fait que nous avons pu considérer, sur la ligne des abscisses, dans les diagrammes, les positions successives du piston comme représentant, à ces moments, le volume de vapeur contenu dans le cylindre. Ce que nous avons pu ainsi établir pour les machines à un seul cylindre ne pourrait l'être, de la même façon, pour les machines à plusieurs cylindres dans lesquelles ceux-ci peuvent avoir la même course, mais ont toujours des diamètres différents et, par conséquent, des volumes différents, également. Pour représenter les diagrammes de chacun des cylindres de la machine sur une même feuille, de façon à les juxtaposer pour en faire la surface totale et à les analyser judicieusement, on sera forcé de porter, sur l'axe des *abscisses*, la grandeur des différents volumes de vapeur engendrés par la course du piston en chacun des points essentiels de cette course.

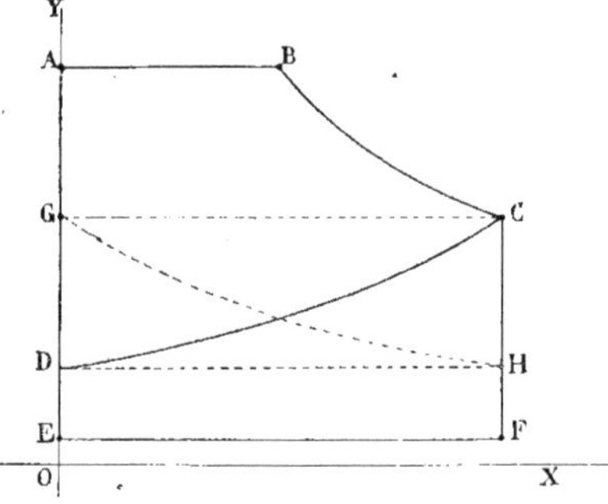

Fig. 659. — Diagramme théorique de machine Woolf.

Nous allons nous expliquer avec plus de détails, en établissant le diagramme de la machine de Woolf.

On sait que la machine de Woolf, dont nous avons parlé précédemment, page 298, comporte deux cylindres de diamètres différents (Fig. 380) dont l'extrémité supérieure de l'une communique avec l'extrémité inférieure de l'autre, et réciproquement. Les deux pistons qui se meuvent dans ces cylindres sont solidaires d'un même balancier ou du même arbre de la machine, et se déplacent, tous les deux, dans le même sens, en même temps.

Traçons le diagramme *théorique* de cette machine, en supposant que nous n'ayons aucune avance ni à l'admision, ni à l'échappement, et que la dépression de la vapeur, due aux conduits, soit nulle pendant son parcours total.

La vapeur est d'abord admise dans le petit cylindre. Son volume, admis à pleine pression, est égal à A B (Fig. 659) et la ligne du diagramme, correspondant à cette phase, sera la ligne horizontale A B, tracée à une distance O A de l'axe O X, qui est la ligne du vide absolu, égale à la pression maximum absolue de la vapeur dans le petit cylindre. La ligne B C, du diagramme théorique, représentera la ligne de détente dans le petit cylindre, qui se continuera jusqu'au bout de la course de ce dernier. A ce moment, la communication s'établit entre les deux cylindres et la vapeur sera admise dans le grand. Dans le petit cylindre, la variation de la pression sera représentée par la ligne C D et le diagramme de ce petit cylindre seul serait la figure A B C D.

Mais la vapeur admise dans le grand cylindre effectue également un travail sur le grand piston. La variation de la pression dans le grand cylindre, à partir du point C, et pendant le retour des pistons vers la gauche, sera la même que la variation de cette pression dans le petit pendant toute la course C D, puisque, pendant tout cet intervalle, les deux cylindres communiquent. La ligne C D représentera donc la pression dans le grand cylindre. Au point D, cette pression deviendra la même que celle du condenseur, car, à ce moment, le conduit d'échappement du grand cylindre sera ouvert.

Enfin, la ligne E F représentera la contre-pression existant dans le grand cylindre pendant le retour du piston vers la droite. Le diagramme du grand cylindre sera la figure C D E F, et le diagramme total des deux cylindres sera la figure A B C F E.

On peut, également, représenter le diagramme du grand cylindre par la figure G H F E, dont la surface sera identiquement la même que celle du diagramme précédent, en faisant E G = F C et E D = F H; mais, ainsi que nous l'avons dit plus haut, les deux diagrammes que nous venons de déterminer, pour chacun des cylindres, sont bien rapportés à la course E F des pistons qui est la même pour les deux; mais, en réalité, il faut proportionner les diagrammes de chacun des cylindres aux volumes engendrés par le déplacement de chacun des pistons, pour les diverses fractions de leur course.

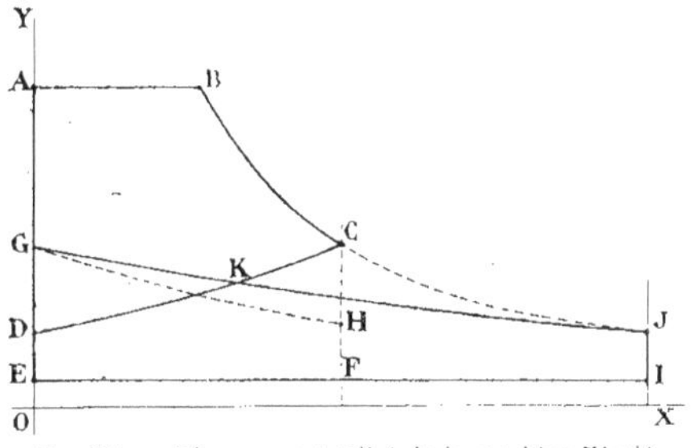

Fig. 660. — Diagramme totalisé de la machine Woolf.

Le diagramme du petit cylindre restant le même, on portera une longueur E I (fig. 660) qui sera, par rapport à la longueur E F, proportionnelle aux volumes des deux cylindres.

E F représentera donc le volume du petit cylindre et E I le volume du grand.

Les ordonnées du diagramme réduit E G H F du grand cylindre devront être également reportées, en grandeur proportionnelle, à partir de la ligne E I, et à leur place respective. La nouvelle courbe obtenue sera la ligne G J qui donnera, proportionnellement au volume du petit cylindre, la variation C D de la pression dans le grand.

Le diagramme du grand cylindre sera donc représenté par la figure E G J I et le diagramme totalisé de la machine Woolf sera la somme des aires des figures A B C D et E G J I.

Ces deux figures ont la surface G K D commune.

Si nous traçons, en pointillé, la continuation de la courbe de détente B C du petit cylindre, cette ligne rejoindra le diagramme du grand cylindre au point J. On démontre facilement que la surface C K J, que nous venons de constituer par ce tracé, est égale à la surface G K D, commune aux deux diagrammes.

On peut donc dire, en remplaçant une surface par l'autre, que le *diagramme totalisé* de la machine Woolf pourra être représenté par la figure A B J I E.

Cette figure représente, *théoriquement*, le diagramme d'une machine dont le cylindre aurait un volume égal au grand cylindre de la machine Woolf et dans lequel on admettrait la vapeur à la pression du petit cylindre.

Il semble donc qu'on n'ait aucun intérêt à juxtaposer deux cylindres pour obtenir deux détentes successives de la vapeur; mais ce serait une conclusion inexacte tirée de ce que nous venons d'expliquer, car, en réalité, les diagrammes obtenus sont loin de ressembler aux diagrammes théoriques et nous aurons l'occasion de nous étendre, plus loin, sur les avantages de la *multiple expansion*.

La figure 661 représente le diagramme que l'on peut pratiquement relever sur une machine de Woolf.

Le diagramme supérieur est celui qui se rapporte au petit cylindre.

Quand la vapeur est admise à pleine pression, depuis le point A, la ligne des pressions est représentée par A B, un peu oblique, parce que pendant l'admission, la pression baisse légèrement dans le petit cylindre.

La courbe de détente est la ligne B C, et, à partir de ce point, commence l'avance à l'échappement de vapeur de ce petit cylindre dans le grand. La pression continue à diminuer et ses variations sont représentées par la courbe D E. En ce dernier point, la communication entre les deux cylindres est fermée, et le petit piston comprime, dans son cylindre, la vapeur qui y est encore contenue. Cette phase est représentée, sur le diagramme, par la ligne de compression E A.

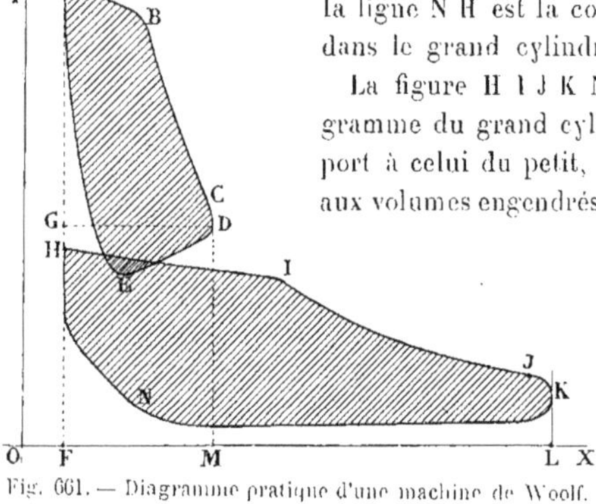

Fig. 661. — Diagramme pratique d'une machine de Woolf.

La figure A B C D E est le diagramme du petit cylindre.

Le diagramme du grand est tracé sur une longueur F L, qui représente le volume de ce cylindre, la longueur F M représentant le volume du petit.

Quand le petit piston est à la fin d'une de ses courses, au point D, la pression de la vapeur qui est, à ce moment, introduite dans le grand cylindre, est mesurée par l'ordonnée D M.

S'il n'y avait aucune perte de charge, cette pression se maintiendrait dans le grand cylindre, au commencement de l'admission, et serait représentée par l'ordonnée F G.

Mais la présence des conduits de communication réduit cette pression à la valeur F H, et c'est ce point H qui est le sommet du diagramme du grand cylindre.

Les phases de la distribution, dans ce cylindre, sont les mêmes que dans l'autre, et on obtient une ligne H I de pleine pression. Cette pleine pression est évidemment réduite, par rapport à celle du petit cylindre, qui était mesurée par l'ordonnée F A. La ligne I J est la courbe de détente; puis on obtient la courbe représentant l'avance à l'évacuation, le point K étant la fin de course du grand piston.

La ligne K N est l'échappement, et enfin la ligne N H est la courbe de compression dans le grand cylindre.

La figure H I J K N représente le diagramme du grand cylindre, tracé par rapport à celui du petit, proportionnellement aux volumes engendrés par les deux pistons.

Le travail total effectué par la vapeur, sur les deux pistons, sera la somme des surfaces de ces deux diagrammes, ce que nous avons, précédemment, appelé le « diagramme totalisé ».

La *machine de Woolf* est une machine à *deux expansions*.

Les machines à *deux expansions*, ou à *deux détentes* successives, sont, généralement, appelées *machines compound*, mais il y a une différence essentielle entre ces deux types de machines qui comportent chacune deux *détentes*.

Dans la *machine de Woolf*, les cylindres communiquent directement entre eux, la vapeur, sortant du petit, trouvant toujours ouvert l'orifice du grand. Les pistons marchent toujours dans le même sens.

Dans la *machine compound*, les cylindres comportent, entre eux, un réservoir intermédiaire, dans lequel la vapeur attend l'ouverture des lumières par lesquelles s'effectue l'admission dans le grand cylindre. Les pistons, se mouvant dans les deux cylindres, ne marchent pas toujours dans le même sens, les manivelles placées en bout des tiges de ces pistons étant généralement calées sur l'arbre de la machine de façon à former, entre elles, un angle droit. La machine compound comporte, comme la machine Woolf, un petit cylindre dans lequel la vapeur est, d'abord, admise à haute pression, et où elle se détend, et un grand cylindre, dans lequel s'opère la deuxième détente de la vapeur.

Le diagramme pratique d'une machine compound est représenté par la figure 662.

La ligne O X étant la ligne du vide absolu, par exemple, et la ligne A B étant la ligne de pression de la vapeur dans le réservoir intermédiaire, disposé entre les deux cylindres, on obtient, pour le petit cylindre, le diagramme C D E F, tracé comme si la machine ne possédait que ce cylindre, le volume occupé par la vapeur dans ce cylindre étant mesuré par la longueur G H. La ligne E F, qui représente la pression de la vapeur pendant l'évacuation du petit cylindre dans le réservoir intermédiaire, passe au-dessus de la ligne B A qui indique la pression de ce réservoir. On ne peut, en effet, éviter une baisse de cette pression pendant l'écoulement de la vapeur et il convient, pour rendre cette baisse moins sensible, de laisser aux conduits de communication des orifices suffisamment grands pour que la vapeur s'écoule sans être laminée.

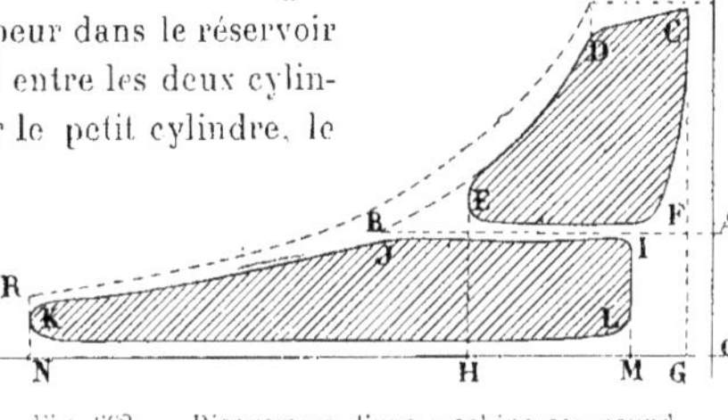

Fig. 662. — Diagramme d'une machine compound.

Dans certaines machines compound, on réchauffe le réservoir intermédiaire pour compenser la baisse de pression de la vapeur qui y est amenée.

Le diagramme du grand cylindre est représenté par la figure I J K L. Pour pénétrer du réservoir intermédiaire dans le grand cylindre, la vapeur diminue encore de pression, en parcourant les conduits de communication, et la ligne de pleine pression du grand cylindre, au lieu de suivre la ligne A B, est représentée par la ligne I J qui passe au-dessous. Le diagramme du grand cylindre est ensuite tracé comme si ce cylindre était seul, son volume utile, proportionnel au volume utile du petit cylindre, étant mesuré par la longueur M N.

Le diagramme tracé en pointillé représente le diagramme fictif de la même machine. Ce tracé serait obtenu si la machine était parfaite et si on pouvait éviter les pertes de charge dues à la baisse de pression de la vapeur pendant les diverses phases de la distribution.

On peut se rendre compte, en comparant le diagramme réel et le diagramme fictif, du degré de perfection obtenu dans la machine étudiée, et cette comparaison peut permettre de déterminer, le cas échéant, le genre et la valeur des modifications à apporter aux organes de distribution, pour obtenir un meilleur service de la machine.

Certaines machines et, principalement, les machines marines, comportent plus de deux expansions successives. Elles sont constituées pour que la vapeur puisse se détendre trois et même quatre fois avant d'être évacuée dans le condenseur. Chaque détente s'opère, généralement, dans un seul cylindre. Les machines comportant trois détentes successives sont nommées machines à *triple expansion* et ont, généralement, trois cylindres.

Les machines comportant quatre détentes se nomment machines à *quadruple expansion* et possèdent, généralement, quatre cylindres.

Nous avons représenté dans la figure 663, le tracé d'un diagramme d'une machine à triple expansion. Les volumes utiles des trois cylindres, établis d'une façon proportionnelle, sont mesurés, respectivement, par la longueur A B, pour le petit cylindre, A C, pour le moyen, et A D, pour le grand.

La machine à triple expansion comporte, nécessairement, deux réservoirs intermédiaires. Dans le premier, la ligne de pression de la vapeur qui y est contenue est représentée par la ligne E F. Dans le second, la ligne de pression est la ligne G H.

La vapeur est d'abord introduite dans le petit cylindre, appelé, pour cela, cylindre de *haute pression,* puis, elle est admise dans le cylindre de diamètre moyen, qui a été nommé cylindre de *moyenne pression,* et, enfin, dans le grand cylindre appelé cylindre de *basse pression.*

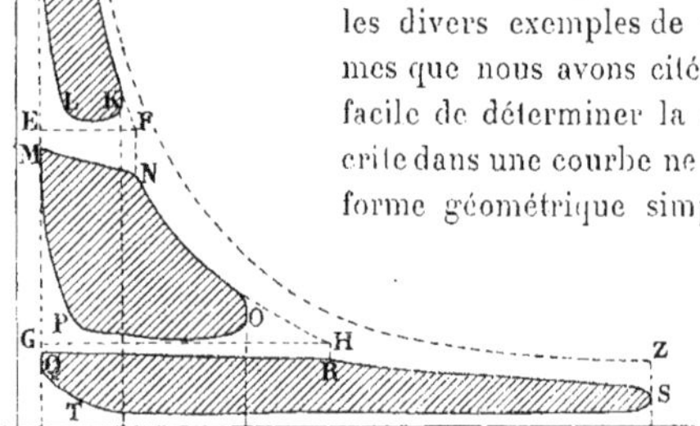

Fig. 663. — Diagramme d'une machine à triple expansion.

Le diagramme est tracé, pour chaque cylindre, comme si la machine n'en comportait pas d'autres et en prenant, pour chacun d'eux, la pression réelle de la vapeur qui y est admise.

La figure I J K L est le diagramme du *petit cylindre de haute pression.*

La figure M N O P est le diagramme du *cylindre de moyenne pression* et la figure Q R S T représente le tracé du diagramme du *cylindre à basse pression* ou grand cylindre.

La somme des surfaces de ces trois diagrammes représente le travail effectué sur les pistons par un seul volume de vapeur, U V, introduit dans le petit cylindre, ce volume se trouvant porté, dans le troisième cylindre à la longueur O D, à la suite des trois détentes successives.

La longueur O A, comptée dans le volume de vapeur total, et placée en dehors du volume de vapeur utilisé, représente le volume occupé, dans les cylindres, par les *espaces morts,* dont nous avons parlé précédemment.

Le diagramme *fictif* de la machine à triple expansion que nous venons d'examiner serait la figure U V Z D O, dans lequel les *espaces morts* seraient nuls et où on n'aurait aucune perte de charge par l'écoulement de la vapeur dans les conduits de communication.

Mesure des diagrammes La surface des diagrammes mesurant le travail effectué, par la vapeur, dans les cylindres de la machine, il est très important de pouvoir mesurer, avec le plus de précision possible, cette surface. Or, comme nous l'avons vu par les divers exemples de tracés de diagrammes que nous avons cités, il n'est pas très facile de déterminer la surface exacte inscrite dans une courbe ne présentant aucune forme géométrique simple. On a dû avoir recours, pour faire cette détermination, à des méthodes de calcul spéciales, et à l'emploi d'instruments, nommés *planimètres,* donnant, automatiquement, la surface du diagramme considéré.

Pour obtenir la surface d'un diagramme, on le divise généralement en une certaine quantité de tranches, en traçant des lignes verticales parallèles à l'*axe des ordonnées* (Fig. 664). Ces lignes sont, le plus souvent, menées par des points pris sur l'*axe horizontal des abscisses,* qui divisent la longueur représentant la course du piston, en dix parties égales.

On détermine, ainsi, sur le diagramme, dix figures que l'on peut sensiblement assimiler à des trapèzes, l'erreur due à ce que les petits côtés ne sont pas parfaitement rectilignes étant négligeable. Les erreurs que l'on fait, en remplaçant les figures obtenues par des trapèzes, n'affectent guère que la première et la dernière de ces figures.

La surface totale de ces dix figures représentera donc bien la surface totale du diagramme. Or, on sait que, pour obtenir la surface d'un trapèze, il faut multiplier la demi-somme des bases par la hauteur.

La demi-somme des bases $\frac{AB + CD}{2}$ peut être représentée, dans le trapèze A C D B, par la ligne E F, qui joint les milieux des petits côtés.

La hauteur du même trapèze est la longueur de la perpendiculaire abaissée sur les bases A B et C D.

Cette longueur est égale à G H. La surface du trapèze peut donc être ramenée au produit $EF \times GH$. En faisant, ainsi, successivement, la surface des dix trapèzes, et en les additionnant, on aura la surface totale du diagramme.

On remarquera que pour déterminer la surface d'un trapèze, un des facteurs, la longueur G H, est très facile à obtenir, puisque c'est la dixième partie de la longueur totale du diagramme.

Le second facteur, la longueur E F, est déterminé moins aisément, et c'est à sa mesure qu'il faut apporter un soin et une précision extrêmes.

Cette longueur E F est appelée *ordonnée moyenne*. Chaque trapèze comporte son *ordonnée moyenne*, tracée parallèlement aux deux bases et à égale distance de chacune.

La somme des surfaces des dix trapèzes, qui sera la surface totale du diagramme, pourra donc se traduire par la somme de toutes les ordonnées moyennes, multipliée par la même hauteur G H, commune aux dix trapèzes, puisque nous avons divisé la ligne O X en dix parties égales. On pourra donc obtenir la surface du diagramme en portant bout à bout, par exemple, sur une feuille de papier, les longueurs des dix ordonnées moyennes, tracées préalablement sur le diagramme, et en faisant le produit de la longueur totale ainsi obtenue, et mesurée avec le plus de soin possible, par la dixième partie de la longueur O X du diagramme.

On peut également procéder comme il suit dans la pratique : quand on connaît la somme des longueurs des dix ordonnées moyennes, on divise cette somme par dix, pour obtenir ce que l'on nomme *l'ordonnée moyenne du diagramme* et pour avoir la surface de celui-ci, il suffit alors de multiplier *son ordonnée moyenne*, ainsi obtenue, par sa *longueur totale* O X.

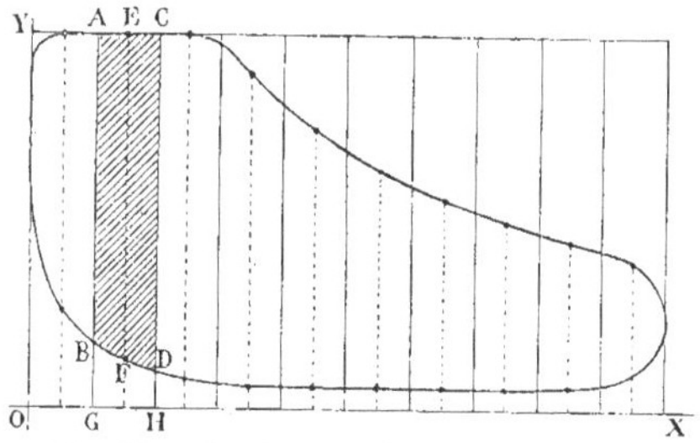

Fig. 664. — Tracé sur un diagramme permettant de mesurer sa surface.

Cette méthode de détermination de la surface peut donner des résultats précis si on prend toutes les précautions indispensables pour relever les dimensions bien exactes des ordonnées moyennes.

Pour faciliter le tracé de ces ordonnées, et pour pouvoir le réaliser à la fois rapidement et avec précision, on emploie des petits instruments, appelés *grilles*, qui, placés sur les diagrammes, déterminent, d'un seul coup, la position exacte des dix ordonnées.

La grille (fig. 665) se compose d'un parallélogramme métallique articulé A B C D, formé de quatre réglettes de faible épaisseur. Sur les deux réglettes longitudinales sont articulées, en outre, dix autres réglettes transversales qui les relient.

Ces réglettes sont espacées, entre elles, de la même quantité. Les règles extrêmes, seules, sont écartées des réglettes voisines, de la moitié, seulement, de l'intervalle commun qui sépare les autres.

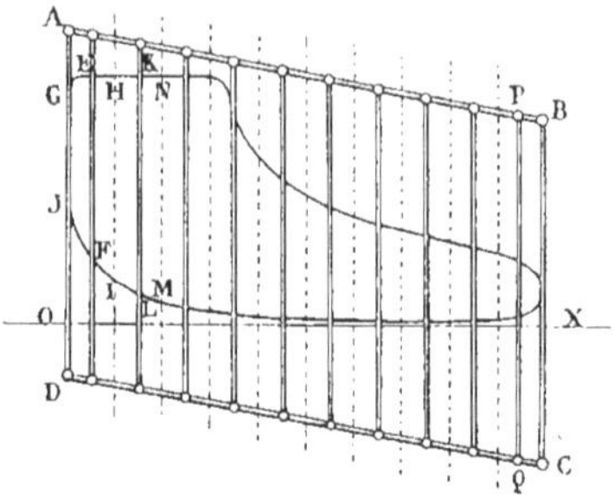

Fig. 665. — Grille.

Quand on veut tracer, sur un diagramme, les dix ordonnées moyennes, on pose la réglette extrême A D, de façon qu'un de ses bords soit sur la ligne qui passe par l'extrémité gauche du diagramme, perpendiculairement à la ligne atmosphérique O X. On fait, ensuite, jouer le parallélogramme articulé, de manière que le bord de la réglette B C soit tangent à l'extrémité droite du diagramme. Il faut avoir bien soin, dans ce mouvement, de conserver aux règles A D et B C la direction perpendiculaire à la ligne O X. En appliquant, avec la main, la grille sur le papier où est inscrit le diagramme, on trace, en suivant les bords de toutes les réglettes intermédiaires, les dix ordonnées moyennes du diagramme. On peut prendre, pour exécuter le tracé, un bord quelconque des réglettes, à condition d'aligner le bord de même sens des réglettes extrêmes avec les extrémités du diagramme.

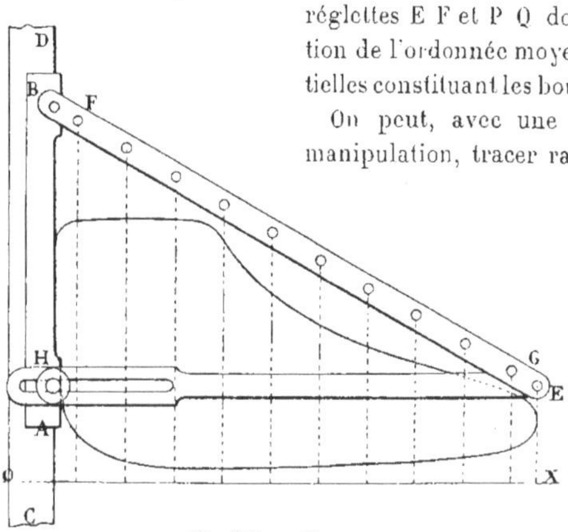

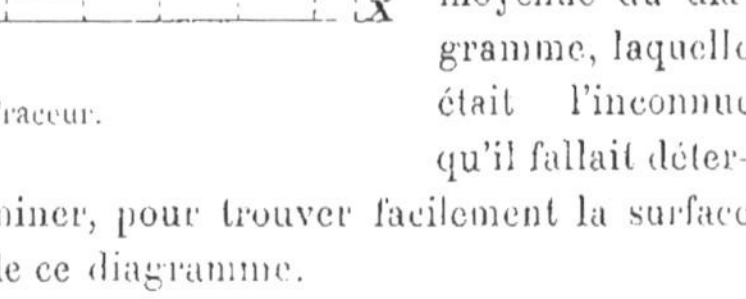

Fig. 666. — Traceur.

La ligne E F ainsi tracée, par exemple, est bien au milieu de la figure G H I J qui représente, ainsi que nous venons de le voir précédemment, une des dix surfaces composant le diagramme.

La ligne K L partage, également, la figure H N M I en deux parties égales. Les distances séparant les lignes G J, H I, N M sont égales entre elles et sont le dixième de la longueur O X.

De même, la distance séparant les lignes E F et K L est aussi égale au dixième de la longueur O X.

Il n'y aura que les lignes G J et E F à une extrémité, et P Q et B C, à l'autre, qui ne seront espacées que de la moitié de l'intervalle, ce qui est nécessaire pour que les réglettes E F et P Q donnent bien la position de l'ordonnée moyenne des figures partielles constituant les bouts des diagrammes.

On peut, avec une petite pratique de manipulation, tracer rapidement et exactement les ordonnées des diagrammes. On n'a ensuite qu'à rapporter, bout à bout, leur longueur, et en divisant par 10, on obtient l'ordonnée moyenne du diagramme, laquelle était l'inconnue qu'il fallait déterminer, pour trouver facilement la surface de ce diagramme.

La grille, au lieu d'affecter la forme d'un parallélogramme, est constituée quelquefois, par un triangle métallique et, dans ce cas, on lui adjoint des crayons qui tracent toutes à la fois les dix ordonnées sur le papier.

L'instrument (Fig. 666) comporte une réglette A B, dont les bords, aux extrémités, sont repliés à angle droit, de façon à pouvoir s'appuyer contre une règle plate indépendante, C D, qui servira de guide.

Au point B de la réglette A B, est articulée une autre réglette B E, percée de dix trous, dans lesquels sont placés des stylets ou des crayons. Ces crayons sont disposés à égale distance les uns des autres, mais les crayons extrêmes ne sont respectivement distants des points d'articulation B et E que d'un demi-intervalle, disposition semblable à celle de la grille précédente et dont nous avons donné la raison.

Fig. 667. — Planimètre d'Amsler.

Le troisième côté du triangle est constitué par une réglette A E, portant une coulisse dans laquelle passe un bouton H, dont le serrage, sur cette réglette, permet de rendre rigide l'ensemble de l'instrument, à la position que l'on a convenablement déterminée pour effectuer le tracé.

Pour se servir de l'instrument, il faut d'abord placer la règle indépendante C D tangente à un des bords du diagramme et perpendiculaire à la ligne atmosphérique O X. Puis, on appuie la réglette A B, du triangle, contre la règle C D, le bouton H étant desserré. On fait jouer la réglette AE, dans sa coulisse, de façon que le point d'articulation E, qui porte également un style, soit placé sur l'autre bord extrême du diagramme.

A ce moment, on serre le bouton H; le triangle H B E est devenu indéformable et comme les sommets B et H de ce triangle ont été disposés pour se trouver sur la ligne C D, on n'aura qu'à promener l'ensemble de l'instrument le long de la règle C D pour que les dix crayons tracent, du même coup, sur le papier, les dix ordonnées moyennes du diagramme.

Planimètre d'Amsler (Fig. 667 et 668). Les instruments précédents permettent bien de déterminer la surface d'un diagramme, mais après avoir tracé les ordonnées et avoir fait leur somme.

Il est des instruments, nommés *planimètres*, qui permettent de déterminer plus rapidement et plus exactement la surface des diagrammes. Parmi ces divers planimètres, nous allons décrire le planimètre d'Amsler, qui est un des plus connus.

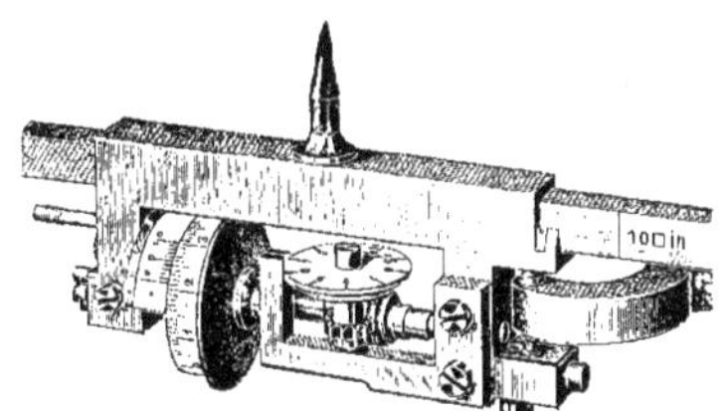

Fig. 668. — Détails du planimètre d'Amsler.

Cet instrument est basé sur les mouvements combinés de rotation d'une roulette autour de son axe, et du glissement longitudinal d'une branche provoquant le déplacement, dans ce même sens, de l'organe d'enregistrement. La branche mobile porte, à une extrémité, un style avec lequel on suit le contour du diagramme à mesurer.

Une seconde branche de l'instrument porte, à un bout, une pointe qui doit rester fixe pendant qu'on effectue la mesure. Cette pointe est légèrement enfoncée dans le support du papier et un poids est disposé au-dessus pour la maintenir dans sa position. La branche qui porte la pointe fixe est articulée, à son autre extrémité, sur une sorte de coulisse-chape supportant la roulette et le compteur.

Pour que l'instrument soit en état de fonctionner, il faut que la pointe fixe étant enfoncée, le style mobile et la périphérie de la roulette reposent sur le papier. On met alors le compteur au zéro. Pendant que le style se déplace, en suivant le contour du diagramme, la roulette tourne d'une quantité rigoureusement enregistrée, quand elle se déplace perpendiculairement à son axe. Le glissement de la branche mobile se trouve également enregistré, et, quand le style a parcouru le périmètre complet du diagramme, on lit le chiffre indiqué par le cadran, qui permettra de déterminer, facilement, la surface de ce diagramme. En effet, si la pointe fixe se trouve placée en

Fig. 669. — Groupe de machines verticales à triple expansion Borsig.

dehors de la figure dont on cherche la surface, il suffit de retrancher, du nombre lu, un nombre constant indiqué sur l'appareil.

Fig. 574. — Groupe de neuf machines compound Willans et Robinson, de 700 chevaux chacune, installées à Nottingham (Angleterre).

Si la pointe fixe est à l'intérieur de la figure, on ajoute, au nombre lu, un nombre représentant la surface du cercle ayant pour rayon la longueur de la branche fixe. Ce nombre est également inscrit sur l'instrument. De la somme ainsi obtenue, on retranche le nombre constant, comme primitivement, et on obtient la surface.

Mesure du travail utile

L'obtention des diagrammes et leur mesure ne donnent

que le travail effectué par la vapeur dans le cylindre. Nous avons déjà dit que la puissance de la machine, déterminée avec ces éléments, était la *puissance indiquée* ou *puissance brute;* mais ce n'est pas la puissance dont on peut disposer sur l'arbre même de la machine, car, entre le piston et l'arbre, les organes mis en mouvement absorbent, par leur *frottement,* une partie du travail indiqué par le diagramme.

Il importe donc de connaître la *puissance utile, effective,* ou encore *puissance nette,* prise sur l'arbre de la machine.

Les instruments dont on se sert pour mesurer cette puissance sont les *freins* et les *dynamomètres.*

Frein de Prony

(Fig. 671 et 672.) Le frein le plus répandu, pour effectuer les essais des machines, est le *frein de Prony.*

Il se compose d'un levier en bois A B, sur lequel est fixée une mâchoire également en bois, C, reposant sur l'arbre de la machine dont on veut connaître la puissance effective, ou, mieux encore, sur la demi-circonférence d'une poulie D qui y est clavetée. Une seconde mâchoire en bois E, qui embrasse l'autre moitié de la poulie, est rendue solidaire de la première par des boulons munis d'écrous à oreilles, faciles à serrer à la main. A l'extrémité du levier A B est disposé un plateau de balance H, destiné à recevoir des poids.

Deux butées, F et G, disposées de chaque côté du levier A B, permettent de limiter son excursion dans les deux sens.

Pour effectuer une mesure avec le frein de Prony, on serre les deux mâchoires ou *sabots* sur la poulie D, après les avoir soigneusement lubrifiés. Il est d'ailleurs indispensable, pendant l'essai, de maintenir cette lubrification, que l'on réalise généralement avec de l'eau de savon.

On met la machine en marche. Le frottement des sabots sur la poulie provoque l'entraînement du levier, lequel participerait au mouvement de rotation de l'arbre, si la butée supérieure ne l'en empêchait.

On met alors des poids dans le plateau H jusqu'à ce que la branche du levier abandonne la butée et se maintienne horizontale. En procédant à la manœuvre appropriée des écrous à oreilles, on règle l'horizontalité du frein pour une allure déterminée de la machine, le plateau H portant un poids connu.

Ce poids sert à déterminer, par l'application d'une formule très simple, la puissance de la machine prise sur l'arbre. On peut, avec le même frein, procéder à des essais de puissance correspondant à des allures différentes de la machine.

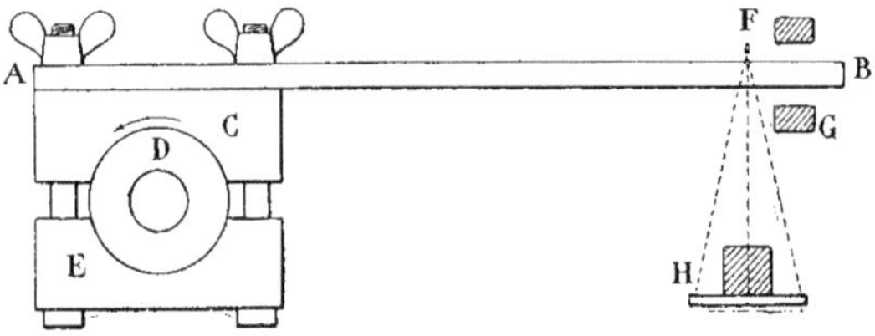

Fig. 671. — Frein de Prony.

On ajoute ou on enlève des poids de façon que l'équilibre s'établisse, et en remplaçant les anciennes données par les nouvelles, dans la formule, on obtient les puissances effectives de la machine pour des allures différentes.

Le *frein de Prony* était primitivement constitué comme nous venons de le dire; mais, généralement, on donne, aux sabots du frein, une autre disposition qui permet un frottement mieux réparti et un réglage plus facile.

Un des sabots A (Fig. 692) enveloppe une faible partie de la poulie et fait corps avec le levier B C. L'autre sabot, D, est constitué par une large lame d'acier, E F, sur laquelle sont fixés des bouts de bois G. La lame s'enroule autour de la poulie en appuyant les bouts de bois contre la jante et une extrémité de cette lame F étant fixe, le réglage du frottement se fait au moyen de l'autre extrémité E, qui porte un dispositif de serrage.

Le poids de la branche du frein est équilibré au moyen du contrepoids H, et on place toujours, à l'extrémité du levier C, les poids nécessaires pour équilibrer l'appareil pendant le fonctionnement de la machine. Le levier B C doit, comme précédemment, se maintenir horizontal entre les deux butées de sûreté J et K.

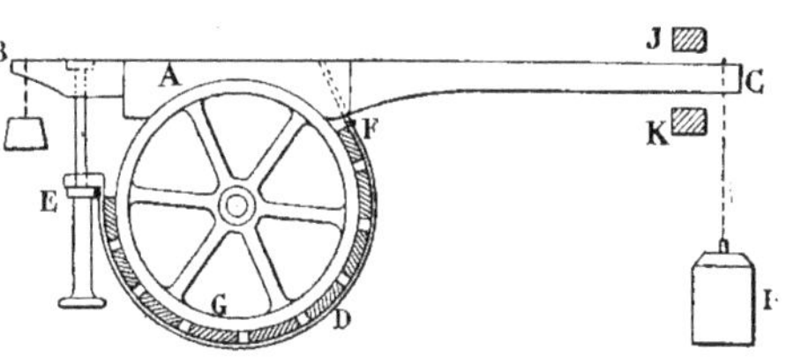

Fig. 672. — Frein de Prony.

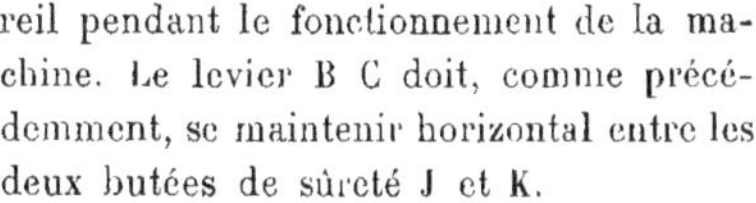

Dynamomètres

(Fig. 673.) Le frein de Prony est facilement applicable aux essais de machines de petite puissance, mais son encombrement considérable deviendrait gênant pour mesurer des puissances élevées ou pour faire des essais dans un espace restreint.

On a recours, dans ces différents cas, à un autre genre d'appareil permettant de mesurer, également, la puissance de la machine sur son arbre. Ces appareils sont appelés *dynamomètres de rotation,* ou encore *dynamomètres de transmission.*

En principe, ils comportent une transmission du mouvement de rotation faite par l'arbre même de la machine, A, à un autre arbre indépendant, B, sur lequel se produit le travail résistant, par l'intermédiaire de ressorts C, reliant les bras de deux poulies D et E, montées sur chacun de ces deux arbres.

La variation des ressorts, sous l'effort de traction nécessaire pour provoquer l'entraînement, permet de déterminer la puissance de la machine. Cette variation est enregistrée, généralement, sur une bande de papier qui se déroule automatiquement.

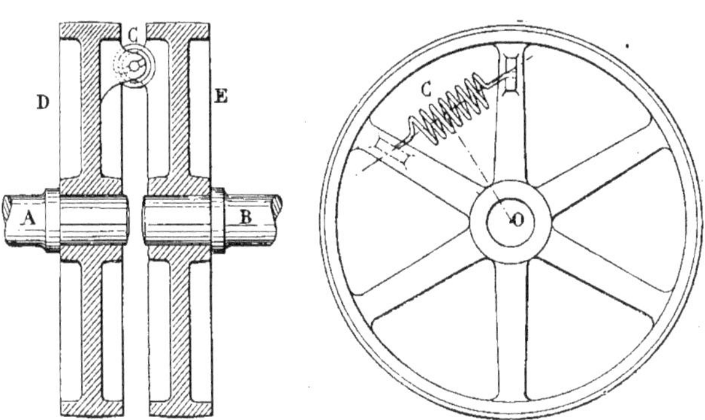

Fig. 673. — Dynamomètre.

En relevant, pendant que le tracé s'effectue, la vitesse de la machine, on en déduit, facilement, la vitesse angulaire du point considéré, et en faisant le produit de l'effort exercé en ce point, par la vitesse angulaire, on obtiendra la puissance de la machine.

On sait, d'ailleurs, que l'un des facteurs de ce produit, l'effort exercé par la tension du ressort, au bout d'un certain bras de levier O C, est lui-même le produit de la force qui tend le ressort et qui est inscrite sur le papier, et du bras de levier, qui est constant, et qui est représenté par la distance du centre de l'arbre au ressort C. C'est ce qu'on appelle le *couple de rotation*.

Si F représente la force du ressort, O C étant la distance du centre de l'arbre au ressort, le couple de rotation sera représenté par $F \times O\,C$.

Le second facteur, la *vitesse angulaire*, est l'angle parcouru par le point considéré, pendant l'unité de temps.

Si n est le nombre relevé de tours de la machine pendant une minute, ainsi qu'on le mesure généralement, dans l'unité de temps, soit par seconde, le nombre de tours sera de $\frac{n}{60}$.

L'angle décrit par le point pendant une seconde, ou pendant $\frac{n}{60}$ tours, sera de $2\,\pi \times \frac{n}{60}$, ce qui représente la vitesse angulaire.

La puissance de la machine, qui est le produit du couple de rotation par la vitesse angulaire, s'exprimera donc ainsi en kilogrammètres :

$$F \times O\,C \times 2\,\pi\,\frac{n}{60}.$$

En connaissant les deux variables qui sont : la force F, donnée par le dynamomètre, et le nombre de tours de la machine qu'on relève pendant la marche, on détermine la puissance de la machine en kilogrammètres.

Si l'on veut obtenir cette puissance en chevaux-vapeur, il suffit de diviser le résultat trouvé par 75, puisqu'un cheval vaut 75 kilogrammètres, et la formule en chevaux prend la forme

$$F \times O\,C \times \frac{2\,\pi\,n}{60 \times 75}.$$

CHAPITRE XXI

TYPES DIVERS DE MACHINES A VAPEUR A MOUVEMENT ALTERNATIF

CLASSIFICATION DES MACHINES. — MACHINES A SIMPLE EXPANSION. — HORIZONTALES : à distributeurs glissants : *FARCOT, PIGUET, DU CREUSOT A DISTRIBUTION BONJOUR* ; à distributeurs oscillants : *CORLISS, GARNIER FAURE-BEAULIEU, CAIL, FARCOT, DU CREUSOT, WEYHER ET RICHEMOND, BRULÉ, RUSTON PROCTOR, WHEELOCK, DUJARDIN* ; — à soupapes : *SULZER, ROBERT, MARSHALL*. — VERTICALES : à distributeurs glissants : *LECOUTEUX ET GARNIER* ; — à distributeurs oscillants : *GARNIER FAURE-BEAULIEU*.

MACHINES A DOUBLE EXPANSION : *WOOLF*. — HORIZONTALES : à distributeurs glissants : *WEYHER ET RICHEMOND, BOULET, CHALIGNY, LOCOGE ET ROTCHAR* ; — à distributeurs oscillants : *FARCOT, RUSTON PROCTOR* ; — à soupapes : *SULZER, BIÉTRIX CAIL, CARELS, WALSCHAERTS RECKE, STORK, RUSTON PROCTOR, DES ATELIERS D'AUGSBOURG ET NUREMBERG, MARSHALL* ; — à soupapes et pistons-valves : *PIGUET* ; — à pistons-valves : *DUJARDIN* ; — à obturateurs élastiques : *WEYHER ET RICHEMOND*. — VERTICALES : à distributeurs glissants : *DU CREUSOT, WEYHER ET RICHEMOND, BELLEVILLE, SAUTTER HARLÉ, WILLANS ET ROBINSON, MERTZ* ; — à soupapes : *SULZER, DES ATELIERS D'AUGSBOURG ET NUREMBERG*. — VERTICALE-HORIZONTALE : *BIÉTRIX*.

MACHINES A TRIPLE EXPANSION : HORIZONTALES : à distributeurs oscillants : *DUJARDIN* ; — à soupapes : *SULZER*. — VERTICALES : à distributeurs glissants : *« DE BATEAU », BELLEVILLE, WILLANS ET ROBINSON* ; — à soupapes : *BORSIG* ; — à soupapes et distributeurs oscillants : *DES ATELIERS D'AUGSBOURG ET NUREMBERG*.

MACHINES A QUADRUPLE EXPANSION : *VERTICALE « DE BATEAU »*.

MACHINES SPÉCIALES : *WESTINGHOUSE, BROTHEROOD*.

MACHINES DEMI-FIXES : à simple expansion : *WEYHER ET RICHEMOND, WOLF* ; — compound : *WEYHER ET RICHEMOND, WOLF*.

Classification des machines

Nous connaissons, maintenant, la machine à vapeur dans tous ses détails essentiels, et nous savons quelles sont ses conditions de bon fonctionnement ; mais les diverses sortes de distributions que nous avons examinées, ne s'appliquent pas indifféremment à tel ou tel genre de machines. Nous allons donc compléter l'examen de détail précédent par une analyse des types divers de machines à vapeur et, pour cela, nous allons les considérer dans leur ensemble.

On retrouvera, dans chacun des types, tous les organes dont nous avons parlé, variant simplement dans leur forme et leurs dimensions, qui sont, évidemment, appropriées au genre de chaque machine et à sa puissance.

Comment peut-on classer les machines à vapeur?

On peut les classer, d'abord, suivant le nombre de détentes successives s'effectuant dans les cylindres qui les composent. On obtient ainsi les machines : à *simple détente* ou à *simple expansion,* les machines à *double expansion,* à *triple expansion* et à *quadruple expansion.*

Généralement, dans ces machines, le nombre de détentes successives ou d'expansions correspond à un nombre égal de cylindres, mais ce n'est nullement obligatoire. Nous verrions d'ailleurs plusieurs cas de machines à triple expansion comportant quatre cylindres.

On subdivise ensuite les machines, en se basant sur la position horizontale ou verticale occupée par le cylindre et la tige du piston, et on obtient, ainsi, deux grandes classes de machines dans chacune des quatre classes précédentes : les machines horizontales et les machines verticales.

On peut, enfin, également grouper, dans ces dernières subdivisions, les machines suivant le mode de distributeurs employés : distributeurs glissants, oscillants ou à soupapes.

C'est cette méthode de classification que nous adopterons pour passer en revue les types divers de machines, sans y ajouter la subdivision supplémentaire dépendant du nombre de tours de la machine.

Nous indiquerons, d'ailleurs, pour chaque catégorie de machines, quel est son régime moyen de marche.

Nous commencerons donc notre description par les machines à *simple expansion, horizontales,* à *distributeurs glissants.*

MACHINES À SIMPLE EXPANSION

Horizontales à distributeurs glissants

Ce sont, en général, des machines de faible puissance, d'un encombrement relativement restreint et possédant, presque toujours, des organes de distribution fort simples.

Le type ordinaire de cette classe de machines, primitivement employé en France, et encore fort répandu, est représenté par la figure 390.

Un simple tiroir à coquille permet la distribution de la vapeur, et nous avons dit qu'il suffit de donner à ce tiroir des recouvrements appropriés, pour obtenir un certain degré de détente dont la variation ne dépend pas de l'action du régulateur. C'est la *détente fixe.*

La machine représentée en coupe par la figure 402 et construite dans les ateliers Weyher et Richemond, possède un tiroir glissant, mais sur lequel peut se déplacer une plaque de détente qui se trouve arrêtée, dans chaque excursion, par des butées placées dans la boîte à tiroirs.

La machine horizontale Garnier Faure, Beaulieu, dont la figure 613 représente la vue d'ensemble, et qui est établie pour de faibles puissances, possède un tiroir glissant circulaire, et le régulateur agit sur la valve d'admission de la vapeur dans la boîte à tiroirs pour régler l'arrivée plus ou moins grande de cette vapeur dans le cylindre, selon la vitesse de la machine.

Les machines de cette classe de quelque importance sont constituées aujourd'hui soit avec des *distributions Meyer*, dont on peut facilement faire varier la détente à la main, soit avec des *distributions Farcot* ou *Rider,* dont le degré de la détente est aisément placé sous la dépendance du régulateur, soit encore avec des distributions particulières comme celle de *Piguet,* par exemple, où le régulateur détermine le degré de détente par l'intermédiaire d'une coulisse, et celle de *Claude Bonjour*, qui comporte un système ingénieux de réalisation de cette détente.

Voici quelques-unes de ces machines. Par leur variété, jointe à une grande perfection, elles répondent à tous les besoins de l'industrie.

Fig. 674. — Machine Farcot, type à un tiroir.

Machine Farcot (Fig. 674.) Cette machine possède une distribution semblable à celle que nous avons décrite dans le chapitre XVI, figure 519. Le tiroir est surmonté de plaques de détente pouvant se déplacer sur une de ses faces, et ces plaques sont limitées, dans leur mouvement, par des butées fixes et une butée variable constituée par une came pouvant tourner autour de son axe. Cet axe, qui sort de la boîte à tiroirs, est rendu solidaire des oscillations du manchon du régulateur par un jeu de leviers nettement indiqués sur la figure 674. Suivant que la machine tourne plus ou moins vite et que, par conséquent, le manchon monte ou descend, les divers leviers font décrire à la came des angles de rotation plus ou moins grands, pour lesquels la butée des plaques de détente change de position. La détente varie en conséquence, et le régime de la machine reste bien régulier dans des limites convenables.

Le régulateur est du type Farcot, à bras croisés, représenté par la figure 497, et son mouvement de rotation lui est transmis par un petit arbre incliné, terminé par une roue d'engrenage conique qui engrène avec une autre roue semblable, clavetée sur l'axe vertical du régulateur. L'arbre incliné reçoit, lui-même, le mouvement de rotation qu'il transmet, de l'arbre de la machine, par l'intermédiaire d'un autre train d'engrenages coniques.

L'axe du régulateur est supporté, à sa partie inférieure, par une crapaudine montée sur la base d'un portique, qui guide cet axe à sa partie supérieure.

Le bâti supportant les organes de la machine est d'une seule pièce faite en fonte de fer. Les glissières y sont fixées et des boulons le maintiennent solidement assujetti au socle de maçonnerie qui le supporte.

Le palier recevant l'arbre de la machine est venu de fonte avec le bâti ; son chapeau est évidemment rapporté pour permettre le montage des coussinets et de l'arbre.

La manivelle, que l'on voit en avant du palier, et sur laquelle est articulée la bielle qui est solidaire de la crosse du piston, est clavetée à une extrémité de l'arbre de la machine dont l'autre extrémité porte un volant.

Le volant est constitué en plusieurs parties assemblées entre elles par des boulons disposés sur la jante et sur le moyeu.

L'arbre de la machine est supporté par le palier du bâti et par un second palier placé derrière le volant et monté sur un petit massif de maçonnerie indépendant.

Machine Piguet (Fig. 675 à 678.) Cette machine comporte une distribution particulière, par tiroirs plans superposés, et un dispositif à coulisse pour permettre d'obtenir la détente variable par l'action du régulateur.

La distribution (Fig. 675 et 676) est constituée par un tiroir A dont la section transversale est un triangle rectangle. Ce tiroir, qui glisse sur la glace inclinée B C du cylindre, repose et glisse sur une seconde face D, et est maintenu guidé, dans son mouvement alternatif longitudinal, par une glissière, I, dont le serrage est réglable : elle appuie sur son troisième côté E, par l'intermédiaire d'une plaque de fonte H qui constitue le tiroir de détente. Longitudinalement, ce tiroir A a la même dimension que le cylindre à vapeur sur la glace duquel il glisse.

A chacune de ses extrémités sont disposées les lumières d'admission et d'échappement. Les lumières d'admission F communiquent avec des ouvertures, percées en bout de la glissière I, par lesquelles est admise la vapeur vive.

Les lumières d'échappement G communiquent avec deux conduits, J, aboutissant chacun au condenseur. Ces conduits ont un diamètre suffisant pour que, malgré le déplacement longitudinal du tiroir A, les lumières G restent toujours en communication avec eux, de façon à permettre une évacuation convenable.

L'admission de la vapeur dans le cylindre peut être interrompue, à un moment déterminé de la course du piston, par la manœuvre appropriée du tiroir de détente H, qui n'est en somme qu'une simple *plaque* ou *tuile* de détente. Le tiroir A et la tuile de détente H sont commandés respectivement par des tiges K et L, qui sortent de la boîte à tiroirs en traversant des presse-étoupes.

culé à l'extrémité de la tringle L qui actionne le tiroir de détente H.

Sur cette tringle est disposé un écrou T, dans lequel se visse une tige filetée. L'extrémité supérieure de cette tige est articulée en bout d'un balancier, U, dont l'oscillation est commandée par le mouvement de montée ou de descente du manchon du régulateur.

Ce balancier, oscillant à l'extrémité d'une pièce V, est supporté, à son autre bout, par une bielle et un levier pivotant autour d'un axe fixe, X. Ce levier est muni d'un contrepoids permettant de régulariser l'os-

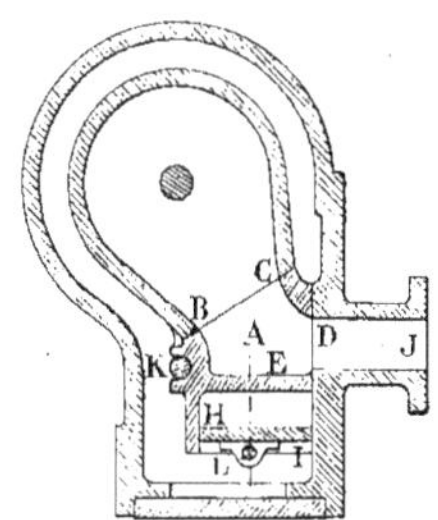

Coupe transversale.

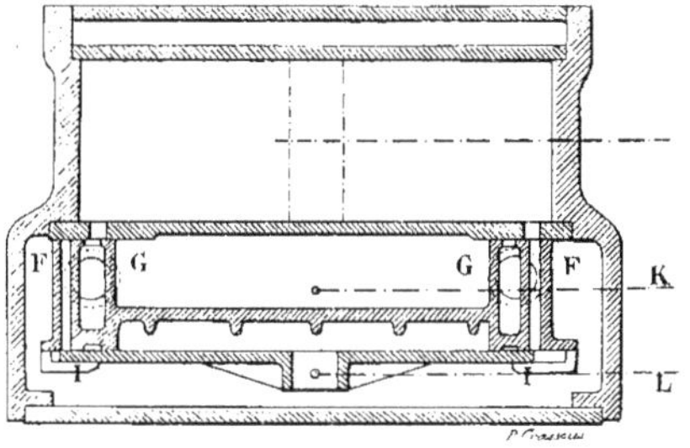

Coupe longitudinale.

Fig. 675 et 676. — Machine Piguet. — Distribution.

La tige K (Fig. 677) est actionnée par un excentrique, M, et la tige L a une course variable dont la grandeur est déterminée par la position d'une coulisse, N. C'est cette coulisse qui permettra de rendre la détente variable par l'action du régulateur.

L'excentrique M est claveté sur un arbre O, qui n'est pas l'arbre de la machine, mais qui est placé dans son prolongement, et dont le mouvement de rotation lui est transmis par une contre-manivelle articulée sur la tête de bielle.

En un point P du collier de l'excentrique, est articulée une biellette, P Q, reliée, au point Q, à la coulisse N. Cette coulisse peut osciller autour d'un axe R, fixé sur le bâti de la machine, et elle porte une rainure dans laquelle se meut un coulisseau S, arti-

cillation du balancier, lors du déplacement du manchon du régulateur.

L'écrou T porte un axe d'oscillation où s'attache une bielle qui prolonge la tige L et la relie au tiroir de détente H.

Pendant le mouvement de rotation de l'arbre de la machine et, par conséquent, de l'arbre auxiliaire O, l'excentrique actionne le tiroir A, qui prend un mouvement alternatif rectiligne en glissant sur la glace du cylindre. La distribution se trouve ainsi réalisée; mais pour que l'admission de vapeur puisse s'effectuer dans le cylindre, il faut que le tiroir auxiliaire de détente H se trouve placé, sur la face du tiroir A, de façon à permettre l'introduction de cette vapeur.

Le tiroir H se déplace, comme le tiroir

A, par le mouvement de l'excentrique M qui, par l'intermédiaire de la biellette P Q, fait osciller la coulisse N autour de l'axe fixe R. Le coulisseau S, lequel est en prise dans la rainure de la coulisse, fait avancer ou reculer la tige L et, par conséquent, le tiroir H dont elle est solidaire.

Quand le coulisseau S est placé dans la rainure de la coulisse, loin du point d'oscillation R, la course de ce coulisseau sera importante et le déplacement du tiroir de détente H, sur le tiroir A, aura une amplitude d'autant plus réduite que le coulisseau se rapprochera davantage du point d'articulation R. On conçoit donc que la position du coulisseau S, dans la coulisse, peut déterminer le moment plus ou moins avancé où l'admission de la vapeur dans le cylindre sera coupée par la tuile de détente. Cette position dépend, précisément, de la hauteur du manchon du régulateur.

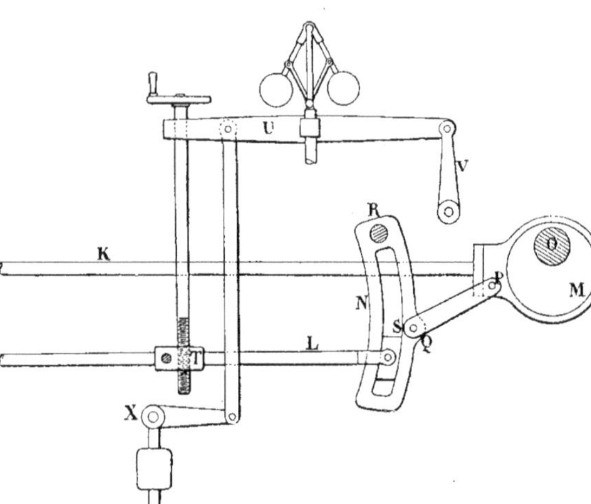

Fig. 677. — Machine Piguet. — Coulisse à détente variable.

En effet, suivant le régime de celui-ci, son manchon provoque l'oscillation du balancier U qui, par l'intermédiaire de la tige filetée se vissant dans l'écrou T, fait déplacer le coulisseau dans la rainure de la coulisse. Ce déplacement est donc, à chaque instant, solidaire du régime du régulateur, lequel détermine ainsi le degré de détente convenable.

La tige filetée porte, à son extrémité supérieure, un volant muni d'une poignée dont la manœuvre, à la main, permet à la mise en route de la machine de prolonger l'admission de la vapeur dans le cylindre, pour faciliter le démarrage et, en outre, permet également de faire varier la détente rapidement dans un cas urgent, sans attendre que l'action du régulateur se manifeste.

La figure 678, qui représente une vue d'ensemble de la machine Piguet, montre la disposition des différents organes que nous venons de décrire. La coulisse cependant n'est pas visible; son axe d'articulation supérieur seul se distingue au-dessus du bâti. L'arbre auxiliaire porte, en bout, une poulie, qui, par des petites courroies, commande la rotation d'une seconde poulie. Cette dernière poulie est solidaire d'un axe terminé, à l'autre bout, par une roue d'engrenage conique qui engrène avec une roue semblable calée sur l'axe du régulateur. Tous ces organes, qui donnent le mouvement de rotation au régulateur, sont supportés par un portique fixé au bâti de la machine.

En avant, on voit les deux tiges qui commandent respectivement : la supérieure, le tiroir A, et l'inférieure, le tiroir de détente H. De la partie inférieure de la boîte à tiroirs partent trois conduits dont les deux extrêmes sont les conduits d'échappement qui aboutissent au condenseur, et celui du milieu est le tuyau d'admission de vapeur.

La disposition de la distribution dans cette machine permet, tout en employant des tiroirs glissants plans, de réduire les espaces morts à la proportion de 2,25 %, rapport qui n'est obtenu, généralement, que par l'emploi des distributeurs oscillants.

Machine du Creusot avec distribution Bonjour

(Fig. 679.) Cette machine comporte une distribution à tiroirs glissants cylindriques, qui permet d'obtenir une détente variable par l'action du régulateur, tout en conservant l'avance à l'admission et la compression constantes. C'est la *distribution Bonjour*.

Le tiroir, qui est constitué par deux pistons cylindriques réunis par une tige, est commandé par un système de balanciers, de leviers et de bielles, actionné par deux excentriques.

De ces deux excentriques, montés sur l'arbre de la machine, l'un, A, est calé d'une façon invariable et disposé pour obtenir l'avance à l'admission et la compression convenables.

L'autre, B, est un excentrique à calage variable, placé sous la dépendance d'un régulateur disposé dans le volant, qui l'oriente

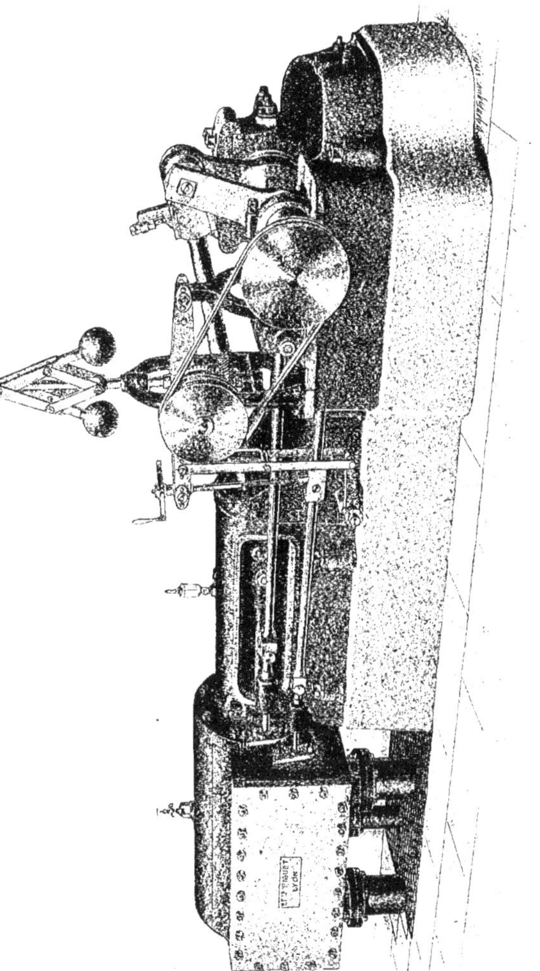

Fig. 678. — Machine Piguet à un cylindre avec détente variable par le régulateur.

de façon différente, suivant le régime de marche de la machine. C'est cet excentrique qui permettra de faire varier le degré de détente.

L'excentrique A commande, par la tige A C, le mouvement d'oscillation d'un balancier pivotant autour d'un axe fixe, D. Ce balancier porte, à sa partie supérieure, un axe transversal, E, sur lequel peut osciller un levier à deux bras, F E G. L'un de ces bras, E F, qui est placé en avant du balancier, est terminé par une coulisse.

Le second bras, E G, placé derrière, est articulé, à son extrémité, avec une bielle, G H, dont l'autre bout est solidaire d'un levier, H I, pouvant osciller autour d'un axe fixe, I. Tous les organes précédents sont évidemment placés à l'extérieur du cylindre, mais l'axe fixe I pénètre dans la boîte à tiroirs et porte, à l'intérieur de cette boîte, claveté sur lui, un autre bras de levier, I J,

Quand l'excentrique B occupe une position normale, déterminée par le régulateur volant et, par conséquent, par le régime normal de la machine, l'angle formé par le bras F E et le balancier auxiliaire est un angle sensiblement droit et l'oscillation relative de ce balancier, par rapport au balancier principal, tout en provoquant le déplacement du coulisseau dans la coulisse F, n'aura aucun effet sur l'oscillation du levier F E G et sur le glissement des tiroirs K et L sur la glace du cylindre, et la distribution fonctionnera par l'action du seul excentrique A.

Mais si, par suite d'une accélération de la machine par exemple, le régulateur décale l'excentrique B d'un certain angle, la

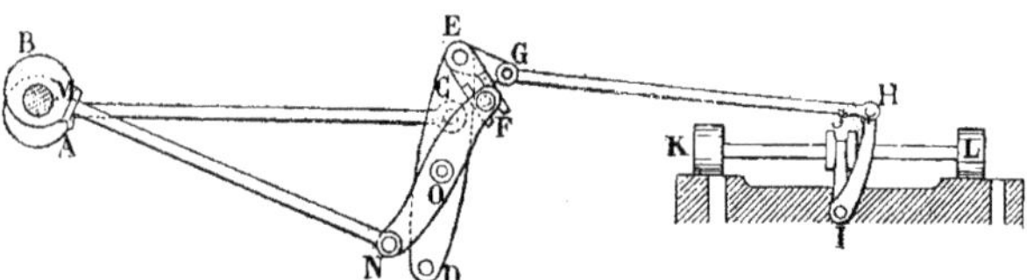

Fig. 679. — Machine du Creusot. — Distribution Bonjour.

qui actionne le système des deux tiroirs cylindriques K et L.

Si le levier à deux bras F E G était invariablement lié, au point E, avec le balancier, le mouvement de l'excentrique A déterminerait seul le glissement des tiroirs K et L sur la glace du cylindre, par l'oscillation du balancier autour de son axe fixe D; mais, comme ce levier F E G peut osciller autour de l'axe E, voyons de quelle manière le mouvement oscillatoire lui est transmis par l'excentrique à calage variable B.

La barre M N de cet excentrique est articulée, au point N, avec l'extrémité inférieure d'un balancier auxiliaire qui peut osciller autour d'un axe O, fixé sur le balancier principal. L'autre bout du balancier auxiliaire porte un coulisseau qui est engagé dans le bras à coulisse F E du levier F E G.

ligne d'axe N F, du balancier auxiliaire, formera avec le bras à coulisse F E un angle N F E plus obtus, et le mouvement d'oscillation du balancier auxiliaire, en provoquant l'oscillation, autour de l'axe E, du levier à deux bras F E G, déplacera brusquement les tiroirs K et L sur la glace du cylindre, en interrompant leur course ordinaire déterminée par l'excentrique A.

Ce déplacement aura pour résultat d'interrompre l'admission de la vapeur et de provoquer le commencement de la détente.

Le degré de détente restera donc variable suivant le décalage de l'excentrique B, qui, lui-même, est dépendant du régime de la machine par l'intermédiaire du régulateur.

On voit que, en dehors de la phase d'admission qui est ainsi rendue variable, les autres phases de la distribution, commandées par l'excentrique A et l'oscillation du balancier principal, restent invariablement les mêmes; l'avance à l'admission et la compression demeurent constantes. Il est nécessaire de disposer les lumières, sur la glace du cylindre, d'une façon telle qu'avec des recouvrements judicieusement établis pour les tiroirs K et L; on puisse obtenir un degré de détente d'une amplitude suffisamment grande sans, toutefois, obturer la lumière d'échappement. On obtiendra ce résultat, en réalisant, sur les tiroirs, des recouvrements intérieurs de dimension réduite et en donnant aux recouvrements extérieurs une dimension plus grande.

Machines à distributeurs oscillants. Machine Corliss. (Fig. 680.) Le type de ces machines est la machine Corliss, dont nous avons décrit, en détail, la distribution dite à *lame de sabre* (Fig. 533).

Cette machine, dont l'ensemble est représenté par la figure 680, comporte son cylindre X, muni d'une enveloppe de vapeur, et recouvert d'une seconde enveloppe calorifuge en bois. Dans ce cylindre se meut le piston.

La vapeur arrivant de la chaudière par le tuyau supérieur T, passe à travers une valve. Un volant commande le registre de cette valve, et permet de régler l'arrivée de la vapeur.

La vapeur se répand alors dans l'enveloppe du cylindre, d'où des distributeurs oscillants la font passer dans celui-ci, pour la faire travailler sur chacune des faces du piston.

La vapeur, après s'être détendue, sort du cylindre par les distributeurs Q et Q' et se rend au condenseur, qui est placé au-dessous du cylindre, et qu'on ne voit pas dans la figure 680, parce qu'il est installé dans le sous-sol, au-dessous de la machine.

A chaque extrémité du cylindre X, se trouvent deux orifices, l'un pour l'admission, VV' et l'autre, QQ', pour l'échappement de la vapeur, comme nous l'avons dit. Le même conduit n'est donc pas, alternativement, chauffé et refroidi par le passage de la vapeur avant et après son action, défaut qui, dans les anciennes machines, déterminait une perte de chaleur et un surcroît de contre-pression, et cela, d'une façon d'autant plus marquée, que la condensation était mieux opérée.

Les robinets distributeurs d'admission de vapeur, V,V' (Fig. 680), sont manœuvrés, comme nous l'avons vu, par *déclic*. Chacun, d'eux, au lieu de recevoir, comme les distributeurs d'échappement, QQ', un mouvement continu, de l'excentrique calé sur l'arbre P, est constamment soumis à l'action d'une force extérieure, qui est ici un ressort en acier, H. Ce ressort tend à pousser le distributeur vers sa position de fermeture complète. Il n'est écarté de cette position, pour ainsi dire normale, que lorsque certaines pièces, commandées par la barre d'excentrique, rencontrent, dans leur parcours, d'autres pièces reliées au distributeur, et les entraînent avec elles. La rencontre a lieu au commencement de chaque période d'admission.

La transmission du mouvement du piston à l'arbre moteur se fait comme dans les autres machines horizontales. Le piston porte une tige reliée à une bielle et cette bielle fait tourner une manivelle fixée à l'arbre, P. Cet arbre, P, porte l'excentrique *e*, qui imprime un mouvement d'oscillation à un plateau, A.

C'est ce plateau qui commande la distribution de la vapeur. Il est relié directement par des bielles, aux distributeurs d'échappement, Q,Q', et par l'intermédiaire de ressorts, H H', et du *sabre* E, aux distributeurs d'admission, VV'.

Nous avons montré en détail (Fig. 533), comment fonctionne la distribution de la machine Corliss à lame de sabre et de quelle façon la détente est placée sous la dépendance du régulateur.

Ce régulateur à boules, *m m'* (Fig. 680), est mis en mouvement au moyen d'un en-

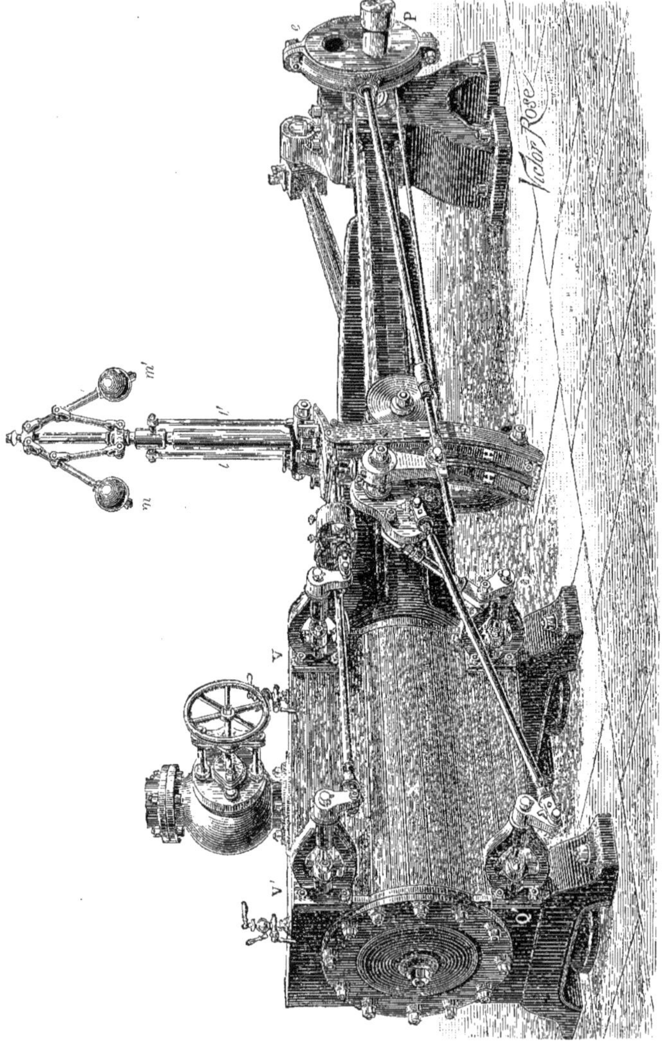

Fig. 680. — Vue d'ensemble d'une machine Corliss (type 1867).

grenage d'angle, d'une poulie à gorge, et d'une courroie de transmission, par l'arbre même de la machine. Suivant que la vitesse de la machine augmente ou diminue, les boules *m m'* s'élèvent ou s'abaissent, les tiges, *t t'* suivent leur mouvement, et font varier, par suite, la position des butées qui règlent la détente.

La forme du bâti de la machine Corliss est caractéristique. Cette forme, dite à baïonnette, a servi de modèle à toutes les autres machines conçues sur le même principe. Le bâti est une poutre métallique, venue de fonte avec le palier de l'arbre, et assemblée au cylindre de la machine par des boulons. Les avantages de cette disposition sont de donner plus de légèreté et plus de rigidité au bâti, de rendre le montage plus facile et de transmettre les efforts sans fatigue pour les maçonneries.

La figure 681 donne la disposition du condenseur de la machine Corliss, placé au-dessous de la machine. La vapeur d'échappement s'y rend directement à sa sortie du cylindre, par un tuyau, E. Elle se répand dans une capacité C, à l'intérieur de laquelle un robinet verse continuellement une nappe d'eau froide. La vapeur se condense dans cet espace. Le mélange d'eau condensée et d'air sort par l'ouverture *i*. Aspirés, à travers les soupapes *ss'*, par la pompe à air, P, l'air et l'eau sont refoulés, à travers les clapets *tt'*, dans une bâche, d'où ils s'écoulent à l'extérieur, par un tuyau de trop-plein.

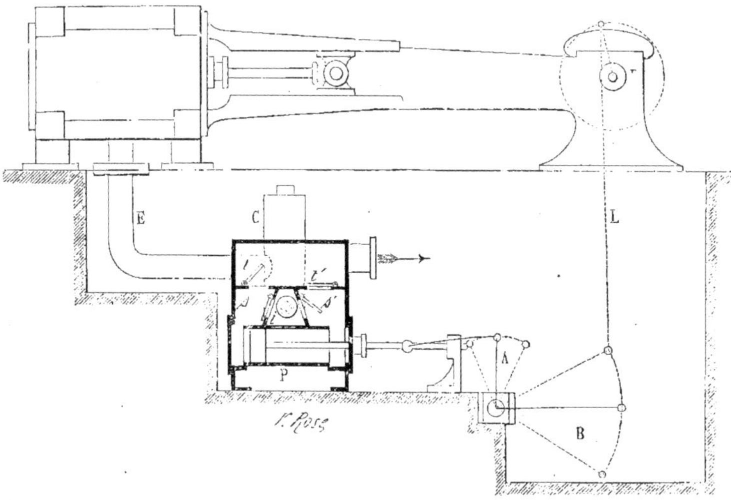

Fig. 681. — Coupe du condenseur de la machine Corliss.

La transmission de mouvement est donnée à la pompe à air, P, au moyen d'un levier coudé, AB, dont une branche actionne la tige du piston de la pompe et dont l'autre reçoit le mouvement d'une bielle, L, reliée elle-même à la manivelle, R, de la machine.

La machine Corliss que nous venons de décrire, inventée et utilisée en Amérique vers 1867, se répandit très promptement dans son pays d'origine. Accueillie d'abord avec méfiance en Europe, à cause de la complication apparente de son mécanisme, elle s'imposa, grâce aux avantages qu'elle présentait par rapport aux anciennes machines à distributeurs glissants.

Nous énumérerons ces avantages qui sont:

De permettre la fermeture rapide des orifices d'admission, et d'éviter, ainsi, le laminage de la vapeur; car cette fermeture ne dépend que de l'énergie du ressort et de la grandeur de l'orifice d'évacuation; d'annuler presque complètement les *espaces morts;* de rendre la détente variable par le régulateur.

La puissance développée par la machine doit, en effet, pouvoir varier dans de très grandes limites. Autrefois, on agissait sur la valve d'arrivée de vapeur par le régulateur à boules et on faisait ainsi varier la pression. Aujourd'hui, on emploie très peu ce procédé, qui ne peut, d'ailleurs, maintenir l'allure parfaitement constante. Au contraire, le pendule conique, en agissant sur la détente, maintient le nombre de tours constant, car s'il y a une réduction dans la résistance, la machine s'accélère et soulève le pendule, lequel agit sur la détente et l'augmente. Au moment où l'allure est redevenue normale, le régulateur cesse d'agir sur la détente.

La machine Corliss a été modifiée, dans ses détails, par un grand nombre de constructeurs qui, tout en conservant le principe de la distribution, réalisée par quatre distributeurs oscillants, ont amélioré, surtout, le système de déclenchement brusque des tiroirs d'admission.

Machine Garnier Faure-Beaulieu

(Fig. 682.) Cette machine, dans laquelle la disposition de déclic à lame de sabre a été conservée, comporte, néanmoins, des perfectionnements dans la constitution des organes et, principalement, dans la réalisation du dispositif de déclenchement qui permet de prolonger l'amplitude du degré de détente.

Ce dispositif, que montrent les figures 534 et 535, a été décrit et analysé précédemment.

La figure 682 représente un groupe de trois machines Garnier Faure-Beaulieu, type Corliss, de 225 chevaux chacune, installées à Boulogne-sur-Mer pour la production du courant électrique.

Les deux machines de la figure 564 sont également de ce type.

On peut retrouver, dans ces vues d'ensemble, tous les organes de distribution et de déclenchement que nous avons décrits en détail : les commandes des distributeurs oscillants, les lames de sabre, les cliquets de déclenchement réglant la détente par l'intermédiaire du régulateur.

L'admission de la vapeur dans le cylindre se fait par le tuyau vertical supérieur, recouvert d'une enveloppe calorifuge et muni à sa base d'un robinet-valve qu'on manœuvre au moyen d'un volant.

L'échappement de la vapeur s'effectue par deux conduits verticaux placés sous le cylindre et qui communiquent avec le condenseur disposé, dans ce cas, sous le plancher de la salle des machines.

Dans la figure 564, on ne voit que l'extrémité supérieure du balancier vertical actionnant la pompe à air du condenseur. Ce balancier est commandé, lui-même, par une petite bielle qui, d'une part, est articulée sur la crosse même de la tige du piston et qui, d'autre part, peut tourillonner au bout de ce balancier.

La figure 581 donne la disposition de machines du même type, mais de 500 chevaux de puissance, munies d'un condenseur à piston plongeur placé dans le prolongement du cylindre de la machine.

Le piston à vapeur porte une contre-tige à laquelle est reliée la tige du piston de la pompe à air du condenseur. Les conduits d'échappement du cylindre sont seuls disposés sous le plancher pour venir aboutir au condenseur, qui est ainsi rendu facilement abordable, et dont on peut aisément contrôler le fonctionnement.

Machine Cail.

(Fig. 683 à 686.) Les anciens établissements Cail, autrefois à Paris, portant actuellement le nom de Société française de constructions mécaniques, à Denain, ont établi des machines type Corliss qui présentent, dans la commande de la distribution de la vapeur, des modifications importantes que nous allons décrire.

Nous représentons dans la figure 683, la

vue d'ensemble de la machine Cail à quatre distributeurs oscillants.

On reconnaîtra immédiatement, dans le dessin de cette machine, les mêmes organes

Fig. 682. — Machines Garnier et Faure-Beaulieu, type Corliss à lame de sabre, de 225 chevaux, installées à Boulogne-sur-Mer.

Les figures 684, 685, 686, donnent le détail de la distribution de la vapeur.

que dans la machine Corliss, en particulier les quatre distributeurs V, V', Q, Q' (fig. 680).

Dans la transmission du mouvement au mécanisme de distribution de la vapeur, l'excentrique communique son mouvement, par un jeu de bielle ll'K, à un levier coudé *boa* (fig. 684, 685, 686), fixé sur l'axe du tiroir. Sur cet axe est calé un secteur, *s*, portant une touche en acier, *t*, et relié par l'axe *q* et la tige *p p* à un dispositif de rap-

Fig. 683. — Machine Cail à distributeurs oscillants. — Ensemble.

pel brusque qui est en même temps l'amortisseur.

Cet organe est composé d'un piston étanche, susceptible de se mouvoir dans un cylindre C, fermé à une de ses extrémités. Le piston est maintenu appliqué, contre le

des plus simples. De plus, le mouvement s'opère avec une grande promptitude.

Dans le cas où une rentrée d'air se produirait dans le cylindre, le fonctionnement du piston est assuré par le ressort à boudin qui presse sur sa face antérieure.

Fig. 684. — Machine Cail à distributeurs oscillants. — Distribution de la vapeur.

fond du cylindre, par un ressort à boudin disposé intérieurement.

Quand le piston est entraîné par la tige PP', il fait le vide derrière lui; dès que le déclenchement s'opère, il est livré à lui-même, et, sollicité très énergiquement par la pression atmosphérique, il revient brusquement à sa position primitive.

Ce système est donc d'un fonctionnement

Ce dispositif, plus ou moins modifié, est appliqué à d'autres machines; nous aurons, du reste, l'occasion de le signaler.

Sur une des branches du levier coudé, *boa* (Fig. 686), est articulé, en *a*, un doigt courbe, *ac*, dont l'extrémité est terminée par un cran *k*. Un ressort, *r* (Fig. 684), maintient ce doigt constamment appuyé sur le secteur *s*. Un petit levier, *d e*, est articulé sur le doigt courbé au point *d*, et se termine par un butoir, *w*.

Quand le cran *k* est engagé dans la butée du secteur, dans le mouvement du point *a*

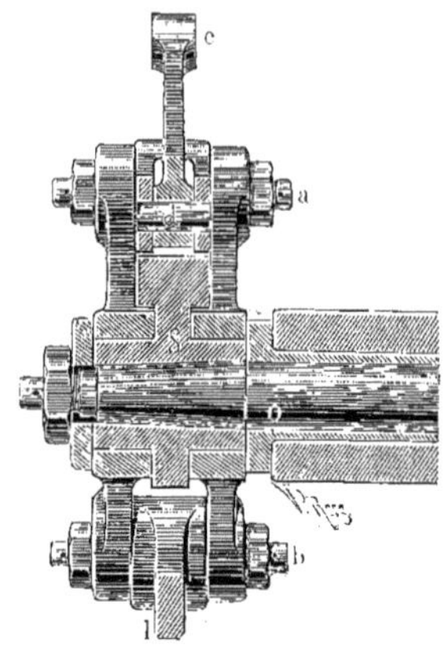

Fig. 685. — Machine Cail. Détails du mécanisme.

de haut en bas, le doigt courbe entraînera ce secteur *s*, et l'admission se produira. Mais si, pendant ce mouvement, le levier *d e* est sollicité à osciller autour du point *d*, le butoir *w*, venant appuyer sur le secteur *s*, dégage le cran *k* de la butée et le déclic se produit. Le dispositif de rappel ramène alors instantanément le tiroir oscillant dans sa position primitive.

Puisque le degré de détente dépend de la position relative du butoir *w* par rapport au secteur, il suffira de faire varier la position de l'extrémité *e* du levier *d e* pour modifier la détente.

Le déplacement de ce point est produit par le régulateur qui fait osciller le levier *d e*, par l'intermédiaire de la bielle *e f* (Fig. 684) et de la tige *m* actionnée, elle-même, par un levier à branches perpendiculaires solidaire du mouvement du manchon.

La commande du levier *d e* du second distributeur d'admission, se fait par la même tige *m* et par un renvoi de mouvement comprenant un levier *f g h*, qui actionne un autre petit levier par l'intermédiaire d'une biellette. A l'extrémité de ce second levier est articulée une autre tige semblable à la tige *f e*, reliée à un levier semblable à *d e* qui règlera la détente du distributeur d'admission V.

Les distributeurs d'échappement Q. Q' sont commandés par des bras de leviers *o' b'* qui reçoivent leur mouvement des bielles *l'*, articulées sur le plateau dont le mouvement oscillant est provoqué par l'excentrique de la machine, par l'intermédiaire de la tige K.

L'admission de la vapeur se fait par le conduit placé à la partie supérieure du cylindre.

L'évacuation se fait par les deux conduits

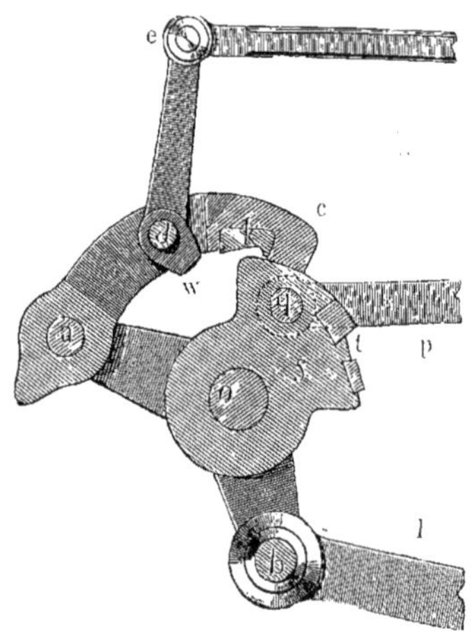

Fig. 686. — Machine Cail. Détails du mécanisme.

inférieurs qui évacuent la vapeur dans le condenseur placé en dessous du plancher de la machine.

Machine Farcot. (Fig. 687 et 688.) La machine Farcot, type Corliss, à quatre distributeurs oscillants, comporte un système de commande de déclenchement des obturateurs d'admission permettant de prolonger cette admission de vapeur pendant les 8/10 de la course du piston.

Ce résultat est obtenu en utilisant, pour effectuer le déclenchement, à la fois l'aller et le retour du tiroir.

Le dispositif d'enclenchement, dans la machine Farcot, est entièrement concentrique à l'axe du tiroir.

Le mouvement continu d'oscillation imprimé par la barre d'excentrique au plateau central (Fig. 687), est transmis par une bielle au levier *d* (voir les détails de la distribution à la figure 688). Ce levier *d* est formé de deux flasques entretoisées entre elles et folles sur l'extrémité de l'axe du tiroir d'admission ; il porte, à sa partie inférieure, l'axe de la pédale d'enclenchement, *f*, constamment poussée vers l'axe du tiroir au moyen d'un ressort intérieur.

Sur le même axe du tiroir est calée une manivelle, *g*, dont le moyeu présente, entre les flasques *d*, un grain d'acier *h*, correspondant au grain *j* de la pédale *f*. A l'extrémité du bras de cette manivelle est

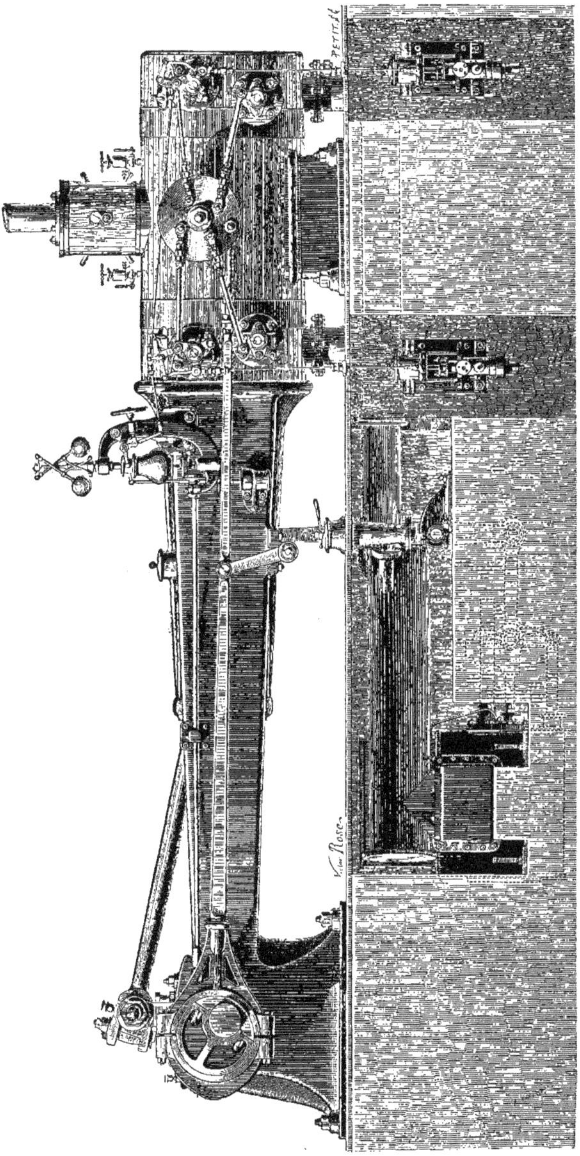

Fig. 687. -- Machine Farcot à distributeurs oscillants, à condenseur.

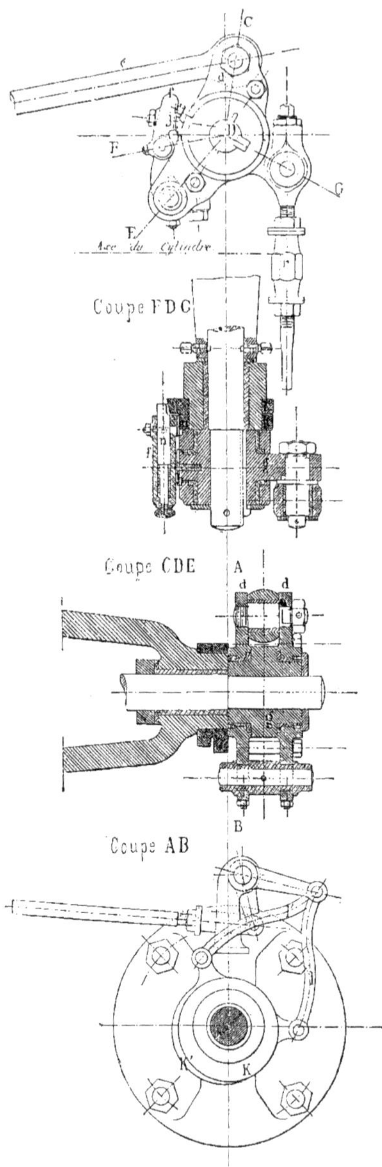

Fig. 688. — Détails de la machine Farcot à quatre distributeurs oscillants.

articulée une tige verticale *r* qui est reliée à un dispositif à piston, semblable à celui que nous avons décrit dans la machine précédente, destiné à produire le brusque retour en arrière du distributeur quand l'enclenchement n'a plus lieu. On comprend aisément que le tiroir se trouvera entraîné ou non, dans le mouvement d'oscillation des flasques *d*, suivant que les grains d'acier *h* et *j* seront en prise ou non l'un avec l'autre.

Pour faire cesser cet entraînement, à un moment donné, il suffit de forcer la pédale *f* à s'écarter de l'axe du tiroir, en supprimant le ressort intérieur qui tend constamment à l'en rapprocher. Ce déclenchement est produit par deux cames en acier, KK', placées vers l'extrémité du support de la distribution, et susceptibles de prendre diverses positions par les bielles *ll'* (coupe AB), qui sont actionnées par le régulateur, par l'intermédiaire d'un jeu de leviers. Les bosses excentrées de ces cames, marchant l'une vers l'autre, viennent se présenter, plus ou moins tôt, sous l'extrémité d'un appendice latéral, *m*, solidaire de la pédale (coupe F D G), pour écarter cette pédale de l'axe du tiroir. La came K agit directement sur le doigt *m*, pour amener le déclenchement pendant l'aller du tiroir, c'est-à-dire pour les petites introductions, jusque vers les trois dixièmes de la course du piston, et la came K' produit, au contraire, le déclenchement pendant le retour du tiroir, depuis les trois dixièmes environ jusqu'aux huit dixièmes de la course du piston, en agissant sur le doigt mobile intérieur *n*.

Lors de l'aller du tiroir, ce doigt mobile intérieur, *n*, disparaît dans l'excavation, *m*, poussé par un plan incliné latéral de la came K' des grandes introductions; il évite ainsi la bosse de cette came, qui empêcherait l'action de la came K. Au retour, au contraire, si le déclenchement ne s'est pas produit sur la came K, par suite de la position à elle imposée par le régulateur, c'est le doigt intérieur *n* qui, repoussé brusquement de son logement par un ressort, vient se présenter derrière la bosse de la came K, pour déclencher, à son tour, plus ou moins tôt, tout en permettant une grande introduction.

Les deux doigts *m* et *n* sont en acier, comme les cames elles-mêmes.

La disposition spéciale de l'une des cames empêche tout emportement de la machine en cas d'accident arrivé au régulateur. En admettant, en effet, que, pour une cause quelconque, le régulateur s'arrête et tombe au bas de sa course, la machine, au lieu de s'emporter, s'arrête, par la suppression d'introduction de vapeur, et prévient ainsi son conducteur.

La machine Farcot présente des espaces morts extrêmement faibles, grâce à la disposition des orifices d'admission et d'échappement qui sont pratiqués dans les couvercles du cylindre.

Le condenseur de cette machine, que l'on voit sur la figure 687, est disposé sous le plancher de la salle des machines. La vapeur d'échappement du cylindre, évacuée par deux conduits verticaux, est amenée au condenseur par un conduit commun horizontal.

La pompe à air de ce condenseur est actionnée par un balancier vertical recevant son mouvement de la crosse même de la tige du piston.

Nous avons précédemment donné, figures 466, 537 et 577, des ensembles de la machine Farcot à quatre distributeurs oscillants comportant, par rapport à celle que nous venons de décrire, quelques modifications de détails qui en changent un peu l'aspect; mais le principe de la distribution est resté semblable à celui que nous venons d'examiner.

La machine représentée par la figure 466 a, pendant l'Exposition universelle de Paris en 1900, conduit une dynamo productrice de courant électrique.

Celle que montre la figure 537 est destinée à actionner des pompes élévatoires pour fournir l'eau à la ville du Vésinet.

La figure 577 représente une machine Farcot installée à l'Hôtel de la Monnaie, à Paris, et actionnant un train important de laminoirs.

Les détails de la distribution sont nettement apparents et permettent de se rendre un compte exact de sa disposition.

On voit également que le régulateur à bras croisés est muni d'une masse centrale, et qu'il possède un dispositif amortisseur destiné à limiter ses oscillations brusques.

Machine du Creusot. (Fig 689 à 692.) Cette machine à distributeurs oscillants est également du type Corliss.

Les figures 689 et 690, qui représentent des vues d'ensemble de cette machine, nous permettront de donner un aperçu rapide de la disposition de ses organes et les figures 691 et 692 nous permettront d'examiner le détail de la distribution.

La machine est à quatre distributeurs. Les obturateurs d'admission sont disposés à la partie supérieure du cylindre, et ceux d'émission ou d'évacuation, à la partie inférieure, de façon à réaliser la séparation des organes d'entrée et de sortie de la vapeur, et à assurer le drainage régulier de l'eau entraînée par la vapeur, ou condensée dans le cylindre.

Un seul excentrique actionne toute la distribution. Les dispositions cinématiques adoptées pour la commande des obturateurs, produisent une ouverture très rapide des orifices d'admission de vapeur ou d'échappement, et évitent ainsi tout laminage de la vapeur pendant les périodes d'admission, et toute contre-pression pendant les périodes d'échappement.

La fermeture des orifices d'admission s'opère presque instantanément, sous l'action d'un déclic et d'un appareil de rappel, composé simplement d'un piston pneumatique; ce piston, remonté par l'excentrique pendant l'ouverture de l'orifice, est ramené brusquement à sa position inférieure par la pression atmosphérique, au moment où s'effectue le déclenchement.

La durée des périodes d'admission de vapeur, variable dans de très grandes limites, est déterminée par la position d'un régulateur à force centrifuge. Celui-ci agit, sans aucun effort, par l'intermédiaire d'une came double, de profil spécial, sur le mécanisme de déclenchement, et assure une vitesse constante à la machine, malgré toutes les variations du travail résistant.

La forme des cames actionnant le déclic permet d'obtenir de très grandes variations de la puissance des machines avec de très petits déplacements des boules du régulateur. Dans ces conditions, il n'y avait plus à chercher, au moyen de dispositions spéciales, à réaliser l'isochronisme du régulateur, mais il devenait nécessaire de s'opposer à une trop grande rapidité d'action de cet organe. C'est ce qui a été obtenu à l'aide d'un frein à huile, réglable à la main.

En cas d'arrêt accidentel du régulateur, produit, par exemple, par la chute ou la rupture de la courroie qui le commande, celui-ci descend immédiatement à sa position inférieure ; grâce à une disposition particulière de la came de commande des déclics, la machine, au lieu de s'emporter, est rapidement arrêtée, par la cessation complète de l'admission de la vapeur dans le cylindre ; de cette façon, tous les accidents possibles sont évités, aussi bien à la machine elle-même qu'aux engins qu'elle conduit, ainsi qu'aux personnes travaillant dans le voisinage.

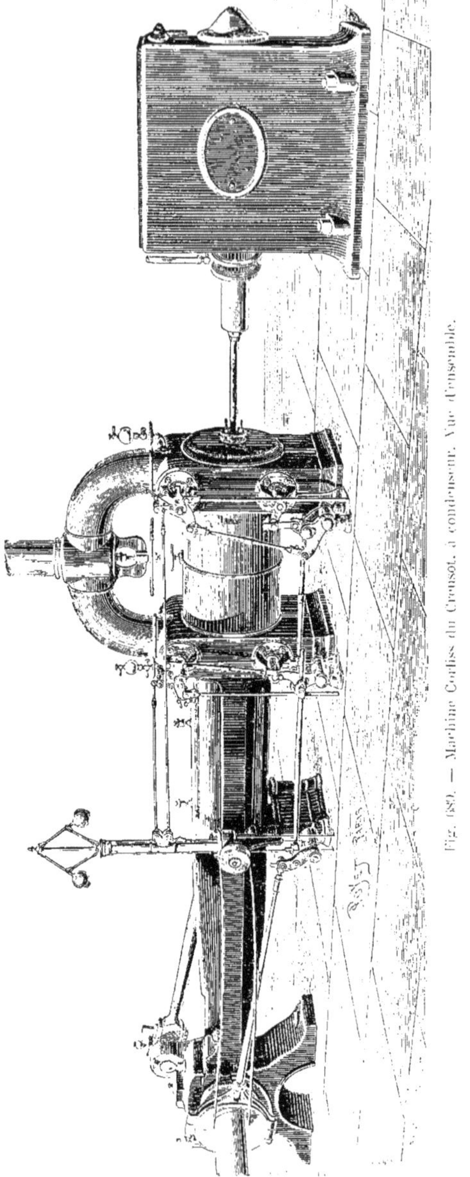

Fig. 389. — Machine Corliss du Creusot, à condenseur. Vue d'ensemble.

Le cylindre est muni d'une enveloppe de vapeur, avec purgeur automatique, et d'une garniture de tôle à l'extérieur.

L'excentrique de commande de la distribution peut être débrayé; le mécanisme étant alors aisément manœuvré à la main, il est possible de marcher en avant et en arrière et d'aider, ainsi, à la mise en marche de la machine.

Le condenseur est placé à l'arrière du cylindre à vapeur et sur le même plan horizontal ; la pompe à air, à piston plongeur et à simple effet, est commandée directement par le prolongement de la tige du piston à vapeur. Cette disposition a pour but de rendre le travail absorbé par la pompe le plus petit possible, et de faciliter l'entretien. Les clapets d'aspiration et de refoulement sont logés à la partie supérieure du condenseur. Formés de rondelles minces en bronze phosphoreux battant sur des sièges en bronze, ils sont guidés, sans aucun frottement pendant leur levée, par des ressorts hélicoïdaux, également en bronze phosphoreux, servant aussi à les rappeler brusquement sur leur siège.

Ces clapets réalisent un très grand perfectionnement sur les clapets en caoutchouc; leur grande durée simplifie considérablement l'entretien; par leur nature, ils permettent d'opérer la condensation à une température élevée, ce qui n'est pas possible avec les clapets en caoutchouc, et ce qui est pourtant nécessaire pour le cas où l'on est limité dans la dépense de l'eau d'injection : enfin, avec ces clapets dont la masse en mouvement est très faible et étant donnée la disposition du condenseur, la pompe à air peut fonctionner sans choc à une grande vitesse.

Des plateaux ménagés à la partie supérieure du condenseur permettent une visite facile des clapets. Tous les conduits d'arrivée de vapeur, d'eau d'injection et d'évacuation, sont logés à l'intérieur du condenseur et venus de fonte avec lui.

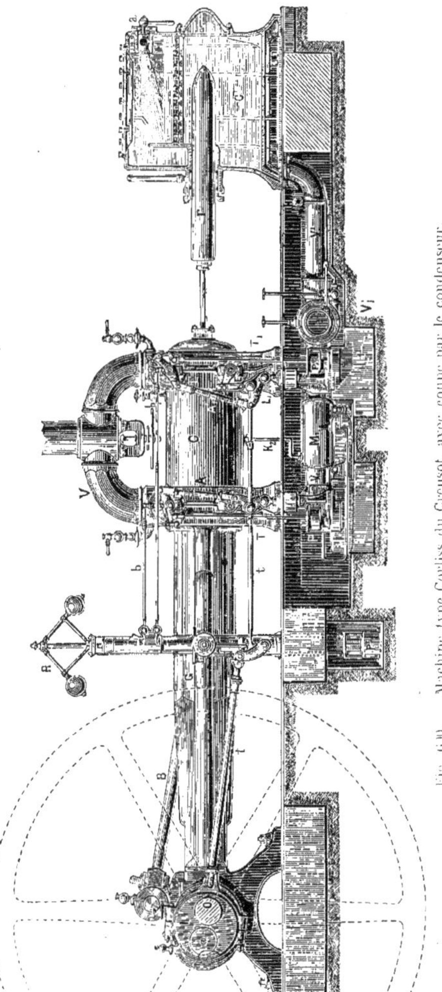

Fig. 690. — Machine type Corliss du Creusot, avec coupe par le condenseur.

Le condenseur est muni d'un robinet spécial, avec cadran indicateur, qui permet de proportionner exactement la quantité d'eau d'injection au poids de vapeur consommé dans le cylindre, en se basant, pour cela, sur les indications d'un baromètre et d'un thermomètre, qui donnent constamment la pression dans le condenseur et la température de l'eau d'évacuation. Des tubulures sont ménagées à la partie inférieure, pour le remplissage et la vidange du condenseur.

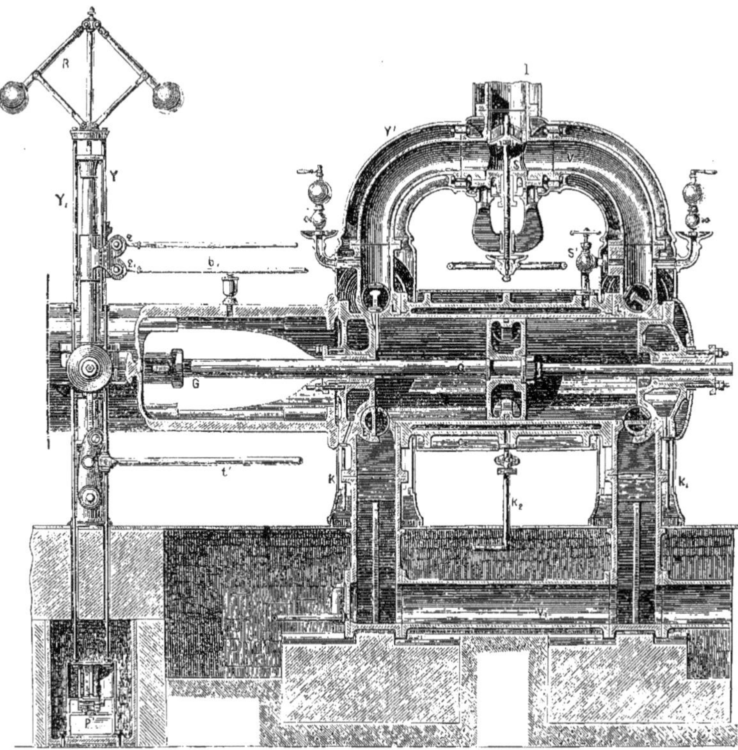

Fig. 691. — Machine type Corliss du Creusot. — Coupe verticale par le cylindre.

La figure 691 représente une coupe de la machine par l'axe du cylindre.

La vapeur est amenée des chaudières par le tuyau en fonte I, qui aboutit à la boîte S. Celle-ci renferme une soupape à lanterne, en bronze, qui établit la communication avec les tubulures d'admission, par l'intermédiaire des coudes V. La tige de la soupape se termine par un volant à main; elle est filetée sur une partie de sa longueur et l'écrou qui la reçoit est maintenu dans une arcade, fixée elle-même sous la boîte S.

Les conduits d'introduction sont garantis, contre les refroidissements extérieurs, par une double enveloppe en fonte, Y', de 6 millimètres d'épaisseur et emprisonnant une couche d'air qui ne peut se renouveler.

Le cylindre (Fig. 691) est doublé d'une enveloppe concentrique, de 25 millimètres d'épaisseur, laissant entre elle et le cylindre un intervalle de 20 millimètres en communication avec l'une des tubulures d'introduction de vapeur par une petite soupape à volant S'. Les fonds creux sont également remplis de vapeur, dont la purge s'effectue par les tuyaux K et K′, qui aboutissent, ainsi que le tuyau K_2, à un purgeur automatique. Enfin, une dernière enveloppe, en tôle, a pour but, en emprisonnant une couche d'air, de réduire encore la déperdition de la chaleur par les parois du cylindre.

Les *obturateurs* (Fig. 691) sont en fonte. Ceux d'admission L et L_1 ont en section transversale la forme d'un rail, dont le patin, au lieu d'être plat, serait arrondi; ils sont terminés par deux disques circulaires, dont une partie de la circonférence aurait été enlevée et remplacée par une partie semblable en bronze; chacun de ces tasseaux, que l'on peut remplacer facilement lorsqu'ils sont usés, porte une queue, ou douille, glissant dans un évidement de l'obturateur; un ressort à boudin, logé dans cette douille, a pour effet de repousser le tasseau et d'appliquer exactement l'obturateur sur son siège. La lubrification se fait au moyen de graisseurs rapportés sur les tubulures d'introduction.

Les obturateurs d'échappement E et E présentent des dispositions analogues; seulement leur section est celle d'un demi-cylindre creux.

Chacun de ces quatre obturateurs a son extrémité emmanchée dans une mortaise appartenant à l'axe de commande correspondant, lequel reçoit un mouvement de rotation alternatif comme nous l'expliquerons plus loin. Cette disposition assure la fixité des axes avant et arrière des distributeurs, tout en laissant à ceux-ci la faculté de suivre le jeu résultant de l'usure.

Les axes de commande des obturateurs traversent des garnitures métalliques qui remplacent les presse-étoupes et dont l'étanchéité est parfaite. Ce qui fait l'intérêt de cette machine, c'est surtout le mode de fermeture des obturateurs d'admission.

Reportons-nous à la figure 692, qui représente l'ensemble de la commande des obturateurs d'avant.

La tige *t*, commandée par l'excentrique, actionne le levier L, qui transmet son mouvement au levier à deux branches N, par l'intermédiaire de la bielle A; ce dernier levier est monté *fou* sur l'axe du distributeur : à l'une des extrémités de ce levier, en S, est articulée une *touche* d'acier qui peut entraîner une *butée* fixée à l'extrémité d'une came clavetée sur l'axe de l'obturateur; cette touche est solidaire d'une fourchette formée par deux biellettes reliées, en bout, par un axe en acier susceptible de se déplacer dans une coulisse *g*, articulée, elle-même, à la partie inférieure d'un levier *d*. Cette coulisse est munie d'un arrêt qui, à une certaine période du mouvement d'oscillation du levier N, force la *touche* à abandonner la *butée* contre laquelle un ressort presse la fourchette.

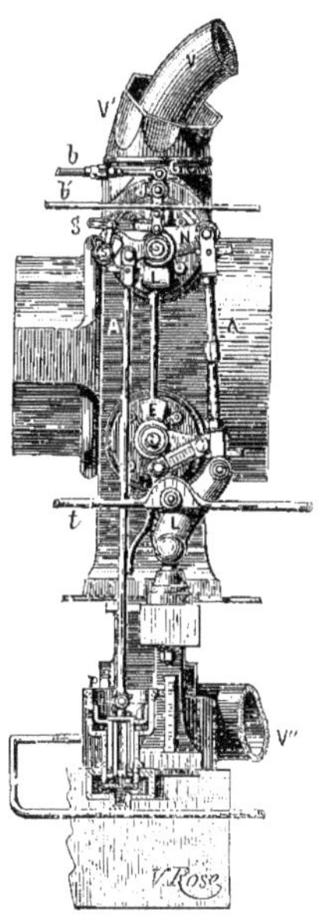

Fig. 692. — Machine type Corliss du Creusot. — Détail de la distribution de vapeur.

La came à butée, qui est, comme nous l'avons dit, clavetée sur l'axe de l'obturateur, est rappelée constamment par le ressort atmosphérique P, par l'intermédiaire de la bielle A′.

Le levier *d*, qui oscille autour d'un axe fixé sur le cylindre de la machine, est réuni en G, à la tringle *b* commandée par le régulateur.

Dans la position de la figure, la bielle de connexion A se trouve au point mort supérieur et la touche vient s'engager sous la butée. Lorsque la bielle descendra, le balancier N oscillera, la touche se relèvera entraînant avec elle la butée et la came, ce qui déterminera l'ouverture de l'orifice d'admission. Pendant toute la période d'entraînement, la touche est maintenue contre la butée par le ressort. L'axe de la fourchette participe au mouvement de rotation, mais il arrive un instant où, la rotation continuant, cet axe vient buter contre l'arrêt de la coulisse, et fait déclencher la came. Celle-ci est alors ramenée à la position initiale par la bielle de rappel A', et l'ouverture d'admission est fermée.

On voit que la durée d'ouverture du distributeur d'admission dépend de la distance qui existe entre l'axe de la fourchette et le taquet d'arrêt, au moment de l'enclenchement. La tige *b*, commandée par le régulateur, a pour effet de rapprocher ou d'éloigner le taquet de l'axe de la fourchette. Le déclenchement aura donc lieu plus tôt ou plus tard, et, par conséquent, la durée d'ouverture du distributeur d'admission sera augmentée ou diminuée.

Chacun des distributeurs d'admission a son système de déclic commandé par une tige solidaire du mouvement du régulateur.

Les obturateurs d'échappement E et E_1, sont actionnés par un mécanisme à liaison complète.

C'est le levier inférieur L, dont l'oscillation est produite par la barre d'excentrique, qui actionne chaque obturateur d'échappement, par l'intermédiaire d'une biellette articulée à l'extrémité d'un bras solidaire de l'axe du distributeur.

Les deux conduits d'échappement descendent verticalement et débouchent dans un seul conduit horizontal qui, passant dans un caniveau pratiqué sous le plancher de la salle de la machine, va aboutir au condenseur.

Machine Weyher et Richemond

(Fig. 693.) Dans cette machine, type Corliss, le mouvement d'oscillation des quatre distributeurs leur est communiqué par un plateau disposé au centre du rectangle dont les distributeurs forment les sommets. Ce plateau oscille autour d'un axe fixé sur le cylindre, par l'action de la barre d'excentrique, et par l'intermédiaire d'une bielle qui s'articule à sa partie inférieure.

Les distributeurs d'échappement, placés au bas du cylindre, sont commandés par une simple bielle articulée, à la fois sur le plateau central et sur un bras de levier claveté sur l'axe du distributeur.

Les distributeurs d'admission sont à déclenchement.

L'axe de chacun de ces distributeurs est solidaire d'un bras de levier portant une touche qui sera la touche menée. Cet axe est également relié, d'une façon rigide, à un dispositif de rappel pneumatique, par l'intermédiaire d'une tringle verticale qui s'articule sur un second bras de levier faisant corps avec le premier.

Cette tringle est terminée, à sa partie inférieure, par un piston pouvant se mouvoir dans un petit cylindre vertical disposé sous le plancher de la salle de la machine.

Quand le distributeur, en oscillant dans un certain sens, soulève la tringle, le piston qui le termine fait, dans sa course ascendante, le vide sous lui dans le petit cylindre vertical.

Quand le distributeur ne se trouve plus en prise avec le mécanisme qui l'actionne, le déclenchement se produit, et c'est le piston vertical qui, sollicité par la pression atmosphérique, le ramène à sa position initiale par l'intermédiaire de la tringle.

Ce dispositif de rappel est, en outre, un dispositif amortisseur, car des lumières permettent, lorsque le piston monte, d'admettre de l'huile, sous sa face inférieure, et lorsque le piston descend, cette huile s'écoule d'elle-même jusqu'à un certain point de la course du piston où les lumières, s'obturant progressivement, provoquent une compression de l'huile qui permet l'amortissement de l'attirail de rappel.

La touche menante ou conductrice est placée en bout d'un bras de levier qui peut osciller sur l'axe du distributeur, sans toutefois l'entraîner. Ce bras de levier, solidaire du mouvement oscillant du plateau central, par l'intermédiaire d'une biellette, est excentré par rapport à l'axe du distributeur. Son extrémité, qui porte la touche conductrice, ne décrit pas un arc de cercle autour du centre du distributeur. Cela permettra d'obtenir le déclenchement de ce distributeur.

Fig. 693. — Machine horizontale à quatre distributeurs oscillants Weyher et Richemond.

En effet, quand la touche conductrice, par l'action du plateau oscillant, vient au contact de la touche conduite, cette dernière est entraînée et décrit un arc de cercle autour du centre même du distributeur.

La touche menante, décrivant une trajectoire excentrée par rapport à ce même centre, il doit se présenter une position pour laquelle les deux touches s'abandonneront, par suite de leur mouvement relatif de glissement l'une sur l'autre.

A ce moment, le déclenchement se produira et l'obturateur d'admission sera brusquement placé à la position de fermeture par le dispositif de rappel.

Le degré de détente dépendra de la course plus ou moins grande pendant laquelle les trajectoires des deux touches maintiendront le contact.

Cette amplitude peut être rendue variable en déplaçant le bras qui porte la touche menante et en le faisant osciller autour de l'axe du distributeur. Comme ce bras est excentré, on peut, par ce mouvement, et suivant le sens dans lequel il s'effectue, faire pénétrer plus ou moins profondément les trajectoires des deux touches, déterminant ainsi une période d'admission plus ou moins importante. C'est le régulateur de la machine qui, automatiquement, effectue ce réglage de la détente, qui peut atteindre les 8/10 de la course du piston.

Le régulateur, du type Porter, commande le déplacement des bras excentrés par l'intermédiaire d'un petit plateau-manivelle placé à sa partie inférieure, dont le mouvement oscillant est solidaire de la montée ou de la descente du manchon de ce régulateur. A ce plateau-manivelle est articulée une bielle horizontale, qui actionne une branche d'un petit levier dont l'autre branche porte deux tringles solidaires des bras excentrés.

Le régulateur est muni d'un dispositif d'amortissement et de compensation, de façon à obtenir une égalité de vitesse de régime bien régulière, quel que soit le travail effectué par la machine.

Le cylindre possède une enveloppe de vapeur, et les distributeurs, disposés dans les fonds, permettent de réduire au minimum les espaces morts.

L'échappement de la vapeur a lieu par deux conduits verticaux, qui amènent cette vapeur dans le condenseur installé sous la machine.

Une manœuvre simple permet, d'ailleurs, sans arrêter la machine, de mettre les conduits d'échappement en communication soit avec le condenseur, soit avec l'atmosphère et, par conséquent, de marcher avec ou sans condensation.

Machine Brûlé et Cie

(Fig. 694.) Comme dans les machines précédentes, les quatre distributeurs de la machine Brûlé, disposés deux à la partie supérieure, deux à la partie inférieure du cylindre, sont actionnés par un seul excentrique.

Cet excentrique, calé sur l'arbre de la machine, fait osciller un petit balancier à une extrémité duquel sa barre s'articule.

De l'autre extrémité part une bielle qui aboutit à un bras calé sur un des distributeurs d'échappement. Le second distributeur d'échappement porte également un bras relié au premier par une bielle, ce qui rend solidaire le mouvement de ces deux distributeurs.

En outre, chacun de ces mêmes distributeurs est relié au distributeur d'admission, placé au-dessus de lui, par une biellette, articulée à l'extrémité d'un bras de levier, oscillant autour de l'axe du distributeur d'admission sans l'entraîner.

Toutes les bielles de liaison entre l'excentrique et les distributeurs sont munies d'un écrou de réglage permettant de faire varier leur longueur et de déterminer la position exacte des organes effectuant la distribution.

La commande des distributeurs oscillants diffère des précédentes en ce que, dans cette machine, il n'y a aucun plateau central interposé entre l'excentrique et les distributeurs.

La commande des distributeurs d'échappement s'effectue sans déclic; la commande des distributeurs d'admission est à déclenchement.

Le bras de levier oscillant sur l'axe du distributeur d'admission et non calé sur lui, auquel est attachée la biellette de commande venant du distributeur d'échappement, porte, à son autre extrémité, un axe autour duquel peut pivoter un cliquet. Le cliquet repose, par l'action d'un ressort plat, sur un secteur muni d'un cran dans lequel ce cliquet peut s'engager. Le secteur est calé sur l'axe du distributeur d'admission et est muni d'un bras au bout duquel s'articule une tige verticale solidaire d'un piston, faisant fonction, par son déplacement dans un petit cylindre vertical, de rappel pneumatique.

Quand le bras porte-cliquet effectue une oscillation dans le sens convenable, le cliquet, qui est engagé dans le cran du secteur, entraîne cette pièce et, en même temps, provoque l'ouverture du distributeur et la montée du piston de rappel. La vapeur est alors admise dans le cylindre.

Si, à un moment déterminé de la course, on fait osciller le cliquet autour de son axe, en appuyant sur l'extrémité opposée au bec, le secteur se trouve libéré du cliquet qui l'entraînait et, sous l'action de la pression atmosphérique exercée sur le piston de rappel, il revient à sa position initiale de repos en fermant l'admission de la vapeur. La détente commence. Cette détente, dont l'amplitude peut être rendue variable suivant l'entraînement plus ou moins long du secteur à cran, est placée sous la dépendance du régulateur.

A cet effet, le manchon de celui-ci fait osciller, par l'intermédiaire d'un jeu de leviers et de bielles, un tourillon muni d'un bec qui vient rencontrer plus ou moins tôt la queue du cliquet d'entraînement. Cette rencontre provoque le soulèvement du cliquet et le déclenchement du distributeur d'admission.

Chacun de ces deux distributeurs comporte le dispositif de détente variable. Le régulateur n'en actionne qu'un, qui est relié au second par une biellette rigide et réglable.

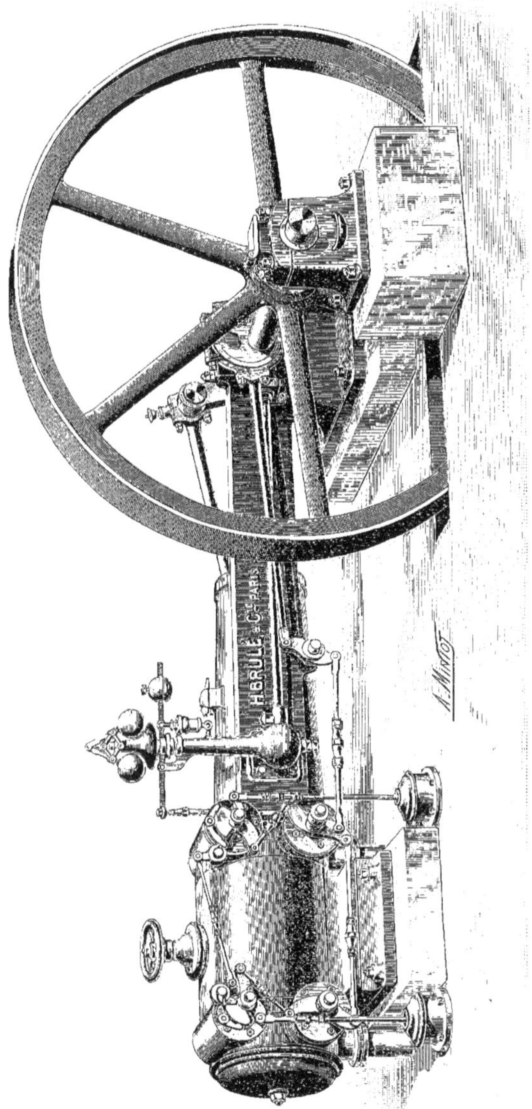

Fig. 691. — Machine horizontale à quatre distributeurs Brulé et Cie.

Le régulateur est du type Andrade et il est muni d'une cataracte pour éviter les brusques sursauts du manchon.

Le condenseur est placé en contre-bas

du socle de la machine. La vapeur d'échappement y est amenée par un conduit horizontal réunissant les deux conduits verticaux placés à chaque extrémité du cylindre.

La pompe à air du condenseur est commandée par un balancier, dont l'extrémité supérieure est articulée à une bielle auxiliaire solidaire de la crosse du piston.

Machine Ruston Proctor et Cie (Fig. 695 et 696.) La commande des quatre distributeurs oscillants que comporte cette machine, est donnée par deux excentriques calés sur l'arbre de la machine.

Fig. 695. — Machine horizontale à quatre distributeurs oscillants Ruston Proctor et Cie.

Un excentrique actionne les deux distributeurs d'admission, placés à la partie supérieure du cylindre ; l'autre excentrique actionne les deux distributeurs d'échappement, placés à la partie inférieure.

L'extrémité de la barre de chaque excentrique est articulée, en bout, à un bras de levier portant les bielles de transmission du mouvement aux distributeurs.

Il y a donc deux bras de leviers indépendants, oscillant sur le même axe fixe, placé à la base de la colonne supportant le régulateur.

Les distributeurs d'échappement portent, chacun, un bras claveté sur leur axe. Ces deux bras sont réunis par une tringle réglable et l'un d'eux, seulement est articulé avec la bielle de commande.

Sur l'axe de chaque distributeur d'admission peut osciller un levier non claveté sur cet axe et portant, à l'extrémité d'un bras, un axe autour duquel peut pivoter un cliquet.

Les deux leviers *fous* sur l'axe des distributeurs sont réunis, à leur extrémité inférieure, par une tringle, et l'un d'eux reçoit le mouvement de la bielle de commande.

Sur chaque axe des distributeurs d'admission est claveté un bras portant une touche qui peut être entraînée par le bec du cliquet. Ce bras est relié à un dispositif de rappel, sensiblement analogue à ceux que nous avons examinés précédemment, et faisant fonction également d'amortisseur.

Comme dans la plupart des distributions

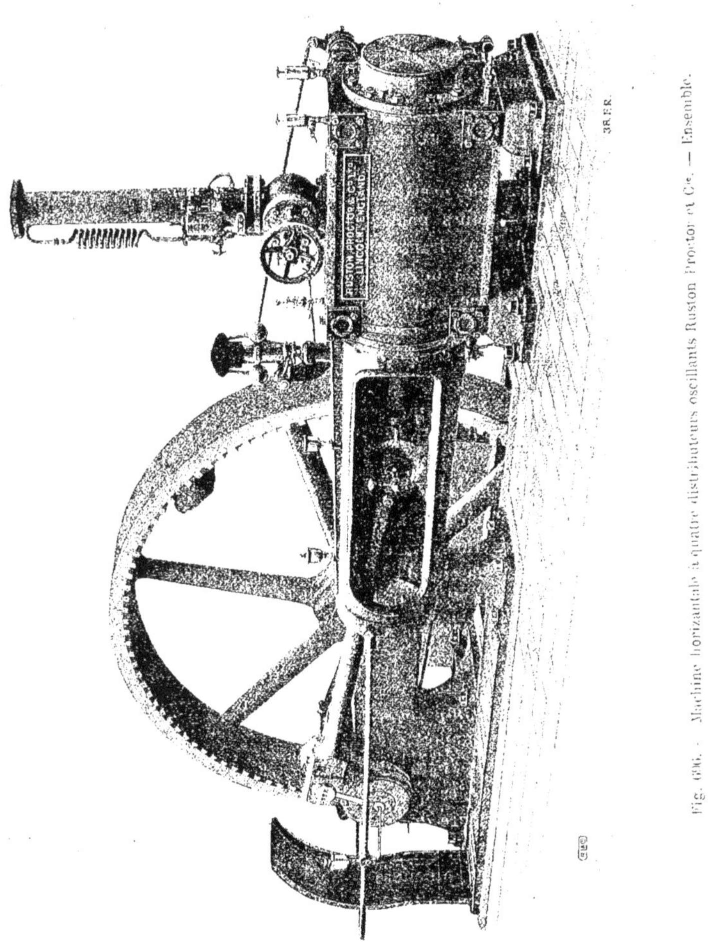

Fig. 696. — Machine horizontale à quatre distributeurs oscillants Ruston Proctor et Cie. — Ensemble.

précédentes, le cliquet entraîne le bras claveté sur le distributeur et provoque l'admission de la vapeur dans le cylindre pendant tout le temps qu'il reste en prise avec la touche de ce bras.

Si le cliquet se trouve relevé, le bras est libéré, le déclenchement se produit, l'admission cesse et la détente commence.

C'est le régulateur qui détermine le degré de la détente.

A cet effet, son manchon actionne, par un jeu de leviers appropriés, deux tringles aboutissant chacune à un des distributeurs d'admission. Ces tringles commandent l'oscillation d'un petit bras de levier portant un galet, et ce galet, qui appuie plus ou moins tôt sur la queue du cliquet, peut provoquer un déclenchement plus ou moins rapide, suivant le régime du régulateur. Si celui-ci venait accidentellement à s'arrêter, les galets appuieraient constamment sur les queues des cliquets de commande des distributeurs d'admission, et l'ouverture de ceux-ci ne se produirait plus. La machine s'arrêterait.

Le régulateur est commandé par deux courroies actionnant deux petites poulies montées sur un axe horizontal, qui transmet son mouvement à l'arbre vertical du régulateur par l'intermédiaire d'une paire de roues d'engrenage conique.

Le cylindre de cette machine comporte une enveloppe de vapeur.

La crosse de la tige du piston est munie de patins cylindriques et glisse dans un bâti de forme tubulaire.

Le volant, constitué par plusieurs segments assemblés, est lourd et porte, autour de sa couronne intérieure, des crans permettant de faciliter la mise en marche de la machine. Sur sa périphérie peut se placer une courroie destinée à transmettre le mouvement.

Machine Wheelock (Fig. 697.) Une importante modification fut apportée à la machine américaine Corliss par un anglais, M. Wheelock, qui disposa les quatre distributeurs à la partie inférieure du cylindre en les groupant deux par deux.

La *machine Wheelock* fit sa première apparition en France à l'Exposition de 1878. Elle y fit grand bruit, à cause de la simplicité de son mécanisme, qui a l'avantage de commander en même temps l'admission et l'échappement de la vapeur.

A chacun des orifices du cylindre, qui sont au nombre de deux, correspondent deux distributeurs, l'un servant à l'admission et à l'échappement de la vapeur, l'autre à la détente.

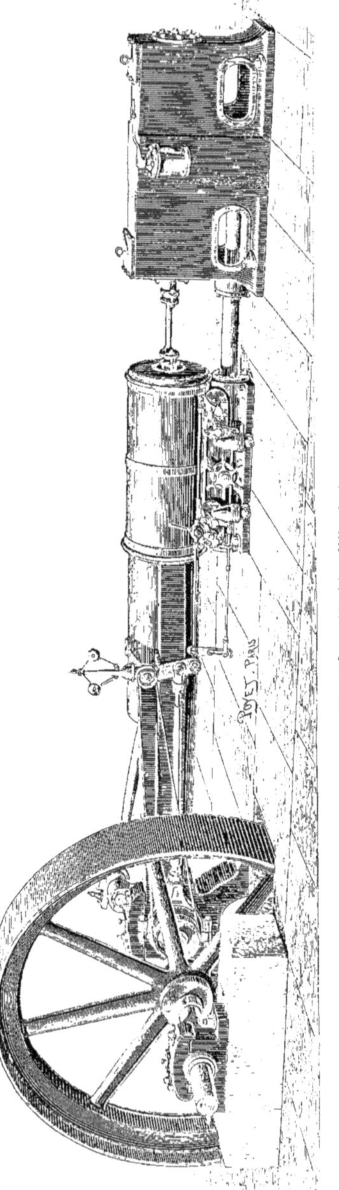

Fig. 697. — Machine Wheelock.

Nous représentons, figure 697, l'ensemble de la machine Wheelock, avec son condenseur.

Le système de déclenchement adopté pour cette machine se rattache au type Corliss, avec cette différence, que la fourchette de déclic a reçu une disposition particulière, l'ergot, ou *came*, qui règle la détente, étant placé en dehors de la fourchette.

Les figures 538 et 540 représentent l'installation du déclic à l'extrémité gauche de la machine, et une coupe correspondante du distributeur A, et de la valve de détente B.

Nous avons expliqué en détail le fonctionnement de cette distribution. La figure 697 montrera la disposition d'ensemble des organes qui la composent. On voit la liaison rigide existant entre l'excentrique, calé sur l'arbre de la machine et les leviers actionnant les distributeurs.

Le condenseur, placé en bout du cylindre, a sa pompe à air actionnée par la contre-tige du piston.

Le conduit d'échappement de vapeur du cylindre va directement au condenseur en passant au-dessus du sol.

La *machine Wheelock* donne de bons résultats. Sa construction est simple. Comme la machine n'a qu'une seule lumière, très courte, à chaque extrémité du cylindre, l'espace nuisible n'est que la moitié de celui des autres machines à déclic qui ont deux lumières. Les obturateurs, ou tiroirs, sont légèrement coniques, pour pouvoir leur régler leur pression contre les glaces du cylindre. Ils sont équilibrés pendant la course presque entière, c'est-à-dire que la vapeur ne les presse pas contre les glaces. Il en résulte que, par suite, une grande partie de la force employée pour les mouvoir est économisée, et que leur usure est très faible.

Les distributeurs de cette machine se construisent également sous forme de tiroirs plans à grilles glissant sur des glaces percées de lumières, le mécanisme de commande du déclenchement, qui provoque la détente, restant, d'ailleurs, identique à celui de la machine précédente.

Nous avons examiné (Fig. 541) cette disposition.

Machine Dujardin. (Fig. 698 et 699). Les ateliers Dujardin et Cie, à Lille, construisent des machines dont la distribution est du type Wheelock, mais dont les détails du mécanisme diffèrent quelque peu de ceux qui constituent la distribution précédente.

La machine comporte toujours quatre distributeurs oscillants groupés deux par deux à chaque extrémité du cylindre.

L'un des distributeurs, A, permet, comme dans la machine Wheelock, d'effectuer soit l'admission de la vapeur, soit son échappement; le second distributeur, B, permet de faire varier la détente, en limitant la durée d'introduction de vapeur dans le cylindre, qui s'effectue par l'intermédiaire du premier distributeur.

La barre de l'excentrique calé sur l'arbre de la machine actionne les deux distributeurs, à chaque extrémité du cylindre; mais, tandis que le distributeur A est commandé par un mécanisme à liaison complète, le distributeur B est manœuvré par un mécanisme à déclenchement, permettant de rendre la détente variable par l'action du régulateur.

La tige C, reliée à l'excentrique, est articulée, au point D, avec deux bielles dont l'une, DE, transmet le mouvement au distributeur A, par l'intermédiaire de la petite manivelle, EA, et dont l'autre, DF, fait osciller un plateau porte-cliquet autour de l'axe du distributeur B. Ce plateau n'est pas claveté sur l'axe du distributeur. Il tourne *fou* sur lui.

Le cliquet, porté par le plateau, oscille autour d'un axe G, fixé sur celui-ci. Dans un cran H, ménagé sur une de ses branches, peut venir s'engager une butée I, portée par un second plateau oscillant J, qui est claveté sur l'axe du distributeur B, ce qui rend ce distributeur solidaire du mouvement d'oscillation du plateau. A l'extrémité K de ce second plateau est articulée une tige verticale, qui relie le distributeur B à un mouvement de rappel semblable à ceux que nous avons déjà décrits.

Un ressort-lame L tend constamment à appuyer le bec du cliquet sur la butée I du plateau J et à réaliser, par conséquent, l'enclenchement. Quand la barre d'excentrique se meut, par exemple, de la droite vers la gauche, le distributeur A, sollicité à osciller dans le même sens, prépare l'ouverture des lumières d'admission. La biellette D F fait également osciller le plateau porte-cliquet de la droite vers la gauche, mais comme la butée I est, à ce moment, engagée dans le cran H du cliquet, l'oscillation du plateau porte-cliquet provoque, par entraînement, l'oscillation du plateau J, solidaire du distributeur B. Celui-ci découvre alors la lumière d'introduction de la vapeur, qui pénètre dans le cylindre par l'ouverture déjà préparée par le distributeur A.

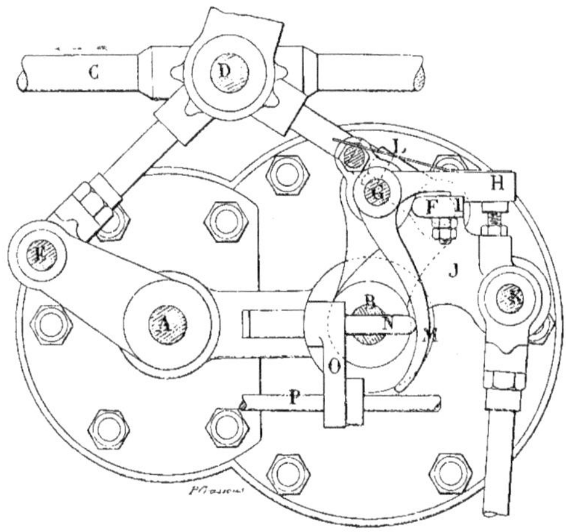

Si, à un certain moment de la course, on fait basculer le cliquet de façon à dégager le cran H de la butée I, le plateau J, sollicité à descendre par le rappel, qui s'était armé pendant la course précédente, retournera brusquement de la gauche vers la droite, en provoquant la rotation du distributeur B et la fermeture de l'admission de vapeur. La détente commencera.

Pour réaliser le basculement du cliquet et le rendre solidaire des variations du régulateur, ce cliquet est terminé par une queue courbe, M, sur laquelle peut venir buter un doigt N, terminant une tige qui se déplace, longitudinalement, d'une quantité variable suivant le régime de la machine et du régulateur. Quand le doigt N pousse sur la queue du cliquet, celui-ci oscille autour de son axe G, et le déclenchement du plateau J et du distributeur se produit.

Fig. 698. — Machine Dujardin. — Mécanisme à distribution.

La tige N est supportée, tout près du cliquet, par une pièce O solidaire, elle-même, d'une tringle longitudinale, P.

Il nous reste à examiner la façon dont les variations du régulateur sont transformées en déplacements longitudinaux, d'amplitudes variables, de la tige N.

Un petit excentrique, calé invariablement sur l'arbre de la machine, donne, à chaque tour de cette machine, un va-et-vient à la tige N et lui fait effectuer un déplacement longitudinal de grandeur constante.

Si le régulateur n'intervenait pas, le degré de détente serait aussi constant, le doigt N butant sur la queue du cliquet régulièrement pour provoquer son déclenchement.

La barre de cet excentrique auxiliaire est attelée à l'extrémité inférieure, A, d'un balancier (Fig. 699), pouvant osciller autour d'un axe fixe B. A l'autre extrémité C est articulée une bielle C D, solidaire d'un petit balancier pivotant autour de son axe E, et en bout duquel est attelée, au point F, la tige N qui bute sur la queue du cliquet. Un second petit balancier, en tous points semblable au premier, actionne le second distributeur de détente placé à l'autre extrémité du cylindre. Ces deux balanciers sont réunis à leur partie supérieure par une tringle rigide D G.

On comprend que pour une marche normale, le petit excentrique réglant la détente fait osciller le grand balancier, puis les petits, et provoque le déplacement longitudinal, et de la grandeur constante, des tringles N de butée.

Mais quand le manchon du régulateur se déplace, une tige I transmet son mouvement à une petite manivelle J qui provoque la rotation d'un cylindre longitudinal sur la périphérie duquel sont pratiquées deux rainures hélicoïdales ; l'une de ces rainures est inclinée à droite, l'autre est inclinée à gauche.

Dans ces rainures sont engagés les bouts des axes E et H autour desquels oscillent les petits balanciers.

Quand le cylindre portant les rainures tourne, sous l'action du manchon du régulateur qui tire sur la tige I et la manivelle J, les axes E et H, qui glissent dans des rainures d'inclinaison opposée, tendent soit à se rapprocher, soit à s'éloigner, suivant le sens du mouvement donné au cylindre. Comme les leviers portant ces axes sont maintenus, à leur extrémité supérieure, à un écartement invariable par la bielle D G, ce sont les extrémités inférieures de ces mêmes leviers qui se rapprochent ou qui s'écartent.

Les deux tiges N effectuent donc des courses longitudinales de même grandeur, mais en sens inverse. Les tiroirs de détente des deux distributeurs d'admission sont ainsi intimement liés, et lorsqu'un de ces tiroirs permet une détente trop prolongée, le second tiroir ne permettra qu'une détente réduite, jusqu'à ce que la machine et le régulateur reprennent leur vitesse de régime normal. A ce moment, les petits balanciers E et H reprendront leur position verticale moyenne, pour laquelle la détente donnée par les deux distributeurs d'admission est de même amplitude et se trouve exactement déterminée par le mouvement du petit excentrique auxiliaire qui commande le balancier A B C.

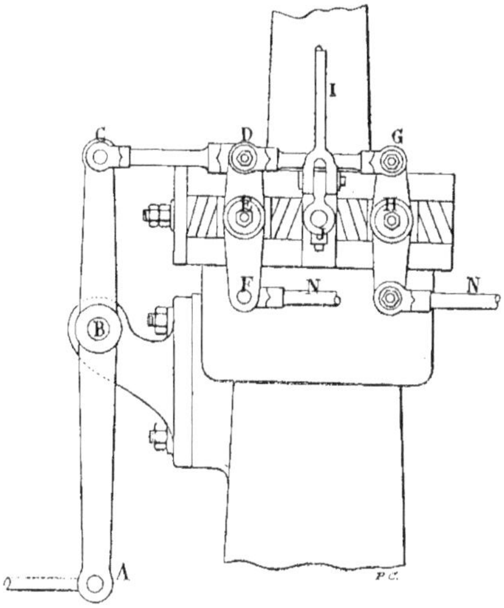

Fig. 699. — Machine Dujardin. — Commande des tiroirs de détente.

Machines à soupapes Machine Sulzer. Le type primitif des machines à vapeur à soupapes est la machine combinée par les constructeurs suisses, Sulzer frères.

Nous avons donné (Fig. 550) une coupe du cylindre de la machine primitive Sulzer et nous en avons décrit le mécanisme de distribution.

La figure 547 représente un ensemble de cette machine monocylindrique.

La coupe nous montre que le cylindre est

entouré d'une première enveloppe, en matière non conductrice, d'une deuxième enveloppe en bois, et, du côté du fond, d'une enveloppe en tôle mince.

Nous avons vu que le système de distribution comporte quatre soupapes, deux en haut pour l'admission, deux en bas pour l'échappement. Du côté de l'admission, la fermeture s'opère brusquement. Le choc est amorti au moyen d'un piston arrêté par un matelas d'air. Un arbre, parallèle à l'axe du cylindre, sert à la commande des distributeurs; il prend son mouvement sur l'arbre de la machine, au moyen de deux roues d'angle d'égal diamètre.

Pour l'échappement, la transmission est invariable et s'effectue par l'intermédiaire d'une came calée sur l'arbre auxiliaire.

Nous avons expliqué de quelle façon le déclenchement des soupapes d'admission était mis sous la dépendance du régulateur pour rendre la détente variable.

La machine représentée par la figure 547 comporte un condenseur placé en bout du cylindre.

Sa pompe à air est commandée directement par la contre-tige du piston.

Le régulateur, du type Porter, est muni d'une cataracte modérant ses écarts.

Les machines à soupapes se prêtent bien à la multiple expansion.

Nous trouverons, plus loin, la généralité de ces machines classées dans les moteurs à double expansion et comportant des distributions que nous avons décrites dans le chapitre XVI.

Machine à distribution Robert. (Fig. 700). Nous signalerons, cependant, parmi les machines à soupapes monocylindriques, à simple expansion par conséquent, une machine construite par les ateliers de Gilly, près de Charleroi, munie de l'ingénieuse distribution Robert.

Les soupapes sont disposées, comme dans la machine Sulzer, deux en haut pour l'admission, deux en bas pour l'échappement.

Un excentrique commande, par le mouvement de va-et-vient de sa barre A, l'oscillation d'un balancier B, pivotant autour d'un axe fixe C. Aux extrémités de deux bras latéraux, C D et C E, que porte ce balancier, sont articulées les bielles actionnant les soupapes d'échappement. La bielle de gauche D F est reliée au levier F G dont un bras intérieur provoque le soulèvement de la soupape.

La commande des soupapes d'admission est à déclenchement pour permettre de rendre la détente variable par l'action du régulateur.

A la partie supérieure du balancier B est monté, sur un axe H, un cliquet double I dont la branche horizontale peut se mettre en prise avec une tige horizontale J guidée entre deux supports. Sur cette tige est articulé un des bras d'un levier K oscillant autour d'un axe fixe L. Le second bras de ce levier est solidaire de la tige de la soupape d'admission. Quand le bras horizontal du cliquet I, de gauche ou de droite, est engagé en bout d'une des tiges J, le mouvement d'oscillation du balancier B, s'effectuant dans le sens convenable, pousse cette tige J qui se déplace horizontalement dans ses deux guides. Le levier à deux bras K oscille autour du point L et sa branche horizontale se soulève en provoquant l'ouverture de la soupape. L'admission de vapeur se produit et persiste, tant que le bec du cliquet appuie sur l'extrémité de la tige J.

Pour obtenir une admission réduite, on provoque l'oscillation du cliquet I autour de son axe H; son bec se dégage de l'extrémité de la tige J; le ressort antagoniste de la soupape la fait retomber sur ses sièges en faisant osciller le levier K et en repoussant la tige J.

Le déclenchement s'est effectué en déterminant le commencement de la détente.

L'oscillation du cliquet I est obtenue par un petit doigt M, directement suspendu au manchon du régulateur et guidé dans le support fixe. Suivant que ce doigt est plus ou moins soulevé, il appuie plus ou moins tôt sur l'extrémité supérieure du cliquet pendant que celui-ci pousse la tige de commande de la soupape. La rencontre des deux pièces provoque l'oscillation du cliquet autour de son axe et le déclenchement du mécanisme de commande de la soupape.

La seconde soupape d'admission est actionnée d'une façon identique et le second doigt qui détermine son déclenchement est suspendu également au manchon du régulateur sans intermédiaire de levier.

Cette distribution est réalisée simplement et ne comporte que peu d'organes ne nécessitant, d'ailleurs, qu'un nombre restreint d'articulations.

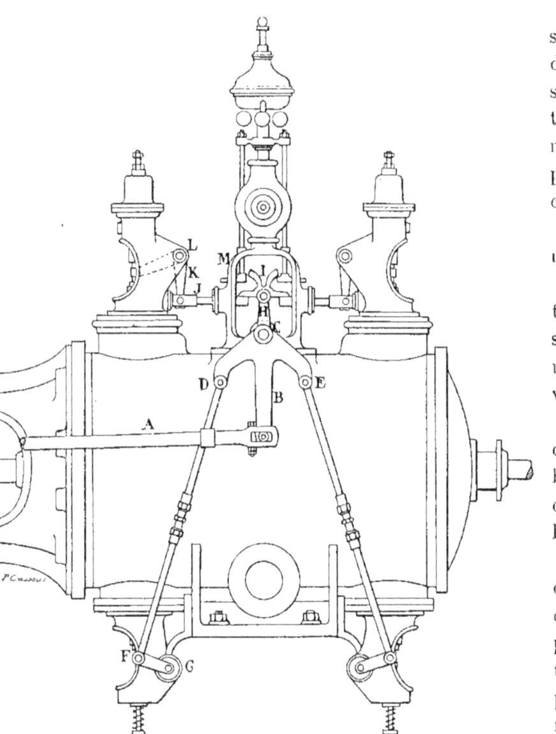

Fig. 700. — Distribution Robert.

Machine à distribution Proell

(Fig. 701 et 702.) Cette machine, qui comporte une distribution se rapprochant du type de la précédente, est construite par les ateliers Marshall Sons et Cie.

Cette distribution, fort simple, est constituée par deux soupapes d'admission A équilibrées et disposées à la partie supérieure du cylindre. Les deux soupapes d'échappement sont placées à la partie inférieure et sont actionnées par un mécanisme à liaison complète.

Les deux soupapes d'admission sont, au contraire, commandées par un mécanisme à déclenchement.

L'excentrique calé sur l'arbre moteur provoque, par l'intermédiaire de sa barre, qui est reliée au levier L O, l'oscillation d'un balancier cintré, pivotant sur un axe fixe placé en son milieu, et portant, à chaque extrémité, un axe sur lequel oscille un levier à deux bras perpendiculaires C et D.

La branche verticale C de ce levier porte une butée qui vient appuyer sur une touche placée à l'extrémité d'un second levier B, dont l'autre bout est rendu solidaire de la tige de la soupape d'admission.

Quand, sous l'action de l'excentrique, le balancier cintré prend un mouvement d'oscillation, la butée du levier C, appuyant sur la touche du levier B, provoque la montée de la tige de la soupape et l'admission se produit.

Mais, pendant que ce mouvement s'effectue, la branche horizontale D du levier C vient rencontrer un tampon de déclenchement E, sur lequel elle s'arrête. A partir de ce moment, si le balancier cintré poursuit sa course dans le même sens, la butée de la branche C s'écarte de plus en plus de la touche du levier B et le déclenchement se produit, provoquant la fermeture de la soupape.

Cette fermeture se fait sous l'action d'un leviers d'accrochage vient donc buter, plus ou moins tôt, sur ce tampon, et le déclenchement se produit, également, plus ou moins tôt. La liaison entre le régulateur et le tampon E est réalisée par l'intermédiaire d'une tige H, dont l'oscillation, autour de son axe, commandée par le déplacement du manchon du régulateur, provoque l'oscillation du levier G qui lui est directement relié, puis du levier F dont une extrémité est rendue solidaire du tampon E.

Ce levier F peut osciller autour d'un axe fixe disposé en son milieu et, suivant l'amplitude et le sens du mouvement qui lui est

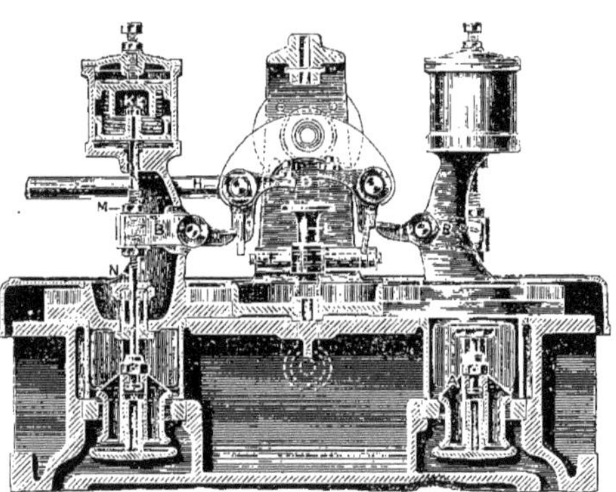

Coupe longitudinale.

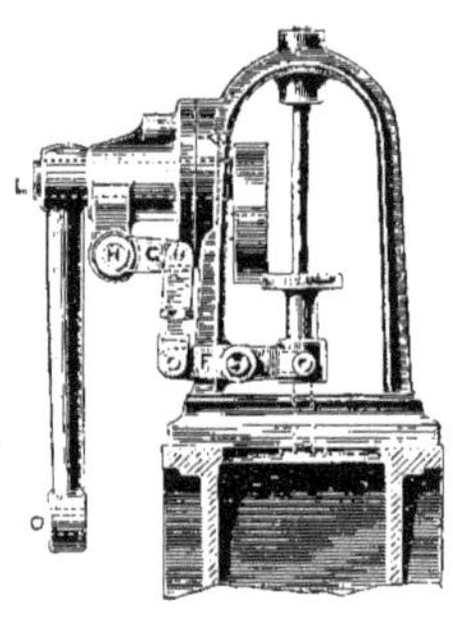

Coupe transversale.

Fig. 701 et 702. — Machine à soupapes, distribution Proell.

ressort à boudin placé dans une capacité supérieure K, qui renferme également un petit piston faisant fonction d'amortisseur.

Le mouvement d'oscillation du balancier permet de réaliser successivement l'ouverture de chaque soupape d'admission, l'autre soupape restant appuyée sur ses deux sièges par son ressort antagoniste.

Pour rendre la détente variable par le régulateur et pour provoquer, par conséquent, le déclenchement des soupapes d'admission, suivant le régime de marche de la machine, on provoque un soulèvement plus ou moins important du tampon de butée E, commandé par le déplacement variable du manchon du régulateur. La branche D des transmis par le levier G et, par conséquent, par le régulateur, il soulève, plus ou moins, la butée E qui provoque un déclenchement approprié au degré de détente nécessaire pour ramener la machine à sa vitesse normale.

Le régulateur peut permettre de porter la détente jusqu'aux 5/8 de la course du piston et il est, en outre, muni d'un dispositif spécial, par la manœuvre duquel on peut faire varier de 5 % la vitesse de la machine pendant son fonctionnement.

Machines verticales à simple expansion

La machine verticale se prête assez facilement à la juxtaposition de cylindres successifs, permettant d'obtenir des expansions multiples, sans augmenter sensiblement l'encombrement de la machine. Aussi les machines verticales sont-elles généralement à double, à triple, et quelquefois à quadruple expansion. Cependant, dans certains cas où la place est limitée, et où l'on a besoin d'une vitesse considérable, en utilisant une puissance restreinte, on peut, avantageusement, employer les machines verticales à simple expansion.

Machine Lecouteux et Garnier (Fig. 703). Cette machine, construite par les ateliers Garnier et Faure-Beaulieu, est une machine à grande vitesse. Elle peut tourner à 450 tours par minute.

La figure 569 représente un ensemble de cette machine. Nous allons, à l'aide de la coupe verticale (Fig. 703), examiner ses détails.

La machine forme un ensemble rigide qui repose sur un bâti-socle.

La boîte à tiroir se compose d'une partie cylindrique, A, dans laquelle débouchent les orifices des canaux de vapeur, B, B', pratiqués dans le cylindre.

Le tiroir est formé de deux pistons, C, C', entourés, chacun, d'un segment unique, D, D', ayant la hauteur nécessaire pour fournir les recouvrements déterminés par l'épure de distribution.

Afin d'assurer un parfait fonctionnement aux segments du tiroir, des barettes, E, E', E'', E''', existent d'un bord à l'autre des orifices B, B', et guident ces segments pendant toute leur course. De cette façon, lorsque le tiroir fonctionne, quoique les segments de ces pistons quittent la partie cylindrique dans laquelle ils travaillent, ils ne peuvent buter, lors de leur marche rétrograde, sur les arêtes des orifices. D'autre part, il ne peut y avoir aucune fuite de vapeur entre les pistons C, C', et la paroi de la partie cylindrique A, parce que les segments D, D'

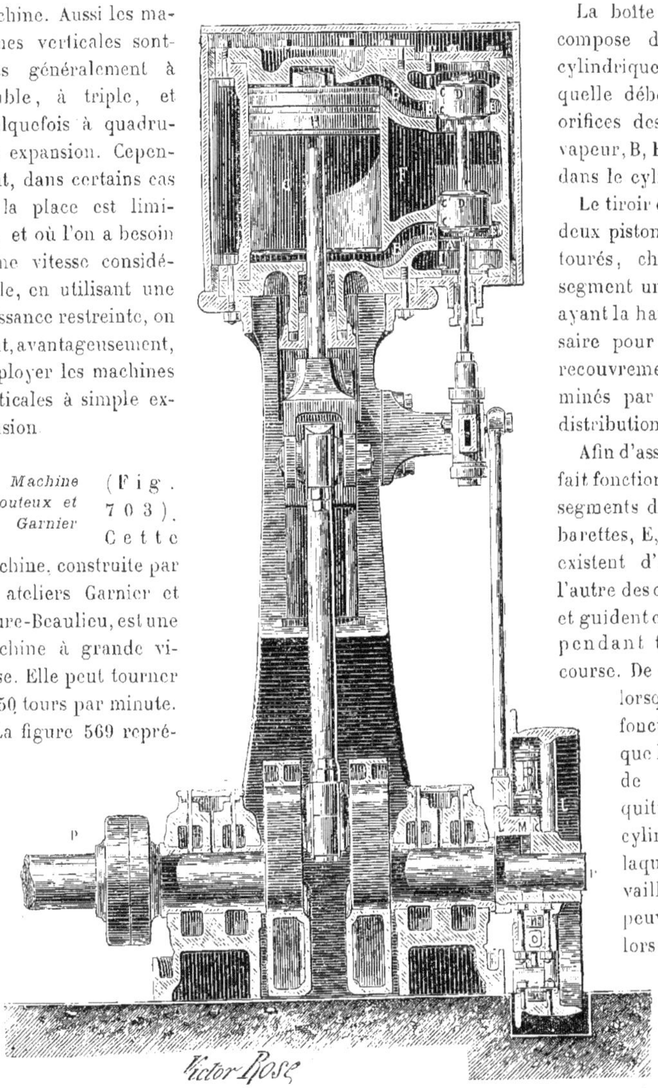

Victor Rose

Fig. 703. — Machine à grande vitesse de MM. Lecouteux et Garnier. — Coupe verticale.

étant tournés à un diamètre plus grand que cette partie cylindrique, font ressort sur la paroi, et s'y appliquent exactement, ainsi que le font, dans les cylindres de machines à vapeur, les segments des pistons.

L'entrée de la vapeur a lieu par la capacité F; de là, cette vapeur passe alternativement dans les canaux B, B', pour s'échapper par les conduits I et I', situés à chaque extrémité du cylindre.

L'appareil de distribution, de détente, et de régulation forme un ensemble composé d'un petit nombre de pièces, disposées comme le montre la figure 703.

Le bout de l'arbre P, P', reçoit une poulie fixe *l*, calée dans une position déterminée pour le sens dans lequel on veut marcher.

Le moyeu de cette poulie porte, du côté de la machine, un plateau à rainure dans laquelle peut glisser la règle ou la saillie M, de l'excentrique L.

Cet excentrique porte une queue à laquelle est fixé un ressort à lames N solidaire, d'autre part, de la jante de la poulie-volant.

Nous avons, dans les figures 509 et 510, représenté les détails de ce mécanisme monté à l'intérieur du volant-régulateur, et nous avons expliqué son fonctionnement, qui consiste à provoquer le décalage de l'excentrique L, sur l'arbre de la machine, suivant la variation de vitesse de cette machine.

Le décalage de cet excentrique fait varier la longueur de la course du tiroir et, en même temps, la durée de l'admission de vapeur.

Nous avons dit qu'on avait muni le volant-régulateur de cette machine d'un amortisseur destiné à prévenir ses brusques variations.

En principe, cet amortisseur est composé d'un piston qui se meut dans un cylindre rempli d'un liquide quelconque, et disposé de telle sorte que lorsque le piston se meut dans ce cylindre, le liquide qui est devant lui passe dans le vide qu'il crée à l'arrière, non pas instantanément, mais d'une façon lente, en opposant à ce piston une résistance artificielle, variable à volonté, et qui peut être déterminée par tâtonnements, suivant le travail que la machine aura à effectuer.

On conçoit donc qu'en opposant un frein relatif à l'action instantanée du régulateur, on puisse arriver à le faire fonctionner avec une vitesse de déplacement de l'excentrique déterminée à l'avance, dans un temps donné, pour éviter que l'introduction de vapeur ne passe tout d'un coup du minimum au maximum et réciproquement, et pour que cette admission soit obligée de se faire suivant une progression passant par tous les points intermédiaires.

Les figures 511 et 512 donnent le détail des pièces constituant cette *cataracte*.

La distribution de vapeur de la machine Lecouteux et Garnier s'effectue, nous l'avons vu, au moyen de tiroirs cylindriques équilibrés, qui se prêtent bien à une vitesse accélérée.

On construit aussi des machines verticales à simple expansion, munies de distributeurs oscillants.

Les ateliers Weyher et Richemond en ont établi une dont la distribution est identique à celle que nous avons précédemment décrite, et qui est appliquée à une machine horizontale. Les organes sont nécessairement disposés pour remplir, en position verticale, les mêmes fonctions qu'en position horizontale et réaliser une distribution de vapeur avec admission variable par l'action du régulateur.

Machine Garnier et Faure-Beaulieu

(Fig. 704.) Les ateliers Garnier et Faure-Beaulieu construisent aussi des machines verticales comportant une distribution de vapeur caractérisée par l'emploi des distributeurs oscillants. La figure 704 représente un groupe de deux machines semblables de 200 chevaux chacune, tournant à 160 tours par minute, attelées directement à deux dynamos qui fournissent le courant nécessaire au fonctionnement d'un tramway à crémaillère installé dans la ville de Laon.

Fig. 791. — Machines type Corliss Garnier et Faure-Beaulieu, verticales, de 200 chevaux, installées à Laon.

Le cylindre de chaque machine est fixé sur un bâti à montants, comportant une glissière verticale pour crosse à double patin.

Le palier de l'arbre moteur est venu de fonte avec ce bâti.

Cet arbre moteur est supporté, à son autre extrémité, par un palier indépendant et porte, clavetés sur lui, le volant et l'induit de la machine électrique.

Le cylindre est à enveloppe de vapeur vive et possède deux tubulures d'échappement qui se réunissent en une tubulure commune, évacuant la vapeur ayant travaillé soit dans le condenseur, soit dans l'atmosphère.

La distribution est constituée par quatre distributeurs oscillants, disposés deux d'un côté du cylindre, commandant l'admission, et deux de l'autre côté, commandant l'échappement. Les distributeurs de même nature sont donc superposés.

Le mouvement oscillant est communiqué aux deux séries de distributeurs par deux excentriques, dont l'un actionne les deux distributeurs d'admission et l'autre les deux distributeurs d'échappement.

Les distributeurs d'échappement sont mus par un mécanisme à liaison complète : la barre de l'excentrique fait osciller un balancier en forme de T couché dont les deux extrémités de la branche transversale sont reliées directement aux distributeurs.

Les distributeurs d'admission sont à déclenchement. Une touche d'entraînement oscille, par l'action de la barre d'excentrique et d'un levier intermédiaire, en appuyant sur le bec d'un levier, solidaire du distributeur, dont l'autre extrémité est rappelée par un ressort antagoniste commun aux deux distributeurs d'admission. Le rappel comporte un amortisseur à air, réglable.

Le levier supportant la touche d'entraînement porte une queue à coulisse dans laquelle pénètre un ergot monté en bout d'un petit bras de levier dont l'oscillation est commandée par le régulateur, par l'intermédiaire d'un jeu de leviers.

Suivant la position du manchon du régulateur, cet ergot provoque un déclenchement plus ou moins rapide des distributeurs, en faisant glisser, d'une quantité variable, la touche d'entraînement sur la butée conduite.

La détente est ainsi rendue variable par le régulateur et peut atteindre les 7/10 de la course du piston.

L'ensemble du mécanisme de déclenchement est d'un poids relativement réduit, ce qui permet à la machine de fonctionner à une vitesse accélérée.

Le régulateur est du type Porter.

Le tuyau d'arrivée de vapeur aboutit à une soupape-valve d'admission dont la manœuvre est commandée par un petit volant horizontal placé en bout d'une tige verticale reliée à cette soupape.

MACHINES A DOUBLE EXPANSION

Les machines à *double expansion* sont celles qui comportent une double détente. La première détente s'effectue dans un cylindre et la seconde détente est réalisée dans un autre cylindre d'un diamètre plus grand que le premier. La vapeur se détend donc deux fois et on utilise sa *double expansion* pour actionner deux pistons dont les tiges sont reliées à l'arbre de la machine par deux manivelles, généralement calées sur cet arbre à 90 degrés l'une de l'autre.

Le petit cylindre, dans lequel la vapeur est dès l'abord admise, se nomme cylindre à *haute pression;* le grand cylindre, dans lequel la vapeur finit de se détendre et qui communique avec le condenseur, se nomme cylindre à *basse pression,* parce que la vapeur qui y est contenue n'a plus qu'une pression réduite par les deux détentes successives.

Les deux cylindres sont séparés par un réservoir intermédiaire, où la vapeur séjourne avant d'être distribuée dans le grand cylindre.

Les machines à double expansion, appelées aussi *machines compound,* sont d'un emploi plus avantageux que les machines à simple expansion ou monocylindriques.

Les inconvénients des machines à un seul cylindre, que nous venons de décrire, peuvent être ainsi résumés :

Les pièces nécessaires à la transformation du mouvement (tiges de piston, bielles, manivelles, arbres) doivent être calculées pour l'effort maximum qu'elles supportent. Or, cet effort est très différent de l'effort moyen, puisqu'on admet la vapeur à pleine pression sur la face du piston, et qu'on la laisse ensuite se détendre jusqu'à neuf fois son volume. On voit que l'effort initial sera neuf fois plus considérable que l'effort final. On est donc obligé de donner au piston et au cylindre des dimensions très considérables ; par suite, il y a là une dépense de première installation, qui peut devenir importante.

L'effort de la vapeur sur le piston étant très variable pendant la course, pour obtenir la régularité de mouvement qui est indispensable dans une usine, comme une filature, par exemple, on est obligé d'avoir recours à des volants très lourds.

Les *espaces morts* jouant un rôle très important dans la consommation de vapeur, on arrive à une économie très grande, si la disposition adoptée permet d'atténuer l'influence des espaces morts. C'est précisément le résultat qu'on obtient dans les machines *compound* à réservoir intermédiaire.

Les fuites de vapeur qui peuvent se produire aux tiroirs, robinets, soupapes et pistons, donnent une perte complète, dans les machines monocylindriques, puisque la vapeur qui passe ainsi se rend directement au condenseur. Dans les machines à deux cylindres, la vapeur qui passe à travers les fuites du petit cylindre se rend dans le grand cylindre, où elle donne son travail en se détendant. C'est là un avantage considérable.

Nous allons maintenant montrer qu'avec les machines se composant de deux cylindres, dans lesquels la vapeur se détend successivement, on peut obtenir une détente beaucoup plus grande que dans les machines à un seul cylindre.

Dans les machines à un seul cylindre, la détente ne saurait être prolongée indéfiniment, à cause des condensations de la vapeur sur les parois du cylindre. Ces condensations de vapeur sont évidemment proportionnelles aux différences de température existant entre la vapeur et les parois du cylindre. Les parois du cylindre prennent une température qui se rapproche de celle du condenseur, si la détente est très grande. Plus la pression, et, par suite, la température de la vapeur, à son arrivée dans le cylindre, sera considérable, plus la condensation sur les parois sera grande. Par conséquent, les condensations de vapeur à l'admission, qui forment les principales pertes dans les machines de construction soignée, augmenteront avec la détente.

Si le cylindre est à enveloppe de vapeur, il en sera de même, car la vapeur se condensera dans l'enveloppe, au lieu de se condenser dans le cylindre. On n'en a pas moins une dépense de vapeur considérable.

En résumé, dans les machines à un seul cylindre, plus la détente augmente et plus l'influence du poids de vapeur condensée est considérable, et de ces deux effets résulte un minimum de dépense, compris dans l'emploi de détentes variant de 9 à 10 volumes.

C'est pour éviter les divers inconvénients que nous venons de signaler, que l'on fait usage des machines à deux cylindres qui ont reçu le nom de machines *compound*, c'est-à-dire machines *composées*, d'après le mot anglais *compound*.

Le principal avantage théorique et pratique des machines *compound* se trouve dans la facilité de produire des détentes considérables, sans provoquer des condensations excessives de vapeur, sur les parois, et, en tous cas, plus réduites que dans les machines à un cylindre.

Dans le premier cylindre d'une machine *compound*, la température des parois est bien plus élevée que celle du condenseur, et cette température est toujours plus élevée que pour les machines à un cylindre, puisqu'elle représente la température de la vapeur du réservoir intermédiaire, où la tension et, par suite, la température de la vapeur, dépendent du degré d'introduction au petit cylindre et de la pression aux chaudières.

Les mêmes phénomènes se reproduisent pour le second cylindre, car si la température de la vapeur est basse, la température de la vapeur qui y entre est également peu élevée; par suite, l'écart de température et les condensations sont faibles.

Pour montrer combien sont variables les condensations que peut entraîner une légère différence entre les écarts de température, dans un même cylindre, nous allons donner quelques chiffres.

Supposons de la vapeur à 8^{kg} de pression, dont la température est de + 169° et de la vapeur à 4^{kg}, à la température de + 143°. Supposons une détente de 9 volumes. Les pressions finales seront, pour les deux cas considérés, de $0^{k},8$ (93°) et de $0^{k},4$ (76°). La chute de température pendant la détente sera donc, dans le premier cas, de 76°, et dans le second de 67°. La différence entre ces deux chiffres est assez faible. Cependant, les condensations initiales avec une pression de 8^{kg} seront environ deux fois plus grandes qu'avec une pression de 4^{kg}.

On peut donc admettre que la somme des condensations produites dans les deux cylindres d'une machine *compound*, par suite des écarts de la température, est plus faible que ne le serait la condensation résultant d'une chute de température égale à la somme des deux écarts dans le grand et le petit cylindre.

Ces principes préliminaires posés, nous pourrons aborder la description des machines à vapeur du système *compound*. Mais avant d'arriver à cette description, il sera nécessaire de parler de la machine, de date déjà ancienne, qui a servi de point de départ à la machine actuelle dite *compound*.

La machine dont nous voulons parler, et qui a été l'origine du système *compound*, est la machine de *Woolf*. Nous avons déjà parlé de l'emploi particulier de la vapeur dans la machine de Woolf, et décrit son double cylindre. Nous avons dit qu'elle a été imaginée pour utiliser, avec le plus d'avantage possible, la détente de la vapeur.

Aujourd'hui que l'on construit des machines à grande détente avec un seul cylindre, c'est-à-dire les machines Corliss, il semble que l'ancienne machine de Woolf aurait dû être abandonnée. Il n'en est rien; cette machine fonctionne encore dans la plupart des filatures du nord de la France, de l'Angleterre et de la Belgique, en raison de la douceur de ses mouvements et de son économie. Elle rivalise avec les machines Corliss sous ce double rapport, et s'emploie en concurrence avec elles.

Machine de Woolf

(Fig. 705 à 707.) La figure 707 représente l'ensemble d'une machine de Woolf à balancier avec détente à déclic.

La disposition extérieure de cette machine a une grande analogie avec la machine de Watt, que nous avons décrite précédemment (Fig. 384 et 385).

Nous avons déjà donné, également (Fig. 430), l'ensemble d'une machine de Woolf à balancier dont le régulateur agit sur la valve d'admission de vapeur.

Dans la machine de Woolf, les tiges des pistons des cylindres transmettent leur mouvement à un balancier, à l'aide de deux parallélogrammes de Watt. A l'extrémité du balancier, est articulée une bielle qui imprime un mouvement de rotation à l'arbre portant le volant, au moyen d'une manivelle.

Une tringle verticale commande la pompe à air du condenseur; une seconde tringle actionne la pompe alimentaire. Un régulateur à boules, provoque le déplacement d'une tige qui fait tourner une valve-papillon régularisant l'arrivée de la vapeur. La vapeur arrivant de la chaudière se rend dans le petit cylindre, puis sort du petit cylindre et passe dans le grand; après avoir travaillé dans le grand cylindre, elle se rend au condenseur.

Une manette permet d'agir sur un robi-

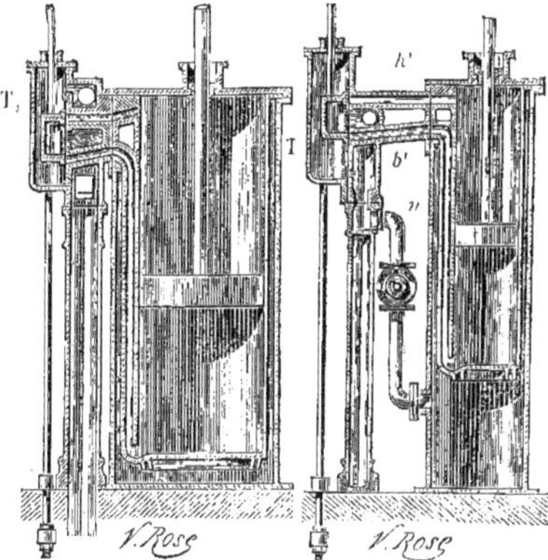

Fig. 705 et 706. — Machine de Woolf. — Coupe des tiroirs du grand et du petit cylindre.

net qui règle l'arrivée de l'eau dans le condenseur.

Sur l'arbre du volant est calée une roue d'engrenage d'angle, qui actionne un pignon conique donnant le mouvement à un petit arbre horizontal. Cet arbre porte, à son extrémité, un excentrique triangulaire qui donne un mouvement de va-et-vient à un cadre solidaire de deux tringles verticales réunies, à leur partie supérieure, par une traverse. Cette traverse actionne les tiges des tiroirs de distribution. Un contre-poids inférieur équilibre l'ensemble des tiges et des tiroirs.

Nous donnons, dans les figures 705 et 706, la coupe des tiroirs du grand et du petit cylindre. Ce sont des tiroirs ordinaires à coquille, sans recouvrements. La vapeur venant de la chaudière se répand à l'intérieur de la boite du tiroir, T, du petit cylindre. Suivant ensuite l'ouverture du tiroir, elle pénètre, par le canal h', à la partie supérieure du cylindre, ou, par le canal b', à sa partie inférieure. Elle peut, également, être évacuée du cylindre par ces canaux. La vapeur passe alors, par un conduit, dans la boite du tiroir du grand cylindre, qui est exactement semblable à celle du petit cylindre. Mais ici l'échappement se fait au condenseur.

Dans cette machine, l'admission de la vapeur dans le petit cylindre se fait pendant toute la durée de la course, le grand cylindre ayant un volume de quatre à six fois le volume de vapeur admis à chaque coup de piston. Mais ces détentes ne sont pas assez économiques, et l'on a été amené à faire commencer la détente à l'intérieur même du petit cylindre. Pour cela, on fit d'abord usage d'un simple tiroir à recouvrements, sans aucun appareil supplémentaire, fixe ou variable.

Mais ces machines, tout en donnant d'excellents résultats, au point de vue de la consommation, présentaient encore des inconvénients.

Le réglage d'admission de vapeur par *papillon-valve* ne permettait pas de donner aux machines une parfaite régularité de vitesse, sous toutes charges, surtout avec des machines peu chargées.

L'impossibilité d'admettre pendant moins de cinq dixièmes de la course du petit piston, avec un simple tiroir à recouvrements, avait pour résultat d'amener un étranglement considérable de la vapeur par le *papillon*. Quand la charge à enlever ne nécessitait pas une admission de cette importance, il en résultait, naturellement, une consommation moins économique.

Ces considérations conduisirent à l'application d'une détente variable par le régulateur, pour l'admission de la vapeur au petit cylindre. On adopta le système de déclenchement Correy, que nous avons décrit (Fig. 523 et 524).

Les premières applications de ce système furent faites sur des machines existantes; les résultats obtenus ayant été excellents, tant au point de vue de l'économie de consommation qu'à celui de la régularité de la vitesse, l'appareil fut, depuis, appliqué à toutes les machines de Woolf nécessitant une vitesse très régulière, ou soumises à des efforts variables.

Fig. 707. — Machine Woolf munie du mécanisme de détente variable Correy.

Nous avons donné la description de ce mécanisme.

Voici la disposition de la machine sur laquelle il est appliqué. La forme ordinaire des boites à vapeur est conservée; la vapeur arrive directement des chaudières à l'enveloppe entourant les deux cylindres et passe, de là, par une valve de mise en route, à la boite à vapeur du petit cylindre.

Le mouvement est donné au tiroir par un excentrique triangulaire comme dans la machine précédente, et les tiroirs sont réglés de la même manière.

Le but de l'appareil de détente est de faire cesser l'admission de vapeur à une période quelconque de la course du petit piston, depuis 0, fermeture complète, jusqu'à 0,9 de la course.

La figure 707 représente l'ensemble de la machine Woolf munie du mécanisme de détente Correy.

On y retrouve, en dehors de ce mécanisme, les mêmes organes que dans la machine représentée par la figure 430, dont nous venons de parler.

Telle est la machine Woolf qui a servi de point de départ aux machines *compound,* dont nous allons commencer la description.

Machines à double expansion horizontales à distributeurs glissants

Nous conserverons pour les machines à *double expansion,* la classification que nous avons adoptée pour les machines à *simple expansion,* c'est-à-dire que nous les diviserons en deux grandes classes : horizontales et verticales, dans chacune desquelles nous grouperons ensemble les machines munies de *distributeurs glissants,* celles qui comportent des *distributeurs oscillants* et les machines à *soupapes.*

Nous aurons l'occasion de trouver dans ces divers groupes des machines compound dites en *tandem* et d'autres dites *parallèles.*

Les machines *compound-tandem* sont celles dans lesquelles les deux cylindres sont placés dans le prolongement l'un de l'autre de façon que la tige d'un des pistons fasse directement suite à la tige de l'autre; ces tiges sont ainsi réunies bout à bout et effectuent la même course dans le même sens. Dans les machines *compound parallèles,* les deux cylindres sont placés côte à côte, leur axe et la tige de leur piston sont parallèles.

Chaque tige est reliée, pour son compte, à l'arbre de la machine, soit par une manivelle, soit par un *vilebrequin.*

Les deux manivelles sont décalées l'une par rapport à l'autre, et les deux pistons ne se meuvent, par conséquent, pas toujours dans le même sens.

Il est bien évident que pour chacune des deux dispositions précédentes des machines compound, on a réalisé, pour le mécanisme de distribution, un mouvement qui est en harmonie avec celui des pistons pour obtenir le résultat désiré.

Machine Weyher et Richemond

(Fig. 708 et 710.) Cette machine se compose d'un bâti sur lequel sont fixés deux cylindres : un petit cylindre, A, recevant la vapeur à pleine pression, et un grand cylindre, B, où se fait la détente (Fig. 709 et 710). Ces cylindres sont munis d'une enveloppe de vapeur, et sont protégés contre le refroidissement par une seconde enveloppe, en tôle, contenant des matières isolantes. Les fonds d'arrière sont amovibles et ceux d'avant sont venus de fonte avec le cylindre. Les fonds n'ont pas de circulation de vapeur : les enveloppes de vapeur se trouvent constamment en communication avec la chaudière.

De l'enveloppe du petit cylindre A, la vapeur passe, en la contournant, à la boîte de distribution de ce cylindre, au moyen d'une valve à clapet, commandée par un volant à main.

La distribution de la vapeur dans le petit cylindre s'opère par un système de tiroir double, dérivé du système Farcot, et qui permet l'introduction de la vapeur de 0 à 7/10.

Nous avons décrit en détail (Fig. 519 et 520), la distribution Farcot : elle permettra de se rendre compte du mode de détente variable employé dans la machine Weyher et Richemond.

La vapeur d'échappement du petit cylindre contourne l'enveloppe à sa partie supérieure, s'y réchauffe, et se rend à la boîte de distribution du grand cylindre B.

La distribution du grand cylindre se compose d'un tiroir à coquille ordinaire commandé par un excentrique circulaire.

De ce cylindre, la vapeur se rend au condenseur.

Le condenseur, dont on voit la coupe verticale dans la figure 708, est formé d'une capacité cylindrique C, de grand volume, eu égard au volume du cylindre à vapeur. L'eau d'injection y arrive par une soupape S placée dans le bas. Les deux pompes à air P et P′, sont commandées par un balancier, en forme de T, actionné lui-même par une courte bielle reliée à la tige du piston du grand cylindre.

est attelée à l'un des bras du levier commandant la pompe à air.

L'arbre de la machine est coudé et porte deux vilebrequins, M et M′, (Fig. 710) cor-

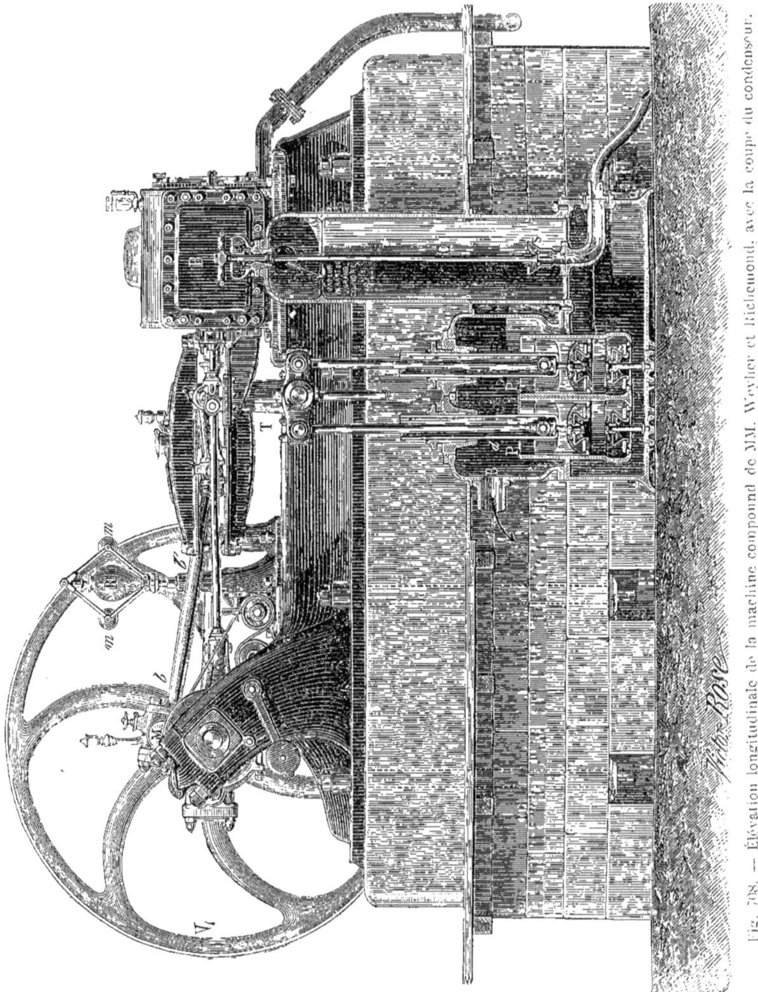

Fig. 708. — Élévation longitudinale de la machine compound de MM. Weyher et Richemond, avec la coupe du condenseur.

Ces pompes à air, qui sont noyées dans une bâche B, aspirent le mélange et le rejettent dans le haut de la bâche, d'où il s'écoule à l'égout. La pompe alimentaire

respondant à chacun des cylindres et placés sous un angle voisin de 90°. Trois paliers, P_1, P_2, P_3, inclinés à 45°, supportent cet arbre, deux placés en dehors des vilebrequins et le troisième au milieu, entre les deux. Deux poulies-volants, V_1, V_2, sont clavetées aux extrémités de l'arbre et transmettent le mouvement à la transmission principale de l'usine.

La vitesse de régime de cette machine à

Fig. 509. — Machine compound de MM. Weyher et Richemond. — Coupe transversale.

vapeur est maintenue par un *régulateur,* du type Porter, agissant sur la came de détente par l'intermédiaire du *compensateur Denis,* dont nous avons expliqué le fonctionnement et qui est représenté par la figure 508.

Le compensateur provoque l'oscillation de la came de détente autour de son axe, et cette came, semblable à celle de la distribution Farcot, immobilise plus ou moins tôt les tuiles de détente qui obturent, au moment déterminé par le régulateur, les orifices d'admission de vapeur dans le tiroir proprement dit.

L'adjonction du compensateur Denis au régulateur Porter consiste à permettre à celui-ci de revenir à sa position normale, caractérisée par l'horizontalité du levier solidaire de son manchon, sans influencer, pour cela, la position de la came de détente, qui reste la même jusqu'à une nouvelle variation du travail résistant de la machine. Nous avons donné (Fig. 495), un ensemble de la machine compound Weyher et Richemond; les figures 708 à 710 permettront d'en saisir facilement le fonctionnement.

On remarquera que le mécanisme qui rend la détente variable par l'action du régulateur ne s'applique qu'à la distribution de vapeur au petit cylindre, parce que dans celui-ci la vapeur est admise à haute pression.

Dans le grand cylindre, la détente est déterminée une fois pour toutes et ne varie pas pendant la marche de la machine.

Entre les deux cylindres, la vapeur qui s'échappe du petit séjourne dans une capacité dont les parois sont échauffées par la vapeur vive qui les entoure. La vapeur d'échappement du petit cylindre s'échauffe donc avant de pénétrer dans le grand et

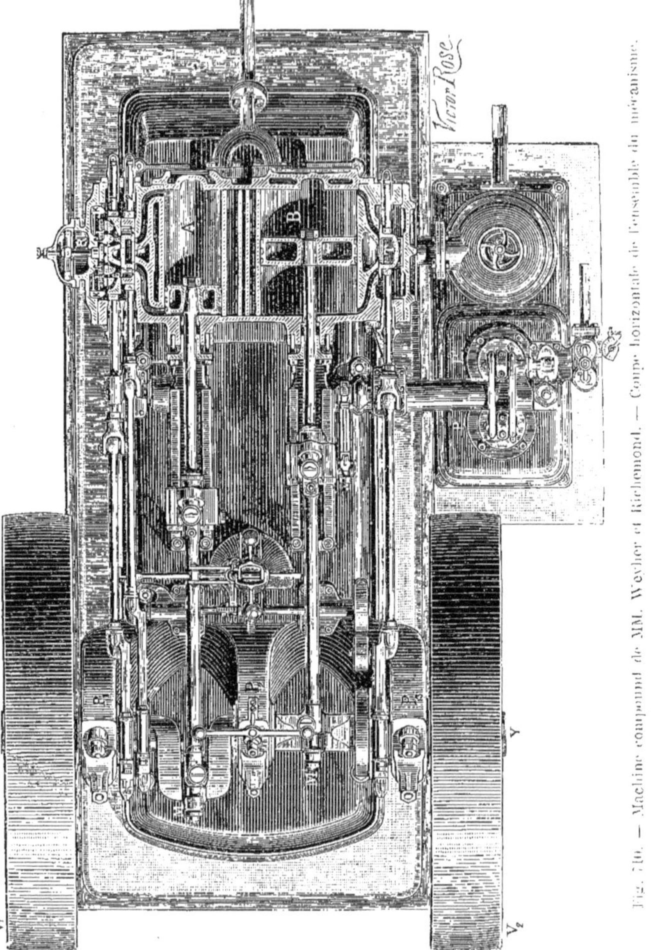

Fig. 710. — Machine compound de MM. Weyher et Richemond. — Coupe horizontale de l'ensemble du mécanisme.

peut, ainsi, être utilisée dans de meilleures conditions.

Machine Boulet (Fig. 711 et 712.) C'est, comme la précédente, une machine compound à cylindres parallèles.

La figure 711 est une coupe transversale des cylindres de cette machine, la figure 712 en donne une coupe horizontale. Nous avons représenté (Fig. 505) l'ensemble de cette machine compound.

Voici le détail de ses dispositions essentielles.

La distribution de vapeur s'effectue dans les deux cylindres, au moyen de tiroirs triangulaires ayant la longueur des cylindres, pour éviter les espaces nuisibles. Le tiroir de distribution du petit cylindre porte un dispositif de détente variable, soit à la main, soit par le régulateur.

Pour une machine de puissance dépassant 50 chevaux, on adapte, sur le tiroir du grand cylindre, un dispositif permettant de rendre la détente variable à la main.

On remarquera que les tiroirs sont placés en contre-bas des cylindres. Il en résulte

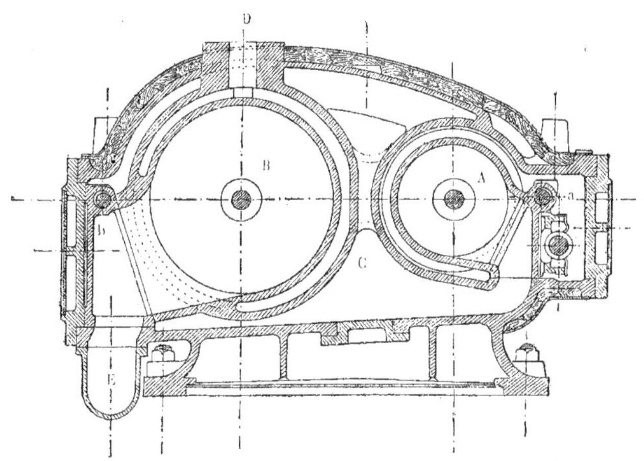

Fig. 711. — Machine compound Boulet. — Coupe transversale.

La vapeur venant de la chaudière arrive en D, circule d'abord autour des cylindres, ainsi que dans les fonds, puis elle arrive à la boîte de distribution *a*, du petit cylindre A, où elle travaille avec détente variable.

En sortant du petit cylindre, la vapeur passe dans le réservoir intermédiaire C ménagé dans l'enveloppe des cylindres; puis elle se rend à la boîte de distribution *b* du grand cylindre B, où elle complète son travail.

Après ce parcours, elle s'échappe par le tuyau E, soit au condenseur, soit à l'air libre.

que la purge se fait naturellement à chaque coup de piston.

La machine est pourvue d'un régulateur isochrone, du système Andrade. Cet appareil assure à la machine une vitesse régulière sous toute charge en actionnant le mécanisme qui permet de faire varier la détente.

Pour cela, son manchon est rendu solidaire d'un coulisseau (Fig. 505), par l'intermédiaire d'un levier horizontal et d'une tringle verticale.

Ce coulisseau peut se déplacer dans une coulisse articulée autour d'un axe fixé sur le bâti. Cette disposition de coulisse est semblable à celle de la machine Piguet que nous avons décrite plus haut (Fig. 677).

Le coulisseau est porté par l'extrémité d'une tringle horizontale articulée, à l'autre bout, à un levier dont le bras intérieur

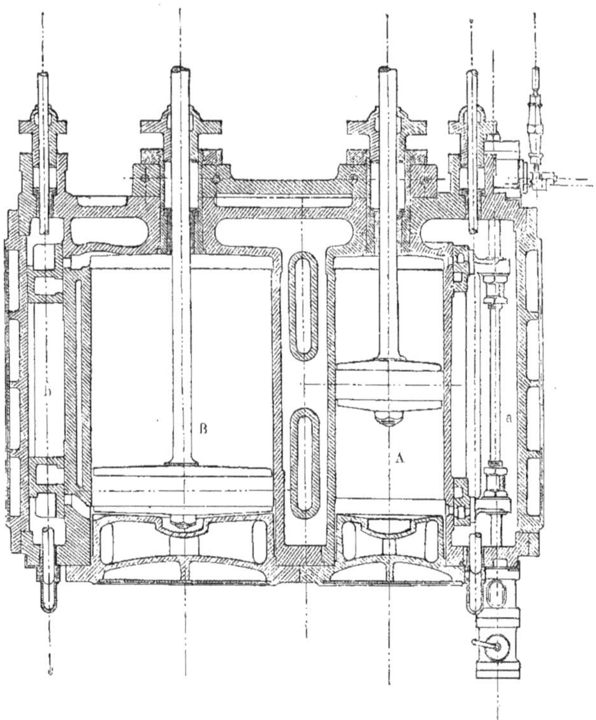

Fig. 712. — Machine compound Boulet. — Coupe longitudinale.

commande le déplacement des tuiles de détente.

Suivant que le régulateur tourne plus ou moins vite, son manchon se relève plus ou moins, entraînant, dans ce mouvement, le déplacement du coulisseau dans la coulisse.

Quand ce coulisseau se rapproche de la partie supérieure de la coulisse et, par conséquent, de son axe d'oscillation, la course de la tringle horizontale, qui lui fait suite, est diminuée et les tuiles de détente obturent plus tôt les lumières d'admission. Quand le coulisseau descend dans la coulisse, les lumières d'admission restent plus longtemps ouvertes et la détente a une amplitude moins grande.

Cette machine peut être munie d'un condenseur.

Le condenseur et la pompe à air sont placés à volonté soit sous l'arbre de la machine qui imprime alors directement le mouvement à la pompe, soit dans le prolongement du grand cylindre. Dans ce dernier cas, la pompe est commandée par un levier coudé attelé sur la tige prolongée du grand piston.

On peut établir également une pompe alimentaire puisant l'eau chaude au condenseur pour l'envoyer au générateur.

Machine Chaligny (Fig. 713.)

Cette machine compound est construite, comme la machine précédente, par les ateliers Brulé et Cie, à Paris, qui ont réuni les anciens ateliers de construction de machines : Hermann-Lachapelle, Boulet et Chaligny.

Nous avons donné (Fig. 638 et Fig. 639) deux ensembles de machines compound Chaligny, l'une marchant avec échappement à l'air libre, l'autre munie d'un condenseur.

La figure 713 représente cette machine

compound d'un modèle plus nouveau, comportant certaines améliorations de détail.

La machine est montée sur un bâti unique, portant les glissières et les paliers.

Le bâti est supporté à ses extrémités par deux socles en fonte, lesquels reposent eux-mêmes sur les massifs de maçonnerie.

Les avantages de ce dispositif sont faciles à saisir. Le bâti, ne comportant qu'une seule pièce, n'emprunte pas sa rigidité aux fondations, qui peuvent être simplifiées.

Les crosses des tiges de pistons sont à

Fig. 713. — Machine compound Chaligny et Cie, sans condenseur.

patins cylindriques permettant, comme nous l'avons vu, un centrage très précis de ces tiges.

Les deux cylindres à vapeur, de dimensions différentes, sont réchauffés par une enveloppe de vapeur. La distribution, très simple, est opérée par des tiroirs ordinaires à coquille, à recouvrements.

La vapeur, après avoir travaillé dans le petit cylindre, passe dans le réservoir intermédiaire qui l'entoure, et se rend à la boîte de distribution du grand cylindre dans lequel elle travaille à nouveau en complétant sa détente ; ensuite, elle est admise au condenseur ou s'échappe directement à l'air libre.

Dans les modèles des machines représentées figure 638 et figure 639, un *régulateur isochrone de Farcot*, à bras croisés, agit sur un papillon placé dans le tuyau d'arrivée de vapeur, et assure l'uniformité de la marche.

Lorsque la machine fonctionne avec condensation, le condenseur est placé à la suite du grand cylindre. Il se compose de la chambre de condensation, d'une pompe à air, et de sa boîte à clapets.

La pompe à air est commandée par le prolongement de la tige du grand piston, ce qui supprime tout renvoi de mouvement et simplifie les organes de la machine.

Dans le modèle représenté figure 713, la régulation de la machine se fait par un régulateur, type Porter, dont le mouvement du manchon provoque l'oscillation d'une valve papillon réglant l'arrivée de vapeur.

Le mouvement de rotation du régulateur lui est transmis par une paire de roues d'engrenage conique. Une de ces roues est calée sur l'axe vertical du régulateur, l'autre est placée en bout d'un arbre auxiliaire horizontal, qui reçoit son mouvement de rotation d'une paire de roues d'engrenage à dents hélicoïdales, une des roues étant calée sur l'arbre même de la machine.

Un dispositif de détente variable à la main est, en outre, disposé sur cette machine.

Il se compose d'une coulisse, articulée autour d'un axe fixe placé à sa partie inférieure, dont l'oscillation, autour de cet axe, est commandée par un excentrique calé sur l'arbre de la machine et par l'intermédiaire d'un coulisseau. Ce coulisseau peut se déplacer dans la coulisse par la manœuvre d'un petit volant supérieur solidaire d'une tige filetée qui traverse le coulisseau, faisant office d'écrou.

La coulisse est, d'autre part, rendue solidaire de la tige du tiroir du petit cylindre par une tringle horizontale.

Suivant la position du coulisseau dans la coulisse, celle-ci fait une excursion d'oscillation plus ou moins grande, ce qui rend la course du tiroir plus ou moins grande également, et provoque la variation de la détente. Celle-ci, une fois obtenue, reste constante pendant la marche de la machine, tant qu'on ne manœuvre pas, à la main, le volant permettant de la faire varier.

Machine Locoge et Rochar

(Fig. 714.) Voici une dernière machine horizontale compound à distributeurs glissants, dont les organes sont disposés d'une façon spéciale.

Les deux cylindres se font face et sont séparés par l'arbre de la machine.

Ils ont des diamètres différents et les tiges des pistons qui s'y meuvent sont attelées directement sur l'arbre.

C'est une machine à simple effet, c'est-à-dire que la vapeur ne travaille, dans chaque cylindre, que sur une face du piston.

La distribution dans les deux cylindres est commandée par deux excentriques calés sur l'arbre d'une façon invariable. Un des excentriques commande le tiroir proprement dit ; l'autre actionne le tiroir de détente.

La détente est rendue variable par l'action du régulateur.

Fig. 714. — Machine compound à grande vitesse Locoge et Rotchar.

Celui-ci, qui est un régulateur *Buss* ou *cosinus* (Fig. 500), commande, par le déplacement de son manchon et par l'intermédiaire d'un levier et d'une bielle, l'oscillation d'une tringle horizontale portant, à chaque extrémité, un petit bras relié à une douille placée sur chaque tige du tiroir de détente.

Quand le manchon se déplace, la tringle horizontale oscille et chaque douille effectue, par rapport à la tige du tiroir, un mouvement de rotation d'une amplitude variable avec le déplacement du manchon. Ce mouvement de rotation est utilisé pour actionner, sur le dos du tiroir proprement dit, les tuiles de détente disposées comme dans la distribution Meyer (Fig. 518). L'admission de vapeur peut ainsi être limitée ou augmentée suivant le régime de marche de la machine.

La vapeur arrive d'abord dans le petit cylindre, où elle effectue son travail sur une seule face du piston. Elle se répand dans les enveloppes de vapeur et pénètre dans le grand cylindre, où elle se détend en pressant sur une face du piston avant d'être évacuée soit à l'air libre, soit au condenseur.

Cette machine est construite pour marcher à grande vitesse.

Machines à distributeurs oscillants. Machine Farcot

(Fig. 715.) Dans cette machine, les deux cylindres sont montés *en tandem*. Ils sont dans le prolongement l'un de l'autre et les tiges des deux pistons sont assemblées à la suite l'une de l'autre.

Chaque cylindre est supporté par un socle en fonte assujetti au massif de maçonnerie. En outre, le bâti se prolonge jusqu'au palier d'avant, qui repose également sur le massif. Un second palier indépendant supporte, à une de ses extrémités, l'arbre de la machine, afin que le volant ne soit pas placé en *porte-à-faux*.

Le petit cylindre est placé en bout, du côté opposé au volant. La distribution de vapeur, dans chaque cylindre, comporte quatre distributeurs oscillants.

Les deux distributeurs inférieurs sont commandés par un mécanisme à liaison complète, et les deux supérieurs sont actionnés par un mécanisme à déclenchement. Ces derniers sont, évidemment, les distributeurs d'admission.

Fig. 715. — Machine Farcot horizontale compound à distributeurs oscillants.

La disposition de ces mécanismes est, pour chaque cylindre, en tout semblable à celle que nous avons décrite en détail plus haut et représentée par les figures 687 et 688. Le fonctionnement est identique. La liaison entre les deux plateaux oscillants, où sont articulées toutes les bielles qui aboutissent aux distributeurs, est faite par une bielle horizontale, et le même excentrique, calé sur l'arbre de la machine, commande ainsi le mouvement simultané des deux distributions.

Des tringles verticales réunissent chaque mécanisme de déclenchement à des rappels pneumatiques placés au-dessous du sol.

La vapeur est d'abord admise dans le petit cylindre où elle travaille en se détendant une première fois; de là, elle est évacuée dans le grand cylindre, où elle agit sur le grand piston, en utilisant sa seconde expansion avant de s'échapper dans le condenseur.

Fig. 716. — Machine Ruston Proctor, compound tandem, à distributeurs oscillants.

La détente dans le petit cylindre est rendue variable par l'action du régulateur, qui, commande le déclenchement des distributeurs de vapeur par l'intermédiaire de tringles et de renvois de mouvement.

La détente dans le grand cylindre est réglée à la main et reste invariable pendant la marche de la machine. Elle est toujours provoquée par le déclenchement des distributeurs d'admission qui se produit régulièrement au même point de la course du piston.

Machine Ruston Proctor

(Fig. 716 et 717.) Cette machine *compound* est munie, pour chaque cylindre, de la distribution à tiroirs oscillants que nous avons décrite et représentée (Fig. 695).

Nous donnons, dans la figure 716, une vue d'ensemble d'une machine compound Ruston Proctor avec cylindres montés *en tandem*.

La figure 717 montre la machine compound avec cylindres montés en *parallèle*.

Dans la première, les deux cylindres sont montés sur un même socle et ont une tige des pistons commune. Le petit cylindre est placé en avant, du côté de la manivelle. A sa partie supérieure est placé le tuyau d'arrivée de vapeur à la base duquel est disposé un volant actionnant le clapet d'admission de vapeur dans le petit cylindre.

La distribution est commandée, comme nous l'avons vu, par deux excentriques qui actionnent les deux séries de distributeurs de chaque cylindre. Les distributeurs d'échappement ont un mécanisme de commande à liaison complète, et les distributeurs d'admission sont à déclenchement.

Le degré de la détente est rendu variable par l'action du régulateur, de la même façon que dans la machine à simple expansion des mêmes ateliers que nous avons décrite.

La vapeur travaille dans le petit cylindre et est évacuée dans le grand, où elle effectue son travail à basse pression avant de pénétrer dans le condenseur.

Celui-ci, placé au-dessous du plancher de la salle des machines, a une pompe à air disposée verticalement et dont le piston est actionné par un balancier triangulaire oscillant autour d'un axe inférieur fixe.

L'extrémité supérieure de ce balancier

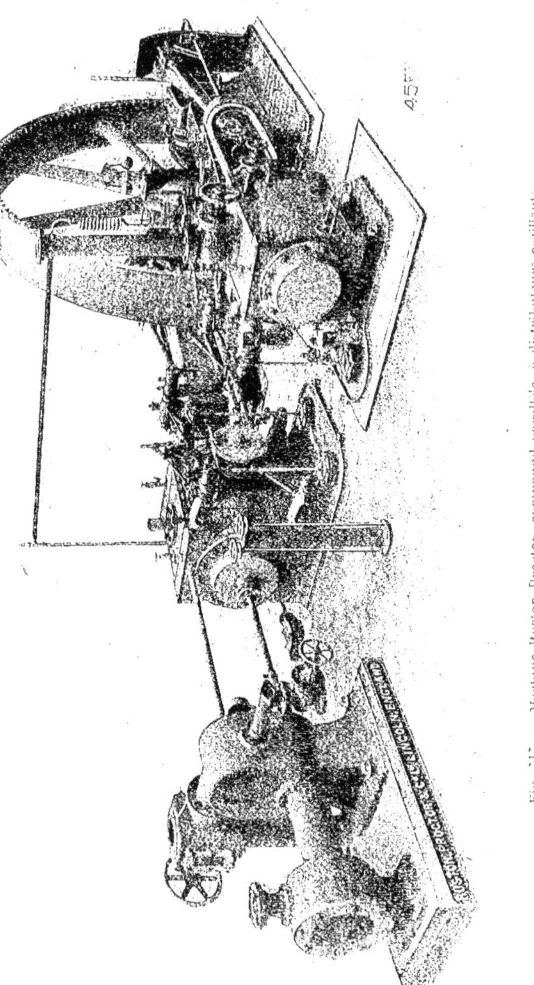

Fig. 717. — Machine Ruston Proctor, compound parallèle, à distributeurs oscillants.

est attelée à la contre-tige du grand piston, supportée par une glissière horizontale sur laquelle se meut une crossette-guide.

La tige portant les deux pistons et actionnant la pompe à air du condenseur est donc en ligne droite, depuis la crosse à patins cylindriques avant, jusqu'à l'extrémité du balancier triangulaire.

La machine compound à cylindres disposés parallèlement (Fig. 717) est constituée, pour ainsi dire, par deux machines à un cylindre, placées côte à côte, dont l'une fonctionne avec de la vapeur à haute pression : c'est celle qui possède un cylindre de petit diamètre, et dont l'autre, qui a un cylindre plus grand, marche à basse pression. La vapeur qui actionne la première passe ensuite dans la seconde, et est enfin évacuée dans le condenseur.

Chaque piston porte sa tige reliée, par une bielle, à une manivelle calée sur l'arbre de la machine, disposé transversalement. Les deux manivelles placées chacune à une extrémité de cet arbre font, entre elles, un angle droit.

Le volant est placé sur l'arbre, entre les deux bâtis supportant chacun un des cylindres. La distribution de chaque cylindre comporte quatre distributeurs oscillants actionnés comme nous l'avons expliqué précédemment. Deux excentriques la commandent pour chaque cylindre et les distributeurs des deux cylindres se font face intérieurement.

Le régulateur détermine le degré de détente pour le petit cylindre seulement. La détente de l'autre cylindre est réglable à la main et ne varie pas pendant le fonctionnement de la machine.

On peut établir pour cette machine un condenseur semblable à celui dont est munie la machine précédente, ou bien ce condenseur peut être disposé au-dessus du sol. Dans les deux cas, c'est la contre-tige du grand piston qui actionne la pompe à air, soit, dans le premier cas, par l'intermédiaire d'un balancier, soit, dans le second cas, directement.

La machine compound à cylindres placés en tandem est d'une confection moins onéreuse que la machine compound à cylindres parallèles. En outre, elle peut s'installer dans un local étroit. D'autre part, les efforts produits sur l'arbre de la machine sont plus irréguliers que dans la machine à cylindres parallèles qui comporte deux manivelles décalées de 90 degrés, ce qui permet, pour chaque tour de la machine, une meilleure répartition du travail des pistons sur l'arbre-moteur.

Machine Dujardin

La distribution à tiroirs oscillants spéciale, type Wheelock, dont les ateliers Dujardin ont muni leur machine à simple expansion et que nous avons décrite et représentée (Fig. 698 et 699), a été également appliquée à une machine compound.

Cette machine est à cylindres disposés *en tandem*.

Les deux cylindres sont munis d'enveloppes de vapeur qui se prolongent même dans les fonds.

Un réservoir intermédiaire sépare les deux cylindres et possède aussi son enveloppe de vapeur.

La vapeur vive remplit l'enveloppe du petit cylindre et réchauffe, par conséquent, la vapeur qui travaille dans celui-ci à haute pression. Les enveloppes du grand cylindre et du réservoir intermédiaire contiennent de la vapeur détendue qui réchauffe, également, celle qui circule dans ces deux capacités.

Les distributions, pour chaque cylindre, sont établies d'une façon identique à celle que nous avons examinée, mais celle du petit cylindre, seule, comporte le dispositif de réglage de la détente par le régulateur.

Dans le grand cylindre, la détente est réglable à la main, mais demeure constante pendant le fonctionnement de la machine.

Chacune des distributions est commandée par un excentrique calé sur l'arbre moteur.

Machines à soupapes. Machine Sulzer

(Fig. 718 et 719.) Nous avons déjà précédemment examiné, dans tous leurs détails, les diverses distributions à soupapes dont les ateliers Sulzer frères munissent leurs machines à vapeur.

Les figures 550, 551 et 552 représentent trois mécanismes de distribution différents comportant tous un dispositif permettant de faire varier le degré de la détente par l'action du régulateur.

Les figures 718 et 719 représentent deux ensembles de la machine compound à soupapes des ateliers Sulzer.

La première est à cylindres montés *en tandem;* la seconde est constituée par deux cylindres placés parallèlement.

La machine *compound-tandem* a ses cylindres placés bout à bout, ne comporte qu'une bielle et qu'une manivelle; elle se prête bien à l'accouplement direct par l'extrémité de l'arbre opposée à la manivelle, soit avec des machines dynamos destinées à produire le courant électrique, soit avec des pompes centrifuges, etc. Le volant, qui, dans cette machine, doit être plus lourd que dans la machine à cylindres parallèles pour compenser les irrégularités plus grandes du fonctionnement, se trouve placé au milieu

1075

Fig. 718. — Machine compound tandem à soupapes Sulzer.

de l'arbre et, souvent, il constitue l'induit des dynamos directement actionnées par la machine.

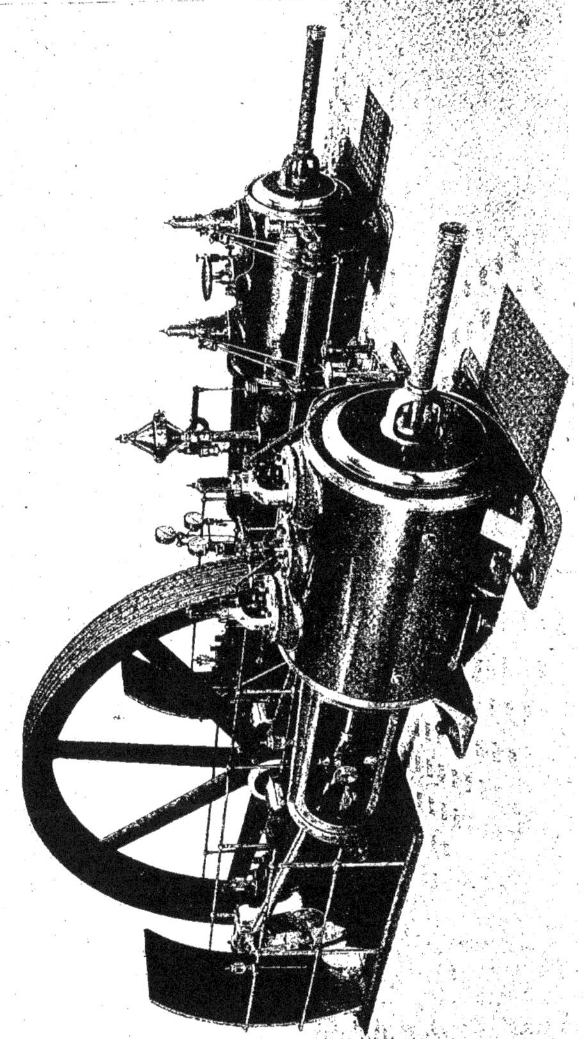

Fig. 719. — Machine compound parallèle à soupapes Sulzer.

Le cylindre de basse pression est placé en avant, du côté de la manivelle; il est boulonné au bâti et repose, ainsi que le cylindre de haute pression qui le prolonge, sur des semelles métalliques. Les deux pistons, montés sur la même tige, peuvent facilement être sortis de leur cylindre en étant tirés vers l'arrière, tandis que la tige qui les supporte est retirée vers l'avant.

Nous ne reviendrons pas sur le fonctionnement de la distribution.

Nous indiquerons simplement que le cylindre de haute pression comporte seul le dispositif de détente variable par le régulateur. Celui-ci commande, en effet, par l'intermédiaire de son manchon et d'un bras de levier disposé horizontalement, l'oscillation d'un axe inférieur qui provoque le déclenchement plus ou moins rapide du mécanisme de soulèvement de la soupape.

La vapeur, admise à haute pression dans le cylindre d'arrière passe, ensuite, dans le cylindre d'avant et est enfin évacuée dans le condenseur placé au-dessous du plancher supportant la machine.

On peut accoupler deux machines en tandem sur le même arbre quand le travail à effectuer nécessite des variations d'une grande amplitude. Dans ce cas, les manivelles des deux machines sont calées à 90 degrés l'une de l'autre sur l'arbre commun.

La machine *compound parallèle* (Fig. 719) comporte deux bâtis assemblés chacun avec un cylindre. Chaque tige de piston est reliée à une crosse à patins cylindriques, articulée avec la bielle actionnant la manivelle. Les deux manivelles sont placées à chacune des extrémités de l'arbre et elles sont calées sur cet arbre en faisant entre elles un angle de 90 degrés.

Le volant est placé au milieu de l'arbre commun.

Le petit cylindre, qui est celui de la haute pression, comporte seul le mécanisme de réglage de la détente par le régulateur. En dehors de ce dispositif, le mécanisme de distribution est le même pour chaque cylindre. Un arbre auxiliaire, disposé parallèlement à chaque tige de piston, commande, pour chaque cylindre, le fonctionnement des soupapes d'admission et d'échappement au moyen d'excentriques calés sur ces arbres auxiliaires. Le mouvement de rotation continu de ceux-ci leur est transmis par une paire de roues d'engrenage conique, une des roues étant calée sur l'arbre de la machine et l'autre se trouvant placée à une extrémité de l'arbre auxiliaire.

Ainsi que nous l'avons dit pour une machine précédente disposée de même façon, cette machine nécessite un plus grand nombre d'organes et est d'un prix de revient plus élevé que la machine-tandem, mais elle permet de maintenir une allure plus régulière du fait de ses deux manivelles qui, placées à angle droit, actionnent le même arbre avec une répartition des efforts plus rationnelle.

Cette machine consomme de 6 à 7 kilogrammes 1/2 de vapeur saturée par cheval indiqué et par heure. En employant la surchauffe pour obtenir, dans le générateur, de la vapeur à une température de 200 à 350 degrés, on peut réduire la consommation de cette vapeur aux chiffres de 4 kilog. 1/2 à 6 kilogrammes par cheval indiqué et par heure.

Machine Biétrix (Fig. 720.) La machine compound parallèle Biétrix dont la figure 720 représente une vue d'ensemble, est munie de la distribution type Collmann que nous avons examinée, et dont les figures 555, 556 et 557 donnent les dispositions et les détails des organes qui la composent.

Les soupapes d'échappement sont actionnées par un mécanisme à liaison complète, tandis que les soupapes d'admission sont commandées par un dispositif à déclenchement. Pour cette raison, les soupapes d'admission sont munies d'un *dash-pot*, ingénieusement réalisé, pour leur permettre de se reposer sans choc sur leurs sièges.

Chacun des deux cylindres de la machine compound parallèle (Fig. 720) est muni de cette distribution, dont la commande a lieu par deux arbres auxiliaires, parallèles aux cylindres, sur lesquels sont clavetés les excentriques.

Le petit cylindre seul, celui de la haute pression, a son degré de détente variable avec la position du manchon du régulateur, lequel fait osciller un axe horizontal portant deux doigts qui provoquent le déclenchement des soupapes d'admission.

La machine représentée ci-contre actionne un compresseur d'air à injection d'eau destiné à un service particulier dans les mines.

Chacun des pistons de la machine est attelé directement à un piston qui se meut dans un des cylindres du compresseur.

Le condenseur est placé sous le plancher de la machine et relié au grand cylindre de basse pression par un conduit de grand diamètre, permettant d'évacuer la vapeur qui a effectué son travail dans les deux cylindres de la machine.

Machine de la Société Française de Constructions mécaniques (Fig. 721 à 727.) La Société Française de Constructions mécaniques (Anciens Établissements Cail), à Denain, construit, en France, des machines à soupapes système Lentz. Ces machines sont caractérisées par un mécanisme de distribution à liaison complète tant pour les soupapes d'échappement que pour les soupapes d'admission.

Nous avons précédemment décrit (Fig. 565) un système de distribution semblable avec commande par leviers-cames.

Les figures 721, 722 et 723 représentent la coupe transversale, par le petit cylindre, d'une machine compound à soupapes du type Lentz.

Chaque soupape est commandée directement par la barre d'un excentrique qui actionne un levier-came provoquant le déplacement de la soupape par l'intermédiaire d'un galet fixé sur sa tige. Nous avons expliqué que la branche du levier

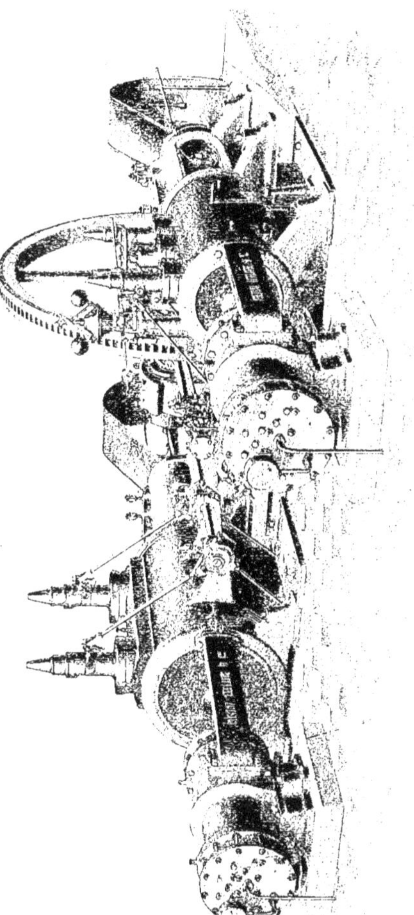

Fig. 720. — Machine Biétrix compound parallèle, à soupapes, actionnant un compresseur d'air pour mines.

sur laquelle appuie le galet a une forme judicieusement établie pour permettre aux

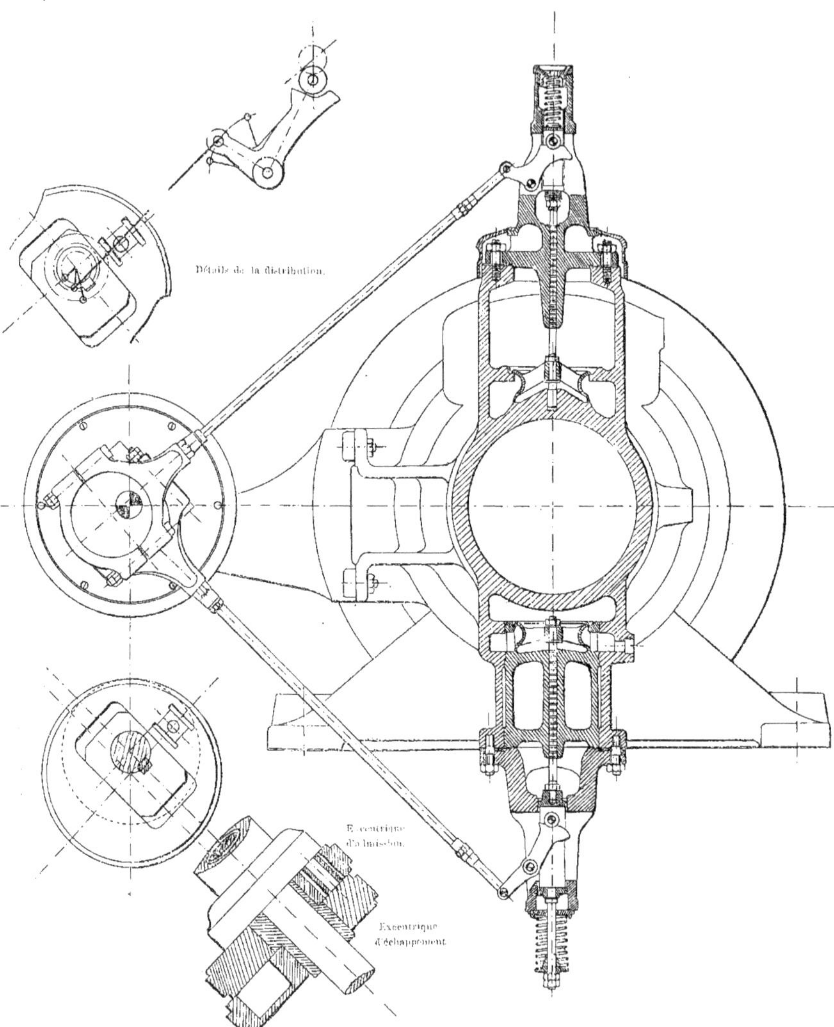

Fig. 721 à 723. — Coupe transversale par le petit cylindre de la machine à soupapes, système Lentz.

soupapes de se soulever avec rapidité, de rester immobiles pendant la pleine ouverture et de redescendre rapidement, tout en venant se reposer sans choc sur leurs sièges.

Chaque soupape est sollicitée à reposer sur ses appuis par un ressort antagoniste disposé à l'extrémité de sa tige; mais, du fait de la liaison complète dans les organes de la distribution, les amortisseurs sont supprimés.

Le degré de la détente est rendu variable par l'action du régulateur. Ce régulateur est fixé sur l'arbre auxiliaire horizontal qui porte les excentriques de distribution.

Il se compose de deux masses pivotant sur un support fixé sur cet arbre et reliées d'une part à un ressort et, d'autre part, à une enveloppe mobile constituant un petit volant.

Quand la vitesse tend à s'accroître, l'enveloppe, par son inertie, absorbe une partie de la force du ressort et les masses peuvent s'écarter immédiatement sans que la force centrifuge ait besoin d'agir sur elles.

Ce mouvement permet de déplacer les organes réglant la variation de l'admission de vapeur avant même que la machine ait complètement pris le régime de vitesse accélérée auquel elle tendait.

L'effet d'inertie de l'enveloppe du régulateur cesse aussitôt que la vitesse de la machine redevient normale. Le ressort est alors ramené à sa position initiale et les masses, sollicitées par lui, reprennent leur place primitive.

Cette combinaison ingénieuse de l'effet d'inertie agissant, d'une manière instantanée et temporaire, avec les variations de la force centrifuge qui, elle, agit d'une manière permanente, permet d'obtenir, du régulateur, une grande sensibilité qui n'exclut pas la stabilité.

Un dispositif approprié permet de régler la vitesse de la machine pendant son fonctionnement.

L'ouverture plus ou moins prolongée des soupapes d'admission, qui donne un degré de détente variable, est provoquée par l'action du régulateur sur les excentriques qui commandent ces soupapes.

Ces excentriques d'admission, à calage variable, sont déplacés, sur l'arbre auxiliaire de distribution qui les porte, par l'enveloppe du régulateur qui agit sur eux en les faisant osciller d'une quantité variable suivant l'accélération de vitesse de la machine. La barre d'excentrique qui commande le levier-came a une excursion appropriée qui réalise l'admission variable.

Les figures 724 et 725 représentent en coupe longitudinale et en plan une machine *compound-tandem* à soupapes munie de la distribution Lentz.

Les deux cylindres enfermés dans la même enveloppe extérieure ont un encombrement très réduit. Ils sont, chacun, fondus d'une seule pièce et les fonds seuls sont rapportés. Ils reposent sur un socle en fonte fixé sur la maçonnerie. Le bâti est solidaire des cylindres et porte une glissière où se meut la crosse à patins cylindriques, clavetée en bout de la tige des pistons. Un robuste palier est solidaire de ce bâti et supporte une extrémité de l'arbre de la machine.

Un plateau-manivelle, qui est claveté à ce bout de l'arbre, porte le tourillon de la bielle articulée à la crosse et commande, par une bielle verticale, la manœuvre de la pompe à air du condenseur.

Le condenseur est établi au-dessous du plancher de la machine. Un conduit de gros diamètre part du cylindre à basse pression et apporte la vapeur d'échappement au droit d'un tube par lequel l'eau est injectée.

Le mélange de condensation se rend dans la bâche où la pompe à air le puise.

Le conduit d'échappement est muni d'un robinet-valve permettant de fonctionner avec le condenseur ou de laisser échapper la vapeur dans l'atmosphère. Le conduit d'injection d'eau, qui débouche vers le milieu de la longueur du conduit d'échappement, est obturé par un second robinet-valve pouvant être manœuvré de la salle des machines.

La pompe à air est à simple effet. Le piston, qui est en bronze phosphoreux, a une course réduite permettant la marche à une vitesse accélérée, sans que des chocs anormaux se produisent. Son guidage est assuré par un fourreau dont il est surmonté.

en permettant une ouverture dont la section totale est considérable.

La vue en plan permet de se rendre compte de la disposition de l'arbre auxi-

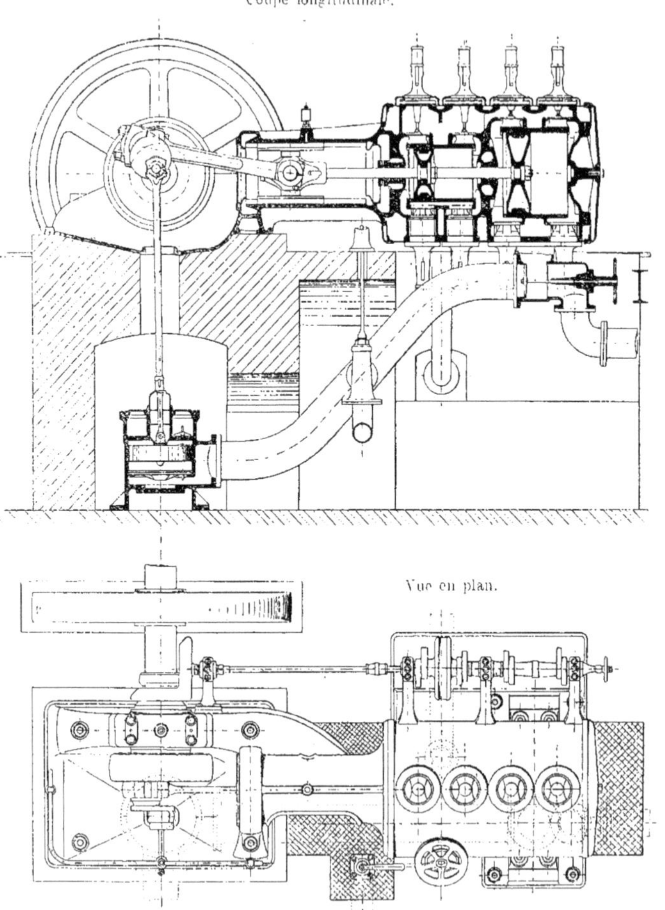

Fig. 724 et 725. — Machine à soupapes, système Lentz, de la Société Française de Constructions mécaniques (Anciens établissements Cail).

Les clapets de la pompe à air sont métalliques et sont formés d'un certain nombre d'anneaux reposant sur des lumières circulaires.

La levée des clapets est très réduite, tout liaire sur lequel sont montés les excentriques qui actionnent les soupapes. Cet arbre est commandé par une paire de roues d'engrenage conique égales qui lui communiquent un mouvement de rotation continu de même vitesse que celui de l'arbre de la machine.

Le graissage des cylindres est assuré par une petite pompe à huile qui envoie le

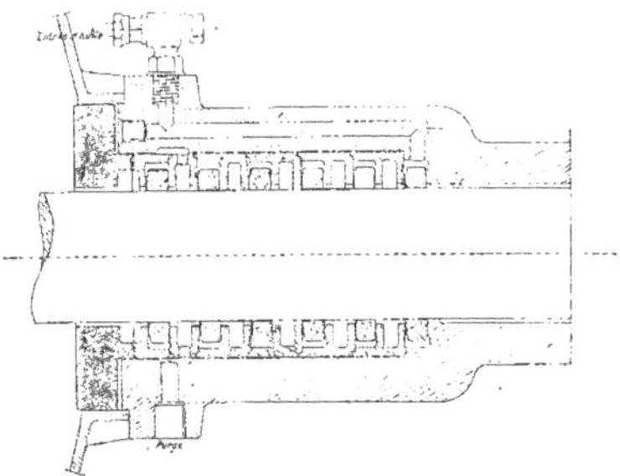

Fig. 726. — Garniture métallique de la tige du piston.

lubrifiant sous pression dans les divers organes.

Quelques dispositions spéciales ont été réalisées pour assurer le bon fonctionne-

La tige du piston sort du cylindre en traversant une garniture métallique qui assure son étanchéité.

Cette garniture (Fig. 726), se compose d'une série de couronnes circulaires, entre lesquelles sont placées, de deux en deux, des bagues en fonte qui sont ajustées à frottement doux sur la tige du piston. Dans les couronnes circulaires on refoule de l'huile sous pression. La vapeur qui peut fuir entre la première bague et la tige, passe dans la seconde capacité, puis dans la troisième, et ainsi de suite jusqu'à la dernière. A mesure qu'elle chemine, sa tension diminue, la fuite s'atténue de plus en plus et elle est nulle à l'autre extrémité de la garniture.

La figure 727 représente une vue d'ensemble de la machine compound tandem à soupapes de la Société Française de Constructions mécaniques.

Les cylindres sont plus écartés l'un de

Fig. 727. — Machine compound tandem à soupapes de la Société Française de Constructions mécaniques (Anciens établissements Cail), système Lentz.

ment des tiges des soupapes et de la tige du piston.

Les tiges des soupapes sont munies de gorges circulaires qui leur permettent de manœuvrer sans presse-étoupes, à grande vitesse et avec la vapeur surchauffée, sans craindre des fuites.

l'autre que dans la machine précédente ; le cylindre à haute pression est disposé à l'arrière ; et c'est sur les soupapes d'admission de ce cylindre seul qu'agit le régulateur dont nous avons parlé plus haut et qui est monté sur l'arbre auxiliaire de distribution, entre les deux paires d'excentriques.

Le volant de cette machine, monté sur l'arbre, entre les deux paliers, porte, sur sa périphérie, une série de gorges circulaires dans lesquelles on peut placer des câbles servant à transmettre le mouvement de rotation à divers arbres de l'usine disposés en des lieux différents.

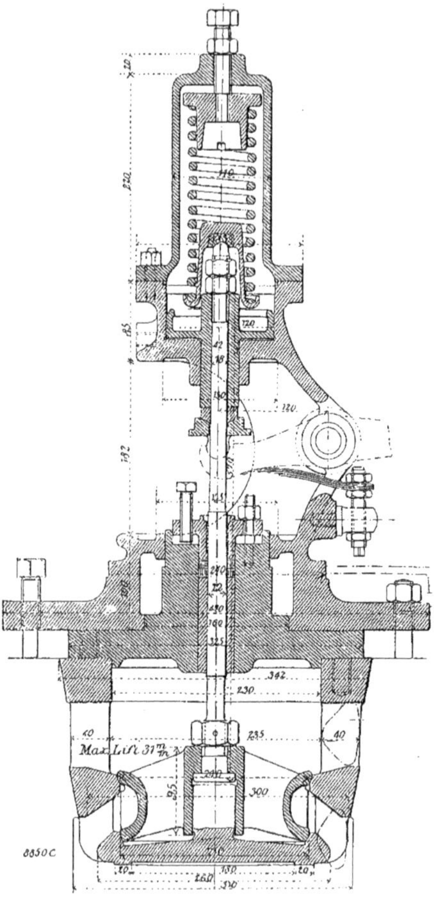

Machine Carels

(Fig. **728** à **730**.) C'est une machine *compound tandem*.

Le cylindre de haute pression est placé à l'arrière; celui de basse pression est fixé au bâti, qui porte une glissière où se meut la crosse des pistons, munie de patins cylindriques.

Les deux cylindres reposent sur deux plaques de fonte qui leur servent de support et sur lesquelles ils peuvent coulisser. Les deux cylindres sont rendus solidaires l'un de l'autre par une lanterne de raccord boulonnée sur chacun d'eux. Ils sont constitués avec une chemise intérieure rapportée et ont une enveloppe de vapeur qui ne se prolonge pas jusqu'aux fonds.

Le palier supportant l'arbre de la machine est venu de fonte avec le bâti et porte un coussinet en quatre parties, garnies de métal blanc, réglables, pour compenser l'usure, sans changer la position de l'arbre. Cet arbre est supporté par un second palier placé à son autre extrémité, et entre les deux paliers est claveté le volant, qui est, assez souvent, une poulie à gorges destinées à recevoir des câbles de transmission.

Fig. 728. — Soupape d'admission de la machine compound tandem Carels.

Les machines dont la figure 729 représente un groupe d'ensemble, ont pour volants les inducteurs de machines électriques produisant du courant alternatif.

Cette installation est faite pour le compte de la Compagnie de l'Est-Lumière parisien, à Alfortville, et sert à l'éclairage des quartiers Est de Paris.

Les pistons sont formés par deux parois verticales, laissant entre elles un espace vide. Deux segments placés sur leur périphérie assurent leur étanchéité dans leur cylindre respectif.

La distribution s'effectue dans les deux cylindres par des soupapes disposées en bas pour l'échappement et en haut pour l'admission.

Fig. 720. — Machine Carels compound tandem à soupapes de la Station centrale de la Cie de l'Est-Lumière parisien, à Alfortville.

Ces soupapes sont actionnées par un mécanisme commandé par des excentriques clavetés sur un arbre auxiliaire.

Un excentrique commande à la fois la soupape d'admission et la soupape d'échappement, qui se font face sur chaque cylindre.

La machine compound tandem comporte donc quatre excentriques.

La soupape d'échappement, à double siège (Fig. 730), est actionnée par une tringle qui, articulée en bout du collier de l'excentrique et, en même temps, à un petit bras de levier oscillant autour d'un axe fixe, vient s'attacher à l'extrémité d'un levier à deux branches B, placé sous la tige de la soupape. Ce levier, articulé autour d'un axe fixe, appuie sur un second levier A qui porte un mamelon sur lequel repose une chape solidaire de la tige de la soupape. Quand la branche horizontale du levier B oscille vers le haut, le levier A soulève, par son mamelon, la soupape d'échappement.

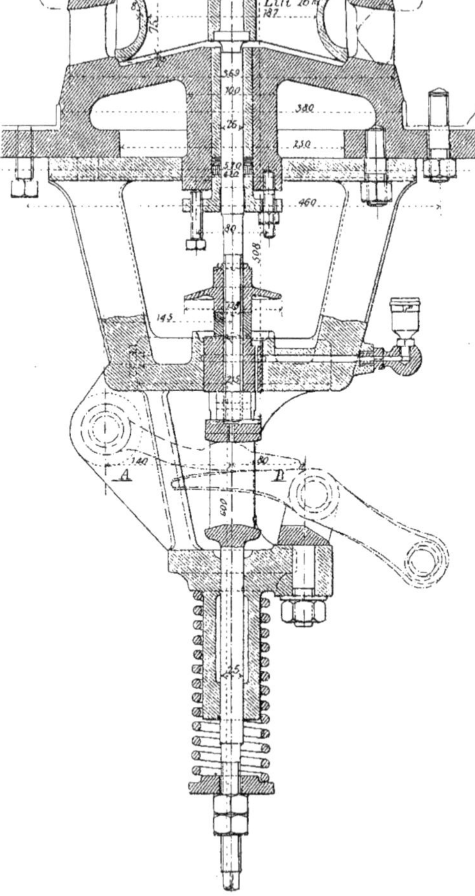

Fig. 730. — Soupape d'échappement de la machine compound tandem Carels.

Un ressort à boudin disposé à la partie inférieure assure le retour de la soupape sur ses deux sièges, lorsque le levier B oscille en sens inverse. La commande de la soupape par les deux leviers A et B permet de réaliser un dispositif à leviers roulants comme nous l'avons décrit à propos de la distribution Sulzer (Fig. 552). Le point de contact des deux leviers n'est pas, en effet, toujours le même; il se déplace suivant l'oscillation des leviers en augmentant ou en diminuant la grandeur du bras de levier qui provoque le soulèvement ou l'abaissement. Cela permet de relever brusquement la soupape, de la laisser sensiblement immobile à pleine ouverture et de la faire descendre brusquement, tout en la reposant sans choc sur ses sièges.

La soupape d'admission (Fig. 728), également à deux sièges, est actionnée par un mécanisme à déclenchement. L'excentrique commande le va-et-vient d'une tringle portant, articulé à son autre extrémité, un petit levier muni de la touche menante. Cette touche s'appuie sur une seconde touche, qui est la touche conduite, disposée en bout d'un levier articulé autour d'un axe fixe, et dont l'autre bout agit sur la tige de la soupape.

Quand l'excentrique tire sur la tringle, la touche menante, en appuyant sur la touche menée, fait osciller le levier qui soulève la soupape. Quand, par suite des trajectoires des touches, elles s'abandonnent, le déclenchement se produit, et la soupape retombe sur ses sièges, sous l'action d'un ressort à boudin disposé dans un petit cylindre vertical supérieur.

Un *dash-pot,* placé au-dessous du ressort, permet d'amortir la chute de la soupape et de la laisser reposer sans choc sur ses couronnes d'appui.

Les ouvertures percées dans les lanternes des soupapes débouchent dans les fonds des cylindres, et les tiges de ces soupapes traversent un presse-étoupes avant d'être reliées à leur mécanisme de commande.

La détente est rendue variable dans le petit cylindre à haute pression par l'action du régulateur qui agit sur le mécanisme de distribution dont nous venons de parler. Cette action se manifeste par une oscillation d'une amplitude plus ou moins grande, donnée au petit bras de levier portant la touche qui conduit, par le manchon du régulateur, au moyen d'un système de leviers et de bielles semblable à ceux que nous avons déjà rencontrés dans les distributions par soupapes.

Le condenseur de la machine compound-tandem Carels est placé quelquefois au même niveau que les cylindres et dans leur prolongement; dans ce cas, c'est la contre-tige du petit piston qui porte le piston de la pompe à air du condenseur.

Dans le groupe de machines ci-dessus représentées, les condenseurs sont établis dans le sous-sol et la pompe à air est actionnée par un balancier, commandé lui-même par une bielle articulée sur le plateau-manivelle de la machine.

Un clapet-valve permet, par sa manœuvre qui peut s'effectuer de la salle des machines, de faire fonctionner la machine avec condensation ou de permettre l'échappement à l'air libre.

Machine Walschaerts

(Fig. 731 à 734.) Cette machine, construite par les ateliers Walschaerts de Saint-Gilles-Bruxelles, comporte une distribution système Recke. C'est une machine *compound-tandem.* Le petit cylindre est placé en avant et est solidaire du bâti portant la glissière. Les cylindres reposent sur des supports en fonte fixés dans la maçonnerie. La poulie-volant porte des gorges circulaires pour recevoir des câbles de transmission.

Les soupapes d'admission sont, comme dans toutes les machines précédentes, placées en haut des cylindres; les soupapes d'échappement, en bas.

Toutes les soupapes sont à quatre sièges, ce qui nécessite, ainsi que nous l'avons dit précédemment, une grande précision dans le façonnage de ces organes pour obtenir une étanchéité parfaite sur les quatre couronnes d'appui.

Le mécanisme de distribution est simple et ingénieusement réalisé.

Dans chaque cylindre, les deux soupapes d'admission sont commandées par le même excentrique, un second excentrique actionnant les soupapes d'échappement.

Les quatre excentriques de la machine sont montés sur un arbre auxiliaire de distribution qui reçoit son mouvement de rotation de l'arbre même de cette machine; mais, tandis que l'excentrique d'échappement est claveté d'une façon invariable sur l'arbre auxiliaire, l'excentrique d'admission peut être décalé par l'action d'un régulateur monté horizontalement sur cet axe et qui participe à son mouvement.

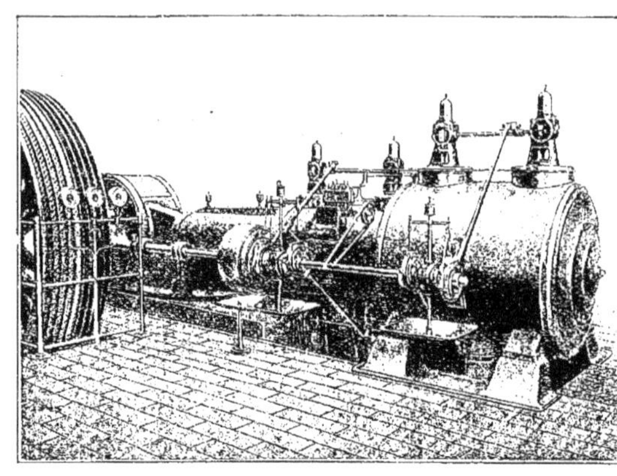

Fig. 731. — Machine Walschaerts-Recke compound-tandem de 300 chevaux.

En dehors de cette différence dans la commande des soupapes d'admission et d'échappement les mécanismes sont identiques.

La barre de l'excentrique, très courte, est articulée à une bielle dont l'autre extrémité porte un petit bras de levier solidaire de l'axe longitudinal commandant les deux soupapes (Fig. 732 et 734).

Fig. 732. — Machine Walschaerts-Recke. — Coupe longitudinale par un cylindre.

Sur cet axe sont clavetés, au droit de chaque tige de soupape, des leviers tout courts ayant un profil spécial, en forme de came, qui leur a fait donner le nom de « bec de roulement ».

Ce court levier s'appuie par son profil sur une pièce qui termine la tige de la soupape et dont le profil est en forme de crochet (Fig. 733).

L'oscillation de l'axe horizontal réunissant les deux soupapes, provoquée par l'excentrique, détermine la rotation du levier à bec dans la pièce à forme de crochet. Les deux profils qui sont en contact sont judicieusement établis pour permettre une montée et une descente brusques de la soupape en la laissant sensiblement immobile pendant la pleine ouverture, et en la reposant ensuite doucement sur ses quatre sièges.

Un ressort à boudin antagoniste (Fig. 734) sollicite constamment la soupape à s'appliquer sur ses sièges et, par cela même, appuie d'une façon permanente la face interne de la pièce à crochet sur le profil du levier à bec.

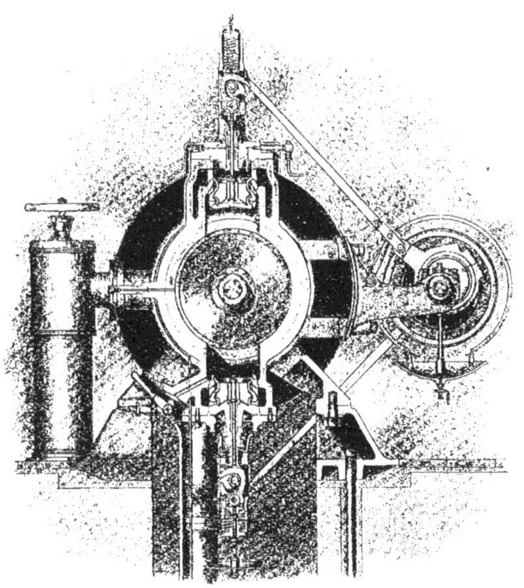

Fig. 733. — Machine Walschaerts-Recke. — Coupe transversale par un cylindre.

Puisque le même excentrique commande à la fois le mouvement des deux soupapes soit d'admission, soit d'échappement, et que les phases de ces mouvements sont décalées les unes par rapport aux autres, il a fallu orienter en sens inverse les deux leviers à bec actionnant les deux soupapes de même fonction. L'un de ces leviers a le bec tourné vers la droite; le second a son bec orienté vers la gauche.

L'axe longitudinal qui porte les deux leviers à bec, repose sur les supports ou *chapelles* des soupapes qui servent de paliers (Fig. 734).

Le degré de détente est rendu variable pour la vapeur admise dans le cylindre à haute pression seulement. C'est le régulateur à axe horizontal qui, par ses variations de régime, décale, dans un sens ou dans l'autre, l'excentrique actionnant les soupapes d'admission et détermine ainsi une levée, d'amplitude variable, de ces soupapes et, par conséquent, une admission plus ou moins prolongée.

Les cylindres sont munis d'enveloppes de vapeur, ainsi qu'on peut s'en rendre aisément compte par la coupe longitudinale (Fig. 732). Les pistons sont creux et portent deux segments métalliques pour assurer leur étancheité dans les cylindres. Ils ont un profil spécial qui leur permet d'épouser la forme des fonds, ce qui ne donne lieu, en fin de course, qu'à un *espace mort* très réduit.

lancier, dont l'autre extrémité porte la tige du piston de la pompe à air.

Le mécanisme de distribution actionnant

Fig. 731. — Machine Walschaerts-Recke. — Commande des soupapes d'admission, un chapeau étant enlevé.

Machine Stork (Fig. 735 et 736.) L'ensemble que nous avons donné (Fig. 521) de la machine *compound parallèle* Stork, comporte deux bâtis indépendants, fixés en bout de chaque cylindre et reliés chacun aux massifs de maçonnerie. Un arbre transversal commun est actionné par deux manivelles commandées, chacune, par la tige d'un piston, par l'intermédiaire d'une bielle. Sur l'arbre est claveté un volant pouvant servir de poulie et portant l'inducteur d'une machine électrique à courant alternatif.

La contre-tige du piston à basse pression commande la pompe à air du condenseur. Une glissière, placée en bout du cylindre de gros diamètre, supporte un coulisseau articulé à l'extrémité d'un balancier

les soupapes, est représenté par la figure 736. C'est un mécanisme à liaison complète pour les soupapes d'admission et pour les soupapes d'échappement.

Un excentrique commande l'admission et un autre l'échappement.

L'excentrique d'échappement est claveté sur l'arbre auxiliaire de distribution; sa barre est articulée, à son extrémité, avec un levier à deux courtes branches oscillant autour d'un axe fixe et appuyant, par un profil en forme de came, sur un galet solidaire de la tige de la soupape d'échappement.

Quand la barre d'excentrique se meut vers le bas, le levier à deux branches oscille et son extrémité, en profil de came, soulève le galet et la soupape.

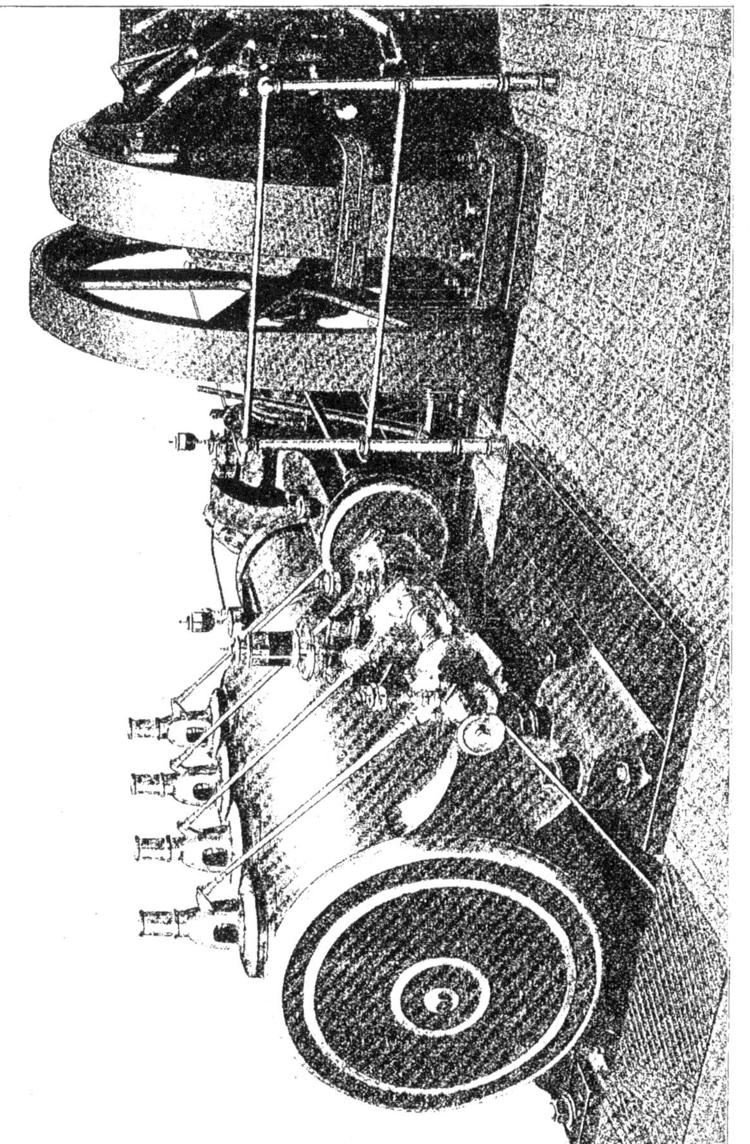

Fig. 735. — Machine compound-tandem à soupapes des Ateliers Stork frères.

Quand ce levier oscille en sens inverse, la soupape se repose sur ses appuis, sous l'action d'un ressort à boudin antagoniste qui sollicite sa tige à descendre.

L'excentrique qui commande le mécanisme d'admission, l'actionne par l'intermédiaire d'un petit balancier, oscillant, en son milieu, autour d'un axe fixe et articulé, à une extrémité, avec la courte barre de l'excentrique et à l'autre avec une bielle reliée à un second levier à deux branches, disposé à la partie supérieure. L'extrémité de ce levier a également un profil en forme de came sur lequel appuie un galet solidaire de la soupape d'admission. Le mouvement de l'excentrique provoque l'oscillation du balancier qui, en faisant mouvoir la bielle intermédiaire, détermine la montée ou la descente de la soupape suivant le sens du mouvement. La descente est provoquée par un ressort à boudin de rappel disposé à la partie supérieure.

Les profils des extrémités des leviers de commande sont établis pour que le fonctionnement des soupapes s'effectue de la manière rationnelle que nous avons déjà indiquée.

Ce dispositif de distribution est du type Lentz que nous avons décrit (Fig. 721 à 723).

La détente a une amplitude qui est rendue variable, pour le cylindre à haute pression seulement, par l'action du régulateur. Celui-ci, disposé horizontalement, est monté sur l'arbre auxiliaire de distribution.

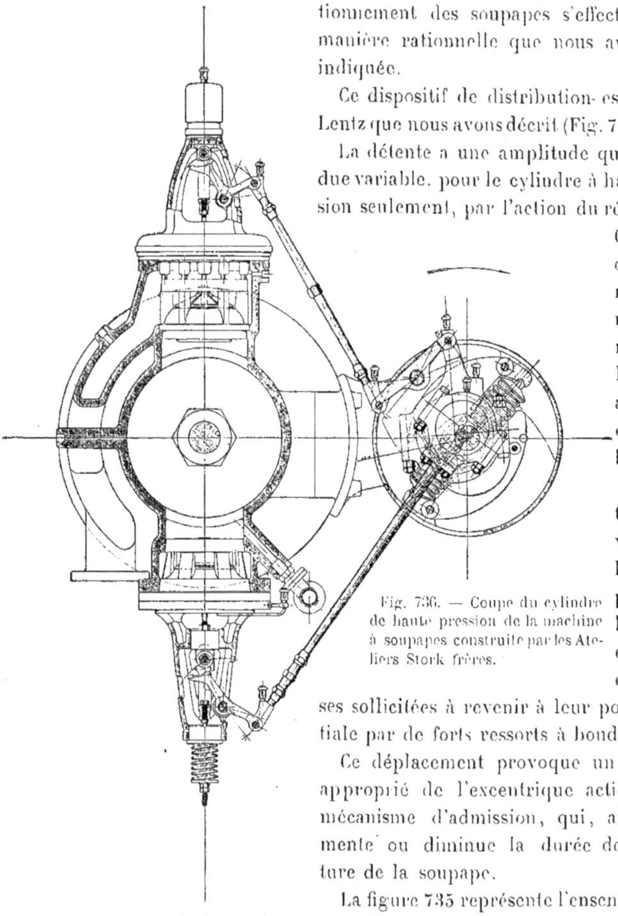

Fig. 736. — Coupe du cylindre de haute pression de la machine à soupapes construite par les Ateliers Stork frères.

La variation de la vitesse de la machine provoque le déplacement de deux masses sollicitées à revenir à leur position initiale par de forts ressorts à boudin.

Ce déplacement provoque un décalage approprié de l'excentrique actionnant le mécanisme d'admission, qui, ainsi, augmente ou diminue la durée de l'ouverture de la soupape.

La figure 735 représente l'ensemble d'une machine Stork *compound tandem*.

Cette machine, du type Lentz, dont la coupe a été donnée par les figures 724 et 725, est très ramassée. Le petit cylindre est disposé en avant et fixé au bâti, et une même enveloppe de vapeur, d'un diamètre extérieur uniforme, entoure les deux cylindres. L'arbre auxiliaire de distribution est toujours posé parallèlement à l'axe des cylindres et le régulateur, disposé horizontalement, actionne les seuls excentriques d'admission du cylindre à haute pression.

Les cylindres reposent sur une plaque en fonte scellée dans le massif de maçonnerie, et sur laquelle ils peuvent glisser.

Le palier de la manivelle est venu de fonte avec le bâti et supporte une extrémité de l'arbre de la machine qui tourne, à son autre bout, dans un second palier indépendant.

L'arbre porte un volant qui peut, en même temps, servir de poulie et, en outre, l'induit d'une machine électrique à courant alternatif. Le condenseur est disposé au-dessous du plancher de la machine et le piston de la pompe à air est directement actionné par une bielle verticale, articulée au plateau-manivelle de la machine.

Machine Ruston Proctor.

(Fig. 737.) La machine à soupapes *compound tandem*, construite par les ateliers Ruston Proctor et Cie, que représente cette figure, est munie du mécanisme de distribution système Recke que nous avons précédemment décrit dans son application à la machine Walschaerts (Fig. 731 à 734).

Les cylindres sont munis d'une enveloppe à circulation directe de vapeur vive. Ils sont constitués par des chemises, en fonte de fer spéciale, entrées à force dans l'enveloppe extérieure.

Le bâti, boulonné au cylindre de basse pression, porte une glissière pour recevoir une crosse à patins cylindriques. Le palier de manivelle est venu de fonte avec lui et porte un coussinet en acier, constitué en quatre parties revêtues de métal blanc. On peut, ainsi, compenser aisément l'usure du coussinet.

La tige des deux pistons traverse les fonds des cylindres à travers des presse-étoupes munis de garnitures métalliques.

Les excentriques actionnant le mécanisme de distribution sont montés sur un arbre auxiliaire recevant son mouvement de rotation de l'arbre de la machine.

Un seul excentrique, dans chaque cy-

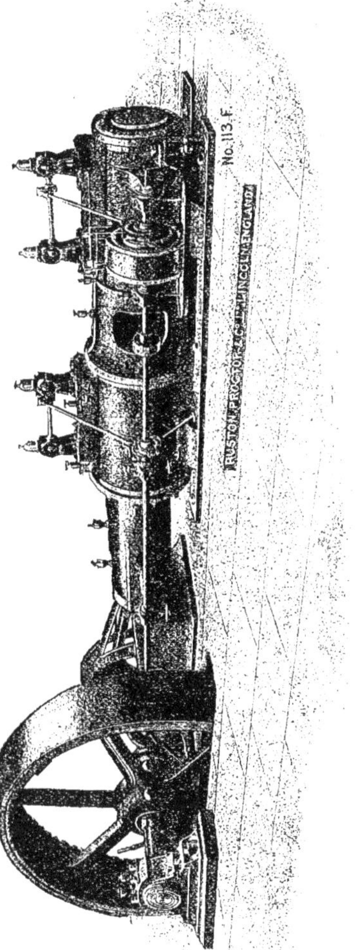

Fig. 737. — Machine à soupapes compound tandem Ruston-Proctor.

lindre, commande à la fois les deux soupapes d'admission ou les deux soupapes d'échappement.

Le mécanisme de commande des soupapes, par l'intermédiaire d'un levier oscillant à profil approprié, est réalisé simplement.

Le régulateur, monté horizontalement sur l'arbre de distribution, commande le décalage de l'excentrique d'admission du cylindre à haute pression et fait varier la détente dans ce cylindre, suivant le régime de marche de la machine.

La machine représentée par la figure 737 ne comporte pas de condenseur. Quand il est nécessaire d'en munir la machine, la tige des pistons se prolonge, à l'arrière, extérieurement, et porte un coulisseau se mouvant dans une glissière horizontale fixée sur le fond du cylindre à haute pression. Une courte bielle, articulée au coulisseau, provoque l'oscillation d'un balancier vertical dont l'extrémité inférieure actionne la tige du piston de la pompe à air.

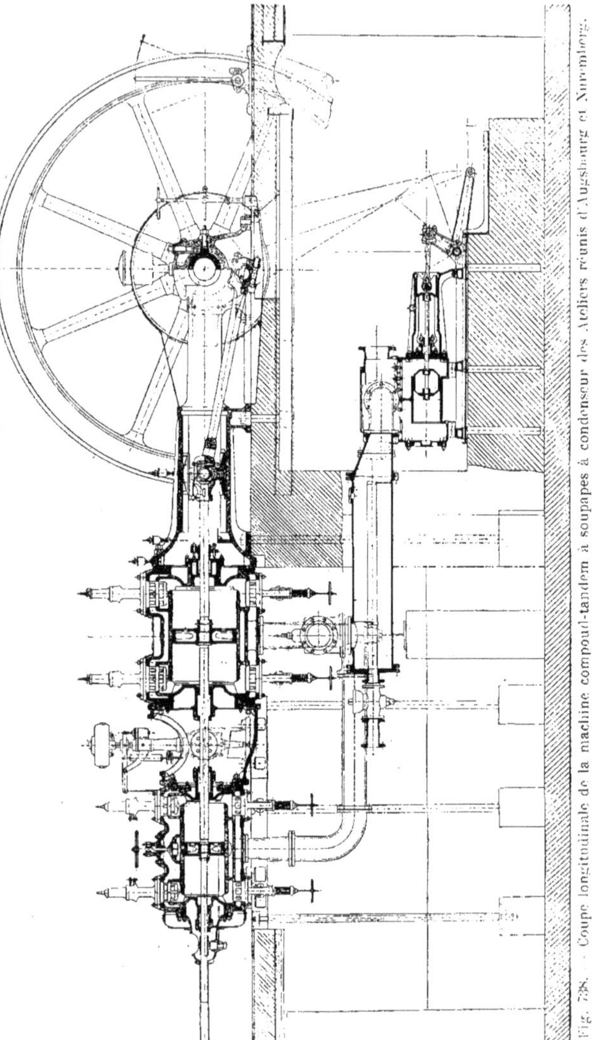

Fig. 738. — Coupe longitudinale de la machine compound-tandem à soupapes à condenseur des Ateliers réunis d'Augsbourg et Nuremberg.

Machine des Ateliers réunis d'Augsbourg et Nuremberg

(Fig. 738 à 743.) Cette machine, dont la figure 738 donne une coupe longitudinale et la figure 739 une vue d'ensemble, est du type *compound tandem*. Le cylindre de haute pression est placé à l'arrière ; le cylindre de basse pression est fixé au bâti, qui porte une glissière cylindrique et qui repose sur le massif de maçonnerie après lequel il est scellé.

Les cylindres sont supportés par une

Fig. [illegible]. — Ensemble de la machine à soupapes compound-tandem des Ateliers d'Augsbourg et Nuremberg.

plaque de fonte scellée également dans ce même massif.

La distribution de la vapeur s'effectue, dans chaque cylindre, par l'intermédiaire de quatre excentriques : deux pour les soupapes d'admission, deux pour celles d'échappement.

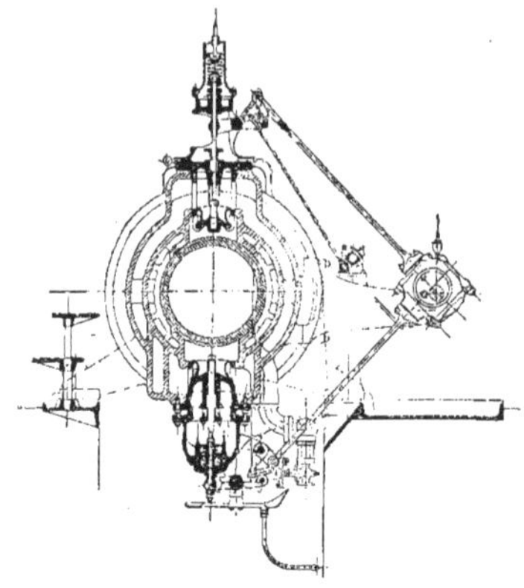

Fig. 740. — Coupe transversale d'un cylindre de machine à soupapes des Ateliers d'Augsbourg et Nuremberg. — Mécanisme à déclenchement.

La figure 740 montre le mécanisme de cette distribution appliqué au petit cylindre de la machine.

L'excentrique d'échappement actionne, par l'extrémité de sa barre d'excentrique, un court levier dont un des bouts, en forme de patin, appuie sur un galet monté à l'extrémité du levier qui commande la soupape.

Quand la barre d'excentrique tire, le court levier, en oscillant, fait basculer le levier de la soupape qui pivote autour d'un axe fixe, et cette soupape se soulève.

Quand la barre d'excentrique revient en sens inverse, la soupape retombe sur son siège par l'action de son ressort à boudin antagoniste.

Le mécanisme d'admission est commandé par l'autre excentrique, dont la barre porte, à son extrémité supérieure, un levier muni d'une touche qui provoque l'oscillation du levier de commande de la soupape, en appuyant contre une butée ménagée en bout de ce dernier levier. La durée de l'ouverture de la soupape d'admission se prolonge, tant que la touche et la butée restent en contact. Quand, par suite des oscillations respectives de ces pièces, le contact cesse, la soupape est rappelée sur ses deux sièges par un ressort à boudin supérieur.

Le cylindre à haute pression comporte, en outre, dans son mécanisme de distribution, un dispositif permettant de rendre son degré de détente variable par le régulateur.

Celui-ci, qui est à axe vertical (Fig. 739), prend son mouvement de rotation par l'intermédiaire de deux roues d'engrenage conique, dont une est clavetée sur l'arbre auxiliaire de distribution et l'autre sur le bout d'axe de ce régulateur. Le manchon provoque, par ses variations successives, l'oscillation

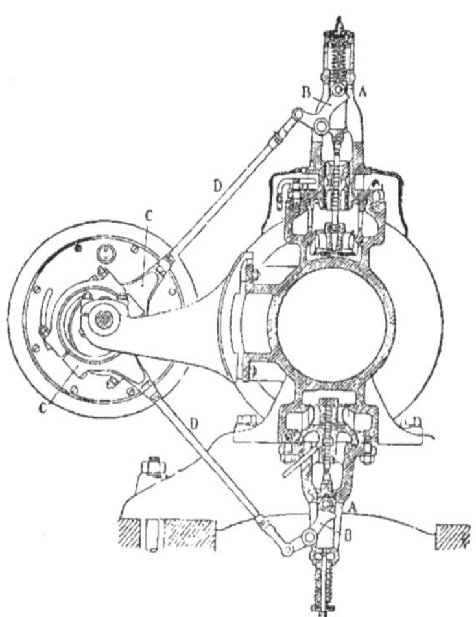

Fig. 741. — Coupe transversale d'un cylindre de machine à soupapes des Ateliers réunis d'Augsbourg et Nuremberg. — Mécanisme à liaison complète.

d'un levier horizontal, portant à son extrémité une tringle verticale. Cette tringle détermine l'oscillation d'un petit axe horizontal (Fig. 740) solidaire d'une tringle oblique qui peut faire varier, par son extrémité supérieure, la position de la touche menante par rapport à la butée menée. Il en résulte un déclenchement plus ou moins rapide suivant la hauteur du manchon et une admission variable avec le régime de la machine.

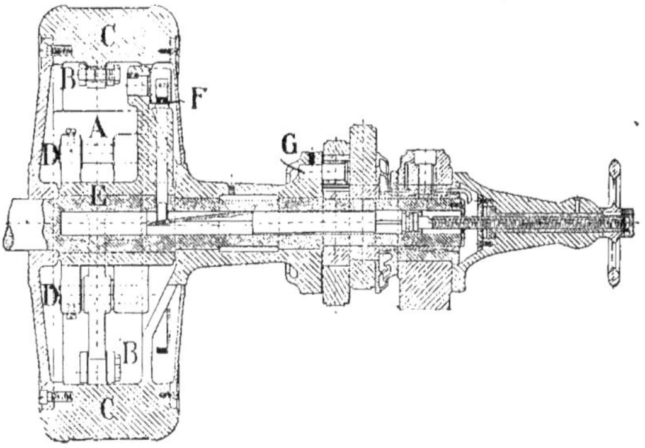

Fig. 742. — Régulateur de la machine à soupapes des Ateliers d'Augsbourg et Nuremberg. Coupe longitudinale.

La vapeur, d'abord admise dans le petit cylindre, passe, après avoir effectué son travail, dans le grand cylindre par l'intermédiaire d'un conduit placé sous le plancher de la machine (Fig. 738). A la sortie du grand cylindre, la vapeur est évacuée dans le condenseur placé en contre-bas.

La pompe à air de ce condenseur est disposée horizontalement et la tige de son piston, guidée par une crossette dans une glissière horizontale, est actionnée par une biellette articulée à une des branches d'un balancier, dont l'autre branche est commandée par une bielle oblique reliée à la bielle motrice de la machine.

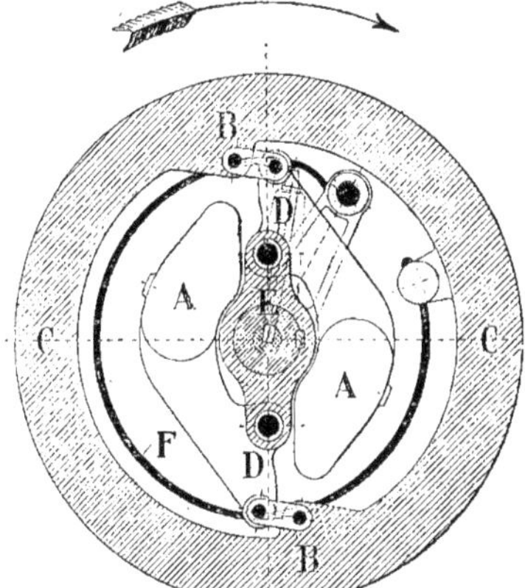

Fig. 743. — Régulateur de la machine à soupapes des Ateliers d'Augsbourg et Nuremberg. — Coupe transversale.

Le volant porte, intérieurement, sur sa périphérie (Fig. 738), une série de crans permettant de mettre facilement la machine en marche. A cet effet, un levier vertical, articulé sur un support fixe, fait manœuvrer un petit balancier horizontal à chaque extrémité duquel pivote une tige métallique dont le bout est retourné en équerre pour former un crochet. Ce crochet peut s'engager dans les crans ménagés sur la périphérie du volant.

Quand, à la main, on déplace le levier vertical dans un sens, l'une des tiges articulées en bout du balancier et dont le crochet est engagé dans un cran, pousse le volant et tend à le faire tourner; quand on effectue la manœuvre en sens inverse, c'est la seconde tige qui continue à faire tourner le volant dans le même sens. En donnant au levier vertical une série d'oscillations de droite à gauche et inversement, on provoque la rotation continue du volant et on peut, ainsi, le mettre dans une position qui permette à la machine de démarrer facilement quand on admet la vapeur dans le petit cylindre.

Une autre machine à soupapes compound, construite par les Ateliers réunis d'Augsbourg et Nuremberg, est munie d'un mécanisme de distribution à liaison complète pour les soupapes d'admission et pour les soupapes d'échappement. Ce mécanisme est représenté dans la coupe verticale du cylindre à haute pression de cette machine (Fig. 741). C'est le système Lentz que nous avons décrit.

Chaque soupape est commandée par un excentrique, par l'intermédiaire d'un levier-came à profil convenablement établi.

L'excentrique d'admission peut être décalé, sur l'arbre auxiliaire de distribution qui le porte, par le régulateur disposé horizontalement sur cet arbre.

C'est de cette façon que la détente est rendue variable dans le cylindre à haute pression.

Le régulateur (Fig. 742 et 743), semblable à celui dont est munie la machine de la Société française de Constructions mécaniques, que nous avons décrite (Fig. 721 à 727), se compose d'une lourde couronne métallique, pouvant tourner sur l'arbre de distribution en provoquant, par l'intermédiaire de l'ergot G, le décalage de l'excentrique d'admission.

Cette couronne est rendue solidaire du mouvement de rotation de l'arbre par un ressort-lame F, fixé d'une part à cette couronne et, d'autre part, à un bras E claveté sur l'arbre.

Deux masses, A, A, sont placées en bout de leviers pouvant osciller autour des points D, D, et reliées à la couronne métallique C par deux biellettes B, B.

Quand la vitesse de la machine commence à croître, la couronne métallique, par son inertie, tend à bander le ressort, tandis que le levier E, qui suit le mouvement de l'arbre, déplace les axes d'oscillation D des masses A. Ces masses s'écartent donc du centre, avant même qu'elles soient sollicitées par la force centrifuge, résultant de l'accélération de la vitesse. Lorsque la couronne C est, à son tour, entraînée par le mouvement de rotation de l'arbre, tous les organes reprennent alors leur position d'équilibre. Mais, lors de la première phase de l'accélération de l'arbre de distribution, comme la couronne C n'a pas suivi le mouvement, l'excentrique de distribution, qui lui est relié, s'est donc trouvé décalé sur cet arbre. Il s'est produit une différence d'amplitude dans l'admission, qui a fait varier la détente, avant même que le régime de vitesse accélérée soit établi sur la machine.

Ce régulateur donne de bons résultats.

Machine Marshall

(Fig. 744 et 745.) Cette machine, dont nous représentons la coupe transversale du cylindre à haute pression, est du type *compound parallèle*, mais elle peut, comme les précédentes, d'ailleurs, avoir ses cylindres disposés en tandem et sa distribution peut s'appliquer également à une machine monocylindrique.

Les soupapes d'admission sont commandées par un excentrique E, calé invariablement sur l'arbre auxiliaire de distribution, placé, comme dans toutes les machines de ce genre, parallèlement à l'axe des cylindres.

Cet excentrique porte, à l'extrémité D de sa barre, une biellette solidaire d'un petit levier C à deux bras perpendiculaires. L'extrémité C de ce levier est muni d'une touche d'entraînement; l'autre extrémité F peut s'appuyer sur une pièce de butée G, qui provoque le déclenchement.

La touche d'entraînement rencontre une seconde touche, fixée sur un des bouts du levier qui est relié, par l'autre bout, à la tige de la soupape.

On comprend le fonctionnement, qui est le même que celui de quelques machines précédentes, et que nous avons expliqué. L'oscillation de la barre d'excentrique détermine, par la rencontre des deux touches, le soulèvement de la soupape, qui retombe sur ses sièges, par l'action de son ressort antagoniste, lorsque l'extrémité F du levier d'accrochage vient buter sur la pièce G, pour provoquer le déclenchement.

Ce déclenchement est placé sous la dépendance du régulateur. Celui-ci, en effet, a son manchon relié à la pièce de butée G par un système de renvoi de mouvement, qui provoque l'oscillation d'une tige J, sur laquelle est monté un petit excentrique H solidaire de la butée G.

La détente dans le petit cylindre est ainsi déterminée par le régime du régulateur.

au levier à deux branches actionnant directement la tige de la soupape d'échappement.

Les cylindres de la machine compound comportent la même distribution, mais le régulateur n'est relié qu'à celle du cylindre à haute pression.

Ces cylindres sont munis d'une enveloppe de vapeur et reposent chacun sur une

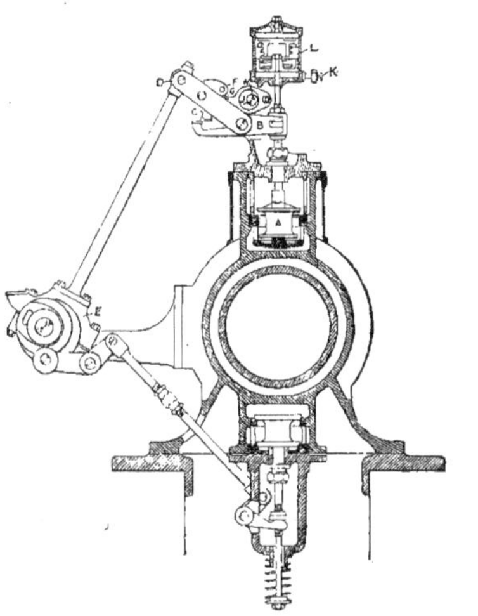

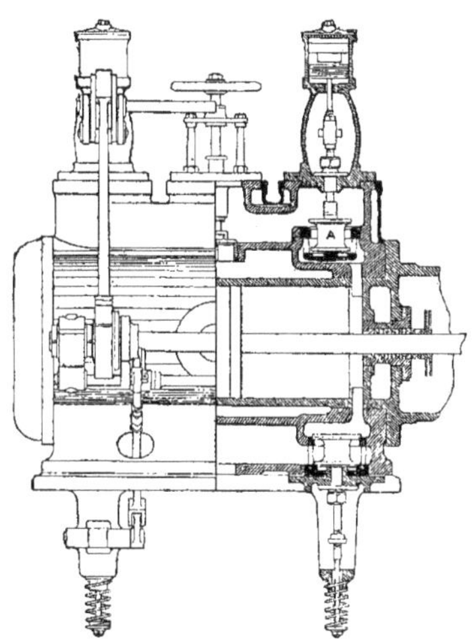

Fig. 744 et 745. — Machines à soupapes Marshall.

Le ressort, qui appuie la soupape d'admission sur ses deux sièges, est placé dans une capacité cylindrique L, disposée à la partie supérieure, dans laquelle se meut un piston à air qui fait office d'amortisseur.

Une petite soupape, qui ferme l'orifice d'échappement de l'air comprimé par le piston amortisseur, et dont la pression d'appui est réglable par la manœuvre du bouton K, permet de régler la vitesse de chute de la soupape d'admission et la rapidité de sa fermeture.

Les soupapes d'échappement sont actionnées par des cames clavetées sur l'arbre de distribution. Sur chaque came appuie un galet, placé en bout d'un levier, relié lui-même, par l'intermédiaire d'une bielle,

plaque de fonte scellée dans le massif de maçonnerie.

Le condenseur, du type que nous avons décrit et qui est représenté par la figure 587, est disposé verticalement, et se trouve placé en contre-bas du plancher de la machine. Son balancier supérieur, qui commande la manœuvre de la pompe à air, est articulé en bout de la contre-tige du cylindre à basse pression.

Machine Piguet

(Fig. 746 à 750.) Cette machine *compound tandem* n'est pas constituée de même façon que les diverses machines à soupapes que nous venons d'examiner.

L'admission de la vapeur dans les cylindres se fait par la manœuvre de soupapes, et l'évacuation s'effectue par la manœuvre de pistons-valves. Nous avons donné (Fig. 560) une coupe transversale par le cylindre à haute pression de cette machine, et nous avons expliqué le mécanisme de distribution réalisé par un même excentrique, actionnant à la fois la soupape d'admission et le piston-valve qui se font face à chaque extrémité d'un cylindre.

Nous avons dit, également, que des soupapes étaient établies à l'admission de vapeur, en vue d'utiliser la vapeur surchauffée, sans craindre le grippement qui pourrait se produire si on employait un distributeur glissant.

A l'échappement, cet inconvénient ne peut se produire, car la vapeur étant déjà tombée à une température inférieure, on peut réaliser un graissage suffisant pour prévenir le grippement entre les surfaces frottantes.

Le mécanisme qui actionne les soupapes est à déclenchement, tandis que le mécanisme qui agit sur les pistons-valves est à liaison complète.

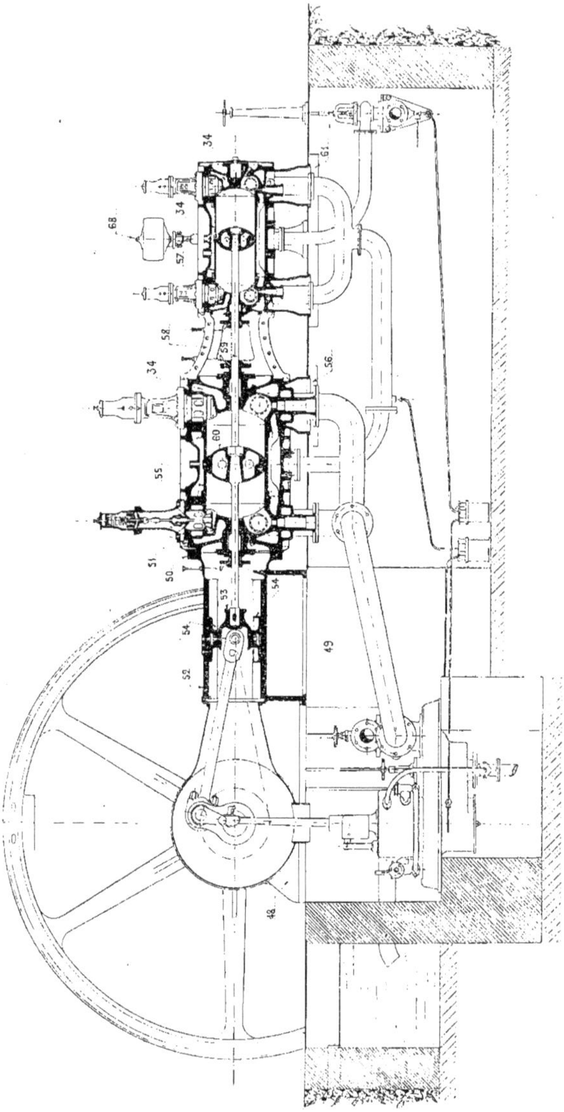

Fig. 716. — Machine compound-tandem Piguet. — Coupe longitudinale.

L'admission de la vapeur est rendue variable par l'action du régulateur, pour le cylindre de haute pression seulement. Dans l'autre cylindre, le mécanisme actionnant les soupapes, tout en étant également à déclenchement, ne comporte qu'une détente réglable à la main.

Ce réglage se fait, sur ce cylindre qui est placé du côté de l'arbre-moteur (Fig. 750), par la manœuvre d'un petit volant, disposé au milieu de la longueur du cylindre, qui détermine, par une petite tringle oblique et un petit bras de levier, l'oscillation d'une tige horizontale qui porte les taquets de butée provoquant plus ou moins tôt le déclenchement.

Le régulateur a son axe disposé verticalement, et le mouvement de rotation lui est transmis par l'arbre auxiliaire de distribution, au moyen d'engrenages hélicoïdaux plongés dans un bain d'huile.

Sur cet axe, 46, est fixée, à la partie supérieure, une enveloppe, 41, qui participe donc au mouvement de rotation (Fig. 748).

Dans l'enveloppe sont disposées deux masses métalliques, 35, sollicitées à se rapprocher par la tension de deux ressorts à boudin, 36, qui doivent équilibrer la force centrifuge du mécanisme en mouvement. Ces ressorts s'appuient à une extrémité contre les masses, et à l'autre, contre des écrous, 37, dans lesquels sont vissées des tiges filetées, 38. On peut, en tournant les écrous, 37, dans un sens ou dans l'autre, augmenter ou diminuer la tension des ressorts, 36, et faire varier ainsi la position d'équilibre des masses pendant la rotation du régulateur.

Chaque masse est supportée par deux biellettes, dont l'une, 43, est articulée sur un axe, 44, fixé à l'enveloppe et sur un second axe, 45, solidaire de la masse. La seconde biellette, attachée à la masse au point 42, peut osciller autour de l'axe fixe, 40, et est

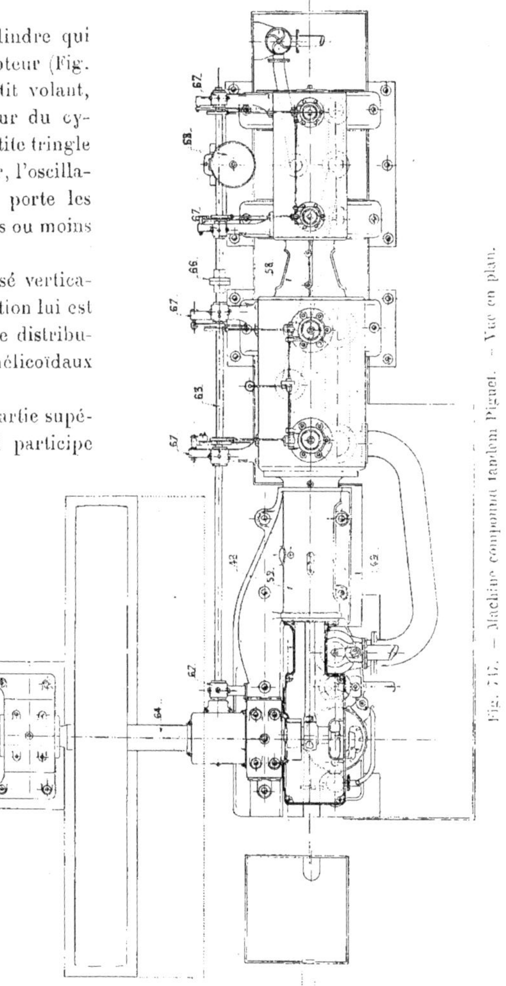

Fig. 747. — Machine compound tandem Piguet. — Vue en plan.

solidaire d'un levier, 39, qui, par l'intermédiaire de la biellette, 48, est relié au manchon, 47, du régulateur.

Le manchon est muni d'un balancier, 49, dont l'extrémité de la branche commande, par un jeu de leviers et de bielles, l'oscillation des taquets de déclenchement des soupapes d'admission. Ce balancier porte, en outre, au point 51, une tige pénétrant dans un cylindre, 50, contenant un ressort à boudin, qui tire sur la tige et le balancier. Le point d'attache, 51, de la tige peut être déplacé, le long du balancier par la manœuvre du volant, 52.

Suivant la position de ce point, le ressort, qui reste constant, exerce une action plus ou moins forte sur le balancier, 49, étant appliqué au bout d'un bras de levier de longueur variable. Ce dispositif permet ainsi de faire varier, pendant le fonctionnement, le régime de marche de la machine.

Quand, pour un régime déterminé, la vitesse de la machine tend à s'accroître, les masses 35 sont sollicitées à s'écarter l'une de l'autre par l'action de la force centrifuge. Les ressorts, 36, se compriment

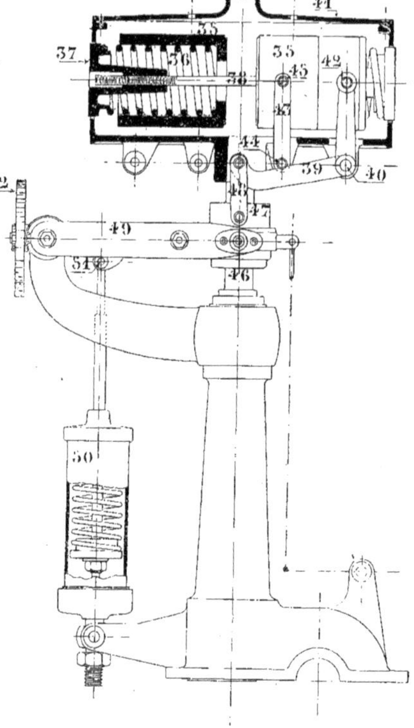

Fig. 718. — Machine Piguet. — Régulateur.

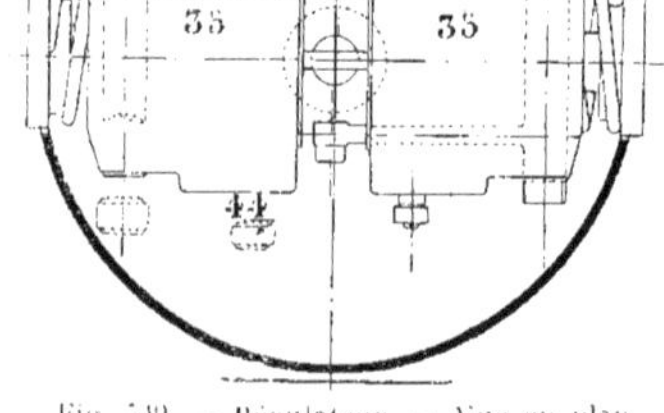

Fig. 749. — Régulateur. — Vue en plan.

et le levier 39, oscillant autour de l'axe 40, par suite du déplacement de la tête de bielle 42, provoque le soulèvement du manchon, 47.

Ce soulèvement détermine l'oscillation du levier 49, équilibré par la tige à ressort 51, pour la vitesse désirée, et l'extrémité de ce levier manœuvre les butées de déclenchement provoquant la fermeture de l'admission et le commencement de la détente.

Ce régulateur commence son action aussitôt que la vitesse de la machine varie, et ses oscillations se produisent pour de faibles écarts dans cette vitesse. Si, accidentellement, le manchon du régulateur tombe en bas de sa course, les butées de déclenchement restent constamment relevées et ne permettent plus l'accrochage du mécanisme du relèvement des soupapes d'admission. Celles-ci restent fermées, et la machine s'arrête d'elle-même.

La machine *compound tandem*, représentée en coupe longitudinale (Fig. 746), en plan (Fig. 747) et en vue d'ensemble (Fig. 750), est munie de la distribution que nous avons examinée, gouvernée par le régulateur que nous venons de décrire.

Le cylindre à haute pression est disposé à l'arrière. L'admission de vapeur, dans ce cylindre, est commandée par un robinet-valve placé en contre-bas, et manœuvré par un volant, placé à proximité sur une colonnette fixée au plancher de la salle des machines.

La vapeur d'échappement du petit cylindre et qui en sort par deux conduits, est admise dans le grand cylindre par un tuyau unique.

A la sortie du grand cylindre, la vapeur se rend au condenseur, installé sous le plancher de la salle des machines.

Ce condenseur, dont nous avons donné la description (Fig. 585 et 586), est muni d'une pompe à air disposée verticalement, dont le piston est actionné par une bielle articulée à une contre-manivelle.

Le bâti à baïonnette, 48, est boulonné solidement sur le fond du grand cylindre, et repose sur le massif de maçonnerie. Il porte une glissière, 52, dans laquelle se meut une crosse, 53, à patins cylindriques, 54, disposés pour compenser le jeu occasionné par l'usure.

Les deux cylindres, 57 et 55, reposent sur des plaques de fonte, 61 et 56, scellées au massif de maçonnerie ; ils peuvent glisser sur elles en se dilatant librement.

Une entretoise, 58, réunit les deux cylindres.

La tige des pistons, 59, est en deux pièces assemblées dans le piston, 60, du grand cylindre. Les pistons sont creux, faits d'une

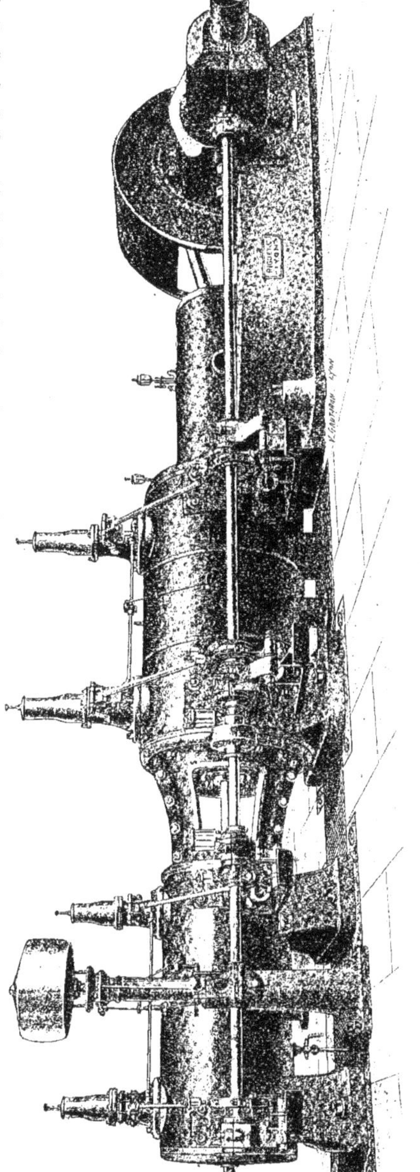

Fig. 750. — Machine compound tandem à soupapes et pistons-valves Piguet. — Vue d'ensemble.

seule pièce, et ont une forme bi-convexe, permettant d'épouser le profil des fonds des cylindres. Ils sont munis de larges segments réglables, qui assurent une bonne étanchéité. Des garnitures métalliques spéciales constituent les presse-étoupes que traverse la tige des pistons.

Le coussinet, supporté par le palier venu de fonte avec le bâti, est en quatre pièces garnies de métal antifriction et comporte un dispositif de compensation d'usure qui ne change pas la position de l'axe.

L'arbre de distribution, placé parallèlement à l'axe des cylindres, a son mouvement de rotation commandé par l'arbre moteur, grâce à l'intermédiaire d'une paire de roues d'engrenage coniques.

Machine Dujardin (Fig. 751.) Elle est du type *compound tandem*, et est munie du mécanisme de distribution par pistons-valves, tant à l'admission qu'à l'échappement, dont nous avons décrit le fonctionnement (Fig. 559).

Le cylindre de haute pression est placé à l'arrière ; il comporte seul un mécanisme qui met la détente sous la dépendance du régulateur.

Le cylindre à basse pression est muni d'un mécanisme de déclenchement, réglable à la main ; ce cylindre est boulonné au bâti qui porte le palier de l'arbre moteur et qui repose sur le massif de maçonnerie par une large embase. Le volant, claveté sur l'arbre, entre les deux paliers qui le supportent, est muni de crans, pour permettre la mise en route de la machine, au moyen d'un levier à deux branches pouvant osciller sur un support fixé sur le plancher.

Fig. 751. — Machine compound tandem de 300 chevaux, à pistons-valves. Dujardin.

Le régulateur est à axe vertical ; il commande le déclenchement des pistons-valves d'admission par le déplacement vertical de son manchon.

Le mouvement de rotation est imprimé à l'axe du régulateur par l'arbre auxiliaire de distribution, disposé parallèlement à l'axe des cylindres, et commandé lui-même par l'arbremoteur.

Un mécanisme spécial permet, lorsque le régulateur s'arrête, de provoquer la fermeture des pistons-valves d'admission.

Le condenseur de cette machine, représenté par la figure 588, est disposé verticalement sous le plancher. La pompe à air double de ce condenseur, disposée également verticalement, a son piston actionné par un balancier en forme de T (Fig. 589), dont l'extrémité est directement attelée à une bielle articulée à la crosse de la tige des pistons.

Machine Weyher et Richemond

(Fig. 752 à 754.) La machine *compound-tandem* Weyher et Richemond, dont la vue d'ensemble est représentée en tête de ce volume par la figure 4, est munie d'une distribution par obturateurs élastiques, participant du même principe que la distribution par pistons-valves Dujardin, mais différant sensiblement quant à la constitution même de ces distributeurs glissants. Les distributeurs, fixés en bout de tiges verticales, sont composés de deux parties. La première partie, qui est l'obturateur proprement dit (Fig. 754), se compose d'un anneau circulaire dont la section est en forme d'U renversé.

La paroi extérieure, *a*, de cet obturateur est légèrement conique et s'ajuste sur les deux cloisons également coniques, ménagées sur le pourtour d'un orifice circulaire (Fig. 752-753), destiné à donner passage à la vapeur.

Cet obturateur est fendu d'un coup de scie dans le sens de la hauteur et au droit d'une des cloisons, de façon que quand il est entré dans son logement, il se comporte comme un segment métallique de piston, se comprime contre les cloisons coniques de l'orifice circulaire en se serrant et en assurant une bonne étanchéité. Cette particularité a fait donner à cet organe le nom d'*obturateur élastique*.

Pour effectuer l'admission ou l'échappement de la vapeur, il est nécessaire que cet obturateur se déplace verticalement. Si une commande directe était disposée pour sa manœuvre, on conçoit que le frottement assez grand que cette pièce exerce sur les parois de son logement nuirait à son soulèvement. De plus, quand il reprendrait sa position obturatrice, il pénétrerait difficilement dans ce même logement, son élasticité ayant, grâce au trait de scie pratiqué de part en part verticalement, augmenté son diamètre. Pour remédier à ces inconvénients, on attelle la tige de commande à un second anneau circulaire *c* (Fig. 752-753), en forme de cuvette, dont la face intérieure *b*

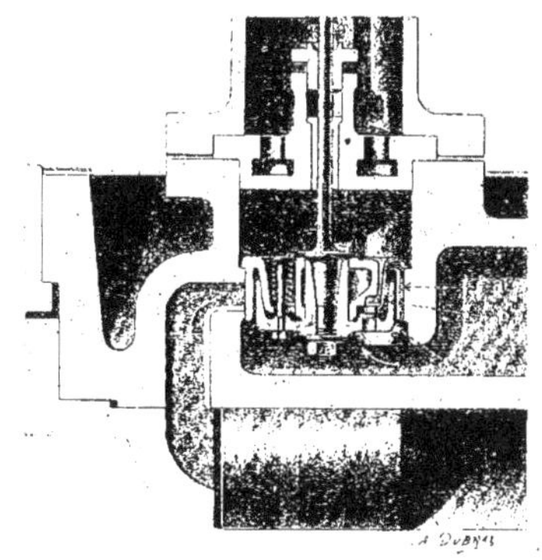

Coupe verticale.

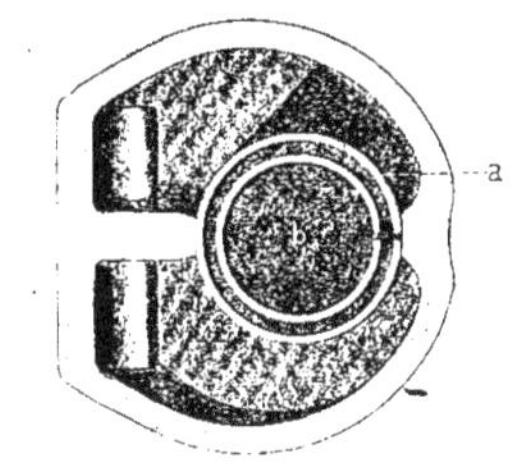

Coupe horizontale.

Fig. 752-753. — Obturateur élastique de la machine Weyher et Richemond.

est conique et peut s'appliquer contre la paroi de la branche intérieure du premier anneau. Ce second anneau n'est pas élastique.

Quand la tige du distributeur monte, l'anneau *c* pénètre dans le distributeur proprement dit, et sa paroi conique *b*, appuyant sur la paroi correspondante de l'obturateur *a*, tend à diminuer son diamètre en resserrant la fente verticale. Ce mouvement oblige la paroi extérieure de ce même obturateur à diminuer également de diamètre et si le soulèvement de la tige continue, le distributeur *a*, devenu libre dans son logement, peut effectuer son mouvement de montée sans frottement sensible.

Dans la course inverse, comme l'obturateur est serré contre l'anneau circulaire *c*, qui commande le mouvement, il pénètre dans son logement, en entrant librement, puisque son diamètre est réduit; mais lorsqu'un rebord supérieur, ménagé sur cet obturateur, vient buter contre un repos disposé sur les deux cloisons, cet obturateur s'immobilise et la tige, continuant son mouvement de descente, entraîne le second anneau circulaire *c*. L'anneau *a* étant alors libéré, vient, par son élasticité, appliquer ses parois circulaires contre les deux cloisons, provoquant une fermeture hermétique.

Cette ingénieuse disposition de distributeurs élastiques donne des résultats satisfaisants d'étanchéité, sans exiger un grand effort de déplacement et sans occasionner une grande usure dans les logements où ils se reposent.

Les tiges verticales des distributeurs sont actionnées par un mécanisme de distribution semblable à ceux que nous avons eu l'occasion de rencontrer dans la description des machines horizontales à soupapes. Un excentrique (Fig. 4) commande chaque distributeur d'admission pour un même cylindre et un second excentrique commande chaque distributeur d'échappement. La distribution d'un cylindre comporte donc quatre excentriques. L'excentrique d'échappement est relié directement par sa barre et un levier à deux branches, à la tige du distributeur. C'est un mécanisme à liaison complète.

Les distributeurs d'admission sont commandés par un mécanisme à déclenchement actionné par la barre d'excentrique d'admission.

Une touche menante appuie sur une butée

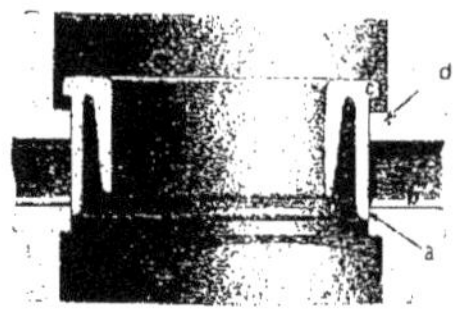

Fig. 754. — Montage de l'obturateur proprement dit.

placée à l'extrémité du levier soulevant la tige du distributeur. Tant que les butées sont en prise, le soulèvement se produit; quand les butées échappent, le déclenchement a lieu et l'obturateur retombe.

Un dispositif spécial permet de provoquer le déclenchement plus ou moins tôt. Pour le petit cylindre, ce dispositif est placé sous la dépendance du régulateur qui fait varier la détente, suivant la vitesse de la machine.

Pour le grand cylindre, cette détente est réglable à la main.

Le régulateur a son axe disposé verticalement et le mouvement de rotation lui est imprimé par l'arbre auxiliaire de distribution.

Le régulateur est du type Porter : le soulèvement de son manchon provoque, par un renvoi de mouvement approprié, l'oscillation d'un petit axe horizontal parallèle à l'arbre de distribution, qui porte les bras de leviers provoquant, par l'intermédiaire de tringles obliques, le déclenchement variable des distributeurs d'admission.

Le petit cylindre est disposé à l'arrière de la machine. Il communique avec le grand par ses deux conduits d'échappement, et la vapeur de celui-ci est évacuée dans le condenseur, lequel est disposé en contre-bas du plancher de la machine.

Machines Compound verticales à distributeurs glissants. Machine du Creusot

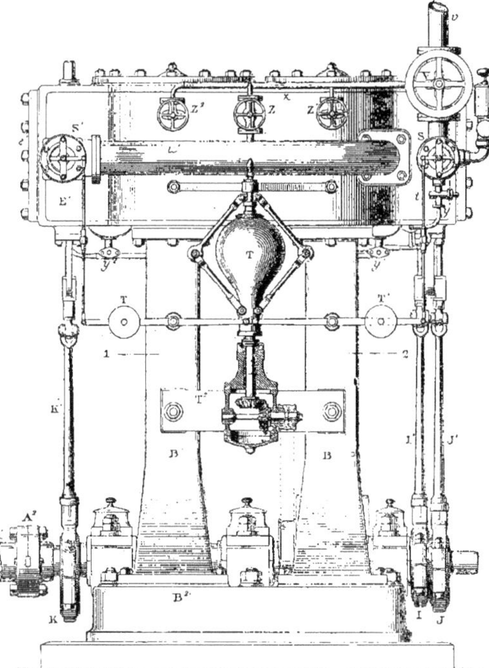

Fig. 755. — Machine compound du Creusot. — Vue de face.

(Fig. 755 à 759.) Cette machine, de faible puissance, se compose de deux cylindres à vapeur, avec purgeur automatique. La course des deux pistons est la même.

La distribution de la vapeur est obtenue dans le grand cylindre, par un seul tiroir, et dans le petit cylindre, au moyen d'un tiroir et de deux plaques de détente, du système Meyer, réglables à la main. Un régulateur à grande vitesse, du système Porter, agit sur deux soupapes à lanterne équilibrées, placées sur chacune des boîtes à tiroirs.

Comme on le voit, le régulateur n'agit pas sur la détente, que l'on règle seulement à la main. On a considéré en effet que, pour un moteur d'une aussi faible puissance, l'adoption de la commande de détente par le régulateur, eût nécessité des organes de dimensions un peu réduites, par suite trop délicats, et eût entraîné une certaine complication de la machine.

Les deux cylindres sont supportés par quatre montants en fonte, formant glissières et boulonnés sur une plaque de fondation unique qui porte les trois paliers de l'arbre moteur.

Cet arbre, coudé à deux manivelles faisant entre elles un angle de 90°, est construit en acier doux, ainsi que les bielles, tiges de piston et les autres pièces de la distribution.

Une soupape Z (Fig. 755, 756), placée entre les deux cylindres, permet d'envoyer, à l'occasion, la vapeur des générateurs dans le grand cylindre, et d'aider ainsi à la mise en marche de la machine.

L'extrémité de l'arbre coudé, du côté du grand cylindre, est munie d'un manchon. A² (Fig. 756), sur lequel vient s'assembler un arbre extérieur, A', portant un volant-poulie, en fonte, à jante tournée. La courroie placée sur ce volant, commande les appareils à actionner.

Le moteur est représenté, en élévation longitudinale et transversale, par les figures 755 et 756. La figure 757 est une coupe verticale, passant par les axes des deux cylindres; la figure 758, une coupe horizontale des cylindres, par l'axe des orifices d'échappement de vapeur.

La chemise du petit cylindre s'ajuste à l'intérieur d'une double enveloppe en fonte, D (Fig. 757), à laquelle se rattachent : 1° les conduits et la boîte de distribution E; 2° le fond inférieur F du cylindre C, par l'intermédiaire duquel ce cylindre repose sur le bâti B.

Le piston P porte, sur son pourtour, des segments en fonte, et se trouve serré entre un fort écrou et une embase en acier appartenant à sa tige. Son mouvement est transmis à l'arbre coudé A, par la bielle Q, également en acier.

La crosse R est réunie à la tige du piston *p*, par une clavette *r*. Elle reçoit les coussinets en bronze dans lesquels tourillonne l'axe d'articulation, *q*. Elle porte, en outre, deux patins r_2 (Fig. 756), par l'intermédiaire desquels elle est parfaitement guidée entre les glissières r_1 supportées par les montants B' du bâti B_2.

Quant à la bielle Q (Fig. 757), sa tête inférieure reçoit des coussinets garnis de métal antifriction, et dont l'usure peut être compensée, au moyen de cales interposées entre sa face inférieure et le chapeau.

Un conduit est ménagé dans la tête de bielle Q, ainsi que dans la crosse R, pour la lubrification continue des articulations.

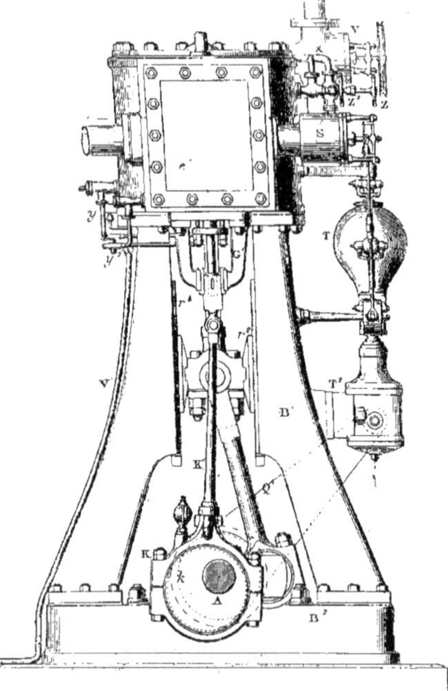

Fig. 756. — Machine compound du Creusot. — Élévation latérale.

L'huile provenant d'un réservoir supérieur y est amenée par les petits tuyaux *h* et h_2, d'où elle tombe goutte à goutte.

L'arbre tourne dans des paliers appartenant au socle général B_2, et dont les coussinets en fonte sont encore garnis de métal antifriction. Il porte, à son extrémité de droite, deux excentriques I et J, de même diamètre, calés, le premier à 129° du coude-manivelle et le second à 180°.

Ces excentriques sont montés dans des colliers, en deux pièces, garnis de métal antifriction et clavetés à l'extrémité inférieure des tiges I' et J', qui, elles-mêmes, sont assemblées à articulation avec les tiges M' et N' des tiroirs de distribution et de détente, comme l'indique en détail la figure 759. Cet assemblage s'effectue, pour la tige N', par l'intermédiaire d'une articulation à lanterne dans laquelle est maintenue une bague en acier j^2 clavetée à l'extrémité de la tige N. Pour la tige M', la lanterne est remplacée par une simple douille *i* dans laquelle est clavetée l'extrémité inférieure de cette tige. La lanterne et la douille sont, en outre, guidées par des glissières en bronze rapportées sur les supports G, lesquels sont boulonnés au-dessous de la boîte de distribution (Fig. 757). La distribution de vapeur est représentée sur la figure 759. Elle est du système Meyer et comporte :

1° Un tiroir de distribution *m*, dont les deux faces sont bien dressées. Dans ce tiroir sont ménagés les deux conduits d'admission. Il est maintenu dans un cadre en fer, goupillé sur la tige ; il est guidé par une queue cylindrique glissant dans le fourreau en bronze *m'* (Fig. 757).

2° Deux plaques glissantes *n* (Fig. 759). Chacune d'elles est rendue solidaire, par deux bossages rectangulaires, d'une plaque en bronze montée sur une tige N' portant deux filets de vis. Les filets des vis sont de sens inverse pour les deux plaques, de telle sorte que l'on peut rapprocher ou éloigner celles-ci l'une de l'autre, en faisant tourner, dans le sens convenable la tige N'. Pour cela, il suffit d'agir sur le volant à main, O, monté, comme l'indique la figure 759, sur une douille en bronze, *o*, qui entraîne la tige N', sans l'empêcher de glisser suivant son axe : on voit, en effet, que cette tige se termine par une partie carrée. C'est afin de permettre à la tige N' de tourner, qu'on ne l'a pas fixée directement sur la crosse *j*, et qu'on a adopté le dispositif à lanterne que nous avons décrit précédemment.

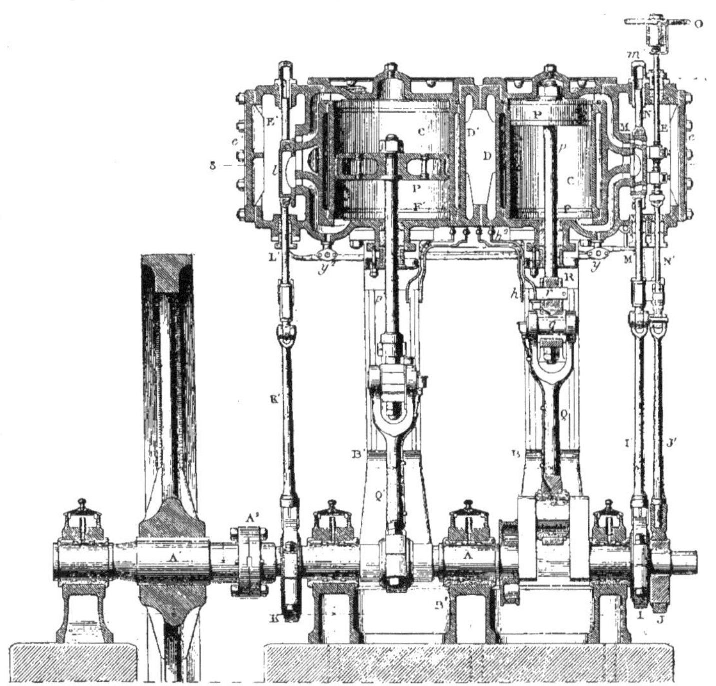

Fig. 757. — Machine compound du Creusot. — Coupe verticale par l'axe des cylindres.

Pour accuser, à l'extérieur, la position des plaques, c'est-à-dire le degré de détente qui est déterminé par leur écartement, on a ménagé, à l'intérieur de la douille *o*, un taraudage, auquel correspond une douille filetée *o'* dont le pas de vis est le même que celui de la tige N' ; cette bague, ne pouvant tourner à cause de l'index o_2 qu'elle porte, et qui glisse entre deux réglettes de bronze, suivra exactement les déplacements verticaux des plaques glissantes dont l'index accusera ainsi les positions.

Ces plaques, au lieu d'être entraînées par le tiroir, peuvent être disposées de manière à avoir un mouvement indépendant qui leur est communiqué par un excentrique distinct de celui du tiroir. Elles fonctionnent soit par leurs arêtes externes, soit par leurs arêtes internes. Dans les deux cas, la transmission de mouvement est la même, mais les calages sont différents.

Il faut que l'excentrique des plaques soit en avance sur celui du tiroir; cela est nécessaire pour que l'admission du tiroir soit toujours découverte par la plaque quand l'orifice du cylindre commence à s'ouvrir.

En effet, si le calage des deux excentriques était le même, le tiroir et les plaques conserveraient la même position relative. L'orifice du tiroir resterait donc constamment fermé s'il l'était à l'origine. Pour faire varier la détente, il suffira de modifier le calage de l'excentrique des plaques par rapport à celui du tiroir.

En partant d'une admission fixée aux 75 centièmes de la course, l'épure de distribution montre que l'angle d'avance de l'excentrique des plaques sur l'excentrique du tiroir peut varier de 120° à 0, et que l'introduction théorique correspondante, varierait aussi depuis 0 jusqu'à 0,25 de la course.

Si, au contraire, les plaques agissent par leurs arêtes extérieures, leur excentrique doit être calé en retard sur celui du tiroir, pour que l'orifice de ce dernier soit déjà découvert par la plaque quand l'orifice du cylindre commence à s'ouvrir.

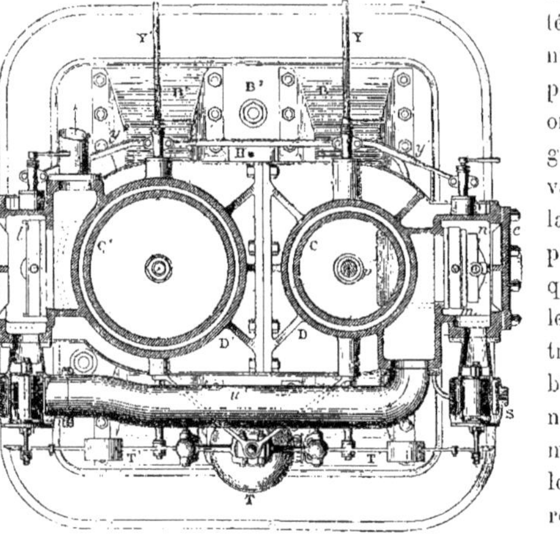

Fig. 758. — Machine compound du Creusot. — Coupe horizontale.

Voici maintenant le chemin suivi par la vapeur.

La vapeur arrive, par le tuyau v (Fig. 755), dans un boisseau en fonte, V, renfermant la soupape de mise en marche. Ce premier boisseau communique avec un second, S, dont on voit la coupe verticale et la coupe horizontale sur la figure 759.

Ce boisseau, S, entièrement en bronze, comporte, à l'intérieur, une chemise cylindrique percée de trois orifices rectangulaires, et servant de siège à la soupape s, à la périphérie de laquelle sont également ménagés trois orifices semblables. En amenant plus ou moins en regard les orifices correspondants, on augmente ou on diminue l'admission de la vapeur, qui se rend dans la boîte de distribution par la tubulure latérale. C'est le régulateur T (Fig. 755) qui est chargé de cette fonction. Le déplacement vertical de son manchon a pour effet de faire tourner la tige de la soupape à laquelle il est relié par le levier à contrepoids T' T' et la tringle t.

Le régulateur T est du système Porter, que nous avons décrit antérieurement (Fig. 498).

Le mécanisme que nous venons d'examiner se rapporte au petit cylindre.

Pour le grand cylindre, les organes sont semblables, mais ils diffèrent entre eux par quelques dimensions, et la distribution de la vapeur se fait par un tiroir en coquille ordinaire *l* (Fig. 757). Ce tiroir est commandé, au moyen des tiges K′ et L′, par un excentrique K, calé sur l'arbre A, de façon à faire un angle de 136° avec le coude-manivelle correspondant.

A sa sortie du petit cylindre, la vapeur est amenée par le gros tuyau *u′* (Fig. 755), dans la boîte de distribution E′ du grand cylindre, en passant par une soupape, S′,

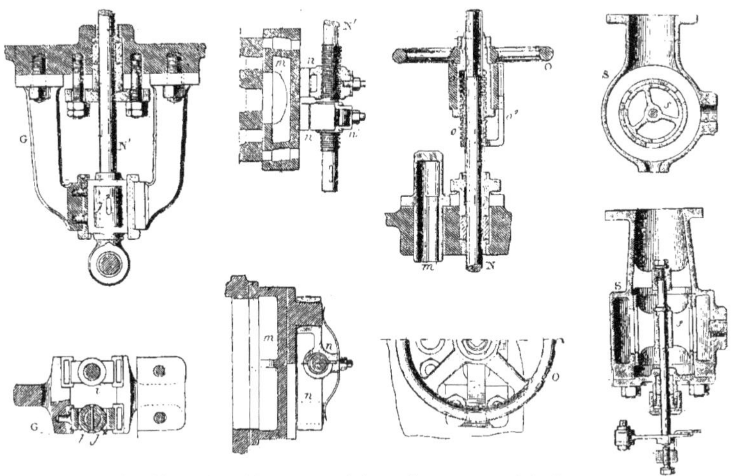

Fig. 759. — Détail des organes de la machine compound du Creusot.

analogue à la soupape S. Sur ce tuyau *u′* est établie une prise de vapeur, avec robinet à volant Z, en communication avec le tuyau *z*, sur lequel sont branchés deux autres petits tuyaux Z′ et Z_2, conduisant la vapeur dans les enveloppes des deux cylindres.

La *purge* de la soupape d'admission, des boîtes de distribution, des cylindres et de leurs enveloppes, s'effectue par les tuyaux *y*, *y′* et y_2 (Fig. 755 et 756), qui se continuent par deux tuyaux descendant le long des montants des bâtis, pour aboutir à un purgeur automatique placé dans les fondations.

Machine Weyher et Richemond (Fig. 760 et 761.) C'est une machine tournant à grande vitesse.

Quand la vitesse d'une machine atteint un nombre de tours important, la course du piston doit être très réduite, car la vitesse du piston ne saurait être augmentée au delà d'une certaine limite, à partir de laquelle des avaries pourraient se produire sur le piston et sur la chemise du cylindre, par suite de l'échauffement. En effet, comme le piston doit parcourir sa course pendant un tour de l'arbre de la machine, plus le nombre de tours de cet arbre sera grand, plus la durée d'une révolution sera faible et plus, par suite, la durée de la course du piston sera petite. Cette durée étant extrêmement petite, pour que la vitesse du piston ne soit pas exagérée, il convient de rendre la course du piston aussi petite que possible.

Cependant, pour obtenir de grandes détentes dans un cylindre, il importe de donner au piston une longue course.

Il en résulte que les machines à grande vitesse monocylindriques auront des détentes très faibles, et consommeront, par suite, beaucoup de vapeur.

C'est pour remédier à cet inconvénient, et pour augmenter la détente, qu'on a établi des machines à grande vitesse *compound,* comportant deux cylindres dans chacun desquels s'effectue la détente.

La machine Weyher et Richemond a été constituée dans ce but.

La figure 760 représente une vue d'ensemble de cette machine. La figure 761 est une coupe verticale par l'axe des cylindres.

On reconnaît les principaux organes, qui sont semblables à ceux de la machine précédente.

L'arbre, portant deux vilebrequins-manivelles orientés à 90 degrés l'un de l'autre, est supporté par trois paliers, faisant corps avec le bâti.

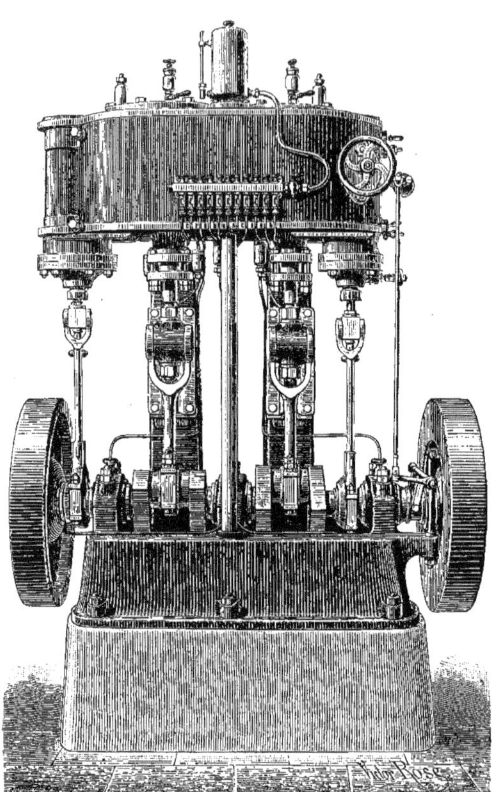

Fig. 760. — Machine compound à grande vitesse Weyher et Richemond.

Ce bâti, à montants, comporte deux glissières guidant les crosses des deux tiges des pistons, qui sont reliées aux vilebrequins par deux bielles, dont le pied est en forme de fourche. A chaque extrémité de l'arbre est claveté un volant pouvant servir de poulie.

Un de ces volants est disposé pour faire fonction de régulateur, et son mécanisme commande la manœuvre d'une soupape équilibrée qui obture plus ou moins le conduit d'admission de vapeur.

Chaque cylindre est muni d'une distribution de vapeur à tiroir cylindrique équilibré.

Ces tiroirs sont guidés sur toute leur longueur et conviennent fort bien pour de faibles courses et des vitesses considérables.

Chaque tiroir est actionné par un excentrique claveté sur l'arbre moteur.

L'admission de la vapeur s'effectue d'abord dans le petit cylindre, par la manœuvre de la valve-soupape reliée au mécanisme du régulateur.

La vapeur, ayant produit son travail sur le petit piston, s'échappe du petit cylindre pour pénétrer dans le réservoir intermédiaire qui sépare celui-ci du grand, et qui entoure la chemise dans laquelle manœuvre le grand piston. La vapeur est alors admise dans le grand cylindre, au moment déterminé par le calage de l'excentrique qui actionne son tiroir cylindrique. De là, elle est évacuée dans l'atmosphère. Dans cette machine, comme dans la précédente, le degré de la détente n'est pas placé sous la dépendance du régulateur.

Machine Delaunay-Belleville

(Fig. 762 et 763.) La machine verticale compound Delaunay-Belleville est disposée, soit en *tandem* (Fig. 762), soit en *parallèle* (Fig. 763).

La machine *compound tandem* comporte un bâti vertical, sur lequel sont ménagées les glissières qui guident la crosse de l'unique tige des pistons.

Cette crosse, qui est en forme de fourche, porte un tourillon sur lequel est articulée une bielle, reliée, d'autre part, au vilebrequin-manivelle, disposé sur l'arbre moteur de la machine.

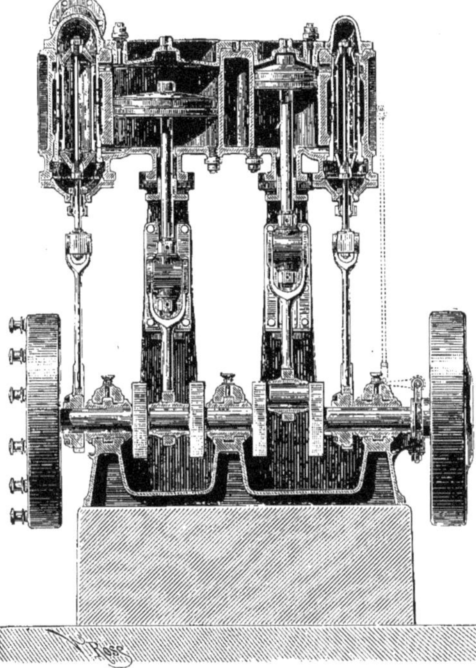

Fig. 761. — Machine compound à grande vitesse Weyher et Richemond. — Coupe verticale par l'axe des cylindres.

Cet arbre, supporté par deux paliers, faisant corps avec le bâti, porte, claveté sur lui, le volant qui sert de poulie et l'excentrique qui actionne la distribution. En outre, une roue d'engrenage conique, calée à une de ses extrémités, commande la rotation d'un pignon conique solidaire de l'arbre vertical du régulateur.

Les deux cylindres de la machine sont placés l'un au-dessus de l'autre, le petit cylindre à la partie supérieure. Les deux pistons sont donc superposés et ont une tige commune.

Les tiroirs de distribution sont cylindriques. Ils se composent chacun, pour chaque cylindre, de deux pistons venant obturer ou découvrir, suivant le mouvement que leur imprime l'excentrique, les lumières d'admission du cylindre, et venant les mettre en communication successivement avec le conduit d'échappement.

Les deux dispositifs de distribution, qui sont dans le prolongement l'un de l'autre, sont montés sur la même tige, articulée à l'extrémité de la barre de l'excentrique.

La vapeur est amenée dans le petit cylindre, à haute pression, par un conduit, sur lequel se trouve disposée la soupape-clapet qui en permet l'introduction. Cette soupape est manœuvrée à la main, lors de la mise en route, mais, en outre, le régulateur permet d'en faire varier l'ouverture suivant la vitesse de la machine.

Quand la vapeur a effectué son travail dans le petit cylindre, elle est conduite dans la boîte à tiroirs du grand, d'où elle est introduite, au moment voulu, dans le cylindre. La vapeur évacuée du grand cylindre sort par le tuyau d'échappement disposé à cet effet, et est conduite dans un condenseur, ou bien elle s'échappe dans l'atmosphère.

Les deux tiroirs de distribution occupent, par rapport à la glace de leur cylindre, des positions relatives identiques, l'admission se produisant en même temps sur les faces de même sens des deux pistons, et les échappements s'effectuant également, en même temps, sur les faces opposées.

La haute pression de la vapeur, dans le petit cylindre, et sa basse pression, dans le grand, contribuent donc à pousser les pistons dans le même sens et à transmettre le mouvement de rotation à l'arbre moteur.

Cette machine comporte le dispositif de graissage sous pression que nous avons décrit précédemment et représenté par les figures 632-633.

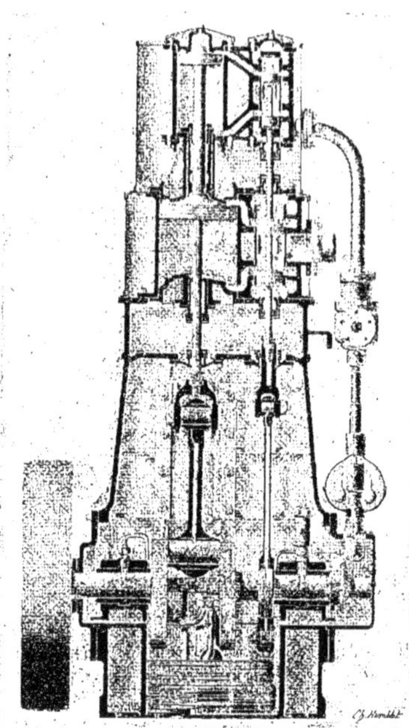

Fig. 762. — Machine compound tandem Delaunay-Belleville.

L'huile est contenue dans un récipient ménagé à la partie inférieure de la machine.

Dans cette huile plonge un petit corps de pompe oscillant, dont le piston est articulé à l'excentrique actionnant la distribution. Nous avons vu comment, par suite de l'oscillation du corps de pompe, le piston aspirait et refoulait de l'huile par les lumières d'introduction et de refoulement respectivement ouvertes au moment opportun.

Cette huile, refoulée d'abord dans des conduits qui aboutissent aux paliers de l'arbre moteur, circule à l'intérieur de cet arbre, dans un canal qui y est pratiqué et qui en suit tous les contours. Elle aboutit ainsi au coude-vilebrequin de l'arbre sur lequel est montée la bielle de commande des pistons. Cette bielle est forée dans toute sa longueur, ce qui permet à l'huile d'atteindre le coussinet du pied de bielle articulé sur le tourillon de la crosse.

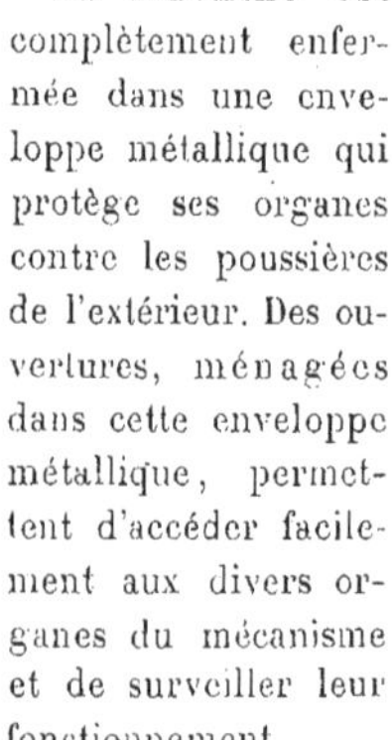

De même, la barre de l'excentrique comporte un canal intérieur par lequel l'huile va lubrifier le tourillon qui la relie à la tige des tiroirs de distribution.

La machine est complètement enfermée dans une enveloppe métallique qui protège ses organes contre les poussières de l'extérieur. Des ouvertures, ménagées dans cette enveloppe métallique, permettent d'accéder facilement aux divers organes du mécanisme et de surveiller leur fonctionnement.

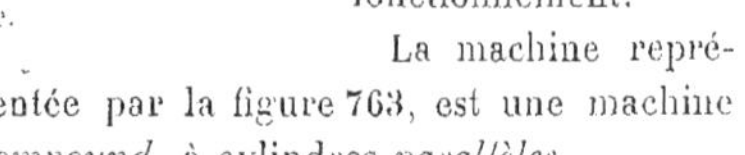

La machine représentée par la figure 763, est une machine *compound*, à cylindres *parallèles*.

Les deux cylindres sont disposés chacun à une extrémité de la machine; les deux tiges des pistons actionnent l'arbre moteur par l'intermédiaire de deux coudes-manivelles, disposés sur cet arbre à 90° degrés l'un de l'autre. Les organes de distribution se composent d'un double tiroir cylindrique, pour chaque cylindre, semblable à celui que nous venons de décrire, et qui est appliqué à la machine *compound tandem.*

Chaque double tiroir est actionné par un excentrique calé sur l'arbre.

Les deux boîtes à tiroirs sont placées entre les deux cylindres et les excentriques sont, par suite de cette disposition, placés sur l'arbre entre les deux coudes-manivelles.

Le régulateur à axe vertical, qui reçoit son mouvement de rotation par l'intermédiaire d'une paire de roues d'engrenage coniques, commande la valve d'admission de vapeur, pour en régler la plus ou moins grande ouverture.

La machine est complètement enfermée, comme la précédente, dans une enveloppe métallique qui protège ses organes. Des ouvertures y sont également pratiquées pour rendre leur accès facile.

Des petits conduits de purge sont disposés pour débarrasser les cylindres de l'eau de condensation, et le graissage sous pression, dont nous venons de parler, est également appliqué à cette machine pour en lubrifier les différents organes.

Fig. 763. — Machine compound parallèle Delaunay-Belleville.

Machine Sautter-Harlé

(Fig. 764.) Cette machine est du type *compound parallèle.* Les deux cylindres sont placés au centre de la machine et sont séparés par un réservoir intermédiaire, ayant sensiblement même capacité que le grand cylindre. Ils comportent, tous deux, une enveloppe de vapeur vive.

Chaque tige de piston porte une crosse à simple patin, guidée par une glissière verticale, supportée elle-même entre trois colonnes qui relient, à l'arrière, les cylindres au bâti. A l'avant, deux autres colonnes entretoisent également ces deux corps de la machine.

Chaque crosse est articulée en bout d'une bielle dont le pied est en forme de fourche et dont la tête est montée sur un tourillon intermédiaire de l'arbre, coudé en vilebrequin. Les deux coudes-manivelles font, entre eux, un angle de 90 degrés.

L'arbre moteur est supporté par trois paliers venus de fonte avec le bâti. Un palier est disposé au milieu de l'arbre, entre les deux coudes-manivelles; les deux autres sont placés vers les extrémités de l'arbre qui portent : l'une le volant, l'autre le régulateur.

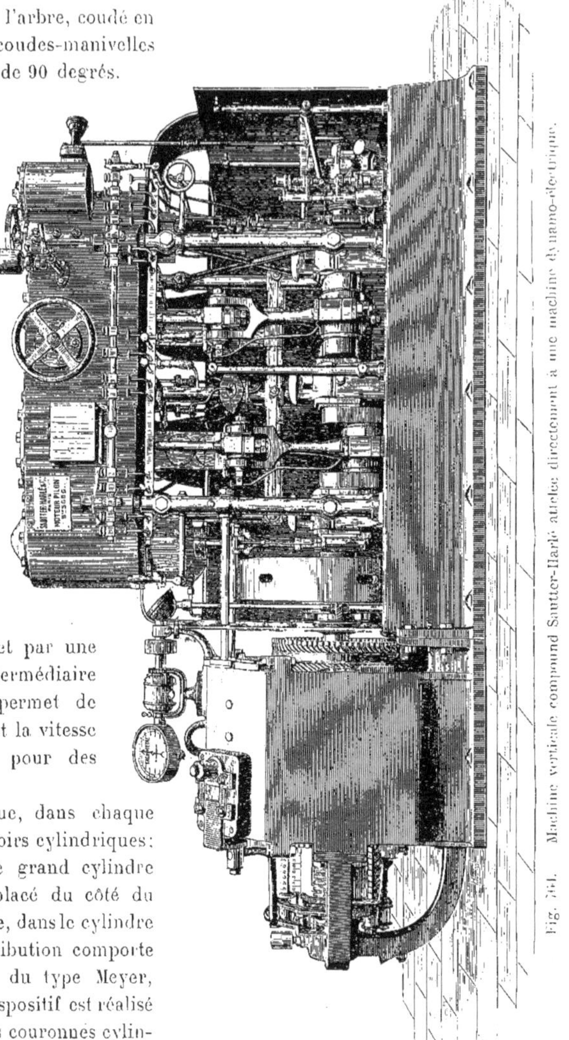
Fig. 561. Machine verticale compound Sautter-Harlé attelée directement à une machine dynamo-électrique.

Le régulateur, du type que nous avons examiné (Fig. 506), agit sur la valve qui commande l'ouverture du conduit d'admission de vapeur.

Cette action se transmet par une tringle verticale et par l'intermédiaire d'un compensateur qui permet de ramener automatiquement la vitesse à une valeur constante pour des charges différentes.

La distribution s'effectue, dans chaque cylindre, au moyen de tiroirs cylindriques : mais, tandis que dans le grand cylindre (celui à basse pression placé du côté du volant), le tiroir est simple, dans le cylindre à haute pression, la distribution comporte un dispositif de détente du type Meyer, réglable à la main. Ce dispositif est réalisé au moyen de deux petites couronnes cylindriques, concentriques au tiroir proprement dit de distribution et qui peuvent se déplacer, à l'intérieur de celui-ci, par la manœuvre d'un volant horizontal, placé à la partie supérieure de la machine. Ce volant provoque, par sa rotation dans un sens ou dans l'autre, le rapprochement ou l'éloignement des deux couronnes obturatrices, par l'intermédiaire de deux vis, dont les filets sont inclinés en sens inverse, ainsi que cela se produit dans la distribution Meyer (Fig. 518).

La distribution du petit cylindre est ainsi actionnée par deux excentriques juxtaposés, calés invariablement sur l'arbre de la machine et actionnant : l'un le tiroir proprement dit, l'autre les couronnes de détente.

La distribution du grand cylindre est commandée par un seul excentrique, claveté sur l'arbre moteur et actionnant le tiroir simple de distribution.

Cette machine étant établie pour fonctionner à grande vitesse, on a pris soin de disposer le graissage pour que tous les organes en mouvement puissent être convenablement lubrifiés.

Un petit réservoir, placé à la partie supérieure de la machine, est maintenu constamment plein d'huile, et la distribue à une rampe longitudinale qui porte des compte-gouttes disposés au-dessus de petits entonnoirs surmontant une série de conduits de graissage. L'huile qui tombe des graisseurs supérieurs dans les entonnoirs, avec un débit variable, réglable à la main, est apportée par les petits conduits aux organes à lubrifier.

La machine *compouna parallèle* représentée par la figure 764, est attelée directement à une machine dynamo-électrique, placée en bout de son arbre, du côté du volant. L'accouplement est réalisé par un plateau d'assemblage sur lequel est fixé l'arbre de la machine électrique. Cet arbre est supporté, à son autre extrémité, par un palier venu de fonte avec le bâti de la dynamo, qui est relié, d'une manière rigide, au bâti de la machine par une série de forts boulons.

Un compteur de tours, ou *tachymètre*, est disposé en vue du mécanicien et indique, à chaque instant le nombre de tours de la machine.

Ce compteur est actionné par un mécanisme dont la commande est donnée par l'arbre moteur, au moyen d'un engrenage à vis tangente, et transmise à l'appareil par une série de petits arbres et de roues d'engrenage d'angle.

Machine Willans et Robinson

(Fig. 765 et 766.) La machine Willans et Robinson, est à simple effet et diffère complètement de toutes les machines verticales que nous avons examinées jusqu'à présent. Elle a été établie pour marcher à de grandes vitesses, et comme le poids et l'inertie de ses organes sont assez importants, on a disposé son mécanisme de façon à créer des matelas d'air qui jouent le rôle d'amortisseurs et permettent le fonctionnement accéléré de la machine, sans craindre les chocs et les à-coups.

La machine compound se compose de deux cylindres, A et B, superposés, montés en tandem et reposant, eux-mêmes, sur un bâti métallique qui comporte un troisième cylindre C, lequel fera fonction de cylindre amortisseur.

Au-dessus de la ligne des cylindres est disposée une capacité cylindrique D, dans laquelle arrive la vapeur vive, qui lui est amenée par le conduit E.

Dans les cylindres A et B se meuvent les pistons F et G, que la vapeur presse sur leur face supérieure seulement.

Le cylindre A, de petit diamètre, est le cylindre de haute pression; le cylindre B, dont le diamètre est plus grand, est le cylindre de basse pression.

Dans le cylindre inférieur C, se meut un piston H, qui sert, à la fois, à comprimer l'air contre le fond supérieur de ce cylindre pour neutraliser l'inertie des pièces en mouvement, et, en même temps, à guider tout l'attirail vertical, comprenant tous les pistons rendus solidaires de la même tige centrale I.

Cette tige verticale I, qui rend les trois pistons F, G, H, solidaires de son mouvement, est creuse et a un diamètre de plus en plus réduit, au fur et à mesure qu'elle s'élève.

A l'intérieur de la tige cylindrique I, se meuvent les pistons J et K, qui font office de tiroirs de distribution et font corps avec une tige cylindrique articulée sur la barre de l'excentrique de commande claveté sur l'arbre principal de la machine. Sur la même tige sont disposés trois autres pistons auxiliaires, L, M et N, qui servent tout simplement à obliger la vapeur, qui pénètre par les lumières ménagées sur la tige I, à n'avoir accès dans chaque cylindre, que par l'intermédiaire des autres pistons, J et K. En réalité, ces deux derniers pistons sont les distributeurs proprement dits, les trois autres constituant des cloisons mobiles destinées à isoler les deux cylindres de la machine.

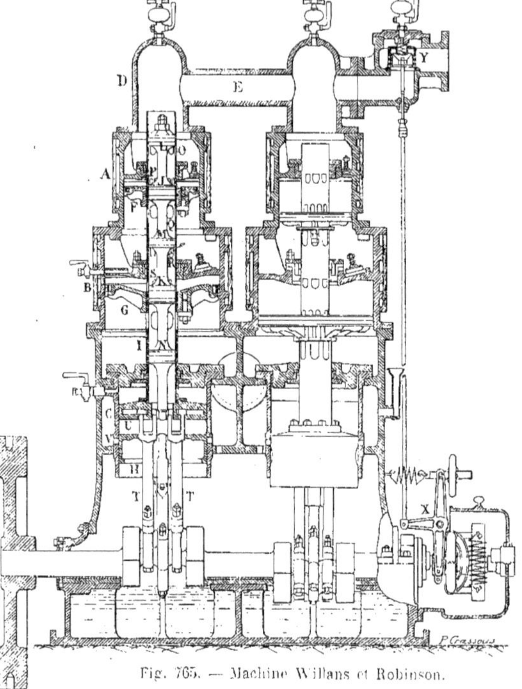

Fig. 765. — Machine Willans et Robinson.

Les deux pistons à vapeur, ainsi que les cinq pistons montés sur la tige de distributions, sont tous munis de segments métalliques, destinées à assurer leur étanchéité autour des parois sur lesquelles ils se meuvent, pendant le fonctionnement de la machine.

La tige creuse I est percée de trois séries de lumières verticales par cylindre à vapeur. La machine compound en comprend donc six séries.

La première série de lumières, la supérieure, O, permet d'admettre la vapeur vive, provenant de la chaudière et contenue dans la capacité D, dans la partie centrale de la tige creuse I, préparant ainsi l'admission de cette vapeur dans le petit cylindre A, par l'intermédiaire de la série de lumières médianes P, lorsque le distributeur cylindrique F les aura découvertes dans son mouvement descendant.

La troisième série de lumières Q servira de lumières d'échappement lorsque le tiroir J aura découvert la partie inférieure des lumières médianes P et les aura ainsi mises en communication, par l'intérieur de la tige I, avec ces lumières Q, pendant l'ascension du piston.

Les lumières Q du petit cylindre débouchent dans un réservoir intermédiaire R disposé au-dessous de ce cylindre et au-dessus du grand. Ce réservoir occupe un volume relativement important et fait le même office, vis-à-vis du grand cylindre, que la capacité supérieure D par rapport au petit.

C'est dans ce réservoir que s'accumule la vapeur d'échappement du petit cylindre qui sera introduite dans le grand, puis évacuée par trois autres séries de lumières disposées de façon respectivement semblable à celle des lumières du cylindre supérieur.

Au-dessous du grand cylindre, un second réservoir S communique avec le tuyau d'évacuation de vapeur de la machine, qui la conduit dans le condenseur ou qui la laisse échapper dans l'atmosphère.

Chaque cylindre est fermé, à sa partie supérieure, par un fond, et chaque réservoir intermédiaire, compris entre la face inférieure de chaque piston et le fond du cylindre disposé immédiatement en dessous, a donc un volume variable suivant la position que le piston occupe dans sa course ascendante ou descendante.

Ce volume, qui diminue pendant que les pistons descendent, augmente, au contraire, pendant leur course inverse et permet ainsi à la vapeur de passer de la face supérieure de chaque piston sous sa face inférieure sans augmentation de pression et sans dépense de travail.

La tige creuse I et les pistons qu'elle porte sont reliés à l'arbre de la machine par l'intermédiaire de deux bielles T, articulées sur un axe U qui traverse le piston-guide C, et qui tourillonnent sur deux rotules ménagées sur l'arbre moteur.

La nécessité de ces deux bielles de commande s'explique par la disposition de l'excentrique qui actionne la distribution, et qui est placé dans l'axe même de la ligne des cylindres.

Quand la vapeur vive, provenant de la chaudière, est admise par le conduit E dans la capacité supérieure D, elle pénètre par les lumières O dans la tige I, et par les lumières P dans le petit cylindre. La vapeur, pressant sur la face supérieure du petit piston, provoque sa descente et donne, par l'intermédiaire de la tige I et des deux bielles T, un mouvement de rotation à l'arbre de la machine.

A mesure que le piston descend, la première série de lumières O est obturée progressivement par le presse-étoupes fixe porté par le fond du cylindre. A un certain moment donc l'introduction de vapeur vive dans le petit cylindre est complètement arrêtée, et le piston continue à être poussé par la vapeur contenue au-dessus de sa face supérieure, vapeur qui agit, à ce moment, par son expansion propre en se détendant une première fois.

Quand le piston atteint le bout de sa course descendante, le distributeur J, qui a découvert la troisième série Q de lumières d'échappement, a mis en communication ces lumières et les lumières d'admission P.

La vapeur contenue au-dessus du piston pourra donc être évacuée par les lumières d'échappement lorsque ce piston effectuera sa course ascendante.

Quand l'arbre aura tourné d'un tour, le volume de vapeur, primitivement introduit dans le petit cylindre, se trouvera dans le premier réservoir intermédiaire ayant un volume plus considérable et une pression moindre, et cette vapeur contribuera, à son tour, à provoquer la rotation de l'arbre, lorsque les pistons recommenceront une course descendante. Elle se comportera, en effet, par rapport au grand cylindre, comme la vapeur vive par rapport au petit, en suivant les diverses phases de distribution que nous venons d'examiner.

Quand l'arbre aura effectué une seconde révolution, cette vapeur sera évacuée dans le second réservoir intermédiaire et de là au condenseur.

Pendant ce temps-là, le petit cylindre aura reçu une nouvelle cylindrée de vapeur vive qui s'ajoutera à l'effet de la vapeur détendue pour faire tourner l'arbre de la machine.

Puisque la vapeur ne presse que sur la face supérieure du piston, si la machine n'était établie qu'avec une seule série de cylindres, aucune pression ne venant s'exercer au-dessous de ces pistons, ils ne pourraient pas remonter.

Aussi, cette machine à simple effet comporte au moins deux rangées verticales de cylindres, qui sont reliées chacune par une paire de bielles, ainsi que nous venons de le voir, à l'arbre commun, les coudes-manivelles faisant entre eux un angle de 180 degrés.

Généralement même, la machine *compound tandem* est établie avec trois rangées verticales de cylindres qui actionnent des manivelles disposées successivement à 120 degrés l'un de l'autre.

Cette disposition permet d'obtenir un mouvement régulier de la machine.

Le dernier piston H, qui fait office d'amortisseur, aspire dans sa course descendante l'air extérieur par une série de petits orifices V percés sur la paroi verticale du cylindre C. Dans la course ascendante du piston, cet air est comprimé entre sa face supérieure et le fond du cylindre C. Ce matelas d'air amortit le choc qui se produirait sans sa présence, par suite de la vitesse imprimée aux organes en mouvement, lesquels sont d'un poids relativement grand. Dans la course descendante, cet air se détendant agit sur le piston H dans le même sens que la vapeur.

Un conduit muni d'un robinet permet de donner à l'air ainsi comprimé un passage de grandeur variable, de façon à régler l'amortisseur.

En résumé, dans la distribution de cette machine, le mouvement relatif de la tige I par rapport aux presse-étoupes fixes des fonds des cylindres, d'une part, et, d'autre part, le mouvement relatif de la ligne des pistons distributeurs par rapport à cette même tige I, déterminent la détente dans chacun des cylindres.

Cette détente est fixe et a une valeur donnée par l'angle de calage de l'excentrique actionnant les distributeurs.

Le bâti proprement dit de la machine, sur lequel sont fixées les diverses lignes de cylindres, porte, venus de fonte avec lui, trois paliers supportant l'arbre moteur.

Ces trois paliers ne comportent pas de chapeaux à leur partie supérieure, car l'effort de chaque ligne de pistons ne s'exerce que sur le coussinet inférieur.

L'arbre porte à une extrémité un volant, et à l'autre extrémité le régulateur.

Ce régulateur, à force centrifuge, est disposé horizontalement. Il se compose de deux masses reliées entre elles par un fort ressort à boudin qui tend à les rapprocher. Les deux masses sont fixées chacune à l'extrémité d'une des deux branches d'un levier. La seconde branche du levier peut déplacer une bague glissant sur l'arbre de la machine sans pouvoir tourner avec lui.

Par l'intermédiaire d'un balancier à trois branches X, la bague est rendue solidaire d'une tringle verticale qui commande, à sa partie supérieure, le déplacement d'un clapet cylindrique Y disposé sur le tuyau d'arrivée de vapeur.

Un deuxième ressort à boudin, plus faible que le premier, est fixé à une des extrémités du balancier à trois branches et est accroché, d'autre part, au bâti de la machine. Il tend donc à faire baisser la branche horizontale du balancier et à provoquer l'écartement des masses. Il agit en sens inverse du ressort à boudin de celles-ci et son effort de tension vient en déduction de l'autre.

Le ressort auxiliaire peut être plus ou moins tendu par la manœuvre d'un petit volant. Cette disposition permet de mettre le régime du régulateur en concordance avec des vitesses différentes de la machine.

Le clapet supérieur Y, qui commande l'admission de la vapeur, se meut verticalement dans une cloche cylindrique fixe percée de lumières sur sa périphérie. Le clapet porte, lui-même, des ouvertures qui, lorsqu'elles se présentent en face des lumières de la cloche fixe, permettent l'introduction de la vapeur dans le conduit supérieur E et, de là, dans le petit cylindre.

Le bâti de la machine est disposé pour protéger tous les organes contre les influences extérieures. Des ouvertures y sont simplement ménagées pour visiter avec facilité ces divers organes.

La partie inférieure du bâti forme une sorte de cuvette qui est maintenue remplie d'huile, et dans laquelle barbotent les têtes des bielles actionnant les séries de pistons.

Fig. 766. — Machine Willans et Robinson de 800 chevaux, accouplée directement avec une machine électrique.

Les cylindres sont recouverts d'enveloppes calorifuges.

La machine Willans et Robinson, représentée par la figure 766, comporte trois rangées de cylindres. Elle développe une puissance de 800 chevaux et est attelée directement à une machine dynamo-électrique destinée à produire le courant.

La figure 670 représente une installation électrique établie à Nottingham pour actionner les tramways et qui comporte un groupe de neuf machines compound semblables, développant chacune une puissance de 700 chevaux.

Machine Mertz

(Fig. 767.) Comme la machine précédente, celle-ci est à simple effet, mais la disposition des organes est bien différente.

La machine compound Mertz est constituée par deux machines *compound tandem* à simple effet, montées côte à côte et actionnant un arbre commun, par l'intermédiaire de deux manivelles faisant entre elles un angle de 180 degrés.

La machine comporte donc quatre cylindres groupés deux par deux.

Les deux cylindres à haute pression sont disposés à la partie supérieure surmontant les cylindres à basse pression. Les deux pistons sont, dans chaque groupe, solidaires de la même tige, qui, dans le cylindre à basse pression, se transforme en un four-calé sur l'arbre moteur. A l'intérieur de ce distributeur est disposé concentriquement un tiroir cylindrique de détente du type Rider (Fig. 522). Ce tiroir est manœuvré par un second excentrique claveté sur l'arbre, à côté du premier.

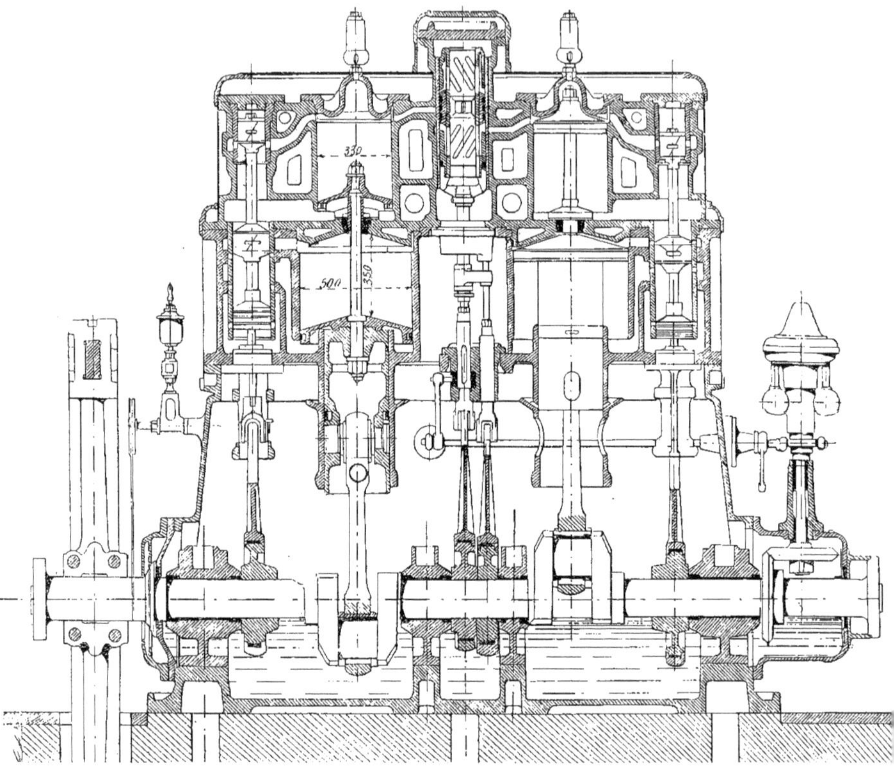

Fig. 767. — Machine verticale compound Mertz.

reau-guide dans lequel est monté le pied de la bielle de commande, dont la tête tourillonne dans un des coudes-manivelles ménagés sur l'arbre.

Entre les deux groupes de cylindres se trouve disposé un distributeur de vapeur n'intéressant que les deux cylindres supérieurs à haute pression. Ce distributeur cylindrique équilibré se meut verticalement et est actionné par un excentrique,

Le tiroir de détente, tout en étant animé d'un mouvement de va-et-vient vertical, peut néanmoins prendre un léger mouvement de rotation autour de son axe, ce qui permet, nous l'avons vu, de faire varier la durée de l'ouverture des lumières d'admission et par conséquent de régler le degré de la détente.

Deux autres séries de distributeurs sont établies, une pour chaque groupe de cylindres, sur les côtés de la machine.

Chaque série est actionnée par la barre d'un excentrique claveté sur l'arbre de la machine et comporte trois petits pistons distributeurs cylindriques munis de garnitures métalliques.

Le distributeur supérieur intéresse l'échappement du petit cylindre, dans lequel l'admission s'effectue par le distributeur commun aux deux groupes et dont nous venons de parler.

Le distributeur moyen permet l'introduction de la vapeur, évacuée du petit cylindre, dans le grand, et le distributeur inférieur intéresse l'échappement de la vapeur du grand cylindre.

La vapeur vive, introduite à la partie supérieure de la machine, pénètre dans le distributeur intermédiaire, qui l'envoie successivement dans les deux cylindres à haute pression. Suivons le chemin que cette vapeur parcourt dans un des groupes de cylindres; son trajet sera le même dans l'autre groupe; les phases de distribution dans ces deux groupes se trouveront simplement décalées.

La vapeur pénètre dans le petit cylindre à sa partie supérieure et presse sur la face du petit piston. Celui-ci descend. Pendant sa course descendante, l'admission de vapeur au petit cylindre est coupée par le dispositif de détente, type Rider, que comporte le distributeur. Le piston continue sa course par l'effet de la vapeur détendue dans le petit cylindre. Vers la fin de course du piston, le distributeur supérieur latéral ouvre le conduit d'échappement du petit cylindre, placé en haut en face du conduit d'admission, et le met en communication avec la partie inférieure de ce petit cylindre.

Quand le petit piston remonte, il refoule au-dessus de lui la vapeur contenue dans le cylindre; cette vapeur, par la lumière d'échappement, vient presser sur sa face inférieure sans que sa pression varie sensiblement pendant la plus grande partie de sa course; le petit piston se trouve ainsi équilibré.

Avant que ce piston achève sa course ascendante, le tiroir supérieur ferme la lumière d'échappement; la vapeur restant encore dans le petit cylindre, au-dessus du piston, est comprimée contre son fond supérieur, tandis que celle qui est contenue au-dessous se détend à mesure que le petit piston, en progressant vers le haut, augmente le volume de la capacité inférieure. La différence des pressions de la vapeur contenue au-dessus et au-dessous du piston augmente donc à mesure que le piston approche de sa fin de course.

Cette disposition permet de compenser l'inertie des organes et de les conduire à chaque fin de course sans choc. Elle remplace, dans cette machine, le piston amortisseur établi dans la machine Willans et Robinson.

Quand la course ascendante du petit piston est sur le point de s'achever, le second tiroir latéral découvre la lumière d'admission du grand cylindre qui est disposée à sa partie supérieure, et qui permet à la vapeur détendue sous le petit piston de pénétrer sur la face supérieure du grand piston et de le pousser de haut en bas.

Les mêmes phases de distribution que nous venons d'examiner pour le petit cylindre se produisent pour le grand, le tiroir inférieur latéral réglant son degré d'échappement de vapeur.

Pendant cette course descendante, le second distributeur latéral obture, à un moment déterminé, l'admission de vapeur au-dessus du grand piston. Il en résulte d'abord une compression, sous le petit piston, de la vapeur restante et ensuite une nouvelle détente de la vapeur, dans le grand cylindre, au-dessus du piston.

Cette compression permet d'obtenir, pour la fin de course descendante des organes, un mouvement exempt d'à-coups.

Pendant la seconde course ascendante, le grand piston refoule la vapeur, ainsi que nous l'avons vu pour le petit cylindre, sous sa face inférieure où elle se détend encore une fois, et le troisième distributeur latéral lui permet ensuite d'être évacuée dans le condenseur.

En somme, pour qu'une cylindrée de vapeur admise dans le petit cylindre soit évacuée, il faut deux doubles courses des pistons, soit deux tours de l'arbre de la machine, et lorsque cette cylindrée de vapeur est évacuée dans le condenseur, elle a successivement été détendue quatre fois. On peut donc dire que cette machine *compound* est à la fois à *simple effet* et à *quadruple expansion*.

Le bâti de la machine est en forme d'enveloppe protégeant tous les organes, et son socle comporte quatre paliers qui supportent l'arbre.

Deux des paliers sont disposés vers les extrémités de l'arbre; les deux autres sont placés entre les coudes-manivelles.

Les têtes de bielles et les excentriques barbotent constamment, pendant le fonctionnement, dans un bain d'huile contenu dans une sorte de cuvette formée par la partie inférieure du bâti.

L'arbre porte, à une extrémité, un volant pouvant servir de poulie et un plateau d'accouplement.

A l'autre extrémité, est clavetée une roue d'engrenage conique qui donne le mouvement de rotation à l'axe vertical d'un régulateur à force centrifuge.

Le manchon du régulateur provoque, par son déplacement vertical et par l'intermédiaire d'un jeu de tringles et de leviers, l'oscillation du tiroir de détente concentrique au distributeur d'admission de vapeur dans les petits cylindres.

Cette oscillation détermine le degré de détente approprié au changement de vitesse de la machine.

Un ressort auxiliaire, placé sur l'attirail qu'actionne le régulateur, permet de faire varier la vitesse de la machine pendant son fonctionnement, par la manœuvre d'un petit volant qui augmente ou diminue sa tension.

Machines compound verticales à soupapes. Machine Sulzer

(Fig. 768.) Les ateliers Sulzer ont construit des machines à soupapes verticales auxquelles ils ont appliqué les divers dispositifs de distribution que nous avons longuement examinés. Les soupapes sont placées verticalement, et les différents mécanismes qui les actionnent sont appropriés à la disposition verticale des cylindres de la machine.

La figure 768 représente un groupe de deux machines Sulzer verticales avec distributions à soupapes, faisant partie d'une installation faite à Londres, pour la Compagnie du Métropolitain électrique.

Ces machines compound ont une puissance indiquée de 5.000 chevaux chacune.

Elles actionnent directement une machine électrique produisant le courant.

Elles marchent à grande vitesse et comportent chacune trois cylindres munis de leurs distributions. Deux de ces cylindres fonctionnent avec la vapeur à haute pression; le troisième permet une deuxième expansion de cette vapeur avant qu'elle soit conduite au condenseur.

Cette machine, de hauteur considérable, comporte deux plates-formes qui permettent d'accéder facilement aux divers organes et de surveiller leur fonctionnement.

Le bâti à montants et à colonnes porte, à l'arrière, les glissières des trois crosses de pistons articulées aux bielles actionnant l'arbre commun.

Cet arbre, placé à la partie inférieure, repose sur de forts paliers venus de fonte avec le bâti.

La lubrification d'une telle machine est nécessairement compliquée et dispendieuse : mais, à puissance égale, elle offre moins de résistance par frottement, qu'une machine horizontale. Les manœuvres sont mises à la portée du mécanicien par l'intermédiaire de renvois de mouvement qui vont actionner les organes intéressés.

Pour mettre facilement la machine en route, on a disposé sur le sol, tout près du volant, un mécanisme consistant en une mouvement de bascule contre le volant, de façon que les goupilles pénètrent dans les crans ménagés sur sa couronne intérieure.

Fig. 768. — Machines à soupapes Sulzer frères compound verticales à 3 cylindres, de 5.000 chevaux chacune.

petite dynamo qui commande, par l'intermédiaire d'une vis tangente, un plateau portant des goupilles plantées sur une de ses faces et tenant lieu de dents d'engrenage. Ce plateau peut être présenté par un

En faisant fonctionner la petite dynamo de mise en route, on fait tourner lentement le volant de la quantité nécessaire pour que la vapeur soit introduite dans les cylindres et actionne les pistons.

Machine des Ateliers d'Augsbourg et Nuremberg

(Fig. 769.) C'est une machine compound à deux cylindres placés parallèlement, qui sont munis venus de fonte avec lui. Ce sont les paliers-supports de l'arbre.

Cet arbre a deux coudes-manivelles sur lesquels tourillonnent les deux bielles, atte-

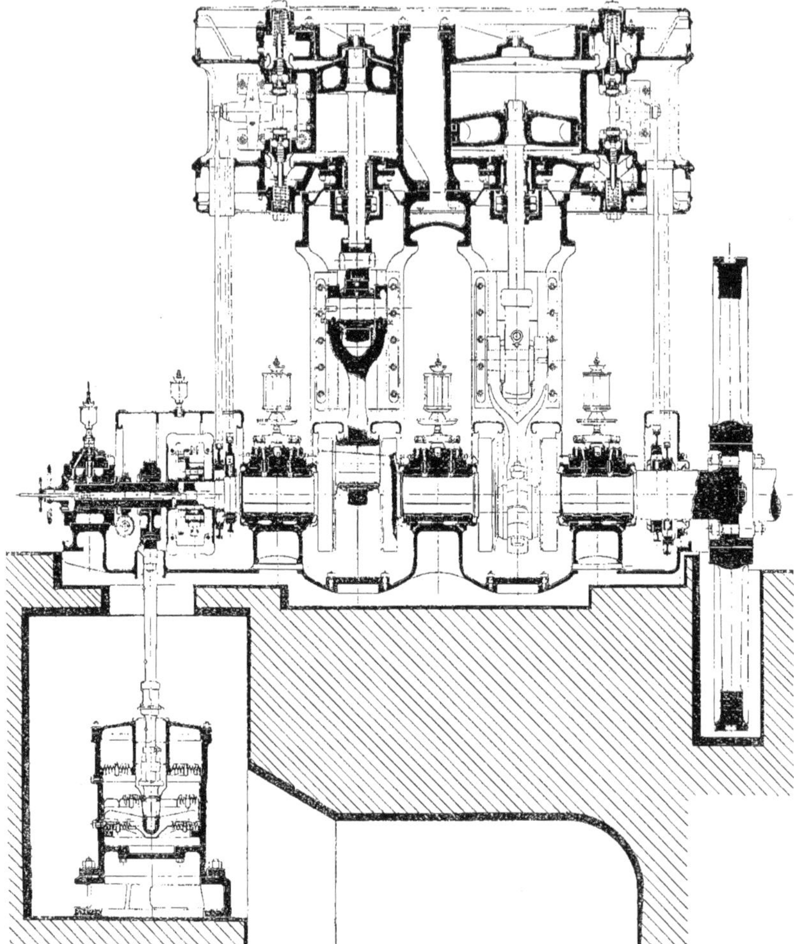

Fig. 769. — Coupe de la machine verticale à soupapes à condenseur des Ateliers d'Augsbourg et Nuremberg.

chacun d'une distribution à soupapes.

Le bâti à montants qui porte les glissières des deux crosses des pistons porte également, à la partie inférieure, trois paliers lées aux crosses des pistons. Un des paliers est placé entre les deux coudes-manivelles, les deux autres sont placés vers les bouts de l'arbre. Un volant est claveté à une extrémité de cet arbre et muni d'un dispositif d'accouplement qui permet de relier l'arbre de la machine à celui d'une dynamo attelée ainsi directement à elle. Le volant est alors placé entre un des paliers extrêmes de la machine à vapeur et le palier de l'arbre de la dynamo.

Les soupapes sont actionnées par un mécanisme oscillant commandé par des excentriques.

Pour chacun des cylindres, un excentrique actionne les deux soupapes d'admission, et un autre les deux soupapes d'échappement.

La distribution complète comporte donc quatre excentriques, disposés deux par deux en dehors des paliers extrêmes de l'arbre moteur.

Un régulateur, monté directement sur le bout de l'arbre moteur opposé au volant, provoque le décalage, sur cet arbre, de l'excentrique qui actionne les deux soupapes d'admission du cylindre de haute pression. La détente est ainsi rendue variable, suivant le régime du régulateur et par conséquent de la machine, pour le petit cylindre seulement.

Pour le grand cylindre, la détente est réglable à la main.

La lubrification des organes est assurée par des godets graisseurs et des conduits appropriés ménagés dans ces diverses pièces. En outre, la partie inférieure du bâti est disposée en forme de cuvette et contient toujours de l'huile, dans laquelle barbotent les têtes de bielles et les excentriques.

La pompe à air du condenseur de cette machine est placée dans le sous-sol, et son piston est attelé directement à une tige verticale solidaire d'un excentrique claveté en bout de l'arbre-moteur du côté du régulateur.

La pompe à air comporte deux séries de clapets s'ouvrant de bas en haut et disposés sur chacun de ses fonds.

Le piston porte, sur sa face supérieure, une autre série de clapets qui s'ouvrent également de bas en haut. Le guidage de ce piston est assuré par un fourreau de petit diamètre, qui enferme sa tige et qui glisse dans une douille disposée sur le couvercle de la pompe à air.

A chacune de ses courses ascendantes, le piston aspire le mélange de condensation sous sa face inférieure, et refoule celui qui est sur sa face supérieure.

Pendant sa course descendante, il fait passer le mélange, précédemment introd it par aspiration dans le corps de pompe, de sa face inférieure sur sa face supérieure.

Comme dans toutes les machines compound, la vapeur vive est d'abord introduite dans le petit cylindre. Elle y effectue son travail en se détendant une première fois, de façon variable suivant la vitesse de la machine; puis elle actionne le piston du grand cylindre en se détendant une seconde fois, et elle est ensuite évacuée dans un gros conduit qui rejoint la pompe à air et qui peut tenir lieu de condenseur en y injectant l'eau réfrigérante.

Machine verticale-horizontale Biétrix

(Fig. 770.) Cette machine compound emprunte son caractère spécial à la disposition particulière de ses deux cylindres.

Le petit cylindre A, de haute pression, est disposé verticalement, le grand cylindre B est horizontal.

Un bâti robuste les relie et porte, en même temps, les glissières et le palier de l'arbre moteur.

La bielle verticale est attelée sur la tête de la bielle horizontale; cette disposition a pour avantage de supprimer l'arbre coudé et les difficultés de façonnage qu'il entraîne, surtout dans les grosses machines.

Le condenseur C est placé à la suite du grand cylindre, et est commandé par la tige prolongée de son piston.

Un réchauffeur tubulaire D est placé à la suite du petit cylindre; il réchauffe la vapeur une première fois détendue, et empêche ainsi sa condensation dans le grand cylindre.

On voit que l'espace occupé par cette machine n'est pas supérieur à celui que prendrait une machine simple horizontale.

La détente se fait dans le petit cylindre au moyen d'une disposition très originale, se rapprochant un peu du mécanisme de détente de la machine *compound* du Creusot; mais ici la détente est rendue variable par le régulateur.

La figure 772 représente l'intérieur de la boîte à tiroirs, la plaque de fermeture étant enlevée, et la figure 771, une coupe verticale.

Les conduits d'admission du tiroir t sont en forme de rectangles, du côté du cylindre, et en forme de parallélogrammes, du côté du dos du tiroir.

La glissière de détente t' a, en plan, la forme d'un trapèze, dont les deux côtés inclinés, égaux, sont parallèles aux lumières inclinées du tiroir. Une sorte de griffe q, commandée par un excentrique spécial, communique son mouvement de va-et-vient à la glissière, sans l'empêcher toutefois de se déplacer dans le sens transversal. Cette action produira donc un changement de recouvrement.

Le mouvement transversal est donné à

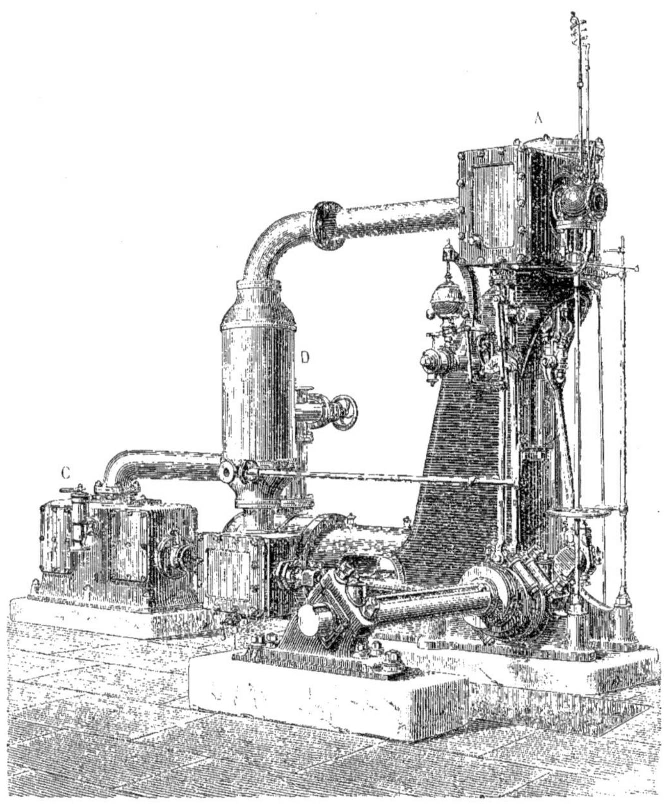

Fig. 770. -- Machine compound verticale-horizontale Biétrix.

cette glissière par le régulateur qui fait osciller un levier à deux bras *abc* autour de son axe *b*, à l'aide d'une transmission spéciale. La longue branche *ab* de ce levier porte un galet qui s'engage dans une rainure ménagée dans la glissière. Si la petite branche s'abaisse, la glissière s'avancera vers la droite, et inversement si l'oscillation du levier se produit en sens contraire. Pour équilibrer une partie de la pression, le dos du tiroir porte des rainures obliques donnant passage à la vapeur.

Le tiroir proprement dit du petit cylindre est actionné par un excentrique.

Un troisième excentrique commande le mouvement du tiroir du cylindre à basse pression qui ne comporte aucun dispositif de détente variable par le régulateur.

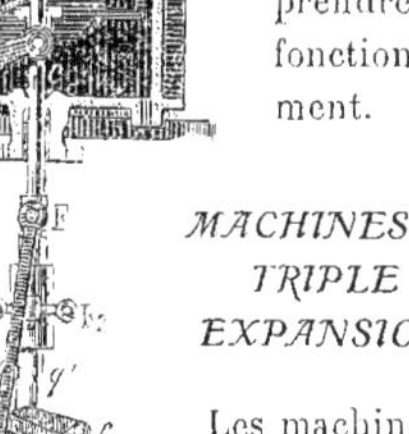

Fig. 771 et 772. — Distribution de vapeur de la machine compound de M. Biétrix.

Pour faire varier la détente dans le petit cylindre, on a disposé une came de forme particulière f_1. Elle est prise entre les deux branches d'une bielle double f_3 qui vient s'articuler sur la tige F.

La bielle double porte, entre ses deux branches, deux petits galets f_2 et f_3. La bielle f_4 est reliée avec le régulateur, qui peut ainsi déplacer la bielle f_3 dans un sens ou dans l'autre.

En marche normale, la bielle f_3 est verticale, et la came va et vient entre les deux galets sans les toucher. Si la vitesse augmente, le manchon du régulateur monte et la bielle f_4 est déviée vers la gauche. La partie convexe de la came vient alors rencontrer le galet inférieur, le pousse, et celui-ci, en descendant, produit l'oscillation du levier *abc* et, par suite, l'avancement de la glissière.

La figure 634 représente une machine verticale-horizontale Biétrix d'un autre type, différant assez peu du premier, pour que la description détaillée que nous venons d'en donner permette d'en comprendre le fonctionnement.

MACHINES A TRIPLE EXPANSION

Les machines à triple expansion sont celles où la vapeur se détend successivement pendant trois fois, depuis son admission dans le cylindre à haute pression jusqu'à son évacuation au condenseur.

Ces machines comportent généralement trois cylindres; mais nous verrons plus loin que ce nombre peut être dépassé suivant les dispositions données à la machine.

Les machines à triple expansion ont, dès l'abord, été utilisées dans les bateaux et ont été une des causes principales des progrès réalisés dans la navigation maritime.

On emploie aussi ces sortes de machines dans des installations fixes, en les disposant, comme les machines précédentes, soit horizontalement, soit verticalement.

Cependant la plus grande partie de ces machines sont verticales et sont établies pour marcher à grande vitesse.

Avant de donner la description de quelques types de machines à triple expansion, nous dirons quelques mots sur leurs avantages et nous indiquerons schématiquement les dispositions diverses qu'on a adoptées pour les cylindres.

Ensuite, la vapeur condensée dans le petit cylindre agit, après son évaporation, sur les pistons des autres cylindres, pendant toute la course et avec une détente qui lui est propre. Ce fait, qui ne se produit pas dans une machine à un seul cylindre, et qui est moins sensible dans une machine compound, a été mis à profit dans les machines à triple expansion, et c'est à cela que les machines à cascades doivent leurs avantages économiques.

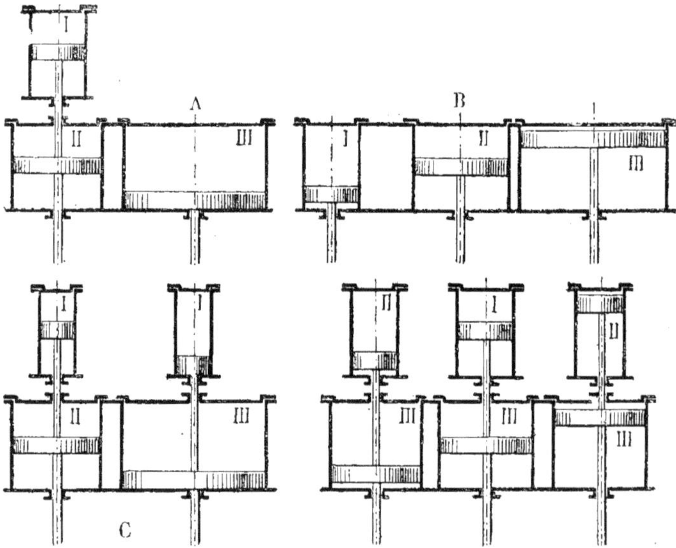

Fig. 773. — Schéma des diverses dispositions des machines à triple expansion.

Les avantages pratiques des machines à triple expansion se résument ainsi : répartition régulière des efforts sur les arbres, diminution des chances de rupture, diminution des frottements.

Il faut ajouter à ces avantages des facilités d'un autre ordre. La conductibilité de la chaleur par les cylindres, malgré l'augmentation de la surface refroidissante, est moindre que dans les machines à un seul cylindre ou les machines compound, par suite de la moindre différence des températures extrêmes pour chacun des cylindres.

Disons enfin que la consommation du charbon, dans une machine à triple expansion, se trouve réduite, en service courant, de 15 à 18 pour 100 environ.

Examinons maintenant les dispositifs adoptés pour appliquer aux machines à vapeur marines le procédé de la triple expansion de la vapeur.

La figure 773 donne l'idée, d'une manière simplifiée, du principe des machines à triple expansion.

Le type A est celui qui fut tout d'abord adopté.

Le cylindre d'admission I, qui est celui de la haute pression, est superposé au cylindre II dans lequel la vapeur se détend une deuxième fois, à la façon des machines compound.

La vapeur qui s'échappe du cylindre II passe dans le cylindre III où s'effectue la troisième et dernière détente.

Ce dispositif est né de la transformation des machines compound simples en machines à triple expansion. En effet, en plaçant sur un des cylindres d'une machine compound un autre cylindre, de diamètre plus faible que le cylindre d'admission primitif, on transforme facilement la machine. Le petit cylindre ajouté reçoit la vapeur de la chaudière, la renvoie au premier cylindre de la machine compound qui devient ainsi cylindre intermédiaire, et, de là, elle passe au cylindre de détente finale.

Quelquefois, le cylindre d'admission est placé au-dessus du troisième cylindre.

Le type B est celui qui se présente tout naturellement à l'esprit. Les trois cylindres, de diamètres différents, sont placés à la suite les uns des autres.

Le type C comporte deux cylindres d'admission, un cylindre intermédiaire et un cylindre de détente.

Le type D a été employé par la *Compagnie générale transatlantique,* sur quelques-uns de ses paquebots. Il se compose de trois groupes *tandem*. Le cylindre d'admission est placé au milieu et au-dessus. Les deux cylindres intermédiaires sont disposés sur les côtés de celui-ci.

Les trois cylindres de détente finale sont placés sous chacun des trois précédents.

Chaque groupe *tandem* forme, en quelque sorte, une machine spéciale avec son bâti et son condenseur.

Machines horizontales

Nous venons de dire que généralement les machines à triple expansion étaient disposées verticalement. Cependant, on a établi quelques types de machines horizontales, parmi lesquels nous signalerons simplement la machine Dujardin à *distributeurs oscillants* et la machine Sulzer à *soupapes*.

Machine Dujardin

Cette machine comporte quatre cylindres disposés en deux groupes.

Un des groupes comprend le cylindre de haute pression monté en tandem derrière un des cylindres de basse pression. Le second groupe comprend le cylindre de pression moyenne monté en tandem derrière un second cylindre de basse pression.

Les deux groupes sont placés parallèlement l'un à l'autre. Un arbre commun est disposé transversalement à leur direction.

Chaque groupe est relié à l'arbre par une bielle et une manivelle.

Les deux manivelles sont clavetées sur l'arbre à 90 degrés l'une de l'autre.

L'arbre de la machine porte, en son milieu, un volant en fonte qui peut être établi pour porter les pôles inducteurs d'une machine électrique à courants alternatifs.

Les cylindres ont tous des enveloppes de vapeur et entre les cylindres sont disposés des réservoirs intermédiaires comportant également une enveloppe qui permet de réchauffer la vapeur pendant sa circulation d'un cylindre à l'autre.

La distribution à obturateurs oscillants est du système dont nous avons précédemment parlé dans la description de la machine compound de la même maison.

Le mécanisme de distribution est à déclenchement pour le cylindre de haute pression et le cylindre de moyenne pression : il est à liaison complète pour les deux cylindres de basse pression.

Pour le cylindre de haute pression seulement, la détente est déterminée par l'action d'un régulateur à force centrifuge dont -

nous avons indiqué les dispositions essentielles (Fig. 751).

La détente est réglable à la main dans le cylindre de moyenne pression.

La machine comporte deux condenseurs, chacun d'eux communiquant avec un des cylindres de basse pression.

Chaque groupe de cylindres est ainsi muni de son condenseur et la tuyauterie est établie de façon que l'on puisse marcher avec un seul groupe de cylindres dans le cas où une avarie se produirait à l'autre.

Machine Sulzer Cette machine horizontale à triple expansion est munie d'une distribution à soupapes.

Elle est à quatre cylindres et est disposée en deux groupes tandem, comme dans la machine précédente. Elle comporte deux cylindres de basse pression. L'un de ces cylindres est disposé en avant du cylindre de haute pression pour former un des groupes tandem; l'autre est placé en avant du cylindre de moyenne pression pour former le second groupe. Chaque groupe est relié à l'arbre commun par une manivelle.

Un volant est claveté sur cet arbre entre les deux manivelles et peut être établi pour porter l'inducteur d'une machine électrique.

Le mécanisme de distribution à soupapes est semblable à celui que nous avons déjà décrit. Chacun des cylindres en est muni, mais le cylindre de haute pression seul porte un système de distribution à déclenchement, placé sous la dépendance d'un régulateur à axe vertical du type Porter, qui permet de faire varier la détente dans ce cylindre.

Les mécanismes de distribution des autres cylindres sont à liaison complète et sont actionnés par des cames calées sur l'arbre auxiliaire de distribution.

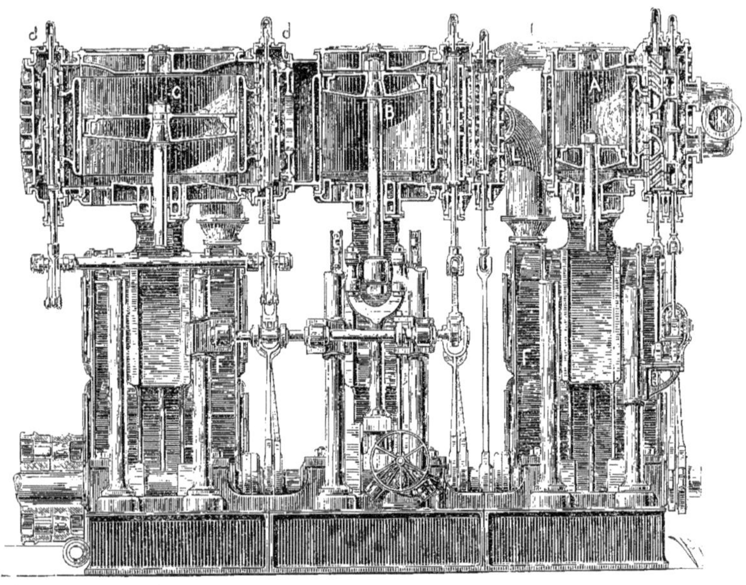

Fig. 774. — Machine marine à triple expansion. — Coupe verticale.

Machine marine La machine verticale à triple expansion représentée en coupe verticale par la figure 774 et en coupe horizontale par la figure 777 est une machine marine du type que nous avons schématiquement désigné par la lettre B. Les trois cylindres de diamètres différents sont placés les uns à la suite des autres.

Les cylindres de cette machine sont portés d'un côté par un bâti à montants, et de l'autre côté, par des colonnes qui rendent le mécanisme plus aisément abordable.

Les manivelles sont calées à 90 et 135 degrés, sur un arbre en trois pièces. Les tiroirs sont placés dans le plan de l'arbre moteur, et commandés par des excentriques calés sur cet arbre même.

La vapeur de la chaudière arrive, par le tuyau K (Fig. 774), dans le cylindre d'admission A. Ce cylindre a une détente à amplitude variable; son tiroir est indépendant de la mise en train générale, et selon une pratique assez souvent suivie dans les machines marines, on fait fonctionner la machine comme machine à deux cylindres pour la manœuvre et la marche en arrière.

Le cylindre du milieu B a un tiroir muni d'un dispositif de détente. Sa boîte à tiroirs peut recevoir directement la vapeur de la chaudière par la conduite E (Fig. 775); mais, en marche ordinaire, elle est alimentée par l'échappement du cylindre A.

Du cylindre du milieu B (Fig. 775), la vapeur passe, par le chemin circulaire *a*, jusqu'au grand cylindre C, qui a deux boîtes à tiroirs *d*, *d*, communiquant entre elles par le tuyau J.

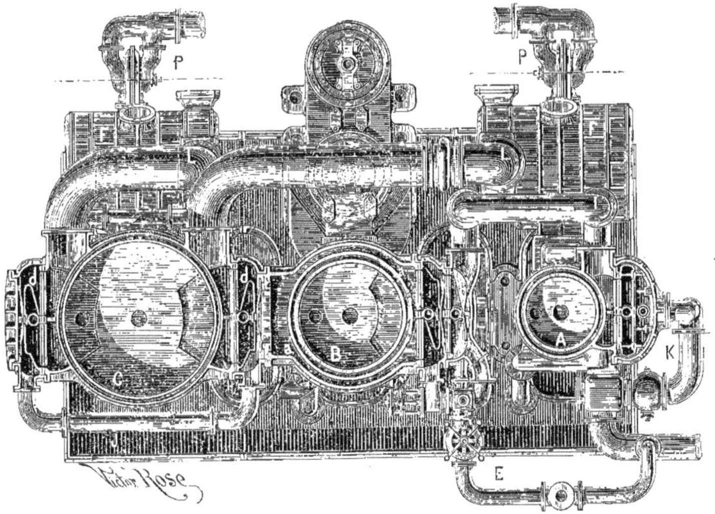

Fig. 775. — Machine marine à triple expansion. — Coupe horizontale.

Enfin, l'échappement de la vapeur aux condenseurs se fait par deux gros tuyaux L, L, qui conduisent la vapeur des deux boîtes à tiroirs *d*, *d*, à deux condenseurs F, F, placés l'un en face du cylindre de haute pression, l'autre en face du cylindre de basse pression (Fig. 775).

Les pompes à air des deux condenseurs et les pompes d'alimentation sont conduites par un balancier que met en mouvement la tige du piston du cylindre intermédiaire.

Les pompes de circulation P, P, accolées aux condenseurs, sont menées chacune par un petit moteur séparé.

Machine Delaunay-Belleville (Fig. 776.) C'est une machine établie pour marcher à une vitesse angulaire de 250 tours par minute.

Elle comporte quatre cylindres disposés verticalement, dont deux de basse pression. Ces quatre cylindres sont placés deux par deux côte à côte, les cylindres de haute et moyenne pression occupant la partie supérieure de chacun des groupes, les deux cylindres de basse pression étant disposés respectivement au-dessous de chacun des deux autres.

Ces deux groupes de cylindres sont supportés par un fort bâti commun formé de quatre montants dont deux portent des glissières.

Chaque groupe a une tige de piston commune et actionne l'arbre de la machine par une bielle verticale qui tourillonne sur un coude-manivelle ménagé sur l'arbre.

Fig. 776. — Machine à triple expansion Delaunay-Belleville de 500 chevaux.

Les crosses des deux tiges sont guidées par les deux glissières des montants.

Les deux coudes-manivelles sont disposés à 90 degrés l'un de l'autre.

L'arbre est supporté par cinq paliers venus de fonte avec le socle du bâti.

Quatre de ces paliers sont établis en deux groupes de deux placés de chaque côté d'un coude-manivelle. Le cinquième palier supporte une des extrémités de l'arbre sur laquelle est monté l'inducteur d'une machine électrique. L'autre extrémité de l'arbre est accouplée avec l'induit d'une petite dynamo servant d'excitatrice à la machine électrique.

Les cylindres ne sont pas munis d'enveloppe de vapeur.

La distribution de la vapeur s'effectue au moyen de tiroirs cylindriques glissants.

Il y a deux groupes de deux tiroirs commandés chacun par un excentrique.

Les deux excentriques sont clavetés sur l'arbre entre les deux coudes-manivelles, les deux lignes de tiroirs occupant le centre de la machine, entre les deux lignes de cylindres.

Toute la distribution est à détente fixe pour tous les cylindres.

Le régulateur à force centrifuge, disposé verticalement, commande la manœuvre d'un clapet-valve qui règle l'arrivée de vapeur dans le cylindre de haute pression.

Le graissage des divers organes de la machine se fait sous pression ainsi que nous l'avons expliqué.

Une enveloppe métallique enferme tous les organes. Des ouvertures et une passerelle sont établies pour pouvoir les aborder facilement et pour surveiller leur fonctionnement.

Machine Willans et Robinson (Fig. 777.) La figure 777 représente une vue d'ensemble d'une machine à triple expansion Willans et Robinson. Cette machine possède des organes identiques à ceux que nous avons décrits dans le moteur à double expansion de la même maison (Fig. 765 et 766). Elle comporte seulement un cylindre de plus dans chaque rangée, disposé au-dessus des autres. Les lignes des cylindres sont au nombre de trois. La machine a donc trois avant d'être admise dans les cylindres.

Au-dessous de cette capacité est placé le cylindre de haute pression, puis celui de moyenne pression et, plus bas, le cylindre de basse pression.

Le piston supplémentaire faisant fonction d'amortisseur, dont nous avons expliqué le

Fig. 777. — Machine Willans et Robinson.

tiges de pistons, trois doubles bielles, et sur son arbre sont ménagés trois coudes-manivelles.

Trois excentriques actionnent les trois tiges portant les distributeurs. Ces distributeurs sont disposés, comme dans la machine à double expansion, au centre des cylindres.

A la partie supérieure de chaque rangée de cylindres se trouve une capacité cylindrique où se rend la vapeur vive fonctionnement, est disposé de la même manière que pour la double expansion.

L'arbre de la machine porte, à une de ses extrémités, un volant-poulie sur la périphérie duquel sont pratiquées des gorges recevant les câbles de transmission.

Machine Borsig (Fig. 778.) Cette machine, dont un spécimen a figuré à l'Exposition universelle de Paris de 1900, a été établie pour développer 2.500 chevaux, en tournant à 90 tours par minute, avec une pression effective de vapeur de 13 kilogrammes par centimètre carré.

Elle est à triple expansion, comporte quatre cylindres disposés verticalement, et sa hauteur totale atteint 12m,50.

Les quatre cylindres sont disposés en deux groupes. Chaque groupe en comporte deux cylindres superposés.

Les cylindres de basse pression sont au nombre de deux.

Un des groupes est constitué par le cylindre de haute pression placé sur un des cylindres de basse pression; l'autre comprend le cylindre de pression moyenne superposé au second cylindre de basse pression. Les cylindres supérieurs sont réunis aux cylindres inférieurs par des sortes de bâtis à lanternes laissant un dégagement libre suffisant pour accéder facilement aux organes de la machine.

Les cylindres inférieurs reposent chacun sur un bâti formé par un montant placé à l'arrière et une forte colonne oblique placée à l'avant. Les deux bâtis juxtaposés sont réunis à la partie supérieure par les deux cylindres de basse pression qui sont solidement entretoisés entre eux; à leur partie inférieure, ils sont fixés sur deux socles assemblés par des boulons.

Fig. 778. — Machine Borsig.

Les deux montants verticaux portent deux glissières qui guident les crosses des deux tiges de pistons. Ces crosses sont à simple patin. Leur tourillon est solidaire d'une bielle verticale dont le pied est en forme de fourche et dont la tête se monte sur un coude-manivelle pratiqué sur l'arbre moteur.

Les deux coudes-manivelles sont décalés de 180 degrés, différant en cela de la généralité des machines à deux manivelles qui sont, le plus souvent, placées à 90 degrés l'une de l'autre. Cette disposition a été adoptée dans la machine Borsig pour équilibrer, à chaque mouvement alternatif, le poids des masses en mouvement qui est ici considérable.

L'arbre de la machine est en deux parties assemblées par des plateaux qui terminent chacune d'elles. L'assemblage est fait au milieu de la longueur de l'arbre et chacune de ses parties porte un coude-manivelle.

De chaque côté de ces vilebrequins est disposé un palier. L'arbre repose ainsi sur quatre paliers faisant corps avec le socle de la machine.

L'extrémité de l'arbre est disposée pour recevoir un volant qui pèse près de 42.000 kilogrammes, et son prolongement peut porter également l'inducteur d'une machine électrique, dont le poids atteint 38.000 kilogrammes.

Dans ce cas, deux paliers supplémentaires disposés en dehors du bâti supportent le bout d'arbre sur lequel sont clavetés le volant et l'inducteur.

La distribution s'effectue par l'intermédiaire de soupapes disposées sur tous les cylindres. Ceux-ci sont munis d'enveloppes de vapeur.

Ces soupapes sont à double siège et comportent un mécanisme de commande et un dispositif amortisseur du système Collmann que nous avons décrits figures 555 et 556.

Pour les deux cylindres supérieurs, les quatre soupapes sont groupées, pour chacun d'eux, dans deux chapelles placées latéralement et en saillie sur le cylindre.

Une des chapelles est disposée à la partie supérieure, l'autre à la partie inférieure de chacun des deux cylindres.

Les chapelles comportent chacune une soupape d'admission et une d'échappement disposées verticalement.

Pour les deux cylindres de basse pression, les soupapes sont placées à l'extrémité du cylindre et superposées, les deux soupapes d'admission étant placées en haut et les deux d'échappement en bas.

L'arbre auxiliaire de distribution qui actionne le mécanisme des soupapes par l'intermédiaire d'excentriques, est horizontal, parallèle à l'arbre principal de la machine, mais placé au niveau supérieur des cylindres de basse pression.

Sur la figure 778 cet arbre est caché par les cylindres, mais on distingue la tige de commande oblique qui, partant de l'arbre moteur, lui transmet le mouvement de rotation par l'intermédiaire de deux paires de roues d'engrenage coniques.

Cet arbre auxiliaire est supporté par six consoles, fixées aux cylindres de basse pression. Il porte, clavetés sur lui, huit excentriques qui actionnent toute la distribution. Chaque cylindre a donc deux excentriques pour manœuvrer ses soupapes.

Pour les cylindres supérieurs de haute et moyenne pression, chaque excentrique commande à la fois une soupape d'admission et une soupape d'échappement; pour les deux cylindres de basse pression, un des excentriques actionne les deux soupapes d'admission, l'autre, les deux soupapes d'échappement.

Tous les mécanismes de commande des soupapes sont à déclenchement, tant pour les soupapes d'admission que pour les soupapes d'échappement, et ce déclenchement est produit par des butées dont la position est réglable à la main.

Le cylindre de haute pression seul a les butées de déclenchement des soupapes d'admission placées sous la dépendance d'un régulateur.

Ce régulateur, à force centrifuge, placé sur la tige oblique qui commande l'arbre auxiliaire de distribution, agit sur ces butées pour les déplacer suivant le régime de la machine et rend la détente variable dans le petit cylindre.

Il comporte, en outre, un ressort dont la tension agit sur le piston de l'amortisseur et qui permet ainsi, par un réglage fait en cours de marche, de faire fonctionner la machine à une vitesse constante, malgré les variations du travail qu'elle fournit.

Autour de la machine, sont disposées trois plates-formes superposées qui permettent d'aborder ses divers organes et de contrôler leur fonctionnement.

Machine des Ateliers d'Augsbourg et Nuremberg. (Fig. 779 et 780.) Cette machine, à triple expansion, offre cette particularité, qu'elle comporte trois cylindres n'ayant pas le même mode de distribution. Dans l'un, la distribution de vapeur est effectuée par des soupapes, tandis que dans les deux autres, elle est faite par l'intermédiaire de distributeurs oscillants.

C'est le cylindre à haute pression qui est muni de soupapes. Cette disposition s'explique par l'emploi de la vapeur surchauffée, qui est ainsi distribuée par les soupapes sans aucune crainte de grippement des organes, ainsi que nous l'avons déjà expliqué. Cette vapeur, déjà détendue dans le premier cylindre, est admise dans le second à une température plus basse, permettant le graissage et le fonctionnement rationnels des distributeurs oscillants.

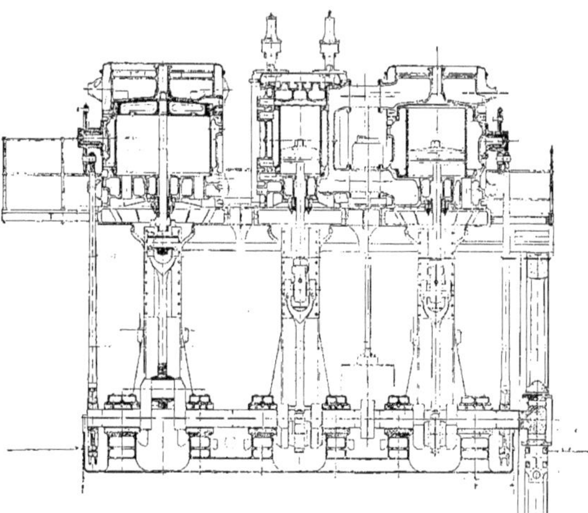

Fig. 779. — Coupe de la machine verticale à triple expansion des Ateliers réunis d'Augsbourg et Nuremberg.

Le cylindre de haute pression, portant les soupapes, est disposé entre les deux autres, et les trois cylindres se trouvent ainsi placés sur une même ligne horizontale.

Chaque cylindre est supporté par un bâti, constitué à l'arrière par un montant, et à l'avant, par deux colonnes cylindriques en fer, disposées obliquement et solidaires, à leur partie inférieure, d'un socle métallique.

Les trois bâtis et les trois socles qui les supportent sont juxtaposés et solidement reliés entre eux.

Les montants portent les glissières dans lesquelles se meuvent les crosses à un patin des trois tiges de pistons.

Ces crosses sont réunies à l'arbre commun de la machine par trois bielles qui tourillonnent sur des coudes-manivelles, ménagés sur cet arbre.

Les trois coudes-manivelles sont décalés deux à deux, de 120 degrés.

L'arbre est en deux parties : une qui ne comporte qu'un coude-manivelle, l'autre qui en comporte deux Ces deux tronçons sont assemblés par des plateaux d'accouplement serrés par de forts boulons.

Il est supporté par six paliers placés sur chacun des côtés des coudes-manivelles.

Cet arbre est établi pour porter deux volants, un claveté à chaque extrémité et, en outre, il peut être assemblé, à chaque bout, avec un autre tronçon qui constitue l'arbre d'une machine électrique. Chaque tronçon supplémentaire est supporté par deux paliers, ce qui porte le nombre des paliers à 10. La longueur totale de l'arbre ainsi obtenu, est de 17 mètres, et le poids des organes animés d'un mouvement de rotation atteint 94.000 kilogrammes.

La distribution des deux cylindres extrêmes, de moyenne et de basse pression, s'effectue, avons-nous dit, par des distributeurs oscillants que l'on peut facilement retirer de leur boisseau pour les nettoyer ou les remplacer.

Ces distributeurs sont actionnés, pour chacun des deux cylindres, par deux excentriques clavetés sur l'arbre de la machine, vers ses extrémités.

Un des deux excentriques commande les distributeurs d'admission, l'autre, les distributeurs d'échappement.

Dans les cylindres de moyenne et de basse pression, la détente est réglable à la main.

Un conduit de fort diamètre relie extérieurement ces deux derniers cylindres.

Les cylindres de haute et moyenne pression comportent une enveloppe de vapeur complète ; le cylindre de basse pression n'en comporte que sur les fonds.

La pompe à air du condenseur est actionnée par un balancier horizontal qui reçoit

Fig. 780. — Machine verticale à triple expansion des Ateliers réunis d'Augsbourg et Nuremberg, actionnant des dynamos.

Les soupapes, dont est muni le cylindre central de haute pression, sont actionnées par des excentriques clavetés sur un axe auxiliaire horizontal placé vers le milieu de la hauteur de ce cylindre et qui reçoit son mouvement de rotation de l'arbre principal par l'intermédiaire d'une tige verticale et de roues d'engrenage à dents hélicoïdales.

Les soupapes d'admission sont à déclenchement, et ce déclenchement est mis sous la dépendance d'un régulateur à force centrifuge disposé verticalement. Le régulateur n'agit que sur la détente du petit cylindre.

son mouvement d'oscillation d'une bielle articulée sur la crosse de la tige de piston médiane.

La tuyauterie est établie de façon à pouvoir mettre la machine en marche quelle que soit sa position d'arrêt. En outre, un *vireur* électrique est disposé pour faire tourner le volant de l'angle nécessaire pour faciliter le démarrage. C'est une petite machine électrique qui commande, par une vis sans fin, la rotation d'un pignon que l'on peut venir mettre en prise avec les dents taillées sur un des deux volants. Quand la machine est en route, un basculement dégrène le volant du vireur qui se met alors au repos.

MACHINES A QUADRUPLE EXPANSION.

L'emploi des pressions très élevées a conduit les constructeurs à étendre encore le nombre de détentes successives, et on est ainsi arrivé à construire des machines à *quadruple expansion*.

Les cylindres de première et deuxième détente sont placés à la partie supérieure et surmontent respectivement les cylindres de troisième et quatrième expansion.

Le type B s'applique aux machines de puissance plus élevée.

Il comporte six cylindres, disposés en trois groupes comprenant chacun deux cylindres superposés.

Le cylindre de haute pression est placé

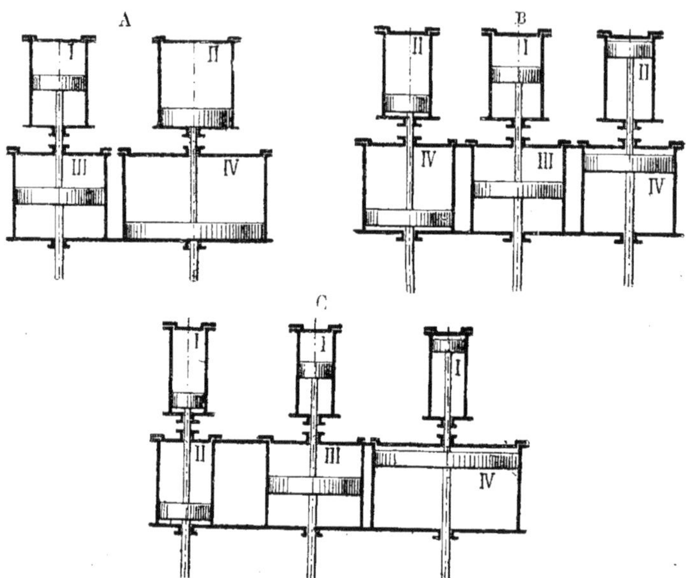

Fig 781. — Dispositions diverses des machines à quadruple expansion.

Ce que nous avons dit précédemment des machines à triple expansion, s'applique aux machines à quadruple expansion. Dans la figure 781, nous donnons les dispositifs le plus souvent adoptés pour établir des machines à vapeur à quadruple expansion.

Le dispositif A est le plus simple; il est le plus employé dans les machines de faible puissance.

Les cylindres, au nombre de quatre, sont groupés par deux et superposés.

au centre et à la partie supérieure du cylindre de troisième détente. Les deux cylindres de deuxième détente sont disposés de chaque côté du cylindre de haute pression et surmontent les deux cylindres de quatrième détente.

Le type C, qui comprend également six cylindres, est constitué par trois cylindres semblables de haute pression, placés respectivement au-dessus des cylindres de deuxième, troisième et quatrième détente.

Machine marine à quadruple expansion

(Fig. 782.) La machine marine représentée par la figure 782 est du type C.

C'est une machine *tandem* denseur F par la conduite E. Les boîtes de distribution des six cylindres sont placées sur le côté, dans le plan diamétral de la machine, et les tiroirs peuvent être ainsi

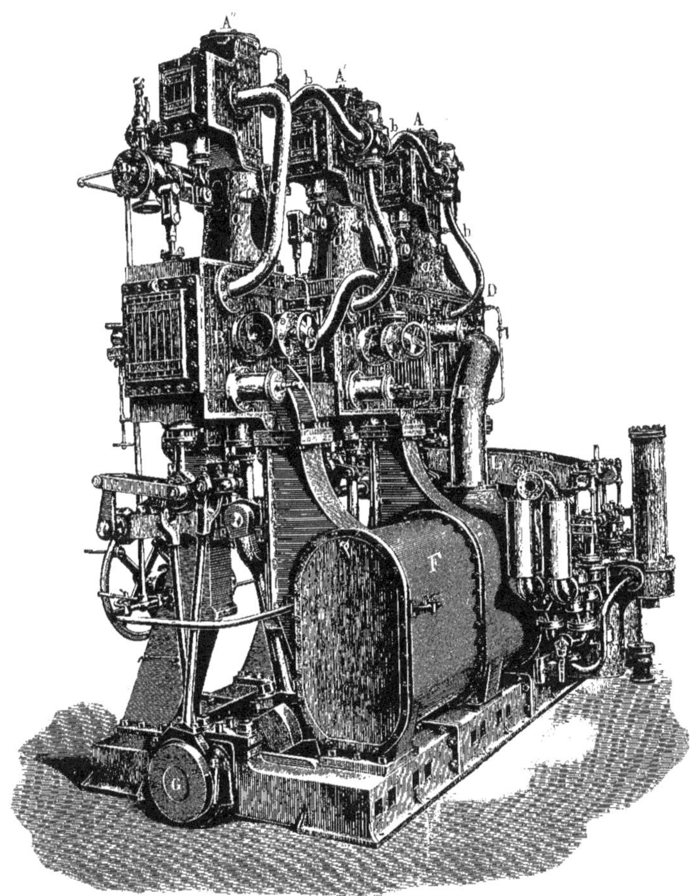

Fig. 782. — Machine marine à quadruple expansion.

à six cylindres. Les trois cylindres de haute pression, A, A', A'', sont montés, au moyen de fourreaux coniques en fonte évidés *a*, au-dessus des trois cylindres B, C, et D, dans lesquels la vapeur se détend successivement, pour être enfin évacuée au con- mis en mouvement directement par l'arbre moteur lui-même, au moyen de trois paires d'excentriques G. Les trois manivelles sont calées à 120° l'une de l'autre. Les pompes à double circulation sont actionnées par un levier à deux flasques L articulé sur la tête de la tige du piston du dernier cylindre D.

La pression de la vapeur est de 12 kilogrammes 65, par centimètre carré.

La puissance développée a été, aux essais, de 518 chevaux, et la consommation de charbon s'est abaissée à 510 grammes par cheval et par heure.

de neuf manières différentes, à savoir :

1° *Comme machine à quadruple expansion et à six cylindres actionnant trois manivelles.* — La vapeur est admise dans les trois cylindres à haute pression, et elle est évacuée, au moyen des tuyaux *b*, *b*, et *c*, qui la conduisent au deuxième cylindre détendeur B; enfin elle passe ensuite successivement aux cylindres C et D.

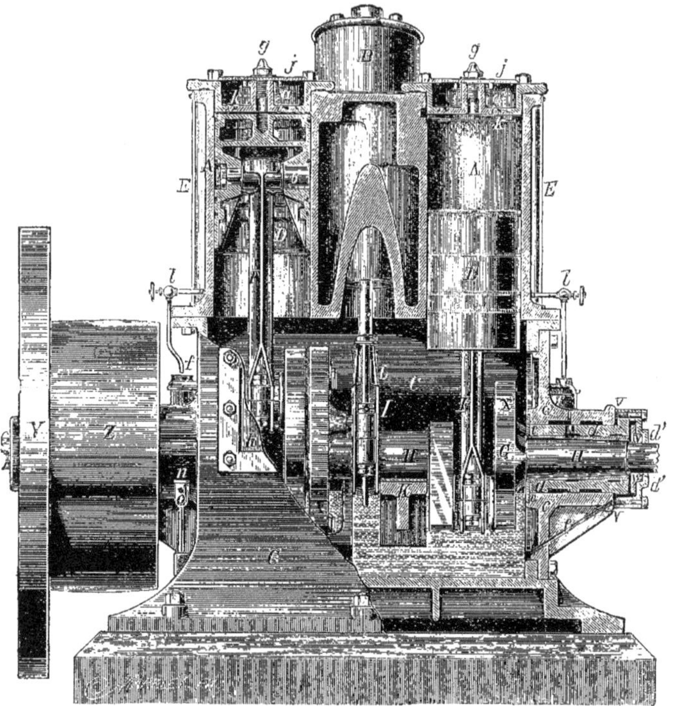

Fig. 783. — Machine Westinghouse. — Coupe longitudinale.

Les machines à quadruple expansion ne sont pas encore très répandues, mais la très forte économie réalisée sur le combustible permet de croire que ces machines sont appelées à remplacer, sur les grands paquebots, les machines à triple expansion.

Une machine à quadruple expansion et à six cylindres, comme celle dont nous venons de parler, a, en outre, l'avantage de pouvoir être employée en la disposant

2° *Comme machine à quadruple expansion et à cinq cylindres actionnant trois manivelles.* — Il suffit pour cela de fermer l'admission de la vapeur dans un des cylindres supérieurs.

3° *Comme machine à quadruple expansion et à quatre cylindres actionnant trois manivelles.* — Deux des petits cylindres sont supprimés.

4° *Comme machine à triple expansion, sans condensation, à quatre cylindres actionnant deux manivelles.* — La vapeur n'est admise que dans les deux petits cylindres A', A'', d'où elle passe dans le cylindre B, puis dans le cylindre C, pour être ensuite évacuée à l'air libre.

5° *Comme machine à triple expansion, avec condensation, à quatre cylindres actionnant deux manivelles.* — La vapeur est admise dans les deux cylindres A, A', passe de là dans le cylindre C, puis dans le cylindre D, et s'écoule enfin au condenseur, par la conduite E.

6° *Comme machine à triple expansion, avec condensation, à trois cylindres, actionnant trois manivelles.* — La vapeur se rend directement dans le cylindre B, puis se détend dans les cylindres C et D.

7° et 8° *Comme machine compound à deux cylindres superposés et sans condensation.* — Dans ce cas, chacun des deux premiers groupes qui composent l'ensemble — celui de l'avant (A'', B) et celui du milieu (A', C) — fonctionne seul et il y a échappement à l'air libre.

9° *Comme machine compound à deux cylindres superposés et à condensation.*

C'est le groupe de l'arrière A, D, qui, par l'intermédiaire du tuyau de communication *h*, fonctionne seul avec échappement.

On voit donc qu'une pareille machine se prête à une grande variété d'allures.

MACHINES SPÉCIALES

Machine Westinghouse (Fig. 783 et 784.) Cette machine, aujourd'hui peu employée et que nous décrivons à titre documentaire, comporte deux cylindres verticaux de même diamètre, dans lesquels se meuvent des pistons qui fonctionnent à simple effet, leur face supérieure seule recevant la pression de la vapeur.

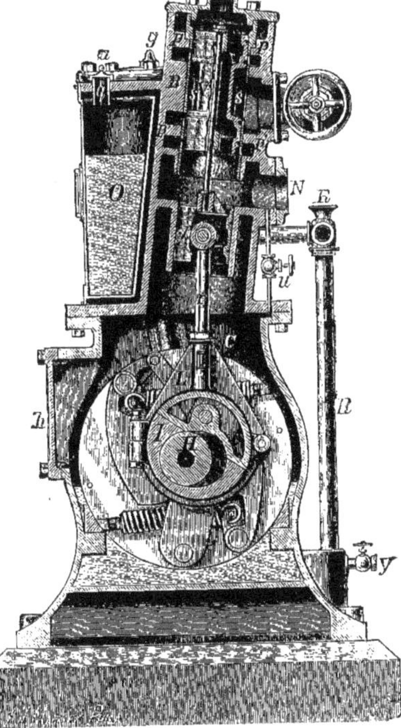

Fig. 784. — Machine Westinghouse. — Coupe transversale.

Les cylindres A, A (Fig. 783) et la chambre des tiroirs B (Fig. 784) sont fondus d'une seule pièce, et boulonnés sur la boîte à manivelle C.

Les couvercles *a*, *a*, ferment les extrémités supérieures des cylindres seulement; les parties inférieures sont couvertes et communiquent directement avec la chambre de la boîte à manivelle.

Les pistons D, D, sont en forme de manchon à double fond dans le haut, pour empêcher la condensation ; ils sont ouverts dans le bas, et reliés aux bielles F par des tourillons transversaux en acier. Ils sont garnis de quatre segments.

Les coussinets *d*, *d*, supportant l'arbre de la machine, ont la forme de fourreaux mobiles garnis de métal blanc anti-friction. Une chambre est ménagée dans la bride du fourreau d, fermée par le couvercle d'. Dans cette chambre, et tournant avec l'arbre, se trouve l'essuyeur w, w, qui recueille l'huile quand elle passe sur les coussinets et la renvoie, par le tuyau e, dans la boîte à manivelle C, où barbotent les têtes de bielle et l'excentrique. Cette disposition permet la lubrification de tous les organes de la machine.

Un palier intermédiaire K est placé entre les deux coudes-manivelles de l'arbre.

Le tiroir VV (Fig. 784) se compose de deux obturateurs cylindriques assemblés sur une tige m.

Le guide du tiroir J remplace un presse-étoupes, prévenant l'échappement de la vapeur contenue dans les conduits supérieurs. Ce guide du tiroir, ainsi que les deux obturateurs, sont garnis de segments simples en fonte.

Voici comment travaille la vapeur. Chaque cylindre est à simple effet descendant. La lumière d'admission de vapeur annulaire p (Fig. 784) communique avec le haut d'un cylindre, et la lumière p' avec le haut de l'autre. La vapeur admise par le conduit central, entrant par le tiroir, dans la chambre S, S, est admise alternativement dans le haut de chaque cylindre, attendu que les bords internes du tiroir découvrent les orifices p, p', et la compression est réglée par les bords externes du tiroir selon le mode usuel. L'échappement de vapeur dans le haut de la chambre du tiroir passe dans le tuyau d'échappement N à travers la tige creuse du tiroir.

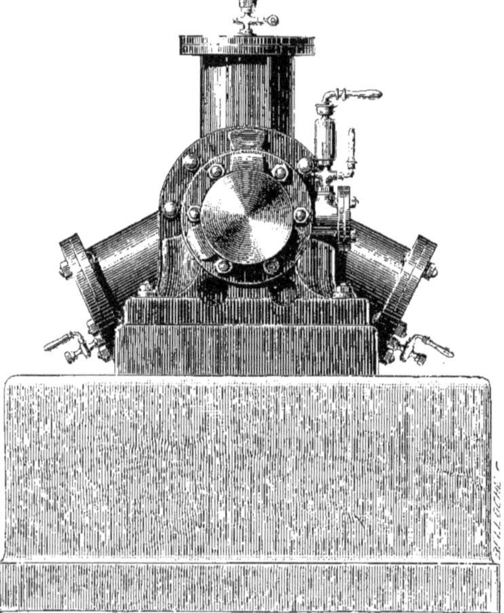

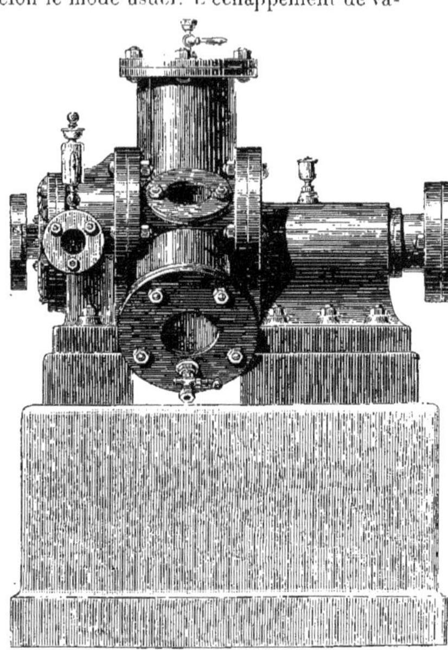

Fig. 785 et 786. — Moteur Brotherhood. — Vues extérieures.

Un régulateur à force centrifuge, disposé horizontalement, est placé sur l'arbre, entre les manivelles, et modifie, suivant le régime de la machine, le calage de l'excentrique qui actionne le tiroir.

La machine Westinghouse est établie pour marcher à grande vitesse.

Machine Brotherhood. (Fig. 785 à 787.) Il convient de dire quelques mots d'une machine particulière dont on fait usage dans les cas exceptionnels où l'on a besoin d'une vitesse excessive, et où l'on tient peu de compte de la dépense de vapeur : c'est le *moteur Brotherhood.*

C'est une machine à trois cylindres et à distributeur rotatif (véritable robinet à trois voies). Ces trois cylindres sont fondus d'une seule pièce et la vapeur agit à simple effet sur les trois pistons qui s'y meuvent.

Les trois bielles, articulées directement sur les trois pistons, viennent commander la même manivelle.

Certaines de ces machines peuvent tourner à la vitesse considérable de 1.500 tours par minute, mais avec une dépense de vapeur de 30 kilogrammes par cheval et par heure. Rappelons que les machines Corliss ne consomment au maximum que 8 kilogrammes de vapeur par cheval et par heure.

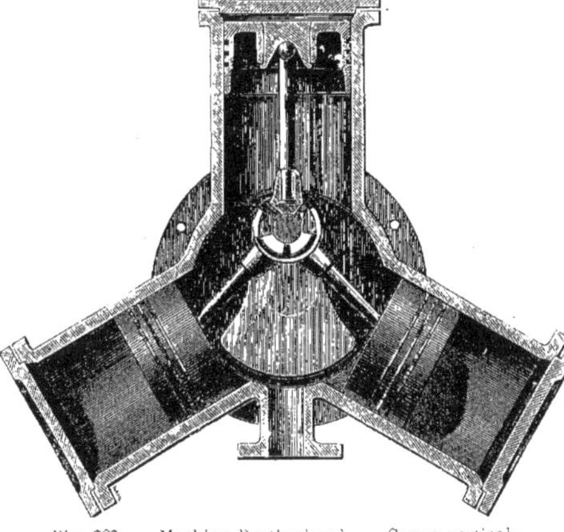

Fig. 787. — Machine Brotherhood. — Coupe verticale.

Les figures 785 et 786 représentent deux vues extérieures du moteur Brotherhood. La figure 787 est une coupe verticale par le plan médian de la machine.

On voit qu'elle se compose de trois cylindres à vapeur à simple effet, dont les bielles agissent en poussant sur le bouton de la manivelle, et l'attaquant à 120° l'une de l'autre.

Dans chacun des cylindres se meut un piston, muni de la garniture de segments des pistons ordinaires. Les bielles, attachées d'un côté au fond du piston, sont articulées, à l'autre extrémité, sur le bouton-manivelle.

La distribution se fait au moyen d'un tiroir circulaire, exactement équilibré. Ce tiroir étant placé dans le prolongement de l'arbre moteur, à la suite de la manivelle, possède un mouvement de rotation qui lui est imprimé par cet arbre même.

Il est percé de deux orifices, l'un d'introduction, l'autre d'échappement.

On comprend aisément le jeu du système : la vapeur admise dans la boîte du tiroir passe, par l'orifice d'admission de ce tiroir, dans le conduit qui l'amène sur la face d'un des trois pistons. L'introduction de la vapeur dure tant que l'orifice d'admission du tiroir est en regard de la lumière du cylindre. Le tiroir continuant sa rotation, l'orifice d'échappement vient se placer devant la lumière du cylindre, et la vapeur qui a travaillé dans ce cylindre passe par l'orifice découvert, et se dégage dans la boîte centrale des cylindres d'où elle s'échappe dans l'atmosphère. Le même jeu se reproduit pour chacun des trois cylindres. On voit donc que les pistons travaillent à simple effet et toujours par compression.

Ces machines sont munies d'un régulateur à force centrifuge, agissant sur une valve équilibrée. Le déplacement des masses du régulateur est transmis à la valve par l'intermédiaire d'un ressort, dont on règle à volonté la tension, de telle sorte que l'on peut donner exactement à la machine la vitesse que l'on désire.

Les avantages de la machine Brotherood sont les suivants :

1° Fonctionnement à grande vitesse et sans vibrations ;

2° Emplacement réduit au minimum ;

3° Poids très restreint pour une force déterminée.

Le grave inconvénient qu'elle présente consiste dans la consommation considérable de vapeur.

Cette machine est particulièrement employée pour faire fonctionner des machines dynamo-électriques et des pompes centrifuges.

Elle constitue le moteur des torpilles Whitead. Elle est, dans ce cas, actionnée par l'air comprimé et peut développer une puissance de 30 chevaux à la vitesse de 1.200 tours par minute.

L'air comprimé qu'elle reçoit lui est fourni à la pression de 30 à 35 kilogrammes par centimètre carré.

MACHINES DEMI-FIXES

La dernière catégorie de machines à vapeur à mouvement alternatif qu'il nous reste à examiner, comprend les machines demi-fixes.

Ces machines comportent à la fois leur chaudière et leur mécanisme à vapeur qui actionne l'arbre moteur.

La chaudière sert de socle à l'ensemble de la machine, et son poids est suffisant pour assurer la stabilité du moteur, sans qu'on ait besoin de constituer des fondations spéciales pour y sceller les boulons de fixation.

Quelques boulons ordinaires suffisent à immobiliser la machine sur le plancher qui la supporte.

Comme ces machines peuvent, pour les raisons précédentes, être déplacées d'un seul bloc, on leur a donné le nom de *demi-fixes*.

En outre, cette appellation les distingue des locomobiles, qui sont constituées d'une façon à peu près identique, mais dans lesquelles le socle est remplacé par des roues supportant l'ensemble de la machine et lui permettant de se déplacer par l'action même du moteur à vapeur.

Fig. 788. - Machine demi-fixe à surchauffe et à haute pression Wolf.

On construit des machines *demi-fixes* à *simple* ou à *double expansion*.

Quelle que soit la catégorie de la machine, on y apporte, dans la construction, autant de soin que pour les autres types de machines à vapeur que nous avons décrits et, en outre, la chaudière, qui en constitue une partie essentielle, comporte tous les organes qui caractérisent les chaudières indépendantes, est réalisée avec la même précision, et possède toutes les améliorations susceptibles d'augmenter son rendement évaporatoire.

Ainsi, on a appliqué à ces chaudières la surchauffe de la vapeur, de façon à obtenir cette vapeur à une pression très élevée, pour lui faire produire un travail maximum pour un encombrement minimum de l'ensemble du moteur.

La figure 788 représente une machine demi-fixe Wolf dont la chaudière est munie d'un surchauffeur de vapeur

Le faisceau tubulaire amovible et le surchauffeur sont supposés enlevés et placés en avant de la machine.

Les tubes sont rivés, à l'avant de la chaudière, sur une plaque tubulaire qui forme le fond du foyer. Celui-ci est complètement enfermé dans le bout de tube cylindrique qui se termine, en avant, par la collerette de fixation de l'ensemble du faisceau au corps de la chaudière.

Le surchauffeur de vapeur est constitué par une série de serpentins à spires alternées dans lesquels circule la vapeur provenant de la partie supérieure de la chaudière. Ces serpentins sont placés dans la boîte à fumée, ce qui permet aux gaz chauds, qui s'échappent du faisceau tubulaire, de circuler autour d'eux, et de porter la vapeur qui y est contenue à une température et à une pression élevées.

La vapeur circule dans le surchauffeur en sens inverse des gaz chauds, ce qui réalise la circulation rationnelle et permet d'obtenir un très bon rendement du surchauffeur.

Le surchauffeur comporte une valve d'arrêt et est, en outre, muni d'un robinet de purge qui permet d'évacuer la vapeur qui y est encore contenue quand la soupape d'admission de vapeur est fermée. Ce dispositif empêche l'eau de condensation de séjourner dans le surchauffeur lorsque la machine est mise à l'arrêt.

Machines demi-fixes à simple expansion. Machine Weyher et Richemond

(Fig. 789.) Cette machine possède une chaudière du type Thomas-Laurens, que nous avons décrite et représentée figure 193. Cette chaudière semi-tubulaire, à retour de flamme, présente des dispositions avantageuses au point de vue de la visite et du nettoyage du faisceau tubulaire. Le faisceau, en effet, est amovible et peut être très facilement sorti de la chaudière pour être vérifié. La figure 794 représente une chaudière munie d'un de ces foyers, qui est disposé d'une manière identique dans la machine mi-fixe Weyher et Richemond.

Les gaz chauds parcourent deux fois la longueur du corps de chaudière avant de s'échapper dans la cheminée. Cette particularité, qui constitue ce que l'on a appelé le retour de flamme, fait que la porte du foyer est placée du côté de la cheminée.

La chaudière est munie nécessairement de tous les appareils de sécurité réglementaires : niveau d'eau, manomètre, soupapes de sûreté. Le corps de la chaudière est supporté par deux appuis en fonte de fer qui peuvent être chacun assujettis au plancher par deux boulons ou tire-fonds.

A la partie supérieure de la chaudière est fixée la machine à vapeur proprement dite.

Les organes sont montés sur un bâti boulonné solidement sur la chaudière.

Le cylindre est horizontal et se prolonge, vers l'arrière de la machine, par deux glissières qui guident la crosse de la tige du piston. A cette crosse est articulée une courte bielle tourillonnant, à son autre extrémité, sur un coude-manivelle ménagé sur l'arbre de la machine.

Cet arbre, supporté à chaque extrémité par un palier faisant corps avec le bâti, porte deux volants clavetés, disposés à chacun des bouts, et servant de poulies de transmission.

La distribution de la vapeur dans le cylindre s'effectue au moyen d'un distributeur plan qui est commandé par la barre d'un excentrique claveté sur l'arbre moteur.

Le tiroir, qui occupe presque toute la longueur de la boîte qui le renferme, est disposé pour recevoir la vapeur d'admission dans une capacité intérieure étanche, et ce sont ses extrémités qui, découvrant successivement, pendant les deux courses alternatives, les lumières d'échappement du cylindre, permettent l'évacuation de la vapeur au moment judicieusement établi.

L'intérieur du tiroir, qui contient la vapeur vive, est mis en communication avec les lumières d'admission du cylindre par deux orifices pratiqués sur la glace de ce tiroir.

distributeurs est produit d'une façon semblable à celui des plaques de détente dans le tiroir Farcot (Fig. 519-520).

On conçoit que l'amplitude de l'admission de la vapeur dépend du moment où se produit le déclenchement de l'obturateur fermant la lumière d'admission. Ce déclenchement, qui est produit par la butée centrale, est placé sous la dépendance du régulateur.

Fig. 789. - Machine demi-fixe à simple expansion Weyher et Richemond.

Les orifices sont obturés ou découverts, suivant la phase de la distribution, par deux petits distributeurs oscillants disposés dans la capacité intérieure du tiroir. Ces distributeurs sont sollicités à se fermer par l'action d'un ressort de rappel et comportent un dispositif d'enclenchement à cliquet dont l'accrochage est déterminé par des butées placées à chaque extrémité du tiroir. Le déclenchement des obturateurs se produit, pour les ramener à leur position de fermeture, lorsqu'ils viennent rencontrer une butée placée au milieu de la longueur du tiroir. En résumé, le mouvement de ces

Celui-ci est du type Porter; il est disposé verticalement et reçoit son mouvement de rotation de l'arbre de la machine au moyen d'un arbre auxiliaire et d'un train d'engrenages coniques. Il déplace les butées centrales des distributeurs, pour provoquer leur déclenchement, par l'intermédiaire d'un compensateur Denis, dont nous avons déjà expliqué le fonctionnement (Fig. 508) et cité les avantages.

Cette machine mi-fixe Weyher et Richemond peut donner une puissance de 55 chevaux en tournant à 120 tours par minute.

Machine Wolf (Fig. 790.) Cette machine comporte un faisceau tubulaire et un surchauffeur disposés ainsi que nous venons de l'indiquer plus haut (Fig. 788). La porte du foyer est placée du côté opposé à la cheminée.

Le récepteur de vapeur, placé à la partie supérieure de la chaudière, est muni d'un changement de marche. Cette disposition peut être avantageusement utilisée dans un certain nombre d'installations, comme par exemple dans la commande des élévateurs de mines, des treuils, des appareils de sondage, etc...

La coulisse de changement de marche, établie sur la machine, est du type Pius Finck.

Un excentrique, calé sur l'arbre moteur, est directement relié à une coulisse oscillant autour d'un axe fixe. Dans la coulisse peut se mouvoir verticalement un coulisseau, dont le déplacement est obtenu par l'intermédiaire d'une tige et d'un jeu de leviers. La manette de commande est munie d'un cliquet d'arrêt qui s'engage dans les crans d'un secteur denté fixe. On immobilise ainsi, à volonté, le dispositif de déplacement du coulisseau, et on maintient cette pièce dans la coulisse à une position telle qu'elle détermine le degré d'admission de vapeur désiré. Le coulisseau, en effet, est prolongé par une biellette articulée en bout d'un bras de levier solidaire d'un second bras, actionnant directement le tiroir. Ce tiroir cylindrique et équilibré effectue donc, contre la glace du cylindre à vapeur, une excursion dont l'amplitude est déterminée par la position du coulisseau dans sa coulisse. La détente peut être ainsi rendue variable. En plaçant le coulisseau en haut ou en bas de la coulisse, on provoque la marche de la machine dans un sens ou en sens inverse.

Fig. 790. — Machine demi-fixe à simple expansion Wolf.

La soupape d'admission de vapeur dans le cylindre peut être manœuvrée de l'avant de la machine au moyen d'un levier-manivelle qui commande, par l'intermédiaire d'une paire de roues d'engrenage coniques, la rotation d'une vis à plusieurs filets solidaire de cette soupape. La vis à plusieurs filets ayant un pas nécessairement très allongé, il suffit de faire effectuer un tour au levier-manivelle de commande pour conduire la soupape d'une extrémité de sa course à l'autre et par conséquent pour provoquer soit son ouverture, soit sa fermeture.

Cette machine demi-fixe ne comporte pas de condenseur.

Machines demi-fixes compound. Machine Weyher et Richemond

(Fig. 791.) Les machines demi-fixes sont, avons-nous dit, quelquefois constituées pour utiliser une double expansion de la vapeur; ce socle-bâti, sur lequel sont fixés tous les organes constituant le récepteur de vapeur.

Deux paliers, venus de fonte avec ce bâti, supportent l'arbre moteur sur lequel sont clavetés deux volants.

Les cylindres, placés côte à côte, sont munis d'une enveloppe de vapeur et sont séparés par un réservoir intermédiaire, réchauffé également par une circulation de vapeur, qui s'effectue dans une enveloppe ménagée à cet effet.

Fig. 791. — Machine demi-fixe compound Weyher et Richemond.

sont les *demi-fixes compound*, dont les cylindres peuvent être disposés, ainsi que nous l'avons vu pour les autres genres de machines, soit en *parallèle*, soit en *tandem*.

Le plus souvent, cependant, les demi-fixes compound ont leurs cylindres placés parallèlement l'un à l'autre.

La machine Weyher et Richemond représentée par la figure 791 est ainsi disposée.

Elle se compose d'une chaudière du type Thomas-Laurens à retour de flamme, à foyer amovible. A la partie supérieure de la chaudière est solidement assujetti un

La distribution de la vapeur est faite par des distributeurs plans. Pour le petit cylindre, l'admission de vapeur est déterminée par des tuiles de détente, pouvant se déplacer sur la glace du tiroir proprement dit et obturer plus ou moins tôt les lumières d'admission de vapeur. Ces tuiles sont arrêtées dans leur course alternative par des butées. Cette distribution est du type Farcot (Fig. 519). La butée centrale, qui est constituée par une came pouvant osciller autour de son axe, détermine par sa position le degré de détente du petit cylindre. Cette détente est placée sous la dépendance d'un régulateur Porter, qui provoque l'oscillation de la came autour de son axe, par l'intermédiaire d'un compensateur Denis.

Fig. 792 et 793. — Machine demi-fixe compound parallèle Wolf.

Pour le grand cylindre, la détente n'est pas variable par l'action du régulateur.

Cette machine possède un condenseur par mélange, placé verticalement sur le côté.

La vapeur, évacuée du grand cylindre, se rend dans un réservoir cylindrique vertical, dans lequel on injecte de l'eau froide; la vapeur se condense et le mélange d'eau d'injection et d'eau condensée se rend dans une bâche inférieure, d'où l'extrait une pompe à air.

Cette pompe à air, disposée verticalement, est composée de deux corps cylindriques, dans chacun desquels se meut un piston.

Les deux tiges qui se rattachent à ces deux pistons sont actionnées par un balancier qui reçoit son mouvement oscillant de la crosse du piston du grand cylindre.

L'arbre de la machine comporte deux

coudes-manivelles, recevant les deux bielles qui se rattachent aux tiges des deux pistons. Les excentriques sont clavetés sur l'arbre, entre les coudes-manivelles et les paliers, au droit des tiroirs de distribution.

Cette machine peut donner 90 chevaux à la vitesse de 90 tours.

Machine compound parallèle Wolf

(Fig. 792 et 793.) La chaudière de cette machine est constituée, ainsi que nous l'avons vu plus haut, par un faisceau tubulaire amovible et un surchauffeur de vapeur, également amovible, placé à la sortie des tubes de fumée.

La coupe (Fig. 793) montre la disposition de ces divers organes.

Le foyer est constitué en tôle ondulée pour prévenir des déformations du fait de la température à laquelle ses parois sont soumises. La grille, inclinée de l'avant vers l'arrière, y est disposée contre l'autel séparant le foyer en deux capacités distinctes. Les tubes à fumée, fixés sur la plaque tubulaire qui forme la paroi verticale de fond du foyer, sont supportés par une seconde plaque qui ferme une capacité dans laquelle se trouve le surchauffeur de vapeur.

Ce surchauffeur, composé d'un serpentin à grand nombre de spires, reçoit la vapeur de la chaudière par un tube vertical, représenté sur la figure 793 en pointillé, qui la prend à la partie supérieure du dôme enveloppant les cylindres de la machine et portant les soupapes de sûreté.

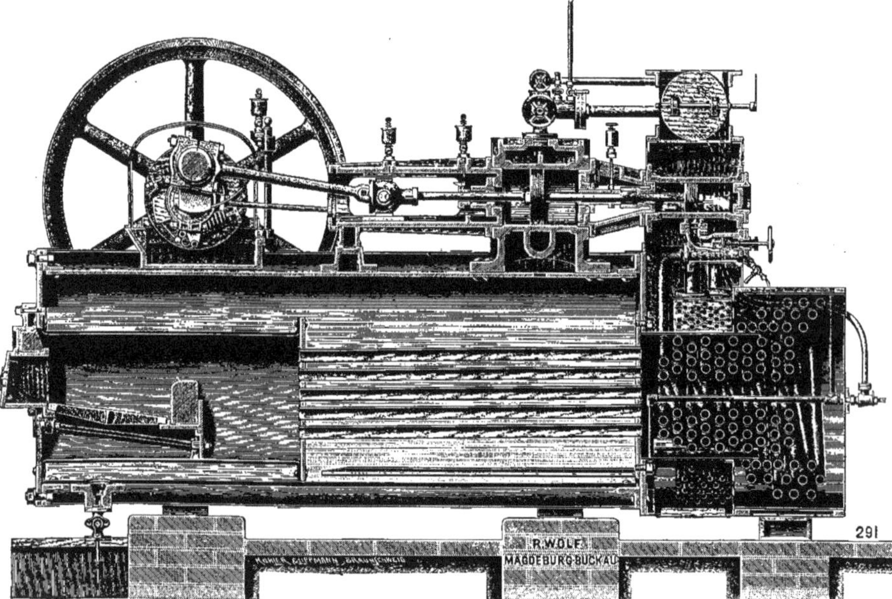

Fig. 794. — Machine demi-fixe compound tandem Wolf. — Coupe verticale.

La vapeur saturée est ainsi admise à l'extrémité arrière du surchauffeur, et, à mesure qu'elle circule dans le serpentin, elle rencontre une température de plus en plus élevée. Lorsqu'elle a atteint l'extrémité avant du serpentin, un tuyau, qui est établi dans la partie supérieure du corps de chaudière, la conduit à la soupape de prise de vapeur d'où elle est admise dans la boîte à tiroirs du petit cylindre. Cette vapeur travaille dans le petit cylindre et passe ensuite dans un réservoir intermédiaire avant d'être admise dans la boîte à tiroirs du grand cylindre. Elle agit alors sur le grand piston et est soit évacuée à l'air libre, soit envoyée dans le condenseur.

Les tiroirs de distribution sont cylindriques et équilibrés.

Ils sont actionnés par des excentriques calés sur l'arbre de la machine et dont l'extrémité de la barre commande leur tige, par l'intermédiaire de petits bras de levier oscillants.

Chaque piston comporte sa tige, articulée sur une crosse guidée par deux glissières horizontales. Une bielle relie chaque crosse à l'arbre moteur.

Cet arbre porte, par conséquent, deux coudes-manivelles, placés à 180 degrés l'un de l'autre. Il est supporté par trois paliers, encadrant les deux coudes-manivelles. Ce sont des paliers auto-graisseurs à chaînette dont nous avons parlé page 508.

A chaque extrémité de l'arbre est clavetée une poulie-volant. Sur le moyeu d'une de ces poulies, du côté du cylindre de haute pression, est disposé le régulateur à force centrifuge dont l'axe horizontal est l'arbre même de la machine. L'écartement des masses de ce régulateur provoque le décalage, sur l'arbre, de l'excentrique qui actionne le tiroir du petit cylindre et détermine une amplitude de détente variable avec le régime de la machine.

Machine compound tandem Wolf

(Fig. 794 et 795.) Cette machine à double expansion a ses deux cylindres placés dans le prolongement l'un de l'autre et ne possède ainsi qu'une tige unique de pistons et une seule manivelle.

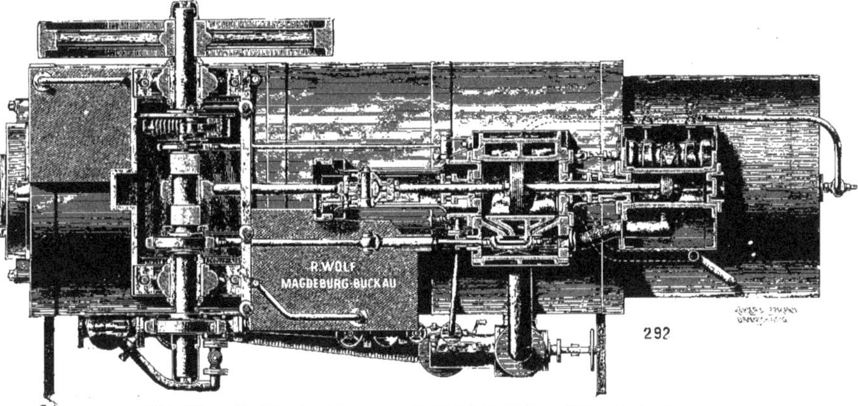

Fig. 795. — Machine demi-fixe compound tandem Wolf. — Coupe horizontale.

Elle se compose d'une chaudière à faisceau tubulaire amovible, qui comporte un double surchauffeur. Le premier est disposé directement à l'arrière du faisceau tubulaire et est formé par un serpentin à spires nombreuses. Il est destiné, comme nous l'avons dit pour la machine précédente, à donner à la vapeur saturée, prise dans le dôme de la chaudière, une surchauffe qui augmente à la fois sa pression et sa température.

Le second surchauffeur, disposé contre le premier, mais séparé de lui par des cloisons qui obligent les gaz à n'agir sur lui qu'à la fin de leur parcours, est constitué par des tubes de diamètre plus réduit.

Ce second surchauffeur reçoit, à un de ses orifices, la vapeur provenant du petit cylindre, qui a par conséquent déjà effectué son travail à haute pression, et la renvoie, par le second orifice, à la boite à tiroir du cylindre à basse pression. Pendant son parcours dans ce surchauffeur, la vapeur regagne une partie de la chaleur qu'elle avait perdue et elle est ainsi admise dans le grand cylindre dans des conditions très favorables à sa bonne utilisation.

Le petit cylindre, placé à l'arrière de la machine, est complètement enveloppé par la boite à fumée, laquelle se termine par un tuyau par lequel sont évacués les gaz non brûlés et dont l'orifice peut être plus ou moins obturé par un registre-valve manœuvrable de l'extérieur.

Ce cylindre est muni d'un tiroir cylindrique équilibré actionné par un excentrique qui est placé sur l'arbre de la machine, contre un régulateur à force centrifuge disposé horizontalement. L'écartement des masses de ce régulateur provoque le décalage de l'excentrique sur l'arbre et, de ce fait, la détente dans le petit cylindre est placée sous sa dépendance et varie suivant le régime de la machine.

Le grand cylindre est muni d'une distribution constituée par un tiroir plan dont le mouvement rectiligne alternatif lui est communiqué par un second excentrique calé d'une façon invariable sur l'arbre moteur.

Cet arbre est supporté par deux paliers et il n'a qu'un seul coude-manivelle sur lequel tourillonne la bielle unique qui le relie à la tige des pistons.

Les extrémités de l'arbre sont disposées pour recevoir des poulies-volants.

A une de ces extrémités est claveté un excentrique dont la barre verticale va commander la tige du piston de la pompe à air du condenseur.

Cette pompe à air est placée verticalement sur le plancher qui supporte la machine. Elle permet d'aspirer le mélange d'eau de condensation et d'injection provenant du condenseur et de le refouler à l'extérieur, en maintenant dans ce condenseur un degré de vide suffisant.

Le condenseur est une capacité cylindrique, disposée horizontalement à la partie inférieure de la chaudière, dans laquelle on envoie la vapeur d'échappement du grand cylindre en même temps qu'un jet d'eau froide qui la condense. Une soupape-clapet, manœuvrée aisément à la main, permet d'admettre la vapeur d'échappement dans le condenseur ou de la laisser échapper dans l'atmosphère. La machine peut ainsi fonctionner avec ou sans condensation.

CHAPITRE XXII

MOTEURS ROTATIFS. — TURBINES A VAPEUR.

MOTEURS ROTATIFS : Bramah, Behrens, Hult. — *TURBINES A VAPEUR.* — Classification — *TURBINES :* Parsons, de Laval, Rateau, Zoelly, Curtis, Bréguet. — *MACHINE A MOUVEMENT ALTERNATIF ET TURBINE A VAPEUR.* — *UTILISATION DES MACHINES A VAPEUR.*

La machine à vapeur à mouvement alternatif ayant été établie pour imprimer à l'arbre de transmission un mouvement de rotation continu, plus on a voulu augmenter la vitesse de rotation de cet arbre, plus l'inertie et le poids des organes animés d'un mouvement alternatif ont mis obstacle à l'obtention de cette vitesse.

Les bielles, les pistons, les excentriques, etc., doivent, en effet, effectuer deux courses en sens inverse pendant que l'arbre tourne d'un tour et, à la fin de chacune de ces deux courses, ces organes lancés avec une vitesse considérable doivent s'arrêter pour reprendre, en sens inverse, une vitesse semblable. Il résulte de ce changement fréquent de régime une succession de chocs et une série de trépidations qui peuvent nuire au bon fonctionnement du moteur.

Nous avons, au cours de la description des diverses sortes de machines, signalé les dispositions qui ont été appliquées par les constructeurs, surtout aux machines tournant à grande vitesse, pour réduire à leur stricte limite les inconvénients provenant des forces d'inertie variables des organes en mouvement, et on conçoit fort bien qu'on ait pu être naturellement amené à envisager la possibilité de produire un mouvement de rotation continu avec un moteur dont les organes seraient, eux-mêmes, animés du même mouvement rotatif.

Les premières tentatives faites pour réaliser une machine à vapeur rotative datent, d'ailleurs, de fort loin. Watt, puis Bramah, qui était un de ses contemporains, en construisirent une, et successivement après, Yule en établit à Glasgow en 1836 ; puis Lamb en 1842 et Behrens en 1847 créèrent de nouveaux types, ce dernier, surtout, autrefois fort employé dans la marine en raison de son poids réduit et de son faible encombrement.

Depuis, un grand nombre de constructeurs, tels que Napier, Hall, Lafrance, Hult, Le Rond, Lebrethon et Hommet, ont, à leur tour, établi des moteurs rotatifs ; mais il semble, jusqu'à aujourd'hui, que les résultats fournis par ces machines ne les désignent pas comme les moteurs de l'avenir.

En outre, le succès obtenu par les *turbines à vapeur* et les perfectionnements de tous les jours qui sont apportés à ces dernières machines diminuent considérablement l'intérêt qui s'attache aux moteurs rotatifs proprement dits.

Nous dirons cependant quelques mots

de ces machines, afin d'en fixer le caractère particulier, avant d'aborder le type de machine rotative à laquelle paraît réservé un plus brillant avenir : la *turbine à vapeur*.

MOTEURS ROTATIFS.

Machine de Bramah (Fig. 796.) La machine rotative primitive de Bramah était constituée par un cylindre A dans

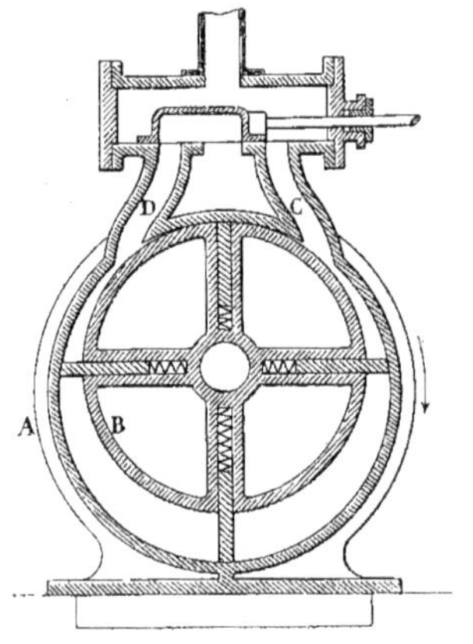

Fig. 796. — Machine rotative de Bramah.

lequel était placé un piston B, formé par un cylindre disposé parallèlement au cylindre A, mais excentré par rapport à lui.

Le cylindre-piston portait quatre rainures longitudinales dans lesquelles étaient placées quatre palettes poussées vers la paroi intérieure du cylindre A par des ressorts à boudins logés dans les rainures.

Le cylindre A était surmonté d'une boîte de vapeur contenant un tiroir ordinaire qui, en glissant sur une glace appropriée, découvrait et obturait successivement deux lumières C et D. L'une de ces lumières permettait l'introduction de la vapeur dans le cylindre, l'autre son échappement.

La vapeur, pénétrant par l'orifice C, poussait une des quatre palettes, ce qui provoquait la rotation du piston et de l'arbre dont il était solidaire. La vapeur emprisonnée entre deux ailettes venait ensuite s'échapper par la lumière D pour être évacuée dans l'atmosphère.

Cette machine primitive ne pouvait donner un bon rendement ; la détente de la vapeur ne pouvait y être utilisée et il était bien difficile d'assurer l'étanchéité entre les extrémités des ailettes et les parois du cylindre.

On a construit, suivant ce même principe, mais avec des dispositions de mécanisme mieux appropriées à la bonne utilisation de la vapeur, une machine rotative composée d'un piston de forme elliptique claveté et excentré sur l'arbre moteur qui, dans ce cas, occupe l'axe du cylindre à vapeur. Le piston frotte par une garniture placée sur une de ses génératrices contre la paroi intérieure du cylindre en effectuant un mouvement de rotation que lui imprime la vapeur admise sur une partie de sa périphérie. L'arbre de la machine suit ce mouvement de rotation continu.

Un système de deux distributeurs oscillants complété par deux palettes également oscillantes compose la distribution de vapeur dont les phases sont déterminées par la rotation même du piston elliptique excentré. C'est la *machine rotative de Brown*.

Machine de Behrens (Fig. 797.) La machine de Behrens est constituée d'une

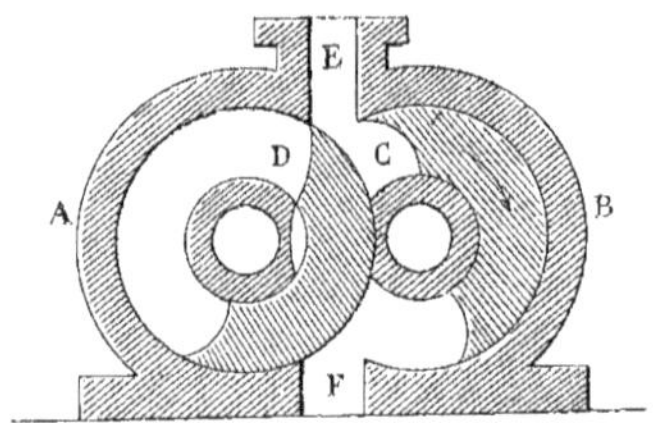

Fig. 797. — Machine rotative de Behrens.

façon différente. Elle se compose de deux cylindres A et B, mis côte à côte, dans lesquels peuvent se mouvoir deux pistons C et D ayant la forme de secteurs se pénétrant, pendant le mouvement de rotation, pour déterminer l'admission successive de vapeur dans chacun des deux cylindres et l'échappement correspondant.

L'arrivée de vapeur a lieu par le conduit E. Dans la position indiquée par la figure, le piston C reçoit cette vapeur qui agit sur sa face incurvée supérieure et le fait tourner dans le sens de la flèche.

Quand ce piston a effectué environ un demi-tour, le piston adjacent D, dont le mouvement est solidaire de celui du piston C, vient, à son tour, découvrir l'orifice d'admission pendant que le piston C l'obture. C'est lui qui est alors poussé par la vapeur pendant un autre demi-tour. La vapeur précédemment admise et emprisonnée dans le cylindre B est évacuée par le conduit F quand le piston C découvre son orifice.

Les deux arbres sur lesquels sont clavetés les pistons sont rendus solidaires, à l'extérieur, par deux roues d'engrenage qui permettent de répartir sur un seul de ces deux arbres, qui servira alors d'arbre moteur, les effets successifs de la vapeur sur les pistons clavetés sur chacun d'eux.

Cette machine ne peut utiliser la détente de la vapeur et, pour cette raison, sa consommation n'est pas économique.

Machine rotative de Hult (Fig. 798.) La machine rotative de Hult est basée sur un principe différent.

Elle est composée d'un cylindre A dans lequel est contenu un piston B porté par l'arbre moteur. Ce piston est excentré par rapport au cylindre A, et la particularité originale de ce moteur réside dans le mouvement de rotation qu'on imprime à la fois au cylindre A et au piston B qui s'y meut. Chacune de ces deux pièces tourne autour de son axe; le piston entraîne dans son mouvement de rotation, par frottement, le cylindre B, ce qui contribue à diminuer le frottement du piston sur les parois du cylindre qui le contient.

Le piston B porte, en outre, deux rainures longitudinales dans lesquelles sont logées deux palettes appuyées contre la paroi intérieure du cylindre par un ressort à boudin. Ces deux palettes déterminent dans le cylindre trois capacités inégales qui augmentent ou qui diminuent, à mesure que, pendant le mouvement de rotation du piston,

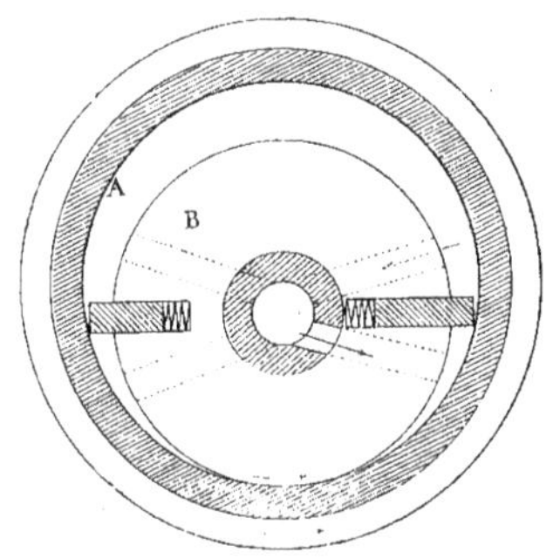

Fig. 798. — Machine rotative de Hult.

les palettes se déplacent contre la paroi intérieure du cylindre. Ce déplacement se fait avec un frottement atténué, puisqu'il n'a lieu que sur une longueur mesurée par la différence du chemin parcouru par le bout des palettes et de la paroi intérieure, animée, elle aussi, d'un mouvement de rotation dans le même sens.

Le cylindre et l'arbre du piston sont supportés par une série de rouleaux ou galets élastiques sur lesquels ces deux pièces roulent, de façon à limiter encore le frottement résultant du mouvement de rotation de ces pièces.

L'admission de la vapeur s'effectue par le milieu de l'arbre, qui doit donc être creux; cette vapeur se rend, par une lumière appropriée, dans une des capacités formée entre les génératrices de tangence du piston et du cylindre et la face d'une palette. Elle pousse cette palette en faisant tourner le piston.

Quand, par suite de cette rotation, la lumière fixe qui permet l'introduction de la vapeur au centre de l'axe est obturée, l'admission cesse, mais le mouvement de rotation continue et la capacité dans laquelle la vapeur admise est emprisonnée augmente de volume; la vapeur peut ainsi se détendre et sa force d'expansion peut être utilisée pour produire du travail au bénéfice de la consommation de combustible.

Quand la palette découvre la lumière d'échappement, la vapeur détendue est évacuée soit à l'air libre, soit au condenseur.

On voit que ce moteur rotatif a été établi avec la préoccupation essentielle de diminuer sa consommation de vapeur en réalisant une détente et d'augmenter son rendement en réduisant, à la limite, les frottements des différents organes.

Les quelques descriptions précédentes permettront d'apprécier le principe des moteurs rotatifs qui diffère considérablement de celui des turbines à vapeur dont nous allons parler maintenant.

TURBINES A VAPEUR.

Historique L'emploi industriel des turbines à vapeur constitue un progrès considérable effectué dans le domaine de la machine à vapeur.

Les premières tentatives faites pour établir ces moteurs datent de fort loin, et leur principe avait reçu, aux temps les plus reculés, quelques applications assurément peu industrielles, mais cependant fort ingénieuses et intéressantes.

Nous avons, en tête de ce volume, décrit l'éolipyle de Héron d'Alexandrie (Fig. 6) qui, 120 ans avant l'ère chrétienne, avait pu provoquer la rotation d'une sphère autour de son diamètre, en la faisant communiquer avec un récipient contenant de l'eau qui était portée à l'ébullition. La vapeur ainsi produite, s'échappait par deux ajustages portés par la sphère et provoquait la rotation.

Plus tard, vers 1629, Giovanni Branca construisit son éolipyle, que nous avons représenté figure 13, dans lequel un jet de vapeur, envoyé sur les palettes d'une roue horizontale, provoquait la rotation de cette roue qui actionnait deux pilons au moyen d'un engrenage.

Quoique la cause produisant ces effets ne fût pas connue à ces diverses époques, la manifestation de ces effets n'en était pas moins curieuse.

Plus près de nous, en 1791, James Sadler combinait une sorte de tourniquet à réaction, qui se mouvait dans une capacité débouchant dans un condenseur.

Le premier appareil comportant quelques particularités que possèdent aujourd'hui les turbines à vapeur, date de 1827. Il fut conçu par Réal et Pichon et était constitué par une série de roues horizontales calées sur un arbre commun. Les roues pouvaient prendre un mouvement de rotation en entraînant l'arbre. Ce mouvement leur était donné par une série de jets de vapeur qui étaient dirigés, par des plateaux distributeurs fixes percés de trous obliques, sur des aubes planes disposées sur tout le pourtour des roues mobiles horizontales.

Le principe des roues multiples, que nous verrons appliqué, plus loin, aux turbines modernes, était réalisé. En outre, il y avait une détente de la vapeur de plus en plus grande d'une roue à l'autre. La difficulté de confection des pièces composant cette turbine ne permit pas, à ce moment, d'en obtenir une utilisation satisfaisante.

En 1839, Ewbank construisit une turbine à une seule roue munie d'aubes planes sur sa périphérie. Des conduits fixes, disposés tout autour de la roue, dirigeaient des jets de vapeur sur les aubes et provoquaient le mouvement de rotation de l'appareil. C'était, à l'état rudimentaire, la disposition qui devait être adoptée dans la turbine de Laval.

En 1840, Leroy établit une turbine à roues

multiples, à haute pression, à détentes successives et à condensation.

En 1853, Tournaire conçut une turbine présentant, dans son principe et dans la plupart des détails, des caractères qui ont été, depuis, appliqués aux turbines actuelles.

Dans un mémoire présenté à l'Académie des Sciences de Paris, il justifiait ainsi les dispositions données aux organes de son appareil à vapeur :

« Les fluides élastiques acquièrent d'énormes vitesses sous l'influence de pressions même assez faibles. Pour utiliser convenablement ces vitesses, sur de simples roues analogues aux turbines à eau, il faudrait admettre un mouvement de rotation extrêmement rapide et rendre extrêmement petite la somme des orifices, même pour une grande dépense de fluide.

« On éludera ces difficultés en faisant perdre à la vapeur ou au gaz sa pression, soit d'une manière continue et graduelle, soit par fractions successives et en le faisant plusieurs fois *réagir* sur les aubes de turbines convenablement disposées.

« Dès que les différences de pression sont considérables, comme cela a lieu dans les machines à vapeur, on reconnait qu'il est nécessaire d'avoir un grand nombre de turbines pour amortir suffisamment la vitesse du jet fluide. La légèreté et les dimensions très faibles des pièces mises en mouvement permettent, d'ailleurs, d'admettre des vitesses de rotation très grandes par rapport à celles des machines usuelles.

« Il faut que, malgré la multiplicité des organes, les appareils soient simples dans leur agencement, qu'ils soient susceptibles d'une grande précision, que les vérifications et les réparations en soient rendues faciles ».

Voilà, exposés d'une façon fort claire, les principes sur lesquels on s'appuie aujourd'hui pour confectionner les turbines.

La turbine de Tournaire était constituée par une série de roues à aubes de diamètres progressivement croissants dans lesquelles la vapeur pénétrait successivement.

Le jet de vapeur arrivait à la première roue à aubes par des orifices injecteurs. En sortant de cette première roue mobile, la vapeur traversait un plateau distributeur fixe qui séparait la première roue de la seconde.

La vapeur, dirigée convenablement par ce distributeur, passait dans la seconde roue, et il en était ainsi jusqu'à la dernière roue à aubes, qui avait le plus grand diamètre.

Les aubes des roues et des distributeurs fixes avaient une forme particulière.

Comme la vapeur devait se détendre à mesure qu'elle passait dans les roues successives, les aubes devaient laisser entre elles un passage de plus en plus grand. En outre, l'appareil était combiné pour utiliser non seulement le travail produit par l'extinction de la vitesse réelle du jet fluide, mais encore celui qui pouvait résulter de la différence des pressions à l'entrée et à la sortie des aubes. Cette différence de pression produisant même un grand excès de la vitesse relative de sortie sur la vitesse relative d'entrée, les aubes avaient une forme telle, qu'elles donnaient lieu à des sections de passage de la vapeur qui permettaient de réduire la vitesse de sortie et d'obtenir un effet de réaction.

Cette disposition constitue le caractère essentiel des turbines modernes à *réaction*.

Il semble étonnant que, puisque depuis 1853 le principe de la turbine était trouvé, on n'ait pu en faire une utilisation pratique que si longtemps après.

En réalité, ce sont les difficultés rencontrées dans la construction de ces appareils et la précision avec laquelle les organes doivent être exécutés, qui ont retardé d'abord l'emploi des turbines. De plus, on était peu familiarisé avec les vitesses de rotation considérables données par les turbines et les conséquences qui en découlaient, et on s'était bien peu occupé, jusqu'à ce moment, d'étudier les lois de l'écoulement de la vapeur, bien plus complexes que celles de l'écoulement d'un liquide, parce que dans l'utilisation d'un liquide incompressible pour produire un travail, on n'a pas à tenir compte, comme quand il s'agit de la vapeur, à la fois de la pression, de la détente et de la température.

Toutes ces raisons contribuèrent à rendre très lente l'évolution de la turbine à vapeur et retardèrent son emploi pratique industriel.

De nombreux ingénieurs et constructeurs s'appliquaient cependant à la réalisation de ce captivant problème.

Gérard en 1855, Autier en 1859, Farcot et Perrigault en 1864, Edwards en 1876 y apportèrent leur intéressante contribution.

En 1884, Parsons construisit sa première turbine; elle devait, grâce à l'ingénieuse ténacité de son inventeur, qui la dota d'importants perfectionnements, devenir le premier moteur rotatif à vapeur capable d'être mis en parallèle avec la machine à mouvement alternatif.

La même année, de Laval faisait les premiers essais de sa turbine, qui fut employée industriellement en 1889.

Depuis, Rateau, Curtis, Zoelly et la maison Bréguet ont établi des modèles de turbines appliquées avec succès soit dans l'industrie, soit dans la navigation maritime.

Nous allons donner la description de ces turbines, entrées définitivement dans le domaine de la pratique, en indiquant les caractères particuliers qui les distinguent.

Classification des turbines

Il est bon, cependant, avant de commencer cette description, de déterminer les principes essentiels qui différencient les turbines et qui permettent de les grouper et de les classer.

Les turbines peuvent être classées, d'après le mode d'action de la vapeur sur les aubes des roues mobiles, en *turbines à action* et *turbines à réaction*.

Les *turbines à action* sont les turbines dans lesquelles la vapeur exerce son action sur les aubes des roues mobiles, exclusivement par l'effet de la force vive de cette vapeur, c'est-à-dire par la vitesse que la masse de vapeur possède quand elle sort du distributeur pour agir sur les aubes.

Les *turbines à réaction* sont les turbines dans lesquelles la vapeur agit non seulement par sa force vive sur les aubes des roues mobiles, mais encore par sa détente dans l'espace compris entre les aubes de ces roues.

Ces aubes ont un profil spécial qui permet à la vapeur d'accroître sa vitesse dans les roues motrices mêmes, et d'agir, *par réaction,* sur les aubes qu'elles portent.

Ce sont là les deux grandes classes de turbines dont nous allons analyser plus loin, avec plus de détails, le mode d'action de vapeur, en indiquant ses avantages et ses inconvénients.

Les turbines peuvent aussi être classées d'après le nombre de disques mobiles portant des aubes.

Quand la turbine n'est composée que d'un seul disque sur les aubes duquel agit la vapeur, elle est dite *turbine simple*.

Quand la turbine est composée de toute une série de disques mobiles sur les aubes desquels la vapeur agit successivement, elle est appelée *turbine compound* ou *multiple*.

La turbine simple est nécessairement animée d'une grande vitesse de rotation que lui imprime toute la masse de vapeur qui agit sur ses aubes sans détente.

Elle est généralement réservée pour produire un travail modéré, parce qu'on est dans la nécessité de réduire, au moyen de trains d'engrenages, sa vitesse pour la ramener à celle des appareils à actionner.

La turbine multiple se prête plus facilement aux installations importantes, grâce à sa vitesse moindre obtenue par des arrangements particuliers dont nous aurons l'occasion de parler ultérieurement.

Le sens dans lequel la vapeur circule dans les turbines permet également de les différencier et de les grouper en trois autres subdivisions : les turbines *axiales, radiales centrifuges* et *radiales centripètes*.

Les *turbines axiales* sont celles dans lesquelles la vapeur s'écoule en suivant une direction parallèle à l'*axe* de rotation de ces turbines.

Les *turbines radiales centrifuges* sont celles où l'écoulement de la vapeur s'effectue du centre à la périphérie suivant la direction d'un *rayon*, direction perpendiculaire, par conséquent, à l'axe de rotation des turbines.

Les *turbines radiales centripètes* sont celles où l'écoulement de la vapeur s'effectue de la périphérie au centre des turbines suivant la direction d'un *rayon*.

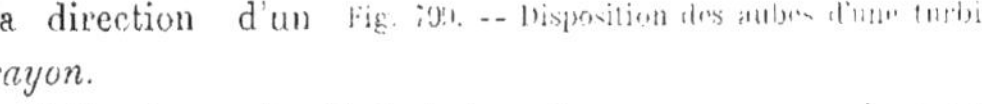

Fig. 799. — Disposition des aubes d'une turbine à action.

Enfin, le mode d'admission de vapeur peut encore créer une distinction entre les diverses turbines.

On les appelle suivant le cas : *turbines à admission totale,* lorsque la vapeur est admise en même temps sur toute la périphérie des roues mobiles, et *turbines à admission partielle,* lorsque la vapeur n'est admise dans la turbine que sur une partie de leur pourtour.

La partie mobile de la turbine se désigne quelquefois sous le nom de *rotor*, la partie fixe est appelée *stator*.

Turbine à action

Dans la turbine à action, avons-nous dit, la vapeur agit sur les aubes par sa seule force vive. Elle pénètre dans la roue mobile avec une certaine pression et doit en sortir avec cette même pression. Cette roue réceptrice évolue donc dans un milieu fluide à pression constante. La pression de la vapeur provenant de la chaudière peut être, d'ailleurs, diminuée, soit en une seule fois, en faisant détendre cette vapeur dans les ajutages distributeurs, avant de l'admettre dans la roue réceptrice, soit en lui permettant de se détendre dans une série de distributeurs successifs qui la conduisent dans une série de roues réceptrices intercalées entre eux. C'est, dans ce cas, la *turbine à action à roues multiples*.

Pour obtenir, à la sortie de l'*aubage* de chaque roue réceptrice, une pression égale à la pression d'entrée, on donne aux aubes un profil tel que l'espace compris entre deux aubes soit de section uniforme. La vapeur, circulant dans cet espace de grandeur invariable, conserve sa même vitesse et sort, sans modifier son état, avec la même pression qu'elle possédait à l'entrée des aubes.

Le jet de vapeur est envoyé dans la roue réceptrice par l'ajutage distributeur, suivant un angle a d'environ 20 degrés (Fig. 799).

Cette vapeur conserve, à l'entrée de la roue réceptrice, sa direction A B, et sa vitesse peut être représentée par la longueur de la ligne B D qui est le prolongement, en ligne droite, de la direction A B.

Mais, pendant que la vapeur parcourra le chemin B D, la roue réceptrice, sollicitée à se mouvoir dans le sens de la flèche par par l'effet de cette vapeur sur ses aubes, aura parcouru le chemin E D, dont la direction est nécessairement parallèle aux joues de la roue réceptrice.

En réalité, la vapeur admise par le distributeur n'aura, par rapport à l'aube sur laquelle elle agit et qui se déplace, qu'une vitesse relative, qui sera déterminée en grandeur et en direction par la ligne B E.

Cette ligne B E est la vitesse *résultante* donnée par la *composition* des deux autres vitesses B D et E D qui sont les *composantes*.

La vapeur pénètre donc en réalité dans la roue réceptrice suivant la direction B E. Il convient alors de tracer le premier élément de l'aube en suivant cette direction et non en lui donnant l'inclinaison du distributeur.

A la sortie de la roue, la vapeur doit avoir, si l'intervalle entre les aubes a une section bien uniforme, et si les pertes par frottement sont considérées comme négligeables, la même vitesse qu'à l'entrée. Cette vitesse est représentée en grandeur et en direction par la ligne F G qui devrait être égale à B D. Pratiquement, on ne peut éviter que cette vitesse soit un peu inférieure.

Mais, ainsi que nous l'avons fait pour trouver la vitesse *relative* d'entrée, il faut également, pour déterminer la vitesse réelle de sortie, tenir compte de la vitesse que possède la roue réceptrice. Cette vitesse étant égale à G H, la vapeur aura une vitesse de sortie égale à la ligne F H et dirigée suivant sa direction. F H est la vitesse *résultante* des deux vitesses *composantes* F G et G H.

L'élément de sortie de l'aube doit donc être tracé de façon qu'il soit dans la direction de F G, direction judicieusement choisie pour que la vitesse de sortie F H soit aussi réduite que possible. C'est en effet une condition de bon rendement, car elle indique que la force vive de la vapeur a été convenablement utilisée pendant son passage dans la turbine.

Dans la *turbine à action,* il ne se produit aucune poussée sur les joues de la roue réceptrice, dirigée dans le sens de l'arbre qui la porte, du fait de l'égalité de pression de la vapeur à l'entrée et à la sortie des aubes.

En outre, cette égalité de pression permet de ne pas craindre un appel de vapeur qui pourrait se produire, par suite des jeux, si les deux pressions étaient différentes.

La turbine à action peut, sans inconvénient, être à admission totale ou à admission partielle; on peut ainsi régler l'admission de vapeur pour la rendre proportionnelle au travail que le moteur a à effectuer, en ouvrant ou en obturant un nombre quelconque de distributeurs disposés d'une manière également quelconque sur les périphéries. Ces divers avantages ont, comme contre-partie, une construction délicate et compliquée.

Turbine à réaction

La turbine à réaction reçoit directement la vapeur provenant du générateur. Cette vapeur agit dans des séries d'aubes, d'abord par sa force vive, puis elle se détend successivement d'une série à l'autre et provoque un effet de *réaction* qui agit sur la roue réceptrice pour aider à son mouvement de rotation.

La turbine à réaction comprend toujours un nombre assez important de roues réceptrices. Ces roues sont munies d'aubes orientées dans le sens convenable et ayant une forme dont nous allons parler.

Entre les roues réceptrices sont placées des couronnes fixes, munies également d'aubes de forme semblable à celle des aubes mobiles, mais orientées en sens inverse (Fig. 800). Ces aubes fixes font office de conduits de distribution de vapeur.

La vapeur pénètre dans une première couronne fixe et est dirigée, par ses aubes, dans la première roue réceptrice mobile; elle effectue un certain travail dans cette roue, ce qui provoque son mouvement de rotation; puis la vapeur, abandonnant les aubes de la première roue réceptrice, pénètre dans une deuxième couronne fixe, dont les aubes lui donnent une direction convenable pour qu'elle soit admise sans remous dans une seconde roue réceptrice. Au sortir de celle-ci, la vapeur passe dans une troisième couronne d'aubes fixes qui la distribue pour la troisième fois dans une troisième roue réceptrice, et ainsi de suite, jusqu'à ce que la vapeur, dès l'abord admise dans la première roue avec toute sa pression, soit arrivée à un degré de détente permettant de l'envoyer au condenseur.

Pour que la vapeur puisse se détendre, dans le parcours qu'elle effectue dans les séries d'aubes, on donne aux sections de passage de cette vapeur des dimensions de plus en plus grandes à mesure que les séries d'aubes s'éloignent de la première roue réceptrice dans laquelle on admet la vapeur à haute pression.

Cependant, pour une même roue mobile, ces sections sont déterminées de façon à limiter la différence des pressions qui agissent sur les deux faces de cette roue. Nous avons dit, en effet, que dans les turbines à réaction, les sections de passage de la vapeur n'étant pas de grandeur constante, la pression à l'entrée n'est pas la même que la pression à la sortie, d'où il résulte, sur une des faces de la roue motrice et, par conséquent, sur l'arbre qui la porte, une poussée dirigée parallèlement à cet arbre. C'est pour réduire à sa juste mesure cette poussée axiale, tout en conservant le bénéfice de la réaction, qu'on s'attache à établir un profil d'aubes permettant de limiter la différence des pressions s'exerçant sur chaque face de la roue mobile.

Ces aubes laissent, entre elles, à l'entrée de la roue, un espace de section plus grande qu'à la sortie. La vapeur ainsi admise par une large ouverture peut se détendre, augmente de vitesse dans l'espace rétréci des aubes de la roue pour venir, ensuite, gagner l'ouverture d'entrée, de la couronne distributrice suivante, dont la large section lui permet une nouvelle détente. Supposons (Fig. 800) un élément de turbine représenté par deux séries d'aubes, dont l'une, la supérieure, est disposée dans une couronne fixe, l'autre constituant la roue réceptrice mobile.

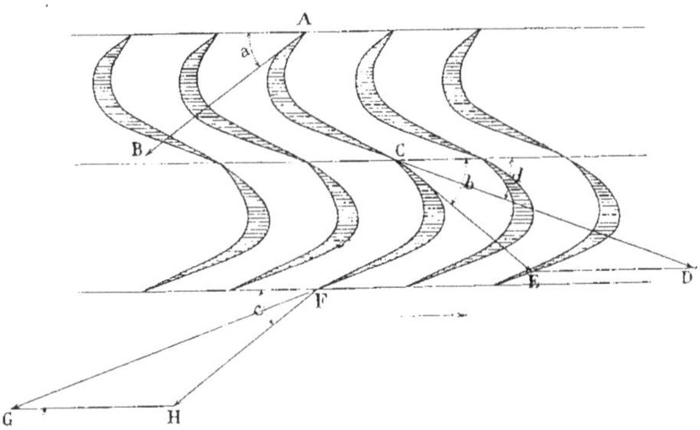

Fig. 800. — Disposition des aubes d'une turbine à réaction.

La couronne supérieure fixe fait office de distributeur de vapeur à la roue réceptrice mobile inférieure.

La vapeur arrive dans les aubes distributrices suivant une direction AB qui fait, avec la face de la couronne, un angle *a*. Représentons par la longueur AB la vitesse de cette vapeur à son entrée dans le distributeur. L'élément d'entrée de l'aube fixe devra être tracé suivant la direction AB.

En pénétrant dans l'espace compris entre deux aubes, la vapeur modifie sa direction ; elle se détend d'abord, puis trouvant un passage rétréci, sa vitesse s'accélère, et elle sort de l'aube distributrice suivant la direction CD qui fait, avec la face de la couronne fixe, un angle *d* plus aigu que l'angle d'entrée *a*. La vitesse de sortie représentée par la longueur CD est supérieure à la vitesse d'entrée AB.

La vapeur attaque donc les aubes de la

roue mobile avec cette même vitesse. Mais, comme la roue mobile est elle-même animée d'une vitesse représentée en grandeur et en direction par la ligne ED, la vitesse réelle d'entrée de la vapeur dans cette roue mobile sera la résultante de la vitesse CD et ED qui est donnée par la ligne CE.

Donc, dans le mouvement relatif par rapport à la couronne mobile, la vitesse de la vapeur est égale à CE, à l'entrée des aubes, et dirigée suivant la direction de cette ligne qui fait avec la face de la roue mobile un angle *b*.

Le premier élément d'entrée de l'aube mobile sera tracé suivant la direction CE, et le tracé des autres éléments de l'aube est fait pour que l'angle *b* soit sensiblement égal à l'angle *a* et que la vitesse réelle d'entrée CE dans les aubes mobiles soit sensiblement égale à la vitesse d'entrée AB dans les aubes fixes.

La vapeur admise entre les aubes mobiles provoque d'abord par sa force vive la rotation de la roue, puis elle se détend, augmente de vitesse en passant dans la section réduite et finalement sort des aubes mobiles dans une direction opposée à celle d'entrée.

Cette direction est représentée par la ligne FG dont la longueur mesure la vitesse de sortie.

Cette vitesse de sortie est sensiblement égale à la vitesse d'entrée CD. Mais la roue mobile conservant toujours une vitesse GH égale à ED, la vitesse réelle de sortie de la vapeur des aubes mobiles sera représentée par la longueur de la ligne FH, dont la direction fait avec la face de la roue mobile un angle *c*.

La longueur FH est égale à la longueur CE et à la longueur AB ; de même l'angle de sortie *c* égale l'angle *b* et l'angle *a*.

Si donc on place au-dessous de la roue mobile une autre série d'aubes fixes devant servir à distribuer la vapeur à une seconde roue mobile, cette vapeur sera dirigée dans les aubes de la seconde couronne fixe, de la même façon qu'elle l'était en pénétrant dans la première.

Le tracé des aubes pourrait être le même pour toutes les séries de distributeurs et de roues, si on ne tenait pas compte de la détente de plus en plus grande de la vapeur qui exige que les passages qu'on lui ménage soient de plus en plus grands.

Dans les *turbines à réaction*, il se produit, ainsi que nous l'avons dit, une poussée longitudinale provenant de la différence des pressions de la vapeur à l'entrée et à la sortie des aubes et la roue mobile ne tourne pas dans un milieu de pression constante.

Il est nécessaire de compenser la poussée, ce que l'on réalise par des dispositifs appropriés que nous décrivons plus loin, et il faut limiter les jeux entre les séries de couronnes fixes et de roues mobiles pour éviter des fuites de vapeur préjudiciables au bon rendement de la turbine.

Nous allons, maintenant que nous connaissons les caractères principaux qui distinguent les deux grandes classes de turbines à *action* et à *réaction*, passer à la description de ces appareils.

Nous commençons par la *turbine à réaction* Parsons, qui est la première qui ait reçu des applications industrielles.

Turbine Parsons

Cette turbine avait été surtout conçue pour être installée à bord des bateaux en place des machines à vapeur à mouvement alternatif. Elle a été ensuite appliquée, avec succès, à la commande directe des machines productrices de courant électrique.

Ces deux emplois ont donné lieu à deux types de turbine Parsons : la *turbine de mer* et la *turbine de terre*.

Ces deux types diffèrent en ce sens que dans la *turbine de mer* la poussée longitudinale, que nous avons signalée comme étant un inconvénient de la turbine à réaction, n'est pas gênante, car elle est naturellement compensée par la poussée de l'hélice de sens inverse. Il n'y a donc pas lieu d'établir dans la *turbine de mer* le dispositif de compensation qu'on est forcé de disposer dans la *turbine de terre.*

De plus, la *turbine de mer* doit pouvoir fonctionner avec changement de sens de marche, tandis que la *turbine de terre* est toujours établie pour tourner dans le même sens.

Turbine marine

En général, une installation de turbine dans un bateau de quelque importance comporte au moins deux et plutôt trois turbines indépendantes actionnant chacune un arbre d'hélice. Dans ce dernier cas, la vapeur pénètre d'abord dans la turbine centrale qui est la turbine à *haute pression,* puis elle est dirigée dans chacune des deux autres turbines dites turbines à *basse pression* et envoyée enfin au condenseur.

La turbine qui permet de faire marcher le bateau en arrière, et que l'on nomme pour cela *turbine de marche-arrière,* est quelquefois indépendante des autres, mais, le plus souvent, elle est disposée dans l'enveloppe des turbines à basse pression et fonctionne, malgré cela, avec de la vapeur à haute pression.

La figure 801 représente, en coupe, une turbine à haute pression de bateau; la figure 802 représente, également en coupe, une turbine de basse pression comportant, dans son enveloppe, la turbine de marche-arrière.

La turbine à haute pression, est constituée par une enveloppe cylindrique A, faite en deux parties assemblées par des boulons à la hauteur de l'axe de l'arbre et suivant sa direction.

Cet assemblage est fait sans l'interposition d'aucun joint, de façon

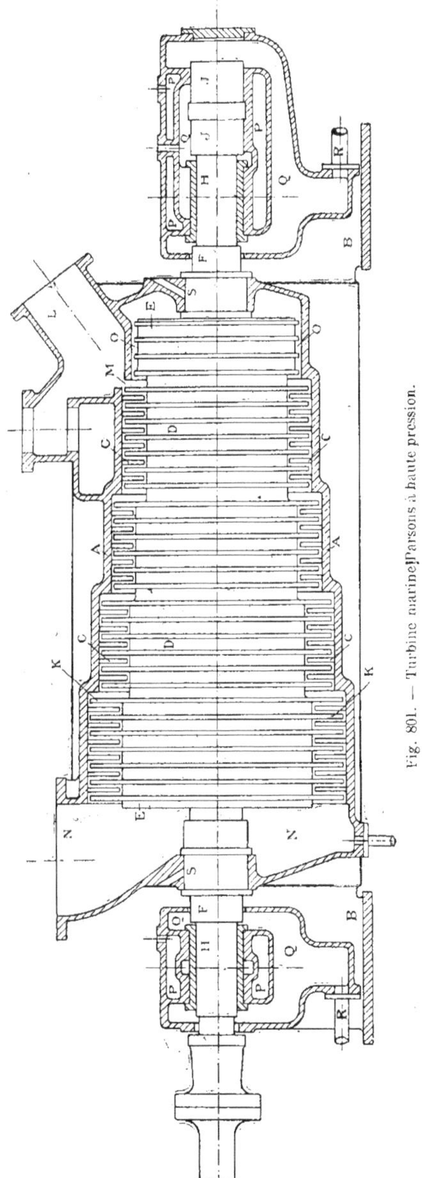

Fig. 801. — Turbine marine Parsons à haute pression.

qu'après des démontages successifs le jeu très réduit, de quelques millimètres, existant entre la périphérie des roues mobiles et la paroi interne de l'enveloppe, conserve une dimension constante.

La partie supérieure de l'enveloppe est mobile et la partie inférieure porte des pattes de fixation B, qui servent, en même temps, de support aux paliers de l'arbre F.

Ces paliers sont munis de conduits Q, dans lesquels circule l'huile destinée au graissage de l'arbre, et ils portent également des canaux de circulation d'eau P, permettant de refroidir cet arbre, chauffé par le mouvement rapide de rotation.

L'enveloppe A porte, fixées sur sa paroi intérieure, une série de couronnes fixes C, composées d'aubes ou ailettes par lesquelles la vapeur est distribuée aux roues réceptrices mobiles.

Ces roues mobiles K sont intercalées successivement entre les couronnes distributrices C, et sont constituées, chacune, par une série d'aubes ou ailettes fixées sur un manchon D. Les divers manchons de diamètres différents sont rendus solidaires de l'arbre F par deux séries de bras E placées à chaque extrémité de la turbine.

Les ailettes ont un profil semblable à celui que nous avons représenté (Fig. 800). Les ailettes fixes sont encastrées dans l'enveloppe du cylindre par leur bout, au moyen d'un emmanchement à queue d'aronde.

Les ailettes mobiles sont encastrées de la même façon dans les manchons.

Quand la longueur des ailettes devient importante, on les entretoise, à leur extrémité libre, par un fil circulaire d'acier qui relie les aubes d'une même couronne.

Les ailettes sont faites en bronze spécial fortement écroui, de façon à leur donner une épaisseur très faible, tout en leur assurant une résistance considérable par rapport à l'effort auquel elles sont soumises.

Le nombre d'ailettes total est très important, ce qui diminue, pour chacune d'elles, l'effort qu'y exerce la vapeur, et limite son usure.

Entre les couronnes d'aubes fixes, et les couronnes d'aubes mobiles, il est nécessaire de ménager un jeu latéral, de façon à permettre la libre rotation des couronnes mobiles; ce jeu varie de 5 à 15 millimètres suivant les dimensions des aubes.

La vapeur est admise dans la turbine à haute pression par le conduit L. Cette vapeur pénètre dans une chambre annulaire, d'où elle passe dans la première rangée d'aubes. Pour que la vapeur ne puisse pas fuir du côté opposé à la première série d'ailettes, on a interposé, de ce côté, un joint-chicane composé d'un manchon O, fixé sur l'arbre, sur lequel sont encastrées des couronnes de laiton qui tournent, sans frotter, dans des rainures circulaires ménagées dans la paroi interne de l'enveloppe.

Ces couronnes s'emboîtant successivement dans les rainures, ne permettent le passage entre elles que d'une quantité négligeable de vapeur.

La vapeur admise dans la première rangée d'ailettes traverse successivement des couronnes d'ailettes fixes et des couronnes d'ailettes mobiles. Elle se détend de plus en plus, au fur et à mesure qu'elle avance vers les ailettes d'arrière. La section de passage doit être de plus en plus grande; mais ces changements de dimensions ne varient pas nécessairement d'une couronne d'ailettes à l'autre. On a, pour simplifier la construction des turbines, établi un nombre restreint d'ailettes différentes en plaçant côte à côte des séries de couronnes de mêmes dimensions. Le résultat obtenu ainsi, pour la détente de la vapeur, est sensiblement le même que si chaque couronne différait de la précédente.

Dans la turbine représentée figure 801, on a employé quatre sortes d'ailettes montées sur un manchon D, à quatre étages, et par conséquent de différents diamètres.

Quand la vapeur a parcouru toutes les

séries d'ailettes, elle se rend dans la capacité d'échappement N, qui communique avec la turbine de basse pression.

Cette chambre est en communication, par la disposition des manchons D qui sont creux à l'intérieur, et à travers les bras d'arrière E, avec une des faces du disque O formant le joint-chicane.

De cette façon, la pression de la vapeur d'échappement contrebalance, en partie, la poussée longitudinale qui se produit sur l'arbre.

Les petits conduits S, ménagés aux extrémités de la turbine, ont pour but de canaliser la vapeur d'admission et d'échappement pouvant provenir de faibles fuites et de l'envoyer dans des canaux semblables, disposés sur la turbine de basse pression, afin d'éviter des rentrées d'air qui pourraient se produire dans cette dernière turbine dont le conduit d'échappement est mis en communication avec le condenseur, dans lequel on fait le vide le plus parfait possible.

La turbine à basse pression (Fig. 802) est constituée avec des éléments semblables à ceux qui composent la turbine à haute pression. Les couronnes d'ailettes fixes et d'ailettes mobiles sont disposées de façon identique. Les diamètres de ces couronnes, seuls, sont plus importants, la vapeur devant se détendre davantage avant d'arriver au condenseur.

La vapeur provenant de la turbine à haute pression arrive dans une capacité supérieure et pénètre dans les couronnes d'aubes de plus petit diamètre.

Elle parcourt successivement toutes les séries de couronnes et débouche dans une vaste chambre N, qui est mise en communication directe avec

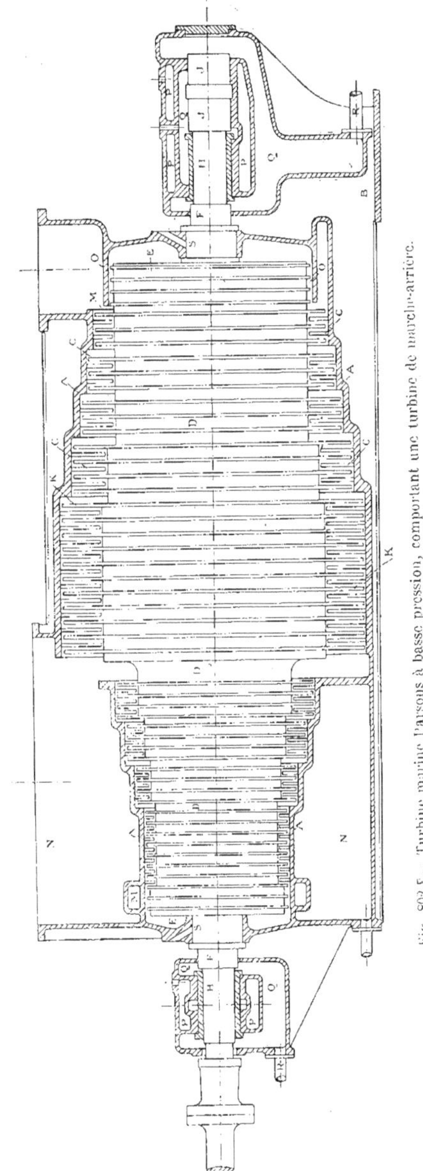

Fig. 802. — Turbine marine Parsons à basse pression, comportant une turbine de marche-arrière.

le condenseur par une ouverture ayant la plus grande dimension possible. Au centre de la chambre d'échappement N, et enfermée dans une enveloppe spéciale de diamètre plus réduit que celle de la turbine de basse pression, est placée la *turbine de marche-arrière*.

Cette turbine est constituée par un manchon à quatre étages D, fait de la même pièce que le manchon supportant les aubes mobiles de la turbine à basse pression.

Ce manchon est solidaire de l'axe de la turbine par l'intermédiaire de deux séries de bras E disposés aux deux extrémités.

La turbine de marche-arrière fonctionne avec de la vapeur à haute pression. Cette vapeur est admise, par la capacité annulaire M, dans les couronnes d'aubes de plus petit diamètre et passe successivement dans les autres séries de couronnes en circulant dans un sens opposé à celui de la turbine à basse pression. La vapeur passe ensuite dans la chambre N, d'où elle est conduite au condenseur. Les profils des aubes sont disposés pour recevoir la vapeur dans le sens convenable et du fait de cette disposition la vapeur admise par la chambre M provoque la rotation de l'arbre de la turbine en sens inverse du sens normal.

On conçoit que, pour faire machine en arrière, il faut effectuer certaines manœuvres indispensables. Il faut, au moyen d'une vanne appropriée, fermer l'admission de vapeur dans la turbine à haute pression et envoyer de la vapeur vive dans la turbine de marche-arrière. La turbine de basse pression, qui est solidaire de la turbine à marche-arrière, ne recevant plus de vapeur de la turbine à haute pression, ne s'oppose pas à la rotation en sens inverse et elle tourne elle-même dans le vide entretenu dans la chambre d'évacuation par le condenseur.

Dans la turbine à basse pression et à marche-arrière sont disposés des joints-chicanes semblables à celui de la turbine à haute pression. De même, les paliers sont munis des conduits Q et P, permettant une circulation d'huile et d'eau.

Le degré de vide joue dans le condenseur des turbines un rôle plus important que dans les machines à pistons. L'expérience a démontré la nécessité de le pousser le plus loin possible pour diminuer la consommation de vapeur. Le condenseur doit donc être, pour les turbines, établi d'une façon irréprochable; la surface de refroidissement doit être le plus développée possible et les conduits de vapeur doivent posséder des joints donnant une étanchéité absolue.

Les pompes à air, du fait du changement possible de marche, ne sont pas attelées directement à la turbine; elles doivent être indépendantes.

Les turbines Parsons tournaient primitivement à une vitesse très grande qui les rendait inapplicables à un usage pratique. Par les diverses dispositions que nous venons de décrire et suivant la puissance à produire, on peut faire tourner ces turbines depuis 2.500 tours jusqu'à 200 tours par minute.

Nous avons représenté, dans la figure 803, la salle des machines d'un paquebot à passagers.

Les trois turbines peuvent donner une puissance de 8.500 chevaux et impriment au bateau une vitesse de 23 nœuds.

La figure 804 représente un torpilleur de la marine française, filant 26 nœuds, propulsé par trois turbines développant une puissance de 1.950 chevaux.

La rotation de chaque arbre est commandée directement par l'arbre de chaque turbine, sans le secours d'aucun organe intermédiaire.

Chacun des arbres porte une hélice dont le diamètre réduit surprend par sa dispro-

Fig. 803. — Salle des turbines d'un paquebot à passagers, filant 23 nœuds.

portion avec la masse à laquelle ces trois hélices impriment une vitesse de 26 nœuds.

Turbine de terre

La *turbine de terre* Parsons est constituée, comme la *turbine marine*, par plusieurs séries d'aubes distributrices et d'aubes réceptrices, disposées de la même manière, mais dans la turbine de terre la détente de la vapeur s'effectue complètement dans un appareil unique. Le nombre de séries d'aubes est, de ce fait, considérablement augmenté et le manchon supportant les ailettes mobiles possède jusqu'à 8 étages de couronnes de diamètres différents, permettant à la vapeur de se détendre successivement huit fois avant d'atteindre le condenseur.

La différence essentielle qui caractérise ces deux sortes de turbines, consiste dans l'emploi, dans les turbines de terre, d'un dispositif de compensation de la poussée longitudinale produite sur l'arbre par la différence des pressions de la vapeur à l'entrée et à la sortie des aubes mobiles.

Cette compensation est obtenue par l'adjonction, sur l'arbre de la turbine et vers l'extrémité opposée à l'admission de vapeur, de pistons de diamètres croissants en nombre égal aux étages de couronnes d'aubes mobiles portées par le manchon.

Chaque étage de couronnes d'aubes mobiles communique par un conduit avec la capacité contenant le piston compensateur qui lui correspond. La vapeur, sortant des aubes en exerçant une poussée dans un certain sens, pousse sur une de ses faces le piston compensateur dans le sens opposé; l'équilibre se trouve ainsi rétabli.

Pour assurer l'étanchéité sur la périphérie de ces pistons, on pratique, sur leur pourtour, des rainures circulaires dans lesquelles s'engagent des bagues encastrées dans l'enveloppe. Les pistons, qui font corps avec le manchon portant les aubes, et qui sont solidaires de l'arbre de la turbine, tournent sans frotter sur ces bagues. Ce joint est semblable au joint-chicane dont nous avons parlé dans les turbines marines.

L'admission de vapeur est déterminée par le mouvement d'un régulateur qui laisse pénétrer dans la turbine, pendant un temps plus ou moins long, une plus ou moins grande quantité de vapeur à *pleine pression,* suivant la grandeur du travail à fournir.

Pour cela, une soupape à deux sièges permet, par son soulèvement, l'introduction de la vapeur. Cette soupape a sa manœuvre réglée par un *servo-moteur* composé d'un piston se mouvant dans un cylindre à vapeur, dont la distribution est assurée par un tiroir glissant ordinaire. Le mouvement rectiligne alternatif de ce tiroir est obtenu par un plateau qui reçoit un mouvement de rotation de vitesse réduite, de l'arbre même de la turbine. Le régulateur, actionné par la turbine, agit directement sur la position moyenne du tiroir du servo-moteur, provoquant ainsi une admission de vapeur variable dans ce servo-moteur et, par conséquent, une poussée de son piston d'une durée plus ou moins grande. Comme le mouvement de ce piston est lié au soulèvement de la soupape d'admission, le régulateur agit sur l'amplitude de cette admission par l'intermédiaire du servo-moteur, suivant le régime de vitesse de la turbine elle-même.

La figure 806 représente une turbine de 9.000 chevaux, actionnant directement un alternateur à courant triphasé.

Ce *turbo-alternateur* fait partie d'un groupe de dix moteurs semblables, installés à Saint-Denis, dans l'usine de la Société d'Électricité de Paris.

Cette installation, qui pourrait produire une puissance de près de 100.000 chevaux, est destinée à fournir une partie du courant électrique actionnant le chemin de fer

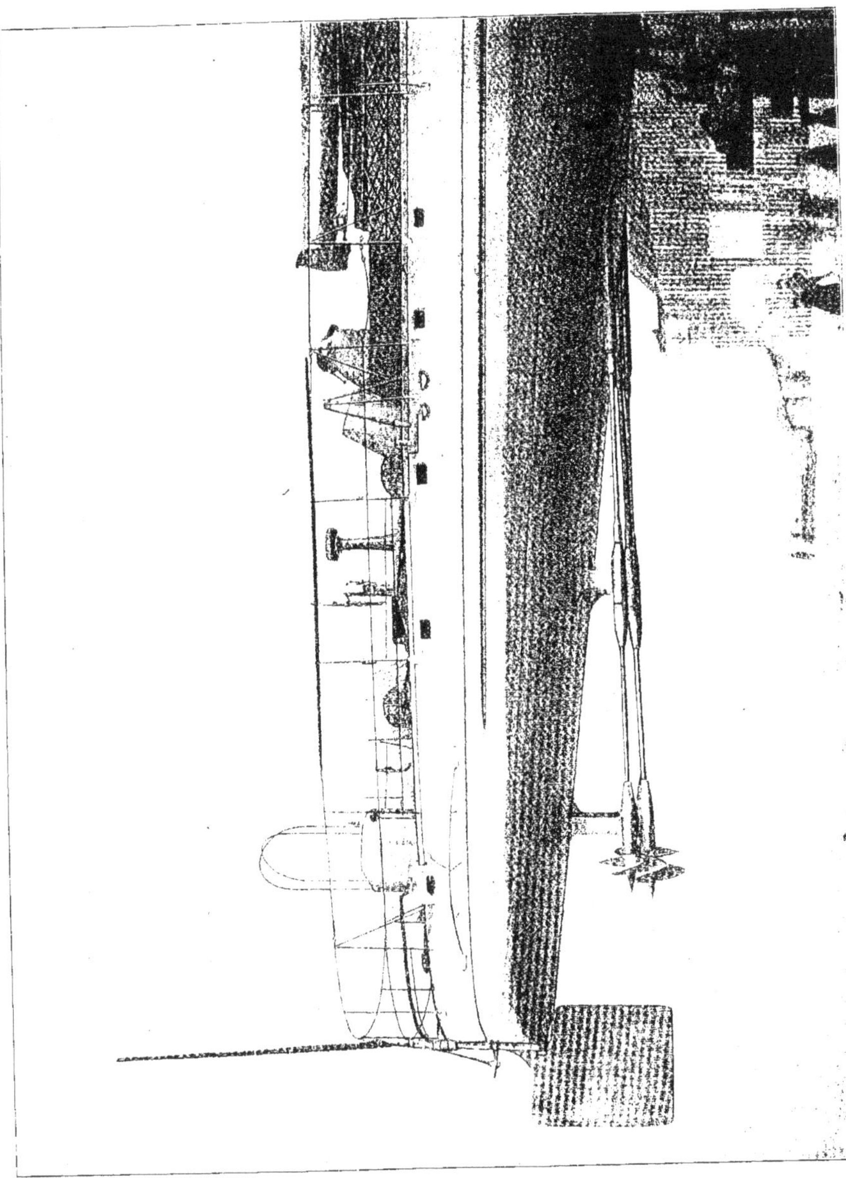

Fig. 801. — Ligne d'arbres d'un torpilleur à 3 turbines. — (*Photographie prise sur le chantier de lancement.*)

métropolitain de Paris, et à éclairer quelques quartiers de la capitale.

Ces turbines sont munies de condenseurs par surface de dimensions considérables établis dans le sous-sol.

Elles marchent à une vitesse de 750 tours par minute avec de la vapeur surchauffée à 300 degrés, et à une pression de 12 kilogrammes par centimètre carré à l'admission.

La génératrice de courant électrique a une tension de 10.500 volts et est construite par les ateliers Brown, Boveri et Cie.

Fig. 805. — Turbo-alternateur de 540 chevaux fonctionnant avec la vapeur d'échappement à la pression de 1,2 atmosphère.

Les turbines sont construites, pour la France, par la Compagnie Électro-mécanique, au Bourget.

La figure 805 représente une turbine de 540 chevaux, actionnant un alternateur à courant triphasé d'une tension de 3.000 volts, tournant à 3.000 tours, installée en Lorraine, dans une mine de houille.

Ce qu'il y a de particulier dans ce turbo-alternateur, c'est qu'il fonctionne avec la vapeur d'échappement, provenant des machines à mouvement alternatif de l'installation minière, la pression absolue de cette vapeur étant de 1,2 atmosphère.

Turbines à action

Nous allons décrire maintenant les principales turbines à action employées industriellement de nos jours. Ces turbines ne sont pas toutes à *action pure*, mais on les classe dans cette catégorie, parce que leur système participe surtout du principe de la turbine à *action pure* dont nous avons analysé les particularités essentielles.

Turbine de Laval

La turbine de Laval est la première turbine à action qui ait été employée avec succès à un usage industriel.

C'est une turbine *axiale*, à roue *simple*.

Elle se compose d'un disque claveté sur un arbre, et muni, à sa périphérie, d'aubes dont le profil est tel qu'elles laissent entre elles un espace de section constante

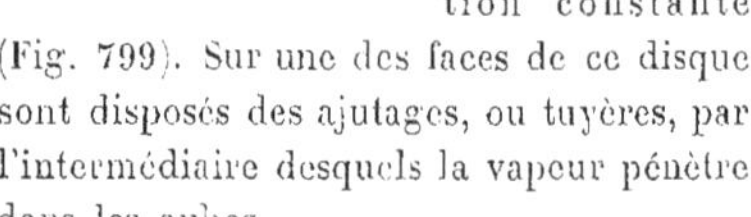

(Fig. 799). Sur une des faces de ce disque sont disposés des ajutages, ou tuyères, par l'intermédiaire desquels la vapeur pénètre dans les aubes.

Ces tuyères ont leur axe légèrement incliné par rapport au plan du disque portant les aubes.

La vapeur arrive dans les tuyères complètement détendue et, par sa seule force vive, provoque la rotation du disque et de l'arbre sur lequel il est claveté.

Après avoir effectué son travail, la vapeur sort de la roue à aubes avec une pression sensiblement égale à la pression qu'elle possédait à l'entrée et avec une vitesse que le tracé des aubes doit rendre le plus faible possible, ainsi que nous l'avons expliqué.

L'arbre, en acier, est supporté à ses extrémités par deux paliers et tourne, avec la roue mobile, dans une capacité (Fig. 810) formée de deux parties dont une A porte les tuyères de distribution en bronze, tandis que l'autre C sert de chambre d'évacuation à la vapeur d'échappement qui sort des aubes mobiles.

Fig. 806. — Turbo-alternateur de 9.000 chevaux, installé à l'usine de Saint-Denis, de la Société d'Électricité de Paris.

L'arbre de la turbine porte un petit pignon en acier taillé dans la masse, à double denture hélicoïdale, appelée *denture à chevrons,* qui actionne une roue beaucoup plus grande, destinée à réduire la vitesse considérable de cet arbre.

La figure 809 montre, en plan, une turbine dont le pignon actionne à la fois deux grandes roues qui commandent chacune un arbre. La turbine peut donc commander la rotation de deux arbres parallèles disposés côte à côte et tournant en sens inverse.

A l'extrémité de l'arbre qui porte la roue d'engrenage de grand diamètre (Fig. 810), est placé le régulateur R à force centrifuge et à axe horizontal qui agit, par l'intermédiaire d'un levier, sur la soupape d'admission S placée à la partie supérieure de la boîte de distribution A.

Au sortir de la valve d'admisssion la vapeur se répand dans toutes les tuyères.

Quand on veut réduire la puissance de la machine, on manœuvre, à la main, des obturateurs qui ferment l'orifice d'un certain nombre de tuyères, limitant ainsi la consommation de vapeur et l'appropriant au travail effectué par la turbine.

Le disque mobile et l'arbre sont disposés d'une façon particulière pour que, par l'effet de la force centrifuge, ces deux organes ne tendent pas à provoquer un frottement excessif sur les coussinets et même à se déformer.

90° 90° 90°

1 Au repos. 2 Au commencement du mouvement. 3 En marche normale.

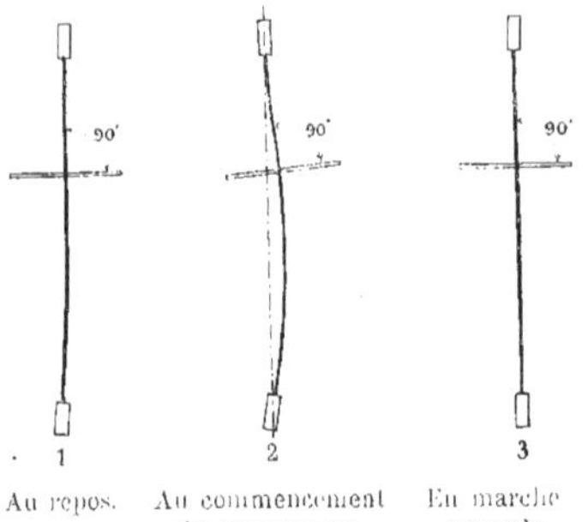

Fig. 807. — Arbre flexible de la turbine de Laval.

Un des coussinets est à rotule et l'arbre a un petit diamètre, de façon à être rendu flexible sur ses supports. Le disque est claveté sur l'arbre, à une distance convenable des deux paliers. Cette position dépend de la vitesse normale de marche de la turbine et, en tous cas, elle ne correspond pas au milieu de la portée comprise entre les deux paliers.

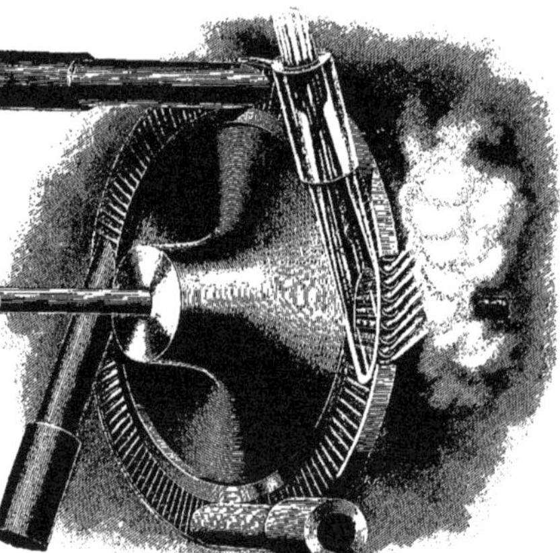

Fig. 808. — Turbine de Laval. — Distribution de la vapeur et disque mobile.

Quand la turbine commence à tourner, l'arbre commence à fléchir. Le disque qui, malgré toutes les précautions prises, ne peut pas être équilibré d'une façon rigoureusement parfaite, se trouve, du fait de cette flexion, incliné par rapport à la ligne droite qui joint les deux paliers fixes (Fig. 807). A mesure que la vitesse de la turbine augmente, ce disque tendra, sous l'action de la force centrifuge, à se placer perpendiculairement à la ligne des paliers, et quand la turbine aura atteint sa vitesse de régime, l'arbre flexible occupera, entre les paliers, la même position que prendrait un arbre rigide. Le palier à rotule permet la flexion de l'arbre au commencement du mouvement, et le frottement qui se manifeste sur les coussinets des deux paliers à ce moment, disparaît quand la vitesse de la turbine est devenue normale et que l'arbre a repris sa forme rectiligne.

Cette vitesse, qui est considérable, peut varier, suivant le type de la turbine, de 7.500 à 30.000 tours par minute, ce qui représente une vitesse à la périphérie, variant entre 175 mètres et 400 mètres à la seconde, soit, pour traduire ces chiffres d'une façon plus frappante, entre 630 et 1.440 kilomètres à l'heure, c'est-à-dire qu'un de ces disques, tournant avec sa vitesse sur le sol, à la façon d'une roue, traverserait la France entière en moins d'une heure. Pour l'établissement d'une turbine de 10 chevaux, le disque mobile a 12 centimètres de diamètre et tourne à 24.000 tours.

Une turbine de 100 chevaux comporte un disque de 30 centimètres de diamètre, tournant à 15.000 tours; une de 300 chevaux comporte un disque de 70 centimètres, qui tourne à 7.500 tours. L'arbre de cette

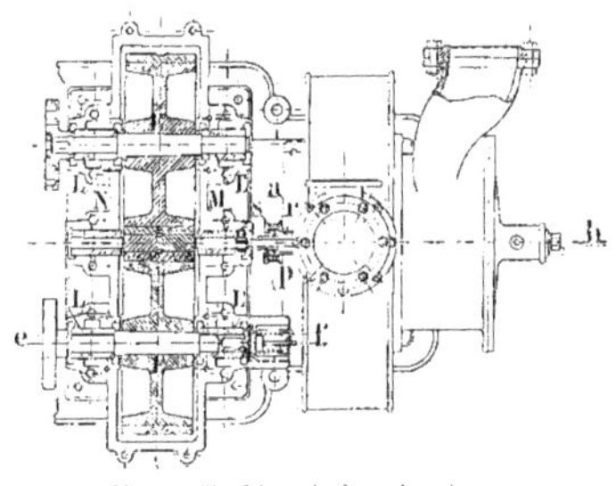

Fig. 809. — Turbine de Laval à deux axes. Coupe horizontale.

dernière turbine a un diamètre de 30 millimètres seulement à l'endroit le plus

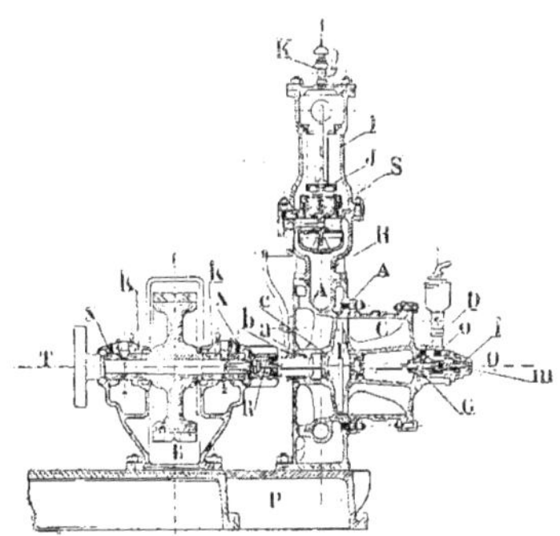

Fig. 810. — Turbine de Laval. — Coupe verticale.

faible, et la turbine de 10 chevaux porte un arbre n'ayant que 5 millimètres.

Turbine Rateau (Fig. 811.) La turbine Rateau est une *turbine d'action à roues multiples,* appelée aussi turbine *multicellulaire.*

Elle se compose d'une enveloppe cylindrique faite en deux parties assemblées horizontalement à la hauteur de l'axe de l'arbre. Cette enveloppe comporte, du côté de l'admission de vapeur, un couvercle dans lequel est ménagé le conduit d'admission, et portant un des paliers de l'arbre, muni d'un dispositif à rainures circulaires qui constitue un joint étanche contre les fuites de vapeur vive pouvant se produire le long de cet arbre.

Du côté de l'échappement, un second couvercle porte le second palier, muni également d'un joint étanche.

Dans la paroi intérieure de l'enveloppe sont pratiquées des rainures circulaires dans lesquelles viennent se loger des disques A (Fig. 811), immobilisés contre l'enveloppe.

Ces disques divisent la capacité intérieure de l'enveloppe en un certain nombre de compartiments.

Entre les disques fixes et dans chaque compartiment ou *cellule* sont disposées des roues mobiles B solidaires de l'arbre C de la turbine.

Ces roues sont très légères et sont constituées par deux disques de faible épaisseur, faits en tôle d'acier au nickel, afin de prévenir les oxydations, assemblés par des rivets à leur périphérie. Vers leur centre, ces deux disques sont assemblés également par des rivets sur une douille cylindrique qui leur sert de moyeu. Ce moyeu est entré à force sur l'arbre C de la turbine.

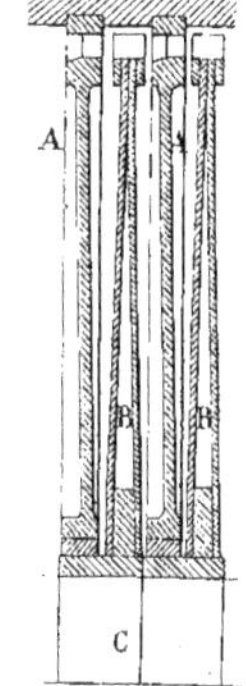

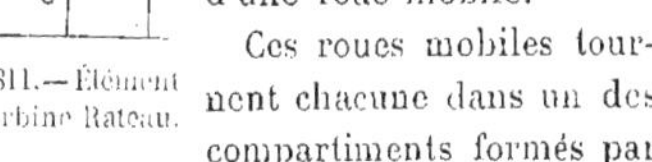

Fig. 811. — Élément de turbine Rateau.

Celui-ci se trouve donc constitué par une série d'échelons de diamètres très peu différents les uns des autres, et chacun de ces échelons reçoit un moyeu d'une roue mobile.

Ces roues mobiles tournent chacune dans un des compartiments formés par les disques fixes, qu'on nomme aussi *diaphragmes.* Ces diaphragmes sont centrés sur chacun des moyeux des roues mobiles le plus exactement possible et portent, pour permettre un tourillonnement doux de ces moyeux dans leur trou central, une garniture en bronze spécial qui permet à la partie mobile de créer son passage circulaire exact dans la partie fixe.

Les diaphragmes et les roues mobiles portent à leur périphérie une série d'aubes faites en tôle mince d'acier au nickel.

Les aubes fixes ou distributrices ont leur élément d'entrée dirigé parallèlement à l'axe de la turbine et leur élément de sortie est incliné de 20 degrés environ, sur la face de la roue mobile suivante.

Elles peuvent être groupées en un certain nombre de veines distributrices permettant de réaliser une admission partielle de vapeur.

Les aubes mobiles, faites également en tôle d'acier au nickel, sont disposées pour faire, avec les deux faces de la roue mobile, un angle d'entrée et un angle de sortie d'environ 30 degrés.

La section de l'espace compris entre deux aubes doit être de dimension constante, de façon que la vapeur conserve la même pression à l'entrée et à la sortie; les roues mobiles se mouvant dans un milieu de pression uniforme, il ne se produit aucune poussée axiale, comme dans les turbines à réaction, et, en outre, on peut laisser, entre les parties mobiles et les parties fixes, les jeux largement nécessaires pour assurer un bon fonctionnement, sans avoir à craindre des fuites.

L'emploi des multiples cellules permet aussi d'utiliser d'une manière économique le volume de vapeur admis en obtenant une vitesse angulaire assez faible pour pouvoir être appropriée aux divers usages industriels.

Les aubes des divers diaphragmes sont décalées par rapport à celles des diaphragmes précédents d'une quantité équivalente à la distance parcourue par les aubes mobiles, pendant que la vapeur les traverse. On admet ainsi la vapeur dans le diaphragme fixe faisant suite à une roue mobile, sans qu'il se produise des remous et des chocs sur les aubes, remous et chocs qui pourraient constituer un inconvénient sérieux.

L'admission de la vapeur est réglée, dans la turbine Rateau, par un régulateur à force centrifuge qui commande, par l'intermédiaire d'un compensateur Denis, le soulèvement d'une soupape équilibrée d'admission. Un second régulateur de sécurité permet, en provoquant le déclenchement d'une soupape d'arrêt, de fermer l'arrivée de vapeur, lorsque la vitesse de la turbine devient excessive.

La turbine Rateau peut être disposée, comme la turbine Parsons, pour un emploi à terre ou pour actionner les hélices d'un bateau.

Certains types de ces turbines, qui sont construites par les ateliers Sautter-Harlé à Paris, ont été réalisés pour utiliser la vapeur d'échappement provenant des machines à vapeur d'une installation industrielle. Cette vapeur, à la pression de 1 ou 1,2 atmosphère, au lieu d'être évacuée à l'air libre, sert à actionner la turbine et permet de récupérer une partie du travail dû à la température et à la pression qu'elle possède encore, après avoir effectué son travail dans la machine à vapeur alternative.

Turbine Zoelly (Fig. 812-814.) Cette turbine ressemble beaucoup à la turbine Rateau. C'est aussi une *turbine axiale d'action à roues multiples.* Les principes de ces deux moteurs sont les mêmes, mais ils diffèrent par les dispositions de montage et de fixation des aubes.

La turbine Zoelly est constituée par une succession de compartiments séparés par des cloisons fixes portant des aubes distributrices. Dans chaque compartiment se meut une roue à la périphérie de laquelle sont disposées les aubes réceptrices. Les sections de passage de la vapeur dans les aubes distributrices vont en s'élargissant à mesure que les couronnes d'aubes se rapprochent de l'échappement.

La vapeur passe successivement d'une couronne d'aubes fixes sur une couronne d'aubes mobiles, en provoquant la rotation de la roue qui porte ces dernières, et cette vapeur, à mesure qu'elle chemine, se détend de plus en plus pour atteindre une pression très faible au sortir de la dernière série d'aubes et être admise au condenseur.

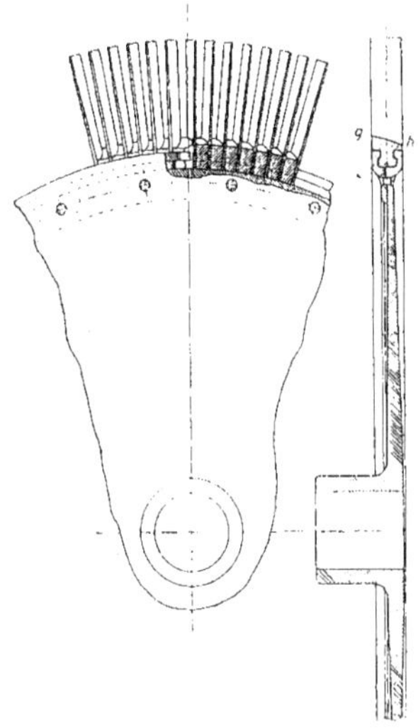

Fig. 812. — Turbine Zoelly. — Roue mobile.

Les turbines Zoelly sont constituées en 10 étages de roues mobiles, pour les types de puissances variant de 200 à 1.300 chevaux et tournant à 3.000 tours. Pour les turbines tournant à 1.500 tours, on donne 16 étages de roues et pour celles qui doivent fournir une puissance de 5.000 à 8.000 chevaux en tournant à 1.000 tours on atteint 20 étages de roues mobiles.

La multiplicité de séries d'aubes permet de réaliser une grande détente, et le profil donné à ces aubes permet d'obtenir, dans chaque compartiment, une égalité de pression sur chacune des faces de couronnes, ce qui élimine toute poussée axiale.

Les couronnes d'aubes fixes sont constituées par des cloisons (Fig. 813) fixées à l'enveloppe, qui portent, à leur centre, un trou de passage pour le moyeu de la couronne mobile. Ce moyeu tourne dans le trou de la cloison fixe, et pour éviter l'entrée de la vapeur d'un compartiment à l'autre autrement que par les aubes, on a pratiqué sur les parois du trou central une série de cannelures destinées à empêcher les fuites.

La cloison fixe est percée, sur sa périphérie, d'ouvertures dans lesquelles sont logées les aubes. Celles-ci *m*, qui ont (Fig. 813) une forme appropriée, sont placées sur la cloison fixe par l'intermédiaire de fentes *l* pratiquées sur une de ses faces, où pénètrent les deux extrémités *n* de l'aube. La partie *m* rétrécie de l'aube se loge dans les ouvertures ménagées à la périphérie de la cloison. Pour maintenir les aubes dans leur position, deux couronnes circulaires *o* et *o*, sont vissées sur la face de la cloison portant les rainures *l* et immobilisent les aubes dans ces rainures.

La roue réceptrice mobile (Fig. 812) est constituée par un disque muni d'un moyeu. Sur la périphérie du disque a été pratiquée une rainure circulaire de forme spéciale. C'est dans cette rainure que viendra se loger le talon de l'aube réceptrice serrée contre la roue par une couronne métallique rapportée, sur laquelle est également ménagée une rainure semblable permettant d'emboîter exactement le talon de l'aube. L'écartement régulier des aubes entre elles est assuré par des cales interposées entre les talons des aubes. Les roues mobiles sont rentrées à force sur l'arbre de la turbine, à la suite les unes des autres, et leurs moyeux se touchent en traversant les cloisons fixes par le trou central muni, comme nous l'avons dit plus haut, d'un dispositif d'étanchéité.

L'admission de vapeur s'effectue par l'intermédiaire d'une valve *k* (Fig. 814) qui découvre plus ou moins l'orifice d'admission, suivant les variations d'un régulateur à force centrifuge auquel elle est reliée par l'intermédiaire d'un petit servo-moteur.

Ce servo-moteur se compose d'un distributeur cylindrique comportant deux tiroirs *m* qui se meuvent dans une boite également cylindrique munie de quatre conduits. Le conduit *a* admet de l'huile à une pression de 6 à 7 kilogr. dans la boite; le conduit *b* manchon du régulateur monte. Le levier horizontal *n*, pivotant provisoirement du fait de ce mouvement autour de son extrémité, soulève la tige des tiroirs *m*, ce qui met en communication le conduit *f* avec le conduit *a* qui apporte de l'huile sous pression. Cette huile pénètre dans le cylindre *g* au-dessus du piston *h* et, le pressant, provoque sa descente. L'huile contenue sous le

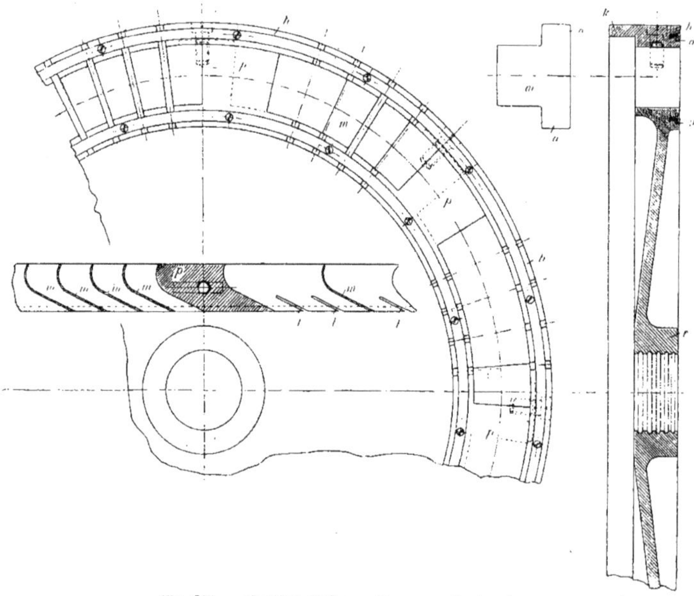

Fig. 813. — Turbine Zoelly. — Couronne d'aubes fixes.

sert à l'évacuation de l'huile provenant du cylindre; les conduits *f* et *e* relient la boite à tiroirs avec les extrémités d'un cylindre *g* dans lequel se meut un piston *h*. Ce piston est relié à la valve de distribution par une tige verticale qui se prolonge par une petite bielle pour s'articuler sur le levier horizontal *n* solidaire du manchon du régulateur.

La tige des deux tiroirs est également articulée sur ce levier *n*.

On comprend le fonctionnement :

Quand la turbine accélère son allure, le piston *h* est refoulée par les conduits *e* et *b* qui, à ce moment, communiquent. La valve d'admission descend également en retrécissant les orifices de passage de la vapeur du fait de la forme triangulaire donnée aux ouvertures ménagées sur sa périphérie.

La vapeur est donc admise d'une façon continue dans la turbine, mais en subissant un étranglement plus ou moins grand, suivant la vitesse du moteur.

Quand le piston *h* sera descendu d'une certaine quantité en limitant l'admission de vapeur, sa tige aura fait osciller le levier n autour de l'axe du manchon du régulateur ; la tige des tiroirs se sera également abaissée et le petit tiroir supérieur m, qui avait découvert l'orifice du conduit f, l'obturera en revenant à sa position moyenne ; l'équilibre se rétablira pour la nouvelle vitesse de la turbine avec une admission de vapeur réduite. Le mouvement inverse se produirait si la vitesse de la turbine diminuait ; le régulateur provoquerait le soulèvement de la valve d'admission R, augmentant ainsi les sections de passage de la vapeur.

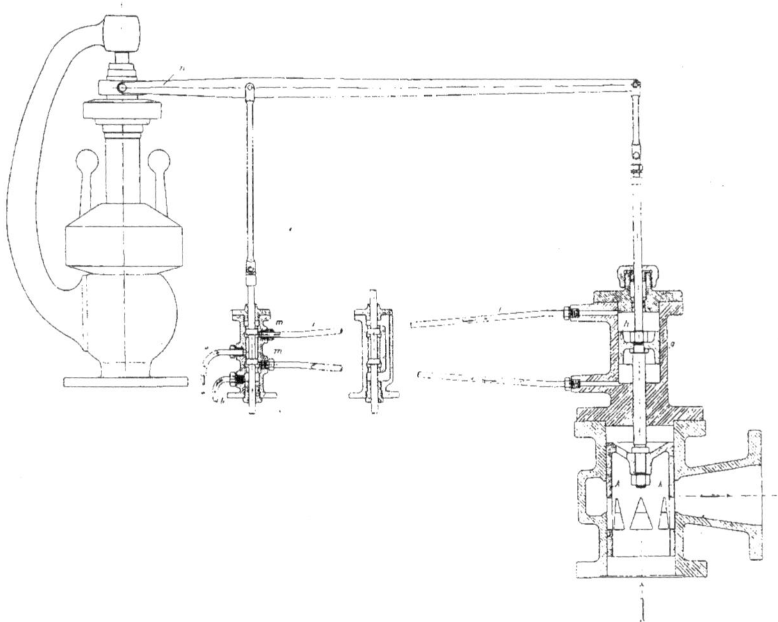

Fig. 814. — Turbine Zoelly. — Admission de vapeur.

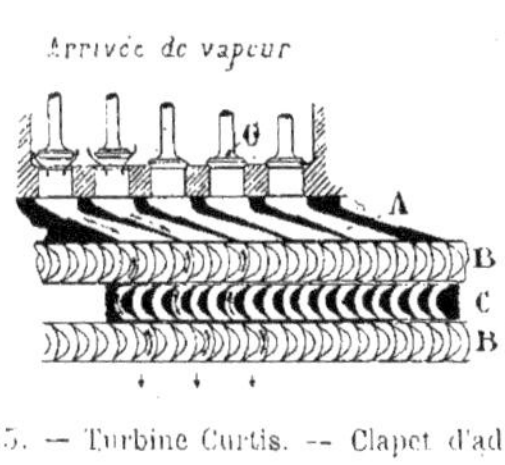

La turbine Zoelly est construite en France par les ateliers du Creusot et la Société Alsacienne de Constructions mécaniques à Belfort, et à Zurich par les ateliers Escher Wyss.

Arrivée de vapeur

Fig. 815. — Turbine Curtis. — Clapet d'admission.

Turbine Curtis (Fig. 815 à 822.) La *turbine Curtis* est une *turbine d'action axiale*. Elle peut comporter une ou plusieurs roues mobiles. Elle peut également être disposée horizontalement ou verticalement.

Le plus souvent elle est à axe vertical et elle est constituée par plusieurs étages de roues à aubes mobiles.

Chaque étage est composé d'un disque

ou diaphragme fixe E, E_1, E_2, E_3 portant les tuyères d'admission de vapeur.

Les tuyères A de l'étage supérieur (Fig. 815) qui reçoivent directement la vapeur vive, peuvent être obturées par des clapets G qui

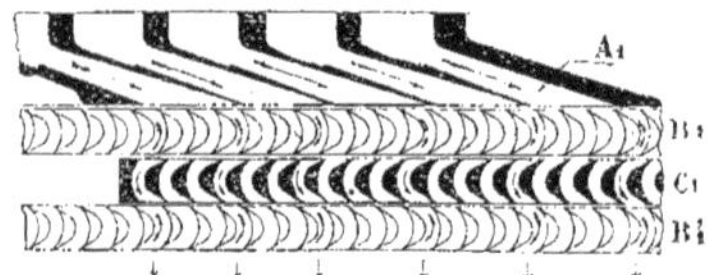

Fig. 816. — Turbine Curtis. — Élément intermédiaire.

permettent de limiter la quantité de vapeur admise, en ne découvrant que le nombre de tuyères nécessaires.

Au sortir des tuyères A la vapeur pénètre

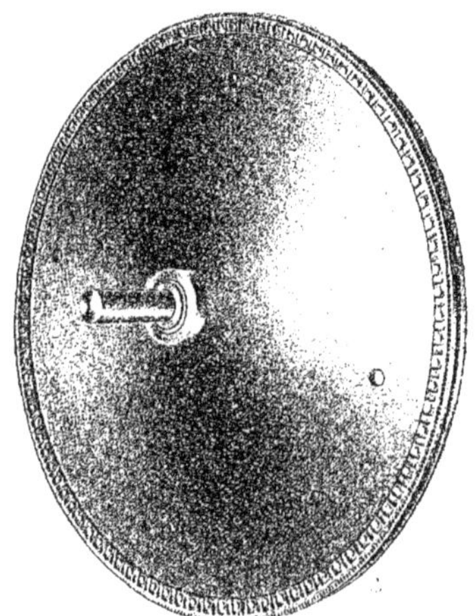

Fig. 817. — Turbine Curtis. — Plateau portant les aubes fixes.

dans une première série d'aubes mobiles B, puis elle passe dans une couronne d'aubes fixes C et pénètre ensuite dans une seconde série d'aubes mobiles B'. Les deux séries B et B' d'aubes mobiles sont portées par un même disque D (Fig. 821) monté à force sur l'arbre vertical de la turbine. Ce disque tourne et ses deux rangées d'aubes se meuvent entre la couronne d'aubes fixes C qui sont encastrées dans la paroi verticale intérieure de l'enveloppe.

Fig. 818. — Turbine Curtis. — Aubes mobiles.

Les diaphragmes portant les tuyères distributrices sont immobilisés contre l'enveloppe de la turbine et portent, pour le passage de chaque moyeu des disques mobiles, une garniture qui permet de cons-

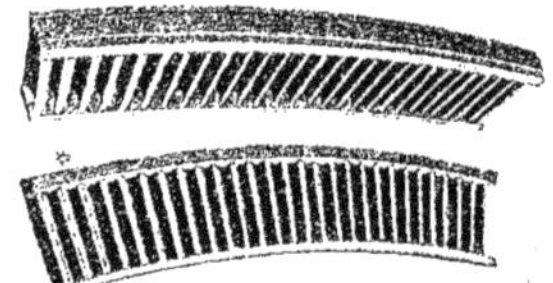

Fig. 819. — Turbine Curtis. — Aubes fixes.

tituer, entre deux diaphragmes, un compartiment étanche.

Au sortir de la seconde rangée d'aubes mobiles de l'étage supérieur, la vapeur pénètre dans une nouvelle série de tuyères A^1

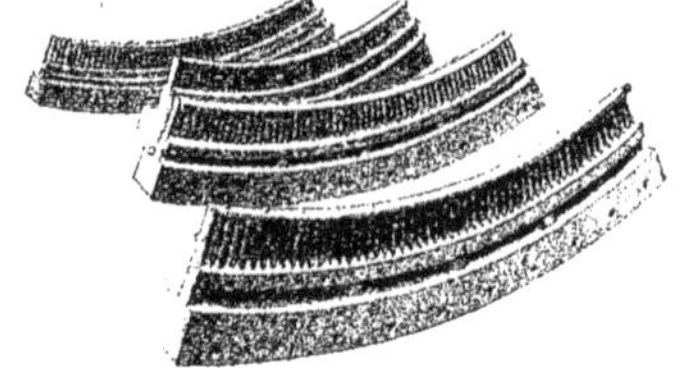

Fig. 820. — Turbine Curtis. — Segments d'aubes fixes en place.

(Fig. 821), placée immédiatement au-dessous, où elle augmente sa détente, pour être distribuée dans d'autres séries d'aubes mobiles et d'aubes fixes intercalées, disposées d'une manière identique à celles de l'étage supérieur.

Les disques portant les deux rangées d'aubes mobiles sont en acier et les aubes sont façonnées dans la masse au moyen de machines-outils spéciales. Pour les roues à aubes de grand diamètre, les aubes sont taillées dans des couronnes d'acier (Fig. 818), qui sont ensuite rapportées sur les roues et y sont maintenues fixées par une couronne de rivets (Fig. 817). Les aubes fixes (Fig. 819) sont également taillées à l'outil dans des segments circulaires en bronze, qui sont rapportés sur des supports rendus solidaires de l'enveloppe (Fig. 820).

La turbine Curtis à axe vertical, dont la figure 822 représente une vue d'ensemble, et la figure 821, une demi-coupe verticale, comporte quatre étages de roues mobiles.

Ces roues sont placées à la partie inférieure de la turbine, la partie supérieure étant occupée par une machine électrique directement attelée sur l'arbre vertical.

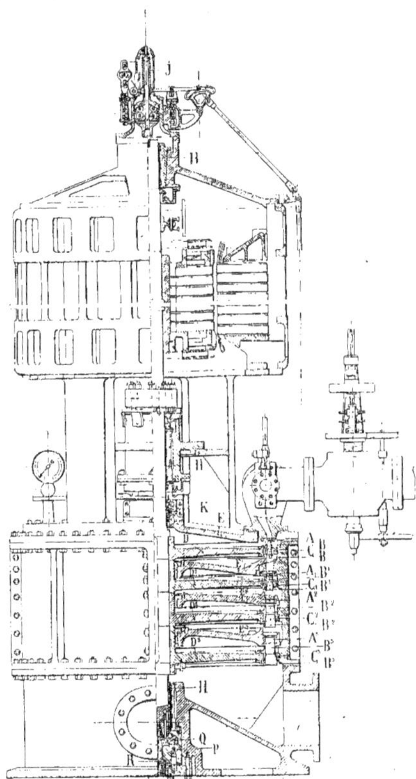

Fig. 821. — Turbine Curtis. — Élévation et coupe verticale.

Trois paliers H assurent le guidage de cet arbre dont la disposition verticale nécessite l'adjonction d'une crapaudine à la partie inférieure. Cette crapaudine est formée par deux plaques en fonte, dont l'une Q tourne avec l'arbre tandis que l'autre P est solidaire du socle de la turbine. Une vis de réglage S permet, par l'intermédiaire d'un support R, de faire varier sa position en hauteur.

Entre les plaques P et Q on envoie, par une pompe indépendante, de l'eau à une pression suffisante pour équilibrer le poids de l'arbre et des organes qu'il supporte. La rotation du bout de l'arbre s'effectue ainsi sur une couche liquide, ce qui permet d'éviter le frottement entre les pièces métalliques.

Le palier intermédiaire et le palier supérieur H sont lubrifiés au moyen d'une pompe spéciale qui leur envoie de l'huile sous pression.

Le régulateur à force centrifuge J est placé à l'extrémité supérieure de l'arbre et actionne, le plus généralement, un servo-moteur hydraulique qui découvre le nombre convenable de tuyères d'admission suivant le régime de marche.

Un appareil de sûreté est, en outre, disposé pour arrêter la turbine, quand la vitesse de rotation dépasse de 15 % la vitesse normale.

La turbine Curtis, construite par les ateliers Biétrix, Leflaive et Cie, à St-Étienne, peut être facilement visitée, son enveloppe inférieure qui contient les organes à vapeur étant constituée en quatre parties assemblées entre elles suivant des joints verticaux étanches. Le démontage en est simple. La turbine Curtis permet l'emploi de la vapeur surchauffée.

Turbine Bréguet (Fig. 823.) C'est une *turbine d'action à roues multiples*. Elle se compose d'un arbre supportant plusieurs séries de couronnes d'aubes mobiles de diamètres différents. Ces couronnes sont disposées sur cet arbre en deux groupes placés chacun de chaque côté de l'arrivée de vapeur, et le profil des aubes est tel que la vapeur circule en sens inverse dans les deux groupes d'aubes mobiles. Cette disposition a pour but d'équilibrer la poussée axiale qui se manifeste du fait du passage de la vapeur dans les séries d'aubes, quoique ces aubes soient établies pour ne pas créer de réaction.

Les deux capacités ainsi disposées de chaque côté de l'arrivée de vapeur sont séparées par une cloison qui traverse l'arbre de la turbine. Les couronnes mobiles, disques du système de Laval, sont constituées par des aubes en bronze de haute résistance, inoxydable. Ces aubes sont travaillées à froid dans des barres laminées. Elles sont encastrées, par leur extrémité, dans des rainures pratiquées sur le pourtour de la couronne en acier forgé et rivées sur les deux faces de cette couronne.

Fig. 822. — Turbine Curtis. — Vue d'ensemble.

A leur extrémité extérieure, ces aubes sont munies de talons qui, serrés les uns contre les autres, donnent à l'ensemble de la couronne une rigidité permettant d'éviter les vibrations.

Les couronnes d'aubes mobiles sont clavetées sur des manchons rendus solidaires de l'arbre.

Les aubes distributrices fixes sont encastrées dans l'enveloppe de la turbine. Cette enveloppe est en deux parties assemblées suivant un joint longitudinal fait à la hauteur de l'axe de la turbine.

Deux paliers, placés aux extrémités de la turbine, supportent l'arbre. Ces paliers sont lubrifiés à l'aide d'huile envoyée sous pression par une pompe spéciale.

Les presse-étoupes métalliques sont constitués par des rainures circulaires dans lesquelles un filet de vapeur forme, grâce à la force centrifuge, un matelas constituant un joint étanche.

La figure 823 représente une turbine Bréguet dont la partie supérieure de l'enveloppe a été démontée, ce qui laisse apercevoir la moitié supérieure des couronnes d'aubes mobiles.

physiciens ont permis d'apporter d'importantes modifications dans la constitution de ses organes, ce qui en a fait un moteur de premier ordre.

On n'est, d'ailleurs, pas encore au bout des perfectionnements susceptibles de l'améliorer, ce qui peut laisser prévoir pour la turbine à vapeur un brillant avenir.

La turbine à vapeur détrônera-t-elle la machine à vapeur à mouvement alternatif, qui a atteint, semble-t-il, aujourd'hui son plus haut degré de perfectionnement?

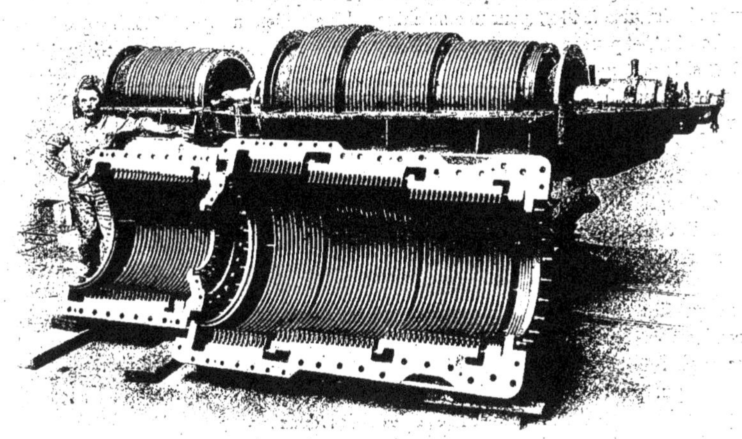

Fig. 823. — Turbine Bréguet.

PARALLÈLE ENTRE LA MACHINE A VAPEUR A MOUVEMENT ALTERNATIF ET LA TURBINE A VAPEUR

La turbine à vapeur a pris depuis quelques années un essor considérable. Son emploi a été de plus en plus fréquent, à mesure que sa consommation de vapeur est devenue de plus en plus économique. Ce moteur à vapeur, conçu en somme depuis longtemps, n'avait pu être utilisé plus tôt industriellement parce qu'on manquait d'éléments pour l'améliorer. Depuis, les travaux effectués sur l'écoulement des fluides par d'éminents ingénieurs et

On ne peut guère, quant à présent, envisager cette éventualité : mais il faut tenir compte que de ces deux sortes de moteurs à vapeur l'un, l'ancien, étudié sous toutes ses formes, est connu et a été amélioré jusque dans ses moindres détails, tandis que l'autre n'est, pour ainsi dire, qu'au commencement de son évolution : les rapides progrès réalisés dans sa construction, dans un espace de temps restreint, autorisent d'autres espérances.

Il est, en tous cas, intéressant de mettre en parallèle ces deux moteurs et de voir, pour chacun d'eux, quels sont les avantages et les inconvénients qu'on peut leur attribuer.

Dans les moteurs à vapeur, quel qu'en soit le type, on peut envisager, d'une façon générale, deux sortes de pertes qui diminuent leur rendement : les pertes dues aux effets mécaniques, les pertes dues aux effets thermiques.

Dans la machine à vapeur à mouvement alternatif, les pertes mécaniques ne sont guère inférieures à 15 % pour une machine en bon état, et peuvent atteindre facilement 30 % si le moteur est quelque peu négligé. Ces pertes proviennent des frottements des multiples organes les uns contre les autres, et des *résistances passives* de ces divers organes. Ces *résistances* sont dues aux forces d'inertie qui interviennent lors des variations de vitesse de ces organes, dont le sens de marche doit être inversé deux fois à chaque tour de l'arbre : il est bien évident qu'elles deviennent de plus en plus grandes à mesure que le poids des organes augmente et que leur vitesse s'accroît.

On a pu, par une construction de plus en plus soignée, atténuer ces causes de pertes organiques : mais par suite de l'adoption de détentes et de cylindres multiples qui ont eu un excellent effet au point de vue du rendement thermique, on a été conduit à augmenter sensiblement le nombre d'organes en mouvement. Le rendement mécanique de la machine alternative ne paraît donc pas susceptible de recevoir des améliorations sensibles.

Dans la turbine à vapeur, les organes tournent d'un mouvement continu. Les forces d'inertie n'interviennent point pour créer des résistances nuisibles. La force centrifuge seule entre en jeu.

Le frottement des organes est réduit au frottement de l'arbre dans ses deux paliers, dans lesquels on envoie, d'ailleurs, de l'huile sous pression, ce qui limite au minimum la valeur de ce frottement.

A ce point de vue, l'avantage reste incontestablement à la turbine. Mais la vapeur en s'écoulant entre les aubes, avec une vitesse, en somme considérable, crée un frottement important sur la face de ces aubes, et il faut que leur profil soit établi de façon à laisser à la vapeur la section de passage bien appropriée à son volume, qui croît, généralement, ainsi que nous l'avons vu, à mesure que cette vapeur se rapproche de l'échappement. C'est la partie de la turbine qu'on ne peut établir que sur des données encore quelque peu imprécises et que l'expérience permettra certainement de rendre plus parfaite, au grand bénéfice d'un meilleur rendement mécanique du moteur.

D'autre part, dans la turbine, on peut employer la vapeur surchauffée, qui permet de réduire la valeur du frottement sur les faces des aubes, sans rencontrer les mêmes inconvénients que dans la machine alternative. En effet, on ne peut craindre que les lubrifiants ne résistent pas à la température de cette vapeur, puisque dans la turbine on ne lubrifie que les coussinets des deux paliers, qui sont complètement en dehors du flux de vapeur.

Un autre avantage qui ressort de l'emploi de la turbine, est que sa vapeur d'échappement, n'ayant aucun contact avec les lubrifiants, ne contient aucune matière grasse, et que l'eau de condensation peut être utilisée directement pour alimenter des générateurs sans avoir à craindre les corrosions que produisent sur les tôles les acides gras.

Si nous envisageons maintenant la machine à vapeur au point de vue thermique, nous trouvons que les pertes dues aux effets thermiques sont de deux sortes. Il y a d'abord des pertes provenant de l'action des parois sur la vapeur qui provoquent des condensations et des revaporisations nuisibles au bon rendement thermique de la machine. Il y a ensuite des pertes dues à la façon dont la vapeur travaille dans les divers organes de la machine.

Les conduits de vapeur sont généralement de section trop réduite, et les lumières de distribution ont également des dimensions trop faibles. On ne peut guère remédier d'une façon complète à ces deux inconvénients, parce qu'il faudrait donner aux conduits de vapeur et aux lumières des dimensions disproportionnées à celles de la machine.

De même, les pertes thermiques dues à l'évacuation de la vapeur d'échappement au condenseur sont, en général, également considérables. Cela résulte d'une détente incomplètement utilisée de la vapeur, dans le cylindre de basse pression.

On a remédié à ces divers inconvénients en construisant des machines à multiple expansion, à enveloppes de vapeur, et tournant à grande vitesse.

On a pu ainsi, jusqu'à un certain point, réduire les pertes dues à l'effet des enveloppes, et utiliser d'une façon plus rationnelle l'expansion de la vapeur avant de l'admettre au condenseur, mais on n'a pu néanmoins faire disparaître toutes les causes de pertes thermiques, parce que certaines sont liées intimement à la constitution des organes mêmes de la machine et à la façon dont la vapeur agit sur eux.

Dans la turbine, l'admission de la vapeur s'effectuant toujours du même côté, et l'échappement se produisant, également, d'une façon permanente à l'extrémité opposée, il en résulte un écoulement régulier de la vapeur à travers les aubes, de l'admission à l'échappement. Durant ce parcours, chacun des points de la turbine est porté à une température qui ne varie pas pour ces divers points, mais qui décroît progressivement depuis l'admission jusqu'à l'échappement. De ce fait, l'action nuisible des parois, qui dans la machine alternative produisent des condensations et des revaporisations dues à la l'admission successive de la vapeur vive tantôt d'un côté du piston, tantôt de l'autre, n'existe plus, et les pertes thermiques dues aux parois sont supprimées, ou, du moins, elles sont très limitées.

Une autre cause favorable à la suppression des pertes thermiques dans la turbine réside dans l'admission de la vapeur qui s'effectue d'une façon permanente par un conduit de section importante. Cette disposition réduit à leur extrême limite les pertes thermiques qui, dans la machine alternative, sont dues au fonctionnement des organes distributeurs.

D'autre part, dans la turbine il n'est guère possible d'éviter le frottement de la vapeur sur les aubes, et, en même temps, les remous et les chocs qui en résultent. On y remédie bien par un profil judicieusement établi des aubes, mais il est fort difficile, ainsi que nous l'avons dit, de déterminer pratiquement ce profil en se basant sur le rendement donné par ces aubes, rendement qu'il n'est pas aisé de déterminer.

Ces frottements et remous constituent, comme nous l'avons indiqué, une perte mécanique : mais, par contre, au point de vue thermique, ils n'exercent aucune action défavorable, car l'énergie mécanique qu'ils absorbent se transforme en chaleur, compensant dans une certaine mesure une partie de ces pertes mécaniques.

Donc, au point de vue thermique, il semble que la turbine possède sur la machine alternative de sérieux avantages : il est pourtant un point qui réduit beaucoup ces avantages. En effet, dans la turbine, la vapeur s'échappe librement au condenseur en emportant une certaine quantité de chaleur inutilisée. En outre, il n'y a dans la turbine aucune compression de vapeur, comme dans la machine alternative, qui permette de récupérer une partie de la chaleur. Il en résulte une utilisation imparfaite, au point de vue thermique. de la vapeur : cela se traduit par une consommation peu économique. C'est ce qui, pendant longtemps, a arrêté l'essor des turbines à vapeur. On s'est, pendant ces dernières années, fortement préoccupé de remédier à ce grave inconvénient et on l'a atténué dans une large mesure, par l'emploi des turbines à roues multiples permettant de nombreuses détentes successives.

De plus, il faut, on le conçoit, que les condenseurs des turbines donnent un degré de vide poussé le plus loin possible. L'échappement de la vapeur, dans ces condenseurs, s'effectue toujours, d'ailleurs, par des orifices de sections très larges.

La surchauffe de la vapeur contribue à améliorer le rendement thermique de la turbine, parce que son action se manifeste d'une façon plus complète que dans la machine alternative.

En résumé, on voit qu'il est bien difficile de se prononcer, aujourd'hui, sur le différend qui divise les partisans résolus soit de la machine alternative, soit de la turbine à vapeur.

Il est incontestable, cependant, que la turbine donne un rendement mécanique supérieur à celui des machines alternatives et que son installation ne nécessite, à puissances égales, qu'un encombrement bien plus réduit : mais on peut lui reprocher sa trop grande vitesse de rotation qui ne lui permet pas de s'adapter commodément à tous les emplois. Cette vitesse, qui était primitivement considérable, a été fort diminuée et il n'est pas douteux qu'on arrivera à la réduire encore davantage. Cette grande vitesse est également la cause du temps trop long que la turbine met, d'une part, à atteindre sa vitesse normale, et d'autre part, à s'arrêter.

On peut également reprocher à la turbine son impossibilité de changer de sens de marche. Nous avons vu la disposition de la turbine à marche-arrière qui permet d'obvier à cet inconvénient.

Malgré ces quelques reproches, justifiés du reste, il nous paraît que si on parvenait à réduire davantage les pertes thermiques de la turbine, qui se traduisent par une consommation de vapeur encore trop considérable, on la rendrait certainement supérieure à la machine à vapeur à mouvement alternatif.

UTILISATION DES MACHINES A VAPEUR

La plus grande partie de la force motrice utilisée dans le Monde entier a pour origine la vapeur.

A une époque relativement récente, c'était la seule source de force, en dehors du travail effectué par l'homme et les animaux : mais les progrès considérables de la Science ont permis de placer, parallèlement aux machines à vapeur, d'autres moteurs produisant également la force motrice et s'adaptant à des emplois plus particuliers ou répondant, comme installation, à des circonstances spéciales. C'est ainsi que furent réalisés successivement les *moteurs hydrauliques*, sous forme de roues à aubes mues par l'eau tombant en cascades, et plus tard sous forme de *turbines* verticales, puis les *moteurs à explosions*, parmi lesquels le *moteur à gaz* et le *moteur à pétrole* se sont considérablement développés. L'extension prise par ce dernier surtout et les remarquables progrès qui ont été réalisés dans un temps très court, ont permis d'amener la locomotion automobile au degré de perfection qu'elle possède aujourd'hui et, plus encore, ont permis de résoudre ces problèmes posés depuis longtemps et qui ont été, pendant de longues années, considérés comme des utopies : la navigation sous-marine, la direction des ballons et l'aviation. On peut dire, en effet, que quoique ces solutions soient susceptibles d'importantes améliorations, leur principe est néanmoins aujourd'hui établi.

Nous nous étendrons, au cours de cet ouvrage, sur ces diverses questions fort captivantes. Nous n'en avons dit un mot ici que pour indiquer la source et l'emploi d'une force motrice importante, différente de la vapeur, et qui est utilisée non pas concurremment avec elle, mais parallèlement, parce qu'elle répond à des besoins spéciaux pour lesquels la vapeur ne saurait convenir.

La machine à vapeur est utilisée pour toutes sortes d'emplois industriels.

Dans les mines, elle sert à l'extraction du minerai, à la ventilation des galeries, à la montée et descente des bennes, à l'épuisement des eaux, à produire l'électricité.

Elle est employée pour actionner les machines-outils des innombrables établissements industriels où se fabriquent tous les objets qui nous sont indispensables — depuis la modeste épingle jusqu'aux vêtements qui nous couvrent — ou qui même sont simplement confectionnés pour notre agrément, tels que bijoux et bibelots de toutes sortes.

Elle est utilisée pour l'élévation des eaux d'alimentation des villes.

Mais il y a surtout trois branches industrielles, dont la machine à vapeur est, pour ainsi dire, la raison d'être : la navigation maritime, les chemins de fer, la production de l'énergie électrique.

L'application de la vapeur aux bateaux a donné à la navigation maritime un essor considérable : elle a permis de construire des paquebots effectuant la traversée du Havre à New-York en moins de cinq jours.

La vapeur a créé les chemins de fer, et si quelques-uns de ces chemins de fer sont actionnés électriquement, il convient de dire que la production du courant nécessaire à leur fonctionnement est obtenue à l'aide de machines à vapeur.

C'est certainement l'emploi le plus important qui ait été fait de la machine à vapeur de nos jours, que de l'avoir adaptée à la production du courant électrique.

Le champ de cette dernière application est si curieux et si vaste, que tout en nous proposant d'examiner ultérieurement, en détail, le rôle de la vapeur dans la navigation et dans les chemins de fer, il nous paraît nécessaire, après avoir, dès l'abord, traité des moteurs à vapeur qui sont à la base de tous les progrès réalisés depuis un siècle, de nous occuper de l'Électricité, bienfaisante fée, encore quelque peu enveloppée de mystère, qui nous réserve, pour l'avenir, de bien agréables surprises.

L'Électricité fera donc l'objet du deuxième volume des *Merveilles de la Science*.

FIN

TABLE DES MATIÈRES

CHAPITRE XI

APPAREILS ET ORGANES AUXILIAIRES

CHAPITRE XII

APPAREILS DE SURETÉ DES CHAUDIÈRES

CHAPITRE XIII

MACHINES A VAPEUR

CHAPITRE XIV

ORGANES DES MACHINES

CHAPITRE XV

RÉGULATION

CHAPITRE XVI

DISTRIBUTION

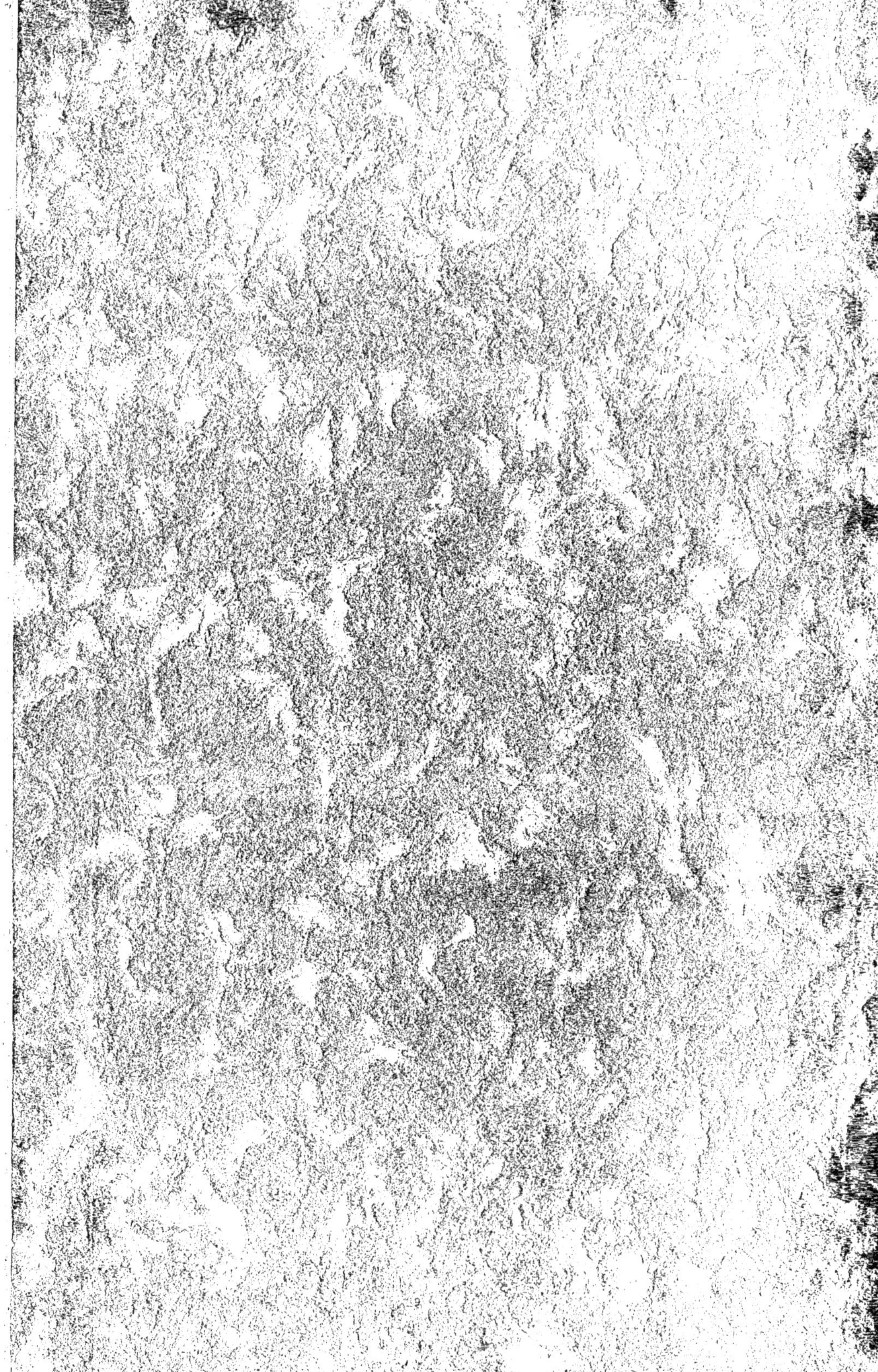

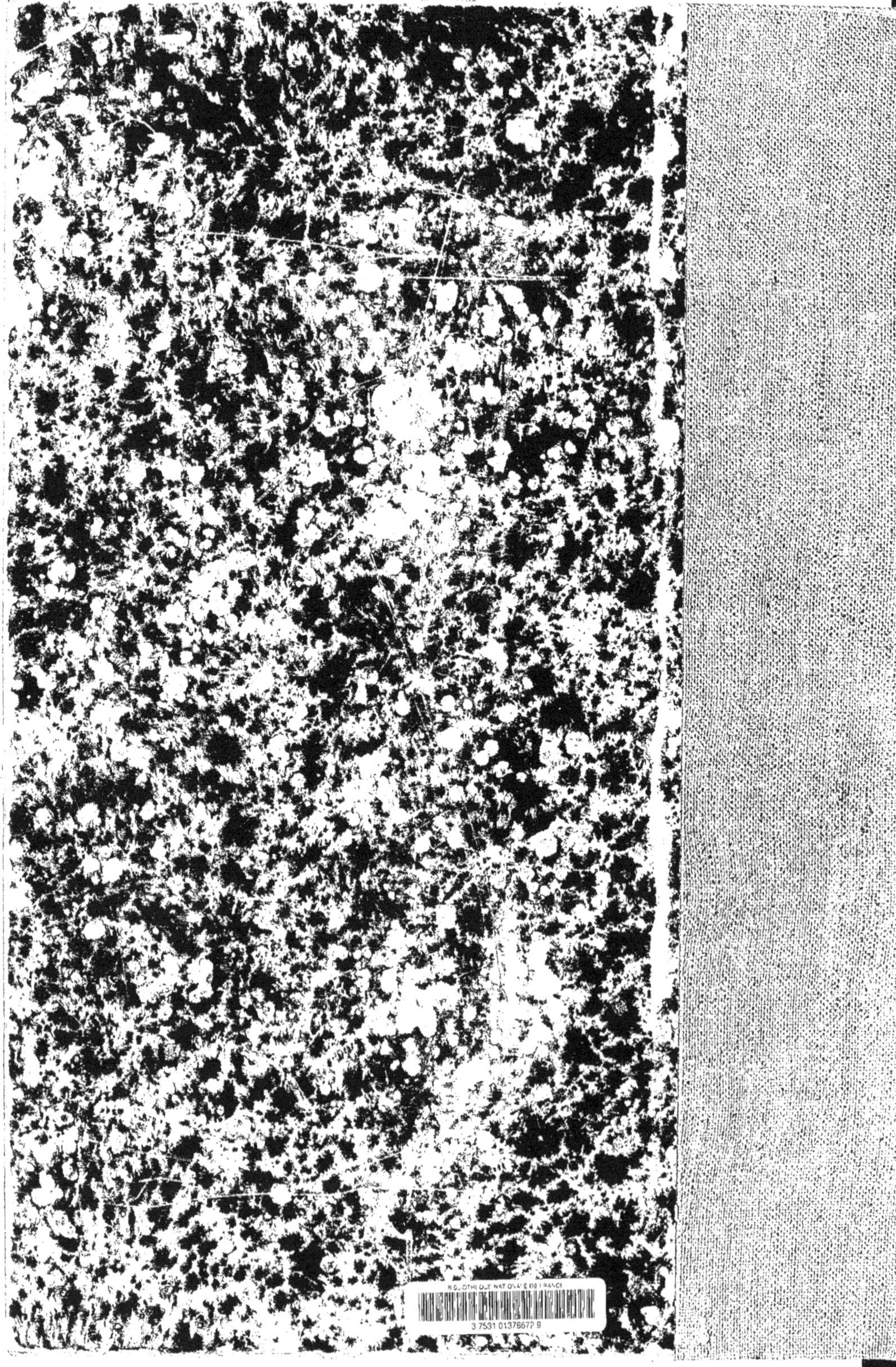